Emergências Neurocirúrgicas

Thieme Revinter

Emergências Neurocirúrgicas

Terceira Edição

Christopher M. Loftus, MD
Clinical Professor
Department of Neurosurgery
Temple University Lewis Katz School of Medicine
Philadelphia, Pennsylvania

Thieme
Rio de Janeiro • Stuttgart • New York • Delhi

Dados Internacionais de Catalogação na Publicação (CIP)

L829e

    Loftus, Christopher M.
    Emergências Neurocirúrgicas / Christopher M. Loftus; tradução de Angela Nishikaku, Isabella Nogueira, Mônica Regina Brito, Silvia Spada & Soraya Imon de Oliveira – 3. Ed. – Rio de Janeiro – RJ: Thieme Revinter Publicações, 2019.

    392 p.: il; 21 × 28 cm.
    Título Original: *Neurosurgical Emergencies*
    Inclui Índice Remissivo e Referências.
    ISBN 978-85-5465-147-3

    1. Procedimentos Neurocirúrgicos – Emergências – Cérebro. 2. Doenças – terapia – Doenças da Medula. 3. Espinhal – terapia – Cérebro. 4. Doenças – diagnóstico – Doenças da Medula. 5. Espinhal – diagnóstico. I. Título.

                              CDD: 616.8
                              CDU: 616.8-089

Nota: O conhecimento médico está em constante evolução. À medida que a pesquisa e a experiência clínica ampliam o nosso saber, pode ser necessário alterar os métodos de tratamento e medicação. Os autores e editores deste material consultaram fontes tidas como confiáveis, a fim de fornecer informações completas e de acordo com os padrões aceitos no momento da publicação. No entanto, em vista da possibilidade de erro humano por parte dos autores, dos editores ou da casa editorial que traz à luz este trabalho, ou ainda de alterações no conhecimento médico, nem os autores, nem os editores, nem a casa editorial, nem qualquer outra parte que se tenha envolvido na elaboração deste material garantem que as informações aqui contidas sejam totalmente precisas ou completas; tampouco se responsabilizam por quaisquer erros ou omissões ou pelos resultados obtidos em consequência do uso de tais informações. É aconselhável que os leitores confirmem em outras fontes as informações aqui contidas. Sugere-se, por exemplo, que verifiquem a bula de cada medicamento que pretendam administrar, a fim de certificar-se de que as informações contidas nesta publicação são precisas e de que não houve mudanças na dose recomendada ou nas contraindicações. Esta recomendação é especialmente importante no caso de medicamentos novos ou pouco utilizados. Alguns dos nomes de produtos, patentes e design a que nos referimos neste livro são, na verdade, marcas registradas ou nomes protegidos pela legislação referente à propriedade intelectual, ainda que nem sempre o texto faça menção específica a esse fato. Portanto, a ocorrência de um nome sem a designação de sua propriedade não deve ser interpretada como uma indicação, por parte da editora, de que ele se encontra em domínio público.

Tradução:

ANGELA NISHIKAKU (Caps. 0 a 6)
Tradutora Especializada na Área da Saúde, SP

ISABELLA NOGUEIRA (Caps. 7 a 18)
Tradutora Especializada na Área da Saúde, SP

MÔNICA REGINA BRITO (Caps. 19 a 24)
Tradutora Especializada na Área da Saúde, SP

SILVIA SPADA (Caps. 25 a 30)
Tradutora Especializada na Área da Saúde, SP

SORAYA IMON DE OLIVEIRA (Caps. 31 a 37)
Tradutora Especializada na Área da Saúde, SP

Revisão Técnica:

ENRICO GHIZONI
Professor de Neurocirurgia da Faculdade de Ciências Médicas da Unicamp, SP
Neurocirurgião do Hospital de Oncologia Infantil Boldrini, SP
Neurocirurgião do Hospital Crânio-Facial Sobrapar, SP

Título original:
Neurosurgical Emergencies
Copyright © 2017 by Georg Thieme Verlag KG
ISBN 978-1-62623-333-1

© 2019 Thieme Revinter Publicações Ltda.
Rua do Matoso, 170, Tijuca
20270-135, Rio de Janeiro – RJ, Brasil
http://www.ThiemeRevinter.com.br

Thieme Medical Publishers
http://www.thieme.com

Impresso no Brasil por Gráfica Santa Marta Ltda.
5 4 3 2 1
ISBN: 978-85-5465-147-3

Todos os direitos reservados. Nenhuma parte desta publicação poderá ser reproduzida ou transmitida por nenhum meio, impresso, eletrônico ou mecânico, incluindo fotocópia, gravação ou qualquer outro tipo de sistema de armazenamento e transmissão de informação, sem prévia autorização por escrito.

Esta Terceira edição de *Emergências Neurocirúrgicas* é dedicada, tal como a Segunda foi, à memória do falecido Professor John C. VanGilder da Universidade de Iowa. Ele foi meu mentor para o avanço profissional e aprendizado e um dos neurocirurgiões acadêmicos mais dedicados — com um coração sinceramente devotado ao ensino e crescimento intelectual — com quem já tive o privilégio de trabalhar. Também gostaria de agradecer às gerações de residentes que treinei em Iowa, Oklahoma e em Temple, e com os quais a transmissão de conhecimento sempre foi, na verdade, uma troca.

Christopher Loftus

Sumário

Objetivos e Informações de Crédito em Educação Médica Continuada xv

Apresentação xvii

Prefácio xix

Colaboradores xxi

1 Avaliação da Perda Aguda de Consciência 1
Michael P. Merchut ▪ José Biller

1.1	Introdução 1	1.4	Manejo Inicial de Pacientes Comatosos . . 4
1.2	Fisiopatologia do Coma 1	1.5	Manejo Específico de Pacientes Comatosos 5
1.3	Avaliação Clínica de Pacientes Comatosos 2		

2 Monitoramento da Pressão Intracraniana e Manejo da Hipertensão Intracraniana . . . 9
Syed Omar Shah ▪ Bong-Soo Kim ▪ Bhuvanesh Govind ▪ Jack Jallo

2.1	Introdução 9	2.4	Tratamento Cirúrgico da Hipertensão Intracraniana 18
2.2	Monitoramento da Pressão Intracraniana 9	2.5	Conclusão 19
2.3	Manejo da Hipertensão Intracraniana . . 10		

3 Monitoramento Cerebral Multimodal Invasivo 24
Margaret Pain ▪ Charles Francoeur ▪ Neha S. Dangayach ▪ Errol Gordon ▪ Stephan A. Mayer

3.1	Introdução 24	3.3	Técnicas de Monitoramento Multimodal Invasivo do Cérebro 25
3.2	Pressão Intracraniana e Autorregulação Cerebral 24	3.4	Conclusão 33

4 Manejo da Hidrocefalia Aguda 35
John H. Honeycutt ▪ David J. Donahue

4.1	Introdução 35	4.4	Conclusão 40
4.2	Causas de Hidrocefalia Aguda 35	4.5	Apêndice 40
4.3	Tratamento de Hidrocefalia Aguda . . . 36		

5 Reconhecimento e Manejo das Síndromes de Herniação Cerebral 42
Daphne D. Li ▪ Vikram C. Prabhu

5.1	Introdução 42	5.3	Biomecânica e Patologia da Herniação Transtentorial 44
5.2	Anatomia Relevante 42		

5.4	Sinais Clínicos de Herniação Transtentorial 45	5.7	Manejo de Síndromes de Herniação Cerebral 49
5.5	Outros Tipos de Herniação Cerebral ...46	5.8	Prognóstico nas Síndromes de Herniação Cerebral 51
5.6	Efeito da Hipotensão, Hipóxia e Outros Fatores no Exame Neurológico.. 48		

6   Trauma Cerebral Penetrante..54
Margaret Riordan ▪ Griffith R. Harsh IV

6.1	Introdução......................54	6.6	Ressuscitação e Manejo Inicial 55
6.2	Mecanismo de Lesão...............54	6.7	Imaginologia....................56
6.3	Patologia da Lesão 54	6.8	Manejo Cirúrgico.................56
6.4	Fisiologia da Lesão 55	6.9	Complicações e Terapia Adjuvante 57
6.5	Visão Geral de Manejo do Traumatismo Cerebral Penetrante.....55	6.10	Conclusão 58

7   Hematomas Extra-Axiais...60
Shelly D. Timmons

7.1	Introdução......................60	7.4	Higroma Subdural.................66
7.2	Hematoma Epidural 60	7.5	Hematoma Subdural Crônico e Subagudo 67
7.3	Hematoma Subdural Agudo..........63		
		7.6	Considerações Especiais 68

8   Hemorragia Intracerebral Espontânea.................................72
A. David Mendelow ▪ Christopher M. Loftus

8.1	Introdução......................72	8.6	Fístulas Durais...................75
8.2	Classificação da Hemorragia Intracerebral 72	8.7	Tumores Cerebrais 75
		8.8	Lesão Não Icto-Hemorrágica 77
8.3	Malformações Arteriovenosas 73	8.9	Hematomas do Cerebelo 78
8.4	Aneurismas 74	8.10	Conclusão 78
8.5	Malformações Cavernosas 74	8.11	Diretrizes da AHA/ASA 2015..........79

9   Apoplexia Hipofisária 81
Farid Hamzei-Sichani ▪ Kalmon D. Post

9.1	Introdução......................81	9.7	Considerações sobre Pré-Procedimento.................84
9.2	Etiologia.......................81		
9.3	Apresentação 82	9.8	Preparação para o Campo Cirúrgico ...84
9.4	Diferencial e Diagnóstico 82	9.9	Procedimento Cirúrgico 85
9.5	Tratamento 83	9.10	Conduta Pós-Operatória.............85
9.6	Indicações 84	9.11	Considerações Especiais 86

10 Manejo de Hemorragia Subaracnóidea Aguda ... 89
Agnieszka Ardelt ▪ Issam A. Awad

10.1	Introdução ... 89	10.5	Tratamento de Pacientes com Hemorragia Subaracnóidea ... 94
10.2	Apresentação Clínica da Hemorragia Subaracnóidea ... 89	10.6	Tratamento Definitivo de Lesões Vasculares Subjacentes à Hemorragia Subaracnóidea ... 101
10.3	Estabelecendo o Diagnóstico da Hemorragia Subaracnóidea ... 90	10.7	Conclusão ... 102
10.4	Estabelecendo a Etiologia da Hemorragia Subaracnóidea ... 91	10.8	Instruções Futuras ... 103

11 Trombólise Química e Trombectomia Mecânica para Derrame Isquêmico Agudo ... 106
Michael Jones ▪ Michael J. Schneck ▪ William W. Ashley Jr. ▪ Asterios Tsimpas

- 11.1 Introdução ... 106
- 11.2 Avaliação ... 106
- 11.3 Tratamento ... 106
- 11.4 Conclusão ... 113

12 Intervenções Cirúrgicas para CVA Isquêmico Agudo ... 115
Michael J. Schneck ▪ Christopher M. Loftus

- 12.1 Introdução ... 115
- 12.2 Princípios do Tratamento Geral ... 115
- 12.3 Procedimentos de Revascularização ... 115
- 12.4 Procedimentos de "Salvamento" para Edema Cerebral Após CVA ... 117
- 12.5 Conclusão ... 121

13 Trombose Venosa Cerebral ... 124
José M. Ferro ▪ Diana Aguiar de Sousa

- 13.1 Introdução ... 124
- 13.2 Trombose Venosa Cerebral e o Neurocirurgião ... 124
- 13.3 Trombose Cerebral Venosa Imitando uma Condição Neurocirúrgica ... 125
- 13.4 Doenças Neurocirúrgicas como Fator de Risco para Trombose Venosa Cerebral ... 128
- 13.5 Procedimentos Neurocirúrgicos e Relacionados como Fatores de Risco para Trombose Venosa Cerebral ... 128
- 13.6 Tratamentos Neurocirúrgicos para Trombose Venosa Cerebral ... 129
- 13.7 Conclusão ... 131

14 Processos Infecciosos Cerebrais ... 135
Alexa Bodman ▪ Walter A. Hall

- 14.1 Introdução ... 135
- 14.2 Meningite ... 135
- 14.3 Encefalite ... 137
- 14.4 Abcesso Extra-Axial ... 138
- 14.5 Abcesso Cerebral ... 140
- 14.6 Conclusão ... 141

15 Tratamento de Emergência para Tumores Cerebrais ... 144
Pierpaolo Peruzzi ▪ E. Antonio Chiocca

- 15.1 Introdução ... 144
- 15.2 Fisiopatologia ... 144
- 15.3 Localização do Tumor ... 146
- 15.4 Avaliação do Paciente ... 146
- 15.5 Intervenção ... 147
- 15.6 Resumo ... 149

16 Descompressão Óssea Aguda dos Nervos Óptico e Facial..........151
Stephen J. Johans ▪ Zach Fridirici ▪ Jason Heth ▪ Christine C. Nelson
H. Alexander Arts ▪ Matthew Kircher ▪ Anand V. Germanwala

16.1	Lesão Traumática do Nervo Óptico...151	16.4	Anatomia do Nervo Facial..........156
16.2	Lesão Traumática do Nervo Facial: Visão Geral..........156	16.5	Conclusão..........160
16.3	Patologia das Fraturas do Osso Temporal..........156		

17 Estado de Mal Epiléptico..........164
Aradia X. Fu ▪ Lawrence J. Hirsh

17.1	Introdução..........164	17.5	Urgência em Tratar Estado de Mal Epiléptico..........167
17.2	Definição e Classificação..........164	17.6	Tratamento..........168
17.3	Epidemiologia, Etiologia e Resultado..165	17.7	Conclusão..........170
17.4	Características Clínicas e Diagnóstico...167		

18 Avaliação e Tratamento de Traumatismo Craniano, Espinhal e Multissistêmico Combinado..........174
Daphne D. Li ▪ Hieu H. Ton-That ▪ G. Alexander Jones ▪ Paolo Nucifora ▪ Vikram C. Prabhu

18.1	Introdução..........174	18.5	Avaliação por Imagem..........179
18.2	Epidemiologia..........174	18.6	Tratamento..........181
18.3	Mecanismo da Lesão..........174	18.7	Conclusão..........184
18.4	Avaliação Clínica..........176		

19 Resumo e Sinopse das Diretrizes no Traumatismo Craniano da *Brain Trauma Foundation*..........186
Courtney Pendleton ▪ Jack Jallo

19.1	Introdução..........186	19.4	Manejo Cirúrgico de Lesões Traumáticas..........192
19.2	Diretrizes no Atendimento Pré-Hospitalar..........186	19.5	Diretrizes Gerais do Manejo de Trauma Pediátrico..........195
19.3	Diretrizes Gerais no Manejo de Trauma em Adultos..........187		

20 Considerações Especiais da Terapia Antiplaquetária, Anticoagulação e Necessidade de Reversão em Emergências Neurocirúrgicas..........199
Drew A. Spencer ▪ Paul D. Ackerman ▪ Omer Q. Iqbal ▪ Christopher M. Loftus

20.1	Introdução..........199	20.5	Retomada dos Medicamentos Antiplaquetários e Anticoagulantes após o Tratamento Definitivo..........201
20.2	Antiplaquetários..........199		
20.3	Anticoagulação..........199	20.6	Conclusão..........202
20.4	Reversão de Medicamentos Antiplaquetários e Anticoagulantes nas Emergências Neurocirúrgicas..........200		

21 Intervenção Aguda para Doença de Disco Cervical, Torácica e Lombar 203
Mazda K. Turel ▪ Vincent C. Traynelis

21.1	Introdução 203	21.5	Coluna Cervical 204
21.2	Avaliação Clínica 203	21.6	Coluna Torácica 205
21.3	Avaliação Radiográfica 203	21.7	Coluna Lombar 208
21.4	Indicações para a Intervenção Cirúrgica Aguda 203	21.8	Conclusão 209

22 Estenose Cervical É uma Emergência? 212
Daipayan Guha ▪ Allan R. Martin ▪ Michael G. Fehlings

22.1	Introdução 212	22.4	Indicações para Intervenção Cirúrgica Aguda 213
22.2	Avaliação Inicial 212	22.5	Conclusão 216
22.3	Avaliação Radiológica 212		

23 Manejo do Tratamento Intensivo de Pacientes com Lesão na Coluna e Medula Espinhal 219
Christopher D. Baggott ▪ Joshua E. Medow ▪ Daniel K. Resnick

23.1	Introdução 219	23.4	Imobilização e Redução 220
23.2	Manejo Pré-Hospitalar 219	23.5	Manejo Clínico Agudo 221
23.3	Exclusão de Lesão da Medula Espinhal .. 219	23.6	Conclusão 226

24 Considerações Biomecânicas para Intervenções Cirúrgicas em Fraturas e Luxações da Coluna Vertebral 230
Christopher E. Wolfla

24.1	Epidemiologia 230	24.9	Fraturas do Corpo de C2 234
24.2	Consideração Geral Referente ao Momento do Tratamento Cirúrgico ... 230	24.10	Fraturas Atlantoaxiais Combinadas ... 234
24.3	Lesões da Junção Cérvico-Occipital ... 230	24.11	Subluxação Rotatória de C1-C2 235
24.4	Lesões Ligamentares Atlantoaxiais ... 233	24.12	Lesões Subaxiais (C3-C7) da Coluna Cervical 235
24.5	Fraturas de C1 Isoladas 233	24.13	Lesões da Coluna Torácica e Toracolombar 235
24.6	Fraturas em C2 233		
24.7	Fraturas do Odontoide 233	24.14	Lesões da Coluna Lombar 237
24.8	Fraturas do Enforcado 234	24.15	Conclusão 238

25 Lesões Atléticas e Seus Diagnósticos Diferenciais 240
Julian E. Bailes ▪ Vincent J. Miele

25.1	Lesões Cefálicas 240	25.3	Conclusão 249
25.2	Lesão Espinhal 244		

26 Trauma Espinhal Penetrante 251
Michael D. Martin ▪ Christopher E. Wolfla

26.1	Introdução............251	26.4	Tratamento..........253
26.2	Epidemiologia.........251	26.5	Resultados Neurológicos...254
26.3	Avaliação e Imagens Iniciais....251	26.6	Conclusão............255

27 Compressão da Medula Espinhal Secundária à Metástase de Doença Neoplásica: Fraturas Epidural e Patológica 257
James A. Smith ▪ Roy A. Patchell ▪ Phillip A. Tibbs

27.1	Introdução............257	27.5	Seleção de Paciente para Cirurgia....260
27.2	Epidemiologia.........257	27.6	Cuidados Pré-Operatórios..........260
27.3	Evolução do Padrão de Cuidados para Compressão da Medula Espinhal Epidural Metastática..........258	27.7	Tratamento Cirúrgico..............260
		27.8	Complicações da Cirurgia..........262
		27.9	Papel da Radioterapia Estereotáxica..263
27.4	Avaliação Clínica..........259	27.10	Conclusão............263

28 Hemorragia Intraespinhal 265
Kenneth A. Follett ▪ Linden E. Fornoff

28.1	Etiologia............265	28.4	Tratamento..........267
28.2	Apresentação..........266	28.5	Prognóstico..........269
28.3	Avaliação............266	28.6	Conclusão............269

29 Apresentação de Emergência e Tratamento de Fístulas Arteriovenosas Durais Espinhais e Lesões Vasculares 273
Michael P. Wemhoff ▪ Asterios Tsimpas ▪ William W. Ashley Jr.

29.1	Introdução............273	29.5	Apresentação Clínica..........274
29.2	Anatomia e Fisiopatologia..........273	29.6	Estudos por Imagem............275
29.3	Esquemas de Classificação..........273	29.7	Tratamento..........275
29.4	Demografia............274	29.8	Conclusão............276

30 Infecções Espinhais 278
Edward K. Nomoto ▪ Eli M. Baron ▪ Joshua E. Heller ▪ Alexander R. Vaccaro

30.1	Introdução............278	30.5	Diagnóstico..........281
30.2	Classificação..........278	30.6	Tratamento..........285
30.3	Organismos............278	30.7	Conclusão............290
30.4	Fatores de Risco, Epidemiologia e Fisiopatologia..........278		

31 Resumo das Diretrizes do Tratamento de Lesão na Coluna Espinhal 294
Kevin N. Swong ▪ Russell P. Nockels ▪ G. Alexander Jones

- 31.1 Visão Geral 294
- 31.2 Imobilização Pré-Hospitalar da Coluna Espinhal Cervical Após Traumatismo 294
- 31.3 Transporte de Pacientes com Lesões Espinhais Cervicais Traumáticas Agudas 294
- 31.4 Avaliação Clínica Subsequente à Lesão Aguda da Coluna Medular Espinhal Cervical 294
- 31.5 Redução Fechada Inicial de Fratura da Coluna Espinhal Cervical – Lesões por Deslocamento 295
- 31.6 Manejo Cardiopulmonar Intensivo de Pacientes com Lesões Medulares Espinhais Cervicais 295
- 31.7 Terapia Farmacológica para Lesão Medular Espinhal Aguda 295
- 31.8 Fraturas do Côndilo Occipital 295
- 31.9 Diagnóstico e Tratamento de Lesões Traumáticas com Deslocamento Atlanto-Occipital 296
- 31.10 Tratamento de Fraturas Isoladas do Atlas em Adultos 296
- 31.11 Tratamento de Fraturas Combinadas Agudas do Atlas e do Áxis em Adultos 296
- 31.12 "Os Odontoideum" 296
- 31.13 Sistemas de Classificação de Lesão Espinhal Cervical Subaxial 296
- 31.14 Tratamento de Lesões Espinhais Cervicais Subaxiais 297
- 31.15 Tratamento da Síndrome Medular Central Traumática Aguda 297
- 31.16 Tratamento de Lesões na Coluna Espinhal Cervical e na Medula Espinhal Pediátrica 297
- 31.17 Lesão Medular Espinhal sem Anormalidade Radiográfica 297
- 31.18 Tratamento de Lesões na Artéria Vertebral Subsequentes ao Traumatismo Cervical sem Perfuração. 297
- 31.19 Trombose Venosa Profunda e Tromboembolia em Pacientes com Lesões Medulares Espinhais Cervicais . 298
- 31.20 Suporte Nutricional Após Lesão Medular Espinhal 298
- 31.21 Conclusão 298

32 Lesões Penetrantes de Nervos Periféricos 299
James Tait Goodrich

- 32.1 Introdução 299
- 32.2 Considerações Anatômicas e Suas Implicações Clínicas 299
- 32.3 Considerações Básicas Sobre o Reparo de Nervo Periférico 299
- 32.4 Técnicas de Reparo 302
- 32.5 Tratamento Cirúrgico de Lesões Problemáticas 307
- 32.6 Comentário Final 311

33 Tratamento Intensivo de Neuropatias Periféricas Compressivas 312
Kashif A. Shaikh ▪ Nicholas M. Barbara ▪ Richard B. Rodgers

- 33.1 Introdução 312
- 33.2 Anatomia e Fisiologia 312
- 33.3 Fisiopatologia da Lesão de Nervo 312
- 33.4 Classificação das Lesões de Nervo Periférico 313
- 33.5 Avaliação de Lesões Compressivas de Nervos Periféricos .. 314
- 33.6 Tratamento Intensivo 315
- 33.7 Cirurgia 316
- 33.8 Conclusão 317

34 Lesão Medular Espinhal e Lesão Medular Espinhal sem Anormalidade Radiográfica em Crianças 320
Jamal McClendon Jr. ▪ P. David Adelson

34.1	Introdução....................320	34.12	Avaliação Neurológica 324
34.2	Lesão Medular Espinhal 320	34.13	Lesão Craniana Associada...........325
34.3	Incidência e Prevalência 320	34.14	Tratamento Inicial da Lesão Medular Espinhal Pediátrica.........325
34.4	Mecanismo da Lesão..............321		
34.5	Extensão da Lesão...............321	34.15	Tratamento de Lesão Medular Espinhal Aguda............325
34.6	Patobiologia 321		
34.7	Localização da Lesão...............322	34.16	Tratamento da SCIWORA 325
34.8	Biomecânica da Prevalência Regional . 322	34.17	Complicações 326
34.9	Achados de Imagem 323	34.18	Prognóstico....................326
34.10	SCIWORA......................323	34.19	Novas Terapias para a Lesão Medular Espinhal Aguda 326
34.11	Reanimação Inicial após a SCI........324		
		34.20	Conclusão 327

35 Mau Funcionamento Agudo de *Shunt* 330
Ahmed J. Awad ▪ Rajiv R. Iyer ▪ George I. Jallo

35.1	Introdução....................330	35.5	Causas de Mau Funcionamento Agudo 332
35.2	Apresentação Clínica e Diagnóstico...330		
35.3	Exames Radiográficos..............330	35.6	Tratamento do Paciente Instável.....334
35.4	Punção de *Shunt* 331	35.7	Situações Especiais 335

36 Manejo Perinatal de Criança Nascida com Mielomeningocele 337
Kimberly A. Foster ▪ Frederick A. Boop

36.1	Introdução....................337	36.6	Tratamento Imediato 341
36.2	Diagnóstico Pré-Natal..............338	36.7	Técnica Cirúrgica..................341
36.3	Diagnóstico e Avaliação Pós-Natal....338	36.8	Cuidados Pós-Operatórios 344
36.4	Neuroimagem..................339	36.9	Conclusão 344
36.5	Aconselhamento e Momento da Cirurgia 339		

37 Reconhecimento e Tratamento de Síndromes de Abstinência de Baclofeno e Narcóticos Intratecais 347
Douglas E. Anderson ▪ Drew A. Spencer

37.1	Introdução....................347	37.4	Reconhecimento e Tratamento de Síndromes de Abstinência Clínica 349
37.2	Farmacologia e Indicações 347		
37.3	Complicações que Levam à Abstinência de Baclofeno e de Morfina. 348	37.5	Conclusão 349

Índice Remissivo 351

Objetivos e Informações de Crédito em Educação Médica Continuada

Objetivos da Aprendizagem

Após a conclusão desta atividade, os participantes devem ser capazes de:

1. Identificar e realizar a triagem de emergências neurocirúrgicas verdadeiras
2. Discutir os métodos diagnósticos mais recentes e as abordagens orientadas pelo sistema às emergências neurocirúrgicas
3. Descrever os dados mais recentes no manejo cirúrgico de condições em emergência neurocirúrgica.

Acreditação e Designação

A AANS é acreditada pelo Conselho de Acreditação para Educação Médica Continuada (ACCME) para fornecer educação médica continuada aos clínicos.

A AANS indica este material permanente para um máximo de 15 *Créditos AMA PRA Categoria 1*™. Os médicos devem solicitar apenas os créditos proporcionais à extensão de sua participação na atividade.

O método de participação médica no processo de aprendizagem para este livro-texto: O Exame de Estudo Não Presencial (em Casa) está disponível *online* no endereço eletrônico da AANS em: http://www.aans.org/Education/Books/Neurosurgical-Emergencies

O tempo estimado para completar esta atividade varia de acordo com o aluno e a atividade equivale em até 15 *Créditos AMA PRA Categoria 1*™.

Datas de Lançamento e Encerramento

Data de Lançamento Original: 17/10/2017
Data de Encerramento da CME: 17/10/2020

Apresentação

Excluindo as cirurgias de doenças degenerativas da coluna vertebral, estima-se que aproximadamente um terço dos procedimentos neurocirúrgicos é realizado como emergências em países desenvolvidos. Em países em desenvolvimento nos quais os recursos são limitados, as lesões são cada vez mais endêmicas, sendo que mais da metade dos procedimentos são classificadas como emergenciais.

Considerando que existem muitos livros e artigos que estão focados em abordar o tema de uma única emergência neurocirúrgica, tais como traumatismo cranioencefálico (TBI) e lesão da medula espinal (SCI), malformações vasculares como isquemia, hematomas e trombose do seio, tumores encefálicos e da coluna vertebral, doenças infecciosas, hidrocefalia etc., ao meu conhecimento, está é a única referência que aborda todos os temas acima mencionados em um único livro.

O que várias emergências neurocirúrgicas têm em comum para que devam ser reunidas em um livro?

1. Na maioria das unidades neurocirúrgicas, os serviços de emergência cirúrgicos não podem ser divididos de acordo com diferentes subespecialidades em neurocirurgia, visto que apenas grandes universidades podem ter recursos para implementar uma subespecialidade no sistema de emergência. Portanto, o treinamento do cirurgião de emergência especializado deve incluir diversas cirurgias possíveis. Uma exceção clássica a essa regra compreende historicamente as abordagens vertebrais complexas (por exemplo, rotas da coluna lombar e dorsal anterior) e manejo cirúrgico ou intravascular da hemorragia subaracnoidea.
2. Muitas dessas emergências necessitam do acesso pré- e pós-operatório às unidades de terapia intensiva. O manejo médico de diferentes tipos de emergências encefálicas e vertebrais é semelhante: evitar a hipertensão intracraniana fatal com monitoramento apropriado, prevenir o dano encefálico e da medula espinal e também, avaliar a possibilidade de uma segunda cirurgia.
3. A organização do hospital para o tratamento de emergências neurocirúrgicas inclui diferentes patologias; a disponibilidade de pessoal em OT necessariamente cobre diferentes cirurgias. Não faz sentido ter profissionais em enfermagem treinados apenas em cirurgia de trauma e não em emergências vasculares ou da coluna vertebral.
4. As unidades de neurocirurgia em muitas partes do mundo são limitadas e a questão de centralização dos pacientes da área de referência da unidade é essencial. Diferentes protocolos devem ser integrados, visto que os recursos disponíveis como os leitos de ICU são frequentemente limitados e as políticas de centralização da lesão de cabeça necessitam ser integradas com os casos vasculares e da coluna vertebral. Se nós ampliarmos as indicações para transferência de pacientes TBI ou SCI a uma divisão neurocirúrgica única localizada no centro de trauma, teremos recursos insuficientes para admitir adequadamente pacientes vasculares ou pediátricos.
5. Os manejos médicos e cirúrgicos então chamados "extremos" são comuns. O dano encefálico grave e a hipertensão intracraniana consequente, associada ao TBI, SAH e isquemia encefálica necessitam basicamente da mesma abordagem médica (barbitúricos, hipotermia...) e cirúrgica (descompressão craniana) extremas. Também, muitos estudos clínicos prospectivos randomizados são semelhantes, como são as abordagens éticas recentemente relacionadas a esses tipos de cirurgias.

Com frequência os estagiários em neurocirurgia pedem para ser treinados em cirurgias eletivas complicadas, tais como cirurgia complexa da coluna vertebral, da base do crânio, endoscópica e vascular. Entretanto, no decurso de suas responsabilidades, eles encontrarão emergências neurocirúrgicas como aquelas relatadas neste livro e muitas vezes, enfrentarão desafios por terem que decidir rapidamente as indicações e a propriedade da cirurgia. As questões éticas relacionadas às decisões em relação às cirurgias de extrema emergência são complicadas e não podem ser consideradas superficialmente. Como neurocirurgiões, nós devemos ponderar todos os aspectos de nossa especialidade rigorosa e isso inclui a neurocirurgia de emergência.

A primeira edição deste livro foi publicada em 1994 pela AANS e a segunda edição foi copublicada em 2008 pela AANS e Thieme. Hoje, você tem em suas mãos esta terceira edição. O sucesso e continuidade deste livro demonstra o valor do tema para a comunidade neurocirúrgica e o desejo de um único recurso que abrange o espectro de emergências neurocirúrgicas.

Parabenizo o editor Dr. Loftus e todos os autores desta importante contribuição à literatura em neurocirurgia.

Franco Servadei, MD
Department of Neurosurgery
Humanitas University and Research Hospital
Milan, Italy

Prefácio

Vinte e dois anos atrás, de acordo com o programa de publicações da *American Association of Neurological Surgeons* (AANS), produzimos a primeira edição de *Emergências Neurocirúrgicas* em dois volumes. O tema não tinha sido previamente abordado em forma de monografia e aqueles dois pequenos volumes azuis desfrutaram gratificantemente ampla aceitação e (principalmente) revisões favoráveis; eles foram os mais vendidos, pelo menos em padrões neurocirúrgicos. Após a publicação da primeira edição, tive o privilégio de presidir o Comitê de Publicações da AANS e conduzi-lo em tempos de dificuldade financeira, durante os quais negociamos com êxito um novo acordo de parceria em publicações com a editora médica Thieme. Meus agradecimentos, como sempre, ao presidente da Thieme, Brian Scanlan, por nos auxiliar por esses tempos incertos que agora fazem parte do passado.

Um dos principais produtos da nova parceria com a Thieme foi uma segunda edição, atualizada de *Emergências Neurocirúrgicas*. Demorou algum tempo para completar o esforço, marcado principalmente pela minha mudança de local de presidente da Universidade de Oklahoma para presidente da Universidade de Temple na Filadélfia. Demos ouvidos às críticas da primeira edição, consideramos cuidadosamente os manuscritos prévios e revisamos, substituímos e expandimos o quanto consideramos de melhor, para levar adiante um volume realmente moderno e atualizado. Foi então, como agora, a esperança sincera do editor e da editora que as gerações atuais e futuras de leitores encontrarão o produto útil e digno de esforço. Novamente, o livro publicado como um único volume em grande fólio, foi recebido com entusiasmo e fiquei satisfeito ao ver também a segunda edição traduzida em chinês.

No último ano, a Thieme me abordou para produzir uma terceira edição, que você tem à sua frente. A equipe da Thieme responsável por essa edição é nova, Timothy Hiscock e Sarah Landis, igualmente tão efetivos e profissionais quanto os antecessores, assim como o livro é substancialmente novo. Trabalhei cuidadosamente para manter os capítulos que foram valiosos, renovar aqueles que necessitavam de atualização e produzir um novo material e novas ideias. Como é sempre verdade como um texto editado, a estrutura organizacional e o delineamento geral são de minha autoria, mas a base do conhecimento verdadeiro é a soma das contribuições individuais dos autores para os capítulos, com os meus sinceros agradecimentos por suas excelentes contribuições. Todos são amigos e estimados colegas.

Estamos prontos, como sempre, para produzir a quarta edição se e em momento oportuno, mas por ora, eu ofereço este livro como tratamento mais atual e abrangente de *Emergências Neurocirúrgicas* que nós pudemos reunir.

Christopher M. Loftus, MD

Colaboradores

Paul D. Ackerman, MD
Attending Neurosurgeon
Northwestern Neurosurgical Associates
Chicago, Illinois

P. David Adelson, MD, FACS, FAAP
Director
Barrow Neurological Institute at
 Phoenix Children's Hospital
Diane and Bruce Halle Endowed Chair for
 Pediatric Neurosciences
Chief
Department of Pediatric Neurosurgery/Children's
 Neurosciences
Professor and Chief
Department of Neurological Surgery
Department of Child Health
University of Arizona
College of Medicine
Phoenix, Arizona
Professor
Department of Neurological Surgery
Mayo Clinic
Rochester, Minnesota
Adjunct Professor
Ira A. Fulton School of Biological and Health Systems
 Engineering
Arizona State University
Pediatric Neurosurgery Fellowship Program (Director)/
 Barrow Neurological Institute
Phoenix, Arizona

Douglas E. Anderson, MD
Professor and Chair
Department of Neurological Surgery
Loyola University School of Medicine
Maywood, Illinois

Agnieszka Ardelt, MD, PhD, FAHA
Associate Professor of Neurology and Surgery
 (Neurosurgery) Director
Neurosciences Critical Care Co-director
Comprehensive Stroke Center
University of Chicago
Chicago, Illinois

H. Alexander Arts, MD, FACS
Professor of Otolaryngology and Neurosurgery
Program Director, Neurotology Fellowship Program
Medical Director, Cochlear Implant Program
Department of Otolaryngology – Head & Neck Surgery
University of Michigan
Ann Arbor, Michigan

William W. Ashley Jr., MD, PhD, MBA
Director, Cerebrovascular, Endovascular, and Skull Base
 Neurosurgery
Department of Neurosurgery
Chief, Division of Neurointerventional Radiology
Department of Radiology
Sinai Hospital of Baltimore
The Sandra and Malcolm Berman Brain & Spine Institute
Baltimore, Maryland

Ahmed J. Awad, MD
Resident
Department of Neurosurgery
Medical College of Wisconsin
Milwaukee, Wisconsin
Faculty of Medicine and Health Sciences
An-Najah National University
Nablus, Palestine

Issam A. Awad, MD, MSc, FACS, MA (hon)
The John Harper Seeley Professor
Surgery (Neurosurgery), Neurology and the Cancer Center
 Director of Neurovascular Surgery University of Chicago
 Medicine and Biological Sciences
Chicago, Illinois

Christopher D. Baggott, MD
Chief Resident
Department of Neurological Surgery
University of Wisconsin Hospitals and Clinics
Madison, Wisconsin

Julian E. Bailes, MD
Chair, Department of Neurosurgery
NorthShore University HealthSystem
Clinical Professor, University of Chicago
Pritzker School of Medicine
Evanston, Illinois

Nicholas M. Barbaro, MD, FACS
Betsey Barton Professor and Chair of Neurosurgery
Indiana University School of Medicine
Medical Director
Indiana University Health Neurosciences Center
Indianapolis, Indiana

Eli M. Baron, MD
Attending Neurosurgeon
Cedars Sinai Institute for Spinal Disorders
Los Angeles, California

José Biller, MD, FACP, FAAN, FANA, FAHA
Professor and Chairman
Department of Neurology
Loyola University Chicago
Stritch School of Medicine
Maywood, Illinois

Alexa Bodman, MD
Resident
Department of Neurosurgery
SUNY Upstate Medical University
Syracuse, New York

Frederick A. Boop, MD, FAANS, FACS, FAAP
JT Robertson Professor of Neurosurgery and
 St Jude Professor of Pediatric Neurosurgery
University of Tennessee Health Sciences Center
Semmes-Murphey Clinic
Memphis, Tennessee

E. Antonio Chiocca, MD, PhD, FAANS
Harvey W. Cushing Professor of Neurosurgery
Established by the Daniel E. Ponton Fund
Harvard Medical School
Neurosurgeon-in-Chief and Chairman,
 Department of Neurosurgery
Co-Director, Institute for the Neurosciences
Brigham and Women's/ Faulkner Hospital
Surgical Director, Center for Neuro-oncology
Dana-Farber Cancer Institute
Boston, Massachusetts

Neha S. Dangayach, MD
Assistant Professor
Departments of Neurosurgery and Neurology
The Mount Sinai School of Medicine
New York, New York

Diana Aguiar de Sousa, MD
Department of Neurosciences and Mental Health
 (Neurology)
Hospital de Santa Maria
Faculty of Medicine
University of Lisbon
Lisbon, Portugal

David J. Donahue, MD
Department of Neurosurgery
Cook Children's
Fort Worth, Texas

Michael G. Fehlings, MD, PhD, FRCSC, FACS
Professor of Neurosurgery
Vice Chairman Research
Department of Surgery
Co-Director Spine Program
Halbert Chair in Neural Repair and Regeneration
University of Toronto
Toronto, Canada

José M. Ferro, MD, PhD
Professor
Department of Neurosciences and Mental Health
Hospital de Santa Maria
University of Lisbon
Lisbon, Portugal

Kenneth A. Follett, MD, PHD
Professor and Chief
Nancy A. Keegan and Donald R. Voelte,
 Jr., Chair of Neurosurgery Division of Neurosurgery
University of Nebraska Medical Center
Omaha, Nebraska

Linden E. Fornoff, MD
Neurosurgery Resident
University of Nebraska Medical Center
Omaha, Nebraska

Kimberly A. Foster, MD
Assistant Professor
Department of Neurosurgery
University of New Mexico
Albuquerque, New Mexico

Charles Francoeur, MD
Division of Critical Care
Department of Anesthesiology and Critical Care
CHU de Québec-Université Laval
Québec, Canada

Zach Fridirici, MD
Resident
Department of Otolaryngology Head and Neck Surgery
Loyola University Medical Center
Maywood, Illinois

Aradia X. Fu, MD
Fellow
Department of Epilepsy
Yale University School of Medicine
New Haven, Connecticut

Anand V. Germanwala, MD, FAANS
Associate Professor and Residency Program Director
Department of Neurological Surgery
Loyola University Stritch School of Medicine
Maywood, Illinois

James Tait Goodrich, MD, PhD, DSci (Honaris Causa)
Director, Division of Pediatric Neurosurgery
Leo Davidoff Department of Neurological Surgery
Associate Professor
Departments of Neurological Surgery, Pediatrics,
    Plastic and Reconstructive Surgery
Albert Einstein College of Medicine
Montefiore Medical Center
Bronx, New York

Errol Gordon, MD
Assistant Professor
Departments of Neurosurgery and Neurology
The Mount Sinai School of Medicine
New York, New York

Bhuvanesh Govind, MD
Resident
Department of Neurological Surgery
Thomas Jefferson University
Philadelphia, Pennsylvania

Daipayan Guha, MD
Resident
Division of Neurosurgery
University of Toronto
Toronto, Canada

Walter A. Hall, MD
Professor
Department of Neurosurgery
SUNY Update Medical University
Syracuse, New York

Farid Hamzei-Sichani, MD, PhD
Department of Neurological Surgery
Mount Sinai Medical Center
New York, New York

Griffith R. Harsh IV, MD, MA, MBA
Professor and Vice Chairman
Department of Neurosurgery
Associate Dean (Postgraduate Medical Education)
Stanford School of Medicine
Director, Stanford Brain Tumor Center
Co-Director, Stanford Pituitary Center
Stanford, California

Joshua E. Heller, MD
Assistant Professor
Departments of Orthopedic Surgery and Neurosurgery
Thomas Jefferson University Hospital
Philadelphia, Pennsylvania

Jason Heth, MD
Associate Professor
Department of Neurosurgery
University of Michigan Medical School
Ann Arbor, Michigan

Lawrence J. Hirsch, MD
Professor of Neurology, Yale University School of Medicine
Chief, Division of Epilepsy and EEG
Co-Director, Yale Comprehensive Epilepsy Center
New Haven, Connecticut

John H. Honeycutt, MD
Medical Director, Neurosurgery
Medical Director, Neurotrauma
Co-director of the Jane and John Justin Neurosciences
    Center
Cook Children's
Fort Worth, Texas

Omer Q. Iqbal, MD
Research Professor
Department of Pathology
Loyola University Medical Center
Maywood, Illinois

Rajiv R. Iyer, MD
Resident
Department of Neurosurgery
Johns Hopkins School of Medicine
Baltimore, Maryland

George I. Jallo, MD
Clinical Practice Director of Pediatric Neurosurgery
Professor of Neurosurgery
Johns Hopkins All Children's Hospital
St. Petersburg, Florida

Jack Jallo, MD, PhD
Professor
Department of Neurological Surgery
Thomas Jefferson University
Philadelphia, Pennsylvania

Stephen J. Johans, MD
Resident
Department of Neurological Surgery
Loyola University Stritch School of Medicine
Maywood, Illinois

G. Alexander Jones, MD
Assistant Professor
Department of Neurological Surgery
Loyola University Stritch School of Medicine
Maywood, Illinois

Michael Jones, MD
Department of Neurological Surgery
Loyola University Medical Center
Maywood, Illinois

Bong-Soo Kim, MD, FAANS
Attending Neurosurgeon
Associate Professor
Department of Neurosurgery
Temple University Lewis Katz School of Medicine
Philadelphia, Pennsylvania

Matthew Kircher, MD
Assistant Professor
Department of Otolaryngology
Loyola University
Maywood, Illinois

Daphne D. Li, MD
Resident
Department of Neurological Surgery
Loyola University Stritch School of Medicine
Maywood, Illinois

Christopher M. Loftus, MD
Clinical Professor
Department of Neurosurgery
Temple University Lewis Katz School of Medicine
Philadelphia, Pennsylvania

Allan R. Martin, BASc, MD
Resident
Division of Neurosurgery
Department of Surgery
University of Toronto
Toronto, Canada

Michael D. Martin, MD
Associate Professor
Department of Neurosurgery
University of Oklahoma
Norman, Oklahoma

Stephan A. Mayer, MD, FCCM
William T. Gossett Endowed Chair
Chair, Department of Neurology
Co-Director, Neuroscience Institute
Henry Ford Health System
Detroit, Michigan

Jamal McClendon Jr., MD
Department of Neurosurgery
Mayo Clinic
Phoenix, Arizona

Joshua E. Medow, MD, MS, FAANS, FACS, FNCS, FAHA, FCCM
Endovascular Neurosurgeon and Neurointensivist
Director of Neurocritical Care
Neurocritical Care Fellowship Director
Neurosurgery Quality Improvement Chair
Associate Professor of Neurosurgery and
    Biomedical Engineering (Tenured)
University of Wisconsin School of Medicine and
    Public Health Madison, Wisconsin

A. David Mendelow, PhD, FRCS
Professor
Department of Neurosurgery
Newcastle University
Newcastle General Hospital
Newcastle Upon Tyne, England

Michael P. Merchut, MD, FACP, FAAN
Professor
Department of Neurology
Loyola University Stritch School of Medicine
Maywood, Illinois

Vincent J. Miele, MD, FACS, FAANS
Clinical Assistant Professor
Department of Neurosurgery
University of Pittsburgh
Pittsburgh, Pennsylvania

Christine C. Nelson, MD, FACS
Professor, Ophthalmology and Visual Sciences
Bartley R. Frueh, M.D. and Frueh Family Collegiate
    Professor in Eye Plastics and Orbital Surgery
Professor, Department of Surgery, Plastic Surgery Section
University of Michigan
Ann Arbor, Michigan

Russell P. Nockels, MD, FAANS
Professor/Vice Chair
Department of Neurological Surgery
Loyola University Medical Center
Maywood, Illinois

Edward K. Nomoto, MD
Cedars Sinai Institute for Spinal Disorders
Los Angeles, California

Paolo Nucifora, MD, PhD
Assistant Professor
Departments of Radiology and Neurology
Loyola University Stritch School of Medicine
Maywood, Illinois

Colaboradores

Margaret Pain, MD
Resident
Department of Neurosurgery
Icahn School of Medicine at Mount Sinai
New York, New York

Roy A. Patchell, MD
Director
Department of Neuro-oncology
National Brain Tumor Center at the Capital Institute for Neurosciences
Pennington, New Jersey

Courtney Pendleton, MD
Resident
Department of Neurological Surgery
Thomas Jefferson University Hospital
Philadelphia, Pennsylvania

Pierpaolo Peruzzi, MD, PhD
Instructor
Department of Neurosurgery
Brigham and Women's Hospital
Harvard Medical School
Boston, Massachusetts

Kalmon D. Post, MD
Chairman Emeritus, Department of Neurosurgery
Professor
Departments of Neurosurgery & Medicine
Mount Sinai Health System
New York, New York

Vikram C. Prabhu, MD, FACS, FAANS
Professor
Department of Neurological Surgery and Radiation Oncology
Loyola University Stritch School of Medicine
Maywood, Illinois

Daniel K. Resnick, MD, MS
Professor and Vice Chairman
Department of Neurosurgery
University of Wisconsin School of Medicine and Public Health
Madison, Wisconsin

Margaret Riordan, MD
Clinical Instructor
Department of Neurosurgery
Stanford Health Care
Stanford, California

Richard B. Rodgers, MD, FAANS, FACS
Assistant Professor
Department of Neurological Surgery
Indiana University School of Medicine
Goodman Campbell Brain and Spine
Indianapolis, Indiana

Michael J. Schneck, MD
Professor
Departments of Neurology and Neurosurgery
Loyola University Medical Center
Maywood, Illinois

Syed Omar Shah, MD, MBA
Assistant Professor of Neurology and Neurological Surgery
Department of Neurological Surgery
Thomas Jefferson University
Division of Critical Care and Neurotrauma
Jefferson Hospital for Neurosciences
Philadelphia, Pennsylvania

Kashif A. Shaikh, MD
Resident
Department of Neurosurgery
Indiana University School of Medicine
Indianapolis, Indiana

James A. Smith, MD
Resident
Department of Neurosurgery
University of Kentucky
Lexington, Kentucky

Drew A. Spencer, MD
Resident
Department of Neurological Surgery
Northwestern University
Chicago, Illinois

Kevin N. Swong, MD
Resident
Department of Neurological Surgery
Loyola University Stritch School of Medicine
Maywood, Illinois

Phillip A. Tibbs, MD
Professor and Chair
Department of Neurosurgery
Director
Spine Center
University of Kentucky
Lexington, Kentucky

Hieu H. Ton-That, MD, FACS
Associate Professor
Department of Surgery
Loyola University Medical Center
Maywood, Illinois

Shelly D. Timmons, MD, PhD, FACS, FAANS
Professor of Neurosurgery
Vice Chair for Administration
Director of Neurotrauma
Penn State University College of Medicine
Milton S. Hershey Medical Center
Hershey, Pennsylvania

Vincent C. Traynelis, MD
Director, Neurosurgery Spine Fellowship Program
Professor, Department of Neurosurgery
Director, Neurosurgery Residency Program
Rush University Medical College
Chicago, Illinois

Asterios Tsimpas, MD, MSc, MRCSEd
Cerebrovascular, Endovascular & General Neurosurgeon
Assistant Professor of Neurosurgery & Radiology
Neurosurgery Clerkship Director
Loyola University Stritch School of Medicine
Maywood, Illinois

Mazda K. Turel, MD
Department of Neurosurgery
Rush University Medical Center
Chicago, Illinois

Alexander R. Vaccaro, MD, PhD, MBA
Richard H. Rothman Professor and Chair of Orthopedic Surgery
Professor of Neurosurgery
Co-Director, Spinal Cord Injury Center
Co-Chief, Spine Surgery
President, Rothman Institute
Thomas Jefferson University Hospital
Philadelphia, Pennsylvania

Michael P. Wemhoff, MD
Resident
Department of Neurological Surgery
Loyola University Stritch School of Medicine
Maywood, Illinois

Christopher E. Wolfla, MD, FAANS
Professor
Department of Neurosurgery
The Medical College of Wisconsin
Milwaukee, Wisconsin

Emergências Neurocirúrgicas

1 Avaliação da Perda Aguda de Consciência

Michael P. Merchut ▪ José Biller

Resumo

Avaliação da perda aguda de consciência é uma tarefa clinicamente desafiadora, pois o examinador precisa determinar rapidamente a etiologia do coma e direcionar o tratamento mais apropriado para a recuperação, sempre que possível. Após revisar brevemente a fisiopatologia do coma, este capítulo enfatiza a abordagem clínica e o manejo racional de pacientes em coma por diferentes causas.

Palavras-chave: exames de CT e MRI do cérebro, herniação cerebral, coma, *overdose* de drogas, hipotermia, hipóxia, síndrome do encarceramento, perda de consciência, reflexos oculocefálicos e oculovestibulares.

1.1 Introdução

O coma é o estado extremo de inconsciência, com o paciente aparentemente "adormecido" não responsivo aos estímulos até mesmo dolorosos. A fisiopatologia fundamental foi talvez mais habilmente revisada por Plum e Posner[1] na monografia pioneira *Torpor e Coma*. A abordagem clínica para pacientes em coma é enfatizada neste capítulo.

1.2 Fisiopatologia do Coma

O estado de vigília ou alerta é fundamentalmente dependente do "sistema reticular ativador ascendente" (SARA), um componente funcional da rede neuronal complexa que faz parte da formação reticular do tronco encefálico superior. O SARA estende-se da região tegmental média da ponte ao mesencéfalo para os núcleos talâmicos intralaminares e prosencéfalo basal, a partir do qual existem projeções corticais amplas, principalmente para os lobos frontais e sistema límbico.[2] Lesões estruturais extensas que interrompam diretamente esta via causariam inconsciência, como no tronco encefálico rostral ou tálamo bilateral (▶ Fig. 1.1), enquanto uma lesão hemisférica, unilateral (p. ex., um infarto embólico do lobo frontal) não a faria, a menos que prejudicasse indiretamente o SARA por meio do efeito compressivo. Geralmente o último ocorre no quadro de edema perilesional grave, criando um desvio da linha média que comprime os núcleos talâmicos intralaminares do diencéfalo (▶ Fig. 1.2). Na ausência de desvio na linha média ou compressão do diencéfalo, o coma pode ser produzido por lesões bilaterais, extensas (p. ex., trauma craniencefálico – TCE grave), destruindo de forma ampla o córtex ou rompendo a maioria das projeções talamocorticais ou corticocorticais.[3] Os processos metabólicos que geram coma geralmente o fazem ao prejudicar áreas bilaterais ou difusas do córtex cerebral, que são bem mais sensíveis à hipóxia, hipoglicemia e efeitos de drogas do que o tronco encefálico.

Pacientes reanimados após parada cardiorrespiratória podem permanecer em coma por alguns dias e, em seguida, parecer que

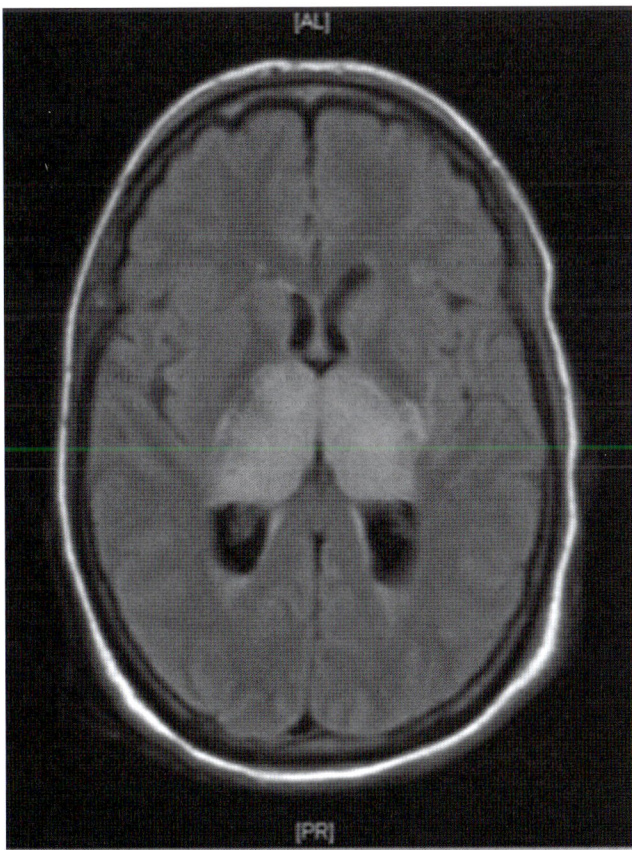

Fig. 1.1 Imagem de ressonância magnética (sequência de recuperação da inversão atenuada por fluidos – FLAIR) mostrando lesões talâmicas bilaterais em paciente comatoso, imunossuprimido, com romboencefalite causada pelo vírus do Nilo Ocidental.

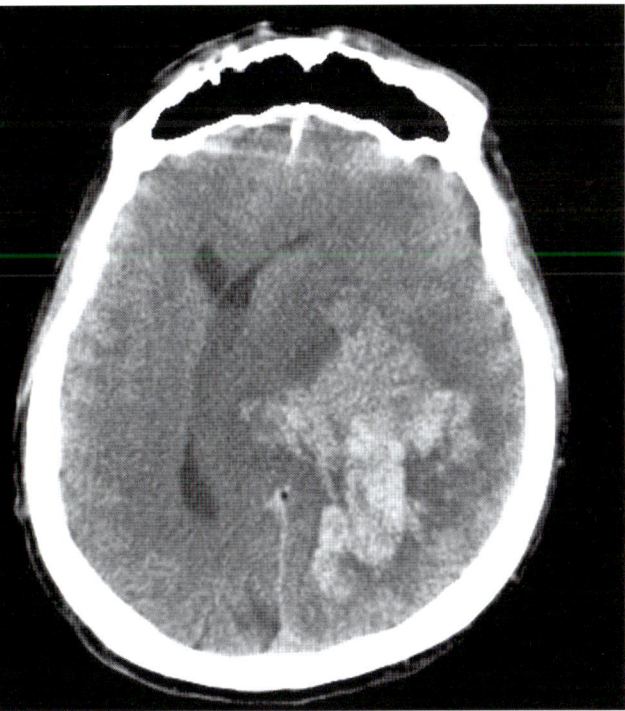

Fig. 1.2 Imagem de tomografia computadorizada mostrando hemorragia cerebral extensa com desvio da linha média.

ficam intermitentemente acordados. A respiração espontânea, movimentos oculares errantes e outros comportamentos reflexos ocorrem, mas a capacidade de resposta ou comunicação cortical nunca volta. A condição funcional dessa encefalopatia estática, anóxica foi anteriormente denominada estado vegetativo crônico ou persistente (PVS). Mais recentemente, o PVS foi renomeado como "síndrome da vigília não responsiva".[4] Pacientes que manifestam sinais ocasionais, limitados de responsividade, como rastreamento visual, foram considerados como em "estado de mínima consciência".[5] Alguns sobreviventes afortunados podem ter uma recuperação mais completa.

Outras causas de coma (p. ex., metástases cerebrais, hemorragia) podem ter natureza progressiva, levando à morte se não reconhecidas e tratadas precocemente. A causa de coma em um paciente deve, portanto, ser diagnosticada rapidamente e qualquer tratamento potencial iniciado o mais rápido possível. Como o exame clínico neurológico à beira do leito realizado no paciente em estado de coma é limitado à avaliação dos reflexos do tronco encefálico, a história do paciente, quando disponível, torna-se uma parte valiosa da informação. A rapidez e o modo pelo qual o paciente torna-se comatoso, assim como a história médica pregressa, medicamentos ou procedimentos atuais e sintomas ou doenças recentes podem fornecer dicas importantes quanto à causa do coma.

1.3 Avaliação Clínica de Pacientes Comatosos

A observação do início súbito do coma sugere fortemente hemorragia intracraniana, infarto extenso do tronco encefálico ou múltiplos infartos embólicos cerebrais ou hipoperfusão cerebral por arritmia cardíaca ou bloqueio atrioventricular. A cefaleia excruciante imediatamente antes da perda de consciência aponta para a ruptura aneurismática com hemorragia subaracnóidea. Os distúrbios metabólicos que produzem o coma geralmente são precedidos por um período de confusão ou delírio, se a história estiver disponível, embora a dose excessiva de medicamentos, se acidental ou intencional, possa levar abruptamente ao coma. Novos medicamentos ou ajustes das doses devem ser analisados, além de quaisquer pulseiras de "alerta médico" marcadas por um histórico de epilepsia, diabetes ou uso de varfarina. O TCE grave ou traumatismo de coluna cervical é sugerido pelo local onde o paciente é encontrado (p. ex., no pé da escada) ou por sinais de lesão externa, se não houver testemunhas presentes. A presença de doença febril precedente torna a meningoencefalite ou abscesso cerebral mais prováveis em um paciente comatoso, embora os sinais de infecção possam estar ausentes na condição de imunossupressão.

Durante a aquisição dos dados históricos, outra equipe médica deve garantir, imediatamente, a adequação dos "ABCs" (vias aéreas, respiração, circulação) no paciente comatoso. Os sinais vitais em si podem sugerir a causa do coma, como no choque circulatório, por hipovolemia, sepse ou causas cardiogênicas. A hipoventilação pode indicar o envolvimento direto dos centros cardiorrespiratórios bulbares vitais por infarto ou hemorragia extensa do tronco encefálico ou, indiretamente, por meio da herniação tonsilar por edema cerebral ou cerebelar. No quadro de TCE, a apneia pode ser decorrente de grave e insuspeita lesão na medula espinhal cervical alta. Os distúrbios neuromusculares agudos que levam à paralisia global (p. ex., crise miastênica e síndrome de Guillain-Barré grave) também podem causar fraqueza respiratória, embora esses pacientes geralmente permaneçam conscientes, apesar de apresentarem a "síndrome do encarceramento".

A pressão arterial elevada é um fenômeno reativo frequente no quadro de hemorragia ou infarto cerebral agudo sem prejuízo da consciência, mas a pressão arterial extremamente elevada pode refletir, na verdade, a causa primária do coma: encefalopatia hipertensiva ou hemorragia talâmica ou dos gânglios basais por hipertensão essencial não controlada ou uso de drogas simpatomiméticas (p. ex., cocaína). No quadro clínico de edema cerebral progressivo com herniação tonsilar incipiente, o aumento súbito na pressão arterial pode ser acompanhado por bradicardia e alterações respiratórias: reflexo de Cushing.

Os pacientes comatosos febris apresentam, frequentemente, infecções do sistema nervoso central ou sistêmicas. Outras causas de febre, como sugeridas pelo cenário clínico presente, incluem hipertermia maligna por anestesia, síndrome neuroléptica maligna, síndrome da serotonina, insolação e dose excessiva de anticolinérgicos. Pacientes encontrados ao ar livre no inverno, porém, podem estar comatosos em consequência da hipotermia, que necessita de reaquecimento urgente. Se a temperatura corporal interna cair abaixo de 35° C, até mesmo os reflexos do tronco encefálico podem ser perdidos e o paciente pode parecer ter morte encefálica.

Determinados aspectos do exame físico geral também podem auxiliar na determinação da etiologia do coma. As hemorragias periorbitais cutâneas ("olhos de guaxinim") e da mastoide ("sinal de Battle") podem refletir fraturas cranianas, como otorreia e rinorreia de líquido cefalorraquidiano (CSF) também podem, apontando o TCE como a causa principal de coma em um indivíduo "encontrado caído no chão".[6] Um paciente ictérico com ascite grave pode estar em coma hepático. Petéquias e equimoses difusas podem indicar coagulopatia sistêmica e a probabilidade de hemorragia intracraniana, enquanto a "púrpura palpável" é um sinal de meningococemia e meningite coexistente. A rigidez nucal pode desenvolver-se por infecção da meninge ou hemorragia subaracnóidea, mas pode ser indetectável quando o paciente estiver totalmente em estado de coma.[7] No entanto, se houver qualquer dúvida quanto ao trauma, o pescoço e a cabeça não devem ser rotacionados ou flexionados até que uma fratura ou instabilidade da coluna cervical seja radiograficamente excluída. Hemorragias pré-retiniana ou sub-hialoide no exame fundoscópico estão associadas à hemorragia subaracnóidea.[7] A descoberta de papiledema confirma pressão intracraniana elevada de etiologia diversa, mas leva pelo menos 2 a 4 horas para o desenvolvimento após hemorragia cerebral ou subaracnóidea aguda.[8] Hemorragias subungueais (lasca), palmares, plantares ou retinianas (mancha de Roth) sugerem endocardite infecciosa como fonte de embolia ou abscessos cerebrais em um paciente comatoso com sopro cardíaco.

Embora o exame neurológico de pacientes em estado de coma seja limitado, correlaciona-se com o nível de disfunção no sistema nervoso central e muda se houver qualquer progressão de rostral para caudal do edema, da hemorragia ou da isquemia até a porção baixa do tronco encefálico.[3] Os sinais neurológicos de deterioração clínica à beira do leito, porém, desenvolvem-se em taxas variáveis em diferentes pacientes. Os principais aspectos do exame neurológico à beira do leito são o padrão respiratório, função motora ou responsividade e a avaliação das pupilas e reflexos oculares.

O padrão de respiração frequentemente é impossível de ser avaliado, visto que a maioria dos pacientes comatosos está inicialmente intubada ou em ventilação mecânica. Além disso, a correlação de lesões específicas com determinados padrões respiratórios é imprecisa.[9] A respiração de Cheyne-Stokes ou volumes correntes crescendo/decrescendo, alternando com apneias, podem ocorrer em pacientes com tempo de circulação mais lento em decorrência de insuficiência cardíaca ou em pacientes idosos sistemicamente doentes, assim como aqueles em coma por lesões cerebrais bi-hemisféricas. A hiperventilação constante é encontrada mais comumente com um distúrbio pulmonar primário (p. ex., síndrome do desconforto respiratório agudo) e apenas raramente por lesão isolada do mesencéfalo. A respiração errática, irregular é típica de respiração atáxica, precursora da parada respiratória por envolvimento dos centros cardiorrespiratórios do bulbo.[10]

Os movimentos espontâneos ou induzidos por estímulo devem ser observados no paciente. O movimento de um membro sob comando ou após um estímulo doloroso (atrito no esterno, compressão do leito ungueal ou compressão da rima orbitária ou do ângulo da mandíbula) é um prognóstico melhor do que a não responsividade. A postura decorticada espontânea ou induzida por estímulo (flexão uni ou bilateral dos membros superiores com extensão dos membros inferiores) ocorre com disfunção em nível dos hemisférios cerebrais ou diencéfalo. A postura descerebrada (extensão uni ou bilateral dos membros superiores e inferiores) ocorre com disfunção em nível do núcleo vermelho (mesencéfalo).[10] Tentativas para induzir o sinal de Babinski podem levar à resposta de "tríplice flexão", com flexão no quadril, joelho e tornozelo, indicativa de lesão no trato corticospinal.[7] O *asterixis* pode ser observado bilateralmente com a extensão passiva das mãos ou pés e, juntamente com mioclonias e movimentos trêmulos, sugere uma causa metabólica de coma. O *asterixis* unilateral é observado com lesões no lobo parietal, mesencéfalo ou talâmicas contralaterais.[11] As mioclonias surgem como contrações musculares súbitas, semelhantes a choques, observadas em um membro ou no corpo inteiro, frequentemente desencadeadas por estímulos táteis e frequentemente observadas na encefalopatia anóxica. Outros movimentos repetitivos, rítmicos e sutis devem ser observados, como espasmo da pálpebra, face ou membro, ou desvio lateral do olhar com nistagmo persistente. Esses movimentos podem ser os únicos sinais clínicos de estado de mal epiléptico não convulsivo ou "eletroencefalográfico", que podem ser a causa primária ou principal de coma. Entretanto, nem todos os movimentos oculares repetitivos são epilépticos. O movimento ocular rápido, um reflexo rápido, cíclico de ambos os olhos para baixo, com um retorno mais lento à posição primária, geralmente ocorre com lesões na ponte, indicando prognóstico ruim.[12] Qualquer paciente intubado, estático, não responsivo e com olhos abertos, piscando espontaneamente deve ser examinado quanto ao estado de aferentação da síndrome do encarceramento (p. ex., infarto extenso da ponte por oclusão da artéria basilar). O examinador pode ficar surpreso ao observar que tal paciente responde confiavelmente às questões sim-ou-não piscando uma ou duas vezes.

O exame das pupilas e o reflexo de luz na pupila é uma tarefa simples, mas associada a alguns problemas. A constrição normal da pupila ao estímulo luminoso envolve as fibras parassimpáticas eferentes do terceiro nervo craniano em nível do mesencéfalo. Portanto, uma lesão do mesencéfalo dorsal ou do(s) terceiro(s) nervo(s) craniano(s) produz pupila(s) maior(es), não reativa(s), dilatada(s). As fibras simpáticas dilatadoras da pupila deixam o hipotálamo, descem até o tronco encefálico para a medula espinhal cervicotorácica, saem para os gânglios simpáticos (estrelados) e ascendem junto às artérias carótidas em direção à órbita. As lesões no tronco encefálico em posição caudal ao mesencéfalo, desse modo, rompem as fibras pupilodilatadoras, deixando as pupilas pequenas, contraídas, mas reativas. No entanto, um paciente comatoso com pupilas contraídas nem sempre indicará uma lesão pontina, visto que esse aspecto pupilar também ocorre na *overdose* de drogas narcóticas ou em pacientes com glaucoma que utilizam colírios colinérgicos (pilocarpina). As lesões que levam ao coma em qualquer lugar tendem a produzir pupilas ligeiramente pequenas, mas reativas, que correspondem ao achado comum em pacientes idosos conscientes. As causas metabólicas do coma também produzem pupilas pequenas de tamanho igual, com o reflexo luminoso preservado mesmo após a perda de outros nervos cranianos ou reflexos do tronco encefálico (reflexos da córnea, oculocefálicos, oculovestibulares e do vômito).[13]

O achado de pupila aumentada, dilatada, não reativa em um paciente não responsivo é uma característica ameaçadora, geralmente representando herniação uncal a partir de uma massa ipsolateral. Nesses pacientes inconscientes, os estudos de imagem por tomografia computadorizada (CT) e ressonância magnética (MRI) revelam que o coma é produzido por compressão horizontal grave e desvio do diencéfalo, que precede o obscurecimento das cisternas perimesencefálicas e pressão no próprio úncus.[14,15] O desvio horizontal e a distorção do tronco encefálico superior, contendo o SARA, induz mais facilmente o coma do que graus similares de deslocamento vertical do tronco encefálico em decorrência da herniação tonsilar. O deslocamento horizontal da glândula pineal de 3 a 4 mm correlaciona-se com a sonolência, 6 a 8 mm com torpor e mais de 8 mm com o coma.[14]

Os reflexos oculocefálicos e oculovestibulares (▶ Fig. 1.3) são reflexos normais do tronco encefálico, rapidamente induzidos e observados quando a inibição cortical está reduzida ou ausente. Uma vez excluída a lesão na coluna cervical, a rotação passiva e leve da cabeça do paciente para a esquerda normalmente produz o rolamento lateral conjugado de ambos os olhos para a direita, e

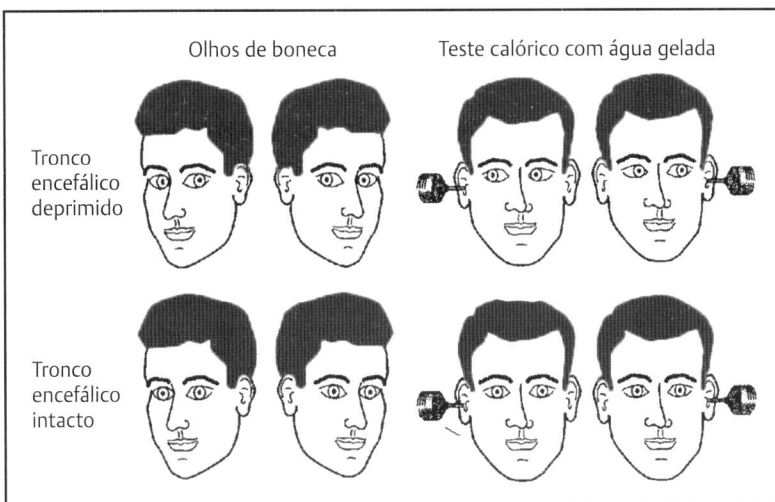

Fig. 1.3 Reflexos oculares. Os olhos normalmente giram do lado oposto à cabeça (olhos de boneca ou reflexo oculocefálico) e lentamente giram em direção à orelha irrigada com água gelada (reflexo calórico frio ou oculovestibular). (Modificada com permissão de Collins RC. Neurology. Philadelphia, PA: WB Saunders; 1997.)

vice-versa. Em outras palavras, durante a rotação lateral da cabeça, os olhos dos pacientes tendem a manter o olhar no examinador, durante a observação do paciente "face a face". Este é o reflexo oculocefálico ou manobra dos "olhos de boneca". O reflexo oculovestibular ou "calórico frio" pode ser preservado ou persistir após o reflexo oculocefálico estar ausente. Com a cabeça do paciente elevada em aproximadamente 30 graus, a irrigação do canal auricular com água gelada geralmente produz alguma turbulência ou movimento de líquido endolinfático dentro dos canais semicirculares do labirinto, causando um desvio tônico e lento de ambos os olhos em direção à orelha irrigada. O nistagmo lateral, com componente rápido para a orelha oposta, requer alguma função cortical e, assim, não é observado normalmente no indivíduo comatoso. É preciso ter cautela a fim de garantir que não haja uma resposta falso-negativa, com a instilação de no mínimo 50 cm^3 de água gelada para o estímulo adequado no teste. Se o cerúmen ou resíduo fecha o canal auricular, uma resposta normal pode ser inibida. A água não deve ser instilada no canal auricular com uma membrana timpânica rompida, por causa do risco de infecção.

No entanto, falhas para induzir reflexos oculares podem ocorrer sem lesão no tronco encefálico. Os reflexos oculovestibulares ausentes, em especial, podem ser secundários ao trauma labiríntico preexistente, mastoidite ou toxicidade por drogas. Ambos os reflexos oculares são prontamente suprimidos por benzodiazepínicos e barbitúricos, se previamente administrados por terapia ou aplicados em dose excessiva pelo paciente inconsciente. No caso de o paciente com trauma apresentar lesões faciais, as fraturas maxilares podem restringir os músculos extraoculares e criar um reflexo ocular falso-negativo.

Aspectos principais do exame clínico neurológico (padrão de respiração, função motora, reflexos pupilares e oculares) devem ser registrados periodicamente quando o paciente é tratado e observado em relação à melhora ou deterioração. A equipe de paramédicos frequentemente utiliza a Escala de Coma de Glasgow ou o escore *Full Outline of UnResponsiveness* (FOUR) para classificar rápida e sequencialmente os pacientes comatosos.[16] A perda de todos os reflexos no tronco encefálico em um paciente comatoso, apneico, sinaliza a morte encefálica, que é diagnosticada quando a causa conhecida de coma (p. ex., hipóxia prolongada) é grave o suficiente para destruir irreversivelmente os hemisférios cerebrais e o tronco encefálico, sem melhora após um período suficiente de tratamento e observação. Hipotermia (temperatura corporal interna abaixo de 32° C), choque circulatório (pressão arterial sistólica inferior a 90 mmHg) e intoxicação por drogas devem ser tratados adequadamente nessa condição. O período recomendado de observação que antecede o diagnóstico de morte encefálica em adultos é de 6 horas; um período de 12 horas a 2 dias é sugerido para crianças.[17] Além da documentação da ausência de reflexos no tronco encefálico, o teste de apneia deve ser feito para verificar a falha do centro respiratório bulbar (sem respirações visíveis, apesar de atingir uma pressão parcial de dióxido de carbono [pCO$_2$] de 60 mmHg ou mais, após 10 minutos de ventilação mecânica com 100% de O$_2$). Historicamente, nos Estados Unidos, achava-se que um eletroencefalograma (EEG) isoelétrico em "linha reta" demonstrava a ausência de função cortical. Visto que os remanescentes de atividade das ondas cerebrais ainda foram ocasionalmente encontrados em pacientes com perda significativa de neurônios corticais, o teste complementar de escolha atualmente utilizado é um exame cerebral com radioisótopos que descreve o fluxo de sangue intracraniano ausente.

1.4 Manejo Inicial de Pacientes Comatosos (▶ Fig. 1.4)

Como previamente mencionado, o funcionamento adequado dos ABCs deve ser assegurado. A proteção insuficiente das vias aéreas ou o risco de aspiração exige a intubação mesmo se houver respiração espontânea. Hipertensão extrema, hipotensão, febre, hipotermia e arritmia cardíaca necessitam de tratamento urgente e podem ser as causas primárias de coma. Como a hipoglicemia persistente conduz ao dano cortical permanente, deve ser rapidamente excluída com a leitura da glicemia na ponta do dedo ou pela administração empírica de dextrose a 50% em bolo intravenoso (IV). A tiamina 100 mg IV deve ser aplicada imediatamente antes de qualquer infusão de glicose para prevenir a precipitação da encefalopatia de Wernicke em pacientes desnutridos ou alcoolizados. Antídotos para a dosagem excessiva de narcóticos (naloxona) ou benzodiazepínicos (flumazenil) apenas despertam o paciente temporariamente; embora isso tenha utilidade diagnóstica, as convulsões por abstinência podem ocorrer com o flumazenil. O exame de sangue para eletrólitos, glicose, função renal e hepática, cálcio, creatina quinase, amônia, hormônio tireoestimulante (TSH), hemograma, tempo de protrombina (PT) e tempo de tromboplastina parcial ativada (aPTT) devem ser encaminhados, além de gasometria arterial (com nível de monóxido de carbono se indicado) e o exame toxicológico de urina. Culturas de sangue, urina e CSF são enviadas, se solicitadas. Pacientes comatosos reanimados após parada cardíaca apresentam melhores desfechos neurológicos se tratados com hipotermia em janela de 6 horas, atingindo uma temperatura interna de 32° C a 34° C por 24 horas, seguido por reaquecimento lento.[18]

O exame cerebral por CT é realizado com urgência, se houver sinais de lesão estrutural no sistema nervoso central (CNS) ou história de TCE ou após impossibilidade de localizar a causa metabólica do coma ou resposta à terapia (p. ex., reposição volêmica ou correção da hipoglicemia). As lesões estruturais supratentoriais são sugeridas por déficits neurológicos motores assimétricos, de postura, de reflexos ou do olhar; pupila dilatada, fixa; ou convulsão generalizada parcial ou secundária. As lesões estruturais infratentoriais são sugeridas pelo desenvolvimento precoce de quadriplegia ou tetraplegia, apneia e perda de reflexos de nervo craniano ou do tronco encefálico. Pacientes com infarto isquêmico podem necessitar de um exame de MRI do cérebro ou mesmo a angiografia por CT ou MR, na avaliação de intervenções agudas, como trombectomia mecânica. Quando há deterioração dos pacientes por infarto extenso da artéria cerebral média (▶ Fig. 1.5), apesar do suporte médico ideal, a hemicraniectomia descompressiva com expansão dural no período de 48 horas do início do acidente vascular cerebral melhora a sobrevida em pacientes com idade inferior a 60 anos. No entanto, os membros da família precisam ser informados, visto que, pelo menos metade dos sobreviventes terá deficiência grave no pós-operatório. A craniectomia suboccipital em casos de infarto cerebelar progressivo também é eficaz, com desfechos funcionais geralmente melhores.[19]

As causas metabólicas do coma geralmente prejudicam o comportamento ou alteram a consciência antes do desenvolvimento de déficits neurológicos simétricos. O reflexo pupilar à luz nesta condição geralmente é preservado, mesmo quando outros reflexos do tronco encefálico são perdidos. Tremor, mioclonia, *asterixis* bilateral e convulsões principalmente generalizadas ocorrem no coma toximetabólico. Em pacientes sem causa evidente de coma e CT cerebral normal, o EEG deve ser realizado para excluir o estado de mal epiléptico "elétrico" não convulsivo. Em vez de movimentos tônico-clônicos dos membros e do corpo, o paciente pode apresentar apenas nistagmo repetitivo, sutil ou contrações

Algoritmo de Manejo dos Pacientes Comatosos

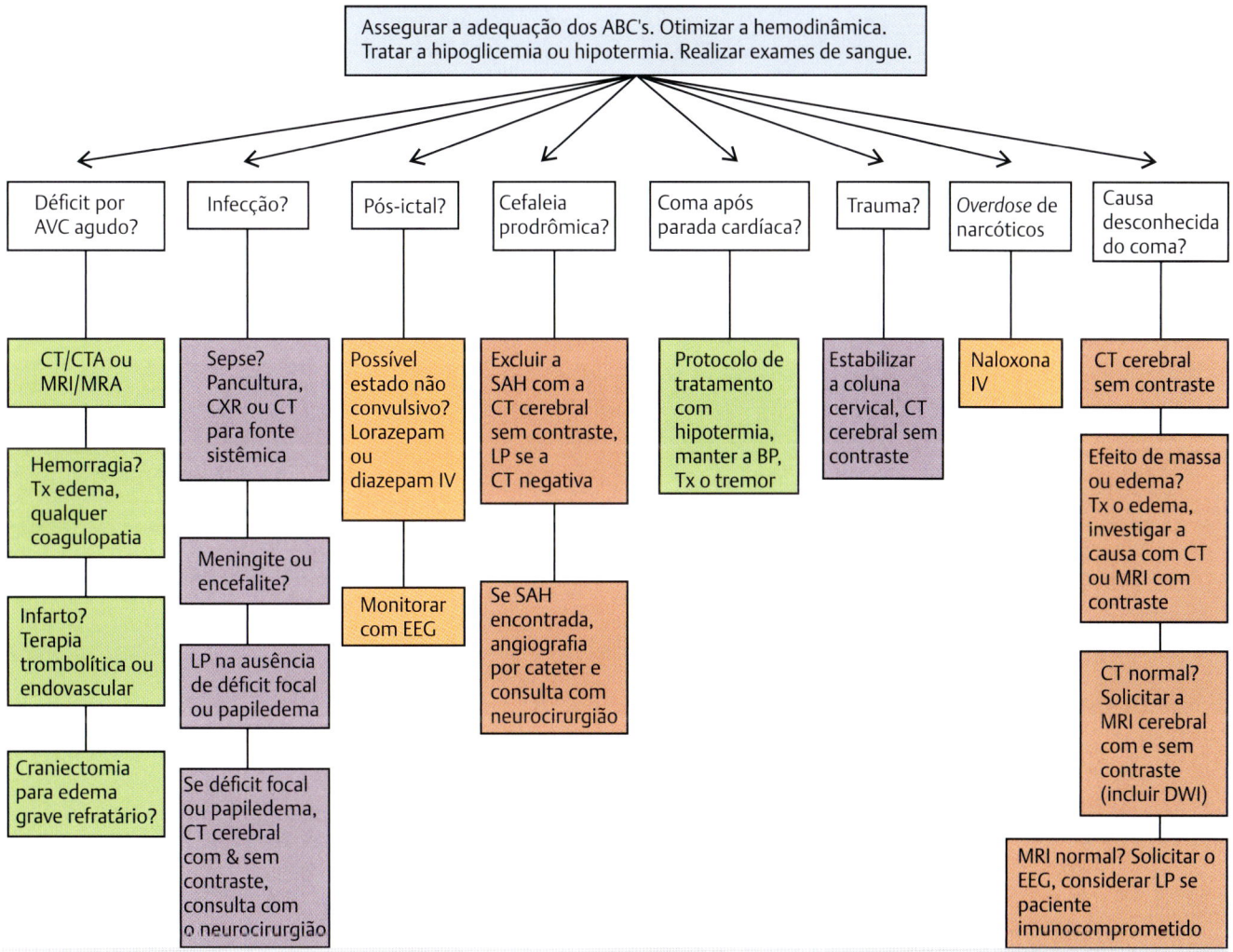

Fig. 1.4 Algoritmo de manejo dos pacientes comatosos. ABC, vias aéreas, respiração, circulação; CTA, angiografia por tomografia computadorizada; MRA, angiografia por ressonância magnética; Tx, tratar; CXR, radiografia torácica; SAH, hemorragia subaracnóidea; DWI, imagens ponderadas em difusão; LP, punção lombar.

da face, como manifestação de convulsões contínuas, generalizadas no EEG. Na ausência do estado de mal epiléptico, o EEG pode documentar ondas lentas difusas da encefalopatia ou talvez as ondas trifásicas características de insuficiência renal ou hepática.

1.5 Manejo Específico de Pacientes Comatosos

1.5.1 Coma por Lesões Estruturais com Déficits Neurológicos Simétricos

É rara a presença de achados neurológicos simétricos em lesão única que cause o coma. Um exemplo que não pode ser perdido é a síndrome do encarceramento, geralmente associada ao infarto pontino bilateral extenso, em decorrência da oclusão da artéria basilar. O paciente manifesta olhar fixo vertical preservado e pode se comunicar por piscadelas, apesar da quadriplegia, diplegia facial, paralisia do olhar lateral e disfunção respiratória. Outras causas de síndrome do encarceramento não envolvem lesões estruturais do CNS, mas são decorrentes da paralisia neuromuscular profunda com insuficiência respiratória, ainda que a consciência seja preservada. Exemplos incluem crise miastênica e síndrome de Guillain-Barré fulminante, com arreflexia global na última condição. Na ausência de observadores descrevendo um histórico de fraqueza progressiva, o examinador vê um paciente paralisado, em ventilação mecânica com exame de imagem cerebral e EEG normais. A eletromiografia (EMG) portátil na unidade de terapia intensiva pode demonstrar, de forma mais adequada, a presença de um defeito de transmissão neuromuscular grave ou neuropatia desmielinizante aguda.

A hemorragia hipertensiva cerebral profunda no tálamo ou gânglios basais, com ou sem ruptura para os ventrículos, frequentemente produz coma e tetraplegia. Assimetrias leves de espasticidade de membros ou desvio do olhar, em conjunto com histórico de cefaleia e deterioração neurológica súbita, servem para localizar o problema e, provavelmente, sua causa.

A síndrome talâmica paramediana pode ser difícil de diagnosticar à beira do leito. O paciente manifesta estado de torpor ou hipersonolência, necessitando de estímulos nocivos contínu-

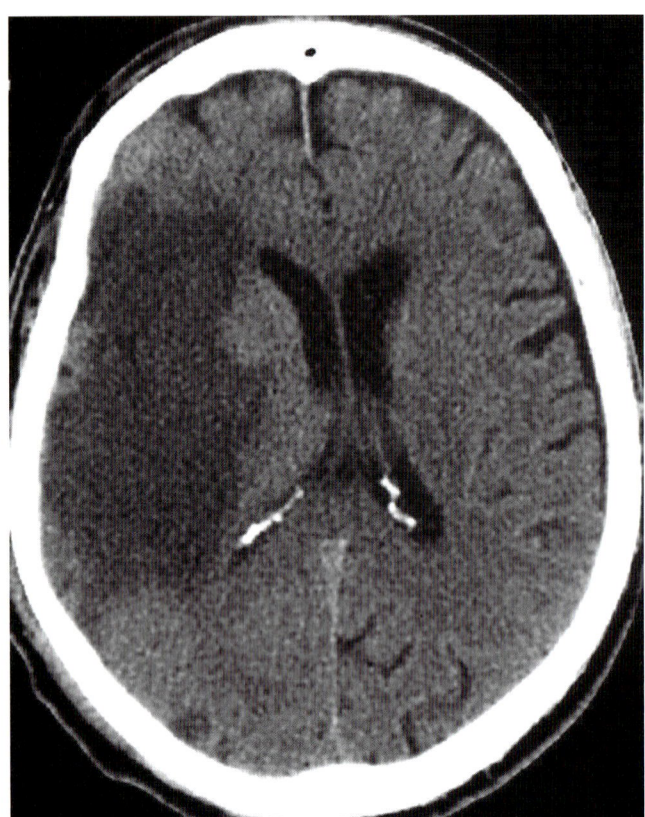

Fig. 1.5 Imagem de tomografia computadorizada mostrando infarto da artéria cerebral média com desvio da linha média.

os para ficar acordado. Déficit de olhar vertical e graus variáveis de quadriparesia, assim como o *asterixis* bilateral, ocorrem em função do infarto bilateral do mesencéfalo dorsal, estendendo-se para os núcleos talâmicos intralaminares (SARA) e, assim, prejudicando a consciência.[20]

Tromboses venosas cerebrais ocorrem em pacientes manifestando condições de hipercoagulação, sepse e periparto. A trombose do seio sagital superior produz cefaleia, convulsões, possivelmente déficits bilaterais e infartos hemorrágicos parassagitais. Pode ser difícil detectar o "sinal de delta vazio", do trombo no seio sagital superior, como observado pela CT cerebral com infusão; a MRI cerebral é um teste mais sensível. A trombose das veias cerebrais profundas pode conduzir com mais rapidez ao coma e pior prognóstico, desde que essas veias drenem o tálamo dorsal, gânglios basais, plexos coroides e substância branca periventricular.[21]

A hidrocefalia aguda pode ser revelada pela presença de cefaleia, obscurecimentos visuais e sonolência aumentada antes do coma. Se causada por um tumor na região pineal, a síndrome de Parinaud pode estar presente: rotação ocular superior prejudicada e dissociação pupilar próxima da luz (constrição normal da pupila para visualização de um objeto próximo, mas não para um estímulo luminoso). Outras causas de hidrocefalia aguda incluem obstrução por pus ou sangue nos forames de Luschka e Magendie ou por sangue proveniente de hemorragia recorrente nos vilos subaracnóideos.

1.5.2 Coma por Causas Toximetabólicas

A dosagem excessiva de drogas provavelmente é a causa mais comum, não estrutural de coma. Novamente, a história clínica cuidadosa é fundamental nesta condição: quais são os medicamentos do paciente ou outros medicamentos acessíveis ao paciente? Há qualquer precedente de depressão, outra doença psiquiátrica ou uso habitual de drogas recreacionais? A intoxicação pode predispor à lesão concomitante no crânio, que deve ser sempre suspeitada, além de drogas simpatomiméticas, como cocaína, que causam infartos ou hemorragias cerebrais em adultos jovens. A ingestão de várias drogas ou medicamentos contribui para um diagnóstico difícil à beira do leito antes dos resultados de um exame toxicológico, mas algumas drogas podem ser suspeitadas com base na presença de sinais simpatomiméticos, simpatolíticos, anticolinérgicos ou colinérgicos (▶ Quadro 1.1).[22]

Quadro 1.1 Aspectos clínicos do coma por overdose de medicamentos ou drogas ilícitas

Síndrome	Simpatomimética	Simpatolítica	Anticolinérgica	Colinérgica
Drogas causadoras	Cocaína, anfetamina, efedrina	Opiáceos, benzodiazepínicos, álcool	Anti-histamínicos, neurolépticos, TCAs	Inseticidas (organofosforados)
Frequência cardíaca	⇑⇑⇑	Normal ou ⇓	⇑	Ambas: ⇑ ⇓
BP	⇑⇑⇑	⇓	⇑	Ambas: ⇑ ⇓
Pupilas	Grandes	Pequenas	Muito grandes a fixas	Pequenas
Diaforese[a]	⇑	Normal	⇓⇓⇓	⇑⇑⇑
Motilidade GI/GU[a]	⇑	Normal ou ⇓	⇓	⇑⇑⇑
Outros aspectos			TCAs: QRS amplo no EKG	Fasciculações, lacrimejamento, salivação

Abreviaturas: BP, pressão arterial; EKG, eletrocardiograma; GI, gastrintestinal; GU, geniturinário; TCA, antidepressivo tricíclico.

Dados de Gerace RW. Drugs part A: poisoning. In: Young GB, Ropper AH, Bolton CF, eds. Coma and Impaired Consciousness. New York, NY: McGraw-Hill; 1998:457-69.

[a]Diaforese reduzida leva à pele quente, seca, ruborizada. A motilidade GI/GU aumentada inclui náusea e vômito, cãibras e diarreia. Motilidade GI/GU reduzida inclui íleo e atonia da bexiga. Convulsões e arritmias cardíacas podem ocorrer em qualquer síndrome.

As toxinas ambientais capazes de produzir o coma geralmente estão associadas à exposição catastrófica a uma indústria química ou um acidente industrial. O suicídio ou morte cerebral por monóxido de carbono (CO) é um problema doméstico, frequentemente causado por aquecedores defeituosos ou garagens mal ventiladas. Os aspectos clínicos do envenenamento por CO podem desenvolver-se lenta ou abruptamente, incluindo cefaleia, confusão, tontura, convulsões e coma. A ventilação urgente com oxigênio a 100%, idealmente em uma câmara hiperbárica, é indicada.[23]

O coma pode ser produzido não apenas por condições hipoglicêmicas, mas também por estados hiperglicêmicos, hiperosmolares extremos, seja por desidratação resultante ou por alterações da osmolaridade, levando ao edema cerebral durante o tratamento corretivo. Os achados focais, assimétricos, como hemiplegia ou afasia, ou por convulsões parciais, podem ser unicamente decorrentes de graves condições hipoglicêmicas,[24] hiperglicêmicas[25] ou agudamente hiponatrêmicas. A correção rápida da hiponatremia, com aumento do sódio sérico mais rápido que 12 mmol/L diariamente, pode levar à mielinólise pontina central (CPM), com quadriparesia, torpor ou coma. As lesões subcorticais fora da ponte também podem ocorrer com a CPM.[25]

A insuficiência renal ou hepática pode causar delírio, com movimentos trêmulos, asterixis bilateral e mioclonia, progredindo para o coma se não tratada. Além disso, a necrose hepática produz em condição pré-terminal um edema cerebral fulminante,[26] por isso deve ser considerada quando uma CT cerebral demonstrar o edema cerebral em um paciente comatoso sem etiologia evidente. No entanto, a presença de sinais de icterícia, ascite e hemorragia gastrintestinal ou cutânea geralmente sugere disfunção hepática. O acúmulo de amônia e toxina relacionadas afeta o CNS na doença hepática e distúrbios do ciclo de Krebs. Ocasionalmente, pacientes com obstrução vesical e cistite por bactérias produtoras de urease podem ficar em estado de torpor como resultado da amônia absorvida na bexiga.[27] Outros distúrbios endócrinos também podem produzir o coma. A apoplexia da hipófise é o infarto hemorrágico ou a necrose aguda de um tumor hipofisário, prejudicando a consciência por compressão do hipotálamo ou por insuficiência da suprarrenal. Paralisias extraoculares podem ser notadas após cefaleia súbita, grave. A manifestação de convulsões e do coma pode acompanhar a tempestade tireoidiana juntamente com a taquicardia e febre consideráveis.[25]

1.5.3 Coma por Causas Desconhecidas

O exame cerebral por CT é frequentemente realizado, apesar de não serem evidentes achados assimétricos sugestivos de lesão estrutural nem sinais de TCE, mas por causa do suporte hemodinâmico e correção de fatores metabólicos produzidos sem melhora no coma. Se e quando o paciente se encontra estável, um exame cerebral de MRI pode ser a melhor modalidade para detectar infartos isquêmicos hiperagudos (sequências de imagem ponderada em difusão), encefalite aguda por herpes simples e outras condições (▶ Quadro 1.2).[17] A menos que anoxia ou isquemia grave ocorram, espera-se que o paciente não responsivo gradual e, eventualmente, se recupere de uma *overdose* de drogas ou encefalopatia metabólica, com cuidado e suporte médico intensivo.

Quadro 1.2 Achados sugestivos na imagem da tomografia computadorizada e ressonância magnética em pacientes comatosos

Achados	Probabilidades clínicas
Hemorragia talâmica dos gânglios basais	Hipertensão não controlada, simpatomiméticos (cocaína)
Hemorragia subaracnóidea	Trauma, ruptura de aneurisma, simpatomiméticos (cocaína)
Hidrocefalia comunicante	Meningite da base do crânio ou hemorragia subaracnóidea
Hidrocefalia não comunicante (quarto ventrículo não dilatado)	Estenose de aqueduto, massa na região pineal
Infartos hemorrágicos parassagitais	Trombose venosa do seio sagital superior, coagulopatia
Edema cerebral difuso sem sangue	Anoxia grave, encefalite, necrose hepática aguda
Gânglios basais bilaterais, lesões subcorticais na substância branca[a]	Envenenamento por monóxido de carbono
Lesões pontinas bilaterais, do mesencéfalo, talâmicas e occipitais (infartos)[a]	Oclusão da artéria basilar
Lesões bilaterais talâmicas e têmporo-occipitais (edema reversível)[a]	Encefalopatia hipertensiva, eclâmpsia
Lesões mesiotemporais e frontais bilaterais com edema[a]	Encefalite por herpes simples
Lesões pontinas centrais irregulares, talvez outras lesões subcorticais[a]	Mielinólise pontina central (síndrome de desmielinização osmótica)

Adaptado de Wijdicks EFM. Altered arousal and coma. In: Wijdicks EFM (Ed.). *Catastrophic Neurologic Disorders in the Emergency Department*, 2nd ed. Oxford, UK: Oxford University Press; 2004:53-93.

[a]Melhor visualização dos achados em imagens de ressonância magnética.

Referências

[1] Plum F, Posner JB. The Diagnosis of Stupor and Coma. 3rd ed. Philadelphia, PA: FA Davis; 1982

[2] Moruzzi G, Magoun HW. Brain stem reticular formation and activation of the EEG. Electroencephalogr Clin Neurophysiol. 1949; 1(4):455-473

[3] Plum F, Posner JB. Supratentorial lesions causing coma. In: Plum F, Posner JB. The Diagnosis of Stupor and Coma. 3rd ed. Philadelphia, PA: FA Davis; 1982:87-151

[4] Laureys S, Celesia GG, Cohadon F, et al; European Task Force on Disorders of Consciousness. Unresponsive wakefulness syndrome: a new name for the vegetative state or apallic syndrome. BMC Med. 2010; 8:68

[5] Giacino JT, Ashwal S, Childs N, et al. The minimally conscious state: definition and diagnostic criteria. Neurology. 2002; 58(3):349-353

[6] Moulton R. Head injury. In: Young GB, Ropper AH, Bolton CF, eds. Coma and Impaired Consciousness. New York, NY: McGraw-Hill; 1998:149-181

[7] Fisher CM. The neurological examination of the comatose patient. Acta Neurol Scand. 1969; 45(Suppl 36:):-1-56

[8] Pagani LF. The rapid appearance of papilledema. J Neurosurg. 1969; 30(3):247-249

[9] Lee MC, Klassen AC, Resch JA. Respiratory pattern disturbances in ischemic cerebral vascular disease. Stroke. 1974; 5(5):612-616

[10] Plum F, Posner JB. The pathologic physiology of signs and symptoms of coma. In: Plum F, Posner JB. The Diagnosis of Stupor and Coma. 3rd ed. Philadelphia, PA: FA Davis; 1982:1-86
[11] Degos JD, Verroust J, Bouchareine A, Serdaru M, Barbizet J. Asterixis in focal brain lesions. Arch Neurol. 1979; 36(11):705-707
[12] Fisher CM. Ocular bobbing. Arch Neurol. 1964; 11:543-546
[13] Plum F, Posner JB. Multifocal, diffuse and metabolic brain diseases causing stupor or coma. In: Plum F, Posner JB. The Diagnosis of Stupor and Coma. 3rd ed. Philadelphia, PA: FA Davis; 1982:177-303
[14] Ropper AH. Lateral displacement of the brain and level of consciousness in patients with an acute hemispheral mass. N Engl J Med. 1986; 314(15):953-958
[15] Ropper AH. A preliminary MRI study of the geometry of brain displacement and level of consciousness with acute intracranial masses. Neurology. 1989; 39(5):622-627
[16] Wijdicks EFM, Bamlet WR, Maramattom BV, Manno EM, McClelland RL. Validation of a new coma scale: the FOUR score. Ann Neurol. 2005; 58(4):585-593
[17] Wijdicks EFM. Altered arousal and coma. In: Wijdicks EFM, ed. Catastrophic Neurologic Disorders in the Emergency Department. 2nd ed. Oxford, UK: Oxford University Press; 2004:53-93
[18] Hypothermia after Cardiac Arrest Study Group. Mild therapeutic hypothermia to improve the neurologic outcome after cardiac arrest. N Engl J Med. 2002; 346(8):549-556
[19] Wijdicks EFM, Sheth KN, Carter BS, et al; American Heart Association Stroke Council. Recommendations for the management of cerebral and cerebellar infarction with swelling. A statement for healthcare professionals from the American Heart Association/American Stroke Association.. Stroke. 2014; 45:1222-1238
[20] Castaigne P, Lhermitte F, Buge A, Escourolle R, Hauw JJ, Lyon-Caen O. Paramedian thalamic and midbrain infarct: clinical and neuropathological study. Ann Neurol. 1981; 10(2):127-148
[21] Crawford SC, Digre KB, Palmer CA, Bell DA, Osborn AG. Thrombosis of the deep venous drainage of the brain in adults. Analysis of seven cases with review of the literature. Arch Neurol. 1995; 52(11):1101-1108
[22] Gerace RW. Drugs part A: poisoning. In: Young GB, Ropper AH, Bolton CF, eds. Coma and Impaired Consciousness. New York, NY: McGraw-Hill; 1998:457-469
[23] Ernst A, Zibrak JD. Carbon monoxide poisoning. N Engl J Med. 1998; 339(22):1603-1608
[24] Wallis WE, Donaldson I, Scott RS, Wilson J. Hypoglycemia masquerading as cerebrovascular disease (hypoglycemic hemiplegia). Ann Neurol. 1985; 18(4):510-512
[25] Young GB, DeRubeis DA. Metabolic encephalopathies. In: Young GB, Ropper AH, Bolton CF, eds. Coma and Impaired Consciousness. New York, NY: McGraw-Hill; 1998:307-392
[26] Lee WM. Acute liver failure. N Engl J Med. 1993; 329(25):1862-1872
[27] Drayna CJ, Titcomb CP, Varma RR, Soergel KH. Hyperammonemic encephalopathy caused by infection in a neurogenic bladder. N Engl J Med. 1981; 304(13):766-768

2 Monitoramento da Pressão Intracraniana e Manejo da Hipertensão Intracraniana

Syed Omar Shah ▪ Bong-Soo Kim ▪ Bhuvanesh Govind ▪ Jack Jallo

Resumo

Durante as últimas décadas, houve um progresso em nossa compreensão sobre a hipertensão intracraniana. Atualmente temos a neuroimagem avançada juntamente com as técnicas de monitoramento em múltiplas modalidades, que nos permitiu tratar de forma eficaz as hipertensões intracranianas. Com o desenvolvimento das unidades de terapia intensiva neurológicas, houve um progresso contínuo do manejo desses pacientes. O tratamento com protocolos terapêuticos dirigidos promoveu o aumento dos prognósticos clínicos favoráveis quando comparado aos controles históricos. Neste capítulo explicaremos as indicações e contraindicações do monitoramento da pressão intracraniana. A maior parte deste capítulo, porém, será dedicada às práticas atuais de manejo clínico e cirúrgico de pacientes com hipertensão intracraniana.

Palavras-chave: dispositivo ventricular externo, hipertensão intracraniana, manejo da pressão intracraniana, monitoramento multimodal.

2.1 Introdução

Um dos problemas clínicos comuns e mais importantes encontrados pelo neurocirurgião é o manejo da pressão intracraniana (ICP). Durante as últimas décadas, aperfeiçoamos a compreensão sobre a fisiopatologia da ICP, assim como o tratamento de pacientes com hipertensão intracraniana. Além disso, a disponibilidade de tecnologias de monitoramento multimodal e de neuroimagem avançada resultou no manejo eficaz do paciente com doenças do sistema nervoso central associadas à hipertensão intracraniana. A hipertensão intracraniana refratária demonstrou ser a causa primária de morte na maioria dos pacientes que morrem de doenças do sistema nervoso central, como lesão cerebral traumática (TBI) e acidente vascular cerebral. No entanto, o manejo bem sucedido da hipertensão intracraniana continua sendo um desafio. Quase nenhuma modalidade de tratamento novo e eficaz foi identificada desde o surgimento de técnicas de monitoramento da ICP disponíveis na prática clínica. O objetivo deste capítulo é discutir o manejo clínico atualizado da hipertensão intracraniana ICP.

2.2 Monitoramento da Pressão Intracraniana

A relação entre ICP e seu efeito na hipertensão intracraniana tem origem na doutrina de Monro-Kellie, afirmando que a quantidade total de líquido cefalorraquidiano (CSF) intracraniano, cérebro e sangue deve permanecer constante e que, se houver qualquer aumento de um dos componentes, deve-se observar uma diminuição correspondente em outros componentes.[1] Portanto, a presença de lesões extensas constituídas por um desses componentes pode causar aumento na ICP e, dependendo de quanta hipertensão intracraniana esteja sendo criada, isso pode ser uma emergência de risco à vida. O monitoramento acurado e em tempo real da ICP é essencial ao manejo bem-sucedido de ICP elevada. O monitoramento da pressão intracraniana pode fornecer um alerta precoce de complicações tardias. O aumento progressivo de ICP pode indicar o desenvolvimento de hemorragia intracerebral, edema cerebral ou hidrocefalia. Embora a hipertensão intracraniana refratária seja um forte indicador de mortalidade, a ICP em si não fornece um marcador prognóstico útil de desfecho funcional.

2.2.1 Indicações para o Monitoramento da Pressão Intracraniana

O monitoramento da pressão intracraniana pode ser utilizado em grande variedade de lesões cerebrais, incluindo TBI, hemorragia subaracnóidea (SAH), hematoma intracerebral e isquemia cerebral. Geralmente um monitor de ICP deve ser utilizado, se a condição que leva à elevação de ICP for passível de tratamento e a avaliação da ICP for também relevante nas decisões para o tratamento ou intervenção. O monitoramento da pressão intracraniana pode detectar alterações na pressão antes da ocorrência de lesão cerebral secundária resultante da ICP. A identificação de pacientes que se beneficiariam do monitoramento de ICP é baseada em avaliações clínicas e radiográficas. Infelizmente, existem dados insuficientes para auxiliar um tratamento padrão para o monitoramento de ICP. As diretrizes da *Brain Trauma Foundation* recomendam o monitoramento de ICP em pacientes com traumatismo craniencefálico (TCE) grave apresentando um exame de tomografia computadorizada anormal na admissão. TCE grave é definido como um escore de 3 a 8 na Escala de Coma de Glasgow após ressuscitação cardiopulmonar. Um exame de tomografia computadorizada anormal do crânio é um achado que revela hematomas, contusões, edema ou cisternas basais comprimidas. Além disso, o monitoramento de ICP é apropriado em pacientes com TCE grave e com exame de tomografia computadorizada normal, se dois ou mais dos seguintes aspectos são notados durante a admissão: idade superior a 40 anos, postura motora anormal uni ou bilateral e episódio de pressão arterial sistólica menor que 90 mmHg. O monitoramento da pressão intracraniana não é indicado de modo rotineiro em pacientes com TCE leve ou moderado.[2] Entretanto, o médico pode escolher monitorar a ICP em alguns pacientes conscientes com lesões traumáticas expansivas. Pacientes com TCE moderado apresentando contusões do lobo temporal são um exemplo. A tendência para essas lesões evoluírem nas primeiras 24 a 48 horas, associada à sua proximidade ao tronco encefálico, e a restrição física na fossa temporal aumentam a possibilidade de deterioração tardia acentuada presente na forma de herniação. Portanto, algumas instituições tendem a monitorar tais pacientes utilizando um monitor minimamente invasivo, como o monitor de fibra óptica intraparenquimatoso.

O objetivo principal do monitoramento de ICP é manter a perfusão cerebral adequada com o uso de dados objetivos, sendo que o monitor de ICP pode ser interrompido quando a ICP estiver em uma faixa normal por 24 a 72 horas após a suspensão da terapia para ICP.

2.2.2 Contraindicações do Monitoramento da Pressão Intracraniana

Não há contraindicação absoluta para o monitoramento de ICP e existem poucas contraindicações relativas. A coagulopatia pode aumentar significativamente o risco de hemorragia relacionada com o procedimento. Se possível, a colocação de um monitor de ICP deve ser adiada até que a razão normalizada internacional (INR), o tempo de protrombina (PT) e o tempo de tromboplastina parcial (PTT) sejam corrigidos. Geralmente o PT deve ser inferior a 13,5 segundos ou a INR deve ser inferior a 1,4. Para situações de emergência, o plasma fresco congelado e a vitamina K devem ser administrados. A contagem de plaquetas deve ser preferencialmente maior que 100.000/mm^3, mas isso pode ser inviável em pacientes com distúrbios sanguíneos. Pacientes em uso de agentes antiplaquetários têm recebido, historicamente, um *pool* de plaquetas, mas os dados que suportam esses achados são limitados.

2.2.3 Tipos e Seleção de Monitores de Pressão Intracraniana

Existem vários métodos de classificação de monitores de ICP. Os dispositivos de monitoramento da pressão intracraniana são principalmente classificados de acordo com a localização do monitor e a tecnologia utilizada para determinar a ICP (▶ Quadro 2.1). A seleção do tipo de dispositivo de monitoramento de ICP depende de vários fatores, incluindo manifestação clínica, necessidade de drenagem concomitante de CSF, riscos associados aos dispositivos específicos, disponibilidade do sistema, familiaridade pessoal do cirurgião com tais dispositivos e facilidade de inserção.[3]

2.3 Manejo da Hipertensão Intracraniana

Vários limiares distintos de ICP foram descritos na literatura e não existem valores comuns evidentes que sejam aplicados na prática clínica para todos os distúrbios neurológicos.[4-6] O limiar que define a hipertensão intracraniana também é incerto, mas geralmente é considerado maior que 20 a 25 mmHg, mas tanto os limiares menores e maiores foram descritos.[7] As diretrizes da *Brain Trauma Foundation* de 2007 recomendam manter a ICP abaixo de 20 mmHg em pacientes TBI que estejam em centros de trauma de nível II.[8] Em uma declaração de consenso da Neurocritical Care Society e da European Society of Intensive Care Medicine, foi recomendado o uso de ICP para guiar as intervenções médicas e cirúrgicas, mas o valor limiar de ICP permanece incerto com base na literatura.[9]

A CPP representa o gradiente de pressão que atua em todo o leito cerebrovascular e é o principal determinante do fluxo sanguíneo cerebral (CBF). Na presença de autorregulação cerebral intacta, o CBF permanece relativamente constante em ampla faixa de pressões de perfusão. Isso é alcançado por respostas de vasoconstrição à CPP aumentada e respostas vasodilatadoras à redução da CPP. A autorregulação da pressão cerebral normalmente tem limites inferiores e superiores de CPP de aproximadamente 50 e 150 mmHg, respectivamente (▶ Fig. 2.1 e ▶ Fig. 2.2). Quando a CPP está fora dos limites de autorregulação da pressão, o CBF torna-se diretamente dependente da CPP.

A pressão de perfusão cerebral é calculada como a pressão arterial média (MAP) menos ICP: CPP = MAP – ICP. No quadro de hipertensão intracraniana em pacientes adultos, a manutenção de CPP acima de 70 mmHg geralmente é recomendada. No entanto, essas recomendações foram modificadas ao longo do tempo, uma vez que os alvos para CPP em vez da ICP não melhoraram os prognósticos.[10] Portanto, valores ideais de CPP para cada paciente individual precisam ser identificados em vez de um limiar único. Além disso, a medida da CPP verdadeira depende da colocação adequada do transdutor de pressão arterial. Muitas práticas clínicas colocam os transdutores de pressão arterial na região do coração quando, de fato, devem ser referenciados na região do trago. A opinião atual é manter a CPP de 50 a 70 mmHg.

2.3.1 Ondas Patológicas: Ondas de Lundberg

Informação diagnóstica importante é incluída em formas de ondas da ICP.[11-13] As medidas de ICP produzem ondas com três picos classicamente definidos, como demonstrado na ▶ Fig. 2.3a. A onda

Quadro 2.1 Seleção do tipo de dispositivo de monitoramento da pressão intracraniana

Tipo	Vantagens	Desvantagens	Comentários
Ventriculostomia	Capaz de recalibrar Acurada, confiável Mais barata Capaz de drenar o CSF	Risco de infecção, hemorragia	Procedimento de excelência de posicionamento no ventrículo lateral Pode ser tunelizada ou inserida por um parafuso
Parenquimatoso	Menos invasivo que a ventriculostomia Acurado, confiável Fácil e rápido de inserir	Não é capaz de recalibrar Caro Incapaz de drenar o CSF	Inserido no parênquima cerebral
Parafuso subaracnóideo	Menos invasivo que a ventriculostomia	Incapaz de drenar o CSF	Inserido no espaço subaracnóideo
Subdural	Menos invasivo que a ventriculostomia	Baixa acurácia e confiabilidade ao longo do tempo Incapaz de drenar o CSF	Inserido no espaço subdural
Epidural	Menos invasivo que a ventriculostomia	Baixa acurácia e confiabilidade ao longo do tempo Incapaz de drenar o CSF	Inserido no espaço epidural

Abreviatura: CSF, líquido cefalorraquidiano.

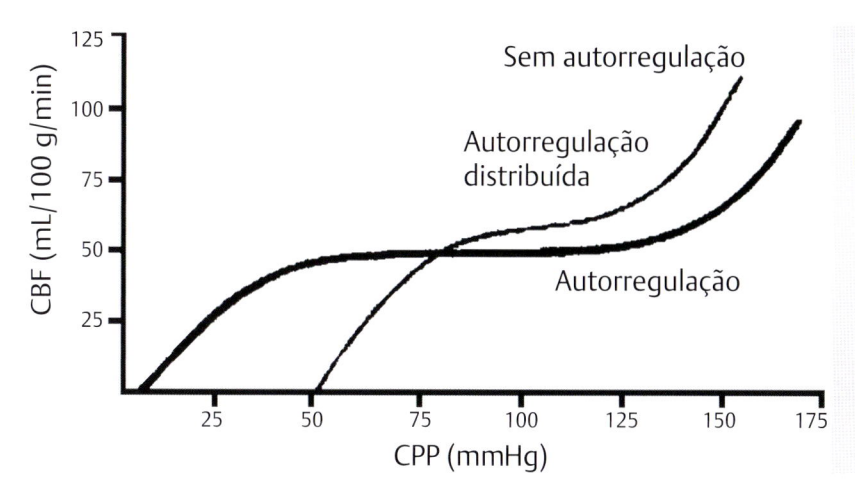

Fig. 2.1 Curvas autorregulatórias cerebrais. CBF, fluxo sanguíneo cerebral. (Reproduzida com permissão de Marmarou A. Physiology of the cerebrospinal fluid and intracranial pressure. In: Winn RH, ed. Youman's Neurological Surgery. 5th ed. Philadelphia: Elsevier; 2004:181-83.)

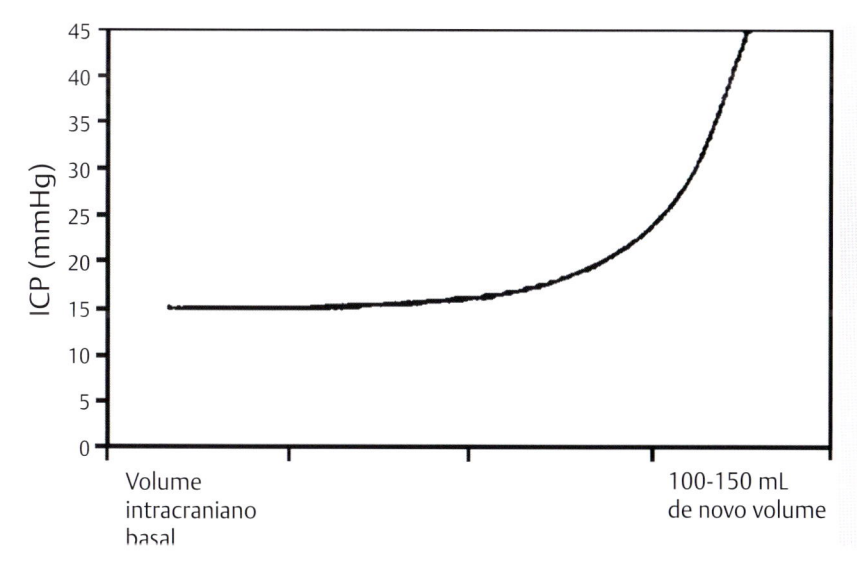

Fig. 2.2 Curva volumétrica de pressão intracraniana. ICP, pressão intracraniana. (Reproduzida com permissão de Marion DW. Pathophysiology and treatment of intracranial hypertension. In: Andrew BT, ed. Intensive Care in Neurosurgery. New York: Thieme Medical Publishers; 2003:47.)

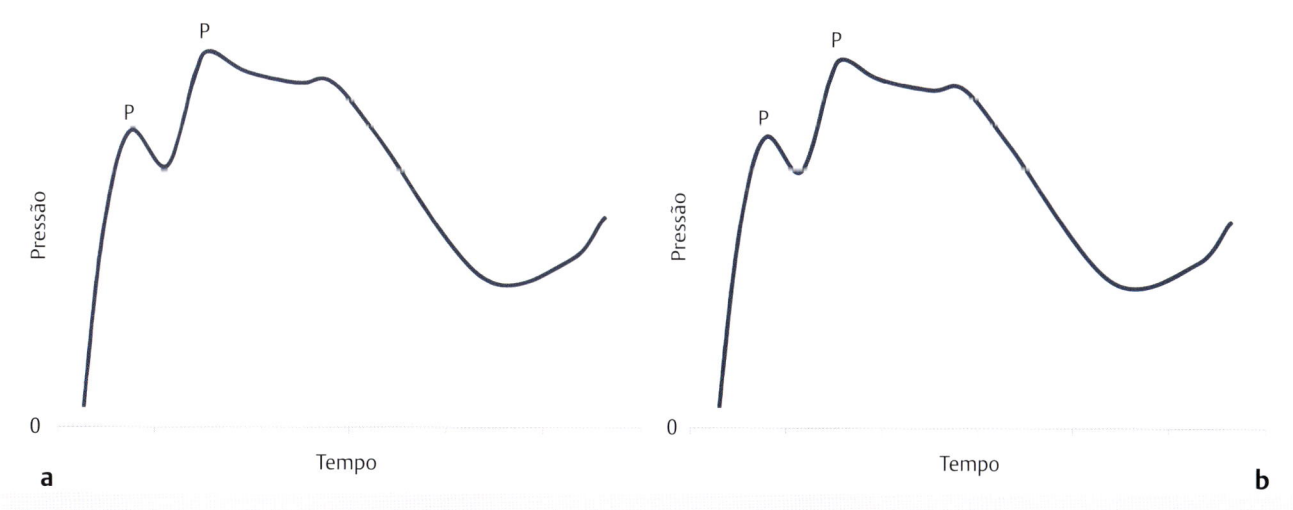

Fig. 2.3 (**a**) Onda de pressão intracraniana (ICP) demonstrando três picos com complacência normal. (**b**) Onda de ICP com complacência comprometida. P2 elevado acima de P1. Com o agravamento clínico, o gráfico de ondas não retorna completamente ao estado basal e mostra, progressivamente, a elevação na ICP mínima (crise de ICP).

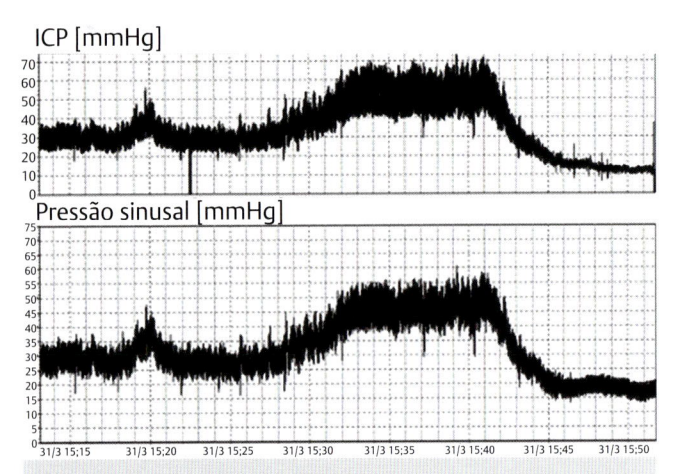

Fig. 2.4 Exemplo de registro da pressão intracraniana contínua mostrando agravamento gradual da pressão cerebral ao longo do tempo.

de pulso (P1) é o primeiro pico, refletindo a pulsação arterial das grandes artérias intracranianas. A onda maior (P2) é o segundo pico e reflete a elasticidade cerebral, enquanto o terceiro pico é referido como a onda dicrótica (P3). Somente as ondas P1 e P2 são clinicamente úteis.

O comprometimento na complacência encefálica ou cerebral causado pela hipertensão intracraniana manifesta-se em ondas patológicas "A" (ondas em platô ou de Lundberg), enquanto P2 permanece elevada. A ICP aumenta muito acima de 20 mmHg, com picos geralmente variando de 50 a 80 mmHg, significando herniação cerebral iminente, se não tratada. A onda em platô é um sinal de alerta de deterioração da curva autorregulatória, por meio da qual a ICP é elevada ao ponto onde o CBF é comprometido (▶ Fig. 2.3b). O aumento persistente na ICP neste ponto compromete a CPP, com um ciclo vicioso de ondas em platô adicionais e consequente agravamento da isquemia cerebral (▶ Fig. 2.4). As ondas B de Lundberg geralmente apresentam duração mais curta e são aumentos de ICP entre 20 e 50 mmHg. As ondas B representam oscilações rítmicas provavelmente relacionadas com alterações no tônus vascular em decorrência da instabilidade vasomotora quando a CPP está no limite inferior da autorregulação da pressão.

2.3.2 Tratamento Clínico de Hipertensão Intracraniana (▶ Fig. 2.5)

Posição da Cabeça

A prática tradicional de elevar a cabeça em 30 a 45 graus acima do coração, para diminuir a ICP em pacientes com lesão intracraniana, tem sido questionada nos últimos anos. Alguns argumentam que os pacientes com hipertensão intracraniana devem ser colocados em posição horizontal, o que maximiza a CPP e reduz a gravidade e frequência da ocorrência de onda de pressão. No entanto, a ICP é, de modo geral, significativamente mais elevada quando o paciente está em posição horizontal.[14]

Dados recentes indicam que a elevação da cabeça para 30 graus reduz significativamente a ICP sem reduzir a CPP ou CBF. O pescoço deve ser mantido em posição neutra e a compressão das veias jugulares deve ser evitada, de forma que não comprometa o fluxo de saída da veia jugular. O início de ação da elevação da cabeça é imediato.

Sedativos e Agentes Paralíticos

Agitação, ansiedade, dor e movimento descontrolado podem contribuir para aumentos indesejáveis na ICP e nas demandas metabólicas cerebrais, o uso de sedativos e fármacos paralíticos têm um papel eficaz no manejo da ICP aumentada, principalmente no TCE grave. No entanto, tais medicamentos podem alterar o exame neurológico e devem ser utilizados com prudência. Não há preferência real de um sedativo em relação a outro; o fator essencial é que a hipotensão secundária a doses excessivas de um sedativo deve ser evitada e tem mais chances de ocorrer em pacientes com hipovolemia subjacente. Além disso, agentes de ação mais curta permitem exame clínico intermitente.

O propofol está sendo utilizado cada vez mais em pacientes na unidade de terapia intensiva (ICU) neurocirúrgica, particularmente em pacientes com TCE. O propofol é potencialmente vantajoso nesta condição, considerando sua dose-resposta ampla, a meia-vida de eliminação curta (24-64 minutos) e efeitos anticonvulsivantes e neuroprotetores potentes. Ao contrário dos benzodiazepínicos e opiáceos, o uso de propofol a longo prazo não resulta em fenômenos de tóxico-dependência ou abstinência.[15] A necessidade de dosagens elevadas, porém, pode ocorrer. Permanece incerto se este problema está relacionado com a tolerância ou com a taxa aumentada de liberação do medicamento. O propofol causa hipotensão, particularmente em pacientes com depleção de volume. A tendência para a hipotensão com o uso de propofol pode ser minimizada se os pacientes apresentam volume intravascular normal antes de iniciarem a administração desse medicamento; a infusão inicia-se em uma taxa inferior a 20 μg/kg/min e não aumenta para mais do que 10 μg/kg/min a cada 5 minutos.[16] O uso prolongado (> 48 horas) de altas doses de propofol (> 66 μg/kg/min) foi associado à acidose lática, bradicardia e lipidemia em pacientes pediátricos. Uma complicação rara primeiramente relatada em pacientes pediátricos e também observada em adultos é conhecida como "síndrome da infusão de propofol", caracterizada por insuficiência miocárdica, acidose metabólica e rabdomiólise. A hipercalcemia e a insuficiência renal também foram associadas a essa síndrome. A hipertrigliceridemia e a pancreatite são complicações incomuns.[17] Isso pode ser uma complicação fatal.

Morfina, fentanil e sufentanil são analgésicos comuns para a sedação na ICU e não alteram a ICP.[18] O etomidato é utilizado para facilitar as intubações endotraqueais; contudo, mesmo um único *bolus* de etomidato pode causar relativa insuficiência da adrenal em pacientes com TCE. Desse modo, o etomidato deve ser evitado.[19] O midazolam pode ser utilizado sozinho ou em combinação com uma infusão de opioide. Deve-se tomar cuidado para evitar hipotensão.

Embora a paralisia farmacológica cause diminuição da ICP em pacientes com hipertensão intracraniana refratária, o uso precoce, de rotina, a longo prazo de agentes bloqueadores neuromusculares em pacientes com lesões graves da cabeça para tratar a ICP não melhora o prognóstico geral e pode, na verdade, ser prejudicial por causa do prolongamento da permanência na ICU e a frequência aumentada de complicações extracranianas, como pneumonia e insuficiência respiratória, associadas à paralisia farmacológica.[20]

2.3.3 Terapia Osmótica

Os diuréticos osmóticos são utilizados amplamente no tratamento de ICP aumentada. Embora sem evidência de classe I relatada para comparar a eficácia tanto do manitol ou salina hipertônica, a evidência de classe II e III sugere que ambos os agentes podem ser

Manejo da Hipertensão Intracraniana

Manter a ICP < 20 / CPP > 60 ou objetivo específico do paciente identificado pelo MD

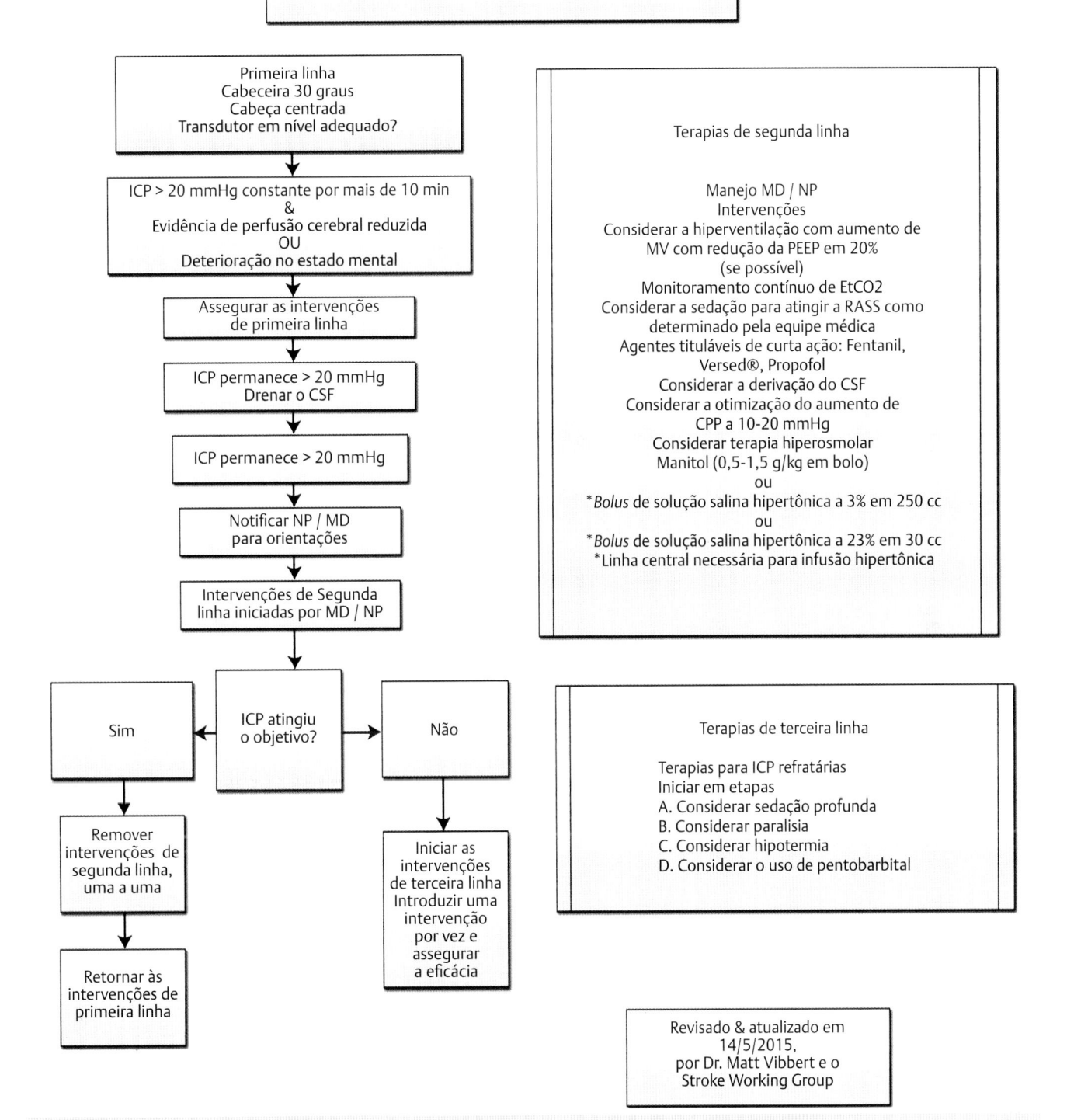

Primeira linha
Cabeceira 30 graus
Cabeça centrada
Transdutor em nível adequado?

ICP > 20 mmHg constante por mais de 10 min
&
Evidência de perfusão cerebral reduzida
OU
Deterioração no estado mental

Assegurar as intervenções de primeira linha

ICP permanece > 20 mmHg
Drenar o CSF

ICP permanece > 20 mmHg

Notificar NP / MD para orientações

Intervenções de Segunda linha iniciadas por MD / NP

ICP atingiu o objetivo?

Sim → Remover intervenções de segunda linha, uma a uma → Retornar às intervenções de primeira linha

Não → Iniciar as intervenções de terceira linha. Introduzir uma intervenção por vez e assegurar a eficácia

Terapias de segunda linha

Manejo MD / NP
Intervenções
Considerar a hiperventilação com aumento de MV com redução da PEEP em 20%
(se possível)
Monitoramento contínuo de EtCO2
Considerar a sedação para atingir a RASS como determinado pela equipe médica
Agentes tituláveis de curta ação: Fentanil, Versed®, Propofol
Considerar a derivação do CSF
Considerar a otimização do aumento de CPP a 10-20 mmHg
Considerar terapia hiperosmolar
Manitol (0,5-1,5 g/kg em bolo)
ou
*Bolus de solução salina hipertônica a 3% em 250 cc
ou
*Bolus de solução salina hipertônica a 23% em 30 cc
*Linha central necessária para infusão hipertônica

Terapias de terceira linha

Terapias para ICP refratárias
Iniciar em etapas
A. Considerar sedação profunda
B. Considerar paralisia
C. Considerar hipotermia
D. Considerar o uso de pentobarbital

Revisado & atualizado em 14/5/2015,
por Dr. Matt Vibbert e o Stroke Working Group

Fig. 2.5 Algoritmo para pressão intracraniana elevada. GCS, Escala de Coma de Glasgow; ICP, pressão intracraniana; CPP, pressão de perfusão cerebral.

eficazes em reduzir a ICP. No entanto, muitos regimes diferentes (concentração, dose, *bolus versus* infusões contínuas e duração) são utilizados. Infelizmente, não existem comparações entre esses protocolos de tratamento.[21]

Manitol

O diurético mais comumente utilizado é o manitol. Os efeitos redutores do manitol na ICP provavelmente são dependentes de vários mecanismos, incluindo efeitos osmóticos, diuréticos e hemodinâmicos. Tradicionalmente, o efeito do manitol sobre a ICP foi atribuído ao "encolhimento do cérebro" resultante do arraste da água do espaço intersticial do cérebro para o compartimento intravascular. Este efeito depende do estabelecimento de gradientes osmóticos entre o plasma e as células. Gradientes menores do que 10 mOsmol/L parecem eficazes para a redução da ICP, podendo demorar até 30 minutos para desenvolver nesses pacientes.[22] Para o manitol ser eficaz, a barreira hematoencefálica (BBB) deve ser preservada. Portanto, uma BBB reduzida teoricamente limita a eficácia dos diuréticos osmóticos, pois o gradiente osmótico não pode ser formado. Um gradiente osmótico deve ser produzido para direcionar a água do cérebro para o compartimento intravascular. No entanto, o manitol quase sempre reduz a ICP elevada, independentemente de sua causa. Quando 1 g de manitol/kg de peso corporal é administrado por mais de 10 minutos, observa-se um aumento na osmolaridade sérica de 20 a 30 mOsmol/L, que retorna ao nível controle em aproximadamente 3 horas.[23] (O efeito diurético do manitol também pode contribuir para a redução de ICP).[21] A remoção direta da água do parênquima cerebral é responsável apenas em parte pela redução de ICP observada que acompanha a administração de manitol. Após a infusão em *bolus* de manitol hiperosmolar, a água é retirada dos tecidos, incluindo eritrócitos, para o plasma. Esse efeito imediato de expansão do plasma reduz a viscosidade do sangue pela redução do volume, rigidez e coesão dos eritrócitos.[24] A hemorreologia alterada resulta em diminuição da resistência cerebrovascular e aumento de CBF e CPP. A vasoconstrição autorregulatória pode, então, diminuir o volume sanguíneo cerebral (CBV) e a ICP. Esses efeitos reológicos imediatos do manitol podem ser os mediadores primários de redução da ICP.[25] O manitol é conhecido por abrir a BBB, possivelmente por desidratar as células endoteliais e, assim, causar a separação das junções oclusivas.[26] Se as células endoteliais ficam edemaciadas na área do edema cerebral, o manitol pode ser benéfico em aumentar o CBF por meio da elevação do diâmetro interno do capilar, reduzindo o edema em células endoteliais.

O manitol pode produzir hipotensão imediata após infusões rápidas, principalmente em pacientes com depleção de volume. A insuficiência renal é um dos efeitos adversos mais importantes. Preocupação em relação ao risco de insuficiência renal frequentemente limita o uso de manitol. Embora pouco compreendido, os possíveis mecanismos para insuficiência renal induzida por manitol incluem vasoconstrição renal arteriolar aferente, edema do túbulo renal, vacuolização tubular, aumento da concentração de Na+ intraluminal em nível de mácula densa e elevação da pressão oncótica plasmática.[27-29] As diretrizes tradicionais de tratamento na prática clínica recomendam que o manitol não deve ser administrado se o nível de osmolaridade sérica exceder 320 mOsmol/L, em decorrência da preocupação em relação à indução de insuficiência renal.[30-32] Entretanto, Gondim *et al.* relataram recentemente que não há relação entre osmolaridade e insuficiência renal. Pacientes com condições preexistentes que provavelmente causam deficiência crônica da função renal parecem ter maior risco.[33]

Os *bolus* intermitentes de manitol (0,25–1 g/kg de peso corporal) são recomendados em vez da infusão contínua, pois a infusão contínua é mais propensa a causar um aumento rebote da ICP, particularmente em casos de uso prolongado de manitol com descontinuação rápida. Existem vários mecanismos teóricos que explicam o fenômeno de rebote. A explicação amplamente sustentada é a penetração de solutos osmoticamente ativos no cérebro edematoso, seu acúmulo criando uma reversão desfavorável do gradiente osmótico. Marshall *et al.* demonstraram que a redução de ICP com uma dose de 0,25 g/kg é similar à resposta obtida com doses de 0,5 a 1,0 g/kg.[34]

Solutos Hipertônicos

A solução salina hipertônica (HTS) apresenta utilidade comprovada no controle da ICP elevada, principalmente quando outros tratamentos falham. Suarez *et al.* descreveram oito pacientes (um com TBI, vários com SAH, um com glioma) que receberam *bolus* de 30 mL de HTS a 23,4% quando refratários ao manitol.[35] Todos apresentaram redução da ICP de uma média de 41,5 para 17 mmHg por várias horas. Não houve aumento de Na+ sérico apesar das múltiplas doses, mas sem alteração na pressão venosa central (CVP) ou mesmo da excreção urinária. Em outro estudo, nove pacientes com acidente vascular cerebral (CVA) receberam tanto 7,5% de HTS ou manitol.[36] Entre esses pacientes, 30 casos de ICP elevada ou pupilas dilatadas foram aleatoriamente tratados com ambos os agentes. A melhora da ICP (reduzida ≥ 10%) ou resolução da anormalidade pupilar foi encontrada em dez dos 14 pacientes que receberam manitol e todos os pacientes com HTS. Uma maior redução absoluta e uma resposta mais rápida foram notadas com HTS. No entanto, a melhora na CPP foi mais eficaz com manitol.

Estudos retrospectivos realizados com crianças também produziram resultados positivos. Um estudo realizado com 68 pacientes tratados com HTS a 3% para hipertensão intracraniana refratária demonstrou um controle adequado,[37] sendo relatadas apenas 3 mortes por hipertensão intracraniana refratária, que foi menor que a esperada para a gravidade da lesão. Este estudo, porém, não incluiu pacientes com "lesões sem capacidade de sobrevivência".[38] Gemma *et al.* descreveram um paciente com vasospasmo da artéria vertebral e lesão isquêmica do tronco encefálico após TBI.[39] O paciente recebeu HTS a 2,7% e a 5,4% a cada 48 horas, com potenciais somatossensoriais induzidos (SSEPs) e o exame neurológico demonstrando melhora contínua a partir de 24 horas do início da terapia. Semelhante ao manitol e a outros agentes osmóticos, os efeitos redutores da ICP pela HTS são dependentes de vários mecanismos.

A infusão de salina hipertônica aumenta o gradiente osmótico entre o cérebro e o sangue e retira o fluido do espaço intersticial para o espaço intravascular.[40-45] O edema cerebral pode ser causado pelo extravasamento da microvasculatura lesionada (disfunção da BBB), disfunção vasorregulatória e acúmulo de moléculas osmóticas nos espaços intersticiais e intracelulares do cérebro isquêmico. A morte e lise celular liberam osmólitos no espaço intersticial. As células isquêmicas na penumbra, incapazes de completar o ciclo metabólico, coletam os produtos metabólicos no espaço intracelular, resultando em maior osmolaridade parenquimatosa do que o normal em toda a região do cérebro lesionado.[46-48] A osmolalidade sérica elevada com infusão de HTS reduz o espaço osmótico observado e também reduz a produção de CSF, que pode melhorar a complacência intracraniana. Os ensaios clínicos em humanos demonstraram melhora na ICP por cerca de 72 horas, quando os níveis de Na+ aumentaram de 10 a 15 mEq/L com a terapia de HTS.[49,50] A solução salina hipertônica, em *bolus* e em infusões contínuas, reduz a ICP.[41-45,50] Ainda não existem evidências comprovando que uma concentração de HTS seja superior a outras em termos de eficácia para controlar o edema cerebral. Alguns estudos demonstraram a redução desse efeito e o aumento de ICP em níveis basais quando os fluidos isotônicos foram administrados para manutenção após um *bolus* inicial de HTS.[51,52] Mesmo com a hipernatremia prolongada, a tolerância à HTS desenvolve-se após vários dias.[50,52] O mecanismo parece ser o movimento de osmólitos cerebrais pelo transporte ativo para as células em resposta à TBI, com osmolaridade intracelular aumentada e perda de gradiente osmótico.[52] Esses osmólitos são moléculas orgânicas, incluindo alguns aminoácidos (glutamato, glutamina, ácido γ-aminobutírico, N-acetilaspartato, alanina, aspartato e taurina), álcoois poli-hídricos (mioinositol) e metilaminas (creatina e glicerofosforilcolina).[53,54] Este processo ocorre após 3 dias da manutenção do estado hipertônico. A hiperosmolaridade contínua também aumenta a liberação de vasopressina e a sede, em consequência dos osmorreceptores nas regiões periventriculares, como a lâmina terminal, que se projeta para o hipotálamo.[55,56]

Aumentos na MAP por um efeito hemodinâmico da infusão de HTS foram documentados em modelos humanos de choque cardiogênico, séptico e hemorrágico.[57-63] Isso é demonstrado ser resultante de múltiplos efeitos aditivos. A HTS aumenta o volume intravascular promovendo a entrada de fluido para o compartimento intravascular.[51] Pode, também, aumentar o débito cardíaco por ação hormonal.[64] Os benefícios de uma MAP maior são acompanhados pela prevenção da sobrecarga líquida e hemodiluição, pois volumes muito menores são necessários. O efeito benéfico na MAP é temporário (15-75 minutos), mas pode ser estendido pela adição de coloide.[39] Isso provavelmente é decorrente da manutenção do volume intravascular mais elevado por um período de tempo prolongado, para que o Na^+ e o Cl^- possam atravessar as membranas endoteliais capilares no restante do corpo e retirar o líquido intravascular para o espaço intersticial, enquanto o coloide permanece no espaço intravascular.

A terapia com solução salina hipertônica também apresenta um efeito vasorregulador. A isquemia cerebral precipitada por disfunção vasomotora é uma causa de lesão cerebral secundária.[65-67] Estudos também documentaram a isquemia em decorrência do edema cerebral e vasospasmo, assim como a hiperperfusão nas primeiras duas semanas após a injúria.[68-70] A terapia com solução salina hipertônica aumenta o diâmetro interno do capilar e o volume plasmático, que compensa o vasospasmo e a hipoperfusão com o aumento de CBF. Esta ação pode ser mediada pela desidratação de células endoteliais e de eritrócitos, aumentando o diâmetro interno dos vasos e melhorando o movimento dos eritrócitos pelos capilares cerebrais.[71] A terapia com solução salina hipertônica, simultaneamente, previne o aumento de ICP por hiperperfusão.[72] O efeito em rede aumenta a oferta de oxigênio e melhora a pressão parcial de oxigênio no sangue arterial (PaO_2) ao melhorar o CBF e diminuir o edema pulmonar.[73] A lesão cerebral primária durante o trauma causa despolarização neuronal extensa, aumentando o glutamato extracelular. Em seguida, a isquemia secundária reduz a quantidade de produção de adenosina trifosfato (ATP), que previne a função homeostática das bombas de troca de Na^+/K^+ transmembrana por transporte ativo.[74-79] A diminuição de Na^+ extracelular resultante reverte a direção do cotransportador passivo de Na^+/glutamato, aumentando o glutamato extracelular. O aumento de atividade da fosfolipase e da permeabilidade da membrana permite o extravasamento de glutamato adicional da célula. A concentração de Na^+ intracelular elevada abre os canais de Ca^{2+}, aumentando a difusão da água para a célula, abrindo os canais sensíveis à extensão, o que permite a liberação adicional de glutamato. Isso leva à alça de retroalimentação positiva e pode causar a extensa morte celular.[80] A solução salina hipertônica pode prevenir a liberação patológica de glutamato, visto que o Na^+ extracelular aumentado permite que a bomba de Na^+/glutamato retorne a sua função normal de recaptação de glutamato. As concentrações intracelulares de Na^+ e Cl^- e o potencial de membrana em repouso também são restaurados. A bomba de Na^+/Ca^{2+} é ativada para reduzir o Ca^{2+} intracelular, assim limitando a excitação neuronal.[80]

A terapia com solução salina hipertônica tem diversos efeitos imunomodulatórios. Alterações na produção de prostaglandina e aumentos nos níveis de cortisol e do hormônio adrenocorticotrófico (ACTH) foram observados.[81] Demonstrou-se também a diminuição da aderência e migração de leucócitos.[82] Apesar dos efeitos supressores no sistema inflamatório, a infusão de HTS reduz a taxa de complicações infecciosas,[83] pois diminui a depressão de células CD4+ e normaliza a atividade de células *natural killer* (NK) em modelos de ratos. A infusão de solução salina hipertônica em modelos de choque hemorrágico também limita a quantidade de translocação bacteriana, reduzindo o risco de propagação bacteriana e sepse. Portanto, a HTS atua por diversas vias paralelas de interação e complementares para produzir efeitos complexos em múltiplos sistemas. O efeito em rede ocorre para reduzir a ICP e melhorar a função cardiovascular, diminuindo a lesão cerebral secundária e assim, espera-se que, melhore o prognóstico.

A terapia com solução salina hipertônica não é isenta de efeitos potencialmente adversos. A complicação teórica mais grave da terapia com HTS é o desenvolvimento de mielinólise pontina central (CPM), que promove a destruição de fibras mielinizadas após um rápido aumento do Na^+ sérico, afetando com mais frequência a substância branca profunda, sendo a ponte a região mais sensível. Os osmólitos cerebrais têm um papel significativo na CPM, visto que a concentração e a capacidade de difusão afetam a osmolalidade.[84] A literatura derivada de estudos prospectivos realizados com animais e relatos de casos clínicos de correção da hiponatremia recomendam o aumento de Na^+ para não mais do que 10 a 20 mEq/L/dia.[85] No entanto, os ensaios clínicos em humanos com HTS não documentaram elevações muito rápidas no Na^+, nem casos relatados de CPM.[35,37,49]

O uso de HTS levou a casos documentados de insuficiência renal e mesmo falência, embora seja menos comum do que com o uso de outros diuréticos osmóticos utilizados para controlar o edema cerebral. Uma taxa quatro vezes maior de falência renal em pacientes queimados que receberam HTS para ressuscitação *versus* solução de Ringer com lactato (LR) foi observada, mas os dados dessa população de pacientes, com grandes perdas de líquidos, podem não se aplicar aos casos de TBI.[86] Em 2 de 10 pacientes pediátricos com TBI que realizaram a manutenção de fluidos com HTS contínua, observou-se a insuficiência renal temporária, que ocorreu após a passagem do pico de Na^+ e foi temporariamente associada aos episódios de sepse. A falência renal, portanto, pode não ter ocorrido em decorrência dos efeitos osmóticos, mas como consequência da hipotensão.[50]

A hemorragia secundária à ressuscitação com quantidade excessiva de líquidos foi documentada com a HTS.[73,87] Geralmente está associada à hemorragia primária não controlada. Uma explicação proposta para a coagulopatia observada é a diluição de constituintes do plasma em expansão rápida do volume intravascular.[88] Observou-se também a agregação plaquetária reduzida com aumento de PT/PTT e 10% ou mais de reposição plasmática.[89]

A rápida expansão do volume plasmático pela HTS pode estar associada à sobrecarga de líquidos, particularmente em pacientes com insuficiência cardíaca preexistente. Nenhum caso de insuficiência cardíaca congestiva ou edema pulmonar foi encontrado em um estudo retrospectivo de 29 pacientes com SAH e hiponatremia em infusões contínuas de HTS a 3%.[35]

A hipocalemia e a acidose hiperclorêmica foram observadas quando nenhuma reposição de K^+ ou acetato foi empregada concomitantemente com a administração de HTS.[35,45,49] Essas anormalidades são facilmente prevenidas pela administração profilática de KCl e utilizando soluções de HTS com 50/50 de Cl^-/acetato. Embora a HTS seja muito eficaz na redução de ICPs elevadas, um aumento rebote é relatado com doses de HTS em *bolus* ou após a interrupção de infusões contínuas de HTS, ou mesmo após 24 horas da infusão contínua da solução em pacientes TBI.[45,49,50] Isso pode ser em decorrência de meia-vida intrínseca dos efeitos da HTS. No entanto, em comparação com o manitol, a HTS tem menor probabilidade de atravessar a BBB e, portanto, é menos provável que promova o edema cerebral de rebote.[90]

2.3.4 Hiperventilação

A hiperventilação tem sido utilizada no manejo da hipertensão intracraniana durante décadas, desde o relato de seu uso para reduzir a ICP elevada em estudo realizado por Lundberg *et al*.[91] A reatividade da vascularização cerebral ao dióxido de carbono (CO_2) é um dos mecanismos primários envolvidos na regulação de CBF.[92,93] A reatividade do dióxido de carbono envolve as arteríolas piais menores, enquanto os vasos intracranianos maiores não são afetados significativamente por mudanças na pressão parcial de CO_2 no sangue arterial ($PaCO_2$).[94,95] *In vivo*, as alterações perivasculares bem localizadas da $PaCO_2$ ou o pH podem alterar o diâmetro vascular, indicando que elementos da parede vascular são responsáveis por mudanças efetuadas no diâmetro dos vasos sanguíneos. O endotélio vascular, células do músculo liso e células extravasculares (células do nervo perivascular, neurônios e células da glia) podem estar envolvidos. Alterações no pH podem exercer seu efeito no tônus do músculo liso por meio de sistemas de segundo mensageiro ou por alteração direta da concentração de Ca^{2+} nos músculos lisos vasculares. Vários agentes foram identificados como potenciais segundos mensageiros, incluindo prostanoides, óxido nítrico (NO), nucleotídeos cíclicos, K^+ e Ca^{2+}.[96] O fluxo sanguíneo cerebral sofre alterações de aproximadamente 3% para cada mmHg de mudança na $PaCO_2$ dentro da faixa de 20 a 60 mmHg.[97,98] A relação entre os valores de $PaCO_2$ e ICP não é linear e o maior efeito ocorre entre os valores de $PaCO_2$ de 30 e 50 mmHg em humanos.[99]

A reatividade do dióxido de carbono é preservada na maioria dos pacientes com grave lesão intracraniana,[97,100] então a hiperventilação pode reduzir rapidamente a ICP pela diminuição no CBV em pacientes com grave lesão intracraniana. Um estudo recente demonstrou que a alteração no volume sanguíneo de apenas 0,5 mL foi necessária para produzir uma mudança na ICP de 1 mmHg em pacientes com lesão intracraniana grave.[101] Um volume sanguíneo inferior foi necessário para produzir uma alteração significativa na ICP em pacientes com complacência reduzida. Além disso, demonstrou-se que os efeitos na ICP foram maiores durante a hipercapnia do que durante a hipocapnia. Apesar do uso amplo de hiperventilação no tratamento da hipertensão intracraniana, vários estudos ilustram os efeitos deletérios da hiperventilação em relação ao CBF, oxigenação cerebral e metabolismo. Com a análise de imagem por tomografia por emissão de pósitrons em pacientes com lesão grave na cabeça, Coles *et al*. demonstraram que mesmo a hiperventilação branda ($PaCO_2$ < 34 mmHg) poderia reduzir o CBF global e aumentar o volume de tecido cerebral com hipoperfusão acentuada, apesar das melhoras na CPP e ICP.[102] Surpreendentemente, somente poucos estudos abordaram a questão importante se os efeitos benéficos na ICP permanecem presentes durante a hiperventilação prolongada. Apenas um ensaio clínico prospectivo randomizado relatou o efeito da hiperventilação no desfecho clínico. Muizelaar *et al*. compararam os prognósticos de pacientes que foram profilaticamente hiperventilados a uma $PaCO_2$ de 25 mmHg por 5 dias com pacientes cuja $PaCO_2$ foi mantida a 35 mmHg. Tanto aos 3 e 6 meses após a lesão, pacientes com escore motor inicial de 4 ou 5 na Escala de Coma de Glasgow apresentaram um desfecho significativamente melhor quando não foram hiperventilados.[103,104]

O *Brain Trauma Foundation Guidelines* recomenda que a terapia de hiperventilação profilática ($PaCO_2 \geq 35$ mmHg) não seja utilizada durante as primeiras 24 horas após TBI grave, pois pode comprometer a perfusão cerebral em um período em que o CBF é reduzido. Na ausência de ICP elevada, a terapia com hiperventilação prolongada crônica ($PaCO_2 \geq 25$ mmHg) deve ser evitada após TBI grave. A saturação de oxigênio da veia jugular (SjO_2), diferenças no conteúdo de oxigênio arterial da veia jugular ($AVdO_2$), monitoramento de oxigênio no tecido cerebral e monitoramento de CBF podem auxiliar a identificar a isquemia cerebral, se a hiperventilação moderada ($PaCO_2 < 30$ mmHg) for necessária.[2,105] A hiperventilação aguda tem um papel estabelecido no manejo de emergência da deterioração neurológica aguda — quando existem sinais clínicos de herniação ou elevações agudas graves na ICP. Deste modo, a hiperventilação de curta duração pode ser um salva-vidas até que o tratamento definitivo possa ser realizado.[2,92,105]

2.3.5 Barbitúricos

Há muito tempo se sabe que os barbitúricos podem reduzir a ICP em uma variedade de condições clínicas que estão associadas ao edema cerebral.[106-108] O mecanismo preciso de redução na ICP pelos barbitúricos não é claramente definido. Acredita-se que um dos mecanismos seja a alternância hemodinâmica resultante do efeito imediato na ICP. Os barbitúricos causam uma depressão reversível dose dependente da atividade neuronal associada a uma redução na taxa metabólica cerebral e considera-se que o acoplamento do metabolismo no fluxo autorregulatório então resulte em reduções no CBF e CBV, desse modo, causando uma diminuição na ICP.[109,110] Os barbitúricos também alteram o tônus cerebrovascular[109,111] e também atuam como sequestradores de radicais livres, que podem limitar o dano peroxidativo em membranas lipídicas.[112-114]

Efeitos adversos significativos e complicações da terapia com barbitúricos foram relatados na literatura. Podem ocorrer, mesmo com o monitoramento clínico apropriado e detalhado.[115,116] A complicação mais comum e importante é a hipotensão arterial por depressão miocárdica e resistência vascular sistêmica reduzida. A hipotensão causada por barbitúricos é tratada, primeiramente, com a reposição volêmica e então, com um vasopressor, como dopamina ou Neo-sinefrina, se necessário. Estudos laboratoriais sugerem que, para o tratamento de hipotensão associado ao coma barbitúrico, a ressuscitação volêmica pode ser melhor do que os vasopressores.[117] Outras complicações durante o tratamento da hipertensão intracraniana com o coma barbitúrico incluem hipocalemia, complicações respiratórias, disfunção hepática infecciosa, disfunção renal e hipotermia.[115,118,119] Indicações para o início da terapia com barbitúricos não foram claramente definidas. Em decorrência da hipotensão crítica associada aos barbitúricos e pelo fato do exame neurológico não puder ser realizado durante o tratamento, o coma barbitúrico geralmente é reservado para pacientes com hipertensão intracraniana resistente a outras modalidades. Portanto, as chances de um desfecho favorável são maiores em pacientes mais jovens sem evidência de lesão do tronco encefálico e sem instabilidade hemodinâmica significativa.

O pentobarbital e o tiopental são barbitúricos de ação relativamente curta. O tiopental é administrado como uma dose de ataque de 5 a 10 mg/kg, seguido por uma infusão contínua de 3 a 5 mg/kg por hora. O pentobarbital é administrado também em doses de ataque e manutenção. A dose de ataque é de 10 mg/kg, administrada por mais de 30 minutos, seguida por 5 mg/kg a cada hora em 3 doses. Isso geralmente fornece um nível terapêutico após a quarta dose. A dose de manutenção é de 1 a 3 mg/kg por hora, ajustada de modo que tanto o nível sérico esteja na faixa terapêutica de 30 a 50 µg/mL ou o eletroencefalograma tenha um padrão de supressão de explosão. Winer et al. demonstraram que os níveis de pentobarbital plasmático e no CSF não refletem de forma acurada os efeitos fisiológicos do pentobarbital e recomendam o monitoramento do eletroencefalograma, apesar dos níveis de pentobarbital.[120] No entanto, se o eletroencefalograma não estiver disponível imediatamente, o início da terapia com barbitúricos não deve ser adiado. Quando essa modalidade de tratamento é realizada, o monitoramento contínuo de todos os parâmetros fisiológicos é essencial. Portanto, um cateter de Swan-Ganz é colocado para monitorar diretamente o débito cardíaco, a pressão de oclusão pulmonar e a resistência vascular periférica em todos os pacientes.

Embora altas doses da terapia com barbitúricos sejam utilizadas amplamente para tratar a ICP elevada desde os anos de 1970 e vários ensaios clínicos tenham sido conduzidos,[106,119,121,122] nenhum desses estudos claramente comprovou a eficácia dos barbitúricos. Ward et al. não conseguiram demonstrar qualquer superioridade do coma barbitúrico profilático em um ensaio randomizado com pacientes com lesão intracraniana grave.[119] Schwab et al. observaram que o coma barbitúrico na terapia de ICP elevada após CVA hemisférico grave pode promover a redução da ICP elevada por um tempo limitado, como outras medidas conservadoras de controle da ICP, incluindo terapia osmótica e hiperventilação, mas falha em atingir um controle sustentado da ICP.[122] Metanálises e revisões sistemáticas da literatura indicaram que não houve evidência de que a terapia com barbitúricos em pacientes com lesão aguda grave melhorou o prognóstico. No entanto, um ensaio multicêntrico randomizado demonstrou que o início do coma barbitúrico em pacientes com ICP refratária resultou em chance maior de 4 vezes de controle da ICP.[121]

As recomendações atuais são de que o coma com pentobarbital pode ser considerado para o tratamento de ICP elevada que é refratária para outras modalidades em pacientes selecionados. Pacientes com lesões significativamente graves não são capazes de se beneficiar, pois a taxa metabólica cerebral de oxigênio ($CMRO_2$) já é marcantemente reduzida pela lesão e seu desfecho já está predeterminado por esta. Pacientes com hipotensão sistêmica não são capazes de ter uma boa resposta, pois a hipotensão limita a quantidade de barbitúricos que podem ser administrados.

2.3.6 Hipotermia

Um vasto número de estudos laboratoriais demonstrou os efeitos benéficos de hipotermia branda a moderada em modelos experimentais de TBI.[123-126] O mecanismo pelo qual a hipotermia pode oferecer a neuroproteção não é claramente definido, mas acredita-se que seja multifatorial. A hipotermia pode diminuir a taxa metabólica cerebral.[127] As reduções autorregulatórias no CBF e CBV podem então reduzir a ICP. Estudos experimentais realizados com modelos animais demonstraram que a hipotermia branda ou moderada diminui o edema cerebral e reduz a disfunção da BBB, assim como dos níveis extracelulares de neurotransmissores excitatórios e de produção de radicais livres.[113,128,129] Efeitos adversos da hipotermia incluem a incidência maior de arritmias cardíacas, coagulopatias, redução na contagem de plaquetas, infecções pulmonares, diurese induzida por hipotermia, pancreatite com níveis séricos elevados de amilase e lipase, além de disfunções eletrolíticas. Portanto, a hipotermia foi aplicada utilizando um protocolo rigoroso para prevenir a ocorrência de efeitos adversos.[124,130-134]

Vários ensaios experimentais promissores e série de casos clínicos sugerem que a hipotermia induzida poderia ser benéfica na redução do risco de mau prognóstico neurológico, bem como de morte em pacientes com TBI grave.[62,124,126,135-137] Entretanto, vários ensaios clínicos, incluindo ensaios multicêntricos randomizados, relataram a eficácia da hipotermia induzida na redução da mortalidade e morbidade associadas à TBI grave, com resultados conflitantes.[124,125,138-140] McIntyre et al. revisaram e analisaram 12 ensaios randomizados controlados de hipotermia terapêutica e observaram que essa modalidade de tratamento foi associada à redução de 19% no risco de morte e redução de 22% no risco de mau prognóstico neurológico, em comparação com a normotermia. A hipotermia por um período superior a 48 horas foi associada à redução nos riscos de morte e de mau prognóstico neurológico, comparada à normotermia. A hipotermia a uma temperatura alvo entre 32 e 33° C, com duração de 24 horas e reaquecimento no período de 24 horas, foram associadas a riscos reduzidos de mau prognóstico neurológico, em relação à normotermia.[139] Entretanto, deve-se observar que a meta-análise não indica a redução da mortalidade em grupos de pacientes com TBI em decorrência da hipotermia induzida, como realizada na maioria desses estudos. Portanto, quaisquer conclusões que consideram o uso de hipotermia em paciente com TBI são controversas e não são indicadas claramente pelo nível atual de evidência.[138]

Estudos com animais demonstraram que a hipotermia pode alterar muitos dos efeitos deletérios de isquemia cerebral. A hipotermia intraisquêmica reduziu a intensidade do infarto na maioria dos modelos de oclusão. A recuperação tecidual com início tardio da hipotermia foi menos dramática, mas comumente observado, quando a hipotermia foi iniciada após 60 minutos do começo do CVA em modelos de oclusão permanente e 180 minutos do início do CVA na oclusão temporária. A hipotermia pós-isquêmica prolongada aumenta ainda mais a eficácia. Estudos demonstram que a hipotermia intraisquêmica é mais protetora do que a hipotermia pós-isquêmica e modelos de oclusão temporária conferem maior benefício que os modelos permanentes. A eficácia de hipotermia pós-isquêmica depende do tempo de início e a duração e intensidade da hipotermia.[141] Embora a hipotermia seja notavelmente neuroprotetora em modelos animais, pode não apresentar eficácia em ensaios clínicos, pois a dosagem pode ser baixa ou excessiva. Os efeitos sistêmicos adversos podem superar os benefícios da hipotermia cerebral em um ensaio clínico. Um estudo piloto aberto sobre a eficácia da hipotermia moderada induzida demonstrou que a hipotermia poderia melhorar o desfecho clínico no infarto maligno da artéria cerebral média (MCA). Alguns autores relataram uma taxa de mortalidade de 44% com hipotermia moderada, em comparação com uma taxa de mortalidade de cerca de 80% com tratamento padrão.[142,143]

2.3.7 Esteroides

Os glicocorticoides são adjuvantes valiosos no manejo de pacientes com tumores intracranianos, tanto primários e metastáticos. O déficit neurológico focal e o estado mental reduzido resultante do edema vasogênico peritumoral podem melhorar em horas após a cirurgia.[144] O mecanismo exato da ação dos esteroides permanece indefinido. O regime mais comum é a dexametasona, mas a metilprednisolona pode ser substituída. O edema vasogênico por abscesso cerebral pode ser melhorado com o uso de esteroides. Entretanto, a utilidade terapêutica dos esteroides para o abscesso é controversa. Alguns autores acreditam que a redução da inflamação no periabscesso com o uso de esteroides pode agravar o prognóstico ao diminuir a distribuição dos antibióticos na área infectada.[145] Portanto, muitos autores recomendam que os esteroides devem ser reservados para casos nos quais o efeito de massa está causando herniação com risco de vida.[146,147] É evidente que os esteroides diminuem a frequência de surdez e outros déficits neurológicos em crianças. Os corticosteroides são atualmente o padrão terapêutico em pacientes pediátricos com meningite. Entretanto, é importante para notar que a mortalidade não foi alterada em estudos realizados até o momento.[116]

Na maior parte das outras situações envolvendo o aumento de ICP, como TBI, CVA isquêmico, hemorragia e encefalopatias hipóxicas, o uso de rotina dos esteroides não demonstrou ser benéfico e pode ser prejudicial.[106,148,149]

2.4 Tratamento Cirúrgico da Hipertensão Intracraniana

2.4.1 Drenagem do Líquido Cefalorraquidiano

A drenagem de CSF é o modo mais eficaz e rápido de diminuir a ICP. A drenagem de uma pequena quantidade de CSF pode ser muito eficaz em reduzir a ICP. Um cateter ventricular fornece a medida de ICP e também a drenagem de CSF para o tratamento de ICP elevada. Visto que requer a penetração do parênquima cerebral em pacientes que frequentemente desenvolvem coagulopatia, o risco de hematoma relacionado com a ventriculostomia é observado. O risco de hematoma significativo que exija evacuação cirúrgica é de aproximadamente 0,5%.[150] Outra complicação importante relacionada à ventriculostomia é a infecção. Fatores de risco para infecções relacionadas à ventriculostomia incluem hemorragia intracerebral com hemorragia intraventricular, operações neurocirúrgicas, incluindo operação para fratura craniana com afundamento, ICP superior ou igual a 20 mmHg, cateterização ventricular por mais de 5 dias e irrigação do sistema. Embora não haja consenso considerando o uso de antibióticos profiláticos com monitores de ICP e a ventriculostomia, a maioria das instituições utiliza antibióticos profiláticos na ventriculostomia. Outras complicações da ventriculostomia incluem falha do posicionamento ideal, má função ou obstrução da drenagem, além de convulsão.

2.4.2 Ressecção da Fonte do Efeito de Massa

Se a ICP é elevada em decorrência de uma lesão ocupante de espaço, somente intervenção médica pode não normalizar satisfatoriamente a ICP. Pacientes frequentemente se beneficiam da remoção da lesão intracraniana. Pacientes com traumatismo craniencefálico que apresentam hematomas intracranianos são comumente candidatos à cirurgia, dependendo do tamanho do hematoma, localização, efeito de massa ou condição clínica, principalmente se o hematoma for epidural ou subdural (▶ Quadro 2.2).

A evacuação cirúrgica da hemorragia intracerebral espontânea permanece controversa, a menos que utilizada como uma medida de salvamento. Grande parte da hemorragia intracerebral espontânea é profunda nos gânglios basais e no tálamo e está relacionada à hipertensão. Vários estudos clínicos demonstraram que não há evidência de melhor desfecho clínico na evacuação cirúrgica em relação ao melhor tratamento médico para hemorragias intracerebrais profundas.[151,152] No entanto, determinados fatores devem ser considerados ao avaliar eventuais candidatos cirúrgicos portadores de hemorragia intracerebral espontânea. Pacientes com hematomas com efeito de massa significativo e herniação iminente podem se beneficiar da evacuação cirúrgica de emergência. No entanto, pacientes comatosos com evidência de perda de reflexos do tronco encefálico superior e postura extensora não apresentam resultados satisfatórios, independentemente da intervenção cirúrgica.[153] Hemorragia no cerebelo, por outro lado, tem benefício com a evacuação do hematoma, principalmente se houver sinais de hidrocefalia obstrutiva ou compressão do tronco encefálico ou quando o tamanho do hematoma é superior a 3 cm de diâmetro.

Para pacientes com tumor cerebral, a tomada de decisões para a ressecção cirúrgica é complexa, a menos que a herniação seja iminente. Vários fatores, incluindo número, tamanho e localização das lesões, assim como a resposta esperada do tipo de tumor à radioterapia e quimioterapia, devem ser considerados.

2.4.3 Craniectomia Descompressiva

Apesar da falta de ensaios prospectivos controlados randomizados para definir o papel da craniectomia descompressiva, a utilidade desse procedimento para a ICP aumentada associada a várias condições neurológicas é bastante relatada. Em vista da experiência decepcionante no passado com a craniectomia descompressiva e a ausência de evidência de classe I, os dados derivados de estudos recentes sobre a craniectomia descompressiva para hipertensão intracraniana refratária indicam um melhor prognóstico comparado com o prognóstico após o manejo clínico.[154-160]

A maioria dos pacientes com CVA da MCA desenvolve edema unilateral e distorção cerebral que podem levar à herniação transtentorial, que apresenta taxa de mortalidade de até 80%.[14,80,161] Revisões recentes da literatura concluem que a redução significativa da taxa de mortalidade (redução de 16–40% na taxa de mortalidade), uma ampla janela terapêutica (2–3 dias) e a baixa incidência de complicações intraoperatórias tornam a craniectomia descompressiva um tratamento relevante no infarto maligno da MCA.[162] Gupta *et al.* relataram, em uma revisão com 12 séries clínicas, que a idade pode ser um fator essencial para predizer o desfecho funcional após hemicraniectomia no caso de infarto extenso em território da MCA.[162] Um bom prognóstico funcional foi relatado após craniectomia precoce de emergência para infarto hemorrágico secundário à trombose do seio venoso, apesar das pupilas fixas e dilatadas antes da operação.[163] Um papel recente também descreve prognóstico bom a excelente após hemicraniectomia unilateral para pacientes com SAH grave e volumoso hematoma da fissura silviana.[113] Aarabi *et al.* observaram que em pacientes com lesão grave intracraniana e edema cerebral, aqueles com escore de admissão maior do que 6 na Escala de Coma de Glasgow são particularmente bons candidatos para a craniectomia descompressiva.[154] O European Brain Injury Consortium (EBIC) e as diretrizes conjuntas da Brain Trauma Foundation (BTF) e American Association of Neurological Surgeons (AANS) para TBI graves descrevem a craniectomia descompressiva como a opção terapêutica para edema cerebral que não responde às medidas terapêuticas convencionais.[105,164]

Quadro 2.2 Indicações de cirurgia

Tipo de lesão	Indicações de cirurgia	Momento apropriado para o procedimento
Hematoma epidural agudo	Um EDH > 30 cm³ deve ser cirurgicamente evacuado independentemente do escore na GCS do paciente	É altamente recomendado que pacientes com EDH agudo em coma (escore < 9 na GCS) com anisocoria sejam submetidos à evacuação cirúrgica assim que possível
	Um EDH < 30 cm³ e com espessura < 15 mm e com um MLS < 5 mm em pacientes com escore > 8 na GCS *sem* déficit focal pode ser tratado de modo conservador com exame de CT seriado e observação neurológica rigorosa em um centro de neurocirurgia	
Hematoma subdural agudo	Um SDH agudo com espessura > 10 mm *ou* um MLS > 5 mm no exame de CT deve ser evacuado por cirurgia, independentemente do escore na GCS do paciente	Em pacientes com SDH agudo e indicações de cirurgia, a evacuação cirúrgica deve ser realizada assim que possível
	Todos os pacientes com SDH agudo em coma (escore na GCS < 9) devem ser submetidos ao monitoramento da ICP	
	Um paciente comatoso (escore < 9 na GCS) com um SDH < 10 mm de espessura e um MLS maior do que 5 mm deve ser submetido à evacuação cirúrgica da lesão, se houver redução do escore na GCS entre o tempo de lesão e a admissão hospitalar em dois ou mais pontos na GCS e/ou o paciente apresentar pupilas dilatadas e assimétricas ou fixas e/ou ICP superior a 20 mmHg	
Lesões traumáticas parenquimatosas	Pacientes com lesões parenquimatosas expansivas e sinais de deterioração neurológica progressiva atribuída à lesão, hipertensão intracraniana clinicamente refratária ou sinais de efeito de massa no exame de CT devem ser submetidos ao tratamento cirúrgico	Craniectomia descompressiva bifrontal dentro de 48 horas da lesão é uma opção de tratamento para pacientes com edema cerebral pós-traumático clinicamente refratário e hipertensão intracraniana resultante
	Pacientes com escores de GCS de 6-8 com contusões frontais ou temporais apresentando volume > 20 cm³ com MLS de pelo menos 5 mm e/ou compressão de cisternas no exame de CT e pacientes com qualquer lesão > 50 cm³ em volume devem ser submetidos ao tratamento cirúrgico	
	Pacientes com lesões parenquimatosas expansivas que não apresentam evidência de comprometimento neurológico, tem ICP controlada e que não possuem sinais significativos de efeito de massa no exame de CT podem ser submetidos ao tratamento não cirúrgico com monitoramento intensivo e imagem seriada	
Lesões expansivas na fossa posterior	Pacientes com efeito de massa no exame de CT *ou* com disfunção neurológica *ou* deterioração atribuída à lesão devem ser tratados por intervenção operatória. O efeito de massa no exame de CT é definido como distorção, deslocamento ou destruição do quarto ventrículo, compressão ou perda da visualização das cisternas basais ou a presença de hidrocefalia obstrutiva	Em pacientes com indicações de intervenção cirúrgica, a evacuação deve ser realizada assim que possível, pois esses pacientes podem ter deterioração rápida, dessa forma agravando seu prognóstico
	Pacientes com lesões e sem efeito de massa significativo no exame de CT e sem sinais de disfunção neurológica podem ser tratados com observação atenta e imagem seriada	
Fraturas cranianas com afundamento	Pacientes com fraturas cranianas abertas (expostas), com afundamento maior que a espessura do crânio, devem ser submetidos à intervenção cirúrgica para prevenir infecção	A operação realizada precocemente é recomendada para reduzir a incidência de infecção
	Pacientes com fraturas cranianas abertas (expostas) com afundamento podem ser tratados sem operação, se não houver evidência clínica ou radiológica de penetração dural, hematoma intracraniano significativo, depressão > 1 cm, comprometimento do seio frontal, deformidade estética extensa, infecção de feridas, pneumocefalia e contaminação extensa de feridas	
	Manejo não cirúrgico de fraturas cranianas fechadas (simples) com afundamento é uma opção de tratamento	

Abreviaturas: CT, tomografia computadorizada; EDH, hematoma epidural; GCS, escala de coma de Glasgow; ICP, pressão intracraniana; MLS, desvio de linha média; SDH, hematoma subdural.

2.5 Conclusão

Embora o manejo bem-sucedido da hipertensão intracraniana continue sendo um desafio e praticamente nenhuma modalidade terapêutica nova e eficaz tenha sido identificada, inúmeros estudos clínicos têm investigado a eficácia das modalidades de tratamento da hipertensão intracraniana. A ineficácia das práticas tradicionais de manejo de longa duração, como o uso de esteroides, anticonvulsivantes para prevenir convulsões tardias e a hiperventilação crônica, foi enfatizada para o tratamento do paciente com TBI grave. Embora as recomendações para o manejo de pacientes com hipertensão intracraniana sejam totalmente baseadas em evidências de classe II e III, as orientações de tratamento e os protocolos terapêuticos dirigidos para o manejo de pacientes com hipertensão intracraniana aumentaram os prognósticos favoráveis quando comparados aos controles históricos. Essa melhora nos prognósticos é resultante de uma aplicação mais racional e cientificamente comprovada dos protocolos de prática padrão, como as diretrizes para TBI grave da Brain Trauma Foundation.

O monitoramento da pressão intracraniana se tornou uma ferramenta muito útil para o manejo do paciente com hipertensão intracraniana. É amplamente aceito que um sistema acoplado de fluidos utilizando um cateter ventricular e transdutor externo seja considerado como o padrão ouro da medida de ICP. O monitoramento da ICP ventricular é o método mais confiável em uso na atualidade, com várias vantagens que incluem acurácia máxima, capacidade para recalibrar e baixo custo. O monitoramento da pressão intracraniana fornece apenas os dados de ICP em tempo real, mas também a predição do prognóstico em pacientes com algumas doenças, mais notavelmente o trauma craniencefálico grave.

Referências

[1] Oestern HJ, Trentz O, Uranues S. Head, Thoracic, Abdominal, and Vascular Injuries: Trauma Surgery I. Berlin, Germany: Springer; 2011

[2] Brain Trauma Foundation, American Association of Neurological Surgeons, Congress of Neurological Surgeons, Joint Section on Neurotrauma and Critical Care. Guidelines for the Management of Severe Traumatic Brain Injury: Cerebral Perfusion Pressure. New York, NY: Brain Trauma Foundation; 2003 Mar 14

[3] Lang EW, Chesnut RM. Intracranial pressure: monitoring and management. Neurosurg Clin North Am 1994; 5:573-605

[4] Marshall LF, Smith RW, Shapiro HM. The outcome with aggressive treatment in severe head injuries. Part I: the significance of intracranial pressure monitoring. J Neurosurg. 1979; 50(1):20-25

[5] Marmarou A, Saad A, Aygok G, Rigsbee M. Contribution of raised ICP and hypotension to CPP reduction in severe brain injury: correlation to outcome. Acta Neurochir Suppl (Wien). 2005; 95:277-280

[6] Ratanalert S, Phuenpathom N, Saeheng S, Oearsakul T, Sripairojkul B, Hirunpat S. ICP threshold in CPP management of severe head injury patients. Surg Neurol. 2004; 61(5):429-434, discussion 434-435

[7] Resnick DK, Marion DW, Carlier P. Outcome analysis of patients with severe head injuries and prolonged intracranial hypertension. J Trauma. 1997; 42(6):1108-1111

[8] Brain Trauma Foundation. American Association of Neurological Surgeons. Congress of Neurological Surgeons. Guidelines for the management of severe traumatic brain injury. J Neurotrauma. 2007; 24:S1-S106

[9] Le Roux P, Menon DK, Citerio G, et al; Neurocritical Care Society. European Society of Intensive Care Medicine. Consensus summary statement of the International Multidisciplinary Consensus Conference on Multimodality Monitoring in Neurocritical Care: a statement for healthcare professionals from the Neurocritical Care Society and the European Society of Intensive Care Medicine. Intensive Care Med. 2014; 40(9):1189-1209

[10] Robertson CS, Valadka AB, Hannay HJ, et al. Prevention of secondary ischemic insults after severe head injury. Crit Care Med. 1999; 27(10):2086-2095

[11] Pickard JD, Czosnyka M. Management of raised intracranial pressure. J Neurol Neurosurg Psychiatry. 1993; 56(8):845-858

[12] Avezaat CJ, van Eijndhoven JH, Wyper DJ. Cerebrospinal fluid pulse pressure and intracranial volume-pressure relationships. J Neurol Neurosurg Psychiatry. 1979; 42(8):687-700

[13] Piper IR, Miller JD, Dearden NM, Leggate JRS, Robertson I. Systems analysis of cerebrovascular pressure transmission: an observational study in head-injured patients. J Neurosurg. 1990; 73(6):871-880

[14] Ropper AH. Lateral displacement of the brain and level of consciousness in patients with an acute hemispheral mass. N Engl J Med. 1986; 314(15):953-958

[15] Barr J. Propofol: a new drug for sedation in the intensive care unit. Int Anesthesiol Clin. 1995; 33(1):131-154

[16] Shafer SL. Advances in propofol pharmacokinetics and pharmacodynamics. J Clin Anesth. 1993; 5(6, Suppl 1):14S-21S

[17] De Cosmo G, Congedo E, Clemente A, Aceto P. Sedation in PACU: the role of propofol. Curr Drug Targets. 2005; 6(7):741-744

[18] Vincent JL, Berré J. Primer on medical management of severe brain injury. Crit Care Med. 2005; 33(6):1392-1399

[19] Schulz-Stübner S. Sedation in traumatic brain injury: avoid etomidate. Crit Care Med. 2005; 33(11):2723-, author reply 2723

[20] Hsiang JK, Chesnut RM, Crisp CB, Klauber MR, Blunt BA, Marshall LF. Early, routine paralysis for intracranial pressure control in severe head injury: is it necessary? Crit Care Med. 1994; 22(9):1471-1476

[21] Paczynski RP. Osmotherapy. Basic concepts and controversies. Crit Care Clin. 1997; 13(1):105-129

[22] Graham DI, Ford I, Adams JH, et al. Ischaemic brain damage is still common in fatal non-missile head injury. J Neurol Neurosurg Psychiatry. 1989; 52(3):346-350

[23] Shenkin HA, Goluboff B, Haft H. The use of mannitol for the reduction of intracranial pressure in intracranial surgery. J Neurosurg. 1962; 19:897-901

[24] Burke AM, Quest DO, Chien S, Cerri C. The effects of mannitol on blood viscosity. J Neurosurg. 1981; 55(4):550-553

[25] Schrot RJ, Muizelaar JP. Mannitol in acute traumatic brain injury. Lancet. 2002; 359(9318):1633-1634

[26] Greenwood J, Luthert PJ, Pratt OE, Lantos PL. Hyperosmolar opening of the blood-brain barrier in the energy-depleted rat brain. Part 1. Permeability studies. J Cereb Blood Flow Metab. 1988; 8(1):9-15

[27] Dziedzic T, Szczudlik A, Klimkowicz A, Rog TM, Slowik A. Is mannitol safe for patients with intracerebral hemorrhages? Renal considerations. Clin Neurol Neurosurg. 2003; 105(2):87-89

[28] Pérez-Pérez AJ, Pazos B, Sobrado J, Gonzalez L, Gándara A. Acute renal failure following massive mannitol infusion. Am J Nephrol. 2002; 22(5-6):573-575

[29] van Hengel P, Nikken JJ, de Jong GM, Hesp WL, van Bommel EF. Mannitol- induced acute renal failure. Neth J Med. 1997; 50(1):21-24

[30] Cruz J, Minoja G, Okuchi K, Facco E. Successful use of the new high-dose mannitol treatment in patients with Glasgow Coma Scale scores of 3 and bilateral abnormal pupillary widening: a randomized trial. J Neurosurg. 2004; 100(3):376-383

[31] Feig PU, McCurdy DK. The hypertonic state. N Engl J Med. 1977; 297(26):1444-1454

[32] Procaccio F, Stocchetti N, Citerio G, et al. Guidelines for the treatment of adults with severe head trauma (part II). Criteria for medical treatment. J Neurosurg Sci. 2000; 44(1):11-18

[33] Gondim FdeA, Aiyagari V, Shackleford A, Diringer MN. Osmolality not predictive of mannitol-induced acute renal insufficiency. J Neurosurg. 2005; 103(3):444-447

[34] Marshall LF, SMith RW, Rauscher LA, Shapiro HM. Mannitol dose requirements in brain-injured patients. J Neurosurg. 1978; 48(2):169-172

[35] Suarez JI, Qureshi AI, Bhardwaj A, et al. Treatment of refractory intracranial hypertension with 23.4% saline. Crit Care Med. 1998; 26(6):1118-1122

[36] Schwarz S, Schwab S, Bertram M, Aschoff A, Hacke W. Effects of hypertonic saline hydroxyethyl starch solution and mannitol in patients with increased intracranial pressure after stroke. Stroke. 1998; 29(8):1550-1555

[37] Peterson B, Khanna S, Fisher B, Marshall L. Prolonged hypernatremia controls elevated intracranial pressure in head-injured pediatric patients. Crit Care Med. 2000; 28(4):1136-1143

[38] Pfenninger J, Wagner BP. Hypertonic saline in severe pediatric head injury. Crit Care Med. 2001; 29(7):1489

[39] Gemma M, Cozzi S, Piccoli S, Magrin S, De Vitis A, Cenzato M. Hypertonic saline fluid therapy following brain stem trauma. J Neurosurg Anesthesiol. 1996; 8(2):137-141

[40] Sheikh AA, Matsuoka T, Wisner DH. Cerebral effects of resuscitation with hypertonic saline and a new low-sodium hypertonic fluid in hemorrhagic shock and head injury. Crit Care Med. 1996; 24(7):1226-1232

[41] Battistella FD, Wisner DH. Combined hemorrhagic shock and head injury: effects of hypertonic saline (7.5%) resuscitation. J Trauma. 1991; 31(2):182-188

[42] Berger S, Schürer L, Härtl R, Messmer K, Baethmann A. Reduction of post-traumatic intracranial hypertension by hypertonic/hyperoncotic saline/dextran and hypertonic mannitol. Neurosurgery. 1995; 37(1):98-107, discussion 107-108

[43] Bacher A, Wei J, Grafe MR, Quast MJ, Zornow MH. Serial determinations of cerebral water content by magnetic resonance imaging after an infusion of hypertonic saline. Crit Care Med. 1998; 26(1):108-114

[44] Freshman SP, Battistella FD, Matteucci M, Wisner DH. Hypertonic saline (7.5%) versus mannitol: a comparison for treatment of acute head injuries. J Trauma. 1993; 35(3):344-348

[45] Qureshi AI, Suarez JI, Bhardwaj A, et al. Use of hypertonic (3%) saline/ acetate infusion in the treatment of cerebral edema: effect on intracranial pressure and lateral displacement of the brain. Crit Care Med. 1998; 26(3):440-446

[46] Cardin V, Peña-Segura C, Pasantes-Morales H. Activation and inactivation of taurine efflux in hyposmotic and isosmotic swelling in cortical astrocytes: role of ionic strength and cell volume decrease. J Neurosci Res. 1999; 56(6):659-667

[47] Nonaka M, Yoshimine T, Kohmura E, Wakayama A, Yamashita T, Hayakawa T. Changes in brain organic osmolytes in experimental cerebral ischemia. J Neurol Sci. 1998; 157(1):25-30

[48] Olson JE, Banks M, Dimlich RV, Evers J. Blood-brain barrier water permeability and brain osmolyte content during edema development. Acad Emerg Med. 1997; 4(7):662-673

[49] Qureshi AI, Suarez JI, Bhardwaj A. Malignant cerebral edema in patients with hypertensive intracerebral hemorrhage associated with hypertonic saline infusion: a rebound phenomenon? J Neurosurg Anesthesiol. 1998; 10(3):188-192

[50] Khanna S, Davis D, Peterson B, et al. Use of hypertonic saline in the treatment of severe refractory posttraumatic intracranial hypertension in pediatric traumatic brain injury. Crit Care Med. 2000; 28(4):1144-1151

[51] Schatzmann C, Heissler HE, König K, et al. Treatment of elevated intracranial pressure by infusions of 10% saline in severely head injured patients. Acta Neurochir Suppl (Wien). 1998; 71:31-33

[52] Trachtman H, Futterweit S, Tonidandel W, Gullans SR. The role of organic osmolytes in the cerebral cell volume regulatory response to acute and chronic renal failure. J Am Soc Nephrol. 1993; 3(12):1913-1919

[53] Lien YH, Shapiro JI, Chan L. Study of brain electrolytes and organic osmolytes during correction of chronic hyponatremia. Implications for the pathogenesis of central pontine myelinolysis. J Clin Invest. 1991; 88(1):303-309

[54] Videen JS, Michaelis T, Pinto P, Ross BD. Human cerebral osmolytes during chronic hyponatremia. A proton magnetic resonance spectroscopy study. J Clin Invest. 1995; 95(2):788-793

[55] Kobashi M, Ichikawa H, Sugimoto T, Adachi A. Response of neurons in the solitary tract nucleus, area postrema and lateral parabrachial nucleus to gastric load of hypertonic saline. Neurosci Lett. 1993; 158(1):47-50

[56] Oldfield BJ, Badoer E, Hards DK, McKinley MJ. Fos production in retrogradely labelled neurons of the lamina terminalis following intravenous infusion of either hypertonic saline or angiotensin II. Neuroscience. 1994; 60(1):255-262

[57] Walsh JC, Zhuang J, Shackford SR. A comparison of hypertonic to isotonic fluid in the resuscitation of brain injury and hemorrhagic shock. J Surg Res. 1991; 50(3):284-292

[58] Schmall LM, Muir WW, Robertson JT. Haemodynamic effects of small volume hypertonic saline in experimentally induced haemorrhagic shock. Equine Vet J. 1990; 22(4):273-277

[59] Ramires JA, Serrano Júnior CV, César LA, Velasco IT, Rocha e Silva Júnior M, Pileggi F. Acute hemodynamic effects of hypertonic (7.5%) saline infusion in patients with cardiogenic shock due to right ventricular infarction. Circ Shock. 1992; 37(3):220-225

[60] Spiers JP, Fabian TC, Kudsk KA, Proctor KG. Resuscitation of hemorrhagic shock with hypertonic saline/dextran or lactated Ringer's supplemented with AICA riboside. Circ Shock. 1993; 40(1):29-36

[61] Poli de Figueiredo LF, Peres CA, Attalah AN, et al. Hemodynamic improvement in hemorrhagic shock by aortic balloon occlusion and hypertonic saline solutions. Cardiovasc Surg. 1995; 3(6):679-686

[62] Ogata H, Luo XX. Effects of hypertonic saline solution (20%) on cardiodynamics during hemorrhagic shock. Circ Shock. 1993; 41(2):113-118

[63] Holcroft JW, Vassar MJ, Perry CA, Gannaway WL, Kramer GC. Use of a 7.5% NaCl/6% Dextran 70 solution in the resuscitation of injured patients in the emergency room. Prog Clin Biol Res. 1989; 299:331-338

[64] Tølløfsrud S, Tønnessen T, Skraastad O, Noddeland H. Hypertonic saline and dextran in normovolaemic and hypovolaemic healthy volunteers increases interstitial and intravascular fluid volumes. Acta Anaesthesiol Scand. 1998; 42(2):145-153

[65] Dickman CA, Carter LP, Baldwin HZ, Harrington T, Tallman D. Continuous regional cerebral blood flow monitoring in acute craniocerebral trauma. Neurosurgery. 1991; 28(3):467-472

[66] Hadani M, Bruk B, Ram Z, Knoller N, Bass A. Transiently increased basilar artery flow velocity following severe head injury: a time course transcranial Doppler study. J Neurotrauma. 1997; 14(9):629-636

[67] Schröder ML, Muizelaar JP, Fatouros P, Kuta AJ, Choi SC. Early cerebral blood volume after severe traumatic brain injury in patients with early cerebral ischemia. Acta Neurochir Suppl (Wien). 1998; 71:127-130

[68] Martin NA, Doberstein C, Alexander M, et al. Posttraumatic cerebral arterial spasm. J Neurotrauma. 1995; 12(5):897-901

[69] Martin NA, Patwardhan RV, Alexander MJ, et al. Characterization of cerebral hemodynamic phases following severe head trauma: hypoperfusion, hyperemia, and vasospasm. J Neurosurg. 1997; 87(1):9-19

[70] Taneda M, Kataoka K, Akai F, Asai T, Sakata I. Traumatic subarachnoid hemorrhage as a predictable indicator of delayed ischemic symptoms. J Neurosurg. 1996; 84(5):762-768

[71] Kempski O, Behmanesh S. Endothelial cell swelling and brain perfusion. J Trauma. 1997; 42(5, Suppl):S38-S40

[72] Boldt J, Zickmann B, Herold C, Ballesteros M, Dapper F, Hempelmann G. Influence of hypertonic volume replacement on the microcirculation in cardiac surgery. Br J Anaesth. 1991; 67(5):595-602

[73] Rabinovici R, Yue TL, Krausz MM, Sellers TS, Lynch KM, Feuerstein G. Hemodynamic, hematologic and eicosanoid mediated mechanisms in 7.5 percent sodium chloride treatment of uncontrolled hemorrhagic shock. Surg Gynecol Obstet. 1992; 175(4):341-354

[74] Brown JI, Baker AJ, Konasiewicz SJ, Moulton RJ. Clinical significance of CSF glutamate concentrations following severe traumatic brain injury in humans. J Neurotrauma. 1998; 15(4):253-263

[75] Bullock R, Zauner A, Woodward JJ, et al. Factors affecting excitatory amino acid release following severe human head injury. J Neurosurg. 1998; 89(4):507-518

[76] Koura SS, Doppenberg EM, Marmarou A, Choi S, Young HF, Bullock R. Relationship between excitatory amino acid release and outcome after severe human head injury. Acta Neurochir Suppl (Wien). 1998; 71:244-246

[77] Nilsson P, Laursen H, Hillered L, Hansen AJ. Calcium movements in traumatic brain injury: the role of glutamate receptor-operated ion channels. J Cereb Blood Flow Metab. 1996; 16(2):262-270

[78] Stover JF, Morganti-Kosmann MC, Lenzlinger PM, Stocker R, Kempski OS, Kossmann T. Glutamate and taurine are increased in

ventricular cerebrospinal fluid of severely brain-injured patients. J Neurotrauma. 1999; 16(2):135-142
[79] Vespa P, Prins M, Ronne-Engstrom E, et al. Increase in extracellular glutamate caused by reduced cerebral perfusion pressure and seizures after human traumatic brain injury: a microdialysis study. J Neurosurg. 1998; 89(6):971-982
[80] Choi DW. Calcium: still center-stage in hypoxic-ischemic neuronal death. Trends Neurosci. 1995; 18(2):58-60
[81] Corso CO, Okamoto S, Rüttinger D, Messmer K. Hypertonic saline dextran attenuates leukocyte accumulation in the liver after hemorrhagic shock and resuscitation. J Trauma. 1999; 46(3):417-423
[82] Härtl R, Medary MB, Ruge M, Arfors KE, Ghahremani F, Ghajar J. Hypertonic/ hyperoncotic saline attenuates microcirculatory disturbances after traumatic brain injury. J Trauma. 1997; 42(5, Suppl):S41-S47
[83] Coimbra R, Hoyt DB, Junger WG, et al. Hypertonic saline resuscitation decreases susceptibility to sepsis after hemorrhagic shock. J Trauma. 1997; 42(4):602-606, discussion 606-607
[84] Bourgouin PM, Chalk C, Richardson J, Duang H, Vezina JL. Subcortical white matter lesions in osmotic demyelination syndrome. AJNR Am J Neuroradiol. 1995; 16(7):1495-1497
[85] Sterns RH, Riggs JE, Schochet SS, Jr. Osmotic demyelination syndrome following correction of hyponatremia. N Engl J Med. 1986; 314(24):1535-1542
[86] Huang PP, Stucky FS, Dimick AR, Treat RC, Bessey PQ, Rue LW. Hypertonic sodium resuscitation is associated with renal failure and death. Ann Surg. 1995; 221(5):543-554, discussion 554-557
[87] Gross D, Landau EH, Assalia A, Krausz MM. Is hypertonic saline resuscitation safe in 'uncontrolled' hemorrhagic shock? J Trauma. 1988; 28(6):751-756
[88] Hess JR, Dubick MA, Summary JJ, Bangal NR, Wade CE. The effects of 7.5% NaCl/6% dextran 70 on coagulation and platelet aggregation in humans. J Trauma. 1992; 32(1):40-44
[89] Reed RL, II, Johnston TD, Chen Y, Fischer RP. Hypertonic saline alters plasma clotting times and platelet aggregation. J Trauma. 1991; 31(1):8-14
[90] Zornow MH, Scheller MS, Shackford SR. Effect of a hypertonic lactated Ringer's solution on intracranial pressure and cerebral water content in a model of traumatic brain injury. J Trauma. 1989; 29(4):484-488
[91] Lundberg N, Kjallquist A, Bien C. Reduction of increased intracranial pressure by hyperventilation. A therapeutic aid in neurological surgery. Acta Psychiatr Scand Suppl. 1959; 34(139, Suppl):1-64
[92] Adamides AA, Winter CD, Lewis PM, Cooper DJ, Kossmann T, Rosenfeld JV. Current controversies in the management of patients with severe traumatic brain injury. ANZ J Surg. 2006; 76(3):163-174
[93] Raichle ME, Plum F. Hyperventilation and cerebral blood flow. Stroke. 1972; 3(5):566-575
[94] Go KG. Cerebral Pathophysiology: An Integral Approach With Some Emphasis on Clinical Implications. Amsterdam, NY: Elsevier; 1991
[95] Giller CA, Bowman G, Dyer H, Mootz L, Krippner W. Cerebral arterial diameters during changes in blood pressure and carbon dioxide during craniotomy. Neurosurgery. 1993; 32(5):737-741, discussion 741-742
[96] Kontos HA, Raper AJ, Patterson JL, Jr. Analysis of vasoactivity of local pH, pCO2 and bicarbonate on pial vessels. Stroke. 1977; 8(3):358-360
[97] Cold GE. Cerebral blood flow in acute head injury. The regulation of cerebral blood flow and metabolism during the acute phase of head injury, and its significance for therapy. Acta Neurochir Suppl (Wien). 1990; 49:1-64
[98] Obrist WD, Marion DW. Xenon techniques for CBF measurement in clinical head injury. In: Narayan RK, Wilberger J, Povlishock JT, eds. New York, NY: McGraw-Hill; 1996:471C-485C
[99] Reivich M. Arterial pCO2 and cerebral hemodynamics. Am J Physiol. 1964; 206:25-35

[100] Stocchetti N, Mattioli C, Paparella A, et al. Bedside assessment of CO2 reactivity in head injury: changes in CBF estimated by changes in ICP and cerebral extraction of oxygen. J Neurotrauma. 1993; 10(Suppl):187
[101] Yoshihara M, Bandoh K, Marmarou A. Cerebrovascular carbon dioxide reactivity assessed by intracranial pressure dynamics in severely head injured patients. J Neurosurg. 1995; 82(3):386-393
[102] Coles JP, Minhas PS, Fryer TD, et al. Effect of hyperventilation on cerebral blood flow in traumatic head injury: clinical relevance and monitoring correlates. Crit Care Med. 2002; 30(9):1950-1959
[103] Muizelaar JP, van der Poel HG, Li ZC, Kontos HA, Levasseur JE. Pial arteriolar vessel diameter and CO2 reactivity during prolonged hyperventilation in the rabbit. J Neurosurg. 1988; 69(6):923-927
[104] Muizelaar JP, Marmarou A, Ward JD, et al. Adverse effects of prolonged hyperventilation in patients with severe head injury: a randomized clinical trial. J Neurosurg. 1991; 75(5):731-739
[105] Brain Trauma Foundation. The American Association of Neurological Surgeons. The Joint Section on Neurotrauma and Critical Care. Management and prognosis of severe traumatic brain injury, part 1: guidelines for the management of severe traumatic brain injury. J Neurotrauma. 2000; 17:451-553
[106] Dearden NM, Gibson JS, McDowall DG, Gibson RM, Cameron MM. Effect of high-dose dexamethasone on outcome from severe head injury. J Neurosurg. 1986; 64(1):81-88
[107] Piatt JH, Jr, Schiff SJ. High dose barbiturate therapy in neurosurgery and intensive care. Neurosurgery. 1984; 15(3):427-444
[108] Rea GL, Rockswold GL. Barbiturate therapy in uncontrolled intracranial hypertension. Neurosurgery. 1983; 12(4):401-404
[109] Kassell NF, Hitchon PW, Gerk MK, Sokoll MD, Hill TR. Alterations in cerebral blood flow, oxygen metabolism, and electrical activity produced by high dose sodium thiopental. Neurosurgery. 1980; 7(6):598-603
[110] Cormio M, Gopinath SP, Valadka A, Robertson CS. Cerebral hemodynamic effects of pentobarbital coma in head-injured patients. J Neurotrauma. 1999; 16(10):927-936
[111] Ochiai C, Asano T, Takakura K, Fukuda T, Horizoe H, Morimoto Y. Mechanisms of cerebral protection by pentobarbital and nizofenone correlated with the course of local cerebral blood flow changes. Stroke. 1982; 13(6):788-796
[112] Smith DS, Rehncrona S, Siesjö BK. Inhibitory effects of different barbiturates on lipid peroxidation in brain tissue in vitro: comparison with the effects of promethazine and chlorpromazine. Anesthesiology. 1980; 53(3):186-194
[113] Smith SL, Hall ED. Mild pre- and posttraumatic hypothermia attenuates blood-brain barrier damage following controlled cortical impact injury in the rat. J Neurotrauma. 1996; 13(1):1-9
[114] Demopoulos HB, Flamm ES, Pietronigro DD, Seligman ML. The free radical pathology and the microcirculation in the major central nervous system disorders. Acta Physiol Scand Suppl. 1980; 492:91-119
[115] Schalén W, Messeter K, Nordström CH. Complications and side effects during thiopentone therapy in patients with severe head injuries. Acta Anaesthesiol Scand. 1992; 36(4):369-377
[116] Wald ER, Kaplan SL, Mason EO, Jr, et al; Meningitis Study Group. Dexamethasone therapy for children with bacterial meningitis. Pediatrics. 1995; 95(1):21-28
[117] Sato M, Niiyama K, Kuroda R, Ioku M. Influence of dopamine on cerebral blood flow, and metabolism for oxygen and glucose under barbiturate administration in cats. Acta Neurochir (Wien). 1991; 110(3-4):174-180
[118] Eberhardt KE, Thimm BM, Spring A, Maskos WR. Dose-dependent rate of nosocomial pulmonary infection in mechanically ventilated patients with brain oedema receiving barbiturates: a prospective case study. Infection. 1992; 20(1):12-18
[119] Ward JD, Becker DP, Miller JD, et al. Failure of prophylactic barbiturate coma in the treatment of severe head injury. J Neurosurg. 1985; 62(3):383-388
[120] Winer JW, Rosenwasser RH, Jimenez F. Electroencephalographic activity and serum and cerebrospinal fluid pentobarbital levels in determining the therapeutic end point during barbiturate coma. Neurosurgery. 1991; 29(5):739-741, discussion 741-742

[121] Eisenberg HM, Frankowski RF, Contant CF, Marshall LF, Walker MD. Highdose barbiturate control of elevated intracranial pressure in patients with severe head injury. J Neurosurg. 1988; 69(1):15-23

[122] Schwab S, Spranger M, Schwarz S, Hacke W. Barbiturate coma in severe hemispheric stroke: useful or obsolete? Neurology. 1997; 48(6):1608-1613

[123] Biswas AK, Bruce DA, Sklar FH, Bokovoy JL, Sommerauer JF. Treatment of acute traumatic brain injury in children with moderate hypothermia improves intracranial hypertension. Crit Care Med. 2002; 30(12):2742-2751

[124] Clifton GL, Allen S, Barrodale P, et al. A phase II study of moderate hypothermia in severe brain injury. J Neurotrauma. 1993; 10(3):263-271, discussion 273

[125] Clifton GL, Miller ER, Choi SC, et al. Lack of effect of induction of hypothermia after acute brain injury. N Engl J Med. 2001; 344(8):556-563

[126] Shiozaki T, Sugimoto H, Taneda M, et al. Selection of severely head injured patients for mild hypothermia therapy. J Neurosurg. 1998; 89(2):206-211

[127] Rosomoff HL, Holaday DA. Cerebral blood flow and cerebral oxygen consumption during hypothermia. Am J Physiol. 1954; 179(1):85-88

[128] Markgraf CG, Clifton GL, Moody MR. Treatment window for hypothermia in brain injury. J Neurosurg. 2001; 95(6):979-983

[129] Globus MY, Alonso O, Dietrich WD, Busto R, Ginsberg MD. Glutamate release and free radical production following brain injury: effects of posttraumatic hypothermia. J Neurochem. 1995; 65(4):1704-1711

[130] Polderman KH, Peerdeman SM, Girbes AR. Hypophosphatemia and hypomagnesemia induced by cooling in patients with severe head injury. J Neurosurg. 2001; 94(5):697-705

[131] Reed RL, II, Johnson TD, Hudson JD, Fischer RP. The disparity between hypothermic coagulopathy and clotting studies. J Trauma. 1992; 33(3):465-470

[132] Resnick DK, Marion DW, Darby JM. The effect of hypothermia on the incidence of delayed traumatic intracerebral hemorrhage. Neurosurgery. 1994; 34(2):252-255, discussion 255-256

[133] Rohrer MJ, Natale AM. Effect of hypothermia on the coagulation cascade. Crit Care Med. 1992; 20(10):1402-1405

[134] Valeri CR, Feingold H, Cassidy G, Ragno G, Khuri S, Altschule MD. Hypothermia- induced reversible platelet dysfunction. Ann Surg. 1987; 205(2):175-181

[135] Jiang J, Yu M, Zhu C. Effect of long-term mild hypothermia therapy in patients with severe traumatic brain injury: 1-year follow-up review of 87 cases. J Neurosurg. 2000; 93(4):546-549

[136] Lyeth BGJJ, Jiang JY, Liu S. Behavioral protection by moderate hypothermia initiated after experimental traumatic brain injury. J Neurotrauma. 1993; 10(1):57-64

[137] Marion DW, Obrist WD, Carlier PM, Penrod LE, Darby JM. The use of moderate therapeutic hypothermia for patients with severe head injuries: a preliminary report. J Neurosurg. 1993; 79(3):354-362

[138] Henderson WR, Dhingra VK, Chittock DR, Fenwick JC, Ronco JJ. Hypothermia in the management of traumatic brain injury. A systematic review and meta-analysis. Intensive Care Med. 2003; 29(10):1637-1644

[139] McIntyre LA, Fergusson DA, Hébert PC, Moher D, Hutchison JS. Prolonged therapeutic hypothermia after traumatic brain injury in adults: a systematic review. JAMA. 2003; 289(22):2992-2999

[140] Shiozaki T, Hayakata T, Taneda M, et al; Mild Hypothermia Study Group in Japan. A multicenter prospective randomized controlled trial of the efficacy of mild hypothermia for severely head injured patients with low intracranial pressure. J Neurosurg. 2001; 94(1):50-54

[141] Krieger DW, Yenari MA. Therapeutic hypothermia for acute ischemic stroke: what do laboratory studies teach us? Stroke. 2004; 35(6):1482-1489

[142] Schwab S, Schwarz S, Spranger M, Keller E, Bertram M, Hacke W. Moderate hypothermia in the treatment of patients with severe middle cerebral artery infarction. Stroke. 1998; 29(12):2461-2466

[143] Schwab S, Georgiadis D, Berrouschot J, Schellinger PD, Graffagnino C, Mayer SA. Feasibility and safety of moderate hypothermia after massive hemispheric infarction. Stroke. 2001; 32(9):2033-2035

[144] French LA, Galicich JH. The use of steroids for control of cerebral edema. Clin Neurosurg. 1964; 10:212-223

[145] Davis LE, Baldwin NG. Brain abscess. Curr Treat Options Neurol. 1999; 1(2):157-166

[146] Calfee DP, Wispelwey B. Brain abscess. Semin Neurol. 2000; 20(3):353-360

[147] Mathisen GE, Johnson JP. Brain abscess. Clin Infect Dis. 1997; 25(4):763-779, quiz 780-781

[148] Bauer RB, Tellez H. Dexamethasone as treatment in cerebrovascular disease. 2. A controlled study in acute cerebral infarction. Stroke. 1973; 4(4):547-555

[149] Poungvarin N, Bhoopat W, Viriyavejakul A, et al. Effects of dexamethasone in primary supratentorial intracerebral hemorrhage. N Engl J Med. 1987; 316(20):1229-1233

[150] Narayan RK, Kishore PR, Becker DP, et al. Intracranial pressure: to monitor or not to monitor? A review of our experience with severe head injury. J Neurosurg. 1982; 56(5):650-659

[151] Batjer HH, Reisch JS, Allen BC, Plaizier LJ, Su CJ. Failure of surgery to improve outcome in hypertensive putaminal hemorrhage. A prospective randomized trial. Arch Neurol. 1990; 47(10):1103-1106

[152] Mendelow AD, Gregson BA, Fernandes HM, et al; STICH investigators. Early surgery versus initial conservative treatment in patients with spontaneous supratentorial intracerebral haematomas in the International Surgical Trial in Intracerebral Haemorrhage (STICH): a randomised trial. Lancet. 2005; 365(9457):387-397

[153] Rabinstein AA, Atkinson JL, Wijdicks EF. Emergency craniotomy in patients worsening due to expanded cerebral hematoma: to what purpose? Neurology. 2002; 58(9):1367-1372

[154] Aarabi B, Hesdorffer DC, Ahn ES, Aresco C, Scalea TM, Eisenberg HM. Outcome following decompressive craniectomy for malignant swelling due to severe head injury. J Neurosurg. 2006; 104(4):469-479

[155] Grady MS. Decompressive craniectomy. J Neurosurg. 2006; 104(4):467-468, discussion 468

[156] Jourdan C, Convert J, Mottolese C, Bachour E, Gharbi S, Artru F. [Evaluation of the clinical benefit of decompression hemicraniectomy in intracranial hypertension not controlled by medical treatment] Neurochirurgie. 1993; 39(5):304-310

[157] Polin RS, Shaffrey ME, Bogaev CA, et al. Decompressive bifrontal craniectomy in the treatment of severe refractory posttraumatic cerebral edema. Neurosurgery. 1997; 41(1):84-92, discussion 92-94

[158] Stiefel MF, Heuer GG, Smith MJ, et al. Cerebral oxygenation following decompressive hemicraniectomy for the treatment of refractory intracranial hypertension. J Neurosurg. 2004; 101(2):241-247

[159] Winter CD, Adamides A, Rosenfeld JV. The role of decompressive craniectomy in the management of traumatic brain injury: a critical review. J Clin Neurosci. 2005; 12(6):619-623

[160] Yoo DS, Kim DS, Cho KS, Huh PW, Park CK, Kang JK. Ventricular pressure monitoring during bilateral decompression with dural expansion. J Neurosurg. 1999; 91(6):953-959

[161] Hacke W, Schwab S, Horn M, Spranger M, De Georgia M, von Kummer R. 'Malignant' middle cerebral artery territory infarction: clinical course and prognostic signs. Arch Neurol. 1996; 53(4):309-315

[162] Gupta R, Connolly ES, Mayer S, Elkind MS. Hemicraniectomy for massive middle cerebral artery territory infarction: a systematic review. Stroke. 2004; 35(2):539-543

[163] Stefini R, Latronico N, Cornali C, Rasulo F, Bollati A. Emergent decompressive craniectomy in patients with fixed dilated pupils due to cerebral venous and dural sinus thrombosis: report of three cases. Neurosurgery. 1999; 45(3):626-629, discussion 629-630

[164] Maas AI, Dearden M, Teasdale GM, et al; European Brain Injury Consortium. EBIC-guidelines for management of severe head injury in adults. Acta Neurochir (Wien). 1997; 139(4):286-294

3 Monitoramento Cerebral Multimodal Invasivo

Margaret Pain ▪ Charles Francoeur ▪ Neha S. Dangayach ▪ Errol Gordon ▪ Stephan A. Mayer

Resumo

O coma reduz a sensibilidade do exame neurológico para detecção de lesão secundária em progresso no cérebro. O monitoramento multimodal (MMM) consiste em um conjunto de ferramentas diagnósticas frequentemente utilizadas em uma unidade de terapia intensiva que são desenvolvidas para otimizar a fisiologia do sistema nervoso central e para detectar a lesão secundária em sua manifestação mais precoce. O monitoramento da pressão intracraniana (ICP) e da pressão de perfusão cerebral (CPP) é a pedra angular do MMM. A pressão parcial de oxigênio no parênquima cerebral ($PbtO_2$) e os sensores do fluxo sanguíneo cerebral (CBF) permitem a determinação precisa da adequação da perfusão cerebral. O estado de controle autorregulatório cerebral pode ser avaliado ao traçar o gráfico de $PbtO_2$ e CBF em relação à CPP e ao calcular o índice de reatividade da pressão (PRx). Ferramentas tais como a eletroencefalografia (EEG) intracraniana e o vídeo-EEG contínuo melhoram a taxa de detecção de crises epilépticas. A microdiálise fornece evidências das consequências metabólicas de patologias do sistema nervoso central e pode ser utilizada para assegurar o fornecimento adequado de glicose, detectar isquemia (que se manifesta como elevação de lactato/piruvato) e monitorar marcadores derivados de lesão tecidual (elevação de glutamato e glicerol). Os sensores de MMM podem ser inseridos por meio de parafusos multilúmen e necessitam da coleta de dados e sistemas de exibição que permitam a visualização em tempo real. Em conjunto, esses dispositivos e as relações fisiológicas que eles revelam podem fornecer informação valiosa sobre a causa e tratamento do coma.

Palavras-chave: pressão de oxigênio do tecido cerebral, fluxo sanguíneo cerebral, pressão de perfusão cerebral, coma, EEG contínuo, pressão intracraniana, microdiálise, monitoramento multimodal.

3.1 Introdução

Pacientes com estado mental alterado apresentam grandes desafios diagnósticos e de tratamento para os clínicos. Embora as alterações discretas no estado mental possam ser tratadas sintomaticamente, a perda de consciência requer um cuidado de suporte agressivo. O coma apresenta uma grande variedade de causas e um espectro de prognósticos, cada um com sua própria estratégia de tratamento. No caso de lesão cerebral aguda resultante de CVA, trauma ou crises epilépticas (convulsões), múltiplos processos patológicos podem ocorrer simultaneamente, cada um contribuindo para lesão secundária. O monitoramento multimodal (MMM) do cérebro compreendendo as tecnologias invasivas e não invasivas pode fornecer dados contínuos para a compreensão da fisiologia dinâmica do cérebro. Os resultados desses monitores podem ser utilizados para detectar situações patológicas (tais como hipertensão intracraniana, crises epilépticas, hipóxia tecidual e crise metabólica) em tempo real, permitindo que o clínico atue antes que ocorra o agravamento neurológico e lesão secundária irreversível.

Grande parte do monitoramento do sinal vital concentra-se na avaliação e manutenção da estabilidade cardiopulmonar. O conceito de "vital" ressalta o quanto essas medidas são essenciais para manter a vida em pacientes gravemente enfermos, mas nem a pressão sanguínea, frequência cardíaca ou conteúdo sanguíneo de oxigênio podem descrever de forma confiável o estado do cérebro lesionado. Por décadas, o indicador mais sensível da condição neurológica tem sido o exame neurológico. A Escala de Coma de Glasgow (GCS) foi elaborada para descrever o espectro de achados estereotipados em pacientes com nível reduzido de consciência. Escores mais baixos de GCS predizem uma probabilidade maior de morbidade e mortalidade, ainda que forneçam poucos dados para descrever o mecanismo e as consequências da lesão. Em um paciente comatoso, a avaliação neurológica é modificada a partir de uma descrição detalhada de um amplo conjunto de funções neurológicas para uma aproximação rigorosa do nível mais elevado de resposta à dor. O agravamento neurológico é difícil de detectar nesses pacientes.

O objetivo principal do MMM é a prevenção da lesão cerebral secundária. Geralmente envolve a avaliação simultânea e o suporte da perfusão cerebral, metabolismo e atividade elétrica (▶ Quadro 3.1). Este capítulo trata sobre os conceitos fundamentais que são a base do MMM, introduz ao leitor as técnicas específicas para abordar esses conceitos e apresenta algumas sugestões de maneiras para desenvolver um sistema de MMM bem-sucedido.

3.2 Pressão Intracraniana e Autorregulação Cerebral

A autorregulação refere-se aos processos homeostáticos que mantêm o fluxo sanguíneo cerebral (CBF) em nível constante apesar das flutuações na pressão de perfusão cerebral (CPP) (▶ Fig. 3.1). Como a única fonte de oxigênio e de nutrientes, o suprimento sanguíneo é o fator mais importante para manter a ótima função cerebral. A hipotensão clínica é definida, em parte, pelo nível de pressão sanguínea no qual um paciente começa a desenvolver estado mental alterado. Estudos retrospectivos também determinaram que a hipotensão aumenta significativamente o risco de morte e deficiência grave após lesão cerebral.[1-3] Consequentemente, o tempo até que o suprimento sanguíneo seja restaurado é um dos fatores mais importantes para determinar o prognóstico clínico do CVA e da parada cardíaca.[4-7]

No caso de lesão cerebral traumática (TBI), na ausência de hipotensão, ainda é incerta qual a quantidade de fluxo sanguíneo ideal para sobrevida e recuperação tecidual. Com seu rico suprimento vascular, o fluxo sanguíneo cerebral é diretamente relacionado com a CPP. Um órgão-alvo em espaço fixo, a CPP é uma função do gradiente entre a pressão arterial média (MAP) e a pressão intracraniana (ICP), tal que CPP = MAP – ICP. Essa equação é a base de grande parte da ciência e interpretação dos dados de MMM.

3.2.1 Fisiologia da Autorregulação

A investigação sobre a autorregulação cerebral teve início com Nils Lassen, que demonstrou que o CBF é regulado em nível constante a partir de uma ampla faixa de CPP, variando de menos de 50 mmHg a mais de 150 mmHg em indivíduos normais.[8,9] Quando a CPP é menor do que o limite inferior de autorregulação, as arteríolas cerebrais são dilatadas ao máximo para permitir o fluxo sanguíneo mais elevado. Já quando a CPP excede o limite superior, as arteríolas cerebrais são contraídas ao máximo, atenuando os efeitos prejudiciais da pressão de perfusão elevada no cérebro. A combinação dos componentes miogênicos, neurogênicos, metabólicos e endoteliais define os limites superior e inferior da função autorregulatória. Os distúrbios na função ou controle de

Quadro 3.1 Componentes do monitoramento multimodal do cérebro

Dispositivo	Parâmetro fisiológico mensurado	Faixa normal	Condição patológica
Eletroencefalografia contínua	Atividade elétrica cerebral	Razão alfa/delta > 50% Sem descargas epileptiformes Convulsões ausentes Reatividade aos estímulos	Razão alfa/delta < 50% Descargas epileptiformes Convulsões sem reatividade
Monitor de perfusão Hemedex®	Fluxo sanguíneo cerebral (CBF)	30-50 mL/100 g/min	< 20 mL/100 g/min é indicativo de isquemia, assumindo que a demanda metabólica está preservada
Oximetria da veia jugular	Saturação de oxigênio na veia jugular ($SjvO_2$)	50-80%	< 50% de aumento da fração de extração de oxigênio, indicativo de isquemia > 80% indica um estado de hiperemia cerebral relativa, com redução da fração de extração de oxigênio
LICOX®, Raumedic®	Pressão parcial de oxigênio no parênquima cerebral ($PbtO_2$)	35-45 mmHg	< 20 mmHg indicativo de hipóxia cerebral < 10 mmHg hipóxia grave e, provavelmente, isquemia
Microdiálise cerebral	Glicose	0,4-4,0 μmol/L	< 0,4 μmol/L é indicativo de hipoglicemia cerebral crítica
	Lactato	0,7-3,0 μmol/L	≥ 3,0 μmol/L
	Piruvato	Desconhecida	Desconhecida
	Razão lactato/piruvato	< 20	> 40 indicativo de isquemia e metabolismo anaeróbico
	Glicerol	2-10 μmol/L	> 10 μmol/L indicativo de níveis anormais e potencialmente deletérios de liberação de glutamato
	Glutamato	10-90 μmol/L	> 90 μmol/L indicativo de ruptura da membrana celular

um ou mais desses fatores podem alterar o conjunto de funções autorregulatórias ou eliminá-los completamente.[10] Além das flutuações na pressão, o tônus vascular cerebral pode ser afetado por hipóxia grave, que resulta em vasodilatação ou extremos de pressão parcial de dióxido de carbono (pCO_2), que pode resultar em vasodilatação (hipercarbia) ou vasoconstrição (hipocarbia).

Evidências de disfunção autorregulatória cerebral estão presentes em muitas condições patológicas. No TBI e hemorragia subaracnoidea (SAH), pacientes com comprometimento autorregulatório apresentam altas taxas de mortalidade.[11] Na SAH, a disfunção cerebral autorregulatória é significativamente correlacionada ao desenvolvimento de isquemia cerebral tardia.[12] No CVA isquêmico e estenose carotídea, a disfunção cerebral autorregulatória está associada ao volume do infarto, prognósticos de longo prazo e conversão hemorrágica.[13,14] Finalmente, há evidência crescente de que a autorregulação e a disfunção cerebral tenham papel no desenvolvimento das hidrocefalias de pressão normal e comunicante.[15] A melhora da hidrocefalia nesses pacientes conduz à melhora no controle autorregulatório.

3.2.2 Elevações Patológicas na Pressão Intracraniana

Normalmente, a ICP não varia em função da pressão arterial (ABP) ou CPP. Entretanto, em condições de complacência intracraniana reduzida, quando um volume adicional é acrescido ao compartimento intracraniano, o processo normal de autorregulação da pressão — vasodilatação em resposta a CPP baixa — pode aumentar a ICP, um fenômeno conhecido como fisiologia da "cascata vasodilatadora" (▶ Fig. 3.1).[16] Este processo patológico é o mecanismo que fundamenta as ondas A e B de Lundberg: elevações periódicas de ICP que ocorrem quando a complacência intracraniana é reduzida. Ondas A (ondas platô) por definição são superiores a 20 mmHg (mas podem ser superiores a 100 mmHg) e duram por um período mínimo de 5 minutos (mas podem ser muito maiores). As ondas A ocorrem em intervalos irregulares ou ao acaso, são induzidas por hipotensão relativa, causam vasodilatação e são prejudiciais. O aumento subsequente na ICP e a redução resultante na CPP, conduz à elevação da hipoperfusão e mais vasodilatação, até que o cérebro esteja "parado" em um "platô" no qual a ICP está elevada e a CPP reduzida (▶ Fig. 3.2).[16,17] As ondas B também resultam de reações autorregulatórias a flutuações na ABP, quando a complacência intracraniana está reduzida, mas são periódicas e ocorrem com frequência de 0,33 a 3 ciclos por minuto (p. ex., a cada 20 segundos a 3 minutos). As ondas B têm uma amplitude ou são inferiores a 20 mmHg, uma duração inferior a 5 minutos, geralmente em forma de sinusoide (p. ex., sem platô) e são consideradas um marcador de complacência reduzida, mas não são diretamente deletérias.[18]

As ondas A desenvolvem-se subitamente e quando graves, a CPP pode ser gravemente comprometida. Durante este período, pode ocorrer a redução de CBF e $PbtO_2$ e o aumento de marcadores do metabolismo anaeróbico.[16] O MMM cerebral é projetado para detectar essas alterações e pode permitir ao clínico verificar se as ações corretivas tomadas estão sendo suficientes para restaurar o cérebro ao seu nível basal de metabolismo.

3.3 Técnicas de Monitoramento Multimodal Invasivo do Cérebro

Ao desenvolver a montagem de monitores multimodais para o paciente gravemente enfermo, nós perguntamos inicialmente

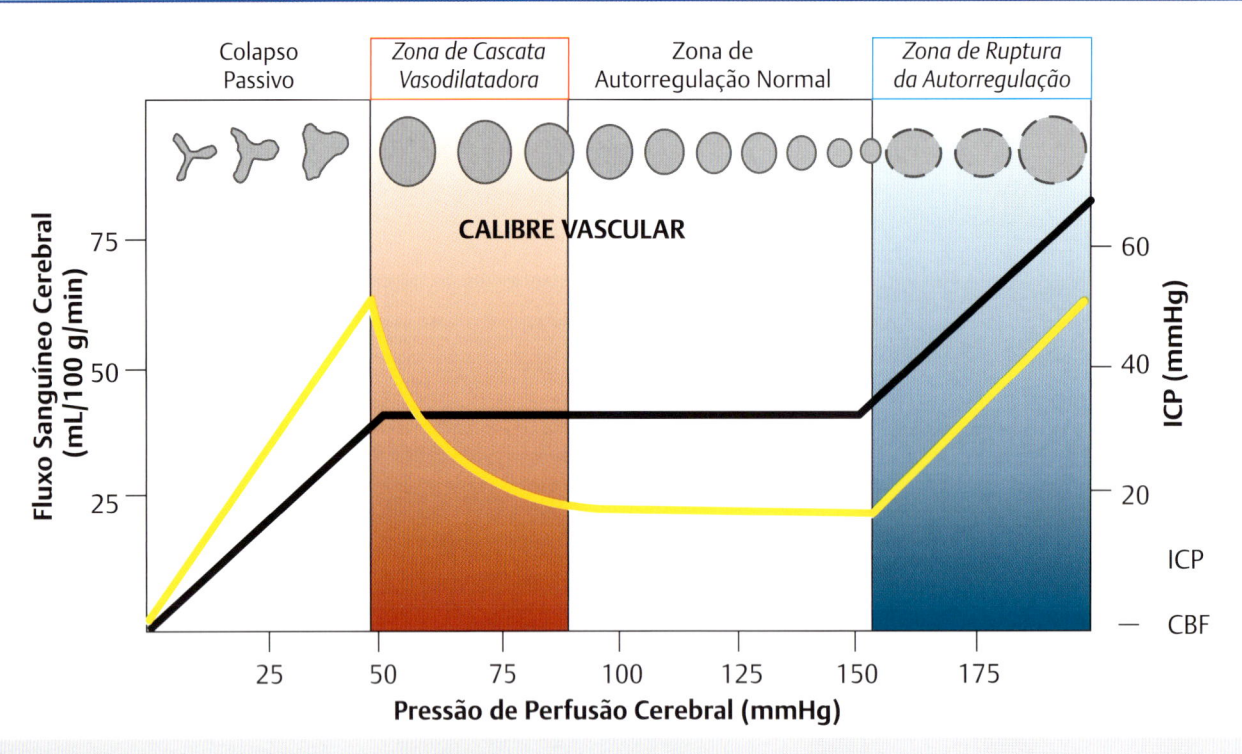

Fig. 3.1 A autorregulação permite um fluxo sanguíneo cerebral constante (CBF) diante da mudança de pressão de perfusão cerebral (CPP) pela variação de calibre dos vasos. Acima do limite de aproximadamente 150 mmHg de CPP em um cérebro sadio, observa-se a lesão endotelial e ruptura da barreira hematoencefálica com perfusão de luxo e formação de edema. Abaixo de 50 mmHg de CPP, a vasodilatação é máxima e o CBF torna-se diretamente proporcional à CPP com riscos elevados de hipoperfusão. Tanto a hiperemia quanto a vasodilatação reativa podem aumentar a pressão intracraniana (ICP) quando a complacência intracraniana está reduzida.

quais os tipos de problemas que esperamos identificar com os monitores. Isso determinará os tipos de monitores e o período de configuração. Por exemplo, para um paciente com oclusão de grandes vasos e CVA completo, a ICP sozinha pode ser suficiente para guiar o tratamento, desde que a principal questão clínica seja se e quando o paciente será beneficiado com a descompressão cirúrgica.[19] Por outro lado, pacientes com SAH grave e coma estão em risco elevado de hipertensão intracraniana refratária, assim como de isquemia cerebral tardia e crises epilépticas.[19-21] Os monitores nesses pacientes devem analisar todas as possibilidades significantes, de forma que essas complicações possam ser reconhecidas e revertidas antes de causarem dano permanente.

3.3.1 Pressão Intracraniana e Pressão de Perfusão Cerebral

Antes de serem submetidos ao monitoramento contínuo da ICP, nós examinamos os pacientes com sinais e sintomas de hipertensão intracraniana com a análise de imagem. De modo geral, a tomografia computadorizada (CT) e a ressonância magnética (MRI) devem mostrar evidência de volume intracraniano aumentado (seja no infarto, hematoma, tumor, líquido cefalorraquidiano [CSF] ou edema vasogênico) e deslocamento do tecido cerebral. Achados no exame, tais como torpor ou coma, anormalidades pupilares, hiperventilação, hiper-reflexia e rigidez com postura motora anormal representam mais comumente uma manifestação de deslocamento cerebral ou herniação do que um reflexo do nível absoluto da própria ICP. De fato, os sinais clínicos sozinhos são notoriamente duvidosos para prever a ICP. Por esse motivo, com a tecnologia atual, a única maneira de conhecer realmente a ICP do paciente é mensurá-la diretamente de forma invasiva. A punção lombar e a medida não invasiva do diâmetro da bainha do nervo óptico (> 5,5 mm indicando uma probabilidade de 80% de ICP elevada) podem fornecer um retrato instantâneo único da ICP, mas mesmo com a ICP normal, esses procedimentos não podem detectar elevações patológicas subsequente em ICP (ondas A).

Conceitos Fisiológicos

O monitoramento contínuo da ICP e CPP é a base do MMM cerebral.[21] Monro, Kellie e Burrow estudaram pela primeira vez a relação entre ICP e função cerebral nos séculos XVIII e XIX, em estudos realizados com coelhos e cadáveres humanos.[22,23] Eles observaram corretamente a relação entre ICP elevada e o volume dos vários compartimentos no crânio. A doutrina de Monro-Kellie estabelece que, em razão do volume fixo do crânio adulto, um aumento no volume de qualquer subcompartimento (tal como o volume sanguíneo cerebral) deve ser atingido com uma redução concomitante no volume de outro subcompartimento a fim de manter a pressão igual. Assim, os aumentos descompensados no volume intracraniano resultam em aumento da ICP total. Neste modelo, o volume de sangue, cérebro e CSF representam compartimentos distintos. Se o volume cerebral aumentar (como no caso do edema cerebral), então outros compartimentos (como o volume de CSF) teriam que diminuir. Uma vez que esses mecanismos compensatórios estejam esgotados, a complacência intra-

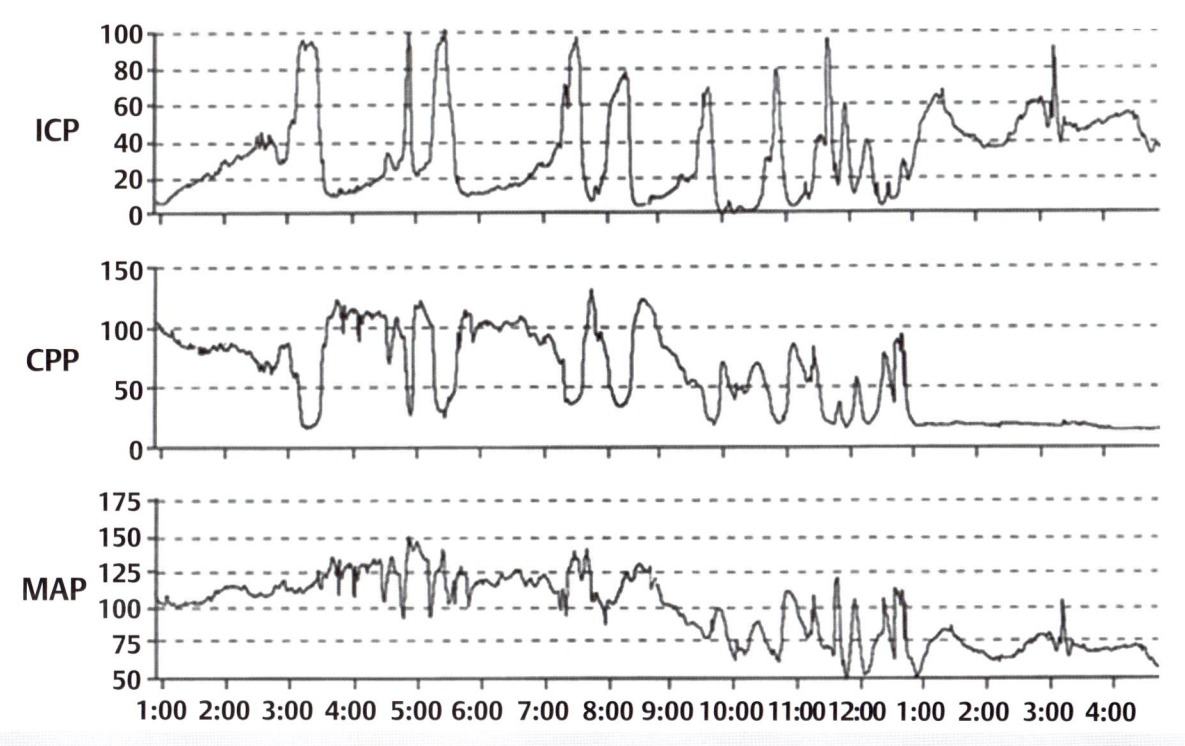

Fig. 3.2 Elevações expressivas da pressão intracraniana (ICP) de platô superior a 80 mmHg em um indivíduo do gênero masculino de 42 anos de idade com TBI grave. Observar a redução da "janela" na pressão de perfusão cerebral (CPP) que ocorre a cada elevação do ICP, a instabilidade vasomotora progressiva que se manifesta como flutuações da pressão arterial média (MAP) às 3:30 p.m. e a onda de platô terminal final a 1:00 a.m. Nesta fase final de colapso passivo, os traçados de MAP e ICP são idênticos, pois a MAP torna-se o principal determinante neste ponto.

craniana torna-se progressivamente reduzida e mesmo pequenos incrementos no volume intracraniano podem levar ao aumento expressivo na ICP.

Pressão Intracraniana e Prognóstico

A pressão intracraniana é claramente uma causa e também uma consequência de lesão cerebral secundária. A relação entre hipertensão intracraniana e mortalidade é bem conhecida. Séries de casos retrospectivos de TBI e parada cardíaca demonstraram um aumento no risco de morbidade e mortalidade quando a ICP foi, de forma consistente, superior a 22 a 25 mmHg.[24-26] As diretrizes atuais recomendam que a ICP deve ser monitorada em todos os pacientes com TBI grave (p. ex., um escore de GCS de 8 ou menos), a fim de reduzir a mortalidade hospitalar e mortalidade de 2 semanas após a lesão.[26]

Existem muitos tratamentos eficazes para hipertensão intracraniana. O método mais comum de tratamento da ICP é o escalonamento de terapias utilizando uma abordagem por etapas, iniciando com a elevação da cabeceira da cama e seguindo com a drenagem de CSF, sedação (e paralisia), otimização da CPP, osmoterapia em *bolus* e hiperventilação.[27] A hipertensão intracraniana persistente refratária a essas medidas está associada ao risco elevado de mortalidade e geralmente deve ser tratada com hemicraniectomia de "resgate" ou "salvamento". No estudo RESCUE ICP, a craniectomia de resgate alterou os pacientes não sobreviventes em sobreviventes, mas a um custo de maior proporção de sobreviventes com incapacidade grave.[28] Pacientes que não foram submetidos ao procedimento foram mais propensos a manifestar hipertensão intracraniana grave e tiveram taxas mais elevadas de mortalidade.

Dispositivos de Monitoramento da Pressão Intracraniana

Atualmente, vários dispositivos são aprovados para o monitoramento contínuo de ICP nos Estados Unidos (▶ Fig. 3.3). Drenos ventriculares externos (EVDs) têm sido considerados o padrão ouro para medida e tratamento de ICP elevada e hidrocefalia. Basicamente, o EVD é um dispositivo de sifão controlado. Um cateter fenestrado é introduzido, por meio de uma trepanação, no ventrículo lateral e inserido através do forame de Monro. A porção terminal do sifão (p. ex., receptáculo de coleta de CSF) é nivelada no trago da orelha, que está aproximadamente no nível do terceiro ventrículo. O gradiente de pressão para drenar o fluido é estabelecido pelo nível do reservatório do dreno em relação à porção terminal do cateter. Portanto, um dreno fixado em 15 cm drenará o CSF somente quando a pressão no terminal do cateter é superior a 15 cm de H_2O. Isso cria um mecanismo simples e eficaz de tratamento contínuo de hipertensão intracraniana, mas apresenta várias desvantagens, principalmente de 5 a 10% de risco de infecção associada à ventriculostomia e falta de monitoramento contínuo quando o sistema está aberto para drenagem. Por esse motivo, mesmo quando um EVD é posicionado, é aconselhável medir a ICP continuamente utilizando uma sonda parenquimatosa durante a realização do MMM.

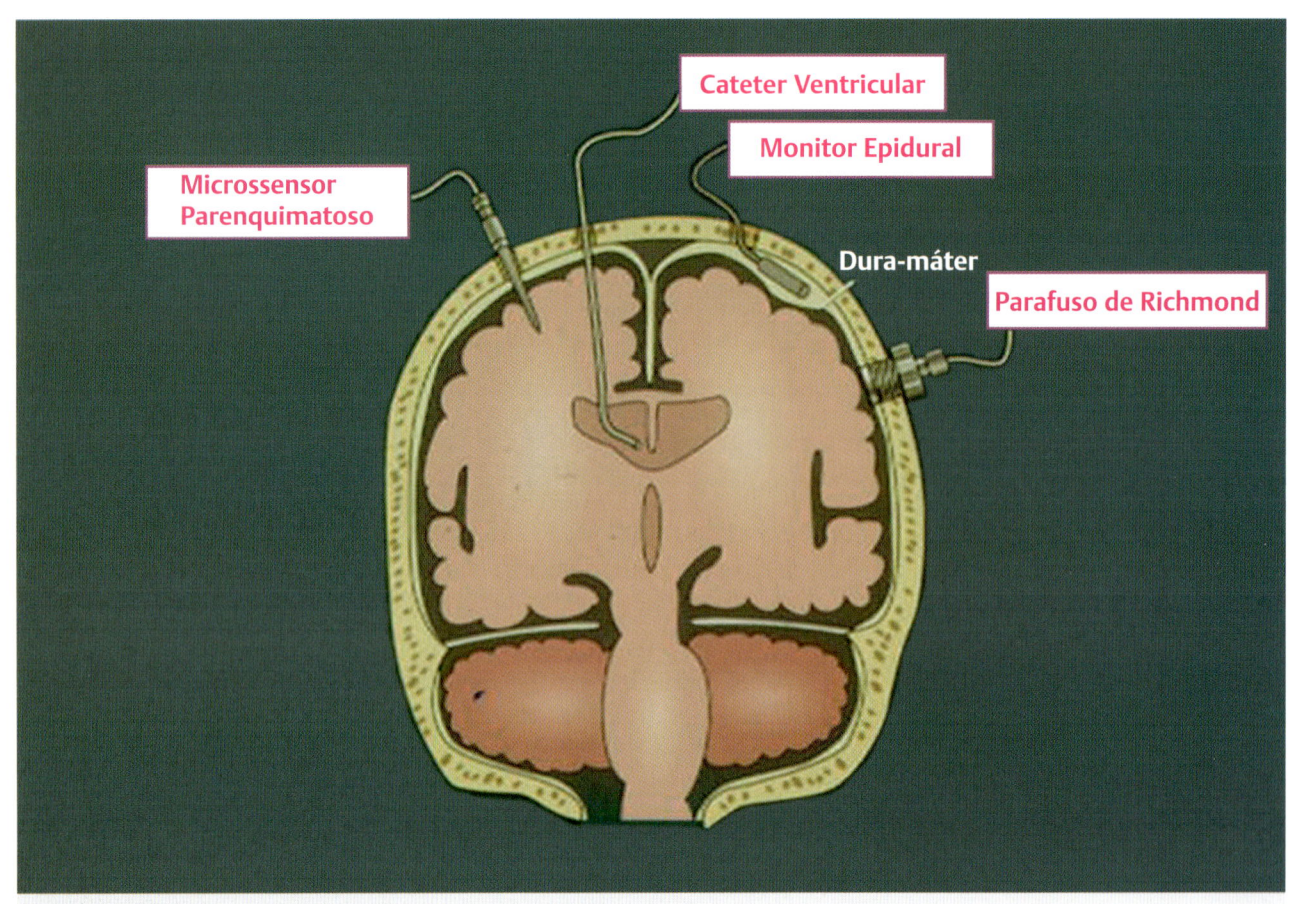

Fig. 3.3 Dispositivos de monitoramento da pressão intracraniana.

Os monitores intraparenquimatosos (fabricados por Camino, Codman, Spiegelberg e Raumedic) apresentam várias vantagens em relação aos EVDs, assim como algumas desvantagens. São facilmente colocados, com baixo risco de hemorragia e infecção e fornecem dados contínuos. A ICP contínua é necessária para a detecção de ondas A em platô, assim como para o cálculo de medição avançada da autorregulação cerebral, tais como o índice de reatividade da pressão (PRx; ver a seguir). A principal desvantagem é a possibilidade de o monitor perder sua calibração inicial, comprometendo a integridade dos dados, visto que a maioria desses dispositivos não pode ser recalibrada a uma pressão atmosférica uma vez inseridos.

Métodos menos comumente utilizados para monitorar a ICP incluem as sondas subdurais e sistemas de monitoramentos epidurais, incluindo parafuso oco de Richmond. Esses métodos fornecem dados menos confiáveis e robustos do que as opções intraparenquimatosas atuais ou um EVD e assim, não são atualmente favoráveis.

Índice de Reatividade da Pressão Derivada da Pressão Intracraniana para Avaliação da Autorregulação

Inerente ao processo de otimização de ICP é a otimização de CPP. Se a redução de ICP resulta em melhor CBF, então a melhora na CPP deve cumprir o mesmo objetivo. Sem um mecanismo para medir diretamente o CBF ou uma alternativa para a perfusão cerebral, como a $PbtO_2$, a otimização de CPP é historicamente direcionada para manter uma faixa-alvo universal com "uma abordagem única para todos". No entanto, pode ser uma falha dessa abordagem simples, visto que todos os pacientes não são obviamente os mesmos. As primeiras tentativas com protocolos orientados pela CPP fracassaram em demonstrar benefícios e em alguns casos, parecem causar dano adicional.[29,30] É provável que estejam associados à relação complicada e variável entre CBF, CPP e autorregulação cerebral.

Existem vários modos de avaliar a autorregulação cerebral. Essa característica adaptativa da vascularização pode ser quantificada e analisada como autorregulação estática, enquanto a taxa de adaptação é denominada autorregulação dinâmica. Pelo fato de que ambas variam em escala de curto prazo, o monitoramento contínuo, tal como o coeficiente de correlação em funcionamento, é favorecido em relação à análise intermitente, incluindo o teste de resposta hiperêmica transitória.[31] O primeiro permite a derivação de um PRx, correlacionando clipes de 10 segundos de ICP e ABP médias ao longo de 5 minutos.[32,33] Quando a autorregulação está intacta, quedas ligeiras em ABP resultam em vasodilatação, que aumenta discretamente a ICP. Portanto, valores de PRx negativos ou iguais a zero (com escala de +1 a −1) sugerem reatividade cerebrovascular apropriada. A CPP ideal pode ser estimada ao construir um gráfico de PRx em relação à CPP, com CPP ideal na base de uma curva em forma de **U**, na qual o PRx é, em sua maio-

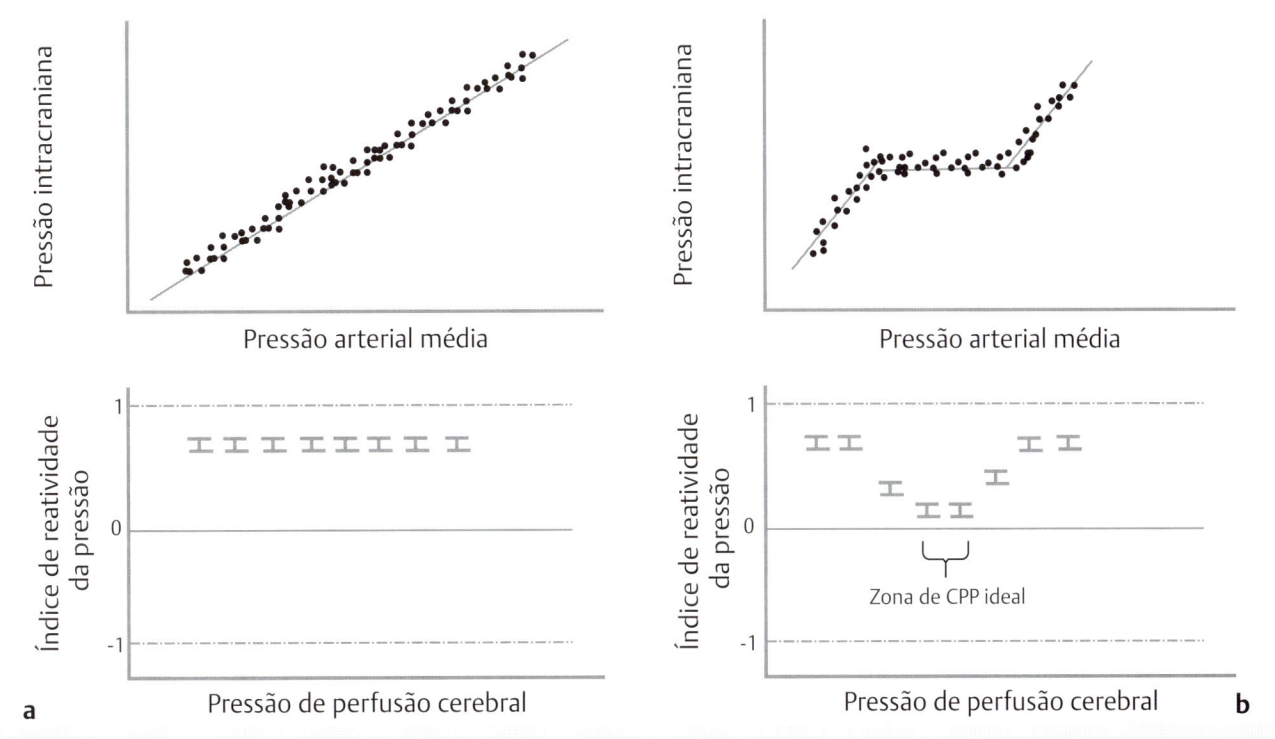

Fig. 3.4 Identificação da pressão de perfusão cerebral ideal. Em pacientes com perda de autorregulação, a relação entre a pressão intracraniana e a pressão arterial média parece ser linear. Quando o índice de reatividade da pressão (PRx) é traçado em uma pressão de perfusão cerebral específica, não há ponto mais baixo no gráfico, sugerindo ausência de ponto ideal para a autorregulação (**a**). Em pacientes com autorregulação intacta, os valores médios de PRx no centro da faixa de autorregulação intacta são menores (próximos de zero) do que aqueles observados nas pressões de perfusão cerebral mais extremas (**b**). CPP, pressão de perfusão cerebral. (Reproduzida com permissão de Ko S-B. Multimodality monitoring in the neurointensive care unit: a special perspective for patients with stroke. J Stroke 2013;15:99–108.)

ria, negativo (▶ Fig. 3.4). Steiner *et al.* demonstraram que quando a CPP observada foi próxima à CPP ideal derivada, pacientes apresentaram melhores prognósticos.[34] Por outro lado, um valor de PRx positivo e elevado, demonstrando falha autorregulatória, está associado ao pior prognóstico.[31] Estudos recentes sugerem que essa informação poderia ser utilizada para definir a CPP ideal para um determinado paciente e a capacidade para manter a CPP adequada correlaciona-se à mortalidade.[35] O PRx foi atualmente incorporado em diretrizes recentes como um adjuvante para o processo de tomada de decisões individualizadas em pacientes com lesões cerebrais agudas.[36]

3.3.2 Monitoramento de Oxigênio Tecidual no Cérebro

A prevenção de isquemia é um objetivo central dos cuidados neurológicos intensivos. A perfusão cerebral pode ser estudada de forma não invasiva com arteriografia por CT, CT de perfusão, tomografia por emissão de pósitrons (PET) e MRI, mas fornecem apenas medidas instantâneas e não são práticas para a avaliação sequencial. A pressão parcial de oxigênio no parênquima cerebral ($PbtO_2$) — geralmente 40 mmHg no córtex cerebral — pode ser mensurada diretamente com uma sonda intraparenquimatosa (sistemas Licox® ou Raumedic®). Tal como o produto de CBF e a diferença de conteúdo de oxigênio arteriovenoso ($AVDO_2$; $PaO_2 - PvO_2$), os valores dessas sondas são considerados representativos da soma de oferta, difusão e consumo de oxigênio. Portanto, as alterações em $PbtO_2$ podem ser produzidas pelo aumento da pressão arterial e fluxo sanguíneo, quando a autorregulação é deficiente, melhorando a difusão de oxigênio fora dos capilares (que teoricamente pode ocorrer após a osmoterapia em *bolus*) ou aumentando a taxa de consumo de oxigênio (que ocorre com convulsões e tremores).

O método ideal para incorporar os dados de $PbtO_2$ nos cuidados clínicos permanece incerto. O BOOST-2 é um ensaio clínico que avalia o impacto da otimização de $PbtO_2$ além do manejo de ICP convencional na prática médica. Seus resultados são esperados em breve.

O índice de reatividade de oxigênio (ORx) é o coeficiente de correlação de Pearson de $PbtO_2$ e CPP. É estudado como um meio para definir os estados de hiperperfusão e pressão passiva, com uma correlação positiva que significa falha autorregulatória. Estudos que comparam PRx e ORx para prever a falha autorregulatória reduzida e prognósticos de longo prazo não demonstraram a superioridade do ORx.[37]

3.3.3 Fluxo Sanguíneo Cerebral

O fluxo sanguíneo cerebral pode ser mensurado diretamente no cérebro, utilizando a fluxometria por difusão térmica (TDF; Hemedex Inc.). A TDF utiliza o diferencial de temperatura entre o termistor da sonda e o sensor de temperatura para determinar a perda de calor por condução e convecção para o tecido circundante. Isso é matematicamente correlacionado à CBF regional.[38]

A tecnologia de TDF fornece dados de CBF em tempo real, contínuo e dinâmico à beira do leito e as medidas de CBF em tempo real (rCBF) derivado da TDF demonstram ser bem correlacionadas àquelas obtidas simultaneamente utilizando os exames de CT com contraste de xénon estável.[28,39] Os valores de rCBF normais variam entre 40 e 70 mL/100 g/min, com rCBF menor do que 20 mL/100 g/min representando quadros de isquemia, assumindo que a demanda metabólica é inalterada.

3.3.4 Eletroencefalografia Intracortical e Eletrocorticografia

A eletrofisiologia, como parte do MMM, inclui tanto a eletroencefalografia intracortical e de superfície (EEG). A EEG de superfície, empregando uma montagem padrão com 21 eletrodos posicionados de acordo com o sistema Internacional 10–20, permite a detecção de crises epilépticas não convulsivas (NCSz) (em sua maioria) e o estado de mal epiléptico não convulsivo (NCSE) em uma proporção significativa de pacientes com lesão cerebral,[40] se a causa é epilepsia, TBI, SAH, hipertensão intracraniana ou hipóxia-isquemia (▶ Quadro 3.2). Embora a evidência seja escassa, a maioria dos clínicos concordam que tanto a NCSz e a NCSE devem ser tratadas de forma agressiva, a fim de minimizar a lesão secundária. Quanto mais cedo o tratamento iniciar, mais elevadas são as chances de eliminar de forma bem-sucedida as crises epilépticas.[41] Se outros achados patológicos no EEG contínuo ictal-interictal merecem tratamento, eles estão além do escopo deste capítulo e são objeto de muita discussão.[41]

Outra informação obtida com a EEG, tais como a reatividade de fundo e a presença de um ritmo dominante posterior ou arquitetura normal do sono, também é útil para a realização do prognóstico. Em pacientes comatosos, a EEG deve ser utilizada apenas de modo contínuo (cEEG) por um período mínimo de 48 horas com o intuito de otimizar a sensibilidade para a detecção de crises epilépticas.[42]

Eletroencefalografia Quantitativa

Além dos sinais de cEEG não processados, a recente tecnologia também permite a decomposição e análise do sinal em modo automatizado utilizando a transformação de Fourier, que permite a quantificação de amplitude, força, frequência e ritmicidade, dando origem à EEG quantitativa (qEEG). A qEEG fornece uma revisão mais rápida de períodos longos de monitoramento e as bases de reconhecimento padrão na qEEG podem ser ensinadas aos médicos não neurologistas e enfermeiros, capacitando o monitoramento contínuo em tempo real à beira do leito. A qEEG possibilita o uso de indicadores, tais como a variabilidade alfa e a razão alfa/delta (ADR) para a detecção de eventos isquêmicos.[42] Por exemplo, demonstrou-se em um estudo uma diminuição de 40% na ADR poderia ser utilizada para detectar a isquemia cerebral tardia em pacientes com SAH.[43]

Eletroencefalografia Intracortical

As tiras de eletrodos subdurais e os eletrodos de profundidade intracortical são formas de EEG invasiva intracraniana que podem detectar as atividades eletrofisiológicas anormais não visíveis na EEG de escalpo, especificamente a despolarização de propagação cortical (CSD) e crises epilépticas de profundidade na EEG intracortical. A EEG intracortical permite a detecção de crises epilépticas intracorticais que não são prontamente evidentes na EEG de escalpo.[44] Com o uso de um arame delgado com seis pequenos contatos de EEG separados em espaços de 4 a 5 mm, a EEG de profundidade geralmente é utilizada em combinação com outras formas de monitoramento invasivo do cérebro.[45] No primeiro estudo que descreveu esta técnica, aproximadamente um terço dos pacientes comatosos não apresentou crises epilépticas, um terço manifestou convulsões na EEG de profundidade e superfície e, um terço apresentou apenas crises epilépticas de profundidade.[44] O significado clínico das convulsões isoladas exclusivamente detectadas pela EEG de profundidade ainda é indefinido. Entretanto, estudos utilizando monitores multimodais do cérebro demonstraram que as crises epilépticas intracorticais estão associadas à crise metabólica após TBI grave, CPP e ICP crescente e mau prognóstico após SAH aneurismática, além de elevações em CBF combinadas à hipóxia do tecido cerebral após parada cardíaca (▶ Fig. 3.5).[46]

Eletrocorticografia

A eletrocorticografia (ECoG) envolve o uso de tiras de eletrodos subdurais posicionados na superfície do cérebro. As tiras possuem de seis a oito contatos distintos, com espaçamentos de aproximadamente 5 mm. A ECoG fornece maior resolução espacial e temporal, menos artefato e razão sinal-ruído muito melhor do que a EEG de superfície. Ao invés da combinação de filtros de alta e baixa passa utilizada na EEG tradicional, a ECoG detecta as despolarizações de propagação cortical (CSDs), que são ondas lentas de despolarizações de correntes diretas contínuas no córtex.[47] Essas ondas são comumente observadas após lesão cerebral aguda, tais como TBI grave, SAH e infarto maligno da artéria cerebral média (MCA).[47] As ondas CSD estão associadas às alterações metabólicas e hemodinâmicas significativas, tais como excitotoxicidade, crise metabólica cerebral, hipóxia do tecido cerebral e isquemia cerebral.[48] A extensão para a qual a CSD contribui para a lesão cerebral em condições de coma ainda precisa ser esclarecida e nenhum tratamento foi testado até o momento.

Quadro 3.2 Incidência Aproximada de Crise Epiléptica em Pacientes Comatosos Detectada por Monitoramento Contínuo da Eletroencefalografia de Acordo com o Principal Diagnóstico Clínico Subjacente

Patologia	Incidência eletrográfica de crise epiléptica
CVA isquêmico	5-10%
Hemorragia subaracnóidea	10-20%
Hemorragia intracerebral	10-20%
Lesão cerebral traumática	20-30%
Hematoma subdural	20-30%
Encefalopatia hipóxico-isquêmica	20-30%

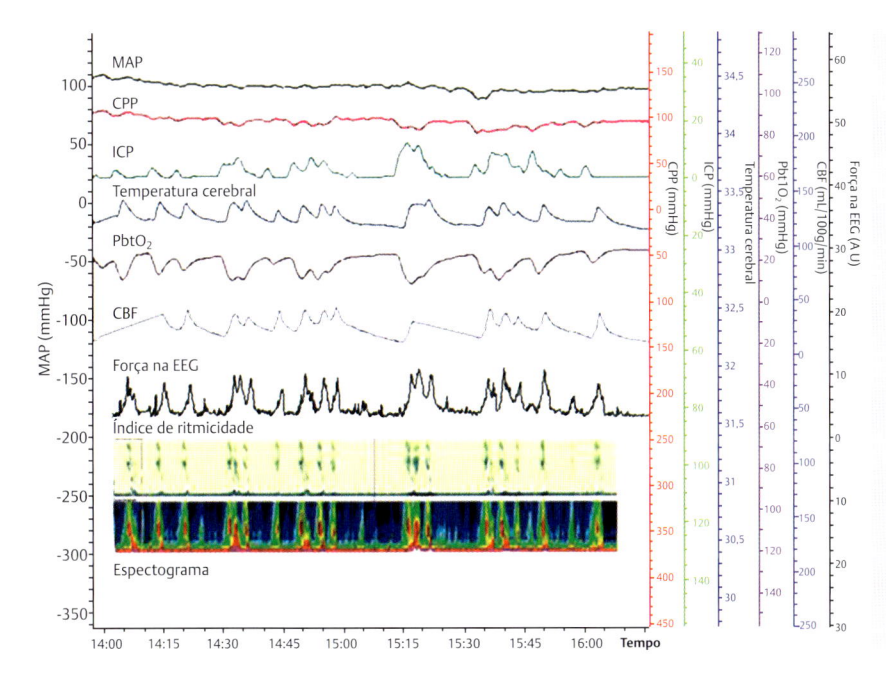

Fig. 3.5 Relações de variáveis fisiológicas com parâmetros de eletroencefalografia (EEG) quantitativa (eixos y) durante os eventos ictais. Os gráficos são registros de tempo de 2 horas (eixo x) da pressão arterial média (MAP) (do topo à base), pressão intracraniana (ICP), pressão de perfusão cerebral (CPP), temperatura cerebral, tensão de oxigênio cerebral ($PbtO_2$), fluxo sanguíneo cerebral (CBF), índice de ritmicidade por análise EEG da força total e espectrograma. Durante os eventos repetitivos de crise epiléptica, houve diminuição consistente da $PbtO_2$, seguida por aumento na pressão intracraniana, temperatura cerebral e CBF. Além disso, a força total na EEG é bem sincronizada com o índice de ritmicidade e a existência de ondas de alta frequência no espectrograma, sugerindo um ritmo ictal. (Reproduzida com permissão de Ko SB, Ortega-Gutierrez S, Choi HA et al. Status epilepticus-induced hyperemia and brain tissue hypoxia after cardiac arrest. Arch Neurol 2011;68:1323-1326.)

3.3.5 Temperatura Cerebral

A febre é um achado comum em pacientes com lesão cerebral aguda, principalmente no quadro de hemorragia intracraniana. A febre gera morbidade adicional, visto que a elevação de temperatura acelera a taxa metabólica do cérebro lesionado, reduzindo o oxigênio e a glicose e exacerbando a inflamação.[49] Portanto, a prevenção da febre é essencial. A temperatura contínua do tecido cerebral gerada pelo oxigênio no tecido cerebral ou o monitor de TDF do CBF também pode identificar a hipertermia cerebral, um fenômeno no qual a temperatura cerebral significativamente excede a temperatura central.[50] Um protocolo em etapas para manter a normotermia deve ser utilizado em todos os pacientes.

3.3.6 Microdiálise

Embora o monitoramento de $PbtO_2$, CBF e ICP forneça uma boa descrição de entradas sistêmicas para o cérebro, esse procedimento é útil para determinar o efeito dessas entradas no tecido cerebral. O fornecimento eficaz, mas a utilização inadequada do fluxo sanguíneo, oxigênio e glicose pode resultar em dano tecidual. A microdiálise foi desenvolvida na tentativa de caracterizar melhor o ambiente metabólico e bioquímico do parênquima cerebral. É utilizada para este propósito no quadro clínico de cuidados intensivos há mais de 20 anos.[51]

Equipamento

A microdiálise depende da membrana semipermeável que circunda um cateter-laço preenchido por líquido. O líquido dialisado que flui pela entrada do equipamento é fixo, de forma que a concentração dos metabólitos no cateter de saída pode ser mensurada. A membrana semipermeável exclui moléculas maiores do que 20.000 dáltons, permitindo a detecção preferencial da difusão de metabólitos de baixo peso molecular. O sistema é colocado no parênquima cerebral por meio de um introdutor. Pode ser fixado no paciente pela realização de sutura na pele ou dentro de um dispositivo aparafusado.

Vários fatores físicos afetam a extrapolação e confiabilidade dos dados de microdiálise. O comprimento do cateter no parênquima cerebral e a taxa na qual o líquido flui pelo cateter determinam a recuperação máxima do metabólito no dialisado. Com o comprimento mais curto do cateter no parênquima cerebral ou a taxa mais rápida de fluxo do líquido, a recuperação máxima projetada diminui.[52] Isso impõe limitações na taxa de amostragem e a vigilância contínua não é possível. Além disso, se o cateter é colocado em região adjacente às estruturas que não participam prontamente na difusão (como os vasos sanguíneos), a taxa de difusão dos metabólitos pela sonda será prejudicada.

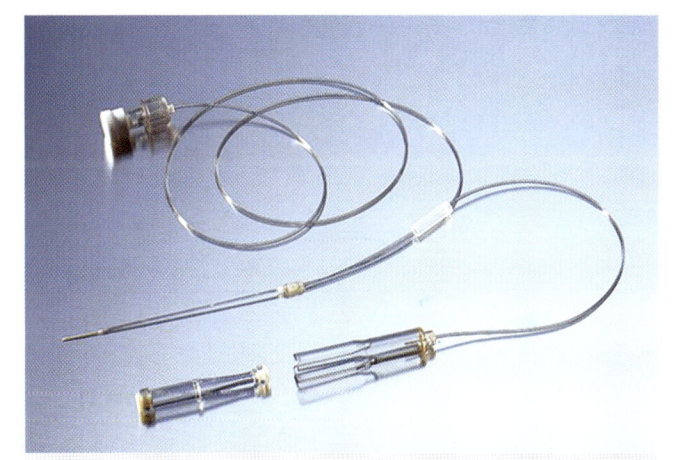

Fig. 3.6 Sonda de microdiálise e frasco de coleta.

Embora várias companhias ofereçam sondas e equipamentos de microdiálise, apenas a Diálise M (Estocolmo, Suécia) fornece o equipamento que é aprovado para uso em humanos (▶ Fig. 3.6).[53] O cateter pode ser fixado tanto nos tecidos moles ou fixado com parafusos e é destinado ao uso com o analisador de microdiálise ISCUS Flex (Mdialysis). Geralmente é inserido em posição de 10 mm no parênquima cerebral e infundido em uma taxa de fluxo de 0,3 µL/min, com uma recuperação estimada de 70% de composição do fluido intersticial. A amostragem pode ser realizada com frequência a cada 20 minutos, mas pode ser menos frequente, dependendo das necessidades clínicas do paciente.

Analitos de Microdiálise

O alvo mais comum da análise na microdiálise clínica é a razão lactato/piruvato (LPR). Em condições isquêmicas, demonstrou-se que o tecido cerebral é convertido no metabolismo anaeróbio, sendo o piruvato convertido em lactato, em vez do ciclo do ácido cítrico.[51] Essa mudança resulta em alteração na razão lactato e piruvato no líquido intersticial do cérebro, que pode ser detectada pela microdiálise. Como o acréscimo dessa razão, a probabilidade de crise metabólica subjacente é aumentada. Razões maiores que 25 são sugestivas de crise; razões maiores que 40 foram correlacionadas a piores prognósticos.[51]

Os níveis de glicose no líquido intersticial do cérebro podem refletir vários processos distintos. Em condições isquêmicas, a oferta reduzida de glicose e o desvio para o metabolismo anaeróbico causam uma redução na concentração de glicose. Nessas condições, pode ser utilizado em conjunto com a LPR para determinar a eficácia de intervenções para melhorar a isquemia. Em condições hiperêmicas, a glicose é fornecida a uma taxa maior do que pode ser utilizada pelos tecidos. Nessas condições, a glicose na microdiálise será elevada. Além disso, a hipoglicemia ou hiperglicemia sistêmica será manifestada nas leituras da microdiálise cerebral.[54,55] Por esse motivo, os dados relativos à glicose cerebral devem ser interpretados no contexto da glicose sistêmica.

Como componente essencial de composição da membrana celular, as concentrações de glicerol no líquido da microdiálise foram deduzidas como correspondendo ao nível de lesão tecidual adjacente e ruptura da membrana celular. Estudos retrospectivos de desfechos clínicos em pacientes com TBI grave demonstraram que os sobreviventes apresentaram níveis médios de glicerol inferiores durante as primeiras 72 horas após admissão.[56]

Postula-se que o glutamato, um neurotransmissor excitatório, seja um agente de destruição celular adicional durante a lesão cerebral aguda. Também se observa que as concentrações de glutamato aumentam durante os episódios de isquemia. Acredita-se que esteja relacionado com a utilização reduzida pelo tecido isquêmico circundante. Pacientes com TBI grave que sobrevivem à lesão tendem a apresentar concentrações inferiores de glutamato intersticial.[57]

3.3.7 Colocação da Sonda, Período de Realização e Considerações Específicas do Paciente

Monitores intraparenquimatosos fornecem a vantagem de mensurar as alterações diretas e dinâmicas no cérebro. No entanto, os dados fornecidos refletem as condições locais para a sonda e podem não representar as áreas anatomicamente distantes.[58] Portanto, nós procuramos colocar os feixes de sondas mais próximos da área de lesão, em regiões cerebrais em risco, sempre que possível. Por exemplo, pacientes com ruptura de aneurisma da MCA terão rotineiramente feixes de monitores multimodais posicionados no lobo frontal ipsilateral ao aneurisma. Quando uma hemicraniectomia é realizada, uma pequena ilha óssea é deixada para que o parafuso seja fixado no lobo frontal ipsilateral ao final da operação. Para lesões sem lateralidade evidente em relação à lesão (tais como o edema cerebral difuso, meningite e ruptura de aneurisma na artéria comunicante), nós preferimos colocar o parafuso no lobo frontal direito. No caso em que o EVD frontal direito também é necessário, colocamos o monitor multimodal 2 a 3 cm em posição lateral e 1 a 2 cm anterior ao ponto de Kocher. Esse arranjo geralmente evita a colisão das sondas, assim como o potencial para lesões bilaterais iatrogênicas.

O momento de colocação do MMM é relativamente controverso. Embora o MMM possa ser útil na ressuscitação neurológica inicial, sua importância não deve substituir outras intervenções ou operações para estabilização do paciente. Além disso, poucas sondas de monitoramento são compatíveis com a MRI e se a MRI tem probabilidade de ser requerida nos primeiros dias de hospitalização, deve-se realizar previamente à colocação do monitor. Como consequência, nós dependemos com frequência das leituras de ICP a partir do EVD, MAP, além de medidas de fração expirada de CO_2 para guiar o tratamento até que todos os procedimentos emergentes e estudos de imagem possam ser realizados. Com o progresso da nossa compreensão sobre a CPP ideal, o momento de colocação do monitor provavelmente se tornará mais evidente.

Por fim, vários fatores relacionados com o paciente devem ser considerados durante o planejamento e colocação de monitores multimodais. Com o intuito de capturar a fisiopatologia mais relevante, recomenda-se que as sondas sejam colocadas em posição adjacente ao cérebro lesionado. Em alguns casos, as janelas teciduais disponíveis para esse monitoramento são muito pequenas. Para esses casos, nós temos realizado a investigação por meio da navegação estereotáxica para assegurar a colocação adequada da sonda. Em outros casos, os limites da lesão podem não ser evidentes pelo exame de CT sem contraste (como nas malformações arteriovenosas), tornando-se necessária imagens adicionais antes da colocação da sonda.

3.3.8 Implementação e Manejo dos Dados

Mesmo sem a adição do MMM, pode ser difícil para os clínicos e enfermeiros avaliarem todos os dados produzidos na unidade de terapia intensiva. Embora os dados dos monitores possam ser utilizados na terapia guiada por metas e otimização em etapas, é muito mais útil quando processados para a análise mais complexa, como nas medidas de PRx. Ao avaliar um grande conjunto de dados nestas análises, a integridade dos dados e a remoção de medidas errôneas e de artefato são fundamentais, a fim de visualizar os resultados significativos. De modo geral, a manutenção da integridade dos dados é feita à beira do leito. Os clínicos que utilizam os monitores devem ter direções claras sobre as vias de progressão dos valores anormais, métodos de avaliação das sondas disfuncionais e protocolos implementados para interpretação oportuna e utilização dos dados de MMM. A equipe de enfermeiros deve ser treinada para operar e solucionar problemas relacionados com os dispositivos, continuar os cuidados de rotina da enfermagem mesmo com os equipamentos adicionais no quarto do paciente e ter compreensão básica de quando um dispositivo pode não estar conectado ou funcionando adequadamente.

Por último, a interpretação e o armazenamento de dados podem ser complicados por vários fatores. Muitos dispositivos apresentam suas próprias tecnologias e *software* de coleta de dados que não permitem o armazenamento de dados universais. A sincronização do tempo é outro fator essencial na interpretação de dados multimodais para permitir a descrição acurada de dados correlatos e as relações de causa e efeito. Várias aquisições de dados e sistemas de armazenamento estão comercialmente disponíveis. A BedmasterEx (Excel Medical) é um programa de tecnologia da informação hospitalar que pode armazenar os dados em forma de onda de alta resolução. O Monitor CNS (Moberg Research) permite a sincronização completa do tempo de todos os dispositivos compatíveis, assim como a integração com a EEG, mas os monitores devem estar ligados a uma rede com o intuito de realizar a análise de dados multivariáveis. O ICM+ (Cambridge University) correlaciona um número limitado de tipos de dados, mas fornece a sincronização do tempo e as ferramentas analíticas avançadas.

3.4 Conclusão

O tratamento do coma requer a identificação e otimização de fatores específicos que contribuem para a disfunção cerebral. Com o avanço da compreensão sobre o coma, diversos fatores determinantes únicos foram identificados como correlacionados aos desfechos clínicos, incluindo ICP, CBF, $PbtO_2$ e crises epilépticas. Esses fatores podem ser avaliados apenas pelo monitoramento específico do sistema nervoso central. Os monitores do tecido intraparenquimatoso fornecem avaliação ideal de variáveis relevantes, pois são capazes de fornecer a medida contínua e direta na área de interesse. É provável que seu papel seja esclarecido com o progresso contínuo de nossa compreensão sobre os complexos processos que fundamentam o coma.

Referências

[1] Chesnut RM, Marshall SB, Piek J, Blunt BA, Klauber MR, Marshall LF. Early and late systemic hypotension as a frequent and fundamental source of cerebral ischemia following severe brain injury in the Traumatic Coma Data Bank. Acta Neurochir Suppl (Wien). 1993; 59:121-125

[2] Fuller G, Hasler RM, Mealing N, et al. The association between admission systolic blood pressure and mortality in significant traumatic brain injury: a multi-centre cohort study. Injury. 2014; 45(3):612-617

[3] Berry C, Ley EJ, Bukur M, et al. Redefining hypotension in traumatic brain injury. Injury. 2012; 43(11):1833-1837

[4] von Kummer R, Holle R, Rosin L, Forsting M, Hacke W. Does arterial recanalization improve outcome in carotid territory stroke? Stroke. 1995; 26(4):581-587

[5] Labiche LA, Al-Senani F, Wojner AW, Grotta JC, Malkoff M, Alexandrov AV. Is the benefit of early recanalization sustained at 3 months? A prospective cohort study. Stroke. 2003; 34(3):695-698

[6] Chen CJ, Ding D, Starke RM, et al. Endovascular vs medical management of acute ischemic stroke. Neurology. 2015; 85(22):1980-1990

[7] Hayakawa K, Tasaki O, Hamasaki T, et al. Prognostic indicators and outcome prediction model for patients with return of spontaneous circulation from cardiopulmonary arrest: the Utstein Osaka Project. Resuscitation. 2011; 82(7):874-880

[8] Lassen NA. Autoregulation of cerebral blood flow. Circ Res. 1964; 15(Suppl):201-204

[9] Lassen NA, Christensen MS. Physiology of cerebral blood flow. Br J Anaesth. 1976; 48(8):719-734

[10] Donnelly J, Budohoski KP, Smielewski P, Czosnyka M. Regulation of the cerebral circulation: bedside assessment and clinical implications. Crit Care. 2016; 20(1):129

[11] Schmidt B, Lezaic V, Weinhold M, Plontke R, Schwarze J, Klingelhöfer J. Is impaired autoregulation associated with mortality in patients with severe cerebral diseases? Acta Neurochir Suppl (Wien). 2016; 122:181-185

[12] Jaeger M, Soehle M, Schuhmann MU, Meixensberger J. Clinical significance of impaired cerebrovascular autoregulation after severe aneurysmal subarachnoid hemorrhage. Stroke. 2012; 43(8):2097-2101

[13] Jordan JD, Powers WJ. Cerebral autoregulation and acute ischemic stroke. Am J Hypertens. 2012; 25(9):946-950

[14] Budohoski KP, Czosnyka M, Smielewski P, et al. Impairment of cerebral autoregulation predicts delayed cerebral ischemia after subarachnoid hemorrhage: a prospective observational study. Stroke. 2012; 43(12):3230-3237

[15] Tanaka A, Kimura M, Nakayama Y, Yoshinaga S, Tomonaga M. Cerebral blood flow and autoregulation in normal pressure hydrocephalus. Neurosurgery. 1997; 40(6):1161-1165, discussion 1165-1167

[16] Hayashi M, Kobayashi H, Handa Y, Kawano H, Kabuto M. Brain blood volume and blood flow in patients with plateau waves. J Neurosurg. 1985; 63(4):556-561

[17] Helbok R, Olson DM, Le Roux PD, Vespa P; Participants in the International Multidisciplinary Consensus Conference on Multimodality Monitoring. Intracranial pressure and cerebral perfusion pressure monitoring in non-TBI patients: special considerations. Neurocrit Care. 2014; 21(Suppl 2):S85-S94

[18] Spiegelberg A, Preuss M, Kurtcuoglu V. B-waves revisited. Interdisciplinary neurosurgery: advanced techniques and case management. 2016; 6:13-17

[19] Komotar RJ, Schmidt JM, Starke RM, et al. Resuscitation and critical care of poor-grade subarachnoid hemorrhage. Neurosurgery. 2009; 64(3):397-410, discussion 410-411

[20] Macdonald RL. Delayed neurological deterioration after subarachnoid haemorrhage. Nat Rev Neurol. 2014; 10(1):44-58

[21] Stuart RM, Schmidt M, Kurtz P, et al. Intracranial multimodal monitoring for acute brain injury: a single institution review of current practices. Neurocrit Care. 2010; 12(2):188-198

[22] Monro A. Observations on the Structure and Functions of the Nervous System. Edinburgh, UK: Printed for, and sold by, W. Creech; 1783:176

[23] Kellie, G. On death from cold, and on congestions of the brain. In "From the Transactions of the Medico-Chirurgical Society of Edinburgh." The Royal College of Surgeons of England, 1824.

[24] Burrows G. Lumleian Lectures, On Disorders of the Cerebral Circulation: And on the Connection Between Affections of the Brain and Diseases of the Heart. Philadelphia, PA: Lea & Blanchard; 1848

[25] Gueugniaud PY, Garcia-Darennes F, Gaussorgues P, Bancalari G, Petit P, Robert D. Prognostic significance of early intracranial and cerebral perfusion pressures in post-cardiac arrest anoxic coma. Intensive Care Med. 1991; 17(7):392-398

[26] Czosnyka M, Guazzo E, Whitehouse M, et al. Significance of intracranial pressure waveform analysis after head injury. Acta Neurochir (Wien). 1996; 138(5):531-541, discussion 541-542

[27] Carney N, Totten AM, O'Reilly C, et al. Guidelines for the Management of Severe Traumatic Brain Injury. 4th ed. 2016; in press

[28] Mayer SA, Chong J. Critical care management of increased intracranial pressure. J Intensive Care Med. 2002; 17(2):55-67

[29] Hutchinson PJ, Kolias AG, Timofeev IS, et al; RESCUEicp Trial Collaborators. Trial of Decompressive Craniectomy for Traumatic Intracranial Hypertension. N Engl J Med. 2016; 375(12):1119-1130

[30] Huang SJ, Hong WC, Han YY, et al. Clinical outcome of severe head injury using three different ICP and CPP protocol-driven therapies. J Clin Neurosci. 2006; 13(8):818-822

[31] Robertson CS, Valadka AB, Hannay HJ, et al. Prevention of secondary ischemic insults after severe head injury. Crit Care Med. 1999; 27(10):2086-2095

[32] Kety SS, Schmidt CF. The effects of active and passive hyperventilation on cerebral blood flow, cerebral oxygen consumption, cardiac output, and blood pressure of normal young men. J Clin Invest. 1946; 25(1):107-119

[33] Czosnyka M, Brady K, Reinhard M, Smielewski P, Steiner LA. Monitoring of cerebrovascular autoregulation: facts, myths, and missing links. Neurocrit Care. 2009; 10(3):373-386

[34] Czosnyka M, Smielewski P, Kirkpatrick P, Laing RJ, Menon D, Pickard JD. Continuous assessment of the cerebral vasomotor reactivity in head injury. Neurosurgery. 1997; 41(1):11-17, discussion 17-19

[35] Steiner LA, Czosnyka M, Piechnik SK, et al. Continuous monitoring of cerebrovascular pressure reactivity allows determination of optimal cerebral perfusion pressure in patients with traumatic brain injury. Crit Care Med. 2002; 30(4):733-738

[36] Depreitere B, Güiza F, Van den Berghe G, et al. Pressure autoregulation monitoring and cerebral perfusion pressure target recommendation in patients with severe traumatic brain injury based on minute-by-minute monitoring data. J Neurosurg. 2014; 120(6):1451-1457

[37] Le Roux P, Menon DK, Citerio G, et al. Consensus summary statement of the International Multidisciplinary Consensus Conference on Multimodality Monitoring in Neurocritical Care:

a statement for healthcare professionals from the Neurocritical Care Society and the European Society of Intensive Care Medicine. Neurocrit Care. 2014; 21(Suppl 2):S1-S26

[38] Barth M, Woitzik J, Weiss C, et al. Correlation of clinical outcome with pressure-, oxygen-, and flow-related indices of cerebrovascular reactivity in patients following aneurysmal SAH. Neurocrit Care. 2010; 12(2):234-243

[39] Jaeger M, Soehle M, Schuhmann MU, Winkler D, Meixensberger J. Correlation of continuously monitored regional cerebral blood flow and brain tissue oxygen. Acta Neurochir (Wien). 2005; 147(1):51-56, discussion 56

[40] Vajkoczy P, Roth H, Horn P, et al. Continuous monitoring of regional cerebral blood flow: experimental and clinical validation of a novel thermal diffusion microprobe. J Neurosurg. 2000; 93(2):265-274

[41] Westover MB, Shafi MM, Bianchi MT, et al. The probability of seizures during EEG monitoring in critically ill adults. Clin Neurophysiol. 2015; 126(3):463-471

[42] Claassen J, Taccone FS, Horn P, Holtkamp M, Stocchetti N, Oddo M; Neurointensive Care Section of the European Society of Intensive Care Medicine. Recommendations on the use of EEG monitoring in critically ill patients: consensus statement from the neurointensive care section of the ESICM. Intensive Care Med. 2013; 39(8):1337-1351

[43] Claassen J, Mayer SA, Kowalski RG, Emerson RG, Hirsch LJ. Detection of electrographic seizures with continuous EEG monitoring in critically ill patients. Neurology. 2004; 62(10):1743-1748

[44] Claassen J, Hirsch LJ, Kreiter KT, et al. Quantitative continuous EEG for detecting delayed cerebral ischemia in patients with poor-grade subarachnoid hemorrhage. Clin Neurophysiol. 2004; 115(12):2699-2710

[45] Waziri A, Claassen J, Stuart RM, et al. Intracortical electroencephalography in acute brain injury. Ann Neurol. 2009; 66(3):366-377

[46] Mikell CB, Dyster TG, Claassen J. Invasive seizure monitoring in the critically- ill brain injury patient: current practices and a review of the literature. Seizure. 2016; 41:201-205

[47] Vespa P, Tubi M, Claassen J, et al. Metabolic crisis occurs with seizures and periodic discharges after brain trauma. Ann Neurol. 2016; 79(4):579-590

[48] Kramer DR, Fujii T, Ohiorhenuan I, Liu CY. Cortical spreading depolarization: pathophysiology, implications, and future directions. J Clin Neurosci. 2016; 24:22-27

[49] Sakowitz OW, Santos E, Nagel A, et al. Clusters of spreading depolarizations are associated with disturbed cerebral metabolism in patients with aneurysmal subarachnoid hemorrhage. Stroke. 2013; 44(1):220-223

[50] Provencio JJ, Badjatia N; Participants in the International Multi-disciplinary Consensus . Conference on Multimodality Monitoring. Monitoring inflammation (including fever) in acute brain injury. Neurocrit Care. 2014; 21(Suppl 2):S177-S186

[51] Rossi S, Zanier ER, Mauri I, Columbo A, Stocchetti N. Brain temperature, body core temperature, and intracranial pressure in acute cerebral damage. J Neurol Neurosurg Psychiatry. 2001; 71(4):448-454

[52] de Lima Oliveira M, Kairalla AC, Fonoff ET, Martinez RC, Teixeira MJ, Bor-Seng-Shu E. Cerebral microdialysis in traumatic brain injury and subarachnoid hemorrhage: state of the art. Neurocrit Care. 2014; 21(1):152-162

[53] Galea JP, Tyrrell PJ, Patel HP, Vail A, King AT, Hopkins SJ. Pitfalls in microdialysis methodology: an in vitro analysis of temperature, pressure and catheter use. Physiol Meas. 2014; 35(3):N21-N28

[54] M Dialysis AB. www.mdialysis.com/clinical/neuro-intensive-care/products/products

[55] Magnoni S, Tedesco C, Carbonara M, Pluderi M, Colombo A, Stocchetti N. Relationship between systemic glucose and cerebral glucose is preserved in patients with severe traumatic brain injury, but glucose delivery to the brain may become limited when oxidative metabolism is impaired: implications for glycemic control. Crit Care Med. 2012; 40(6):1785-1791

[56] Kurtz P, Claassen J, Schmidt JM, et al. Reduced brain/serum glucose ratios predict cerebral metabolic distress and mortality after severe brain injury. Neurocrit Care. 2013; 19(3):311-319

[57] Clausen T, Alves OL, Reinert M, Doppenberg E, Zauner A, Bullock R. Association between elevated brain tissue glycerol levels and poor outcome following severe traumatic brain injury. J Neurosurg. 2005; 103(2):233-238

[58] Chamoun R, Suki D, Gopinath SP, Goodman JC, Robertson C. Role of extracellular glutamate measured by cerebral microdialysis in severe traumatic brain injury. J Neurosurg. 2010; 113(3):564-570

[59] Ponce LL, Pillai S, Cruz J, et al. Position of probe determines prognostic information of brain tissue PO2 in severe traumatic brain injury. Neurosurgery. 2012; 70(6):1492-1502, discussion 1502-1503

4 Manejo da Hidrocefalia Aguda

John H. Honeycutt ▪ David J. Donahue

Resumo

Todo neurocirurgião deve reconhecer e tratar a hidrocefalia aguda, pois as condições que abrangem o espectro patológico e de desenvolvimento (tais como condições congênitas e perinatais, hemorragia e infecção intraventricular, hemorragia subaracnóidea, tumores e outras lesões expansivas, além de injúrias isquêmicas resultando em edema cerebral com deformação ou obliteração das vias do líquido cefalorraquidiano [CSF]) estão associadas a essa patologia. Mesmos as desordens espinais (p. ex., tumores) podem apresentar hidrocefalia aguda. Poucos procedimentos neurocirúrgicos produzem resultados tão gratificantes como aqueles alcançados pelo alívio da pressão intracraniana elevada agudamente em decorrência de hidrocefalia. O tratamento de hidrocefalia aguda geralmente requer a ventriculostomia, embora a punção lombar ou a terceiro-ventriculostomia endoscópica também possam ser eficazes. O entendimento completo da patologia relacionada com a hidrocefalia do paciente irá assegurar a seleção do procedimento apropriado de derivação do CSF. Este capítulo resume a fisiologia do CSF em relação à hidrocefalia aguda, lista as classes de distúrbios associados à hidrocefalia e fornece detalhes sobre as técnicas operatórias relevantes e suas complicações.

Palavras-chave: hidrocefalia aguda, infecção, hemorragia intraventricular, punção lombar, terceiro-ventriculostomia, ventriculostomia

4.1 Introdução

A hidrocefalia aguda é uma condição que todos os neurocirurgiões encontrarão no decorrer de suas carreiras. As diversas etiologias da hidrocefalia aguda incluem infecção; hemorragia subaracnóidea, hemorragia intracerebral ou intracerebelar com ou sem extensão intraventricular; oclusão súbita das vias de saída do líquido cefalorraquidiano (CSF) por tumor ou corpo estranho; doença cerebrovascular oclusiva; trauma; e cirurgia intracraniana. Independentemente da causa, os pacientes podem manifestar condições neurológicas de rápida deterioração que necessitam de atenção urgente. A "intervenção urgente", de uma perspectiva neurocirúrgica, para o paciente gravemente enfermo com hidrocefalia aguda, independentemente da causa, quase sempre acarreta a derivação do CSF na tentativa de normalizar a pressão intracraniana e proporcionar tempo para estudos diagnósticos adicionais ou intervenção terapêutica para a causa principal. Este capítulo discutirá os métodos de derivação do CSF na hidrocefalia aguda e revisará algumas das causas comuns de hidrocefalia aguda. A hidrocefalia associada ao mau funcionamento da derivação será abordada em outro capítulo.

4.2 Causas de Hidrocefalia Aguda

A hidrocefalia associada à pressão intracraniana elevada é resultante de uma disfunção da fisiologia normal do CSF, na qual o gradiente de pressão, desenvolve-se em todo o parênquima cerebral a partir do compartimento intraventricular até o espaço subaracnóideo extra-axial.[1] Este gradiente de pressão geralmente envolve o aumento ventricular, decorrente da compressão do parênquima e obliteração de cisternas subaracnóideas, forçando o parênquima cerebral contra a tábua interna do crânio, que pode resultar em comprometimento neurológico. Os processos crônicos ou subagudos que produzem uma disfunção gradual da dinâmica do CSF e aumento progressivo dos ventrículos geralmente são mais bem tolerados, enquanto as alterações agudas podem ser fatais, tanto pelo desenvolvimento súbito de hidrocefalia em decorrência de um evento indutor quanto por deterioração aguda no quadro de hidrocefalia crônica.

A causa mais comum de hidrocefalia adquirida (p. ex., não congênita) é a infecção. A hidrocefalia após meningite bacteriana geralmente se desenvolve semanas após a apresentação inicial.[2] No entanto, existem relatos na literatura de hidrocefalia aguda desenvolvendo-se dias após a manifestação.[2,3] Os cistos intraventriculares associados às infecções parasitárias, tais como a neurocisticercose, podem causar hidrocefalia aguda pela obstrução das vias de saída de CSF.[4,5] A encefalite cerebelar pode produzir edema cerebelar, resultando em obstrução súbita da via de saída de CSF do quarto ventrículo.[6] A derivação do CSF no quadro de infecção aborda a hidrocefalia aguda até que os agentes antibióticos tenham efeito ou ocorra a diminuição do evento inflamatório indutor.

A segunda causa mais comum de hidrocefalia adquirida é a hemorragia intracraniana. Até 27% dos pacientes desenvolvem hidrocefalia aguda após hemorragia subaracnoidea.[7,8] Muitos pacientes com hemorragia intracerebral desenvolvem hidrocefalia aguda dependendo do grau e localização da hemorragia, principalmente quando a forma intraventricular está presente.[9-12] Mesmo a hemorragia intracerebral sem extensão intraventricular pode causar hidrocefalia, quando o desvio na linha média causa obstrução do forame de Monro, aprisionando o ventrículo lateral. As hemorragias que deformam o cerebelo podem comprometer as vias de saída do quarto ventrículo, resultando em hidrocefalia.[13] A derivação do CSF, que trata a hidrocefalia aguda, melhora os desfechos clínicos em todas essas condições,[11,13-15] exceto a dilatação hemorrágica do quarto ventrículo, que acarreta uma taxa de mortalidade de quase 100%.[16] A ▶ Fig. 4.1 mostra a hidrocefalia aguda resultante da hemorragia subaracnoidea tratada com sucesso pela ventriculostomia.

As lesões intraventriculares expansivas ou aquelas observadas no espaço periventricular (p. ex., o forame de Monro, a região pineal, o aqueduto cerebral ou o quarto ventrículo) podem causar hidrocefalia aguda ou podem manifestar-se com deterioração aguda de uma condição crônica.[17-19] Os cistos coloides do terceiro ventrículo são conhecidos por produzirem oclusão súbita no forame de Monro e morte súbita (▶ Fig. 4.2). A derivação urgente do CSF é indicada para resgatar a deterioração aguda do paciente até a correção cirúrgica final.[19] Pacientes clinicamente estáveis apresentando tumores do quarto ventrículo, principalmente crianças, que recebem a administração de esteroides durante a espera de remoção do tumor, podem evitar muitas vezes a derivação pré-operatória do CSF.[20]

Causas adicionais de hidrocefalia aguda incluem CVA isquêmico, trauma e complicações pós-operatórias.[21-26] Nessas condições, a hidrocefalia resultante após efeito de massa por hemorragia ou edema causa obstrução das vias liquóricas ou extensão para os espaços do CSF. Raramente, os corpos estranhos podem obstruir as vias de saída de CSF.[26] A derivação do CSF auxilia a evitar lesão adicional em decorrência da pressão intracraniana elevada, uma vez que o processo primário evolui e há retorno da absorção normal de CSF.

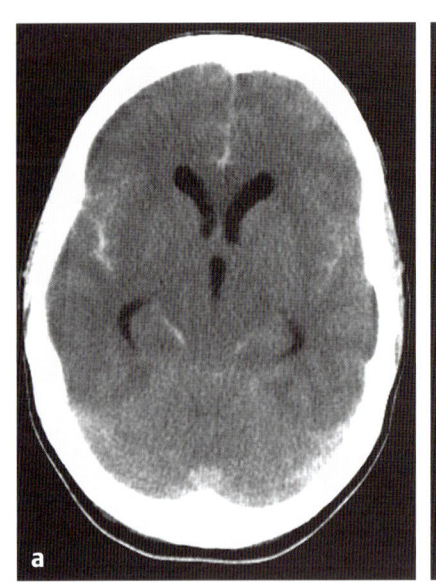

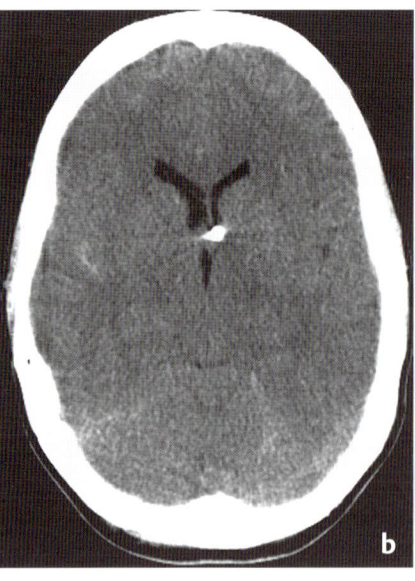

Fig. 4.1 (a) Hidrocefalia aguda resultante de hemorragia subaracnóidea. Observar o aspecto arredondado do terceiro ventrículo e aumento evidente dos cornos temporais. **(b)** Após realização do tratamento com a ventriculostomia, os ventrículos são nitidamente menores.

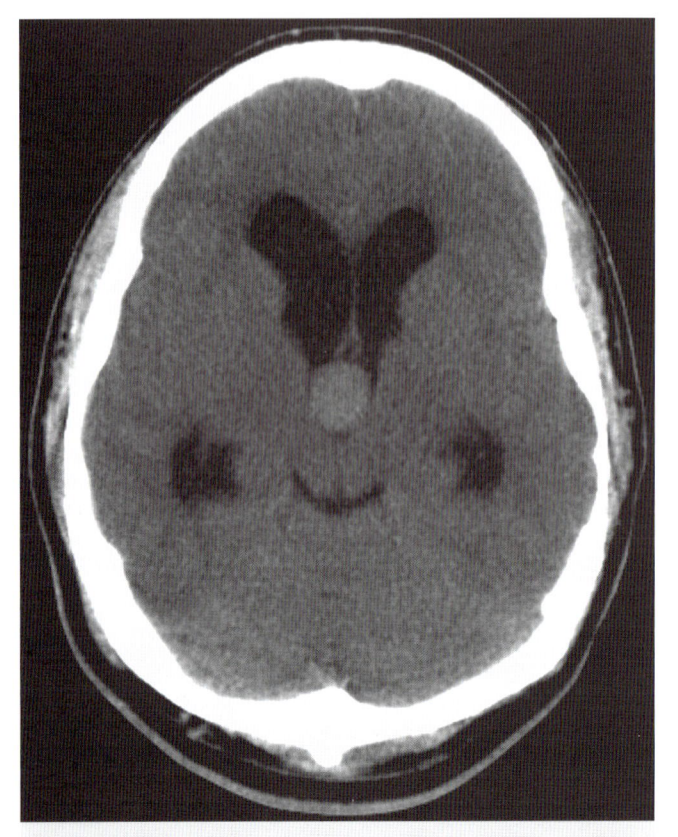

Fig. 4.2 Cisto coloide do terceiro ventrículo e hidrocefalia aguda associada. Observar que o cisto coloide está obstruindo o forame de Monro bilateralmente.

4.3 Tratamento de Hidrocefalia Aguda

4.3.1 Ventriculostomia

A drenagem ventricular externa de CSF na hidrocefalia aguda é a técnica de derivação do CSF mais comumente utilizada. É ra-pidamente disponível à beira do leito, apresenta baixa taxa de complicação e permite a medida e o tratamento da hipertensão intracraniana. Pode ser de salvamento para o paciente com rápida deterioração, manifestando exame neurológico em declínio associado à hidrocefalia aguda com pressão intracraniana elevada.

A ventriculostomia não é isenta de complicação. A infecção, geralmente resultante de contaminação pela flora intestinal, é a complicação mais comum e pode ocorrer com frequência que varia de 4 a 20%.[27-31] Embora a incidência de hemorragia associada à passagem do cateter ventricular possa ser de até 7%, as taxas de hemorragia sintomática são menores do que 1%.[32] A oclusão do cateter ventricular por hemoderivados pode necessitar de revisão do cateter e observa-se um risco de posicionamento subótimo do cateter, considerando a natureza "a cega" do procedimento.[27] A ventriculostomia associada à cirurgia precoce do aneurisma não demonstrou aumentar o risco de nova hemorragia em pacientes que sofrem de ventriculomegalia após hemorragia subaracnoidea,[33] mas os pacientes mais graves apresentam alto risco de nova hemorragia após ventriculostomia.[34]

A ventriculostomia lateral pode ser realizada utilizando várias técnicas. Independentemente do método escolhido, deve-se assegurar que a coagulação e contagem de plaquetas estejam adequados. Qualquer coagulopatia deve ser corrigida; de preferência, a contagem de plaquetas deve ultrapassar 100 mil. Nesta era de agentes antiplaquetários que podem não alterar os resultados dos testes "padrões" de coagulopatia, um histórico médico cuidadoso é essencial. O risco de tratamento conservador deve ser analisado levando-se em conta as consequências catastróficas potenciais da passagem de um cateter na presença de disfunção plaquetária. Os neurocirurgiões devem manter a informação atualizada sobre os agentes anticoagulantes e como neutralizar seus efeitos em questão.[35] Infelizmente, a hemorragia após colocação e remoção é sempre uma possibilidade. Com o uso de tomografia computadorizada/ressonância magnética (CT/MRI) no pós-operatório as taxas são surpreendentemente altas (31–41%) (Bibliografia sobre Hemorragia no EVD). Felizmente, essas hemorragias raramente necessitam de evacuação, mas podem aumentar a taxa de mau funcionamento do dreno ventricular externo (EVD).

A CT ou MRI confirma o diagnóstico de hidrocefalia e permite ao cirurgião planejar o tratamento. Para assegurar a canulação bem-sucedida do ventrículo e minimizar complicações, a análise cuidadosa do exame de imagem, principalmente em face das estruturas ventriculares deslocadas e a correlação da posição ventricular com outros pontos de referência serão recompensadas.

Geralmente o lado não dominante é selecionado para a colocação de um cateter ventricular. Na condição de hemorragia intraventricular, nós selecionamos o ventrículo lateral com quantidade mínima de sangue para evitar o rápido bloqueio do cateter. Na presença de hemorragia subaracnoidea do aneurisma, a angiografia por ressonância magnética (MRA), angiografia por tomografia computadorizada (CTA) ou mesmo o cateter angiográfico pode fornecer um conhecimento prévio da localização do aneurisma e de seus vasos nutridores que direciona os cirurgiões a colocar a ventriculostomia em uma posição que não interfira na abordagem cirúrgica para o aneurisma.

A colocação adequada do cateter minimiza as complicações e preserva a patência do cateter. Um cateter ventricular posicionado centralmente no ventrículo, fora do plexo coroide, auxilia o cateter a permanecer funcional. Frequentemente, a técnica de inserção é cega e inerentemente imprecisa. Uma revisão fascinante de Kitchen *et al.* avaliou 183 exames de inserção pós-EVD e demonstrou apenas 40% de procedimentos realizados no corno frontal ipsolateral, sendo dez por cento encerrados no parênquima cerebral. Outros terminais incluíram o espaço subaracnoideo, corpo do ventrículo lateral, terceiro ventrículo e ventrículo contralateral. Dos cateteres ventriculares que atingem um destino inesperado, 40% eventualmente necessitaram de revisão.[36] O grande número de dispositivos que buscam abordar esse problema confirma a frequência de posicionamento subótimo do cateter. A assistência guiada por imagem computadorizada à beira do leito, que utiliza a tecnologia eletromagnética, demonstrou aumentar a acurácia ao mesmo tempo que evita a ida até a sala de operação.[37,38] Vários sistemas à beira do leito que facilitam a colocação adequada sem a assistência computadorizada demonstraram aumentar a acurácia, mas não são amplamente utilizados.[39]

Para realizar a punção ventricular lateral, nós selecionamos um ponto de entrada 1 cm à frente da sutura coronal na linha média pupilar. Uma pequena incisão que se aprofunda até o crânio é então realizada no ponto de entrada, geralmente, utilizando uma lâmina de bisturi de número 15. Posteriormente, o periósteo é refletido, utilizando a lâmina do bisturi. Uma trepanação com fresa de perfuração é realizada em seguida, mantendo em mente a trajetória desejada do cateter ventricular através da calvária. Se necessário, a dura-máter pode ser aberta, utilizando tanto uma agulha de calibre 18 ou uma lâmina de número 11. O cateter ventricular pode então ser introduzido, com o estilete instalado, em uma trajetória ortogonal ao crânio em todos os planos. O cateter deve entrar no corno frontal do ventrículo lateral a uma profundidade de 5 a 7 cm. A sensação de uma redução abrupta na resistência à passagem do cateter sinaliza a transgressão ependimária e a entrada ventricular, juntamente com a aparência imediata do CSF preenchendo o cateter. O estilete é em seguida removido e o cateter é tunelizado subcutaneamente e externalizado em sítio distante do ponto de entrada. A incisão é fechada com uma sutura não absorvível monofilamento. Ao longo do processo, a saída de CSF é controlada para desencorajar o colapso ventricular ao redor do cateter ventricular.

Um método alternativo de ventriculostomia lateral adulta é localizar o ponto de entrada 12 cm acima do násio no plano sagital mediano e 3 cm da linha média no plano coronal (▶ Fig. 4.3). Deste ponto, as linhas são delineadas em direção ao canto medial ipsolateral e ao trago ipsolateral. Essas linhas fornecem guias para o direcionamento do cateter ventricular. A trajetória do plano coronal é alinhada com um plano imaginário que cruza ortogonalmente o crânio ao longo da linha no canto medial e a trajetória do plano sagital é alinhada com um plano imaginário que cruza ortogonalmente o crânio ao longo da linha do trago (▶ Fig. 4.4). O cateter segue nessa trajetória até que o ventrículo seja canulado. O cateter é subsequentemente tunelizado e as incisões são fechadas.

Se a punção ventricular lateral pode ser problemática, como observado na presença de um corno occipital aprisionado sem dilatação do corno frontal ou quando um cateter frontal bem colocado falha em descomprimir adequadamente os cornos occipitais, uma abordagem occipital pode ser eficaz. O ponto de entrada é delimitado 2 cm acima da protuberância occipital externa e 2 cm da linha média, colocando o ponto de entrada bem distante dos seios venosos (▶ Fig. 4.5). Uma trepanação é realizada nessa região. O cateter ventricular é direcionado paralelamente ao eixo longo do crânio para o corno occipital (▶ Fig. 4.6).

Nós tentamos tunelizar o cateter na medida do possível a partir da incisão cutânea. A distância aumentada (> 5 cm) parece estar associada à menor taxa de infecção.[40] Após tunelização, a fixação do cateter de ventriculostomia na pele previne a remoção inadvertida do mesmo. Em nossa instituição, nós fazemos o cateter-laço e afixamos na pele em três pontos de fixação da sutura (▶ Fig. 4.7), utilizando uma sutura especial, que dificulta o deslocamento do cateter. Essa sutura é ilustrada na ▶ Figura 4.8. Em crianças, nós também colocamos uma sutura de fixação circunferencial simples ao redor do cateter no sítio de saída. Além das suturas de fixação, nós colocamos rotineiramente uma sutura em **"U"** no sítio de saída do cateter, com a extremidade deixada extensa, para fechar o sítio de saída após remoção opcional do cateter. Uma vez fixado ao escalpo, o cateter é conectado a um sistema de drenagem estéril.

Prevenir a infecção do cateter e do CSF é sempre uma prioridade. Inúmeros artigos documentaram que os cateteres impregnados por prata e com antibióticos podem diminuir as taxas de infecção (ver bibliografia sobre cateter com antibióticos) e no momento estão em voga. A profilaxia com antibióticos pode ser útil na prevenção da infecção associada à ventriculostomia. Em uma grande série, Park *et al.* encontraram uma taxa de infecção de apenas 8,6% em pacientes necessitando de cateterização prolongada que receberam antibióticos profiláticos.[30] Zingale *et al.* demonstraram que pacientes com ventriculostomias recebendo apenas antibióticos perioperatórios tiveram um risco de infecção

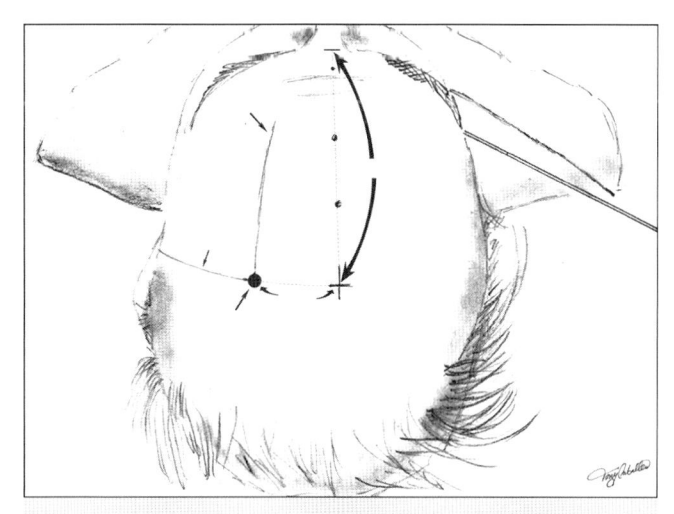

Fig. 4.3 Método para localização do ponto de entrada para ventriculostomia lateral. Notar o ponto de entrada a 12 cm do násio na linha média e a 3 cm em relação à linha média. Além disso, as linhas do trago e canto medial são ilustradas.

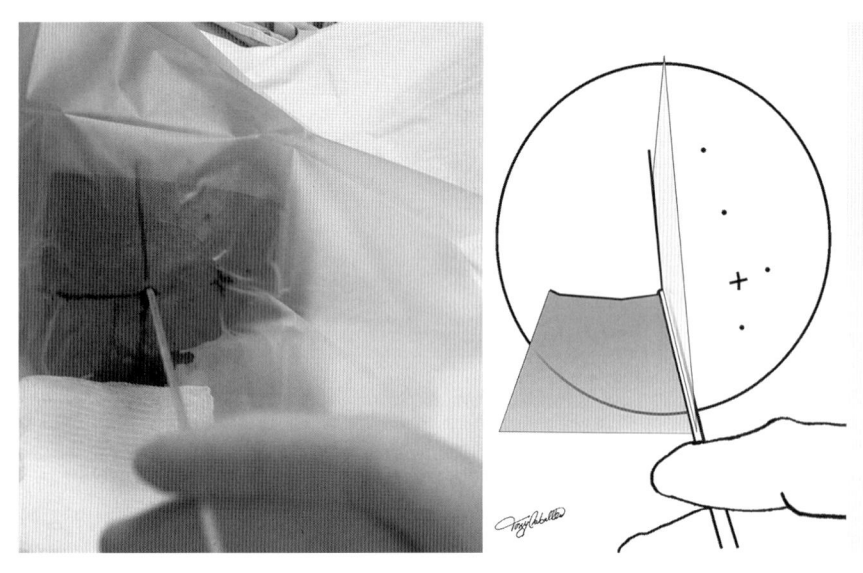

Fig. 4.4 O cateter ventricular é mostrado alinhado com os planos definidos pelas linhas do canto medial e do trago. Essa é uma linha de visão abaixo do cateter. Deve-se notar que, embora não seja bem representado nesta figura, o cateter é medialmente direcionado para o canto medial ipsolateral ao longo da linha no canto medial.

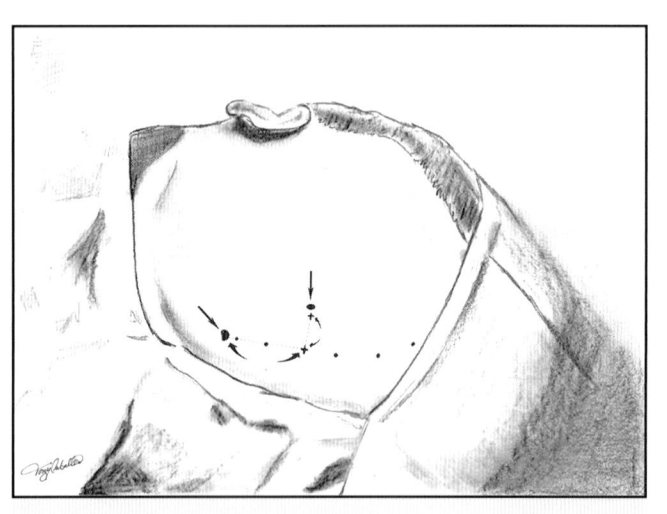

Fig. 4.5 Ponto de entrada para a ventriculostomia occipital.

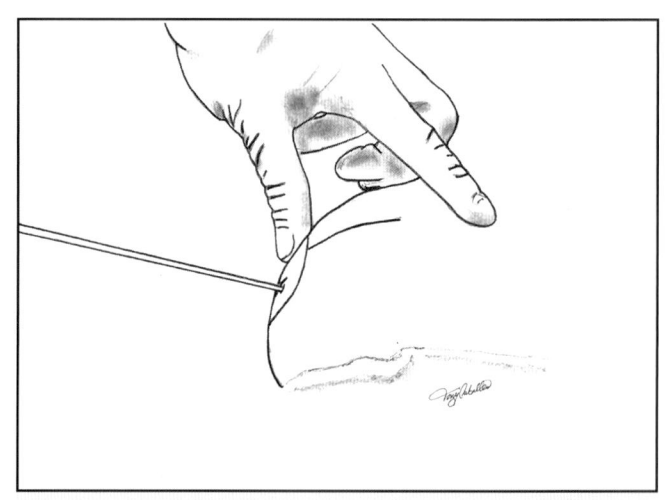

Fig. 4.6 Passagem de um cateter occipital. Notar que o cateter passa quase paralelamente ao eixo longo do crânio.

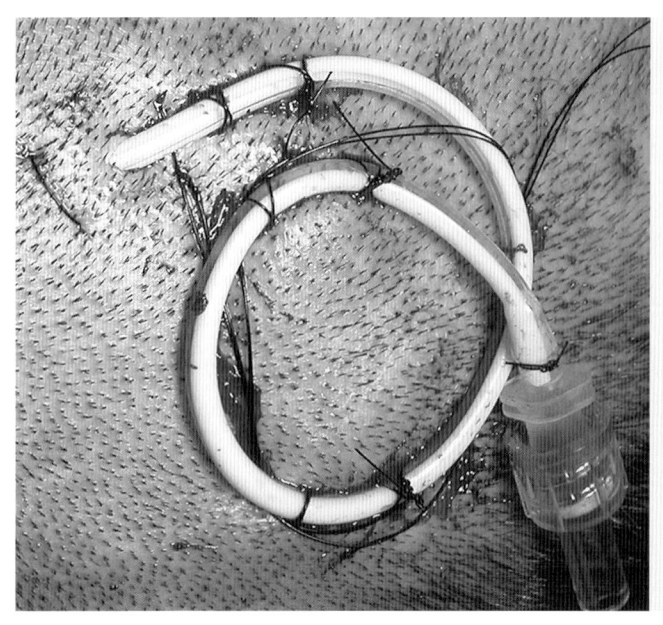

Fig. 4.7 Formação de alça do cateter ventricular. Observar as três suturas de fixação. Isso é uma importante etapa na fixação do cateter na pele, uma vez que reduz consideravelmente as chances de remoção prematura do cateter pelo paciente ou por equipe auxiliar para realizar os serviços de rotina.

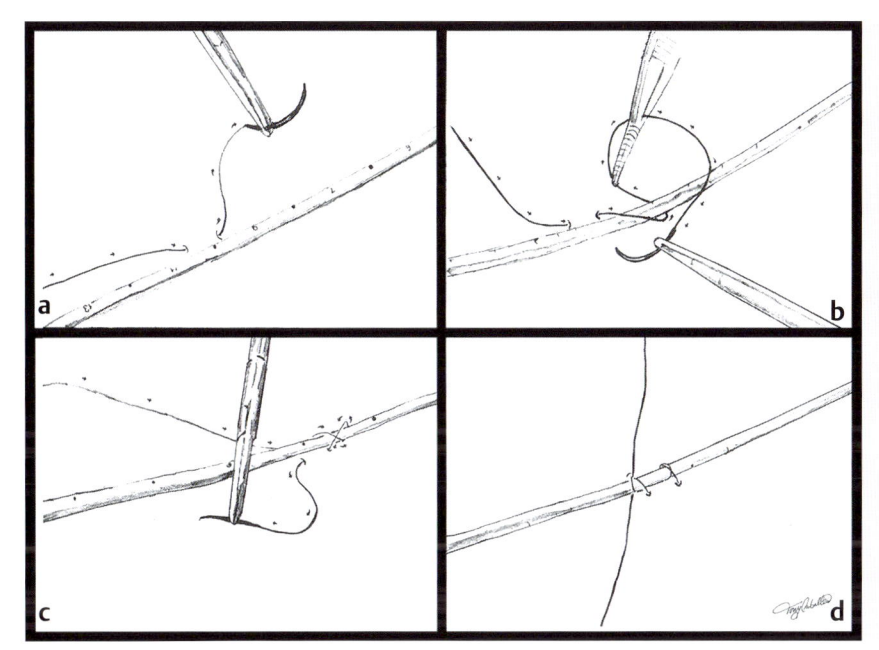

Fig. 4.8 Sutura de fixação. (**a**) A primeira porção é colocada paralelamente ao cateter. (**b**) A sutura é então enrolada sobre o cateter, em seguida passada por debaixo do cateter e novamente de volta para o cateter para prendê-lo na alça. (**c**) A segunda porção é, em seguida, colocada na direção oposta à primeira porção, paralela e no lado oposto do cateter. (**d**) A sutura é entrelaçada ao redor do cateter de forma similar ao demonstrado em (**a**) e as extremidades da sutura são interligadas.

de 11% *versus* um risco de 3% para pacientes recebendo profilaxia contínua com antibióticos, embora o último tivesse a tendência de desenvolver infecções resistentes causadas por bactérias ou fungos.[31] Por outro lado, Murphy *et al.* demonstraram que a administração de antibióticos pós-procedimento tem pouco benefício na prevenção da infecção com o uso de cateteres revestidos por antibióticos.[41] O estudo foi conduzido por 4 anos, com a primeira coorte recebendo antibióticos em tempo prolongado e a segunda coorte recebendo uma única dose de antibióticos na inserção do cateter. Essa grande série de 866 pacientes demonstrou uma taxa significativamente maior de infecção com antibióticos de uso prolongado. Embora a literatura seja contraditória, nós não utilizamos rotineiramente a antibiótico em terapia prolongada. Infelizmente, a derivação de longo prazo do CSF é algumas vezes necessária. Lo *et al.* demonstraram, em um estudo retrospectivo, que a duração da drenagem não foi correlacionada à infecção.[42] Nós não substituímos os EVDs a menos que ocorra o mau funcionamento do dreno.

O uso de um padrão de manejo do EVD pode auxiliar na redução das complicações. Flint *et al.* introduziram um padrão de medidas no manejo de EVD para auxiliar na diminuição das taxas de infecção após concordância de todos os neurocirurgiões para seguir um protocolo padrão.[43] Em 2016, a Neurocritical Care Society publicou suas recomendações para implantação e manejo de EVD.[44] Ambos os estudos utilizaram as diretrizes baseadas em evidências para auxiliar na implementação de seus protocolos agrupados. Infelizmente, existem poucos dados de classe I para auxiliar na criação das diretrizes.

4.3.2 Punção Lombar/Drenagem Lombar

Relatos na literatura demonstram que a derivação lombar do CSF no quadro clínico de hemorragia subaracnóidea é um tratamento aceitável para hidrocefalia, evitando complicações potenciais da ventriculostomia.[45,46] Pacientes com hidrocefalia não associada a massas supratentoriais ou infratentoriais, lesão obstrutiva expansiva nas vias liquóricas ou desvio das estruturas intracranianas e cujas cisternas basilares aparecem abertas nos exames de imagem são considerados candidatos.

A hidrocefalia nessa situação pode ser gerenciada pela punção lombar repetida ou por colocação de um cateter de drenagem lombar. A última evita a repetição das punções lombares; contudo, a saída do dreno deve ser monitorada cuidadosamente, em caso de drenagem excessiva e ocorrência de complicações associadas.

Alguns riscos da punção lombar incluem uma probabilidade muito pequena de infecção ou lesão nos nervos lombares ou cauda equina. Apesar de ser tecnicamente uma complicação, uma fístula liquórica persistente pode ser útil, desde que o extravasamento permaneça no espaço subcutâneo enquanto ocorre a descompressão da hidrocefalia no paciente, tornando as punções lombares repetidas desnecessárias.

4.3.3 Terceiro-Ventriculostomia Endoscópica

A hidrocefalia secundária à obstrução do aqueduto cerebral geralmente é crônica. No entanto, observa-se a ocorrência de descompensação aguda e esses pacientes manifestam deterioração neurológica aguda. A terceiro-ventriculostomia endoscópica (ETV) fornece uma intervenção primária, se o paciente pode tolerar a demora necessária para o preparo cirúrgico.[19,47,48] A ETV trata a hidrocefalia sem as complicações associadas à cateterização ventricular prolongada, a derivação ventriculoperitoneal ou outro procedimento de derivação liquórica envolvendo *hardware*. A patência de longo prazo da terceiro-ventriculostomia nessa situação é relatada ser tão alta quanto 80%.[48] Além de abordar a hidrocefalia, a terceiro-ventriculostomia fornece uma oportunidade para realizar a biópsia da lesão agressora. As taxas de sucesso diagnóstico são relatadas no percentil 90.[47] A terceiro-ventriculostomia pode ser realizada durante a biópsia, deixando o cateter ventricular ocluído para aumentar as chances de patência da terceiro-ventriculostomia.

O risco de ETV inclui lesão hipotalâmica, paralisias do terceiro e sexto nervos, hemorragia, parada cardíaca, lesão da artéria basilar e CVA. Os déficits neurológicos resultantes tendem a ser transitórios. Os riscos gerais de hemorragia e déficit neurológico relatados variam de 8 a 15%.[47-49]

Se o paciente apresenta rápida deterioração e requer intervenção imediata, a ventriculostomia pode ser realizada inicialmente[50] e a ETV realizada posteriormente.

4.4 Conclusão

A hidrocefalia aguda pode ser o resultado de muitos processos patológicos. No quadro de hidrocefalia aguda com um paciente em deterioração ou gravemente doente, a derivação liquórica de emergência pode ser salvadora, estabiliza o paciente, proporciona um tempo necessário para o tratamento definitivo e permite o retorno da dinâmica normal do CSF, uma vez que o processo subjacente tenha completado o seu curso. A ventriculostomia, punção lombar e a ETV são métodos viáveis para o manejo da hidrocefalia aguda. O método escolhido deve ser adaptado para cada paciente, considerando a patologia subjacente.

4.5 Apêndice

4.5.1 Bibliografia sobre Hemorragia no EVD

Gardner PA, Engh J, Atteberry D, Moossy JJ. Hemorrhage rates after external ventricular drain placement. J Neurosurg 2009;110(5):1021-1025

Miller C, Guillaume D. Incidence of hemorrhage in the pediatric population with placement and removal of external ventricular drains. J Neurosurg Pediatr 2015;16(6):662-667

Sussman ES, Kellner CP, Nelson E, et al. Hemorrhagic complications of ventriculostomy: incidence and predictors in patients with intracerebral hemorrhage. J Neurosurg 2014;120(4):931-936

4.5.2 Bibliografia sobre Cateter com Antibióticos

Atkinson R, Fikrey L, Jones A, Pringle C, Patel HC. Cerebrospinal Fluid Infection Associated with Silver-Impregnated External Ventricular Drain Catheters. World Neurosurg 2016;89:505-509

Atkinson RA, Fikrey L, Vail A, Patel HC. Silver-impregnated external-ventricular- drain-related cerebrospinal fluid infections: a meta-analysis. J Hosp Infect 2016;92(3):263-272

Keong NCH, Bulters DO, Richards HK, et al. The SILVER (Silver Impregnated Line Versus EVD Randomized trial): a double-blind, prospective, controlled trial of an intervention to reduce the rate of external ventricular drain infection. Neurosurgery 2012;71(2):394-403, discussion 403-404

Root BK, Barrena BG, Mackenzie TA, Bauer DF. Antibiotic Impregnated External Ventricular Drains: Meta and Cost Analysis. World Neurosurg 2016;86:306-315

Sonabend AM, Korenfeld Y, Crisman C, Badjatia N, Mayer SA, Connolly ES Jr. Prevention of ventriculostomy-related infections with prophylactic antibiotics and antibiotic-coated external ventricular drains: a systematic review. Neurosurgery 2011;68(4):996-1005

Stevens EA, Palavecino E, Sherertz RJ, Shihabi Z, Couture DE. Effects of antibiotic- impregnated external ventricular drains on bacterial culture results: an in vitro analysis. J Neurosurg 2010;113(1):86-92

Referências

[1] Greitz D. Radiological assessment of hydrocephalus: new theories and implications for therapy. Neurosurg Rev. 2004; 27(3):145-165, discussion 166-167

[2] Ulloa-Gutierrez R, Avila-Agüero ML, Huertas E. Fulminant Listeria monocytogenes meningitis complicated with acute hydrocephalus in healthy children beyond the newborn period. Pediatr Emerg Care. 2004; 20(4):233-237

[3] Frat JP, Veinstein A, Wager M, Burucoa C, Robert R. Reversible acute hydrocephalus complicating Listeria monocytogenes meningitis. Eur J Clin Microbiol Infect Dis. 2001; 20(7):512-514

[4] Shanley JD, Jordan MC. Clinical aspects of CNS cysticercosis. Arch Intern Med. 1980; 140(10):1309-1313

[5] Shandera WX, White AC, Jr, Chen JC, Diaz P, Armstrong R. Neurocysticercosis in Houston, Texas. A report of 112 cases. Medicine (Baltimore). 1994; 73(1):37-52

[6] Aylett SE, O'Neill KS, De Sousa C, Britton J. Cerebellitis presenting as acute hydrocephalus. Childs Nerv Syst. 1998; 14(3):139-141

[7] Rajshekhar V, Harbaugh RE. Results of routine ventriculostomy with external ventricular drainage for acute hydrocephalus following subarachnoid haemorrhage. Acta Neurochir (Wien). 1992; 115(1-2):8-14

[8] van Gijn J, Hijdra A, Wijdicks EF, Vermeulen M, van Crevel H. Acute hydrocephalus after aneurysmal subarachnoid hemorrhage. J Neurosurg. 1985; 63(3):355-362

[9] Sumer MM, Açikgöz B, Akpinar G. External ventricular drainage for acute obstructive hydrocephalus developing following spontaneous intracerebral haemorrhages. Neurol Sci. 2002; 23(1):29-33

[10] Chung CS, Caplan LR, Han W, Pessin MS, Lee KH, Kim JM. Thalamic haemorrhage. Brain. 1996; 119(Pt 6):1873-1886

[11] Liliang PC, Liang CL, Lu CH, et al. Hypertensive caudate hemorrhage prognostic predictor, outcome, and role of external ventricular drainage. Stroke. 2001; 32(5):1195-1200

[12] Yoshimoto Y, Ochiai C, Kawamata K, Endo M, Nagai M. Aqueductal blood clot as a cause of acute hydrocephalus in subarachnoid hemorrhage. AJNR Am J Neuroradiol. 1996; 17(6):1183-1186

[13] Greenberg J, Skubick D, Shenkin H. Acute hydrocephalus in cerebellar infarct and hemorrhage. Neurology. 1979; 29(3):409-413

[14] Hochman MS. Reversal of fixed pupils after spontaneous intraventricular hemorrhage with secondary acute hydrocephalus: report of two cases treated with early ventriculostomy. Neurosurgery. 1986; 18(6):777-780

[15] Adams RE, Diringer MN. Response to external ventricular drainage in spontaneous intracerebral hemorrhage with hydrocephalus. Neurology. 1998; 50(2):519-523

[16] Shapiro SA, Campbell RL, Scully T. Hemorrhagic dilation of the fourth ventricle: an ominous predictor. J Neurosurg. 1994; 80(5):805-809

[17] Wisoff JH, Epstein F. Surgical management of symptomatic pineal cysts. J Neurosurg. 1992; 77(6):896-900

[18] Shemie S, Jay V, Rutka J, Armstrong D. Acute obstructive hydrocephalus and sudden death in children. Ann Emerg Med. 1997; 29(4):524-528

[19] Schijman E, Peter JC, Rekate HL, Sgouros S, Wong TT. Management of hydrocephalus in posterior fossa tumors: how, what, when? Childs Nerv Syst. 2004; 20(3):192-194

[20] Maher C, Friedman J, Raffel C. Posterior fossa tumors in children. In: Batjer H, Loftus C, eds. Neurological Surgery: Principles and Practice. Philadelphia, PA: Lippincott Williams and Wilkins; 2003:985-997

[21] Wolff R, Karlsson B, Dettmann E, Böttcher HD, Seifert V. Pertreatment radiation induced oedema causing acute hydrocephalus after radiosurgery for multiple cerebellar metastases. Acta Neurochir (Wien). 2003; 145(8):691-696, discussion 696

[22] Antonello RM, Pasqua M, Bosco A, Torre P. Massive cerebellar infarct complicated by hydrocephalus. Ital J Neurol Sci. 1992; 13(8):695-698

[23] Hanakita J, Kondo A. Serious complications of microvascular decompression operations for trigeminal neuralgia and hemifacial spasm. Neurosurgery. 1988; 22(2):348-352

[24] Menéndez JA, Başkaya MK, Day MA, Nanda A. Type III occipital condylar fracture presenting with hydrocephalus, vertebral artery injury and vasospasm: case report. Neuroradiology. 2001; 43(3):246-248

[25] Karasawa H, Furuya H, Naito H, Sugiyama K, Ueno J, Kin H. Acute hydrocephalus in posterior fossa injury. J Neurosurg. 1997; 86(4):629-632

[26] Lang EK. Acute hydrocephalus secondary to occlusion of the aqueduct by a bullet. J La State Med Soc. 1969; 121(5):167-168

[27] Bogdahn U, Lau W, Hassel W, Gunreben G, Mertens HG, Brawanski A. Continuous-pressure controlled, external ventricular drainage for treatment of acute hydrocephalus—evaluation of risk factors. Neurosurgery. 1992; 31(5):898-903, discussion 903-904

[28] Roitberg BZ, Khan N, Alp MS, Hersonskey T, Charbel FT, Ausman JI. Bedside external ventricular drain placement for the treatment of acute hydrocephalus. Br J Neurosurg. 2001; 15(4):324-327

[29] Stenager E, Gerner-Smidt P, Kock-Jensen C. Ventriculostomy-related infections—an epidemiological study. Acta Neurochir (Wien). 1986; 83(1-2):20-23

[30] Park P, Garton HJ, Kocan MJ, Thompson BG. Risk of infection with prolonged ventricular catheterization. Neurosurgery. 2004; 55(3):594-599, discussion 599-601

[31] Zingale A, Ippolito S, Pappalardo P, Chibbaro S, Amoroso R. Infections and re-infections in long-term external ventricular drainage. A variation upon a theme. J Neurosurg Sci. 1999; 43(2):125-132, discussion 133

[32] Wiesmann M, Mayer TE. Intracranial bleeding rates associated with two methods of external ventricular drainage. J Clin Neurosci. 2001; 8(2):126-128

[33] McIver JI, Friedman JA, Wijdicks EF, et al. Preoperative ventriculostomy and rebleeding after aneurysmal subarachnoid hemorrhage. J Neurosurg. 2002; 97(5):1042-1044

[34] Kawai K, Nagashima H, Narita K, et al. Efficacy and risk of ventricular drainage in cases of grade V subarachnoid hemorrhage. Neurol Res. 1997; 19(6):649-653

[35] Loftus CM, ed. Anticoagulation and Hemostasis in Neurosurgery. Cham, Switzerland: Springer International Publishing; 2016

[36] Toma AK, Camp S, Watkins LD, Grieve J, Kitchen ND. External ventricular drain insertion accuracy: is there a need for change in practice? Neurosurgery. 2009; 65(6):1197-1200, discussion 1200-1201

[37] Mahan M, Spetzler RF, Nakaji P. Electromagnetic stereotactic navigation for external ventricular drain placement in the intensive care unit. J Clin Neurosci. 2013; 20(12):1718-1722

[38] Patil V, Gupta R, San José Estépar R, et al. Smart stylet: the development and use of a bedside external ventricular drain image-guidance system. Stereotact Funct Neurosurg. 2015; 93(1):50-58

[39] Ghajar JB, Gae H, Oh J, Yoon S. A guide for ventricular catheter placement. Technical note. J Neurosurg. 1985; 63(6):985-986

[40] Rafiq MF, Ahmed N, Ali S. Effect of tunnel length on infection rate in patients with external ventricular drain. J Ayub Med Coll Abbottabad. 2011; 23(4):106-107

[41] Murphy RKJ, Liu B, Srinath A, et al. No additional protection against ventriculitis with prolonged systemic antibiotic prophylaxis for patients treated with antibiotic-coated external ventricular drains. J Neurosurg. 2015; 122(5):1120-1126

[42] Lo CH, Spelman D, Bailey M, Cooper DJ, Rosenfeld JV, Brecknell JE. External ventricular drain infections are independent of drain duration: an argument against elective revision. J Neurosurg. 2007; 106(3):378-383

[43] Flint AC, Rao VA, Renda NC, Faigeles BS, Lasman TE, Sheridan W. A simple protocol to prevent external ventricular drain infections. Neurosurgery. 2013; 72(6):993-999, discussion 999

[44] Fried HI, Nathan BR, Rowe AS, et al. The insertion and management of external ventricular drains: an evidence-based consensus statement. A statement for healthcare professionals from the Neurocritical Care Society. Neurocrit Care. 2016; 24(1):61-81

[45] Poon WS, Ng S, Wai S. CSF antibiotic prophylaxis for neurosurgical patients with ventriculostomy: a randomised study. Acta Neurochir Suppl (Wien). 1998; 71:146-148

[46] Hasan D, Lindsay KW, Vermeulen M. Treatment of acute hydrocephalus after subarachnoid hemorrhage with serial lumbar puncture. Stroke. 1991; 22(2):190-194

[47] Yamini B, Refai D, Rubin CM, Frim DM. Initial endoscopic management of pineal region tumors and associated hydrocephalus: clinical series and literature review. J Neurosurg. 2004; 100(5, Suppl Pediatrics):437-441

[48] Veto F, Horváth Z, Dóczi T. Biportal endoscopic management of third ventricle tumors in patients with occlusive hydrocephalus: technical note. Neurosurgery. 1997; 40(4):871-875, discussion 875-877

[49] Fukuhara T, Vorster SJ, Luciano MG. Risk factors for failure of endoscopic third ventriculostomy for obstructive hydrocephalus. Neurosurgery. 2000; 46(5):1100-1109, discussion 1109-1111

[50] Buatti JM, Friedman WA. Temporary ventricular drainage and emergency radiotherapy in the management of hydrocephalus associated with germinoma. J Neurosurg. 2002; 96(6):1020-1022

5 Reconhecimento e Manejo das Síndromes de Herniação Cerebral

Daphne D. Li ▪ Vikram C. Prabhu

Resumo

A herniação cerebral ocorre como consequência do deslocamento anormal do tecido cerebral a partir de seu compartimento fisiológico. Isso pode ocorrer em decorrência de um desequilíbrio na distribuição do sangue, líquido cefalorraquidiano (CSF) e tecido cerebral que ocupam o espaço intracraniano ou uma lesão expansiva. Embora nem todos os casos de herniação cerebral anatômica estejam associados à morbidade ou a achados neurológicos significativos, os gradientes de pressão rapidamente variáveis ou lesões expansivas com efeito expansivo frequentemente resultam em progressão devastadora dos déficits neurológicos associados ao risco elevado de morbidade e mortalidade. Vários sítios anatômicos de herniação cerebral — transtentorial, cerebelotonsilar e subfalcina — resultam em diferentes sinais clínicos que, quando detectados precocemente, podem permitir o rápido diagnóstico da patologia intracraniana responsável e a correção da emergência neurocirúrgica. Neste capítulo descrevemos a anatomia, fisiopatologia, sintomas e princípios gerais de manejo e prognóstico de síndromes de herniação cerebral.

Palavras-chave: cerebelotonsilar, herniação cerebral, cuidados intensivos, hipertensão intracraniana, Escala de Coma de Glasgow, subfalcina, transtentorial.

5.1 Introdução

Uma complicação temida da patologia intracraniana é a herniação do tecido cerebral através dos limites da dura-máter e dos ossos, geralmente causada por uma lesão invasiva expansiva que tenha esgotado a capacidade do cérebro e do líquido cefalorraquidiano (CSF) para tolerar o volume acrescido, resultando em hipertensão intracraniana (ICP). É uma validação da hipótese de Monro-Kellie e, a menos que rapidamente corrigida, prenuncia um grave prognóstico. A doutrina de Monro-Kellie estabelece que o crânio é um compartimento rígido com um volume interno fixo constituído de sangue (10%), CSF (10%) e cérebro (80%). Sob circunstâncias normais, esses três componentes mantêm equilíbrio de volume e pressão com o intuito de manter a ICP normal. Qualquer aumento em um dos três componentes deve ser compensado por uma diminuição em outros (▶ Fig. 5.1). Os mecanismos compensatórios incluem o deslocamento de CSF para o saco tecal ou redução no volume de sangue venoso cerebral. Uma lesão com efeito de massa lentamente expansiva, incluindo hematoma subdural crônico ou tumor de aumento gradual, pode levar à herniação anatômica grave, com poucos achados neurológicos iniciais e pouca morbidade direta.[1,2] Por outro lado, uma lesão com efeito de massa rapidamente expansiva ou variação no gradiente de pressão geralmente resulta em progressão grave e frequentemente devastadora dos sintomas neurológicos, com alto risco de morbidade e mortalidade, se não reconhecida rapidamente e tratada de forma eficaz.[3,4]

A herniação também pode ser confinada a um compartimento particular do cérebro, como fossa craniana anterior, média ou posterior, sem aumento significativo na ICP geral. Às vezes pressões diferenciais de CSF existentes pelas barreiras anatômicas, como baixa pressão do líquido espinal e intraespinal após punção lombar (LP), também podem ser causa de herniação cerebral. A herniação de conteúdos cerebrais geralmente leva às síndromes anatomicamente características, embora as manifestações clínicas dependam do caráter agudo ou crônico em que a herniação ocorre.

As causas mais comuns de herniação aguda são hemorragia intracraniana de origem traumática ou espontânea.[1-3,5,6] O edema cerebral regional ou difuso causado por isquemia e infarto cerebral também é comum.[2,6,7] Em cada caso, a síndrome de herniação pode envolver estruturas acima do tentório, na fossa posterior ou em ambos os espaços. Outras condições que podem precipitar a herniação cerebral incluem hidrocefalia aguda,[7] encefalopatia hepática,[8] aumento do tumor com edema vasogênico associado,[9] drenagem lombar terapêutica de CSF.[4] Os sítios anatômicos mais comuns de herniação estão sob a foice do cérebro, pelo tentório do cerebelo, tanto descendente quanto ascendente[6] e para baixo, pelo forame magno.[4] Em todas as situações, o neurocirurgião deve estar apto ao reconhecimento e manejo dessas importantes complicações da patologia do sistema nervoso central.

5.2 Anatomia Relevante

5.2.1 Foice do Cérebro

A foice do cérebro é uma invaginação falciforme da dura-máter que separa os dois hemisférios do córtex cerebral. Anteriormente, a foice é bastante estreita e está ancorada na crista *galli* do osso etmoidal. Posteriormente, é mais larga e ligada à superfície superior do tentório cerebelar. A face superior da foice percorre ao longo da linha média do crânio e estende-se posteriormente para ligar-se à protuberância occipital interna. Estruturas venosas importantes estão contidas dentro da foice: superiormente ao seio sagital superior e inferiormente ao seio sagital inferior. A margem inferior da foice está em aposição íntima ao corpo caloso, mas é deficiente anterior e posteriormente, fornecendo uma rota de escape para a saída do giro do cíngulo edemaciado.

5.2.2 Incisura e Tentório do Cerebelo

O tentório do cerebelo é uma lâmina arqueada da dura-máter que separa o cérebro do cerebelo. Elevado na linha média e inclinado para baixo para fixar-se ao osso petroso, lateralmente, e os sulcos transversais do osso occipital, posteriormente, a superfície ligeiramente côncava de bandas concêntricas, circunferenciais e radiais da dura-máter produz pouca pressão. É descrito como "meio mecanicamente perfeito de direcionar as forças para fora do mesencéfalo vulnerável",[10] que passa pela incisura do tentório. A incisura ou entalhe tentorial estende-se das bordas do tubérculo da sela atrás da confluência do seio reto e a grande veia de Galeno.

O espaço entre a borda livre do tentório e a borda lateral do mesencéfalo, formando a cisterna ambiente, varia em tamanho de um espaço praticamente ausente, com contato direto do mesencéfalo e dura-máter, em até 43% dos espécimes pós-morte, para um espaço de até 7 mm em cada lado.[11] A margem medial do

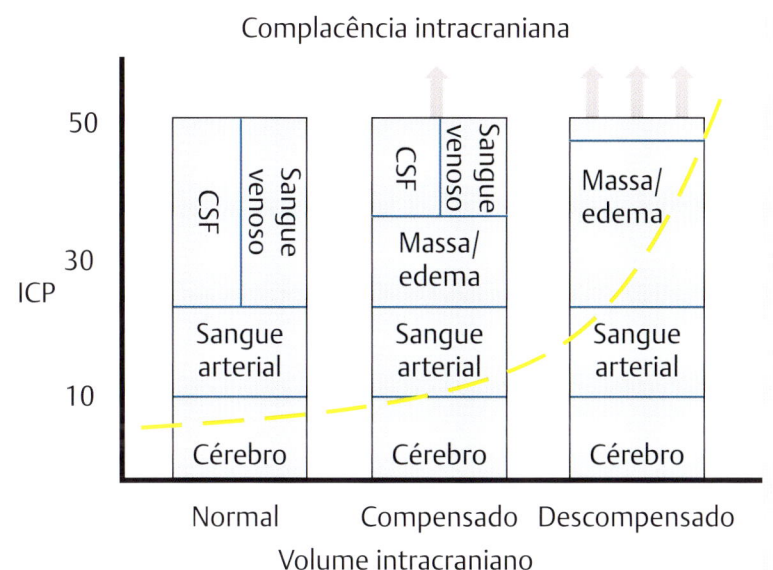

Fig. 5.1 Complacência intracraniana como descrita em condições normais, estados compensados e descompensados. A relação entre o volume intracraniano e a ICP não é linear. Com o início de alterações no volume intracraniano, mudanças no CSF e volume de sangue venoso podem ser realizados para restaurar algum equilíbrio. No entanto, com o efeito expansivo contínuo, esses mecanismos compensatórios podem ser esgotados, levando às ICPs malignamente elevadas. ICP, pressão intracraniana; CSF, líquido cefalorraquidiano.

úncus do lobo temporal geralmente salienta as bordas da incisura e aproxima estreitamente as estruturas mais mediais. Adler e Milhorat[12] classificaram as dimensões da incisura tentorial em oito tipos; eles notaram que a quantidade de parênquima cerebelar exposto dentro da incisura e a relação entre o tronco encefálico e a borda tentorial e a posição do tronco encefálico variaram significativamente entre os indivíduos, alterando potencialmente a suscetibilidade à herniação transtentorial de uma fonte supra ou infratentorial.

Estruturas cruciais na incisura incluem os terceiros nervos cranianos (oculomotores), as artérias cerebrais posteriores (PCAs) e comunicantes posteriores, assim como o mesencéfalo. Os terceiros nervos cranianos emergem do aspecto medial dos pedúnculos cerebrais para atravessarem o espaço subaracnóideo sobre os processos clinoides posteriores anterolateralmente, com entrada na dura-máter pela margem superior dos seios cavernosos. A margem medial do úncus é imediatamente lateral ao terceiro nervo em seu curso subaracnóideo. A extensão, trajetória e a relação anatômica do terceiro nervo com a base do crânio variam amplamente entre os indivíduos.[13] As fibras pupiloconstritoras correm pela periferia do terceiro nervo e são notavelmente sensíveis à pressão externa.[12] Portanto, o efeito expansivo, que comprime o úncus contra o nervo ou a pressão abaixo, que promove sua extensão ou dobramento contra a borda dural, resulta em perda de constrição, com a dilatação pupilar resultante sendo o sinal clínico característico de herniação transtentorial.[2,6,10-13]

Em posição superior e lateral aos terceiros nervos estão localizadas as artérias comunicantes posteriores pareadas, que surgem anteriormente a partir das artérias carótidas internas e cursam posteriormente para atingir a junção com as PCAs, que surgem pela bifurcação distal da artéria basilar (BA). As PCAs pareadas percorrem lateralmente sobre os nervos oculomotores e a borda livre do tentório, tornando-os extremamente vulneráveis à oclusão pela pressão descendente. Inferiormente, as artérias cerebelares superiores pareadas originam-se da BA para correrem lateralmente sob o tentório; estas são vulneráveis à oclusão a partir da herniação ascendente da fossa posterior.

No interior da incisura está localizado o mesencéfalo, consistindo em pedúnculos cerebrais, anteriormente, a porção média ou tegumento e o teto, posteriormente, constituídos por colículos superiores e inferiores. Por essa região passam todos os feixes de fibras que conectam o córtex cerebral, gânglios basais, tálamo e núcleos do tronco encefálico superior com o tronco encefálico inferior e medula espinhal. Ainda dentro dessa região estão os núcleos dos nervos oculomotores e trocleares, a substância negra, os núcleos vermelhos, a substância cinzenta periaquedutal e os neurônios do sistema de ativação reticular (RAS). O aqueduto proximal de Sylvius passa centralmente aqui a partir da porção posterior do terceiro ventrículo, trazendo alto risco de hidrocefalia obstrutiva a partir do efeito expansivo nessa área.

O suprimento sanguíneo do mesencéfalo consiste em artérias interpendunculares provenientes da BA distal e das PCAs proximais; isso dá origem às artérias perfurantes menores. Inferiormente, as artérias circunferenciais menores surgem da BA para irrigar a substância externa do mesencéfalo. Essas artérias perfurantes são "artérias terminais" funcionais com poucos vasos colaterais dentro do parênquima do mesencéfalo. Isso se torna importante quando a compressão mecânica causa a oclusão desses pequenos vasos, levando à isquemia local grave.

Os espaços subaracnóideos da incisura são divididos em várias cisternas, que podem, inicialmente, agir como tampões hidráulicos protegendo o mesencéfalo.[10,13,14] A cisterna interpenduncular situa-se anteromedialmente aos pedúnculos cerebrais, logo acima da cisterna pré-pontina na fossa posterior; outros a descreveram conjuntamente como a "cisterna basal".[10] Lateralmente ao mesencéfalo, situa-se a cisterna ambiente ou perimesencefálica. Evidência radiológica de compressão ou supressão da cisterna ambiente permite a verificação da herniação transtentorial.[1,14] A compressão dessa cisterna na tomografia computadorizada (CT) inicial do cérebro demonstrou ter impacto negativo sobre o prognóstico no quadro de hematoma intracerebral[15] e de lesão

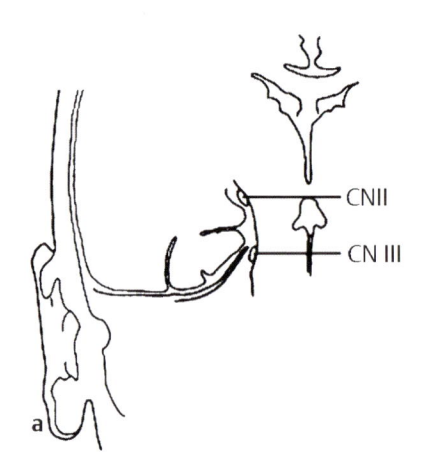

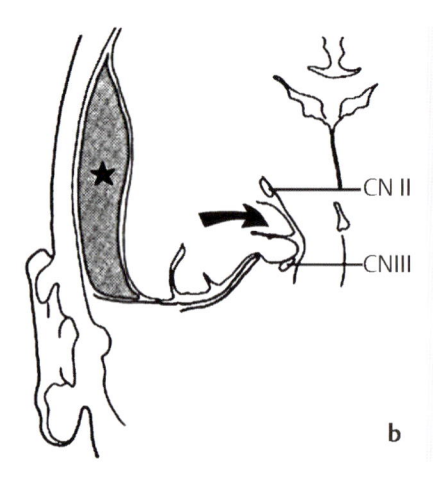

Fig. 5.2 Vista coronal do lobo temporal e mesencéfalo adjacente. (**a**) Relações normais, com cisterna ambiente preservada. (**b**) Aspecto de herniação transtentorial, com deslocamento descendente do tronco encefálico, deslocamento medial do úncus e compressão do nervo oculomotor e estruturas do mesencéfalo.

intracraniana;[16] em ambos os casos, a preservação da cisterna correlaciona-se com uma probabilidade muito melhor de bom prognóstico do que para aqueles pacientes com compressão de uma ou ambas as cisternas. Posterior ao mesencéfalo localiza-se a cisterna da placa quadrigeminal, também conhecida como a "cisterna da veia de Galeno".

5.3 Biomecânica e Patologia da Herniação Transtentorial

Primeiramente descrita de modo anatômico em 1896,[17] a herniação transtentorial é o deslocamento medial e caudal do parênquima cerebral a partir do espaço supratentorial por meio da incisura (▶ Fig. 5.1). Estudos patológicos clássicos publicados em 1920, por Meyer,[18] documentaram o deslocamento medial do úncus, a obliteração da cisterna ambiente e a compressão. Pode haver também o deslocamento do nervo oculomotor e do mesencéfalo. Um sulco profundo frequentemente é formado ao longo da face inferior do úncus ipsilateral pela borda firme do tentório. Modelos experimentais demonstraram, desde então, que a expansão de uma massa intracraniana acima do tentório resulta em um gradiente de ICP elevada, mais elevada ipsilateral à massa e acima do tentório, menor abaixo do tentório e o valor mais baixo, inferiormente, no espaço subaracnóideo espinal.[19] O resultado é a herniação medial do úncus do lobo temporal para a cisterna ambiente ipsilateral, com estiramento, torção e compressão do nervo oculomotor, compressão do próprio mesencéfalo e oclusão do aqueduto de Sylvius.[10,20-22] A haste da hipófise pode ser estirada pelo diafragma da sela, causando infarto da própria hipófise.[21] A CT revela que, na herniação grave, o mesencéfalo é rotacionado ou torcido e os pedúnculos cerebrais alongados e achatados[14] (▶ Fig. 5.2).

Por causa do deslocamento contralateral do tronco encefálico e compressão do pedúnculo cerebral oposto contra o tentório, Kernohan e Woltman,[22] em 1929, identificaram uma incisura do lado oposto ao mesencéfalo, posteriormente sendo identificada tanto clínica e patologicamente como o "fenômeno da incisura de Kernohan". Pode haver também o deslocamento descendente do tronco encefálico. A partir da análise de imagem por ressonância magnética (MRI), Reich *et al.*[1] demonstraram que exatamente a metade dos pacientes com herniação transtentorial também apresentou desvio descendente e herniação simultânea da tonsila cerebelar no forame magno. Ropper[23] demonstraram, contudo, que a síndrome clínica pode evoluir apenas com o deslocamento horizontal do tronco encefálico e mínimo ou nenhum deslocamento descendente. Com o uso de MRI, Reich *et al.*[1] também demonstraram que nos casos mais crônicos, a evidência radiológica de herniação poderia preceder as manifestações clínicas e identificar os pacientes com achados clínicos mais precoces e reversíveis, além da resolução da herniação clínica que foi acompanhada pela reversão dos achados radiológicos. A herniação transtentorial promove a distorção das artérias da circulação

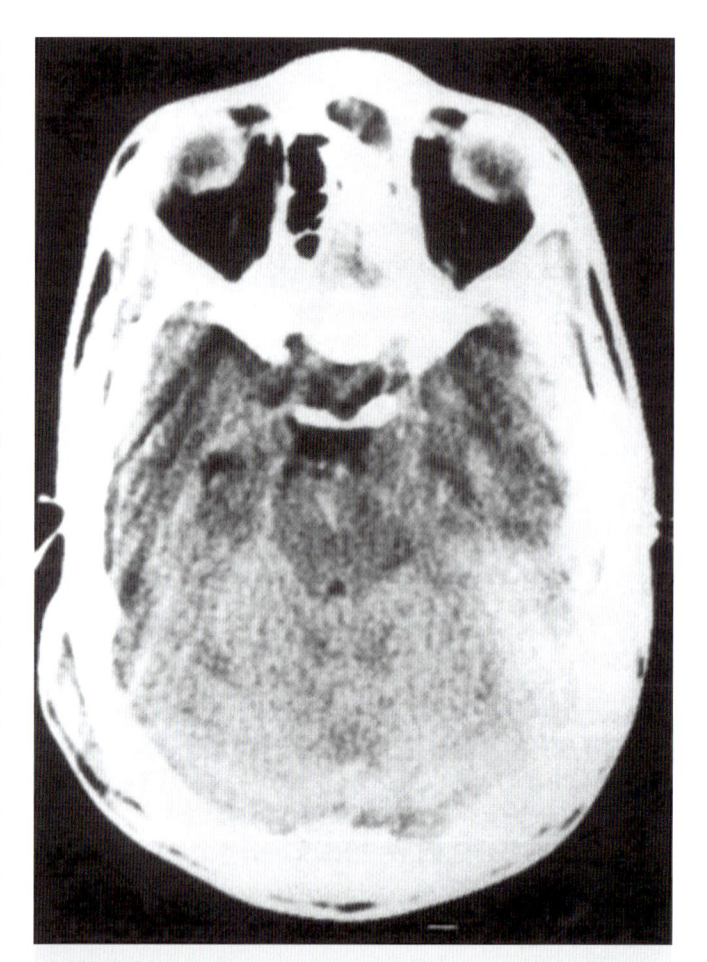

Fig. 5.3 A tomografia computadorizada axial em paciente com herniação transtentorial grave revela a compressão e a rotação do mesencéfalo pelo desvio medial do úncus à esquerda.

posterior, com estiramento e oclusão dos pequenos ramos perfurantes que suprem o tronco encefálico superior (▶ Fig. 5.3).[10,21] Isso pode resultar em ruptura dessas pequenas artérias, com consequente hemorragia do tronco encefálico (hemorragias de Duret). As hemorragias também podem ocorrer em decorrência de isquemia inicial causada pela oclusão vascular por deslocamento descendente, seguida por reperfusão das áreas infartadas quando ocorre o relaxamento do tecido deslocado. As PCAs são comumente obstruídas quando atravessam a incisura, resultando em infarto característico de um ou ambos os lobos occipitais como uma complicação adicional.

As alterações histológicas incluem vacuolização lipídica no úncus herniado, com inchaço neuronal e núcleos perifericamente deslocados. Com o tempo, os neurônios sobreviventes tornam-se picnóticos e uma gliose fibrosa pode se desenvolver em sobreviventes da síndrome clínica. O edema também ocorre no tronco encefálico, acompanhado por alterações isquêmicas neuronais e da substância branca. Observa-se a trombose de veias, vênulas e capilares, atribuída tanto à direta compressão e isquemia.[10]

5.4 Sinais Clínicos de Herniação Transtentorial

Os sinais clínicos de herniação transtentorial incluem a tríade de anisocoria, com dilatação pupilar ipsolateral inicial, frequentemente em forma irregular,[24] perda de reflexo da luz, alteração no nível de consciência e uma resposta motora assimétrica, geralmente uma hemiparesia contralateral. Com a progressão da herniação, a dilatação pupilar torna-se bilateral e as pupilas fixas e não reativas à luz.[2,6,10-12,18,22] A alteração no nível de consciência geralmente é progressiva até o estado de coma, pelo efeito da lesão expansiva na ICP, disfunção global dos hemisférios cerebrais e compressão do RAS do mesencéfalo. A hemiparesia normalmente é contralateral à lesão expansiva, em razão da compressão do pedúnculo cerebral ipsolateral e pode ser branda inicialmente, mas geralmente se agrava para uma hemiplegia com a progressão da compressão do tronco encefálico. Em cerca de 25% dos casos, a hemiparesia é ipsolateral à pupila dilatada, por causa do desvio do mesencéfalo e compressão do pedúnculo cerebral contralateral contra a borda tentorial oposta, denominado o "fenômeno da Incisura de Kernohan".[24]

5.4.1 Função Pupilar

O tamanho e a reatividade pupilar dependem de um balanço entre os efeitos dos sistemas nervosos simpático e parassimpático nas pupilas. A inervação simpática tem origem no hipotálamo e tronco encefálico, percorrendo a medula espinhal cervical para sinapse na coluna intermediolateral dos segmentos torácicos superiores da medula espinhal. As fibras pré-ganglionares atravessam as raízes ventrais da medula espinhal torácica superior para ascender pelos gânglios simpáticos cervicais inferiores e médios para a sinapse no gânglio cervical superior. Em seguida, as fibras pós-ganglionares ascendem ao longo da artéria carótida interna para entrarem na órbita pela fissura orbital superior com o nervo nasociliar. As fibras entram no globo como nervo ciliar longo. As descargas simpáticas não apenas inervam os músculos dilatadores da pupila, mas também inervam o músculo liso dos levantadores da pálpebra (músculo de Müller).

A inervação parassimpática origina-se do núcleo de Edinger-Westphal, dorsal ao núcleo oculomotor no mesencéfalo. As fibras pré-ganglionares percorrem na periferia do nervo oculomotor quando passa da fossa interpeduncular até a entrada na borda dural da incisura e seio cavernoso. Essas fibras são notavelmente sensíveis ao estiramento mecânico ou compressão. Após a entrada do nervo oculomotor na fissura orbital superior, as fibras parassimpáticas passam para o gânglio ciliar e seguem para a sinapse. As fibras pós-ganglionares formam o nervo ciliar curto, que entra na esclera para inervar as fibras do músculo liso que causam constrição da pupila.

A herniação transtentorial do úncus resulta tanto na compressão e estiramento ou torção do próprio nervo oculomotor ipsolateral e posteriormente, compressão dos núcleos oculomotores e de Edinger-Westphal no mesencéfalo. Isso resulta na perda progressiva do tônus parassimpático, com inervação simpática contínua resultando em uma pupila ipsolateral dilatada e muitas vezes irregular inicialmente.[10,15,19,24] Marshall et al.[24] demonstraram que os aumentos relativamente discretos na ICP podem resultar apenas em pupila ipsolateral irregular ou dilatada. Com a progressão da compressão e da isquemia do mesencéfalo, pode haver perda de inervação parassimpática e simpática bilateralmente, resultando em pupilas na posição média (4–5 mm), que são arreativas à luz. Marshman et al.[25] demonstraram que raramente a pupila dilatada e fixa pode ser contralateral à lesão expansiva e assim, a "falsa localização", possivelmente em decorrência do estiramento do nervo oculomotor contralateral pelo efeito expansiva hemisférico e desvio na linha média de estruturas bem acima do mesencéfalo.

Com pressão elevada no nervo e núcleo oculomotor, a perda de movimentos extraoculares ipsolaterais pode ocorrer, com desvio resultante no tônus daquele olho lateralmente em razão da função preservada do nervo abducente. Outros achados oculares também podem ser observados, tais como ptose e olhar vertical ou ascendente comprometido em decorrência de compressão do mesencéfalo dorsal.[1,10,24]

5.4.2 Perda de Consciência

Em humanos, o nível de consciência reflete ambos o nível de atenção ou estado de alerta e a presença de comportamento consciente ou função cognitiva. O estado de atenção normal depende da função íntegra do RAS, enquanto o comportamento consciente reflete a função dos hemisférios corticais.

O RAS é uma rede difusa de neurônios que formam um núcleo central do tronco encefálico, mais evidente no mesencéfalo. O RAS não é distinto e seus neurônios são extensivamente interconectados, com entrada colateral a partir de todas as vias sensoriais principais, particularmente o trato espinotalâmico e o nervo trigêmeo. Inúmeras conexões ascendem para o subtálamo, tálamo, hipotálamo e as estruturas basais do prosencéfalo, incluindo o sistema límbico. Outras conexões estendem-se difusamente e reciprocamente para o neocórtex.

A estimulação do RAS produz uma ativação geral do córtex cerebral, em parte por eliminar a entrada inibitória do tálamo e do sistema límbico. O estado de atenção ou o estado de alerta é dependente da integridade do RAS. Portanto, tanto na compressão ou isquemia direta do mesencéfalo, observa-se a perda de função do RAS e diminuição no estado de alerta e no nível de consciência. Geralmente a lesão que resultou em herniação também afeta os hemisférios corticais, tanto diretamente ou pela elevação global na ICP, resultando em redução no comportamento consciente e função cognitiva. As lesões corticais de dimensão crescente, geralmente resultam em diminuição progressiva no nível de alerta e função cognitiva, associada em parte com o grau de desvio na linha média do cérebro.[1,2,15] A alteração no nível de consciência, um sinal característico de herniação transtentorial, portanto, pode resultar tanto da compressão do mesencéfalo, afetando a função do RAS ou disfunção dos hemisférios cerebrais de modo localizado ou difuso.

5.4.3 Hemiparesia

Os achados motores assimétricos representam a terceira manifestação clínica de herniação transtentorial. Com frequência, a hemiparesia é decorrente da compressão dos tratos corticospinais do pedúnculo cerebral ipsolateral e dessa forma, é contralateral. No entanto, a paresia motora também pode resultar de compressão direta do próprio hemisfério ipsolateral. Como observado anteriormente, em ~ 25% dos casos, a hemiparesia é ipsolateral ao lado da herniação e à pupila dilatada, como consequência do desvio do mesencéfalo para o lado oposto e compressão do pedúnculo cerebral contralateral contra a borda tentorial oposta, o fenômeno da incisura de Kernohan.[23]

5.5 Outros Tipos de Herniação Cerebral

5.5.1 Herniação Transtentorial Ascendente

Uma condição clínica similar ocorre quando uma lesão expansiva na fossa posterior resulta em herniação do tecido cerebral acima da incisura, resultando em impactação aguda e a compressão de estruturas do mesencéfalo.[1,6,11,15] As causas comuns são hematomas e infartos e outras lesões expansivas dentro do cerebelo, tais como abscesso e tumores,[1,6,11,15] juntamente com causas mais incomuns, tais como prolapso do enxerto adiposo para a fossa posterior após a craniotomia translabiríntica.[26] O mecanismo comum é a pressão elevada dentro dos limites estreitos da fossa posterior, com deslocamento ascendente do vérmis cerebelar, comprimindo o mesencéfalo dorsal no interior da incisura.[1,6,11] A herniação ascendente é mais provável quando a lesão expansiva surge dentro do próprio vérmis ou quando a incisura é maior em tamanho.[6] Pode haver também a exacerbação do gradiente de pressão pelo tentório em decorrência da instalação de uma derivação ou ventriculostomia supra tentorial para controle da hidrocefalia secundária e monitoramento de ICP.[1,6]

Patologicamente, nota-se a compressão e distorção do mesencéfalo, compressão do aqueduto de Sílvio, estiramento da placa quadrigeminal e deslocamento e oclusão da veia de Galeno. Essa obstrução venosa pode causar infarto hemorrágico secundário do diencéfalo.[1,6] Os ramos distais da artéria cerebelar superior podem ser comprimidos contra a face inferior do tentório, resultando em isquemia, edema e infarto dos hemisférios cerebelares, agravando a condição.[1,6]

As manifestações clínicas da herniação transtentorial ascendente variam e de certo modo, são diferentes daquelas observadas na herniação descendente. O nível de consciência pode deteriorar-se até o coma, frequentemente associado a pupilas pequenas, minimamente reativas (então denominadas "pupilas pontinas").[6,11,15] Essas alterações pupilares são decorrentes da compressão direta da ponte, com o estímulo papilar parassimpático a partir do mesencéfalo sem oposição pelo tônus simpático descendente pela região pontomedular.[11,12] Cuneo et al.,[6] contudo, também descreveram o desenvolvimento inicial de anisocoria e pupilas em posição média fixa ou inclusive dilatadas, em consequência da distorção progressiva e compressão do mesencéfalo e dos próprios nervos oculomotores.

Também característica de herniação ascendente é a ausência de movimentos oculares verticais em razão da compressão pré-tectal. Pode haver, também, o desvio descendente conjugado dos olhos ou olhar assimétrico.[1,11] A postura flexora ou extensora na resposta motora[1,6,15] e as respirações de Cheyne-Stokes ou hiperventilação também podem ser observadas.

Reich et al.[1] identificaram a herniação ascendente na MRI no plano sagital como um desvio cefálico da abertura proximal do aqueduto de Sylvius, acima do nível da linha de incisura. Também demonstraram a angulação ou encurvamento da placa quadrigeminal e inclinação ventral e deslocamento do tronco encefálico. Eles notaram que a MRI pode identificar a herniação ascendente antes do desenvolvimento de consequências neurológicas extremas e que tais imagens podem ser utilizadas para acompanhar o curso da progressão ou recuperação de herniação ascendente, que se correlaciona com a progressão ou recuperação clínica.

5.5.2 Herniação Cerebelotonsilar

A herniação das tonsilas cerebelares descendentes para o forame magno é o tipo de herniação cerebral que pode ter consequências neurológicas imediatas e devastadoras.[1,6,10,15,18,22] Muitas vezes ocorrendo como resultado de uma lesão expansiva no cerebelo inferior, as tonsilas cerebelares são deslocadas para baixo pelo forame magno, resultando em compressão direta, isquemia e infarto das próprias tonsilas, compressão do bulbo e obstrução dos forames de Luschke e Magendie.[6] Outro resultado da herniação cerebelotonsilar é a compressão direta da ponte e bulbo contra o clivo, com distorção ou fechamento do quarto ventrículo. O fechamento de quaisquer vias de saída ventricular pode levar à hidrocefalia obstrutiva, que pode aumentar ainda mais a ICP, tanto acima quanto abaixo do tentório.[6]

A herniação cerebelotonsilar também pode ocorrer como resultado de uma grande lesão expansiva supratentorial, que causa ICP elevada e deslocamento descendente de todo o tronco encefálico.[18] Após a LP, com uma pressão reduzida de ICP abaixo do forame magno e aumento do gradiente de pressão rostral-caudal, uma lesão expansiva supratentorial pode resultar em herniação cerebelotonsilar e um declínio clínico súbito. Jenett e Stern[18] demonstraram, experimentalmente, que uma grande lesão expansiva supratentorial foi associada à distorção mecânica e ao deslocamento descendente do tronco encefálico e impactação tonsilar para o forame magno. Reich et al.[1] demonstraram, com a MRI sagital, que a herniação anatômica no forame magno muitas vezes acompanha a herniação transtentorial resultante de uma lesão expansiva supratentorial e que tal herniação pode ser revertida quando a lesão é tratada e a resolução da herniação clínica é observada.

As consequências patológicas da herniação cerebelotonsilar incluem a compressão mecânica direta do bulbo contra o clivo inferior e o forame magno anterior, frequentemente resultando em um sulco transverso ao longo da face ventral do bulbo.[1,6] A isquemia e o infarto das tonsilas cerebelares, cerebelo inferior e o tronco encefálico inferior total, assim como da medula espinhal superior podem ocorrer por causa da oclusão das artérias vertebrais, seus ramos e a origem da artéria espinal anterior.[1,6] As alterações histológicas incluem edema e vacuolização lipídica dentro dos tecidos herniados e comprimidos, juntamente com os núcleos picnóticos e o citoplasma pouco corado nos neurônios dos núcleos do tronco encefálico.

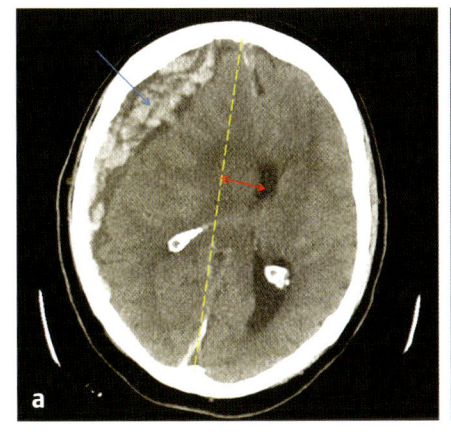

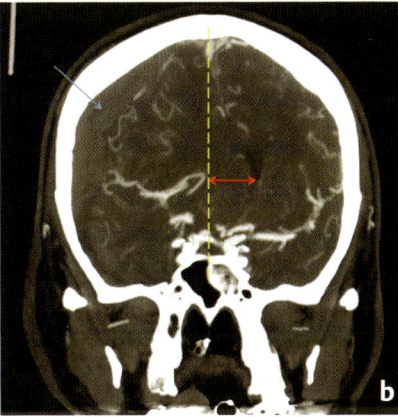

Fig. 5.4 (**a**) Tomografia computadorizada (CT) axial e (**b**) angiografias por CT no plano coronal demonstrando hematoma subdural extenso (setas azuis) causando desvio significativo da linha média (setas vermelhas duplas) e herniação subfalcina.

Sinais Clínicos de Herniação Cerebelotonsilar

Clinicamente, a descida rápida das tonsilas cerebelares e impactação do bulbo podem causar apneia súbita e colapso circulatório.[1,6] O coma subsequente é mais frequente em razão da parada respiratória e circulatória do que a própria compressão do tronco encefálico. Os sinais clínicos que podem preceder tal colapso incluem aqueles da compressão pontomedular, incluindo as pupilas pontinas, perda de movimentos oculares laterais e oftalmoplegia internuclear resultante da disfunção dos núcleos do nervo abducente e formação reticular parapontina. Uma parte da preservação dos movimentos oculares verticais pode ser retida, pois a função do tronco encefálico superior permanece intacta e o "balanço ocular" pode ser observado.[6]

Os sinais motores de compressão pontomedular podem incluir a postura extensora, mas a quadriplegia flácida imediata ocorre por causa da compressão dos tratos corticospinais medulares descendentes. As alterações respiratórias podem incluir apneia imediata, respiração em salvas, padrões de respiração ofegante e atáxica, mas não as respirações de Cheyne-Stokes mais conhecidas, que são características de lesões hemisféricas ou no mesencéfalo-diencéfalo.

Considerando o início frequentemente rápido de colapso cardiopulmonar súbito e profundo com herniação cerebelotonsilar, é fundamental que qualquer deterioração neurológica que inclua sinais potenciais de tal herniação seja reconhecida imediatamente e a ação tomada para estabilizar o paciente e reduzir a ICP. Isso deve ser seguido imediatamente por medidas diagnósticas para permitir o tratamento definitivo da lesão expansiva intracraniana causando o agravamento.

5.5.3 Herniação Subfalcina

É uma forma comum de herniação caracterizada por deslocamento do cérebro, mais frequentemente o giro cingulado, abaixo da borda livre da foice do cérebro. Isso geralmente é causado por lesões expansivas, tanto hemorrágicas (▶ Fig. 5.4) quanto tumorais (▶ Fig. 5.5), no lobo frontal, temporal ou parietal. Essa forma de herniação pode ser clinicamente silenciosa, mas é observada em estudos de imagem como apagamento do terceiro ventrículo e do ventrículo lateral ipsilateral, compressão do forame de Monro, deslocamento do septo pelúcido para o hemisfério contralateral fora da linha média e dilatação secundária do ventrículo lateral contralateral. Os sinais clínicos de herniação subfalcina podem-se desenvolver secundários à hidrocefalia ou compressão da artéria cerebral anterior (ACA); a herniação do giro cingulado abaixo da foice do cérebro leva à compressão da ACA ipsilateral abaixo da foice. Isso pode levar ao infarto do território da ACA distal, manifestando-se, clinicamente, como fraqueza contralateral da perna. Raramente, o comprometimento da ACA bilateral que conduz à fraqueza bilateral da extremidade inferior também pode ser observado.

5.5.4 Herniação Cerebral como Potencial Complicação da Punção Lombar

Os possíveis riscos da LP em um paciente com papiledema clínico foram reconhecidos logo após a introdução desse procedimento na prática clínica.[27,28] A ocorrência de herniação transtentorial ou, mais comumente, herniação cerebelotonsilar, em um paciente com lesão expansiva intracraniana, pode ocorrer em poucos minutos da remoção de CSF da região lombar ou pode demorar horas ou mais. O mecanismo de herniação resulta de um aumento tanto no volume cerebral quanto na ICP. Com a redução na pressão de CSF abaixo do forame magno, há deslocamento rostral-caudal do tecido cerebral. A herniação ocorre apenas na presença de algum grau de obstrução do fluxo normal de CSF entre os espaços subaracnóideos espinais e cranianos.[27] Quando houver fluxo livre normal, a queda na pressão lombar de CSF pode equilibrar-se na cavidade intracraniana sem deslocamento cerebral. A LP também pode exacerbar uma síndrome de herniação já existente ou obstrutiva que está causando bloqueio do espaço subaracnóideo, tanto na incisura ou no forame magno, com sinais clínicos de herniação ocorrendo apenas depois da punção ser realizada.

A herniação cerebral após uma LP é, de fato, um evento raro. Uma grande série clínica inicial e revisão de relatos prévios indicaram que a incidência em pacientes com ICP elevada foi menor do que 1,2%.[28] Mais recentemente, em um estudo realizado por Duffy[29] relatou-se que houve piora clínica em 7 de 52 pacientes com hemorragia subaracnóidea aguda durante a realização de uma LP; isso pode estar mais associado à nova hemorragia do aneurisma nesta série do que à herniação que ocorre como resultado da punção.

Os riscos de herniação cerebral tornam indispensável a realização da imagem diagnóstica como a CT antes de uma LP em qualquer paciente com lesão expansiva intracraniana suspeita ou elevação da ICP.[27] Na presença de uma lesão com efeito de massa significativa acima ou abaixo do tentório, desvio da linha média ou hidrocefalia não comunicante, uma LP deve ser evitada. Se houver discreto efeito de massa e os resultados da análise de CSF são importantes para o diagnóstico clínico, então uma LP deve ser realizada, compreendendo-se a possibilidade de que é, na verdade, uma complicação pouco provável.

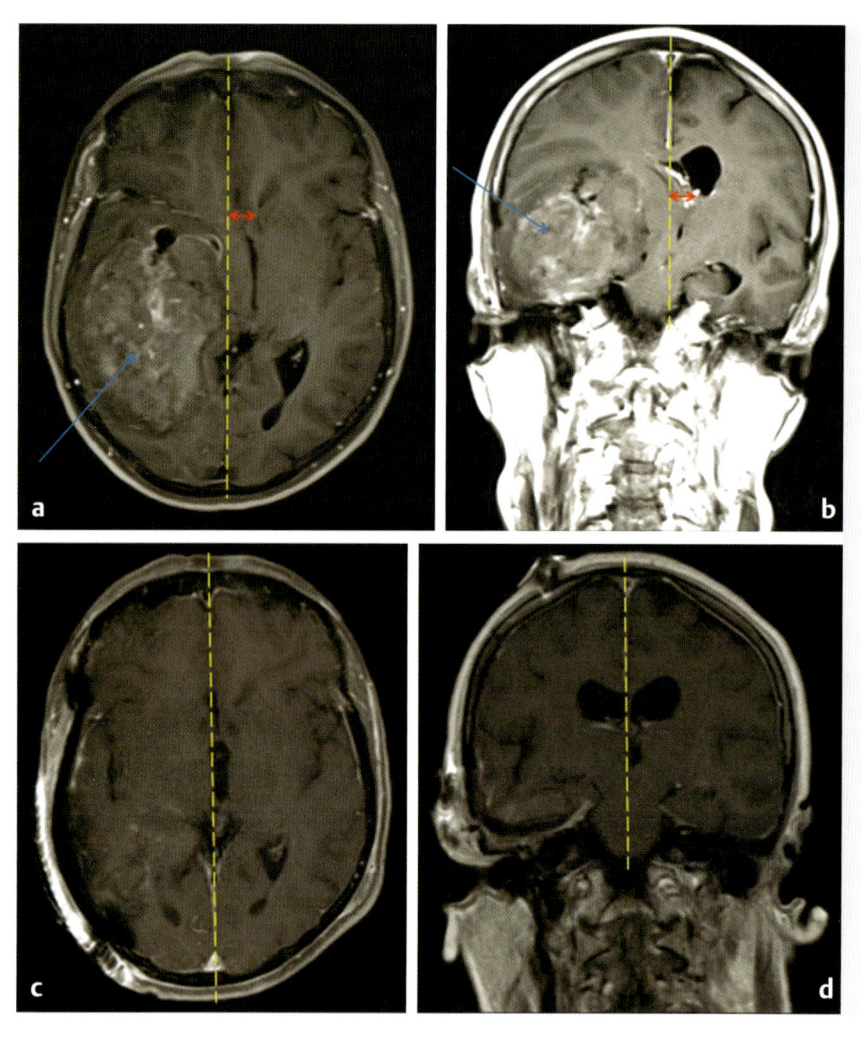

Fig. 5.5 Imagens pré-operatórias de ressonância magnética (MRI) pós-contraste ponderada em T1 nos planos axial (**a**) e coronal (**b**) de um paciente com herniação subfalcina grave e desvio na linha média (setas vermelhas duplas) secundários a uma extensa lesão expansiva têmporo-occipital (setas azuis). As imagens pós-operatórias de MRI pós-contraste ponderada em T1 nos planos axial (**c**) e coronal (**d**) deste paciente mostram ressecção da lesão e melhora significativa no desvio da linha média, sem evidência de herniação subfalcina.

Uma síndrome de herniação aguda no forame magno em decorrência do uso de drenagem lombar perioperatória foi descrita recentemente em três pacientes.[4] Os autores relatam o desenvolvimento de uma "malformação de Chiari adquirida" e o desenvolvimento de um gradiente de pressão negativa entre os espaços craniano e subaracnóideo espinal.

5.6 Efeito da Hipotensão, Hipóxia e Outros Fatores no Exame Neurológico

Uma vez que a definição de herniação cerebral depende do exame neurológico à beira do leito, é indispensável que esses achados clínicos reflitam, de forma acurada, a patologia intracraniana. Hipotensão sistêmica grave, hipóxia e hipotermia podem deprimir a função neurológica e confundir o diagnóstico de síndromes de herniação cerebral.

5.6.1 Parada Cardíaca e Hipotensão Sistêmica

A hipotensão sistêmica é uma complicação comum de lesão grave intracraniana, que pode agravar significativamente o prognóstico e diminuir as chances de sobrevida.[30-33] Andrews *et al.*[31] revisaram uma série de 36 pacientes para analisar os efeitos da hipotensão grave ou parada cardíaca prévia, no momento do exame neurológico inicial após traumatismo craniano. Todos os pacientes manifestavam sinais neurológicos durante a admissão, que poderiam ser consistentes com síndrome de herniação. Dez pacientes foram ressuscitados com sucesso da parada cardíaca, 7 apresentaram pressão arterial sistólica (SBP) inicial inferior a 60 mmHg e 19 tiveram uma pressão arterial inicial de 60 a 90 mmHg. O valor mediano no Escore de Coma de Glasgow (GCS) foi 3 (faixa: 3-8) e os achados neurológicos para cada grupo foram similares. Entre os 10 pacientes que apresentaram parada cardíaca com ressuscitação, 4 (40%) desenvolveram anisocoria e 6 (60%) tiveram pupilas dilatadas e fixas bilateralmente; todos os 10 (100%) manifestaram ausência de reflexos corneais. Nove pacientes (90%) tiveram flacidez e 1 (10%) apresentou postura extensora bilateralmente. Dos 7 pacientes com SBP inicial menor que 60 mmHg, 2 (29%) manifestaram anisocoria, todos tiveram reflexos corneais ausentes e todos tiveram flacidez. Dentre os 19 pacientes com SBP inicial de 60 a 90 mmHg, 9 (47%) desenvolveram anisocoria, 8 (42%) manifestaram reflexos corneais ativos, 4 (21%) tiveram hemiparesia, 4 (21%) exibiram postura extensora e 11 (58%) apresentaram flacidez.

Cada paciente foi submetido à exploração cirúrgica e/ou avaliação radiológica de uma lesão estrutural subjacente causando a síndrome de herniação aparente. Apenas 1 (10%) dentre os 10 pacientes que tiveram parada cardíaca com ressuscitação apresentava lesão expansiva significativa; apenas 1 (14%) dos 7 pacientes com hipotensão inicialmente tinha um hematoma. Em nenhum grupo os achados do exame clínico inicial foram úteis na identificação da presença ou sítio de lesão intracraniana expansiva. Por outro lado, dos 19 pacientes com SBP inicial de 60 a 90 mmHg, 13 (68%) tiveram hematomas extra-axiais ($p < 0,01$), incluindo 78% daqueles com anisocoria inicial. Em cada caso, o hematoma foi ipsolateral à pupila dilatada ($p < 0,05$). Este estudo indica que uma SBP inicial de pelo menos 60 mmHg é necessária à perfusão adequada do cérebro, permitindo o exame neurológico para refletir a patologia intracraniana com precisão. Entre os pacientes com hipotensão mais profunda ou parada cardíaca inicial, os achados do exame neurológico refletem a isquemia cerebral difusa, não herniação.

5.6.2 Hipóxia Sistêmica

A hipóxia sistêmica é uma complicação ainda mais comum de traumatismo craniencefálico grave do que a hipotensão,[30,31,33] ocorrendo em 30% ou mais pacientes durante a avaliação inicial. O efeito da hipóxia no exame neurológico frequentemente é complicado por hipotensão sistêmica, que ocorre por causa dos efeitos hipóxicos no miocárdio e vascularização periférica. Se a hipotensão é prevenida, indivíduos normais podem tolerar tensão de oxigênio arterial (PaO_2) extremamente baixa sem grandes manifestações ou sequelas neurológicas. Gray e Horner[34] relataram que entre 22 pacientes com PaO_2 de 20 mmHg ou menos, 8 permaneceram alerta, 7 sonolentos e 7 comatosos. A hipóxia grave geralmente causa sinais clínicos de encefalopatia metabólica, com deterioração no nível de consciência para o coma eventual, juntamente com alterações no padrão respiratório, tremor, asterixis, mioclonia e postura flexora ou extensora.[34,35] Os reflexos do tronco encefálico geralmente permanecem intactos até que a anoxia profunda ocorra, momento em que há dilatação papilar e perda de reflexos oculocefálicos.[35]

É importante reconhecer que qualquer variedade ampla de lesões metabólicas, como hipóxia, podem suprimir ainda mais o exame neurológico, particularmente no cérebro gravemente lesionado. Tais problemas, incluindo a hipotermia, hiper ou hipoglicemia grave, hiponatremia e intoxicações medicamentosas, podem alterar o nível de consciência[35] e devem ser consideradas na primeira avaliação de qualquer paciente em coma com ou sem evidência de disfunção do tronco encefálico, principalmente quando o histórico clínico é incerto.

5.7 Manejo de Síndromes de Herniação Cerebral

O tratamento da herniação cerebral aguda deve começar com o reconhecimento da condição clínica e ser concomitante com a conclusão dos estudos diagnósticos. A herniação prolongada ou persistente levará ao dano isquêmico irreversível nas estruturas profundas da linha média dos hemisférios cerebrais e do tronco encefálico, resultando em morbidade permanente ou morte. Os objetivos imediatos incluem a redução de ICP elevada ao mesmo tempo em que a pressão de perfusão cerebral (CPP) é mantida, assim como a oxigenação e a prevenção ou correção da hipercarbia e acidose.[8,36] Se a causa da síndrome de herniação é desconhecida, então um exame urgente de CT do cérebro deve ser realizado para identificar se existe uma lesão expansiva que pode ser diretamente tratada. A redução de ICP elevada e a manutenção da pressão sanguínea arterial e da oxigenação são as primeiras etapas essenciais. O manejo da pressão arterial, ventilação controlada e a infusão intravenosa de manitol são os métodos primários para atingir esses objetivos. Essas medidas permitem que o cérebro acomode temporariamente uma causa subjacente de ICP elevada, como uma lesão expansiva, até que o diagnóstico definitivo e o tratamento possam ser iniciados.

5.7.1 Ressuscitação Inicial e Manejo

ABCs

As etapas iniciais necessárias para ressuscitar adequadamente um paciente com herniação cerebral aguda são as mesmas independentemente da causa, seja traumatismo craniencefálico grave, hemorragia intracraniana ou edema cerebral difuso. A chave para a ressuscitação são os ABCs: vias aéreas respiratórias (*airway*), respiração (*breathing*) e circulação (*circulation*). Primeiramente, o paciente deve ter uma via aérea controlada e adequadamente protegida. No local do evento, o uso de máscara de ventilação com 100% de oxigênio geralmente é suficiente, embora, hoje em dia, a equipe pré-hospitalar treinada possa fornecer com sucesso a intubação orotraqueal antes da chegada ao hospital. Uma vez que o paciente esteja no departamento de emergência, a intubação endotraqueal imediata deve ser fornecida se ainda não foi realizada. Em pacientes com traumatismo craniencefálico, uma radiografia cervical lateral deve ser obtida primeiramente para excluir uma fratura ou instabilidade cervical evidente. Mesmo com uma radiografia negativa, somente a tração axial leve deve ser fornecida durante a intubação e a extensão ou distração extrema da coluna cervical deve ser evitada, pois existe uma probabilidade de 20% de lesão significativa, apesar de uma avaliação normal na radiografia lateral.[37] Alternativamente, a intubação nasotraqueal (se não há suspeita de fratura da base do crânio) ou a cricotireoidotomia pode ser realizada. A intubação também permanece como primeira etapa crucial no paciente já hospitalizado que desenvolve sinais de herniação cerebral, incluindo traumatismo craniencefálico fechado leve ou moderado ou após cirurgia craniana.

Uma vez que a via aérea seja estabelecida, a ventilação controlada com 100% de oxigênio deve ser mantida, com os objetivos de melhorar a oxigenação arterial e reverter a hipercarbia e a acidose respiratória.[36] A hiperventilação pode fornecer uma redução imediata na tensão de dióxido de carbono arterial ($PaCO_2$), que aumenta o pH do sangue e causa uma alcalose respiratória. Isso resulta em vasoconstrição cerebral difusa, diminuindo o volume arterial cerebral e reduzindo a ICP. Em pacientes com hematomas expansivos causando herniação transtentorial, a hiperventilação pode resultar, temporariamente, uma reversão da anisocoria pupilar, assim como a hemiparesia, enquanto os estudos diagnósticos podem ser realizados e o hematoma identificado e tratado.[36,38] Esta é a única condição em que a *Brain Trauma Foundation*, *American Association of Neurological Surgeon* (AANS) *Joint Section of Neurotrauma* e *Critical Care Guidelines for the Management of Severe Head Injury* sustentam o uso de hiperventilação.[4]

O risco da hiperventilação é a indução de isquemia cerebral em decorrência da vasoconstrição excessiva,[36] desse modo, logo após a realização dos estudos diagnósticos, caso uma lesão expansiva seja identificada, esta deve ser tratada imediatamente e a $PaCO_2$ normalizada. Se os estudos diagnósticos não identificam uma lesão expansiva, então deve-se trazer a $PaCO_2$ para 30 a 35 mmHg, a menos que a hiperventilação adicional seja guiada pelo uso de monitoramento cerebral avançado a fim de evitar a isquemia, como a medida da diferença de conteúdo de oxigênio arteriovenoso ($AVDO_2$).[39] A vasoconstrição induzida por hiperventilação é eficaz apenas em regiões do cérebro, onde a responsividade cerebrovascular de CO_2 permanece intacta; portanto, a ICP pode responder menos à hiperventilação em pacientes com lesão cerebral difusa do que em relação àqueles com anormalidades mais focais, como os hematomas, cujas regiões extensas do cérebro ainda podem responder.[36] Uma vez que a última circunstância ocorre em muitos pacientes com síndromes de herniação, a hiperventilação inicial permanece como tratamento inicial ideal.

Em pacientes com lesões difusas que precisam de tratamento contínuo da ICP elevada, o uso de hiperventilação permanente é muito mais controverso. Por causa dos riscos de isquemia e o fato de que a vasoconstrição causada pela hiperventilação é perdida ao longo do tempo,[40] a maioria dos profissionais sugere, atualmente, a normalização da PaCO$_2$ para 30 a 35 mmHg. Entretanto, Cruz[39] defende a avaliação de isquemia cerebral global utilizando o monitoramento de AVDO$_2$ para guiar o uso contínuo de hiperventilação a um grau que diminui a ICP, mas não induz a isquemia.

A etapa final dos ABCs iniciais é determinar e manter a circulação e a pressão arterial. É fundamental que a hipotensão sistêmica seja prevenida ou rapidamente corrigida para manter a perfusão cerebral. Desde o início, o acesso intravenoso adequado deve ser estabelecido. A ressuscitação do volume intravascular deve ser fornecida quando necessária para estabilizar ou manter a pressão arterial, utilizando uma solução salina balanceada, como a solução de lactato de Ringer. Se a pressão arterial é inicialmente normal, a hidratação deve ser moderada para evitar a hidratação excessiva, que pode agravar o edema cerebral ou levar ao edema pulmonar.

No paciente com traumatismo craniencefálico, a causa mais comum de hipotensão sistêmica é o choque hemorrágico. Neste caso, a ressuscitação volêmica deve incluir o uso de hemoderivados.[41] Pacientes com lesões multissistêmicas podem ter motivos adicionais para a hipotensão, como o débito cardíaco reduzido em decorrência de contusão ou tamponamento cardíaco.[41] Também podem indicar a perda de resistência vascular sistêmica, por causa de uma lesão na medula espinhal. Essas alternativas devem ser consideradas, se a pressão arterial não responde à ressuscitação volêmica inicial ou se a condição clínica não se enquadra àquela observada no choque hemorrágico.[41]

Quando o choque hemorrágico está sendo tratado com a expansão do volume, utilizando cristaloides e hemoderivados, a fonte de perda de sangue deve ser rapidamente encontrada e controlada. Sítios comuns de hemorragia incluem o tórax e o abdome, pelve e fraturas dos ossos longos.[41] Esses problemas devem ser abordados pelo especialista cirúrgico apropriado simultaneamente ao manejo de lesão grave na cabeça.

Verifica-se algum entusiasmo para o uso de salina hipertônica (HTS) com o intuito de ressuscitar inicialmente pacientes com traumatismo crânio encefálico grave e tratar a ICP elevada.[42] Demonstrou-se que as soluções de HTS são eficazes em reduzir a ICP e geralmente melhoram a CPP, mas não há notável superioridade de tais soluções para o uso de ressuscitação convencional e infusões de manitol intravenoso.[43] Qureshi *et al.*[44] descreveram a reversão bem-sucedida da herniação resultante das lesões expansivas supratentoriais utilizando as combinações de HTS e manitol, barbitúricos e hiperventilação, mas sem função evidente dos líquidos hipertônicos na ressuscitação inicial de pacientes com herniação estabelecida.

Em pacientes com choque hemorrágico e herniação, o uso de HTS pode ser mais apropriado, considerando a contraindicação do uso de manitol em tais pacientes.[42,43]

Infusão Intravenosa de Manitol

As etapas adicionais para ressuscitar um paciente com herniação cerebral aguda incluem o uso de manitol intravenoso. Com exceção do quadro de choque hemorrágico, Andrews recomenda a infusão imediata de manitol em *bolus*, 1 a 1,5 g/kg de peso corporal.[5,36] O manitol, um açúcar de seis carbonos semelhante à glicose, não é metabolizado nem atravessa a barreira hematoencefálica. Permanece, predominantemente, no espaço intravascular e causa vasoconstrição direta em decorrência de seus efeitos na viscosidade sanguínea.[45-47] Também possui efeitos na deformidade de eritrócitos e na hemodiluição, assim como no transporte aumentado de oxigênio em eritrócitos.[46] Tudo isso resulta em uma diminuição quase imediata no volume cerebral, melhora na complacência intracraniana e ICP reduzida.[48] O manitol melhora o fluxo sanguíneo para todas as partes do cérebro, incluindo o tronco encefálico.[40] Finalmente, o manitol resulta em uma desidratação osmótica cerebral ligeiramente mais tardia. Por causa dos efeitos cardiovasculares de infusão do manitol, seu uso geralmente é contraindicado no quadro de instabilidade cardiovascular ou choque hemorrágico.[41] Para evitar o risco de hipotensão a partir da infusão rápida de manitol, deve-se considerar uma taxa inferior a 0,1 g/kg/min.[49]

A dosagem de infusão do manitol no manejo inicial traumatismo craniencefálico grave, historicamente, varia entre 0,25 e 1,5 g/kg de peso corporal.[3,36] Andrews geralmente utilizou dosagens na faixa superior da infusão inicial em *bolus*. Recentemente, Cruz *et al.*,[3] em um estudo prospectivo randomizado de classe I, compararam o uso inicial de manitol, utilizando a "dosagem convencional" e a "alta" dosagem em pacientes com hematomas subdurais documentados. Pacientes no grupo de dosagem convencional receberam 0,6 a 0,7 g de manitol/kg de peso corporal e aqueles no grupo de alta dosagem receberam um total de 1,2 a 1,4 g/kg, se não apresentaram anisocoria pupilar e 2,2 a 2,4 g/kg, se tiveram anisocoria. O grupo de baixa dosagem apresentou extração de oxigênio cerebral e edema cerebral significativamente piores do que o grupo de alta dosagem. A melhora pré-operatória na anisocoria também foi significativamente melhor no grupo de alta dosagem. Após 6 meses, os escores na Escala de Coma de Glasgow foram significativamente melhores no grupo de alta dosagem do que aqueles recebendo a dosagem convencional. Os mesmos autores também demonstraram que a alta dosagem (1,4 g/kg) de manitol foi mais eficaz do que a dosagem convencional (0,7 g/kg) para pacientes com hematomas parenquimatosos traumáticos do lobo temporal causando resposta pupilar anormal.[49] Esses resultados parecem sustentar fortemente o uso de manitol em alta dosagem em pacientes com herniação transtentorial clínica, particularmente se a presença de uma lesão expansiva hemorrágica foi documentada.

Uso de Salina Hipertônica

Um agente hiperosmolar alternativo e eficaz que pode ser empregado para tratar ICPs elevadas é a HTS.[50] Até o momento, não existe um protocolo ou concentração padronizada para a administração de HTS, que pode ser fornecida em várias concentrações (2, 3, 5, 7 ou 23,5%) como uma infusão contínua ou como um bolus para atingir um nível de sódio objetivo de 150 a 155 mmoL/L. Ao elevar a concentração sérica de sódio, a HTS cria um gradiente osmótico que retira o fluido de tecidos cerebrais edematosos sem atravessar a barreira hematoencefálica. Outros efeitos da HTS incluem a expansão do volume intravascular, melhorando a pressão arterial sistêmica e a CPP. Também se acredita que a HTS induza uma redução no volume celular endotelial, que também melhora a circulação, diminuindo a hiperemia e a hipoperfusão.[51] Acredita-se que a HTS também tenha um papel na imunomodulação e redução da produção de CSF.[52]

Vários estudos controlados randomizados compararam a HTS e o manitol como terapias eficazes para o controle de ICPs elevadas.[50] Esses estudos concluíram, de modo geral, que a HTS é mais eficaz em reduzir as ICPs, mas sem qualquer diferença significativa no prognóstico neurológico entre as duas terapias hiperosmolares. Em comparação com o manitol, a HTS é mais barata, pode ser considerada como uma infusão, leva ao controle constante de ICPs, pode tratar a hiponatremia concomitante e não apresenta os efeitos hipotensivos do manitol. No entanto, o uso de HTS não é isento de desvantagens, tais como a necessidade de ter acesso venoso central na infusão contínua. Embora raro, o risco mais sério de HTS é a mielinólise pontina central. Geralmente, se apropriadamente monitorada, a HTS é um meio seguro e eficaz de controlar as ICPs que pode ser utilizada como alternativa para, ou concomitantemente com o manitol.

5.7.2 Manejo Subsequente

Após as etapas de manejo inicial delineadas anteriormente, torna-se indispensável que a causa de herniação seja identificada tão rapidamente quanto possível e tratada diretamente, se possível. Ao completar a intubação endotraqueal, a ventilação controlada com hiperventilação controlada e a uma infusão intravenosa de manitol em altas dosagens são iniciadas e uma CT diagnóstica deve ser realizada imediatamente em pacientes hemodinamicamente estáveis.[36] A CT é extremamente sensível à presença de hemorragias intracranianas agudas e outras lesões expansivas que podem causar uma síndrome de herniação, como edema cerebral, tumor ou hidrocefalia. A CT deve ser realizada também antes de considerar a LP em qualquer paciente com suspeita de lesão expansiva; a identificação de tal lesão pode tornar a LP contraindicada, a menos que absolutamente necessária.

Dentre os pacientes que são hemodinamicamente instáveis em decorrência de lesões traumáticas no tórax ou abdome, alguns devem ser encaminhados diretamente à sala de operação para tratamento dessas lesões de risco à vida.[41] Pode ser impossível, em tais casos, obter um exame pré-operatório de CT. Caso o paciente não tenha sido ressuscitado de parada cardíaca inicial ou não apresente hipotensão profunda, casos em que os achados clínicos de herniação frequentemente têm localizações falsas,[31] pode ser razoável considerar a realização de orifícios de trepanação exploratórios no hemisfério do lado da pupila dilatada.[5] Uma vez que a maioria das lesões traumáticas que causam herniação estão localizadas no espaço epidural ou subdural, os orifícios de trepanação colocados nas áreas temporais, frontais e parietais são capazes de identificar essas lesões com precisão e rapidez. No caso de sinais de não lateralização da herniação, os orifícios de trepanação devem ser colocados bilateralmente. A imagem de ultrassom intraoperatório do parênquima cerebral pode aumentar ainda mais o rendimento diagnóstico de orifícios de trepanação exploratórios, permitindo a identificação de hematomas parenquimatosos ou outras lesões expansivas.[53]

Em pacientes com parada cardíaca inicial ou profunda hipotensão sistêmica, considerando a menor incidência de lesões intracranianas expansivas,[31] não é adequado realizar os orifícios de trepanação exploratórios, mas a colocação de um monitor de ICP é razoável. Se a ICP é baixa, então nenhum tratamento direto adicional da fisiologia intracraniana é apropriado, exceto para a estabilização geral do paciente. Se a ICP, nesse caso, é acentuadamente elevada, então o cirurgião pode decidir que a exploração cirúrgica adicional e o exame de ultrassom do cérebro são apropriados para identificar uma lesão que pode ser submetida ao tratamento.

Após o exame de CT inicial ou após o diagnóstico exploratório, a presença de uma lesão expansiva pós-traumática deve levar à evacuação cirúrgica imediata, se possível.[3,5,15,36,49] A presença de edema cerebral residual, após eliminação da hemorragia, deve levar à consideração de uma lobectomia adequadamente localizada[54] ou uma craniectomia descompressiva extensa,[55] ou ambas. A craniectomia descompressiva também se tornou um tratamento reconhecido para a herniação causada por infarto hemisférico, particularmente no hemisfério não dominante.[56] Quando uma craniectomia descompressiva é realizada, deve ser tão extensa quanto possível para descomprimir totalmente o hemisfério inteiro do cérebro e os ossos geralmente devem ser armazenados em um ambiente estéril a menos 70° C.[55] Além das intervenções cirúrgicas anteriormente citadas, o monitoramento de ICP deve ser estabelecido neste período para o manejo subsequente do paciente.[36]

O manejo cirúrgico imediato de lesões não traumáticas que causam a herniação também é indicado com frequência. Isso pode incluir a evacuação por hemorragia espontânea lobar ou hemisférica não dominante[15] e drenagem ventricular percutânea imediata da hidrocefalia.[7] No quadro de herniação tentorial ascendente ou herniação tonsilar no forame magno, o manejo de emergência também deve incluir a evacuação de lesões expansivas responsáveis[6,9] e a descompressão da fossa posterior quando necessárias para descomprimir o cerebelo e o tronco encefálico.[4]

Podem ocorrer situações em que o manejo cirúrgico de uma lesão expansiva não é indicado, como as hemorragias extensas profundas no hemisfério dominante do cérebro, aquelas no tronco encefálico ou quando um paciente é idoso ou apresenta distúrbio de coagulação.

5.8 Prognóstico nas Síndromes de Herniação Cerebral

Embora o prognóstico geral para pacientes com síndromes clínicas de herniação seja desfavorável, não é de forma alguma irremediável. O prognóstico de recuperação funcional pode ser muito bom, particularmente entre pacientes mais jovens que manifestam reversão dos sinais clínicos de herniação com o uso de manitol e hiperventilação e que apresentam lesão intracraniana expansiva, cuja remoção pode ser feita cirurgicamente.[3,5,32,49,57]

Para pacientes com herniação transtentorial após trauma da cabeça, a taxa de mortalidade geral é de aproximadamente 70%.[5] Entre 100 pacientes tratados cirurgicamente, 9% tiveram boa recuperação e 9% apresentaram um prognóstico moderadamente favorável. Aqueles que se recuperaram normalmente foram mais jovens e tiveram um escore de GCS inicial maior do que aqueles que foram a óbito ou ficaram em condição vegetativa ou de grave incapacitação.[5] Particularmente importante é o reconhecimento de pacientes com um escore de GCS inicialmente elevado que apresentam piora clínica com progressão para o coma e, posteriormente, herniação; a causa é, frequentemente, uma lesão expansiva que pode ser tratada, como o hematoma epidural agudo; esses pacientes têm a melhor chance de sobrevida funcional com ressuscitação rápida e tratamento corretivo.[5,29]

Após herniação traumática, a idade tem um impacto profundamente negativo. Quigley *et al.*[57] examinaram prospectivamente 380 pacientes com escore inicial de GCS de 3 a 5 após traumatismo craniencefálico e avaliaram os efeitos da idade, escore de GCS e reatividade pupilar. Eles observaram que quando uma ou ambas as pupilas foram não reativas, todos os 96 pacientes com mais de 50 anos de idade e todos, exceto 1 entre 121 pacientes com mais de 40 anos de idade, por fim, foram a óbito ou entraram em estado vegetativo. Entre aqueles com idade inferior a 20 anos com uma ou ambas as pupilas não reativas, 11 de 72 (15%) tiveram recuperação funcional.

Para pacientes com causas não traumáticas de herniação, o prognóstico pode ser muito melhor para a recuperação funcional, uma vez que o próprio cérebro pode ter função intacta, exceto para a causa da síndrome de herniação. Para pacientes com hidrocefalia aguda,[7] edema cerebral associado ao tumor,[9] hemorragia do lobo temporal,[15] infarto hemisférico[55] ou herniação cerebelotonsilar por drenagem lombar,[4] ressuscitação apropriada e a reversão corretiva do efeito expansivo podem resultar em desfecho clínico satisfatório.

Referências

[1] Reich JB, Sierra J, Camp W, et al. Magnetic resonance imaging measurements and clinical changes accompanying transtentorial and foramen magnum brain herniation. Ann Neurol. 1993; 33(2):159-170

[2] Ropper AH. Lateral displacement of the brain and level of consciousness in patients with an acute hemispheral mass. N Engl J Med. 1986; 314(15):953-958

[3] Cruz J, Minoja G, Okuchi K. Improving clinical outcomes from acute subdural hematomas with the emergency preoperative administration of high doses of mannitol: a randomized trial. Neurosurgery. 2001; 49(4):864-871

[4] Dagnew E, van Loveren HR, Tew JM, Jr. Acute foramen magnum syndrome caused by an acquired Chiari malformation after lumbar drainage of cerebrospinal fluid: report of three cases. Neurosurgery. 2002; 51(3):823-828, discussion 828-829

[5] Andrews BT, Pitts LH, Lovely MP, et al. Is computed tomographic scanning necessary in patients with tentorial herniation? Results of immediate surgical exploration without computed tomography in 100 patients. Neurosurgery. 1986; 19(3):408-414

[6] Cuneo RA, Caronna JJ, Pitts L, et al. Upward transtentorial herniation: seven cases and a literature review. Arch Neurol. 1979; 36(10):618-623

[7] Muhonen MG, Zunkeler B. Management of acute hydrocephalus (landmarks and techniques). In: Loftus C, ed. Neurosurgical Emergencies. Vol. 1. Neurosurgical Topics. Chicago, IL: AANS Publications Committee; 1994:29-41

[8] Lidofsky SD, Bass NM, Prager MC, et al. Intracranial pressure monitoring and liver transplantation for fulminant hepatic failure. Hepatology. 1992; 16(1):1-7

[9] Weinberg JS, Rhines LD, Cohen ZR, et al. Posterior fossa decompression for life-threatening tonsillar herniation in patients with gliomatosis cerebri: report of three cases. Neurosurgery. 2003; 52(1):216-223, discussion 223

[10] Finney LA, Walker AE. Transtentorial Herniation. Springfield, IL: Charles C. Thomas Publishers; 1962:12-26

[11] Sunderland S. The tentorial notch and complications produced by herniations of the brain through that aperture. Br J Surg. 1958; 45(193):422-438

[12] Adler DE, Milhorat TH. The tentorial notch: anatomical variation, morphometric analysis, and classification in 100 human autopsy cases. J Neurosurg. 2002; 96(6):1103-1112

[13] Sunderland S, Hughes ESR. The pupillo-constrictor pathway and the nerves to the ocular muscles in man. Brain. 1946; 69(4):301-309

[14] Nguyen JP, Djindjian M, Brugières P, et al. Anatomy- computerized tomography correlations in transtentorial brain herniation. J Neuroradiol. 1989; 16(3):181-196

[15] Ross DA, Olsen WL, Ross AM, Andrews BT, Pitts LH. Brain shift, level of consciousness, and restoration of consciousness in patients with acute intracranial hematoma. J Neurosurg. 1989; 71(4):498-502

[16] Toutant SM, Klauber MR, Marshall LF, et al. Absent or compressed basal cisterns on first CT scan: ominous predictors of outcome in severe head injury. J Neurosurg. 1984; 61(4):691-694

[17] Hill L. The Physiology and Pathology of the Cerebral Circulation. London, UK: Churchill Publishers; 1896:208

[18] Meyer A. Herniation of the brain. Arch Neurol Psychiatry. 1920; 4(4):387-400

[19] Jennett WB, Stern WE. Tentorial herniation, the mid brain and the pupil. Experimental studies in brain compression. J Neurosurg. 1960; 17:598-609

[20] Jefferson G. The tentorial pressure cone. Arch Neurol Psychiatry. 1938; 40(5):857-876

[21] Howell DA. Upper brain-stem compression and foraminal impaction with intracranial space-occupying lesions and brain swelling. Brain. 1959; 82:525-550

[22] Kernohan JW, Woltman HW. Incisura of the crus due to contralateral brain tumor. Arch Neurol Psychiatry. 1929; 21(2):274-287

[23] Ropper AH. Syndrome of transtentorial herniation: is vertical displacement necessary? J Neurol Neurosurg Psychiatry. 1993; 56(8):932-935

[24] Marshall LF, Barba D, Toole BM, et al. The oval pupil: clinical significance and relationship to intracranial hypertension. J Neurosurg. 1983; 58(4):566-568

[25] Marshman LAG, Polkey CE, Penney CC. Unilateral fixed dilation of the pupil as a false-localizing sign with intracranial hemorrhage: case report and literature review. Neurosurgery. 2001; 49(5):1251-1255, discussion 1255-1256

[26] Chen TC, Maceri DR, Levy ML, et al. Brain stem compression secondary to adipose graft prolapse after translabyrinthine craniotomy: case report. Neurosurgery. 1994; 35(3):521-523, discussion 523-524

[27] Fishman RA. Examination of the cerebrospinal fluid: techniques and complications. In: Cerebrospinal Fluid in Diseases of the Nervous System. 2nd ed. Philadelphia PA: WB Saunders; 1992:157-182

[28] Korein J, Cravioto H, Leicach M. Reevaluation of lumbar puncture; a study of 129 patients with papilledema or intracranial hypertension. Neurology. 1959; 9(4):290-297

[29] Duffy GP. Lumbar puncture in spontaneous subarachnoid haemorrhage. Br Med J (Clin Res Ed). 1982; 285(6349):1163-1164

[30] Andrews BT. Neurological monitoring. In: Intensive Care in Neurosurgery. New York, NY: Thieme Medical Publishers; 2003:21-28

[31] Andrews BT, Levy ML, Pitts LH. Implications of systemic hypotension for the neurological examination in patients with severe head injury. Surg Neurol. 1987; 28(6):419-422

[32] Andrews BT, Pitts LH. Functional recovery after traumatic transtentorial herniation. Neurosurgery. 1991; 29(2):227-231

[33] Miller JD, Sweet RC, Narayan R, et al. Early insults to the injured brain. JAMA. 1978; 240(5):439-442

[34] Gray FD, Jr, Horner GJ. Survival following extreme hypoxemia. JAMA. 1970; 211(11):1815-1817

[35] Plum F, Posner JB. The Diagnosis of Stupor and Coma. 3rd ed. Philadelphia, PA: FA Davis Publishers; 1980:1-86

[36] Andrews BT. Head injury management. In: Intensive Care in Neurosurgery. New York, NY: Thieme Medical Publishers; 2003:125-136

[37] Bivins HG, Ford S, Bezmalinovic Z, et al. The effect of axial traction during orotracheal intubation of the trauma victim with an unstable cervical spine. Ann Emerg Med. 1988; 17(1):25-29

[38] Brain Trauma Foundation. American Association of Neurological Surgeons. Joint Section of Neurotrauma and Critical Care. Guidelines for the management of severe head injury. Hyperventilation. J Neurotrauma. 2000; 17:513-520

[39] Cruz J. On-line monitoring of global cerebral hypoxia in acute brain injury. Relationship to intracranial hypertension. J Neurosurg. 1993; 79(2):228-233

[40] Muizelaar JP, van der Poel HG, Li ZC, et al. Pial arteriolar vessel diameter and CO2 reactivity during prolonged hyperventilation in the rabbit. J Neurosurg. 1988; 69(6):923-927

[41] Andrews BT. Intensive Care in Neurosurgery. New York, NY: Thieme Medical Publishers; 2003

[42] Prough DS. Should I use hypertonic saline to treat high intracranial pressure? In: Valadka AB, Andrews BT, eds. Neurotrauma: Evidence-Based Answers to Common Questions. New York, NY: Thieme Medical Publishers; 2005:148-151

[43] De Vivo P, Del Gaudio A, Ciritella P, et al. Hypertonic saline solution: a safe alternative to mannitol 18% in neurosurgery. Minerva Anestesiol. 2001; 67(9):603-611

[44] Qureshi AI, Geocadin RG, Suarez JI, et al. Long-term outcome after medical reversal of transtentorial herniation in patients with supratentorial mass lesions. Crit Care Med. 2000; 28(5):1556-1564

[45] Muizelaar JP, Wei EP, Kontos HA, et al. Mannitol causes compensatory cerebral vasoconstriction and vasodilation in response to blood viscosity changes. J Neurosurg. 1983; 59(5):822-828

[46] Burke AM, Quest DO, Chien S, Cerri C. The effects of mannitol on blood viscosity. J Neurosurg. 1981; 55(4):550-553

[47] Schrot RJ, Muizelaar JP. Is there s "best" way to give mannitol? In: Valadka AB, Andrews BT, eds. Neurotrauma: Evidence-Based Answers to Common Questions. New York, NY: Thieme Publishers; 2005:142-147

[48] Leech P, Miller JD. Intracranial volume—pressure relationships during experimental brain compression in primates. 3. Effect of mannitol and hyperventilation. J Neurol Neurosurg Psychiatry. 1974; 37(10):1105-1111

[49] Cruz J, Minoja G, Okuchi K. Major clinical and physiological benefits of early high doses of mannitol for intraparenchymal temporal lobe hemorrhages with abnormal pupillary widening: a randomized trial. Neurosurgery. 2002; 51(3):628-637, discussion 637-638

[50] Mortazavi MM, Romeo AK, Deep A, et al. Hypertonic saline for treating raised intracranial pressure: literature review with meta-analysis. J Neurosurg. 2012; 116(1):210-221

[51] Kerwin AJ, Schinco MA, Tepas JJ, III, Renfro WH, Vitarbo EA, Muehlberger M. The use of 23.4% hypertonic saline for the management of elevated intracranial pressure in patients with severe traumatic brain injury: a pilot study. J Trauma. 2009; 67(2):277-282

[52] Forsyth LL, Liu-DeRyke X, Parker D, Jr, Rhoney DH. Role of hypertonic saline for the management of intracranial hypertension after stroke and traumatic brain injury. Pharmacotherapy. 2008; 28(4):469-484

[53] Andrews BT, Mampalam TJ, Omsberg E, Pitts LH. Intraoperative ultrasound imaging of the entire brain through unilateral exploratory burr holes after severe head injury: technical note. Surg Neurol. 1990; 33(4):291-294

[54] Litofsky NS, Chin LS, Tang G, Baker S, Giannotta SL, Apuzzo ML. The use of lobectomy in the management of severe closed-head trauma. Neurosurgery. 1994; 34(4):628-632, discussion 632-633

[55] Andrews BT. Does decompressive craniectomy really improve outcome after head injury? In: Valadka AB, Andrews BT, eds. Neurotrauma: Evidence-Based Answers to Common Questions. New York, NY: Thieme Medical Publishers; 2005:163-166

[56] Carter BS, Ogilvy CS, Candia GJ, Rosas HD, Buonanno F. One-year outcome after decompressive surgery for massive nondominant hemispheric infarction. Neurosurgery. 1997; 40(6):1168-1175, discussion 1175-1176

[57] Quigley MR, Vidovich D, Cantella D, Wilberger JE, Maroon JC, Diamond D. Defining the limits of survivorship after very severe head injury. J Trauma. 1997; 42(1):7-10

6 Trauma Cerebral Penetrante

Margaret Riordan ▪ Griffith R. Harsh IV

Resumo

Embora a maioria das lesões cerebrais traumáticas nos Estados Unidos seja causada por trauma contuso, a porcentagem de lesões cerebrais penetrantes aumentou, em parte, como resultado da violência armada. Variações no armamento e nas propriedades balísticas do projétil levam a amplo espectro de dano intra e extracraniano. O manejo atual é pautado nas experiências militares cumulativas adquiridas desde a Primeira Guerra Mundial e foi modificado para analisar a população civil. Apesar dos avanços significativos na medicina intensiva e técnicas microcirúrgicas, essas lesões continuam a apresentar um grande desafio para os neurocirurgiões. As estratégias de tratamento são focadas na ressuscitação inicial, avaliação do dano nos estudos de imagem, fornecendo suporte apropriado e intervenção cirúrgica, quando indicada.

Palavras-chave: ferimento por arma de fogo, lesão cerebral penetrante, fratura craniana, lesão cerebral traumática.

6.1 Introdução

Anualmente, cerca de 1,4 milhões de pessoas nos Estados Unidos sofrem lesão cerebral traumática (TBI) e a mortalidade anual por TBI se aproxima a 200.000. Seis mil dessas mortes envolvem lesão cerebral penetrante (PBI) em vez da lesão craniana fechada (CHI).[1-5] A porcentagem de mortes por TBI envolvendo armas de fogo, a forma mais comum de PBI, está aumentando, enquanto os acidentes com veículos motores, a causa mais comum de CHI, está diminuindo.[1-5] Estudos preliminares de PBI eram centrados em lesões envolvendo a população de militares, mas as mudanças demográficas alteraram o foco para ferimentos em civis. Cinquenta por cento de mortes de civis por PBI correspondem ao suicídio, que é mais comum em indivíduos do sexo masculino, brancos e idosos. Em áreas urbanas, o aumento na violência de gangues contribuiu para maior incidência de PBI entre jovens civis.[1,6]

Apesar das melhores técnicas de imagem, microcirurgia e protocolos de cuidado intensivo (como suporte avançado à vida no trauma [ATLS]), o manejo do trauma craniocerebral penetrante permanece desafiador por causa da multiplicidade dos mecanismos de lesão e a variabilidade da extensão do dano intracraniano.[6,7]

6.2 Mecanismo de Lesão

A extensão e a gravidade da TBI penetrante refletem as características do objeto penetrante: forma, tamanho, trajetória e velocidade. Embora todos os objetos causem lesão no cérebro atravessado, o volume da lesão além do trajeto imediato é altamente dependente da energia cinética do objeto. Uma energia cinética do objeto (KE = ½ mv^2) é mais influenciada por sua velocidade (v) do que sua massa (m). Grande parte dos projéteis afiados, como facas, chaves de fenda e flechas, deslocam-se a uma baixa velocidade de 36 a 76 m/s. Eles causam lesões focais cujos volumes dependem da forma do objeto e o caminho e profundidade da penetração. Pouca energia é transferida para o tecido circundante, que frequentemente permanece ileso. As velocidades das armas de fogos de armas em mãos de civis atingem 216 a 491 m/s, as velocidades de rifles de civis variam de 820 a 960 m/s e de armas de militares são ainda maiores. Os ferimentos penetrantes por dispositivos explosivos, cujos fragmentos não são aerodinâmicos e desse modo, são retardados pelo atrito do ar, geralmente lembram aqueles de arma de fogos de baixa velocidade em sua forma e trajetória irregular.[4,8,9]

Os projéteis de maior velocidade causam lesão no cérebro não apenas pela ruptura focal direta, mas também por induzir ondas de pressão que irradiam ortogonalmente a partir da trajetória do objeto. Essas ondas de pressão atravessam o cérebro, que é 75% aquoso, como ondas de uma pedra que caiu em uma poça de água: em região proximal, as ondas têm comprimentos de onda curtos e alta amplitude, mas quando percorrem o tecido, seu comprimento de onda aumenta e sua amplitude diminui. Portanto, os tecidos vizinhos mantêm uma ruptura maior, mas no caso de objetos de alta velocidade, o volume da lesão pode se estender além da trajetória inicial.[10]

A lesão é ainda mais aumentada por forças cavitacionais. A passagem do objeto no cérebro desloca o tecido perifericamente, criando um trajeto primário e uma cavidade de maior calibre do que o próprio projétil. Quanto mais alta a velocidade do projétil e maior a sua guinada (rotação ao longo de seu eixo longo), maior a cavidade ao longo do trajeto e maior o orifício de saída do crânio. Por exemplo, uma arma de fogo de velocidade muito alta pode criar uma cavidade 15 vezes maior do que seu diâmetro.[8] A pressão relativamente negativa dentro da cavidade pode puxar em debris externos, aumentando o risco de infecção, além de iniciar os ciclos de cavitação e colapso que causam mais lesão no parênquima circundante e vasos sanguíneos.[1,8,11]

Outros fatores que aumentam a lesão cerebral incluem fragmentos ósseos penetrantes, ricochete do projétil por dentro do calvário interno, fragmentação do projétil e ambos, o rompimento direto e o cisalhamento dos vasos sanguíneos intraparenquimatosos, causando hematomas e hemorragia subaracnóidea.[1,8,11]

6.3 Patologia da Lesão

Evidência de dano tecidual microscópico no cérebro após PBI estende-se além do dano nitidamente visível. O projétil deixa um trajeto permanente de tecidos necróticos e isquêmicos, além de vasos sanguíneos lesionados. Em posição periférica a esse trajeto, situa-se um anel do parênquima cerebral que, embora relativamente menos gravemente rompido, apresenta necrose com destruição axonal, neuronal e astrocítica, além de infiltração neutrofílica. Ao redor desse anel, o dano axonal generalizado e os neurônios lesionados, hipercromáticos e vacuolizados são observados. Este volume composto de lesão patologicamente evidente é primeiramente expandido pelo edema citotóxico e depois, pelo edema vasogênico. Esse edema é notado na imagem no período de horas a dias após o trauma. O dano microscópico não é limitado àquele próximo à extensão da arma de fogo. Talvez, refletindo os efeitos das ondas de choque, a lesão axonal é encontrada na autópsia após PBI ao longo de todos os hemisférios, tronco encefálico e cerebelo.[1,8,11]

Em nível celular, a ruptura das estruturas neuronais e axonais leva à liberação de radicais livres, glutamato e cálcio, com lesão adicional no parênquima cerebral. Além disso, as células lesionadas expressam moléculas de adesão celular e metaloproteinases da matriz que desencadeiam uma resposta inflamatória localizada e rompem a barreira hematoencefálica.[12] Embora essa resposta inflamatória possa contribuir para a lesão tecidual, também facilita o reparo tecidual.

6.4 Fisiologia da Lesão

Dentro de segundos após o impacto inicial, um aumento significativo na pressão intracraniana (ICP) acelera a herniação cerebral rostrocaudal e a liberação de catecolaminas sistêmicas, levando à hipotensão. A combinação de hipotensão sistêmica e ICP elevada e o declínio resultante na pressão de perfusão cerebral (CPP) causam lesão cerebral isquêmica que aumenta ainda mais a ICP. A herniação cerebral descendente comprime o tronco encefálico, conduzindo à depressão respiratória e à apneia, que compõem a lesão isquêmica.[8,12] Com a progressão do edema cerebral, horas a dias seguintes ao traumatismo inicial, a ICP que pode ter reduzido com a autorregulação, pode aumentar novamente. A ICP deve ser diminuída para prevenir o agravamento da lesão isquêmica.

As lesões craniencefálicas por arma de fogo podem induzir também uma coagulopatia sistêmica que piora a hemorragia cerebral. Isso é resultante da ativação da via de coagulação extrínseca pela tromboplastina a partir do cérebro lesionado e a liberação excessiva de catecolaminas após trauma cerebral grave.[13] As anormalidades da coagulação sanguínea estão associadas a um prognóstico particularmente desfavorável depois da lesão cerebral.

6.5 Visão Geral de Manejo do Traumatismo Cerebral Penetrante

O manejo atual da PBI evoluiu com a acumulação de experiência no tratamento de lesões em militares. Durante a Primeira Guerra Mundial, Harvey Cushing empregou o desbridamento precoce, amplo do tecido necrótico e debris com sucção leve e irrigação, seguido por fechamento cuidadoso da dura-máter e escalpo em dois planos. Ele geralmente realizava uma incisão do escalpo em tripé, desbridamento craniano extenso em bloco e remoção de todos os debris e fragmentos ósseos visíveis. O uso dessa técnica reduziu a taxa de mortalidade após PBI de 55% para 29%.[14-16] Durante a Segunda Guerra Mundial, as taxas de mortalidade diminuíram cada vez mais por causa da administração de rotina dos antibióticos e a mortalidade continuou a cair durante a Guerra da Coreia em 1950, em decorrência da evacuação rápida do campo de batalha por meio de helicópteros.[17,18]

Durante a Guerra do Vietnã, a análise de imagem por tomografia computadorizada (CT) era utilizada para identificar a área de lesão, de forma que a intervenção cirúrgica pudesse ser mais dirigida. Estudos de desfecho clínico, demonstrando que fragmentos ósseos e do projétil persistem mesmo após desbridamento agressivo, embora raramente causassem infecção, encorajaram os cirurgiões a limitar o desbridamento para remoção de objetos superficiais e de cérebro desvitalizado. Vale destacar que, a análise da PBI no conflito entre Israel e Líbano, de 1982 a 1985, observou que 51% dos pacientes mantiveram os fragmentos ósseos após cirurgia, mas apenas 0,9% deles desenvolveram um abscesso cerebral.[13,15,19]

Diversos estudos também apoiaram a importância da prevenção de Cushing do extravasamento de líquido cefalorraquidiano (CSF) por reparo meticuloso da dura-máter e escalpo para evitar o escape de CSF. A revisão de resultados da guerra entre Irã e Iraque em 1964 e o conflito de Israel e Líbano também concluiu que o desbridamento extenso não foi tão importante quanto a prevenção do extravasamento de CSF em prevenir infecção, morbidade e mortalidade.[13,15,19] A análise multivariada dos resultados da guerra entre Irã e Iraque identificou o extravasamento de CSF, ruptura craniana comunicando o cérebro e os seios aéreos e trajeto ventricular como preditores independentes de infecção após trauma cerebral penetrante.[13,15,19]

E o Vietnam Head Injury Study (VHIS) encontrou mortalidade de 22,8% em pacientes com extravasamento de CSF *versus* 5,1% para aqueles sem extravasamento.[13,15,19] Neste estudo, apenas metade dos extravasamentos de CSF ocorreram no sítio da ferida. Portanto, o manejo atual enfatiza a ressuscitação agressiva e imediata, imediatamente seguida pelo desbridamento cirúrgico direcionado e o reparo da fístula liquórica.

6.6 Ressuscitação e Manejo Inicial

Apesar da melhora resultante dos tempos mais curtos de resposta em unidades de emergência e os avanços no cuidado paramédico, 71% dos pacientes com PBI ainda morrem antes de chegarem ao hospital.[1,2,6] O manejo inicial de pacientes com PBI deve seguir os protocolos de ressuscitação de ATLS que priorizam a proteção das vias aéreas e a estabilização hemodinâmica. A intubação endotraqueal é indicada para pacientes com ventilação deficiente, incapacidade para proteger as vias respiratórias e o potencial de deterioração neurológica.[20,21] Com a inserção de tubos endotraqueais e gástricos, precaução extrema deve ser tomada para evitar a passagem involuntária para a cavidade craniana, uma vez que muitos pacientes com ferimentos por arma de fogo na cabeça apresentam fraturas faciais e na base do crânio. A extensa lesão facial pode complicar o manejo das vias aéreas e necessitar de traqueostomia de emergência.[11]

A manutenção de uma pressão arterial sistólica de pelo menos 90 mmHg é recomendada, visto que a hipotensão basal está associada a um prognóstico geral desfavorável em pacientes com PBI. Entre 10 e 50% dos pacientes com PBI estão hipotensos na chegada à sala de emergência. A pressão arterial sistólica deve ser tratada agressivamente pela ressuscitação com fluidos e vasopressores, se necessário.[1] O acesso intravenoso é obtido e a ressuscitação é iniciada com salina isotônica normal (0,9%). Alguns pacientes precisam de transfusão com hemoderivados, como albumina ou concentrado de eritrócitos, se apresentam uma resposta inadequada à ressuscitação inicial com líquidos. As infusões de salina hipertônica (salina normal a 3%) podem ser úteis para o manejo de ICP elevada.[11] A administração de manitol também pode ser necessária para diminuir a ICP, mas deve ser utilizada com precaução no quadro de hipotensão.

Uma vez que o paciente está hemodinamicamente estável, uma pesquisa primária avalia a extensão das lesões no paciente. Um histórico breve, incluindo a idade do paciente, eventos relacionados à lesão, escore na Escala de Coma de Glasgow (GCS) local, escore na GCS na chegada à sala de emergência e escore na GCS pós-ressuscitação, deve ser documentado. Um exame neurológico dirigido e rápido é realizado para avaliar o nível de consciência; tamanho, simetria e reação pupilar; reflexos do tronco encefálico; função motora; e presença de respirações espontâneas. Essa informação inicial tem utilidade prognóstica, visto que o escore baixo na GCS, pupilas não reativas e um exame neurológico desfavorável foram associados a um mau prognóstico (ver ▶ Boxe 6.1).[1,2,22-24]

Boxe 6.1 Fatores Prognósticos Desfavoráveis

Escore na Escala de Coma de Glasgow Pós-ressuscitação < 5
Pupilas fixas e dilatadas
Hipotensão na chegada à sala de emergência
Lesão vascular intracraniana grave
Lesão bi-hemisférica
Obliteração das cisternas basais
Diabetes *insipidus*

Uma vez que o paciente se encontra hemodinamicamente estável, quaisquer feridas no escalpo podem ser examinadas em detalhes e desbridadas quando necessário. O cabelo no escalpo deve ser recortado para revelar a extensão do dano no escalpo e a presença de contaminantes. A hemorragia significativa do escalpo pode ser temporariamente controlada com grampos cirúrgicos, clipes de Raney ou sutura temporária até o tratamento operatório definitivo ser realizado. O fechamento da pele também previne a perda de CSF decorrente de possíveis rupturas na dura-máter. No caso de ferimentos por arma de fogo, as lesões de entrada e saída devem ser examinadas cuidadosamente. Objetos penetrantes com menor velocidade, como facas e flechas, devem ser deixados no local até que a avaliação completa, incluindo estudos radiológicos, seja realizada e o objeto possa ser removido na sala de cirurgia sob visão direta. O paciente deve receber a vacinação com toxoide tetânico e antibióticos profiláticos.

6.7 Imaginologia

Um exame de CT do crânio é o estudo de escolha para avaliação do trauma cerebral penetrante e deve ser obtido uma vez que o paciente esteja hemodinamicamente estável. A análise de imagem permite a localização do projétil e quaisquer fragmentos do projétil, avaliação de destruição óssea e a localização de hematomas, contusões, hemorragia intraventricular e hemorragia subaracnóidea. Além disso, a CT tem valor prognóstico ao demonstrar a extensão da lesão. O dano multilobar e bi-hemisférico, lesão transventricular, lesão talâmica e nos gânglios basais, obliteração das cisternas basais, hemorragia subaracnóidea e hemorragia significativa da fossa posterior estão associados ao mau prognóstico. O desvio na linha média superior a 10 mm também está associado a um mau prognóstico; contudo, o exame de CT completo deve ser considerado, visto que os grandes desvios na linha média em uma direção podem refletir a presença de uma lesão expansiva traumática unilateral, cuja evacuação imediata pode resultar em um prognóstico favorável.[11]

Os aneurismas intracranianos traumáticos (TICAs) ocorrem em 3 a 42% de todos os casos de PBI. A investigação dos vasos sanguíneos é indicada se o objeto penetrante atravessou a região frontobasal ou temporal, percorrendo em ambos os hemisférios ou está próximo do círculo de Willis ou se há hemorragia subaracnóidea extensa desconhecida ou hemorragia intraventricular ou um hematoma tardio. A maioria dos TICAs envolve os ramos periféricos da artéria cerebral anterior e artéria cerebral média. Uma angiografia por CT pode ser obtida rapidamente, mas quando sua interpretação é confundida pelo artefato metálico de um projétil, a angiografia de subtração digital é indicada. Além disso, os TICAs podem desenvolver-se e apresentar hemorragias dias após a lesão inicial; eles devem ser suspeitados caso novas hemorragias ou o seu agravamento seja notado na imagem de seguimento.[25-27]

A ressonância magnética não tem papel atual no traumatismo cerebral penetrante envolvendo fragmentos metálicos, pois estes criam artefatos e podem migrar em resposta ao campo magnético, causando lesão adicional.

6.8 Manejo Cirúrgico

Embora os estudos retrospectivos demonstrem que, pacientes com um escore elevado na GCS pós-ressuscitação (> 7) e lesões cranianas focais que não envolvam ambos os hemisférios e que evitam a substância cinzenta profunda, tenham melhor prognóstico cirúrgico, muitos fatores devem ser considerados ao decidir qual é a melhor forma de tratar um paciente.[28] Por exemplo, alguns pacientes com escore de GCS inicial inferior, mas hematomas intracranianos focais com efeito de massa significativo, podem se beneficiar da descompressão cirúrgica. Além disso, durante a avaliação dos candidatos à cirurgia, fatores complicadores, como administração de sedativos para intubação ou transporte antes da chegada à unidade de emergência, devem ser considerados. O manejo cirúrgico pode variar de um simples desbridamento exploratório do sítio de lesão ou craniectomia descompressiva, dependendo da extensão da lesão e do exame clínico do paciente e achados de CT (ver ▶ Boxe 6.2).

6.8.1 Desbridamento Simples

Pequenas feridas de entrada podem ser tratadas com o cuidado local do ferimento, se o escalpo não está desvitalizado e nenhuma patologia intracraniana necessitando de evacuação cirúrgica é vista na CT. As feridas superficiais do escalpo devem ser limpas, desbridadas e reparadas para prevenir a infecção e para prevenir a perda acentuada de sangue por laceração. Essas feridas podem ser tratadas de forma eficaz na sala de emergência ao realizar a tricotomia do escalpo ao redor do sítio lesionado, lavando a ferida com salina estéril e fechando todas as lacerações com grampos ou a sutura em várias camadas, dependendo da profundidade da ferida. Os pacientes podem ser encaminhados à sala de operação, se o ferimento é extenso.

> **Boxe 6.2 Indicações Relativas de Cirurgia**
>
> Escore na Escala de Coma de Glasgow > 7
> Efeito de massa no lobo temporal
> Efeito de massa na fossa posterior
> Fratura craniana aberta por afundamento
> Evidência de extravasamento de líquido cefalorraquidiano

6.8.2 Desbridamento Cirúrgico

A cirurgia é indicada para pacientes com hematomas focais causando efeito de massa significativo e urgentemente para aqueles com hematomas na fossa temporal ou fossa posterior comprometendo as cisternas perimesencefálica ou basal, respectivamente. Outros motivos para intervenção cirúrgica incluem ferida orbitofacial, necessidade para controlar a hemorragia ativa e evolução de uma lesão intracraniana expansiva. Os objetivos da cirurgia do traumatismo cerebral penetrante são a remoção da hemorragia e desbridamento da ferida. Os ferimentos que tiveram o escalpo, ossos e dura-máter desvitalizados necessitam de intervenção operatória para atingir uma reconstrução hermética e prevenir o extravasamento de CSF.

Após estabilização na unidade de emergência, o paciente é encaminhado à sala de operação e posicionado para exposição adequada do sítio lesionado. A cabeça pode ser colocada sobre um apoio de cabeça em gel circular ou em forma de ferradura ou se houver necessidade de posicionamento favorável para acesso, como para a craniectomia suboccipital, a cabeça pode ser fixada em suporte para crânio com pinos, com cuidado para evitar a colocação do pino próximo ao escalpo avulsionado ou crânio fraturado.

A incisão é planejada para evitar o comprometimento do suprimento sanguíneo do escalpo e para incorporar a ferida do escalpo, se possível. Após remoção do retalho ósseo, a dura-máter intacta é exposta em todos os lados da penetração. Cuidado especial deve ser tomado na remoção de fraturas em afundamento ou objeto penetrante em regiões próximas aos principais seios venosos. O espaço subdural é inspecionado e qualquer hemato-

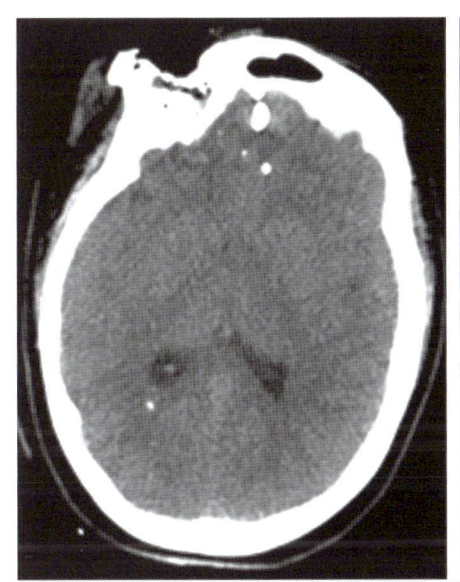

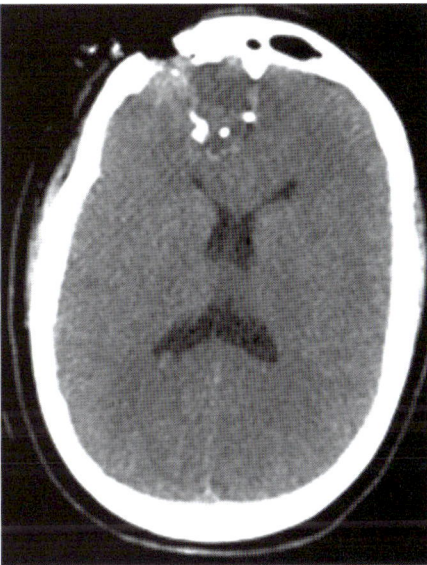

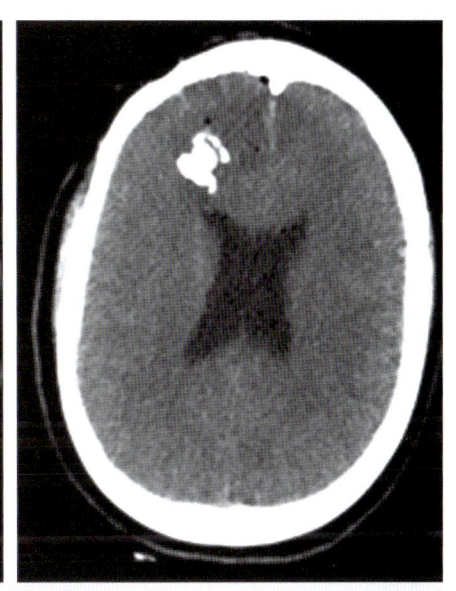

Fig. 6.1 Imagens de tomografia computadorizada de um paciente com ferimento por arma de fogo no crânio mostrando fragmentos cranianos dentro do parênquima cerebral.

ma é removido. O tecido cerebral necrótico e os debris de corpo estranho que estão prontamente acessíveis são removidos utilizando uma combinação de sucção e irrigação leves. A hemostasia minuciosa é realizada. O fechamento hermético com o pericrânio, fáscia temporal ou occipital ou fáscia lata é essencial para prevenção de infecção pós-operatória. As lesões que comunicam o espaço intracraniano com os seios aéreos necessitam de reparo com o fechamento dural hermético. O fechamento apropriado do escalpo é importante para minimizar o risco de infecções subsequentes; se o tecido saudável é insuficiente, retalhos teciduais podem ser necessários.[11]

6.8.3 Craniectomia Descompressiva

A decisão de recolocar o retalho ósseo após o desbridamento é multifatorial. Se o retalho ósseo está extensivamente fragmentado e não pode ser reparado com um bom resultado estético, o defeito craniano não é preenchido e a cranioplastia é planejada para o futuro. Com frequência, o edema cerebral difuso impede a reposição do retalho craniano. O exame de CT pré-operatório pode indicar o edema extenso, mas o edema grave pode não ser evidente até o tratamento cirúrgico ser realizado. Em tais casos, a craniectomia descompressiva é necessária para acomodar o edema.

6.8.4 Monitoramento da Pressão Intracraniana

O monitoramento da ICP pode ser útil em pacientes com edema cerebral, mas sem lesão expansiva necessitando de remoção, naqueles para os quais um exame neurológico confiável não pode ser obtido e em indivíduos que precisam de manejo médico pré- e pós-operatório de ICP elevada. As indicações de colocação de um monitor de ICP em PBI paralela àquele descrito nas orientações para TBI grave em geral: um escore na GCS pós-ressuscitação menor do que 8, escore de 9 a 12 na GCS em pacientes que precisam tanto de anestesia prolongada ou têm exame de CT anormal e a necessidade de sedação constante, que exclui um exame neurológico acurado.[20]

6.8.5 Caso Ilustrativo

Um paciente foi encaminhado à sala de emergência após ser atingido na face direita e na cabeça por vários projéteis durante um tiroteio. Após estabilização hemodinâmica e intubação para proteção das vias aéreas, um exame neurológico foi realizado. O paciente estava seguindo os comandos com todas as quatro extremidades. O olho direito estava inchado e fechado por edema periorbital significativo e a pupila esquerda foi reativa à luz. Havia uma ferida de entrada evidente sobre a órbita direita, mas sem extravasamento de CSF. A imagem de CT mostrou ruptura do globo direito a partir da entrada do projétil; fraturas extensas dos ossos frontais, base craniana anterior e seios aéreos; e hemorragia, assim como edema bifrontal (ver ▶ Fig. 6.1).

O paciente foi admitido na unidade de terapia intensiva (ICU) e recebeu ceftriaxona e clindamicina. Uma vez que a lesão ocular significativa e várias fraturas faciais levantaram suspeita de fístula liquórica, o paciente foi levado à sala de operação para enucleação do globo, exenteração da órbita e desbridamento craniano superficial extenso. A dura frontal foi encontrada dilacerada em múltiplos locais e o reparo com o enxerto da fáscia lata foi necessário. O projétil e os fragmentos cranianos localizados profundamente não foram removidos.

Neste caso, o exame neurológico do paciente foi favorável e extensas fraturas na base do crânio e grave lesão orbital justificaram a cirurgia por desbridamento e reparo da dura frontal dilacerada.

6.9 Complicações e Terapia Adjuvante

Pacientes com PBI necessitam de cuidado intensivo para monitoramento e manutenção de CPP e monitoramento de complicações, incluindo nova hemorragia, agravamento do edema, ICP elevada e infecção. O monitoramento cardíaco também é necessário, visto que a liberação de catecolaminas associada à lesão craniencefálica grave pode causar isquemia miocárdica. A manutenção de CPP maior do que 70 mmHg pode necessitar monitoramento cardíaco invasivo (uma vez que grandes deslocamentos de fluidos podem ocorrer nos estágios iniciais da lesão), ressuscitação por fluidos e diurese iatrogênica para o manejo de ICP elevada. Do mesmo modo, os eletrólitos também devem ser monitorados, visto que a lesão craniana pode levar à disfunção hipotalâmica-pituitária, que pode manifestar-se como diabetes *insipidus* ou SIADH (síndrome da secreção inadequada de hormônio antidiurético), sendo ambas associadas ao mau prognóstico.[11]

Além disso, todos os pacientes com PBI devem ser observados quanto à presença de tromboses venosas profundas (DVTs) e ulcerações gastrointestinais; a profilaxia mecânica ou química para DVTs e os antagonistas do receptor-H_2 de histamina (H_2) devem ser utilizados logo que clinicamente permitidos. Como ocorre com outros pacientes de ICU que necessitam de intubação prolongada, aqueles com PBI estão em risco de complicações respiratórias, como pneumonia e síndrome do desconforto respiratório adulto e devem ser extubados em tempo hábil ou após uma traqueostomia, se a extubação não é possível.

A terapia anticonvulsivante após PBI é controversa. Existem evidências de classe I mostrando benefícios da profilaxia precoce anticonvulsivante por 7 dias em pacientes com TBI. A profilaxia com fenitoína, fenobarbital, carbamazepínicos ou valproato é recomendada.[29] Embora a terapia anticonvulsivante a longo prazo não seja atualmente recomendada, um estudo demonstrou que 32% de pacientes com PBI durante a guerra entre Irã-Iraque desenvolveram epilepsia em um período médio de seguimento de 39,4 meses. Em particular, pacientes com um escore mais baixo na Escala de Desfecho de Glasgow e um déficit neurológico motor focal foram particularmente propensos ao desenvolvimento de epilepsia.[30] Outro estudo que revisou, retrospectivamente, 163 pacientes com epilepsia pós-traumática após PBI ou traumatismo craniencefálico contuso observou que os déficits motores e a encefalomalacia foram aspectos concomitantes comuns de epilepsia e desse modo, recomendou-se a vigilância e o tratamento imediato de convulsões em pacientes com tais lesões.[31]

O uso profilático de antibióticos de amplo espectro é recomendado na PBI, visto que as infecções ocorrem em 1 a 52% dos casos; as maiores taxas estão associadas aos fragmentos ósseos ou metálicos retidos, fístulas liquóricas e feridas de entrada facial-orbital. As principais bactérias responsáveis constituem a microbiota da pele, mas os bacilos Gram-negativos também são frequentemente cultivados; portanto, os antibióticos escolhidos devem cobrir adequadamente esses patógenos e também atravessar a barreira hematoencefálica.[11,32-37] Um estudo prospectivo de 160 pacientes com PBI observou que a trajetória do projétil por cavidades contaminadas, fragmentos ósseos ou metálicos retidos e permanência hospitalar prolongada foram considerados fatores de risco para infecção. Apesar de os 59 pacientes que receberam antibióticos profiláticos neste estudo não apresentarem uma taxa de infecção menor do que aqueles que não receberam antibióticos, uma vez que o tamanho do grupo recebendo antibioticoterapia neste estudo foi pequeno, os cirurgiões ainda podem querer administrar a cobertura antibiótica profilática para aqueles pacientes em risco elevado de infecção.[37]

6.10 Conclusão

Com a variedade de armamento disponível e a diversidade de propriedades balísticas dos projéteis, a penetração no cérebro pode causar uma vasta gama de lesões que desafiam o manejo neurocirúrgico. Embora a prevenção da lesão deva ser o meio primário de redução do risco, é importante compreender que a PBI frequentemente requer intervenção imediata, compreensiva e fundamental. A rápida ressuscitação médica e o controle de sangramento são as primeiras etapas. Geralmente, a cirurgia é necessária para remoção de lesões expansivas que exercem efeito de massa, para o reparo de ferimentos orbitofaciais, para o desbridamento de escalpo, ossos ou cérebro extensivamente desvitalizados, hemostasia e fechamento hermético e estético.

Referências

[1] Bizhan A, Mossop C, Aarabi JA. Surgical management of civilian gunshot wounds to the head. Handb Clin Neurol. 2015; 127:181-193

[2] Hofbauer M, Kdolsky R, Figl M, et al. Predictive factors influencing the outcome after gunshot injuries to the head – a retrospective cohort study. J Trauma. 2010; 69(4):770-775

[3] Levy ML, Davis SE, Mccomb JG, et al. Economic, ethical, and outcome- based decisions regarding aggressive surgical management in patients with penetrating craniocerebral injury. J Health Commun. 1996; 1(3):301-308

[4] Centers for Disease Control and Prevention. Injury Fact Book 2001–2002. Atlanta, GA: Centers for Disease Control and Prevention; 2001

[5] Ingraham C, Johnson CY. How gun deaths became as common as traffic deaths. Washington Post. December 19, 2015

[6] Aryan HE, Jandial R, Bennett RL, et al. Gunshot wounds to the head: gang- and non-gang-related injuries and outcomes. Brain Inj. 2005; 19(7):505-510

[7] Keong NCH, Gleave JRW, Hutchinson PJ. Neurosurgical history: comparing the management of penetrating head injury in 1969 with 2005. Br J Neurosurg. 2006; 20(4):227-232

[8] de Lanerolle NC. Kim JH, Bandak FA. Neuropathology of traumatic brain injury: comparison of penetrating, nonpenetrating direct impart and explosive blast etiologies. Semin Neurol. 2015; 35:12-19

[9] Oehmichen M, Meissner C, König HG, et al. Gunshot injuries to the head and brain caused by low-velocity handguns and rifles. A review. Forensic Sci Int. 2004; 146(2-3):111-120

[10] Davidsson J, Risling M. Characterization of pressure distribution in penetrating traumatic brain injuries. Front Neurol. 2015; 6:51

[11] Rosenfeld JV, Bell RS, Armonda R. Current concepts in penetrating and blast injury to the central nervous system. World J Surg. 2015; 39(6):1352-1362

[12] Cunningham TL, Cartagena CM, Lu XC, et al. Correlations between bloodbrain barrier disruption and neuroinflammation in an experimental model of penetrating ballistic-like brain injury. J Neurotrauma. 2014; 31(5):505–514

[13] Centers for Disease Control and Prevention, National Center for Injury Prevention and Control. Traumatic Brain Injury in the United States – A Report to Congress. Atlanta, GA: Centers for Disease Control and Prevention; 1999

[14] Amirjamshidi A, Abbassioun K, Rahmat H. Minimal débridement or simple wound closure as the only surgical treatment in war victims with low-velocity penetrating head injuries. Indications and management protocol based upon more than 8 years follow-up of 99 cases from Iran- Iraq conflict. Surg Neurol. 2003; 60(2):105-110, discussion 110-111

[15] Brandvold B, Levi L, Feinsod M, et al. Penetrating craniocerebral injuries in the Israeli involvement in the Lebanese conflict, 1982–1985. Analysis of a less aggressive surgical approach. J Neurosurg. 1990; 72(1):15-21

[16] Rish BL, Dillon JD, Caveness WF, et al. Evolution of craniotomy as a debridement technique for penetrating craniocerebral injuries. J Neurosurg. 1980; 53(6):772-775

[17] Surgical management of penetrating brain injury. J Trauma. 2001; 51(2, Suppl):S16-S25

[18] West CG. A short history of the management of penetrating missile injuries of the head. Surg Neurol. 1981; 16(2):145-149

[19] Pikus HJ, Ball PA. Characteristics of cerebral gunshot injuries in the rural setting. Neurosurg Clin N Am. 1995; 6(4):611-620

[20] Brain Trauma Foundation, American Association of Neurological Surgeons, Congress of Neurological Surgeons. Guidelines for the management of severe traumatic brain injury. J Neurotrauma. 2007; 24(Suppl 1):S1-S106

[21] Kim T-W, Lee J-K, Moon K-S, et al. Penetrating gunshot injuries to the brain. J Trauma. 2007; 62(6):1446-1451
[22] Santiago LA, Oh BC, Dash PK, et al. A clinical comparison of penetrating and blunt traumatic brain injuries. Brain Inj. 2012; 26(2):107-125
[23] Smith JE, Kehoe A, Harrisson SE, et al. Outcome of penetrating intracranial injuries in a military setting. Injury. 2014; 45(5):874-878
[24] Bandt SK, Greenberg JK, Yarbrough CK, et al. Management of pediatric intracranial gunshot wounds: predictors of favorable clinical outcome and a new proposed treatment paradigm. J Neurosurg Pediatr. 2012; 10(6):511-517
[25] Bodanapally UK, Krejza J, Saksobhavivat N, et al. Predicting arterial injuries after penetrating brain trauma based on scoring signs from emergency CT studies. Neuroradiol J. 2014; 27(2):138–145
[26] Vascular complications of penetrating brain injury. J Trauma. 2001; 51(2, Suppl):S26–S28
[27] Aarabi B. Traumatic aneurysms of brain due to high velocity missile head wounds. Neurosurgery. 1988; 22(6 Pt 1):1056-1063
[28] Aarabi B, Tofighi B, Kufera JA, et al. Predictors of outcome in civilian gunshot wounds to the head. J Neurosurg. 2014; 120(5):1138-1146
[29] Antiseizure prophylaxis for penetrating brain injury. J Trauma. 2001; 51(2, Suppl):S41-S43
[30] Aarabi B, Taghipour M, Haghnegahdar A, et al. Prognostic factors in the occurrence of posttraumatic epilepsy after penetrating head injury suffered during military service. Neurosurg Focus. 2000; 8(1):e1
[31] Kazemi H, Hashemi-Fesharaki S, Razaghi S, et al. Intractable epilepsy and craniocerebral trauma: analysis of 163 patients with blunt and penetrating head injuries sustained in war. Injury. 2012; 43(12):2132-2135
[32] Taha JM, Haddad FS, Brown JA. Intracranial infection after missile injuries to the brain: report of 30 cases from the Lebanese conflict. Neurosurgery. 1991; 29(6):864-868
[33] Antibiotic prophylaxis for penetrating brain injury. J Trauma. 2001; 51(2, Suppl):S34-S40
[34] Aarabi B. Causes of infections in penetrating head wounds in the Iran- Iraq War. Neurosurgery. 1989; 25(6):923-926
[35] Aarabi B. Comparative study of bacteriological contamination between primary and secondary exploration of missile head wounds. Neurosurgery. 1987; 20(4):610-616
[36] Carey ME, Young H, Mathis JL, et al. A bacteriological study of craniocerebral missile wounds from Vietnam. J Neurosurg. 1971; 34(2 Pt 1):145-154
[37] Jimenez CM, Polo J, España JA. Risk factors for intracranial infection secondary to penetrating craniocere bral gunshot wounds in civilian practice. World Neurosurg. 2013; 79(5-6):749-755

7 Hematomas Extra-Axiais

Shelly D. Timmons

Resumo

O termo "hematomas extra-axiais" é usado para referir-se aos hematomas encontrados dentro do espaço intracraniano, mas fora da substância cerebral em si. Essas lesões estão entre as emergências mais comuns encontradas na prática neurocirúrgica e quase sempre ocorrem como resultado de traumatismo craniano. A lesão cerebral é a mais importante contribuidora para mortalidade e morbidade por trauma, que é a principal causa de morte em pessoas com menos de 45 anos nos Estados Unidos. A rápida evacuação de hematomas extra-axiais é o pilar da intervenção neurocirúrgica para o traumatismo craniencefálico (TBI). A intervenção cirúrgica oportuna melhora o resultado funcional e reduz a mortalidade. Quatro em cinco dos pacientes com TBI que estão inicialmente lúcidos e sofrem uma piora terão lesão expansiva possivelmente requerendo evacuação cirúrgica, metade das quais são extra-axiais. A maioria dos pacientes que se apresentam com sinais de herniação uncal ou transtentorial após trauma tem lesões expansivas extra-axiais, com a evacuação podendo reverter os sinais de tronco encefálico uma vez que a descompressão seja conseguida por meio de cirurgia.

O rápido diagnóstico e transporte de pacientes portadores dessas lesões possibilita a craniotomia e a evacuação que, além de salvar vidas, pode prevenir a mortalidade a longo prazo por compressão cerebral, tornando o reconhecimento dos sinais, sintomas e da possibilidade de uma rápida piora uma etapa fundamental nos cuidados emergenciais em toda parte.

Palavras-chave: craniotomia, hematoma epidural, hematoma extra-axial, higroma, neurocirurgia, emergência neurocirúrgica, hematoma subdural, traumatismo craniencefálico.

7.1 Introdução

O termo "hematomas extra-axiais" é usado para referir-se aos hematomas encontrados dentro do espaço intracraniano, mas fora da substância do cérebro em si. Essas lesões estão entre as emergências mais comuns encontradas na prática neurocirúrgica e quase sempre ocorrem como resultado de traumatismo craniano. A lesão cerebral é a mais importante contribuidora para mortalidade e morbidade por trauma,[1] que é a principal causa de morte em pessoas com menos de 45 anos nos Estados Unidos.[2] A rápida evacuação de hematomas extra-axiais é o pilar da intervenção neurocirúrgica para traumatismo craniencefálico (TBI). A intervenção cirúrgica oportuna melhora o resultado funcional e reduz a mortalidade.[3] Quatro em cinco dos pacientes com TBI que estão inicialmente lúcidos e sofrem piora terão lesão expansiva possivelmente requerendo evacuação cirúrgica, metade das quais são extra-axiais.[4] A maioria dos pacientes que apresenta sinais de herniação uncal ou transtentorial após trauma têm lesões expansivas extra-axiais,[5,6] com a evacuação podendo reverter os sinais de tronco encefálico uma vez que a descompressão seja conseguida por meio de cirurgia. As entidades a serem discutidas incluem hematoma epidural agudo (EDH), hematoma subdural agudo (aSDH), higroma subdural, hematoma subdural subagudo (sSDH) e hematoma subdural crônico (cSDH). Também estão presentes considerações especiais sobre lesões na fossa posterior (PF) e abuso infantil.

7.2 Hematoma Epidural

7.2.1 Epidemiologia

O hematoma epidural (▶ Fig. 7.1) é uma ocorrência relativamente incomum e é mais frequentemente causado por trauma, embora tenham sido relatados casos raros de ocorrências em circunstâncias especiais, por exemplo, na doença falciforme. Estima-se que a incidência geral entre os pacientes com trauma esteja entre 2,7 e 4,1% dos pacientes com TBI;[7,8] entretanto, a incidência entre as vítimas com trauma em coma é maior, variando de 9 a 15%.[9,10] Aproximadamente 1% dos pacientes com TBI com exame neurológico normal e fraturas cranianas e 9% dos pacientes em coma com fratura apresentam um EDH.[9,11] O hematoma epidural em crianças está associado a fraturas em aproximadamente 40% dos casos, metade das quais são em afundamento, considerando que as fraturas são incomuns em crianças com aSDH.[12]

O EDH traumático ocorre com mais frequência em jovens que sofreram acidentes de alta velocidade. Em adultos jovens, a maior incidência é entre 20 e 30 anos, sendo o EDH incomum em pacientes acima dos 60 anos,[7,12,13] provavelmente em razão do aumento da aderência da dura-máter à superfície interna do crânio. Nas crianças, o pico de incidência é entre 5 e 12 anos, sendo muito menos comum em recém-nascidos e crianças pequenas.[14] Os acidentes com veículos automotores (MVAs) são responsáveis pela maioria das etiologias em pacientes de todas as idades (30-73%), seguido de quedas (7-52%) e agressões (1-19%).[15] As quedas são a causa mais comum do EDH em crianças que os MVAs,[14,16] sendo elas menos propensas a apresentar inconsciência, necessitar cirurgia ou ter lesões intracranianas associadas.[16] Os casos isolados de EDHs em crianças também são predominantemente causados por quedas (68,6% em uma séries).[17]

Podem ocorrer[8,18,19] EDHs múltiplos (incluindo bilateral), geralmente na região frontal, estando mais frequentemente associados ao sensório alterado sem intervalo lúcido[8] (▶ Fig. 7.2). Essas lesões também foram associadas à menor escore na Escala de Coma de Glasgow (GCS) na apresentação e maior mortalidade.[18] O hematoma epidural pode estender-se tanto acima como abaixo do tentório do cerebelo. Esse achado pode estar associado à lesão do seio venoso; portanto, uma evacuação cirúrgica pode ser bastante perigosa. Os EDHs crônicos geralmente são menores, mais provavelmente frontal ou parietal, e apresentam-se com sintomas mais leves e menos específicos; têm excelente resultados, seja com tratamento cirúrgico ou observação.[19]

7.2.2 Patogênese

Uma causa bem descrita de EDH é um trauma na região temporal resultando na fratura da porção escamosa do osso temporal, com lesão subsequente da artéria meníngea média enquanto corre pelo osso ou sai dele. Isso resulta no sangramento arterial no espaço epidural da fossa temporal. Contudo, evidências recentes sugerem que fontes venosas de EDH realmente são muito comuns.[20] Isso talvez ocorra em razão da maior frequência de diagnósticos possibilitados pela disponibilidade ampla e rápida do escaneamento por tomografia computadorizada (CT), mesmo nos casos menos sintomáticos. Embora a expansão do EDH das fontes arteriais seja perigosa e possa ser fatal, a maioria dos EDHs são estáveis em tamanho logo após o trauma; imagina-se que uma

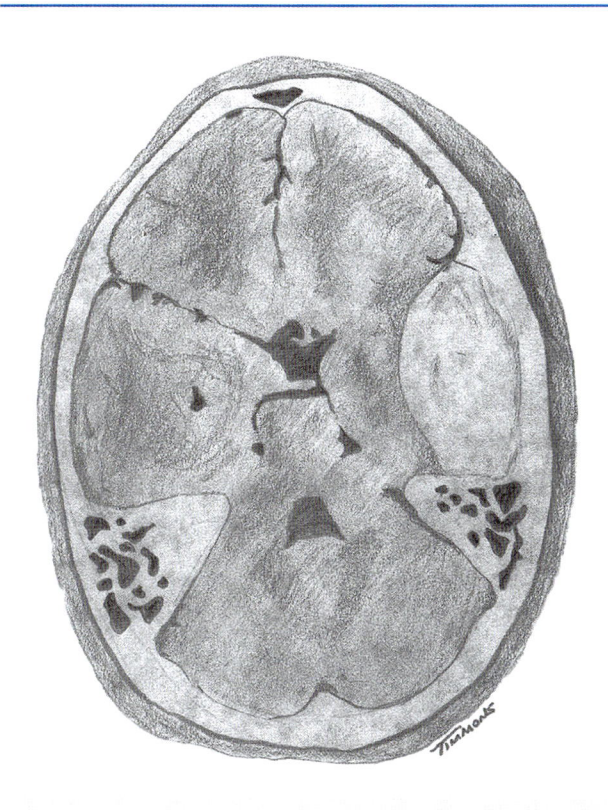

Fig. 7.1 Representação de um grande hematoma epidural temporal esquerdo com apagamento das cisternas quadrigeminais do deslocamento do lobo temporal.

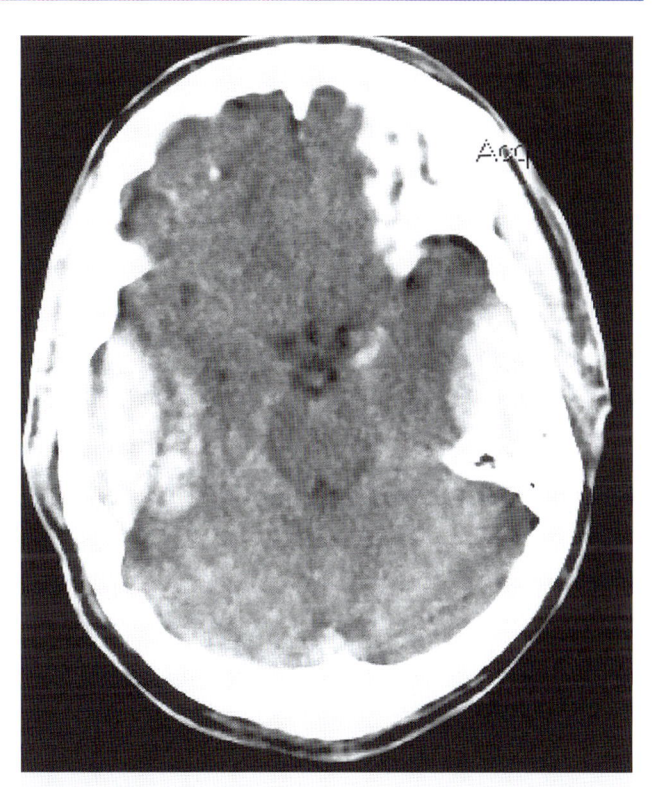

Fig. 7.2 Hematoma epidural temporal bilateral com contusão temporal direita/hemorragia intraparenquimatosa subjacente.

vez que a dura-máter seja descolada da superfície interna do pericrânio e preenchida com o hematoma, a cavidade não continue a se expandir.[13,19,21] Os hematomas epidurais que possivelmente se expandem com menos rapidez podem ser causados por ruptura do seio dural, com ou sem fratura sobrejacente associada. A ruptura das veias cerebrais superiores do espaço epidural ou das veias diploicas também podem causar EDH. Finalmente, o EDH geralmente está associado às fraturas orbitofaciais, como as fraturas do teto da órbita e dos seios frontais, e pode resultar da hemorragia direta do osso ou de uma lesão vascular associada.

O hematoma epidural pode ocorrer no intraoperatório como resultado da descompressão de uma lesão contralateral e precisa ser levado em consideração sempre que o edema intraoperatório ou a pressão intracerebral do pós-operatório tornem-se incontroláveis. Pode ocorrer um EDH tardio, muitas vezes como consequência de agressão, sendo o resultado, geralmente, mais favorável.[19] A expansão dos hematomas epidurais é mais provável de ocorrer que a dos aSDHs ou que o seu aparecimento como novas lesões no CT de acompanhamento inicial; entretanto, também tem sido vista a reabsorção espontânea no CT de acompanhamento precoce.[22,23]

7.2.3 Diagnóstico

Manifestações Clínicas

O "intervalo lúcido", como é classicamente definido, na realidade ocorre na minoria dos pacientes.[7,12,14,16,24-27] O intervalo clássico ocorre após um trauma na cabeça, com ou sem sensório alterado. Segue-se um período de tempo, até aproximadamente 30 minutos, no qual o sangue se acumula no espaço extradural, porém, o cérebro não é comprimido o suficiente para causar alteração na consciência. Quando o efeito expansivo se torna significativo, podem ocorrer compressão cerebral e herniação transtentorial, resultando na rápida perda de consciência (e até mesmo em morte, se não tratado). Os locais mais comuns de EDH evacuado cirurgicamente são as regiões temporais e temporoparietais.[7,12,14,25,28] Quando acontece um EDH na fossa temporal, um compartimento intracraniano relativamente pequeno, uma herniação transtentorial pode ocorrer rapidamente via compressão do lobo temporal e compressão do tronco encefálico.

Pacientes apresentando-se em coma ou que evoluem para coma no pré-operatório constituem de 22 a 56% dos pacientes com EDH; outros 12 a 42% permanecem conscientes até a cirurgia.[15] Outros achados de apresentação incluem náusea e vômito, hemiparesia ou hemiplegia, disfasia ou afasia, postura anormal e convulsão. Embora ocorram anormalidades pupilares em 18-44%, uma proporção significativa de pacientes (3-27%) apresenta-se neurologicamente intacta.[15,29,30] Mesmo os pacientes assintomáticos que apresentam leve trauma na cabeça podem ter EDH diagnosticado apenas com CT.[31,32] As crianças com EDH isolado geralmente se apresentam com achados não específicos de dor de cabeça, vômito, ou não se sentem bem, levando a frequentes atrasos no diagnóstico.[14,17]

Achados Radiográficos

O CT de crânio é o método diagnóstico de escolha. Desde que entrou em uso de rotina nas últimas quatro décadas, sua pronta disponibilidade, rápida capacidade de escaneamento e resolução detalhada fornecem diagnóstico rápido e preciso não apenas do tamanho, da extensão e localização do EDH, mas também de fratura sobrejacente do crânio, quando presente. A imagem axial

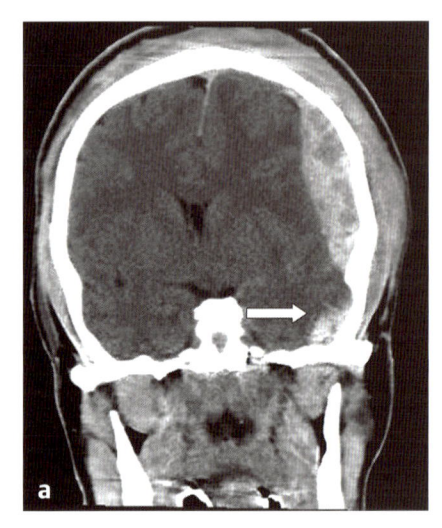

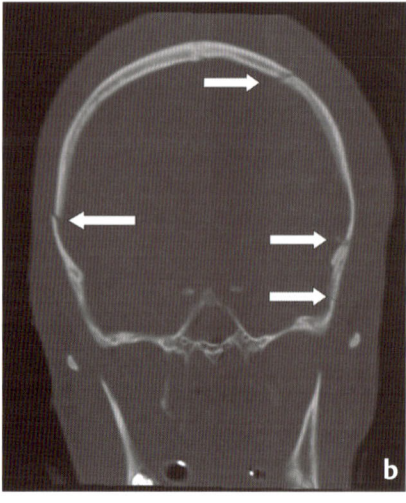

Fig. 7.3 Grande hematoma epidural hemisférico esquerdo com contusão temporal esquerda (seta em **a**), visto em CT coronal. Observe as fraturas sobrepostas e a fratura contralateral na janela óssea (setas em **b**).

pode, entretanto, não demonstrar pequenas fraturas, especialmente se elas estiverem paralelas ao plano de corte, então uma avaliação atenta com *scout view* e/ou vistas reconstruídas nos planos frontal e sagital são necessários. Radiografias do crânio não auxiliam no diagnóstico, pois aproximadamente 35% são interpretados como normais,[29] embora seja recomendável que se faça CT caso uma fratura seja identificada no filme simples, especialmente nos pacientes com traumatismos cranianos leves, em razão da alta incidência de EDH nesses pacientes.[31]

A aparência típica da CT de um EDH é uma lesão extra-axial biconvexa hiperdensa que não cruza as suturas ósseas (▶ Fig. 7.1 e ▶ Fig. 7.3). Pode haver áreas hipodensas (ou isodensas ou hipodensas no cérebro) relativamente associadas dentro do corpo do hematoma sugerindo um componente sanguíneo "hiperagudo" ou turbilhonamento, indicando hemorragia ativa no hematoma ou áreas de líquido sanguíneo associadas à coagulopatia.[33,34] Bolhas de ar podem ser apresentadas, ocasionalmente, dentro do hematoma (22,5-37%), embora não haja qualquer correlação conhecida com o resultado[35] (▶ Fig. 7.4). A fonte de ar geralmente vem de uma fratura craniana aberta ou fraturas pelas células das aéreas mastoides. A maioria dos EDHs não está associada à lesão cerebral subjacente significativa. A aparência do cérebro no CT volta rapidamente ao normal no pós-operatório.[36] Entretanto, se deixados sem tratamento cirúrgico, os EDHs identificados no CT "ultraprecoce" (< 3 horas) tendem a aumentar, sendo recomendável que o CT seja repetido dentro de 12 horas.[22]

7.2.4 Tratamento

Cirúrgico

A craniotomia fornece a maneira mais definitiva de tratamento cirúrgico de EDH. A seleção de pacientes para essas lesões, que, na era da CT, foram reconhecidas com mais frequência em pacientes assintomáticos, é decisiva. A decisão de operar é mais simples nos indivíduos que se apresentam graves, com nível de consciência alterado ou déficit neurológico. Foram feitas tentativas de recomendações cirúrgicas com base nas características da CT. Um grupo avaliou critérios de CT para evacuação cirúrgica, retrospectivamente, em uma série de 33 crianças com EDH e descobriu que o EDH com espessura maior que 18 mm, desvio da linha média superior a 4 mm, efeito expansivo severo ou moderado e localização previram cirurgia em 31 dos 33 pacientes.[37] Diretrizes pautadas em evidências recomendaram a evacuação do EDH em lesões com

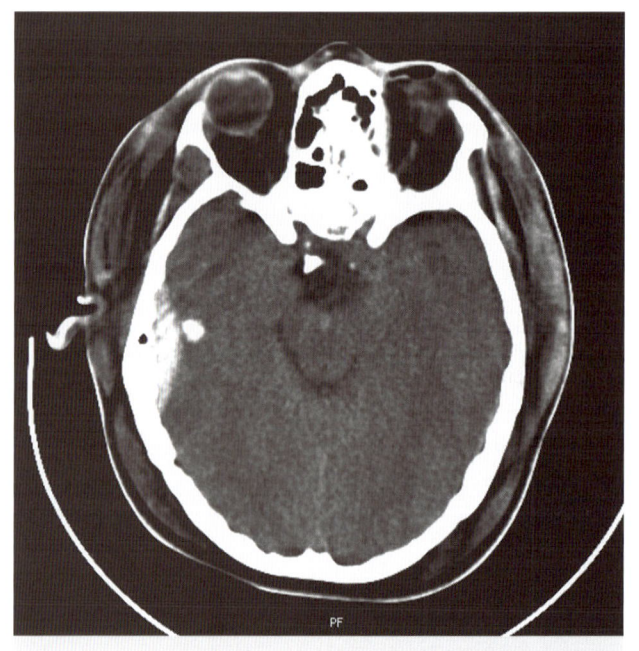

Fig. 7.4 Pequena bolha de ar em um hematoma epidural temporal direito com contusões subjacentes.

mais de 30 cm³ em volume e que qualquer paciente com EDH e em coma (pontuação na GCS < 9) ou anisocoria sofra evacuação o mais urgentemente possível.[15] Esses autores indicaram que EDH menor que 30 cm³, menor que 15 mm de espessura com menos de 5 mm desvio da linha média em paciente com pontuação na GCS maior que 8 e sem déficit focal fique em observação, com CTs seriadas e intensa observação em um hospital neurocirúrgico onde a terapia cirúrgica possa ser disponibilizada imediatamente, caso o paciente ou a imagem radiográfica piorem.

A drenagem por meio de um orifício de trepanação tem sido recomendada como medida temporizadora por alguns, entretanto, tem-se mostrado inadequada no uso clínico. A exploração emergencial através de um orifício de trepanação em uma série consecutiva de 100 pacientes antes da CT resultou em alta incidência de exploração negativa (44) com 6 explorações negativas, apesar da presença de hematoma extra-axial (4 aSDH unilateral, 1 EDH unilateral, 1 aSDH contralateral).[5] A drenagem por um orifício de trepanação antes da transferência para uma instituição onde podem ser realizadas drenagem e descompressão definitiva por craniotomia pode resultar na evacuação incompleta ou falha no controle de hemorragia e pode atrasar, desnecessariamente, o atendimento e aumentar o tempo para descompressão.[38,39] A irrigação por orifício de trepanação do EDH no departamento de emergência pode, contudo, salvar vidas se a cirurgia não estiver imediatamente disponível em circunstâncias extremas. Os resultados para a drenagem via orifício de trepanação para o EDH geralmente são melhores que para o aSDH.[40] Entretanto, isso deve ser uma ocorrência rara nos sistemas organizados de trauma, já que é difícil evacuar o sangue coagulado por um orifício de trepanação, não havendo acesso à fonte de hemorragia. Desse modo, a descompressão de um vaso tamponado inacessível pode resultar em uma hemorragia adicional, piorando, assim, a situação.

A craniotomia para evacuação de EDH requer identificação e eliminação da(s) fonte(s) de hemorragia, via cauterização dos vasos, enceramento de fontes ósseas etc. Algumas vezes as lacerações do seio dural devem ser reparadas, fechadas ou tamponadas. As suturas epidurais de ancoramento são colocadas nas bordas e no centro da craniotomia, prevenindo contra um novo acúmulo sanguíneo subsequente no espaço epidural. Os retalhos ósseos geralmente são repostos por causa da frequente ausência de lesões subjacentes e edema. As fraturas algumas vezes requerem reparo. Ocasionalmente, emprega-se a durotomia para garantir a ausência do aSDH.

Não Cirúrgico

Em pacientes adultos, o tratamento não cirúrgico pode ser empregado com segurança naqueles EDHs com menos de 10-15 mm de espessura ou com volume do hematoma inferior a 30 cm^3 ou com desvio da linha média menor que 5 mm, e com sintomas clínicos mínimos, incluindo boa pontuação na GCS e exame pupilar normal.[15,23,29,41] Entretanto, o tratamento conservador requer observação clínica atenta e acompanhamentos radiológicos frequentes.[42,43] Além disso, a evacuação de lesões menores pode acelerar a recuperação, encurtar as estadias hospitalares, resultando em menos escaneamentos de acompanhamento. Em face do risco cirúrgico mínimo, mesmo as lesões menores são, por vezes, evacuadas. Se observada, a resolução do EDH geralmente ocorre ao longo de várias semanas (3-15 semanas),[21] mas raramente o EDH pode resolver-se espontaneamente de maneira mais rápida, muito provavelmente por causa do edema cerebral associado a outras lesões.[23] Os fatores associados à piora requerendo intervenção cirúrgica após terapia conservadora inicial incluíram localização temporal, densidade heterogênea no CT, CT inicial realizada dentro de 6 horas da lesão e lesão cerebral primária significativa com fratura craniana, provocando EDH tardio não visto à CT precoce.[21,42,44]

7.2.5 Resultados

Foi relatada mortalidade no subconjunto cirúrgico de pacientes com EDH entre 0 e 41%, sendo menor no grupo pediátrico (aproximadamente 5%).[10,11,14,28,45] A mortalidade também diminuiu com o advento da CT, desenvolvimento de sistemas de atendimento ao trauma e unidades de terapia intensiva com especialidade neurocirúrgica.[3,7,25,46,47] Quando analisado como um contribuidor para mortalidade de TBI pelo tipo de lesão em um grande estudo multicêntrico, o EDH teve um índice de mortalidade bastante baixo (percentual de mortalidade × percentual de incidência) em comparação com outros tipos de lesões.[9]

O resultado funcional e a mortalidade são afetados pelos seguintes achados clínicos: idade, estado neurológico (coma ou intervalo lúcido, pontuação motora do GCS, déficit neurológico focal, estado pupilar), tempo para evacuação/descompressão (para pelo menos um subconjunto de pacientes), elevações da pressão intracraniana (ICP) e complicações médicas.[10,11,13,27,28,48,49] Os achados radiográficos (CT) que afetam os resultados do EDH incluem o volume do hematoma, grau de desvio da linha média, compressão de cisternas, lesões intracranianas associadas, sinais de hemorragia ativa (densidade heterogênea), presença de uma fratura craniana e fratura através de uma artéria meníngea, veia ou seio dural.[12,13,24,27,29,50,51] Embora vários relatos tenham correlacionado o volume do hematoma com o resultado, pelo menos um estudo retrospectivo descobriu que o volume do hematoma não tinha correlação nem com a condição neurológica pré-cirúrgica nem com o resultado de 6 meses.[52]

É importante, contudo, correlacionar os achados físicos com a terapia definitiva, como demonstrado em dois estudos que mostraram que pacientes com período de latência mais curto entre o começo da anisocoria e a evacuação cirúrgica, tiveram melhores resultados e menos mortalidade do que aqueles em que a cirurgia foi mais tardia, e dois estudos correlacionaram os resultados (incluindo mortalidade) com o tempo entre o começo do coma e a evacuação.[12,53] Outros obtiveram bons resultados gerais similares após o EDH sem déficits focais,[12,53] mas com taxas decrescentes de bons resultados com, em ordem, hemiparesia, hemiparesia e anisocoria, postura decorticada, postura descerebrada e pupilas bilaterais fixas no pré-operatório.[29] No geral, as crianças se saem melhor que os adultos.[20] A mortalidade e o resultado são melhores em pacientes transferidos diretamente para um instituto neurocirúrgico que aqueles transferidos de instalações remotas (correlacionando com tempo de evacuação).[3,26,54] Tal fato deve ser levado em consideração no planejamento de sistemas de trauma e protocolos de transporte.

7.3 Hematoma Subdural Agudo

7.3.1 Epidemiologia

Embora o aSDH tenha sido descrito em uma miríade de condições clínicas (coagulopatias adquiridas, terapia de anticoagulação, distúrbios hemorrágicos congênitos, malformações arteriovenosas, ruptura de aneurisma, câncer, meningioma, cirurgia cardíaca, inserção do cateter peridural pela coluna vertebral, uso de eletrodo de profundidade, uso de cocaína, quase afogamento), a causa mais comum, de longe, é o trauma. O SDH traumático agudo é, na maioria das vezes, o resultado de um trauma associado a veículos; entretanto, na população mais velha, as quedas representam uma proporção maior das etiologias. O MVA é mais frequentemente relacionado com um estado comatoso em pacientes com aSDH, indicativo do mecanismo de alta velocidade causando maior grau de trauma cerebral subjacente.[55,56]

7.3.2 Patogênese

A etiologia da hemorragia vem da ruptura de veias ou artérias da superfície cortical ou contusões cerebrais; contudo, a fonte hemorrágica frequentemente não pode ser determinada com precisão na cirurgia.[57,58] A hemorragia aguda em um cSDH preexistente também pode ocorrer.[58] As fontes arteriais podem representar uma entidade particularmente perigosa em razão da rápida expansão, compressão cerebral e herniação.

7.3.3 Diagnóstico

Manifestações Clínicas

Uma grande proporção de pacientes com aSDH apresenta-se em coma (pontuação na GCS < que 9).[7,15,59,60] Algumas vezes os in-

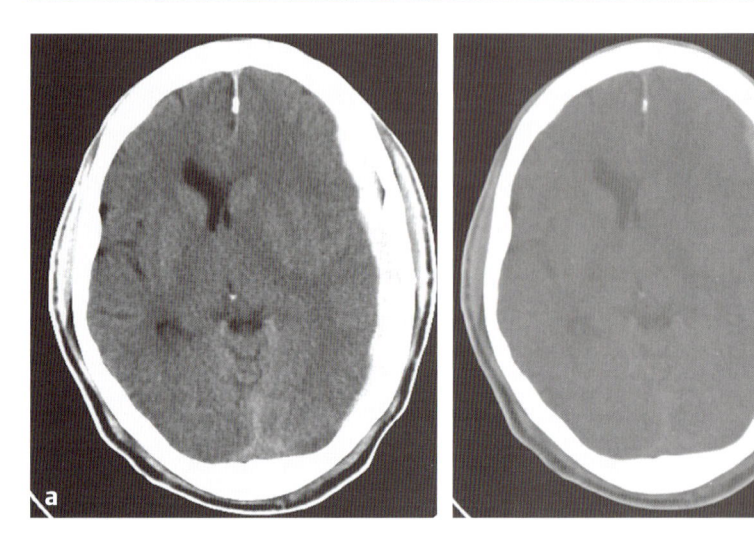

Fig. 7.5 (**a**) Grande hematoma subdural agudo hemisférico esquerdo mostrado em tomografia computadorizada de crânio, sem contraste. (**b**) O janelamento da imagem de maneira diferente leva à melhor demonstração da lesão. São observados efeito expansivo no hemisfério esquerdo, ventrículo lateral esquerdo e cisternas com linha média proporcional à espessura do aSDH.

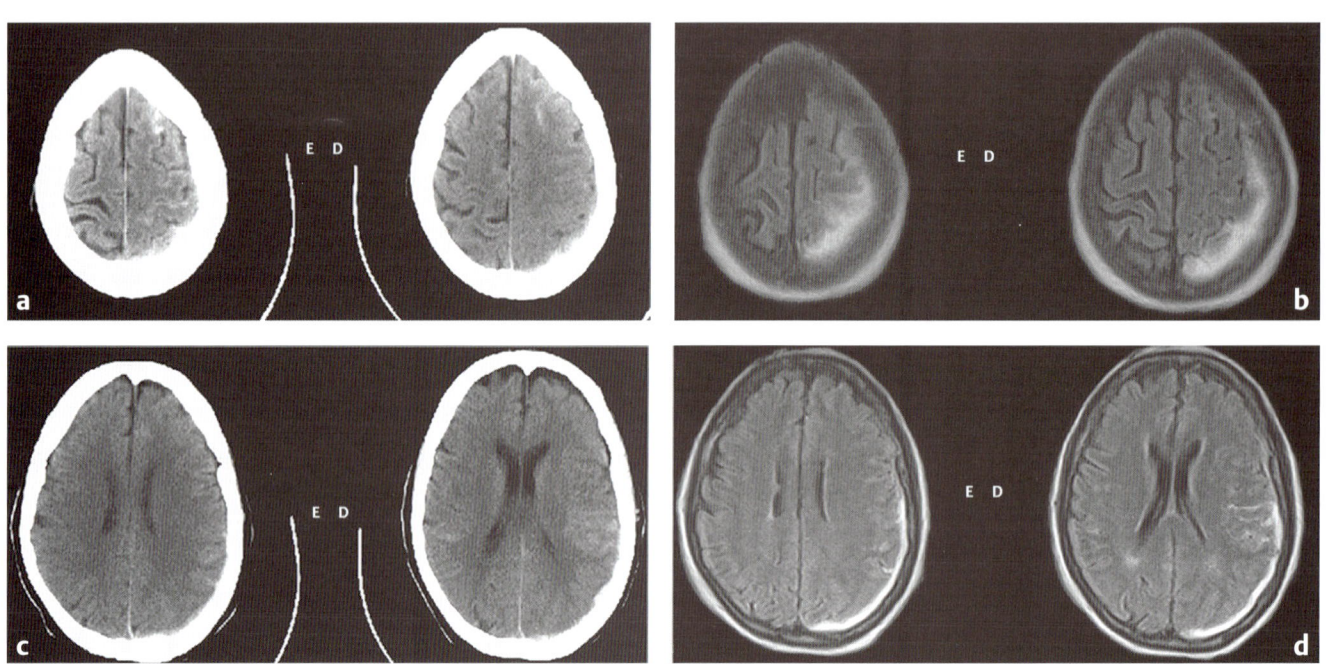

Fig. 7.6 (**a-d**) Pequeno hematoma subdural parietoccipital esquerdo sutilmente demonstrado na tomografia computadorizada de crânio sem contraste à esquerda. Essa lesão é mais bem vista na ressonância magnética sem contraste, com os cortes ponderados em T1 comparáveis à direita. A idade avançada deste paciente resultou em apenas pequenas repercussões clínicas (leve paresia da extremidade superior direita resolvida). Observa-se, também, hemorragia subaracnóidea frontal esquerda.

tervalos lúcidos são vistos com mais frequência em aSDH[56] isolado e em pacientes idosos,[49] muito provavelmente por causa da presença de atrofia cerebral, que permite que uma coleção seja abrigada por mais tempo antes do começo do efeito expansivo da expansão da lesão. As anormalidades pupilares são observadas em 30 a 50% dos pacientes.[15] Em crianças pequenas com suturas abertas, os primeiros sinais de um aSDH podem ser a distensão das fontanelas e/ou separação das suturas ou convulsão.[61] Após a fusão das suturas, os sinais e sintomas presentes imitam os dos adultos: náusea/vômito, dor de cabeça, consciência e estado neurológico em deterioração, dilatação pupilar e/ou déficit neurológico focal (hemiparesia/hemiplegia ou postura motora anormal). O aSDH isolado é visto na minoria dos pacientes. Em contraste com os EDHs, a maioria dos aSDHs está associada a hemorragia(s) intraparenquimatosa(s), hemorragia subaracnóidea, fratura craniana e EDH, em adição ao trauma extracraniano, como fraturas faciais, lesões vasculares, fraturas dos membros ou trauma abdominal ou torácico.[15,36]

Achados Radiográficos

A CT é a modalidade diagnóstica de escolha. O SDH agudo aparece como uma coleção extra-axial hiperdensa em forma de meia-lua (▶ Fig. 7.5). A ressonância magnética (MRI) algumas vezes pode mostrar melhor o aSDH em casos de coleções finas. O sangue agudo aparece hiperintenso na imagem T1 e hipointenso na imagem T2[62] (▶ Fig. 7.6). Contudo, a MRI não é um exame praticável no cenário de TBI agudo com sintomas de aSDH, e apesar de a MRI detectar algumas lesões não visíveis na CT importantes no prognóstico, as lesões cirúrgicas não são uniformemente perdidas no

Hematomas Extra-Axiais

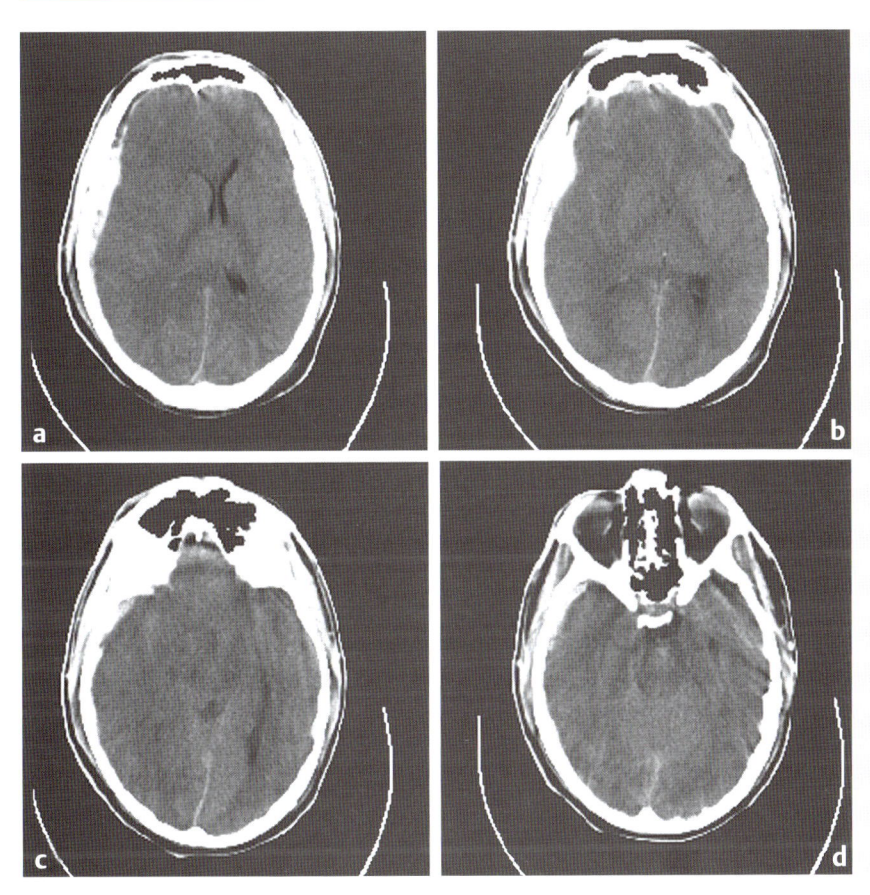

Fig. 7.7 (**a-d**) Hematoma subdural agudo (aSDH) estreito com densidade mista observado sobre o hemisfério direito. Linha mediana fora de proporção à espessura do aSDH é indicativa de lesão e edema no hemisfério direito.

CT.[51,63] Como descrito para o EDH, o sangue "hiperagudo" também pode ser visto no aSDH[34,64] (▶ Fig. 7.7).

7.3.4 Tratamento

Operatório

A evacuação cirúrgica do aSDH é necessária aos pacientes com efeito expansivo significativo, independentemente da pontuação na GCS. O efeito expansivo significativo pode ser definido como com espessura do hematoma superior a 10 mm ou desvio da linha média maior que 5 mm.[15] Os pacientes que apresentam menor efeito expansivo, mas que vivenciam piora neurológica, como declínio na pontuação na GCS em 2 ou mais pontos, perda de reatividade pupilar ou dilatação pupilar, ou que passou por elevações da ICP acima de 20 mmHg devem ser levados à cirurgia para evacuação, se possível.[15] A tomada de decisão cirúrgica pode ser afetada pela idade, pois o aSDH tende a ser mais bem tolerado em pacientes idosos com cérebro atrófico. Entretanto, os pacientes idosos com pontuações na GCS muito baixas, apresentação em coma e pelo menos uma pupila anormal reagem muito mal, com significativas contribuições para a mortalidade de condições preexistentes e falhas multissistêmicas.[65,66]

A evacuação cirúrgica do aSDH é feita via craniotomia, que geralmente deve ser generosa. Talvez possa ser realizada com ou sem duroplastia e remoção do retalho ósseo, dependendo do grau da lesão parenquimatosa subjacente e edema. As camadas muito finas de aSDH, algumas vezes denominadas hematomas subdurais laminares, merecem especial atenção se acompanhadas de desvio da linha média fora da proporção do tamanho do aSDH. A diferença entre a espessura do aSDH e o desvio da linha média prediz o resultado, havendo aumento de déficits e mortalidade quando o desvio da linha média excede a espessura em intervalos cada vez maiores[67] (▶ Fig. 7.7). Esse fenômeno sinaliza significativa lesão cerebral subjacente e edema, sendo a evacuação cirúrgica do SDH geralmente útil. Pode ser necessária a duroplastia e remoção do retalho ósseo, que será recolocado tardiamente, para acomodação de edema hemisférico significativo e prevenção de compressão do tronco encefálico em andamento e ICP elevada. Também é necessário dar atenção intraoperatória à remoção de hematomas ou contusões intraparenquimatosas subjacentes e, muito menos comumente, lobectomia parcial. A elevação suave do lobo temporal com alívio da herniação uncal pode ser benéfica.

A drenagem por orifício de trepanação é ineficaz e está associada à maior mortalidade.[49,68-70] Em casos em que a CT não está disponível, se a exploração via orifício de trepanação for usada para detectar a presença de hematomas extra-axiais para subsequente evacuação por meio de craniotomia em pacientes com TBI e com sinais de herniação transtentorial ou disfunção do tronco encefálico, estes devem ser colocados primeiro no lado correspondente ao déficit neurológico nas posições frontal, temporal ou parietal, seguidos de orifícios de trepanação contralaterais, se negativo, a fim de maximizar as chances de identificação da lesão ou lesões.[5]

Não Cirúrgico

O tratamento não cirúrgico geralmente é reservado aos subdurais pequenos sem efeito expansivo significativo e déficit neurológico mínimo ou inexistente.[15,71,72] A deterioração pré-hospitalar da pontuação na GCS ou no departamento de emergência leva à reconsideração de evacuação cirúrgica. Para os casos não cirúrgicos, a repetição precoce da CT e observação atenta do estado neurológico são obrigatórios.[73,74] Essa abordagem deve limitar-se aos aSDHs com espessura inferior a 10 mm e desvio da linha média inferior a 5 mm, e associados a bom estado neurológico,[15,72,75] e requer que sejam evitados sedativos de longa duração e agentes paralisantes.[72] A maioria dos aSDHs pequenos será resolvida espontaneamente, mas a probabilidade de uma progressão para evacuação cirúrgica do cSDH é aumentada com maiores espessuras e volumes do hematoma,[76] especialmente nos idosos. A presença da atrofia cerebral apoia a administração não cirúrgica da aSDH isolada; sendo o histórico de abuso de álcool proeminente nesse grupo,[76] além da idade avançada.

7.3.5 Resultados

O resultado após o aSDH é pior que após o EDH, tanto em relação à mortalidade quanto em relação à funcionalidade nos sobreviventes.[9,53,77-79] A taxa de mortalidade após o aSDH varia entre 40-60%.[43,53,56,80] Para os pacientes com aSDH apresentando-se ao hospital em coma e requerendo cirurgia, a mortalidade varia entre 57-68%.[15] A mortalidade nos pacientes com aSDH evacuado e pupilas dilatadas fixas foi de 64% em uma série[43] e 97% em outra.[80] Em um grande estudo correlacionando os resultados da CT com o resultado do Traumatic Coma Data Bank, o volume das lesões expansivas extracerebrais foi menos importante que o grau do efeito expansivo (compressão da cisterna, desvio da linha média).[81] Em comparação com outros tipos de lesões após TBI, o aSDH teve maior índice de mortalidade, representando 43,5% de todas as mortes em uma grande série multicêntrica.[9]

Os fatores clínicos que afetam o resultado funcional incluem idade na apresentação (com os pacientes mais velhos se saindo pior), tempo para evacuação, pontuação na GCS na admissão, hipóxia ou hipotensão, extensão da lesão cerebral primária, duração do coma, elevação e duração da ICP no pós-operatório, mecanismo da lesão, presença de coagulopatia e gravidade de outras lesões do sistema.[43,53,55,56,58,69,70,72,78,80,82,83] Os achados radiográficos ou patológicos associados ao resultado incluem outros achados intracranianos, lesão axonal difusa, grau do efeito expansivo (incluindo aparência das cisternas basais e desvio da linha média), presença de hemorragia subaracnóidea, volume do hematoma e edema hemisférico unilateral.[43,55,56,59,60,66,70,77,78,80,84,85] As variáveis fisiológicas associadas ao resultado após a evacuação do aSDH inclui tensão do oxigênio do tecido cerebral e concentrações de lactato e piruvato no cérebro subjacente, indicando evolução da lesão cerebral primária.[86] Foram usados potenciais evocados por multimodalidade para previsão do resultado após a cirurgia.[87,88]

Assim como com o EDH, o aumento do tempo do começo do coma à cirurgia está correlacionado com o aumento da mortalidade.[57,89-93] Entretanto, alguns autores mostraram pior mortalidade com cirurgia precoce, provavelmente em razão da gravidade das lesões cerebrais primárias associadas[49,59] ou ao grau do efeito expansivo.[94] A boa recuperação (recuperação completa ou déficit neurológica mínima) foi vista em 26% em uma grande série, com resultados melhores nos seguintes subgrupos: aSDH isolado (81%), aSDH isolado sem coma, ou naqueles operados dentro de 2 horas (90%).[53]

7.4 Higroma Subdural

7.4.1 Epidemiologia

Os higromas podem ocorrer como consequência de trauma, ruptura de cistos aracnoides, carcinomatose e uma variedade de outras condições. Raramente constituem uma emergência neurocirúrgica, pois não tendem a estar associados ao efeito expansivo. Os higromas são uma sequela relativamente comum de um trauma craniano (5-20% de lesões pós-traumáticas[74]) e podem anteceder o desenvolvimento do cSDH, especialmente em pacientes sem cérebro totalmente expandido (crianças pequenas com menos conformidade, pacientes idosos com atrofia e sobreviventes de trauma com encefalomalacia).[95,96]

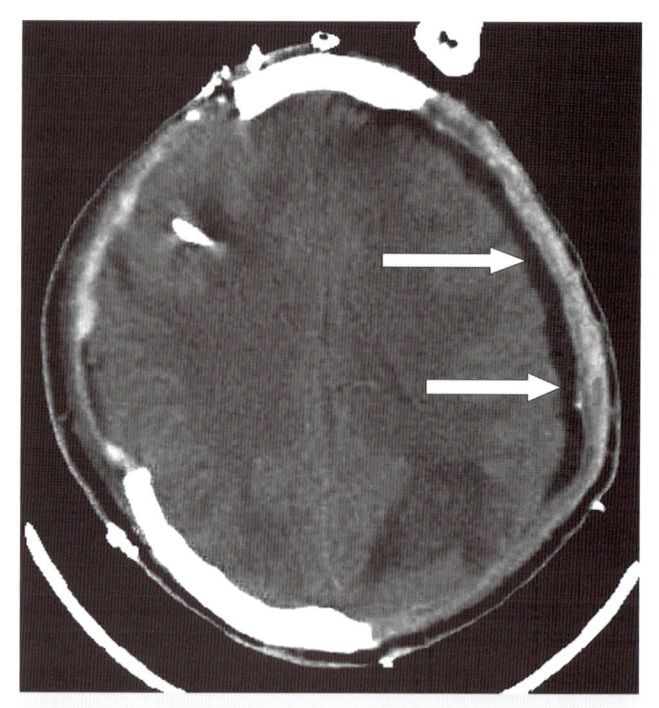

Fig. 7.8 Líquido extra-axial (higroma) sobre a convexidade à esquerda pós-craniotomia descompressiva. Também pode ser vista uma coleção precoce se desenvolvendo sob o defeito de craniotomia no lado direito.

7.4.2 Patogênese

A separação dos planos da dura-máter e aracnoide é necessária para a criação de um espaço potencial, necessário à formação de higromas subdurais. Uma vez que tenha sido realizada a divisão do tecido da dura-aracnoide em decorrência de trauma, cirurgia craniana, ou outro mecanismo, o espaço em potencial ficará preenchido com fluido se o cérebro não estiver totalmente expandido ou se a ICP for negativa. (Essas coleções geralmente são vistas após craniotomia descompressiva com o retalho ósseo excluído.) (▶ Fig. 7.8) Acredita-se que a fonte do fluido seja a efusão do líquido cefalorraquidiano (CSF) ou o soro do "vazamento" dos vasos associado à neovascularização das neomembranas formadas ao longo da interface dura-aracnoide.[74] Outra fonte de fluido é a egressão do CSF diretamente do espaço subaracnóideo, quando ocorre uma ruptura aracnóidea por trauma ou cirurgia. A força gravitacional no cérebro exerce importante papel dos higromas, que são vistos com maior frequência nas regiões frontais, já que os pacientes geralmente são colocados em supino na cama,[97] ficando o peso do cérebro depositado na região occipital.

7.4.3 Diagnóstico

Manifestações Clínicas

A maioria dos pacientes com higromas é assintomática, mas pode apresentar-se com déficit neurológico em decorrência de efeito expansivo. O déficit típico é o estado mental alterado.[98]

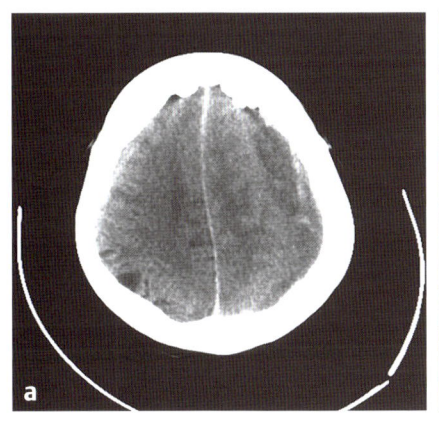

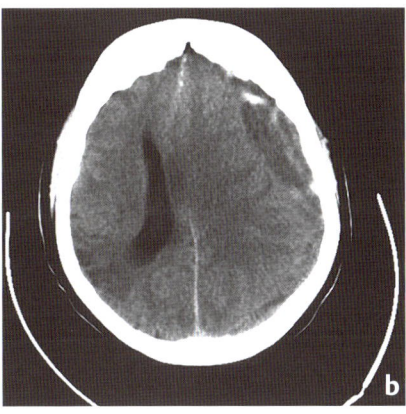

Fig. 7.9 (**a**, **b**) Hematoma subdural crônico esquerdo grande (hipodenso) com alguns componentes subagudo (isodenso) e agudo (hiperdenso) e desvio da linha média.

Achados Radiográficos

Os higromas subdurais aparecem como coleções de fluido extra-axial isodensas com CSF (hipodensas para o cérebro) na CT. A ressonância magnética também pode ser usada para fazer o diagnóstico, o realce da aracnoide pode ser consistente com a formação de uma membrana dural;[99] essa descoberta pode ser usada na diferenciação do verdadeiro higroma do espaço subaracnóideo aumentado associado à atrofia. A MRI também pode distinguir entre higroma e cSDH, que parecem semelhantes na CT.

7.4.4 Tratamento

O tratamento geralmente é não cirúrgico, mas nos casos em que os sintomas neurológicos estão atribuídos ao higroma, pode-se efetuar uma evacuação cirúrgica com orifícios de trepanação de rotina ou pequenos orifícios de trepanação feitos com *drill*, com ou sem dreno. A maioria não tem recidiva.[98]

7.5 Hematoma Subdural Crônico e Subagudo

7.5.1 Epidemiologia

Em contraste com o aSDH, o cSDH é visto com maior frequência em idosos, pela presença de atrofia cerebral.[100] O SDH crônico pode ser ocasionalmente precedido pela presença de um higroma subdural ou por sSDH.[74,89,101] Os fatores de risco para o desenvolvimento do cSDH incluem lesão na cabeça, idade avançada, tratamento com antiplaquetário ou medicamentos anticoagulantes, distúrbios hemorrágicos, hemodiálise, uso ou abuso de álcool, epilepsia, condições predisponentes à queda e à baixa ICP.[100]

7.5.2 Patogênese

O SDH crônico pode ocorrer após trauma craniocerebral significativo em pacientes mais jovens; ou um trauma insignificante ou nenhuma lesão perceptível em idosos. A extensão e a ruptura das veias corticais superiores produzindo hemorragia no espaço subdural é o mecanismo inicial. Pode ocorrer infiltração pela fibrina e fibroblastos, sucedida pela formação de uma membrana pelos fibroblastos. A liquefação do hematoma pelos fagócitos resulta tanto em reabsorção quanto em aumento, o que geralmente ocorre em decorrência de pequenas hemorragias pela neovascularização da membrana.[90,100] O SDH subagudo é mais comumente precedido por uma contusão na cabeça definida que por um cSDH.[102]

7.5.3 Diagnóstico

Manifestações Clínicas

Tanto o sSDH quanto o cSDH podem apresentar-se com uma variedade de características clínicas, incluindo hemiparesia, distúrbio da fala ou outro déficit neurológico focal; demência; alteração na consciência; dor de cabeça; quedas recorrentes; convulsões; déficits neurológicos transitórios imitando ataques isquêmicos transitórios; parkinsonismo e sintomas de ICP elevada.[91,100]

Resultados Radiográficos

O SDH crônico é hipodenso quando comparado com o cérebro na CT (▶ Fig. 7.9). A ressonância magnética pode ser mais útil para caracterizar os cSDHs no vértice, base do crânio ou dentro da PF e coleções muito pequenas.[100] O SDH crônico pode ser diferenciado do higroma pela relativa falta do efeito expansivo (apagamento dos sulcos ou desvio da linha média) visto no último.[74] O SDH subagudo, por outro lado, geralmente é isodenso ao cérebro na CT. A ressonância magnética pode melhorar notavelmente a detectabilidade do sSDH, que tem aparência hiperintensa nas imagens ponderadas em T1.[62]

7.5.4 Tratamento

Operatório

A evacuação do sSDH ou cSDH liquefeito geralmente pode ser realizada via orifícios de trepanação e irrigação. A craniotomia talvez precise ser empregada com maior frequência no caso dos sSDH se houver a necessidade de identificar uma fonte hemorrágica em andamento. Em ambos os casos, devem-se realizar múltiplos orifícios de trepanação para assegurar a remoção adequada do coágulo e irrigação. A irrigação é feita até que a solução irrigante retorne completamente transparente do espaço subdural. A comunicação da irrigação entre os orifícios de trepanação é útil para garantir que coleções de líquido septadas não sejam deixadas para trás. Um dreno subdural pode ser colocado para facilitar a drenagem do líquido de hematoma residual e CSF, especialmente no cérebro atrófico, que falha em expandir completamente após a evacuação do hematoma. Os sistemas de drenagem fechados e por gravidade (sem sucção) são frequentemente usados para auxiliar na drenagem contínua pós-operatória.[83,92] Os pacientes nos extremos das idades ou que estão em estado crítico e talvez não tolerem anestesia geral podem, algumas vezes, receber drenagem através de pequenos orifícios realizados por *drill*, especialmente se o líquido do hematoma estiver sob pressão. Embora a craniotomia com ou sem excisão da membrana seja uma opção,[103] as membranas têm propensão a sangrar e devem ser adequadamente removidas e/ou coaguladas se essa opção for usada. A remoção da membrana em geral não deve ser realizada através de orifícios de trepanação, porque a hemostasia pode não ser alcançada, nem haver uma adequada visualização das aderências da membrana ao cérebro.

Não Cirúrgico

Os cSDHs pequenos sem efeito expansivo significativo podem ser ocasionalmente tratados por meio de observação. Os pacientes devem ser alertados sobre o risco de hemorragia aguda no cSDH e advertidos para não correrem riscos de queda e para tomarem precauções para não sofrerem qualquer trauma na cabeça. O uso ubíquo da terapia com anticoagulantes e antiplaquetários aumenta o risco e deve ser levado em consideração.

7.5.5 Resultados

O prognóstico é mais afetado pelo estado neurológico no momento do diagnóstico e é melhor naqueles submetidos ao tratamento cirúrgico.[100] A mortalidade e a morbidade são mais altas nos pacientes idosos, alcoólatras e em pacientes com recidiva.[90,100] Os SDHs crônicos algumas vezes levam à convulsão; as taxas pré-operatórias de convulsão em face do cSDH variam entre 4,3 e 6,9%.[104,105] Um estudo mostrou que, dos 129 pacientes estudados, nenhum dos que receberam medicamento profilático para a convulsão pós-operatória (n = 73) desenvolveu convulsão, mas apenas 2 dos 56 que não receberam medicamentos antiepilépticos tiveram convulsões no início do pós-operatório, levou-se em consideração a técnica cirúrgica como a causa.[106] Entretanto, a incidência das convulsões pós-operatórias foram calculadas entre 1,8 e 18,5% em outros estudos.[100,102,104,107] Na série mostrando uma incidência de 18,5%, as convulsões foram associadas a um aumento da morbidade e da mortalidade, o uso de medicamentos profiláticos reduzem de maneira significativa a incidência, tendo sido recomendados nos pacientes tratados cirurgicamente.[93] Os fatores de risco para a ocorrência de convulsões no pós-operatório incluem lesões de densidade mista na CT pré-operatória, lesões unilaterais do lado esquerdo e abuso crônico do álcool.[105,108]

A recidiva é uma complicação frequente do cSDH (8-37%).[100] Maior espessura do hematoma, existência de múltiplas loculações, lesões de alta densidade (crônica misturada com hemorragia aguda) na CT pré-operatória, lesões de alta intensidade nas imagens ponderadas em T1 na MRI pré-operatória, grandes volumes de ar na CT pós-operatória, histórico de convulsões e trombocitopenia pré-operatória estão associados a uma recidiva recorrente, ao passo que o diabetes melito e o uso da irrigação e dos sistemas de drenagem fechada no pós-operatório (especialmente com drenos frontais) podem ser uma proteção.[83,90,92,109,110] O pneumoencéfalo hipertensivo é uma complicação comum da drenagem por orifício de trepanação.[111,112] O desenvolvimento do aSDH é mais comum.[111] Também foi descrita a formação do hematoma intracerebral, AVC isquêmico, EDH agudo e infecções do couro cabeludo após a evacuação do cSDH.[111,113] Embora raro, pode haver ocorrência de empiema subdural com ou sem evacuação do cSDH.[111,114]

7.6 Considerações Especiais

7.6.1 Fossa Posterior

Os hematomas epidurais da PF estão associados a resultados clínicos menos específicos e melhores resultados em geral, quando são usados diagnóstico agressivo e acompanhamento com imagem, independentemente de tratamento cirúrgico ou não.[115,116] Os sinais e sintomas apresentados incluem dor de cabeça, náusea e vômito, diminuição do nível de consciência (incluindo parada respiratória súbita), vertigem, diplopia, sinais do trato piramidal, sinais cerebelares, rigidez nucal, papiledema e paralisia do abducente.[117,118] Os fatores que afetam o resultado incluem apagamento das cisternas perimesencefálicas e/ou do quarto ventrículo, presença de hidrocefalia na apresentação, nível de consciência antes da cirurgia, pontuação na GCS total (com pontuação na GCS menor que 9 indicando mau resultado), outras lesões sistêmicas ou intracranianas, diagnóstico e intervenção oportunos.[101,119,120] O EDH da fossa posterior é mais frequentemente associado a traumatismo occipital direto, resultando em fratura lambdoide ou occipital diastásica e/ou fraturas lineares que atravessam os seios torculares ou transversos, sendo a fonte hemorrágica o seio ou o díploe.[101,121-123] A rápida evacuação geralmente é o método de tratamento de escolha, mas alguns EDHs da PF podem ser administrados de forma conservadora com observação clínica cuidadosa e acompanhamento radiográfico seriado. Alguns defendem a evacuação do EDH da PF com mais de 10 mL de volume, espessura superior a 15 mm e desvio da linha média do quarto ventrículo superior a 5 mm.[124] A ressonância magnética pode auxiliar a esclarecer o volume e a espessura dos EDHs da PF que não são adequadamente visualizados na CT.[117] Os EDHs da fossa posterior podem ocorrer após a evacuação de um hematoma supratentorial.[125] Também podem apresentar-se com a mistura dos componentes supra e infratentorial, resultando em maior taxa de mortalidade[125-127] (▶ Fig. 7.10).

Os aSDHs da fossa posterior são menos comuns, sendo a evacuação emergencial recomendada, especialmente para aqueles com espessura maior ou igual a 10 mm, independente do estado de apresentação, que geralmente está associado ao coma.[107,128] O SDH crônico da PF também é raro.[129]

7.6.2 Abuso Infantil

Crianças maiores e menores com hematomas extra-axiais requerem atenção especial. A menos que o mecanismo da lesão seja realmente conhecido ou testemunhado, a lesão infligida geralmente deve ser considerada no diagnóstico diferencial. As lesões cerebrais são a causa mais comum de morte no abuso infantil, sendo o aSDH mais observado nas lesões infligidas que nas acidentais em crianças.[130] Os hematomas extra-axiais de densidade mista podem indicar episódios recorrentes de hemorragia associada a múltiplos traumas, mas também representam hemorragia hiperaguda ou misturada com CSF, devendo ser interpretados com cuidado.[64,131,132] Os EDHs das lesões infligidas em crianças são raros.[133] Um estudo não encontrou qualquer incidente de lesão não acidental em 35 casos de EDH isolado.[17]

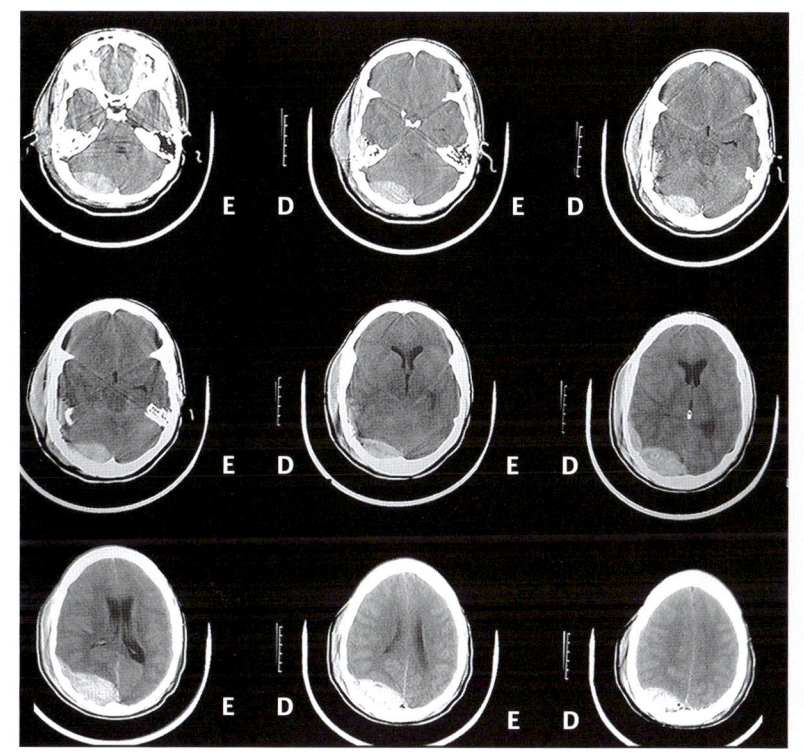

Fig. 7.10 Grande hematoma epidural occipital direito (supratentorial) e fossa posterior (infratentorial) (EDH). Esse paciente se apresentou com um intervalo lúcido, com pontuação inicial de escala de coma de Glasgow = 15, seguido de rápida deterioração na sala de emergência. Tomografia computadorizada inicial realizada em um hospital remoto mostrou apenas fratura craniana. Intubação emergencial seguida de evacuação levou a um resultado funcionalmente bom. A fonte do EDH foi o seio transverso, seccionado por uma fratura sobreposta.

Referências

[1] Gennarelli TA, Champion HR, Copes WS, et al. Comparison of mortality, morbidity, and severity of 59,713 head injured patients with 114,447 patients with extracranial injuries. J Trauma 1994; 37(6):962-968

[2] Miniño AM, Anderson RN, Fingerhut LA, et al. Deaths: injuries, 2002. Natl Vital Stat Rep 2006; 54(10):1-124

[3] Hunt J, Hill D, Besser M, et al. Outcome of patients with neurotrauma: the effect of a regionalized trauma system. Aust N Z J Surg. 1995; 65(2):83-86

[4] Lobato RD, Rivas JJ, Gómez PA, et al. Head-injured patients who talk and deteriorate into coma. Analysis of 211 cases studied with computerized tomography. J Neurosurg. 1991; 75(2):256-261

[5] Andrews BT, Pitts LH, Lovely MP, et al. Is computed tomographic scanning necessary in patients with tentorial herniation? Results of immediate surgical exploration without computed tomography in 100 patients. Neurosurgery 1986; 19(3):408-414

[6] Uzan M, Yentür E, Hanci M, et al. Is it possible to recover from uncal herniation? Analysis of 71 head injured cases. J Neurosurg Sci. 1998; 42(2):89-94

[7] Cordobés F, Lobato RD, Rivas JJ, et al. Observations on 82 patients with extradural hematoma. Comparison of results before and after the advent of computerized tomography. J Neurosurg 1981; 54(2):179-186

[8] Gupta SK, Tandon SC, Mohanty S, et al. Bilateral traumatic extradural haematomas: report of 12 cases with a review of the literature. Clin Neurol Neurosurg. 1992; 94(2):127-131

[9] Gennarelli TA, Spielman GM, Langfitt TW, et al. Influence of the type of intracranial lesion on outcome from severe head injury. J Neurosurg. 1982; 56(1):26-32

[10] Seelig JM, Marshall LF, Toutant SM, et al. Traumatic acute epidural hematoma: unrecognized high lethality in comatose patients. Neurosurgery. 1984; 15(5):617-620

[11] Bricolo AP, Pasut LM. Extradural hematoma: toward zero mortality. A prospective study. Neurosurgery. 1984;14(1):8-12

[12] Hendrick EB, Harwood-Hash DC, Hudson AR. Head injuries in children: a survey of 4465 consecutive cases at the hospital for sick children, Toronto, Canada. Clin Neurosurg. 1964;11:46-65

[13] Bullock R, Smith RM, van Dellen JR. Nonoperative management of extradural hematoma. Neurosurgery. 1985; 16(5):602-606

[14] Maggi G, Aliberti F, Petrone G, et al. Extradural hematomas in children. J Neurosurg Sci. 1998; 42(2):95-99

[15] Bullock MR, Chesnut R, Ghajar J, et al. Guidelines for the surgical management of traumatic brain injury. Neurosurgery. 2006; 58(3):S2-1-S2-62

[16] Jamjoom A, Cummins B, Jamjoom ZA. Clinical characteristics of traumatic extradural hematoma: a comparison between children and adults. Neurosurg Rev. 1994; 17(4):277-281

[17] Browne GJ, Lam LT. Isolated extradural hematoma in children presenting to an emergency department in Australia. Pediatr Emerg Care. 2002; 18(2):86-90

[18] Huda MF, Mohanty S, Sharma V, et al. Double extradural hematoma: an analysis of 46 cases. Neurol India. 2004; 52(4):450-452

[19] Bullock R, van Dellen JR. Chronic extradural hematoma. Surg Neurol. 1982; 18(4):300-302

[20] Mohanty A, Kolluri VR, Subbakrishna DK, et al. Prognosis of extradural haematomas in children. Pediatr Neurosurg. 1995; 23(2):57-63

[21] Hamilton M, Wallace C. Nonoperative management of acute epidural hematoma diagnosed by CT: the neuroradiologist's role. AJNR Am J Neuroradiol. 1992; 13(3):853-859, discussion 860-862

[22] Servadei F, Nanni A, Nasi MT, et al. Evolving brain lesions in the first 12 hours after head injury: analysis of 37 comatose patients. Neurosurgery. 1995; 37(5):899-906, discussion 906-907

[23] Servadei F, Staffa G, Pozzati E, Piazza G. Rapid spontaneous disappearance of an acute extradural hematoma: case report. J Trauma. 1989; 29(6):880-882

[24] Lee E-J, Hung Y-C, Wang L-C, et al. Factors influencing the functional outcome of patients with acute epidural hematomas: analysis of 200 patients undergoing surgery. J Trauma. 1998; 45(5):946-952

[25] Rivas JJ, Lobato RD, Sarabia R, et al. Extradural hematoma: analysis of factors influencing the courses of 161 patients. Neurosurgery. 1988; 23(1):44-51

[26] Jamjoom AB. The difference in the outcome of surgery for traumatic extradural hematoma between patients who are admitted directly to the neurosurgical unit and those referred from another hospital. Neurosurg Rev. 1997; 20(4):227-230

[27] Kuday C, Uzan M, Hanci M. Statistical analysis of the factors affecting the outcome of extradural haematomas: 115 cases. Acta Neurochir (Wien). 1994; 131(3-4):203-206

[28] Paterniti S, Fiore P, Macrì E, et al. Extradural haematoma. Report of 37 consecutive cases with survival. Acta Neurochir (Wien). 1994; 131(3-4):207-210

[29] Cook RJ, Dorsch NW, Fearnside MR, et al. Outcome prediction in extradural haematomas. Acta Neurochir (Wien). 1988; 95(3-4):90-94

[30] Servadei F, Faccani G, Roccella P, et al. Asymptomatic extradural haematomas. Results of a multicenter study of 158 cases in minor head injury. Acta Neurochir (Wien). 1989; 96(1-2):39-45

[31] Servadei F, Ciucci G, Morichetti A, et al. Skull fracture as a factor of increased risk in minor head injuries. Indication for a broader use of cerebral computed tomography scanning. Surg Neurol. 1988; 30(5)):364-369

[32] Servadei F, Vergoni G, Staffa G, et al. Extradural haematomas: how many deaths can be avoided? Protocol for early detection of haematoma in minor head injuries. Acta Neurochir (Wien). 1995; 133(1-2):50-55

[33] Arrese I, Lobato RD, Gomez PA, et al. Hyperacute epidural haematoma isodense with the brain on computed tomography. Acta Neurochir (Wien). 2004; 146(2):193-194

[34] Greenberg J, Cohen WA, Cooper PR. The "hyperacute" extraaxial intracranial hematoma: computed tomographic findings and clinical significance. Neurosurgery. 1985; 17(1):48-56

[35] Cossu M, Arcuri T, Cagetti B, et al. Gas bubbles within acute intracranial epidural haematomas. Acta Neurochir (Wien). 1990; 102(1-2):22-24

[36] Dolinskas CA, Zimmerman RA, Bilaniuk LT, et al. Computed tomography of post-traumatic extracerebral hematomas: comparison to pathophysiology and responses to therapy. J Trauma. 1979; 19(3):163-169

[37] Bejjani GK, Donahue DJ, Rusin J, et al. Radiological and clinical criteria for the management of epidural hematomas in children. Pediatr Neurosurg. 1996; 25(6):302-308

[38] Wester K. Decompressive surgery for "pure" epidural hematomas: does neurosurgical expertise improve the outcome? Neurosurgery. 1999; 44(3):495-500, discussion 500-502

[39] Wester T, Fevang LT, Wester K. Decompressive surgery in acute head injuries: where should it be performed? J Trauma. 1999; 46(5):914-919

[40] Springer MF, Baker FJ. Cranial burr hole decompression in the emergency department. Am J Emerg Med. 1988; 6(6):640-646

[41] Chen TY, Wong CW, Chang CN, et al. The expectant treatment of "asymptomatic" supratentorial epidural hematomas. Neurosurgery. 1993; 32(2):176-179, discussion 179

[42] Bezircioğlu H, Erşahin Y, Demirçivi F, et al. Nonoperative treatment of acute extradural hematomas: analysis of 80 cases. J Trauma. 1996; 41(4):696-698

[43] Sakas DE, Bullock MR, Teasdale GM. One-year outcome following craniotomy for traumatic hematoma in patients with fixed dilated pupils. J Neurosurg. 1995; 82(6):961-965

[44] Poon WS, Rehman SU, Poon CY, et al. Traumatic extradural hematoma of delayed onset is not a rarity. Neurosurgery. 1992; 30(5):681-686

[45] Pillay R, Peter JC. Extradural haematomas in children. S Afr Med J. 1995; 85(7):672-674

[46] Lobato RD, Rivas JJ, Cordobes F, et al. Acute epidural hematoma: an analysis of factors influencing the outcome of patients undergoing surgery in coma. J Neurosurg. 1988; 68(1):48-57

[47] Jones NR, Molloy CJ, Kloeden CN, et al. Extradural haematoma: trends in outcome over 35 years. Br J Neurosurg. 1993; 7(5):465-471

[48] Cohen JE, Montero A, Israel ZH. Prognosis and clinical relevance of anisocoria- craniotomy latency for epidural hematoma in comatose patients. J Trauma. 1996; 41(1):120-122

[49] Hernesniemi J. Outcome following acute subdural haematoma. Acta Neurochir (Wien). 1979; 49(3-4):191-198

[50] Heinzelmann M, Platz A, Imhof HG. Outcome after acute extradural haematoma, influence of additional injuries and neurological complications in the ICU. Injury. 1996; 27(5):345-349

[51] Levin HS, Amparo EG, Eisenberg HM, et al. Magnetic resonance imaging after closed head injury in children. Neurosurgery. 1989; 24(2):223-227

[52] van den Brink WA, Zwienenberg M, Zandee SM, et al. The prognostic importance of the volume of traumatic epidural and subdural haematomas revisited. Acta Neurochir (Wien). 1999;141(5):509-514

[53] Haselsberger K, Pucher R, Auer LM. Prognosis after acute subdural or epidural haemorrhage. Acta Neurochir (Wien). 1988; 90(3-4):111-116

[54] Poon WS, Li AK. Comparison of management outcome of primary and secondary referred patients with traumatic extradural haematoma in a neurosurgical unit. Injury. 1991; 22(4):323-325

[55] Howard MA III, Gross AS, Dacey RG Jr, et al. Acute subdural hematomas: an age-dependent clinical entity. J Neurosurg. 1989; 71(6):858-863

[56] Massaro F, Lanotte M, Faccani G, et al. One hundred and twenty-seven cases of acute subdural haematoma operated on. Correlation between CT scan findings and outcome. Acta Neurochir (Wien). 1996; 138(2):185-191

[57] Jones NR, Blumbergs PC, North JB. Acute subdural haematomas: aetiology, pathology and outcome. Aust N Z J Surg. 1986; 56(12):907-913

[58] Shenkin HA. Acute subdural hematoma. Review of 39 consecutive cases with high incidence of cortical artery rupture. J Neurosurg. 1982; 57(2):254-257

[59] Dent DL, Croce MA, Menke PG, et al. Prognostic factors after acute subdural hematoma. J Trauma. 1995; 39(1):36-42, discussion 42-43

[60] Servadei F, Nasi MT, Giuliani G, et al. CT prognostic factors in acute subdural haematomas: the value of the 'worst' CT scan. Br J Neurosurg. 2000; 14(2):110-116

[61] Spanu G, Pezzotta S, Silvani V, et al. Outcome following acute supratentorial subdural hematoma in pediatric age. J Neurosurg Sci. 1985; 29(1):31-35

[62] Zimmerman RA, Bilaniuk LT, Hackney DB, et al. Head injury: early results of comparing CT and high-field MR. AJR Am J Roentgenol. 1986; 147(6):1215-1222

[63] Wilberger JE Jr, Deeb Z, Rothfus W. Magnetic resonance imaging in cases of severe head injury. Neurosurgery. 1987; 20(4):571-576

[64] Sargent S, Kennedy JG, Kaplan JA. "Hyperacute" subdural hematoma: CT mimic of recurrent episodes of bleeding in the setting of child abuse. J Forensic Sci. 1996; 41(2):314-316

[65] Cagetti B, Cossu M, Pau A, et al. The outcome from acute subdural and epidural intracranial haematomas in very elderly patients. Br J Neurosurg. 1992; 6(3):227-231

[66] Shigemori M, Syojima K, Nakayama K, et al. The outcome from acute subdural haematoma following decompressive hemicraniectomy. Acta Neurochir (Wien). 1980; 54(1-2):61-69

[67] Zumkeller M, Behrmann R, Heissler HE, et al. Computed tomographic criteria and survival rate for patients with acute subdural hematoma. Neurosurgery. 1996; 39(4):708-712, discussion 712-713

[68] Servadei F. Prognostic factors in severely head injured adult patients with epidural haematoma's. Acta Neurochir (Wien). 1997; 139(4):273-278

[69] Hatashita S, Koga N, Hosaka Y, et al. Acute subdural hematoma: severity of injury, surgical intervention, and mortality. Neurol Med Chir (Tokyo). 1993; 33(1):13-18

[70] Servadei F. Prognostic factors in severely head injured adult patients with acute subdural haematoma's. Acta Neurochir (Wien). 1997; 139(4):279-285

[71] Croce MA, Dent DL, Menke PG, et al. Acute subdural hematoma: nonsurgical management of selected patients. J Trauma. 1994; 36(6):820-826, discussion 826-827

[72] Servadei F, Nasi MT, Cremonini AM, et al. Importance of a reliable admission Glasgow Coma Scale score for determining the need for evacuation of posttraumatic subdural hematomas: a prospective study of 65 patients. J Trauma. 1998; 44(5):868-873

[73] Lee KS, Bae HG, Yun IG. Small-sized acute subdural hematoma: operate or not. J Korean Med Sci. 1992; 7(1):52-57

[74] Lee KS. The pathogenesis and clinical significance of traumatic subdural hygroma. Brain Inj. 1998; 12(7):59-603

[75] Wong CW. Criteria for conservative treatment of supratentorial acute subdural haematomas. Acta Neurochir (Wien). 1995; 135(1-2):38-43

[76] Mathew P, Oluoch-Olunya DL, Condon BR, et al. Acute subdural haematoma in the conscious patient: outcome with initial non-operative management. Acta Neurochir (Wien). 1993; 121(3-4):100-108.

[77] Lobato RD, Cordobes F, Rivas JJ, et al. Outcome from severe head injury related to the type of intracranial lesion. A computerized tomography study. J Neurosurg. 1983; 59(5):762-774

[78] Selladurai BM, Jayakumar R, Tan YY, et al. Outcome prediction in early management of severe head injury: an experience in Malaysia. Br J Neurosurg. 1992; 6(6):549-557

[79] Wu JJ, Hsu CC, Liao SY, et al. Surgical outcome of traumatic intracranial hematoma at a regional hospital in Taiwan. J Trauma. 1999; 47(1):39-43

[80] Koç RK, Akdemir H, Oktem IS, et al. Acute subdural hematoma: outcome and outcome prediction. Neurosurg Rev. 1997; 20(4):239-244

[81] Eisenberg HM, Gary HE Jr, Aldrich EF, et al. Initial CT findings in 753 patients with severe head injury. A report from the NIH Traumatic Coma Data Bank. J Neurosurg. 1990; 73(5):688-698

[82] Klun B, Fettich M. Factors influencing the outcome in acute subdural haematoma. A review of 330 cases. Acta Neurochir (Wien). 1984; 71(3-4):171-178

[83] Wakai S, Hashimoto K, Watanabe N, et al. Efficacy of closed-system drainage in treating chronic subdural hematoma: a prospective comparative study. Neurosurgery. 1990; 26(5):771-773

[84] Ono J, Yamaura A, Kubota M, et al. Outcome prediction in severe head injury: analyses of clinical prognostic factors. J Clin Neurosci. 2001; 8(2):120-123

[85] Yanaka K, Kamezaki T, Yamada T, et al Acute subdural hematoma prediction of outcome with a linear discriminant function. Neurol Med Chir (Tokyo). 1993; 33(8):552-558

[86] Hlatky R, Valadka AB, Goodman JC, Robertson CS. Evolution of brain tissue injury after evacuation of acute traumatic subdural hematomas. Neurosurgery. 2004; 55(6):1318-1323, discussion 1324

[87] Seelig JM, Becker DP, Miller JD, et al. Traumatic acute subdural hematoma: major mortality reduction in comatose patients treated within four hours. N Engl J Med. 1981; 304(25):1511-1518

[88] Seelig JM, Greenberg RP, Becker DP, et al. Reversible brainstem dysfunction following acute traumatic subdural hematoma: a clinical and electrophysiological study. J Neurosurg. 1981; 55(4):516-523

[89] Lee KS, Bae WK, Doh JW, et al. Origin of chronic subdural haematoma and relation to traumatic subdural lesions. Brain Inj. 1998; 12(11):901-910

[90] König SA, Schick U, Döhnert J, et al. Coagulopathy and outcome in patients with chronic subdural haematoma. Acta Neurol Scand. 2003; 107(2):110-116

[91] Kotwica Z, Brzeziński J. Clinical pattern of chronic subdural haematoma. Neurochirurgia (Stuttg). 1991; 34(5):148-150

[92] Markwalder T-M. The course of chronic subdural hematomas after burrhole craniostomy with and without closed-system drainage. Neurosurg Clin N Am. 2000; 11(3):541-546

[93] Sabo RA, Hanigan WC, Aldag JC. Chronic subdural hematomas and seizures: the role of prophylactic anticonvulsive medication. Surg Neurol. 1995; 43(6):579-582

[94] Kotwica Z, Brzeziński J. Acute subdural haematoma in adults: an analysis of outcome in comatose patients. Acta Neurochir (Wien). 1993; 121(3-4):95-99

[95] Ohno K, Suzuki R, Masaoka H, et al. Chronic subdural haematoma preceded by persistent traumatic subdural fluid collection. J Neurol Neurosurg Psychiatry. 1987; 50(12):1694-1697

[96] Murata K. Chronic subdural hematoma may be preceded by persistent traumatic subdural effusion. Neurol Med Chir (Tokyo). 1993; 33(10):691-696

[97] Lee KS, Bae WK, Yoon SM, et al. Location of the traumatic subdural hygroma: role of gravity and cranial morphology. Brain Inj. 2000; 14(4):355-361

[98] Stone JL, Lang RG, Sugar O, et al. Traumatic subdural hygroma. Neurosurgery. 1981; 8(5):542-550

[99] Hasegawa M, Yamashima T, Yamashita J, et al. Traumatic subdural hygroma: pathology and meningeal enhancement on magnetic resonance imaging. Neurosurgery. 1992; 31(3):580-585

[100] Adhiyaman V, Asghar M, Ganeshram KN, et al. Chronic subdural haematoma in the elderly. Postgrad Med J. 2002; 78(916):71-75

[101] Mahajan RK, Sharma BS, Khosla VK, et al. Posterior fossa extradural haematoma— experience of nineteen cases. Ann Acad Med Singapore. 1993; 22(3, Suppl):410-413

[102] De Jesús O, Pacheco H, Negron B. Chronic and subacute subdural hematoma in the adult population. The Puerto Rico experience. P R Health Sci J. 1998; 17(3):227-233

[103] Hamilton MG, Frizzell JB, Tranmer BI. Chronic subdural hematoma: the role for craniotomy reevaluated. Neurosurgery. 1993; 33(1):67-72

[104] Kotwica Z, Brzeinski J. Epilepsy in chronic subdural haematoma. Acta Neurochir (Wien). 1991; 113(3-4):118-120

[105] Rubin G, Rappaport ZH. Epilepsy in chronic subdural haematoma. Acta Neurochir (Wien). 1993; 123(1-2):39-42

[106] Ohno K, Maehara T, Ichimura K, et al. Low incidence of seizures in patients with chronic subdural haematoma. J Neurol Neurosurg Psychiatry. 1993; 56(11):1231-233

[107] Borzone M, Rivano C, Altomonte M, et al. Acute traumatic posterior fossa subdural haematomas. Acta Neurochir (Wien). 1995; 135(1-2):32-37

[108] Chen C-W, Kuo J-R, Lin H-J, et al. Early post-operative seizures after burrhole drainage for chronic subdural hematoma: correlation with brain CT findings. J Clin Neurosci. 2004; 11(7):706-09

[109] Kuroki T, Katsume M, Harada N, et al. Strict closed-system drainage for treating chronic subdural haematoma. Acta Neurochir (Wien). 2001; 143(10):1041-1044

[110] Jonker C, Oosterhuis HJ. Epidural haematoma. A retrospective study of 100 patients. Clin Neurol Neurosurg. 1975; 78(4):233-245

[111] Mori K, Maeda M. Surgical treatment of chronic subdural hematoma in 500 consecutive cases: clinical characteristics, surgical outcome, complications, and recurrence rate. Neurol Med Chir (Tokyo). 2001; 41(8):371-81

[112] Sharma BS, Tewari MK, Khosla VK, et al. Tension pneumocephalus following evacuation of chronic subdural haematoma. Br J Neurosurg. 1989; 3(3):381-87

[113] Modesti LM, Hodge CJ, Barnwell ML. Intracerebral hematoma after evacuation of chronic extracerebral fluid collections. Neurosurgery. 1982; 10(6 Pt 1):689-693

[114] Dill SR, Cobbs CG, McDonald CK. Subdural empyema: analysis of 32 cases and review. Clin Infect Dis. 1995; 20(2):372-386

[115] Bor-Seng-Shu E, Aguiar PH, de Almeida Leme RJ, et al. Epidural hematomas of the posterior cranial fossa. Neurosurg Focus. 2004; 16(2):ECP1

[116] Rivano C, Altomonte M, Capuzzo T, et al. Traumatic posterior fossa extradural hematomas. A report of 22 new cases surgically treated and a review of the literature. Zentralbl Neurochir. 1991; 52(2):77-82

[117] d'Avella D, Cristofori L, Bricolo A, et al. Importance of magnetic resonance imaging in the conservative management of posterior fossa epidural haematomas: case illustration. Acta Neurochir (Wien). 2000; 142(6):717-718

[118] Wilberger JE Jr, Harris M, Diamond DL. Acute subdural hematoma: morbidity and mortality related to timing of operative intervention. J Trauma. 1990; 30(6):733-736

[119] Bozbuğa M, Izgi N, Polat G, et al. Posterior fossa epidural hematomas: observations on a series of 73 cases. Neurosurg Rev. 1999; 22(1):34-40

[120] Sahuquillo-Barris J, Lamarca-Ciuro J, Vilalta-Castan J, et al. Acute subdural hematoma and diffuse axonal injury after severe head trauma. J Neurosurg. 1988; 68(6):894-900

[121] Garza-Mercado R. Extradural hematoma of the posterior cranial fossa. Report of seven cases with survival. J Neurosurg. 1983; 59(4):664-72

[122] Otsuka S, Nakatsu S, Matsumoto S, et al. Study on cases with posterior fossa epidural hematoma—clinical features and indications for operation. Neurol Med Chir (Tokyo). 1990; 30(1):24-8

[123] Koç RK, Paşaoğlu A, Menkü A, et al. Extradural hematoma of the posterior cranial fossa. Neurosurg Rev. 1998; 21(1):52-7

[124] Wong CW. The CT criteria for conservative treatment—but under close clinical observation—of posterior fossa epidural haematomas. Acta Neurochir (Wien). 1994; 126(2-4):124-27

[125] Lui TN, Lee ST, Chang CN, et al. Epidural hematomas in the posterior cranial fossa. J Trauma. 1993; 34(2):211-215

[126] Sripairojkul B, Saeheng S, Ratanalert S, et al. Traumatic hematomas of the posterior cranial fossa. J Med Assoc Thai. 1998; 81(3):153-159

[127] Pozzati E, Tognetti F, Cavallo M, et al. Extradural hematomas of the posterior cranial fossa. Observations on a series of 32 consecutive cases treated after the introduction of computed tomography scanning. Surg Neurol. 1989; 32(4):300-303

[128] Ersahin Y, Mutluer S. Posterior fossa extradural hematomas in children. Pediatr Neurosurg. 1993; 19(1):31-33

[129] Stendel R, Schulte T, Pietilä TA, et al. Spontaneous bilateral chronic subdural haematoma of the posterior fossa. Case report and review of the literature. Acta Neurochir (Wien). 2002; 144(5):497-500

[130] Reece RM, Sege R. Childhood head injuries: accidental or inflicted? Arch Pediatr Adolesc Med. 2000; 154(1):11-15

[131] Lonergan GJ, Baker AM, Morey MK, et al. From the archives of the AFIP. Child abuse: radiologic-pathologic correlation. Radiographics. 2003; 23(4):811-845

[132] Zouros A, Bhargava R, Hoskinson M, et al. Further characterization of traumatic subdural collections of infancy. Report of five cases. J Neurosurg. 2004; 100(5, Suppl Pediatrics):512-518

[133] Shugerman RP, Paez A, Grossman DC, et al. Epidural hemorrhage: is it abuse? Pediatrics. 1996; 97(5):664-668

8 Hemorragia Intracerebral Espontânea

A. David Mendelow ▪ Christopher M. Loftus

Resumo

A ICH espontânea é classificada tanto pela localização quanto pela etiologia. A ICH com lesões estruturais subjacentes deve receber atenção quanto ao manejo do efeito de massa da ICH e quanto à lesão primária. Embora seja uma abordagem atraente, é difícil provar que a remoção da ICH idiopática seja benéfica em muitos casos. O sangramento cerebelar é uma exceção. Acompanhamento clínico com fator VII reduz o volume e controla o sangramento, mas não melhora o resultado. Tendências futuras incluem abordagem MIS e o estudo contínuo de questões relacionadas com a coagulação. As novas diretrizes da AHA para o ICH estão disponíveis e fornecidas aqui.

Palavras-chave: malformações arteriovenosas, aneurisma cerebral, hemorragia intracerebral, STICH, CVA.

8.1 Introdução

É sabido há muito tempo a partir dos estudos pós-morte que alguns CVAs são causados pela hemorragia intracerebral (ICH). O diagnóstico pré-morte raramente era feito antes da introdução da tomografia computadorizada (CT) em 1975.[1] Desde o início da década de 1980, a CT e a ressonância magnética (RM) tornaram-se amplamente disponíveis, de modo que agora, essencialmente, todos os pacientes que se apresentam com CVA recebem um desses exames, tornando possível o estudo da história natural da ICH e a possibilidade de tentar medicamentos e tratamentos cirúrgicos específicos. O tratamento que recebeu mais atenção foi a evacuação cirúrgica do hematoma, mas, apesar de 30 anos de pesquisa e 12 ensaios randomizados já completados, ainda não se tem certeza quanto à possibilidade de a evacuação cirúrgica do coágulo trazer algum benefício. O ensaio *Surgical Trial in Intracerebral Hemorrhage* (STICH), cujo resultado foi publicado em 2005,[2] abrangeu um período entre 1993 e 2004. Ele recrutou 1.033 pacientes que foram randomizados para receber a "tratamento conservador inicial" ou "cirurgia precoce". Seu resultado neutro tem sido fundamental para diminuir o entusiasmo para a evacuação cirúrgica dos hematomas. Quando esse resultado é metanalisado com aqueles de outros ensaios completamente randomizados, a conclusão geral permanece neutra. Esses resultados, contudo, seriam uma simplificação excessiva para dispensar a cirurgia como um tratamento para a ICH. Diversas hipóteses dos benefícios cirúrgicos sobreviveram aos resultados desses ensaios. O argumento mecanicista, em alguns casos, para a remoção do coágulo é especificamente forte. Tais casos não foram bem representados nos ensaios, em razão da falta de padronização entre os cirurgiões que fizeram os tratamentos. Os hematomas lobares superficiais, que não são complicados por extensão para áreas mais profundas ou para os ventrículos, eram um desses grupos. Por esse motivo, foi realizado o STICH II, um estudo de acompanhamento, que testou a hipótese de que a cirurgia precoce comparada com o tratamento conservador inicial melhora o resultado nos pacientes com ICH lobar superficial de 10 a 100 mL e sem nenhuma hemorragia intraventricular admitida nas primeiras 48 horas do icto. Esse ensaio internacional, realizado em 78 centros em 27 países, comparou a evacuação cirúrgica precoce do hematoma nas primeiras 12 horas da randomização associado ao tratamento clínico com o tratamento clínico inicial sozinho (a evacuação posterior foi permitida quando julgada necessária). No grupo submetido à cirurgia precoce, 174 (59%) de 297 pacientes tiveram um resultado desfavorável em comparação com 178 (62%) de 286 pacientes do grupo submetido ao tratamento conservador inicial (diferença absoluta: 3,7% [95% do intervalo de confiança: -4,3 a 11,6%], razão de probabilidade: 0,86 [0,62 a 1,20]; p = 0,367). Os resultados do STICH II são, como no STICH I, relativamente neutros. O STICH II confirmou que a cirurgia precoce não aumenta a taxa de morte ou deficiência em 6 meses e pode ter uma pequena, mas clinicamente relevante, vantagem de sobrevivência para os pacientes com ICH superficial espontâneo sem hemorragia intraventricular.

8.2 Classificação da Hemorragia Intracerebral

O esquema de classificação mais útil para a ICH é baseado na etiologia, pois está diretamente relacionado com as opções de tratamento. As hemorragias intracranianas caem em dois grupos amplos: aqueles que decorrem de lesões vasculares "icto-hemorrágicas" e aqueles que não. As lesões em questão são aquelas que podem ser diagnosticadas com as técnicas de imagem disponíveis atualmente. Há uma enorme variedade de lesões icto-hemorrágicas que podem causar ICH: todas têm em comum o risco de um novo sangramento no futuro. Isso significa que o tratamento da ICH que provém de uma fonte icto-hemorrágica tem dois objetivos, lidar com a hemorragia aguda e lidar com a causa da prevenção de mais hemorragias no futuro. As lesões envolvidas são malformações arteriovenosas (AVMs), malformações cavernosas (CVMs), aneurismas, fístulas durais e tumores.

A maioria dos ICHs espontâneos apresentados não provem de uma lesão icto-hemorrágica macroscópica subjacente. Originam-se a partir de microaneurismas no parênquima cerebral, conhecidos como aneurismas de Charcot-Bouchard, que estão associados à hipertensão ou a partir da angiopatia amiloide, que é comum a uma variedade de distúrbios neurodegenerativos.

Em paralelo com essa classificação etiológica, uma classificação anatômica também é útil. O déficit infligido pela hemorragia é estreitamente dependente da eloquência da área cerebral em que surge. As deficiências mais sérias surgem de hemorragias no hemisfério esquerdo, especialmente aquelas profundas. É feita uma distinção anatômica importante entre as hemorragias no compartimento supratentorial e aquelas na fossa posterior. A fossa posterior é muito menor que o compartimento supratentorial e contém centros vitais eloquentes densamente compactados. A maioria dos coágulos da fossa posterior ocorre nas áreas não eloquentes do cerebelo e exerce seus efeitos clínicos pela compressão do tronco encefálico em vez de sua destruição direta. Também têm uma tendência marcada a produzir hidrocefalia. Esses fatores levam a fortes argumentos mecanicistas de evacuação cirúrgica dos coágulos da fossa posterior nos pacientes que tiveram piora, e eles geralmente não foram incluídos nos ensaios de ICH.

Hemorragia Intracerebral Espontânea

originar hemorragias em qualquer idade. Em geral, a maioria das hemorragias intracranianas ocorre posteriormente na vida, aquelas que ocorrem em pessoas jovens são, portanto, geralmente mais propensas a surgir de AVMs. Outras características clínicas podem dar pistas de que a presença de uma ICH é de origem AVM. As hemorragias intracranianas tendem a provocar epilepsia e fenômeno de roubo, que podem estar associados a um histórico de déficit neurológico ou atividade epiléptica focal em uma distribuição semelhante à do déficit apresentado. Como as AVMs são lesões de baixa pressão localizadas no tecido cerebral que já é anormal, quando sofrem hemorragia, tendem a ter menos déficit que o esperado em razão do tamanho do coágulo (▶ Fig. 8.1).

Há algumas condições sistêmicas associadas a AVMs cerebrais que carregam características cutâneas e oculares, tais como as síndromes de Sturge-Weber e de von Hippel-Lindau. Mesmo na ausência de uma síndrome específica, a evidência de malformações vasculares cutâneas na cabeça é uma pista sugestiva de uma AVM subjacente.

Muitas AVMs estão associadas a calcificações que podem ser vistas em CTs, o que é uma forte pista para uma AVM subjacente, se vista com uma ICH. Da mesma forma, algumas vezes são vistas áreas de captação serpiginosa do contraste que correspondem a grandes veias de drenagem. O diagnóstico definitivo é feito com angiografia por cateter ou com uma modalidade angiográfica alternativa, como a MR ou CT.

As AVMs não tratadas carregam um risco anual de hemorragia que varia entre 2 e 4%.[3,4] Essas hemorragias estão associadas a uma morbidade entre 38 e 53% e uma mortalidade de 10 a 18%,[5-8] taxas significativamente mais baixas que para outras ICHs. Quando o tratamento de uma AVM é realizado, esses riscos não são eliminados ou mesmo reduzidos de forma significativa, a menos que a AVM esteja completamente removida ou obliterada, não podendo ser vista na angiografia por cateter.[9-12] Foi reportado que a taxa de hemorragia pode, na verdade, aumentar após o tratamento se não for conseguida sua eliminação completa.[12] Três modalidades estão disponíveis para o tratamento das AVMs: excisão cirúrgica, radiocirurgia estereotáxica e embolização endovascular. Há algumas AVMs grandes ou complexas que não podem ser completamente obliteradas mesmo com a combinação de todos os três tratamentos. Em tais casos é melhor não indicar tratamento algum. O que significa que é necessário considerar se uma AVM em particular tem uma chance razoável de ser curada antes de começar o tratamento, e a necessidade desse julgamento, bem como o número de modalidades envolvidas, significando que as AVMs grandes ou complexas são melhor tratadas em um cenário multidisciplinar.

8.3.1 Excisão Cirúrgica

A excisão cirúrgica tem o potencial de eliminar o risco de hemorragia imediatamente. Há o problema de significativas morbidade e mortalidade cirúrgicas, especialmente nas lesões maiores e mais complexas ou naquelas localizadas em áreas eloquentes.[5,13] Um problema em particular com a cirurgia é conhecido como fenômeno de *breakthrough*.[6,7] O efeito de desvio arteriovenoso das AVMs reduz a pressão de perfusão cerebral nas imediações. Essa redução de longo prazo da pressão de perfusão leva a uma vasculatura frágil e dilatada ao redor da AVM. Se a AVM for removida cirurgicamente, a pressão de perfusão local é restaurada ao normal e a fragilidade da vasculatura leva à significativa taxa de edema pós-operatório e formação de hemorragia.

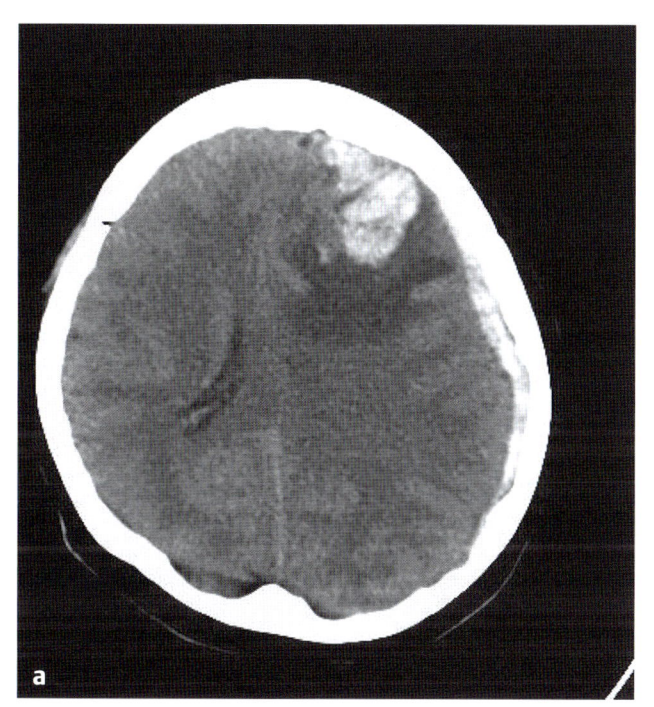

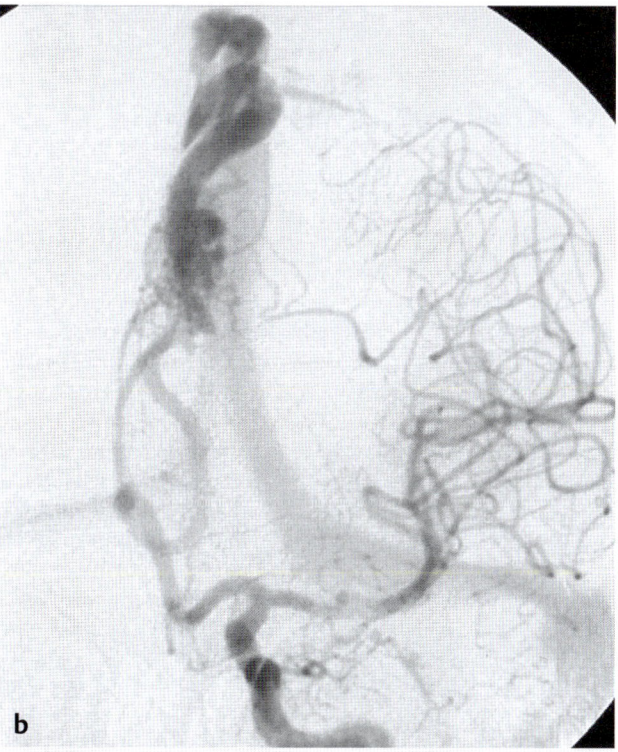

Fig. 8.1 Hemorragia intracerebral espontânea frontal esquerda associada à hemorragia subdural vista em imagem de tomografia computadorizada (**a**). Derivada de malformação arteriovenosa (AVM) mostrada na angiografia por cateter (**b**). A hemorragia foi tratada de modo conservador. Ressecção microcirúrgica eletiva da AVM foi realizada 3 semanas após o hematoma ter se liquefeito.

8.3 Malformações Arteriovenosas

As malformações arteriovenosas são anomalias vasculares congênitas que envolvem o desvio sanguíneo entre artérias e veias dentro do cérebro. Elas se apresentam no nascimento e podem

8.3.2 Embolização

Como na cirurgia, a embolização endovascular tem o potencial de obliterar completamente uma AVM e permite uma proteção imediata contra hemorragia. Também é consideravelmente mais segura que a cirurgia, com menor morbimortalidade associada. Seu maior problema é que como tratamento único, tem uma baixa taxa de obliteração de 0 a 22%.[14-16] Essa baixa taxa de obliteração torna-o um tratamento isolado ruim, mas frequentemente é usado em cenário multidisciplinar como tratamento inicial, pois geralmente é possível adaptar a embolização para aumentar a taxa de sucesso de outros tratamentos, em vez de alcançar a cura. Os casos em que a cura é conseguida podem ser vistos como um bônus. Por exemplo, muitas vezes é possível embolizar artérias nutridoras profundas, que são especialmente difíceis de serem cirurgicamente controladas.[15] Ou, alternativamente, pode ser possível embolizar áreas periféricas mais difusas de uma AVM, deixando um *nidus* compacto como um alvo adequado para a radiocirurgia estereotáxica.[17] Ainda estamos em uma etapa relativamente inicial da evolução da tecnologia de embolização, com novos produtos e técnicas tornando-se prontamente disponíveis. O que mantém a promessa de melhorias na eficácia da técnica no futuro.

8.3.3 Radiocirurgia Focada

A radiocirurgia focada envolve a administração de uma única dose de radioterapia que é focada com precisão na AVM. Há dois grupos de tecnologia disponíveis para isso. Os aceleradores lineares usam um único feixe estreito de raios X que passa pelo alvo, mas é movido através de um arco tão fora do alvo que a exposição à radiação é estendida às áreas mais amplas do cérebro. O *Gamma Knife* é um produto único produzido pela Elekta. Focalizam-se 201 feixes de raios gama de fontes de cobalto em um alvo menor. Seja com qualquer tipo de unidade, o tratamento envolve fixar um quadro estereotáxico na cabeça do paciente, geralmente submetido à anestesia local. É feita então a imagem do paciente com o quadro no lugar e os dados da imagem usados para relacionar a geometria da AVM ao quadro. O quadro é usado com precisão para direcionar a dose de radiação à lesão.

A radiocirurgia estereotáxica oblitera entre 65 e 85% das AVMs que são menores que 3 cm em diâmetro.[11,18,19] Com as AVMs maiores, a dose de radiação total que afeta o cérebro circundante por *gray* entregue ao alvo é aumentada, sendo necessário reduzir a dose específica em conformidade. O que leva à redução da taxa de obliteração nas lesões maiores.[20-22] A técnica é mais adequada para as AVMs com *nidus* compactos que àquelas mais difusas. A limitação significativa da radiocirurgia estereotáxica é de que leva entre 1 e 4 anos após o tratamento para a AVM ser obliterada, fazendo com o que o risco de hemorragia permaneça nesse período de "latência".

8.4 Aneurismas

A maioria dos aneurismas cerebrais encontra-se fora do parênquima cerebral no espaço subaracnóideo. Quando rompem, geralmente originam uma hemorragia subaracnóidea, que é uma entidade clínica diferente da ICH. Frequentemente, a hemorragia subaracnóidea é complicada pela extensão sanguínea no parênquima, mas, em tais casos, o tratamento é geralmente ditado pela hemorragia subaracnóidea em vez do componente intraparenquimal. Com menor frequência, um aneurisma origina uma ICH com uma pequena ou nenhuma hemorragia subaracnóidea. Essas ICHs são muitas vezes devastadoras, pois os aneurismas são lesões de alta pressão e alto fluxo que estão localizadas proximalmente. Um histórico de súbita dor de cabeça grave, seguida de colapso e achados de imagem de hemorragia próxima a um dos vasos cerebrais proximais são pistas de que talvez haja um aneurisma subjacente (▶ Fig. 8.2).

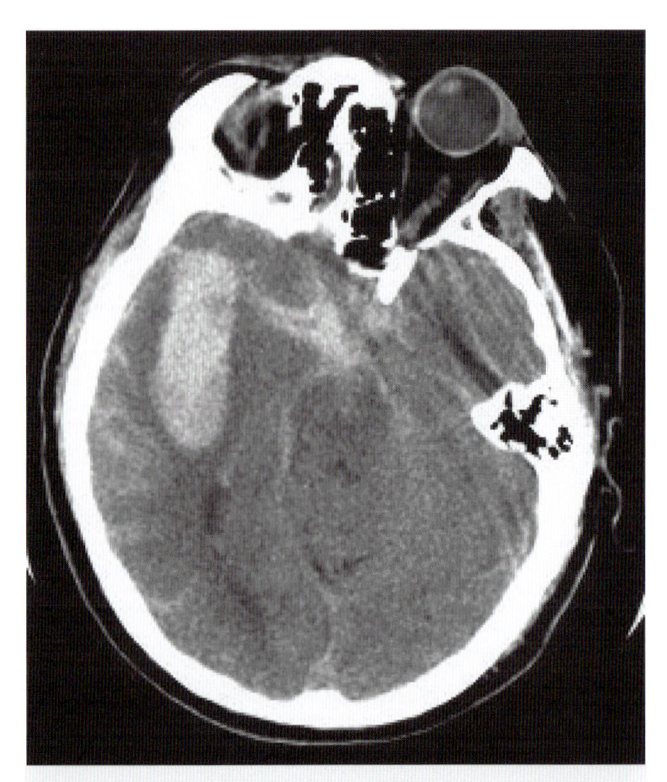

Fig. 8.2 Hematoma aneurismático associado à hemorragia subaracnóidea, derivada da ruptura do aneurisma da artéria cerebral média direita.

As ICHs aneurismáticas são incomuns na medida em que são boas as evidências do benefício clínico da rápida evacuação cirúrgica.[13,23] Caso seja realizada uma cirurgia de remoção do hematoma, o aneurisma pode ser isolado da circulação para prevenir contra uma futura hemorragia com a aplicação de um clipe no seu colo. Este método de clipar o aneurisma é tratamento cirúrgico clássico, mas desde o início da década de 1990 foi desenvolvido um tratamento alternativo da embolização endovascular com molas de fio de platina fino. No contexto da hemorragia subaracnóidea, a embolização é mais bem tolerada entre os dois tratamentos, mas não é tão eficaz na prevenção contra uma nova hemorragia.[24] Por este motivo, agora tem preferência no tratamento dos aneurismas que causaram hemorragia subaracnóidea, mas no contexto da ICH, quando uma cirurgia é realizada de qualquer maneira, o argumento é muito mais fraco. No entanto, há uma tendência no Reino Unido ao uso de molas nos aneurismas no momento em que são mostrados na angiografia, não havendo, portanto, a necessidade de uma dissecação ao redor das artérias cerebrais com morbidade associada (▶ Fig. 8.3).[25]

8.5 Malformações Cavernosas

As malformações cavernosas são pequenas lesões vasculares nodulares com fluxo sanguíneo relativamente baixo que não pode ser vista na angiografia intra-arterial. Na melhor das hipóteses são indistintas na CT, mas são facilmente vistas na MRI porque contêm produtos de degradação da hemoglobina paramagnética assintomáticas. Os hematomas causados por elas tendem a ser pequenos e a morbidade depende da eloquência da área na qual a CVM está localizada.[26,27] As hemorragias devastadoras são raras e tendem a ocorrer com CVMs no quiasma óptico, mesencéfalo, tronco encefálico ou medula espinhal. Como as hemorragias são pequenas, a evacuação cirúrgica na fase aguda é raramente justificável, mas uma vez que a lesão sangre, tende a representar um alto risco de recidiva hemorrágica no futuro, devendo ser levada em consideração a evacuação cirúrgica, especialmente se a lesão tiver sangrado mais de uma vez.[26,28,29] A verdadeira natureza das CVMs assintomáticas não rotas é desconhecida. Como não são vistas na angiografia, a embolização não é uma opção de tratamento, embora tenha se usado a radiocirurgia estereotáxica. Ela parece reduzir a taxa de hemorragia em aproximadamente três quartos em vez de fornecer proteção total contra novos sangramentos, e, assim como com as AVMs, há um lapso de tempo de mais de 1 ano antes de que possa ser observada uma queda na taxa de um novo sangramento. Casos de CVMs múltiplas[30] têm sido relatados, e que algumas vezes estão associadas a uma radioterapia anterior.[31] Talvez também tenham associação com as malformações venosas, que, por si só, não sangram.

8.6 Fístulas Durais

As fístulas durais são desvios entre as artérias e veias como as AVMs, mas, ao contrário das destas, estão localizadas na dura-máter e estão associadas aos seios venosos durais em vez do cérebro. Sua origem é incerta, mas em alguns casos parecem surgir secundárias a um trauma. Podem ser provocadas por uma trombose do seio venoso e provavelmente não são congênitas. Estão associadas a uma elevada pressão venosa localizada e a tendência a hemorragia intracerebral e subdural. As modalidades de tratamento disponíveis são as mesmas que para as AVMs: embolização endovascular, cirurgia e radiocirurgia estereotáxica,[32] entretanto, uma localização periférica, no polo frontal ou occipital, em alguém com uma cabeça grande pode a fístula inacessível para a radiocirurgia estereotáxica.

8.7 Tumores Cerebrais

Alguns tipos de tumores cerebrais são propensos à hemorragia e podem apresentar-se como uma ICH aparentemente espontânea. A enorme variedade das aparências da ICH nas imagens da CT ou da MR pode dificultar a descoberta de um tumor subjacente. Um dos achados mais confiáveis é o surgimento de mais efeitos expansivos que o esperado apenas pela quantidade de sangue (▶ Fig. 8.5). Em caso de dúvida, deve-se repetir a imagem após um período de 6 a 12 semanas, pois as mudanças em decorrência do hematoma já terão sido resolvidas substancialmente. Assim como com outras ICHs, os benefícios da remoção do coágulo por si só são em grande parte desconhecidos na maioria dos casos. Além disso, os tumores que tendem a comportar-se dessa maneira são carcinomas metastáticos de células renais ou melanoma maligno e gliomas de alto grau. Assim sendo, a prevenção a longo prazo contra uma nova hemorragia raramente é o principal objetivo do tratamento pelo prognóstico relativamente ruim que essa condição carrega. A cirurgia pode ser justificável para a remoção do tumor.[33]

Os tumores benignos ocasionalmente podem gerar hemorragias, mas esse comportamento é raro. Os hemangioblastomas devem ser observados porque são tumores benignos com uma reputação de hemorragia, embora tenha sido reportado um risco de apenas 0,24% ao ano.[34] A maioria deles surgem como parte da

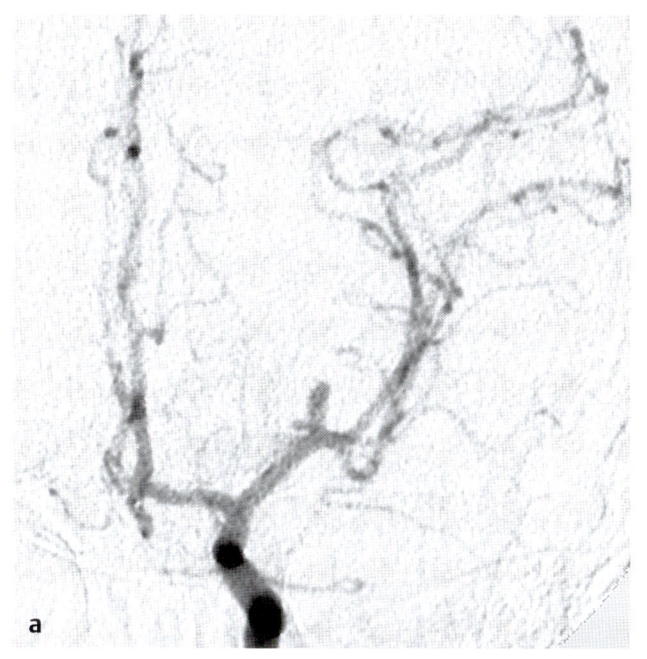

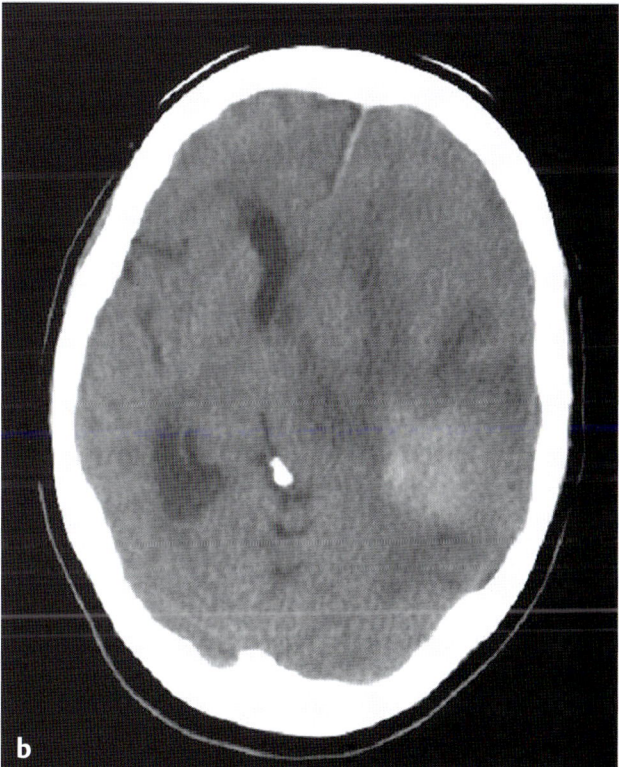

Fig. 8.3 A ruptura desse aneurisma da artéria cerebral média esquerda foi tratada com embolização (**a**). Extraordinariamente, o hematoma foi bem tolerado pelo paciente. Entretanto, houve deterioração aguda 11 dias depois, englobando hemiplegia e afasia do lado direito, com comprometimento do nível de consciência. O hematoma (**b**) foi evacuado sem a necessidade de dissecação do aneurisma. O paciente respondeu bem ao tratamento.

de várias idades (▶ Fig. 8.4). Elas ocorrem ao longo do sistema nervoso central e carregam um variável risco de hemorragia, oscilando entre aquelas que causam repetidas hemorragias clinicamente significativas e aquelas que permanecem indefinidamente

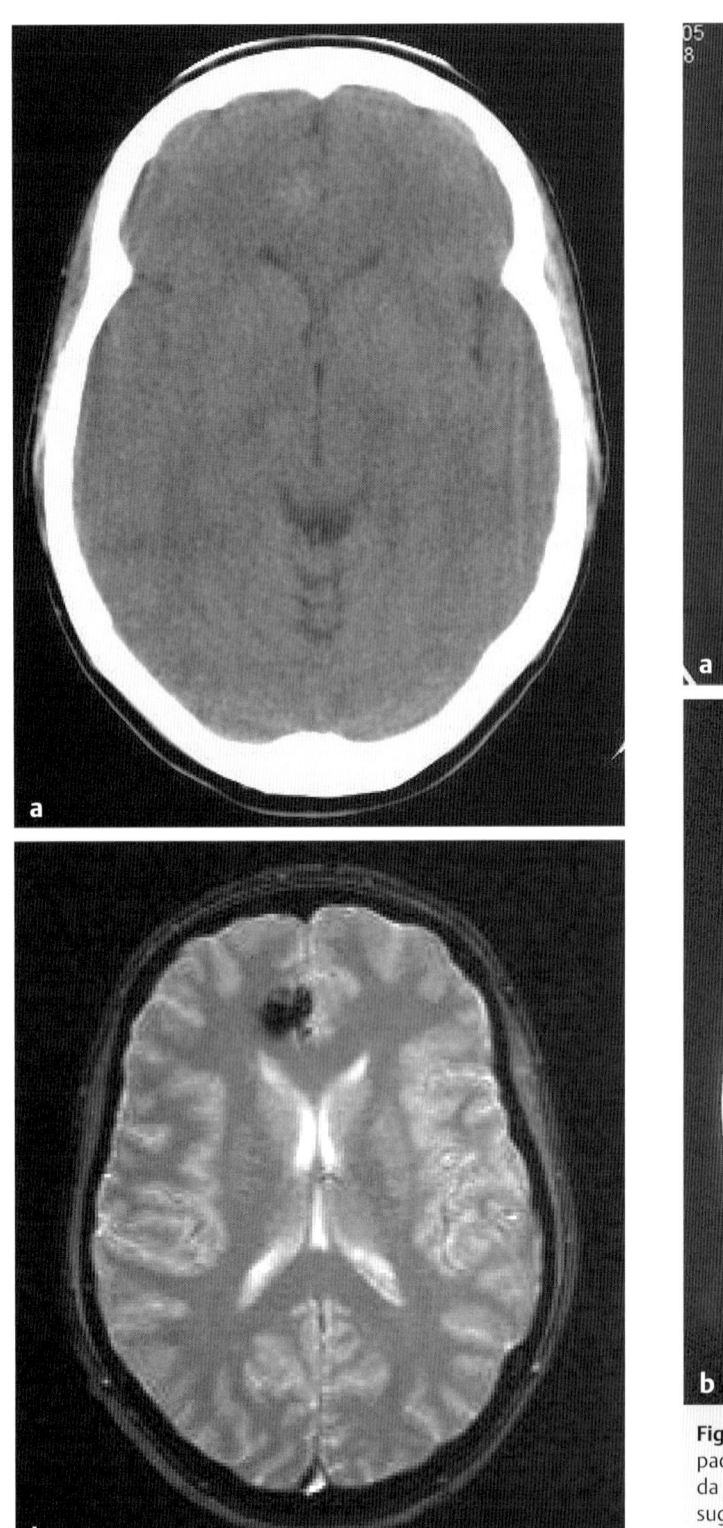

Fig. 8.4 Demonstração de hemorragia intralesional de um cavernoma frontal direito na tomografia computadorizada (**a**) e na imagem de ressonância magnética ponderada em T2 (**b**).

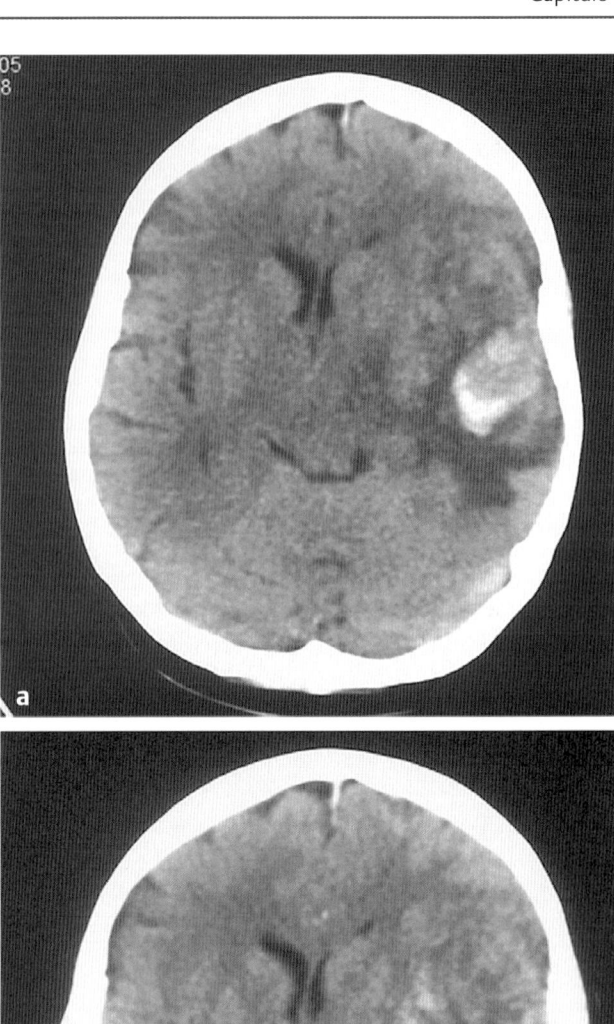

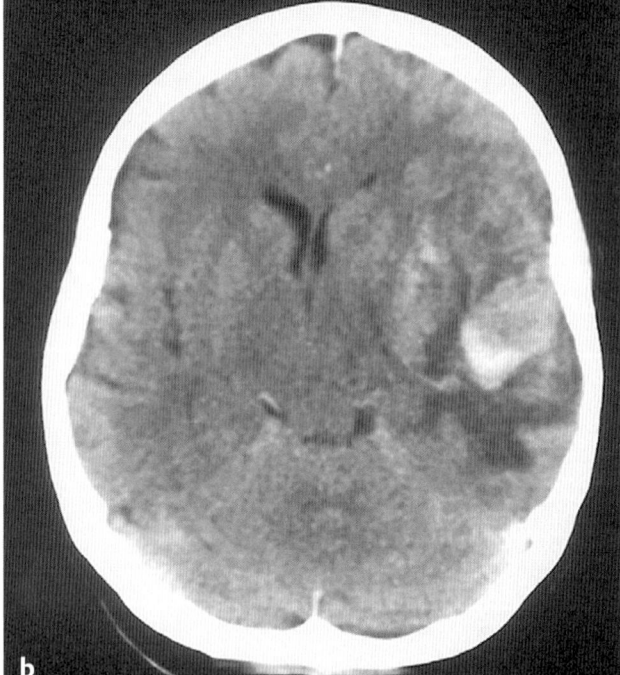

Fig. 8.5 Investigação imediata de deterioração aguda em um paciente com histórico de três semanas de disfasia; imagens da tomografia computadorizada (sem (**a**) e com (**b**) contraste) sugeriram hemorragia em um tumor; histologia confirmou glioblastoma.

síndrome de von Hippel-Lindau. Raramente os casos aparecem sem a síndrome;[35] sendo recomendável que se faça um ensaio genético para a síndrome de von Hippel-Lindau quando algum for diagnosticado. Os hemangioblastomas sintomáticos geralmente formam lesões císticas com um pequeno nódulo aumentado na parede e têm uma predileção para a fossa posterior.[36] Sua natureza benigna e tendência à formação cística ou hemorragia assintomática geralmente justificam sua remoção cirúrgica.

8.8 Lesão Não Icto-Hemorrágica

As hemorragias derivadas de microaneurismas são conhecidas como hemorragias hipertensivas. Geralmente são grandes em tamanho e ocorrem no mesencéfalo e nos gânglios basais. Como consequência, frequentemente têm impacto devastador. Em contraste, as hemorragias derivadas de uma angiopatia amiloide tendem a localizar-se no neocórtex periférico, especialmente nos lobos occipitais e a ser menores em tamanho. Consequentemente, tendem a ter um menor impacto clínico. Muitas vezes há a evidência de hemorragias clinicamente silenciosas anteriores na imagem da CT. Os dois tipos de hemorragia coincidem em aparência, não sendo sempre possível discriminá-la através das imagens; razão pela qual, são normalmente consideradas como um grupo único,[37] que, além de formar, forma uma grande maioria de hemorragias cerebrais, tem sido o substrato da maioria das pesquisas sobre o comportamento das hemorragias cerebrais e seus tratamentos específicos. Há diversos tratamentos cirúrgicos disponíveis para a remoção das ICHs; a cirurgia convencional, que envolve uma craniotomia aberta e remoção do coágulo sob visão direta, tem sido cada vez mais complementada por várias opções minimamente invasivas.

8.8.1 Craniotomia e Evacuação do Hematoma

A craniotomia aberta e a remoção do coágulo são o tratamento cirúrgico com maior histórico; consequentemente, têm sido os mais estudados. Os resultados de ICH a partir de modelos animais sugeriram benefícios potenciais substanciais para a remoção cirúrgica do coágulo.[38] Tais esperanças ainda não foram fundamentadas pela coleta de dados randomizada em um cenário clínico. Já foram concluídos 8 ensaios, até a presente data, tendo a remoção cirúrgica aberta do coágulo como o principal tratamento usado.[2,39,40] A conclusão tirada a partir desses trabalhos é que não há qualquer evidência de qualquer benefício com a remoção do coágulo; contudo, dispensar totalmente o tratamento seria uma simplificação excessiva. Há diversas hipóteses para os possíveis benefícios da cirurgia que sobrevivem aos resultados randomizados. Em alguns casos, há um forte argumento mecanicista para a remoção do coágulo. Os hematomas lobares, que não são complicados por extensão nas áreas centrais ou no sistema ventricular e estão longe das áreas eloquentes, especialmente se estão associados ao efeito expansivo ou deterioração clínica recente, formam um desses grupos. A decisão de operar em tais casos raramente é feita de maneira padronizada, sendo, portanto, recrutados com pouca frequência dos ensaios randômicos. No STICH, o maior grupo de hematomas lobares com ou sem essas complicações formam 40% daqueles randomizados para cirurgia ou tratamento conservador. Esse grupo de pacientes formou 49% dos casos operados fora do ensaio nos centros participantes. Uma análise de subgrupo retrospectivo dessa população mostra tendências benéficas. A maioria dos outros dados do ensaio que são de domínio público não traz detalhes o suficiente para permitir que esse grupo seja identificado retrospectivamente, mas nos casos que são possíveis, foi novamente encontrado um modesto benefício.

Como já mencionado anteriormente, o ensaio STICH II, assim como o seu precursor STICH I, forneceu um resultado neutro em relação à superioridade do tratamento conservador ou cirúrgico do hematoma. O ensaio *Minimally Invasive Surgery Plus Recombinant Tissue-Type Plasminogen Activator for ICH Evacuation* da ICH II (MISTIE II) visou a determinação da segurança da cirurgia minimamente invasiva junto ao ativador de plasminogênio tecidual recombinante no cenário da ICH.[41] Esse estudo comparou 79 pacientes cirúrgicos com 39 pacientes em tratamento clínico. O estudo mostrou uma significativa redução do edema peri hematoma no grupo de evacuação do hematoma, com uma tendência a resultados melhores. Está em andamento um ensaio clínico randomizado de fase 3 de evacuação minimamente invasiva do hematoma (MISTIE III).

As diretrizes para o tratamento da ICH espontânea recentemente publicado pela *American Heart Association/American Stroke Association* (AHA/ASA) confirmam que os ensaios randomizados ainda não demonstraram claro benefício para a evacuação cirúrgica do coágulo.[42]

Momento Cirúrgico

A logística da apresentação clínica, avaliação e transferência significa que é muito raro uma ICH apresentar-se em uma unidade neurocirúrgica a tempo para uma evacuação dentro das 3 horas de início dos sintomas. As circunstâncias nas quais é possível a realização de uma cirurgia muito precoce são encontradas no manejo dos hematomas pós-operatórios que ocorrem em alas neurocirúrgicas e em pacientes apresentando-se com ICH que pioraram agudamente enquanto estavam em uma unidade neurológica. No primeiro caso, quase todos os cirurgiões estão confiantes em que a rápida remoção do hematoma melhora o resultado. Da mesma forma, no caso último caso, a decisão de operar é raramente feita de maneira padronizada. No ensaio STICH, uma proporção substancial dos casos recrutados para o tratamento inicial que continuaram a piorar passou para a cirurgia. Por esta razão, não se pode extrair nenhuma conclusão do ensaio STICH sobre os efeitos da cirurgia dentro das 3 horas do início ou da piora.

Alguns casos da deterioração no hospital parecem ocorrer em decorrência de recidiva hemorrágica;[43] o que levou a ensaios do tratamento clínico. Um tratamento em particular, fator VII recombinante, mostrou promessa nos ensaios de fase II,[44,45] mas não foi confirmado no ensaio de fase III, que não encontrou melhora no resultado.[46]

Se a logística do tratamento do CVA melhorar, será possível abordar a questão da cirurgia precoce.

Cirurgia Estereotáxica e Endoscópica

É possível que as técnicas cirúrgicas minimamente invasivas possam atingir benefícios onde a craniotomia aberta e a remoção do coágulo não conseguem. Isso ocorre mais provavelmente naqueles hematomas profundos onde a craniotomia pode fazer mais mal do que bem pela ruptura do cérebro sobre o coágulo. Foram desenvolvidas diversas técnicas, que incluem a aspiração estereotáxica do coágulo com ou sem irrigação com agentes trombolíticos, como uroquinase, remoção do coágulo endoscopicamente assistida e irrigação com trombolíticos do sistema ventricular para as hemorragias que envolvem os ventrículos. Diversos ensaios de remoção do coágulo minimamente invasiva já foram concluídos.[47,48] No ensaio STICH, as técnicas minimamente invasivas foram destinadas a 25% dos pacientes que foram randomizados para cirurgia. Uma análise posterior mostra que os pacientes submetidos a cirurgias minimamente invasivas estavam mais propensos a terem coágulos profundos; a análise do subgrupo responsável pela diferença na localização dos hematomas descobriu que a cirurgia aberta teve um melhor desempenho, seguida pelo tratamento conservador, a cirurgia minimamente invasiva foi a que teve pior desempenho. Essas diferenças não foram estatisticamente significativas. Como já mencionado, aguardamos os resultados do ensaio MISTIE III para uma orientação sobre a propriedade e eficácia das novas técnicas cirúrgicas de remoção do coágulo supratentorial minimamente invasivas.

8.9 Hematomas do Cerebelo

Os hematomas cerebelares geralmente são tratados como uma entidade clinicamente distinta e são mais prováveis de serem considerados uma emergência cirúrgica aguda (▶ Fig. 8.6). Foram excluídos pela maioria dos ensaios, não havendo evidência dos benefícios da cirurgia além da opinião de especialistas e séries de casos.[51,52] As hemorragias que envolvem o tronco encefálico carregam um prognóstico muito ruim, e há poucos motivos para se acreditar que a intervenção cirúrgica possa exercer alguma influência sobre ele. Quando uma hemorragia está confinada no cerebelo, especialmente no cerebelo lateral, o dano local do tecido cerebral pode ser tolerado com um déficit mínimo. Quando tais hemorragias causam comprometimento cognitivo ou coma, ocorrem via hidrocefalia ou compressão do tronco encefálico. Ambos os mecanismos são potencialmente favoráveis à reversão cirúrgica por drenagem da hidrocefalia ou craniectomia da fossa posterior e evacuação do coágulo. Por conta dessa possível intervenção cirúrgica decisiva, a política adotada pela maioria dos cirurgiões é a remoção do coágulo no início ou observação em uma ala neurocirúrgica na apresentação inicial e intervenção com drenagem do líquido cefalorraquidiano ou remoção do coágulo em caso de piora do quadro clínico.

8.10 Conclusão

Os experimentos da ICH em modelos animais levaram à teoria de que, além de causar ruptura mecânica do tecido e aumento local da pressão tecidual, o coágulo provoca alterações químicas destrutivas que são de origem isquêmica ou inflamatória no tecido circundante. Sugere-se que tais mudanças são mediadas por agentes difusíveis originários dentro do coágulo.[53-58] Os principais concorrentes são a trombina e os seus produtos de degradação.[56,57,59] Tais ideias sugerem a possibilidade do desenvolvimento de medicamentos que influenciam o processo e reduzem o grau de dano permanente do tecido. Os experimentos com animais produziram resultados promissores nessa área,[60,61] mas até agora não há tratamentos úteis para os seres humanos. Os pré-requisitos necessários, caso seja possível uma abordagem para a neuroproteção, são, primeiro, que haja uma contribuição significativa mediada quimicamente para o dano neurológico causado pela ICH em humanos; segundo, que esse componente seja permanente; e, terceiro, que se possa considerar que os medicamentos podem exercer um efeito sobre ela. Todas essas características têm sido relatadas, embora não tenham sido testadas em modelos animais; além disso, por enquanto, a eficácia clínica ainda não foi provada.

Todos os tratamentos de ICH disponíveis têm, na melhor das hipóteses, efeitos limitados; a condição ainda carrega um grave impacto clínico. Valeria a pena um programa preventivo bem-sucedido, embora não seja imediatamente prático. A principal medida preventiva disponível é o controle da hipertensão, tendo as populações ocidentais sido examinadas e tratadas por várias décadas. Durante esse tempo, os pacientes continuaram a apresentar hipertensão controlada e ICH. Não se sabe se uma terapia mais vigorosa dirigida a pessoas em risco particular de ICH pode impactar na incidência; merecendo mais pesquisas. Atualmente, a relativa raridade de ICH e a falta de fatores de risco específicos dificultam o progresso. Mesmo o papel de um histórico familiar não está bem definido, porque apenas desde que a CT tem sido amplamente disponível que tem sido possível fazer o diagnóstico com mais precisão. Ainda é muito recente caracterizar os padrões familiares em condições que afetam principalmente um grupo etário mais velho. Como foi possível identificar uma população particularmente de alto risco, também é possível reunir evidências de Classe I da eficácia do controle da pressão sanguínea mais focada com o objetivo a longo prazo de encontrar uma estratégia de prevenção eficaz.

A terapia médica com fator VII recombinante pode provar ser o melhor tratamento inicial de ICH. Infelizmente, o ensaio FAST mostrou que a terapia hemostática com rFVIIa reduziu o crescimento do hematoma, embora não tenha melhorado a sobrevida ou o resultado funcional após a hemorragia intracerebral.[46] O tratamento cirúrgico ainda não teve seu benefício comprovado. No resultado dos 12 ensaios randomizados não foi encontrada nenhuma evidência de benefício da remoção cirúrgica da ICH. Apesar dos dados do ensaio neutro, a craniotomia e a remoção do coágulo provavelmente são praticadas na maioria das unidades neurocirúrgicas em grupos de pacientes selecionados, espe-

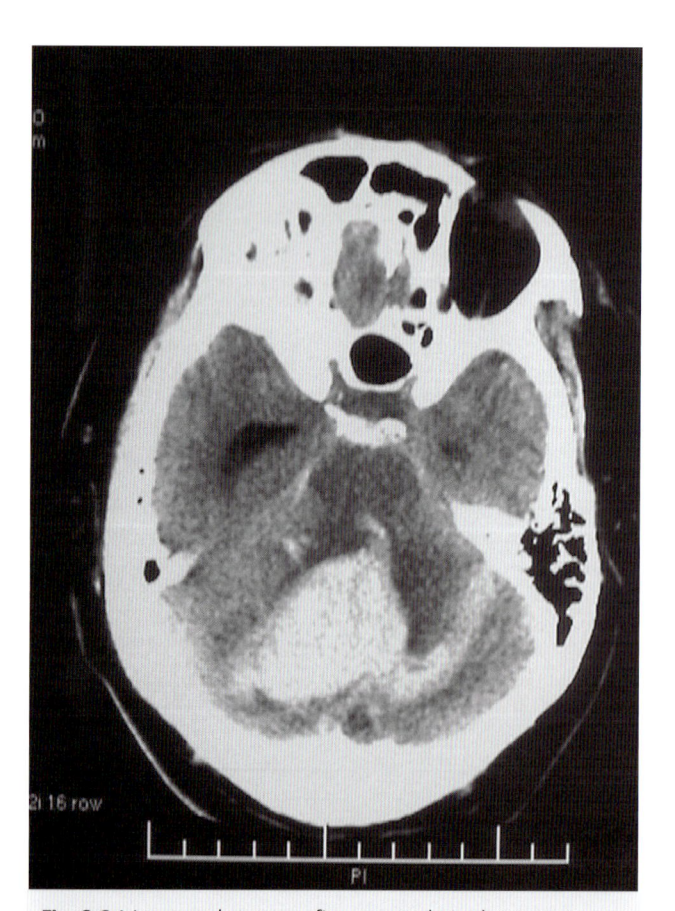

Fig. 8.6 A imagem da tomografia computadorizada mostra a aparência de um hematoma espontâneo do hemisfério cerebelar, causando compressão do tronco encefálico; os cornos temporais dilatados indicam hidrocefalia obstrutiva.

cificamente aqueles que se apresentam na idade jovem ou que pioraram de um estado de consciência inicialmente bom com hematomas lobares superficiais. Além disso, a remoção cirúrgica mantém um papel no tratamento dos hematomas pós-operatórios e naqueles de origem aneurismática. Para a grande maioria dos pacientes com ICH, a cirurgia não tem se mostrado eficaz na melhora do resultado. Existem hipóteses de benefícios pendentes que ainda estão em fase de teste, incluindo o subgrupo mencionado acima e o papel de mais técnicas minimamente invasivas em vez da craniotomia aberta para os hematomas profundos e intraventriculares.

Há menos evidências disponíveis para informar o tratamento das ICHs derivando de lesões icto-hemorrágicas estruturais. A abordagem padrão é tratar a ICH como se fosse espontânea e tratar também as lesões subjacentes com o objetivo de prevenção contra a recidiva da hemorragia. Estão disponíveis três modalidades para o tratamento preventivo: cirurgia, radiocirurgia estereotáxica e embolização endovascular.

8.11 Diretrizes da AHA/ASA 2015[42]

8.11.1 Tratamento Cirúrgico da ICH: Recomendações

1. Os pacientes com hemorragia cerebelar que sofrem piora neurológica ou que têm compressão do tronco encefálico e/ou hidrocefalia a partir da obstrução ventricular devem ser submetidos à remoção cirúrgica da hemorragia o mais rápido possível (*Classe I; Nível de Evidência B*). Não se recomenda a tratamento inicial desses pacientes com drenagem ventricular em vez da evacuação cirúrgica (*Classe III; Nível de Evidência C*). (Inalterado desde a diretriz anterior)
2. A utilidade da cirurgia não foi estabelecida para a maioria dos pacientes com ICH supratentorial (*Classe IIb; Nível de Evidência A*). (Revisado desde a diretriz anterior)
3. As exceções específicas e considerações do subgrupo em potencial estão descritas abaixo nas recomendações 3 a 6.
4. A norma da evacuação precoce do hematoma não é claramente benéfica em comparação com a evacuação do hematoma quando há uma piora do paciente (*Classe IIb; Nível de Evidência A*). (Recomendação nova)
5. A evacuação do hematoma supratentorial em pacientes em deterioração pode ser considerado uma medida salvadora (*Classe IIb; Nível de Evidência C*). (Recomendação nova)
6. A craniectomia descompressiva com ou sem evacuação do hematoma pode reduzir a mortalidade nos pacientes com ICH supratentorial que estão em coma, têm hematomas maiores com um significativo desvio da linha média ou ICP elevado imune à gestão médica (*Classe IIb; Nível de Evidência C*). (Recomendação nova)
7. A eficácia da evacuação do coágulo minimamente invasiva com aspiração estereotáxica ou endoscópica com ou sem uso trombolítico é incerta (*Classe IIb; Nível de Evidência B*). (Revisado desde a diretriz anterior)

Referências

[1] Hounsfield GN. Nobel Award address. Computed medical imaging. Med Phys. 1980; 7(4):283-290
[2] Mendelow AD, Gregson BA, Fernandes HM, et al; STICH investigators. Early surgery versus initial conservative treatment in patients with spontaneous supratentorial intracerebral haematomas in the International Surgical Trial in Intracerebral Haemorrhage (STICH): a randomised trial. Lancet. 2005; 365(9457):387-397
[3] Ondra SL, Troupp H, George ED, et al. The natural history of symptomatic arteriovenous malformations of the brain: a 24-year follow-up assessment. J Neurosurg. 1990; 73(3):387-391
[4] Mast H, Young WL, Koennecke HC, et al. Risk of spontaneous haemorrhage after diagnosis of cerebral arteriovenous malformation. Lancet. 1997; 350(9084):1065-1068
[5] Brown RD, Jr, Wiebers DO, Torner JC, et al. Frequency of intracranial hemorrhage as a presenting symptom and subtype analysis: a population-based study of intracranial vascular malformations in Olmsted Country, Minnesota. J Neurosurg. 1996; 85(1):29-32
[6] Kader A, Young WL, Pile-Spellman J, et al. The influence of hemodynamic and anatomic factors on hemorrhage from cerebral arteriovenous malformations. Neurosurgery. 1994; 34(5):801-807, discussion 807-808
[7] Graf CJ, Perret GE, Torner JC. Bleeding from cerebral arteriovenous malformations as part of their natural history. J Neurosurg. 1983; 58(3):331-337
[8] Porter PJ, Willinsky RA, Harper W, et al. Cerebral cavernous malformations: natural history and prognosis after clinical deterioration with or without hemorrhage. J Neurosurg. 1997; 87(2):190-197
[9] Karlsson B, Lax I, Söderman M. Risk for hemorrhage during the 2-year latency period following gamma knife radiosurgery for arteriovenous malformations. Int J Radiat Oncol Biol Phys. 2001; 49(4):1045-1051
[10] Fournier D, TerBrugge KG, Willinsky R, et al. Endovascular treatment of intracerebral arteriovenous malformations: experience in 49 cases. J Neurosurg. 1991; 75(2):228-233
[11] Lunsford LD, Kondziolka D, Flickinger JC, et al. Stereotactic radiosurgery for arteriovenous malformations of the brain. J Neurosurg. 1991; 75(4):512-524
[12] Miyamoto S, Hashimoto N, Nagata I, et al. Posttreatment sequelae of palliatively treated cerebral arteriovenous malformations. Neurosurgery. 2000; 46(3):589-594, discussion 594-595
[13] Schaller C, Schramm J, Haun D. Significance of factors contributing to surgical complications and to late outcome after elective surgery of cerebral arteriovenous malformations. J Neurol Neurosurg Psychiatry. 1998; 65(4):547-554
[14] Yu SC, Chan MS, Lam JM, et al. Complete obliteration of intracranial arteriovenous malformation with endovascular cyanoacrylate embolization: initial success and rate of permanent cure. AJNR Am J Neuroradiol. 2004; 25(7):1139-1143
[15] Taylor CL, Dutton K, Rappard G, et al. Complications of preoperative embolization of cerebral arteriovenous malformations. J Neurosurg. 2004; 100(5):810-812
[16] Liu HM, Wang YH, Chen YF, et al. Endovascular treatment of brain-stem arteriovenous malformations: safety and efficacy. Neuroradiology. 2003; 45(9):644-649
[17] Henkes H, Nahser HC, Berg-Dammer E, et al. Endovascular therapy of brain AVMs prior to radiosurgery. Neurol Res. 1998; 20(6):479-492
[18] Friedman WA, Bova FJ, Mendenhall WM. Linear accelerator radiosurgery for arteriovenous malformations: the relationship of size to outcome. J Neurosurg. 1995; 82(2):180-189
[19] Steiner L, Lindquist C, Adler JR, et al. Clinical outcome of radiosurgery for cerebral arteriovenous malformations. J Neurosurg. 1992; 77(1):1-8
[20] Miyawaki L, Dowd C, Wara W, et al. Five year results of LINAC radiosurgery for arteriovenous malformations: outcome for large AVMS. Int J Radiat Oncol Biol Phys. 1999; 44(5):1089-1106
[21] Kwon Y, Jeon SR, Kim JH, et al. Analysis of the causes of treatment failure in gamma knife radiosurgery for intracranial arteriovenous malformations. J Neurosurg. 2000; 93(Suppl 3):104-106
[22] Ellis TL, Friedman WA, Bova FJ, et al. Analysis of treatment failure after radiosurgery for arteriovenous malformations. J Neurosurg. 1998; 89(1):104-110

[23] Sisti MB, Kader A, Stein BM. Microsurgery for 67 intracranial arteriovenous malformations less than 3 cm in diameter. J Neurosurg. 1993; 79(5):653-660

[24] Spetzler RF, Wilson CB, Weinstein P, et al. Normal perfusion pressure breakthrough theory. Clin Neurosurg. 1978; 25:651-672

[25] Niemann DB, Wills AD, Maartens NF, et al. Treatment of intracerebral hematomas caused by aneurysm rupture: coil placement followed by clot evacuation. J Neurosurg. 2003; 99(5):843-847

[26] Porter RW, Detwiler PW, Han PP, et al. Stereotactic radiosurgery for cavernous malformations: Kjellberg's experience with proton beam therapy in 98 cases at the Harvard Cyclotron. Neurosurgery. 1999; 44(2):424-425

[27] Porter RW, Detwiler PW, Spetzler RF, et al. Cavernous malformations of the brainstem: experience with 100 patients. J Neurosurg. 1999; 90(1):50-58

[28] Mitchell P, Hodgson TJ, Seaman S, et al. Stereotactic radiosurgery and the risk of haemorrhage from cavernous malformations. Br J Neurosurg. 2000; 14(2):96-100

[29] Kondziolka D, Lunsford LD, Flickinger JC, et al. Reduction of hemorrhage risk after stereotactic radiosurgery for cavernous malformations. J Neurosurg. 1995; 83(5):825-831

[30] Maraire JN, Awad IA. Intracranial cavernous malformations: lesion behavior and management strategies. Neurosurgery. 1995; 37(4):591-605

[31] Detwiler PW, Porter RW, Zabramski JM, et al. Radiation-induced cavernous malformation. J Neurosurg. 1998; 89(1):167-169

[32] Steiger HJ, Hänggi D, Schmid-Elsaesser R. Cranial and spinal dural arteriovenous malformations and fistulas: an update. Acta Neurochir Suppl (Wien). 2005; 94:115-122

[33] Mitchell P, Ellison DW, Mendelow AD. Surgery for malignant gliomas: mechanistic reasoning and slippery statistics. Lancet Neurol. 2005; 4(7):413-422

[34] Gläsker S, Van Velthoven V. Risk of hemorrhage in hemangioblastomas of the central nervous system. Neurosurgery. 2005; 57(1):71-76, discussion 71-76

[35] Kato M, Ohe N, Okumura A, et al. Hemangioblastomatosis of the central nervous system without von Hippel-Lindau disease: a case report. J Neurooncol. 2005; 72(3):267-270

[36] Wanebo JE, Lonser RR, Glenn GM, et al. The natural history of hemangioblastomas of the central nervous system in patients with von Hippel-Lindau disease. J Neurosurg. 2003; 98(1):82-94

[37] Molyneux AJ, Kerr RS, Yu LM, et al; International Subarachnoid Aneurysm Trial (ISAT) Collaborative Group. International Subarachnoid Aneurysm Trial (ISAT) of neurosurgical clipping versus endovascular coiling in 2143 patients with ruptured intracranial aneurysms: a randomised comparison of effects on survival, dependency, seizures, rebleeding, subgroups, and aneurysm occlusion. Lancet. 2005; 366(9488):809-817

[38] Nehls DG, Mendelow DA, Graham DI, et al. Experimental intracerebral hemorrhage: early removal of a spontaneous mass lesion improves late outcome. Neurosurgery. 1990; 27(5):674-682, discussion 682

[39] Batjer HH, Reisch JS, Allen BC, et al. Failure of surgery to improve outcome in hypertensive putaminal hemorrhage. A prospective randomized trial. Arch Neurol. 1990; 47(10):1103-1106

[40] McKissock W, Richardson A, Taylor J. Primary Intracerebral haematoma: a controlled trial of surgical and conservative treatment in 180 unselected cases. Lancet. 1961; 2:221-226

[41] Mould WA, Carhuapoma JR, Muschelli J, et al; MISTIE Investigators. Minimally invasive surgery plus recombinant tissue-type plasminogen activator for intracerebral hemorrhage evacuation decreases perihematomal edema. Stroke. 2013; 44(3):627-634

[42] Hemphill JC, Greenberg SM, Anderson CS, et al; American Heart Association Stroke Council. Council on Cardiovascular and Stroke Nursing. Council on Clinical Cardiology. Guidelines for the Management of Spontaneous Intracerebral Hemorrhage: a guideline for healthcare professionals from the American Heart Association/American Stroke Association. Stroke. 2015; 46(7):2032-2060

[43] Brott T, Broderick J, Kothari R, et al. Early hemorrhage growth in patients with intracerebral hemorrhage. Stroke. 1997; 28(1):1-5

[44] Mayer SA, Brun NC, Begtrup K, et al; Recombinant Activated Factor VII Intracerebral Hemorrhage Trial Investigators. Recombinant activated factor VII for acute intracerebral hemorrhage. N Engl J Med. 2005; 352(8):777-785

[45] Mayer SA, Brun NC, Broderick J, et al; Europe/AustralAsia NovoSeven ICH Trial Investigators. Safety and feasibility of recombinant factor VIIa for acute intracerebral hemorrhage. Stroke. 2005; 36(1):74-79

[46] Mayer SA, Brun NC, Begrup K, et al; for the FAST Trial Investigators. Efficacy and safety of recombinant activated factor VII for acute intracerebral hemorrhage. N Engl J Med. 2008; 358:2127-2137

[47] Teernstra OP, Evers SM, Lodder J, et al; Multicenter randomized controlled trial (SICHPA). Stereotactic treatment of intracerebral hematoma by means of a plasminogen activator: a multicenter randomized controlled trial (SICHPA). Stroke. 2003; 34(4):968-974

[48] Hattori N, Katayama Y, Maya Y, et al. Impact of stereotactic hematoma evacuation on activities of daily living during the chronic period following spontaneous putaminal hemorrhage: a randomized study. J Neurosurg. 2004; 101(3):417-420

[49] Hosseini H, Leguerinel C, Hariz M, et al. Stereotactic aspiration of deep intracerebral haematomas under computed tomographic control, a multicentric prospective randomised trial. Cerebrovasc Dis. 2003; 16(57):S4

[50] Auer LM, Deinsberger W, Niederkorn K, et al. Endoscopic surgery versus medical treatment for spontaneous intracerebral hematoma: a randomized study. J Neurosurg. 1989; 70(4):530-535

[51] Kirollos RW, Tyagi AK, Ross SA, et al. Management of spontaneous cerebellar hematomas: a prospective treatment protocol. Neurosurgery. 2001; 49(6):1378-1386, discussion 1386-1387

[52] Mathew P, Teasdale G, Bannan A, et al. Neurosurgical management of cerebellar haematoma and infarct. J Neurol Neurosurg Psychiatry. 1995; 59(3):287-292

[53] Andaluz N, Zuccarello M, Wagner KR. Experimental animal models of intracerebral hemorrhage. Neurosurg Clin N Am. 2002; 13(3):385-393

[54] Bullock R, Mendelow AD, Teasdale GM, et al. Intracranial haemorrhage induced at arterial pressure in the rat. Part 1: description of technique, ICP changes and neuropathological findings. Neurol Res. 1984; 6(4):184-188

[55] Bullock R, Brock-Utne J, van Dellen J, et al. Intracerebral hemorrhage in a primate model: effect on regional cerebral blood flow. Surg Neurol. 1988; 29(2):101-107

[56] Yang GY, Betz AL, Chenevert TL, et al. Experimental intracerebral hemorrhage: relationship between brain edema, blood flow, and blood-brain barrier permeability in rats. J Neurosurg. 1994; 81(1):93-102

[57] Yang GY, Betz AL, Hoff JT. The effects of blood or plasma clot on brain edema in the rat with intracerebral hemorrhage. Acta Neurochir Suppl (Wien). 1994; 60:555-557

[58] Mendelow AD, Bullock R, Teasdale GM, et al. Intracranial haemorrhage induced at arterial pressure in the rat. Part 2: short term changes in local cerebral blood flow measured by autoradiography. Neurol Res. 1984; 6(4):189-193

[59] Figueroa BE, Keep RF, Betz AL, et al. Plasminogen activators potentiate thrombin-induced brain injury. Stroke. 1998; 29(6):1202-1207, discussion 1208

[60] Nakamura T, Keep RF, Hua Y, et al. Deferoxamine-induced attenuation of brain edema and neurological deficits in a rat model of intracerebral hemorrhage. J Neurosurg. 2004; 100(4):672-678

[61] Chu K, Jeong SW, Jung KH, et al. Celecoxib induces functional recovery after intracerebral hemorrhage with reduction of brain edema and perihematomal cell death. J Cereb Blood Flow Metab. 2004; 24(8):926-933

9 Apoplexia Hipofisária

Farid Hamzei-Sichani ▪ *Kalmon D. Post*

Resumo

A apoplexia hipofisária é uma entidade neurocirúrgica em que o rápido diagnóstico e imediato tratamento cirúrgico aumentam a probabilidade de bons resultados endocrinológicos e neurológicos. As dificuldades consistem no fato de que os pacientes se apresentam com uma diversidade de sinais e sintomas. Também é possível que haja a presença de sinais meníngeos, distúrbios visuais e oculomotores e deficiências endócrinas. A tomografia computadorizada (CT) e a ressonância magnética (MRI) são importantes para a definição do tumor hipofisário, da hemorragia e da sua relação com outras estruturas anatômicas próximas. A angiografia ou a angiografia por ressonância magnética (MRA) podem ser necessárias para exclusão de aneurisma. A ressecção transesfenoidal do tumor hipofisário e da hemorragia, que oferece tratamento definitivo para a apoplexia hipofisária e suas patologias neoplásicas subjacentes, é o procedimento de escolha. Além disso, resulta em baixa morbimortalidade, mesmo nos pacientes gravemente doentes. O suporte hormonal intensivo é um complemento necessário no período perioperatório, sendo a avaliação endócrina necessária no pós-operatório para estabelecer a necessidade de uma terapia de reposição a longo prazo.

Palavras-chave: crise addisoniana, emergência, macroadenoma, hipofisário.

9.1 Introdução

A apoplexia hipofisária é uma emergência neurocirúrgica em que a rápida intervenção pode interromper ou até mesmo reverter as deficiências neurológicas e possível mortalidade. Geralmente a doença resulta de hemorragia ou necrose de um macroadenoma hipofisário, podendo ocorrer também na gravidez. A apoplexia hipofisária ocorre entre 0,6 e 10,5% de todos os adenomas hipofisários.[1]

Geralmente atribui-se a Bailey o relato do primeiro caso de necrose hemorrágica da glândula hipofisária em 1898, seguido de uma descrição formal da síndrome clínica de "apoplexia hipofisária" por Brougham *et al.* em uma série de casos em 1950,[2,3] em que os pacientes se apresentaram com mudanças no estado mental, dor de cabeça, meningismo e distúrbios oculares. Desde então, tem havido grande interesse nessa condição clínica, assim como um considerável debate sobre o que o termo apoplexia hipofisária pode abranger. Na verdade, tem havido relatos de apoplexia hipofisária silenciosa.[4] Mohr e Hardy estimaram a incidência das hemorragias assintomáticas nos adenomas hipofisários em 9,9%, em contraste com 0,6% que se apresentaram com achados clínicos.[5] Além disso, Onesti *et al.* descreveu cinco pacientes com apoplexia hipofisária subclínica e hemorragia extensiva no adenoma hipofisário.[6]

Com tão ampla interpretação na literatura, é cada vez mais útil definir a apoplexia hipofisária por meio dos achados clínicos, como o súbito início de dor de cabeça, meningismo, comprometimento visual (defeito do campo ou diminuição da acuidade visual), anormalidades oculares (oftalmoplegia parcial ou completa), e disfunção endócrina em combinações variadas, juntamente com evidências radiológicas de hemorragia ou súbita expansão dos conteúdos selares. Uma revisão da apoplexia hipofisária, incluindo os principais fatores precipitantes, é fornecida em excelente publicação.[7]

9.2 Etiologia

A anatomia básica dá uma ideia da gênese da apoplexia hipofisária. A glândula hipofisária está localizada na sela túrcica do osso esfenoide, ligada ao hipotálamo pelo infundíbulo. Os seios cavernosos estão localizados lateralmente; por eles passam as artérias carótidas internas (ICAs), os nervos cranianos oculomotor (III), troclear (IV), abducente (VI), assim como a divisão oftálmica do trigêmeo (V). De maneira superior, os seios intercavernosos e circular estão anexados ao diafragma selar. Os nervos ópticos, quiasma e tratos, estão localizados na região suprasselar.

A glândula hipofisária recebe seu suprimento vascular das ICAs. As artérias hipofisárias inferiores são originárias da carótida cavernosa e suprem o lobo posterior da glândula hipofisária. As artérias hipofisárias superiores surgem distalmente aos seios cavernosos e suprem as partes adjacentes e pedículos do lobo anterior. A maior parte do lobo anterior da hipófise deriva seu suprimento sanguíneo do sistema porta.

Brougham *et al.* sugeriram que os tumores que crescem rapidamente superam seu próprio suprimento de sangue, resultando no infarto isquêmico.[2] Rovit e Fein presumiram que uma neoplasia hipofisária em expansão comprimiria necessariamente as artérias hipofisárias superiores, formando a *pars distalis*, o tumor isquêmico, necrótico e hemorrágico.[8] Mohanty *et al.* declararam que o tamanho do tumor estava diretamente relacionado com a vascularização sendo, portanto, os tumores maiores mais propensos a eventos vasculares agudos.[9] Os críticos, no entanto, apontaram que mesmo os adenomas pequenos mostram evidências de hemorragia.[6,10] Além disso, estudos anatômicos mostraram que o suprimento sanguíneo predominante dos tumores hipofisários derivam do tronco meningo-hipofisário.[11] Outros sugerem que fatores tumorais "intrínsecos" podem causar o evento apoplético.[12] Provavelmente é mais apropriado que se faça uma explicação multifatorial para a apoplexia hipofisária.[13]

Também foram sugeridos outros fatores preditivos. Embora a maioria dos casos não tenha nenhum evento precipitante, há relatos de casos de terapia estrogênica, cetoacidose diabética, gravidez, radioterapia, bromocriptina, cabergolina, estímulo com clorpromazina, anticoagulação, angiografia e até mesmo cirurgia cardíaca.[5,14-31] Também foram relatadas incidências de apoplexia hipofisária após traumatismo craniano fechado.[32] Essas observações foram atribuídas ao comprometimento vascular, necrose tumoral direta e hipotensão sistêmica. Entretanto, a relação direta entre essas doenças e a apoplexia hipofisária continua não comprovada e anedótica. Uma revisão geral da literatura mostrou que nenhum tipo particular de tumor apresenta um aumento da incidência da hemorragia; na verdade, os dados refletem a relativa frequência de cada tipo de tumor.[5,11,17,25,33]

Em 20 pacientes consecutivos diagnosticados com apoplexia hipofisária, de uma séria de mais de 1.000 pacientes tratados cirurgicamente com tumor hipofisário pelo autor sênior (Kalmon D. Post), não há evidência de qualquer tendência contraditória. Cinco pacientes tinham histórico de fator precipitante. Os fatores precipitantes foram bromocriptina (dois pacientes), radioterapia, gravidez e traumatismo craniano. Notou-se hemorragia em todos os pacientes no momento da cirurgia, confirmada no exame histológico. Em 3 casos havia evidências de hemorragia anterior com a deposição de hemossiderina dentro do adenoma. Em 17 dos 20 casos, havia a presença de necrose. Em quatro casos, a amostra inteira estava necrótica, impedindo a identificação do tipo de célula após a coloração imuno-histoquímica. Onze adenomas eram indiferenciados. Havia dois adenomas de células corticotróficas. Foram identificados um cisto de fenda de Rathke com hemorragia e resposta inflamatória à ruptura do cisto e um caso relatado de adenocarcinoma metastático.[6]

9.3 Apresentação

Como citado anteriormente, não foram todos os pacientes que tiveram sangramento em um adenoma hipofisário que, necessariamente, desenvolveram a síndrome apoplética. Os autores concordam com vários outros que consideram a apoplexia hipofisária uma entidade clínica apoiada com evidência patológica de hemorragia.[2,6,8,11,17] Usando essa definição, a incidência da apoplexia hipofisária varia entre 0,6 e 12,3%.[11,12,34,35] Os 2% de incidência da apoplexia hipofisária encontrados em nossas séries são consistentes com esses estudos. Semple *et al.* encontraram uma incidência de apoplexia de aproximadamente 4% (62 pacientes) em uma série de 1.605 pacientes.[36]

A distribuição dos sexos na apoplexia hipofisária é aproximadamente igual. A maior série de casos foi publicada em 1981, por Wakai *et al.*[35] Nessa série de 560 adenomas hipofisários consecutivos, a apoplexia hipofisária foi diagnosticada em 51 pacientes (~ 9%), com divisão aproximadamente igual entre (28) homens e mulheres (23). Cardoso e Peterson observaram que dos 241 pacientes com apoplexia hipofisária relatados na literatura, 141 (58%) eram homens,[17] que representaram 60% das séries pessoais dos autores, assim como na série de Semple.[36]

Cardoso e Peterson descobriram que a idade média de início em 176 pacientes era de 46,7 anos (variando entre 6 e 88 anos).[17] A progressão clínica da apoplexia hipofisária pode evoluir rapidamente em poucas horas ou dias.[2,6,17,37] Por causa dessa apresentação variável, é prudente a inclusão da apoplexia no diagnóstico diferencial em qualquer paciente que apresente sinais meníngeos. Na série dos autores, apenas 4 de 20 pacientes já tinham o diagnóstico de adenoma hipofisário; os outros tiveram seus tumores diagnosticados após o evento apoplético. Na série de Semple, o tempo médio de apresentação foi de 14,2 dias após o icto.[36] Acredita-se que essa demora seja secundária aos 81% que não tiveram um diagnóstico prévio de adenoma, assim como o erro frequente de diagnóstico da hemorragia subaracnóidea.[38]

Os sintomas de apresentação da apoplexia hipofisária são consistentes ao longo de um grande número de estudos.[2,5,6,8,11,12,17,25,33-35,39] Uma dor de cabeça excruciante (quase onipresente) é caracteristicamente retro-orbital ou frontotemporal e geralmente precede outros sintomas ou sinais. Pressupõe-se que o mecanismo subjacente às dores de cabeça seja uma irritação ou distensão das meninges basais ou do diafragma selar.[17,25] O extravasamento sanguíneo no espaço subaracnóideo pode imitar a meningite, caracterizada pela rigidez do pescoço, febre e pleocitose na medula espinhal.[40,41] As alterações do estado mental podem ser evidentes. Além disso, o líquido cefalorraquidiano (CSF) pode tornar-se sanguinolento ou xantocrômico.[33,42]

A extensão ascendente aguda do adenoma hipofisário em decorrência de hemorragia com efeito de massa, associado a edema e necrose, poderão causar compressão das vias ópticas e diencéfalo. O envolvimento das vias ópticas geralmente manifesta-se pela deterioração da visão, variando entre leve e grave diminuição da acuidade e defeitos do campo visual. Os discos ópticos geralmente parecem normais, mas podem apresentar atrofia óptica e papiledema, sendo, frequentemente, um olho mais afetado que o outro.[42,43] A alteração da consciência associada pode estar relacionada com a compressão do diencéfalo.[17] Foi relatada uma extensão da hemorragia ao terceiro ventrículo em um tumor hipofisário grande com extensão supraselar.[18]

A expansão lateral do tumor nos seios cavernosos resulta na oftalmoplegia extraocular, disfunção trigeminal e comprometimento vascular. A paralisia do nervo oculomotor (III) estava evidente em mais de 50% de uma série de 39 pacientes com apoplexia hipofisária e 45% de outra série de pacientes apresentando-se com oftalmoplegia, diplopia, ptose e midríase.[38,44] Uma massa selar com oftalmoplegia extraocular é altamente sugestiva de apoplexia hipofisária. O comprometimento do nervo abducente (VI) é raro e, quando ocorre, geralmente segue a paralisia do terceiro nervo.[17,42] O impacto da primeira divisão do nervo trigêmeo (V) pode causar dor facial e reflexo córneo palpebral debilitado. Os danos às fibras simpáticas que acompanham a primeira divisão, podem originar uma forma central da síndrome de horner.[25] Há relatos de oclusão da artéria carótida resultando em alterações do estado mental e hemiparesia ou hemiplegia.[44,45]

A apoplexia hipofisária tem sido considerada uma emergência endócrina.[46] O hipopituitarismo, parcial ou completo, é uma importante manifestação.[36,46,47] Também foram documentados baixos níveis basais ou estimulados do hormônio do crescimento, corticotrofina, tireotrofina e gonadotrofinas, não sendo incomum a piora das anomalias endócrinas preexistentes.[25,46,47] Além disso, pode haver uma grande morbimortalidade em razão da falha no tratamento e uma crise addisoniana em evolução.

Por outro lado, foi relatada a reversão espontânea das anomalias endócrinas, principalmente nos pacientes acromegálicos, assim como prolactinomas e doença de Cushing.[48] A disfunção clinicamente significativa da neuro-hipófise é rara.[47] Veldhuis e Hammond calcularam um índice de 4% do diabetes insípido temporário e 2% permanente.[47]

9.4 Diferencial e Diagnóstico

As meningites viral e bacteriana, hematoma intracerebral, neurite óptica, infarto do tronco encefálico, arterite temporal, encefalite, herniação transtentorial e enxaqueca podem imitar de alguma maneira um acidente vascular hipofisário agudo.[17,33,41,43,49] Entretanto, a entidade mais importante a ser considerada e excluída é a hemorragia subaracnóidea aneurismática, que também é uma emergência neurocirúrgica. Tanto a apoplexia quanto a hemorragia subaracnóidea podem apresentar-se com um nível de consciência alterado, dor de cabeça súbita, sinais oculares e hemorragia subaracnóidea.[17,33] O efeito expansivo de um grande aneurisma comunicante anterior também pode imitar os achados oculares de um evento apoplético hipofisário.[50] Também deve-se manter em mente que os aneurismas intracranianos podem ser encontrados em 7% de todos os tumores hipofisários.[51,52] Os cistos epidermoides com extensão para dentro da sela podem apresentar-se como a apoplexia.[53]

O diagnóstico da apoplexia hipofisária requer evidência radiográfica de hemorragia juntamente com uma correlação clínica. A literatura mostrou que a tomografia computadorizada (CT) sem contraste é mais valiosa nos dois primeiros dias após a hemorragia.[54,55] Ela mostra a lesão hiperdensa consistente com sangue novo dentro do tumor hipofisário, que geralmente é hiperdenso em relação ao cérebro[55] (▶ Fig. 9.1). Após 48 horas, a ressonância magnética (MRI) é mais sensível, pois pode diferenciar o sangue mais antigo do tumor e as áreas de necrose das alterações císticas[16,39,55-57] (▶ Fig. 9.2). A MRI também é útil

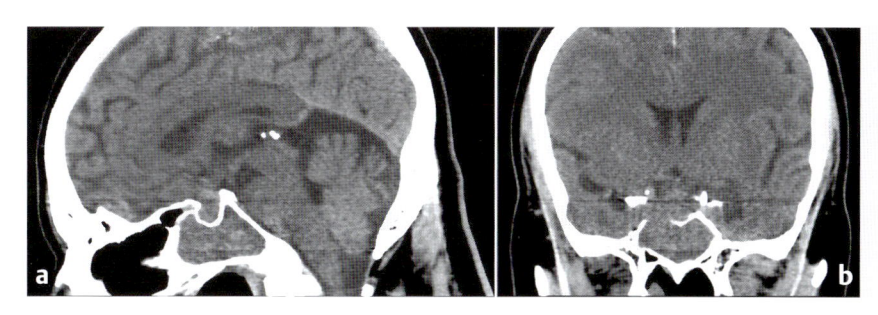

Fig. 9.1 Tomografias computadorizadas, (**a**) axial e (**b**) coronal, mostrando expansão do seio esfenoidal por lesão expansiva de tecido mole e afilamento das paredes laterais do seio esfenoidal.

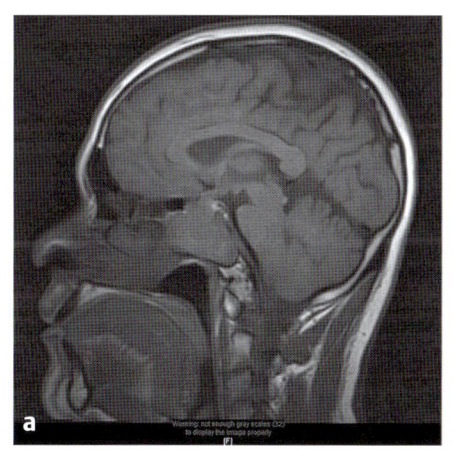

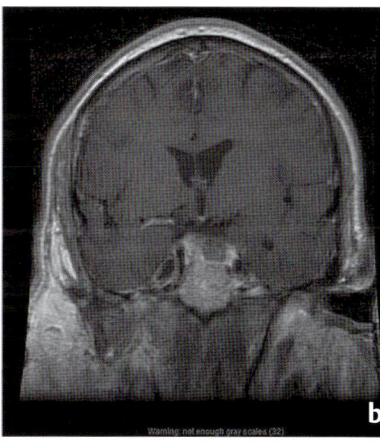

Fig. 9.2 Imagens ponderadas em T-1 (**a**) sagital e (**b**) coronal demonstrando massa selar de intensidade de sinal heterogêneo, com extensão suprasselar de intensidade de sinal aumentada consistente com macroadenoma hipofisário hemorrágico.

para a estimativa da idade e tempo de curso da hemorragia. As hemorragias com menos de 7 dias de duração aparecem hipointensas ou isointensas nas imagens em T-1 e T-2. Um sinal hiperintenso se desenvolverá na periferia do hematoma durante a segunda semana. A intensidade do sinal aumentará ao longo do hematoma nas imagens em T-1 e T-2 após 14 dias.[54] Caso seja clinicamente justificável, deve-se realizar uma angiografia ou uma angiografia por ressonância magnética (MRA), se não for possível descartar um aneurisma concomitante nem pela CT nem pela MRI. Esta mostrará melhor a extensão do tumor ou da hemorragia para dentro do espaço suprasselar, assim como compressão quiasmática e extensão dos seios cavernosos. A descoberta precoce também tem sido relatada com a ressonância magnética ponderada por difusão.[58]

9.5 Tratamento

A necessidade de uma rápida ação e tratamento cirúrgico da apoplexia hipofisária tem sido bem documentada. Houve uma alta taxa de mortalidade na apoplexia hipofisária não tratada. Na revisão inicial de Brougham em 1950, 10 de 12 pacientes morreram.[2] Sete anos depois, Uihlein et al. descobriram que dos 35 casos relatados na literatura, 21 pacientes morreram.[37,41] O prognóstico melhorou imensamente com a intervenção cirúrgica. A revisão da literatura de Cardoso e Peterson de 1970 a 1984 revelou uma mortalidade cirúrgica de apenas 6,7% em 105 pacientes.[17] Em parte, a melhora da mortalidade pode ocorrer por conta do melhor suporte de tratamento e terapia hormonal. A estabilização clínica em pacientes grávidas cuidadosamente selecionadas pode permitir o parto e subsequente terapia cirúrgica definitiva. Entretanto, embora manejo clínico sozinho possa estabilizar um paciente com apoplexia hipofisária aguda, não se dirige ao adenoma hipofisário subjacente. Em outras palavras, o tratamento clínico não elimina a possibilidade de recidiva hemorrágica, nem oferece a maior probabilidade de uma completa recuperação endócrina ou neurológica.

No final dos anos 1950, Uihlein foi um dos primeiros a defender a intervenção cirúrgica. Seu protocolo consistiu em suporte hormonal e cirurgia no início (craniotomia transfrontal direita).[41] A literatura moderna apoia essa abordagem por duas perspectivas. A intensa reposição de esteroides é parte integrante da gestão perioperatória.[17,39,49,59-62] É prática dos autores administrar 16 mg/dia de dexametasona antes da cirurgia e reduzir para um nível levemente suprafisiológico no pós-operatório. Agora diversos autores propõem a cirurgia transesfenoidal precoce para a descompressão do tumor e hemorragia com menos morbidade, menos mortalidade e boa melhora visual.[18,63]

O tratamento expectante/conservador da apoplexia raramente está associado à reversão do hipopituitarismo, podendo piorar a doença.[46] Na literatura endócrina, o acompanhamento de oito pacientes com hipopituitarismo parcial ou completo que foram submetidos à descompressão cirúrgica revelou função adrenal hipofisária normal em sete dos oito. Observou-se uma boa melhora da disfunção tireoidiana e gonadal no pré-operatório.

Os casos não tratados de apoplexia hipofisária podem mostrar recuperação da oftalmoplegia.[6,17,60,62,63,65] Um estudo prospectivo, em que todos os pacientes foram tratados com alta dosagem de esteroides e realização de cirurgia, apenas caso não houvesse melhora na primeira semana, concluiu que os pacientes com comprometimento visual ou níveis reduzidos de consciência se beneficiariam com a cirurgia. No caso de oftalmoplegia na apresentação, o tratamento conservador foi igualmente eficaz.[37] A cegueira, monocular ou binocular, é um sinal de prognóstico ruim; contudo, o tratamento cirúrgico precoce provavelmente oferece a melhor oportunidade de recuperação.[6,42,63,66,67] A perda visual precoce em decorrência da desmielinização pode ser revertida por meio de cirurgia de descompressão, ao passo que a pressão prolongada causará dano isquêmico irreversível.[67]

De qualquer maneira, uma apresentação posterior não deve impedir uma rápida preparação para a cirurgia. Foi sugerido que a descompressão pode ser valiosa mesmo posteriormente no curso da apoplexia hipofisária. Há relatos de recuperação visual parcial até 7 dias após a hemorragia.[6,67] A melhora na acuidade visual vista em 76% dos pacientes e melhora do campo visual em 79% dos pacientes, relatadas por Semple *et al.*, é semelhante a outras séries.[36,42,63,68] A melhora visual foi relatada em pacientes completamente cegos.[69]

A descompressão transesfenoidal aberta do adenoma hipofisário hemorrágico é o tratamento preferencial para a apoplexia hipofisária.[36,63,70,71] Ao contrário da abordagem transfrontal, não é necessária nenhuma retração cerebral, e é mais bem tolerada pelos pacientes gravemente doentes. A craniotomia é reservada aos pacientes com seio esfenoidal não aerado, uma sela pequena com uma grande massa suprasselar, um diafragma esticado com uma massa em formato de halteres ou um hematoma intracerebral associado.[6,17]

9.6 Indicações

- O diagnóstico da apoplexia hipofisária requer evidências de hemorragia ou rápida expansão de massa hipofisária na CT ou MRI, assim como correlação clínica.
- Pacientes com apresentação frequente de súbito início de dor de cabeça, meningismo, distúrbios do estado mental, e achados oculares, como oftalmoplegia, defeitos do campo visual e cegueira monocular ou binocular.
- Meningite viral ou bacteriana, hematoma intracerebral, hidrocefalia aguda, neurite óptica, infarto do tronco encefálico, arterite temporal, encefalite, herniação transtentorial, trombose dos seios cavernosos e enxaqueca podem imitar um acidente vascular hipofisário agudo.[1,72]
- Hemorragia subaracnóidea aneurismática é a entidade clínica mais importante a ser excluída antes de considerar as opções de tratamento.[73,74]
- Uma ruptura do cisto de fenda de Rathke, embora rara, também pode imitar a apoplexia hipofisária.[75,76]
- A estabilização clínica inicial é obrigatória em todos os casos e inclui fluido e esteroide intravenoso para tratar o hipoadrenalismo grave concomitante. O envolvimento da glândula hipofisária posterior é bastante incomum, sendo o diabetes insípido relatado em apenas 3% dos casos.[77]
- Ressecção transesfenoidal é considerada para aqueles com deficiência neurológica contínua após a terapia conservadora inicial.[72]
- Embora se tenha observado que a acuidade visual é frequentemente corrigida tanto com tratamento conservador quanto com a intervenção cirúrgica,[63-65] a ressecção cirúrgica oferece a melhor chance de melhora dos defeitos do campo visual e oftalmoplegia.[63,78,79] Muitos estudos sugeriram que a descompressão dentro de uma semana após a apoplexia hipofisária pode oferecer melhor chance de recuperação visual.[63,80] Outros mostraram melhora com a descompressão meses após a perda visual inicial.[67] Jho *et al.* propuseram um esquema de classificação para a apoplexia hipofisária com base nos achados clínicos e radiológicos. Essa classificação é um guia útil para a estratificação da gravidade dessa doença e, deste modo, pode provar-se útil para a escolha entre os tratamentos cirúrgico e conservador.[81] Entretanto, gostaríamos de enfatizar a natureza única de cada cenário clínico, exigindo julgamento clínico em cada caso.

9.7 Considerações sobre Pré-Procedimento

9.7.1 Imagem

- O CT sem contraste é o exame mais valioso durante os dois primeiros dias de hemorragia (▶ Fig. 9.1), podendo mostrar uma cavidade hemorrágica com fluido/nível de fluido dentro de uma massa selar acentuada.
- Após 48 horas, a MRI é mais sensível que a CT para delinear o sangue do tumor e áreas de necrose das alterações císticas. A MRI também é útil para a estimativa da idade e do tempo de curso da hemorragia. Hemorragias com menos de 7 dias de duração aparecem de hipointensas a isointensas nas imagens em T1 e T2. Durante a segunda semana, um sinal hiperintenso pode ser encontrado na fronteira com o hematoma. Por volta da segunda semana, pode ser notado um aumento da hiperintensidade em todo o hematoma nas imagens ponderadas em T1 e T2 (▶ Fig. 9.2).
- Se clinicamente justificável, deve-se realizar uma angiografia ou uma MRA para exclusão de um aneurisma concomitante.
- A MRI é a melhor técnica para avaliar a extensão do tumor ou da hemorragia dentro do espaço suprasselar, compressão quiasmática e extensão dos seios cavernosos, e para o plano cirúrgico adequado (cirurgia transesfenoidal endoscópica ou microscópica, craniotomia).

9.7.2 Medicações

- A primeira linha de tratamento para pacientes que apresentam apoplexia hipofisária é manter o equilíbrio de fluidos e eletrólitos e tratar qualquer disfunção hipofisária, em especial uma crise addisoniana em andamento. Nossa prática comum é administrar de 100 a 200 mg de hidrocortisona ou 4 mg de dexametasona com intervalo de 6 horas antes da cirurgia e reduzir a um nível levemente suprafisiológico no pós-operatório, visto que pode ocorrer grande morbimortalidade em decorrência de falha no tratamento de uma crise addisoniana em evolução.
- Também obtemos um painel endócrino completo para servir como base para a reposição hormonal (p. ex., reposição de hormônio tireoidiano) em caso de hipopituitarismo.
- O tratamento perioperatório com antibiótico inclui a administração de 1,5 g de cefuroxima 30 minutos antes da incisão inicial (em caso de alergia à penicilina, administra-se vancomicina/gentamicina). Geralmente continuamos com a terapia antibiótica no período do pós-operatório desde que os tamponamentos nasais estejam colocados.

9.8 Preparação para o Campo Cirúrgico

- Após a intubação, as pálpebras do paciente são cuidadosamente fechadas com uma fita adesiva, sendo aplicado povidona-iodo sobre as narinas, bochechas e lábio superior.
- Cotonetes mergulhados em povidona-iodo são usados para limpar dentro das narinas e embaixo do lábio superior (para possível abordagem sublabial).
- O quadrante abdominal inferior direito é preparado de maneira esterilizada com uma bandeja separada de povidona-iodo para possível colheita de gordura para enxerto.

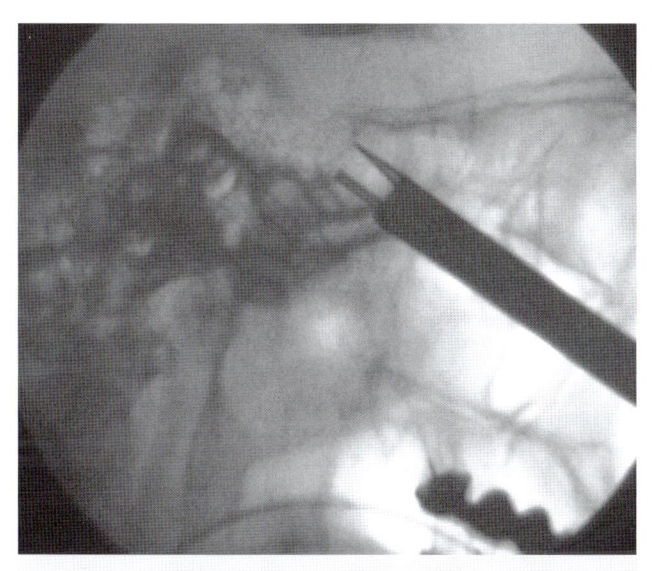

Fig. 9.3 Radiografia lateral de crânio mostrando o assoalho selar marcado por instrumentos passando pela cavidade nasal após posicionamento do afastador de autoestático.

- Emprega-se a fluoroscopia ou a navegação *frameless* guiada por imagem para determinar a trajetória adequada em um plano da linha mediana (▶ Fig. 9.3 e ▶ Fig. 9.4).

9.9 Procedimento Cirúrgico

- O paciente é colocado na extremidade direita da mesa cirúrgica em posição supina. Braço direito com o cotovelo dobrado a 90 graus, fixo ao tórax com bandagem e fita adesiva.
- Cabeça colocada em posição neutra em uma macia almofada de posicionamento da cabeça em forma de ferradura ou *donut*. Pode-se usar fixador de cabeça tipo Mayfield para uma navegação guiada por imagem mais precisa.
- O braço da fluoroscopia é posicionado à cabeceira da mesa cirúrgica para a obtenção da visão de raios X lateral do crânio e demarcação clara da sela. De maneira alternativa, prepara-se a orientação *frameless* por imagem para permitir a navegação intraoperatória *on-line*.
- Campos cirúrgicos das vias nasais e quadrante abdominal inferior direito ou esquerdo são preparados e cobertos de forma estéril. Pode ser necessário enxerto de gordura abdominal caso seja encontrado CSF durante a cirurgia.
- O microscópio cirúrgico é coberto e posicionado para melhor visualização da via endonasal para a região selar. Prepara-se o endoscópio para que se tenha uma visão ampla da via endonasal para a região selar.
- Usa-se um espéculo e orientação por fluoroscopia/imagem para direcionar a dissecação para a sela, sendo a mucosa nasal identificada na linha mediana. Injeta-se de 1 a 2 mL de lidocaína com epinefrina 1:100.000 entre a mucosa e o septo nasal.
- Usa-se uma lâmina n. 15 para fazer uma incisão linear na mucosa, sendo a mucosa dissecada do septo com um instrumento *freer*.
- Coloca-se um afastador autoestático com uma lâmina em cada lado do vômer.
- Usa-se uma combinação do fórceps Kerrison com instrumentos pituitários para a remoção do vômer, ampliando os óstios bilaterais no seio esfenoidal. Remove-se a mucosa do seio esfenoidal.
- Usa-se um pequeno osteótomo e um martelo para fraturar o assoalho selar e fórceps Kerrison para sua remoção.
- É importante observar que a septação do seio esfenoidal geralmente não marca a linha mediana. Por outro lado, o vômer sempre marca a linha mediana.
- A dura-máter é exposta e incisada com uma lâmina n. 15 de maneira cruzada.
- São usadas curetas em forma de anel de diversos tamanhos para a remoção do infarto hemorrágico dentro do tumor de maneira gradual, primeiro inferior, depois lateralmente até os limites dos seios cavernosos e, finalmente, superior.
- Após a irrigação com solução salina normal, os fragmentos ósseos previamente removidos são usados para a reconstrução do assoalho selar.
- Consegue-se a hemostasia, sendo o retrator gentilmente removido. Com o auxílio de um afastador manual, posiciona-se um tampão nasal nas narinas para garantir uma maior aproximação entre o retalho mucoso e o septo nasal.
- Caso seja visto CSF durante a cirurgia, deve-se preencher o seio com um pedaço de gordura subcutânea coletada do abdome.
- Caso seja necessário, a coleta do tecido adiposo pode ser realizada por uma incisão linear nos quadrantes inferiores direito ou esquerdo.
- Quase sempre é colocado um tampão nasal no lado direito; entretanto, no lado esquerdo só é colocado caso seja visto CSF ou para a obtenção de melhor hemostasia.

9.10 Conduta Pós-Operatória

- A hidrocortisona ou a dexametasona são continuadas no período pós-operatório imediato.
- O tampão nasal do lado esquerdo geralmente é removido após 24 horas.
- O paciente é monitorado em busca de quaisquer sinais de crise addisoniana ou diabetes insípido. Para esse fim, medimos cuidadosamente a ingestão e eliminação de líquidos, com obtenção diária de sódio sérico e osmolalidade. Se o paciente eliminar mais que 200 mL/h de urina em 3 horas consecutivas, deve-se repetir a medição do nível do sódio sérico. Caso o sódio sérico esteja elevado, administra-se desmopressina (DDAVP).
- No segundo dia do pós-operatório, o tampão nasal direito é removido e o paciente recebe alta hospitalar se estiver estável.
- Os resultados dos exames endocrinológicos são monitorados em um cenário ambulatorial para avaliar o nível de hipopituitarismo.
- São fornecidas consultas de acompanhamento neurocirúrgico, endócrino e oftalmológico a todos os pacientes com apoplexia.

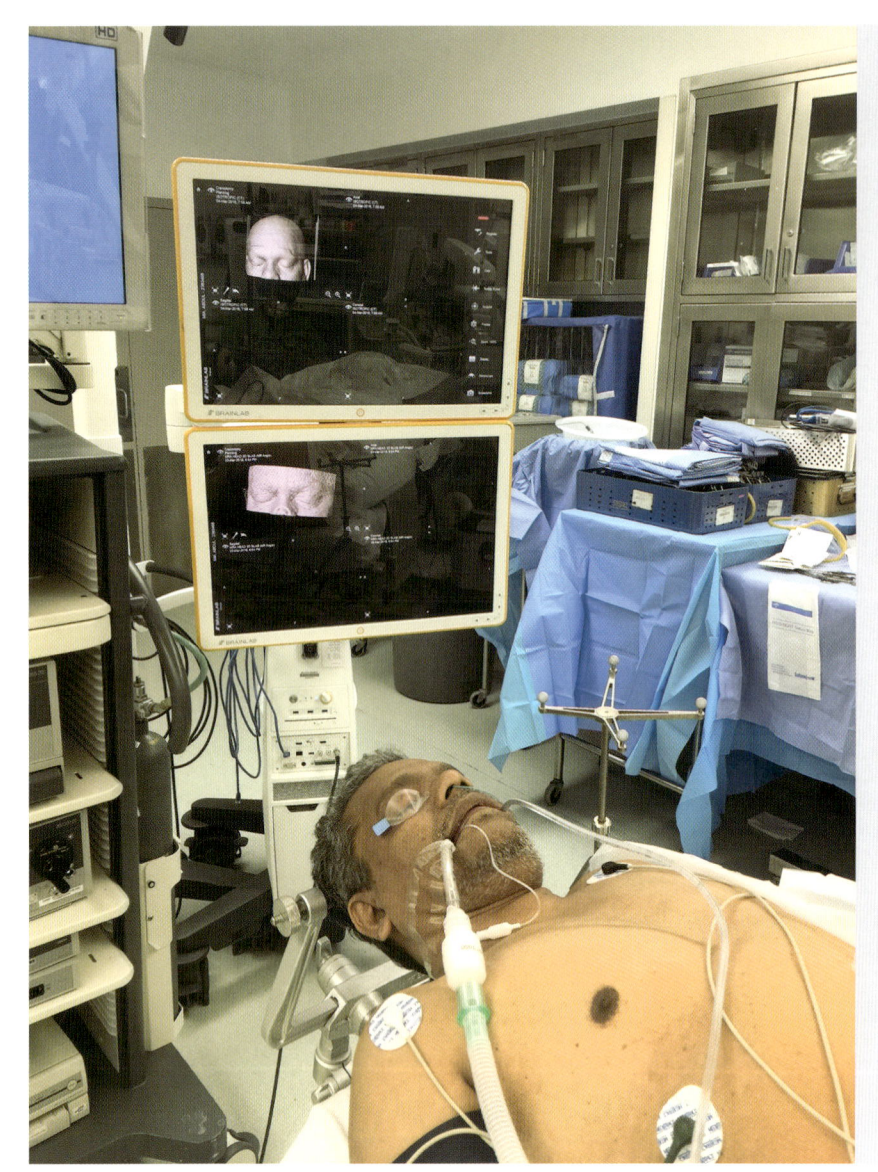

Fig. 9.4 Navegação sem *fiduciais* usada em conjunto com uma abordagem endoscópica como alternativa para a abordagem microscópica endonasal.

9.11 Considerações Especiais

- É nossa preferência usar o microscópio cirúrgico para a abordagem transesfenoidal; entretanto, a técnica endoscópica pode fornecer maior exposição. A escolha da técnica dependerá do nível de conforto do cirurgião.
- A craniotomia é reservada aos pacientes com seio esfenoidal não aerado, uma sela pequena com uma grande massa supras-selar associada, um diafragma esticado com uma lesão em formato de halteres ou um hematoma intracerebral associado.[6,17]

Referências

[1] Nawar RN, AbdelMannan D, Selman WR, et al. Pituitary tumor apoplexy: a review. J Intensive Care Med. 2008; 23(2):75-90
[2] Brougham M, Heusner AP, Adams RD. Acute degenerative changes in adenomas of the pituitary body—with special reference to pituitary apoplexy. J Neurosurg. 1950; 7(5):421-439
[3] Bailey P. Pathological report of a case of acromegaly with special reference to the lesions in hypophysis cerebri and in the thyroid gland and of a case of hemorrhage into the pituitary. Philadelphia Med J. 1898; 1:789-792
[4] Findling JW, Tyrrell JB, Aron DC, et al. Silent pituitary apoplexy: subclinical infarction of an adrenocorticotropin-producing pituitary adenoma. J Clin Endocrinol Metab. 1981; 52(1):95-97
[5] Mohr G, Hardy J. Hemorrhage, necrosis, and apoplexy in pituitary adenomas. Surg Neurol. 1982; 18(3):181-189
[6] Onesti ST, Wisniewski T, Post KD. Clinical versus subclinical pituitary apoplexy: presentation, surgical management, and outcome in 21 patients. Neurosurgery. 1990; 26(6):980-986
[7] Johnston PC, Hamrahian AH, Weil RJ, et al. Pituitary tumor apoplexy. J Clin Neurosci. 2015; 22(6):939-944
[8] Rovit RL, Fein JM. Pituitary apoplexy: a review and reappraisal. J Neurosurg. 1972; 37(3):280-288
[9] Mohanty S, Tandon PN, Banerji AK, et al. Haemorrhage into pituitary adenomas. J Neurol Neurosurg Psychiatry. 1977; 40(10):987-991
[10] Jeffcoate WJ, Birch CR. Apoplexy in small pituitary tumours. J Neurol Neurosurg Psychiatry. 1986; 49(9):1077-1078
[11] Kaplan B, Day AL, Quisling R, et al. Hemorrhage into pituitary adenomas. Surg Neurol. 1983; 20(4):280-287
[12] Fraioli B, Esposito V, Palma L, et al. Hemorrhagic pituitary adenomas: clinicopathological features and surgical treatment. Neurosurgery. 1990; 27(5):741-747, discussion 747-748

[13] De Villiers J, Marcus G. Non-haemorrhagic infarction of pituitary tumours presenting as pituitary apoplexy. Adv Biosci. 1988; 69:461-464

[14] Alhajje A, Lambert M, Crabbé J. Pituitary apoplexy in an acromegalic patient during bromocriptine therapy. Case report. J Neurosurg. 1985; 63(2):288-292

[15] Bernstein M, Hegele RA, Gentili F, et al. Pituitary apoplexy associated with a triple bolus test. Case report. J Neurosurg. 1984; 61(3):586-590

[16] Biousse V, Newman NJ, Oyesiku NM. Precipitating factors in pituitary apoplexy. J Neurol Neurosurg Psychiatry. 2001; 71(4):542-545

[17] Cardoso ER, Peterson EW. Pituitary apoplexy: a review. Neurosurgery. 1984; 14(3):363-373

[18] Challa VR, Richards F II, Davis CH Jr. Intraventricular hemorrhage from pituitary apoplexy. Surg Neurol. 1981; 16(5):360-361

[19] Cooper DM, Bazaral MG, Furlan AJ, et al. Pituitary apoplexy: a complication of cardiac surgery. Ann Thorac Surg. 1986; 41(5):547-550

[20] Goel A, Deogaonkar M, Desai K. Fatal postoperative 'pituitary apoplexy': its cause and management. Br J Neurosurg. 1995; 9(1):37-40

[21] Knoepfelmacher M, Gomes MC, Melo ME, et al. Pituitary apoplexy during therapy with cabergoline in an adolescent male with prolactin – secreting macroadenoma. Pituitary. 2004; 7(2):83-87

[22] Matsuura I, Saeki N, Kubota M, et al. Infarction followed by hemorrhage in pituitary adenoma due to endocrine stimulation test. Endocr J. 2001; 48(4):493-498

[23] Nourizadeh AR, Pitts FW. Hemorrhage into pituitary adenoma during anticoagulant therapy. JAMA. 1965; 193:623-625

[24] Reichenthal E, Manor RS, Shalit MN. Pituitary apoplexy during carotid angiography. Acta Neurochir (Wien). 1980; 54(3-4):251-255

[25] Reid RL, Quigley ME, Yen SS. Pituitary apoplexy. A review. Arch Neurol. 1985; 42(7):712-719

[26] Shapiro LM. Pituitary apoplexy following coronary artery bypass surgery. J Surg Oncol. 1990; 44(1):66-68

[27] Shirataki K, Chihara K, Shibata Y, et al. Pituitary apoplexy manifested during a bromocriptine test in a patient with a growth hormone- and prolactin-producing pituitary adenoma. Neurosurgery. 1988; 23(3):395-398

[28] Silverman VE, Boyd AE III, McCrary JA III, et al. Pituitary apoplexy following chlorpromazine stimulation. Arch Intern Med. 1978; 138(11):1738-1739

[29] Slavin ML, Budabin M. Pituitary apoplexy associated with cardiac surgery. Am J Ophthalmol. 1984; 98(3):291-296

[30] Weisberg LA. Pituitary apoplexy. Association of degenerative change in pituitary adenoma with radiotherapy and detection by cerebral computed tomography. Am J Med. 1977; 63(1):109-115

[31] Yamaji T, Ishibashi M, Kosaka K, et al. Pituitary apoplexy in acromegaly during bromocriptine therapy. Acta Endocrinol (Copenh). 1981; 98(2):171-177

[32] Holness RO, Ogundimu FA, Langille RA. Pituitary apoplexy following closed head trauma. Case report. J Neurosurg. 1983; 59(4):677-679

[33] Markowitz S, Sherman L, Kolodny HD, et al. Acute pituitary vascular accident (pituitary apoplexy). Med Clin North Am. 1981; 65(1):105-116

[34] Müller-Jensen A, Lüdecke D. Clinical aspects of spontaneous necrosis of pituitary tumors (pituitary apoplexy). J Neurol. 1981; 224(4):267-271

[35] Wakai S, Fukushima T, Teramoto A, et al. Pituitary apoplexy: its incidence and clinical significance. J Neurosurg. 1981; 55(2):187-193

[36] Semple PL, Webb MK, de Villiers JC, et al. Pituitary apoplexy. Neurosurgery. 2005; 56(1):65-72, discussion 72-73

[37] McFadzean RM, Doyle D, Rampling R, et al. Pituitary apoplexy and its effect on vision. Neurosurgery. 1991; 29(5):669-675

[38] Seyer H, Kompf D, Fahlbusch R. Optomotor palsies in pituitary apoplex. Neuroophthalmology. 1992; 12(4):217-224

[39] Castañeda Adriano H, al-Mondhiry HAB. Hemorrhagic necrosis in pituitary tumors. (Pituitary apoplexy). N Y State J Med. 1967; 67(11):1448-1452

[40] Bjerre P, Lindholm J. Pituitary apoplexy with sterile meningitis. Acta Neurol Scand. 1986; 74(4):304-307

[41] Uihlein A, Balfour WM, Donovan PF. Acute hemorrhage into pituitary adenomas. J Neurosurg. 1957; 14(2):140-151

[42] Reutens DC, Edis RH. Pituitary apoplexy presenting as aseptic meningitis without visual loss or ophthalmoplegia. Aust N Z J Med. 1990; 20(4):590-591

[43] Petersen P, Christiansen KH, Lindholm J. Acute monocular disturbances mimicking optic neuritis in pituitary apoplexy. Acta Neurol Scand. 1988; 78(2):101-103

[44] Rosenbaum TJ, Houser OW, Laws ER. Pituitary apoplexy producing internal carotid artery occlusion. Case report. J Neurosurg. 1977; 47(4):599-604

[45] Clark JD, Freer CE, Wheatley T. Pituitary apoplexy: an unusual cause of stroke. Clin Radiol. 1987; 38(1):75-77

[46] Arafah BM, Harrington JF, Madhoun ZT, et al. Improvement of pituitary function after surgical decompression for pituitary tumor apoplexy. J Clin Endocrinol Metab. 1990; 71(2):323-328

[47] Veldhuis JD, Hammond JM. Endocrine function after spontaneous infarction of the human pituitary: report, review, and reappraisal. Endocr Rev. 1980; 1(1):100-107

[48] Armstrong MR, Douek M, Schellinger D, et al. Regression of pituitary macroadenoma after pituitary apoplexy: CT and MR studies. J Comput Assist Tomogr. 1991; 15(5):832-834

[49] Haviv YS, Goldschmidt N, Safadi R. Pituitary apoplexy manifested by sterile meningitis. Eur J Med Res. 1998; 3(5):263-264

[50] Aoki N. Partially thrombosed aneurysm presenting as the sudden onset of bitemporal hemianopsia. Neurosurgery. 1988; 22(3):564-566

[51] Jakubowski J, Kendall B. Coincidental aneurysms with tumours of pituitary origin. J Neurol Neurosurg Psychiatry. 1978; 41(11):972-979

[52] Pia HW, Obrador S, Martin JG. Association of brain tumours and arterial intracranial aneurysms. Acta Neurochir (Wien). 1972; 27(3):189-204

[53] Sani S, Smith A, Leppla DC, et al. Epidermoid cyst of the sphenoid sinus with extension into the sella turcica presenting as pituitary apoplexy: case report. Surg Neurol. 2005; 63(4):394-397, discussion 397

[54] Glick RP, Ticsi JA. Subacute pituitary apoplexy: clinical and magnetic resonance imaging characteristics. Neurosurgery. 1990; 27(2):214-218, discussion 218-219

[55] Kyle CA, Laster RA, Burton EM, et al. Subacute pituitary apoplexy: MR and CT appearance. J Comput Assist Tomogr. 1990; 14(1):40-44

[56] Ostrov SG, Quencer RM, Hoffman JC, et al. Hemorrhage within pituitary adenomas: how often associated with pituitary apoplexy syndrome? AJR Am J Roentgenol. 1989; 153(1):153-160

[57] Piotin M, Tampieri D, Rüfenacht DA, et al. The various MRI patterns of pituitary apoplexy. Eur Radiol. 1999; 9(5):918-923

[58] Rogg JM, Tung GA, Anderson G, et al. Pituitary apoplexy: early detection with diffusion-weighted MR imaging. AJNR Am J Neuroradiol. 2002; 23(7):1240-1245

[59] Ayuk J, McGregor EJ, Mitchell RD, et al. Acute management of pituitary apoplexy—surgery or conservative management? Clin Endocrinol (Oxf). 2004; 61(6):747-752

[60] Bills DC, Meyer FB, Laws ER Jr, et al. A retrospective analysis of pituitary apoplexy. Neurosurgery. 1993; 33(4):602-608, discussion 608-609

[61] Brisman MH, Katz G, Post KD. Symptoms of pituitary apoplexy rapidly reversed with bromocriptine. Case report. J Neurosurg. 1996; 85(6):1153-1155

[62] Lubina A, Olchovsky D, Berezin M, et al. Management of pituitary apoplexy: clinical experience with 40 patients. Acta Neurochir (Wien). 2005; 147(2):151-157, discussion 157

[63] Randeva HS, Schoebel J, Byrne J, et al. Classical pituitary apoplexy: clinical features, management and outcome. Clin Endocrinol (Oxf). 1999; 51(2):181-188

[64] Maccagnan P, Macedo CL, Kayath MJ, et al. Conservative management of pituitary apoplexy: a prospective study. J Clin Endocrinol Metab. 1995; 80(7):2190-2197
[65] Nishioka H, Haraoka J, Miki T. Spontaneous remission of functioning pituitary adenomas without hypopituitarism following infarctive apoplexy: two case reports. Endocr J. 2005; 52(1):117-123
[66] da Motta LA, de Mello PA, de Lacerda CM, et al. Pituitary apoplexy. Clinical course, endocrine evaluations and treatment analysis. J Neurosurg Sci. 1999; 43(1):25-36
[67] Parent AD. Visual recovery after blindness from pituitary apoplexy. Can J Neurol Sci. 1990; 17(1):88-91
[68] Peter M, De Tribolet N. Visual outcome after transsphenoidal surgery for pituitary adenomas. Br J Neurosurg. 1995; 9(2):151-157
[69] Agrawal D, Mahapatra AK. Visual outcome of blind eyes in pituitary apoplexy after transsphenoidal surgery: a series of 14 eyes. Surg Neurol. 2005; 63(1):42-46, discussion 46
[70] Ebersold MJ, Laws ER, Jr, Scheithauer BW, et al. Pituitary apoplexy treated by transsphenoidal surgery. A clinicopathological and immunocytochemical study. J Neurosurg. 1983; 58(3):315-320
[71] Kosary IZ, Braham J, Tadmor R, et al. Trans-sphenoidal surgical approach in pituitary apoplexy. Neurochirurgia (Stuttg). 1976; 19(2):55-58
[72] Murad-Kejbou S, Eggenberger E. Pituitary apoplexy: evaluation, management, and prognosis. Curr Opin Ophthalmol. 2009; 20(6):456-461
[73] Suzuki H, Muramatsu M, Murao K, et al. Pituitary apoplexy caused by ruptured internal carotid artery aneurysm. Stroke. 2001; 32(2):567-569
[74] Okawara M, Yamaguchi H, Hayashi S, et al. [A case of ruptured internal carotid artery aneurysm mimicking pituitary apoplexy] No Shinkei Geka. 2007; 35(12):1169-1174
[75] Onesti ST, Wisniewski T, Post KD. Pituitary hemorrhage into a Rathke's cleft cyst. Neurosurgery. 1990; 27(4):644-646
[76] Chaiban JT, Abdelmannan D, Cohen M, et al. Rathke cleft cyst apoplexy: a newly characterized distinct clinical entity. J Neurosurg. 2011; 114(2):318-324
[77] Sweeney AT, Blake MA, Adelman LS, et al. Pituitary apoplexy precipitating diabetes insipidus. Endocr Pract. 2004; 10(2):135-138
[78] Bujawansa S, Thondam SK, Steele C, et al. Presentation, management and outcomes in acute pituitary apoplexy: a large single-centre experience from the United Kingdom. Clin Endocrinol (Oxf). 2014; 80(3):419-424
[79] Rajasekaran S, Vanderpump M, Baldeweg S, et al. UK guidelines for the management of pituitary apoplexy. Clin Endocrinol (Oxf). 2011; 74(1):9-20
[80] Muthukumar N, Rossette D, Soundaram M, et al. Blindness following pituitary apoplexy: timing of surgery and neuro-ophthalmic outcome. J Clin Neurosci. 2008; 15(8):873-879
[81] Jho DH, Biller BM, Agarwalla PK, et al. Pituitary apoplexy: large surgical series with grading system. World Neurosurg. 2014; 82(5):781-790

10 Manejo de Hemorragia Subaracnóidea Aguda

Agnieszka Ardelt ▪ Issam A. Awad

Resumo

Estima-se que a incidência anual de hemorragia subaracnóidea não traumática (SAH) seja de 2-22,5 casos por 100.000 mil pessoas, dependendo da região; e, apesar de ampla melhora com o passar dos anos, a mortalidade da SAH ainda é de aproximadamente 30-40%. A apresentação clínica da SAH aneurismática é tipicamente caracterizada pela "pior dor de cabeça da vida", porém uma proporção significativa dos pacientes se apresenta com dor de cabeça moderada em razão de uma hemorragia sentinela. As escalas de Fisher e de Hunt e Hess frequentemente são usadas para classificar a SAH: elas ponderam a gravidade da doença e auxiliam na formação do prognóstico. As complicações cerebrais primárias mais devastadoras são uma nova ruptura do aneurisma, hidrocefalia aguda, hipertensão intracraniana e isquemia cerebral tardia devido à vasospasmo. Além disso, os pacientes correm o risco de convulsões, edema pulmonar neurogênico, cardiomiopatia do estresse, síndrome cerebral perdedora de sal, infecções, complicações típicas associadas à doença catastrófica e descompensação da doença crônica subjacente. Os pilares da terapia são o rápido reconhecimento e diagnóstico; reanimação; transferência para um centro com experiência no tratamento da doença; controle de pressão arterial; reversão de anticoagulação ou correção da trombocitopenia; tratamento de hidrocefalia aguda; rápido tratamento (embolização ou clipagem) do aneurisma; monitoramento, profilaxia e tratamento do vasospasmo; prevenção e tratamento de complicações; tratamento de doenças crônicas preexistentes e reabilitação.

Palavras-chave: clipagem de aneurisma, embolização de aneurisma, aneurisma cerebral, vasospasmo cerebral, hidrocefalia, hipertensão intracraniana, hemorragia subaracnóidea

10.1 Introdução

Estima-se que a taxa anual de incidência de hemorragia subaracnóidea (SAH) espontânea (não traumática) seja de 2 a 22,5 casos por 100.000 pessoas de acordo com a região.[1] Os pacientes que sobrevivem à admissão hospitalar e recebem atenção clínica adequada têm maior chance de sobrevivência e bom resultado, embora alguns ainda possam sucumbir ao ressangramento, sequelas da hemorragia inicial, vasospasmo ou complicações clínicas. Apesar da grande melhora ao longo dos anos, a mortalidade da SAH ainda é de aproximadamente 30-40%.[1]

Muitas das sequelas catastróficas da SAH ocorrem nas primeiras horas ou dias após o evento. O rápido diagnóstico e o tratamento cuidadoso no estágio inicial podem afetar significativamente o resultado geral desses pacientes. Por outro lado, o diagnóstico tardio ou a negligência de um ou mais princípios de tratamento podem resultar em consequências devastadoras ou irreversíveis.

Apesar da ampla disponibilidade de modalidades modernas de tratamento e diagnóstico, muitos pacientes não chegam aos centros especializados até horas ou dias após a hemorragia.[2] Mesmo nas grandes áreas metropolitanas, o diagnóstico e a transferência tardios para um centro capaz de realizar um tratamento definitivo do problema ainda são prevalentes, negando a muitos pacientes as vantagens do tratamento otimizado na fase aguda. Ainda há falta de consciência geral entre médicos primários e comunitários sobre as melhores manobras diagnósticas e terapêuticas em pacientes com suspeita de SAH. Os neurocirurgiões devem estar envolvidos na educação de médicos comunitários e de emergência e em campanhas de conscientização pública sobre essa entidade. Poucas condições na neurocirurgia merecem uma abordagem diagnóstica e terapêutica tão intensa e cuidadosa na fase aguda como a SAH.

Medidas simultâneas são tomadas em cada paciente para que se chegue ao diagnóstico ideal, estabilização sistêmica e tratamento de sequelas neurológicas.[3] Essas medidas são tomadas durante o planejamento mais cedo possível do tratamento definitivo da causa da SAH em cada paciente individual para prevenção das consequências devastadoras do ressangramento.

10.2 Apresentação Clínica da Hemorragia Subaracnóidea

É importante que os sinais e sintomas comuns da SAH sejam reconhecidos para suscitar suspeita clínica e eventual diagnóstico.[4] Os pacientes geralmente relatam o súbito início de uma grave dor de cabeça em trovoada[5] excruciante, descrita como "a pior de suas vidas". Pode ocorrer a qualquer momento, durante alguma atividade ou descanso, mas frequentemente é relatada durante uma atividade física intensa, esforço pesado ou relação sexual. A dor de cabeça normalmente é descrita como retro-orbital, irradiando para a área da nuca. Nos pacientes que sofrem com dores de cabeça frequentes, aquelas induzidas pela SAH geralmente são diferentes daquelas mais regulares e visivelmente mais intensas. Os pacientes relatam, com frequência, agrupamento de pequenas queixas de dor de cabeça, denominadas dores de cabeça sentinelas, nos dias ou semanas anteriores a SAH.[6] Tais dores de cabeça de alerta podem ser causadas por hemorragia menor, alterações no tamanho do aneurisma, e/ou efeito expansivo nas áreas próximas, antes da ruptura catastrófica.

Dentro de segundos ou minutos de dor de cabeça intensa, o paciente pode perder a consciência, sofrer um episódio convulsivo ou morrer. Esses fenômenos provavelmente tem relação com parada circulatória cerebral, transitória ou persistente, relacionada com a elevação da pressão intracraniana (ICP) no icto. Quando há óbito nessa etapa, provavelmente ocorre por causa de uma assistolia ou outra disritmia cardíaca relacionada com hipertensão intracraniana ou parada respiratória levando à parada cardíaca. Outros pacientes podem ter dor de cabeça grave, debilitante e persistente nas horas subsequentes, ou desconforto de menor intensidade e incômodo. Sintomas como dor retro-orbital, fotofobia, desconforto na nuca e sinais meníngeos persistem por horas e dias após a SAH. Nos casos em que os sintomas iniciais não são interpretados corretamente, pode haver uma variedade de sequelas tardias antes do diagnóstico definitivo. Novos déficits neurológicos isquêmicos, sintomas meníngeos persistentes inexplicáveis, meningite não infecciosa ou hidrocefalia podem aumentar a possibilidade de SAH nos dias ou semanas anteriores. Em alguns casos, as hemorragias sub-hialoides na retina podem aumentar a suspeita de SAH em situações em que o cenário clínico não é claro. Do mesmo modo, uma grande variedade de déficits neurológicos focais pode acompanhar a ruptura de aneurismas em diversos locais do cérebro, podendo aumentar a suspeita clínica.

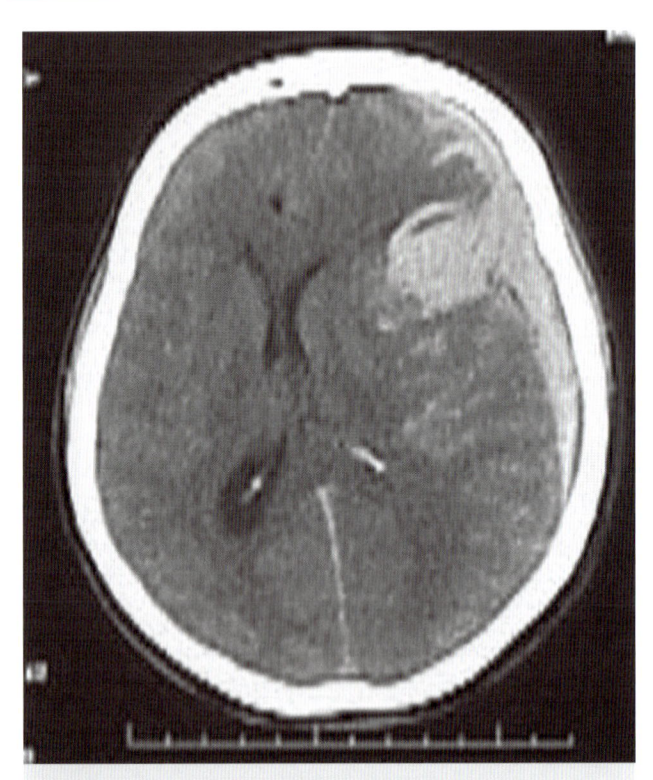

Fig. 10.1 Tomografia computadorizada (CT) em paciente comatoso com hemorragia subaracnóidea maciça e hemorragia intracerebral (mais hemorragia subdural). Tal paciente é levado, emergencialmente, para evacuação cirúrgica do hematoma, tomografia computadorizada com ou sem contraste, mas sem levar tempo adicional para angiografia convencional.

Quadro 10.1 Escala de Hunt e Hess

Escala	Estado neurológico
I	Assintomático; ou dor de cabeça mínima e rigidez nucal leve
II	Dor de cabeça moderada a severa; rigidez nucal; sem deficiência neurológica, exceto paralisia do nervo craniano
III	Letargia; déficit neurológico mínimo
IV	Torpor; hemiparesia moderada a severa; possível rigidez descerebrada precoce e perturbações vegetativas
V	Coma profundo; rigidez descerebrada; aparência moribunda

Quadro 10.2 Escala da Federação Mundial de Cirurgiões Neurológicos para hemorragia subaracnóidea

Escala WFNS	Escore da escala de coma de Glasgow	Deficiência focal principal
0 (aneurisma intacto)	-	-
1	15	Ausente
2	13-14	Ausente
3	13-14	Presente
4	7-12	Presente ou ausente
5	3-6	Presente ou ausente

Abreviatura: WFNS, Federação Mundial de Cirurgiões Neurológicos

As neuropatias cranianas, por exemplo, paralisia abducente ou oculomotora, podem representar ICP elevada ou compressão aneurismática do nervo craniano, como compressão do aneurisma da artéria comunicante posterior ou artéria cerebelar superior no nervo oculomotor, dependendo da condição clínica do paciente. Outras deficiências neurológicas focais provavelmente implicam hemorragia intracerebral (ICH) além da SAH, como é comum com os aneurismas da artéria cerebral média (▶ Fig. 10.1). As malformações vasculares e fístulas durais são mais propensas a causar ICH que SAH, podendo resultar em ambos. Hemorragia aneurismática da artéria comunicante anterior, topo da basilar ou artéria cerebelar posteroinferior podem causar hemorragia intraventricular, que, por sua vez, pode causar obstrução ventricular, provocando diminuição do nível de consciência.

10.2.1 Classificação da Hemorragia Subaracnóidea

O nível inicial de consciência do paciente é um determinante cardinal do resultado após a SAH e pode afetar as decisões de tratamento e o prognóstico. A classificação clínica pode ser feita por escala de Hunt-Hess (▶ Quadro 10.1)[7] ou escala da Federação Mundial de Cirurgiões Neurológicos (▶ Quadro 10.2).[8] A primeira é bastante simples e amplamente usada, enquanto a segunda demonstrou ter melhores valores preditivos positivos e negativos em relação ao resultado, especialmente entre os pacientes de alto grau.[9,10]

10.3 Estabelecendo o Diagnóstico da Hemorragia Subaracnóidea

O diagnóstico da SAH deve ser feito rapidamente por causa das extremas consequências do ressangramento de um aneurisma instável se o diagnóstico não for acertado.[11] O diagnóstico da SAH geralmente é estabelecido com uma simples tomografia computadorizada cerebral sem contraste (CT), que pode detectar a SAH em até 95% dos casos,[12] embora a sensibilidade da CT de crânio diminua com o tempo (▶ Fig. 10.2). A quantidade de SAH é avaliada pelo sistema de classificação de Fisher, que tem valor prognóstico na predição de risco de vasoespasmo e no resultado geral do paciente (▶ Quadro 10.3).[13,14]

A CT sem contraste também pode fornecer informação útil de localização sobre a possível fonte de hemorragia. Nos casos em que a CT é negativa ou questionável no cenário de qualquer suspeita clínica de SAH, deve-se realizar uma punção lombar, a menos que haja contraindicação. Se realizada adequadamente, a presença de células vermelhas no líquido cefalorraquidiano (CSF) confirma a suspeita clínica de SAH; entretanto, o diagnóstico diferencial do CSF com sangue inclui a possibilidade de uma punção traumática. Embora um CSF traumático possa ficar sem sangue entre o primeiro e o último tubo, nem sempre pode ser determinado com certeza. Na SAH, os tubos coletados em série têm uma contagem estável de células vermelhas, sem evidência de depuração. Para ajudar a resolver a questão, pode ser realizada uma nova punção lombar em um nível mais alto (se seguro) ou até várias horas depois. A punção lombar pode ser postergada em circunstâncias específicas, por exemplo, se a CT da cabeça for realizada em menos de 6 horas após a dor de cabeça ser negativa.[15]

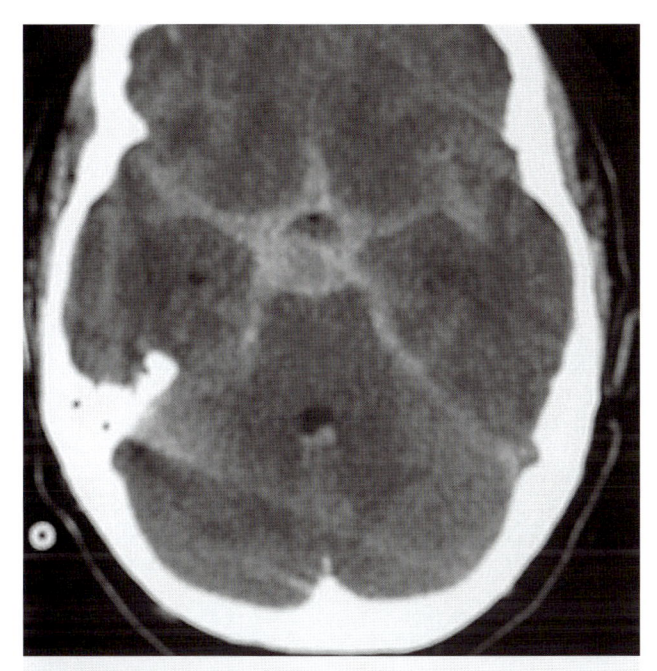

Fig. 10.2 Tomografia computadorizada (CT) mostrando hemorragia subaracnóidea policisternal. É mais provável que a etiologia seja aneurismática.

Quadro 10.3 Sistema de classificação de Fisher da gravidade da hemorragia subaracnóidea

Grupo de Fisher	Sangue na CT
1	Sem presença de sangue subaracnóideo
2	Camadas difusas ou verticais ≤ 1 mm de espessura
3	Coágulo localizado e/ou camada vertical > 1 mm
4	Coágulo intracerebral ou intraventricular com SAH difusa ou ausente

Abreviatura: CT, tomografia computadorizada; SAH, hemorragia subaracnóidea

Ocorre xantocromia (coloração amarela) do CSF em decorrência da lise e da degradação das células vermelhas do sangue e hemoglobina, que aparece de 12 a 24 horas após a SAH e pode persistir por vários dias. A presença de xantocromia no CSF centrifugado é consistente com SAH, enquanto uma punção traumática geralmente resultará em um sobrenadante límpido. Pode ocorrer reação meníngea com células polimorfonucleares nas primeiras horas após a SAH, que pode tornar-se gradualmente mais monocítica nos dias subsequentes. Essa resposta e um nível elevado de proteína podem persistir em CSF por 2 a 3 semanas após a SAH e pode estar presente após o desaparecimento da xantocromia e células vermelhas. No caso de interpretação negativa ou incerta da CT, o CSF límpido na punção lombar excluirá, com segurança e confiabilidade, a possibilidade de SAH significativa.

10.4 Estabelecendo a Etiologia da Hemorragia Subaracnóidea

Estima-se que a prevalência de aneurismas cerebrais na população seja entre 0,2 e 7,9%, com maior prevalência em pacientes idosos.[16] Considera-se que essa etiologia seja responsável por 70 a 80% das apresentações de SAH espontânea. Aneurismas do polígono ou círculo de Willis são conhecidos por se desenvolverem em bifurcações de vasos, isto é, em pontos de estresse hemodinâmico máximo. Os aneurismas associados a infecção ou trauma tendem a ocorrer mais distalmente na circulação. Oitenta a 90% dos aneurismas afetam a circulação anterior (ou carótida), na artéria comunicante anterior, artéria comunicante posterior, artéria cerebral média ou outros locais. Dez a 20% dos aneurismas afetam a circulação posterior (ou vertebrobasilar), mais provavelmente no topo da basilar, artérias cerebelares inferiores posteriores ou outros locais. Os aneurismas podem ser classificados pela forma, tendo, a grande maioria, formato sacular, envolvendo uma patologia excêntrica da parede arterial, geralmente em um ponto de ramificação. Uma pequena fração de aneurismas é fusiforme, com ou sem protrusões saculares, refletindo patologia da parede do vaso mais difusa, incluindo arteriopatia, dissecção e infecção. Os aneurismas saculares são classificados pelo tamanho: pequenos, se tiverem menos de 10 mm em diâmetro (78%), grandes, de 10 a 24 mm em diâmetro (20%) e gigantes, se tiverem mais de 24 mm em diâmetro (2%).

A patologia dos aneurismas saculares não é completamente entendida, embora seus fatores de risco pareçam ser congênitos e adquiridos. Algumas condições sistêmicas estão associadas à presença de aneurismas cerebrais; incluindo doenças do tecido conjuntivo (abrangendo a síndrome de Ehlers-Danlos e a síndrome de Marfan), doença renal policística autossômica dominante, displasia fibromuscular e aterosclerose; entretanto, estes representam apenas uma pequena fração de todos os aneurismas. Vinte por cento dos pacientes apresentam aneurismas múltiplos. Aproximadamente 20% dos pacientes com aneurismas têm histórico familiar de aneurismas afetando um parente de sangue de primeiro grau.[17] Hipertensão e tabagismo parecem contribuir para o risco de formação de aneurisma e também para o risco de hemorragia.[1] O risco de ruptura de hemorragia aumenta com os aneurismas maiores.[1] O risco anual de hemorragia para os aneurismas não roto varia entre 0,1 e 5-10% por ano, com risco maior em aneurismas gigantes. Também pode haver risco maior de ruptura em pacientes que tiveram uma hemorragia anterior em razão de outro aneurisma e em aneurismas em determinados locais (topo da basilar e artérias comunicantes anteriores).[18,19]

Uma vez estabelecido o diagnóstico da SAH, a angiografia cerebral dos quatro vasos (convencional) é a modalidade mais sensível e específica para o diagnóstico de um aneurisma e geralmente revela a etiologia da SAH (▶ Fig. 10.3). Os protocolos angiográficos modernos incluem técnicas de subtração digital e avaliação rotacional tridimensional do aneurisma (▶ Fig. 10.4). Estes novos protocolos melhoram muito a qualidade da imagem e fornecem informações aprimoradas para o planejamento terapêutico.

Nos casos em que a angiografia falha em demonstrar a etiologia, deve-se realizar ressonância magnética (MRI) para descartar qualquer lesão angiograficamente oculta como uma fonte de hemorragia. Deve-se repetir a angiografia 1 a 2 semanas após a primeira análise negativa. Tomografia computadorizada com contraste, angiografia por tomografia computadorizada (CTA) ou angiografia por ressonância magnética (MRA) podem estabelecer o diagnóstico do aneurisma (▶ Fig. 10.5, ▶ Fig. 10.6, ▶ Fig. 10.7) de maneira menos invasiva, embora tenha menos sensibilidade que a angiografia convencional. Tais testes são usados nos casos em que o diagnóstico da SAH é questionável ou quando os riscos, a condição clínica do paciente ou a disponibilidade imediata de local com angiografia ou uma equipe de angiografia podem inviabilizar a angiografia convencional de emergência.

É mais provável que a hemorragia subaracnóidea restrita às cisternas perimesencefálicas, isto é, SAH perimesencefálica, esteja associada à angiografia negativa (▶ Fig. 10.8). Contudo, essa

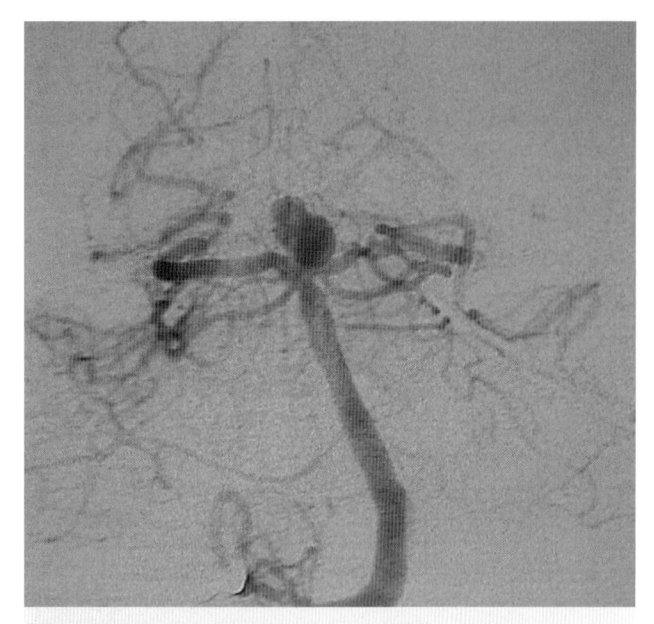

Fig. 10.3 Angiografia convencional revelando aneurisma na região do topo da basilar.

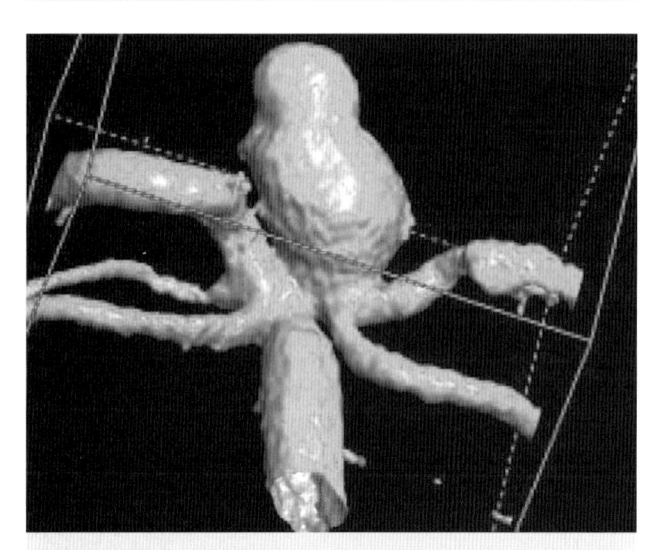

Fig. 10.4 Angiografia rotacional tridimensional (3D), no mesmo caso representado na Figura 10.3, revelando resolução muito mais espacial do que nas imagens convencionais de angiografia. A informação na angiografia 3D pode ajudar a guiar as decisões terapêuticas em relação à intervenção cirúrgica contra endovascular.

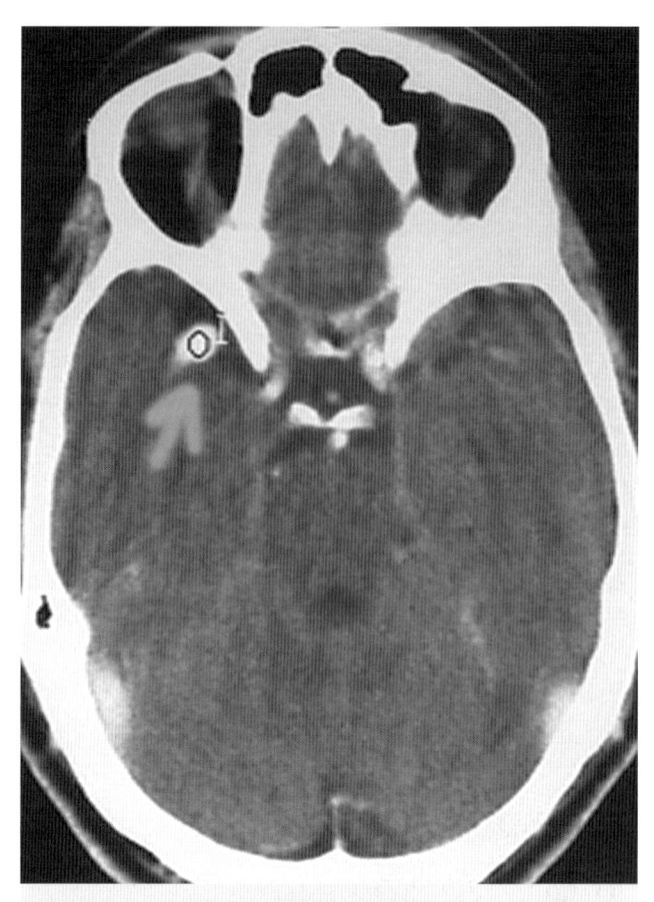

Fig. 10.5 Tomografia computadorizada (CT) com contraste mostrando aneurisma na artéria cerebral média.

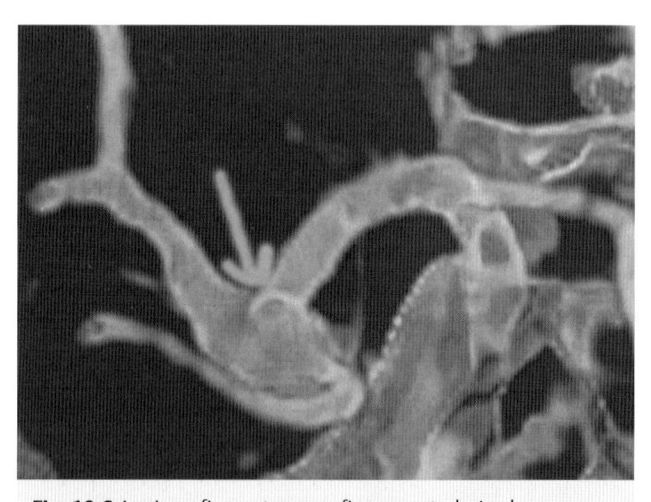

Fig. 10.6 Angiografia por tomografia computadorizada (CT), realizada por computador de reconstrução de CT de alta resolução de corte fino com contraste, exibe dilatação aneurismática na artéria cerebral média.

doença deve permanecer um diagnóstico de exclusão,[20] sendo justificável a repetição da angiografia porque os aneurismas basilares ou outros da circulação posterior também podem resultar em uma hemorragia restrita à região perimesencefálica.

Na dissecção arterial, a angiografia cerebral pode revelar um dos achados a seguir: estenose luminal, oclusão luminal, sinal de duplo lúmen, dilatação fusiforme do vaso, franco extravasamento do contraste ou pseudoaneurisma (▶ Fig. 10.9). Uma dissecção arterial pode estar associada a enchimento luminal normal na angiografia; portanto, a dissecção não é excluída com uma angiografia negativa. Em muitos casos, a MRI com sequencias axiais em T-1 e as imagens de origem MRA têm mais sensibilidade que a angiografia por cateter (e a MRA em reconstrução de imagem) para o diagnóstico de uma dissecção arterial. Essas sequências podem revelar um sinal crescente, que corresponde ao hematoma na parede do vaso: que é um sinal brilhante em torno do sinal vazio das artérias carótidas ou vertebrobasilares nas imagens axiais ponderadas em T-1 ou de origem. A MRI também fornece uma avaliação de porções trombosadas de aneurismas, como nas lesões gigantes, que pode não ser feita na angiografia (▶ Fig. 10.10).

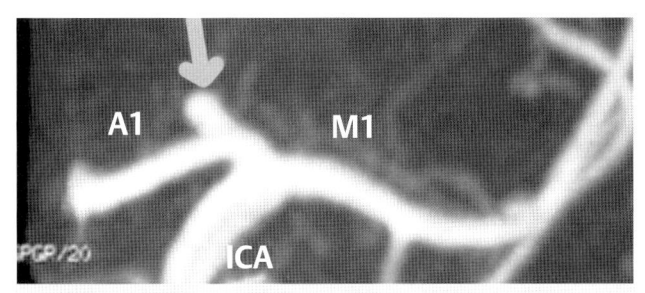

Fig. 10.7 Angiografia por ressonância magnética (MRA) exibindo aneurisma sacular de topo da carótida. Essa é uma excelente modalidade de triagem de pacientes para aneurismas. MRA negativa não é suficiente para excluir aneurisma em um paciente com hemorragia subaracnóidea. A1, segmento A1 da artéria cerebral anterior; ICA, artéria carótida interna; M1, segmento M1 da artéria cerebral média.

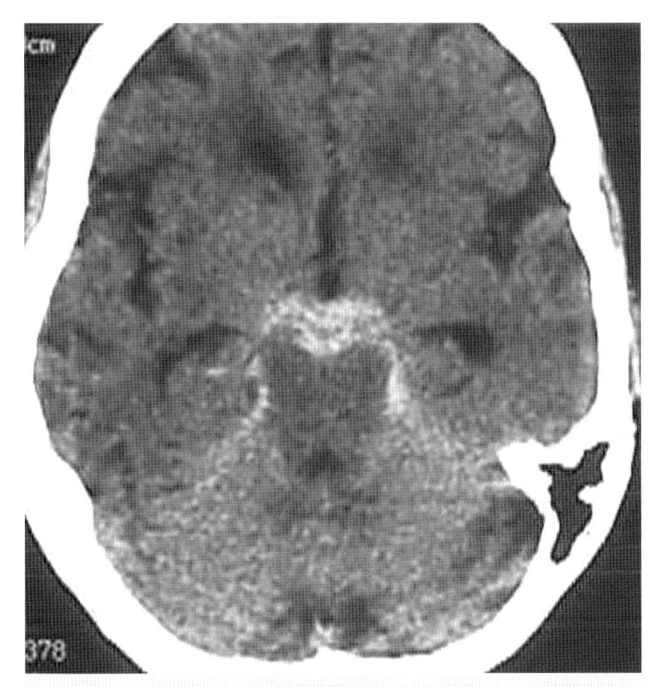

Fig. 10.8 Hemorragia subaracnóidea (SAH) perimesencefálica. Angiografia cerebral não revelou aneurisma. SAH perimesencefálica também pode ser causada pelo aneurisma basilar ou outras etiologias.

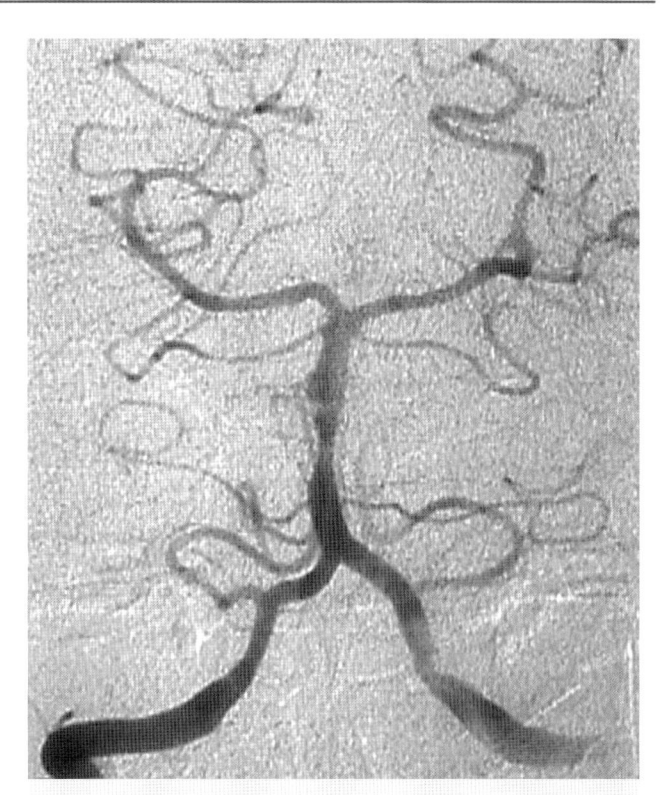

Fig. 10.9 Angiografia convencional de paciente com hemorragia subaracnóidea grave revelando dissecção da artéria basilar, com lúmen duplo e dilatação aneurismática pequena.

Em resumo, se a angiografia não revela a fonte da SAH, é realizada uma sistemática busca de outras causas, incluindo MRI cerebral ou da coluna, com ou sem contraste e com protocolo de detecção de dissecção. Essas sequências podem revelar malformações vasculares ocultas, dissecções ou tumores. Se nenhum for encontrado, repete-se a angiografia depois de uma semana ou mais, dessa vez com injeções seletivas da carótida externa além dos tradicionais exames dos quatro vasos, para excluir fístulas durais. Não é necessária uma segunda angiografia se for encontrada outra etiologia de SAH ou em casos selecionados nos quais o hematoma limitou-se apenas a cisternas perimesencefálicas e a primeira angiografia teve uma qualidade excelente.

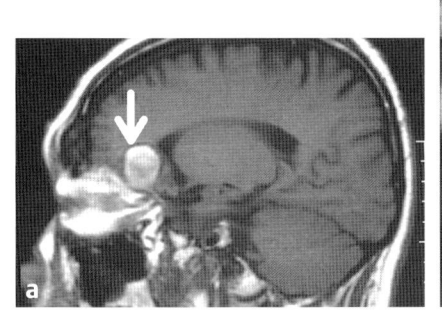

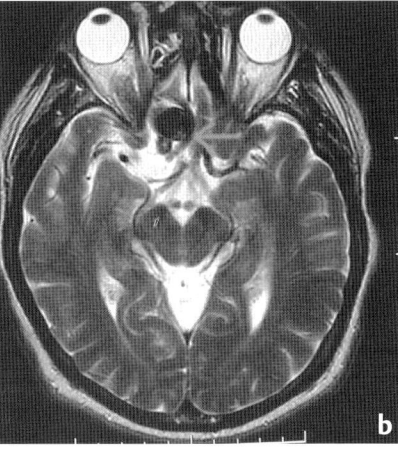

Fig. 10.10 Ressonância magnética de aneurisma gigante parcialmente trombosado. (**a**) Imagem ponderada em T1 e (**b**) em T2.

10.5 Tratamento de Pacientes com Hemorragia Subaracnóidea

As diretrizes atuais sugerem que os centros hospitalares com baixo volume de pacientes com SAH aneurismática (menos de 10 pacientes por ano) deve, após estabilização inicial, transferir tais pacientes para centros de grandes volumes com cirurgiões e serviços de cuidados intensivos em neurociências e especialistas endovasculares com experiência no tratamento da SAH.[1]

10.5.1 Estabilização Clínica Inicial

Vias Aéreas

Na reanimação aguda de pacientes com SAH segue o ABC (do inglês *airway*, *breathing* e *circulation*), ou seja, as vias aéreas, a respiração e a circulação são estabilizados primeiros.[3] Em qualquer paciente com um escore na Escala de Coma de Glasgow (GCS) com menos de 8 ou inferior, ou naqueles em que as vias aéreas não podem ser protegidas por quaisquer outras razões, defende-se o uso da intubação endotraqueal. Durante a intubação, deve-se ter uma cuidadosa à pressão sanguínea: se houver a suspeita de hipertensão intracraniana, a pressão sanguínea não deve reduzir a níveis que podem resultar em hipoperfusão cerebral. Deve-se evitar a hipertensão.

Pressão Sanguínea

Uma vez que se tenham realizado as primeiras etapas, a pressão sanguínea deve ser controlada em decorrência de suspeita da presença de uma lesão vascular instável, que pode estar em alto risco de ressangramento. Embora o alvo específico da pressão sanguínea seja desconhecido, as diretrizes atuais sugerem que uma pressão sanguínea sistólica inferior a 160 mmHg é justificável.[1] Entretanto, como debatido acima, deve-se evitar uma hipotensão relativa porque pode comprometer a perfusão cerebral, especialmente no cenário de ICP elevada,[21] que será debatido mais detalhadamente a seguir. Em pacientes selecionados, pode ser necessário o uso de um acesso venoso central e um acesso arterial para auxiliar no manejo agudo da pressão sanguínea. Os agentes vasodilatadores cerebrais, como nitratos, não devem ser usados para o controle da pressão sanguínea por causa do potencial de exacerbar a hipertensão intracraniana; em vez disso, são geralmente usados medicamentos como o labetalol e/ou nicardipina em pacientes com SAH.

Coagulopatia

Os parâmetros de coagulação devem ser examinados e as anormalidades, corrigidas rapidamente. A inibição da vitamina K deve ser revertida com 10 mg de vitamina K intravenosa e concentrado de complexo de protrombina, a menos que seja contraindicado. O plasma fresco descongelado pode ser igualmente usado, mas leva mais tempo para atingir a regularização da taxa normalizada internacional (INR) que o concentrado de complexo de protrombina. Seu uso está associado a aumento da frequência de efeitos colaterais pulmonares, tais como congestão e lesão pulmonar aguda relacionada com transfusão (TRALI). Os antídotos específicos e agentes de reversão para os novos anticoagulantes orais alvo-específicos (TSOACs) estão ficando disponíveis e devem ser usados em pacientes que sofreram uma SAH enquanto estavam sendo tratados com os TSOACs. O primeiro deles, idarucizumabe (Praxbind, Boehringer Ingelheim), foi aprovado pela *Food and Drug Administration (FDA)* na primavera de 2016 para reverter especificamente o anticoagulante dabigatrana (Pradaxa, Boehringer Ingelheim) que é um inibidor direto da trombina (DTI).[22] Antecipamos que os agentes de reversão para os inibidores do fator Xa (especificamente andexanet alfa)[23] podem ser aprovados no momento da publicação.

Dor

O tratamento da dor em pacientes com SAH deve ser otimizado, preferencialmente com narcóticos de ação curta, como o fentanil, mas deve-se tomar cuidado para não haver uma hipersedação dos pacientes, o que poderia confundir o exame neurológico. Em alguns pacientes, um curso curto de esteroides pode ser útil para dores na nuca e na parte inferior das costas relacionadas com inflamação.

Transferência para um Centro de Alto Volume

Após a estabilização inicial, o paciente deve ser transferido o mais rápido possível para um ambiente de cuidados intensivos, onde essas medidas específicas são mantidas em conjunto com homeostase multissistêmica, posto que as intervenções diagnósticas e terapêuticas são planejadas e o paciente faz exames seriados.

Complicações Neurológicas Agudas

Convulsões

Há relatos de que até 25% dos pacientes com SAH aneurismática têm atividade tônico-clônica generalizada relacionada com a apresentação, mas a etiologia (*i. e.*, estando a atividade representando convulsões epilépticas ou isquêmicas devido à hipertensão intracraniana) e as implicações para a profilaxia e o tratamento com medicamentos antiepilépticos permanecem controversos.[24,25] Em um estudo de um único centro abrangendo 16 anos, observou-se atividade tônico-clônica generalizada em 11% dos pacientes dentro de 6 horas de apresentação. Embora esteja associada à alta incidência de convulsões intra-hospitalares e complicações clínicas e neurológicas, não exerce nenhum efeito no resultado em 3 meses.[26] Em outro estudo recente, 13,8% dos pacientes apresentaram convulsões após a SAH, estando tal ocorrência associada à gravidade clínica na apresentação e maior volume de hematoma.[27] Uma frequência maior de convulsão eletrográfica no eletroencefalograma (EEG) contínuo está independentemente associada a pior resultado na SAH.[26] Os pacientes que tiveram alteração persistente no estado mental devem ser monitorados com EEG contínuo para que as convulsões possam ser detectadas e tratadas.

Há uma controvérsia em torno das convulsões no cenário agudo da SAH, por um lado, em razão do desejo de prevenção contra esse tipo de atividade caso seja uma causa de ressangramento, a qual indica um mau resultado. Por outro lado, o desejo de evitar os efeitos adversos comprovados associados à profilaxia a longo prazo com medicamentos antiepilépticos. Estudos e diretrizes recentes sugerem que a profilaxia por 3 dias com fenitoína (ou outros antiepilépticos) pode ser uma abordagem satisfatória e os medicamentos antiepilépticos devem ser parados após o tratamento do aneurisma.[1,28] A epilepsia após a SAH é debatida abaixo.

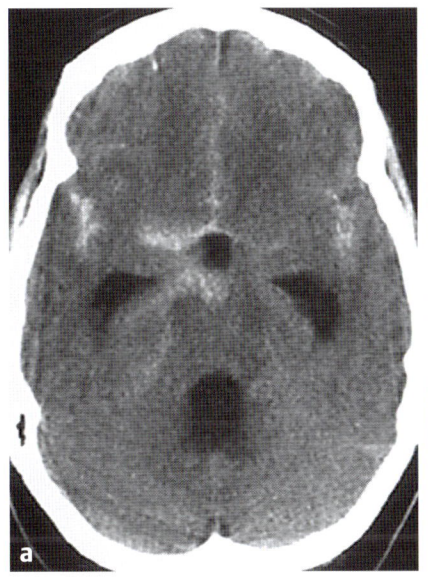

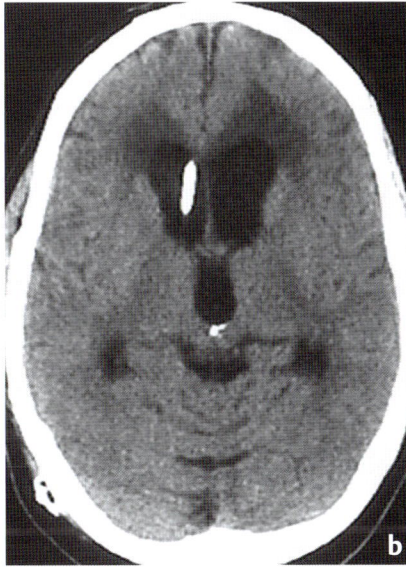

Fig. 10.11 Paciente com hemorragia subaracnóidea (SAH) e hidrocefalia grave. (**a**) SAH difusa e ventriculomegalia; (**b**) cateter de ventriculostomia no corno frontal direito.

Hidrocefalia

A hidrocefalia é relatada em 15 a 20% dos pacientes com SAH,[29] resultando do sangue extravasado interferindo na circulação do CSF nos ventrículos, aqueduto de Sylvius ou cisternas basais. No cenário agudo, a hidrocefalia deve ser tratada com desvio de CSF emergente via ventriculostomia (ou drenagem lombar em pacientes selecionados) sempre que houver ventriculomegalia na CT cerebral de um paciente com estado mental alterado (▶ Fig. 10.11). A ventriculostomia é um procedimento à beira do leito utilizando uma técnica estéril e kits compactos de acesso craniano para broca helicoidal ou orifício de trepanação. Há relatos de melhora clínica em 80% dos casos naqueles em que foi realizada uma ventriculostomia.[30-32] Drenagem ventricular externa permite o desvio do CSF sempre que a ICP excede um certo nível, podendo ser realizada continuamente (dosando o nível da câmara de gotejamento) ou dependendo intermitentemente do ICP. Em ambos os casos, deve-se evitar a drenagem excessiva, pois pode provocar ressangramento aneurismático pela rápida descompressão da pressão transmural do aneurisma.[11] Também pode precipitar colabamentos ventriculares e impedir mais drenagem do CSF. A drenagem ventricular ideal visa manter o ICP abaixo de 15 a 20 mmHg. A hidrocefalia crônica após a SAH é discutida abaixo.

Hipertensão Intracraniana

Hipertensão intracraniana pode ser causada por diversos mecanismos no período agudo após a SAH, incluindo hidrocefalia, edema cerebral global como um resultado da lesão cerebral hipóxico-isquêmica durante uma parada circulatória cerebral transitória no icto, além de um efeito expansivo e edema associado a contusões concomitantes ou ICH ou hemorragia subdural. A hidrocefalia deve ser tratada com desvio de CSF como descrito acima; enquanto as lesões expansivas, como a hemorragia subdural, devem ser avaliadas para tratamento cirúrgico. O tratamento clínico da hipertensão intracraniana deve ser usado de forma emergencial para estabilizar os pacientes antes do tratamento cirúrgico ou de maneira crônica se não houver opções cirúrgicas.[33] O tratamento clínico de emergência envolve facilitação da drenagem venosa através do posicionamento da cabeça (30 graus e linha mediana), hiperventilação (10 respirações rápidas em um saco seguidas de um ajuste da taxa de ventilação para alcançar uma pressão parcial de dióxido de carbono [pCO_2] de 25 a 35 mmHg), e infusão intravenosa de manitol, 1 g/kg, ou 23,4% de solução salina se o paciente tiver um acesso central (▶ Fig. 10. 12). Deve-se ter cuidado para que não haja redução do pCO_2 a menos de 25 mmHg na hiperventilação, pois pode resultar em vasoconstrição prejudicial e hipoperfusão cerebral. Outros tratamentos para a hipertensão intracraniana estão descritos abaixo.

Complicações Cardíacas Agudas

A SAH aneurismática tem sido associada a uma variedade de efeitos cardíacos, incluindo alterações eletrocardiográficas (conhecidas como "ondas T cerebrais"), elevação de enzimas miocárdicas, anormalidades do movimento da parede ventricular e arritmias com risco de vida.[34] Um tipo de cardiomiopatia do estresse, conhecido como cardiomiopatia de Takotsubo porque o formato do coração observado na ecocardiografia é semelhante ao formato de um pote japonês com esse nome, tem sido descrito em associação à SAH. Isquemia subendocárdica, proporcional à gravidade do dano neurológico, sendo, portanto, proporcional à quantidade de liberação de catecolaminas, pode ocorrer em alguns pacientes. Felizmente, essas condições não alteram o curso da doença em muitos pacientes, entretanto, eles precisam de tratamento cuidadoso durante a fase aguda e durante o período de vasospasmo se não tiverem sido resolvidos. Por outro lado, essas complicações podem tornar-se fatais em pacientes com cardiomiopatia ou outras doenças sistêmicas. A ecocardiografia é útil no diagnóstico e acompanhamento de complicações cardíacas, mas alguns pacientes podem precisar de monitorização hemodinâmica invasiva e intervenções para aumentar a função cardíaca para prevenção de uma isquemia cerebral, especialmente no período de vasospasmo.

Abrir as vias aéreas	
Posicionar HOB a 30° e linha mediana	
Se EVD presente, drenar de 5 cc de CSF	
Hiperventilar	10 rápidas respirações em um saco
	Uma vez intubado, ajustar a taxa de ventilação para pCO$_2$ meta 25-35 mmHg
Infusão hipertônica	Manitol, 1 k/kg IV, após 30 minutos (ou 23,4% de solução salina via cateter venoso central)
CT da cabeça imediata	Se indicado, tratamento cirúrgico
	Tratamento clínico continuado

Fig. 10.12 Tratamento emergencial de hipertensão intracraniana. CSF, líquido cefalorraquidiano; EVD, dreno ventricular externo; HOB, cabeceira do leito; pCO$_2$, pressão parcial de dióxido de carbono.

Complicações Pulmonares Agudas

Os pacientes com SAH podem desenvolver complicações pulmonares. Pacientes com grau neurológico precário estão em risco aumentado de aspiração, atelectasia, pneumonia ou edema pulmonar.[35] O edema pulmonar neurogênico é uma complicação que pode ocorrer após um significativo dano neurológico e consiste de vazamento de líquido rico em proteínas para os alvéolos pulmonares. Acredita-se que o edema pulmonar neurogênico ocorra por conta da interrupção da barreira endotelial em resposta à descarga simpática maciça. Edema pulmonar cardiogênico pode estar sobreposto ao edema pulmonar neurogênico em pacientes com cardiomiopatia do estresse.

Condições Clínicas Preexistentes

Pacientes com uma variedade de condições clínicas associadas podem apresentar SAH. Em geral, o tratamento da SAH tem prioridade, as decisões de tratamento altamente individualizadas são necessárias nesses pacientes complicados, pesando as vantagens e desvantagens de cada intervenção em relação à lesão cerebral e condição clínica. Quando possível, a estabilização deve ser alcançada para todas as condições que não implicam perigo de vida enquanto é realizado o tratamento da SAH. Normalmente, a presença de outras condições clínicas aumenta a urgência do tratamento definitivo da SAH. Nos casos em que problemas clínicos associados à ameaça de vida impedem o tratamento definitivo da SAH, são realizadas medidas clínicas e neurológicas de apoio até que a terapia definitiva se torne aconselhável.

O tratamento de uma paciente grávida com SAH deve levar em consideração o possível dano para a mãe o feto.[36] Geralmente, a mãe é tratada com urgência como se não estivesse grávida, com as precauções específicas adicionais tomadas para proteger o feto e a gravidez. Nos casos de ocorrência de SAH no terceiro trimestre da gravidez (e com um feto viável), o parto deve ser realizado por uma equipe de obstetrícia de alto risco, assim como o tratamento do aneurisma.[37] Novamente, as decisões são altamente individualizadas de acordo com o cenário clínico em particular, incluindo as considerações da condição da mãe, do feto e o estado da gravidez, e a dificuldade do tratamento proposto para o aneurisma cerebral. Ressangramento e outras sequelas da SAH são responsáveis por um grande número de óbitos maternos e fetais, muitas das quais seriam evitáveis por cuidados neurocirúrgicos e obstétricos cuidadosos e bem coordenados. Em contrapartida, o diagnóstico tardio ou equivocado pode levar a consequências devastadoras em muitos desses casos.

Várias drogas legais e ilegais, geralmente estimulantes, têm sido associadas à SAH. O abuso de cocaína em várias formas é cada vez mais encontrado neste cenário.[38] A pesquisa cuidadosa do histórico dos pacientes com SAH deve rastrear o uso de drogas, embora a negativa seja predominante. Deve-se obter na admissão o rastreio urgente de drogas em uma amostra de urina. Pacientes com hemorragia após ou durante o uso de drogas são suscetíveis de abrigar aneurismas cerebrais, e isso deve ser considerado a fonte mais provável de hemorragia. Tais pacientes são tratados de maneira idêntica aos pacientes que não usam drogas, mas com atenção adicional à potencial overdose de drogas, abstinência, complicações clínicas associadas ao uso crônico de drogas, e seleção apropriada de medicamentos anti-hipertensivos para o controle da pressão arterial.

10.5.2 Tratamento após Estabilização Inicial

Ressangramento

Como o ressangramento é a principal causa de morte em pacientes que sobreviveram a uma SAH aneurismática inicial, que pode ocorrer de 2 a 12 horas após apresentação, a SAH deve ser tratada como uma emergência neurocirúrgica.[11] É prática padrão tentar impedir o ressangramento através do controle da pressão sanguínea e tratamento rápido do aneurisma. Acredita-se que a prevenção, inclusive contra períodos breves de hipertensão, seja importante para a prevenção contra o ressangramento, sendo geralmente aceita como razoável a meta da pressão arterial sistólica inferior a 160 mmHg.[1] O tratamento definitivo de lesões vasculares em pacientes com SAH é discutido em uma seção separada abaixo (veja Tratamento Definitivo de Lesões Vasculares Subjacentes à Hemorragia Subaracnóidea). Em relação ao momento de intervenção para tratar o aneurisma, a literatura apoia a intervenção precoce para eliminar o aneurisma da circulação, isto é, dentro das primeiras 24[11] a

72 horas[39]. A dissecção arterial que causou uma SAH também requer uma intervenção terapêutica precoce, geralmente visando a exclusão do segmento dissecado da circulação. As diretrizes sugerem o uso a curto prazo de agentes antifibrinolíticos (ácido aminocaproico ou ácido tranexâmico, nenhum dos quais é aprovado pela FDA para essa indicação) caso haja um atraso inadvertido no tratamento da lesão vascular com base na prática comum em alguns dos centros.[1] Tais agentes estão associados à redução no risco de ressangramento, mas podem estar relacionados com maior incidência de isquemia tardia se usados por mais de 3 dias.

Hipertensão Intracraniana

A pressão de perfusão cerebral (CPP) é o gradiente de pressão responsável pelo fluxo sanguíneo cerebral e o seu comprometimento resulta em isquemia cerebral. A CPP é definida como a diferença entre a pressão arterial média (MAP) e a ICP. O monitoramento da ICP, portanto, é usado para guiar o tratamento sempre que houver suspeita de hipertensão intracraniana.[40] A ICP elevada é definida como excedendo 20 mmHg por mais de 5 minutos, sendo a meta típica da ICP menor que 20 mmHg, ao passo que a meta típica da CPP é maior que 60 mmHg. Deve-se considerar o uso de um monitor de ICP em pacientes com pontuação na GCS de 8 ou inferior ou naqueles que não podem ser acompanhados com exames neurológicos seriados. Monitores de ICP de fibra ótica intraparenquimatosa e monitores intraventriculares são usados com frequência. O primeiro é mais preciso e menos vulnerável à obstrução; o último permite drenagem simultânea do CSF para tratar ICP elevada.

Em geral, a hipertensão intracraniana pode ser tratada com o desvio da CSF, o que facilita o fluxo venoso (o que diminui o volume sanguíneo), redução do volume do tecido cerebral, redução da demanda metabólica cerebral, melhoria da reologia do sangue ou uso da hiperventilação (i. e., vasoconstrição arterial), por meio disso, resulta na diminuição do fluxo sanguíneo cerebral e, como consequência, do volume sanguíneo arterial.[33] Posição da cabeça, hiperventilação, manitol intravenoso ou infusão de solução salina a 23,4% e ventriculostomia foram descritos acima como parte da terapia emergencial para hipertensão intracraniana. Se o paciente precisar de tratamento contínuo da hipertensão intracraniana após a estabilização inicial, a abordagem a seguir é aceitável, embora não seja estabelecida por ensaios clínicos, pois há uma escassez de dados de ensaios neste tópico.[41] Primeiro, temperatura, convulsões e agitação devem ser controlados (para atenuar a demanda metabólica e, portanto, o volume sanguíneo). Se normotermia (36,5-37,5°C) e sedação/controle da dor com agentes típicos, como benzodiazepinas e/ou narcóticos não forem suficientes, então a hipotermia (temperatura alvo 33-36°C) e o coma induzido (p. ex., com gotejamento de pentobarbital) são opções para atenuar a demanda metabólica. O coma induzido deve ser monitorado com EEG contínuo, posto que não há um benefício adicional com o aumento da sedação, uma vez que o EEG atinge surto-supressão, e praticamente todos esses pacientes requerem acesso venoso central para terapia vasopressora para manter a CPP. Hiperventilação não é uma opção a longo prazo, pois o seu uso é dificultado pela taquifilaxia, e deve-se ter cuidado ao restaurar-se a normocapnia, visto que o paciente pode estar vulnerável ao rebote da hipertensão intracraniana.

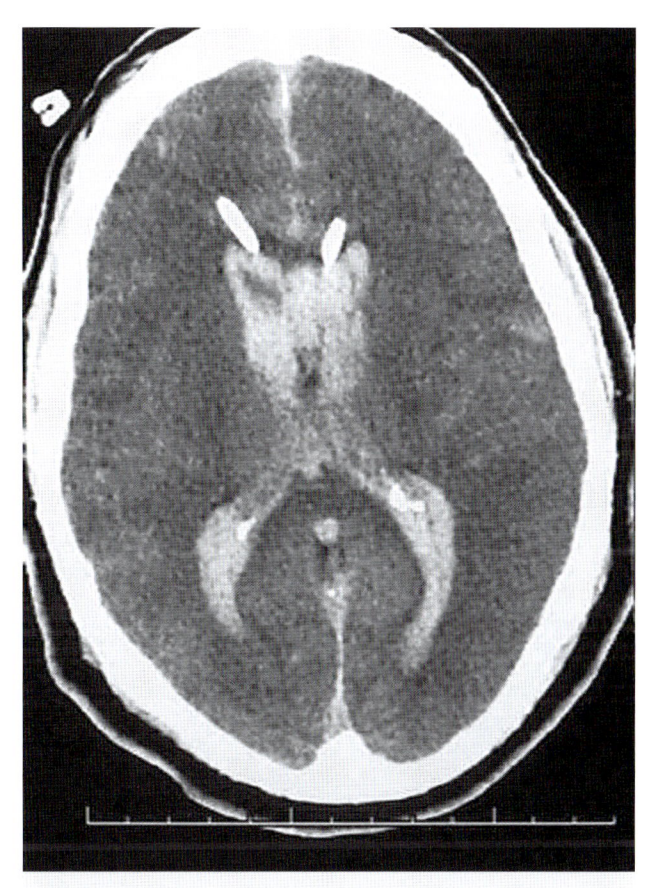

Fig. 10.13 Hemorragia intraventricular severa da ruptura do aneurisma da artéria comunicante anterior. Observe os cateteres intraventriculares bilaterais usados para drenagem dos ventrículos pendentes de tratamento endovascular do aneurisma. Subsequente coagulação dos cateteres demandou revisão.

Hidrocefalia

O tratamento da hidrocefalia aguda durante a reanimação inicial foi discutido acima. A ventriculostomia também pode ser realizada na cirurgia para aumentar o relaxamento cerebral para acesso ao aneurisma e também pode ser usada em casos de diminuição do nível de consciência inexplicável, independentemente do tamanho ventricular, para monitorar e auxiliar no tratamento da ICP.

Ocorre infecção (ventriculite) em 5 a 20% dos casos submetidos a ventriculostomia e a drenagem do CSF.[42] Os fatores de risco para infecção incluem duração de drenagem maior que 5 dias, presença de sangue intraventricular, fratura craniana aberta, infecção sistêmica, vazamento ao redor do cateter de ventriculostomia, lavagem do cateter e antibióticos profiláticos. O risco de infecção é minimizado com a otimização da técnica estéril na inserção do cateter, com uma tunelização cuidadosa e atenção ao local de saída do cateter, evitando a abertura não estéril do sistema de drenagem. O uso de antibióticos profiláticos intravenosos é controverso, a prática varia dentre as instituições: uso intravenoso de antibiótico apenas na inserção do dreno ventricular; uso de cateteres impregnados com antibióticos; administração profilática de antibióticos intravenosos durante a drenagem ventricular ou a combinação de todos. Em alguns estudos, o uso de cateteres impregnados com antibióticos diminui as taxas de colonização e infecção,[43] enquanto os antibióticos sistêmicos profiláticos a longo prazo podem levar ao crescimento de organismos resistentes. A inflamação no CSF pode ser monitorada longitudinalmente através da amostragem do CSF a cada poucos dias, garantindo-se que a amostra do CSF esteja fechada de maneira estéril e que a abertura do sistema não seja frequente, por exemplo, a cada 48 a 72 horas. O CSF deve ser avaliado com a coloração de Gram, contagem de células, nível de glicose, nível de proteína e culturas. As infecções por ventriculostomia são tratadas através da otimização de antibióticos intravenosos com base nos resultados da cultura; mudança de cateter se possível ou com a administração de antibióticos pelo cateter diretamente dentro dos ventrículos.[42]

Os cateteres de ventriculostomia podem coagular e ser ineficazes nos cenários de hemorragia intraventricular grave. Mesmo múltiplos cateteres podem coagular rapidamente e não impedem a deterioração neurológica grave da obstrução do sistema ventricular e ICP elevada associada (▶ Fig. 10.13). A trombólise intraventricular vem sendo investigada como um acessório potencial para limpar o sistema ventricular de sangue e aumentar a patência do cateter ventricular e controle da ICP em pacientes selecionados. A trombólise intraventricular não deve ser usada no cenário de aneurismas cerebrais não tratados ou outras lesões vasculares por receio de precipitação de um ressangramento aneurismático.

Mais da metade de pacientes submetidos a ventriculostomia na fase aguda da SAH pode parar gradualmente a drenagem do CSF nas duas primeiras semanas após o icto. Essa diminuição progressiva geralmente envolve o aumento gradual do começo da drenagem ou clipagem intermitente do cateter de ventriculostomia. As punções lombares intermitentes podem ser usadas para auxiliar o processo de redução gradativa em pacientes selecionados que não exibem mais obstrução do sistema ventricular. O desvio ventriculoperitoneal, ou a implantação permanente de um sistema de derivação ventricular, é realizado em pacientes que não podem parar a drenagem ventricular externa.[1]

Distúrbios da Homeostase do Sódio

A hiponatremia é comum em pacientes com SAH.[35] Pode resultar de dois mecanismos: a síndrome da secreção inapropriada de hormônio antidiurético (SIADH) com retenção de água livre e natriurese inapropriada (também conhecida como síndrome cerebral perdedora de sal) mediada pelo fator natriurético atrial (ANF) e peptídeo natriurético cerebral (BNP).[44,45] Determinar a causa provável é importante porque as duas síndromes são tratadas de formas diferentes. A hiponatremia devido à SIADH é mais comum após ICH que SAH e é tratada com restrição de fluidos. A hiponatremia devido à síndrome cerebral perdedora de sal é mais comum após a SAH e é tratada com reposição de volume e sal. A diferença entre as duas síndromes é crucial em pacientes com SAH aneurismática durante o período de vulnerabilidade ao vasospasmo, pois os pacientes podem desenvolver isquemia cerebral tardia no cenário de restrição de fluidos. Por este motivo, o equilíbrio diário de fluidos (influxo vs. efluxo), soro e concentrações de sódio na urina e osmolalidade, além do ácido úrico sérico devem ser monitorados e deve ser feito o diagnóstico correto.

A hipernatremia espontânea é rara após a SAH: o diabetes insípido (DI) tem sido relatado em pacientes com ruptura de aneurismas da artéria comunicante anterior (ACOM).[46-48] A DI deve ser tratada com reposição de água livre e vasopressina.

Vasospasmo Cerebral

Dependendo da exata definição, têm-se relatado que o vasospasmo cerebral afeta de 60 a 70% dos pacientes após a SAH. A janela de tempo do vasospasmo começa 3 a 5 dias após a SAH e dura de 2 a 3 semanas; o cérebro fica vulnerável a danos isquêmicos durante este tempo, tais danos afetam negativamente o resultado neurológico.[1] O vasospasmo é a causa de morte em aproximadamente um terço de todas as mortes associadas à SAH e incapacidade grave em consequência de isquemia cerebral tardia (DCI) ou deterioração neurológica isquêmica (DIND), em outro terço dos pacientes. Os fatores de risco do vasospasmo incluem a gravidade da SAH, avaliada por graus clínicos e radiográficos. É provável que os produtos de degradação do sangue subaracnóideo sejam em parte responsáveis pelo vasospasmo nas artérias cerebrais seguido de SAH.

O vasospasmo cerebral não é a única causa de um resultado precário.[3] Diversos mecanismos adicionais de DCI foram postulados nos últimos anos após estudos mostraram que a atenuação clínica do vasospasmo não necessariamente melhora o resultado.[49] Para diminuir a chance de resultado precário, deve-se iniciar no dia da admissão 60 mg de nimodipina por via oral com intervalo de 4 horas por 21 dias. Embora a nimodipina seja um bloqueador de canal de cálcio, não demonstrou abrandar o vasospasmo quando administrada de forma sistemática; deste modo, seus efeitos positivos em pacientes com SAH provavelmente ocorrem devido a outros mecanismos, p. ex., neuroproteção. Pacientes no período de vasospasmo devem ser monitorados rigorosamente para o desenvolvimento de sintomas, de preferência em uma unidade de terapia intensiva em neurociência (ICU), devendo o tratamento ser rapidamente instituído, como descrito abaixo. Supõe-se que qualquer deterioração neurológica no período vulnerável após a SAH ocorra em razão de sequelas isquêmicas do vasospasmo, a menos que seja provado o contrário e sejam atribuídas outras causas.

Monitoramento de Vasospasmo

O diagnóstico do vasospasmo sintomático é amparado pela suspeita clínica e evidência específica. A suspeita clínica de que a causa da deterioração neurológica no período de vasospasmo é vasospasmo sintomático deve ser alta, os pacientes devem ser tratados por equipes da ICU especializadas e com experiência no tratamento dessa condição. Devem ser feitos exames neurológicos com frequência, por exemplo, a cada hora, durante o período vulnerável. O vasospasmo sintomático pode manifestar-se como uma diminuição da atividade mental global ou deficiências focais. As deficiências focais podem resultar do espasmo das artérias proximais circundadas em sua maioria com sangue extravasado. Deste modo, as possíveis síndromes clínicas são altamente previsíveis e facilitam o rápido diagnóstico em muitos casos. Além do exame neurológico, muitos centros usam meios não invasivos de monitoramento para o desenvolvimento do vasospasmo sonográfico, isto é, ultrassonografia com Doppler transcraniano (TCD) diária (▶ Fig. 10.14). Esse procedimento não invasivo à beira do leito tem boa sensibilidade e especificidade para o vasospasmo, mas requer perícia técnica e experiência e boas janelas acústicas.[49] O curso do vasospasmo sonográfico se correlaciona intimamente com o curso e sequelas clínicas do vasospasmo detectado na angiografia. Sua gravidade reflete estreitamente as sequelas clínicas da isquemia cerebral. A imagem vascular não invasiva emergencial com CT ou angiografia por MR junto com sequências de perfusão pode ser usada em pacientes selecionados, naqueles em quem a síndrome clínica é ambígua ou os achados da TCD não estão em acordo com o estado clínico do paciente. O padrão ouro, angiografia convencional, tem sido em grande parte substituído por testes não invasivos para o diagnóstico do vasospasmo, pois está associado a risco de isquemias e complicações na virilha, entretanto, é o estudo de escolha caso a terapia endovascular para vasospasmo esteja sendo contemplada, como discutido abaixo.

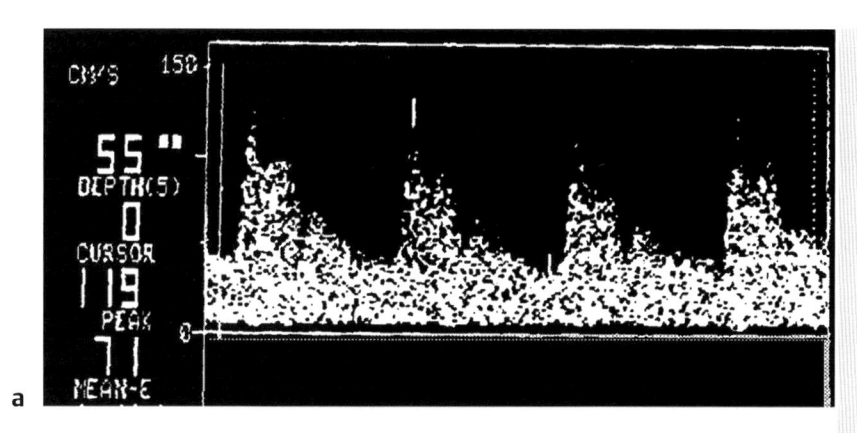

Fig. 10.14 Doppler transcraniano (TCD) de insonação da artéria intracraniana. (**a**) Traçado normal com velocidade média abaixo de 100 cm/s e velocidade sistólica de pico abaixo 140 cm/s. (**b**) Vasospasmo grave com traçado com velocidade média superior a 150 cm/s e velocidade sistólica de pico superior a 240 cm/s.

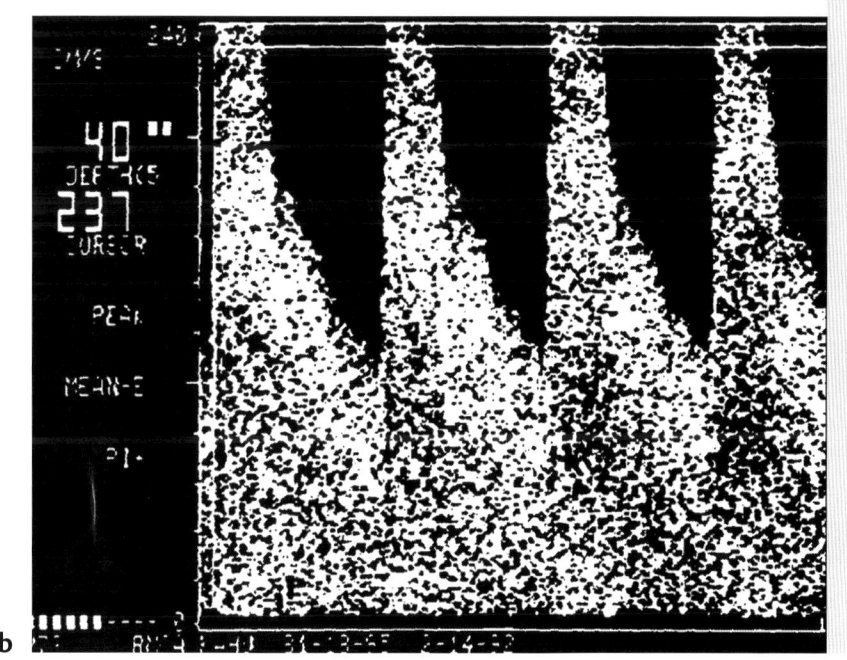

Profilaxia de Vasospasmo

O tratamento de pacientes durante o período de tempo de vulnerabilidade ao vasospasmo sintomático inclui terapia farmacológica, manutenção de euvolemia e hipertensão permissiva.[50] Nimodipina, 60 mg por via oral ou por sonda nasogástrica administrada com intervalo de 4 horas por 21 dias após a SAH, tem demonstrado diminuir de maneira drástica a prevalência e sequências clínicas do vasospasmo sintomático, embora não impeça o vasospasmo por si só, como discutido acima.

O volume intravascular e a pressão sanguínea precisam ser mantidos de forma criteriosa durante o período de vulnerabilidade ao vasospasmo, começando já em 2 a 3 dias após SAH, pois a desidratação e a hipotensão podem antecipar o infarto cerebral. Nessa altura, o risco de ressangramento do aneurisma deve ter sido eliminado através de cirurgia ou tratamento endovascular. Permite-se que a pressão sanguínea seja elevada (hipertensão permissiva), por conta do uso de medicamentos anti-hipertensivos. Se a nimodipina abaixar a pressão sanguínea, a dosagem pode ser alterada para 30 mg com intervalo de 2 horas ou a droga pode ser mantida.

Como com qualquer paciente com lesão cerebral, os pacientes com SAH no período de observação de vasospasmo devem ser tratados com de acordo com princípios neuroprotetores e cuidados críticos: a glicose sanguínea e a temperatura corporal devem ser monitoradas e mantidas na faixa normal; nutrição enteral deve ser fornecida. Além disso, as complicações, incluindo trombose venosa profunda, infecções e úlceras de decúbito devem ser tratadas com manobras preventivas, sendo diagnosticadas e tratadas com rapidez se ocorrerem.[3]

Tratamento Clínico de Vasospasmo Sintomático

Pacientes que se manifestam a princípio com vasospasmo sintomático, com frequência desenvolvem alterações no estado mental, hiponatremia (síndrome cerebral perdedora de sal) e febre. O vasospasmo sintomático é tratado com a terapia conhecida como três Hs (hipertensão, hipervolemia, hemodiluição), embora os detalhes dos três Hs variem entre as instituições.[51] Em casos selecionados, a terapia endovascular é usada como descrito acima.

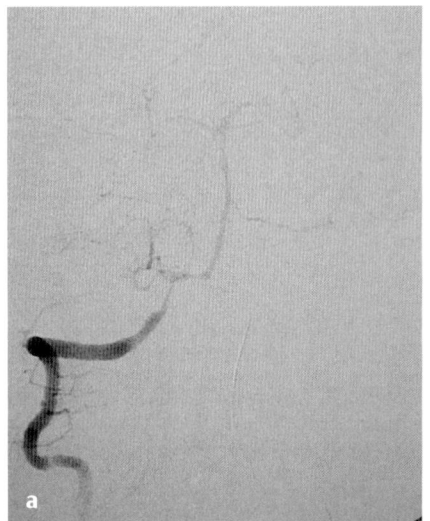

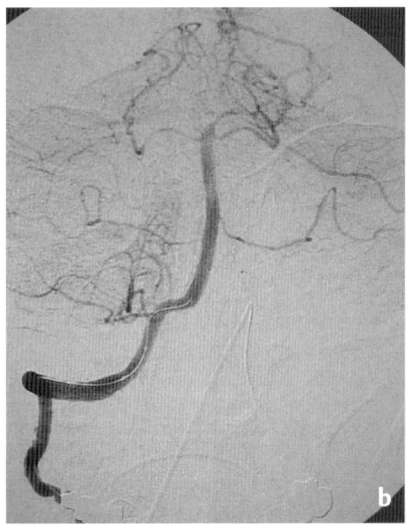

Fig. 10.15 Angiografia de vasospasmo grave da artéria basilar. (**a**) Antes e (**b**) após angioplastia com balão.

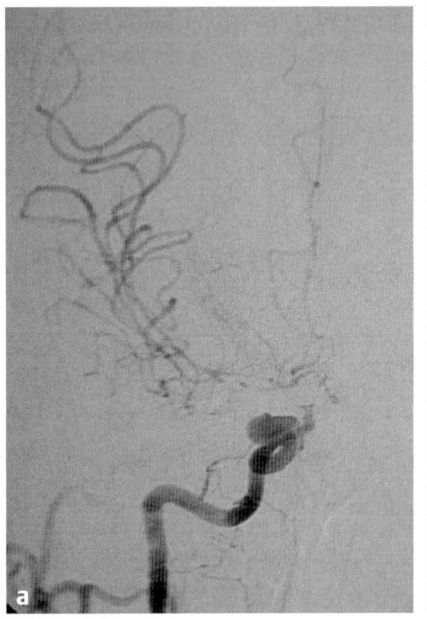

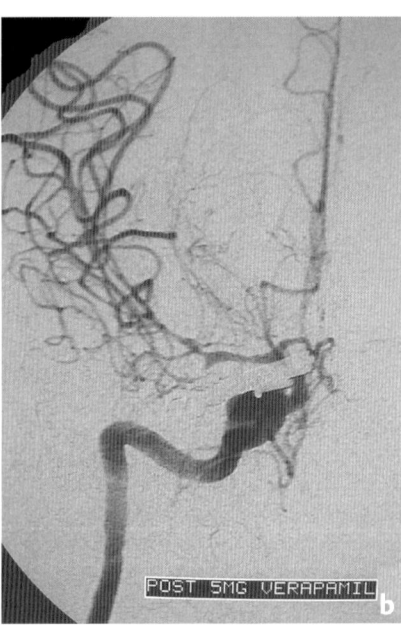

Fig. 10.16 Angiografias de vasospasmo grave da artéria cerebral média. (**a**) Antes e (**b**) após infusão intra-arterial de verapamil.

A síndrome cerebral perdedora de sal associada a vasospasmo é tratada com administração de sal e volume, geralmente na forma de solução salina hipertônica. Se forem utilizadas concentrações de solução salina de 3% ou superior, o paciente precisará de acesso venoso central. A febre é tratada com medicamentos antipiréticos e resfriamento. Mesmo se a etiologia da febre seja mais provavelmente vasospasmo, as possíveis fontes de infecções são diligentemente procuradas. Embora a abordagem de tratamento clínico tradicional inclua hemodiluição, esse componente não é mais direcionado de maneira ativa durante a terapia, pois o grau apropriado de hemodiluição era desconhecido. Além disso, a hemodiluição também poderia ser prejudicial com a redução da capacidade de transporte do oxigênio do sangue.[52] A prática atual mantém as concentrações de hemoglobina entre 8 e 10 g/dL.

O componente de hipertensão pode ser permissivo ou induzido com vasopressores (em geral, fenilefrina ou norepinefrina), a pressão sanguínea deve ser dosada para os sintomas neurológicos.[53,54] Está claro que é necessário um acesso venoso central para essa terapia. Nos pacientes em que a terapia endovascular não é uma opção, as pressões sanguíneas muito altas (superiores a 180 mmHg) podem ser necessárias para prevenir infarto. Essa abordagem agressiva é apropriada mesmo em um cenário de outros aneurismas não rotos ou cardiomiopatia, pois os infartos cerebrais têm um efeito negativo muito maior no resultado funcional final que as complicações da terapia hipertensiva. A abordagem precisa ser parada, contudo, se o paciente demonstrar efeitos sistêmicos adversos, como infarto do miocárdio, congestão pulmonar ou lesão renal aguda.

O componente hipervolemia dos Três Hs geralmente requer a colocação de um acesso venoso central para o monitoramento (visando CVP > 8 mmHg) da pressão venosa central (CVP), mas pacientes clinicamente complicados podem precisar de outros dispositivos de monitoramento, incluindo monitoramento de efluxo cardíaco, com diversos instrumentos não invasivos e cateteres arteriais pulmonares. A ecocardiografia transtorácica também

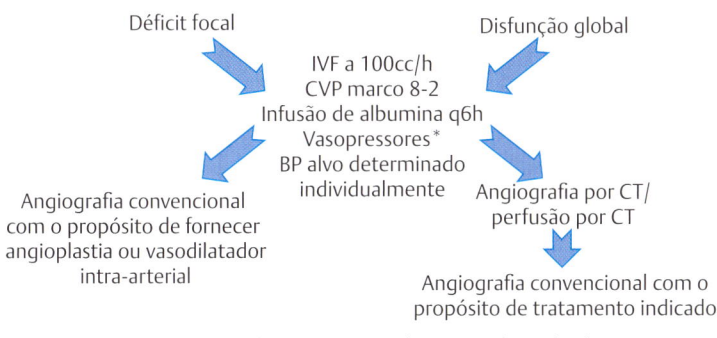

Fig. 10.17 Algoritmo para o tratamento de vasospasmo cerebral sintomático. CT, tomografia computadorizada; CVP, pressão venosa central; IVF, fluido intravenoso; BP, pressão sanguínea.

é um teste auxiliar útil neste cenário. Alguns estudos sugeriram recentemente cautela ao usar hipervolemia, pois o cálculo do benefício-risco pode ser menos favorável do que se pensava.[55] O aumento clínico do volume intravascular com fludrocortisona[56] e/ou infusões intermitentes de albumina, por exemplo, 12,5 a 25 g de 25% de albumina humana com intervalo de 6 horas, além da solução salina hipertônica também são usados algumas vezes.[57]

Tratamento Endovascular de Vasospasmo Sintomático

Pacientes selecionados com vasospasmo sintomático podem ser candidatos para o tratamento endovascular.[58] O tratamento endovascular do espasmo consiste de angioplastia com balão (▶ Fig. 10.15), melhor usado para espasmo muito proximal ou infusões intra-arteriais de vasodilatador (▶ Fig. 10.16), melhor usado para vasospasmo do ramo distal. A angioplastia está associada a maior risco de ruptura ou dissecção arterial, especialmente se aplicada para vasos mais distais, mas seu efeito é mais durável que as infusões farmacológicas intra-arteriais. Esta pode precisar ser repetida diversas vezes, guiada pelo exame e pela imagem.

A seleção de candidatos para o tratamento endovascular é de grande importância, mas o preciso começo para a intervenção endovascular permanece controverso. Alguns centros defendem o tratamento endovascular frequente e precoce do vasospasmo, enquanto outros centros reservam a intervenção endovascular para os casos em que o vasospasmo sintomático não responde à terapia clínica. Um exemplo de um algoritmo para o tratamento do vasospasmo sintomático é ilustrado na ▶ Fig. 10.17.

Em resumo, com monitoramento agressivo, profilaxia e terapia clínica e endovascular, a morbidade do vasospasmo pode ser reduzida.

Epilepsia

A epilepsia seguida da SAH foi relatada de maneira variada, ocorrendo em 1 a 25% dos pacientes. Um estudo populacional recente de grande porte na Finlândia, que incluiu acompanhamento a longo prazo, mostrou que a taxa era de 12% em 5 anos.[59] A hemorragia intracerebral foi associada a risco maior de epilepsia pós-SAH. Os fatores específicos do paciente devem ser levados em consideração ao selecionar medicamentos antiepilépticos, é recomendável que se faça um acompanhamento com um epileptologista após a alta hospitalar.

10.6 Tratamento Definitivo de Lesões Vasculares Subjacentes à Hemorragia Subaracnóidea

As diretrizes sugerem que a decisão sobre o tipo de tratamento definitivo deve ser baseado na discussão multidisciplinar entre os cirurgiões, especialistas endovasculares e prestadores de cuidados intensivos, levando-se em consideração as características específicas do aneurisma, incluindo o local e a morfologia e a condição clínica do paciente.[1] Até o momento, houve três estudos prospectivos randomizados que compararam a embolização endovascular e a clipagem cirúrgica (o estudo Kuopio; o Estudo Internacional de Aneurisma Subaracnóideo [ISAT]; e o ensaio do instituto Barrow [BRAT – Barrow Ruptured Aneurysm Trial]).[60]

10.6.1 Tratamento Endovascular

O ISAT é o único estudo randomizado prospectivo multicêntrico que compara as embolizações endovasculares com o tratamento cirúrgico em 2.143 aneurismas rotos que foram considerados igualmente adequados para clipagem cirúrgica e embolizações endovasculares. O estudo concluiu que as embolizações, em comparação com o tratamento cirúrgico, mostraram maior probabilidade de resultado com sobrevivência livre de incapacidade 1 ano após a SAH.[61] A durabilidade do efeito da mortalidade (baixa mortalidade com embolizações), mas não dependência, foi mantido em 10 anos de acompanhamento.[62] É importante dizer que a epilepsia foi menos comum e os resultados cognitivos foram melhores em pacientes com embolizações endovasculares que em pacientes tratados com clipagem cirúrgica.[63,64] As diretrizes recentes sugerem tratamento endovascular para aneurismas considerados tratáveis com qualquer modalidade.[1]

Uma das críticas do ISAT foi que seus resultados podem não ser generalizáveis, porque menos de 25% dos pacientes elegíveis (1-40% nos vários centros) foram randomizados. Em parte, para resolver essa crítica, o BRAT foi projetado como um estudo prospectivo randomizado de centro único, no qual todos os pacientes com SAH não traumática foram inscritos e tratados com clipagem e embolização quando era encontrado um aneurisma. O grupo publicou recentemente seus resultados de 6 anos de acompanhamento em 408 pacientes que sugerem que a clipagem e as embolizações tiveram resultados parecidos em pacientes com aneurismas da circulação anterior; enquanto a embolização produziu resultados mais favoráveis em pacientes com aneurismas da circulação anterior.[65] Vale ressaltar que o ensaio não tem a capacidade de detectar pequenas diferenças.

É mais provável que os aneurismas tenham ressangramento após o uso de embolização que após a cirurgia e podem requerer um novo tratamento. No acompanhamento a longo prazo do ISAT, o ressangramento foi mais frequente no grupo com embolização, mas o risco foi menor e não negou o efeito da mortalidade.[62] Em resumo, embora o uso da embolização possa ser favorecido em algumas coortes (p. ex., naqueles representados no ISAT; em aneurismas em alguns locais, tais como no topo da basilar; e em pacientes mais velhos ou doentes), alguns argumentam que não há evidências de que a introdução das embolizações tenha melhorado o resultado geral do tratamento do aneurisma em grandes centros neurovasculares,[66] especialmente quando se leva em conta o acompanhamento a longo prazo.[67]

Outras intervenções endovasculares têm um importante papel no tratamento da SAH. A oclusão do vaso parental, realizada com embolizações endovasculares ou cola, pode ser usada para a oclusão dos vasos distais que abrigam aneurismas, como nos micóticos e traumáticos, e aneurismas em vasos de alimentação de malformações arteriovenosas (AVMs). A oclusão proximal do vaso parental, com balões ou embolização endovascular, é realizada em casos de aneurismas fusiformes rotos ou dissecção.[68] Ela é precedida por um teste de oclusão por balão sob anticoagulação plena e monitoramento clínico. Tal procedimento geralmente é adiado até que o paciente esteja estabilizado e desperto para tolerar o teste de oclusão e também até que o vasospasmo tenha diminuído, pois a oclusão de uma artéria principal constitui um expressivo risco isquêmico durante o vasospasmo.

As opções de tratamento adicional incluem stent e colocação de embolização assistida por balão em aneurismas com colo largo.[69] Os *stents* de desvio de fluxo têm sido usados em aneurismas anatomicamente complexos (incluindo aqueles com colos largos, formato fusiforme ou ramos arteriais associados) que não são receptivos a outros tratamentos. Indicações adicionais para o uso da técnica estão sendo propostas.[70]

Os acessórios endovasculares, incluindo controle proximal, sucção de descompressão e angiografia intraoperatória, aumentaram muito o tratamento cirúrgico de alguns aneurismas, como lesões gigantes e aquelas em regiões paraclinoides.[71] As embolizações endovasculares podem ser usadas em casos onde a cirurgia tenha falhado em clipar um aneurisma e o colo residual é estreito.

10.6.2 Tratamento Cirúrgico

Em muitos casos, o método definitivo para exclusão de um aneurisma e prevenção contra um ressangramento continua sendo a clipagem cirúrgica.[72] A cirurgia não é favorável se o paciente estiver instável ou tiver uma condição clínica precária que o coloque em grande risco para anestesia geral e cirurgia aberta, ou em um cenário de ICP elevada intratável. Além disso, como discutido acima, as embolizações endovasculares devem ser usadas em pacientes parecidos com aqueles inscritos no ISAT.

A cirurgia é indicada de maneira emergencial para o aneurisma cerebral sempre que houver um hematoma intracerebral associado, que provoque ou ameace uma síndrome de herniação, que é comum com aneurismas da artéria cerebral média associados a coágulos temporais e aneurismas comunicantes anteriores ou carotídeos com coágulos frontais profundos. Caso a cirurgia para a evacuação do hematoma e clipagem do aneurisma seja realizada de forma emergencial, a angiografia convencional não será necessária, pois a angiografia por CT, em geral, é suficiente para demonstrar o aneurisma ou malformação vascular, impedindo, muitas vezes, descobertas inesperadas na cirurgia, tais como uma lesão mais complexa do que o previsto. O aneurisma deve ser sempre procurado e clipado no momento da evacuação do hematoma; entretanto, uma AVM nem sempre requer excisão no mesmo cenário a menos que o paciente esteja estável e a lesão seja simples e bem definida. A angiografia intraoperatória ou imediatamente pré-operatória pode ser considerada se houver qualquer questão sobre adequação do tratamento de um aneurisma, especialmente se a angiografia convencional não tiver sido realizada no pós-operatório.

10.6.3 Complicações da Terapia

Uma variedade de possíveis complicações está associada à terapia cirúrgica ou endovascular. A ruptura do aneurisma pode ocorrer durante a tentativa de embolização ou clipagem cirúrgica. A ruptura intraoperatória geralmente é tratada com técnicas de manobras emergenciais, mas pode resultar em sequelas desfavoráveis. Embolizações ou clipes podem comprometer os vasos parentais, ramos de vasos parentais ou vasos perfurantes, podendo ocorrer tromboembolismo durante manipulação endovascular ou cirúrgica dos vasos sanguíneos, todos causando um espectro de complicações isquêmicas. Estas complicações podem ser evitadas com anticoagulação criteriosa durante as intervenções endovasculares e com a verificação da patência do vaso pelo micro-Doppler por insonação ou angiografia intraoperatória. As complicações são tratadas de acordo com o cenário clínico específico, como com as intervenções para isquemia cerebral discutida em outra parte deste texto.

10.7 Conclusão

A hemorragia subaracnóidea continua a estar associada à morbimortalidade expressiva apesar das grandes melhorias no tratamento ao longo dos anos. Embora afete pacientes em anos intermediários de suas vidas, sempre sem outras doenças preexistentes ou associadas, estima-se que 30 a 40% de todos os pacientes com SAH morrerão como resultado da SAH. A lesão neurológica é uma causa de morte comum da hemorragia inicial, estimando-se que 10 a 15% dos pacientes morrem antes de chegar a uma instalação clínica. Muitos sobreviventes ficam com permanentes alterações físicas, cognitivas, comportamentais e emocionais que afetam seu cotidiano.

O fator prognóstico de morte mais comum ou de incapacidade grave após SAH é a condição clínica no paciente na apresentação.[1] A idade, morbidades clínicas, gravidade da hemorragia no CT e tipo de aneurisma (gigante ou circulação posterior) também estão correlacionados com um resultado precário. Outros pacientes incialmente em boa condição podem piorar em um cenário de diagnóstico equivocado, de ressangramento, como um resultado de complicações terapêuticas, ou de vasospasmo ou outras sequelas clínicas ou neurológicas da doença.

Muito do que é discutido neste capítulo e em outras partes deste livro, como apoia os avanços contínuos na terapia cirúrgica e endovascular e cuidados intensivos, reduzirá ainda mais a mortalidade e a morbidade da SAH. Aqueles que sobrevivem provavelmente se beneficiarão com uma reabilitação precoce.[73] Alguns estudos mostraram uma melhora na medida de independência funcional (FIM) após o início da reabilitação de um paciente internado.[73,74] A qualidade de vida daqueles que se recuperaram com incapacidade mínima ainda pode ficar deficiente em decorrência de sequelas cognitivas, psicológicas e emocionais. A identificação e intervenção para essas deficiências mais funcionais podem favorecer a qualidade de vida dos pacientes afligidos por essa doença.[75]

O resultado clínico após a SAH não pode ser direcionado em um único ponto no tempo, sem considerar se um aneurisma foi tratado de forma eficaz. É importante observar que um aneurisma ainda pode representar risco de ruptura futura e qual acompanhamento adicional e novo tratamento pode ser indicado. É essencial que estas questões de durabilidade de tratamento a longo prazo, e o impacto na qualidade de vida e riscos futuros, sejam levadas em consideração ao abordar os benefícios relativos nas intervenções endovasculares em contraste com a cirúrgica.

10.8 Instruções Futuras

10.8.1 Tratamento Endovascular de Aneurismas

Embora o risco anual de ressangramento de aneurismas parcialmente embolizados ou aneurismas recorrentes pareça ser baixo no ISAT, a taxa de recanalização após o tratamento endovascular de aneurismas continua sendo uma preocupação para a durabilidade do tratamento, especialmente na prática clínica do mundo real. O campo endovascular está presenciando grandes melhorias e avanços no tratamento do aneurisma.[58] Por exemplo, diversas modificações de molas de platina BARE foram desenvolvidas com o objetivo de facilitar a formação de trombos dentro do aneurisma, reduzindo, desta maneira, o risco de recanalização. A mola Matrix (Siemens Healthineers) implica uma mola de platina com um revestimento externo de material polimérico bioabsorvível que tem sido demonstrado em modelos de aneurisma de suínos para acelerar a fibrose do aneurisma e a formação de neoíntima, com aumento da espessura do tecido do pescoço, mas sem estenose da artéria parental, e agora tem sido testado em ensaios clínicos.[76] Uma tecnologia diferente de embolização bioativa, o Sistema Embolic de Hydrocoil (MicroVention), consiste de uma mola de platina revestida com um polímero que "incha" em contato com sangue, aumentando o volume da embolização de 3 a 9 vezes. Entretanto, a eficácia clínica dessas embolizações continua a ser avaliado.[77] O futuro da tecnologia endovascular bioativa provavelmente implicará na liberação de fatores de crescimento, terapias genéticas ou substratos celulares dentro do aneurisma, o que regenerará uma camada de parede endotelial através do colo do aneurisma.[78]

10.8.2 Tratamento do Vasospasmo

Uma variedade de antagonistas do canal de cálcio e outros vasodilatadores têm sido estudados por via intratecal, cisternal e intra-arterial,[58] mas estas abordagens requerem mais validação clínica. Futuras terapias para vasospasmo provavelmente serão destinadas a sistemas de liberação melhorados e desenvolvimento de agentes biológicos que visam os numerosos substratos celulares responsáveis pelo vasospasmo. Entretanto, uma das descobertas recentes mais importantes nos ensaios clínicos de vasospasmo foi que reduzir medicamente o vasospasmo não necessariamente significa melhor resultado.[79] Portanto, é provável que uma direção em estudos futuros aborde os mecanismos de maus prognóstico na SAH aneurismática, além do vasospasmo.

Referências

[1] Connolly ES, Jr, Rabinstein AA, Carhuapoma JR, et al; American Heart Association Stroke Council. Council on Cardiovascular Radiology and Intervention. Council on Cardiovascular Nursing. Council on Cardiovascular Surgery and Anesthesia. Council on Clinical Cardiology. Guidelines for the management of aneurysmal subarachnoid hemorrhage: a guideline for healthcare professionals from the American Heart Association/American Stroke Association. Stroke. 2012; 43(6):1711-1737

[2] Vermeulen MJ, Schull MJ. Missed diagnosis of subarachnoid hemorrhage in the emergency department. Stroke. 2007; 38(4):1216-1221

[3] Raya AK, Diringer MN. Treatment of subarachnoid hemorrhage. Crit Care Clin. 2014; 30(4):719-733

[4] Edlow JA. Diagnosis of subarachnoid hemorrhage. Neurocrit Care. 2005; 2(2):99-109

[5] Agostoni E, Zagaria M, Longoni M. Headache in subarachnoid hemorrhage and headache attributed to intracranial endovascular procedures. Neurol Sci. 2015; 36(Suppl 1):67-70

[6] Beck J, Raabe A, Szelenyi A, et al. Sentinel headache and the risk of rebleeding after aneurysmal subarachnoid hemorrhage. Stroke. 2006; 37(11):2733-2737

[7] Report of World Federation of Neurological Surgeons Committee on a Universal Subarachnoid Hemorrhage Grading Scale. J Neurosurg. 1988; 68(6):985-986

[8] Hunt WE, Hess RM. Surgical risk as related to time of intervention in the repair of intracranial aneurysms. J Neurosurg. 1968; 28(1):14-20

[9] Chiang VL, Claus EB, Awad IA. Toward more rational prediction of outcome in patients with high-grade subarachnoid hemorrhage. Neurosurgery. 2000; 46(1):28-35, discussion 35-36

[10] Yoshikai S, Nagata S, Ohara S, Yuhi F, Sakata S, Matsuno H. [A retrospective analysis of the outcomes of patients with aneurysmal subarachnoid hemorrhages: a focus on the prognostic factors] No Shinkei Geka. 1996; 24(8):733-738

[11] van Donkelaar CE, Bakker NA, Veeger NJ, et al. Predictive factors for rebleeding after aneurysmal subarachnoid hemorrhage: rebleeding aneurysmal subarachnoid hemorrhage study. Stroke. 2015; 46(8):2100-2106

[12] Boesiger BM, Shiber JR. Subarachnoid hemorrhage diagnosis by computed tomography and lumbar puncture: are fifth generation CT scanners better at identifying subarachnoid hemorrhage? J Emerg Med. 2005; 29(1):23-27

[13] Szklener S, Melges A, Korchut A, et al. Predictive model for patients with poor-grade subarachnoid haemorrhage in 30-day observation: a 9-year cohort study. BMJ Open. 2015; 5(6):e007795

[14] Fink KR, Benjert JL. Imaging of nontraumatic neuroradiology emergencies. Radiol Clin North Am. 2015; 53(4):871-890, x

[15] Blok KM, Rinkel GJ, Majoie CB, et al. CT within 6 hours of headache onset to rule out subarachnoid hemorrhage in nonacademic hospitals. Neurology. 2015; 84(19):1927-1932

[16] Wiebers DO, Whisnant JP, Sundt TM, Jr, O'Fallon WM. The significance of unruptured intracranial saccular aneurysms. J Neurosurg. 1987; 66(1):23-29

[17] Wills S, Ronkainen A, van der Voet M, et al. Familial intracranial aneurysms: an analysis of 346 multiplex Finnish families. Stroke. 2003; 34(6):1370-1374

[18] Forget TR, Jr, Benitez R, Veznedaroglu E, et al. A review of size and location of ruptured intracranial aneurysms. Neurosurgery. 2001; 49(6):1322-1325, discussion 1325-1326

[19] Wiebers DO, Whisnant JP, Huston J, III, et al; International Study of Unruptured Intracranial Aneurysms Investigators. Unruptured intracranial aneurysms: natural history, clinical outcome, and risks of surgical and endovascular treatment. Lancet. 2003; 362(9378):103-110

[20] Kapadia A, Schweizer TA, Spears J, Cusimano M, Macdonald RL. Nonaneurysmal perimesencephalic subarachnoid hemorrhage: diagnosis, pathophysiology, clinical characteristics, and long-term outcome. World Neurosurg. 2014; 82(6):1131-1143

[21] Zoerle T, Lombardo A, Colombo A, et al. Intracranial pressure after subarachnoid hemorrhage. Crit Care Med. 2015; 43(1):168-176

[22] Pollack CV, Jr, Reilly PA, Eikelboom J, et al. Idarucizumab for dabigatran reversal. N Engl J Med. 2015; 373(6):511-520

[23] Lippi G, Sanchis-Gomar F, Favaloro EJ. Andexanet: effectively reversing anticoagulation. Trends Pharmacol Sci. 2016; 37(6):413-414

[24] Dewan MC, Mocco J. Current practice regarding seizure prophylaxis in aneurysmal subarachnoid hemorrhage across academic centers. J Neurointerv Surg. 2015; 7(2):146-149

[25] Raper DM, Starke RM, Komotar RJ, Allan R, Connolly ES, Jr. Seizures after aneurysmal subarachnoid hemorrhage: a systematic review of outcomes. World Neurosurg. 2013; 79(5-6):682-690

[26] De Marchis GM, Pugin D, Lantigua H, et al. Tonic-clonic activity at subarachnoid hemorrhage onset: impact on complications and outcome. PLoS ONE. 2013; 8(8):e71405

[27] Ibrahim GM, Fallah A, Macdonald RL. Clinical, laboratory, and radiographic predictors of the occurrence of seizures following aneurysmal subarachnoid hemorrhage. J Neurosurg. 2013; 119(2):347-352

[28] Chumnanvej S, Dunn IF, Kim DH. Three-day phenytoin prophylaxis is adequate after subarachnoid hemorrhage. Neurosurgery. 2007; 60(1):99- 102, discussion 102-103

[29] Graff-Radford NR, Torner J, Adams HP, Jr, Kassell NF. Factors associated with hydrocephalus after subarachnoid hemorrhage. A report of the Cooperative Aneurysm Study. Arch Neurol. 1989; 46(7):744-752

[30] Hasan D, Vermeulen M, Wijdicks EF, Hijdra A, van Gijn J. Management problems in acute hydrocephalus after subarachnoid hemorrhage. Stroke. 1989; 20(6):747-753

[31] Roitberg BZ, Khan N, Alp MS, Hersonskey T, Charbel FT, Ausman JI. Bedside external ventricular drain placement for the treatment of acute hydrocephalus. Br J Neurosurg. 2001; 15(4):324-327

[32] Steinke D, Weir B, Disney L. Hydrocephalus following aneurysmal subarachnoid haemorrhage. Neurol Res. 1987; 9(1):3-9

[33] Ropper AH. Management of raised intracranial pressure and hyperosmolar therapy. Pract Neurol. 2014; 14(3):152-158

[34] Wybraniec MT, Mizia-Stec K, Krzych Ł. Neurocardiogenic injury in subarachnoid hemorrhage: a wide spectrum of catecholamin- mediated brain-heart interactions. Cardiol J. 2014; 21(3):220-228

[35] Wartenberg KE, Mayer SA. Medical complications after subarachnoid hemorrhage: new strategies for prevention and management. Curr Opin Crit Care. 2006; 12(2):78-84

[36] Kataoka H, Miyoshi T, Neki R, Yoshimatsu J, Ishibashi-Ueda H, Iihara K. Subarachnoid hemorrhage from intracranial aneurysms during pregnancy and the puerperium. Neurol Med Chir (Tokyo). 2013; 53(8):549-554

[37] Robba C, Bacigaluppi S, Bragazzi NL, et al. Aneurysmal subarachnoid hemorrhage in pregnancy—case series, review and pooled data analysis. World Neurosurg. 2016; 88:383-398

[38] Murthy SB, Moradiya Y, Shah S, Naval NS. In-hospital outcomes of aneurysmal subarachnoid hemorrhage associated with cocaine use in the USA. J Clin Neurosci. 2014; 21(12):2088-2091

[39] Oudshoorn SC, Rinkel GJ, Molyneux AJ, et al. Aneurysm treatment <24 versus 24-72 h after subarachnoid hemorrhage. Neurocrit Care. 2014; 21(1):4-13

[40] Perez-Barcena J, Llompart-Pou JA, O'Phelan KH. Intracranial pressure monitoring and management of intracranial hypertension. Crit Care Clin. 2014; 30(4):735-750

[41] Mak CH, Lu YY, Wong GK. Review and recommendations on management of refractory raised intracranial pressure in aneurysmal subarachnoid hemorrhage. Vasc Health Risk Manag. 2013; 9:353-359

[42] Humphreys H, Jenks PJ. Surveillance and management of ventriculitis following neurosurgery. J Hosp Infect. 2015; 89(4):281-286

[43] Zabramski JM, Whiting D, Darouiche RO, et al. Efficacy of antimicrobial- impregnated external ventricular drain catheters: a prospective, randomized, controlled trial. J Neurosurg. 2003; 98(4):725-730

[44] Hannon MJ, Behan LA, O'Brien MM, et al. Hyponatremia following mild/ moderate subarachnoid hemorrhage is due to SIAD and glucocorticoid deficiency and not cerebral salt wasting. J Clin Endocrinol Metab. 2014; 99(1):291-298

[45] Hannon MJ, Thompson CJ. Neurosurgical hyponatremia. J Clin Med. 2014; 3(4):1084-1104

[46] McMahon AJ. Diabetes insipidus developing after subarachnoid haemorrhage from an anterior communicating artery aneurysm. Scott Med J. 1988; 33(1):208-209

[47] Nguyen BN, Yablon SA, Chen CY. Hypodipsic hypernatremia and diabetes insipidus following anterior communicating artery aneurysm clipping: diagnostic and therapeutic challenges in the amnestic rehabilitation patient. Brain Inj. 2001; 15(11):975-980

[48] Savin IA, Popugaev KA, Oshorov AV, et al. [Diabetes insipidus in acute subarachnoidal hemorrhage after clipping of aneurysm of the anterior cerebral artery and the anterior communicating artery] Anesteziol Reanimatol. 2007 ; Mar-Apr(2):56-59

[49] Lee Y, Zuckerman SL, Mocco J. Current controversies in the prediction, diagnosis, and management of cerebral vasospasm: where do we stand? Neurol Res Int. 2013; 2013:373458

[50] Dusick JR, Gonzalez NR. Management of arterial vasospasm following aneurysmal subarachnoid hemorrhage. Semin Neurol. 2013; 33(5):488-497

[51] Meyer R, Deem S, Yanez ND, Souter M, Lam A, Treggiari MM. Current practices of triple-H prophylaxis and therapy in patients with subarachnoid hemorrhage. Neurocrit Care. 2011; 14(1):24-36

[52] Chittiboina P, Conrad S, McCarthy P, Nanda A, Guthikonda B. The evolving role of hemodilution in treatment of cerebral vasospasm: a historical perspective. World Neurosurg. 2011; 75(5-6):660-664

[53] Dankbaar JW, Slooter AJ, Rinkel GJ, Schaaf IC. Effect of different components of triple-H therapy on cerebral perfusion in patients with aneurysmal subarachnoid haemorrhage: a systematic review. Crit Care. 2010; 14(1):R23

[54] Treggiari MM; Participants in the International Multi-disciplinary Consensus Conference on the Critical Care Management of Subarachnoid Hemorrhage. Hemodynamic management of subarachnoid hemorrhage. Neurocrit Care. 2011; 15(2):329-335

[55] Muench E, Horn P, Bauhuf C, et al. Effects of hypervolemia and hypertension on regional cerebral blood flow, intracranial pressure, and brain tissue oxygenation after subarachnoid hemorrhage. Crit Care Med. 2007; 35(8):1844-1851, quiz 1852

[56] Nakagawa I, Hironaka Y, Nishimura F, et al. Early inhibition of natriuresis suppresses symptomatic cerebral vasospasm in patients with aneurysmal subarachnoid hemorrhage. Cerebrovasc Dis. 2013; 35(2):131-137

[57] Suarez JI, Martin RH, Calvillo E, Bershad EM, Venkatasubba Rao CP. Effect of human albumin on TCD vasospasm, DCI, and cerebral infarction in subarachnoid hemorrhage: the ALISAH study. Acta Neurochir Suppl (Wien). 2015; 120:287-290

[58] Dabus G, Nogueira RG. Current options for the management of aneurysmal subarachnoid hemorrhage-induced cerebral vasospasm: a comprehensive review of the literature. Interv Neurol. 2013; 2(1):30-51

[59] Huttunen J, Kurki MI, von Und Zu Fraunberg M, et al. Epilepsy after aneurysmal subarachnoid hemorrhage: a population-based, long-term follow- up study. Neurology. 2015; 84(22):2229-2237

[60] Sorenson T, Lanzino G. Trials and tribulations: an evidence-based approach to aneurysm treatment. J Neurosurg Sci. 2016; 60(1):22-26

[61] Molyneux A, Kerr R, Stratton I, et al; International Subarachnoid Aneurysm Trial (ISAT) Collaborative Group. International Subarachnoid Aneurysm Trial (ISAT) of neurosurgical clipping versus endovascular coiling in 2143 patients with ruptured intracranial aneurysms: a randomized trial. J Stroke Cerebrovasc Dis. 2002; 11(6):304-314

[62] Molyneux AJ, Birks J, Clarke A, Sneade M, Kerr RS. The durability of endovascular coiling versus neurosurgical clipping of ruptured cerebral aneurysms: 18 year follow-up of the UK cohort of the International Subarachnoid Aneurysm Trial (ISAT). Lancet. 2015; 385(9969):691-697

[63] Hart Y, Sneade M, Birks J, Rischmiller J, Kerr R, Molyneux A. Epilepsy after subarachnoid hemorrhage: the frequency of seizures after clip occlusion or coil embolization of a ruptured cerebral aneurysm: results from the International Subarachnoid Aneurysm Trial. J Neurosurg. 2011; 115(6):1159-1168

[64] Scott RB, Eccles F, Molyneux AJ, Kerr RS, Rothwell PM, Carpenter K. Improved cognitive outcomes with endovascular coiling of ruptured intracranial aneurysms: neuropsychological outcomes from the International Subarachnoid Aneurysm Trial (ISAT). Stroke. 2010; 41(8):1743-1747

[65] Spetzler RF, McDougall CG, Zabramski JM, et al. The Barrow Ruptured Aneurysm Trial: 6-year results. J Neurosurg. 2015; 123(3):609-617

[66] Sturaitis MK, Rinne J, Chaloupka JC, Kaynar M, Lin Z, Awad IA. Impact of Guglielmi detachable coils on outcomes of patients with intracranial aneurysms treated by a multidisciplinary team at a single institution. J Neurosurg. 2000; 93(4):569-580

[67] Raper DM, Allan R. International subarachnoid trial in the long run: critical evaluation of the long-term follow-up data from the ISAT trial of clipping vs coiling for ruptured intracranial aneurysms. Neurosurgery. 2010; 66(6):1166-1169, discussion 1169

[68] Lee S, Huddle D, Awad IA. Which aneurysms should be referred for endovascular therapy? Clin Neurosurg. 2000; 47:188-220

[69] Jabbour P, Koebbe C, Veznedaroglu E, Benitez RP, Rosenwasser R. Stent-assisted coil placement for unruptured cerebral aneurysms. Neurosurg Focus. 2004; 17(5):E10

[70] Dabus G, Grossberg JA, Cawley CM, et al. Treatment of complex anterior cerebral artery aneurysms with Pipeline flow diversion: mid-term results. J Neurointerv Surg. 2016:neurintsurg-2016-012519

[71] Ng PY, Huddle D, Gunel M, Awad IA. Intraoperative endovascular treatment as an adjunct to microsurgical clipping of paraclinoid aneurysms. J Neurosurg. 2000; 93(4):554-560

[72] Abdulrauf SI, Furlan AJ, Awad I. Primary intracerebral hemorrhage and subarachnoid hemorrhage. J Stroke Cerebrovasc Dis. 1999; 8(3):146-150

[73] Saciri BM, Kos N. Aneurysmal subarachnoid haemorrhage: outcomes of early rehabilitation after surgical repair of ruptured intracranial aneurysms. J Neurol Neurosurg Psychiatry. 2002; 72(3):334-337

[74] O'Dell MW, Watanabe TK, De Roos ST, Kager C. Functional outcome after inpatient rehabilitation in persons with subarachnoid hemorrhage. Arch Phys Med Rehabil. 2002; 83(5):678-682

[75] Passier PE, Visser-Meily JM, Rinkel GJ, Lindeman E, Post MW. Determinants of health-related quality of life after aneurysmal subarachnoid hemorrhage: a systematic review. Qual Life Res. 2013; 22(5):1027-1043

[76] Ansari SA, Dueweke EJ, Kanaan Y, et al. Embolization of intracranial aneurysms with second-generation Matrix-2 detachable coils: mid-term and long-term results. J Neurointerv Surg. 2011; 3(4):324-330

[77] Poncyljusz W, Zarzycki A, Zwarzany Ł, Burke TH. Bare platinum coils vs. HydroCoil in the treatment of unruptured intracranial aneurysms— a single center randomized controlled study. Eur J Radiol. 2015; 84(2):261-265

[78] Lanzino G, Kanaan Y, Perrini P, Dayoub H, Fraser K. Emerging concepts in the treatment of intracranial aneurysms: stents, coated coils, and liquid embolic agents. Neurosurgery. 2005; 57(3):449-459, discussion 449-459

[79] Cossu G, Messerer M, Oddo M, Daniel RT. To look beyond vasospasm in aneurysmal subarachnoid haemorrhage. BioMed Res Int. 2014; 2014:628597

11 Trombólise Química e Trombectomia Mecânica para Derrame Isquêmico Agudo

Michael Jones ▪ *Michael J. Schneck* ▪ *William W. Ashley Jr.* ▪ *Asterios Tsimpas*

Resumo

A trombólise intravenosa com alteplase (IV TPA) tem sido o padrão ouro para o tratamento do derrame isquêmico agudo nas duas últimas décadas. Os aparelhos de trombectomia mecânica (sem IV TPA ou com IV TPA como terapia inicial) não conseguiram mostrar os benefícios, em comparação com a IV TPA, no CVA isquêmico oclusivo de vasos grandes. Recentemente, a tromboembolectomia intra-arterial (IA) com equipamentos do tipo *stent retriever*, junto com IV TPA como terapia inicial, mostrou ser mais eficaz que o IV TPA sozinho para a oclusão da artéria carótida interna distal e da artéria cerebral média proximal. Estudos futuros talvez demonstrem benefícios para a trombectomia mecânica sem terapia inicial anterior. Os estudos randomizados também estão se encaminhando para confirmar o benefício da tromboembolectomia IA no derrame na circulação posterior. Melhor seleção de pacientes, com neuroimagem multimodal, pode contribuir para a melhora nos resultados do paciente. Até o presente momento, contudo, a avaliação clínica e a rápida avaliação com tomografia computadorizada (e talvez com angiografia por tomografia computadorizada) parecem suficientes para a avaliação imediata de candidatos a uma possível tromboembolectomia IA.

Palavras-chave: derrame isquêmico agudo, trombólise intra-arterial, IV TPA, trombólise mecânica, *stent retrievers*, trombectomia/tromboembolectomia.

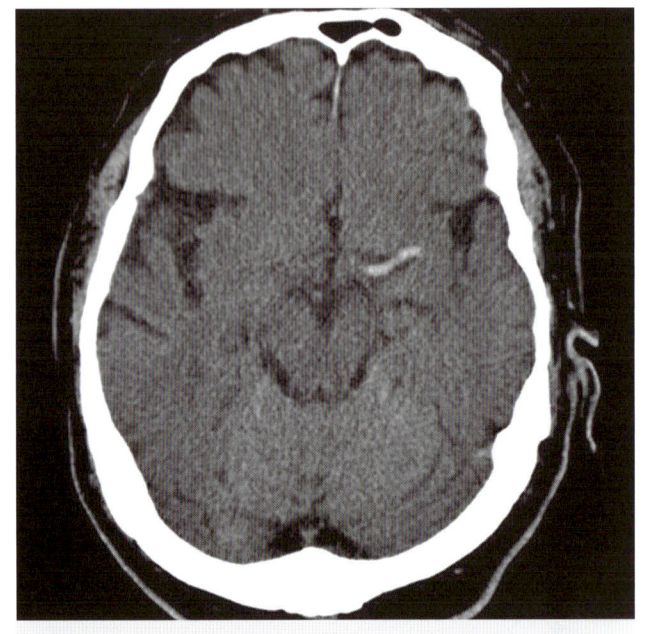

Fig. 11.1 Tomografia computadorizada do cérebro demonstrando um sinal da artéria cerebral média "densa" esquerda.

11.1 Introdução

O derrame é a principal causa de incapacidade nos Estados Unidos e a quinta principal causa de mortalidade, sendo atualmente responsável por aproximadamente 800.000 mortes por ano.[1] Cerca de 87% de todos os derrames são de natureza isquêmica.[2] O local da oclusão vascular pode, muitas vezes, ser estimado com um histórico neurológico detalhado e exame. A quantidade de tempo necessária para restabelecimento da perfusão tecidual é um importante fator na determinação do resultado e da recuperação.[3] Embora o ativador de plasminogênio tecidual intravenoso (IV tPA) continue a ser o tratamento de primeira linha na restauração do fluxo sanguíneo cerebral, sua eficácia é limitada. As abordagens endovasculares que levam a melhoras taxas de recanalização vascular estão se tornando uma opção bastante atrativa para um grupo seleto de pacientes, em particular aqueles com oclusão aguda de vasos grandes (LVO).[4]

11.2 Avaliação

Um elemento decisivo da avaliação de um paciente com derrame isquêmico agudo é o momento de início do sintoma, também conhecido como "icto". Muitas vezes não pode ser determinado. Em tais casos, confiamos na última vez que o paciente foi visto em estado normal. Após verificar se as vias aéreas, a respiração e a circulação estão garantidos, deve-se realizar rapidamente um exame neurológico incluindo a escala de doença cerebrovascular do Instituto Nacional de Saúde dos Estados Unidos da América (NIHSS). Outros processos de doença que podem se apresentar com sintomas similares devem ser excluídos, como hipoglicemia, enxaqueca, convulsão e síncope. A avaliação inicial deve incluir os sinais vitais dos pacientes, exames laboratoriais, como glicose sanguínea, hemograma completo, enzimas cardíacas, painel metabólico básico e perfil de coagulação. Além disso, deve-se realizar, rapidamente, eletrocardiograma e tomografia computadorizada (CT) do crânio sem contraste. A CT de crânio sem contraste é realizada para excluir hemorragia intracraniana (ICH) (▶ Quadro 11.1). Pode ser visto, algumas vezes, um "sinal da artéria cerebral média (MCA) densa", que geralmente indica formação de coágulo dentro do segmento M1 (▶ Fig. 11.1).

Estudos recentes têm defendido imagens angiográficas emergenciais e não invasivas, como angiografia por CT (CTA) ou por ressonância magnética (MRA) com ou sem perfusão, para selecionar mais pacientes com LVO, que se beneficiarão da terapia endovascular.[4-8] Entretanto, as modalidades ideais são uma área de investigação em andamento.[3]

11.3 Tratamento

11.3.1 Trombólise Intravenosa

O estudo original de IV tPA do Instituto Nacional de Distúrbios Neurológicos e Derrame (NINDS), que envolveu 624 pacientes randomizados para receber administração de IV tPA ou placebo mostrou que a trombólise sistêmica IV com tPA dentro de 3 horas a partir do início dos sintomas pode ser um tratamento eficaz do derrame isquêmico agudo.[9] A dose do IV tPA usado era de 0,9 mg/kg (dose máxima de 90 mg), com 10% da dose administrada como um *bolus* inicial durante 1 minuto e o restante da dose administrada durante

Quadro 11.1 Avaliação emergencial e tratamento inicial para um paciente com suspeita de CVA isquêmico agudo

Avaliação inicial e cuidados

1. Estabelecendo quando foi considerado normal pela última vez: tratamento de CVA agudo é suscetível ao tempo. Pacientes com sintomas consistentes com CVA isquêmico agudo devem ser avaliados para terapias de reperfusão aguda. Quando se apresentam no departamento de emergência (ED), devem passar imediatamente pela triagem
2. Avaliação do médico do ED na chegada (quando se apresentam no ED)
3. Estabilização de ABCs (vias aéreas, respiração e circulação)
4. Monitoramento cardíaco
5. Monitoramento de SpO_2 e oxigênio suplementar, se necessário, para manter o SpO_2 acima de 94%
6. Dois locais para acesso intravenoso periférico de grande calibre
7. Coleta e exame (como descrito abaixo)
8. Obter o peso do paciente
9. Manter NPO até rastreamento da disfagia
10. NIHSS

Estudo diagnósticos imediatos

1. CT/CTA cerebral sem contraste ou MRI/MRA cerebral disponível para revisão dentro de 45 minutos a partir da chegada do paciente
2. Análises imediatas incluindo glicose, BMP*, CBC*, PT/INR*, PTT*, tipo sanguíneo e Coombs, e troponina que devem estar terminadas e ser relatadas dentro de 45 minutos a partir da chegada do paciente
3. POC de glicose e creatinina
4. O ECG deve ser finalizado e disponibilizado para revisão dentro de 10 minutos a partir do momento em que foi pedido

*IV t-PA (alteplase), a terapia trombolítica não deve ser adiada enquanto se aguardam os resultados, a não ser que (1) haja suspeita clínica de anormalidade de sangramento ou trombocitopenia; (2) o paciente tenha recebido heparina, varfarina ou novos anticoagulantes orais (dabigatrana, rivaroxabana, apixabana, edoxabana); ou (3) uso de anticoagulantes seja desconhecido.

Estudos adicionais como indicado

1. CXR disponível para revisão dentro de 45 minutos após o pedido
2. Taxa de sedimentação de eritrócitos
3. Testes de função hepática
4. Exame toxicológico
5. Exame de células falciformes
6. Nível alcoólico no sangue
7. Teste de gravidez em mulheres em idade fértil
8. Gasometria arterial
9. Punção lombar (se houver suspeita de hemorragia subaracnóidea e a CT for negativa para sangue)
10. Eletroencefalograma (se houver suspeita de convulsões)

Abreviaturas: BMP, painel metabólico básico; CBC, hemograma completo; CT, CTA, tomografia computadorizada, angiografia por CT; CXR, radiografia de tórax; ECG, eletrocardiograma; INR, razão normalizada internacional; MRA, MRI, angiografia por ressonância magnética, imagem por RM; NPO, nada pela via oral; POC, ponto de atendimento; PT, tempo de protrombina; PTT, tempo de tromboplastina parcial; SpO_2, saturação do oxigênio no sangue; t-PA, ativador de plasminogênio tecidual.

1 hora.[9] Uma análise combinada de estudos sobre trombolíticos mostrou uma razão de probabilidade ajustada para um resultado favorável de 2,81 em 90 minutos e 1,55 quando administrado entre 91 e 180 minutos.[10] Quase 30% dos pacientes têm probabilidade mínima ou nenhuma deficiência em 3 meses. O risco de complicações hemorrágicas foi de 6%. A obtenção destes resultados com taxas de complicação similarmente baixas foi reproduzido em várias séries clínicas publicadas desde 1995.[8] Isso deve ser avaliado, entretanto, pela compreensão de um aumento do risco de complicações naqueles pacientes com derrames mais graves.[5,11] Os preditores de um resultado favorável incluem tratamento dentro de 90 minutos do começo do sintoma, CT padrão "normal" (sem ICH ou infarto delineado em imagem inicial), gravidade do derrame inicial leve, nível normal de glicose sanguínea no pré-tratamento e pressão sanguínea normal. Os preditores de um resultado menos favorável e/ou conversão hemorrágica incluíram hipodensidade estendida com efeito expansivo ou hipoatenuação em mais de um terço do território da MCA na tomografia computadorizada pré-tratamento, aumento da idade, doses mais elevadas de IV tPA administrado, pré-tratamento do nível de glicose sanguínea > 11 mmol/L, elevação marcada de pressão sanguínea (especialmente diastólica) antes, durante e após o tratamento, hipertensão requerendo tratamento anti-hipertensivo após a randomização, deficiência neurológica grave no pré-tratamento e violações de protocolo de acordo com o protocolo de estudo do NINDS.[5,9]

Em 2008 foi publicado o teste European Cooperative Acute Stroke Study III (ECASS III), que estendeu a janela de tratamento para 4,5 horas para pacientes que recebem IV tPA de acordo com os critérios padrões e aqueles com menos de 80 anos de idade, que não estão usando qualquer anticoagulante e não têm histórico de derrame anterior e diabetes melito. Mais pacientes tiveram resultado favorável com IV tPA do que com placebo (52,4% vs. 45,2%). A incidência de ICH foi mais alta com IV tPA que com o placebo (para qualquer ICH, 27,0% vs. 17,6%). A mortalidade não difere de maneira significativa entre os grupos de IV tPA e placebo (7,7% e 8,4%, respectivamente).[12] As advertências são aquelas para a janela de 3 a 4,5 horas, além dos outros critérios de exclusão do IV TPA para a janela de tempo de 0-3 horas, pacientes acima de 80 anos, recebendo terapia com anticoagulantes independentemente da medida da razão normalizada internacional (INR) e com um histórico de derrame prévio e diabetes melito não são elegíveis para o tratamento dentro dessa janela de tempo.[3]

Quadro 11.2 Critérios de inclusão e exclusão para administração intravenosa de tPA

Diretrizes para avaliação de t-PA intravenosa

Início do CVA há menos de 3 horas

Indicação:
- CVA isquêmico agudo com começo do sintoma com **menos de 3 horas** de duração
- CT do crânio não mostra hemorragia
- A infusão deve ser iniciada dentro de **3 horas** do começo dos sintomas do CVA

Critérios de exclusão:
1. CVA ou lesão grave na cabeça dentro de 3 meses
2. Hipodensidade franca na CT > 1/3 do território da MCA ou evidência de hemorragia intracraniana
3. Cirurgia intracraniana ou intraespinal dentro de 3 meses
4. BP sistólica persistente ≥ 185 mmHg ou BP diastólica ≥ 110 mmHg apesar das tentativas razoáveis de redução
5. As condições intracranianas que podem aumentar o risco de sangramento, incluindo algumas neoplasias, malformações arteriovenosas e aneurisma
6. Sangramento interno ativo
7. Punção arterial em local não compressível nos últimos 7 dias
8. Varfarina ou heparina utilizadas nas 48 horas anteriores e aPTT* elevado ou INR* ≥ 1,7. Outro anticoagulante oral usado nas 48 horas anteriores
9. Contagem de plaquetas abaixo de 100.000/μL
10. Glicose sanguínea abaixo de 50 mg/dL
11. As contraindicações relativas podem incluir cirurgia recente, intracraniana, GI ou hemorragia do trato urinário ou trauma, gravidez, MI < 3 meses, evidência de trombo do coração esquerdo, pericardite aguda, endocardite bacteriana subaguda ou retinopatia hemorrágica diabética (ou outra condição oftalmológica hemorrágica), disfunção hepática significativa, rápida melhora ou deficiências neurológicas secundárias que possam resultar em deficiência mínima ou nenhuma deficiência

* Nos pacientes sem histórico recente de uso de anticoagulantes, trombocitopenia ou suspeita clínica de diátese hemorrágica, o t-PA pode ser iniciado antes da disponibilidade dos resultados dos testes laboratoriais correspondentes.

Começo do CVA de 3 a 4,5 horas

Indicação:
- CVA isquêmico agudo com começo do sintoma de **3 a 4,5 horas**
- A infusão deve ser iniciada dentro de **4,5 horas** do começo do CVA

Em adição aos critérios de exclusão acima, todos os critérios de exclusão abaixo devem ser considerados:
1. Paciente com 80 anos ou mais
2. Paciente com uma combinação de CVA prévio e diabetes melito
3. Paciente com NIHSS acima de 25
4. Paciente usando anticoagulantes por via oral independentemente dos valores da INR

Abreviaturas: aPTT, tempo de tromboplastina parcial ativada; CT, tomografia computadorizada; GI, gastrintestinal; INR, razão normalizada internacional; MI, infarto do miocárdio; NIHSS, escala de doença cerebrovascular do Instituto Nacional de Saúde dos Estados Unidos da América; t-PA, ativador de plasminogênio tecidual.

O IV tPA é particularmente eficaz quando iniciado cedo.[10] Tem resultado mais favorável quando é administrado dentro de 90 minutos em comparação com o tratamento iniciado dentro da janela de 91-180 minutos. Na análise agrupada, a OR para resultado favorável além de 3 horas foi de 1,4 quando administrada entre 181-270 minutos, e 1,15 quando administrada de 271 a 360 minutos. A relação de risco foi de aproximadamente 1 para os intervalos de 0-90, 91-180 e 181-270 minutos; contudo, aumentou para o intervalo de 271-360 minutos em 0,45. A revisão Cochrane dos testes trombolíticos relatou OR para ICH fatal de 3,60 com IV tPA, enquanto a OR para hemorragia sintomática foi 3,13.[13] Nos testes agrupados de IV tPA com janela de tratamento de até 6 horas, houve aumento não significativo em morte equivalente a 19 mortes adicionais por 1.000 pacientes tratados. Apesar disso, a OR para morte ou deficiência foi de apenas 0,80, o que é equivalente a mais 55 sobreviventes independentes por 1.000 tratados.[10] A metanálise Cochrane dos testes do IV tPA provavelmente exagera a taxa de complicação do IV tPA, visto que inclui os testes com pacientes inscritos após as 3 horas de janela consideradas. Adesão estrita a um protocolo especificado com atenção especial aos critérios de inclusão e exclusão é, portanto, essencial (▶ Quadro 11.2).

11.3.2 Trombólise Química e Trombectomia Mecânica Intra-Arterial

Muitos pacientes não conseguem chegar a centros de CVA dentro da janela de tempo para a administração do IV tPA. A trombólise intra-arterial (IA) torna-se uma alternativa atraente que permite a extensão da janela de tempo além de 4,5 horas e pode ser particularmente eficaz para a LVO proximal, como a artéria basilar ou MCA proximal.[14-18]

O estudo da Prolise em Tromboembolismo Cerebral Agudo II (PROACT II) mostrou que a trombólise IA usando um pró-fármaco de uroquinase em pacientes com grandes oclusões na MCA, que foram tratados dentro de 6 horas do começo do sintoma, resultou em maior probabilidade de recanalização dos vasos e melhora clínica.[17] Avaliou-se a pró-uroquinase (proUK) neste ensaio randomizado e duplo-cego de terapia IA para oclusão da MCA em 180 pacientes que foram randomizados para proUK IA mais heparina IV ou apenas heparina IV. Quarenta por cento da proUK contra 25% de pacientes-controle tiveram bons resultados (escala de Rankin modificada [mRS] ≤ 2; p = 0,04). A taxa de recanalização foi de 66% com proUK contra 18% para o grupo-controle ($p < 0,001$). A ICH com deterioração neurológica dentro de 24 horas ocorreu em 10% dos pacientes que receberam administração de proUK contra 2% de pacientes-controle (p = 0,06).[15]

Os resultados deste teste randomizado foram insuficientes para a aprovação deste agente nos Estados Unidos. No entanto, estimulou o uso *off label* de tPA, reteplase e uroquinase em pacientes com CVA isquêmico agudo que, de outra forma, não eram elegíveis para trombólise IV. É importante observar que a real janela de tempo para trombólise IA não é bem estabelecida. No estudo PROACT II, as oclusões da MCA foram tratadas dentro de 6 horas do começo do sintoma. De qualquer modo, algumas séries de caso sugerem que CVA na circulação anterior pode ser tratado em até 8 horas após o começo do sintoma. A janela para oclusões na circulação posterior é potencialmente maior, chegando a 12-24 horas.[14-16,18] Chalela *et al.* relataram suas experiências com pacientes submetidos à trombólise IA para CVA após procedimentos cirúrgicos, como revascularização miocárdica, com a dose total requerida variando entre 9-40 mg e uma dose média de 21 mg.[19] A Ochsner Clinic relatou suas séries de 11 pacientes que não foram elegíveis para o IV tPA e receberam uma média de 15,1 mg (± 8 mg) de IA tPA. Conseguiu-se uma independência do cotidiano em 30 dias em 38% dos pacientes.[20] Estes ensaios foram principalmente limitados pelos desafios com o registro dos pacientes e obtenção de amostras pequenas, refletindo a disponibilidade da infraestrutura do sistema de CVA das décadas anteriores.

Os ensaios clínicos EMS (*Emergency Management of Stroke*) *Bridging Trial* e *Interventional Management of Stroke* III (IMS III) descreveram o papel das estratégias trombolíticas combinadas IV e IA. Lewandowski *et al.* publicaram um estudo de fase I randomizado, duplo-cego, placebo-controlado, multicêntrico de IV tPA *versus* placebo seguido de angiografia cerebral imediata e administração IA local de tPA. Não houve diferença nos resultados de 7-10 dias e de 3 meses, embora tenha havido mais mortes no grupo IV/IA. A recanalização foi melhor no grupo IV/IA, com fluxo de Trombólise no Infarto do Miocárdio grau 3 (TIMI 3) em 6 de 11 pacientes com IV/IA *versus* 1 de 10 pacientes com placebo/IA (p = 0,03), e correlacionado com a dose total de tPA (p = 0,05). Ocorreu ICH com risco de vida em dois pacientes do grupo IV/IA. Houve ICH moderada a grave relacionada com complicações em dois pacientes do grupo IV/IA e em um paciente do grupo placebo/IA.[21] No ensaio IMS III mais recente, Broderick *et al.* relataram a abordagem combinada em 80 pacientes com pontuação NIHSS > 10. Eles receberam doses menores de IV tPA (0,6 mg/kg, dose máxima de 60 mg durante 30 minutos) dentro de 3 horas do começo do sintoma, seguido de IA tPA (dose máxima de 22 mg durante 2 horas). O ensaio mostrou resultados de segurança semelhantes e não houve diferença significativa na independência funcional com IA após IV tPA, em comparação com o IV tPA sozinho.[22]

Exceto por uma aplicação mais localizada de drogas trombolíticas que permitiu o tratamento de pacientes cirúrgicos e uma "janela de oportunidade" um pouco maior, a trombólise IA ainda é limitada pela maioria dos critérios de inclusão/exclusão da trombólise sistêmica. Além disso, a taxa de ICH é mais alta para a trombólise IA *versus* IV, embora também possa refletir a maior gravidade de CVAs tratados com métodos endovasculares, para o qual o risco de linha de base de lesão de reperfusão hemorrágica é maior. Assim sendo, a trombectomia mecânica sem drogas trombolíticas foi proposta como uma opção. Todos os tipos de dispositivos foram investigados, incluindo *snares, baskets*, dispositivos de aspiração, balões, *lasers* e dispositivo ultrassônico intravascular.[23] A principal vantagem da trombectomia mecânica em vez de lise farmacológica IA é que pode ser usada para pacientes com tempo de tromboplastina parcial elevado (< 2 vezes normal), INR < 3 ou contagem de plaquetas < 30.000/μL que, de outra forma, impediria o uso de drogas IA.

O dispositivo MERCI (*Mechanical Embolus Removal in Cerebral Ischemia*) *clot retriever* (*Concentric Medical*) foi originalmente aprovado para uso clínico (▶ Fig. 11.2). O procedimento envolve a insuflação de um balão por meio de um cateter-guia na artéria carótida interna proximal. Um fio-guia foi inserido junto com o microcateter MERCI pelo cateter-guia um pouco além do coágulo. Usou-se um dispositivo *retriever*, em formato espiralado, para prender o coágulo. O balão foi insuflado para prevenir o fluxo sanguíneo, enquanto o coágulo era retirado através do cateter-guia.[24-26] A aprovação do dispositivo teve como base o ensaio MERCI, que relatou uma taxa de recanalização vascular intracraniana de 46% (69/151 pacientes) em comparação com uma taxa de recanalização de 18% nos controles históricos. A janela terapêutica foi estendida a 8 horas após o icto. Bons resultados neurológicos (mRS ≤ 2) foram mais frequentes em 90 dias em 46% dos pacientes com recanalização bem-sucedida em comparação com 10% dos pacientes com recanalização malsucedida (p = 0,0001). ICH sintomática foi descrita em 7,8% dos casos. A mortalidade também foi reduzida em pacientes recanalizados *versus* não recanalizados (32% *vs.* 54%; p = 0,01).[27] Entretanto, o ensaio MERCI foi um estudo não randomizado de braço único, que utilizou controles históricos do estudo PROACT II placebo de comparação. Sendo assim, houve apenas 27% de mortalidade com participantes do braço-controle do ensaio PROACT II com placebo. A taxa de 46% de recanalização da MCA no ensaio MERCI comparada desfavoravelmente com a taxa de recanalização de 66% no braço da proUK do PROACT II.[24,25]

O ensaio MERCI original foi seguido pelo ensaio multi-MERCI 3 anos depois. O tratamento com uma versão mais nova do MERCI *retriever* resultou em recanalização bem-sucedida em 57,3% dos casos sem terapia adjuvante e em 69,5% dos casos após terapia adjuvante com IA tPA. Resultados clínicos favoráveis (mRS ≤ 2) foram alcançados em 36% dos casos. A mortalidade foi de 34%. Ocorreu ICH sintomática em 9,8% dos pacientes.[28]

O dispositivo MERCI foi de manuseio muito complicado. Além disso, muitos neurointervencionistas não estavam satisfeitos com as taxas de recanalização do MERCI. Como uma "solução" para

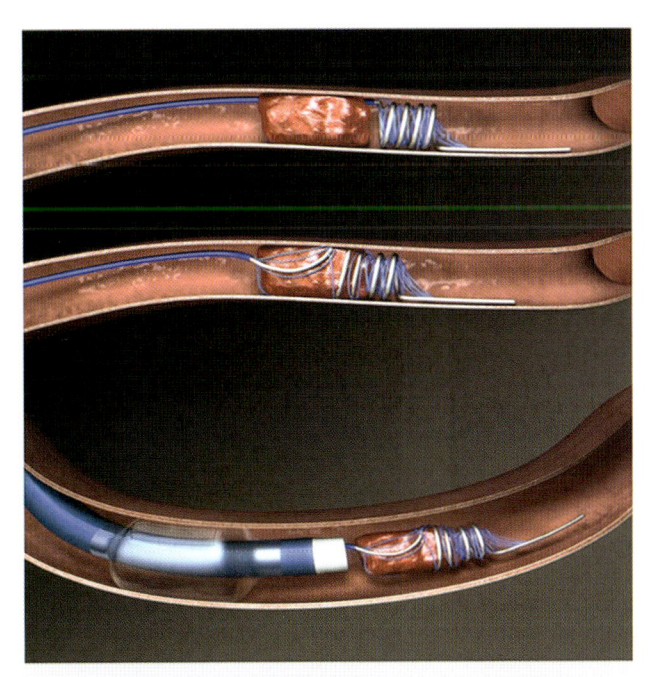

Fig. 11.2 Dispositivo médico concêntrico de MERCI Retriever.

esses problemas, foi criado o sistema de aspiração Penumbra. O sistema consistiu em cateteres de aspiração, que pode ser combinado de forma coaxial, e um fio separador com a extremidade semelhante a uma lágrima. O cateter foi navegado proximal ao coágulo, que foi, então, aspirado. O fio separador tinha um objetivo duplo; além de macerar o coágulo, que foi aspirado, limpava a ponta do cateter removendo os restos do coágulo que eram muito grandes para serem aspirados. O ensaio clínico Penumbra Pivotal Stroke incluiu 125 pacientes com pontuação 8 na escala NIHSS[3] que se apresentaram até 8 horas após o começo dos sintomas e ficaram inelegíveis ou refratários à terapia com IV tPA. Dos vasos tratados, 81,6% foram revascularizados com êxito para TIMI grau 2 ou 3. Dentre os pacientes, 25% atingiram uma pontuação mRS ≤ 2; em 28% dos pacientes foi encontrada uma ICH na CT de 24 horas, dos quais 11,2% eram sintomáticos.[29]

Os resultados encorajadores dos ensaios acima mencionados estimularam o uso de dispositivos de trombectomia mecânica para CVA isquêmico agudo. No entanto, os ensaios clínicos randomizados (RCTs) usando dispositivos de segunda geração falharam em mostrar benefícios definitivos de trombólise farmacológica ou trombectomia mecânica IA. Vários ensaios importantes foram publicados nos últimos anos, incluindo o ensaio de expansão SYNTHESIS, o ensaio IMS III e o ensaio MR-RESCUE.[22,30,31] Em todos estes RCTs, a terapia endovascular não foi superior ao IV tPA. Além disso, o estudo MR-RESCUE não pôde demonstrar que a imagem de perfusão poderia identificar um subconjunto de pacientes para quem a terapia endovascular foi particularmente benéfica. Foram propostos vários motivos para os resultados neutros desses ensaios, incluindo o relativo atraso de iniciação do tratamento IA, ausência de imagens pré-tratamento inclusivo definitivo e uso de dispositivos tecnológicos de geração mais antiga. A CTA foi muito menos desenvolvida, resultando em grande proporção de pacientes nestes ensaios com oclusão da artéria anterior proximal não confirmada.[22]

Os RCTs mais recentes, publicados em 2015, mostraram que os dispositivos de nova geração, usando em combinação com IV tPA, são superiores à terapia clínica padrão, com IV tPA sozinho em pacientes selecionados de forma adequada.[8] Uma metanálise mais recente de oito ensaios, incorporando 2.423 pacientes mostrou que ocorreu independência funcional (mRS = 0-2) em 90 dias em 44,6% dos pacientes que foram submetidos à terapia endovascular, em comparação com 31,8% no paciente submetido aos cuidados clínicos padrões. A trombectomia endovascular foi associada a taxas significativamente altas de revascularização angiográfica em 24 horas, quando comparada com cuidados clínicos padrões (75,8% *vs.* 34,1%; *p* < 0,001). Além disso, não houve nenhuma diferença significativa nas taxas de ICH sintomática dentro de 90 dias (5,7% vs. 5,1%; *p* = 0,56) ou mortalidade por todas as causas em 90 dias (15,8% vs. 17,8%; p = 0,27).[27]

O MRCLEAN foi o primeiro dos novos ensaios com stent retriever a demonstrar um resultado positivo para trombectomia mecânica. Neste ensaio, os pacientes foram selecionados para receber terapia IA quando tinha um CVA oclusivo na circulação anterior, confirmado por imagem vascular arterial (CTA, MRA ou angiografia convencional), com apresentação e iniciação de tratamento dentro de 6 horas do começo do sintoma. Os pacientes elegíveis para trombectomia incluem pacientes com oclusões da artéria carótida interna distal (ICA), segmentos M1 ou M2 da MCA ou ramos da artéria cerebral anterior (ACA). O ensaio MR-CLEAN relatou que houve uma diferença absoluta de 13,5% na taxa de independência funcional (mRS = 0-2) a favor da intervenção (32,6% *vs.* 19,1%). Não houve diferença significativa nas taxas de mortalidade ou ICH sintomática.[4]

Os resultados do MRCLEAN foram confirmados, subsequentemente, pelos ensaios ESCAPE, SWIFT PRIME, ESTEND-IA e REVASCAT, que incorporaram o uso do *stent retriever* e uma intervenção muito mais rápida desde o começo do sintoma até a intervenção.[5-8] No ensaio SWIFT PRIME, o tempo médio da chegada até a punção na virilha foi de 90 minutos, com uma meta de 70 minutos, enquanto no ensaio ESCAPE o tempo médio da imagem de qualificação clínica até a reperfusão foi de 84 minutos. Isso destaca a necessidade de melhores sistemas de atendimento para melhorar o processo de intervenção precoce do CVA.[8,32] Além disso, os pesquisadores do MRCLEAN mostraram que a combinação do CT sem contraste com CTA era suficiente para identificar os pacientes que poderiam se beneficiar da intervenção. Estudos mais recentes usaram a metodologia da pontuação do ASPECTS (*Alberta Stroke Program Early CT*), que avalia a extensão do tecido aproveitável e o núcleo do infarto com base na CT sem contraste. O ASPECTS é determinado a partir da avaliação de duas regiões padronizadas do território da MCA: o nível dos gânglios basais, onde o tálamo, gânglios basais e núcleo caudado estão visíveis, e o nível supraganglionico, que inclui a coroa radiada e o centro semioval. Uma CT normal recebe uma pontuação 10, enquanto uma pontuação 0 indica envolvimento difuso em todo o território da MCA.[33]

A avaliação de colaterais leptomeníngeas também mostrou ser um preditor após o tratamento endovascular. De maneira ideal, a CTA multifase é usada para avaliar o fluxo sanguíneo para o tecido cerebral por meio de preenchimento da artéria pial distal à obstrução arterial.[34] Os pacientes com colaterais ruins são mais propensos a experimentar complicações do tratamento endovascular, ao passo que a presença de colaterais está associada a um menor volume de infarto e expansão de infarto, além de melhores resultados.[35,36] Ensaios recentes também incorporaram a MRI ponderada na sequência de difusão (DWI) e a perfusão por CT, que mostram a indicação de preditores precisos de resultado positivo, seguindo o tratamento endovascular. Entretanto, estas modalidades de imagem requerem mais tempo, radiação adicional e exposição ao contraste. Assim sendo, a utilidade relativa das imagens de perfusão permanece não comprovada.[18,37] Selecionando nas modalidades de imagem acima, um equilíbrio terá que ser alcançado entre eficiência e precisão de exclusão dos pacientes que, provavelmente, não responderão ao tratamento endovascular.

11.3.3 Oclusões Sequenciais

Os ensaios encontraram alta incidência de uma segunda LVO proximal nos pacientes que se apresentaram com LVO proximal, incluindo a ICA, MCA proximal ou ACA e artérias vertebrais e basilares.[37,38] Estas oclusões sequenciais estão associadas a taxas maiores de morbimortalidade que a LVO isolada, além de taxas menores de recanalização com IV tPA sozinho.[39,40] Semelhante às oclusões isoladas dos vasos grandes da circulação anterior, acredita-se que o tratamento endovascular melhore as taxas de recanalização e resultados clínicos em comparação com o IV tPA sozinho, embora a sequência precisa e o dispositivo para otimizar a recanalização e os resultados clínicos seja um assunto de muito debate.[41] Alguns autores defendem a recanalização da ICA primeiro, seguida da recanalização da oclusão distal.[42] Outros argumentam pela recanalização inicial da oclusão da MCA ou ACA antes de lidar com a oclusão da ICA.[43-45] Um ensaio recente descobriu que o tratamento da oclusão distal reduziu o tempo da recanalização de áreas cerebrais dependente em cerca de 60 minutos,[46] enquanto outros argumentam que o aumento do tempo está próximo de 20 minutos.[47] A recanalização anterógrada da ICA, contudo, pode otimizar o fluxo colateral da área isquêmica. Além disso, foi observada recanalização espontânea em até 50%

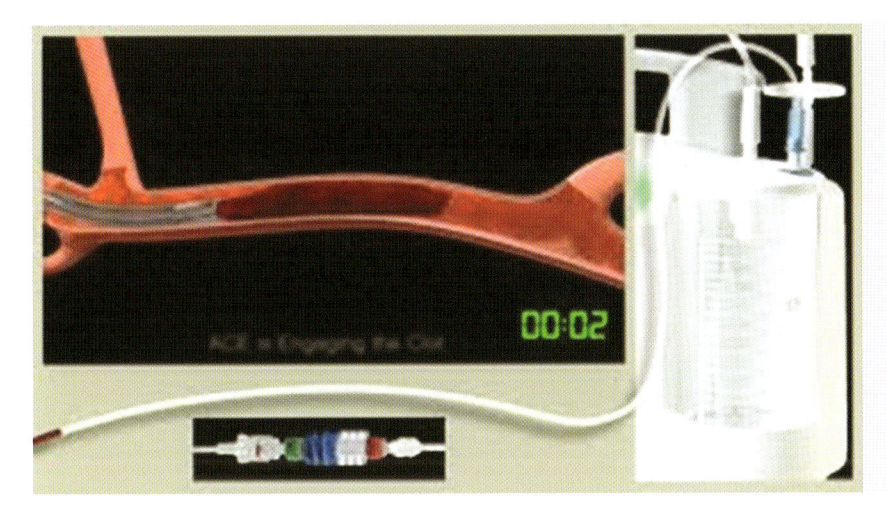

Fig. 11.3 Sistema de aspiração Penumbra 5Max ACE em ação.

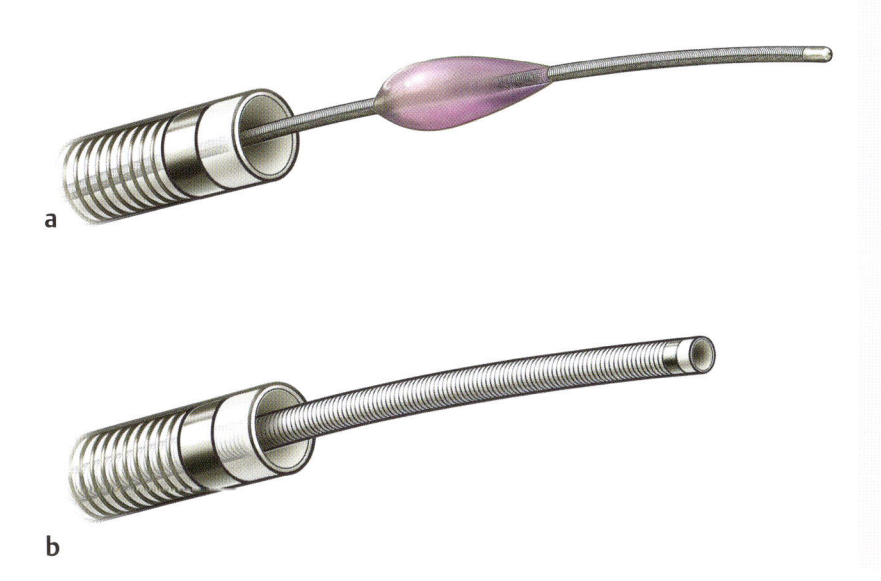

Fig. 11.4 Sistema de aspiração Penumbra 5Max ACE com o separador (**a**) e ao longo de um microcateter que pode levar um *stent retriever* (**b**).

dos pacientes submetidos apenas à recanalização da oclusão ICA mais proximal.[48] A possibilidade de embolia distal ou embolização recorrente sem tratamento da oclusão da ICA proximal é uma verdadeira preocupação.[46]

11.3.4 Detalhes Procedimentais

Em nossa instituição, defendemos o uso de sedação consciente em vez da anestesia geral para intervenção do CVA, pois os pacientes tratados sob anestesia geral parecem ter chance maior de resultado neurológico precário e mortalidade.[49] Usa-se um introdutor arterial femoral de diâmetro 8 French para acesso vascular. O que permite o uso de um sistema multiaxial e colocação de *stents* carotídeos maiores, se houver necessidade. O uso de um *bolus* de heparina IV depende do operador. Um introdutor 8 French é, então, navegado pelo vaso afetado. Caso seja identificada oclusão da carótida cervical, primeiro realiza-se angioplastia com balão e colocação de *stent*. A proteção proximal é preferível à proteção distal. Se a colocação emergencial de *stent* carotídeo é inevitável, a terapia antiplaquetária também é necessária. Administra-mos abciximab IV (0,25 mg/kg por peso corporal), seguido de 650 mg de aspirina e 600 de clopidogrel via sonda nasogástrica. Se for posicionado um *stent* carotídeo, usa-se o cateter-guia para atravessar o *stent* e avançar para a ICA distal cervical. Queremos evitar arrastar um *stent retriever* através de um *stent* carotídeo recém-colocado. Um cateter de aspiração intermediário, como o Penumbra 5 MAX ACE (Penumbra Inc., Alameda, CA) (▶ Fig. 11.3, ▶ Fig. 11.4), é navegado por cateter-guia na extremidade proximal do coágulo. Um microcateter, como o Marksman (Medtronic Neurovascular, Minneapolis, MN) ou Excelsior XT-27 (Stryker Neurovascular, Fremont, CA), é usado para atravessar distalmente o coágulo. Uma injeção simultânea de contraste através do cateter intermediário e do microcateter delineará a extensão do coágulo. Após o coágulo ter sido cruzado, implanta-se um *stent retriever* da via distal à proximal. É importante usar um *stent* que seja longo e largo o suficiente para que o coágulo possa ficar preso em sua "gaiola". Os ensaios mais recentes defendem o uso do *stent retriever* tanto do tipo Solitaire FR (Medtronic Neurovascular) (▶ Fig. 11.5) quanto do Trevo XP Provue (Stryker Neurovascular) (▶ Fig. 11.6). Permite-se a expansão do *stent retriever* por 5 mi-

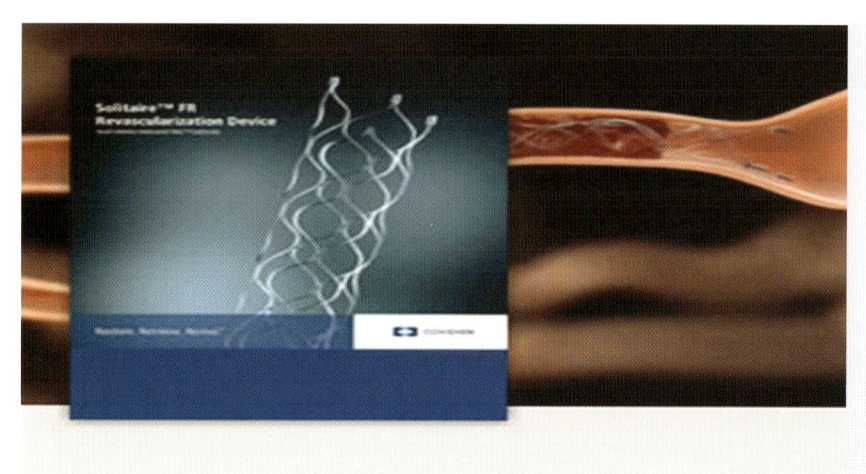

Fig. 11.5 Solitaire FR *stent retriever*.

Fig. 11.6 Trevo XP Provue *stent retriever*.

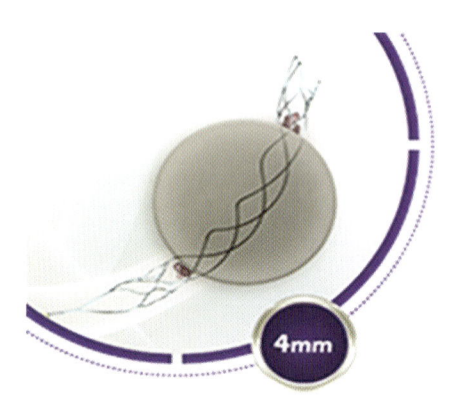

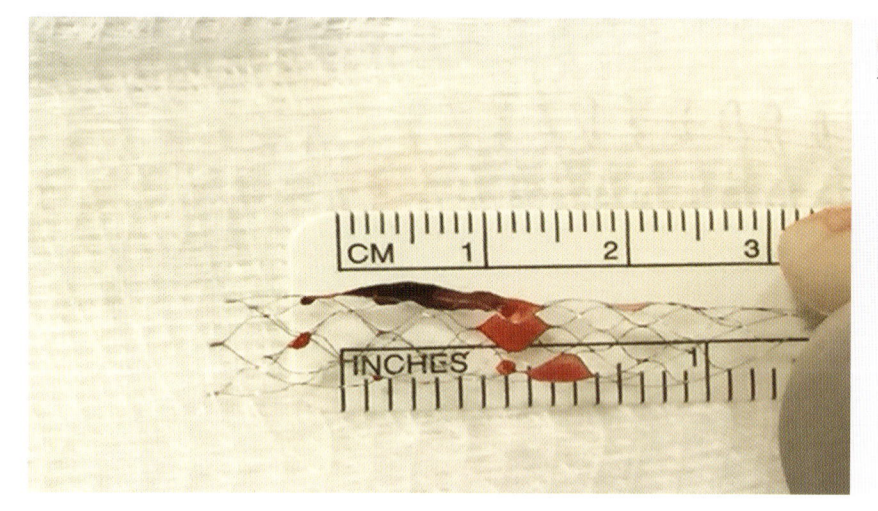

Fig. 11.7 Coágulo preso dentro do Solitaire FR *stent retriever*.

nutos. Aplica-se, então, a sucção do coágulo pelo cateter proximal intermediário, enquanto microcateter e o *stent* são removidos simultaneamente sob visualização fluoroscópica (▶ Fig. 11.7, ▶ Fig. 11.8). São realizados exames angiográficos e o resultado e a revascularização são avaliados. A manobra citada acima pode ser repetida diversas vezes. Se o coágulo estiver duro ou calcificado e não puder ser apanhado dentro do *stent* após várias tentativas, algumas vezes usamos o fio separador (Penumbra) (▶ Fig. 11.4) com êxito. Também algumas vezes administra-se IA tPA para amolecer o coágulo. Entretanto, deve ser usado com cautela, especialmente nos casos em que tenha sido administrada uma dose completa de IV tPA. A avaliação da revascularização pode ser, então, realizada, geralmente com uso da escala TICI (Trombólise em Infarto Cerebral).[50]

Até que o vaso ocluído seja recanalizado, mantém-se a pressão arterial média no nível superior para permitir a perfusão dos vasos colaterais. Entretanto, imediatamente após a recanalização do vaso, a pressão arterial média é reduzida para abaixo de 100, a fim de evi-

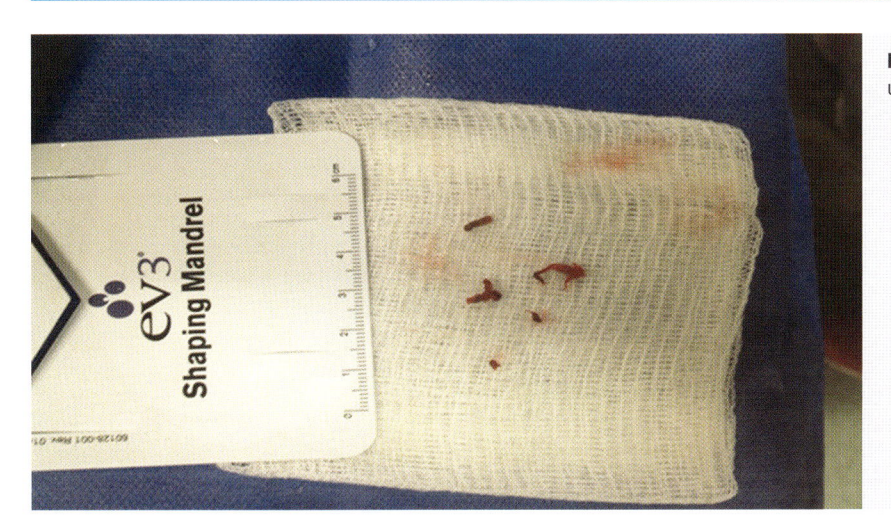

Fig. 11.8 Vários pedaços de coágulo removido de um vaso intracraniano ocluído.

tar uma lesão por reperfusão. Realiza-se um escaneamento por CT logo após o procedimento para exclusão da lesão por reperfusão, seguida de uma imagem por RM com sequência difusa e coeficiente de difusão aparente pelo mapa de ADC para identificar o tecido infartado. Em nossa instituição, repete-se a CT cerebral 24 horas após o procedimento. Se não houver sinais de lesão por reperfusão, inicia-se a terapia com aspirina. Obtém-se uma pontuação da escala NIHSS 24 horas após a intervenção do CVA. A maioria dos estudos segue objetivamente os resultados clínicos com a escala mRS, que varia de 0 (sem comprometimento) a 6 (morte).[51]

11.4 Conclusão

Após longo período no qual o IV tPA foi a única terapia comprovada para o CVA isquêmico agudo, a trombectomia mecânica com *stent retrievers* com ou sem cateteres de aspiração demonstrou ser benéfica em um subconjunto selecionado de pacientes com acidente vascular cerebral isquêmico agudo. Os pacientes que se apresentaram com LVO podem ser considerados para a intervenção endovascular seguida de IV tPA ou como monoterapia nos pacientes não elegíveis para o IV tPA, se os critérios para seleção específica forem satisfeitos. Os ensaios adicionais de terapias trombolíticas farmacológicas e/ou endovasculares podem aumentar os números de pacientes elegíveis para terapias de recanalização para CVA isquêmico agudo.

Referências

[1] Mozaffarian D, Benjamin EJ, Go AS, et al; American Heart Association Statistics Committee and Stroke Statistics Subcommittee. Heart disease and stroke statistics—2015 update: a report from the American Heart Association. Circulation. 2015; 131(4):e29-e322
[2] Caplan LR. Intracranial branch atheromatous disease: a neglected, understudied, and underused concept. Neurology. 1989; 39(9):1246-1250
[3] Jauch EC, Saver JL, Adams HP, Jr, et al; American Heart Association Stroke Council. Council on Cardiovascular Nursing. Council on Peripheral Vascular Disease. Council on Clinical Cardiology. Guidelines for the early management of patients with acute ischemic stroke: a guideline for healthcare professionals from the American Heart Association/American Stroke Association. Stroke. 2013; 44(3):870-947
[4] Berkhemer OA, Fransen PS, Beumer D, et al; MR CLEAN Investigators. A randomized trial of intraarterial treatment for acute ischemic stroke. N Engl J Med. 2015; 372(1):11-20
[5] Campbell BC, Mitchell PJ, Kleinig TJ, et al; EXTEND-IA Investigators. Endovascular therapy for ischemic stroke with perfusion-imaging selection. N Engl J Med. 2015; 372(11):1009-1018
[6] Goyal M, Demchuk AM, Menon BK, et al; ESCAPE Trial Investigators. Randomized assessment of rapid endovascular treatment of ischemic stroke. N Engl J Med. 2015; 372(11):1019-1030
[7] Molina CA, Chamorro A, Rovira À, et al. REVASCAT: a randomized trial of revascularization with SOLITAIRE FR device vs. best medical therapy in the treatment of acute stroke due to anterior circulation large vessel occlusion presenting within eight-hours of symptom onset. Int J Stroke. 2015; 10(4):619-626
[8] Saver JL, Goyal M, Bonafe A, et al; SWIFT PRIME Investigators. Stent-retriever thrombectomy after intravenous t-PA vs. t-PA alone in stroke. N Engl J Med. 2015; 372(24):2285-2295
[9] Molina CA. Futile recanalization in mechanical embolectomy trials: a call to improve selection of patients for revascularization. Stroke. 2010; 41(5):842-843
[10] Inoue M, Mlynash M, Straka M, et al. Patients with the malignant profile within 3 hours of symptom onset have very poor outcomes after intravenous tissue-type plasminogen activator therapy. Stroke. 2012; 43(9):2494-2496
[11] Hussein HM, Georgiadis AL, Vazquez G, et al. Occurrence and predictors of futile recanalization following endovascular treatment among patients with acute ischemic stroke: a multicenter study. AJNR Am J Neuroradiol. 2010; 31(3):454-458
[12] Hacke W, Kaste M, Bluhmki E, et al; ECASS Investigators. Thrombolysis with alteplase 3 to 4.5 hours after acute ischemic stroke. N Engl J Med. 2008; 359(13):1317-1329
[13] Bang OY, Saver JL, Kim SJ, et al. Collateral flow predicts response to endovascular therapy for acute ischemic stroke. Stroke. 2011; 42(3):693-699
[14] del Zoppo GJ, Higashida RT, Furlan AJ, et al. PROACT: a phase II randomized trial of recombinant pro-urokinase by direct arterial delivery in acute middle cerebral artery stroke. PROACT Investigators. Prolyse in Acute Cerebral Thromboembolism. Stroke. 1998; 29(1):4-11
[15] Furlan A, Higashida R, Wechsler L, et al. Intra-arterial prourokinase for acute ischemic stroke. The PROACT II study: a randomized controlled trial. Prolyse in Acute Cerebral Thromboembolism. JAMA. 1999; 282(21):2003-2011
[16] Ogawa A, Mori E, Minematsu K, et al; MELT Japan Study Group. Randomized trial of intraarterial infusion of urokinase within 6 hours of middle cerebral artery stroke: the Middle Cerebral Artery Embolism Local Fibrinolytic Intervention Trial (MELT) Japan. Stroke. 2007; 38(10):2633-2639
[17] Caplan LR. Caplan's Stroke: A Clinical Approach. 4th ed. Philadelphia, PA: Elsevier/Saunders; 2009

[18] Mozaffarian D, Benjamin EJ, Go AS, et al; American Heart Association Statistics Committee and Stroke Statistics Subcommittee. Heart disease and stroke statistics—2015 update: a report from the American Heart Association. Circulation. 2015; 131(4):e29-e322

[19] Chalela JA, Katzan I, Liebeskind DS, et al. Safety of intra-arterial thrombolysis in the postoperative period. Stroke. 2001; 32(6):1365-1369

[20] Ramee SR, Subramanian R, Felberg RA, et al. Catheter-based treatment for patients with acute ischemic stroke ineligible for intravenous thrombolysis. Stroke. 2004; 35(5):e109-e111

[21] Lewandowski CA, Frankel M, Tomsick TA, et al. Combined intravenous and intra-arterial r-TPA versus intra-arterial therapy of acute ischemic stroke: Emergency Management of Stroke (EMS) Bridging Trial. Stroke. 1999; 30(12):2598-2605

[22] Broderick JP, Palesch YY, Demchuk AM, et al; Interventional Management of Stroke (IMS) III Investigators. Endovascular therapy after intravenous t-PA versus t-PA alone for stroke. N Engl J Med. 2013; 368(10):893-903

[23] Nogueira RG, Lutsep HL, Gupta R, et al; TREVO 2 Trialists. Trevo versus Merci retrievers for thrombectomy revascularisation of large vessel occlusions in acute ischaemic stroke (TREVO 2): a randomised trial. Lancet. 2012; 380(9849):1231-1240

[24] Demchuk AM, Goyal M, Menon BK, et al; ESCAPE Trial Investigators. Endovascular treatment for Small Core and Anterior circulation Proximal occlusion with Emphasis on minimizing CT to recanalization times (ESCAPE) trial: methodology. Int J Stroke. 2015; 10(3):429-438

[25] Jovin TG, Chamorro A, Cobo E, et al; REVASCAT Trial Investigators. Thrombectomy within 8 hours after symptom onset in ischemic stroke. N Engl J Med. 2015; 372(24):2296-2306

[26] Song D, Cho AH. Previous and recent evidence of endovascular therapy in acute ischemic stroke. Neurointervention. 2015; 10(2):51-59

[27] Badhiwala JH, Nassiri F, Alhazzani W, et al. Endovascular thrombectomy for acute ischemic stroke: a meta-analysis. JAMA. 2015; 314(17):1832-1843

[28] Smith WS, Sung G, Saver J, et al; Multi MERCI Investigators. Mechanical thrombectomy for acute ischemic stroke: final results of the Multi MERCI trial. Stroke. 2008; 39(4):1205-1212

[29] Penumbra Pivotal Stroke Trial Investigators. The penumbra pivotal stroke trial: safety and effectiveness of a new generation of mechanical devices for clot removal in intracranial large vessel occlusive disease. Stroke. 2009; 40(8):2761-2768

[30] Ciccone A, Valvassori L, Nichelatti M, et al; SYNTHESIS Expansion Investigators. Endovascular treatment for acute ischemic stroke. N Engl J Med. 2013; 368(10):904-913

[31] Kidwell CS, Jahan R, Gornbein J, et al; MR RESCUE Investigators. A trial of imaging selection and endovascular treatment for ischemic stroke. N Engl J Med. 2013; 368(10):914-923

[32] Bradley EH, Curry LA, Webster TR, et al. Achieving rapid door-to-balloon times: how top hospitals improve complex clinical systems. Circulation. 2006; 113(8):1079-1085

[33] Pexman JH, Barber PA, Hill MD, et al. Use of the Alberta Stroke Program Early CT Score (ASPECTS) for assessing CT scans in patients with acute stroke. AJNR Am J Neuroradiol. 2001; 22(8):1534-1542

[34] Smit EJ, Vonken EJ, van Seeters T, et al. Timing-invariant imaging of collateral vessels in acute ischemic stroke. Stroke. 2013; 44(8):2194-2199

[35] Miteff F, Levi CR, Bateman GA, et al. The independent predictive utility of computed tomography angiographic collateral status in acute ischaemic stroke. Brain. 2009; 132(Pt 8):2231-2238

[36] Menon BK, Smith EE, Modi J, et al. Regional leptomeningeal score on CT angiography predicts clinical and imaging outcomes in patients with acute anterior circulation occlusions. AJNR Am J Neuroradiol. 2011; 32(9):1640-1645

[37] El-Mitwalli A, Saad M, Christou I, et al. Clinical and sonographic patterns of tandem internal carotid artery/middle cerebral artery occlusion in tissue plasminogen activator-treated patients. Stroke. 2002; 33(1):99-102

[38] Christou I, Felberg RA, Demchuk AM, et al. Intravenous tissue plasminogen activator and flow improvement in acute ischemic stroke patients with internal carotid artery occlusion. J Neuroimaging. 2002; 12(2):119-123

[39] Rubiera M, Ribo M, Delgado-Mederos R, et al. Tandem internal carotid artery/middle cerebral artery occlusion: an independent predictor of poor outcome after systemic thrombolysis. Stroke. 2006; 37(9):2301-2305

[40] Saqqur M, Uchino K, Demchuk AM, et al; CLOTBUST Investigators. Site of arterial occlusion identified by transcranial Doppler predicts the response to intravenous thrombolysis for stroke. Stroke. 2007; 38(3):948-954

[41] Lavallée PC, Mazighi M, Saint-Maurice JP, et al. Stent-assisted endovascular thrombolysis versus intravenous thrombolysis in internal carotid artery dissection with tandem internal carotid and middle cerebral artery occlusion. Stroke. 2007; 38(8):2270-2274

[42] Dababneh H, Guerrero WR, Khanna A, et al. Management of tandem occlusion stroke with endovascular therapy. Neurosurg Focus. 2012; 32(5):E16

[43] Machi P, Lobotesis K, Maldonado IL, et al. Endovascular treatment of tandem occlusions of the anterior cerebral circulation with solitaire FR thrombectomy system. Initial experience. Eur J Radiol. 2012; 81(11):3479-3484

[44] Cohen JE, Gomori M, Rajz G, et al. Emergent stent-assisted angioplasty of extracranial internal carotid artery and intracranial stent-based thrombectomy in acute tandem occlusive disease: technical considerations. J Neurointerv Surg. 2013; 5(5):440-446

[45] Puri AS, Kühn AL, Kwon HJ, et al. Endovascular treatment of tandem vascular occlusions in acute ischemic stroke. J Neurointerv Surg. 2015; 7(3):158-163

[46] Lockau H, Liebig T, Henning T, et al. Mechanical thrombectomy in tandem occlusion: procedural considerations and clinical results. Neuroradiology. 2015; 57(6):589-598

[47] Stampfl S, Ringleb PA, Möhlenbruch M, et al. Emergency cervical internal carotid artery stenting in combination with intracranial thrombectomy in acute stroke. AJNR Am J Neuroradiol. 2014; 35(4):741-746

[48] Loh Y, Liebeskind DS, Shi ZS, et al. Partial recanalization of concomitant internal carotid-middle cerebral arterial occlusions promotes distal recanalization of residual thrombus within 24 h. J Neurointerv Surg. 2011; 3(1):38-42

[49] Abou-Chebl A, Lin R, Hussain MS, et al. Conscious sedation versus general anesthesia during endovascular therapy for acute anterior circulation stroke: preliminary results from a retrospective, multicenter study. Stroke. 2010; 41(6):1175-1179

[50] Higashida RT, Furlan AJ, Roberts H, et al; Technology Assessment Committee of the American Society of Interventional and Therapeutic Neuroradiology. Technology Assessment Committee of the Society of Interventional Radiology. Trial design and reporting standards for intra- arterial cerebral thrombolysis for acute ischemic stroke. Stroke. 2003; 34(8):e109-e137

[51] Farrell B, Godwin J, Richards S, et al. The United Kingdom transient ischaemic attack (UK-TIA) aspirin trial: final results. J Neurol Neurosurg Psychiatry. 1991; 54(12):1044-1054

12 Intervenções Cirúrgicas para CVA Isquêmico Agudo

Michael J. Schneck ▪ Christopher M. Loftus

Resumo

O tratamento do CVA isquêmico agudo se concentra em melhorar a reperfusão e em minimizar o edema cerebral, CVA recorrente e complicações clínicas agudas. As intervenções cirúrgicas para o CVA isquêmico agudo estão centradas nos procedimentos de revascularização para prevenção contra o CVA recorrente, e na craniectomia como tratamento para as complicações do edema cerebral após CVA. O tempo específico destes procedimentos continua indefinido, embora, a intervenção precoce e oportuna seja fundamental para que uma deterioração neurológica seja evitada.

Palavras-chave: CVA isquêmico agudo, estenose da artéria carótida, colocação de *stent* da artéria carótida (CAS), endarterectomia carotídea (CEA), oclusão carotídea, CVA cerebelar, hemicraniectomia descompressiva, trombectomia endovascular, infarto da artéria cerebral média, craniectomia suboccipital.

12.1 Introdução

A maioria dos CVAs é secundária às oclusões arteriais tromboembólicas.[1-3] O principal objetivo da terapia do CVA isquêmico agudo é a rápida restauração do fluxo sanguíneo adequado para minimizar o dano do tecido, reduzindo, portanto, a morbidade neurológica e a mortalidade, com consequente redução da deficiência neurológica e melhoria da qualidade de vida. A prática atual envolve rápida reperfusão do tecido com terapias trombolíticas.[3,4] Os ensaios clínicos recentes estabeleceram um papel para a trombólise mecânica endovascular com dispositivos de *stent retriever* sozinhos ou em conjunto com o ativador de plasminogênio tecidual intravenoso (IV tPA) para as oclusões agudas da artéria carótida interna (ICA) intracraniana ou artéria cerebral média (MCA) em pacientes com CVAs elegíveis.[4] Mesmo nestas circunstâncias, onde a reperfusão não pode ser completamente restabelecida na região central da isquemia, os mecanismos para salvar o tecido circundante servem para minimizar a gravidade do CVA. Sendo assim, o paradigma moderno de intervenção para CVA isquêmico agudo destina-se a promover rápida perfusão do tecido cerebral ou a tratar as complicações do edema cerebral após o CVA.[3]

12.2 Princípios do Tratamento Geral

O rápido diagnóstico do CVA isquêmico agudo é importante para que os pacientes recebam tratamento oportuno e adequado. Em 1997, a conferência do Instituto Nacional de Distúrbios Neurológicos e Derrame (NINDS) destacou a necessidade de sistema de CVA eficazes e organizados.[5] As recomendações da conferência enfatizaram os fatores-chave para os sistemas de CVA, incluindo a identificação inicial dos pacientes com CVA elegíveis, consideração inicial para ativação de uma equipa de CVA e fixação de ordens permanentes para pacientes com CVA. Os períodos foram especificados como alvos para tempos de avaliação de pacientes com CVA, visando a otimização do processo de triagem para identificar possíveis candidatos com CVA para a realização de trombólise.

Alguns princípios básicos são direcionados ao tratamento imediato de todos os pacientes com CVA e estão bem elucidados em duas diretrizes da *American Heart Association* (AHA) no tratamento inicial do CVA isquêmico agudo.[3,4] A rápida avaliação clínica por clínicos especialistas em avaliação de pacientes com CVA é essencial. A escala de CVA do Instituto Nacional de Saúde dos Estados Unidos (NIHSS) é usada para determinar clinicamente a gravidade do CVA.[6] A escala NIHSS é um instrumento prognóstico útil e rápido e é usada por muitos especialistas em neurologia vascular (CVA) nos Estados Unidos. De 60 a 70% dos pacientes com pontuação padrão na escala NIHSS < 10 terão resultado favorável em 1 ano, em comparação com apenas 4 a 16% daqueles com uma pontuação > 20.[3,6] A imagem inicial através da tomografia computadorizada (CT) ou ressonância magnética (MRI) para identificar possíveis hemorragia intracraniana ou sinais de isquemia cerebral precoce é obrigatória. Quando disponível, a imagem em MR ponderada na sequência de difusão (DWI) e a imagem em MR com sequência ecogradiente são de uso específico na distinção entre CVA isquêmico agudo ou hemorrágico. Como observado nas diretrizes da AHA, a dependência da disponibilidade da MRI, fora dos estudos de pesquisa clínica, não deve atrasar a trombólise sistêmica urgente.

O tratamento para diminuir a hipertensão arterial geralmente deve ser evitado em pacientes com CVA isquêmico agudo.[3] As diretrizes atuais recomendam que não se faça qualquer tratamento da pressão sanguínea (BP) para pacientes com BP sistólica ≤ 220 mmHg ou BP diastólica ≤ 120 mmHg, salvo se houver evidência de dano grave no órgão-alvo, como dissecção aórtica, isquemia miocárdica aguda, edema pulmonar ou encefalopatia hipertensiva. Os clínicos só devem cogitar a redução cuidadosa da BP no CVA agudo se um paciente for elegível para terapia trombolítica, mas tem uma BP sistólica > 185 mmHg ou BP diastólica > 110 mmHg. A expansão do volume com fluidos VI pode ser satisfatória, mas, até o presente momento, a hipertensão induzida por medicamento para melhorar o fluxo sanguíneo cerebral permanece não comprovada para o CVA agudo. Dois estudos pilotos descreveram papel importante para a hipertensão arterial induzida por medicamento; a fenilefrina foi o agente preferido nos dois estudos.[7,8] A meta da titulação da BP foi a melhora neurológica, avaliada pela escala NIHSS ou titulação para uma BP arterial média de 130 mmHg para o primeiro estudo.[7] O outro estudo visou uma BP sistólica mínima de 160 mmHg ou 20% acima da BP sistólica da admissão para o máximo de 200 mmHg.[8]

Outros importantes princípios gerais no cuidado de pacientes com CVA isquêmico agudo incluem admissão em uma unidade de CVA, unidade de cuidados neurointensivos ou outros ambientes monitorados; tratamento agressivo para manutenção da normotermia e normoglicemia e prevenção de complicações clínicas, incluindo disritmias cardíacas, pneumonia por aspiração e trombose venosa profunda, junto com a mobilização precoce de pacientes através de um programa de reabilitação abrangente.[3]

12.3 Procedimentos de Revascularização

A revascularização cirúrgica na doença cerebrovascular isquêmica é, predominantemente, uma medida profilática para reduzir o risco de eventos isquêmicos cerebrais iniciais ou recorrentes.[9] A revascularização via procedimentos de *bypass* extracraniano para intracraniano (EC-IC) para doença carotídea oclusiva deixou de ser usada com a publicação do ensaio randomizado controlado (RCT) do estudo EC/IC *Bypass* em 1985.[10] O ensaio *Carotid Occlusion Surgery Study* (COSS) utilizou critérios de seleção rigorosos e registro de pacientes com sintomas hemisféricos dentro de 120 dias ou registro do estudo, confirmação da oclusão da artéria carótida e isquemia cerebral hemodinâmica identificada pelo aumento ipsolateral da fração de extração de oxigênio medida por tomografia por emissão de pósitrons (PET).[11] Dos 195 pacientes, 97 foram randomizados para o braço cirúrgico e 98 para o braço não cirúrgico do estudo. Apesar dos melhores critérios de seleção, este estudo também falhou em mostrar o benefício do *bypass* EC-IC, tendo sido interrompido cedo por inutilidade, com taxas de eventos de CVA ou morte de 2 anos de 21% para o grupo cirúrgico e 22,7% para o grupo não cirúrgico. As variações do procedimento de *bypass* EC-IC ainda têm relevância nas circunstâncias clínicas especiais, como a doença de Moyamoya e casos selecionados na oculopatia isquêmica crônica.[12,13]

Por outro lado, o uso de endarterectomia carotídea (CEA) na prevenção de eventos isquêmicos primários ou recorrentes é um procedimento consolidado, com base em uma série de estudos de referência para pacientes com doença arterial carotídea sintomática.[9,14-17] Em especial, o ensaio *North American Symptomatic Carotid Endarterectomy* (NASCET) mostrou evidências claras e convincentes de que a CEA foi esmagadoramente superior à terapia clínica para pacientes com 70 a 99% de estenose da artéria carótida, com 16% de redução absoluta do risco de CVA recorrente.[14] Os resultados do ensaio NASCET foram confirmados pelos achados no ensaio *European Carotid Surgery* (ECST).[15] O grupo NASCET também reportou um benefício para a CEA em comparação com a terapia clínica para os pacientes com 50 a 69% de estenose da artéria carótida. Entretanto, este benefício era muito menor; tendo a análise do subgrupo enfatizado a necessidade de uma cuidadosa análise do risco de gravidade intermediária de pacientes neste grupo antes que a CEA seja levada em consideração.[16]

Na década subsequente à publicação do estudo NASCET inicial, a angioplastia endovascular e a colocação de *stent* (colocação de *stent* da artéria carótida [CAS]) para revascularização dos vasos cervicocerebrais começaram a ser usadas como uma alternativa à CEA ou aos procedimentos de *bypass*. Os ensaios iniciais que compararam a CAS com a CEA sugeriram que a cirurgia permaneceu sendo a abordagem preferencial para a revascularização da carótida. O estudo do *Boston Scientific/Schneider Wallstent*, um dos primeiros RCTs da CAS em comparação com a CEA para estenose da artéria carótida sintomática, foi interrompido antecipadamente quando observou-se que as taxas de morbimortalidade eram muito maiores no braço do *stent* do estudo.[18,19] Como houve melhora na experiência do cirurgião com a colocação de *stents* endovasculares, as taxas da morbimortalidade começaram a aproximar-se às da CEA.

Em 2004, os pesquisadores do ensaio SAPPHIRE reportaram resultados de um RCT de pacientes com estenose da artéria carótida considerado de alto risco para CEA abrangendo aqueles com mais de 80% de estenose da artéria carótida assintomática ou mais de 50% de estenose da artéria carótida sintomática.[20] Foram randomizados 151 pacientes para CEA e 159 foram randomizados para CAS. Um adicional de 413 pacientes foi acompanhado em um registro de pacientes de alto risco, com os pacientes considerados inelegíveis para randomização no registro, pois o intervencionista ou cirurgião endovascular sentiu que o paciente não poderia passar por este ou outro procedimento (406/413 dos pacientes receberam CAS). O *end point* primário foi a morte, sem CVA ou infarto do miocárdio (MI) em 30 dias após o procedimento. Os critérios de alto risco incluem insuficiência cardíaca congestiva grave, cirurgia cardíaca aberta nas 6 semanas anteriores, MI recente ou angina instável, doença pulmonar grave, oclusão carotídea contralateral, paralisia do nervo laríngeo contralateral, terapia de radiação para o pescoço, CEA anterior com reestenose e idade acima de 80 anos. No geral, os pacientes submetidos à CAS tiveram taxa estatística de evento de 30 dias significativamente inferior em comparação com a CEA (4,4% *vs.* 9,9%, $p = 0,06$). Em 1 ano, a taxa de evento foi de 12,2% para os pacientes com *stent* e 20,1% para os pacientes cirúrgicos. As taxas de resultado da CAS e da CEA para doença sintomática foi de 4,2 e 15,4%, respectivamente. As taxas de resultado para a estenose da artéria carótida assintomática foram de 6,7% para o braço da CAS e 11,2% para o braço da CEA. Não houve diferença significativa em 30 dias na taxa de CVA, sendo o *end point* primário conduzido, principalmente, pela taxa de MI predominantemente sem onda Q. Com o uso do *end point* mais convencional de CVA e morte em 30 dias mais CVA ipsolateral ou morte em até 1 ano, as diferenças para aqueles tratados com colocação de *stent* em comparação com os tratados com cirurgia foi de 5% *versus* 7,5%, com $p = 0,4$. Além disso, vale ressaltar que mais de 70% dos pacientes neste ensaio ficaram no grupo assintomático. O ensaio SAPPHIRE também foi insuficiente, sendo a generalização limitada, pois 25% dos casos foram de CEA refeita, cujo risco cirúrgico é alto. Além disso, havia mais pacientes nos braços de registro do ensaio que no braço randomizado. Os pacientes no registro pioraram em comparação com os pacientes randomizados. Os autores concluíram que para os pacientes de alto risco, a CAS teve uma comparação favorável com a CEA. Uma avaliação diferenciada deste estudo poderia sugerir que para a doença assintomática nos pacientes com alto risco, a terapia clínica pode ser possivelmente igual ou mais adequada que qualquer intervenção.

De modo subsequente, diversos estudos europeus (SPACE, EVA-3S e ICSS) falharam em confirmar um benefício para a CAS.[21-23] Embora estes ensaios tenham sido criticados por problemas de seleção e treinamento do cirurgião e falha na implantação de procedimentos de dispositivos de proteção embólica, o benefício da CAS permaneceu comprovado até a publicação do ensaio *Carotid Revascularization Endarterectomy versus Stenting* (CREST). Este foi um grande RCT de baixo risco de pacientes com estenose da artéria carótida, no qual apenas 47% dos sujeitos registrados tiveram estenose da artéria carótida assintomática.[24] Foi descoberto no ensaio CREST que a taxa de CVA, MI ou morte no período de 30 dias após o procedimento ou qualquer CVA ipsolateral dentro de 4 anos após a randomização, teve uma taxa de evento não estatisticamente diferente a 7,2% para CAS e taxa de evento de 6,8% para CEA. O resultado geral do CVA e morte favoreceu a CEA (4,7% *vs.* 6,4%, $p = 0,03$). A taxa de CVA periprocedural também favoreceu a CEA sobre a CAS (2,3% *vs.* 4,1%, $p = 0,01$). As principais taxas de CVA, contudo, foram comparáveis aos grupos que receberam tratamento cirúrgico e colocação de *stent*. Também houve uma tendência de pacientes sintomáticos se saindo melhor com a CEA que com a CAS (6% CAS *vs.* 3,2% CEA; relação de risco [HR] = 1,89, $p = 0,02$). As paralisias do nervo craniano foram menos frequentes no braço da CAS. As taxas da MI também foram mais baixas no braço da CAS; a taxa de MI periprocedural para CAS foi de 1,1% em comparação com os 2,3% para a CEA ($p = 0,03$). No estudo CREST, os pacientes do grupo com idades entre 40 e 70 anos tiveram melhores resultados após a CAS, guiados, principalmente, pela taxa de MI, ao passo que os pacientes no grupo de 70 a 80 anos tiveram melhor resultado após a CEA, guiada, principalmente, pela taxa de evento do CVA. Não está claro se estes resultados são generalizáveis para a população não estudada mais ampla. Além disso, os benefícios relativos tanto da colocação de *stent* quanto da cirurgia no contexto das terapias clínicas melhoradas que foram desenvolvidas desde a publicação dos ensaios da CEA sintomática e assintomática há 25 anos podem ter diminuído. A questão está sob investigação em um ensaio clínico que está em andamento.[25]

Em relação ao tempo de CEA após o CVA agudo, não há diretrizes claras sobre quando a cirurgia deve ser realizada após o CVA. O tempo dos procedimentos carotídeos em geral foi atrasado por até 6 semanas por causa de preocupações com uma lesão por reperfusão ou piora do CVA. A CEA não foi realizada imediatamente após o CVA, sendo a CEA inicial definida como qualquer procedimento que ocorra em menos de 2 semanas após o evento.[26,27] Contudo, a cirurgia inicial para as lesões estáveis pode ser satisfatória. Os dados agrupados do ECST e NASCET demonstraram que os benefícios da cirurgia eram maiores para os homens, pacientes com 75 anos ou mais e pacientes randomizados nas 2 semanas após o último evento isquêmico; o número necessário para tratar (NNT) o benefício foi de 5 para 1 para aqueles randomizados nas 2 semanas em comparação com 125 para 1 para os pacientes randomizados após mais de 12 semanas.[27] Em uma série de 228 pacientes submetidos à CEA em 1 a 4 semanas do evento, houve uma taxa aceitável de deficiências neurológicas permanentes no perioperatório de menos de 3,4%, sem diferença entre a localização e o tamanho do infarto e tempo cirúrgico, nenhum resultado pior para aqueles feitos dentro de 1 semana, em comparação com aqueles que foram submetidos à CEA em uma data posterior.[28] Apenas o tamanho do infarto foi prognosticador da probabilidade de deficiência neurológica. De fato, os resultados funcionais na verdade pareciam ter melhorado com alta hospitalar precoce quando a CEA foi realizada em 7 dias de CVA. Em um estudo piloto inicial, Welsh et al. sugeriram que, na ausência de ensaios randomizados, os dados não apoiaram a política de rotina de CEA na fase aguda.[29] Outros estudos sugeriram, entretanto, que em casos selecionados, a CEA urgente foi apropriada. Meyer et al. descreveram 34 pacientes com oclusão aguda da ICA no momento da CEA de emergência. Todos estes tiveram deficiências neurológicas profundas, incluindo hemiplegia e afasia. Houve uma taxa de 94% de êxito na restauração da patência. No acompanhamento, 13 pacientes tiveram deficiência mínima ou não tiveram nenhuma, ao passo que 4 tiveram hemiplegia grave e 7 pacientes morreram. Os autores afirmaram que estes resultados foram melhores que o "histórico natural" de oclusões carotídeas agudas no momento do estudo.[30] Eckstein et al. relataram uma série de 71 CEAs emergenciais realizadas entre 1980 e 1998 para as quais foram identificados três grupos: TIA recorrente (n = 21), CVA em evolução (n = 34) e início agudo de CVA (n = 16).[31] O bom resultado foi avaliado como tendo pontuação de 0 a 3 na escala de Rankin modificada (mRS). Para os pacientes com CVA grave agudo, 56,3% tiveram um bom resultado. Um bom resultado ocorreu em 76,4% dos pacientes com CVA em evolução e 80,9% dos pacientes com TIA recorrente. Brandl et al. observaram, em uma série de 233 pacientes sintomáticos, que a CEA foi realizada em 16 (3,8%) dos pacientes nas 4 a 24 horas do começo do sintoma.[32] Os critérios para cirurgia precoce incluíram TIA em recorrente e deficiências neurológicas flutuantes. Nove destes pacientes tiveram resolução completa dos sintomas, quatro pacientes melhoraram e três permaneceram inalterados ou tiveram piora. Findlay e Marchak descreveram 13 pacientes com déficits graves no pós-operatório; 5 tiveram déficits ao despertar e 7 tiveram déficits em 12 horas de cirurgia.[33] Dos 5 pacientes submetidos a outra cirurgia emergencial, 2 tiveram oclusões que foram reparadas e um recebeu uma injeção intra-arterial de TPA. Dentre os 7 pacientes que foram submetidos primeiro à angiografia cerebral, foram identificados 2 casos de oclusão carotídea e 1 caso de estenose residual. Dentre os 6 pacientes que tiveram revascularização, 2 dos 4 pacientes com oclusão e o paciente que recebeu TPA, além dos pacientes com estenose residual, tiveram melhora. Os autores observaram que aproximadamente metade dos CVAs tiveram uma lesão corrigível subjacente da qual metade teve melhora inicial após a reexploração. Uma metanálise de todos os artigos publicados de 1994 a 2000 sugeriram que não havia risco excessivo para CEA precoce em comparação com a tardia em pacientes com sintomas estáveis.[26] A metanálise ressaltou que o risco cirúrgico do CVA e morte em pacientes operados para TIA em recorrente ou CVA em evolução foi uma taxa inaceitavelmente alta de 20%. Um recente estudo internacional multicêntrico, entretanto, de 165 pacientes com estenose da artéria carótida sintomática submetidos à CEA em 1 semana reportou uma taxa de eventos combinados de resultados aceitavelmente baixo de 5,5% de CVA não fatal, MI e morte.[34] A CEA emergencial foi realizada em 20 (12%) dos casos, sem aumento de eventos adversos. Além disso, neste estudo, nem a TIA em recorrente nem a oclusão da ICA contralateral foram associadas a taxas de CVA em 30 dias maiores.

A intervenção cirúrgica para CVA "hiperagudo", ou TIA recorrente em razão de estenose da artéria carótida de alto grau ou oclusão carotídea aguda foram substituídas pela embolectomia mecânica e/ou angioplastia carotídea mais a colocação de stent.[4] Houve diversos casos que demonstraram um papel para angioplastia com balão ou colocação de stent para pacientes com oclusão carotídea aguda, incluindo aqueles que experimentaram complicações neurológicas no perioperatório após CEA,[35-42] sendo, neste momento, os procedimentos endovasculares para as oclusões carotídeas agudas uma abordagem preferida em comparação com a CEA emergencial.

12.4 Procedimentos de "Salvamento" para Edema Cerebral Após CVA

12.4.1 Cirurgia para Infartos Cerebelares

Os infartos cerebelares constituem aproximadamente 3% de todos os CVAs isquêmicos e podem ser subdiagnosticados, podendo apresentar um resultado devastador.[43,44] Tanto o infarto cerebelar agudo quanto a hemorragia se apresenta de maneira multifacetada.[43-49] Este tipo de CVA pode-se apresentar com ataxia não específica, vertigem, náusea, vômito, disartria ou apenas uma dor de cabeça grave isolada. Os achados focais não são comuns, e como o CVA cerebelar pode apresentar-se com sintomas não localizados, o diagnóstico inicial do CVA pode ser equivocado.[43-48] O prognóstico é pior naqueles que se apresentam na admissão com BP sistólica elevada > 200 mmHg, paresia do olhar, diminuição do nível de consciência e evidência na CT de lesão na linha media, obstrução do quarto ventrículo e cisterna basal, sinais de hérnia ascendente, sangue intraventricular e/ou hidrocefalia.[47] A CT inicial não é notável em mais de um quarto dos casos. O volume do infarto inicial é um dos melhores preditores de um mau prognóstico ou piora.[50-52] Além disso, os pacientes com infartos > 3 cm em tamanho estão em risco significativo de deterioração. Os pacientes podem apresentar-se de maneira estável, sofrendo posteriormente uma rápida piora, como resultado da compressão ou do infarto do tronco encefálico, tendo a hidrocefalia como resultado do aumento do edema do infarto cerebelar. Quase metade dos pacientes inicialmente alertas com hemorragia cerebelar apresentarão piora, especialmente aqueles com lesões vermianas da linha média,[47] e devem ser observados em um ambiente de cuidados intensivos monitorado nos 3 a 5 primeiros dias quando o edema cerebelar está no seu máximo (ver ▶ Fig. 12.1).

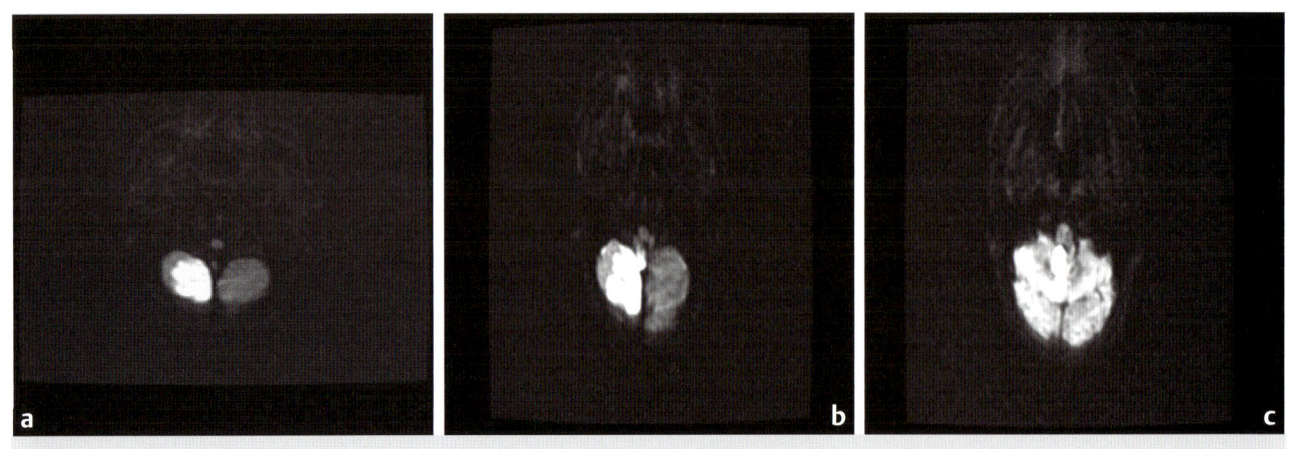

Fig. 12.1 (a-c) Imagens por ressonância magnética (MRI) de uma mulher de 73 anos que se apresentou com dor de cabeça, tontura e instabilidade na marcha com 2 dias de duração. O exame físico revelou nistagmo mínimo, dismetria e instabilidade da marcha. As imagens de MR ponderadas em difusão mostraram infarto agudo do território da artéria cerebelar inferior posterior (PICA) com compressão do quarto ventrículo. Esta paciente ficou em observação em ambiente monitorado por 1 semana e, subsequentemente, foi enviada a uma unidade de reabilitação aguda, apresentando melhora sem a necessidade de intervenção cirúrgica.

O tratamento do CVA em deterioração sugere que quando a piora é resultado da compressão direta do tronco encefálico como consequência do efeito expansivo, indica-se a realização de uma craniectomia suboccipital com evacuação do tecido infartado.[43,49] Para os pacientes cuja deterioração está relacionada com hidrocefalia, especialmente se for idoso ou com uma deterioração menos rápida, a ventriculostomia pode ser uma opção de alternativa inicial, com procedimentos definitivos da fossa posterior caso não apresente melhora ou evolua com deterioração continuada.[43,49,53-60] Não há séries prospectivas ou randomizadas de conduta expectante em contraste com a intervenção cirúrgica precoce, nem há qualquer série prospectiva de ventriculostomia em contraste com a craniectomia. No estudo cerebelar alemão-austríaco de 84 pacientes com infarto cerebelar maciço, submetidos a tratamento de acordo com as preferências dos cuidadores primários, 34 foram submetidos à craniectomia, 14 receberam ventriculostomia e 36 foram clinicamente tratados.[54] O principal preditor de mal prognóstico foi o nível de consciência após a deterioração clínica (razão de probabilidade [OR] = 2,88). Não foi constatada superioridade do tratamento cirúrgico para os infartos cerebelares maciços sobre o tratamento clínico em nenhum dos subgrupos, despertos/letárgicos ou sonolentos/em torpor, embora tenha sido observada uma recuperação razoável em cerca de metade dos pacientes com infarto maciço submetidos a algum tipo de intervenção cirúrgica. Outras séries retrospectivas pequenas sugeriram que a cirurgia está associada a melhores resultados. Deste modo, por exemplo, em uma série de 53 pacientes em Martinica, uma ilha caribenha, Mostofi reportou sobrevida e resultados funcionais melhores após a cirurgia.[55] Mesmo os pacientes com níveis reduzidos de consciência ou idade avançada podem beneficiar-se com a descompressão cirúrgica do infarto cerebelar. Há séries de caso, entretanto, que descrevem sucesso terapêutico em pacientes tratados com a ventriculostomia sozinha.[56-58] Raco et al. descreveram 44 casos dos quais 17 pacientes foram tratados com cirurgia, e 8 somente com ventriculostomia.[56] A mortalidade geral em suas séries foi de 13,6%; 89% dos pacientes tratados de maneira conservadora tiveram bons resultados, com 10/17 pacientes submetidos à cirurgia com bons resultados. Kirollos et al. descreveram uma série de 50 casos e sugeriram um protocolo que teve como base o nível de consciência e aparência do quarto ventrículo. Quando o quarto ventrículo estava normal, os pacientes foram tratados de forma conservadora.[57] Se a pontuação da escala de Coma de Glasgow (GCS) do paciente decaísse, ele era submetido a uma ventriculostomia. Quando o quarto ventrículo estava comprimido, mas não completamente obstruído, o paciente era tratado de maneira conservadora e apenas era submetido à drenagem ventricular com a piora da pontuação na GCS, se houvesse a presença de hidrocefalia. Na ausência de hidrocefalia, com a piora da pontuação na GCS e compressão do quarto ventrículo, ou se o paciente não melhorasse apesar da drenagem ventricular, o paciente era, então, submetido à evacuação. Os pacientes com apagamento completo do quarto ventrículo foram submetidos à craniectomia suboccipital precoce e drenagem ventricular. Apesar de a mortalidade nas séries ter sido alta (40%), 80% dos sobreviventes tiveram bons resultados. As recomendações atuais das sociedades internacionais são para os pacientes que estão agonizantes; sendo a craniectomia suboccipital a opção preferida com qualquer sinal de agravamento.[43,49]

12.4.2 Hemicraniectomia para Infartos "Malignos" da Artéria Cerebral Média

Os CVAs hemisféricos maciços têm uma alta taxa de mortalidade de > 50% em decorrência de oclusão da MCA.[61] Estima-se que o infarto da MCA represente 5% de todos os CVAs.[62] Estes grandes CVAs hemisféricos representam 10 a 15% de todos os infartos supratentoriais e estão tipicamente associados a um prognóstico precário.[1,3,43,49,61-67] Aproximadamente 13% dos infartos da MCA proximal estão associados a edema e herniação graves, 7% dos pacientes morrem de edema cerebral na primeira semana após o CVA.[67] Kasner et al. descreveram 201 pacientes com grandes CVAs na MCA, dos quais 94 (47%) morreram de edema cerebral maciço, 12 (6%) morreram de causa não neurológicas e 95 (47%) sobreviveram até o 30º dia.[62] Os fatores de risco para um edema fatal incluem histórico de hipertensão arterial, histórico de insuficiência cardíaca congestiva, contagem elevada de glóbulos brancos, > 50% de hipodensidade da MCA e envolvimento adicional de infarto de outros territórios de vasos sanguíneos cerebrais. Embora o nível de consciência, pontuação da escala NIHSS, náusea e vômito precoce e glicose sérica na apresentação estejam associados à morte neurológica em análises invariáveis, não são fatores significativos nas análises multivariadas. As manifestações clínicas refletem o hemisfério envolvido e possíveis infartos

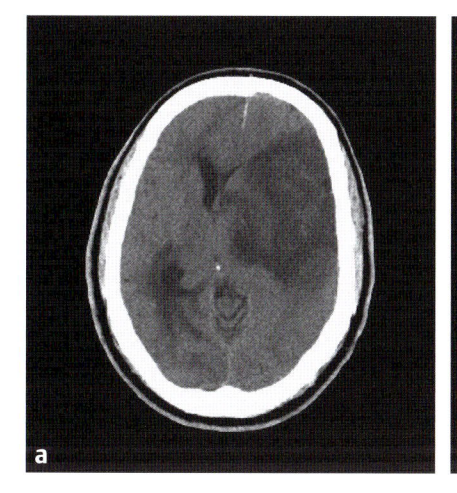

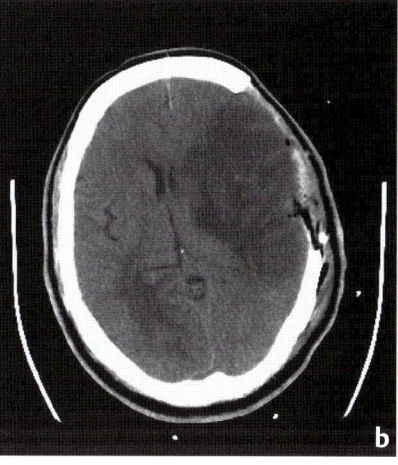

Fig. 12.2 Tomografia computadorizada de crânio sem contraste (**a**) no 7º dia após CVA isquêmico oclusivo na artéria cerebral média esquerda. O paciente teve evidência de herniação subfalcina e uncal no contexto de afasia e hemiplegia esquerda. (**b**) Dia 8; hemicraniectomia esquerda com melhora do nível de consciência; seguindo alguns comandos.

associados à artéria cerebral anterior (ACA) ou à artéria cerebral posterior (PCA). A semiologia inclui hemiplegia, hemianestesia, hemianopsia, afasia (infarto pincipalmente à esquerda, no hemisfério dominante), heminegligência (infarto tipicamente à direita, no hemisfério não dominante), desvio conjugado do olhar possível desvio de cabeça e deterioração progressiva no nível de consciência. Hacke *et al.* também reportaram que a oclusão da ICA ou MCA e fluxo colateral precário eram fatores de risco para um mal prognóstico.[63] Outros autores também identificaram uma grande hipodensidade no CT no território da MCA como um significativo fator de risco.[65,68]

Os fatores preditores por imagem do edema cerebral maligno causado por infarto na MCA incluem grande hipodensidade cortical na CT da cabeça, envolvimento precoce de mais de um terço no território da MCA e desvio da linha média precoce ≥ 2 mm.[65,68] Evidência > 80 cm³ de isquemia cerebral pela medição volumétrica de MR DWI realizada em 6 horas também é um preditor de prognóstico ruim, bem como volumes de CVA MR DWI ≥ 145 cm³ em 12 horas.[62,65,68-70] Mori *et al.* observaram que os volumes do CVA > 240 cm³ são preditores de prognóstico ruim em mais de três quartos dos casos.[70] Os fatores clínicos continuam sendo mais preditores de prognóstico que qualquer característica na imagem, com altas pontuações na escala de NIHSS ou alteração do nível de consciência como os mais preditivos de mau prognóstico.

No contexto de infarto maligno na MCA, tem-se presumido que a deterioração clínica ocorra em razão do aumento de massa isquêmica dilatada em vez do aumento geral da pressão intracraniana (ICP) e redução da pressão de perfusão cerebral (CPP).[61] O pico do edema cerebral ocorre em aproximadamente 4 dias (ocorrendo, geralmente, em aproximadamente 3-7 dias), sendo a principal causa de morte em CVAs grandes, entretanto, a deterioração no infarto maciço na MCA pode ser mais rápida que a previamente descrita.[61-63] Uma recente revisão retrospectiva de prontuários multicêntricos de 53 casos tratados clinicamente reportou que dois terços dos pacientes tiveram deterioração clínica em torno de 48 horas. A mortalidade foi alta nesta população; 25/53 (47%) dos pacientes morreram no hospital, com a maioria das mortes ocorrendo no 3º dia após o CVA.[66]

Cerca de 13% dos infartos na MCA proximal estão associados a edema e herniação graves, com morte em 7% dos pacientes por edema cerebral na primeira semana após o CVA.[67] As intervenções clínicas tradicionais para redução da ICP, que incluem hiperventilação, drenagem ventricular e diurese osmótica (*i. e.*, com manitol), têm sido utilizadas no infarto maligno na MCA. Entretanto, o benefício destas terapias não está comprovado. Os corticosteroides, usados no tratamento do edema cerebral, não aumentam a sobrevida após o CVA.[71] Tem-se relatado que o manitol reduz o edema cerebral e o infarto pós-CVA e tem sido amplamente usado no CVA agudo para controle do edema cerebral maligno. Apesar do amplo uso deste agente, poucos estudos randomizados são úteis no apoio do uso do manitol e sua administração baseia-se em anedotas clínicas e estudos em animais no momento.[72]

Uma série de ensaios clínicos na última década demonstrou que a intervenção cirúrgica é um procedimento que salva vidas e reduzirá a mortalidade pela metade em comparação com a terapia clínica. A hemicraniectomia descompressiva com durotomia é um procedimento que salva vidas em pacientes com grandes CVAs na MCA ou carótida terminal em risco de edema cerebral maligno (▶ Fig. 12.2). A hemicraniectomia resultará em uma redução de 15% na ICP, quando acompanhada de durotomia, há uma significativa redução de 70% na ICP.[73] O mecanismo para benefício da hemicraniectomia tem sido principalmente atribuído à descompressão com alívio de pressão no tecido cerebral não infartado. Entretanto, a melhora da CPP também pode explicar algumas das subsequentes melhoras observadas após a hemicraniectomia. A ICP elevada sozinha não é um indicador claro para intervenção.[74]

Três RCTs europeus demonstraram benefício para hemicraniectomia quando realizados dentre de 96 horas (um ensaio) e, preferivelmente, dentro de 48 horas do começo do sintoma: *Hemicraniectomy after Middle cerebral artery infarction with Life-threatening Edema* (HAMLET; Holanda); *DEcompressive Surgery for the Treatment of malignant INfarct of the middle cerebral arterY* (DESTINY; Alemanha); e *DEcompressive Craniectomy In MALignant middle cerebral artery infarcts* (DECIMAL, França).[75-77] Estes estudos, por intenção, tiveram desenhos e resultados primários semelhante, e, assim sendo, os dados foram apresentados, subsequentemente, em uma análise agrupada de pacientes com grandes CVAs (pontuação NIHSS > 15 e imagens que mostraram volumes de infarto > 50% do território da MCA) que foram registrados dentro de 48 horas do começo dos sintomas.[78] Os pacientes com expectativa de vida de menos que 3 anos, mau estado funcional pré-mórbido, pupilas dilatadas bilaterais no momento do registro e transformação hemorrágica do CVA fora do território afetado da MCA foram excluídos. O mRS foi a medição primária do resultado; a análise dicotomizou os pacientes em grupos favoráveis (mRS = 0-4) e desfavoráveis (mRS = 5-6). Nestes ensaios clínicos, os pacientes foram relativamente jovens (< 60 anos de idade). A análise agrupada foi realizada com 93 pacientes (52 pacientes cirúrgicos e 41 não cirúrgicos). Em 1 ano, 32/41 (78%) pacientes no braço não cirúrgico e 13/52 (25%) dos pacientes no braço cirúrgico tiveram prognósticos desfavoráveis. A análise agrupada relatou que não houve aumento no número de pacientes com deficiência grave, ao contrário da morte, no grupo cirúrgico em contraste com o grupo não cirúrgico.

O ensaio *Hemicraniectomy and Durotomy on Deterioration from Infarction Related Swelling* (HeADDFIRST) foi o estudo piloto em que 26 pacientes foram randomizados. Houve uma redução estatisticamente não significativa na mortalidade de 46% com terapia clínica para 27% no grupo tratado cirurgicamente. Foi realizada uma triagem em 4.909 pacientes, destes apenas 66 (1,3%) foram elegíveis para o estudo, dos quais 40 foram registrados. O HeADDFIRST foi iniciado aproximadamente no mesmo momento, mas não foi publicado até bem depois dos resultados dos estudos europeus terem sido disponibilizados. A mortalidade de seis meses foi de 40% (4/10) no grupo de tratamento exclusivamente clínico e 36% (5/14) no grupo cirúrgico do estudo HeADDFIRST. Curiosamente, as taxas de mortalidade no braço clínico do estudo foram muito menores neste estudo que nos estudos europeus.[79]

O benefício da mortalidade da hemicraniectomia não se restringe a pacientes jovens. O ensaio DESTINY II demonstrou que a hemicraniectomia descompressiva precoce reduz a mortalidade sem aumentar o risco de deficiência muito grave em pacientes idosos.[80] O estudo registrou 112 pacientes com MCA maligna com apresentação dentro de 48 horas do começo do sintoma, para terapia clínica ou hemicraniectomia. Os pacientes tinham 61 anos ou mais (média: 70 anos; variação: 61-82 anos). A medida primária do resultado foi a sobrevida sem deficiência grave (mRS < 5) em 6 meses; a proporção de pacientes que sobreviveram com mRS ≤ 4 foi de 38% no braço cirúrgico, em comparação com 18% no braço da terapia clínica (OR = 2,91). Os resultados, no entanto, foram guiados pela baixa mortalidade no braço cirúrgico (33% *vs.* 70%) e nenhum paciente teve um mRS favorável de 0 a 2 (representando apenas deficiência leve ou nenhuma deficiência).

Em um subsequente ensaio RCT de hemicraniectomia chinês, Zhao *et al.* descreveram resultados para pacientes com idades entre 18 e 80 anos, com o mRS de 6 meses sendo o resultado primário.[81] O estudo incluiu a análise de um subgrupo pré-especificado de pacientes acima de 60 anos. O estudo foi determinado no início, tendo 47 sujeitos recrutados (24 cirúrgicos e 23 clínicos). A cirurgia reduziu de maneira significativa a mortalidade em 6 a 12 meses (12,5% *vs.* 60,9%, $p = 0,001$ e 16,7% *vs.* 69,6%, $p < 0,001$, respectivamente). Poucos pacientes tiveram mRS > 4 após a cirurgia (33,3 *vs.* 82,6%, $p = 0,001$). Resultados similares estiveram presentes no subgrupo com idosos em comparação com a toda a população do estudo.

Os resultados da metanálise Cochrane dos estudos europeus iniciais dos pacientes com menos de 60 anos sugeriram melhora na sobrevida, sem aumento no número de pacientes com deficiência grave.[82] Uma metanálise subsequente de seis RTCs para hemicraniectomia, que incluiu pacientes idosos, observou, contudo, que a hemicraniectomia estava associada à mortalidade reduzida, embora estivesse associada à proporção aumentada de pacientes que ficaram com uma "substancial" deficiência.[83] Houve OR de 0,19 para morte em 6 meses para cirurgia descompressiva em comparação com a terapia clínica sozinha. Houve, entretanto, maior proporção de pacientes com mRS de 4 no grupo de cirurgia descompressiva (OR = 3,29). Por outro lado, houve uma proporção maior de pacientes a longo prazo com uma mRS relativamente favorável de 2 no grupo cirúrgico (OR = 4,51).

Como um aparte, o papel da hipotermia para o infarto na MCA não foi estabelecido e está sendo investigado como parte de um ensaio proposto de hemicraniectomia e hipotermia para infarto maligno na MCA.[84] Um estudo recente do uso da hipotermia sozinha em 11 pacientes com infarto na MCA (com idade média de 76 anos) que foram considerados inelegíveis para hemicraniectomia sugeriu um resultado favorável, com taxa de mortalidade de 18%, embora com mRS de pós-tratamento de 3 meses e 4,9 ± 0,8.[85]

Um estudo retrospectivo no Instituto Karolisnka, que investigou os preditores de um resultado favorável, definiu o uso da pontuação dicotomizada na mRS 3 meses após a cirurgia, com resultado favorável definido como mRS ≤ 4, demonstrou que a pontuação na GCS pré-operatória, glicose sanguínea e envolvimento do tecido dos gânglios basais no infarto foram fortes preditores de resultado clínico.[86] Em uma análise de regressão logística, a única variável independente estatisticamente significativa, contudo, foi a pontuação na GCS pré-operatória; houve um aumento de 59,6% na probabilidade de resultado favorável para cada ponto obtido na pontuação na GCS pré-operatória ($p = 0,035$). Deste modo, um melhor estado clínico pré-operatório prediz maior probabilidade de resultados funcionais favoráveis a longo prazo.[86]

As séries retrospectivas sugerem que os resultados funcionais estavam relacionados, principalmente, com as comorbidades.[87-91] Em todas essas séries retrospectivas, e nos RCTs prospectivos subsequentes, o CVA do hemisfério esquerdo em contraste com o do hemisfério direito não estava associado a diferenças no resultado funcional. Além disso, em ambos RCTs de pacientes idosos, assim como os casos de séries retrospectivas, a idade estava realmente associada a resultados funcionais ruins.[80,81,87-91] Assim sendo, embora os RCTs demonstrem melhora na sobrevida, não é surpreendente que Leonhardt *et al.* tenham apontado que 4 dos 18 pacientes das suas séries de caso não teriam consentido com novo procedimento por conta da baixa qualidade de vida pós-operatória.[91] As implicações éticas dos maus resultados funcionais são certamente complexas.[92,93] Apesar dos maus resultados funcionais da hemicraniectomia descompressiva, muitos pacientes e familiares aparentaram estar satisfeitos com sua decisão de prosseguir com a cirurgia.[94] Entretanto, os profissionais médicos parecem ter uma perspectiva diferente. O ensaio ORACLE de CVA com 773 profissionais da saúde na Austrália Ocidental revelou que apenas uma minoria dos entrevistados consideravam um resultado aceitável um mRS de 4 a 5 pontos, acreditavam que a sobrevivência com uma grande deficiência não era aceitável, mas estariam dispostos a consentir uma hemicraniectomia com esperança de alcançar a independência funcional.[95] Além disso, o DESTINY-S, uma pesquisa transversal, multicêntrica e internacional, com 1.860 médicos potencialmente envolvidos no tratamento do infarto maligno da MCA, reportou que um mRS de 3 ou menos foi considerado aceitável por 79% dos entrevistados, mas um mRS de 4 considerado aceitável por apenas 38%.[96] Apesar da ausência de diferenças nos resultados funcionais pelo hemisfério envolvido nos RCTs randomizados, 47% contra 73% dos entrevistados declararam que a hemicraniectomia foi o tratamento preferido para as lesões do hemisfério dominante *versus* o não dominante. Também foram encontradas diferenças significativas em deficiências aceitáveis e escolhas terapêuticas dentre regiões geográficas, especialidades médicas e entrevistados com diferentes experiências profissionais. Em especial, os neurocirurgiões (65%) e médicos sem experiência em uma unidade de CVA (60%) eram os mais propensos a considerar o envolvimento do hemisfério dominante como importante fator de seleção em comparação com os neurologistas ou aqueles com experiência em unidades de CVA (48%).

Tecnicamente, a hemicraniectomia descompressiva é relativamente simples em comparação com outros procedimentos neurocirúrgicos: remoção do crânio, durotomia e duroplastia para acomodar o edema adicional, e a reposição do *flap* ósseo armazenado após 3 a 6 meses. Os ensaios clínicos não mostraram se a lobectomia deve acompanhar a hemicraniectomia, sendo a remoção do tecido necrótico geralmente reservada àquelas poucas circunstâncias de edema grave no lobo temporal. Uma ressecção cirúrgica maior pode estar associada a melhor resultado.[67] Até o presente momento não há qualquer dado prospectivo comparando a hemicraniectomia precoce com a duroplastia dentro das 24 horas do infarto contra uma intervenção posterior, ou comparando hemicraniectomia e duroplastia com ou sem lobotomia temporal anterior.[61,67]

Demchuk descreve a descompressão mínima adequada com os seguintes limites ósseos: anteriormente, no osso frontal na linha médio pupilar, posteriormente, cerca de 4 cm posterior ao canal auditivo externo; superiormente o seio sagital; e inferiormente o assoalho da fossa craniana média com uma durotomia cruzada ou circunferencial sobre toda a região da descompressão óssea.[97] Os atuais princípios para seleção de casos de pacientes com hemicraniectomia, com base nos ensaios randomizados e metanálises, incluem a identificação de pacientes de alto risco. Incluindo pacientes com uma pontuação alta na escala NIHSS (15 para as lesões do hemisfério direito e 20 para as do hemisfério esquerdo) para os sinais na CT inicial de > 50% do envolvimento do território da MCA e comorbidades altas. Deve-se realizar um novo exame por imagem dos pacientes dentro de 6 a 12 horas após o exame inicial, levando-se em consideração a realização da hemicraniectomia caso haja sinais de infartos completos na MCA, na MCA mais ACA ou na PCA, com efeito expansivo.[97] Por outro lado, é necessário o monitoramento do nível de alteração da consciência e/ou anisocoria. É ainda mais necessária a realização de uma CT se houver qualquer mudança no estado neurológico. Uma evidência adicional de desvio da direita para a esquerda > 1 cm pode ser um indicador para hemicraniectomia. É importante que se faça uma intervenção oportuna; quando os achados anormais do tronco encefálico se desenvolvem, a probabilidade de qualquer resultado clínico razoável é baixa; sendo assim, os pacientes não são candidatos prováveis à intervenção.[74,98]

12.5 Conclusão

As intervenções cirúrgicas para o CVA isquêmico são predominantemente benéficas no cenário subagudo ou como procedimentos de salvamento. Com o advento de procedimentos endovasculares para o CVA isquêmico agudo, a intervenção cirúrgica torna-se mais como um "procedimento de salvamento" para a prevenção de danos em andamento para o tecido cerebral normal. Os neurocirurgiões continuarão a desempenhar um papel na avaliação e no tratamento de pacientes com CVA agudo e devem estar familiarizados com as diretrizes atuais.[3,4,43,49,99] Como afirmado anteriormente por Loftus, "cabe ao neurocirurgião estar ciente das indicações rigorosas e bem definidas para a intervenção cirúrgica emergencial em pacientes com CVA e estar familiarizado com as técnicas cirúrgicas envolvidas.[35]

Referências

[1] Fisher M, Ratan R. New perspectives on developing acute stroke therapy. Ann Neurol. 2003; 53(1):10-20
[2] Dalal PM. Ischaemic strokes: management in first six hours. Neurol India. 2001; 49(2):104-115
[3] Jauch EC, Saver J, Adams HR Jr, et al; American Heart Association Stroke Council. Council on Cardiovascular Nursing. Council on Peripheral Vascular Disease. Council on Clinical Cardiology. Guidelines for the early management of patients with acute ischemic stroke: a guideline for healthcare professionals from the American Heart Association/American Stroke Association. Stroke. 2013; 44(3):870-947
[4] Powers WJ, Derdeyn CP, Biller J, et al; American Heart Association Stroke Council. 2015 American Heart Association/American Stroke Association Focused Update of the 2013 Guidelines for the Early Management of Patients With Acute Ischemic Stroke Regarding Endovascular Treatment: a guideline for healthcare professionals from the American Heart Association/ American Stroke Association. Stroke. 2015; 46(10):3020-3035
[5] National Institute of Neurological Disorders and Stroke (NINDS). Proceedings of a National Symposium on Rapid Identification and Treatment of Acute Stroke. Bethesda, MD: NINDS. 1997. NIH Publication No. 97-4239
[6] Brott T, Adams HP Jr, Olinger CP, et al. Measurements of acute cerebral infarction: a clinical examination scale. Stroke. 1989; 20(7):864-870
[7] Hillis AE, Ulatowski JA, Barker PB, et al. A pilot randomized trial of induced blood pressure elevation: effects on function and focal perfusion in acute and subacute stroke. Cerebrovasc Dis. 2003; 16(3):236-246
[8] Rordorf G, Koroshetz WJ, Ezzeddine MA, et al. A pilot study of drug-induced hypertension for treatment of acute stroke. Neurology. 2001; 56(9):1210-1213
[9] Loftus CM. Emergency surgery for stroke. In: Loftus CM, ed. Neurosurgical Emergencies. Vol. I. American Association of Neurosurgeons 1994;151-164
[10] The EC/IC Bypass Study Group. Failure of extracranial-intracranial arterial bypass to reduce the risk of ischemic stroke. Results of an international randomized trial. N Engl J Med. 1985; 313(19):1191-1200
[11] Powers WJ, Clarke WR, Grubb RL Jr, et at. COSS Investigators. Extracranial-intracranial bypass surgery for stroke prevention in hemodynamic cerebral ischemia: the Carotid Occlusion Surgery Study randomized trial. JAMA. 2011; 306(18):1983-1992
[12] Grubb RL, Jr, Powers WJ. Risks of stroke and current indications for cerebral revascularization in patients with carotid occlusion. Neurosurg Clin N Am. 2001; 12(3):473-487, vii
[13] Barrall JL, Summers CG. Ocular ischemic syndrome in a child with moyamoya disease and neurofibromatosis. Surv Ophthalmol. 1996; 40(6):500-504
[14] North American Symptomatic Carotid Endarterectomy Trial Collaborators. Beneficial effect of carotid endarterectomy in symptomatic patients with high grade carotid stenosis. N Engl J Med. 1991; 325(7):445-453
[15] European Carotid Surgery Trialist's Collaborative Group. Randomised trial of endarterectomy for recently symptomatic carotid stenosis: final results of the MRC European Carotid Surgery Trial (ECST) Lancet. 1998; 351(9113):1379-1387
[16] Barnett HJ, Taylor DW, Eliasziw M, et al. Benefit of carotid endarterectomy in patients with symptomatic moderate or severe stenosis. North American Symptomatic Carotid Endarterectomy Trial Collaborators. N Engl J Med. 1998; 339:1415-1425
[17] Rothwell PM, Eliasziw M, Gutnikov SA, et al; Carotid Endarterectomy Trialists' Collaboration. Analysis of pooled data from the randomised controlled trials of endarterectomy for symptomatic carotid stenosis. Lancet. 2003; 361(9352):107-116
[18] Alberts MJ, McCann R, Smith TP, et al. A randomized trial of carotid stenting versus endarterectomy in patients with symptomatic carotid stenosis: study design. J Neurovasc Dis. 1997; 2:228-234
[19] Alberts MJ. Results of a multicentre prospective randomized trial of carotid artery stenting vs. carotid endarterectomy. Stroke. 2001; 32:325
[20] Yadav JS, Wholey MH, Kuntz RE, et al; Stenting and Angioplasty with Protection in Patients at High Risk for Endarterectomy Investigators. Protected carotid-artery stenting versus endarterectomy in high-risk patients. N Engl J Med. 2004; 351(15):1493-1501
[21] Mas JL, Chatellier G, Beyssen B, et al; EVA-3S Investigators. Endarterectomy versus stenting in patients with symptomatic severe carotid stenosis. N Engl J Med. 2006; 355(16):1660-1671

[22] Ringleb PA, Allenberg J, Brückmann H, et al; SPACE Collaborative Group. 30 day results from the SPACE trial of stent-protected angioplasty versus carotid endarterectomy in symptomatic patients: a randomised non-inferiority trial. Lancet. 2006; 368(9543):1239-1247

[23] Ederle J, Dobson J, Featherstone RL, et al; International Carotid Stenting Study investigators. Carotid artery stenting compared with endarterectomy in patients with symptomatic carotid stenosis (International Carotid Stenting Study): an interim analysis of a randomised controlled trial. Lancet. 2010; 375(9719):985-997

[24] Brott TG, Hobson RW II, Howard G, et al; CREST Investigators. Stenting versus endarterectomy for treatment of carotid-artery stenosis. N Engl J Med. 2010; 363(1):11-23

[25] Brott TG. Carotid revascularization and medical management for asymptomatic carotid stenosis trial (CREST II). https://clinicaltrials.gov/ct2/show/NCT02089217. Accessed March 2017

[26] Bond R, Rerkasem K, Rothwell PM. Systematic review of the risks of carotid endarterectomy in relation to the clinical indication for and timing of surgery. Stroke. 2003; 34(9):2290-2301

[27] Rothwell PM, Eliasziw M, Gutnikov SA, et al. Carotid Endarterectomy Trialists Collaboration. Endarterectomy for symptomatic carotid stenosis in relation to clinical subgroups and timing of surgery. Lancet. 2004; 363(9413):915-924

[28] Paty PS, Darling RC III, Feustel PJ, et al. Early carotid endarterectomy after acute stroke. J Vasc Surg. 2004; 39(1):148-154

[29] Welsh S, Mead G, Chant H, Picton A, O'Neill PA, McCollum CN. Early carotid surgery in acute stroke: a multicentre randomised pilot study. Cerebrovasc Dis. 2004; 18(3):200-205

[30] Meyer FB, Sundt TM, Jr, Piepgras DG, Sandok BA, Forbes G. Emergency carotid endarterectomy for patients with acute carotid occlusion and profound neurological deficits. Ann Surg. 1986; 203(1):82-89

[31] Eckstein HH, Schumacher H, Klemm K, et al. Emergency carotid endarterectomy. Cerebrovasc Dis. 1999; 9(5):270-281

[32] Brandl R, Brauer RB, Maurer PC. Urgent carotid endarterectomy for stroke in evolution. Vasa. 2001; 30(2):115-121

[33] Findlay JM, Marchak BE. Reoperation for acute hemispheric stroke after carotid endarterectomy: is there any value? Neurosurgery. 2002; 50(3):486-492, discussion 492-493

[34] Tsivgoulis G, Krogias C, Georgiadis GS, et al. Safety of early endarterectomy in patients with symptomatic carotid artery stenosis: an international multicenter study. Eur J Neurol. 2014; 21(10):1251-1257, e75-e76

[35] Mori T, Kazita K, Mima T, et al. Balloon angioplasty for embolic total occlusion of the middle cerebral artery and ipsilateral carotid stenting in an acute stroke stage. AJNR Am J Neuroradiol. 1999; 20(8):1462-1464

[36] Anzuini A, Briguori C, Roubin GS, et al. Emergency stenting to treat neurological complications occurring after carotid endarterectomy. J Am Coll Cardiol. 2001; 37(8):2074-2079

[37] Hayashi K, Kitagawa N, Takahata H, et al. Endovascular treatment for cervical carotid artery stenosis presenting with progressing stroke: three case reports. Surg Neurol. 2002; 58(2):148-154, discussion 154

[38] Zaidat OO, Alexander MJ, Suarez JI, et al. Early carotid artery stenting and angioplasty in patients with acute ischemic stroke. Neurosurgery. 2004; 55(6):1237-1242, discussion 1242-1243

[39] Kim SH, Qureshi AI, Levy EI, et al. Emergency stent placement for symptomatic acute carotid artery occlusion after endarterectomy. Case report. J Neurosurg. 2004; 101(1):151-153

[40] Ko JK, Choi CH, Lee SW, et al. Emergency placement of stent-graft for symptomatic acute carotid artery occlusion after endarterectomy. BMJ Case Rep. 2015; 2015:bcr2014011553

[41] Paciaroni M, Inzitari D, Agnelli G, et al. Intravenous thrombolysis or endovascular therapy for acute ischemic stroke associated with cervical internal carotid artery occlusion: the ICARO-3 study. J Neurol. 2015; 262(2):459-468

[42] Son S, Choi DS, Oh MK, et al. Emergency carotid artery stenting in patients with acute ischemic stroke due to occlusion or stenosis of the proximal internal carotid artery: a single-center experience. J Neurointerv Surg. 2015; 7(4):238-244

[43] Wijdicks EF, Sheth KN, Carter BS, et al; American Heart Association Stroke Council. Recommendations for the management of cerebral and cerebellar infarction with swelling: a statement for healthcare professionals from the American Heart Association/American Stroke Association. Stroke. 2014; 45(4):1222-1238

[44] Edlow JA, Newman-Toker DE, Savitz SI. Diagnosis and initial management of cerebellar infarction. Lancet Neurol. 2008; 7(10):951-964

[45] Amarenco P. The spectrum of cerebellar infarctions. Neurology. 1991; 41(7):973-979

[46] Kase CS, Norrving B, Levine SR, et al. Cerebellar infarction. Clinical and anatomic observations in 66 cases. Stroke. 1993; 24(1):76-83

[47] Jensen MB, St Louis EK. Management of acute cerebellar stroke. Arch Neurol. 2005; 62(4):537-544

[48] Caplan LR. Cerebellar infarcts: key features. Rev Neurol Dis. 2005; 2(2):51-60

[49] Michel P, Arnold M, Hungerbühler HJ, et al; Swiss Working Group of Cerebrovascular Diseases with the Swiss Society of Neurosurgery and the Swiss Society of Intensive Care Medicine. Decompressive craniectomy for space occupying hemispheric and cerebellar ischemic strokes: Swiss recommendations. Int J Stroke. 2009; 4(3):218-223

[50] Hwang DY, Silva GS, Furie KL, et al. Comparative sensitivity of computed tomography vs. magnetic resonance imaging for detecting acute posterior fossa infarct. J Emerg Med. 2012; 42(5):559-565

[51] Koh MG, Phan TG, Atkinson JL, et al. Neuroimaging in deteriorating patients with cerebellar infarcts and mass effect. Stroke. 2000; 31(9):2062-2067

[52] Tsitsopoulos PP, Tobieson L, Enblad P, et al. Surgical treatment of patients with unilateral cerebellar infarcts: clinical outcome and prognostic factors. Acta Neurochir (Wien). 2011; 153(10):2075-2083

[53] Tchopev Z, Hiller M, Zhuo J, et al. Prediction of poor outcome in cerebellar infarction by diffusion MRI. Neurocrit Care. 2013; 19(3):276-282

[54] Jauss M, Krieger D, Hornig C, et al. Surgical and medical management of patients with massive cerebellar infarctions: results of the German-Austrian Cerebellar Infarction Study. J Neurol. 1999; 246(4):257-264

[55] Mostofi K. Neurosurgical management of massive cerebellar infarct outcome in 53 patients. Surg Neurol Int. 2013; 4:28

[56] Raco A, Caroli E, Isidori A, et al. Management of acute cerebellar infarction: one institution's experience. Neurosurgery. 2003; 53(5):1061-1065, discussion 1065-1066

[57] Kirollos RW, Tyagi AK, Ross SA, et al. Management of spontaneous cerebellar hematomas: a prospective treatment protocol. Neurosurgery. 2001; 49(6):1378-1386, discussion 1386-1387

[58] Kudo H, Kawaguchi T, Minami H, et al. Controversy of surgical treatment for severe cerebellar infarction. J Stroke Cerebrovasc Dis. 2007; 16(6):259-262

[59] Neugebauer H, Witsch J, Zweckberger K, et al. Space-occupying cerebellar infarction: complications, treatment, and outcome. Neurosurg Focus. 2013; 34(5):E8

[60] Pfefferkorn T, Eppinger U, Linn J, et al. Long-term outcome after suboccipital decompressive craniectomy for malignant cerebellar infarction. Stroke. 2009; 40(9):3045-3050

[61] Wijdicks EFM. Hemicraniotomy in massive hemispheric stroke: a stark perspective on a radical procedure. Can J Neurol Sci. 2000; 27(4):271-273

[62] Kasner SE, Demchuk AM, Berrouschot J, et al. Predictors of fatal brain edema in massive hemispheric ischemic stroke. Stroke. 2001; 32(9):2117-2123

[63] Hacke W, Schwab S, Horn M, et al. 'Malignant' middle cerebral artery territory infarction: clinical course and prognostic signs. Arch Neurol. 1996; 53(4):309-315

[64] Wijdicks EF, Diringer MN. Middle cerebral artery territory infarction and early brain swelling: progression and effect of age on outcome. Mayo Clin Proc. 1998; 73(9):829-836

[65] Krieger DW, Demchuk AM, Kasner SE, et al. Early clinical and radiological predictors of fatal brain swelling in ischemic stroke. Stroke. 1999; 30(2):287-292

[66] Qureshi AI, Suarez JI, Yahia AM, et al. Timing of neurologic deterioration in massive middle cerebral artery infarction: a multicenter review. Crit Care Med. 2003; 31(1):272-277

[67] Robertson SC, Lennarson P, Hasan DM, et al. Clinical course and surgical management of massive cerebral infarction. Neurosurgery. 2004; 55(1):55-61, discussion 61-62

[68] von Kummer R, Meyding-Lamadé U, Forsting M, et al. Sensitivity and prognostic value of early CT in occlusion of the middle cerebral artery trunk. AJNR Am J Neuroradiol. 1994; 15(1):9-15, discussion 16-18

[69] Oppenheim C, Samson Y, Manaï R, et al. Prediction of malignant middle cerebral artery infarction by diffusion-weighted imaging. Stroke. 2000; 31(9):2175-2181

[70] Mori K, Aoki A, Yamamoto T, et al. Aggressive decompressive surgery in patients with massive hemispheric embolic cerebral infarction associated with severe brain swelling. Acta Neurochir (Wien). 2001; 143(5):483-491, discussion 491-492

[71] Qizilbash N, Lewington SL, Lopez-Arrieta JM. Corticosteroids for acute ischaemic stroke. Cochrane Database Syst Rev. 2000(2):CD000064

[72] Bereczki D, Liu M, Prado GF, et al. Cochrane report: a systematic review of mannitol therapy for acute ischemic stroke and cerebral parenchymal hemorrhage. Stroke. 2000; 31(11):2719-2722

[73] Smith ER, Carter BS, Ogilvy CS. Proposed use of prophylactic decompressive craniectomy in poor-grade aneurysmal subarachnoid patients presenting with associated large sylvian hematomas. Neurosurgery. 2002; 51:117-124,- discussion 124

[74] Lanzino DJ, Lanzino G. Decompressive craniectomy for space-occupying supratentorial infarction: rationale, indications, and outcome. Neurosurg Focus. 2000; 8(5):e3

[75] Hofmeijer J, Kappelle LJ, Algra A, et al; HAMLET investigators. Surgical decompression for space-occupying cerebral infarction (the Hemicraniectomy After Middle Cerebral Artery infarction with Life-threatening Edema Trial [HAMLET]): a multicentre, open, randomised trial. Lancet Neurol. 2009; 8(4):326-333

[76] Jüttler E, Schwab S, Schmiedek P, et al; DESTINY Study Group. Decompressive Surgery for the Treatment of Malignant Infarction of the Middle Cerebral Artery (DESTINY): a randomized, controlled trial. Stroke. 2007; 38(9):2518-2525

[77] Vahedi K, Vicaut E, Mateo J, et al; DECIMAL Investigators. Sequential-design, multicenter, randomized, controlled trial of early decompressive craniectomy in malignant middle cerebral artery infarction (DECIMAL Trial). Stroke. 2007; 38(9):2506-2517

[78] Vahedi K, Hofmeijer J, Juettler E, et al; DECIMAL, DESTINY, and HAMLET investigators. Early decompressive surgery in malignant infarction of the middle cerebral artery: a pooled analysis of three randomised controlled trials. Lancet Neurol. 2007; 6(3):215-222

[79] Frank JI, Schumm LP, Wroblewski K, et al; HeADDFIRST Trialists. Hemicraniectomy and durotomy upon deterioration from infarction-related swelling trial: randomized pilot clinical trial. Stroke. 2014; 45(3):781-787

[80] Jüttler E, Unterberg A, Woitzik J, et al; DESTINY II Investigators. Hemicraniectomy in older patients with extensive middle-cerebral-artery stroke. N Engl J Med. 2014; 370(12):1091-1100

[81] Zhao J, Su YY, Zhang Y, et al. Decompressive hemicraniectomy in malignant middle cerebral artery infarct: a randomized controlled trial enrolling patients up to 80 years old. Neurocrit Care. 2012; 17(2):161-171

[82] Cruz-Flores S, Berge E, Whittle IR. Surgical decompression for cerebral oedema in acute ischaemic stroke. Cochrane Database Syst Rev. 2012; 1):CD003435

[83] Back L, Nagaraja V, Kapur A, et al. Role of decompressive hemicraniectomy in extensive middle cerebral artery strokes: a meta-analysis of randomised trials. Intern Med J. 2015; 45(7):711-717

[84] Neugebauer H, Kollmar R, Niesen WD, et al; DEPTH-SOS Study Group. IGNITE Study Group. DEcompressive surgery Plus hypoTHermia for Space-Occupying Stroke (DEPTH-SOS): a protocol of a multicenter randomized controlled clinical trial and a literature review. Int J Stroke. 2013; 8(5):383-387

[85] Jeong HY, Chang JY, Yum KS, et al. Extended use of hypothermia in elderly patients with malignant cerebral edema as an alternative to hemicraniectomy. J Stroke. 2016; 18(3):337-343

[86] von Olnhausen O, Thorén M, von Vogelsang AC, et al. Predictive factors for decompressive hemicraniectomy in malignant middle cerebral artery infarction. Acta Neurochir (Wien). 2016; 158(5):865-872, discussion 873

[87] Kastrau F, Wolter M, Huber W, et al. Recovery from aphasia after hemicraniectomy for infarction of the speech-dominant hemisphere. Stroke. 2005; 36(4):825-829

[88] Curry WT Jr, Sethi MK, Ogilvy CS, et al. Factors associated with outcome after hemicraniectomy for large middle cerebral artery territory infarction. Neurosurgery. 2005; 56(4):681-692, discussion 681-692

[89] Holtkamp M, Buchheim K, Unterberg A, et al. Hemicraniectomy in elderly patients with space occupying media infarction: improved survival but poor functional outcome. J Neurol Neurosurg Psychiatry. 2001; 70(2):226-228

[90] Kilincer C, Asil T, Utku U, et al. Factors affecting the outcome of decompressive craniectomy for large hemispheric infarctions: a prospective cohort study. Acta Neurochir (Wien). 2005; 147(6):587-594, discussion 594

[91] Leonhardt G, Wilhelm H, Doerfler A, et al. Clinical outcome and neuropsychological deficits after right decompressive hemicraniectomy in MCA infarction. J Neurol. 2002; 249(10):1433-1440

[92] Debiais S, Gaudron-Assor M, Sevin-Allouet M, et al. Ethical considerations for craniectomy in malignant middle cerebral artery infarction: should we still deny our patient a life-saving procedure? Int J Stroke. 2015; 10(7):E71

[93] Honeybul S, Ho KM, Gillett G. Outcome following decompressive hemicraniectomy for malignant cerebral infarction: ethical considerations. Stroke. 2015; 46(9):2695-2698

[94] Rahme R, Zuccarello M, Kleindorfer D, et al. Decompressive hemicraniectomy for malignant middle cerebral artery territory infarction: is life worth living? J Neurosurg. 2012; 117(4):749-754

[95] Honeybul S, Ho KM, Blacker DW. ORACLE Stroke Study: opinion regarding acceptable outcome following decompressive hemicraniectomy for ischemic stroke. Neurosurgery. 2016; 79(2):231-236

[96] Neugebauer H, Creutzfeldt CJ, Hemphill JC III, et al. DESTINY-S: attitudes of physicians toward disability and treatment in malignant MCA infarction. Neurocrit Care. 2014; 21(1):27-34

[97] Demchuk AM. Hemicraniectomy is a promising treatment in ischemic stroke. Can J Neurol Sci. 2000; 27(4):274-277

[98] Schwab S, Hacke W. Surgical decompression of patients with large middle cerebral artery infarcts is effective. Stroke. 2003; 34(9):2304-2305

[99] Kim DH, Ko SB, Cha JK, et al. Updated Korean clinical practice guidelines on decompressive surgery for malignant middle cerebral artery territory infarction. J Stroke. 2015; 17(3):369-376

13 Trombose Venosa Cerebral

José M. Ferro ▪ *Diana Aguiar de Sousa*

Resumo

A trombose venosa cerebral (CVT) tem apresentação clínica mais diversificada que outros tipos de acidente vascular cerebral. A confirmação do diagnóstico de CVT baseia-se na demonstração de trombos nas veias cerebrais e/ou nas cavidades por venografia por imagem de ressonância magnética (MRI) ou venografia por tomografia computadorizada (CT). A apresentação clínica da CVT pode ser infarto venoso, hemorragia intracerebral ou, raramente, hemorragia subaracnóidea ou hematoma subdural. Trauma na cabeça e meningioma são condições associadas bem conhecidas da CVT. Diagnóstico e procedimentos de tratamento (p. ex., punção lombar, anestesia espinhal) que, intencional ou acidentalmente, perfuram a dura-máter também são fatores de risco para CVT, bem como a inserção de cateteres venosos centrais. Alguns procedimentos neurocirúrgicos, como a remoção de meningiomas e outros tumores cerebrais, podem ser complicados pela CVT. Em geral, o prognóstico da CVT é favorável, com cerca de 4% de mortalidade na fase aguda e um total de 15% dos pacientes que permanecem dependentes ou morrem. O tratamento fundamental na fase aguda é anticoagulante. Em pacientes em estado grave na admissão ou que deterioram apesar da anticoagulação, trombólise local ou trombectomia é uma opção. Hemicraniectomia descompressiva salva vidas de pacientes com grandes infartos venosos intracranianas ou hemorragias e hérnia iminente. Após a fase aguda, os pacientes devem permanecer anticoagulados por um período de tempo variável, dependendo do seu risco trombótico inerente. Alguns pacientes desenvolvem uma síndrome crônica de hipertensão intracraniana. Nesses pacientes, acetazolamida, punções lombares repetidas e, eventualmente, um dreno lomboperitoneal ou desvio ventriculoperitoneal pode ser usado para melhorar os sintomas. Excepcionalmente, uma fístula dural pode ser uma complicação tardia de uma oclusão do seio dural.

Palavras-chave: anticoagulação, lesão cerebral, trombose venosa cerebral, cirurgia descompressiva, diagnóstico diferencial, hemorragia intracerebral, hemorragia subaracnóidea.

13.1 Introdução

A trombose venosa cerebral (CVT) é uma trombose venosa do seio dural ou das veias cerebrais. Semelhante à trombose venosa da retina, pélvica e esplâncnica, a CVT é considerada uma trombose venosa em um local incomum,[1] muito menos frequente do que trombose venosa profunda das extremidades inferiores. A CVT também é menos frequente do que o acidente vascular cerebral isquêmico ou a hemorragia intracerebral (ICH). No entanto, sua incidência é comparável à da meningite bacteriana aguda em adultos.[2] A CVT é mais frequente em países em desenvolvimento, decorrente de altas taxas de gravidez. A CVT afeta, predominantemente, neonatos, crianças, adultos jovens e mulheres. Por causa do aumento da conscientização para a CVT e o uso da ressonância magnética (MRI) para investigar pacientes com dores de cabeça agudas e subagudas e convulsões de início recente, agora, a CVT está sendo diagnosticada com maior frequência.

A CVT tem apresentação clínica mais diversa do que outros tipos de acidente vascular cerebral e raramente se apresenta como uma síndrome do acidente vascular cerebral. As apresentações clínicas mais frequentes da CVT são cefaleia isolada, síndrome de hipertensão intracraniana, convulsões, síndrome lobar focal e encefalopatia. A confirmação do diagnóstico de CVT baseia-se na demonstração de trombos nas veias cerebrais e/ou nas cavidades por venografia por MRI/MR ou venografia por tomografia computadorizada CT). Existem muitos fatores de risco para CVT, que podem ser agrupados em categorias permanentes ou transitórias. Os fatores de risco permanentes mais frequentes são os distúrbios pró-trombóticos genéticos, doenças associadas a um estado pró-trombótico, como a síndrome antifosfolipídica, síndrome nefrótica e câncer. Exemplos de fatores de risco transitórios são contraceptivos orais, puerpério e gravidez, infecções, em particular mastoidite, otite e sinusite, e medicamentos com ação pró-trombótica. Em geral, o prognóstico da CVT costuma ser favorável, com cerca de 4% de mortalidade na fase aguda e um total de 15% dos pacientes permanecem dependentes ou morrem. O tratamento fundamental na fase aguda é a anticoagulação com heparina de baixo peso molecular ou não fracionada. Em pacientes em estado grave na admissão ou que se deterioram apesar da anticoagulação, a trombólise ou trombectomia local é uma opção. Hemicraniectomia descompressiva salva vidas de pacientes com grandes infartos ou hemorragias venosas intracranianas. Após a fase aguda, os pacientes devem permanecer anticoagulados por um período de tempo variável, dependendo do risco trombótico inerente. Pacientes com CVT podem apresentar convulsões recorrentes. A profilaxia com antiepilépticos é recomendada após as primeiras crises, em particular naquelas com lesões hemorrágicas hemisféricas. Alguns pacientes desenvolvem uma síndrome crônica de hipertensão intracraniana. Nesses pacientes, acetazolamida, punções lombares repetidas e, eventualmente, um dreno lomboperitoneal ou válvula ventriculoperitoneal podem ser usados para melhorar os sintomas. Se, apesar dessas medidas, a visão estiver ameaçada, a fenestração do nervo óptico pode prevenir a perda visual permanente, o que, felizmente, é muito raro hoje em dia. Excepcionalmente, uma fístula dural pode ser uma complicação tardia de uma oclusão permanente do seio dural. Para revisões sobre CVT, consulte referências.[3-5]

13.2 Trombose Venosa Cerebral e o Neurocirurgião

O neurocirurgião pode encontrar um paciente com CVT em quatro cenários diferentes:

1. A apresentação clínica da CVT imita uma condição neurocirúrgica (p. ex., neoplasia).
2. Uma doença neurocirúrgica é um fator de risco para CVT (p. ex., traumatismo craniano, meningioma).
3. Um procedimento neurocirúrgico é um fator de risco para CVT (p. ex., cirurgia de meningioma parassagital).
4. A CVT requer tratamento neurocirúrgico (p. ex., evacuação de hematoma, hemicraniectomia descompressiva, derivação).

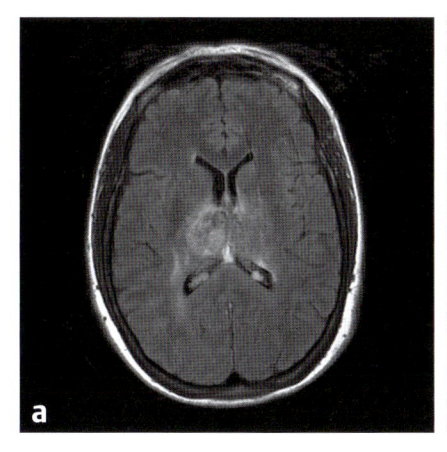

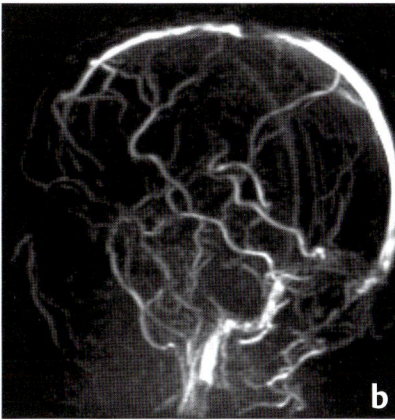

Fig. 13.1 Mulher de 39 anos de idade com distúrbios comportamentais progressivos e consciência prejudicada. (**a**) Imagem por ressonância magnética (MR) de recuperação de inversão atenuada por fluido axial (FLAIR) revelou lesão talâmica bilateral heterogênea, mais proeminente no lado direito. (**b**) Angiografia de MR mostrou trombose venosa com envolvimento do sistema profundo (veia cerebral interna, seio reto da dura-máter, veias de Galeno).

13.3 Trombose Cerebral Venosa Imitando uma Condição Neurocirúrgica

O diagnóstico de CVT pode ser um desafio. Os pacientes com CVT geralmente apresentam sintomas e sinais relacionados com o aumento da pressão intracraniana e/ou lesão cerebral focal. Algumas apresentações clínicas de CVT podem imitar condições neurocirúrgicas. Infarto venosa e ICH associadas à CVT costumam ser difíceis de diferenciar de outros tipos de acidente vascular cerebral ou distúrbios neoplásicos. Em razão de sua aparência "maligna", lesões associadas à CVT com efeito de massa e realce anormal na CT ou na MRI podem passar por biópsias desnecessárias.

13.3.1 Infarto Venoso

Pacientes com CVT com infarto venoso representam um grupo intermediário de gravidade clínica entre pacientes sem lesões parenquimatosas e aqueles com ICH.[6] A maioria dos pacientes com CVT com infarto venoso apresenta síndrome focal, definida como déficits focais (p. ex., fraqueza motora, déficit sensitivo, afasia, hemianopia) e/ou crises parciais.[7,8] Sinais motores bilaterais podem ser observados em pacientes com lesões parassagitais bilaterais em decorrência de trombose do seio sagital ou envolvimento bitalâmico associado à trombose do sistema venoso profundo (▶ Fig. 13.1a, b). Quase metade dos pacientes com CVT e lesão cerebral não hemorrágica tem convulsões.[6] Uma síndrome da encefalopatia subaguda também é a característica presente da CVT em alguns casos, quando uma diminuição do estado mental, confusão progressiva e comprometimento da consciência, com ou sem convulsões, são principais sintomas. Distúrbios do estado mental são um sintoma de apresentação em cerca de 30% dos pacientes com infarto venoso.[6] A progressão destes sintomas é extremamente variável, e nem o tempo de progressão, que pode variar de algumas horas até vários dias, nem a gravidade dos sintomas podem diferenciar a CVT de outras condições. Apenas cerca de um terço dos pacientes com CVT com lesões não hemorrágicas tem um início agudo, definido como o desenvolvimento do quadro clínico completo em menos de 4 dias.[6]

A confirmação do diagnóstico de CVT baseia-se na neuroimagem. Sempre que há suspeita clínica de CVT, deve ser realizada uma investigação imediata por imagem não invasiva, uma vez que os achados positivos do trombo intraluminal são necessários para confirmar o diagnóstico de CVT. Variantes anatômicas da anatomia venosa normal podem imitar a trombose sinusal, como atresia/hipoplasia sinusal, drenagem sinusal assimétrica, defeitos de preenchimento sinusal associados a granulações aracnóideas proeminentes e septos intrassinusais; portanto, o diagnóstico não pode ser baseado somente na angiografia por CT ou MR. O trombo oclusivo pode ser detectado na CT como hiperdensidade espontânea em uma estrutura venosa, chamada "triângulo denso" na oclusão do seio sagital superior e sinal de "corda" na trombose venosa. No entanto, só é visível em cerca de um quarto dos pacientes, desaparece em 1 ou 2 semanas e não é específico, já que também pode ser visto em pacientes com hematócritos elevados, desidratação ou hemorragia subaracnóidea ou subdural subjacente.[9,10] A MRI é muito útil para detectar o trombo na CVT. O sinal também varia com o tempo, e na fase aguda, porque T1 e T2 podem parecer falsamente inocentes, o uso de sequências particularmente sensíveis aos efeitos de susceptibilidade dos átomos de ferro contidos na hemossiderina (gradiente ponderado em T2* lembrou eco ou imagem de suscetibilidade ponderada [SWI]) é recomendado para melhorar a precisão do diagnóstico. Como as veias corticais são variáveis em número e localização e somente as maiores veias são detectáveis na venografia por MR ou CT, o diagnóstico em casos de trombose venosa cortical isolada se baseia na demonstração de uma veia cortical trombosada (▶ Fig. 13.2a, b). Isso deve ser evidente nas sequências que identificam produtos sanguíneos paramagnéticos (T2*/SWI) como um sinal tubular hipointenso.[11] A trombose venosa cortical isolada geralmente não está associada à cefaleia ou a outros sinais de hipertensão intracraniana aumentada, mas costuma resultar em lesão parenquimatosa cerebral,[12] levando a déficits focais e/ou convulsões.

A injeção de contraste na CT ou na MRI também pode revelar o "sinal de delta vazio", que representa a luz do seio trombosado com realce de suas paredes em razão da circulação colateral. Este sinal pode desaparecer em etapas crônicas com o realce do coágulo organizado. Falsos positivos também são descritos, geralmente associados a uma bifurcação alta ou assimétrica da tórcula de Herófilo.[10] A alta precisão diagnóstica relacionada com o uso atual de diferentes sequências na MRI, particularmente T2*/SWI, torna a necessidade de angiografia convencional, hoje em dia, muito rara no cenário da CVT. Os achados típicos na venografia cerebral direta incluem a falha da aparência dos seios por causa da oclusão; congestão venosa com veias corticais, do couro cabeludo ou faciais dilatadas; aumento de veias tipicamente diminuídas da drenagem colateral; reversão do fluxo venoso; e atraso na circulação venosa cerebral.

Alterações parenquimatosas associadas à CVT compartilham alguns padrões característicos que podem auxiliar no diagnóstico diferencial. A presença de uma lesão isquêmica que cruza os limites arteriais usuais e que costuma ter um componente he-

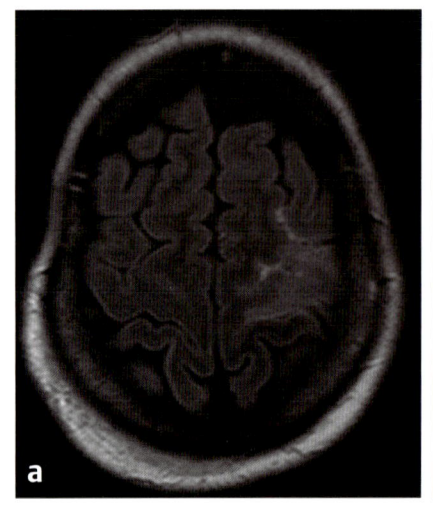

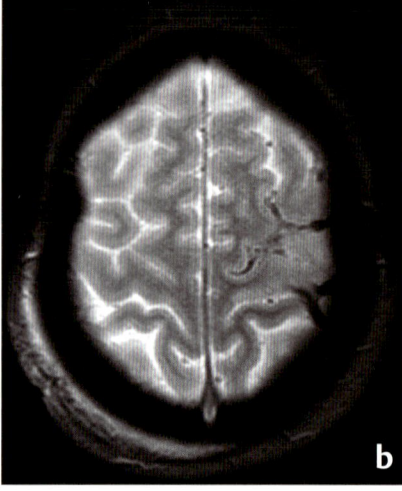

Fig. 13.2 Imagem de ressonância magnética em paciente com trombose venosa cortical esquerda. **(b)** As hipointensidades do tipo cordão são evidentes na imagem de gradiente eco (GRE) T2*. **(a, b)** Lesão cerebral parenquimatosa associada e pequena hemorragia subaracnóidea por convexidade também são evidentes: como **(a)** hiperintensidade do sulco na recuperação de inversão atenuada por fluido [FLAIR] e **(b)** imagem de hipointensidade em GRET2*.

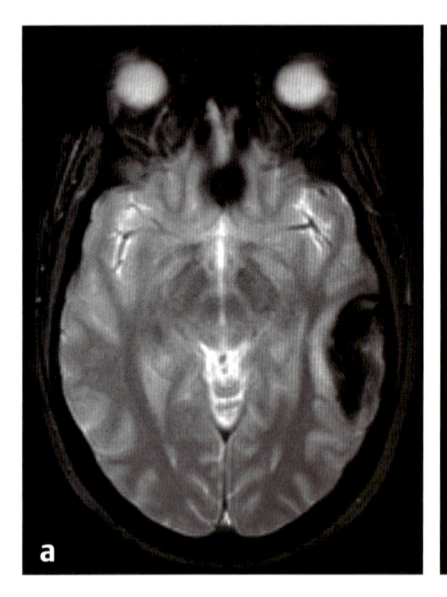

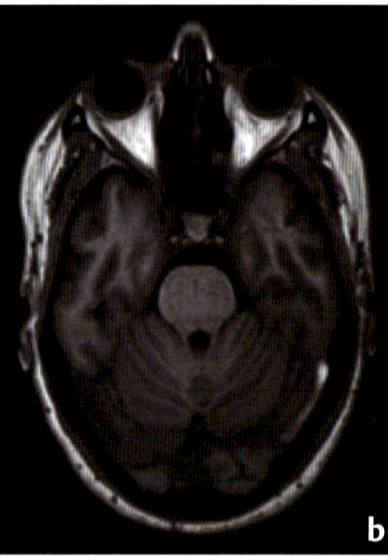

Fig. 13.3 (a) Infarto venoso hemorrágico temporal-parietal exibido em imagem de gradiente eco (GRE) T2*. **(b)** Trombo hiperintenso no seio transverso esquerdo é exibido na imagem axial ponderada em T1.

morrágico, particularmente se estiver próxima a um seio venoso, deve levantar suspeita de CVT. Lesões associadas à trombose de um seio específico exibem uma distribuição regional, como alterações parenquimatosas cerebrais nos lobos frontal, parietal e occipital, geralmente correspondendo à trombose do seio sagital superior, alterações do parênquima do lobo temporal correspondentes à trombose do seio transverso e sigmoide (▶ Fig. 13.3a, b), e anormalidades parenquimatosas profundas, incluindo lesões talâmicas, correspondendo à trombose das veias cerebrais internas, veia de Galeno ou seio reto da dura-máter (▶ Fig. 13.1a, b). Outras características que diferenciam as lesões venosas de outros tipos de acidente vascular cerebral são a demarcação precoce na CT e a presença de edema anormal, que já é evidente horas após o início dos sinais focais e é desproporcional ao tamanho do infarto ou ultrapassa os limites do mesmo (▶ Quadro 13.1). A presença de alterações parenquimatosas bilaterais, que ocorre em cerca de um terço dos pacientes com lesões não hemorrágicas associadas à CVT, também é sugestiva.[6] O infarto venoso raramente ocorre na fossa posterior, pois a região infratentorial tem muito mais circulação venosa colateral que a supratentorial. Em uma grande coorte de pacientes com CVT, apenas 8% das lesões não hemorrágicas eram infratentoriais.[6] A MRI é mais precisa que a CT na detecção de lesões cerebrais associadas à CVT. As técnicas de difusão ponderada possibilitam uma classificação adicional das anormalidades como edema vasogênico ou edema citotóxico. Um padrão de realce alterado sugestivo de fluxo colateral ou de congestão venosa pode ser visto, inclusive, no tentório e na foice.

13.3.2 Hemorragia Intracraniana

A identificação da CVT entre pacientes com ICH é fundamental, dadas suas potenciais implicações no tratamento. Aproximadamente 40% dos pacientes com CVT desenvolvem ICH.[8] Alto índice de suspeita clínica é necessário para evitar diagnosticar erroneamente outras condições que possam imitar ICH associada à CVT, como contusões parenquimatosas traumáticas,[13-15] tumores[16] e abscessos.[17]

Existem algumas características sugestivas de CVT como causa de ICH, incluindo histórico de cefaleia prodrômica, hemorragias bilaterais, combinação de lesões hemorrágicas e não hemorrági-

Quadro 13.1 Características de imagens sugestivas de possível infarto venoso/hemorragia

Local	Território não estritamente arterial
	Pode envolver ambos os hemisférios
	Principalmente supratentorial
	Pode ser bilateral
Edema	Inicial
	Desproporcional ao tamanho do infarto
	Além dos limites do infarto
Hemorragia	Costuma estar presente
	Espalha-se do centro até a periferia
	Aspecto semelhante a um dedo
Realce por contraste	Presente

Adaptado de Bakaç e Warlaw, 1997.[22]

cas e evidência clínica de um estado de hipercoagulabilidade.[18] A apresentação de CVT com ICH geralmente está associada a um quadro clínico mais grave. Esses pacientes são mais propensos a ter um início agudo, coma, sinais focais (afasia, paresia) e convulsões.[19,20] A cefaleia isolada, no entanto, não é preditiva da presença de hemorragia entre os pacientes com iCVT.[21] Pacientes com CVT e ICH tendem a ser mais velhos e têm pressão arterial mais elevada na admissão.[20] A CVT com ICH está associada a envolvimento de múltiplos seios e veias[20] e com maior carga de lesões cerebrais.[19] A distribuição do sangue em infartos venosos com um componente hemorrágico também pode contribuir para o diagnóstico. A hemorragia nos infartos venosos tende a se espalhar do centro para a periferia, às vezes, com aparência semelhante a um dedo, enquanto que nos infartos arteriais geralmente está na periferia.[22] Além disso, as hemorragias geralmente se expandem para a superfície cortical, o que pode ajudar na diferenciação da localização típica de hemorragias hipertensivas parenquimatosas (▶ Quadro 13.1). Como descrito anteriormente para as lesões não hemorrágicas associadas à CVT, a localização da lesão é uma consideração importante na estimativa da probabilidade da CVT, pois lesões associadas à trombose de seios específicos exibem uma distribuição regional relacionada com os territórios de drenagem conhecidos da estrutura venosa envolvida. Um padrão altamente sugestivo de ICH associado à CVT é o achado de hemorragias parassagitais bilaterais na trombose combinada do seio sagital superior e da veia cortical ou de hemorragias do lobo temporal na trombose do seio lateral (▶ Fig. 13.3a, b).

ICH no contexto da CVT está associada a resultados mais desfavoráveis, com uma proporção maior de pacientes vivenciado piora neurológica ou morte na fase aguda e um resultado funcional pior nos que sobrevivem. Em uma grande coorte de pacientes com CVT com HIC inicial, idade avançada, sexo masculino, déficit motor e envolvimento do sistema venoso cerebral profundo ou do seio lateral direito foram prognosticadores de morte ou dependência no acompanhamento.[19]

Quanto a todas as outras apresentações da CVT, terapia de anticoagulação é o tratamento recomendado para pacientes com ICH associada à CVT. Tratamentos endovasculares podem ser considerados em pacientes com deterioração neurológica, apesar do melhor tratamento clínico.

13.3.3 Hemorragia Subaracnóidea

A hemorragia subaracnóidea (SAH) difusa ou convexa, isolada ou associada a lesões cerebrais parenquimatosas, é uma apresentação incomum da CVT (1%).[8] A prevalência pode ser maior com o uso de protocolos modernos padronizados de MRI.[23,24] A localização típica da SAH associada à CVT é a convexidade cerebral adjacente ao seio ou veia trombosada, poupando as cisternas basais e a base do crânio[23,24] (▶ Fig. 13.2a, b), porém foram relatados padrões mais difusos que imitam ruptura de aneurisma.[25]

Quadro 13.2 Resumo das séries de casos (> 5 pacientes operados) de cirurgia descompressiva para trombose venosa cerebral

Autores	Ano	País	N° de pacientes operados	Média de meses de acompanhamento	Resultados				
					mRS = 0-1	mRS = 0-2	mRS = 3	mRS = 4-5	Morte
Théaudin et al.[103]	2010	França	8	23,1	6 (75%)	6 (75%)	1 (12,5%)	0	1 (12,5%)
Lath et al.[108]	2010	Índia	11	7,4	7 (63,6%)	8 (72,7%)	0 (0%)	0 (0%)	3 (27,3%)
Ferro et al.[102]	2011	Multicêntrico	69	12	26 (37,7%)	39 (56,5%)	15 (21,7%)	4 (5,8%)	11 (15,9%)
Revisão sistemática[102]			31	12	14 (45,2%)	18 (58,1%)	8 (25,8%)	1 (3,2%)	4 (12,9%)
Registro			38	14,5	12 (31,6%)	21 (55,3%)	7 (18,4%)	3 (7,9%)	7 (18,4%)
Ferro et al.[104]	2011	Multicêntrico	8	16	4 (50%)	4 (50%)	3 (37,5%)	1 (12,5%)	0 (0%)
Mohindra et al.[109]	2011	Índia	13	35		5 (38,5%)	6 (46,2%)		2 (15,4%)
Vivakaran et al.[110]	2011	Índia	34	11,7	15 (44,1%)	26 (76,5%)	2 (5,9%)	0 (0%)	6 (17,6%)
Zuubier et al.[111]	2012	Holanda	10	12	5 (50%)	6 (60%)	1 (10%)	1 (10%)	2 (20%)
Aaaron et al.[112]	2013	Índia	44	25,5		27 (61,4%)	1 (2,3%)	1 (2,3%)	9 (20,5%)
Raza et al.[113]	2014	Paquistão	7	18		4 (22,2%)		1 (5,6%)	2 (11,1%)

Abreviação: mRS, escala de Rankin modificada.

A causa exata da SAH associada à CVT é desconhecida, mas a hipótese é de que pode ocorrer em decorrência de dilatação e ruptura das veias corticais frágeis devido ao aumento da pressão venosa.[26,27] Alternativamente, em casos de infarto hemorrágico venoso concomitante, SAH pode estar associada à ruptura secundária do hematoma no espaço subaracnóideo.

Em uma revisão de 26 relatos de casos de SAH relacionadas com a CVT, cerca de dois terços dos pacientes apresentavam cefaleia grave de início agudo, um terço apresentava rigidez de nuca e um terço apresentava convulsões.[23] Em uma série de 22 pacientes, cefaleia em trovoada foi relatada apenas em três pacientes. O acometimento da veia de Labbé juntamente com o seio lateral ou das veias frontais e do seio sagital superior foram os padrões mais frequentes de trombose venosa encontrados nesses pacientes.[24] A MRI é mais sensível que à CT, exibindo o achado típico de hiperintensidade subaracnóidea em imagens de recuperação de inversão atenuada por fluido (FLAIR), mas o diagnóstico ainda é desafiador, particularmente em pacientes com trombose venosa cortical isolada.[24,28,29] Séries recentes sugerem que a maioria dos pacientes com CVT e SAH tem trombose venosa cortical associada, com ou sem trombose de seio.[11,28] O tratamento bem-sucedido com anticoagulação nos casos de CVT com SAH associada tem sido relatado em vários casos e pequenas séries.[26,28,30]

13.3.4 Hematoma Subdural

O primeiro relato de hematoma subdural (SDH) complicando uma CVT foi publicado por Bucy e Lesemann em 1942.[31] Desde então foram publicados vários relatos e algumas pequenas séries de casos de SDH em pacientes com CVT.[32,33] Em alguns relatos, a associação causal da CVT com a SDH é controversa.[34,35] A hipotensão intracraniana também pode ser uma condição confusa, pois é um fator de risco tanto para a CVT quanto para a SDH.[36] No entanto, essa associação foi bem estabelecida em vários casos, sendo uma hipótese que a SDH pode ser causada pela ruptura de pequenos vasos em decorrência da obstrução venosa causada por trombose. A recorrência de SDH após seu tratamento bem-sucedido, em pacientes nos quais a CVT subjacente não é reconhecida, também suporta essa relação causal.[32] O tratamento de pacientes com SDH complicando a CVT é complexo por conta das contraindicações relativas para anticoagulação em pacientes com SDH sintomático, particularmente se intervenção cirúrgica é necessária. Foi relatada trombectomia bem-sucedida para o tratamento da CVT nesse cenário.[32]

13.4 Doenças Neurocirúrgicas como Fator de Risco para Trombose Venosa Cerebral

13.4.1 Traumatismo Craniano

Os primeiros relatos de CVT traumática foram de soldados feridos durante a I e II Guerras Mundiais por tiros tangenciais no vértice do crânio. Alguns pacientes, mas não todos, tiveram uma fratura craniana em afundamento. Houve lesão das lacunas parietais, que recebem as veias rolândicas, levando à sua trombose, que, por sua vez, propagou-se para o seio sagital superior e, por fim, para outras veias corticais, causando infarto venoso. Os pacientes tiveram hemiparesia uni ou bilateral, predominantemente crural com hipertonia imediata, com perda da sensação cortical na perna e no pé e, ocasionalmente, convulsões e incontinência urinária.[37-39] A CVT também pode ocorrer após traumatismo craniano fechado.[40,41] Recentemente, a maioria dos casos de CVT pós-traumática é devida a acidentes de trânsito. Em crianças, abuso físico deve ser suspeitado. As fraturas no seio dural podem predispor os pacientes à CVT após traumatismo craniano contuso. De fato, mais de 10% das fraturas cranianas envolvem seios venosos.[42] A CVT é uma das causas de deterioração neurológica tardia secundária após traumatismo craniano fechado e está associada a hipertensão intracraniana incontrolável e aumento da mortalidade. Vários autores recomendam um venograma por CT como parte da investigação inicial do trauma,[42,43] já que a frequência de CVT após traumatismo craniano, em uma série de pacientes examinados com venografia por CT, foi de 22%.[42,43] A anticoagulação pode ser usada com segurança no tratamento da CVT associada a traumatismo craniano.[44,45]

13.4.2 Neoplasias

Meningiomas,[46,47] meningiomatose[48] e neoplasias das meninges do crânio (sarcoma, sarcoma de Ewing, plasmocitoma, metástase)[39] podem causar trombose tumoral direta[49] ou compressão com trombose subsequente das veias corticais ou do seio dural.[50] Como a obstrução ocorre lentamente, há tempo para desenvolver vias venosas colaterais, incluindo veias dilatadas do couro cabeludo, que podem estar facilmente visíveis. Indivíduos com tumores cerebrais também têm risco aumentado de tromboembolismo venoso. O risco é maior em meningiomas.[51,52] Além de fatores clínicos, como hemiparesia e tempo de operação, há um estado pró-trombótico subclínico relacionado com a liberação do fator tecidual derivado do cérebro, que pode causar coagulação intravascular disseminada crônica de baixo grau.[53]

13.4.3 Outras Condições Neurocirúrgicas

Outras condições neurocirúrgicas que foram associadas à CVT são malformações arteriovenosas e fístulas durais.[8,39]

13.5 Procedimentos Neurocirúrgicos e Relacionados como Fatores de Risco para Trombose Venosa Cerebral

No geral, os procedimentos diagnósticos ou terapêuticos que foram associados à CVT produzem lesão mecânica ou alteração da pressão no seio dural, nas veias cerebrais ou nas meninges, ou induzem estado pró-trombótico transitório.

13.5.1 Punção Lombar, Anestesia Epidural e Procedimentos Relacionados

Exame do liquido cefalorraquidiano (CSF) por meio de punção lombar (LP) costuma estar incluso nos exames de pacientes com CVT para descartar/confirmar meningite ou outra infecção intracraniana.[4] Existem evidências claras, a partir de grandes estudos, de que a LP pode ser realizada de modo seguro em pacientes com CVT aguda, uma vez que este procedimento diagnóstico não está associado à piora clínica ou resultado desfavorável.[54] Por outro lado, sabe-se bem que CVT é uma possível, porém rara, complicação da LP diagnóstica.[55] A LP causa um gradiente de pressão cranioespinhal negativa, um deslocamento do cérebro para baixo, que pode causar tração nos seios venosos e nas veias em ponte. Um estudo de Doppler transcraniano realizado antes e depois da LP demonstrou que a LP induz uma diminuição de 47% nas velocidades médias de fluxo sanguíneo venoso no seio reto da dura-máter. Esta diminuição na velocidade do fluxo venoso é significativa imediatamente no final e também mais de 6 horas após a LP.[56] Após a LP, a CVT (e também a SDH) deve ser suspeitada se houver um padrão variável de cefaleia pós-LP. A cefaleia pós-LP perde seu componente postural, não é aliviada pela reclinação e se torna constante. Nessa circunstância, deve-se realizar uma neuroimagem para descartar CVT.[57]

A CVT foi relatada após LP diagnóstica e terapêutica. Exemplos da última são infiltração intratecal[58] ou infiltração de corticosteroide epidural (com punção dural acidental) para dor radicular lombar.[59]

A CVT espinhal também foi descrita após mielografia com iopamidol,[60] após a colocação de dreno lombar após cirurgia da coluna vertebral,[61] e após tampão sanguíneo epidural.[62,63]

Raramente, a CVT também foi relatada após anestesia epidural, possivelmente em razão de punção acidental da dura-máter. Em um período de 8 anos, três casos de CVT foram diagnosticados entre 3.500 epidurais realizadas a cada ano.[63] Na maioria dos casos, a cefaleia é inicialmente uma típica cefaleia com pós-LP de pressão baixa no CSF.[64] Então, cefaleia muda suas características, tornando-se constante e grave, não melhorando com a posição horizontal. Em alguns pacientes, desenvolve-se sonolência, convulsões ou sinais focais. Em um relato, uma CVT se manifestou como SAH.[65] Em diversos casos, além da anestesia peridural, também havia outros fatores de risco identificados para CVT.[62,66]

13.5.2 Procedimentos no Seio e Veias Durais

A colocação de cateteres diagnósticos ou terapêuticos nos seios durais ou nas veias jugulares ou vizinhas pode produzir CVT. A trombose começa na ponta da cânula ou no local da inserção e se propaga pela veia. Os primeiros casos foram relatados na década de 1980 após a inserção de cânulas ou cateteres de longo prazo para administração de fluidos, nutrição parenteral e medicamentos.[39]

A maioria desses casos ocorreu após a colocação de um cateter na veia jugular, mas a CVT também foi relatada após cateteres venosos implantados nas veias braquial e subclávia[67] ou na veia cava superior. Alguns dos pacientes apresentavam outros fatores de risco para CVT.[68-70] A trombose da jugular interna e do seio dural é uma das possíveis complicações do implante de *stent* jugular.[71,72] Cirurgia radical de tumores do pescoço e a ligadura jugular também podem ser complicadas pela CVT.

13.5.3 Neurocirurgia

Os neurocirurgiões estão bem cientes da possibilidade de CVT no pós-operatório após abordagens suboccipital,[73] transpetrosa[3] e transcalosa[74]. Nakase *et al.*[75] relatam incidência de 0,3% (oito casos) de CVT sintomática em pacientes submetidos a intervenções neurocirúrgicas. A neurocirurgia foi realizada para retirada de meningioma, neuroma acústico, metástase, cavernoma, fístulas durais e neuralgia do trigêmeo. A ligação e divisão do terço anterior do seio sagital superior, comumente usada para acessar a fossa anterior, pode causar trombose de seio venoso com infartos venosos bifrontais.[76] A CVT no pós-operatório pode ser dividida em aguda e crônica.[77] A forma aguda se manifesta durante a cirurgia e costuma ser bastante grave, causando edema cerebral e infarto venoso. É causada principalmente por dano ou ligação da veia petrosa. A forma crônica é mais branda, manifesta-se um ou alguns dias após a cirurgia, como cefaleia, convulsões ou déficits focais, e é causada por dano ou sacrifício das veias corticais na ponte. Alguns pacientes podem ter eventos venosos trombóticos prévios e adquiridos (p. ex., síndrome antifosfolipídica) ou trombofilia genética.[78]

A cirurgia de meningiomas tem um risco de 2 a 3% de CVT. O risco é maior (7%) nos meningiomas parassagitais que invadem o seio sagital superior.[79] Além da localização (parassagital, convexidade, foice), outros fatores de risco para CVT são o tamanho do tumor e o edema perilesional. Para prevenir a infarto venoso, é essencial manter o máximo possível o plano aracnoide interveniente. O risco de CVT está reduzido se uma abordagem cirúrgica bifrontal estendida for utilizada e se a manipulação das estruturas vasculares for evitada.[79,80]

A trombose do seio lateral, na maioria das vezes assintomática, pode acompanhar a cirurgia da fossa posterior. Fatores de risco para CVT são histórico de trombose venosa profunda, contraceptivos orais, abordagem cirúrgica da linha média e exposição cirúrgica do seio.[81]

Dois casos de CVT durante e após a colocação de uma válvula ventrículo-peritoneal foram relatados,[82,83] atribuídos, respectivamente, à coagulação com um bipolar de uma grande veia cortical paramediana e compressão de uma veia cortical e deficiência coincidente de proteína C.

Dois casos de CVT, como complicação de cirurgia da coluna vertebral, foram relatados recentemente. Um paciente teve uma mutação do fator V de Leiden.[84] O outro desenvolveu uma fístula CSF após a cirurgia da coluna vertebral que foi fechada. CVT desenvolveu-se após o fechamento das fístulas.[85]

A trombose do seio sagital superior ocorreu como uma complicação de uma craniotomia para reconstrução de uma deformidade craniofacial complexa, provavelmente relacionada com a rápida expansão cerebral com obstrução do fluxo venoso.[86]

A matriz hemostática tópica fluida é aplicada em procedimentos neurocirúrgicos, para facilitar uma realização mais rápida de hemostasia. A oclusão venosa cerebral iatrogênica induzida por matriz hemostática tópica fluida ocorreu em 5 de 651 cirurgias infratentoriais (0,8%), mas em nenhum dos 3.318 casos supratentoriais.[87]

A CVT também pode ocorrer como uma complicação do tratamento de malformações vasculares arteriovenosas, seja por procedimentos endovasculares ou cirúrgicos diretos ou por radiocirurgia. A CVT pode ser assintomática e causar cefaleia, convulsões ou sinais focais, ou uma hemorragia cerebral maciça, às vezes, fatal. Também pode ser uma causa de deterioração neurológica tardia após o tratamento de malformações arteriovenosas do cérebro.

13.6 Tratamentos Neurocirúrgicos para Trombose Venosa Cerebral

13.6.1 Derivações

Derivações, seja um dreno ventricular externo ou válvula ventrículo ou lomboperitoneal, é uma possível intervenção cirúrgica para diminuir a pressão intracraniana em pacientes com CVT. Recentemente, realizamos uma revisão sistemática de casos publicados de pacientes com CVT aguda tratados com válvula, excluindo pacientes que também foram tratados por cirurgia descompressiva. Encontramos apenas relatos de casos e pequenas séries de casos sem controles. No total, 15 pacientes, dos quais 9 foram incluídos no Estudo Internacional sobre Veia Cerebral e Trombose do Seio Dural (ISCVT),[8] foram tratados apenas com uma derivação. Os tipos de derivações foram os seguintes: dreno ventricular externo em seis, válvula ventrículo peritoneal em oito e tipo não especificado em um.[88] Os pacientes com derivação apresentaram uma taxa de mortalidade de 26,7%, uma taxa de morte ou dependência de 46,7% e uma taxa de dependência grave de 13,3%. Três pacientes com derivação tiveram hipertensão intracraniana, mas nenhuma lesão parenquimatosa. Eles foram tratados com válvula ventriculoperitoneal e todos recuperaram a independência.[88] Grande melhora após uma derivação lomboperitoneal foi relatada recentemente em um caso de CVT apresentando-se como síndrome de hipertensão intracraniana, sem lesões cerebrais ou hidrocefalia, e trombose extensa do seio dural que não melhorou com anticoagulação.[89]

Um subgrupo de pacientes com CVT que poderiam se beneficiar de derivação é o de pacientes com hidrocefalia. A CVT raramente causa hidrocefalia grave.[90-92] No entanto, formas mais leves de hidrocefalia são mais frequentes. Zuurbier et al.[93] encontraram hidrocefalia, definida como um índice bicaudado maior que o percentil 95° para idade e/ou largura radial do corno temporal de 5 mm ou mais, em 20% dos pacientes com CVT aguda. A hidrocefalia na VT aguda pode ser causada por meningite concomitante, hemorragia intraventricular, compressão ou distorção do sistema ventricular por infartos ou hemorragias venosas hemisféricas ou cerebelares que ocupam espaço. A hidrocefalia também pode ser encontrada na trombose do sistema venoso profundo por causa do edema talâmico e no lado contralesional na CVT complicada por grandes lesões hemisféricas.[93] Na revisão sistemática, 4 pacientes com derivação tiveram hidrocefalia: 1 tornou-se independente, 2 ficaram dependentes e 1 morreu. Em uma série de casos recentes de 14 pacientes com CVT com hidrocefalia aguda, apenas 1 paciente tinha uma derivação.[93] Apesar da derivação, o paciente morreu.

Quando uma comparação indireta é realizada entre os resultados da revisão sistemática da derivação na CVT aguda[88] e os de uma revisão sistemática de cirurgia descompressiva usando a mesma metodologia (veja a próxima seção), a eficácia da derivação sozinha é inferior tanto para prevenir a morte (38% de mortes vs. 16%) quanto a incapacidade grave (25% vs. 6%). Portanto, a derivação sozinha (sem outro tratamento cirúrgico) em pacientes com CVT aguda e hérnia cerebral iminente, em decorrência de lesões parenquimatosas, não deve ser usado porque não previne a morte. A eficácia da derivação para prevenir a morte ou melhorar o prognóstico para pacientes com CVT aguda ou recente com hipertensão intracraniana sintomática e sem lesões cerebrais ou com hidrocefalia é incerta.

Alguns pacientes que sofreram CVT desenvolveram um quadro clínico permanente de hipertensão intracraniana com fortes dores de cabeça ou visão comprometida. O tratamento desses casos é semelhante aos pacientes com hipertensão intracraniana idiopática e inclui controle de peso, acetazolamida e outros diuréticos, topiramato e repetidas LP.[94,95] Em pacientes que não melhoram com essas intervenções ou que apresentam diminuição da acuidade visual ou aumento de defeitos do campo visual, o consenso é que a derivação é uma opção.[94,95] Podem ser utilizados válvulas ventriculoperitoneal ou lomboperitoneal. Não existem estudos controlados randomizados comparando esses dois tipos de derivações. Séries descritivas mostram que as taxas de falha são maiores nas válvulas ventriculoperitoneais, mas as taxas de revisão são maiores nas derivações lomboperitoneais.[94] O *stent* do seio transverso é uma opção em pacientes com estenose sinusal bilateral e sintomas refratários e sinais de hipertensão intracraniana que não podem ser submetidos a derivação ou que apresentaram falha na mesma. A derivação e o implante de *stent* em pacientes com CVT são suportados apenas por relatos de casos bem-sucedidos e pequenas séries de casos.

13.6.2 Evacuação do Hematoma e Hemicraniectomia Descompressiva

Embora a maioria dos pacientes com CVT[8] tenha resultado favorável, alguns (4%)[96] podem morrer na fase aguda. A principal causa de morte na CT aguda é a herniação devido ao efeito de massa unilateral produzido por grande infarto venoso edematoso ou hemorrágico. A herniação fatal também pode ser causada por múltiplos infartos venosos ou edema cerebral maciço bilateral.[96] Diversos ensaios randomizados controlados recentes[97-99] demonstraram que, em infartos cerebrais médios malignos, a hemicraniectomia descompressiva reduz a mortalidade e aumenta o número de pacientes com resultado funcional favorável (▶ Fig. 13.4).

As primeiras hemicraniectomias descompressivas para infartos hemorrágicos venosos que ocupam espaço foram realizadas no final da década de 1990.[100,101] A experiência com cirurgia descompressiva (evacuação de hematoma ou hemicraniectomia) na CVT ainda é limitada. Recentemente, atualizamos nossa revisão sistemática de 2011[102] e encontramos apenas estudos observacionais. Os estudos incluem relatos de casos (39 pacientes), séries de casos (166 pacientes), duas revisões sistemáticas e dois estudos controlados não randomizados (▶ Quadro 13.2).

Em estudos observacionais, a taxa média de mortalidade entre pacientes com CVT tratados com cirurgia descompressiva (hemicraniectomia ou evacuação de hematoma) foi de 18,5%, a taxa de morte ou incapacidade foi de 32,2%, a taxa de dependência grave foi de apenas 3,4% e a taxa de recuperação completa foi de 30,7%. Os resultados após cirurgia descompressiva na CVT são muito melhores do que aqueles observados na análise combinada de hemicraniectomia para acidente vascular cerebral isquêmico, tanto em termos de mortalidade (22%), dependência grave (escala de Rankin modificada [mRS] = 4-5) (35%), e especialmente recuperação completa (mRS = 0-1) (0%). O estudo multicêntrico não

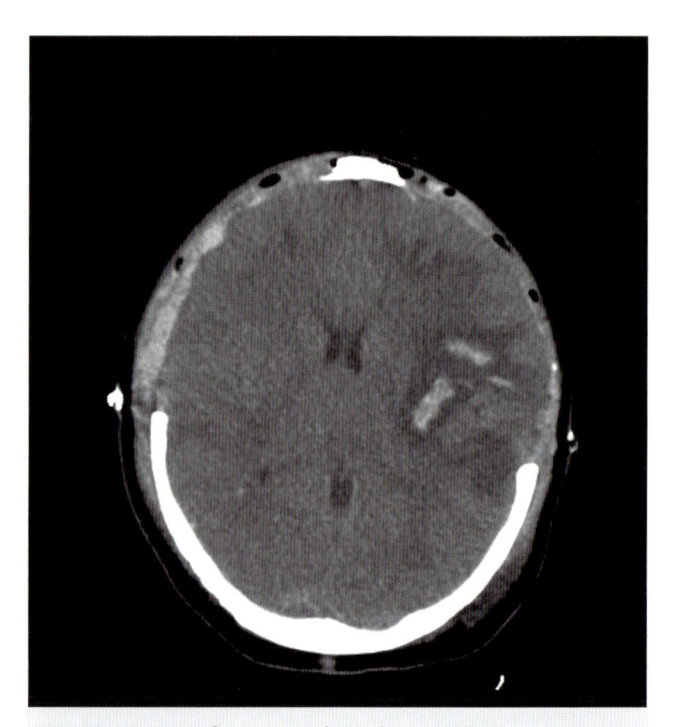

Fig. 13.4 Tomografia computadorizada sem contraste mostra craniectomia descompressiva bilateral em mulher jovem com extensa trombose do seio venoso associada a lesões parenquimatosas bilaterais (infarto venoso e hemorragia).

randomizado realizado na França[103] comparou a cirurgia descompressiva com a ausência de cirurgia em 12 pacientes com "CVT maligna", dos quais 8 foram operados. Todos os pacientes não operados morreram, em comparação com apenas 1 paciente do grupo operado ($p = 0,02$). Um paciente operado estava vivo com uma mRS de 3, enquanto 4 se recuperaram completamente. Outro estudo não randomizado teve um projeto derivado dentro da coorte do ISCVT. O estudo comparou pacientes incluídos no ISCVT que foram operados (8 pacientes), com três grupos de controle de pacientes com lesões parenquimatosas > 5 cm e escala de coma de Glasgow (GCS) < 14 (36 pacientes) ou GCS < 9 (9 pacientes) ou piora clínica atribuída ao efeito de massa e herniação (22 pacientes).[102,104] Nenhum dos pacientes operados morreu, enquanto nos três grupos de controle as taxas de mortalidade foram de 19, 22 e 41%, respectivamente. Três pacientes operados tiveram mRS de 3, apenas um teve mRS de 4 e quatro tiveram uma recuperação completa. Apesar dos números baixos, esses valores indicam que a cirurgia descompressiva previne a morte e não resulta em um excesso de incapacidade grave.

Em nossa revisão sistemática e registro multicêntrico retrospectivo, os resultados da cirurgia descompressiva foram semelhantes após craniectomia descompressiva, evacuação do hematoma ou ambas as intervenções. Embora os números fossem pequenos, o resultado foi muito bom para a craniectomia da fossa posterior, e sobrevida independente foi alcançada em dois pacientes que realizaram cirurgia craniana bilateral. A prática não pareceu alterar significativamente os resultados da cirurgia, pois os resultados não foram influenciados pelo ano em que a cirurgia foi realizada ou pelo número relatado de pacientes operados. Um terço dos pacientes com pupilas fixas bilaterais antes da cirurgia se recuperou completamente. Pacientes comatosos e com lesões bilaterais eram mais propensos a ter um resultado desfavorável; no entanto, a recuperação completa foi observada em aproximadamente um terço desses pacientes. A afasia não influenciou o resultado ou o intervalo entre o diagnóstico e a cirurgia.[102]

O paciente operado necessita de monitoramento clínico e de imagem. A cirurgia descompressiva geralmente apresenta complicações. Estas incluem convulsões, retalho cutâneo deprimido, herniação paradoxal, tamponamento externo do cérebro, hemorragia intracraniana, infecções intracranianas ou sistêmicas e embolia pulmonar, cuja frequência nessa indicação ainda não foi descrita.

A anticoagulação deve ser interrompida antes da cirurgia, mas pode ser retomada 12 horas depois. Existem poucos relatos de caso de uso combinado de trombectomia endovascular e cirurgia descompressiva com resultados encorajadores. O escalonamento sequencial da terapia em um caso de CVT fulminante com heparina intravenosa, trombólise local e hemicraniectomia preveniu a morte e resultou em um prognóstico funcional aceitável (mRS = 3).[105] Um bom resultado funcional (independência mRS = 2) foi obtido com o uso de trombossucção em um paciente que não melhorou após a hemicraniectomia descompressiva.[106] Poulsen et al.[107] descreveram três pacientes submetidos à hemicraniectomia descompressiva para CVT grave causando coma, cuja pressão intracraniana permaneceu elevada, apesar da trombólise/trombectomia local e do tratamento neurointensivo. Um paciente morreu, mas os outros dois se recuperaram completamente (mRS = 0 e 1).

A qualidade das evidências que apoiam o uso rotineiro de cirurgia descompressiva em CVT "maligna" com hérnia iminente ainda é baixa, mas um estudo controlado randomizado é improvável por razões éticas e de viabilidade. A cirurgia salva vidas e pode levar à recuperação completa ou produzir sequências aceitáveis, uma vez que poucos pacientes ficam com dependência grave. Isto é particularmente relevante considerando a idade jovem usual de pacientes com CVT. Essas considerações seguem a recomendação das diretrizes de uso de cirurgia descompressiva para pacientes com CVT aguda e lesão(s) parenquimatosa(s) com hérnia iminente para evitar a morte.[18]

Todos os estudos sobre cirurgia descompressiva em CVT são retrospectivos. O *design* retrospectivo e o viés de publicação podem superestimar o efeito da intervenção. Confirmar os bons resultados apresentados por estudos retrospectivos foi a principal razão pela qual nós projetamos e lançamos um registro prospectivo multicêntrico para descrever os resultados vitais e funcionais de pacientes com CVT tratados por cirurgia descompressiva e todas as complicações da cirurgia. O segundo objetivo do registro é identificar subgrupos de pacientes com CVT que se beneficiam mais com essa cirurgia. O registro inclui casos consecutivos de CVT com lesões parenquimatosas tratadas por craniectomia descompressiva ou evacuação de hematoma. O resultado é medido na alta e aos 6 e 12 meses por um investigador não envolvido diretamente na intervenção cirúrgica. As opiniões do paciente e do cuidador principal sobre os resultados da cirurgia também são registradas. A avaliação da cognição, humor, ansiedade, qualidade de vida, sobrecarga do cuidador e vida profissional é realizada nos acompanhamentos de 6 e 12 meses, utilizando o Miniexame do Estado Mental (MMSE), Escala Hospitalar de Ansiedade e Depressão (HADS), QEuroQol, Questionário de Tensão do Cuidador Expandido e Questionários de Atividade de Trabalho Pós-Acidente Vascular Cerebral. Nosso objetivo é coletar 100 pacientes com a contribuição de 80 centros de recrutamento. A inclusão iniciou em janeiro de 2012; atualmente, 66 centros participam do estudo e 32 pacientes já estão incluídos.

13.7 Conclusão

A CVT pode ser um desafio para diagnosticar; pode ser diagnosticada erroneamente como um tumor cerebral ou uma SAH. Procedimentos diagnósticos e terapêuticos envolvendo punção da espinha dorsal raramente causam CVT, bem como algumas intervenções neurocirurgicas, ou seja, cirurgia de meningioma próximo ao seio dural. Os neurocirurgiões têm um papel importante no tratamento da CVT grave, com grandes infartos venosas "malignas" que causam hérnia cerebral. A cirurgia descompressiva previne a morte e geralmente resulta em uma recuperação funcional completa.

Referências

[1] Ageno W, Beyer-Westendorf J, Garcia DA, et al. Guidance for the management of venous thrombosis in unusual sites. J Thromb Thrombolysis. 2016; 41(1):129-143

[2] Coutinho JM, Zuurbier SM, Aramideh M, et al. The incidence of cerebral venous thrombosis: a cross-sectional study. Stroke. 2012; 43(12):3375-3377

[3] Stam J. Thrombosis of the cerebral veins and sinuses. N Engl J Med. 2005; 352(17):1791-1798

[4] Bousser MG, Ferro JM. Cerebral venous thrombosis: an update. Lancet Neurol. 2007; 6(2):162-170

[5] Ferro JM, Canhão P. Cerebral venous sinus thrombosis: update on diagnosis and management. Curr Cardiol Rep. 2014; 16(9):523

[6] Ferro JM, Canhão P, Bousser MG, et al, Baringarrementeria F, Stolz E; ISCVT Investigators. Cerebral venous thrombosis with nonhemorrhagic lesions: clinical correlates and prognosis. Cerebrovasc Dis. 2010; 29(5):440-445

[7] Preter M, Tzourio C, Ameri A, et al. Long-term prognosis in cerebral venous thrombosis. Follow-up of 77 patients. Stroke. 1996; 27(2):243-246

[8] Ferro JM, Canhão P, Stam J, et al; ISCVT Investigators. Prognosis of cerebral vein and dural sinus thrombosis: results of the International Study on Cerebral Vein and Dural Sinus Thrombosis (ISCVT). Stroke. 2004; 35(3):664-670

[9] Virapongse C, Cazenave C, Quisling R, et al. The empty delta sign: frequency and significance in 76 cases of dural sinus thrombosis. Radiology. 1987; 162(3):779-785

[10] Leach JL, Fortuna RB, Jones BV, et al. Imaging of cerebral venous thrombosis: current techniques, spectrum of findings, and diagnostic pitfalls. Radiographics. 2006; 26(Suppl 1):S19-S41, discussion S42-S43

[11] Boukza M, Crassard I, Bousser MG, et al. MR imaging features of isolated cortical vein thrombosis: diagnosis and follow-up. AJNR Am J Neuroradiol. 2009; 30(2):344-348

[12] Coutinho JM, Gerritsma JJ, Zuurbier SM, et al. Isolated cortical vein thrombosis: systematic review of case reports and case series. Stroke. 2014; 45(6):1836-1838

[13] Muthukumar N. Cerebral venous sinus thrombosis and thrombophilia presenting as pseudo-tumour syndrome following mild head injury. J Clin Neurosci. 2004; 11(8):924-927

[14] Zhao X, Rizzo A, Malek B, et al. Basilar skull fracture: a risk factor for transverse/sigmoid venous sinus obstruction. J Neurotrauma. 2008; 25(2):104-111

[15] Krasnokutsky MV. Cerebral venous thrombosis: a potential mimic of primary traumatic brain injury in infants. AJR Am J Roentgenol. 2011; 197(3):W503-7

[16] Raizer JJ, DeAngelis LM. Cerebral sinus thrombosis diagnosed by MRI and MR venography in cancer patients. Neurology. 2000; 54(6):1222-1226

[17] Barua NU, Bradley M, Patel NR. Haemorrhagic infarction due to transverse sinus thrombosis mimicking cerebral abscesses. Annals of Neurosurgery.. 2008; 8(3):1-4

[18] Saposnik G, Barinagarrementeria F, Brown RD Jr, et al; American Heart Association Stroke Council and the Council on Epidemiology and Prevention. Diagnosis and management of cerebral venous thrombosis: a statement for healthcare professionals from the American Heart Association/ American Stroke Association. Stroke. 2011; 42(4):1158-1192

[19] Girot M, Ferro JM, Canhão P, et al; ISCVT Investigators. Predictors of outcome in patients with cerebral venous thrombosis and intracerebral hemorrhage. Stroke. 2007; 38(2):337-342

[20] Kumral E, Polat F, Uzunköprü C, Callı C, Kitiş Ö. The clinical spectrum of intracerebral hematoma, hemorrhagic infarct, non-hemorrhagic infarct, and non-lesional venous stroke in patients with cerebral sinus-venous thrombosis. Eur J Neurol. 2012; 19(4):537-543

[21] Wasay M, Kojan S, Dai AI, et al. Headache in Cerebral Venous Thrombosis: incidence, pattern and location in 200 consecutive patients. J Headache Pain. 2010; 11(2):137-139

[22] Bakaç G, Wardlaw JM. Problems in the diagnosis of intracranial venous infarction. Neuroradiology. 1997; 39(8):566-570

[23] Benabu Y, Mark L, Daniel S, et al. Cerebral venous thrombosis presenting with subarachnoid hemorrhage. Case report and review. Am J Emerg Med. 2009; 27(1):96-106

[24] Boukza M, Crassard I, Bousser MG, et al. Radiological findings in cerebral venous thrombosis presenting as subarachnoid hemorrhage: a series of 22 cases. Neuroradiology. 2016; 58(1):11-16

[25] Anderson B, Sabat S, Agarwal A, et al. Diffuse subarachnoid hemorrhage secondary to cerebral venous sinus thrombosis. Pol J Radiol. 2015; 80:286-289

[26] Sztajzel R, Coeytaux A, Dehdashti AR, et al. Subarachnoid hemorrhage: a rare presentation of cerebral venous thrombosis. Headache. 2001; 41(9):889-892

[27] Kato Y, Takeda H, Furuya D, et al. Subarachnoid hemorrhage as the initial presentation of cerebral venous thrombosis. Intern Med. 2010; 49(5):467-470

[28] Chang R, Friedman DP. Isolated cortical venous thrombosis presenting as subarachnoid hemorrhage: a report of three cases. AJNR Am J Neuroradiol. 2004; 25(10):1676-1679

[29] Kim J, Huh C, Kim D, et al. Isolated cortical venous thrombosis as a mimic for cortical subarachnoid hemorrhage. World Neurosurg. 2016; 89:727.e5-727.e7

[30] Geraldes R, Sousa PR, Fonseca AC, et al. Nontraumatic convexity subarachnoid hemorrhage: different etiologies and outcomes. J Stroke Cerebrovasc Dis. 2014; 23(1):e23-e30

[31] Bucy P, Lesemann F. Idiopathic recurrent thrombophlebitis—with cerebral venous thromboses and an acute subdural hematoma. JAMA. 1942; 119:402-405

[32] Akins PT, Axelrod YK, Ji C, et al. Cerebral venous sinus thrombosis complicated by subdural hematomas: case series and literature review. Surg Neurol Int. 2013; 4:85

[33] Chu K, Kang DW, Kim DE, et al. Cerebral venous thrombosis associated with tentorial subdural hematoma during oxymetholone therapy. J Neurol Sci. 2001; 185(1):27-30

[34] Takamura Y, Morimoto S, Uede T, et al. Cerebral venous sinus thrombosis associated with systemic multiple hemangiomas manifesting as chronic subdural hematoma—case report. Neurol Med Chir (Tokyo). 1996; 36(9):650-653

[35] Singh S, Kumar S, Joseph M, et al. Cerebral venous sinus thrombosis presenting as subdural haematoma. Australas Radiol. 2005; 49(2):101-103

[36] Mao YT, Dong Q, Fu JH. Delayed subdural hematoma and cerebral venous thrombosis in a patient with spontaneous intracranial hypotension. Neurol Sci. 2011; 32(5):981-983

[37] Holmes G, Sargent P. Injuries of the superior longitudinal sinus. BMJ. 1915; 2(2857):493-498

[38] Barker GB. Injuries to the superior longitudinal sinus. BMJ. 1949; 1(4616):1113-1116

[39] Bousser MG, Russel RR. Cerebral Venous Thrombosis. Vol. 33. London, UK: Saunders; 1997

[40] Hesselbrock R, Sawaya R, Tomsick T, et al. Superior sagittal sinus thrombosis after closed head injury. Neurosurgery. 1985; 16(6):825-828

[41] Giladi O, Steinberg DM, Peleg K, et al. Head trauma is the major risk factor for cerebral sinus-vein thrombosis. Thromb Res. 2016; 137:26-29

[42] Rivkin MA, Saraiya PV, Woodrow SI. Sinovenous thrombosis associated with skull fracture in the setting of blunt head trauma. Acta Neurochir (Wien). 2014; 156(5):999-1007, discussion 1007

[43] Fujii Y, Tasaki O, Yoshiya K, et al. Evaluation of posttraumatic venous sinus occlusion with CT venography. J Trauma. 2009; 66(4):1002-1006, discussion 1006-1007

[44] Matsushige T, Nakaoka M, Kiya K, et al. Cerebral sinovenous thrombosis after closed head injury. J Trauma. 2009; 66(6):1599-1604

[45] Awad AW, Bhardwaj R. Acute posttraumatic pediatric cerebral venous thrombosis: case report and review of literature. Surg Neurol Int. 2014; 5:53

[46] DiMeco F, Li KW, Casali C, et al. Meningiomas invading the superior sagittal sinus: surgical experience in 108 cases. Neurosurgery. 2004; 55(6):1263-1272, discussion 1272-1274

[47] Mathiesen T, Pettersson-Segerlind J, Kihlström L, et al. Meningiomas engaging major venous sinuses. World Neurosurg. 2014; 81(1):116-124

[48] Acebes X, Arruga J, Acebes JJ, et al. Intracranial meningiomatosis causing Foster Kennedy syndrome by unilateral optic nerve compression and blockage of the superior sagittal sinus. J Neuroophthalmol. 2009; 29(2):140-142

[49] Nadel L, Braun IF, Muizelaar JP, et al. Tumoral thrombosis of cerebral venous sinuses: preoperative diagnosis using magnetic resonance phase imaging. Surg Neurol. 1991; 35(3):189-195

[50] Wang S, Ying J, Wei L, et al. Guidance value of intracranial venous circulation evaluation to parasagittal meningioma operation. Int J Clin Exp Med. 2015; 8(8):13508-13515

[51] Gerber DE, Segal JB, Salhotra A, et al. Venous thromboembolism occurs infrequently in meningioma patients receiving combined modality prophylaxis. Cancer. 2007; 109(2):300-305

[52] Sjavik K, Bartek J Jr, Solheim O, et al. Venous thromboembolism prophylaxis in meningioma surgery—a population based

comparative effectiveness study of routine mechanical prophylaxis with or without preoperative low-molecular-weight heparin. World Neurosurg. 2016; 88:320-326

[53] Sawaya R, Glas-Greenwalt P. Postoperative venous thromboembolism and brain tumors: part II. Hemostatic profile. J Neurooncol. 1992; 14(2):127-134

[54] Canhão P, Abreu LF, Ferro JM, et al; ISCVT Investigators. Safety of lumbar puncture in patients with cerebral venous thrombosis. Eur J Neurol. 2013; 20(7):1075-1080

[55] Albucher JF, Vuillemin-Azaïs C, Manelfe C, et al. Cerebral thrombophlebitis in three patients with probable multiple sclerosis. Role of lumbar puncture or intravenous corticosteroid treatment. Cerebrovasc Dis. 1999; 9(5):298-303

[56] Canhão P, Batista P, Falcão F. Lumbar puncture and dural sinus thrombosis— a causal or casual association? Cerebrovasc Dis. 2005; 19(1):53-56

[57] Aidi S, Chaunu MP, Biousse V, et al. Changing pattern of headache pointing to cerebral venous thrombosis after lumbar puncture and intravenous high-dose corticosteroids. Headache. 1999; 39(8):559-564

[58] Ergan M, Hansen von Bünau F, Courthéoux P, et al. Cerebral vein thrombosis after an intrathecal glucocorticoid injection. Rev Rhum Engl Ed. 1997; 64(7-9):513-516

[59] Milhaud D, Heroum C, Charif M, et al. Dural puncture and corticotherapy as risks factors for cerebral venous sinus thrombosis. Eur J Neurol. 2000; 7(1):123-124

[60] Brugeilles H, Pénisson-Besnier I, Pasco A, et al. Cerebral venous thrombosis after myelography with iopamidol. Neuroradiology. 1996; 38(6):534-536

[61] Miglis MG, Levine DN. Intracranial venous thrombosis after placement of a lumbar drain. Neurocrit Care. 2010; 12(1):83-87

[62] Wilder-Smith E, Kothbauer-Margreiter I, Lämmle B, et al. Dural puncture and activated protein C resistance: risk factors for cerebral venous sinus thrombosis. J Neurol Neurosurg Psychiatry. 1997; 63(3):351-356

[63] Mullane D, Tan T. Three cerebral venous sinus thromboses following inadvertent dural puncture: a case series over an eight-year period. Can J Anaesth. 2014; 61(12):1134-1135

[64] Ravindran RS, Zandstra GC. Cerebral venous thrombosis versus postlumbar puncture headache. Anesthesiology. 1989; 71(3):478-479

[65] Oz O, Akgun H, Yücel M, et al. Cerebral venous thrombosis presenting with subarachnoid hemorrhage after spinal anesthesia. Acta Neurol Belg. 2011; 111(3):237-240

[66] Kueper M, Goericke SL, Kastrup O. Cerebral venous thrombosis after epidural blood patch: coincidence or causal relation? A case report and review of the literature. Cephalalgia. 2008; 28(7):769-773

[67] Birdwell BG, Yeager R, Whitsett TL. Pseudotumor cerebri. A complication of catheter-induced subclavian vein thrombosis. Arch Intern Med. 1994; 154(7):808-811

[68] Holmes FA, Obbens EA, Griffin E, et al. Cerebral venous sinus thrombosis in a patient receiving adjuvant chemotherapy for stage II breast cancer through an implanted central venous catheter. Am J Clin Oncol. 1987; 10(4):362-366

[69] Mazzoleni S, Putti MC, Simioni P, et al. Early cerebral sinovenous thrombosis in a child with acute lymphoblastic leukemia carrying the prothrombin G20210A variant: a case report and review of the literature. Blood Coagul Fibrinolysis. 2005; 16(1):43-49

[70] Souter RG, Mitchell A. Spreading cortical venous thrombosis due to infusion of hyperosmolar solution into the internal jugular vein. Br Med J (Clin Res Ed). 1982; 285(6346):935-936

[71] Thapar A, Lane TR, Pandey V, et al; Imperial College CCSVI Investigation Group. Internal jugular thrombosis post venoplasty for chronic cerebrospinal venous insufficiency. Phlebology. 2011; 26(6):254-256

[72] Burton JM, Alikhani K, Goyal M, et al. Complications in MS patients after CCSVI procedures abroad (Calgary, AB). Can J Neurol Sci. 2011; 38(5):741-746

[73] Keiper GL Jr, Sherman JD, Tomsick TA, et al. Dural sinus thrombosis and pseudotumor cerebri: unexpected complications of suboccipital craniectomy and translabyrinthine craniectomy. J Neurosurg. 1999; 91(2):192-197

[74] Garrido E, Fahs GR. Cerebral venous and sagittal sinus thrombosis after transcallosal removal of a colloid cyst of the third ventricle: case report. Neurosurgery. 1990; 26(3):540-542

[75] Nakase H, Shin Y, Nakagawa I, et al. Clinical features of postoperative cerebral venous infarction. Acta Neurochir (Wien). 2005; 147(6):621-626, discussion 626

[76] Salunke P, Sodhi HB, Aggarwal A, et al. Is ligation and division of anterior third of superior sagittal sinus really safe? Clin Neurol Neurosurg. 2013; 115(10):1998-2002

[77] Roberson JB Jr, Brackmann DE, Fayad JN. Complications of venous insufficiency after neurotologic-skull base surgery. Am J Otol. 2000; 21(5):701-705

[78] Lega BC, Yoshor D. Postoperative dural sinus thrombosis in a patient in a hypercoagulable state. Case report. J Neurosurg. 2006; 105(5):772-774

[79] Raza SM, Gallia GL, Brem H, et al. Perioperative and long-term outcomes from the management of parasagittal meningiomas invading the superior sagittal sinus. Neurosurgery. 2010; 67(4):885-893, discussion 893

[80] Jang WY, Jung S, Jung TY, et al. Predictive factors related to symptomatic venous infarction after meningioma surgery. Br J Neurosurg. 2012; 26(5):705-709

[81] Apra C, Kotbi O, Turc G, et al. Presentation and management of lateral sinus thrombosis following posterior fossa surgery. J Neurosurg. 2017; 126:8-16

[82] Son WS, Park J. Cerebral venous thrombosis complicated by hemorrhagic infarction secondary to ventriculoperitoneal shunting. J Korean Neurosurg Soc. 2010; 48(4):357-359

[83] Matsubara T, Ayuzawa S, Aoki T, et al. Cerebral venous thrombosis after ventriculoperitoneal shunting: a case report. Neurol Med Chir (Tokyo). 2014; 54(7):554-557

[84] Yilmaz B, Eksi MS, Akakin A, et al. Cerebral venous thrombosis following spinal surgery in a patient with factor V Leiden mutation. Br J Neurosurg. 2016; 30(4):456-458

[85] Lourenço Costa B, Shamasna M, Nunes J, et al. Cerebral venous thrombosis: an unexpected complication from spinal surgery. Eur Spine J. 2014; 23(Suppl 2):253-256

[86] Ghizoni E, Raposo-Amaral CA, Mathias R, et al. Superior sagittal sinus thrombosis as a treatment complication of nonsyndromic Kleeblattschädel. J Craniofac Surg. 2013; 24(6):2030-2033

[87] Singleton RH, Jankowitz BT, Wecht DA, et al. Iatrogenic cerebral venous sinus occlusion with flowable topical hemostatic matrix. J Neurosurg. 2011; 115(3):576-583

[88] Lobo S, Ferro JM, Barinagarrementeria F, Bousser MC, Canhão P, Stam J; ISCVT Investigators. Shunting in acute cerebral venous thrombosis: a systematic review. Cerebrovasc Dis. 2014; 37(1):38-42

[89] Torikoshi S, Akiyama Y. Report of dramatic improvement after a lumboperitoneal shunt procedure in a case of anticoagulation therapy-resistant cerebral venous thrombosis. J Stroke Cerebrovasc Dis. 2016; 25(2):e15-e19

[90] Stavrinou LC, Stranjalis G, Bouras T, Sakas DE, et al. Transverse sinus thrombosis presenting with acute hydrocephalus: a case report. Headache. 2008; 48(2):290-292

[91] Mullen MT, Sansing LH, Hurst RW, et al. Obstructive hydrocephalus from venous sinus thrombosis. Neurocrit Care. 2009; 10(3):359-362

[92] Leblebisatan G, Yiş U, Doğan M, et al. Obstructive hydrocephalus resulting from cerebral venous thrombosis. J Pediatr Neurosci. 2011; 6(2):129-130

[93] Zuurbier SM, van den Berg R, Troost D, et al. Hydrocephalus in cerebral venous thrombosis. J Neurol. 2015; 262(4):931-937

[94] Biousse V, Bruce BB, Newman NJ. Update on the pathophysiology and management of idiopathic intracranial hypertension. J Neurol Neurosurg Psychiatry. 2012; 83(5):488-494

[95] Batra R, Sinclair A. Idiopathic intracranial hypertension; research progress and emerging themes. J Neurol. 2014; 261(3):451-460

[96] Canhão P, Ferro JM, Lindgren AG, Bousser MG, Stam J, Barinagarrementeria F; ISCVT Investigators. Causes and predictors of death in cerebral venous thrombosis. Stroke. 2005; 36(8):1720-1725

[97] Vahedi K, Hofmeijer J, Juettler E, et al; DECIMAL, DESTINY, and HAMLET investigators. Early decompressive surgery in malignant infarction of the middle cerebral artery: a pooled analysis of three randomised controlled trials. Lancet Neurol. 2007; 6(3):215-222

[98] Hofmeijer J, Kappelle LJ, Algra A, et al; HAMLET investigators. Surgical decompression for space-occupying cerebral infarction (the Hemicraniectomy After Middle Cerebral Artery infarction with Life-threatening Edema Trial [HAMLET]): a multicentre, open, randomised trial. Lancet Neurol. 2009; 8(4):326-333

[99] Jüttler E, Unterberg A, Woitzik J, et al; DESTINY II Investigators. Hemicraniectomy in older patients with extensive middle-cerebral-artery stroke. N Engl J Med. 2014; 370(12):1091-1100

[100] Stefini R, Latronico N, Cornali C, et al. Emergent decompressive craniectomy in patients with fixed dilated pupils due to cerebral venous and dural sinus thrombosis: report of three cases. Neurosurgery. 1999; 45(3):626-629, discussion 629-630

[101] Kuroki K, Taguchi H, Sumida M, et al. Dural sinus thrombosis in a patient with protein S deficiency—case report. Neurol Med Chir (Tokyo). 1999; 39(13):928-931

[102] Ferro JM, Crassard I, Coutinho JM, et al; Second International Study on Cerebral Vein and Dural Sinus Thrombosis (ISCVT 2) Investigators. Decompressive surgery in cerebrovenous thrombosis: a multicenter registry and a systematic review of individual patient data. Stroke. 2011; 42(10):2825-2831

[103] Théaudin M, Crassard I, Bresson D, et al. Should decompressive surgery be performed in malignant cerebral venous thrombosis?: a series of 12 patients. Stroke. 2010; 41(4):727-731

[104] Ferro JM, Bousser MG, Canhão P, et al. A case-control study of decompressive surgery in cerebrovenous thrombosis. Cerebrovasc Dis. 2010; 29(Suppl 2):67

[105] Dohmen C, Galldiks N, Moeller-Hartmann W, et al. Sequential escalation of therapy in "malignant" cerebral venous and sinus thrombosis. Neurocrit Care. 2010; 12(1):98-102

[106] Coutinho JM, Hama-Amin AD, Vleggeert-Lankamp C, et al. Decompressive hemicraniectomy followed by endovascular thrombosuction in a patient with cerebral venous thrombosis. J Neurol. 2012; 259(3):562-564

[107] Poulsen FR, Høgedal L, Stilling MV, et al. Good clinical outcome after combined endovascular and neurosurgical treatment of cerebral venous sinus thrombosis. Dan Med J. 2013; 60(11):A4724

[108] Lath R, Kumar S, Reddy R, et al. Decompressive surgery for severe cerebral venous sinus thrombosis. Neurol India. 2010; 58:392-397

[109] Mohindra S, Umredkar A, Singla N, et al. Decompressive craniectomy for malignant cerebral oedema of cortical venous thrombosis: an analysis of 13 patients Br J Neurosurg. 2011; 25:422-429

[110] Vivakaran TT, Srinivas D, Kulkarni GB, et al. The role of decompressive craniectomy in cerebral venous sinus thrombosis. J Neurosurg. 2012; 117:738-744

[111] Zuurbier SM, Coutinho JM, Majoie CB, et al. Decompressive hemicraniectomy in severe cerebral venous thrombosis: a prospective case series. J Neurol. 2012; 259(6):1099-1105

[112] Aaron S, Alexander M, Moorthy RK, et al. Decompressive craniectomy in cerebral venous thrombosis: a single centre experience J Neurol Neurosurg Psychiatry. 2013; 84:995-1000

[113] Raza E, Shamim MS, Wadiwala MF, et al. Decompressive surgery for malignant cerebral venous sinus thrombosis: a retrospective case series from Pakistan and comparative literature review J Stroke Cerebrovasc Dis. 2014; 23:e13-22

14 Processos Infecciosos Cerebrais

Alexa Bodman ▪ Walter A. Hall

Resumo

Os processos infecciosos graves encontrados na prática neurocirúrgica exigem identificação rápida e tratamento clínico e cirúrgico combinados. Infecções bacterianas, virais, fúngicas e parasitárias ganham acesso ao sistema nervoso central por meio da disseminação hematogênica pela barreira hematoencefálica ou por disseminação contígua direta. A meningite é comum no campo da neurocirurgia e já foi associada à taxa de mortalidade extremamente alta. Ela pode ocorrer após traumatismo craniano, infecções sistêmicas e procedimentos neurocirúrgicos, e geralmente apresenta sinais e sintomas distintos que devem ser reconhecidos antes do início do tratamento, a fim de diminuir a morbidade neurológica e a mortalidade. A encefalite pode ser difícil de diagnosticar em razão da variedade de agentes causadores. Coleções infecciosas extracerebrais geralmente requerem intervenção neurocirúrgica emergente para diagnóstico e tratamento definitivos. Abscessos cerebrais costumam ser tratados por cirurgia, na forma de aspiração e drenagem ou através de ressecção para identificação diagnóstica e para descomprimir o tecido neurológico. A imagem moderna do sistema nervoso central ajudou a reduzir o tempo de diagnóstico e tratamento em processos infecciosos cerebrais, além de melhorar os resultados clínicos para estas condições potencialmente fatais. Uma visão geral aprofundada de cada uma dessas infecções do sistema nervoso central é apresentada e discutida neste capítulo.

Palavras-chave: abcesso cerebral, encefalite, abcesso epidural, meningite, infecções neurocirúrgicas, empiema subdural.

14.1 Introdução

Infecções intracranianas costumam ser encontradas por neurocirurgiões e seu pronto reconhecimento e tratamento é essencial. Meningite, encefalite, abcessos extra-axiais e abscessos cerebrais desenvolvem-se quando os patógenos penetram na barreira hematoencefálica (BBB), e isto pode ocorrer por disseminação hematológica ou por invasão direta a partir de uma infecção local. A identificação de infecções intracranianas costuma ser feita por uma combinação de estudos séricos, estudos do líquido cefalorraquidiano (CSF) e neuroimagem. Após o diagnóstico, o tratamento imediato é necessário para minimizar a morbidade e mortalidade neurológica. Este capítulo concentra-se na etiologia, no diagnóstico e no tratamento médico e neurocirúrgico dos processos infecciosos cerebrais.

14.2 Meningite

A meningite é uma infecção potencialmente fatal que requer reconhecimento e tratamento imediatos. A meningite bacteriana é a forma mais comum. A capacidade de uma bactéria causar uma infecção intracraniana é determinada por sua virulência, pelas defesas do hospedeiro e pelo tamanho do inóculo.[1] Para cada grama de tecido, são necessárias cerca de 100 mil bactérias para que uma infecção surja.[1] As bactérias atingem as meninges por disseminação hematológica ou a partir de uma infecção local como a mastoidite.[2] Organismos anaeróbicos e Gram-negativos podem ter acesso ao cérebro por meio de traumatismo craniano penetrante, enquanto que fraturas basilares do crânio com vazamento de CSF podem dar acesso à flora nasofaríngea ao sistema nervoso central (CNS).[3] Para disseminação hematológica, as bactérias devem evitar a fagocitose para manter a bacteriemia.[2] É necessária uma bacteriemia considerável para que a meningite se desenvolva.[4] As bactérias usam diversos mecanismos, que podem incluir a formação de uma cápsula ou penetrar nos neutrófilos, a fim de evitar o sistema imunológico enquanto circulam na corrente sanguínea. No CNS, as bactérias se ligam às proteínas da matriz extracelular. Uma vez ligadas, as bactérias atravessam a BBB por um processo transcelular ou paracelular.[2] Os patógenos também podem entrar no CNS viajando dentro de macrófagos infectados.[4] O *Streptococcus pneumoniae* invade o parênquima cerebral por meio de processo transcelular ou paracelular. Essa bactéria atravessa a BBB através da célula por um processo mediado pelo receptor e atravessa diretamente a BBB, causando a ruptura das células endoteliais. Uma vez no CNS, a bactéria se replica; durante esse processo, libera componentes que causam forte reação imunológica levando à inflamação, morte neuronal e vasculite.[2] A lesão do tecido nervoso ocorre a partir de uma combinação de isquemia, aumento da pressão intracraniana (ICP), apoptose e edema relacionados com o sistema imune do hospedeiro e às toxinas bacterianas.[2] O CNS, isolado do restante do corpo pela BBB, apresenta baixos níveis de imunoglobulinas e complemento, o que resulta na diminuição das defesas do hospedeiro quando as bactérias atravessam a BBB. Rupturas na BBB causadas por trauma, tumor, inflamação e cirurgia diminuem as defesas naturais do CNS contra bactérias, permitindo sua entrada no CNS.[1,3]

A meningite está associada a uma tríade clássica de sintomas, que inclui rigidez de nuca, febre e estado mental alterado. Os sinais de Kernig e Brudzinski também são clássicos na meningite.[3] A porcentagem de pacientes com meningite que apresenta todos os três sintomas da tríade clássica é baixa; apenas 44% dos pacientes na Holanda exibiram os três.[5] O sintoma mais comum é cefaleia, seguida de rigidez de nuca, febre, náusea e alteração do estado mental. Aproximadamente um terço dos pacientes apresenta déficits neurológicos focais. Convulsões e hemiparesia podem estar presentes na avaliação inicial, mas são incomuns.[5] Na internação, pacientes mais velhos com meningite são mais propensos a apresentar um exame neurológico anormal.[6] Atividade mental alterada, convulsões e hipotensão na internação estão associados a pior prognóstico clínico.[7]

Os valores laboratoriais iniciais obtidos na avaliação da meningite incluem hematimetria completa (CBC) com diferencial, velocidade de hemossedimentação (VHS) e proteína C reativa (CRP). A procalcitonina também deve ser testada, pois pode ser útil na diferenciação entre meningite bacteriana e viral em crianças.[8] A punção lombar (LP) deve ser realizada desde que não haja contraindicações, como massa intracraniana que possa levar a uma síndrome de herniação. O CSF deve ser enviado para contagem de proteína, glicose, células, coloração de Gram e cultura e sensibilidade.[3] A pressão de abertura na LP costuma estar elevada a um intervalo de 200 a 500 mm H_2O.[3,9] Na contagem de células, os glóbulos brancos costumam estar elevados acima de 100 células/mm^3. A glicose está marcadamente diminuída, enquanto a concentração de proteína está elevada. A coloração de Gram identifica os organismos em 60 a 90% dos casos e as culturas são positivas em 70 a 85% dos casos quando o CSF é coletado antes da administração do antibiótico.[3,9]

A tomografia computadorizada (CT) da cabeça geralmente não é reveladora –, mas costuma ser realizada na avaliação de meningite antes da LP, para avaliar a presença de uma massa intracraniana.[10] A imagem de ressonância magnética MRI) é de uso limitado para o diagnóstico inicial de meningite, com apenas cerca de 50% dos estudos mostrando realce leptomeníngeo, mas pode ser realizado para avaliar outra causa subjacente ou complicações relacionadas com a meningite, como acidente vascular cerebral, cerebrite e trombose do seio venoso.[10] A ressonância magnética em crianças com meningite bacteriana pode auxiliar no diagnóstico de processos associados, como cerebrite (26%), empiema subdural (52%), infarto (43%), hidrocefalia (20%) e abscesso (11%).[11] Coleções extra-axiais de fluido podem ser vistas em até um terço dos pacientes com meningite, que pode representar um derrame que desaparecerá sozinho ou um empiema que exija drenagem cirúrgica.[10] Ventriculite também pode estar associada à meningite e ao realce da MRI, espessamento do epêndima com prolongamento T2 em torno dos ventrículos e níveis de líquido dentro dos ventrículos podem ser vistos.[10,12]

Os cinco organismos mais comuns nos Estados Unidos responsáveis pela meningite bacteriana são *S. pneumoniae* (58%), *Streptococcus* do grupo B (18%), *Neisseria meningitidis* (14%), *Haemophilus influenzae* (7%) e *Listeria monocytogenes* (3%).[13] Em neonatos, organismos comuns ao canal vaginal causam meningite. Os patógenos mais comuns responsáveis pela meningite nessa faixa etária são o Streptococcus do grupo B, bactérias Gram-negativas, geralmente *Escherichia coli* e *L. monocytogenes*. Nos países em desenvolvimento, *Klebsiella spp.*, *Pseudomonas aeruginosa* e *Salmonella spp.* são causas comuns de meningite neonatal.[14] Os pacientes infectados pelo vírus da imunodeficiência humana (HIV) apresentam maior risco de desenvolvimento de meningite bacteriana.[15]

A incidência de meningite nos Estados Unidos vem caindo desde a introdução das vacinas conjugadas meningocócicas (MCV) e pneumocócicas (PCV), MCV4 e PCV7, com *S. pneumoniae* caindo para 0,3 casos por 100.000 mil pessoas, e *N. meningitidis* caindo para 0,123 casos por 100.000 mil pessoas em 2010.[16] Essa diminuição na meningite pneumocócica após a introdução da vacinação conjugada contra o pneumococo também foi observada na Alemanha.[17] O PCV13, que substituiu o PCV7 em 2010 nos Estados Unidos também demonstrou diminuir a doença pneumocócica invasiva.[18] Além disso, os países africanos observaram uma diminuição da *N. meningitidis* após a vacinação em massa.[19] A mortalidade associada à meningite pneumocócica também diminuiu após a introdução do PCV7.[16] Na Holanda, a vacina conjugada meningocócica do sorogrupo C mostrou um declínio de 99% nas pessoas elegíveis para vacinação com evidência de imunidade em massa, como também houve um declínio de 93% na população não vacinada.[20] *H. influenza* foi anteriormente uma das principais causas de meningite em crianças. Após a introdução da vacina contra *H. influenzae* tipo b em 1990, as taxas de meningite bacteriana diminuíram em 55%.[21] Essas vacinas também aumentaram a idade média de meningite, transferindo a carga de meningite para uma população mais velha.[13] As taxas de meningite por estreptococos do grupo B em neonatos também diminuíram, provavelmente em decorrência dos exames durante a gravidez e do uso de profilaxia antibiótica.[22]

A meningite também pode ocorrer após procedimentos neurocirúrgicos. *Staphylococcus epidermidis* e *Staphylococcus aureus* são as causas mais comuns de meningite pós-neurocirúrgica, seguidas de organismos Gram-negativos.[23] Os fatores de risco para o desenvolvimento de meningite após craniotomia incluem o uso de esteroides, vazamento de CSF e presença de dreno ventricular externo.[24] Organismos Gram-negativos são mais prevalentes na meningite pós-craniotomia; patógenos comuns incluem *Acinetobacter baumannii*, *Klebsiella pneumoniae*, P. aeruginosa, *Enterobacter cloacae* e *Proteus mirabilis*. A resistência a antibióticos pode ser alta na meningite pós-craniotomia, e o tratamento deve ser adaptado depois que as sensibilidades forem determinadas.[24] As causas bacterianas mais comuns de meningite associadas a derivações incluem estafilococos coagulase-negativos, *S. aureus* e P. aeruginosa.[25-27] A meningite Gram-negativa após procedimentos neurocirúrgicos está associada à doença grave e pior resultado; portanto, antibióticos intraventriculares podem ser uma opção nesses casos difíceis de tratar. Gentamicina e vancomicina costumam ser usadas para terapia intraventricular e podem auxiliar na esterilização do CSF.[28] Se forem administrados antibióticos intraventriculares, somente devem ser usadas formulações sem conservantes.[29]

S. epidermidis, *S. aureus* e organismos Gram-negativos predominam em infecções associadas a drenos ventriculares externos (EVDs).[30] A análise de rotina do CSF tem valor limitado na triagem para meningite bacteriana em pacientes com EVDs.[31] Uso de antibióticos profiláticos após a inserção de EVD e até a remoção não diminui chance de uma infecção e podem selecionar patógenos resistentes.[32] Hemorragia intraventricular, hemorragia subaracnóidea, fraturas cranianas basilares, fratura craniana aberta deprimida, neurocirurgia prévia, irrigação de EVD, duração de EVD e uma infecção sistêmica são fatores associados à meningite após a colocação de EVD.[30]

As infecções meníngeas têm taxas significativas de morbidade e mortalidade. Até a descoberta dos antibióticos na década de 1930, o tratamento da meningite bacteriana era bastante limitado.[3] Antes da introdução dos antibióticos, a meningite estava associada a quase 100% de mortalidade quando *S. pneumoniae* ou *H. influenzae* era o organismo subjacente e mais de 75% de mortalidade quando *N. meningitidis* era a causa.[33] Nos últimos anos, a maior taxa de mortalidade está associada ao *S. pneumoniae*, com taxas de mortalidade variando de 20 a 30%.[5,13] A meningite bacteriana pode resultar em morte e sequelas graves, incluindo comprometimento motor, deficiência auditiva e atraso da fala em crianças.[34] Acidente vascular cerebral é uma complicação conhecida da meningite bacteriana adquirida na comunidade, mais comum quando *S. pneumoniae* é o patógeno causador, e está associada a uma maior mortalidade hospitalar e a piores resultados.[35] Em crianças, o Streptococcus do grupo B também é conhecido por causar acidente vascular cerebral isquêmico, bem como trombose do seio venoso cerebral, o que pode levar a déficits neurológicos e convulsões.[36]

Como a meningite está associada à mortalidade e morbidades significativas, tratamento imediato é indicado. Antibióticos empíricos para suspeita de meningite bacteriana em pacientes com mais de 3 meses de idade devem incluir cefalosporina de terceira geração, cefotaxima ou ceftriaxona e vancomicina.[29,37] O atraso na administração de antibióticos deve ser evitado, já que isso está associado a um resultado pior.[7] Antibióticos devem ser administrados dentro de 3 horas após a internação hospitalar.[29,37] A dexametasona também deve ser administrada prontamente porque a dexametasona no início da meningite bacteriana aguda melhora os resultados do paciente.[38] Depois que a sensibilidade espectral e antimicrobiana estiverem definidas, a escolha do antibiótico deve ser refinada. A duração do tratamento com antibiótico depende do organismo. A ampicilina deve ser adicionada para pacientes com mais de 50 anos de idade e pacientes imunocomprometidos para fornecer cobertura para *L. monocytogenes*. Em neonatos, a ampicilina e a gentamicina são agentes de primeira linha na suspeita de meningite bacteriana.[29,37] O tratamento da meningite bacteriana em neonatos não deve incluir antibióticos intraventriculares, uma vez que a revisão de Cochrane mostrou aumento triplicado no risco de mortalidade em neonatos recebendo antibióticos intraventriculares.[39]

O tratamento de infecções do CNS pode ser difícil por causa da BBB. Cruzar a BBB é mais fácil para medicamentos pequenos e lipofílicos, em comparação com medicamentos ligados a proteínas que são polarizados e têm mais dificuldade de passar.[29] Durante o período de inflamação, a BBB pode ser mais fácil de atravessar, levando a níveis mais altos de antibióticos do que quando o tecido está em seu estado normal.[29,40] A penicilina tem baixa penetração no CSF em decorrência do pH baixo do CSF no contexto de meningite bacteriana.[40] As cepas bacterianas resistentes apresentam desafios no tratamento da meningite. Meropenem e cefalosporinas de quarta geração, como a cefepima, têm sido utilizados com sucesso no tratamento de cepas resistentes. A daptomicina e linezolida são alternativas à vancomicina para bactérias Gram-positivas resistentes à penicilina.[37]

A meningite também pode se apresentar de maneira insidiosa. As causas mais comuns de meningite crônica são tuberculose, *Cryptococcus spp.* e carcinoma.[41] A tuberculose é a causa mais comum de meningite na África subsaariana.[42] O diagnóstico pode ser retardado por causa do início gradual dos sintomas, começando com febre, perda de peso, dores de cabeça e vômito.[42] O exame do CSF mostra baixa contagem de leucócitos com predominância de linfócitos, níveis elevados de proteína e, normalmente, baixa concentração de glicose.[42] Hidrocefalia, realce meníngeo anormal, principalmente nas cisternas basais, e complicações do envolvimento vascular são comumente observados na MRI.[10] O envolvimento vascular costuma ser da artéria cerebral média e das artérias lenticuloestriadas, sendo o infarto de seus territórios vasculares aparente na MRI e na autópsia.[10,43] Tuberculomas do cérebro também podem ser vistos na MRI e são mais comuns em crianças do que em adultos.[10] Um teste cutâneo de tuberculina positivo ou radiografia de tórax compatível com tuberculose suporta o diagnóstico, mas nem sempre estão disponíveis.[42] Na suspeita de meningite tuberculosa, o tratamento inicial com isoniazida, rifampicina, etambutol e pirazinamida deve ser iniciado.[29] Uma vez confirmado o diagnóstico, esse regime deve ser mantido por 2 meses, seguido por uma fase de pelo menos quatro meses com rifampicina e isoniazida.[29,42]

Hidrocefalia por meningite aguda ou tuberculosa se desenvolve como resultado de inflamação levando a aderências fibróticas das vilosidades aracnóideas, que por sua vez prejudicam o fluxo do CSF e podem necessitar de desvio ventriculoperitoneal.[44] Os indicadores para o desenvolvimento de hidrocefalia durante a meningite tuberculosa incluem exsudatos basais, envolvimento dos nervos cranianos e deficiência visual.[45] A hidrocefalia pode desenvolver-se na fase inicial da meningite tuberculosa ou pode ocorrer após o tratamento e pode exigir a colocação de derivação ventriculoperitoneal.[45] Na meningite tuberculosa, ventrículos aumentados nem sempre indicam aumento da ICP e podem não necessitar de colocação de derivação ventriculoperitoneal.[44]

A criptococose pode começar como uma infecção pulmonar após a inalação de esporos, que, então, viajam para o CNS pela corrente sanguínea.[46] O *Cryptococcus neoformans* é a causa fúngica mais comum de meningite em pacientes infectados pelo HIV.[47] As taxas de meningite criptocócica são mais altas na África e na Ásia, com as taxas nos países desenvolvidos em queda após a introdução da terapia antirretroviral altamente ativa.[47] A meningite criptocócica geralmente apresenta cefaleia e mal-estar graves e pode causar aumento da ICP, déficits neurológicos e hidrocefalia.

O *Cryptococcus gattii* afeta mais comumente a população imunocompetente. Após o tratamento, uma síndrome semelhante à síndrome de recuperação imune pode ocorrer em pacientes imunocomprometidos. Diagnóstico de infecção por *Cryptococcus spp.* pode ser feita através da medida das titulações de antígeno criptocócico no soro e no CSF. Coloração com tinta nanquim do CSF e cultura para *Cryptococcus spp.* também podem ser realizadas, mas culturas falso-negativas são comuns.[48] Aumento da ICP no cenário de infecção criptocócica, que, muitas vezes, não mostra o alargamento dos ventrículos, pode exigir drenagem ventricular externa, drenagem lombar ou punções lombares em série. Pacientes com ICP elevada persistente, apesar da drenagem do CSF ou de punções lombares seriadas, devem usar uma derivação ventriculoperitoneal após o tratamento da doença aguda.[46,49] Quando houver suspeita de infecção criptocócica, o tratamento com anfotericina B e flucitosina deve ser iniciado. Em pacientes com disfunção renal, a anfotericina B lipossomal deve ser usada. Pelo menos duas semanas de anfotericina B devem ser administradas antes da transição para agentes orais.[46,47] A terapia intravenosa mais longa pode ser necessária em pacientes HIV negativos.[47] O paciente pode passar para fluconazol oral por pelo menos 8 semanas após o tratamento inicial com anfotericina B se a cepa fúngica for sensível.[46,47] Esteroides também podem ser úteis quando ocorre forte reação inflamatória.[46] A terapia supressiva contínua é necessária em pacientes HIV positivos até que sua contagem de células CD4 aumente e seja mantida.[47]

A infecção pelo HIV pode causar meningite asséptica crônica. Anormalidades no CSF podem ser frequentemente encontradas em pacientes infectados pelo HIV.[50] Esse diagnóstico só é feito após a exclusão de quaisquer infecções oportunistas ou neoplasias.[41] Meningite aguda associada ao *Treponema pallidum* pode ser observada em pacientes infectados pelo HIV. Nesses pacientes, gomas, também conhecidas como granulomas leptomeníngeos, podem ser observadas na MRI e podem ser confundidas com um tumor cerebral primário.[10] Neurossífilis também pode-se apresentar de maneira crônica ou até mesmo ser assintomática. Na avaliação da neurossífilis, é realizado o teste de laboratório de pesquisa de doença venérea no CSF (VDRL).[41]

Em áreas endêmicas, *Coccidioides immitis* é uma causa comum de meningite crônica.[47] O diagnóstico de coccidioidomicose pode ser feito a partir de um histórico de viagem para uma área endêmica, a presença de meningite basilar ou hidrocefalia em exames de imagem do cérebro e um teste positivo de anticorpos séricos.[47] Esse organismo geralmente é tratado com fluconazol e a hidrocefalia associada pode requerer uma derivação ventriculoperitoneal.[47] O patógeno fúngico mais comum na meningite é *Candida albicans*.[47] Outras causas fúngicas de meningite incluem *Histoplasma capsulatum* e *Blastomyces dermatitidis*.[47]

14.3 Encefalite

Pacientes com encefalite podem apresentar febre, dor de cabeça, vômitos, convulsões, alterações de personalidade e estado mental alterado.[51] O diagnóstico de encefalite baseia-se em vários critérios, sendo o principal deles um estado mental alterado por mais de 24 horas sem uma explicação alternativa. Critérios menores para o diagnóstico de encefalite incluem febre, novas convulsões, novos déficits neurológicos focais, achados de MRI sugestivos de encefalite, leucocitose no CSF e eletroencefalograma (EEG) compatível com encefalite sem outra explicação causadora.[52] A CT pode, inicialmente, mostrar áreas hipodensas, particularmente o lobo temporal, na infecção pelo vírus *herpes simplex* (VHS) e, posteriormente, hemorragia intraparenquimatosa pode ser evidente.[51] Todos os pacientes com suspeita de encefalite devem fazer hemoculturas, testes treponêmicos, testes de HIV, neuroimagem, radiografia de tórax, EEG e LP, se não for contraindicada, por conta da presença de massa intracraniana. Obtendo um histórico cuidadoso do paciente é importante porque histórico de viagens recentes e remotas e exposições específicas, como uma recente mordida de animal, também podem ser testados.[52] A reação em cadeia da polimerase (PCR) do CSF é usada para examinar vários patógenos, incluindo HSV, vírus varicela-zóster (VVZ), citomegalovírus (CMV), vírus JC, toxoplasmose e tuberculose.[51] O HSV-1 e o VVZ são os vírus mais comuns que causam encefalite. A causa subjacente da encefalite varia muito e pode incluir vírus, bactérias, fungos, parasitas e doenças priônicas. Causas virais incluem dengue, encefalite japonesa, vírus do oeste do Nilo, encefalite equina do Leste, encefalite de La Crosse, encefalite de Saint Louis e raiva.[52] Vírus Epstein-Barr, CMV, vírus JC e herpes vírus humano (HHV) 6/7 são potenciais causas de encefalite em pacientes imunocomprometidos.[51,52] A doença de Creutzfeldt-Jakob causada por príons pode apresentar sintomas incomuns, como distúrbios do movimento ou psicose. Causas parasitárias de encefalite incluem malária, toxoplasmose e amebas. O tratamento inicial da encefalite deve incluir estabilizar o paciente quando há consciência prejudicada ou estado epiléptico que pode necessitar de intubação e ventilação mecânica. Se o edema cerebral estiver presente com níveis elevados de IPC, a administração de manitol ou solução salina hipertônica pode ser indicada.[52] Casos graves de encefalite por HSV podem exigir hemicraniectomia descompressiva.[53,54] Pacientes imunocomprometidos correm maior risco de reativação do HSV.[54] O EEG deve ser obtido em caráter emergencial para avaliar atividade convulsiva subjacente e potencial estado epiléptico, que uma vez descoberto deve ser tratado de forma agressiva. A suspeita de encefalite por HSV deve ser tratada empiricamente com aciclovir. Se há suspeita de uma fonte bacteriana, antibióticos de amplo espectro devem ser iniciados.[52] Se houver alta suspeita de encefalite por HSV, o tratamento deve ser continuado pelo curso completo de 14 a 21 dias de tratamento e uma segunda LP deve ser realizada porque o PCR na encefalite por HSV pode ser negativo nos primeiros 3 dias de infecção.[29,55] Na encefalite por CMV, ganciclovir e foscarnet devem ser iniciados como tratamento, embora esses medicamentos possam ter efeitos adversos graves.[29,56] A biópsia cerebral estereotáxica pode ser necessária quando a etiologia da encefalite ainda não é esclarecida.[51]

As infecções por toxoplasmose do SNC são um diagnóstico frequente em pacientes infectados pelo HIV, com relatos variando de 3 a 50% dessa população. Lesões intraparenquimatosas múltiplas podem ser observadas na MRI, com a ocorrência de hemorragia ocasional.[10] A incidência de toxoplasmose no CNS diminuiu em pacientes com HIV após a introdução da terapia antirretroviral altamente ativa.[57]

A infecção do CNS por amebas causa uma doença grave e geralmente fatal. As causas mais comuns de encefalite amébica são *Naegleria fowleri*, *Acanthamoeba spp.* e *Balmuthia mandrillaris*. *N. fowleri* causa uma meningoencefalite amebiana primária (PAM) após acessar o sistema nervoso central pela mucosa olfativa. No cérebro, essa ameba causa hemorragia cortical, edema cerebral e necrose dos bulbos olfatórios, resultando em coma e morte ao longo de uma semana. No CSF, *N. fowleri* geralmente pode ser detectada por PCR e, às vezes, pode ser vista na bacterioscopia. *Acanthamoeba spp.* ocorre em pacientes imunocomprometidos, e as infecções por *B. mandrillaris* se desenvolvem gradualmente, resultando em encefalite amebiana granulomatosa. Essas amebas chegam ao cérebro através da corrente sanguínea a partir da pele ou dos pulmões e, uma vez no cérebro, causam necrose e formação de granulomas com edema cerebral associado. A biópsia cerebral geralmente é necessária para o diagnóstico.[58]

14.4 Abcesso Extra-Axial

Abscessos extra-axiais são emergências neurocirúrgicas que, uma vez identificados, requerem tratamento urgente. Abscesso extra-axial inclui empiema subdural (SDE) e abscesso epidural craniano (CEA). Os CEAs são incomuns, um estudo mostrou que eles são apenas 1,6% das infecções intracranianas. O CEA se forma no espaço potencial entre a dura-máter e o crânio.[51] Como a SDE, eles geralmente se desenvolvem em associação com sinusite e otite média. As fraturas cranianas complexas não tratadas também podem levar ao desenvolvimento de um CEA.[59,60] Os pacientes internados com CEA geralmente não apresentam déficit neurológico.[59,60] Os sinais e sintomas comuns na apresentação são tumor de Pott, cefaleia, vômito e rigidez de nuca.[59,61] Tumor de Pott, o abscesso subperiosteal com osteomielite frontal associada, pode inicialmente ser diagnosticado de maneira errônea como um abscesso no couro cabeludo com incisão superficial e drenagem e tratamento com antibióticos, antes de ser avaliado por um serviço de cirurgia neurológica.[61] A remoção óssea pode ser necessária quando osteomielite significativa está presente.[61] O prognóstico após o CEA é bom e a recuperação neurológica completa é frequente em pacientes com empiema epidural.[59,61,62] *Streptococcus milleri* e *P. mirabilis* são patógenos comuns no CEA. Após trauma, S. aureus é o patógeno causador mais comum.[59] Quando associados à otite média, os abscessos frequentemente ocorrem na presença de colesteatomas e são causados por organismos Gram-negativos.[63]

Uma CT com contraste do crânio pode mostrar um acúmulo epidural com centro hipodenso e realce periférico.[51] As imagens ponderadas em T1 podem mostrar um acúmulo extra-axial hiperintenso com realce do anel periférico. Na MRI, o abscesso pode ser diferenciado de um abscesso subdural pelo seu formato biconvexo, capacidade de deslocar os seios venosos e incapacidade de cruzar as linhas de sutura.[10] Um exemplo de um CEA na MRI é mostrado na ▶ Fig. 14.1. Dado o potencial de agravamento clínico, LP não é recomendado em casos de CEA.[51,59]

Deve ser iniciado tratamento com antibióticos de amplo espectro que inclua ceftriaxona, vancomicina e metronidazol, com modificação após a especiação do organismo.[29] A drenagem urgente é o tratamento definitivo na grande maioria dos pacientes. A craniotomia ou craniectomia é o tratamento preferencial, com desbridamento e irrigação do espaço infectado, mas a drenagem do orifício também é utilizada.[51,59] Se o CEA ocorre após um procedimento neurocirúrgico e há osteomielite do retalho ósseo, pode ser necessário remover e descartar o retalho ósseo.[51] Quando necessário, cirurgia otorrinolaringológica para o tratamento da infecção primária pode ser realizada concomitantemente à drenagem do CEA.[59]

A SDE apresenta sintomas clínicos mais graves do que os observados em um abscesso epidural.[64] Quando comparados com pacientes com abscessos epidurais, os pacientes com SDE têm menor escore de coma de Glasgow na internação, têm maior duração dos sintomas, são mais propensos a necessitar de múltiplas cirurgias, maior tempo de internação e maior morbidade e tem maior probabilidade de convulsões.[60] Febre, vômito, cefaleia e alteração mental são os sintomas de apresentação mais comuns. Os sintomas geralmente se desenvolvem 2 ou mais semanas antes da apresentação.[51] Os homens são mais afetados que as mulheres.[51] O tumor de Pott não é incomum em pacientes com SDE.[65,66] Em pacientes com sinusite e inchaço frontal ou periorbital, o clínico deve avaliar para potencial SDE.[65] A causa mais comum de SDE é um procedimento neurocirúrgico prévio, seguido por sinusite e uma fonte infecciosa otogênica, como otite média ou, menos comum, mastoidite.[67] Em pacientes pediátricos, a maioria dos SDEs

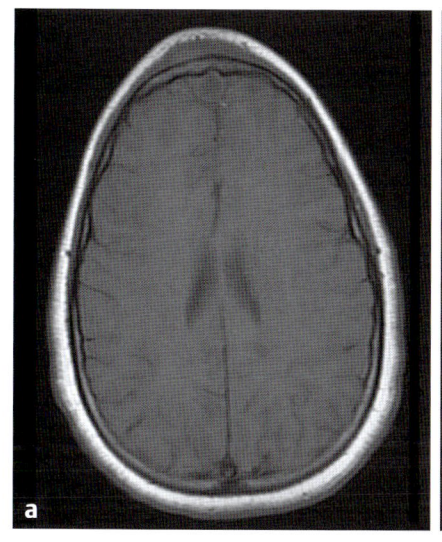

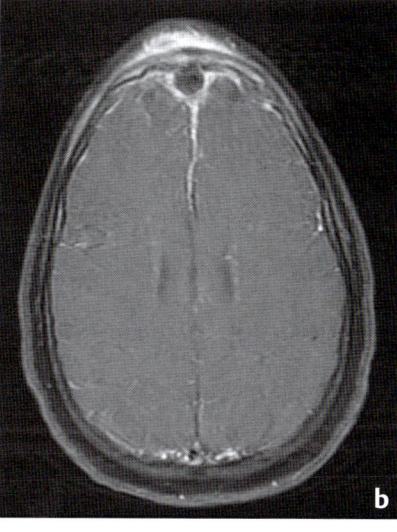

Fig. 14.1 Paciente pediátrico do sexo masculino com abscesso epidural frontal e edema subgaleal associado na imagem por ressonância magnética: (**a**) imagem axial ponderada em T1 sem contraste; (**b**) imagem axial ponderada em T2 com contraste.

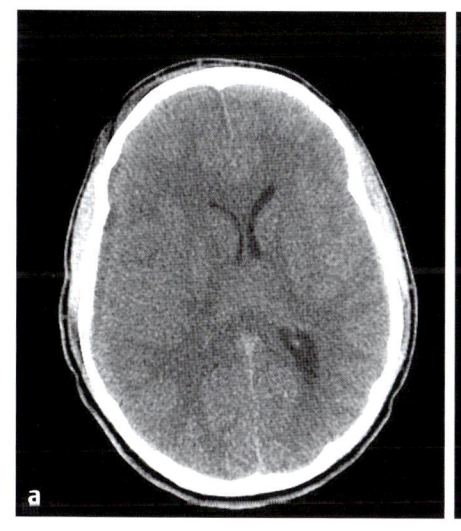

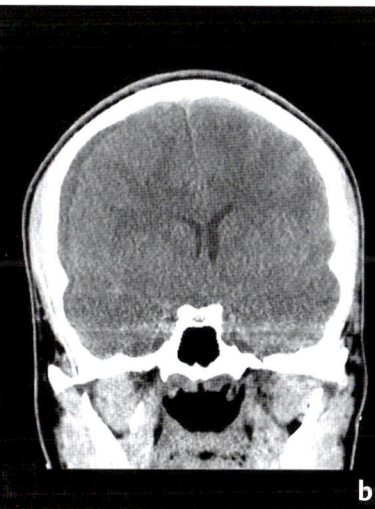

Fig. 14.2 Adolescente do sexo masculino com empiema subdural do lado direito na tomografia computadorizada (CT) do crânio sem contraste: (**a**) imagem de CT axial; (**b**) imagem de CT coronal.

espontâneos está associada a fontes rinogênicas ou otogênicas.[64] As complicações intracranianas de sinusite, otite média e mastoidite diminuíram com a introdução de antibióticos de amplo espectro.[63] Em bebês, os empiemas subdurais estão tipicamente relacionados com a meningite bacteriana.[64]

Os patógenos mais comuns no SDE pediátrico são os cocos Gram-positivos, sendo o grupo *S. milleri* o organismo mais prevalente.[64] As bactérias entram no espaço subdural por dois mecanismos propostos: contaminação direta por osteomielite ou por tromboflebite retrógrada.[60,68] Tromboflebite retrógrada é mais comum na sinusite e a extensão direta é mais comum quando SDE tem origem otogênica.[68] No SDE pós-operatório, *S. aureus* é o organismo mais frequentemente cultivado.[65]

Hemograma completo com diferencial, PCR e VHS devem ser solicitados na internação. A contagem de leucócitos, PCR e VHS normalmente está elevada.[64] As hemoculturas devem ser obtidas e podem ser positivas.[51] LP é contraindicada na SDE e pode causar declínio neurológico.[66] Na CT com contraste, pode ser visto um acúmulo subdural hipodenso com realce periférico.[51] A ▶ Fig. 14.2 é um exemplo de CT sem contraste do crânio com SDE. A MRI pode mostrar uma membrana realçada em torno de uma coleção subdural com difusão diminuída que mostra hiperintensidade em imagens ponderadas em T1.[10] Cerebrite do parênquima cerebral adjacente pode ser evidente.[10] Trombose cerebral pode ocorrer com uma SDE, e os sinais radiológicos disto podem ser aparentes em imagem.[64]

Drenagem neurocirúrgica urgente é necessária na maioria dos casos.[51,67] A drenagem de trepanação tem maior taxa de recorrência quando comparada à craniotomia para evacuação.[64] A craniectomia descompressiva pode ser necessária em casos com edema cerebral extenso.[65] Lactentes com SDE, diferentemente de pacientes mais velhos, podem ser tratados com sucesso com drenagem de trepanação.[69] O rastreio de SDE recorrente em lactentes pode ser realizado com ultrassonografia craniana.[69] Assim como no CEA, a erradicação da fonte infecciosa primária pelos cirurgiões otorrinolaringologistas deve ser realizada no momento da evacuação do SDE.[60,66]

Uma localização infratentorial é rara para SDE e requer tratamento rápido. Essa localização do SDE está associada à hidrocefalia em 77% dos casos e à uma taxa de mortalidade mais alta (23%) do que na localização supratentorial.[70] Esses pacientes necessitam de tratamento urgente da hidrocefalia, caso presente, juntamente com uma craniectomia da fossa posterior para remoção do empiema. A fonte mais comum de empiema infratentorial é de natureza otogênica, com a maioria dos pacientes submetidos

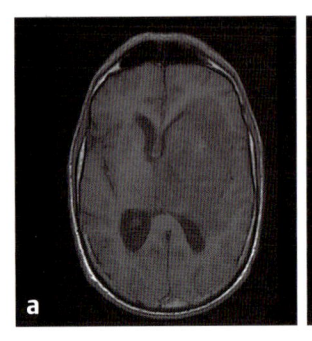

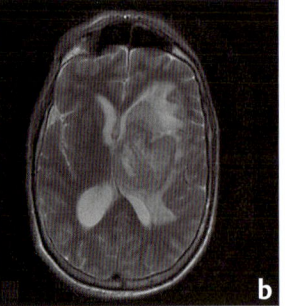

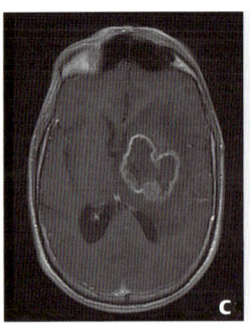

Fig. 14.3 Homem adulto com lesão do lado esquerdo com realce de anel na ressonância magnética do cérebro: (**a**) imagem axial ponderada em T1, sem contraste; (**b**) imagem axial ponderada em T2; (**c**) imagem axial ponderada em T1 com contraste.

à mastoidectomia para tratamento definitivo do local primário da infecção.[70]

A maioria dos pacientes com SDE supratentorial tratados com urgência e com terapia antibiótica adequada tem um bom prognóstico, com escores de Glasgow de 4 ou 5.[66] A presença de sinais neurológicos significativos no momento da apresentação do SDE está associada a pior prognóstico, e a SDE costuma ter pior prognóstico do que o abscesso epidural.[60] As convulsões são uma complicação comum após SDE.[65,66]

14.5 Abcesso Cerebral

Pacientes imunossuprimidos, como pacientes com neutropenia, em terapia imunosupressora e com HIV, correm maior risco de desenvolver abscesso cerebral.[71] Os abscessos cerebrais podem-se desenvolver por disseminação contígua de sinusite e otite média, sendo o local primário da infecção, ou por disseminação hematogênica, com endocardite e infecção pulmonar sendo as infecções primárias.[71] Traumatismo penetrante do craniano também é um fator de risco para o desenvolvimento de um abscesso cerebral.[72] Em pacientes pediátricos, cardiopatia congênita que cria um *shunt* da direita para a esquerda é uma fonte oculta comum para um abscesso cerebral.[51]

Pacientes com abscesso cerebral podem apresentar uma variedade de sintomas, que geralmente incluem febre, cefaleia, déficit neurológico focal, estado mental alterado, convulsões e vômitos.[71,73] A hematimetria completa pode mostrar elevação de leucócitos, mas esse achado não é confiável. Um VHS elevado e um nível aumentado de PCR podem auxiliar no diagnóstico de uma infecção e podem ser usados para acompanhar a resposta ao tratamento.[51] O diagnóstico de um abscesso cerebral costuma ser feito por CT ou MRI do cérebro. A LP costuma ser contraindicada em razão da presença de efeito de massa a partir da lesão.[71]

Abscessos cerebrais podem ser descobertos durante qualquer um dos seus quatro estágios de desenvolvimento. O aparecimento de abscessos cerebrais na imagem depende do estágio do abscesso. Quatro estágios do abscesso cerebral podem ser vistos na MRI. Nos primeiros 1 a 4 dias, cerebrite inicial está presente, seguida por cerebrite tardia em 4 a 10 dias, depois, a formação precoce da cápsula está presente em 11 a 14 dias, e após 14 dias há formação tardia da cápsula.[12,74] Na CT de crânio, a cerebrite aparece como uma área de hipodensidade que, após a administração do contraste, realça difusamente, embora a presença de realce seja inconsistente.[12,51] No estágio de cerebrite, pouco ou nenhum realce de contraste pode ser encontrado na MRI com prolongamento em imagens ponderadas em T1 e T2. Uma vez formada a cápsula, a lesão será hiperintensa nas imagens ponderadas em T1, com realce do anel periférico hipointenso em T2 com edema vasogênico circundante (▶ Fig. 14.3).[10] Na CT, o abscesso encapsulado se apresenta como lesão com contorno hipodenso. Essa aparência pode ser idêntica ao tumor maligno, doença metastática, hematoma, necrose por radiação ou acidente vascular cerebral.[51] A imagem ponderada por difusão (DWI) pode ser útil na realização do diagnóstico, pois os abscessos apresentam alta intensidade de sinal nas imagens ponderadas por difusão com sinal reduzido do coeficiente de difusão aparente (ADC), enquanto que as neoplasias geralmente apresentam baixo sinal nas imagens DW e alta intensidade de sinal no ADC.[12] A espectroscopia de ressonância magnética também pode auxiliar no diagnóstico, pois os abscessos não tratados podem mostrar os produtos da degradação bacteriana, incluindo succinato, aminoácidos, acetato e lactato elevado.[12,75] Os abscessos cerebrais podem estar associados à ventriculite quando se rompem no ventrículo, onde a cápsula que circunda o abscesso cerebral é mais fina.[51]

Em pacientes imunocompetentes, os abscessos cerebrais geralmente têm uma origem bacteriana e frequentemente mais de um organismo é identificado.[71] A espécie mais comumente identificada é o Streptococcus.[71,73] Culturas estéreis podem ocorrer, tipicamente após a administração do antibiótico antes da drenagem ou biópsia.[71] A causa mais comum de abscesso cerebral em pacientes com HIV é o *Toxoplasma gondii*. Outros patógenos comuns para pacientes com imunossupressão incluem *C. neoformans*, microbactérias, *L. monocytogenes*, Nocardia asteroides, *Aspergillus spp.* e *Candida spp*.[71] Em pacientes submetidos a transplante de medula óssea, um organismo fúngico é a causa mais comum de abscesso cerebral, com *Aspergillus* spp. e *Candida* spp. sendo os agentes infecciosos mais frequentes.[76] *Aspergillus* spp., embora raro, pode causar acidente vascular cerebral a partir de uma infecção cerebrovascular.[47]

A terapia empírica na suspeita de abscesso cerebral bacteriano deve incluir vancomicina, cefalosporina de terceira geração, como ceftriaxona ou cefotaxima, e metronidazol.[29,71] Deve-se também considerar a fonte da infecção e ajustar antibióticos empíricos adequadamente.[71] Em abscessos fúngicos, a anfotericina B com flucitosina costuma ser a terapia inicial.[29] A aspiração cirúrgica com orientação por CT ou MRI costuma ser o procedimento de escolha nesses pacientes, mas muitas vezes precisa ser repetida e apresenta o risco de ruptura do abscesso no ventrículo. A excisão aberta deve ser realizada para lesões no cerebelo, lesões multiloculadas, abscessos fúngicos e se um corpo estranho estiver presente.[51] A biópsia cerebral estereotáxica demonstrou ter um alto rendimento diagnóstico com baixas taxas de morbidade e mortalidade.[77] Nos casos no estágio de cerebrite e para coleções profundas, a excisão aberta não deve ser realizada.[51] Se for planejada com urgência uma cirurgia para aspirar, biopsiar ou excisar o abscesso, os antibióticos devem ser retidos até que uma amostra seja obtida. A imagem para avaliar o tratamento clínico após a cirurgia deve ser repetida semanalmente ou quinzenalmente, para definir a duração da terapia com antibiótico.[71] A imagem deve ser repetida novamente após o término do tratamento medicamentoso para avaliar recorrência.[71] Esses pacientes devem ser acompanhados por pelo menos um ano para monitorar recorrência. Em lesões com menos de 2,5 cm de diâmetro em pacientes que são candidatos cirúrgicos ruins, apenas o tratamento clínico pode ser considerado.[51] Uma exceção comum à biópsia e aspiração é em pacientes HIV positivos que apresentam um teste sorológico positivo para *T. gondii* e apresentam lesões sem efeito de massa. Nesses pacientes, a terapia antimicrobiana com pirimetamina e sulfadiazina pode ser iniciada e a resposta monitorada com exames de imagem.[71] Com o tratamento imediato, a mortalidade por abscessos cerebrais é baixa. Uma exceção ocorre em pacientes imunossuprimidos após transplante de medula óssea ou de órgão sólido, onde as taxas de mortalidade permanecem elevadas.[71,76]

Outra consideração no paciente que apresenta um abscesso cerebral é uma infecção parasitária do CNS. O parasita mais comum para infectar o CNS é a forma larval da *Taenia solium*, uma tênia de porco para a qual o homem é o hospedeiro definitivo.[78] O envolvimento do CNS é comum, com lesões ocorrendo mais frequentemente no parênquima cerebral e no espaço subaracnóideo.[78,79] Uma vez no CNS, os parasitas passam por vários estágios, começando pelo estágio vesicular, no qual podem permanecer viáveis. Uma vez iniciada a degeneração, o cisto entra no estágio coloidal, seguido pelo estágio nodular-granular e, por fim, estágio calcificado.[78] Os pacientes podem apresentar convulsões, uma vez que a neurocisticercose é uma causa comum de epilepsia em países em desenvolvimento, sintomas de encefalite e aumento da ICP por causa de hidrocefalia.[78,79] A hidrocefalia se desenvolve com cistos no quarto ventrículo que causam obstrução e podem exigir ventriculostomia emergente e eventual derivação ventrículo peritoneal.[78,80] Os testes de soro, fezes e CSF têm valor limitado, mas as fezes podem ser positivas para ovos de *T. solium* e o CSF pode mostrar um baixo nível de glicose com eosinofilia.[78] Geralmente o diagnóstico é feito em MRI ou CT, com o aparecimento da infecção dependendo do estágio. O tratamento com neuroendoscopia tem sido utilizado para cistos intraventriculares.[78,80] O albendazol é o fármaco anti-helmíntico de escolha na neurocisticercose, seguido pelo praziquantel, e os corticosteroides devem ser iniciados antes da terapia anti-helmíntica.[78,80] A equinococose é outra infecção parasitária menos comum que pode causar cistos cerebrais que requerem intervenção cirúrgica.[78]

14.6 Conclusão

Infecções intracranianas representam emergências neurocirúrgicas que exigem diagnóstico rápido e tratamento imediato. Os avanços nas terapias antimicrobianas melhoraram significativamente o prognóstico de meningite, encefalite, abscessos extra-axiais e abscessos cerebrais. Mesmo com tratamento clínico melhorado, muitos desses processos ainda requerem intervenção neurocirúrgica urgente para reduzir as taxas de morbidade e mortalidade neurológicas.

Referências

[1] Borges LF. Infections in neurologic surgery. Host defenses. Neurosurg Clin N Am. 1992; 3(2):275-278
[2] Doran KS, Fulde M, Gratz N, et al. Host-pathogen interactions in bacterial meningitis. Acta Neuropathol. 2016; 131(2):185-209
[3] Hall WA. Cerebral infectious processes. In: Loftus CM, ed. Neurosurgical Emergencies. New York: Thieme Medical Publishers; 2008:115-124
[4] Kim KS. Mechanisms of microbial traversal of the blood-brain barrier. Nat Rev Microbiol. 2008; 6(8):625-634
[5] van de Beek D, de Gans J, Spanjaard L, et al. Clinical features and prognostic factors in adults with bacterial meningitis. N Engl J Med. 2004; 351(18):1849-1859
[6] Wang AY, Machicado JD, Khoury NT, et al. Community-acquired meningitis in older adults: clinical features, etiology, and prognostic factors. J Am Geriatr Soc. 2014; 62(11):2064-2070
[7] Aronin SI, Peduzzi P, Quagliarello VJ. Community-acquired bacterial meningitis: risk stratification for adverse clinical outcome and effect of antibiotic timing. Ann Intern Med. 1998; 129(11):862-869
[8] Henry BM, Roy J, Ramakrishnan PK, Vikse J, Tomaszewski KA, Walocha JA. Procalcitonin as a serum biomarker for differentiation of bacterial meningitis from viral meningitis in children: evidence from a meta-analysis. Clin Pediatr (Phila). 2016; 55(8):749-764
[9] Tunkel AR, Hartman BJ, Kaplan SL, et al. Practice guidelines for the management of bacterial meningitis. Clin Infect Dis. 2004; 39(9):1267-1284
[10] Hazany S, Go JL, Law M. Magnetic resonance imaging of infectious meningitis and ventriculitis in adults. Top Magn Reson Imaging. 2014; 23(5):315-325
[11] Oliveira CR, Morriss MC, Mistrot JG, et al; MD CRO. Brain magnetic resonance imaging of infants with bacterial meningitis. J Pediatr. 2014; 165(1):134-139
[12] Foerster BR, Thurnher MM, Malani PN, et al. Intracranial infections: clinical and imaging characteristics. Acta Radiol. 2007; 48(8):875-893
[13] Thigpen MC, Whitney CG, Messonnier NE, et al; Emerging Infections Programs Network. Bacterial meningitis in the United States, 1998-2007. N Engl J Med. 2011; 364(21):2016-2025
[14] Pong A, Bradley JS. Bacterial meningitis and the newborn infant. Infect Dis Clin North Am. 1999; 13(3):711-733, viii
[15] van Veen KEB, Brouwer MC, van der Ende A, et al. Bacterial meningitis in patients with HIV: a population-based prospective study. J Infect. 2016; 72(3):362-368
[16] Castelblanco RL, Lee M, Hasbun R; MD RLC. Epidemiology of bacterial meningitis in the USA from 1997 to 2010: a population-based observational study. Lancet Infect Dis. 2014; 14(9):813-819
[17] Imöhl M, Möller J, Reinert RR, et al. Pneumococcal meningitis and vaccine effects in the era of conjugate vaccination: results of 20 years of nationwide surveillance in Germany. BMC Infect Dis. 2015; 15:61
[18] Moore MR, Link-Gelles R, Schaffner W, et al. Effect of use of 13-valent pneumococcal conjugate vaccine in children on invasive pneumococcal disease in children and adults in the USA: analysis of multisite, population-based surveillance. Lancet Infect Dis. 2015; 15(3):301-309
[19] Kristiansen PA, Ba AK, Ouédraogo AS, et al. Persistent low carriage of serogroup A Neisseria meningitidis two years after mass vaccination with the meningococcal conjugate vaccine, MenAfriVac. BMC Infect Dis. 2014; 14:663
[20] Bijlsma MW, Brouwer MC, Spanjaard L, et al. A decade of herd protection after introduction of meningococcal serogroup C conjugate vaccination. Clin Infect Dis. 2014; 59(9):1216-1221
[21] Schuchat A, Robinson K, Wenger JD, et al; Active Surveillance Team. Bacterial meningitis in the United States in 1995. N Engl J Med. 1997; 337(14):970-976
[22] Dery MA, Hasbun R. Changing epidemiology of bacterial meningitis. Curr Infect Dis Rep. 2007; 9(4):301-307
[23] Federico G, Tumbarello M, Spanu T, et al. Risk factors and prognostic indicators of bacterial meningitis in a cohort of 3580 postneurosurgical patients. Scand J Infect Dis. 2001; 33(7):533-537
[24] Kourbeti IS, Vakis AF, Ziakas P, et al. Infections in patients undergoing craniotomy: risk factors associated with post-craniotomy meningitis. J Neurosurg. 2015; 122(5):1113-1119
[25] Filka J, Huttova M, Tuharsky J, et al. Nosocomial meningitis in children after ventriculoperitoneal shunt insertion. Acta Paediatr. 1999; 88(5):576-578
[26] Turgut M, Alabaz D, Erbey F, et al. Cerebrospinal fluid shunt infections in children. Pediatr Neurosurg. 2005; 41(3):131-136

[27] Arnell K, Cesarini K, Lagerqvist-Widh A, et al. Cerebrospinal fluid shunt infections in children over a 13-year period: anaerobic cultures and comparison of clinical signs of infection with Propionibacterium acnes and with other bacteria. J Neurosurg Pediatr. 2008; 1(5):366-372

[28] Remeš F, Tomáš R, Jindrák V, et al. Intraventricular and lumbar intrathecal administration of antibiotics in postneurosurgical patients with meningitis and/or ventriculitis in a serious clinical state. J Neurosurg. 2013; 119(6):1596-1602

[29] Ziai WC, Lewin JJ III. Update in the diagnosis and management of central nervous system infections. Neurol Clin. 2008; 26(2):427-468, viii

[30] Lozier AP, Sciacca RR, Romagnoli MF, et al. Ventriculostomy-related infections: a critical review of the literature. Neurosurgery. 2002; 51(1):170-181, discussion 181-182

[31] Schade RP, Schinkel J, Roelandse FWC, et al. Lack of value of routine analysis of cerebrospinal fluid for prediction and diagnosis of external drainage- related bacterial meningitis. J Neurosurg. 2006; 104(1):101-108

[32] Alleyne CH Jr, Hassan M, Zabramski JM. The efficacy and cost of prophylactic and perioprocedural antibiotics in patients with external ventricular drains. Neurosurgery. 2000; 47(5):1124-1127, discussion 1127-1129

[33] Swartz MN. Bacterial meningitis—a view of the past 90 years. N Engl J Med. 2004; 351(18):1826-1828

[34] Klobassa DS, Zoehrer B, Paulke-Korinek M, et al. The burden of pneumococcal meningitis in Austrian children between 2001 and 2008. Eur J Pediatr. 2014; 173(7):871-878

[35] Bodilsen J, Dalager-Pedersen M, Schønheyder HC, et al. Stroke in community-acquired bacterial meningitis: a Danish population-based study. Int J Infect Dis. 2014; 20:18-22

[36] Tibussek D, Sinclair A, Yau I, et al. Late-onset group B streptococcal meningitis has cerebrovascular complications. J Pediatr. 2015; 166(5):1187-1192.e1

[37] Tan YC, Gill AK, Kim KS. Treatment strategies for central nervous system infections: an update. Expert Opin Pharmacother. 2015; 16(2):187-203

[38] de Gans J, van de Beek D; European Dexamethasone in Adulthood Bacterial Meningitis Study Investigators. Dexamethasone in adults with bacterial meningitis. N Engl J Med. 2002; 347(20):1549-1556

[39] Shah SS, Ohlsson A, Shah VS. Intraventricular antibiotics for bacterial meningitis in neonates. Cochrane Database Syst Rev. 2012; 7(7):CD004496

[40] Nau R, Sörgel F, Eiffert H. Penetration of drugs through the blood-cerebrospinal fluid/blood-brain barrier for treatment of central nervous system infections. Clin Microbiol Rev. 2010; 23(4):858-883

[41] Hildebrand J, Aoun M. Chronic meningitis: still a diagnostic challenge. J Neurol. 2003; 250(6):653-660

[42] Donald PR, Schoeman JF. Tuberculous meningitis. N Engl J Med. 2004; 351(17):1719-1720

[43] Chatterjee D, Radotra BD, Vasishta RK, et al. Vascular complications of tuberculous meningitis: an autopsy study. Neurol India. 2015; 63(6):926-932

[44] Chatterjee S, Chatterjee U. Overview of post-infective hydrocephalus. Childs Nerv Syst. 2011; 27(10):1693-1698

[45] Raut T, Garg RK, Jain A, et al. Hydrocephalus in tuberculous meningitis: Incidence, its predictive factors and impact on the prognosis. J Infect. 2013; 66(4):330-337

[46] Franco-Paredes C, Womack T, Bohlmeyer T, et al. Management of Cryptococcus gattii meningoencephalitis. Lancet Infect Dis. 2015; 15(3):348-355

[47] Murthy JMK, Sundaram C. Fungal Infections of the Central Nervous System. Vol. 121. 1st ed. Amsterdam, the Netherlands: Elsevier B.V.; 2014:1383-1401. doi: 10.1016/B978-0-7020-4088-7.00095-X

[48] Chen SCA, Slavin MA, Heath CH, et al; Australia and New Zealand Mycoses Interest Group (ANZMIG)-Cryptococcus Study. Clinical manifestations of Cryptococcus gattii infection: determinants of neurological sequelae and death. Clin Infect Dis. 2012; 55(6):789-798

[49] Cherian J, Atmar RL, Gopinath SP. Shunting in cryptococcal meningitis. J Neurosurg. 2016; 125(1):177-186

[50] Marshall DW, Brey RL, Cahill WT, et al. Spectrum of cerebrospinal fluid findings in various stages of human immunodeficiency virus infection. Arch Neurol. 1988; 45(9):954-958

[51] Hall WA, Truwit CL. The surgical management of infections involving the cerebrum. Neurosurgery. 2008; 62(Suppl 2):519-530, discussion 530-531

[52] Venkatesan A, Geocadin RG. Diagnosis and management of acute encephalitis: a practical approach. Neurol Clin Pract. 2014; 4(3):206-215

[53] Adamo MA, Deshaies EM. Emergency decompressive craniectomy for fulminating infectious encephalitis. J Neurosurg. 2008; 108(1):174-176

[54] Sánchez-Carpintero R, Aguilera S, Idoate M, et al. Temporal lobectomy in acute complicated herpes simplex encephalitis: technical case report. Neurosurgery. 2008; 62(5):E1174-E1175, discussion E1175

[55] De Tiège X, Héron B, Lebon P, et al. Limits of early diagnosis of herpes simplex encephalitis in children: a retrospective study of 38 cases. Clin Infect Dis. 2003; 36(10):1335-1339

[56] Anduze-Faris BM, Fillet AM, Gozlan J, et al. Induction and maintenance therapy of cytomegalovirus central nervous system infection in HIV-infected patients. AIDS. 2000; 14(5):517-524

[57] Mayor AM, Fernández Santos DM, Dworkin MS, et al. Toxoplasmic encephalitis in an AIDS cohort at Puerto Rico before and after highly active antiretroviral therapy (HAART). Am J Trop Med Hyg. 2011; 84(5):838-841

[58] Hall WA. Free-living amoebas: is it safe to go in the water? World Neurosurg. 2012; 78(6):610-611

[59] Nathoo N, Nadvi SS, van Dellen JR. Cranial extradural empyema in the era of computed tomography: a review of 82 cases. Neurosurgery. 1999; 44(4):748-753, discussion 753-754

[60] Patel AP, Masterson L, Deutsch CJ, et al. Management and outcomes in children with sinogenic intracranial abscesses. Int J Pediatr Otorhinolaryngol. 2015; 79(6):868-873

[61] Salomão JF, Cervante TP, Bellas AR, et al. Neurosurgical implications of Pott's puffy tumor in children and adolescents. Childs Nerv Syst. 2014; 30(9):1527-1534

[62] Kombogiorgas D, Solanki GA. The Pott puffy tumor revisited: neurosurgical implications of this unforgotten entity. Case report and review of the literature. J Neurosurg. 2006; 105(2, Suppl):143-149

[63] Migirov L, Duvdevani S, Kronenberg J. Otogenic intracranial complications: a review of 28 cases. Acta Otolaryngol. 2005; 125(8):819-822

[64] Legrand M, Roujeau T, Meyer P, et al. Paediatric intracranial empyema: differences according to age. Eur J Pediatr. 2009; 168(10):1235-1241

[65] Gupta S, Vachhrajani S, Kulkarni AV, et al. Neurosurgical management of extraaxial central nervous system infections in children. J Neurosurg Pediatr. 2011; 7(5):441-451

[66] Nathoo N, Nadvi SS, van Dellen JR, et al. Intracranial subdural empyemas in the era of computed tomography: a review of 699 cases. Neurosurgery. 1999; 44(3):529-535, discussion 535-536

[67] French H, Schaefer N, Keijzers G, et al. Intracranial subdural empyema: a 10-year case series. Ochsner J. 2014; 14(2):188-194

[68] Brook I. Microbiology and antimicrobial treatment of orbital and intracranial complications of sinusitis in children and their management. Int J Pediatr Otorhinolaryngol. 2009; 73(9):1183-1186

[69] Liu Z-H, Chen N-Y, Tu P-H, et al. The treatment and outcome of postmeningitic subdural empyema in infants. J Neurosurg Pediatr. 2010; 6(1):38-42

[70] Nathoo N, Nadvi SS, van Dellen JR. Infratentorial empyema: analysis of 22 cases. Neurosurgery. 1997; 41(6):1263-1268, discussion 1268-1269

[71] Calfee DP, Wispelwey B. Brain abscess. Semin Neurol. 2000; 20(3):353-360

[72] Rish BL, Caveness WF, Dillon JD, et al. Analysis of brain abscess after penetrating craniocerebral injuries in Vietnam. Neurosurgery. 1981; 9(5):535-541

[73] Seydoux C, Francioli P. Bacterial brain abscesses: factors influencing mortality and sequelae. Clin Infect Dis. 1992; 15(3):394-401

[74] Haimes AB, Zimmerman RD, Morgello S, et al. MR imaging of brain abscesses. AJR Am J Roentgenol. 1989; 152(5):1073-1085

[75] Burtscher IM, Holtås S. In vivo proton MR spectroscopy of untreated and treated brain abscesses. AJNR Am J Neuroradiol. 1999; 20(6):1049-1053

[76] Hagensee ME, Bauwens JE, Kjos B, et al. Brain abscess following marrow transplantation: experience at the Fred Hutchinson Cancer Research Center, 1984-1992. Clin Infect Dis. 1994; 19(3):402-408

[77] Hall WA. The safety and efficacy of stereotactic biopsy for intracranial lesions. Cancer. 1998; 82(9):1749-1755

[78] Hall WA, Kim PD, eds. Parasitic infections of the central nervous system. In: Neurosurgical Infectious Disease. Surgical and Nonsurgical Management. New York, NY: Thieme Medical Publishers; 2013:81-94

[79] White AC Jr. Neurocysticercosis: updates on epidemiology, pathogenesis, diagnosis, and management. Annu Rev Med. 2000; 51(1):187-206

[80] Sinha S, Sharma BS. Intraventricular neurocysticercosis: a review of current status and management issues. Br J Neurosurg. 2012; 26(3):305-309

15 Tratamento de Emergência para Tumores Cerebrais

Pierpaolo Peruzzi ▪ E. Antonio Chiocca

Resumo

É pouco provável que tumores cerebrais se apresentem como emergências/urgências neurológicas. Mais frequentemente, isso se deve à conversão súbita hemorrágica de uma lesão já presente, hidrocefalia obstrutiva e/ou convulsões que podem precipitar o equilíbrio lábil entre o tumor e o cérebro circundante já comprimido pela lesão preexistente. Melanoma, coriocarcinoma e metástases da tireoide são responsáveis pela maioria dos tumores intracranianos que apresentam hemorragia. Em situações de declínio neurológico rápido e progressivo, a intervenção cirúrgica é necessária e deve ser guiada apenas por uma tomografia computadorizada (CT) do crânio, sem contraste e obtida rapidamente e, possivelmente, uma angiografia por CT do cérebro para descartar quaisquer lesões vasculares subjacentes que exijam uma abordagem cirúrgica diferente. Quando uma grande hemorragia é visualizada na CT, intervenção cirúrgica que visa a evacuação do coágulo deve ser prioridade. Nos casos de hidrocefalia obstrutiva, a colocação de um dreno ventricular externo é um procedimento simples e seguro que geralmente resolve o cenário emergente e dá tempo extra para tratar a lesão subjacente em um cenário mais controlado e menos emergencial. Quando o grau de efeito de massa observado na CT não se correlaciona com a apresentação clínica/neurológica, excluir convulsões e efeitos do edema vasogênico é o próximo passo fundamental antes de iniciar uma intervenção cirúrgica prematura. Nesses casos, um tratamento clínico inicial com medicamentos antiepilépticos, esteroides e terapias hiperosmolares deve ser favorecido como uma primeira etapa, para se ganhar tempo para estabelecer a melhor abordagem cirúrgica do tumor subjacente.

Palavras-chave: imagem cerebral, tumor cerebral, edema, emergência, hemorragia, hidrocefalia, efeito de massa.

15.1 Introdução

O conceito de emergência na neurocirurgia aplica-se a qualquer situação em que a intervenção imediata é necessária para restaurar ou evitar danos adicionais às funções neurológicas críticas causadas por um ataque súbito ao sistema nervoso central. Na neuro-oncologia, estas situações geralmente são causadas pelo efeito de massa exercido pelo tumor sobre as estruturas cerebrais circundantes.

De fato, os tumores intracranianos podem, às vezes, apresentar uma deterioração neurológica súbita que requer intervenção imediata. Os tumores, incluindo os mais malignos, não crescem rápido o suficiente para causar sintomas súbitos e ameaçadores à vida apenas em virtude de sua agressividade biológica. Em vez disso, eles podem apresentar-se agudamente, após um período de crescimento relativamente assintomático, quando atingem massa crítica e uma situação de equilíbrio instável com o cérebro circundante. Qualquer pequena alteração aguda, seja dentro do próprio tumor ou envolvendo o restante do cérebro, pode, então, precipitar uma situação emergente. Existem diversas maneiras de um tumor intracraniano comprometer agudamente as funções neurológicas, e é importante perceber que a resposta para essas situações no cenário emergente não é necessariamente uniforme e deve-se levar em conta a fisiopatologia do processo agudo em andamento.

15.2 Fisiopatologia

O conteúdo intracraniano é composto, principalmente, por três componentes diferentes: parênquima cerebral, sangue e líquido cefalorraquidiano (CSF). Em circunstâncias fisiológicas, esses três volumes são constantes. Sempre que houver um aumento em qualquer um dos três componentes, os outros dois mudam de acordo, dentro de determinados limites, para manter o um volume intracraniano total constante. Quando esse mecanismo compensatório é exaurido, a pressão intracraniana (ICP) aumenta constantemente para níveis patológicos, com qualquer aumento adicional do volume intracraniano (ou seja, a doutrina de Monro-Kellie).[1,2] Na tentativa de acomodar o volume extra dentro do espaço intracraniano fechado e inexpansível, o cérebro desloca-se, resultando em herniação através do forame magno ou da incisura tentorial. Esse deslocamento pode ser tolerado pelo cérebro até determinado grau, desde que ocorra de maneira lenta e progressiva (como acontece com o crescimento de um tumor), mas é devastador quando acontece repentinamente, como no caso de grandes hemorragias intracranianas ou hidrocefalia aguda.

Os motivos fisiopatológicos para uma deterioração clínica emergente de um paciente neuro-oncológico podem ser amplamente divididos em *específicos do tumor* (principalmente hemorragia intratumoral ou isquemia), *associado ao tumor* (principalmente por conta do edema vasogênico ou convulsões) e metabólico (hiponatremia, hipocarbia). Independentemente da etiologia, a rápidez da apresentação é causada por súbito aumento do efeito de massa que se torna sintomático como uma força direta e aguda contra estruturas vitais do cérebro (p. ex., o tronco cerebral ou os nervos ópticos) ou como uma obstrução do fluxo do CSF causando hidrocefalia obstrutiva.

15.2.1 Hemorragia Associada ao Tumor

Hemorragia intracraniana (ICH espontânea sintomática tem sido relatada em 1,5 a 14,5% de todos os tumores intracranianos primários ou metastáticos,[3-5] e até 4,4% das ICH foram encontradas como secundárias a tumores cerebrais subjacentes.[5] Em uma série de quase 300 pacientes, o volume de hemorragia foi menor que 5 mL em 45% dos casos e, portanto, a hemorragia foi geralmente tratada de forma conservadora.[6] Entre os tumores com maior propensão a hemorragia, metástases e glioblastomas multiformes são responsáveis por mais de 75% do total dos casos.[7] A taxa de hemorragia para gliomas é de cerca de 3%.[8] Entre as metástases, carcinoma de tireoide, coriocarcinoma, carcinoma hepatocelular, melanoma e carcinoma de células renais são de longe os mais propensos à hemorragia espontânea,[9] embora os três primeiros sejam entidades bastante raras. Assim, estatisticamente, a maior parte das metástases hemorrágicas é causada por melanoma e câncer renal. Os fatores de risco que levam à apresentação hemorrágica de tumores cerebrais têm sido relatados como sendo trombocitopenia e quimioterapia.[10] Evidências recentes sugerem que o risco de hemorragia não é significativamente aumentado pelo uso concomitante de anticoagulação terapêutica.[6,9]

Histologicamente, os tumores apresentam hemorragia causada por neoangiogênese tumoral, ou seja, à formação de vasos sanguíneos novos, imaturos e frágeis para suportar o crescimento neoplásico. Além disso, como consequência da radioterapia, os pequenos vasos sanguíneos dentro e ao redor do tumor podem sofrer alterações degenerativas que levam à ruptura e hemorragia.[11,12] Patologicamente, a hemorragia associada ao tumor pode causar déficits neurológicos destruindo o tecido neural ou exercendo efeito de massa no cérebro, ou ambos.

15.2.2 Isquemia Associada ao Tumor

A isquemia associada ao tumor é muito mais rara que hemorragia, mas existem relatos na literatura de tumores que apresentam déficits neurológicos agudos provocados por acidentes vasculares cerebrais súbitos. Geralmente os mecanismos são invasão, compressão e encapsulamento de estruturas cerebrovasculares. A isquemia associada ao tumor tem sido descrita esporadicamente com meningiomas,[13] tumores epidermoides,[14] e glioblastomas[15,16] que podem afetar as grandes artérias na base do cérebro e com metástases baseadas na dura-máter nas convexidades cerebrais, principalmente pela infiltração pelos espaços de Virchow-Robin, resultando em isquemia local.[17] No geral, uma análise retrospectiva de acidentes vasculares cerebrais isquêmicos associados a meningiomas na base do crânio relatou uma incidência de 0,2%.[13]

15.2.3 Edema Associado a Tumor

Diferentemente da hemorragia, o edema não é uma manifestação repentina de tumores cerebrais e evolui temporalmente com a lesão. Normalmente, a quantidade de edema é proporcional ao grau histológico e à agressividade do próprio tumor. O edema associado ao tumor contribui diretamente para a criação de efeito de massa e, como tal, constitui um componente fundamental da fisiopatologia tumoral. Além disso, o edema, em contraste com o tumor, pode progredir rapidamente, particularmente na presença de eventos precipitantes, como hiponatremia, contribuindo para a rápida deterioração neurológica.

Existem três tipos diferentes de edema: intersticial, citotóxico e vasogênico.

O primeiro geralmente está relacionado com o influxo transependimal de moléculas de água a partir dos espaços subaracnóideo/intraventricular para o parênquima e é comumente observado na hidrocefalia crônica.[18] Como tal, não representa uma característica aguda ou emergente associada a tumores cerebrais.

O edema citotóxico ocorre como consequência de um insulto tóxico ou metabólico às células e está associado a isquemia, drogas ou desequilíbrios metabólicos.[19] Envolve falha da regulação osmótica celular causada pela perda de função dos transportadores Na$^+$/K$^+$ dependentes de energia.[19] Isso resulta em entrada de água na célula, inchaço e perda da função celular.[20] O efeito de massa significativo pode originar do inchaço do parênquima.

O edema vasogênico é mais relevante para a neoplasia cerebral. É causado por um "vazamento" de moléculas oncóticas e osmóticas a partir de vasos sanguíneos anormalmente permeáveis para dentro do interstício, resultando em um movimento líquido de moléculas de água do compartimento intravascular para o intersticial/extracelular. A permeabilidade do vaso é causada por uma combinação de vasos tumorais pouco funcionais e o afrouxamento das junções estreitas do endotélio vascular pela inflamação induzida pelo tumor.[21]

Independentemente do mecanismo, o edema cerebral contribui para a apresentação clínica do tumor, piorando significativamente o efeito de massa e interferindo na função normal do cérebro ao redor do tumor. Entender as diferentes fisiopatologias do edema cerebral é fundamental para o seu tratamento, pois cada uma das três formas de edema responde a diferentes intervenções.

15.2.4 Convulsões

Convulsões têm sido associadas a até 60% dos tumores cerebrais primários e 25 a 35% das lesões cerebrais metastáticas.[22,23] As convulsões resultam da irritação do cérebro imediatamente ao redor do tumor (como nas metástases) ou do cérebro diretamente infiltrado por tumores primários. Isso explica por que lesões indolentes de baixo grau, como oligodendroglioma, costumam ser mais epileptogênicas do que lesões rapidamente destrutivas, de alto grau e de ocupação rápida, como glioblastomas.[22] As convulsões são uma manifestação neurológica bastante benigna, desde que controladas e de curta duração. Por outro lado, o *status epilepticus* prolongado é considerado uma emergência neurológica real, pois pode estar associado a danos cerebrais em decorrência de excitotoxicidade neuronal. Na presença de um tumor cerebral, no entanto, as convulsões podem ter um risco muito maior de causar consequências neurológicas indesejáveis. Isso é particularmente verdadeiro para tumores grandes, ou tumores associados a um efeito de massa perceptível, que pode ser "derrubado" pelas alterações intracranianas transitórias desencadeadas pelo episódio ictal. Em particular, as crises tônico-clônicas generalizadas demonstraram aumentar transitoriamente a ICP,[24] possivelmente como uma combinação de hiperemia e hipermetabolismo cerebral, rigidez muscular e hipocapnia/hipercarbia.

15.2.5 Hidrocefalia

A dinâmica do líquido cefalorraquidiano pode ser alterada por tumores intracranianos por meio de três mecanismos diferentes: (1) obstrução do fluxo do CSF; (2) reabsorção do CSF prejudicada, e (3) superprodução de CSF. No primeiro caso, o resultado é a hidrocefalia obstrutiva e, entre os três, geralmente é a que apresenta a forma mais aguda. Normalmente, a obstrução está localizada em pontos anatômicos específicos, incluindo o forame de Monro e o aqueduto de Sylvius/quarto ventrículo. Os tumores podem causar obstrução ao crescer próximo dessas áreas (como cistos coloides do ventrículo lateral ou tumores do quarto ventrículo, como ependimomas) ou por efeito de massa, resultando em distorção da anatomia do cérebro e compressão/obliteração do sistema ventricular (▶ Fig. 15.1).

Em contraste, a reabsorção do CSF prejudicada geralmente resulta em hidrocefalia comunicante, e isso é mais comumente observado como consequência de carcinomatose leptomeníngea difusa ou oclusão da drenagem venosa intracraniana principal pela compressão do tumor. Em ambos os casos, a capacidade do sistema venoso de drenar o CSF está prejudicada, resultando no acúmulo de CSF.

Por fim, alguns tumores intraventriculares, particularmente os tumores do plexo coroide, podem produzir um excesso de CSF, que se acumula à medida que sua produção ultrapassa a capacidade do cérebro de eliminá-lo. Tanto a hidrocefalia comunicante quanto a hidrocefalia resultante da superprodução de CSF raramente são encontradas como emergências clínicas, pois estão associadas à cefaleia progressiva e subaguda/crônica e à piora das funções neurológicas.

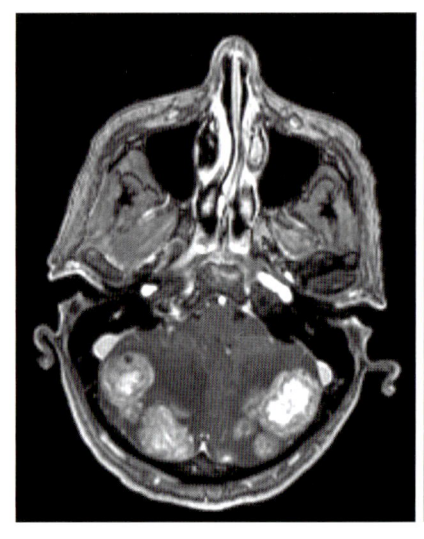

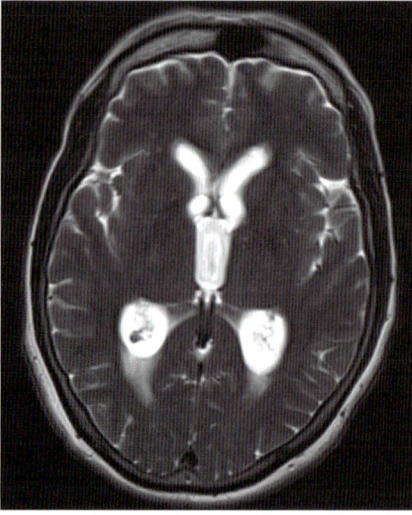

Fig. 15.1 Esta mulher de 57 anos com histórico de câncer de mama apresentou 2 dias de dores de cabeça progressivas e 24 horas de vômito e letargia. A imagem cerebral foi obtida, revelando doença metastática intracraniana difusa, particularmente na fossa posterior, resultando em hidrocefalia obstrutiva aguda por obliteração do quarto ventrículo. Como a extensão da doença impedia uma ressecção significativa do tumor, ela foi submetida à colocação emergencial de uma derivação ventriculoperitoneal para tratamento paliativo, e seu exame voltou ao normal imediatamente após a cirurgia.

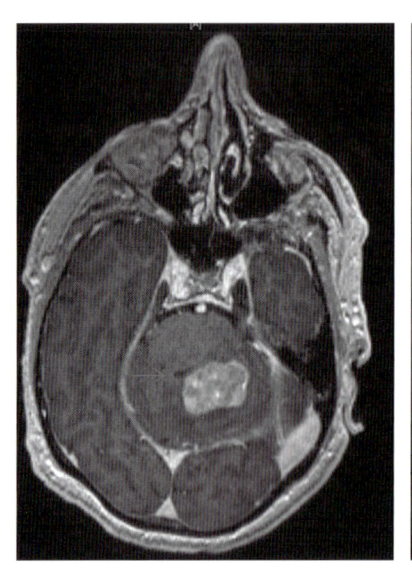

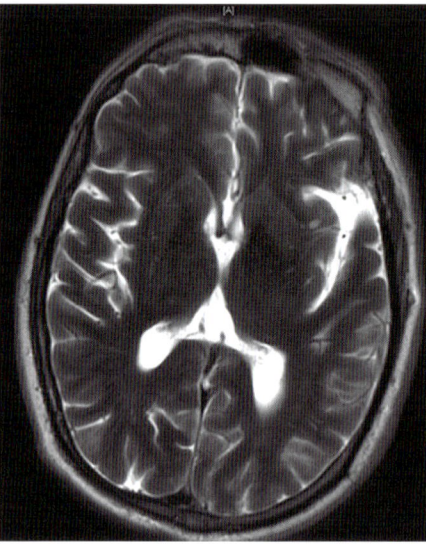

Fig. 15.2 Este homem de 58 anos de idade, com adenocarcinoma pulmonar recém-diagnosticado, apresentou histórico de uma semana de dismetria esquerda sutil. A ressonância magnética do cérebro revelou grande massa na fossa posterior, distorcendo criticamente o quarto ventrículo, mas ainda não havia hidrocefalia. O paciente foi levado à sala de cirurgia para ressecção do tumor dentro de 48 horas, para prevenir complicações agudas a partir da hidrocefalia obstrutiva iminente.

15.3 Localização do Tumor

Os tumores intracranianos podem ocorrer em qualquer parte do cérebro e seus revestimentos. No entanto, existem certas áreas que são mais propensas do que outras para causar complicações agudas e graves. Em particular, os tumores que surgem na fossa posterior, no lobo temporal anterior ao longo da incisura tentorial e na região do forame de Monro podem ser motivo de preocupação em razão de sua localização. Estes são locais onde até mesmo uma pequena alteração aguda no efeito de massa, pelo crescimento do tumor, hemorragia ou edema associado, pode levar a consequências significativas.

Por exemplo, os tumores temporais podem se expandir subitamente para produzir hérnia uncal e comprimir o tronco cerebral e os vasos laterais nas cisternas perimesencefálica e ambiente. Os tumores do forame de Monro podem obstruir repentinamente o fluxo de CSF a partir dos ventrículos laterais para o terceiro ventrículo, resultando em hidrocefalia obstrutiva aguda. Por fim, os tumores da fossa posterior podem rapidamente causar hidrocefalia obstrutiva fechando o aqueduto de Sylvius. Além disso, podem exercer efeito de massa direto no tronco cerebral com consequências neurológicas. Os autores seguem a regra geral de que todos os tumores que surgem nessas "áreas delicadas" do cérebro, mesmo que assintomáticos, devem ser tratados rapidamente, pois o melhor tratamento de uma emergência é preveni-la (▶ Fig. 15.2).

15.4 Avaliação do Paciente

15.4.1 Apresentação

É crucial entender rapidamente se os sintomas e sinais vivenciados pelo paciente constituem uma progressão temporal das queixas preexistentes ou se são novas e agudas. Isso ajudará a entender a rapidez com que a situação clínica está evoluindo e qual deve ser o próximo passo.

Como parte da avaliação inicial fundamental, os sinais vitais devem ser cuidadosamente analisados em busca de evidências de bradicardia associada à hipertensão sugestiva de compressão do tronco cerebral. Da mesma forma, um exame neurológico direcionado deve avaliar rapidamente o estado mental, o nervo craniano e as funções motoras do paciente. Isso dará algumas

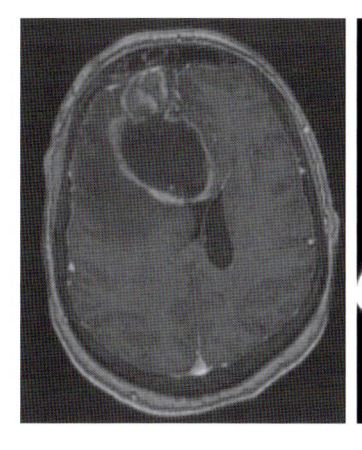

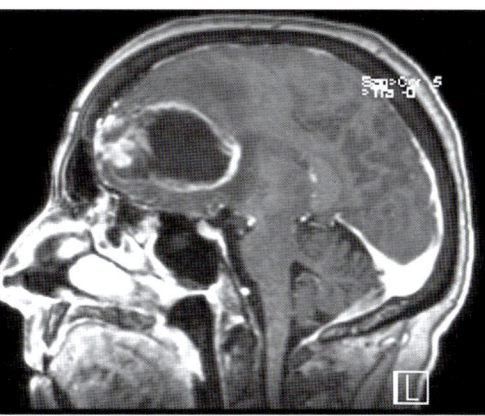

Fig. 15.3 Esta mulher de 70 anos, sem histórico médico significativo, foi encontrada por seu marido profundamente inconsciente no banheiro. Ela estava reclamando de dores de cabeça na semana anterior. A ressonância magnética na admissão revelou grande massa frontal direita com edema vasogênico e profundo efeito de massa na porção anterior do cérebro e no tálamo direito. Ela rapidamente progrediu se tornando irresponsiva algumas horas após a internação. Foi levada à sala de operação no mesmo dia para ressecção do tumor (glioblastoma). Recebeu alta cerca três dias após a cirurgia com exame neurológico intacto.

dicas relacionadas com a localização da lesão, mas, o mais importante, neste estágio da avaliação, ajudará a estabelecer o nível de urgência e criará um exame clínico e neurológico de base a ser usado para monitorar a deterioração adicional quadro clínico. Uma execução adequada dessas etapas preliminares é fundamental; de fato, reconhecer uma emergência real é vital, mas é quase tão importante tentar não criar uma emergência a partir de uma situação que não é e que poderia ser melhor abordada de uma maneira não emergencial.

15.4.2 Imagem

Em um cenário de emergência, uma tomografia computadorizada de crânio (HCT) sem contraste intravenoso é a modalidade de imagem de escolha, pois é rápida, prontamente disponível e desprovida de contraindicações ou efeitos colaterais importantes. A informação obtida a partir de uma única HCT é fundamental para determinar (1) a presença de anormalidade intracraniana; (2) a localização da anormalidade; (3) a natureza da anormalidade (isto é, grande massa intracraniana vs. hemorragia vs. edema); (4) a presença de hidrocefalia; e (5) a presença de efeito de massa.

Como única desvantagem, em casos agudos, a HCT não é sensível o suficiente para detectar acidentes vasculares cerebrais isquêmicos (pelo menos não antes de 6 a 12 horas de sua ocorrência). Qualquer evidência de edema ao redor de uma área de hemorragia intracraniana hiperaguda ou aguda deve levantar suspeita de uma lesão neoplásica subjacente.

Se a HCT é considerada preocupante, juntamente com um estado neurológico de rápida deterioração (como sinais clínicos iminentes de herniação), geralmente é suficiente para orientar a decisão de prosseguir imediatamente com a intervenção. Mesmo em emergências reais, é prática comum obter uma HCT com contraste e/ou angiografia por CT para melhor delimitar a patologia e excluir qualquer lesão vascular subjacente.

Pelo contrário, se o paciente está clinicamente estável, o próximo passo consiste em obter uma imagem de ressonância magnética (MRI) com e sem gadolínio IV. Essa modalidade de imagem ajuda a definir a etiologia do processo intracraniano, bem como sua anatomia em relação ao cérebro circundante. Por exemplo, uma hemorragia intracerebral observada na HCT pode revelar um tumor subjacente em uma MRI. A obtenção dessas informações é fundamental para o planejamento cirúrgico, a fim de tratar o quadro agudo (hemorragia, sangramento) e direcionar a malignidade responsável por isso.

15.4.3 Exames Laboratoriais

Durante os primeiros minutos da avaliação do paciente, uma análise de base dos eletrólitos sanguíneos, contagem de células e coagulação devem ser obtidos a fim de descobrir anormalidades metabólicas que possam explicar a apresentação clínica e determinar se intervenção é necessária para corrigir valores anormais.

Em particular, é importante determinar os níveis séricos de sódio, uma vez que hiponatremia (< 134 mEq/L) pode precipitar o edema cerebral, e a hiponatremia grave (< 128 mEq/L) é um fator de risco para convulsões. A contagem de plaquetas e os valores da razão normalizada internacional (INR) também são informações essenciais para se saber, principalmente nos casos de hemorragias intracranianas.

É importante lembrar que certos medicamentos podem prejudicar a coagulação e a função plaquetária sem refletir nos valores laboratoriais; por esse motivo, é importante saber se um paciente está tomando regularmente agentes antiplaquetários (aspirina ou clopidogrel) ou agentes anticoagulantes orais de nova geração (NOAC), como dabigatrana, um inibidor direto da trombina, e rivaroxabana, um inibidor do fator X.

15.5 Intervenção

Após a avaliação clínica do paciente e a avaliação da MRI, a decisão mais importante é se o próximo passo deve ser o tratamento clínico ou cirúrgico (com o entendimento de que as duas abordagens podem coexistir e não se excluem mutuamente).

Com a exceção de algumas situações simples, como hérnia encefálica e hidrocefalia grave, não há regras ou algoritmos que ajudem a decidir quando operar, e a decisão geralmente vem como resultado do bom senso e da experiência. De fato, a preservação da função neurológica deve continuar sendo o objetivo principal; no entanto, na presença de um tumor cerebral, também é importante maximizar as chances de obter uma ressecção máxima por meio de planejamento pré-operatório cuidadoso.

Nossa abordagem, portanto, é operar sem hesitação em casos de emergências reais, mas preferimos adiar a cirurgia, quando for seguro, a fim de maximizar as chances de uma operação bem-sucedida. Apenas algumas horas adicionais podem ser tudo o que é necessário para obter mais imagens do cérebro, configurar instrumentação cirúrgica apropriada e otimizar o paciente para uma cirurgia mais segura (▶ Fig. 15.3).

15.5.1 Tratamento Médico

Estabilização dos Sinais Vitais

Especialmente na presença de uma hemorragia intracraniana, é importante evitar que a pressão arterial sistólica (SBP) suba acima de 160 mmHg, valor após o qual a chance de hemorragia adicional aumenta muito. Betabloqueadores e/ou hidralazina intravenosa (IV), conforme necessário, são os fármacos de escolha, mas a infusão de nicardipina ou esmolol pode ser necessária em casos refratários.

Ao contrário, em casos associados ao efeito de massa significativo, é importante não deixar a SBP cair abaixo de 90 mmHg, pois isso pode aumentar o risco de perfusão parenquimatosa ruim em áreas do cérebro constritas pela massa, resultando em acidentes vasculares cerebrais isquêmicos. Portanto, é importante certificar-se de que a infusão de solução salina a 0,9% de NaCl seja iniciada imediatamente e titulada para 1 mL/kg/h. Ocasionalmente, vasopressores IV (como fenilefrina ou norepinefrina) podem ser necessários para manter a SBP em níveis aceitáveis.

Edema Cerebral

Manitol é o agente de escolha quando é necessária uma rápida redução do edema cerebral, independentemente de sua causa. Geralmente é administrado em *bolus* de uma solução aquosa a 20%, no intervalo de 15 a 20 minutos. A dose inicial padrão costuma ser de 1 g por quilograma de peso corporal. Administrações repetidas podem ser realizadas, geralmente na dose de 25 g a cada 6 horas. O manitol atua no cérebro aumentando o gradiente osmótico entre os espaços intravascular e intersticial, com um movimento líquido das moléculas de água para dentro da circulação e para fora do parênquima cerebral. O manitol também tem um efeito diurético profundo, resultando em aumento da natremia e da osmolalidade sérica. De fato, é importante monitorar ambos os valores quando se utiliza manitol, já que a osmolalidade maior que 320 mOsm/kg costuma estar associada à insuficiência renal aguda. Os diuréticos em alça (isto é, a furosemida) também são comumente usados para aumentar o efeito do manitol, estimulando ainda mais a diurese e, até certo ponto, prevenindo a hipernatremia, uma vez que os diuréticos de alça induzem a perda líquida de sódio pelos rins. A dosagem de furosemida geralmente é de 0,3 mg/kg.

Os corticosteroides são agentes com propriedades antiedema e agem reduzindo a permeabilidade dos vasos associada à barreira hematoencefálica anormal, como é frequentemente encontrado em tumores. Em geral, o agente de escolha é a dexametasona (*bolus* de 10 mg IV, seguido de 4-6 mg IV a cada 6 horas). É importante ressaltar que o efeito dos corticosteroides no edema cerebral é muito mais lento do que o da terapia hiperosmolar, e geralmente seu efeito não se torna evidente por 12 a 24 horas após a administração.

Após instituir a terapia hiperosmolar, o objetivo deve ser manter os níveis séricos de sódio entre 145 e 155 mEq/L. Solução salina normal deve ser usada como fluido IV de manutenção.

Convulsões

Se o paciente estiver convulsionando ativamente no momento da apresentação, deve-se administrar 2 mg de lorazepam IV. Se as convulsões persistirem após 1 minuto, uma dose adicional de 2 mg IV é administrada. A sequência pode ser repetida uma vez se as convulsões persistirem por mais de 5 minutos. Concomitantemente, o paciente deve receber uma dose de ataque de fosfenitoína IV (20 mg/kg). Se as convulsões continuarem, o paciente deve receber um bolo de 15 a 20 mg/kg de fenobarbital. Isso pode causar depressão respiratória, por isso é importante estar preparado para ventilar mecanicamente o paciente, caso necessário. Para pacientes que já estão intubados, as convulsões refratárias podem ser tratadas com infusão de propofol a uma taxa de 2 a 4 mg/kg/h ou com midazolam (0,2 a 0,4 mg/kg/h). Por fim, como último recurso para o estado de mal epiléptico refratário, a supressão do surto pode ser obtida com um bolo de 5 mg/kg de pentobarbital IV.[25]

Para pacientes que se apresentam após o evento ictal, 500 mg IV de levetiracetam (Keppra, UCB, Inc.) pode ser usado para prevenir episódios adicionais. Keppra é preferível à fosfenitoína pelo seu perfil mais seguro, mas não é recomendado durante a fase ictal.

Otimização da Coagulação

É imperativo que os pacientes com hemorragia associada ao tumor tenham sua contagem de plaquetas e INR verificados e, caso anormais, que sejam corrigidos conforme a necessidade. Na verdade, não é raro que pacientes com câncer tenham distúrbios de coagulação, e muitos deles usam rotineiramente anticoagulantes orais ou antiplaquetários. Uma INR maior que 1,5 no contexto de hemorragia intracraniana aguda precisa ser tratada. Geralmente, isso é melhor obtido com transfusão de plasma fresco congelado se INR estiver entre 1,6 e 2,5. Para valores mais altos, é mais eficaz e rápido usar fatores de coagulação concentrada, geralmente na forma de concentrado do complexo de protrombina (PCC), que é uma combinação dos fatores II, VII e IX. Normalmente, eles normalizam o INR em 30 minutos após a infusão, embora não seja incomum observar um aumento na taxa de INR algumas horas mais tarde, à medida que os fatores são metabolizados. Novos anticoagulantes orais de NOAC são mais difíceis de lidar, uma vez que sua atividade não é refletida por um valor laboratorial mensurável como INR é para a varfarina (Coumadin, Bristol-Myers Squibb). Em geral, presume-se que seu efeito de anticoagulação é perdido 24 horas após a última administração. No entanto, quando a reversão é necessária, apenas dabigatrana tem um "antídoto" aprovado (chamado idarucizumab).[26]

Uma contagem de plaquetas inferior a 100.000/mL precisa ser tratada com transfusões de plaquetas. Mais complicado é quando um paciente toma aspirina ou clopidogrel (Plavix), ambos inibidores irreversíveis da agregação plaquetária. Nestes casos, a transfusão de plaquetas continua sendo a primeira linha de tratamento, mas as plaquetas transfundidas ainda podem ser inativadas pelas drogas circulantes. Nos casos em que a hemorragia persiste apesar do reabastecimento de plaquetas, 0,4 mg/kg de desmopressina (DDAVP) pode ser considerada.[27]

Manobras Adicionais no Leito

Em certas situações críticas, particularmente naquelas com um exame neurológico extremamente ruim e evidência de efeito de massa grave nas imagens cerebrais, a hiperventilação pode ser tentada como uma medida extrema para diminuir a ICP. O modo mais rápido de conseguir isto é mudar a configuração do ventilador de modo a baixar a pressão parcial da corrente final do dióxido de carbono (pCO_2) para cerca de 25 mmHg, isto é, cerca de 10 pontos abaixo do normal. Isto causará alguma vasoconstrição reativa do fluxo sanguíneo cerebral, com consequente diminuição da produção de CSF e diminuição do componente sanguíneo. Este procedimento é apenas uma solução temporária, geralmente para ganhar algum tempo na preparação para uma intervenção mais definitiva, pois a PIC irá se recuperar dentro de 30 a 60 minutos após a hiperventilação sustentada.

15.5.2 Tratamento Cirúrgico

Hidrocefalia

Uma vez demonstrado que a hidrocefalia é aguda, ela representa uma emergência cirúrgica que precisa ser tratada imediatamente, possivelmente até mesmo no departamento de emergência.

Como descrito acima, a hidrocefalia pode ser causada por diferentes mecanismos, e a hidrocefalia obstrutiva deve ser considerada a mais preocupante.

Teoricamente, o tratamento da hidrocefalia obstrutiva deve ter como objetivo remover a causa da obstrução o quanto antes. No entanto, na maioria dos casos, a hidrocefalia obstrutiva pode ser facilmente controlada com a inserção de um dreno ventricular externo (EVD), um procedimento relativamente fácil e seguro que pode ser realizado no leito. Nossa abordagem é sempre tentar a inserção de EVD antes de operar um paciente com hidrocefalia obstrutiva: o primeiro motivo é que a colocação de um dreno dará mais tempo para planejar a cirurgia, na maioria dos casos, transformando um caso de emergência em um semieletivo. O segundo motivo é que a redução da ICP pela saída do CSF melhora a facilidade da cirurgia, reduz a necessidade de retração do cérebro e previne a herniação cerebral no local da craniotomia.

Os drenos ventriculares externos geralmente são colocados nos ventrículos laterais por meio de uma abordagem frontal (mais comumente) ou por uma abordagem parietal posterior. Como regra geral, por razões de viabilidade, o ventrículo mais proeminente deve ser canulado, embora haja exceções: (1) se o ventrículo é preenchido por sangue, geralmente é melhor visar o ventrículo contralateral; e (2) nos casos de maior efeito de massa e deslocamento do cérebro, o maior ventrículo geralmente é o contralateral à lesão. Em tais casos, a descompressão do ventrículo pode precipitar ainda mais a herniação.

Quando a obstrução é secundária ao efeito de massa na fossa posterior, a colocação de EVD pode ser complicada pela hérnia transtentorial ascendente (UTH). Isso é causado por uma diminuição repentina da ICP no espaço supratentorial em decorrência do dreno e, como consequência, o conteúdo da fossa posterior tende a se mover para cima através da incisura tentorial, resultando em distorção do tronco cerebral e obliteração dos vasos sanguíneos perimesencefálicos com isquemia difusa do tronco cerebral. Essa complicação é rara, tendo sido relatada em cerca de 1% dos casos, mas quase invariavelmente letal.[28] Pensamos que a existência dessa complicação potencial deve sempre ser atendida na tomada de decisão, mas em geral acreditamos que, quando o cuidado é meticuloso para não drenar em excesso o CSF, a relação risco-benefício tende para o segundo caso. Sempre devem ser obtidas imagens cerebrais após a colocação de EVD para confirmar a colocação adequada do cateter, bem como para confirmar que nenhuma nova alteração aguda tenha ocorrido intracranialmente como resultado do procedimento.

Evacuação do Hematoma

A evidência de hemorragia intracraniana sempre leva ao dilema de a evacuação cirúrgica ser o melhor passo inicial ou se ações alternativas podem ser tomadas. Determinar isso é simples nos casos em que há claro efeito de massa e desvio da linha média associados a um exame neurológico deficiente. No entanto, em situações em que a hemorragia pode causar grave comprometimento do estado mental e outras funções neurológicas sem necessariamente exercer um grande efeito de massa, o quadro clínico pode ser o resultado da destruição de áreas críticas do cérebro relacionadas com o hematoma; nesses casos, o papel da cirurgia é muito mais controverso.

Uma vez que se tenha optado pela cirurgia, o planejamento cirúrgico deve abranger os múltiplos objetivos de descomprimir o cérebro, obter diagnóstico do tecido e, possivelmente, quando a presença do tumor é confirmada pela consulta intraoperatória com o patologista, ressecção da lesão subjacente.

15.6 Resumo

- Os tumores intracranianos podem apresentar-se agudamente com hemorragia, edema grave, hidrocefalia e convulsões.
- Não importa o quão grave seja a apresentação clínica, sempre faça um exame neurológico e obtenha uma HCT sem contraste para orientar futuras decisões. Em uma situação real de emergência, considere obter uma HCT com contraste com angiografia por CT. Em todos os outros casos, obtenha uma MRI com e sem contraste IV.
- Decidir se o paciente precisa de uma intervenção cirúrgica imediata ou se o tratamento clínico deve ser tentado primeiro: sempre tente limitar as cirurgias de emergência apenas às situações realmente emergenciais.
- Independentemente da intervenção cirúrgica, é fundamental otimizar os sinais vitais, eletrólitos e parâmetros de coagulação.

Referências

[1] Kellie G. An account with some reflections on the pathology of the brain. Edinburgh Med Chir Soc Trans.. 1824; 1:84-169

[2] Monro A. Observations on the Structure and Function of the Nervous System. Edinburgh: Creech & Johnson; 1783

[3] Iwama T, Ohkuma A, Miwa Y, et al. Brain tumors manifesting as intracranial hemorrhage. Neurol Med Chir (Tokyo). 1992; 32(3):130-135

[4] Kondziolka D, Bernstein M, Resch L, et al. Significance of hemorrhage into brain tumors: clinicopathological study. J Neurosurg. 1987; 67(6):852-857

[5] Licata B, Turazzi S. Bleeding cerebral neoplasms with symptomatic hematoma. J Neurosurg Sci. 2003; 47(4):201-210, discussion 210

[6] Donato J, Campigotto F, Uhlmann EJ, et al. Intracranial hemorrhage in patients with brain metastases treated with therapeutic enoxaparin: a matched cohort study. Blood. 2015; 126(4):494-499

[7] Schrader B, Barth H, Lang EW, et al. Spontaneous intracranial haematomas caused by neoplasms. Acta Neurochir (Wien). 2000; 142(9):979-985

[8] Seidel C, Hentschel B, Simon M, et al. A comprehensive analysis of vascular complications in 3,889 glioma patients from the German Glioma Network. J Neurol. 2013; 260(3):847-855

[9] Pan E, Tsai JS, Mitchell SB. Retrospective study of venous thromboembolic and intracerebral hemorrhagic events in glioblastoma patients. Anticancer Res. 2009; 29(10):4309-4313

[10] Galicich JH, Arbit E. Metastatic brain tumors. In: Youmans JR, ed. Neurological Surgery. 3rd ed. Philadelphia, PA: WB Saunders; 1990:3204-3222

[11] Chung E, Bodensteiner J, Hogg JP. Spontaneous intracerebral hemorrhage: a very late delayed effect of radiation therapy. J Child Neurol. 1992; 7(3):259-263

[12] Burger PC, Boyko OB. The pathology of central nervous system radiation injury. In: Gutin PH, Leibel SA, Sheline GE, eds. Radiation injury to the nervous system. New York: Raven Press; 1991:191-208

[13] Komotar RJ, Keswani SC, Wityk RJ. Meningioma presenting as stroke: report of two cases and estimation of incidence. J Neurol Neurosurg Psychiatry. 2003; 74(1):136-137

[14] Yilmazlar S, Kocaeli H, Cordan T. Brain stem stroke associated with epidermoid tumours: report of two cases. J Neurol Neurosurg Psychiatry. 2004; 75(9):1340-1342

[15] Aoki N, Sakai T, Oikawa A, et al. Dissection of the middle cerebral artery caused by invasion of malignant glioma presenting as acute onset of hemiplegia. Acta Neurochir (Wien). 1999; 141(9):1005-1008

[16] Züchner S, Kawohl W, Sellhaus B, et al. A case of gliosarcoma appearing as ischaemic stroke. J Neurol Neurosurg Psychiatry. 2003; 74(3):364-366

[17] Rudolph J, Kats J. Cerebrovascular complication of malignancy. In: Newton HB, Malkin MG, eds. Neurologic Complication of Systemic Cancers and Antineoplastic Therapy. New York: Informa Healthcare; 2010:109-119

[18] Milhorat TH. Classification of the cerebral edemas with reference to hydrocephalus and pseudotumor cerebri. Childs Nerv Syst. 1992; 8(6):301-306

[19] Rama Rao KV, Jayakumar AR, Norenberg MD. Brain edema in acute liver failure: mechanisms and concepts. Metab Brain Dis. 2014; 29(4):927-936

[20] Simard JM, Sheth KN, Kimberly WT, et al. Glibenclamide in cerebral ischemia and stroke. Neurocrit Care. 2014; 20(2):319-333

[21] Gerstner ER, Duda DG, di Tomaso E, et al. VEGF inhibitors in the treatment of cerebral edema in patients with brain cancer. Nat Rev Clin Oncol. 2009; 6(4):229-236

[22] van Breemen MS, Wilms EB, Vecht CJ. Epilepsy in patients with brain tumours: epidemiology, mechanisms, and management. Lancet Neurol. 2007; 6(5):421-430

[23] Armstrong TS, Grant R, Gilbert MR, et al. Epilepsy in glioma patients: mechanisms, management, and impact of anticonvulsant therapy. Neuro Oncol. 2016; 18(6):779-789

[24] Solheim O, Vik A, Gulati S, et al. Rapid and severe rise in static and pulsatile intracranial pressures during a generalized epileptic seizure. Seizure. 2008; 17(8):740-743

[25] Al-Mufti F, Claassen J. Neurocritical care: status epilepticus review. Crit Care Clin. 2014; 30(4):751-764

[26] Abo-Salem E, Becker RC. Reversal of novel oral anticoagulants. Curr Opin Pharmacol. 2016; 27:86-91

[27] Frontera JA, Lewin JJ III, Rabinstein AA, et al. Guideline for reversal of antithrombotics in intracranial hemorrhage: a statement for healthcare professionals from the Neurocritical Care Society and Society of Critical Care Medicine. Neurocrit Care. 2016; 24(1):6-46

[28] El-Gaidi MA, El-Nasr AH, Eissa EM. Infratentorial complications following preresection CSF diversion in children with posterior fossa tumors. J Neurosurg Pediatr. 2015; 15(1):4-11

16 Descompressão Óssea Aguda dos Nervos Óptico e Facial

Stephen J. Johans ▪ Zach Fridirici ▪ Jason Heth ▪ Christine C. Nelson ▪ H. Alexander Arts ▪ Matthew Kircher ▪ Anand V. Germanwala

Resumo

A consideração neurocirúrgica da descompressão do nervo craniano após traumatismo craniano e facial surge, principalmente, no contexto da lesão do nervo óptico (II) e facial (VII). O trajeto desses nervos cranianos através dos forames ósseos nas regiões frontal e temporal os torna particularmente suscetíveis a comprometimento após fratura ou deformação da base do crânio. O papel da descompressão cirúrgica nessas lesões tem sido amplamente debatido. O uso de altas doses de esteroides melhorou o resultado sem a necessidade de intervenção cirúrgica em alguns casos. O tratamento tem sido definido pela interpretação de dados retrospectivos. Apesar do aumento do impulso na medicina para estudos randomizados e estudos de resultados, dados prospectivos sobre o tratamento ideal de neuropatias ópticas e faciais traumáticas não foram obtidos. Cada tratamento escolhido pelo cirurgião de tais neuropatias requer seu melhor julgamento em uma análise dos dados retrospectivos disponíveis.

Palavras-chave: compressão do nervo facial, descompressão do nervo, compressão do nervo óptico, neuropatia óptica traumática.

16.1 Lesão Traumática do Nervo Óptico

16.1.1 Introdução

Distúrbios do sistema visual foram descritos em 2 a 11% dos pacientes com traumatismo craniano[1-6] e em até 67% dos pacientes com fratura facial.[7] Estima-se que lesões nervosas ópticas indiretas ocorram em 0,5 a 1,5% dos traumatismos cranianos fechados[8,9] e em até 3% dos pacientes com fratura facial.[7] Os pacientes com traumatismo orbital podem apresentar acuidade visual diminuída ou ausente, defeitos pupilares aferentes, cegueira e oftalmoplegia concomitante (síndrome do ápice orbital), proptose, midríase e ptose (síndrome da fissura orbital superior).[10-12]

O nervo óptico pode ser anatomicamente dividido em quatro partes: intraocular, orbital, intracanalicular e intracraniana. O nervo óptico é mais suscetível a lesões dentro dos limites rígidos do canal óptico, onde é fixado às meninges e ao periósteo.[13,14] Acredita-se que os pacientes com cegueira imediata após o traumatismo sofreram avulsão do nervo óptico e têm um prognóstico ruim para o retorno da acuidade visual. A preservação parcial da visão sugere comprometimento do nervo óptico sem avulsão e uma chance razoável de manter a visão no olho lesionado. Acredita-se que altas doses de esteroides melhorem o resultado da acuidade visual em tais pacientes.[15-17]

O papel da intervenção cirúrgica para descompressão do nervo óptico dentro de seu canal tem sido controverso. O resultado clínico após descompressão pós-traumática do nervo óptico varia significativamente.[18-21] O amplo espectro de lesões e mecanismos fisiopatológicos que podem produzir disfunção do nervo óptico complica ainda mais a interpretação desses resultados. Altas doses de esteroides costumam ser administradas como tratamento de primeira linha.[22-24] A maioria dos autores concorda que um declínio documentado da acuidade visual após traumatismo craniano grave ou fratura facial justifica a descompressão do nervo óptico, particularmente se houve melhora inicial com altas doses de esteroides seguida de declínio adicional.[17,20,25] Se a cirurgia for realizada, a abordagem é determinada pela patologia da lesão e lesões associadas. As abordagens fronto-orbital,[17,20,25] orbital lateral,[26-29] e transetmoidal[5,15,18,30-33] foram descritas. Ainda não existem grandes estudos clínicos prospectivos comparando o tratamento cirúrgico ao não cirúrgico, e o cirurgião confrontado com um paciente com declínio da acuidade visual após a traumatismo craniano ou facial é, portanto, mais bem orientado por uma revisão crítica dos estudos retrospectivos disponíveis.

16.1.2 Fisiopatologia da Lesão do Nervo Óptico

A compressão do nervo óptico pode estar associada a uma variedade de condições patológicas. Mais comumente, a compressão está associada a fraturas do complexo orbitário,[34] incluindo os ossos etmoidais, canal óptico, placa orbital frontal, assoalho orbital, osso esfenoide, parede orbital lateral e fraturas por implosão da órbita.[4,5,10,17,26,35-38] Em alguns casos de disfunção pós-traumática do nervo óptico, nenhuma fratura pode ser identificada.[15,20] Muitos autores acreditam que edema compressivo ou insuficiência vascular é o mecanismo patológico mais provável da neuropatia óptica pós-traumática.[38,39] Hemorragia[25,40-42] na bainha do nervo óptico tem sido descrita, bem como laceração do nervo óptico intracanalicular por fragmentos de fratura.[18,19] Walsh[25] classificou lesões do nervo óptico ocorrendo em conjunto com lesões cranianas em lesões primárias e secundárias. Uma lesão primária refere-se a alterações que ocorrem com forças de impacto, como hemorragia, cisalhamento de fibras nervosas e contusão. Insultos secundários representam os efeitos tardios do impacto, como edema, necrose secundária ao comprometimento vascular local e infarto secundário à trombose da artéria oftálmica.

Kline et al.[20] descreveram seis categorias de lesão indireta do nervo óptico: laceração, deformação ou fratura óssea, insuficiência vascular, concussão, contusão e hemorragia. Lacerações ou lesões por avulsão por estiramento geralmente são vistas na área da abertura cranial do canal óptico e provavelmente são secundárias a um efeito de amarração da porção intracanalicular fixa e do cérebro e do globo relativamente móveis. A compressão direta do nervo óptico por fragmentos ósseos, com melhora visual subsequente após a descompressão, tem sido relatada com frequência. Evidências patológicas de insuficiência vascular com resultante infarto do nervo óptico foram relatadas por Hughes[38] e Ramsay,[39] apoiando a explicação de que o mecanismo envolvido na lesão indireta do nervo óptico é o comprometimento vascular. Seus achados foram localizados na porção intracanalicular do nervo óptico, apoiando a ideia de que esta é a região suscetível à isquemia compressiva após lesão. Hemorragia dentro da bainha óptica ou do nervo óptico foi detectada intraoperatoriamente e em estudos *post-mortem* por Pringle,[43] Walsh,[25] e Niho et al.[41] Na série operatória relatada por Hammer e Ambos,[40] 4 pacientes foram observados com hematoma da bainha do nervo óptico,

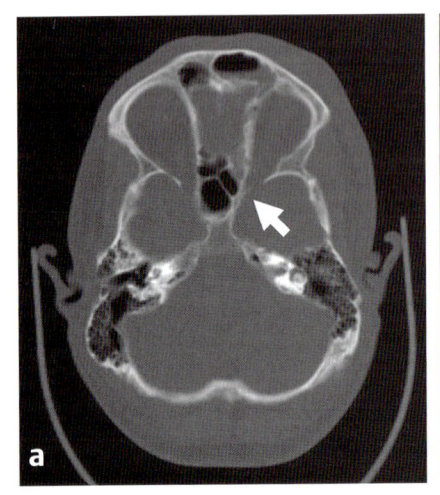

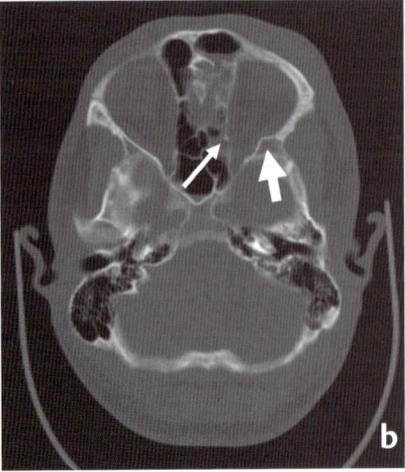

Fig. 16.1 Imagens axiais de tomografia computadorizada de um homem de 24 anos de idade que sofreu fratura do ápice da órbita e do forame óptico. (**a**) Fraturas do ápice da órbita na região do forame óptico e fissura orbital superior (seta branca). (**b**) Fraturas da parede orbital média (*seta fina*) e lateral (*seta grande*). A fratura da parede orbital lateral está colidindo com o músculo reto lateral.

todos eles melhoraram no pós-operatório, após a evacuação do coágulo sanguíneo.

16.1.3 Avaliação da Lesão Traumática do Nervo Óptico

Lesões cranianas e faciais concomitantes frequentemente complicam a avaliação inicial da acuidade visual após trauma. Lesões indiretas do nervo óptico podem ser classificadas em tipos anterior e posterior.[20] A acuidade visual pode não estar disponível, ausente, diminuída ou preservada em qualquer tipo de lesão. Lesões anteriores envolvendo a porção intraocular do nervo óptico geralmente apresentam anormalidades fundoscópicas, incluindo discos ópticos difusamente inchados, edema retiniano secundário à ruptura da artéria central da retina e avulsão total da cabeça do nervo óptico. Lesões posteriores são definidas como disfunção do nervo óptico na ausência de anormalidades fundoscópicas e costumam ser resultado de agressão ao nervo óptico no canal óptico. Anormalidades fundoscópicas degenerativas, como palidez do disco óptico e perda da camada de fibras nervosas da retina, não são aparentes na avaliação inicial, mas podem ser observadas várias semanas após a lesão. Embora descritos separadamente, esses dois tipos de lesão podem ocorrer em combinação.

Uma avaliação inicial da acuidade visual de cada olho separadamente é essencial, se possível. Idealmente, isso é feito por meio de um instrumento formal de avaliação da acuidade. A capacidade de ler o material impresso, contar os dedos ou simplesmente perceber a luz deve ser documentada para cada olho. Em pacientes com nível diminuído de consciência, a ausência de um defeito pupilar aferente e uma resposta aversiva à luz brilhante sugerem percepção a luz intacta. A deterioração progressiva documentada da acuidade visual após traumatismo craniano deve levar em consideração a descompressão do nervo óptico.

A diminuição da resposta pupilar direta à luz é citada como o indicador mais confiável de comprometimento do nervo óptico, de acordo com Edmund e Godtfredsen.[36] Com lesão unilateral do nervo óptico, o tamanho inicial da pupila é bilateralmente igual; entretanto, sob estimulação direta da luz sobre o olho prejudicado, a constrição pupilar ocorre mais lentamente e em grau menor – ou inexistente – do que se o estímulo tivesse sido aplicado ao olho normal. Essa diferença na constrição pupilar, constituindo um defeito pupilar aferente relativo (RAPD), leva o epônimo ao pupilo de Marcus Gunn.[44] É importante observar, contudo, que se houver lesão bilateral do nervo óptico, um RAPD pode ser mais sutil ou não estar presente.

A avaliação das vias visuais costuma ser difícil quando o nível de consciência diminui em pacientes com lesões cranianas graves, como observado anteriormente. Respostas visuais evocadas e eletrorretinogramas podem fornecer informações adicionais para orientar o tratamento clínico a longo prazo. Do ponto de vista prático, a disponibilidade limitada e a dificuldade técnica associada ao teste no contexto de trauma agudo podem limitar a utilidade do monitoramento da resposta visual evocada e da eletrorretinografia. Boa correlação entre a resposta visual evocada inicial e a acuidade visual final foi descrita.[45-47] Além disso, em alguns contextos, a resposta visual evocada pode ser superior à avaliação clínica na determinação do resultado da acuidade visual. Greenberg et al.[48] descreveram precisão preditiva de 90% com teste de resposta visual evocada, ao contrário de 30% com exame clínico, em uma série de pacientes com disfunção retrobulbar examinada até 3 dias após a lesão e novamente depois de 3 meses ou mais.

16.1.4 Avaliação de Neuroimagem

A associação de lesão do nervo óptico com fraturas faciais e orbitais e os casos relatados de melhora após a remoção de fragmentos ósseos compressivos exigem uma investigação completa da neuroimagem em casos de comprometimento da acuidade visual. O procedimento de escolha é a tomografia computadorizada (CT) de corte fino, pois permite a resolução do detalhe ósseo da região do ápice orbitário (▶ Fig. 16.1).[13,49,50] CT axiais e coronais podem ser obtidas, e elas podem demonstrar fraturas orbitais e fragmentos ósseos. Imagens reconstruídas, incluindo incidências tridimensionais, também podem auxiliar na avaliação detalhada das lesões faciais e orbitais. Deve-se lembrar, no entanto, que tem sido relatado que fragmentos ósseos compressivos não observados na tomografia computadorizada pré-operatória foram encontrados na cirurgia.[51] A imagem de ressonância magnética (MRI) pode demonstrar lesão e hemorragia ou hematoma de tecido mole dentro da bainha dural ou do nervo óptico.

16.1.5 Tratamento de Lesão Traumática do Nervo Óptico

Tratamento Não Cirúrgico e Comparações com Tratamento Cirúrgico

Os corticosteroides assumiram papel proeminente no tratamento de lesão traumática do nervo óptico. Isso ocorreu ao mesmo tempo em que ensaios utilizando corticosteroides no tratamento de lesão da coluna vertebral sugeriram um efeito benéfico do tratamento. Apesar de uma gama de dosagens terem sido estudadas, o regime mais comum exige uma dose inicial de 30 mg/kg, seguida de 15 mg/kg infundidos a cada 6 horas durante 3 dias. Várias séries utilizando corticosteroides relataram melhora substancial da acuidade visual.[15-17,23,24,52-54] Em uma meta análise, qualquer tratamento (corticosteroides, descompressão extracraniana ou corticosteroides mais descompressão extracraniana) melhorou a acuidade visual mais do que observação isolada.[52] Não foi encontrada diferença entre as modalidades de tratamento. Em contraste, existem outras séries que não mostram qualquer benefício para os esteroides em comparação a observação, mais proeminentemente no relatório do *International Optic Nerve Trauma Study*.[55] O *International Optic Nerve Trauma Study* foi concebido para comparar cirurgia descompressiva extracraniana do nervo óptico mais corticosteroides e apenas corticosteroides. Infelizmente, a participação de pacientes elegíveis foi insuficiente para fornecer validade estatística. O estudo foi alterado para um estudo observacional. Os resultados deste estudo não sugerem diferenças no resultado da lesão traumática do nervo óptico entre grupos de observação, corticosteroides e cirurgia descompressiva. Em 2011, uma revisão foi publicada no *American Journal of Ophthalmology* que concluiu que altas doses de esteroides podem ser prejudiciais quando administradas a pacientes com traumatismo craniano para lesão do nervo óptico. A revisão também concluiu que a cirurgia deve ser reservada a pacientes conscientes com perda visual tardia ou cuja visão não melhorar em 4 dias.[56]

Indicações para Descompressão do Nervo Óptico

Um defeito pupilar aferente com exame normal de fundo-de-olho sugere lesão do nervo óptico. Uma vez que o diagnóstico de comprometimento do nervo óptico é feito, devem ser tomadas as decisões sobre o tratamento adequado. O tempo decorrido desde a lesão e o grau de progressão do déficit visual devem ser observados. Perda completa da visão imediatamente após a lesão geralmente tem um prognóstico ruim e, embora casos de recuperação tenham sido descritos,[18,19] a maioria dos autores defende o tratamento com corticosteroides nessas circunstâncias.[17,20,27] Várias indicações relacionadas, mas sutilmente diferentes, foram utilizadas para indivíduos com algum grau de visão preservada. Uma das indicações mais comuns recomenda a descompressão do nervo óptico se a função visual deteriorar durante ou após o tratamento com corticosteroides. Outros estendem essa indicação oferecendo descompressão se a função visual *não* melhorar durante o tratamento com corticosteroides. Outros ainda defendem a descompressão se algum hematoma do nervo óptico ou fratura orbitária causando um fragmento compressivo do canal óptico for descoberto em exames de imagem. Emanuelli *et al.* encontraram 26 pacientes em um período de 10 anos com neuropatia óptica traumática. Todos eles foram tratados com esteroides sistêmicos. Todos necessitaram de tratamento cirúrgico, em razão da má resposta à terapia clínica; consistia em uma descompressão endoscópica endonasal do nervo óptico. Melhora da acuidade visual foi alcançada em 65% dos casos. Nenhuma complicação ocorreu no tempo de acompanhamento de 41 meses. Melhora na acuidade visual foi alcançada, embora muito limitada em alguns casos, quando a cirurgia foi realizada o mais próximo possível do evento traumático. Eles concluíram que a descompressão cirúrgica oferece melhor resultado para os pacientes se a terapia clínica falhar e se a cirurgia for feita dentro de 12 a 24 horas.[57]

Continua o debate sobre o melhor momento para a descompressão. Diversos relatos documentam melhora no resultado visual para a descompressão realizada até sete dias após a lesão, em comparação com a descompressão realizada após sete dias.[22,24,53] Outros não acharam este período de tempo como um fator significativo no resultado visual.[51-59] Thakar *et al.*[60] relataram melhoras na função visual para pacientes submetidos à descompressão até 1 ano após a lesão e recomendam a descompressão para pacientes com neuropatia óptica traumática com visão reduzida que persiste até 1 ano após a lesão. Outro fator que pode ser importante é a presença de fratura orbital, do ápice orbital ou do canal óptico. Novamente, não há consenso sobre a presença dessas fraturas ser prognóstica do resultado visual. Alguns relatos documentam piores resultados visuais em pacientes que sofrem fraturas orbitais,[22,24,59] enquanto outros não encontram diferenças nos resultados entre pacientes com e sem essas fraturas.[23,51-53,55] Alguns autores que não encontraram diferença admitem que amostras pequenas podem ter limitado seu poder para detectar uma diferença entre os dois grupos.

Escolha da Abordagem Cirúrgica

Quando a intervenção cirúrgica é considerada, a abordagem é determinada pelo mecanismo e localização da lesão, bem como pelas lesões associadas. A descompressão bem-sucedida do nervo óptico requer a remoção de metade da circunferência do osso ao longo de todo o comprimento do canal óptico. Se houver fratura, a abordagem é melhor selecionada com base no tipo de fratura e na direção da compressão, se isso puder ser determinado por estudos radiológicos pré-operatórios. Na ausência de patologia clara, a descompressão adequada do canal deve ser possível, independentemente da direção da abordagem. A abordagem orbital frontal intracraniana do canal óptico, descrita em 1922 por Dandy[61] para tumores orbitais, é frequentemente utilizada. Essa exposição é particularmente útil quando a patologia intracraniana associada requer atenção cirúrgica. A abordagem transetmoidal, originalmente descrita em 1926 por Sewall[62] e popularizada e modificada por Niho *et al.*,[41] Fukado,[19] Sofferman,[63] e outros,[5] evita craniotomia formal e fornece exposição do ápice medial da órbita com morbidade mínima. Quando a compressão é secundária a fraturas da parede lateral da órbita, a abordagem facial ou temporal lateral tem sido utilizada com sucesso para descomprimir o nervo e o canal ópticos.[26-29] Essa abordagem fornece amplo acesso à órbita lateral, incluindo a região da fissura orbital superior, com retração mínima do conteúdo orbital.

Abordagem Transfrontal

A abordagem transfrontal para visualizar o nervo e o quiasma ópticos é muito familiar aos neurocirurgiões (▶ Fig. 16.2). Acesso ao o quiasma óptico, ao nervo óptico intracraniano e à face posterior do canal óptico permitem a inspeção direta dessas estruturas nos casos de lesão frontotemporal.[2,38,41,59] Rompimentos durais e fraturas da placa orbital podem ser re-

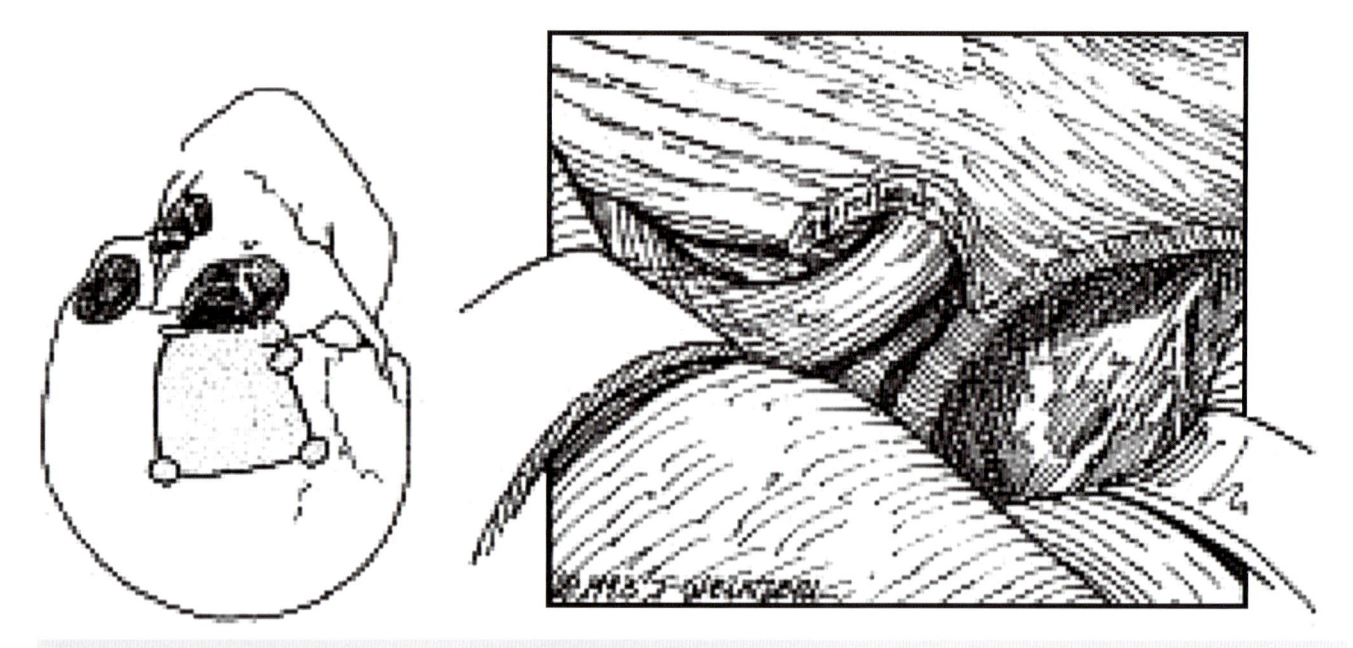

Fig. 16.2 Descompressão transfrontal do nervo óptico por meio de uma craniotomia frontal direita. A abordagem do canal óptico é exibida. O lobo frontal foi retraído e uma parte do canal óptico ósseo foi descoberta, permitindo a inspeção do nervo óptico e da bainha dural.

parados e a patologia intracraniana associada pode ser abordada simultaneamente. O canal óptico pode ser descolado e a bainha dural do nervo óptico incisada para permitir descompressão e inspeção adequadas do nervo óptico. Esta técnica tem sido descrita e utilizada por muitos autores e foi nomeada por Sofferman como "a técnica cirúrgica padrão sobre a qual praticamente são baseadas todas as séries relatadas de descompressão do nervo óptico".[63]

Abordagem Transetmoidal

Abordagens transetmoidais ao canal óptico assumiram um papel proeminente na descompressão do nervo óptico para trauma. Há vários motivos para isso. Abordagens transetmoidais evitam a necessidade de craniotomia, que alguns cirurgiões acham que carrega maior taxa de riscos. Abordagens transetmoidais exigem menos tempo na elaboração da abordagem e levam menos tempo para serem executadas. Por fim, essas abordagens tendem a ser menos invasivas, particularmente quando realizadas endoscopicamente,[64] e coincidem com as tendências para cirurgia minimamente invasiva. Há duas desvantagens específicas para essas abordagens, no entanto. Acima de tudo, a artéria carótida passa próximo ao nervo óptico, adjacente à parede lateral do seio esfenoidal (▶ Fig. 16.3). A remoção do osso sobre o nervo óptico deve ser meticulosa para evitar lesões na artéria carótida. A laceração da artéria carótida nesse local pode ser um evento fatal, porque não há controle vascular. Outro risco nessas abordagens é o vazamento do líquido cefalorraquidiano (CSF). Isso ocorre por meio de dois eventos principais. Primeiro, qualquer exposição ou perfuração que seja muito superior corre o risco de atravessar a dura-máter do plano esfenoidal e pode resultar em rinorreia de CSF. Segundo, a bainha do nervo óptico pode ser lacerada a partir de um evento traumático ou incisada como parte do procedimento. Essas aberturas na bainha do nervo óptico também podem levar ao vazamento de CSF.

Abordagens transetmoidais podem ser subdivididas em transnasal, transnasal endoscópica e transconjuntiva. A abordagem transetmoidal transfacial para o aspecto medial do ápice da órbita inclui uma incisão facial. Uma incisão vertical é feita apenas medialmente no canto medial do olho (incisão de Lynch), dividindo o ligamento palpebral medial (▶ Fig. 16.4). Uma porção oval do osso (1 × 1,5 cm) próxima à junção dos ossos maxilar, etmoidal e frontal é ressecada, expondo o seio etmoidal. Após a remoção das membranas mucosas e dos septos ósseos do seio, a proeminência do canal óptico é encontrada profundamente no recesso lateral do seio. Se a parede medial fina do seio tiver sido fraturada, os fragmentos ósseos são cuidadosamente removidos. O canal óptico é descomprimido ao longo de sua parede medial. Não há recomendações consistentes quanto à incisão da bainha do nervo óptico, com alguns autores incisando a bainha,[33,51,63,65] alguns evitando a incisão,[23,66] e outros indecisos.[24,30,67] Essa abordagem é dificultada pela visibilidade limitada e um ângulo estreito de abordagem ao canal óptico. Uma abordagem esfenoetmoidal modificada foi amplamente descrita por Sofferman[63] para melhorar o ângulo de abordagem.

As abordagens transetmoidais transnasais endoscópicas começam com uma etmoidectomia endoscópica. Uma vez que o seio esfenoidal é identificado, ele é inserido. A parede lateral do seio é examinada para encontrar as proeminências que cobrem o nervo óptico e a artéria carótida (▶ Fig. 16.3). A remoção óssea começa sobre a fina lâmina papirácea e prossegue posteriormente. A perfuração deve ocorrer sob irrigação contínua para evitar lesões térmicas no nervo óptico. O osso deve ser perfurado para um remanescente fino, que é, então, cuidadosamente removido para evitar lesão da artéria carótida. A bainha do nervo óptico pode ser incisada, como discutido anteriormente. Qualquer evidên-

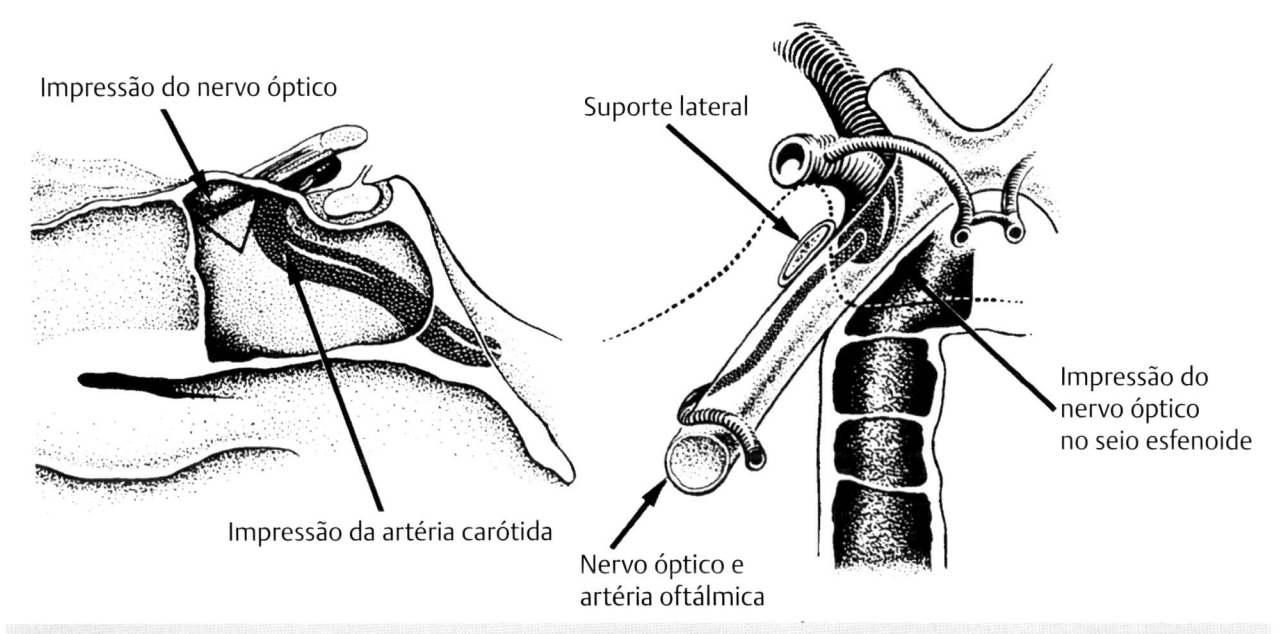

Fig. 16.3 Parede lateral do seio esfenoidal. O nervo óptico e a artéria carótida criam impressões na parede lateral. A artéria carótida é posterior e inferior em relação ao nervo óptico; portanto, a exposição do nervo óptico deve começar anterior e superior em relação à impressão do nervo óptico. (Adaptada de Goldberg RA, Steinsapir KD. Extracranial optic canal decompression: indications and technique. Ophthal Plast Reconstr Surg 1996; 12:163-170.)

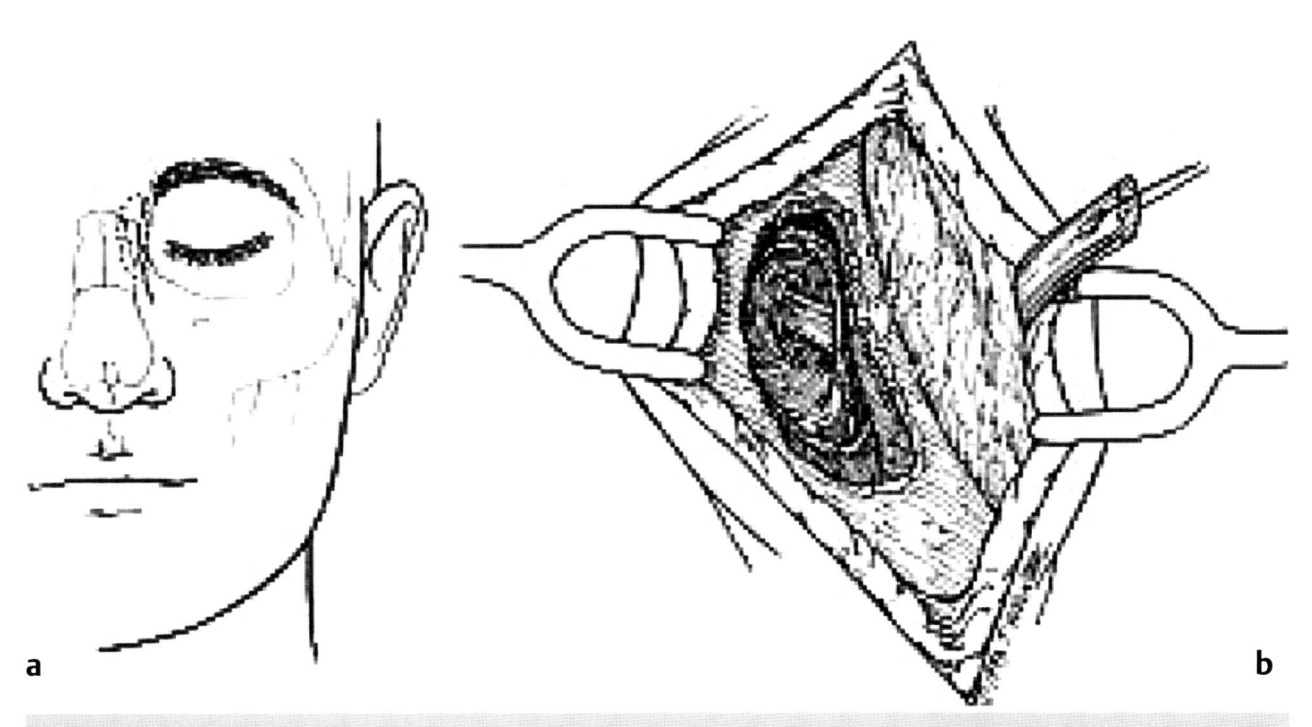

Fig. 16.4 Descompressão do nervo óptico transetmoidal esquerdo. (**a**) A incisão e a área da ressecção óssea são delineadas. (**b**) O conteúdo do seio etmoidal é removido, e o canal óptico é encontrado passando obliquamente no recesso lateral do seio etmoidal. Uma parte do canal óptico ósseo foi descoberta para permitir a inspeção do nervo óptico e da bainha. O ligamento palpebral medial dividido é retraído com uma sutura.

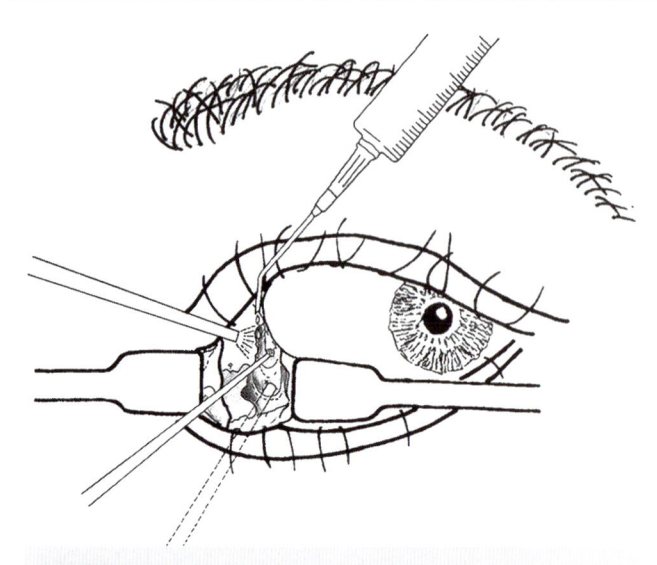

Fig. 16.5 Uma endoscopia transorbital assistida para descompressão do nervo óptico. Uma incisão conjuntival foi feita, a periórbita foi cuidadosamente dissecada das paredes da órbita e as artérias etmoidais foram cauterizadas e incisadas. A lâmina papirácea foi removida e a perfuração começou a abrir o canal óptico. Uma sucção direta foi colocada no seio esfenoidal através do nariz. (Adaptada de Yang WG, Chen CT, Tsay PK, De Villa GF, Tsai YJ, Chen YR. Outcome for traumatic optic neuropathy – Surgical *versus* non surgicaltreatment. Ann Plast Surg 2004;52:36–42.)

cia de vazamento de CSF deve ser tratada com qualquer um dos muitos métodos disponíveis (cola de fibrina, substitutos durais, fáscia lata cadavérica etc.). Abordagens endoscópicas também utilizaram a exposição transconjuntiva para aumentar a exposição orbital. Abordagens somente pela órbita[24] (▶ Fig. 16.5) e através da órbita e da cavidade nasal juntas[32] têm sido descritas como aumento da visualização.

Abordagem Lateral

Abordagens laterais faciais e laterais temporais para descompressão orbital têm sido utilizadas com sucesso no tratamento das fraturas da parede lateral da órbita.[26,27,28,29] É feita uma incisão vertical ou hemicoronal, e uma craniectomia temporal anterior restrita (com remoção do processo zigomático) é realizada. Isso permite uma exposição extradural do lobo temporal anterior, o lobo frontal anterolateral e do aspecto lateral da periórbita. O amplo acesso à órbita lateral é obtido com a exposição direta do conteúdo da fissura orbital superior e do canal óptico. O aspecto superior do canal óptico pode ser descomprimido e a bainha óptica dural pode ser inspecionada e incisada. Essa técnica tem sido criticada por envolver extensa exposição da fissura orbital superior e uma porção do seio cavernoso, colocando ambos em risco de lesão.[63]

16.2 Lesão Traumática do Nervo Facial: Visão Geral

Lesões pós-traumáticas do nervo facial foram descritas em 2% de todas as lesões na cabeça e é a segunda causa de paralisia facial em adultos.[68,69] Entre os pacientes com fraturas cranianas, 14 a 22% apresentam fraturas do osso temporal, o que pode resultar em perda auditiva, fístulas do CSF e paralisia do nervo facial.[70,71] Uma apreciação da anatomia do nervo facial e do osso temporal permite a localização da lesão e auxilia na seleção do tratamento adequado.

Semelhante ao nervo óptico, as indicações para descompressão cirúrgica do nervo facial ainda são debatidas. Em geral, a decisão de operar depende do local da lesão, do curso temporal da paralisia facial, da evidência radiológica e dos critérios eletrodiagnósticos. A paralisia imediata do nervo facial associada a um trauma extratemporal do nervo facial deve ser reparada dentro de 72 horas após a lesão.[72] A paralisia facial associada às fraturas do osso temporal é dividida em paralisia facial imediata e tardia. A maioria dos autores defende a operação precoce em fraturas do osso temporal com paralisia facial total e evidências radiológicas de descontinuidade do canal facial ou paralisia facial que atende aos critérios eletrodiagnósticos após 3 dias.[73] Acredita-se que os pacientes com paralisia facial de início tardio têm melhor prognóstico, independentemente do tratamento, em comparação com aqueles com disfunção nervosa imediata, embora isso tenha sido contestado.[73] Até 95% dos pacientes com lesão facial parcial irão melhorar sem intervenção. Assim, a intervenção é mais controversa, com alguns autores favorecendo uma abordagem mais conservadora. A técnica e a extensão da descompressão do nervo facial dependem do local da lesão e do nível de audição do paciente.

16.3 Patologia das Fraturas do Osso Temporal

As fraturas do osso temporal tendem a ocorrer ao longo dos pontos de fraqueza (forame) e paralelos à força traumática. As fraturas dos ossos temporais são classicamente descritas como fraturas longitudinais ou transversais em relação ao longo eixo da pirâmide petrosa.[72] Entretanto, esse esquema deu lugar a uma nova classificação com base no envolvimento da cápsula ótica (osso envolvendo a cóclea e o canal semicircular).

As fraturas que poupam a cápsula ótica ocorrem tipicamente por trauma na região temporoparietal. Essas fraturas tendem a resultar em uma perda auditiva mista ou condutiva e menor taxa de paralisia facial. A ruptura da cápsula ótica geralmente resulta de trauma no occipício e está associada à perda auditiva neurossensorial e a aumento do risco de fístula de CSF, meningite e paralisia do nervo facial.[74]

16.4 Anatomia do Nervo Facial

O nervo facial é um nervo craniano misto que contém de 7.000 a 10.000 fibras. Ele surge como duas raízes do sulco pontomedular lateral, anterior ao nervo vestibulococlear. O componente maior é o nervo facial motor e está localizado anteriormente ao nervo intermédio menor, o qual sustenta fibras autonômicas sensitivas e pré-ganglionares. O nervo facial entra no canal auditivo interno (IAC), passando pelo meato com os nervos coclear e vestibular, e fica ao longo do quadrante anterossuperior no interior do canal. O nervo entra no canal de falópio através do forame meatal na borda lateral do IAC acima da crista transversal e anterior à crista vertical (barra de Bill). Esse forame é o segmento mais estreito do canal facial e inicia o segmento labiríntico do nervo facial. Logo distal ao segmento labiríntico, o nervo é o gânglio geniculado, com ramos estendendo-se como o nervo petroso maior (fornecendo fibras pré-ganglionares para o plexo pterigoide para o lacrimejamento), um ramo para o plexo timpânico e um ramo para o plexo simpático da artéria meníngea média. No geniculado, o nervo facial gira abruptamente no sentido posterior, passando inferior à proeminência do canal semicircular lateral no ádito do antro mastoide. Medialmente ao ádito, ele desce abruptamente em um septo ósseo, dividindo-se para formar o nervo do músculo estapédio (que amortece o movimento do estribo), a corda do tímpano (que une o nervo lingual para proporcionar paladar aos dois terços anteriores da língua e fibras parassimpáticas para o gânglio submandibular) e um ramo comunicante para o componente auricular do nervo vago (X) (fibras sensoriais para o meato acústico externo) antes de emergir do forame estilomastóideo. O nervo, então, segue anterolateralmente entre o processo estiloide e o ventre posterior do músculo digástrico, inervando os músculos digástrico e estilo-hióideo, liberando um ramo auricular posterior que supre os músculos intrínsecos e auriculares. O nervo entra na superfície posteromedial da glândula parótida e a divide em seus lobos superficiais e profundos ao se ramificar para suprir os músculos da expressão facial.

16.4.1 Fisiopatologia da Lesão do Nervo Facial

A lesão do nervo facial próximo ao gânglio geniculado foi relatada pela primeira vez em 1926 por Ulrich.[75] Estudos clínicos subsequentes corroboram sua observação de que este representa o local mais frequente de lesão do nervo facial no trauma do osso temporal. Yanagihara[76] relatou uma fratura envolvendo o gânglio geniculado em 55% dos pacientes com paralisia facial após traumatismo craniano. Fisch[77,78] e Fisch e Esslen[79] relataram uma incidência de 93% de patologia intraoperatória no segmento labiríntico (incluindo o gânglio geniculado), com um segundo foco menos frequente no segmento timpânico descendente (7%). O segmento labiríntico é crucial para a lesão do nervo facial em razão de seu pequeno diâmetro, constrição da taxa aracnoide e epineuro limitado. Como resultado, qualquer edema rapidamente consome o pequeno espaço canalicular extraneural residual; supõe-se que isso diminua a perfusão nervosa, que, por sua vez, causa mais edema, desencadeando uma espiral descendente.

A histopatologia da lesão do nervo facial secundária à fratura do osso temporal tem sido descrita,[10,80-87] e os achados são consistentes com os observados em outras lesões de segmento neural proximal (isto é, degeneração distal acentuada, feixes nervosos desorganizados e proliferação de células de Schwann proximal e distalmente). Perda de mielinização no gânglio geniculado, com perda de células ganglionares e fibrose no perineuro e endoneuro, foi descrita, juntamente com degeneração grave das fibras nervosas e fibrose estendendo-se até as porções timpânica e mastoide do nervo facial.

16.4.2 Avaliação da Lesão do Nervo Facial

Na avaliação da lesão do nervo facial, é importante documentar o momento de início, o local da lesão e o grau de déficit funcional. Paralisia aguda nas primeiras 24 horas sugere uma lesão mais grave, com ruptura mecânica por estiramento, rompimento ou cisalhamento do nervo, e está associada a um prognóstico ruim de recuperação espontânea. A paralisia tardia, que pode se desenvolver até 2 semanas após a lesão, é secundária ao edema compressivo ou à hemorragia dentro do canal de falópio e geralmente tem melhor prognóstico para recuperação espontânea.[73,88] A escala mais comum para avaliar a função do facial é a escala de classificação do nervo facial de House-Brackmann. A escala de House-Brackmann usa seis graus de disfunção crescente, do grau 1 (normal) ao grau 6 (paralisia facial total).

A topografia do nervo facial, bem como o teste de excitabilidade do nervo (NET), foram amplamente substituídas por testes eletrofisiológicos mais objetivos.

A eletroneurografia (ENoG), eficaz no 3º ao 21º dia pós-lesão, registra a resposta do músculo facial no sulco nasolabial à estimulação supramáxima sobre o nervo facial ao sair do forame estilomastoideo.[70,89,90] Os resultados são comparados com o lado contralateral e registrados como uma porcentagem do déficit. A estimulação supramáxima é aplicada para garantir que todas as possíveis fibras nervosas em funcionamento sejam testadas. Redução superior a 90% nas primeiras uma a duas semanas após a lesão é considerada uma disfunção neuronal grave e é uma indicação relativa para exploração do nervo facial.[70]

A eletromiografia (EMG) é diferente da ENoG, pois nenhuma estimulação é realizada. Eletrodos de agulha intramuscular são colocados, e os registros são feitos no início e durante as tentativas de contrações faciais voluntárias. A manutenção ou o retorno precoce dos potenciais voluntários da unidade motora sugerem uma continuidade pelo menos parcial do nervo facial. Esse achado foi relatado como preditivo de retorno à boa função do nervo facial, mesmo na presença de ENoG demonstrando uma redução superior a 90% no lado afetado.[70,91,92] O desenvolvimento de potenciais de fibrilação neste momento sugere desnervação grave. Além da possível documentação de potenciais motores voluntários a qualquer momento, a EMG por outro lado, não é útil até 14 a 21 dias após a lesão, pois é o período necessário para que a degeneração neural se torne evidente.

O teste eletrofisiológico fornece informações relacionadas com a extensão da lesão com base na desnervação dos músculos faciais e pode ser benéfico em pacientes com um nível de consciência reduzido.[70,77,89,90,93-96] Estudos eletrofisiológicos são uma ferramenta útil na avaliação de lesão do nervo facial, embora a interpretação de um especialista seja essencial.

16.4.3 Avaliação Radiológica

A modalidade de imagem de escolha para a avaliação do osso temporal é a CT de alta resolução axial e coronal (▶ Fig. 16.6 e ▶ Fig. 16.7).[71,72] As varreduras focalizadas dos ossos temporais podem ser obtidas, após avaliação inicial e tratamento da patologia intracraniana. Reconstruções multiplanares podem ser usadas para identificar fraturas ou impacto do canal facial.[97] A anatomia do osso temporal e as fraturas associadas, conforme aparecem na CT, foram completamente descritas.[97-100] Fraturas cranianas e faciais associadas, ruptura ossicular, hemorragia no ouvido médio ou nas células aéreas da mastoideas e o dano potencial à artéria carótida também podem ser avaliados com a CT. Resnick et al. encontraram uma incidência de 18% de lesão carotídea em pacientes com fraturas através do canal carotídeo e uma incidência de 5% de lesão carotídea se a fratura não fosse através do canal.[101]

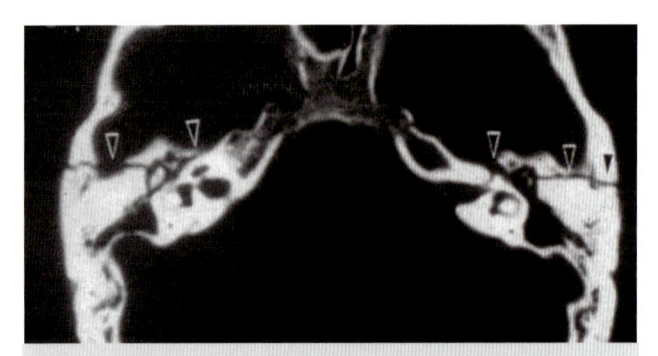

Fig. 16.6 Tomografia computadorizada axial do osso temporal demonstrando fraturas longitudinais bilaterais do osso temporal (*pontas de setas*).

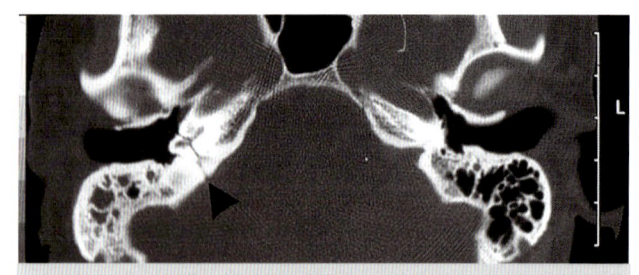

Fig. 16.7 Tomografia computadorizada axial do osso temporal demonstrando fratura temporal transversa à direita (*ponta de seta*).

16.4.4 Tratamento da Lesão do Nervo Facial

Indicações para Descompressão do Nervo Facial

Depois de identificar uma paralisia do nervo facial e sua gravidade, o tratamento clínico deve ser abordado.[80,85,94,102-112] Inicialmente, a proteção da córnea do olho é fundamental. As intervenções incluem medidas conservadoras, como pomadas lubrificantes e fechamento intermitente dos olhos, bem como procedimentos mais invasivos, como pesos de ouro na pálpebra superior e tarsorrafia. A administração de esteroides a curto prazo é amplamente utilizada. Embora não comprovado, acredita-se que os esteroides melhorem os resultados, presumivelmente por reduzir o edema do nervo em pacientes tratados de maneira conservadora.[73,108]

Pacientes com paralisia do nervo facial que não progrediu para paralisia completa são tratados de forma não cirúrgica, pois mais de 95% desses pacientes atingirão graus 1 e 2 de House-Brackmann. Pacientes com paralisia facial total de início imediato e/ou evidência radiológica de ruptura do canal facial são candidatos a uma cirurgia precoce. O tratamento de pacientes com paralisia facial de início imediato sem evidência de fratura evoca debates. Agora, a maioria dos cirurgiões tende a favorecer a descompressão com base em critérios eletrofisiológicos. O critério mais citado usa ENoG. Após 72 horas, os pacientes são acompanhados por ENoG seriado por até 21 dias. Se a degeneração atingir 90% ou mais,[70] e não houver potenciais volitivos da unidade motora vistos na EMG, então, a exploração cirúrgica pode ser justificada. Pacientes cujo ENoG permanece abaixo de 90% de degeneração, ou cujos potenciais volitivos da unidade motora são vistos na EMG, devem ser tratados de maneira não cirúrgica, pois o prognóstico é muito bom nesses casos. A maioria dos autores recomenda a descompressão precoce (dentro de 1-3 semanas após a lesão) na tentativa de prevenir lesão isquêmica, degeneração retrógrada e extensas alterações fibróticas no nervo. Isto é baseado em séries cirúrgicas retrospectivas e exames pós-morte em pacientes que não melhoram após procedimentos descompressivos. Nas séries relatadas por Alford *et al.*,[94] pacientes operados após 48 horas tiveram pior prognóstico e maior incidência de sincinesia facial. Por outro lado, outros encontraram melhora na função do nervo facial, na paralisia do nervo facial submetida à descompressão tardia.[104,109] Assim, um atraso no encaminhamento não impede um resultado bem-sucedido em casos selecionados.

O papel da descompressão cirúrgica em pacientes com paralisia facial tardia está menos claro, porque geralmente se considera que o prognóstico para paralisia facial de início tardio é favorável, independentemente do tratamento.[73,88] O início tardio da paralisia sugere continuidade do nervo com subsequente edema secundário ou formação de hematoma, levando à compressão do nervo dentro do canal facial, embora esse dito tenha sido questionado por Adegbite *et al.*[73] Ao revisar 25 pacientes com paralisia facial traumática imediata e tardia, eles não conseguiram demonstrar uma diferença significativa em resultados em pacientes com déficit de início imediato *versus* déficit de início tardio. Esses autores descobriram que o grau de lesão, em vez do tempo de início, teve valor preditivo significativo na determinação do resultado. Com base na recuperação parcial da função em 95% dos pacientes tratados por conduta expectante, uma abordagem conservadora foi defendida. O achado neste estudo de que, independentemente do tempo de início, pacientes com paralisia completa têm um prognóstico ruim quando tratados conservadoramente pode apoiar o papel da cirurgia precoce para evitar danos irreparáveis.[110] Seguindo essa linha de raciocínio, alguns cirurgiões apoiam a descompressão para o aparecimento tardio da paralisia se o ENoG demonstrar uma degeneração de 90% ou mais, semelhante aos casos de início agudo.

Escolha de Abordagem Cirúrgica

A escolha da abordagem cirúrgica baseia-se no local da lesão, conforme determinado pelo exame físico, teste da função do ramo do nervo facial, estado auditivo e dados audiométricos e avaliação radiológica.[73,112] A escolha da abordagem cirúrgica também deve ser considerada uma tentativa, porque pode ser necessária a exposição de todo o nervo facial.

Lesões proximais ou envolvendo o gânglio geniculado ocorrem em 55 a 90% dos casos e são melhor abordadas por meio de craniotomia extradural da fossa craniana média quando a audição está preservada.[112] Embora alguns autores relatem exposição bem-sucedida do gânglio geniculado por via transmastoide,[85,103,105,106] essa abordagem pode levar à exposição incompleta do gânglio geniculado ou da porção labiríntica proximal do nervo facial e não pode ser realizada com a preservação da boa audição. Quando há perda completa da audição, uma abordagem translabiríntica permite a exposição extensiva do nervo facial para descompressão e/ou reparação. A craniotomia da fossa craniana média costuma ser combinada com uma descompressão transmastoide para garantir a descompressão total do nervo facial, já que 7 a 20% dos pacientes terão um segundo foco de lesão no segmento timpânico distal.[79,85,103] Se a lesão estiver claramente distal ao gânglio geniculado e a audição estiver preservada, então, a descompressão transmastoide é suficiente.

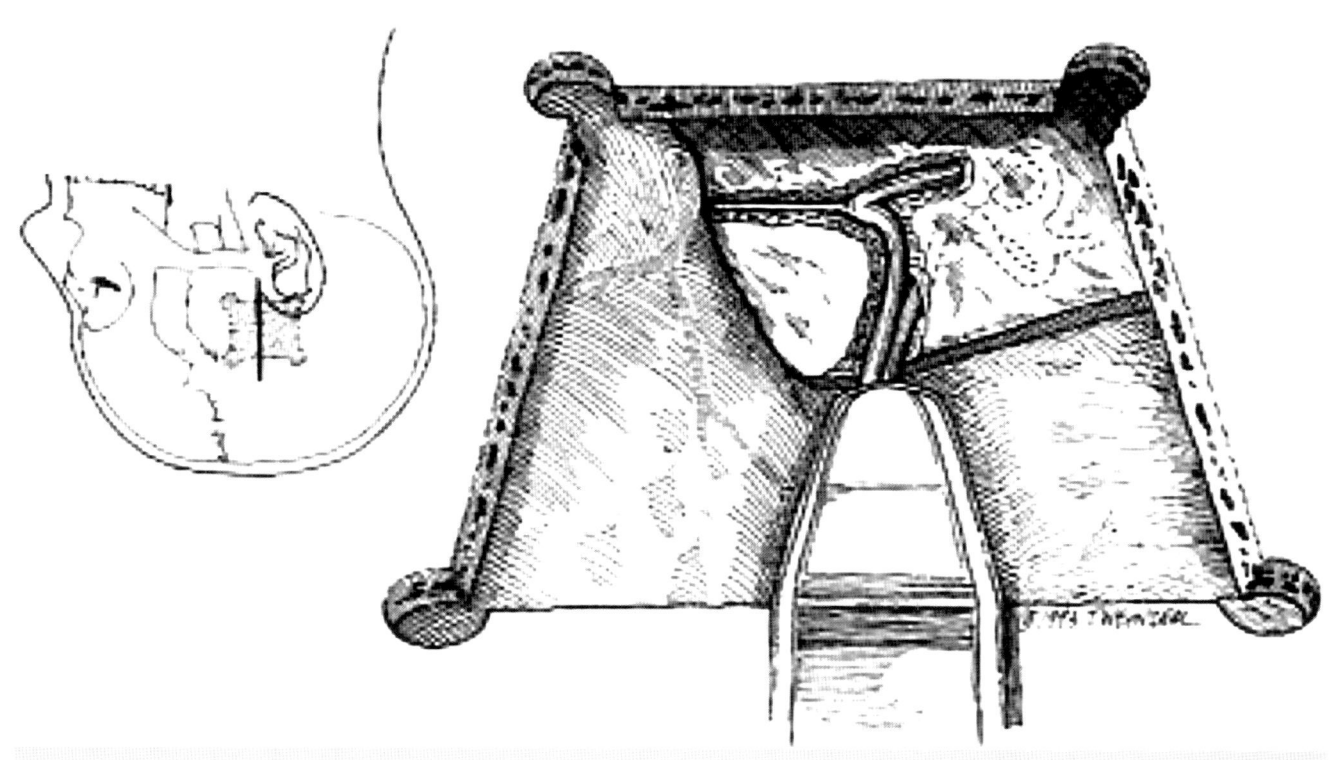

Fig. 16.8 É mostrada uma abordagem direita da fossa craniana média para descompressão do nervo facial. Por meio de uma pequena craniotomia, a dura-máter da fossa craniana média é elevada para permitir a inspeção do assoalho da fossa craniana média. O nervo facial é identificado no meato auditivo interno ou acompanhando o nervo petroso superficial maior até o gânglio geniculado. O nervo facial pode ser descomprimido a partir do conduto auditivo interno, passando pelo gânglio geniculado até o nível do processo cocleariforme. Esta técnica é combinada com descompressão transmastoide para permitir a descompressão intratemporal total do nervo facial.

Abordagem da Fossa Craniana Média

A abordagem da fossa craniana média costuma ser realizada através de uma incisão linear vertical ou temporal, estendendo-se a partir da raiz do zigoma até a linha temporal superior. Uma pequena craniotomia é feita e a dura-máter da fossa craniana média é elevada (▶ Fig. 16.8). A elevação da dura-máter deve ser feita com cuidado, já que o gânglio geniculado pode não ter cobertura óssea em 16% dos casos.[113] Existem dois métodos bem conhecidos para identificar o gânglio geniculado e o nervo facial na abordagem da fossa média. O primeiro método utiliza o nervo petroso superficial maior (GSPN) como ponto de referência. A perfuração começa sobre o GSPN proximal e progride no sentido posterolateral até que o gânglio geniculado seja identificado. A perfuração continua para identificar as porções meatal e as porções IAC do nervo facial. O segundo método utiliza pontos de referência no assoalho da fossa média. Um ângulo é previsto entre o eixo maior e o GSPN, que é de aproximadamente 120 graus e se abre medialmente. Esse ângulo é dividido e essa linha de divisão se aproxima da localização do IAC. O IAC pode, então, ser aberto primeiro, seguido pela perfuração lateral para identificar o segmento meatal e, eventualmente, o gânglio geniculado. Uma vez identificado o gânglio geniculado, a porção timpânica do nervo facial pode ser exposta ao nível do processo cocleariforme. Esta abordagem permite a exposição da porção mais proximal do nervo facial intratemporal, o segmento labiríntico e a exposição total do gânglio geniculado.[77,105-107] Se o nervo for cortado, a reparação direta ou o reparo com um enxerto interposicional pode ser realizado. O nervo auricular maior pode ser utilizado como doador, pois pode ser exposto no campo e seu diâmetro aproxima-se do diâmetro do nervo facial. Combinada com uma abordagem transmastoide subsequente, esta técnica permite a exposição intratemporal total do nervo facial. As complicações relatadas da abordagem da fossa média incluem perda auditiva neurossensorial e disfunção vestibular (2,6-4%), vazamento de CSF (2-5,1%), meningite (2-2,6%), hematoma epidural (2,6%) e lesão do córtex temporal secundária à retração.[111,112]

Abordagem Transmastoide

A abordagem transmastoide permite a exposição do nervo facial a partir do gânglio geniculado no forame estilomastóideo. Embora descrito com sucesso para exposição do gânglio geniculado, alguns cirurgiões sentem que a exposição proximal inadequada é obtida e preferem combinar as abordagens de fossa transmastoide e fossa média para exposição total.[77,97]

Uma mastoidectomia transcortical pode ser realizada através de uma incisão retroauricular (▶ Fig. 16.9). O canal semicircular horizontal e o processo curto da bigorna são identificados. Uma abertura é criada logo abaixo do processo curto da bigorna para entrar no recesso facial. Pela abertura, a articulação incudoestapedial e segundo joelho do nervo facial são identificados. O osso que cobre a porção descendente do nervo facial é afilado e removido para o forame estilomastoideo. Pode-se obter uma exposição adicional para visualizar o gânglio geniculado, desarticulando e removendo a bigorna, o que causa perda auditiva condutiva. Essa perda auditiva condutiva geralmente pode ser corrigida por meio de uma ossiculoplastia.

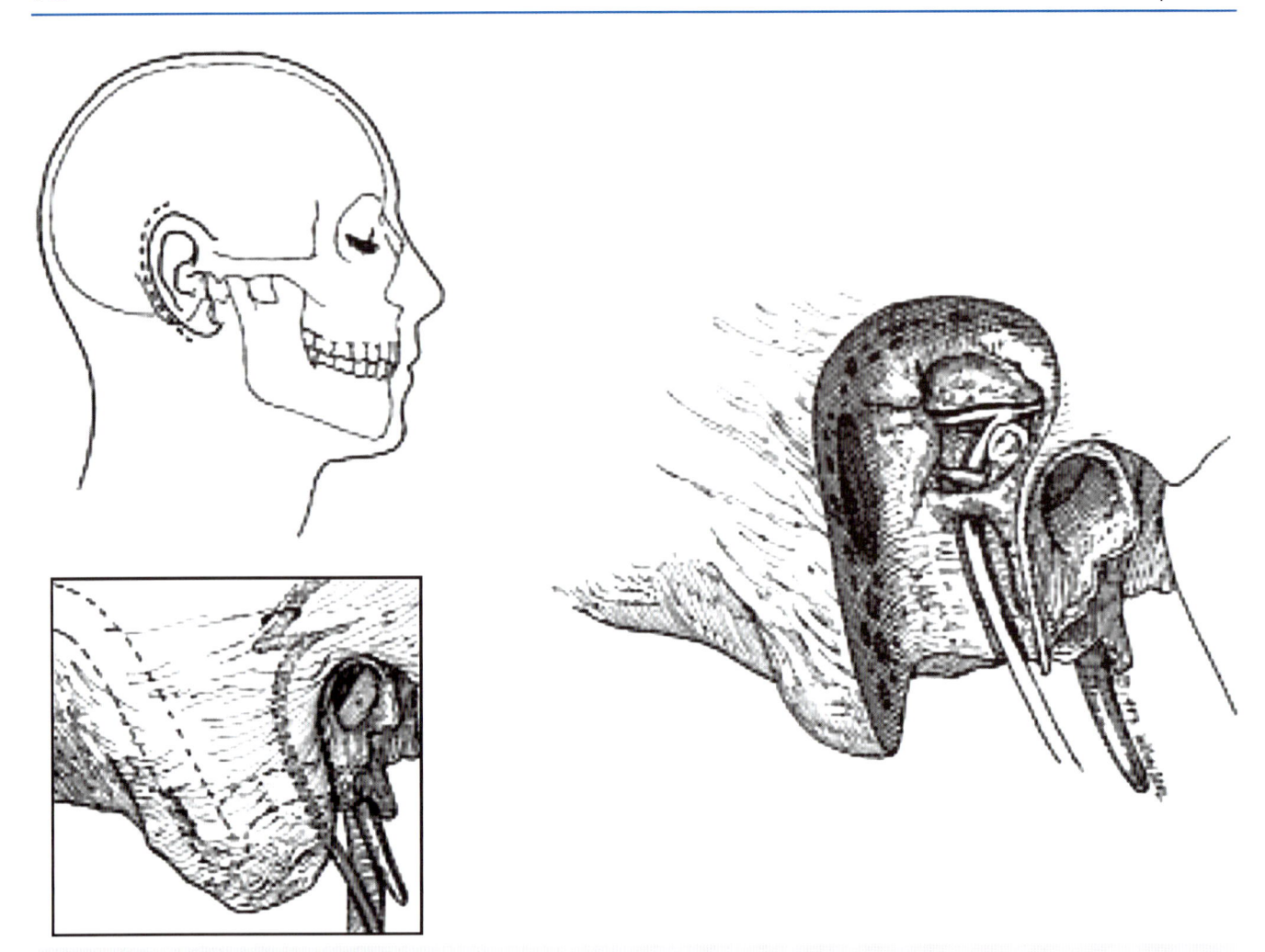

Fig. 16.9 É mostrada uma abordagem transmastoide direita para descompressão dos componentes distais do nervo facial. Após mastoidectomia transcortical, o nervo facial é identificado e acompanhado proximal ao recesso facial. A bigorna pode ser deslocada e rodada ou removida para permitir a exposição do segundo joelho do nervo facial e aspecto distal do gânglio geniculado. O nervo facial pode, então, ser descomprimido em seu canal ósseo a partir do nível do gânglio geniculado até o forame estilomastóideo.

Abordagem Translabiríntica

A abordagem translabiríntica possibilita a visualização do IAC para o forame estilomastóideo para descompressão ou para reparo do nervo. O nervo auricular maior está acessível para como enxerto para reparo. A principal condição para o uso da abordagem translabiríntica é que a audição esteja completamente perdida.

Uma incisão retroauricular é realizada e uma mastoidectomia total é realizada com uma broca de alta velocidade (▶ Fig.16.10a). A broca é usada para remover o osso sobre a dura-máter da fossa posterior, posterior ao seio sigmoide, a dura-máter da fossa posterior anteromedial ao seio sigmoide e a fossa média. O nervo facial deve ser identificado inferior ao canal semicircular lateral ou na porção da mastoide (▶ Fig.16.10a). A labirintectomia é iniciada pela remoção do canal semicircular lateral. A remoção se estende posteriormente, e o canal semicircular posterior é penetrado. O canal semicircular posterior fica aberto no pilar comum, e agora a remoção estende-se para o canal semicircular superior. O osso é removido posteriormente ao IAC. A dura-máter do IAC não deve ser aberta até que toda a perfuração óssea seja concluída, para proteger os nervos do IAC. Neste ponto, o nervo facial pode ser exposto a partir do IAC até o forame estilomastoideo (▶ Fig.16.10b).

16.5 Conclusão

O papel da descompressão cirúrgica nas lesões nervosas ópticas e faciais permanece controverso. A revisão da literatura disponível fornece diretrizes para o tratamento de pacientes com tais lesões, mas faltam estudos prospectivos randomizados. A maioria dos autores concorda que um declínio na acuidade visual após traumatismo craniano justifica a descompressão do nervo óptico, e que um início imediato ou precoce atrasa a paralisia facial pós-traumática, com 90% ou mais de degeneração pelo ENoG e ausência de potenciais de unidades motoras voluntárias, deve ser explorado. O papel da intervenção cirúrgica na cegueira pós-traumática imediata e na paralisia facial de início tardio está menos claro. Embora amplamente utilizados, o papel dos esteroides no tratamento desses pacientes é baseado em evidências anedóticas. Uma revisão da literatura sobre o tratamento dessas lesões evidencia a necessidade de um estudo controlado e sistêmico para otimizar o tratamento.

Muitos pacientes que sofreram lesões no nervo facial ou óptico, ou ambos, são tratados, concomitantemente, por neurocirurgiões, oftalmologistas e otorrinolaringologistas. O papel do neurocirurgião na coordenação do tratamento apropriado requer conhecimento profundo da história natural e da literatura disponível sobre lesões nos nervos ópticos e faciais.

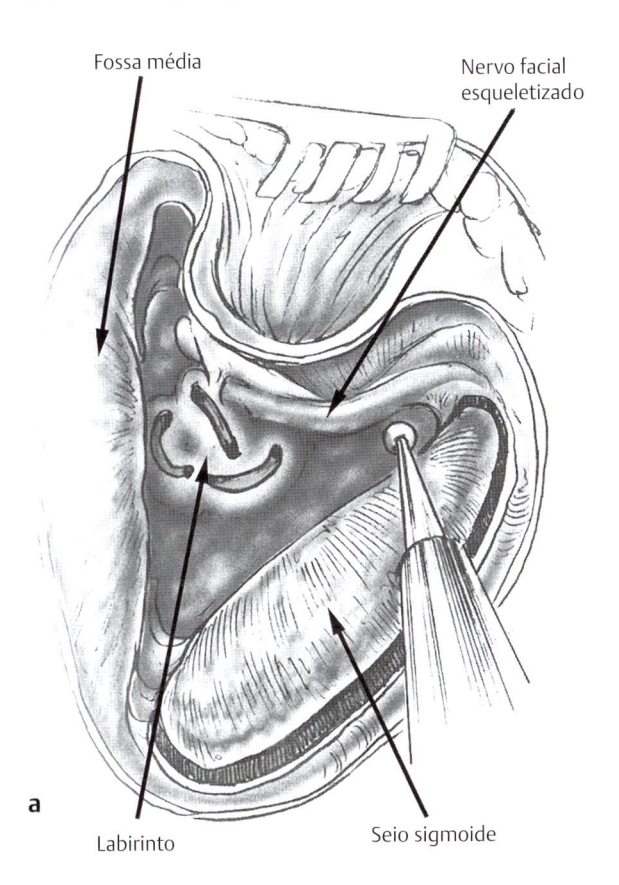

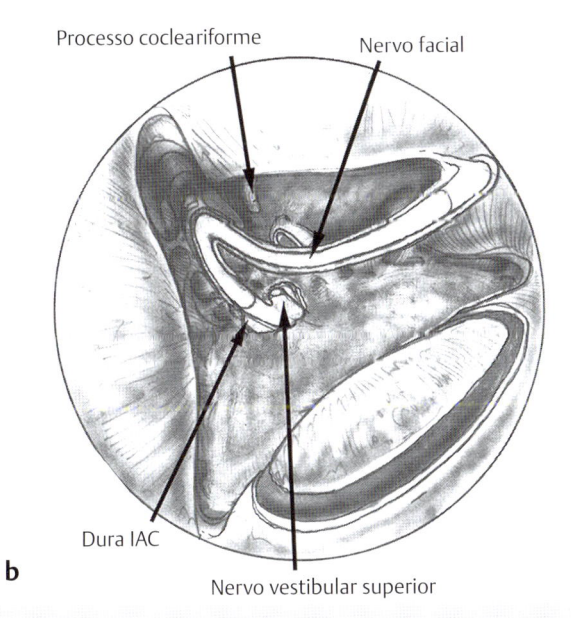

Fig. 16.10 Abordagem translabiríntica do nervo facial. (**a**) A mastoidectomia foi realizada e o canal facial foi identificado a partir do canal semicircular lateral até o forame estilomastóideo. O labirinto ósseo começou a ser aberto. (**b**) A remoção do labirinto e a exposição do nervo facial foram concluídas. O nervo facial foi exposto a partir do IAC até o forame estilomastóideo. IAC, canal acústico interno. (Reproduzida com permissão de Elsevier de Brackman DE, Shelton C, Arriaga MA, eds. Translabyrinth approach. In: Otologic Surgery. 2nd ed. St. Louis, MO: Elsevier; 2001:512, Copyright 2001.)

Referências

[1] Gjerris F. Traumatic lesions of the visual pathways. In: Vinken PJ, Bruyn GW, eds. Handbook of Clinical Neurology. Vol 24. New York: Elsevier; 1976:27-57
[2] Hooper RS. Orbital complications of head injury. Br J Surg. 1951; 39(154):126-138
[3] Ioannides C, Treffers W, Rutten M, et al. Ocular injuries associated with fractures involving the orbit. J Craniomaxillofac Surg. 1988; 16(4):157-159
[4] Nayak SR, Kirtane MV, Ingle MV. Fracture line in post head injury optic nerve damage. J Laryngol Otol. 1991; 105(3):203-204
[5] Nayak SR, Kirtane MV, Ingle MV. Transethmoid decompression of the optic nerve in head injuries: an update. J Laryngol Otol. 1991; 105(3):205-206
[6] Osguthorpe JD. Transethmoid decompression of the optic nerve. Otolaryngol Clin North Am. 1985; 18(1):125-137
[7] Holt GR, Holt JE. Incidence of eye injuries in facial fractures: an analysis of 727 cases. Otolaryngol Head Neck Surg. 1983; 91(3):276-279
[8] Brandle K. Post-traumatic optic nerve lesions (especially optic atrophy).. Confin Neurol. 1955; 15(3):169-208
[9] Turner JWA. Indirect injuries of the optic nerve. Brain. 1943; 66:140-151
[10] Ghobrial W, Amstutz S, Mathog RH. Fractures of the sphenoid bone. Head Neck Surg. 1986; 8(6):447-455
[11] Stuzin JM, Cutting CB, McCarthy JG, et al. Radiographical documentation of direct injury of the intracanalicular segment of the optic nerve in the orbital apex syndrome. Ann Plast Surg. 1988; 20(4):368-373
[12] Zachariades N. The superior orbital fissure syndrome. Review of the literature and report of a case. Oral Surg Oral Med Oral Pathol. 1982; 53(3):237-240
[13] Manfredi SJ, Raji MR, Sprinkle PM, et al. Computerized tomographic scan findings in facial fractures associated with blindness. Plast Reconstr Surg. 1981; 68(4):479-490
[14] Tao H, Ma Z, Dai P, et al. Computer-aided three-dimensional reconstruction and measurement of the optic canal and intracanalicular structures. Laryngoscope. 1999; 109(9):1499-1502
[15] Anderson RL, Panje WR, Gross CE. Optic nerve blindness following blunt forehead trauma. Ophthalmology. 1982; 89(5):445-455
[16] Krausen AS, Ogura JH, Burde RM, et al. Emergency orbital decompression: a reprieve from blindness. Otolaryngol Head Neck Surg. 1981; 89(2):252-256
[17] Lipkin AF, Woodson GE, Miller RH. Visual loss due to orbital fracture. The role of early reduction. Arch Otolaryngol Head Neck Surg. 1987; 113(1):81-83
[18] Fukado Y. Results in 350 cases of surgical decompression of the optic nerve. Trans Ophthalmol Soc N Z. 1973; 25:96-99
[19] Fukado Y. Results in 400 cases of surgical decompression of the optic nerve. Mod Probl Ophthalmol. 1975; 14:474-481
[20] Kline LB, Morawetz RB, Swaid SN. Indirect injury of the optic nerve. Neurosurgery. 1984; 14(6):756-764
[21] Spoor TC, Mathog RH. Restoration of vision after optic canal decompression. Arch Ophthalmol. 1986; 104(6):804-806
[22] Rajiniganth MG, Gupta AK, Gupta A, et al. Traumatic optic neuropathy: visual outcome following combined therapy protocol. Arch Otolaryngol Head Neck Surg. 2003; 129(11):1203-1206
[23] Spoor TC, McHenry JG. Management of traumatic optic neuropathy. J Craniomaxillofac Trauma. 1996; 2(1):14-26, discussion 27
[24] Yang WG, Chen CT, Tsay PK, et al. Outcome for traumatic optic neuropathy—surgical versus nonsurgical treatment. Ann Plast Surg. 2004; 52(1):36-42
[25] Walsh FB. Pathological-clinical correlations. I. Indirect trauma to the optic nerves and chiasm. II. Certain cerebral involvements associated with defective blood supply. Invest Ophthalmol. 1966; 5(5):433-449

[26] Funk GF, Stanley RB, Jr, Becker TS. Reversible visual loss due to impacted lateral orbital wall fractures. Head Neck. 1989; 11(4):295-300
[27] Knox BE, Gates GA, Berry SM. Optic nerve decompression via the lateral facial approach. Laryngoscope. 1990; 100(5):458-462
[28] Obwegeser HL. Temporal approach to the TMJ, the orbit, and the retromaxillary- infracranial region. Head Neck Surg. 1985; 7(3):185-199
[29] Stanley RB Jr. The temporal approach to impacted lateral orbital wall fractures. Arch Otolaryngol Head Neck Surg. 1988; 114(5):550-553
[30] Goldberg RA, Steinsapir KD. Extracranial optic canal decompression: indications and technique. Ophthal Plast Reconstr Surg. 1996; 12(3):163-170
[31] Karnik PP, Maskati BT, Kirtane MV, et al. Optic nerve decompression in head injuries. J Laryngol Otol. 1981; 95(11):1135-1140
[32] Kuppersmith RB, Alford EL, Patrinely JR, et al. Combined transconjunctival/intranasal endoscopic approach to the optic canal in traumatic optic neuropathy. Laryngoscope. 1997; 107(3):311-315
[33] Sofferman RA. Sphenoethmoid approach to the optic nerve. Laryngoscope. 1981; 91(2):184-196
[34] Romanes GJ. Cunningham's Textbook of Anatomy. New York: Oxford University Press; 1981
[35] Antonyshyn O, Gruss JS, Kassel EE. Blow-in fractures of the orbit. Plast Reconstr Surg. 1989; 84(1):10-20
[36] Edmund J, Godtfredsen E. Unilateral optic atrophy following head injury. Acta Ophthalmol (Copenh). 1963; 41:693-697
[37] Gonzalez MG, Santos-Oller JM, de Vicente Rodriguez JC. Optic nerve blindness following a malar fracture. J Craniomaxillofac Surg. 1990; 18(7):319-321
[38] Hughes B. Indirect injury of the optic nerves and chiasma. Bull Johns Hopkins Hosp. 1962; 111:98-126
[39] Ramsay JH. Optic nerve injury in fracture of the canal. Br J Ophthalmol. 1979; 63(9):607-610
[40] Hammer G, Ambos E. [Traumatic hematoma of the optic nerve sheath and the possibilities of its surgical treatment] [in German]. Klin Monatsbl Augenheilkd. 1971; 159(6):818-819
[41] Niho S, Niho M, Niho K. Decompression of the optic canal by the transethmoidal route and decompression of the superior orbital fissure. Can J Ophthalmol. 1970; 5(1):22-40
[42] Steinsapir KD, Goldberg RA. Traumatic optic neuropathies. In: Miller NR, Newman NJ, eds. Walsh and Hoyt's Clinical Neuro-Ophthalmology. Baltimore, MD: Williams and Wilkins; 1998:715-739
[43] Pringle JH. Atrophy of the optic nerve following diffuse violence to the skull. BMJ. 1922; 2:1156-1157
[44] Kestenbaum A. Clinical Methods of Neuro-ophthalmologic Examination. New York: Grune and Stratton; 1961
[45] Feinsod M, Selhorst JB, Hoyt WF, et al. Monitoring optic nerve function during craniotomy. J Neurosurg. 1976; 44(1):29-31
[46] Holmes MD, Sires BS. Flash visual evoked potentials predict visual outcome in traumatic optic neuropathy. Ophthal Plast Reconstr Surg. 2004; 20(5):342-346
[47] Mashima Y, Oguchi Y. Clinical study of the pattern electroretinogram in patients with optic nerve damage. Doc Ophthalmol. 1985; 61(1):91-96
[48] Greenberg RP, Becker DP, Miller JD, et al. Evaluation of brain function in severe human head trauma with multimodality evoked potentials. Part 2: localization of brain dysfunction and correlation with posttraumatic neurological conditions. J Neurosurg. 1977; 47(2):163-177
[49] Avrahami E, Sperber F, Cohn DF. Computerized tomographic demonstration of intraorbital bone fragments caused by penetrating trauma. Ophthalmic Surg. 1986; 17(1):41-43
[50] Grove AS, Jr. Computed tomography in the management of orbital trauma. Ophthalmology. 1982; 89(5):433-440
[51] Wohlrab TM, Maas S, de Carpentier JP. Surgical decompression in traumatic optic neuropathy. Acta Ophthalmol Scand. 2002; 80(3):287-293
[52] Cook MW, Levin LA, Joseph MP, et al. Traumatic optic neuropathy. A meta-analysis. Arch Otolaryngol Head Neck Surg. 1996; 122(4):389-392
[53] Mine S, Yamakami I, Yamaura A, et al. Outcome of traumatic optic neuropathy. Comparison between surgical and nonsurgical treatment. Acta Neurochir (Wien). 1999; 141(1):27-30
[54] Spoor TC, Hartel WC, Lensink DB, et al. Treatment of traumatic optic neuropathy with corticosteroids. Am J Ophthalmol. 1990; 110(6):665-669
[55] Levin LA, Beck RW, Joseph MP, et al. The treatment of traumatic optic neuropathy: the International Optic Nerve Trauma Study. Ophthalmology. 1999; 106(7):1268-1277
[56] Steinsapir KD, Goldberg RA. Traumatic optic neuropathy: an evolving understanding. Am J Ophthalmol. 2011; 151(6):928-933.e2
[57] Emanuelli E, Bignami M, Digilio E, et al. Post-traumatic optic neuropathy: our surgical and medical protocol. Eur Arch Otorhinolaryngol. 2015; 272(11):3301-3309
[58] Lübben B, Stoll W, Grenzebach U. Optic nerve decompression in the comatose and conscious patients after trauma. Laryngoscope. 2001; 111(2):320-328
[59] Wang BH, Robertson BC, Girotto JA, et al. Traumatic optic neuropathy: a review of 61 patients. Plast Reconstr Surg. 2001; 107(7):1655-1664
[60] Thakar A, Mahapatra AK, Tandon DA. Delayed optic nerve decompression for indirect optic nerve injury. Laryngoscope. 2003; 113(1):112-119
[61] Dandy WE. Prechiasmal intracranial tumors of the optic nerves. Am J Ophthalmol. 1922; 5(3):169-188
[62] Sewall EC. External operation on the ethmosphenoid-frontal group of sinuses under local anesthesia: technic for removal of part of optic foramen wall for relief of pressure on optic nerve. Arch Otolaryngol. 1926; 4(5):377-411
[63] Sofferman RA. Sphenoethmoid approach to the optic nerve. In: Schmidek HH, Sweet WH, eds. Operative Neurosurgical Techniques. Orlando, FL: Grune and Stratton; 1988:269-278
[64] Horiguchi K, Murai H, Hasegawa Y, et al. Endoscopic endonasal trans-sphenoidal optic nerve decompression for traumatic optic neuropathy—technical note. Neurol Med Chir (Tokyo). 2010; 50(6):518-522
[65] De Ganseman A, Lasudry J, Choufani G, et al. Intranasal endoscopic surgery in traumatic optic neuropathy—the Belgian experience. Acta Otorhinolaryngol Belg. 2000; 54(2):175-177
[66] Jiang RS, Hsu CY, Shen BH. Endoscopic optic nerve decompression for the treatment of traumatic optic neuropathy. Rhinology. 2001; 39(2):71-74
[67] Kountakis SE, Maillard AA, El-Harazi SM, et al. Endoscopic optic nerve decompression for traumatic blindness. Otolaryngol Head Neck Surg. 2000; 123(1 Pt 1):34-37
[68] Cannon CR, Jahrsdoerfer RA. Temporal bone fractures. Review of 90 cases. Arch Otolaryngol. 1983; 109(5):285-288
[69] Fisch U. Prognostic value of electrical tests in acute facial paralysis. Am J Otol. 1984; 5(6):494-498
[70] Nageris B, Hansen MC, Lavelle WG, et al. Temporal bone fractures. Am J Emerg Med. 1995; 13(2):211-214
[71] Hasso AN, Ledington JA. Traumatic injuries of the temporal bone. Otolaryngol Clin North Am. 1988; 21(2):295-316
[72] Gantz BJ. Traumatic facial paralysis. In: Gates GA, ed. Current therapy in otolaryngology head and neck surgery. Toronto, Canada: BC Decker; 1987:112-115
[73] Rhoton AL. The temporal bone and transtemporal approaches. In: Cranial Anatomy and Surgical Approaches. Philadelphia, PA: Lippincott Williams and Wilkins; 2003:643-698
[74] Vrabec JT. Otic capsule fracture with preservation of hearing and delayed- onset facial paralysis. Int J Pediatr Otorhinolaryngol. 2001; 58(2):173-177
[75] Ulrich K. Verletzungen des Gehörorgans bei Schadelbasisfrakturen. Acta Otolaryngol Suppl (Helsingfors). 1926; 6:S1-S150

[76] Yanagihara N. Transmastoid decompression of the facial nerve in temporal bone fracture. Otolaryngol Head Neck Surg. 1982; 90(5):616-621
[77] Fisch U. Facial paralysis in fractures of the petrous bone. Laryngoscope. 1974; 84(12):2141-2154
[78] Fisch U. Management of intratemporal facial nerve injuries. J Laryngol Otol. 1980; 94(1):129-134
[79] Fisch U, Esslen E. Total intratemporal exposure of the facial nerve. Pathologic findings in Bell's palsy. Arch Otolaryngol. 1972; 95(4):335-341
[80] Curtin JM. Fracture of the skull and intratemporal lesions affecting the facial nerve. Adv Otorhinolaryngol. 1977; 22:202-206
[81] Eby TL, Pollak A, Fisch U. Histopathology of the facial nerve after longitudinal temporal bone fracture. Laryngoscope. 1988; 98(7):717-720
[82] Eby TL, Pollak A, Fisch U. Intratemporal facial nerve anastomosis: a temporal bone study. Laryngoscope. 1990; 100(6):623-626
[83] Felix H, Eby TL, Fisch U. New aspects of facial nerve pathology in temporal bone fractures. Acta Otolaryngol. 1991; 111(2):332-336
[84] Grobman LR, Pollak A, Fisch U. Entrapment injury of the facial nerve resulting from longitudinal fracture of the temporal bone. Otolaryngol Head Neck Surg. 1989; 101(3):404-408
[85] Lambert PR, Brackmann DE. Facial paralysis in longitudinal temporal bone fractures: a review of 26 cases. Laryngoscope. 1984; 94(8):1022-1026
[86] May M. Trauma to the facial nerve. Otolaryngol Clin North Am. 1983; 16(3):661-670
[87] Ylikoski J. Facial palsy after temporal bone fracture: (light and electron microscopic findings in two cases). J Laryngol Otol. 1988; 102(4):298-303
[88] Wilberger J, Chen DA. Management of head injury. The skull and meninges. Neurosurg Clin N Am. 1991; 2(2):341-350
[89] Gantz BJ, Gmuer AA, Holliday M, et al. Electroneurographic evaluation of the facial nerve. Method and technical problems. Ann Otol Rhinol Laryngol. 1984; 93(4 Pt 1):394-398
[90] Gordon AS, Friedberg J. Current status of testing for seventh nerve lesions. Otolaryngol Clin North Am. 1978; 11(2):301-324
[91] Gantz BJ, Gmür A, Fisch U. Intraoperative evoked electromyography in Bell's palsy. Am J Otolaryngol. 1982; 3(4):273-278
[92] Sillman JS, Niparko JK, Lee SS, et al. Prognostic value of evoked and standard electromyography in acute facial paralysis. Otolaryngol Head Neck Surg. 1992; 107(3):377-381
[93] Alford BR. Electrodiagnostic studies in facial paralysis. Arch Otolaryngol. 1967; 85(3):259-264
[94] Alford BR, Sessions RB, Weber SC. Indications for surgical decompression of the facial nerve. Laryngoscope. 1971; 81(5):620-635
[95] May M, Harvey JE, Marovitz WF, et al. The prognostic accuracy of the maximal stimulation test compared with that of the nerve excitability test in Bell's palsy. Laryngoscope. 1971; 81(6):931-938
[96] Silverstein H, McDaniel AB, Hyman SM. Evoked serial electromyography in the evaluation of the paralyzed face. Am J Otol. 1985(Suppl):80-87
[97] Murakami M, Ohtani I, Aikawa T, et al. Temporal bone findings in two cases of head injury. J Laryngol Otol. 1990; 104(12):986-989
[98] Chakeres DW, Spiegel PK. A systematic technique for comprehensive evaluation of the temporal bone by computed tomography. Radiology. 1983; 146(1):97-106
[99] Ghorayeb BY, Yeakley JW, Hall JW III, et al. Unusual complications of temporal bone fractures. Arch Otolaryngol Head Neck Surg. 1987; 113(7):749-753
[100] Johnson DW, Hasso AN, Stewart CE III, Thompson JR, Hinshaw DB, Jr. Temporal bone trauma: high-resolution computed tomographic evaluation. Radiology. 1984; 151(2):411-415
[101] Resnick DK, Subach BR, Marion DW. The significance of carotid canal involvement in basilar cranial fracture. Neurosurgery. 1997; 40(6):1177-1181
[102] Jackler RK. Facial, auditory, and vestibular nerve injuries associated with basilar skull fractures. In: Youmans JR, ed. Neurological Surgery. Vol 4. Philadelphia, PA: WB Saunders; 1990:2305-2316
[103] Adegbite AB, Khan MI, Tan L. Predicting recovery of facial nerve function following injury from a basilar skull fracture. J Neurosurg. 1991; 75(5):759-762
[104] Brodsky L, Eviatar A, Daniller A. Post-traumatic facial nerve paralysis: three cases of delayed temporal bone exploration with recovery. Laryngoscope. 1983; 93(12):1560-1565
[105] Coker NJ. Management of traumatic injuries to the facial nerve. Otolaryngol Clin North Am. 1991; 24(1):215-227
[106] Coker NJ, Kendall KA, Jenkins HA, et al. Traumatic intratemporal facial nerve injury: management rationale for preservation of function. Otolaryngol Head Neck Surg. 1987; 97(3):262-269
[107] McCabe BF. Injuries to the facial nerve. Laryngoscope. 1972; 82(10):1891-1896
[108] Briggs M, Potter JM. Prevention of delayed traumatic facial palsy. BMJ. 1971; 3(5772):458-459
[109] Quaranta A, Campobasso G, Piazza F, et al. Facial nerve paralysis in temporal bone fractures: outcomes after late decompression surgery. Acta Otolaryngol. 2001; 121(5):652-655
[110] Gates GA. Facial nerve decompression following a basilar skull fracture. J Neurosurg. 1992; 77(2):332
[111] Bento RF, Pirana S, Sweet R, et al. The role of the middle fossa approach in the management of traumatic facial paralysis. Ear Nose Throat J. 2004; 83(12):817-823
[112] May M, Klein SR. Facial nerve decompression complications. Laryngoscope. 1983; 93(3):299-305
[113] Steenerson RL. Bilateral facial paralysis. Am J Otol. 1986; 7(2):99-103

17 Estado de Mal Epiléptico

Aradia X. Fu ▪ Lawrence J. Hirsh

Resumo

O estado de mal epiléptico (SE) é uma emergência neurológica comum que requer avaliação rápida e tratamento precoce, a fim de evitar a farmacorresistência, prevenir possíveis lesões neuronais e reduzir a morbidade e a mortalidade geral. Em 2015, a Liga Internacional contra a Epilepsia redefiniu e classificou os diferentes tipos de SE. Em 2016, a *American Epilepsy Society* publicou diretrizes para SE, incluindo um algoritmo de tratamento. Estas e outras diretrizes concordam com um tempo de 5 minutos após o qual a atividade convulsiva deve ser considerada SE e requer tratamento. Para atividade epiléptica não convulsiva contínua (NCSz) na eletroencefalografia, as diretrizes usam 5 ou 10 minutos. A confirmação do término das convulsões por meio de eletroencefalografia é crucial se o paciente não despertar rapidamente. Ao longo dos anos, há um crescente reconhecimento da urgência no tratamento, pois os estudos em animais e humanos demonstraram uma infinidade de evidências para os efeitos adversos da atividade convulsiva prolongada, incluindo a NCSz (excluindo a ausência SE). Houve numerosos ensaios prospectivos randomizados sobre medicamentos antiepilépticos, embora os melhores tratamentos de segunda e terceira linha permaneçam em debate. O tratamento pré-hospitalar e domiciliar com benzodiazepínicos parenterais (principalmente nasais, bucais e intramusculares) mostra-se promissor para o término precoce da convulsão, prevenção da SE e redução de seus custos e morbidades associadas. Embora algumas formas de SE tenham alta mortalidade independentemente do tratamento, muitas terão excelente prognóstico se puderem fazer um diagnóstico precoce e implementar prontamente o tratamento adequado.

Palavras-chave: tratamento antiepiléptico, monitorização contínua de EEG, convulsão, estado de mal epiléptico convulsivo, estado de mal epiléptico não convulsivo, convulsão, estado de mal epiléptico.

17.1 Introdução

Estado de mal epiléptico (SE) é uma emergência neurológica relativamente comum com morbidade e mortalidade substanciais e alta carga econômica no sistema de saúde. Nos Estados Unidos, estima-se que o custo anual direto de internação para SE seja de $4 bilhões de dólares.[1] Um estudo mais recente na Alemanha estimou um custo anual de $83 milhões de euros de internação para SE somente na população adulta.[2] Com o aumento da pesquisa clínica e de ciência básica e com o crescente uso do monitoramento eletroencefalográfico contínuo (cEEG), houve muitos avanços em nosso entendimento e tratamento do SE nos últimos anos. Este capítulo revisará vários aspectos do SE, incluindo a definição e o novo sistema de classificação proposto para SE, a urgência para o tratamento precoce, os resultados de estudos prospectivos recentes e os destaques de uma diretriz de tratamento muito recente para o estado de mal epiléptico convulsivo (CSE).

17.2 Definição e Classificação

Historicamente, a *International League Against Epilepsy* (ILAE) e a *Epilepsy Foundation definiram* SE como atividade convulsiva contínua com pelo menos 30 minutos de duração ou atividade convulsiva repetitiva sem recuperação completa da consciência entre os ataques.[3,4] No entanto, com o crescente reconhecimento da urgência para o término antecipado do SE para evitar consequências adversas, a ILAE recentemente revisou a definição de SE e, nessa mesma publicação, a ILAE também propôs uma nova classificação de SE.

17.2.1 Definição

De acordo com a nova definição da ILAE publicada em 2015, SE será definida conceitualmente com duas dimensões operacionais (t_1 e t_2): "Estado de mal epiléptico é uma condição resultante da falha dos mecanismos responsáveis pelo término da convulsão ou do início de mecanismos que levam a convulsões anormais e prolongadas (após o ponto de tempo t_1). É uma condição que pode ter consequências a longo prazo (após o ponto de tempo t_2), incluindo morte neuronal, lesão neuronal e alteração de redes neuronais, dependendo do tipo e da duração das crises".[5] O ponto de tempo t_1 indica quando o tratamento deve ser implementado, e o ponto de tempo t_2 indica quando podem ocorrer consequências a longo prazo. Com base em estudos clínicos e em animais, a ILAE concluiu que t_1 e t_2 para CSE podem ser de 5 minutos (tempo de tratamento) e 30 minutos (tempo para lesão neuronal), respectivamente. Os dados para o estado epiléptico não convulsivo (NCSE) são muito mais limitados. Os melhores valores estimados de t_1 e t_2 para SE focal com comprometimento do estado mental são 10 minutos (tempo de tratamento) e > 60 minutos (tempo para possível lesão neuronal). Para ausência de SE, estes tempos são estimados em 10 a 15 minutos e desconhecidos (sem evidência de lesão neuronal mesmo se prolongado).

Outras sociedades também propuseram definições semelhantes para SE. No algoritmo de tratamento para CSE de 2016 da *American Epilepsy Society* (AES), uma definição de 5 minutos para CSE foi usada; não havia nenhuma menção particular à definição para NCSE.[6] Na diretriz de tratamento para SE de 2013 da *Neurocritical Care Society*, SE, CSE e NCSE foram definidos como "5 minutos ou mais de (i) atividade convulsiva clínica e/ou eletrográfica contínua ou (ii) atividade convulsiva recorrente sem recuperação (retorno à base) entre as convulsões".[7]

17.2.2 Classificação

A ILAE propôs que o SE fosse classificado nos quatro eixos seguintes:[5] semiologia, etiologia, correlacionados ao EEG e idade. O eixo 1 (semiologia; ▶ Quadro 17.1) é o eixo mais importante e é amplamente dividido naqueles com sintomas motores proeminentes (p. ex., CSE, SE mioclônico, SE motor focal) e aqueles sem sintomas motores proeminentes (p. ex., NCSE com coma, ausência de SE). O eixo 2 (etiologia; ▶ Quadro 17.2) é categorizado naqueles com causas "conhecidas" (ou seja, "sintomáticas") e aqueles com causas "desconhecidas" (ou seja, "criptogênicas"). O eixo 3 (correlacionados ao EEG; ▶ Quadro 17.3) usa descritores de padrões de EEG no SE. Por último, o eixo 4 define as faixas etárias: neonato (0 a 30 dias), lactante (1 mês a 2 anos), criança (> 2 a 12 anos), adolescência e idade adulta (> 12 a 59 anos) e idosos (≥ 60 anos).

Quadro 17.1 Classificação do estado de mal epiléptico: eixo 1 (semiologia)

A. Com sintomas motores proeminentes

A.1. SE convulsivo (CSE, sinônimo: SE tônico-clônico)
- A.1.a. Convulsão generalizada
- A.1.b. Início focal evoluindo para SE convulsivo bilateral
- A.1.c. Não se sabe se é focal ou generalizada

A.2. SE mioclônico (proeminente espasmo mioclônico epiléptico)
- A.2.a. Com coma
- A.2.b. Sem coma

A.3. Motor focal
- A.3.a. Crises motoras focais repetidas (jacksonianas)
- A.3.b. Epilepsia parcial contínua (EPC)
- A.3.c. Estado adversivo
- A.3.d. Estado oculoclônico
- A.3.e. Paresia ictal (ou seja, SE inibitório focal)

A.4. Estado tônico

A.5. SE hipercinético

B. Sem sintomas motores proeminentes (ou seja, SE não convulsivo, NCSE)

B.1. NCSE com coma (incluindo o chamado SE "sutil")

B.2. NCSE sem coma
- B.2.a. Generalizado
- B.2.a.a. Estado de ausência típico
- B.2.a.b. Estado de ausência atípico
- B.2.a.c. Estado de ausência mioclônico
- B.2.b. Focal
- B.2.b.a. Sem comprometimento da consciência (aura contínua, com sintomas autonômico, sensorial, visual olfativo, gustativo, emocional/psíquico/experienciais ou auditivo)
- B.2.b.b. Estado afásico
- B.2.b.c. Com consciência prejudicada
- B.2.c. Desconhecido, se focal ou generalizado
- B.2.c.a. SE autonômico

Abreviação: SE, estado de mal epiléptico.
Reproduzido com permissão de Trinka E, Cock H, Hesdorffer D et al. Uma definição e classificação do estado de mal epiléptico – relatório do Grupo de Trabalho da ILAE sobre classificação de estado de mal epiléptico. Epilepsia 2015;56:1515-1523.

Quadro 17.2 Classificação do estado de mal epiléptico: eixo 2 (etiologia)

Conhecido (ou seja, sintomático)
- Agudo (p. ex., acidente vascular cerebral, intoxicação, malária, encefalite etc.)
- Remoto (p. ex., pós-traumático, pós-encefalite, pós-acidente vascular cerebral etc.)
- Progressivo (p. ex., tumor cerebral, doença de Lafora e outros PMEs, demências)
- SE em síndromes eletroclínicas definidas

Desconhecido (ou seja, criptogênico)

Abreviaturas: PMEs, epilepsias mioclônicas progressivas; SE, estado de mal epiléptico.
Reproduzido com permissão de Trinka E, Cock H, Hesdorffer D et al. Uma definição e classificação do estado de mal epiléptico – relatório do Grupo de Trabalho da ILAE sobre classificação de estado de mal epiléptico. Epilepsia 2015;56:1515-1523.

foram o melhor reconhecimento do NCSE com cEEG (especialmente em pacientes gravemente enfermos), longevidade da população, modificação da definição dos critérios de tempo para SE de 30 minutos para 5 minutos e mudanças nos códigos diagnósticos para SE.[8-10] Um fenômeno semelhante também foi observado na Tailândia: a taxa de incidência de SE aumentou de 1,29/100.000 em 2004 para 5,20/100.000 em 2012.[11] Cerca de 1/3 dos SEs ocorreu como convulsões não provocadas, 1/3 em pacientes com epilepsia estabelecida e 1/3 em pacientes sem histórico de epilepsia.[12,13] Até 1/3 dos pacientes na unidade de terapia intensiva (ICU) neurológica tem crise epiléptica não convulsiva (NCSz), e a maioria deles estará em NCSE.[14,15] Importantes fatores de risco para NCSz e NCSE incluem lesões cerebrais agudas (p. ex., hemorragia intracerebral, hemorragia subaracnoide, lesão cerebral traumática, acidente vascular cerebral isquêmico, infecção do sistema nervoso central), bem como histórico pregresso de tumor intracraniano, epilepsia e presença de encefalomalacia na imagem de ressonância magnética (MRI).[15-17] Alta prevalência de NCSz em ICUs médicas e cirúrgicas também foi identificada (11%), mesmo em pacientes sem qualquer doença neurológica aguda conhecida.[18-20] Aproximadamente 15% dos pacientes com epilepsia recém-diagnosticada têm SE como seu primeiro episódio convulsivo. Cerca de 0,5 a 1% dos pacientes com epilepsia terão SE a cada ano, e 10 a 20% dos pacientes com epilepsia terão SE pelo menos uma vez na vida.[21]

17.3.2 Etiologia e Prognóstico

A mortalidade intra-hospitalar para pacientes com CSE varia de 2,6% (< 10 anos de idade) a 20% (> 80 anos de idade).[8] Os preditores de resultado desfavorável incluem idade avançada, etiologia sintomática aguda, alteração da consciência, 20% ou mais por carga convulsiva por hora, descargas epileptiformes periódicas ou surto supressão no EEG, e complicações como insuficiência respiratória e infecção durante SE.[8,22,23] Deficiência funcional significativa será observada entre 20 e 50% dos sobreviventes.[24] De acordo com um estudo feito em adultos, a etiologia aguda mais comum para SE é acidente vascular cerebral (20,5% de mortalidade), a etiologia crônica mais comum para SE é histórico de epilepsia (geralmente em razão do baixo nível de medicamento antiepiléptico; 2,38% de mortalidade) e o pior resultado (42,4% de mortalidade) em SE é quando é devido à anóxia.[8] As etiologias mais comuns em crianças pequenas são criptogênicas e infecção com febre, ambas com baixas taxas de mortalidade.[25,26] Algumas das etiologias mais frequentemente encontrada para SE estão listadas no ▶ Quadro 17.4.

17.3 Epidemiologia, Etiologia e Resultado

17.3.1 Epidemiologia

A incidência de SE nos Estados Unidos aumentou de 3,5 para 12,5 por 100 mil habitantes entre 1979 e 2010, com uma distribuição bimodal com maior incidência nos primeiros 10 anos de vida e após os 50 anos de idade.[8] Acredita-se que os principais fatores que contribuíram para o aumento aparente na taxa de incidência

Quadro 17.3 Classificação do estado de mal epiléptico: eixo 3 (correlacionado com o EEG)

1. Localização: generalizada (incluindo padrões sincronizados bilaterais), lateralizada, bilateral independente, multifocal

1. Nome do padrão: descargas periódicas, atividade delta rítmica ou subtipos de ponta e onda/onda e ponta

1. Morfologia: nitidez, número de fases (p. ex., morfologia trifásica), amplitude absoluta e relativa, polaridade

1. Características relacionadas com o tempo: prevalência, frequência, duração, duração e índice do padrão diário, início (súbito *versus* gradual) e dinâmica (evolutiva, flutuante ou estática)

1. Modulação: induzida por estímulo *versus* espontânea

1. Efeito da intervenção (medicação) no EEG

Abreviação: EEG, eletroencefalograma.

Reproduzido com permissão de Trinka E, Cock H, Hesdorffer D *et al.* Uma definição e classificação do estado de mal epiléptico– relatório do Grupo de Trabalho da ILAE sobre classificação de estado de mal epiléptico. Epilepsia 2015;56:1515-1523.

Quadro 17.4 Etiologias do estado de mal epiléptico

A. Etiologias agudas

1. Distúrbios metabólicos: por exemplo, hiponatremia, hipocalcemia, hipomagnesemia, hipofosfatemia, alta osmolalidade, hipoglicemia, uremia, insuficiência hepática

1. Sepse

1. Infecção do CNS: por exemplo, meningite, encefalite, abscesso

1. Acidente vascular cerebral: acidente vascular cerebral isquêmico, hemorragia intracerebral, hemorragia subaracnóidea, trombose do seio cerebral

1. Traumatismo craniano com ou sem hematoma epidural ou subdural

1. Não aderência aos AEDs

1. Abstinência: por exemplo, opioide, benzodiazepínicos, barbitúrico, álcool, AED

1. Toxicidade medicamentosa

a. Analgésicos: meperidina, fentanil, tramadol

b. Antiarrítmicos: mexiletina, lidocaína, digoxina

c. Antibióticos: β-lactâmicos (p. ex., benzilpenicilina > penicilina semissintética, cefepima, imipenem), quinolonas, isoniazida (tratar com piridoxina), antimaláricos (p. ex., primaquina), metronidazol

d. Neurolépticos: especialmente clozapina, fenotiazinas, haloperidol, bupropiona

e. Agentes quimioterápicos: clorambucil, bussulfano, interferons-α, tacrolimus, micofenolato mofetil

f. Medicamentos para esclerose múltipla: dalfampridina, 4-aminopiridina

g. Outros: baclofeno, lítio, teofilina, ciclosporina

1. Lesão hipóxica ou anóxica: por exemplo, parada cardíaca

1. Encefalopatia hipertensiva, síndrome de encefalopatia reversível posterior

1. Imunológico: encefalite autoimune (p. ex., anticorpos antirreceptor de NMDA, anticorpos anticomplexo VGKC), síndromes paraneoplásicas, encefalite de Rasmussen, lúpus cerebral, doença de Still de início na idade adulta, síndrome de Goodpasture, púrpura trombocitopênica trombótica, encefalite límbica anticorpo-negativa

1. Drogas ilícitas: por exemplo, cocaína; anfetamina; fenciclidina; relatos de casos sobre canabinoide sintético ("*spice*"),[72] MDMA ("*ecstasy*"),[73] catinonas sintéticas ("sais de banho")[74]

B. Etiologias crônicas

1. Epilepsia preexistente: convulsões sem controle, descontinuação de AEDs

1. Abuso crônico de etanol em situações de intoxicação ou abstinência de etanol

1. Tumores do CNS

1. Patologia remota do CNS: por exemplo, acidente vascular cerebral, abscesso, traumatismo craniano, displasia cortical

C. Criptogênico

Abreviaturas: AED, medicamento antiepiléptico; CNS, sistema nervoso central; MDMA, 3,4-metilenodioximetanfetamina; NMDA, ácido N-metil-D-aspártico; VGKC, canal de potássio dependente de voltagem.

Reproduzido com permissão de Brophy GM, Bell R, Claasen J *et al.* Diretrizes para a avaliação e tratamento do estado de mal epiléptico. Neurocrito Care 2012;17:3-23, com modificações adicionais e dados de Trinka E, Hofler J, Zerbs A. Causas de estado de mal epiléptico. Epilepsia 2012;53 (Suppl4):127–138.

17.4 Características Clínicas e Diagnóstico

CSE é bem reconhecido clinicamente por causa da proeminente atividade motora rítmica. O NCSE, por outro lado, pode ser muito mais sutil (▶ Quadro 17.5), geralmente sem sinais clínicos, exceto pelo estado mental deprimido. A possibilidade de NCSz ou NCSE deve ser considerada em qualquer paciente neurocirúrgico com comprometimento inexplicável do estado mental (embora também seja comum quando há uma explicação), estado mental flutuante, despertar lento após CSE (não acordado 30-60 minutos após a convulsão) ou alteração prolongada da consciência após um procedimento neurocirúrgico sem complicações. Para diagnosticar adequadamente o SE clínico, subclínico ou sutil, o EEG continua sendo a ferramenta mais útil. EEG de rotina, no entanto, são inadequados para esse propósito, e o cEEG é altamente recomendado. Os EEGs de rotina, que normalmente registram 30 a 60 minutos, detectarão convulsões em apenas cerca de metade dos pacientes que apresentam NCSz no monitoramento cEEG.[16,27] Para pacientes não comatosos, um EEG de 24 horas detectará a primeira convulsão em mais de 90% dos pacientes com NCSz, mas 48 horas ou mais são, às vezes, necessárias em pacientes comatosos.[16] Assim, um exame de 24 horas é recomendado para pacientes não comatosos e um exame de 48 horas para aqueles em coma.

17.5 Urgência em Tratar Estado de Mal Epiléptico

Com o crescente conhecimento do mecanismo básico e das complicações diretamente relacionadas ao SE, não há dúvida de que requer tratamento urgente. Modelos animais têm avançado nossa compreensão das mudanças mal-adaptativas dependentes de tempo no SE.[28] Dentro de minutos a dias após o início do SE, há mudanças na cinética do canal iônico, despolarização de membrana, regulação pós-transcricional e ativação genética precoce. Nas semanas seguintes, modificações adicionais na função da proteína, morte neuronal e inflamação levarão à reorganização de redes neuronais. A cascata de eventos resultará em epileptogênese que, por fim, gera convulsões recorrentes espontâneas e (potencialmente) farmacorresistência aos medicamentos antiepilépticos. Outro motivo para promover o término antecipado do SE é que o SE é um preditor independente estabelecido de prognóstico ruim em muitas condições.[15,20,29,30]

17.5.1 Alterações de Nível Molecular e Celular durante o Estado de Mal Epiléptico

Modulação Neuropeptídica no Estado de Mal Epiléptico Autossustentável e Farmacorresistência

As alterações moleculares dependentes de tempo iniciam logo após o surgimento de uma única convulsão e podem começar a se transformar em SE autossustentado se os mecanismos endógenos ou a terapia exógena (p. ex., medicamentos antiepilépticos) não conseguirem interromper a cascata. Nos milissegundos e segundos após o início da convulsão, ocorre a fosforilação de proteína, liberação de neurotransmissores e abertura e fechamento do canal iônico para se preparar para atividade convulsiva potencialmente prolongada.[31] Logo depois, endocitose de receptores inibitórios do ácido γ-aminobutírico tipo A (GABA$_A$)[32,33] e aumento dos receptores excitatórios ácido α-amino-3-hidroxi-5-metil-4-isoxazolepropiônico (AMPA) e N-metil-D-aspartato (NMDA)[34] ocorrem simultaneamente. Acredita-se que a diminuição da ex-

Quadro 17.5 Possíveis representações do estado de mal epiléptico não convulsivo

Comportamental/cognitivo/sensorial	Autonômico vegetativo	Motor
Agitação/agressão	Sensação abdominal	Automatismo
Amnésia	Apneia/hiperventilação	Postura distônica
Anorexia	Bradi- e taquiarritmia	Piscar de olhos
Afasia/mutismo	Dor no peito	Desvio ocular
Catatonia	Rubor	Contração facial
Coma	Miose/midríase/atetose pupilar	Contração dos dedos
Confusão/delírio	Náusea/vômito	Nistagmo
Ilusão/alucinação		Tremor
Ecolalia		
Risada		
Letargia		
Repetição excessiva		
Mudança de personalidade		
Psicose		
Cantoria		

Reproduzido com permissão de Hirsch LJ, Gaspard N. Status epilepticus. Continuum (Minneap, Minn) 2013;19:767-794.

pressão dos receptores GABA$_A$ seja a causa da perda progressiva de potência antiepiléptica dos benzodiazepínicos (agonistas GABA) com atividade convulsiva prolongada;[35] a redução da potência cai até 20 vezes em 30 minutos de SE autossustentado.[36] Dentro de minutos a horas, ocorrem modulações mal-adaptativas em neuropeptídios para aumentar a expressão de neuropeptídios excitatórios[32,37] e diminuir a expressão de neuropeptídios inibitórios.[38-42] Nos dias e semanas após SE, mudanças na regulação da metilação do DNA e micro-RNA contribuem ainda mais para a epileptogênese e lesão neuronal e morte.

Lesão Neuronal e Morte

Existem vários mecanismos fisiopatológicos que levam à lesão neuronal e morte no SE, incluindo aumento da demanda metabólica neuronal, iniciação de mecanismos inflamatórios, geração de espécies reativas de oxigênio, excitotoxicidade causada por NMDA e entrada de cálcio não mediada por receptor de glutamato não NMDA, necrose, apoptose e disfunção mitocondrial.[45-50] Estudos encontraram edema do hipocampo após convulsão febril prolongada em crianças, o que foi confirmado por modelos animais que também associaram o grau de edema à gravidade da perda de volume no hipocampo.[46] NCSz devido à lesão cerebral traumática também parece estar associado à atrofia do hipocampo a longo prazo ipsolateral ao NCSz.[51] A enolase sérica específica do neurônio, um marcador de lesão neuronal,[50] está elevada após SE.[52,53] Lesões neuronais induzidas por SE podem ser demonstradas por hiperintensidade T2 e difusão restrita na MRI,[54,55] bem como suas alterações metabólicas subsequentes, medidas pela espectroscopia da MR.[56] Danos neuronais são agravados por fatores sistêmicos adversos, especialmente hipóxia, hipotensão, febre, hipo- e hiperglicemia e outras anormalidades metabólicas. Embora a lesão neuronal possa ser claramente demonstrada após 60 minutos de SE, ela, provavelmente, ocorre muito mais cedo na presença desses fatores exacerbantes.

17.5.2 Complicações Clínicas do Estado de Mal Epiléptico

A falha no tratamento imediato do SE pode levar a complicações sistêmicas e/ou neurológicas.[57] Durante as convulsões, os mecanismos compensatórios intrínsecos são iniciados para atender à demanda metabólica aumentada. Esses mecanismos desencadeiam a liberação de catecolaminas que levam a taquicardia, hipertensão, hiperpirexia, hiperglicemia e migração de leucócitos. Após 5 a 30 minutos de atividade convulsiva, como no SE, ocorre falência de múltiplos órgãos quando o corpo falha na manutenção da homeostasia. A maioria das complicações sistêmicas precoces ocorre em razão da cascata de eventos já mencionada. Existem também múltiplas complicações sistêmicas relacionadas com o tratamento de SE (p. ex., reações adversas a fármacos anestésicos e não anestésicos) e hospitalização prolongada na ICU (p. ex., embolia pulmonar, infecção adquirida em hospital, neuropatia de doença grave). O ▶ Quadro 17.6 detalha algumas dessas complicações.

17.6 Tratamento

17.6.1 Princípio Geral

"Tempo é cérebro." O tratamento rápido é de suma importância no SE, considerando todas as razões mencionadas acima. Operativamente, o tratamento deve ser iniciado dentro de 5 minutos da atividade de convulsão contínua. Em seres humanos, os medicamentos de primeira linha controlam o SE em 80% dos pacientes quando iniciados em 30 minutos, mas somente em 40% se iniciados 2 horas depois.[58,59] Febre, hipotensão, hipóxia, hipoglicemia e hiperglicemia e outras anormalidades metabólicas devem ser tratadas simultaneamente. Para fins práticos, o SE pode ser categorizado em dois grandes grupos: CSE com agitação generalizada proeminente e NCSE sem agitação generalizada proeminente. O algoritmo de tratamento proposto pela AES, que será discutido abaixo, tem como alvo o CSE. O tratamento para o NCSE será semelhante, mas normalmente com menos urgência e agressividade (especialmente no que diz respeito aos medicamentos anestésicos). Deve-se sempre avaliar o benefício do tratamento agressivo contra os riscos de intubação e sedação no NCSE. Há outra ressalva ao tratar o NCSE. Certos medicamentos antiepilépticos devem ser evitados em convulsões específicas: lamotrigina, carbamazepina, oxcarbazepina, eslicarbazepina e fenitoína podem piorar as convulsões mioclônicas;[60-62] carbamazepina, oxcarbazepina, eslicarbazepina e fenitoína podem piorar a crise de ausência.[62,63] Por último, lembre-se de que há alta probabilidade de convulsões subclínicas contínuas ou NCSE após a cessação de convulsões clínicas se o paciente não acordar prontamente. Um estudo encontrou atividade convulsiva subclínica em 48% dos pacientes após o controle do CSE (durante 24 horas de monitoramento), com 14% em NCSE.[64]

17.6.2 Ensaios Controlados Randomizados

Estudos em Pacientes Adultos

AES revisou ensaios controlados randomizados (RCTs) de 1940 a 2014. Nove RCTs foram realizados em pacientes adultos em relação à eficácia da terapia inicial que envolveu benzodiazepínicos, fenitoína, fenobarbital, ácido valproico e levetiracetam. Concluiu-se que "em adultos, midazolam IM, lorazepam IV, diazepam IV (com ou sem fenitoína) e fenobarbital IV são estabelecidos como eficazes para interromper convulsões com duração de pelo menos 5 minutos... O midazolam intramuscular tem eficácia superior em comparação com o lorazepam IV em adultos com estado de mal epiléptico convulsivo sem acesso IV estabelecido... lorazepam intravenoso é mais eficaz que a fenitoína IV em interromper convulsões com duração de pelo menos 10 minutos... Não há diferença na eficácia entre lorazepam IV seguido de fenitoína IV, diazepam IV mais fenitoína seguido de lorazepam IV e fenobarbital IV seguido por fenitoína IV... O ácido valproico intravenoso tem eficácia semelhante à fenitoína IV ou diazepam IV contínuo como terapia secundária após falha de um benzodiazepínico... Existem dados insuficientes em adultos sobre a eficácia do levetiracetam como terapia inicial ou secundária".[6] Depois que essas diretrizes foram concluídas, mais alguns ensaios prospectivos randomizados foram publicados: Chakravarthi *et al.* não encontraram diferença significativa na eficácia entre o levetiracetam IV *versus* a fenitoína IV como tratamento de segunda linha do SE.[65] Mundlamuri *et al.* determinaram que a fenitoína, o ácido valproico e o levetiracetam eram igualmente eficazes e seguros no tratamento de CSE após falha de lorazepam; psicose pós-ictal foi observada em 3/50 pacientes no braço do levetiracetam, mas em nenhum dos outros dois braços.[66] Navarro *et al.* descobriram que a adição de levetiracetam ao clonazepam IV para o tratamento de primeira linha do SE não proporcionava benefícios.[67]

Estudos em Pacientes Pediátricos

Vinte e seis RCTs foram revisados pela AES em pacientes pediátricos em relação à eficácia da terapia inicial que envolveu ben-

Quadro 17.6 Complicações sistêmicas do estado de mal epiléptico

Complicações sistêmicas iniciais	Complicações relacionadas com o tratamento	Complicações de ICU prolongada
Acidose (respiratória > metabólica) - Aumento da produção de CO_2 - Diminuição na remoção do CO_2 - Depleção do armazenamento de glicogênio - Exacerbado por inibidores da anidrase carbônica (p. ex., topiramato, zonisamida, acetazolamida)	Medicamentos não anestésicos - Benzodiazepínico: depressão respiratória, sedação - Ácido valproico: disfunção plaquetária e de coagulação, hiperamonemia - Fosfenitoína/fenitoína: arritmias cardíacas, hipotensão - Levetiracetam: psicose - Lacosamida: prolongamento PR	Doença tromboembólica venosa - Embolia pulmonar - Trombose venosa profunda
Hipóxia - Apneia - Obstrução das vias aéreas superiores - Aspiração de conteúdo gástrico - Obstrução da mucosa - Edema pulmonar neurocardiogênico	Propofol - Síndrome de infusão de propofol - Hipotensão	Complicações pulmonares - Tamponamento mucoso recorrente - Efusões pleurais - Atelectasia - Traqueostomia - Pneumonia associada ao ventilador
Estado hiperadrenérgico - Hiperpirexia - Hipertensão - Taquicardia - Hiperglicemia - Leucocitose periférica	Midazolam - Acúmulo de obesidade e disfunção renal ou hepática - Hipotensão	Outras complicações infecciosas - Infecções do trato urinário associadas ao cateter - Sepse - Infecções da corrente sanguínea - Colite pseudomembranosa
Lesão cardíaca - Impedimento ventricular esquerdo - Arritmias cardíacas - Elevações da troponina cardíaca - Anormalidades de condução elétrica - Necrose da banda de contração cardíaca/cardiomiopatia de Takotsubo	Barbitúricos - Hipotensão - Íleo paralítico - Aumento do risco de infecção - Toxicidade do propilenoglicol - Toxicidade hepática - Pancreatite - Edema lingual	Complicações cutâneas - Colapso da pele - Infecções fúngicas
Lesão musculoesquelética - Mordidas de língua - Fraturas de ossos longos - Fraturas de compressão do corpo vertebral - Luxação posterior do ombro	Quetamina - Taquiarritmias	Fraqueza adquirida na unidade de terapia intensiva - Miopatia de doença crítica - Neuropatia de doença crítica
Lesão renal - Rabdomiólise e insuficiência renal aguda	Anestésicos inalatórios - Hipotensão - Maior risco de infecção - Íleo paralítico	
	Hipotermia - Distúrbios acidobásico e de eletrólitos - Coagulopatia - Imunidade prejudicada - Arritmia cardíaca - Íleo paralítico - Trombose	

Reproduzido com a permissão e modificação de Hocker S. Systemic complications of status epilepticus – anupdate. Epilepsia Behav 2015;49:83-87.

zodiazepínicos, fenitoína, fenobarbital, ácido valproico e levetiracetam. Concluiu-se que "em crianças, lorazepam IV e diazepam IV são definidos como eficazes... para interromper convulsões com duração de pelo menos 5 minutos... O diazepam retal, midazolam intramuscular, midazolam intranasal e midazolam oral são provavelmente eficazes em parar convulsões com duração de pelo menos 5 minutos... Existem dados insuficientes em crianças sobre a eficácia do lorazepam intranasal, lorazepam sublingual, lorazepam retal, ácido valproico, levetiracetam, fenobarbital e fenitoína como terapia inicial... O ácido valproico intravenoso tem eficácia semelhante, mas melhor tolerabilidade do que o fenobarbital IV... como segunda terapia após falha de um benzodiazepínico. Existem dados insuficientes em crianças sobre a eficácia da fenitoína ou do levetiracetam como segunda terapia após a falha do benzodiazepínico..."[6]

Testes em Andamento

Vários ensaios clínicos em andamento podem levar a melhorias adicionais no tratamento do SE.

"*Established Status Epilepticus Treatment Trial*" (ESETT; identificador de estudo clínico: NCT01960075) é um estudo em andamento que visa determinar qual das seguintes alternativas –fosfenitoína, levetiracetam ou ácido valproico– é o tratamento mais eficaz para estado de mal epiléptico refratário entre os pacientes com mais de 2 anos de idade.

"*Treatment of Electroencephalographic Status Epilepticus After Cardiopulmonary Resuscitation*" (TELSTAR; identificador de estudo clínico: NCT02056236) é outro estudo em andamento que compara o efeito de drogas antiepilépticas *versus* sua ausência no resultado neurológico no tratamento de pacientes comatosos pós-operatórios com SE eletrográfico ou descargas periódicas.

Há também vários estudos em andamento em relação ao tratamento de SE refratário, incluindo o "Levetiracetam, Lacosamide and Ketamine as Adjunctive Treatment of Refractory Status Epilepticus" (identificador de estudo clínico: NCT02726867), o ensaio "*Ketogenic Diet for Refractory Status Epilepticus*" (identificador de estudo clínico: NCT01796574) e o ensaio "*Ketamine in Refractory Convulsive Status Epilepticus*" (KETASER01; identificador de estudo clínico: NCT02431663).

17.6.3 Diretriz de Tratamento

Abaixo está o algoritmo de tratamento proposto para CSE pela AES,[6] com três diferentes fases de tratamento (▶ Fig. 17.1).

Diretriz da AES para Tratamento de CSE: Fase de Estabilização (0-5 minutos)

Esta fase concentra-se, principalmente, na estabilização do paciente (p. ex., vias aéreas, respiração, circulação), estabelecimento de acesso intravenoso (IV) e início do trabalho metabólico básico para avaliar a etiologia da SE.

Diretriz da AES para Tratamento de CSE: Primeira Fase da Terapia (5-20 minutos)

Uma vez que a duração da convulsão chega a 5 minutos (se não antes, na opinião dos autores), recomenda-se o uso de benzodiazepínicos como primeira escolha de tratamento, particularmente midazolam intramuscular (IM), lorazepam IV ou diazepam IV. Lorazepam IV: 0,1 mg/kg/dose, máximo de 4 mg/dose, pode repetir uma vez. Midazolam IM: 10 mg para > 40 kg de peso corporal, 5 mg para 13 a 40 kg de peso corporal, dose única. Diazepam IV: 0,15 a 0,2 mg/kg/dose, máximo 10 mg/dose, pode repetir uma vez. Se medicações acima não estiverem disponíveis, considere o seguinte: fenobarbital IV 15 mg/kg/dose, dose única; diazepam retal 0,2 a 0,5 mg/kg, máximo 20 mg/dose, dose única; midazolam intranasal ou oral.

Diretriz da AES para Tratamento de CSE: Segunda Fase da Terapia (20-40 minutos)

Se a duração da convulsão atingir 20 minutos [nota: os autores deste capítulo acreditam que este tempo é muito lento e que a segunda fase da terapia deve estar entre os primeiros 10 a 25 minutos; veja a seguir], o tratamento deve escalar para a segunda fase de terapia, geralmente inclui medicamentos como fosfenitoína, ácido valproico, levetiracetam e fenobarbital. Nenhuma evidência de superioridade de um sobre o outro. Todos os medicamentos a seguir devem ser administrados em dose única: fosfenitoína IV 20 mg por via percutânea (PE)/kg, máximo de 1.500 mg PE/dose; ácido valproico IV 40 mg/kg, máximo de 3.000 mg/dose; levetiracetam IV 60 mg/kg, máximo 4.500 mg/dose; fenobarbital 15 mg/kg (reserva como última opção por conta dos efeitos colaterais e administração lenta).

Diretriz da AES para Tratamento de CSE: Terceira Fase da Terapia (40-60 minutos)

SE é considerado como SE refratário se a duração da convulsão for superior a 30 minutos em decorrência da falha na resposta à primeira e segunda linhas de terapias (35-40% do SE)[68] ou SE super-refratário se persistir ou recorrer 24 horas ou mais após o início do agente anestésico.[65] Nenhum guia claro baseado em evidências para terapia nesta fase. O tratamento inclui a repetição da terapia de segunda linha ou o uso de infusão contínua de agentes anestésicos com cEEG. No entanto, sempre pese os riscos e benefícios da utilização de infusão anestésica, especialmente no NCSE, uma vez que a infusão de anestésicos pode levar ao aumento da infecção e maior risco de morte.[69]

Nesta fase, considere os seguintes agentes anestésicos conforme o Protocolo para SE do *Yale New Haven Hospital*:[70] midazolam 0,2 mg/kg em *bolus* IV, repetido 5 minutos até as convulsões cessarem (máximo de 10 *bolus*), em seguida infusão de manutenção de 0,1 a 2,9 mg/kg/h; propofol 1 a 2 mg/kg por injeção intravenosa, repetida a cada 3 a 5 minutos até a parada das convulsões (máximo de 10 mg/kg) seguida de 33 µg/kg/min (1,98 mg/kg/h) taxa de infusão IV inicial, 17 a 250 µg/kg/min (1,02 a 15 mg/kg/h); barbiturato tal como pentobarbital, dose de carga de 5 mg/kg IV e dose de manutenção de 1 a 5 mg/kg/h; dose de carga de quetamina 1,5 mg/kg IV a cada 3 a 5 minutos até as convulsões cessarem (máximo 4,5 mg/kg), infusão inicial 1,2 mg/kg/h, manutenção 0,3 a 7,5 mg/kg/h; *bolus* de lidocaína de 100 a 400 mg IV seguido de 1 a 3 mg/kg ou infusão contínua de 2 a 4 mg/kg/h sem *bolus*.[71]

Opinião dos Autores sobre as Diretrizes de Tratamento da AES

A linha do tempo para cada uma das fases da terapia é muito lenta. Defendemos um curso de ação mais rápido no tratamento de SE. Considere o início e o término da primeira fase da terapia (benzodiazepínico) em 10 minutos (ou seja, o mais rápido possível, em vez de 5 a 20 minutos), a segunda fase em 10 a 25 minutos (em vez de 20 a 40 minutos) e a terceira fase da terapia dentro de 25+ minutos (em vez de 40-60 minutos). O objetivo é iniciar a anestesia, se ainda convulsionar, em menos de 30 minutos, quando se sabe que a lesão neuronal é provável, se CSE continuar.

17.7 Conclusão

SE é uma emergência neurológica com múltiplas etiologias que contribuem para o resultado da doença. A avaliação e tratamento rápidos e focalizados são o segredo para um melhor prognóstico, pois todas as formas de SE tornam-se cada vez mais refratárias ao tratamento quanto mais tempo elas continuarem. A probabilidade de um bom resultado para determinada etiologia está inversamente relacionada à duração da atividade convulsiva. É fundamental reconhecer que a maioria das convulsões em pacientes gravemente doentes não é convulsiva. Deve haver uma

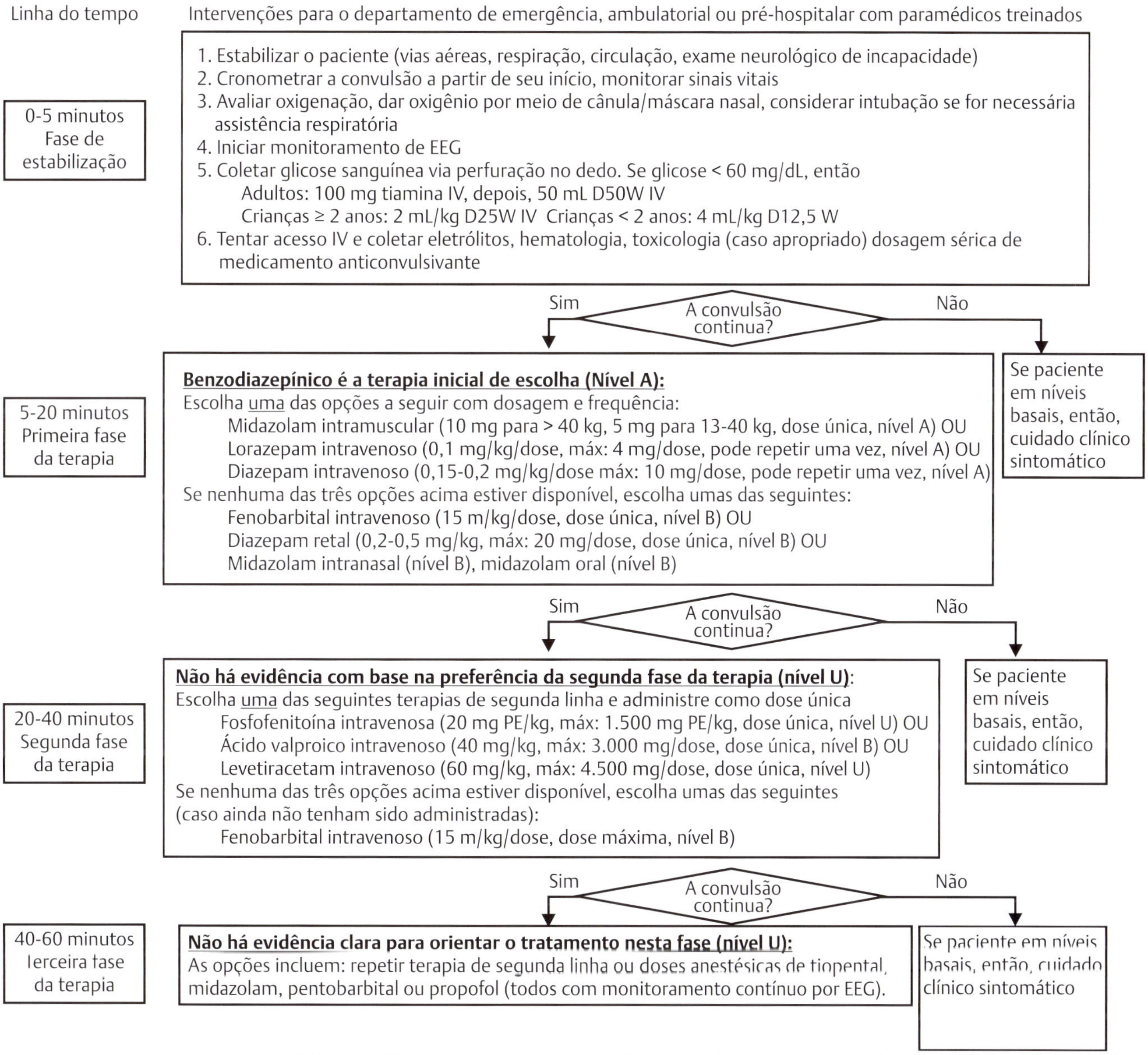

| Linha do tempo | Intervenções para o departamento de emergência, ambulatorial ou pré-hospitalar com paramédicos treinados |

0-5 minutos — Fase de estabilização
1. Estabilizar o paciente (vias aéreas, respiração, circulação, exame neurológico de incapacidade)
2. Cronometrar a convulsão a partir de seu início, monitorar sinais vitais
3. Avaliar oxigenação, dar oxigênio por meio de cânula/máscara nasal, considerar intubação se for necessária assistência respiratória
4. Iniciar monitoramento de EEG
5. Coletar glicose sanguínea via perfuração no dedo. Se glicose < 60 mg/dL, então
   Adultos: 100 mg tiamina IV, depois, 50 mL D50W IV
   Crianças ≥ 2 anos: 2 mL/kg D25W IV   Crianças < 2 anos: 4 mL/kg D12,5 W
6. Tentar acesso IV e coletar eletrólitos, hematologia, toxicologia (caso apropriado) dosagem sérica de medicamento anticonvulsivante

A convulsão continua? — Sim → / Não → Se paciente em níveis basais, então, cuidado clínico sintomático

5-20 minutos — Primeira fase da terapia

Benzodiazepínico é a terapia inicial de escolha (Nível A):
Escolha uma das opções a seguir com dosagem e frequência:
   Midazolam intramuscular (10 mg para > 40 kg, 5 mg para 13-40 kg, dose única, nível A) OU
   Lorazepam intravenoso (0,1 mg/kg/dose, máx: 4 mg/dose, pode repetir uma vez, nível A) OU
   Diazepam intravenoso (0,15-0,2 mg/kg/dose máx: 10 mg/dose, pode repetir uma vez, nível A)
Se nenhuma das três opções acima estiver disponível, escolha umas das seguintes:
   Fenobarbital intravenoso (15 m/kg/dose, dose única, nível B) OU
   Diazepam retal (0,2-0,5 mg/kg, máx: 20 mg/dose, dose única, nível B) OU
   Midazolam intranasal (nível B), midazolam oral (nível B)

A convulsão continua? — Sim → / Não → Se paciente em níveis basais, então, cuidado clínico sintomático

20-40 minutos — Segunda fase da terapia

Não há evidência com base na preferência da segunda fase da terapia (nível U):
Escolha uma das seguintes terapias de segunda linha e administre como dose única
   Fosfofenitoína intravenosa (20 mg PE/kg, máx: 1.500 mg PE/kg, dose única, nível U) OU
   Ácido valproico intravenoso (40 mg/kg, máx: 3.000 mg/dose, dose única, nível B) OU
   Levetiracetam intravenoso (60 mg/kg, máx: 4.500 mg/dose, dose única, nível U)
Se nenhuma das três opções acima estiver disponível, escolha umas das seguintes (caso ainda não tenham sido administradas):
   Fenobarbital intravenoso (15 m/kg/dose, dose máxima, nível B)

A convulsão continua? — Sim → / Não → Se paciente em níveis basais, então, cuidado clínico sintomático

40-60 minutos — Terceira fase da terapia

Não há evidência clara para orientar o tratamento nesta fase (nível U):
As opções incluem: repetir terapia de segunda linha ou doses anestésicas de tiopental, midazolam, pentobarbital ou propofol (todos com monitoramento contínuo por EEG).

Se paciente em níveis basais, então, cuidado clínico sintomático

Fig. 17.1 Algoritmo de tratamento proposto para estado de mal epiléptico pela American Epilepsy Society.* (Reproduzida com permissão de Glauser T, Shinnar S, Gloss D et al. Evidence-based guideline: treatment of convulsive status epilepticus in children and adults: report of the Guideline Committee of the American Epilepsy Society. Epilepsy Curr 2016; 16: 48–61.).* Na opinião dos autores deste capítulo, o tempo das fases acima é muito lento e deve ser o seguinte: primeira fase da terapia dentro de 0 a 10 minutos (em vez de 5-20 minutos), segunda fase de terapia em 10 a 25 minutos (em vez de 20-40 minutos) e terceira fase de terapia em 25+ minutos (em vez de 40+ minutos).

alta suspeita para NCSE em pacientes com estado mental alterado persistente ou flutuante, sem uma etiologia clara ou com uma etiologia que predisponha a convulsões (como qualquer lesão supratentorial, aguda ou crônica, epilepsia prévia ou sepse). O monitoramento contínuo de EEG é altamente recomendado para avaliar NCSz ou NCSE. Agora, a tecnologia está disponível para estudar o fluxo sanguíneo cerebral, o oxigênio do tecido cerebral, o metabolismo do cérebro e o estado energético, a pressão intracraniana, os marcadores de lesão neuronal e outros parâmetros detalhados nesses pacientes. A pesquisa nessas áreas está progredindo rapidamente. Em combinação com pesquisas sobre neuroproteção e antiepileptogênese, esses avanços continuarão a melhorar nossa capacidade de reconhecer, tratar e prevenir o SE de maneira mais eficaz.

Referências

[1] Penberthy LT, Towne A, Garnett LK, et al. Estimating the economic burden of status epilepticus to the health care system. Seizure. 2005; 14(1):46-51
[2] Strzelczyk A, Knake S, Oertel WH, et al. Inpatient treatment costs of status epilepticus in adults in Germany. Seizure. 2013; 22(10):882-885
[3] Proposal for revised clinical and electroencephalographic classification of epileptic seizures. From the Commission on Classification and Terminology of the International League Against Epilepsy. Epilepsia. 1981; 22(4):489-501
[4] Treatment of convulsive status epilepticus. Recommendations of the Epilepsy Foundation of America's Working Group on Status Epilepticus. JAMA. 1993; 270(7):854-859

[5] Trinka E, Cock H, Hesdorffer D, et al. A definition and classification of status epilepticus—report of the ILAE Task Force on Classification of Status Epilepticus. Epilepsia. 2015; 56(10):1515-1523

[6] Glauser T, Shinnar S, Gloss D, et al. Evidence-based guideline: treatment of convulsive status epilepticus in children and adults: report of the Guideline Committee of the American Epilepsy Society. Epilepsy Curr. 2016; 16(1):48–61

[7] Brophy GM, Bell R, Claassen J, et al; Neurocritical Care Society Status Epilepticus Guideline Writing Committee. Guidelines for the evaluation and management of status epilepticus. Neurocrit Care. 2012; 17(1):3–23

[8] Dham BS, Hunter K, Rincon F. The epidemiology of status epilepticus in the United States. Neurocrit Care. 2014; 20(3):476–483

[9] Gilmore EJ, Hirsch LJ. Epilepsy: status epilepticus epidemiology—tracking a moving target. Nat Rev Neurol. 2015; 11(7):377–378

[10] Betjemann JP, Josephson SA, Lowenstein DH, Burke JF. Trends in status epilepticus-related hospitalizations and mortality: redefined in US practice over time. JAMA Neurol. 2015; 72(6):650–655

[11] Tiamkao S, Pranboon S, Thepsuthammarat K, Sawanyawisuth K. Incidences and outcomes of status epilepticus: a 9-year longitudinal national study. Epilepsy Behav. 2015; 49:135–137

[12] Hesdorffer DC, Logroscino G, Cascino G, Annegers JF, Hauser WA. Incidence of status epilepticus in Rochester, Minnesota, 1965–1984. Neurology. 1998; 50(3):735–741

[13] DeLorenzo RJ, Hauser WA, Towne AR, et al. A prospective, population- based epidemiologic study of status epilepticus in Richmond, Virginia. Neurology. 1996; 46(4):1029–1035

[14] Al-Mufti F, Claassen J. Neurocritical care: status epilepticus review. Crit Care Clin. 2014; 30(4):751–764

[15] Laccheo I, Sonmezturk H, Bhatt AB, et al. Non-convulsive status epilepticus and non-convulsive seizures in neurological ICU patients. Neurocrit Care. 2015; 22(2):202–211

[16] Claassen J, Mayer SA, Kowalski RG, Emerson RG, Hirsch LJ. Detection of electrographic seizures with continuous EEG monitoring in critically ill patients. Neurology. 2004; 62(10):1743–1748

[17] Carrera E, Claassen J, Oddo M, Emerson RG, Mayer SA, Hirsch LJ. Continuous electroencephalographic monitoring in critically ill patients with central nervous system infections. Arch Neurol. 2008; 65(12):1612–1618

[18] Kamel H, Betjemann JP, Navi BB, et al. Diagnostic yield of electroencephalography in the medical and surgical intensive care unit. Neurocrit Care. 2013; 19(3):336–341

[19] Gilmore EJ, Gaspard N, Choi HA, et al. Acute brain failure in severe sepsis: a prospective study in the medical intensive care unit utilizing continuous EEG monitoring. Intensive Care Med. 2015; 41(4):686–694

[20] Kurtz P, Gaspard N, Wahl AS, et al. Continuous electroencephalography in a surgical intensive care unit. Intensive Care Med. 2014; 40(2):228–234

[21] Hauser WA. Status epilepticus: frequency, etiology, and neurological sequelae. Adv Neurol. 1983; 34:3–14

[22] Sutter R, Kaplan PW, Rüegg S. Outcome predictors for status epilepticus— what really counts. Nat Rev Neurol. 2013; 9(9):525–534

[23] Payne ET, Zhao XY, Frndova H, et al. Seizure burden is independently associated with short term outcome in critically ill children. Brain. 2014; 137(Pt 5):1429–1438

[24] Claassen J, Lokin JK, Fitzsimmons BF, Mendelsohn FA, Mayer SA. Predictors of functional disability and mortality after status epilepticus. Neurology. 2002; 58(1):139–142

[25] Kravljanac R, Djuric M, Jankovic B, Pekmezovic T. Etiology, clinical course and response to the treatment of status epilepticus in children: a 16-year single-center experience based on 602 episodes of status epilepticus. Eur J Paediatr Neurol. 2015; 19(5):584–590

[26] Sahin S, Yazici MU, Ayar G, Karalok ZS, Arhan EP. Seizures in a pediatric intensive care unit: a prospective study. J Trop Pediatr. 2016; 62(2):94–100

[27] Pandian JD, Cascino GD, So EL, Manno E, Fulgham JR. Digital video-electroencephalographic monitoring in the neurological-neurosurgical intensive care unit: clinical features and outcome. Arch Neurol. 2004; 61(7):1090–1094

[28] Auvin S, Dupuis N. Outcome of status epilepticus. What do we learn from animal data? Epileptic Disord. 2014; 16(Spec No 1):S37–S43

[29] Herman ST, Abend NS, Bleck TP, et al; Critical Care Continuous EEG Task Force of the American Clinical Neurophysiology Society. Consensus statement on continuous EEG in critically ill adults and children, part I: indications. J Clin Neurophysiol. 2015; 32(2):87–95

[30] Hirsch LJ, Gaspard N. Status epilepticus. Continuum (Minneap Minn). 2013; 19(3 Epilepsy):767–794

[31] Chen JW, Wasterlain CG. Status epilepticus: pathophysiology and management in adults. Lancet Neurol. 2006; 5(3):246–256

[32] Naylor DE, Liu H, Wasterlain CG. Trafficking of GABA(A) receptors, loss of inhibition, and a mechanism for pharmacoresistance in status epilepticus. J Neurosci. 2005; 25(34):7724–7733

[33] Scharfman HE, Brooks-Kayal AR. Is plasticity of GABAergic mechanisms relevant to epileptogenesis? Adv Exp Med Biol. 2014; 813:133–150

[34] Naylor DE, Liu H, Niquet J, Wasterlain CG. Rapid surface accumulation of NMDA receptors increases glutamatergic excitation during status epilepticus. Neurobiol Dis. 2013; 54:225–238

[35] Wasterlain CG, Liu H, Naylor DE, et al. Molecular basis of self-sustaining seizures and pharmacoresistance during status epilepticus: the receptor trafficking hypothesis revisited. Epilepsia. 2009; 50(Suppl 12):16–18

[36] Treiman DM, Walton NY, Kendrick C. A progressive sequence of electroencephalographic changes during generalized convulsive status epilepticus. Epilepsy Res. 1990; 5(1):49–60

[37] Liu H, Mazarati AM, Katsumori H, Sankar R, Wasterlain CG. Substance P is expressed in hippocampal principal neurons during status epilepticus and plays a critical role in the maintenance of status epilepticus. Proc Natl Acad Sci U S A. 1999; 96(9):5286–5291

[38] Sloviter RS. Decreased hippocampal inhibition and a selective loss of interneurons in experimental epilepsy. Science. 1987; 235(4784):73–76

[39] Vezzani A, Sperk G, Colmers WF. Neuropeptide Y: emerging evidence for a functional role in seizure modulation. Trends Neurosci. 1999; 22(1):25–30

[40] Sperk G, Wieser R, Widmann R, Singer EA. Kainic acid induced seizures: changes in somatostatin, substance P and neurotensin. Neuroscience. 1986; 17(4):1117–1126

[41] Mazarati AM, Liu H, Soomets U, et al. Galanin modulation of seizures and seizure modulation of hippocampal galanin in animal models of status epilepticus. J Neurosci. 1998; 18(23):10070–10077

[42] Mazarati A, Liu H, Wasterlain C. Opioid peptide pharmacology and immunocytochemistry in an animal model of self-sustaining status epilepticus. Neuroscience. 1999; 89(1):167–173

[43] Jimenez-Mateos EM, Henshall DC. Epilepsy and microRNA. Neuroscience. 2013; 238:218–229

[44] Miller-Delaney SF, Das S, Sano T, et al. Differential DNA methylation patterns define status epilepticus and epileptic tolerance. J Neurosci. 2012; 32(5):1577–1588

[45] Lopez-Meraz ML, Niquet J, Wasterlain CG. Distinct caspase pathways mediate necrosis and apoptosis in subpopulations of hippocampal neurons after status epilepticus. Epilepsia. 2010; 51(Suppl 3):56–60

[46] Scott RC. What are the effects of prolonged seizures in the brain? Epileptic Disord. 2014; 16(Spec No 1):S6–S11

[47] Torolira D, Suchomelova L, Wasterlain CG, Niquet J. Widespread neuronal injury in a model of cholinergic status epilepticus in postnatal day 7 rat pups. Epilepsy Res. 2016; 120:47–54

[48] Wang C, Xie N, Wang Y, Li Y, Ge X, Wang M. Role of the mitochondrial calcium uniporter in rat hippocampal neuronal death after pilocarpine-induced status epilepticus. Neurochem Res. 2015; 40(8):1739–1746

[49] Williams S, Hamil N, Abramov AY, Walker MC, Kovac S. Status epilepticus results in persistent overproduction of reactive oxygen species, inhibition of which is neuroprotective. Neuroscience. 2015; 303:160–165

[50] Johnson EA, Guignet MA, Dao TL, Hamilton TA, Kan RK. Interleukin-18 expression increases in response to neurovascular damage following soman- induced status epilepticus in rats. J Inflamm (Lond). 2015; 12:43

[51] Vespa PM, McArthur DL, Xu Y, et al. Nonconvulsive seizures after traumatic brain injury are associated with hippocampal atrophy. Neurology. 2010; 75(9):792–798

[52] Rabinowicz AL, Correale JD, Bracht KA, Smith TD, DeGiorgio CM. Neuron- specific enolase is increased after nonconvulsive status epilepticus. Epilepsia. 1995; 36(5):475–479

[53] DeGiorgio CM, Gott PS, Rabinowicz AL, Heck CN, Smith TD, Correale JD. Neuron-specific enolase, a marker of acute neuronal injury, is increased in complex partial status epilepticus. Epilepsia. 1996; 37(7):606–609

[54] Cianfoni A, Caulo M, Cerase A, et al. Seizure-induced brain lesions: a wide spectrum of variably reversible MRI abnormalities. Eur J Radiol. 2013; 82(11):1964–1972

[55] Cartagena AM, Young GB, Lee DH, Mirsattari SM. Reversible and irreversible cranial MRI findings associated with status epilepticus. Epilepsy Behav. 2014; 33:24–30

[56] Wu Y, Pearce PS, Rapuano A, Hitchens TK, de Lanerolle NC, Pan JW. Metabolic changes in early poststatus epilepticus measured by MR spectroscopy in rats. J Cereb Blood Flow Metab. 2015; 35(11):1862–1870

[57] Hocker S. Systemic complications of status epilepticus—an update. Epilepsy Behav. 2015; 49:83–87

[58] Lowenstein DH, Alldredge BK. Status epilepticus at an urban public hospital in the 1980s. Neurology. 1993; 43(3 Pt 1):483–488

[59] Lowenstein DH, Alldredge BK. Status epilepticus. N Engl J Med. 1998; 338(14):970–976

[60] Genton P, Gelisse P, Crespel A. Lack of efficacy and potential aggravation of myoclonus with lamotrigine in Unverricht-Lundborg disease. Epilepsia. 2006; 47(12):2083–2085

[61] Larch J, Unterberger I, Bauer G, Reichsoellner J, Kuchukhidze G, Trinka E. Myoclonic status epilepticus in juvenile myoclonic epilepsy. Epileptic Disord. 2009; 11(4):309–314

[62] Thomas P, Valton L, Genton P. Absence and myoclonic status epilepticus precipitated by antiepileptic drugs in idiopathic generalized epilepsy. Brain. 2006; 129(Pt 5):1281–1292

[63] Osorio I, Reed RC, Peltzer JN. Refractory idiopathic absence status epilepticus: a probable paradoxical effect of phenytoin and carbamazepine. Epilepsia. 2000; 41(7):887–894

[64] DeLorenzo RJ, Waterhouse EJ, Towne AR, et al. Persistent nonconvulsive status epilepticus after the control of convulsive status epilepticus. Epilepsia. 1998; 39(8):833–840

[65] Chakravarthi S, Goyal MK, Modi M, Bhalla A, Singh P. Levetiracetam versus phenytoin in management of status epilepticus. J Clin Neurosci. 2015; 22(6):959–963

[66] Mundlamuri RC, Sinha S, Subbakrishna DK, et al. Management of generalised convulsive status epilepticus (SE): a prospective randomised controlled study of combined treatment with intravenous lorazepam with either phenytoin, sodium valproate or levetiracetam—pilot study. Epilepsy Res. 2015; 114:52–58

[67] Navarro V, Dagron C, Elie C, et al; SAMUKeppra investigators. Prehospital treatment with levetiracetam plus clonazepam or placebo plus clonazepam in status epilepticus (SAMUKeppra): a randomised, double-blind, phase 3 trial. Lancet Neurol. 2016; 15(1):47–55

[68] Shorvon S, Ferlisi M. The treatment of super-refractory status epilepticus: a critical review of available therapies and a clinical treatment protocol. Brain. 2011; 134(Pt 10):2802–2818

[69] Sutter R, Marsch S, Fuhr P, Kaplan PW, Rüegg S. Anesthetic drugs in status epilepticus: risk or rescue? A 6-year cohort study. Neurology. 2014; 82(8):656–664

[70] Grover EH, Nazzal Y, Hirsch LJ. Treatment of convulsive status epilepticus. Curr Treat Options Neurol. 2016; 18(3):11

[71] Zeiler FA, Zeiler KJ, Kazina CJ, Teitelbaum J, Gillman LM, West M. Lidocaine for status epilepticus in adults. Seizure. 2015; 31:41–48

[72] de Havenon A, Chin B, Thomas KC, Afra P. The secret "spice": an undetectable toxic cause of seizure. Neurohospitalist. 2011; 1(4):182–186

[73] Armenian P, Mamantov TM, Tsutaoka BT, et al. Multiple MDMA (Ecstasy) overdoses at a rave event: a case series. J Intensive Care Med. 2013; 28(4):252–258

[74] Gerona RR, Wu AH. Bath salts. Clin Lab Med. 2012; 32(3):415–427

18 Avaliação e Tratamento de Traumatismo Craniano, Espinhal e Multissistêmico Combinado

Daphne D. Li ▪ Hieu H. Ton-That ▪ G. Alexander Jones ▪ Paolo Nucifora ▪ Vikram C. Prabhu

Resumo

As lesões nas regiões craniana e espinhal são causa significativa de morbidade e mortalidade relacionadas com o trauma. Elas também podem ocorrer com lesões traumáticas no esqueleto ou vísceras apendiculares, no contexto de trauma multissistêmico (MST). A causa mais frequente de MST são quedas em alta velocidade ou acidentes com veículos automotores. Os médicos envolvidos no cuidado de MST devem manter alto índice de suspeita para lesões remotas, e comunicação com a equipe de emergência local, cirurgiões de trauma, cirurgiões ortopédicos e neurocirurgiões é fundamental. Este capítulo delineia a epidemiologia, os mecanismos, a avaliação e o manejo de MST, com ênfase especial nos estudos radiológicos essenciais para diagnosticar lesões no contexto de trauma agudo e o tratamento adequado dessas condições para facilitar o melhor resultado possível.

Palavras-chave: traumatismo craniano, trauma multissistêmico, politraumatismo, lesão da medula espinhal.

18.1 Introdução

As lesões nas regiões craniana e espinhal são uma causa significativa de morbidade e mortalidade relacionadas com o trauma. Elas podem ocorrer individualmente, mas quase sempre costumam ocorrerem em conjunto; às vezes ocorrem juntamente com lesões traumáticas no esqueleto apendicular ou nas vísceras, agravando o problema. A causa mais frequente disso são as lesões de alta velocidade, como as resultantes de um pedestre atropelado por um veículo, um acidente de automóvel ou queda de uma altura significativa. Esses episódios traumáticos, devido a uma combinação de forças, predispõem a um extenso trauma multissistêmico (MST). O trauma multissistêmico geralmente é definido como um grande trauma envolvendo dois ou mais sistemas do corpo, e os médicos envolvidos no cuidado desses pacientes devem manter alto índice de suspeita de lesões remotas. É imprescindível a comunicação com a equipe de emergência local, cirurgiões de trauma, cirurgiões ortopédicos e neurocirurgiões envolvidos no cuidado de pacientes com lesões cranianas e da coluna vertebral, assim como a priorização apropriada do tratamento das lesões.

Em geral, o médico cirurgião do trauma assume o papel de líder de equipe; este é um papel fundamental que permite o trabalho multidisciplinar e cuidados de forma metódica a partir do local do acidente até que o paciente seja adequadamente tratado e estabilizado e abrigado em segurança na unidade de terapia intensiva (ICU) cirúrgica. O objetivo deste capítulo é abordar o trauma craniano e da coluna vertebral no contexto de um paciente com MST, com foco na avaliação e tratamento desses pacientes complexos.

18.2 Epidemiologia

Os dados epidemiológicos sobre a incidência de MST não são divulgados simplesmente porque costumam ser categorizados sob os diferentes sistemas do corpo e não como um banco de dados separado. No entanto, algumas informações gerais estão disponíveis para esclarecer a questão do MST. Trauma é a principal causa de morte entre os americanos nas primeiras cinco décadas de vida e é responsável por quase metade de todas as mortes nessa faixa etária; excede muito a mortalidade associada a câncer ou doenças cardíacas.[1-4] Em todas as idades, o trauma é a terceira principal causa de morte e uma proporção substancial de mortalidade relacionada com o trauma envolve traumatismo craniano (TBI).[1-4] As estatísticas do National Trauma Institute (NTI) indicam que, a cada ano, o trauma é responsável por 41 milhões de consultas ao pronto-socorro (ED) e 2,3 milhões de internações hospitalares (NTI, acessado em 27 de agosto de 2016). Homens jovens são o grupo demográfico desproporcionalmente representado aqui, especialmente com acidentes automobilísticos (MVAs). Adolescentes (de 15 a 19 anos) e idosos (com 65 anos ou mais) têm maior probabilidade de sofrer quedas.

Embora o TBI leve seja frequente e seja responsável por cerca de 2,5 milhões de visitas ao ED nos Estados Unidos a cada ano, ele tende a ocorrer isoladamente e não no contexto do MST. Da mesma forma, lesões menores na coluna vertebral são frequentes, mas podem não ser acompanhadas por lesões significativas em outros sistemas de órgãos. Por outro lado, o TBI grave está comumente associado a lesões craniofaciais, ortopédicas e sistêmicas ou toracoabdominais.[5] A proximidade anatômica pode determinar o envolvimento do sistema; pacientes com TBI grave com um menor escore de Glasgow Scale (GCS) e fraturas faciais são de alto risco para lesões envolvendo a junção craniovertebral e coluna cervical; por outro lado, as lesões da coluna toracolombar podem estar associadas à lesão de vísceras toracoabdominais ou estruturas vasculares.[6-10]

18.3 Mecanismo da Lesão

Trauma em alta velocidade predispõe a graves lesões cranianas ou espinhais. Pacientes com TBI grave ou fraturas vertebrais de múltiplos níveis apresentam alto risco de MST.[11] O mecanismo da lesão varia; trauma contuso e lesões penetrantes podem causar MST, assim como lesões por aceleração/desaceleração. A gravidade do MST varia dependendo de vários fatores: a força e a extensão do traumatismo contuso ou a força e a trajetória de uma lesão penetrante ou a velocidade da lesão de aceleração/desaceleração.[7] MVAs de alta velocidade (> 56 km/hora), particularmente envolvendo ejeção, pedestres atingidos por veículos motorizados, quedas de mais de 3 metros ou quedas de alta energia são os principais mecanismos subjacentes ao trauma combinado de cabeça e coluna com ou sem lesões esqueléticas ou viscerais associadas.[5,6] As forças de aceleração/desaceleração, lineares e rotacionais, são conhecidas por estarem envolvidas no TBI e em lesões da coluna vertebral e também podem causar lesões nos órgãos torácicos e abdominais. Por exemplo, lesão da aorta pode ocorrer em razão das forças de aceleração/desaceleração que causam rupturas em áreas fixas e imóveis da aorta torácica (▶ Fig. 18.1). Mecanismos semelhantes estão em jogo como lesões do "cinto de segurança", que estão associadas a lesões da parede abdominal, cólon, intestino delgado, mesentério, lesões em órgão intra e retroperitoneal, bem como lesões na coluna vertebral. Trauma craniofacial combinado envolvendo estruturas faciais, crânio e cérebro também são comumente observadas com MVAs, quedas ou golpes diretos

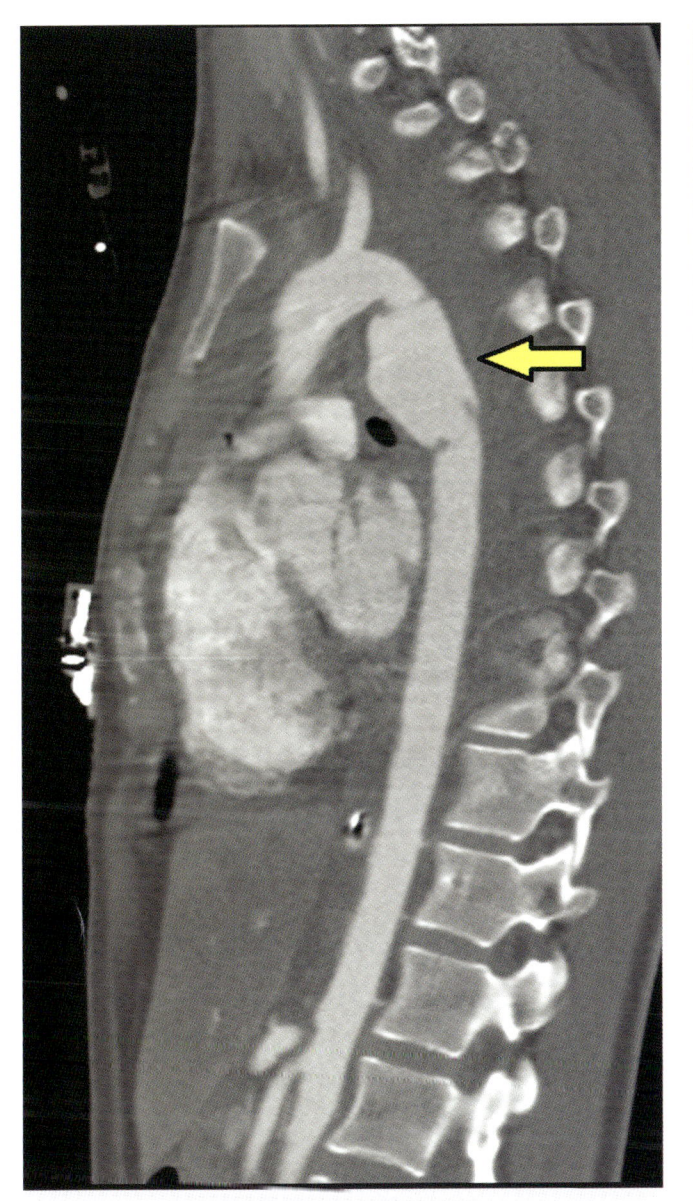

Fig. 18.1 Imagem sagital da aorta na tomografia computadorizada com contraste do tórax. A dilatação da aorta torácica descendente com retalhos da íntima é consistente com a dissecção aórtica traumática.

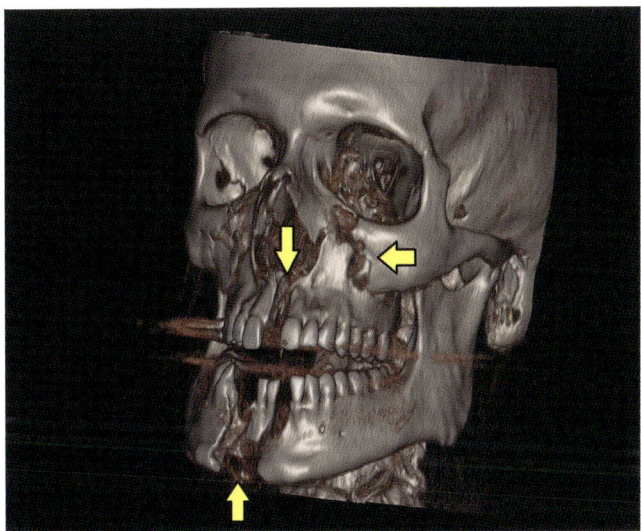

Fig. 18.2 Reconstrução tridimensional da maxila e da mandíbula a partir da tomografia computadorizada dos ossos da face. Há múltiplas fraturas faciais agudas, incluindo fratura mandibular na linha média, fratura do palato duro e fratura Le Fort tipo II.

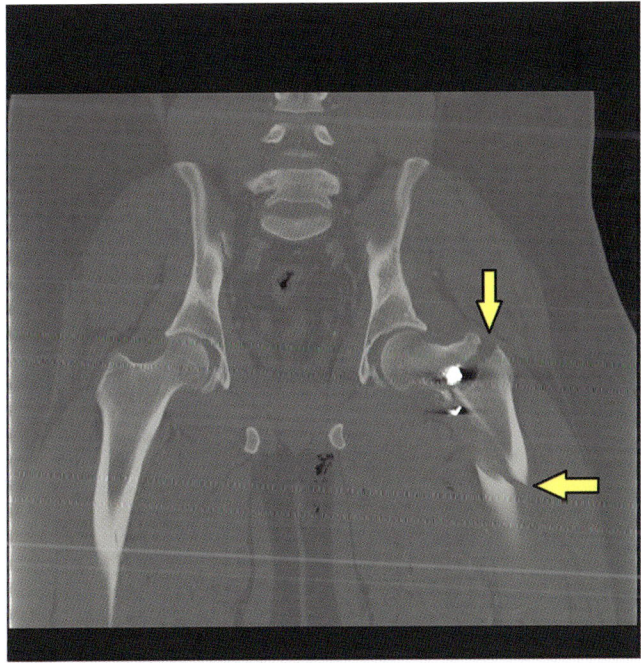

Fig. 18.3 Imagem coronal dos colos femorais reformatada da angiotomografia computadorizada das extremidades inferiores. Há uma fratura cominutiva do colo do fêmur, com fragmentos de bala visíveis no local da fratura.

severos de alta velocidade na face. A fratura-colapso do esqueleto facial e dos seios paranasais, às vezes, dissipa a força transmitida ao cérebro e pode, de fato, amenizar a extensão da lesão intracraniana (▶ Fig. 18.2).

Os mecanismos específicos de lesões das estruturas da coluna vertebral são complexos, variados e frequentemente sobrepostos. Forças diretas causam ferimentos quando um objeto entra em contato direto com a coluna; isso costuma resultar em fraturas dos arcos vertebrais ou dos processos espinhosos. Trauma penetrante, como ferimentos à bala, pode resultar em fraturas ao longo da trajetória do corpo estranho (▶ Fig. 18.3); se for grave, a violação do saco tecal e a lesão medular pode ser vista juntamente com lesões viscerais. Forças indiretas, por outro lado, infligem danos ao causar movimentos que se estendem além do alcance fisiológico normal para aquele segmento da coluna.

Fatores anatômicos, incluindo a mobilidade e a orientação das facetas articulares, predispõem a coluna cervical a lesões frequentes. Por outro lado, a coluna toracolombar é capaz de resistir às forças de translação em razão da orientação coronal das facetas articulares e o efeito protetor da caixa torácica.[12,13] A coluna lombar tem corpos vertebrais grandes que podem sustentar maiores cargas axiais, mas é mais vulnerável à lesão do que a espinha torácica por causa da orientação mais sagital de suas facetas articulares que resulta em maior mobilidade translacional.¹⁴,¹⁵ A quantidade de força de lesão necessária para causar uma fratura toracolombar aumenta o risco de lesão neurológica associada e lesão das estruturas viscerais e vasculares adjacentes.¹⁶,¹⁷

Os vetores de força colocados na coluna vertebral podem ser preditivos do tipo de lesão. Carga axial excessiva pode resultar em fraturas por compressão do corpo vertebral (geralmente envolvendo a coluna anterior) ou fraturas em explosão (envolvendo as colunas anterior e média), comprometendo a estabilidade da coluna vertebral. Fraturas por explosão, ou fraturas de Chance, que envolvem as colunas média e posterior, são mais frequentemente associadas a lesões neurológicas (▶ Fig. 18.4). As lesões por flexão podem causar ruptura ligamentar sem fratura óssea associada e também podem levar a ruptura e deslocamento da articulação facetária. As lesões combinadas de flexão-compressão também podem ocorrer – a clássica fratura "em gota" na coluna cervical – e estão associadas à alta taxa de lesão neurológica. Lesões de flexão-distração podem resultar em ruptura ligamentar ou ruptura articular facetária; um componente rotacional pode resultar em facetas luxadas unilaterais. As lesões de extensão geralmente resultam em fraturas laminares ou fraturas do processo espinhoso. As lesões de fratura-luxação são lesões de três colunas que envolvem múltiplas forças distintas – compressão da coluna anterior, distração das colunas média/posterior e, frequentemente, associação a uma força rotacional ou de cisalhamento. Essas lesões ocorrem mais comumente na junção toracolombar e são extremamente instáveis. A maioria está associada à lesão medular e requer intervenção cirúrgica.

18.4 Avaliação Clínica
18.4.1 Pesquisa Preliminar

A avaliação de campo inicial e o tratamento de um paciente que sofreu MST é essencial e ocorre simultaneamente, o que pode ser a principal diferença entre morte e/ou incapacidade ou recuperação. A natureza do processo é rápida, com transição suave essencial entre o cuidado no local e no ED, que se sobrepõe e é complementar. Uma pesquisa preliminar rápida deve avaliar e abordar o seguinte: vias aéreas, respiração e circulação. A estabilização dos sinais vitais com adesão aos princípios do suporte básico de vida (BLS) e suporte avançado de vida cardiovascular (ACLS) e a colocação de um colar cervical no paciente em uma maca longa para transporte são realizadas rapidamente.¹⁸

O controle das vias aéreas é a primeira prioridade. Os pacientes com MST, particularmente aqueles com TBI grave e lesão na medula espinhal, correm risco de comprometimento das vias aéreas em razão de fatores mecânicos (traumatismo laríngeo ou traqueal, obstrução por corpo estranho) ou neurológicos (hipotonia ou fraqueza muscular, diminuição do nível de consciência). Os sinais vitais iniciais fornecem pistas rápidas e guiam o tratamento; cianose ou apneia, ou um padrão respiratório rápido e superficial com excursões torácicas limitadas que sugerem lesão torácica, como pneumotórax ou tórax instável, são observadas. Em um paciente sonolento, a manobra mais básica inclui uma manobra de elevação do queixo e mandíbula para mover a língua anteriormente e abrir as vias aéreas superiores.¹⁸ A orofaringe é inspecionada e desobstruída na presença de qualquer material estranho. Pacientes acordados e alertas, que estão hemodinamicamente estáveis, vocalizando e respirando normalmente, não necessitam de intubação; todos os outros pacientes necessitam de proteção das vias aéreas. A colocação de um tubo orofaríngeo ou nasofaríngeo é a primeira medida, mas a intubação endotraqueal é feita prontamente, se necessário, para evitar períodos prolon-

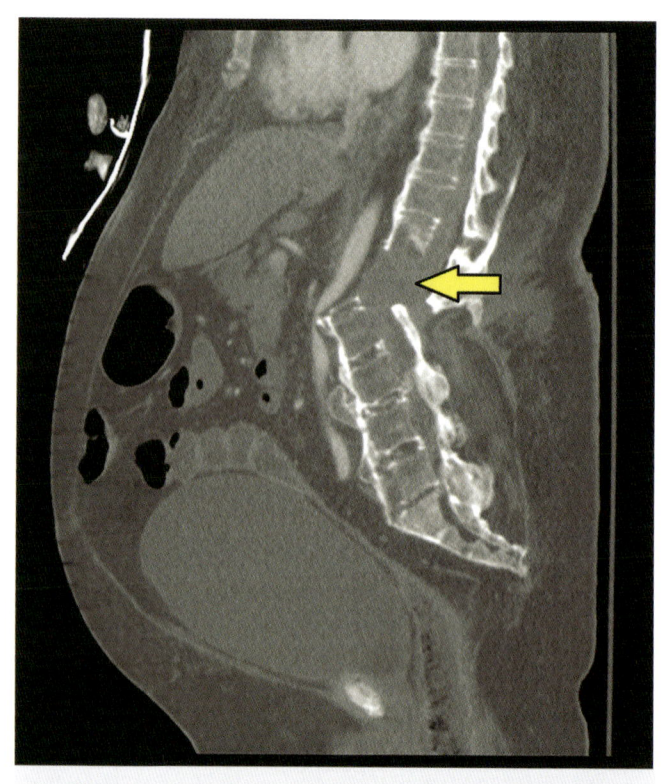

Fig. 18.4 Imagem sagital da coluna lombar reformatada a partir da tomografia computadorizada com contraste da pelve. Há uma fratura de Chance aguda na L1, com distração acentuada da coluna lombar.

gados de hipóxia.¹⁸ É rotineira a administração de oxigênio para manter a saturação de oxigênio acima de 95%, monitorada pela oximetria de pulso. Em raras circunstâncias, fatores anatômicos ou relacionados com o trauma podem impedir o estabelecimento de uma via aérea endotraqueal ou nasotraqueal; nestas circunstâncias, é realizada uma cricotiroidotomia de emergência. A imobilização cervical absoluta em linha durante todo o processo não pode ser enfatizada o suficiente, especialmente no campo. A falta de conhecimento da extensão de uma lesão cervical pode ter consequências devastadoras no resultado neurológico do paciente.

A adequação da ventilação é determinada pela observação dos movimentos torácicos, pela ausência de hipóxia e cianose e pela ausculta torácica para determinar os sons respiratórios simétricos e normais. Qualquer assimetria de sons respiratórios ou hiper-ressonância ou embotamento da percussão torácica em um paciente persistentemente hipóxico, cianótico ou hipotensivo deve suscitar preocupações quanto a um pneumotórax ou hemotórax que pode exigir toracocentese urgente por agulha, mesmo antes da confirmação por radiografia, se estiver no campo. Pacientes com MST ou uma lesão no eixo cranioespinhal apresentam desafios especiais; um nível deprimido de consciência impede um histórico confiável ou queixas que possam direcionar o exame. A perda sensorial de uma lesão na medula espinhal pode mascarar os sintomas da extremidade inferior ou do trauma abdominal. Esses pacientes também correm risco de apneia e/ou aspiração.

Circulação adequada é a próxima prioridade. Um pulso radial forte, pele quente e enchimento capilar inferior a 2 segundos sugerem uma perfusão adequada. Por outro lado, a ausência desses parâmetros deve aumentar a preocupação com hipoperfusão, que é mais comumente causada por hemorragia de grande volume no

MST. O choque hipotensivo também compromete a circulação cerebral e causa um nível deprimido de consciência.[18] Um mínimo de dois acessos intravenosos (IV) periféricos de grande calibre são colocados (para crianças com menos de 6 anos, o acesso intraósseo permite a administração de fluidos); é melhor evitar o acesso IV aos membros gravemente feridos. O acesso venoso central pode ser necessário, pois a hipotensão pode dificultar a canulação periférica, mas, quando possível, este é reservado para o ED e deve sempre ser seguido de uma radiografia de tórax para descartar um pneumotórax iatrogênico. Os sinais vitais podem enganar; um paciente jovem pode desenvolver uma resposta vasoconstritora simpática robusta à hipovolemia que se manifesta como taquicardia com pressão sanguínea normal ou mesmo levemente elevada.[18] Eventualmente, a taquicardia e a hipotensão implicarão em um estado hipovolêmico. Por outro lado, bradicardia e hipotensão podem implicar em lesão medular e choque neurogênico em vez de hipovolemia, especialmente para lesão medular acima do nível T5. A primeira é tratada com reanimação rápida com fluidos e controle do local da hemorragia, enquanto que a segunda é tratada com agentes vasopressores e atropina, se necessário, para bradicardia profunda (frequência cardíaca < 50 batimentos/minuto).

A complexidade do MST impede um tratamento mais detalhado no local, e os pacientes devem ser rapidamente removidos para um centro de trauma. A pesquisa primária de suporte de vida avançado ao trauma (ATLS) desenvolvida pelo American College of Surgeons (ACS), que todos os residentes de cirurgia recebem, concentra-se principalmente na primeira "hora de ouro" durante a qual avaliações rápidas e contínuas e ressuscitações são realizadas.[19] A pesquisa se concentra em cinco áreas principais: vias aéreas, respiração, circulação, disfunção neurológica e exposição. Além disso, o sangue é coletado para um hemograma completo, painel metabólico, toxicologia, parâmetros de coagulação e prova cruzada; a disponibilidade de bancos de sangue de 4 a 10 unidades de transfusão de emergência universal do tipo O é garantida enquanto o tipo de sangue do próprio paciente é determinado. Grandes infusões de cristaloides ou coloides ou transfusões de sangue podem causar hipotermia em pacientes com MST, e procedimentos para aquecer tanto o paciente como essas soluções devem ser rapidamente instituídos.[18]

Esses pacientes têm um estado de doença dinâmico e a tomada de decisões deve ser fluida, com a contribuição de vários serviços de consultoria; lesões com risco de vida são priorizadas e imediatamente tratadas, mesmo enquanto a avaliação inicial prossiga. Uma lesão medular pode impactar na ventilação por conta de fatores neurológicos ou mecânicos. Lesões cervicais altas ou no tronco encefálico podem comprometer o impulso respiratório, enquanto lesões medulares médias podem causar paralisia frênica e, portanto, diafragmática. As lesões da medula torácica resultam em paralisia muscular respiratória. Com a lesão medular, o íleo paralítico resultante aumenta o risco de aspiração e a colocação de sonda orogástrica ou nasogástrica é importante. Um fraco reflexo de tosse também é outro fator de risco para a aspiração. Lesões mecânicas como costelas fraturadas ou esterno e hemotórax ou pneumotórax também podem acompanhar lesões da coluna torácica e resultar em problemas ventilatórios.

As principais fontes de hemorragia são fraturas pélvicas e nas extremidades e lesões ocultas no tórax e no abdome. Estas são avaliadas por inspeção direta e imagem radiológica, mas a lavagem peritoneal diagnóstica, laparotomia ou toracotomia podem ser realizadas conforme a situação indicar. A exposição total do paciente da cabeça aos pés é essencial, e o paciente é rolado em bloco para examinar as costas. O tórax é examinado em busca de contusões, lacerações ou deformidades das costelas e auscultado em busca de diferenças nos sons respiratórios e palpado em busca de crepitação associada ao ar subcutâneo que sugere lesão na costela. No exame abdominal, dá-se atenção especial aos sinais externos, como contusões e lacerações ou marcas patognomônicas, como "sinal do cinto de segurança". Dor, distensão, sensibilidade, rigidez abdominal ou ausência de ruídos intestinais sugestivos de íleo são preocupantes para traumas abdominais, mas traumas abdominais significativos ou hemorragia também podem não ser detectados ou estarem ocultos por lesões associadas, particularmente do eixo cranioespinhal. Sinais característicos de hemorragia intra-abdominal: sinal de Cullen (equimose periumbilical) ou o sinal de Gray Turner (equimoses nos flancos) são de apresentação tardia e não são evidentes durante a avaliação primária, a menos que uma quantidade substancial de tempo tenha passado desde o trauma inicial.

A avaliação das extremidades é realizada com atenção a pulsos diminuídos ou irregulares, equimoses ou hemorragia, deformidade e edema. Lesões ortopédicas são rapidamente avaliadas; a deformidade óssea e a integridade neurovascular do membro são elementos-chave e a redução de uma fratura e imobilização é realizada rapidamente. A isquemia do membro pode ocorrer com comprometimento vascular ou hemorragia não controlada e outras complicações, incluindo rabdomiólise e síndrome compartimental. Assim, o envolvimento precoce dos cirurgiões de trauma ortopédico é essencial. Fraturas óbvias das extremidades podem ser imobilizadas temporariamente e garrotes ou curativos oclusivos podem ser aplicados para controlar hemorragias incontroláveis significativas enquanto o paciente é estabilizado e a extensão total dessas lesões é avaliada.

18.4.2 Avaliação das Lesões Cranianas e Espinhais

A presença de lesões cranianas e espinhais pode ocultar a apresentação clínica de outras lesões. Da mesma forma, lesões viscerais ou ortopédicas podem mascarar lesões no eixo cranioespinhal, e alto índice de suspeita ao encontrar inicialmente um paciente com MST, especialmente aqueles com consciência alterada, é essencial para evitar um atraso no diagnóstico e no tratamento.[20] Uma rápida análise do couro cabeludo e do rosto detecta contusões, lacerações ou lesões no esqueleto craniofacial. Deve-se buscar hemorragia ativa facial ou do couro cabeludo e vazamento de líquido cefalorraquidiano (CSF) ou de tecido cerebral. Os pacientes são avaliados em seguida por meio da Escala de Coma de Glasgow (GCS) e do tamanho e reatividade da pupila. A GCS atribui ao paciente uma pontuação numérica em uma escala que varia de 3 a 15. Os pacientes são classificados em três categorias: abertura dos olhos, capacidade verbal e função motora (▶ Quadro 18.1). Para pacientes intubados, o escore verbal é suplantado por um 1T. Uma pontuação GCS menor que 8 implica em lesão craniana grave, 9 a 12 implica em traumatismo craniano moderado e 13 a 15 implica em lesão craniana leve. O tamanho, a reatividade e a simetria da pupila são importantes: uma pupila dilatada não reativa em um paciente com uma pontuação GCS normal sugere uma lesão traumática do nervo oculomotor, enquanto que o mesmo achado em um paciente embotado ou com uma atividade mental alterada pode sugerir hérnia uncal com comprometimento do terceiro nervo na cisterna ambiente. O risco de hipóxia, hipercapnia ou aspiração pulmonar é significativo em pacientes com traumatismo craniano grave (pontuação GCS < 8), e a proteção das vias aéreas e a ventilação adequada são essenciais nesses pacientes.[21,22] O exame neurológico específico deve ocorrer após a estabilização das vias aéreas, respiração e circulação.

Entre os pacientes que se apresentam com uma fratura espinhal, 20% têm um TBI concomitante.[23] A coluna cervical está

Quadro 18.1 Escala de coma de Glasgow

Pontos	Resposta de abertura dos olhos	Resposta verbal	Resposta motora
6			Obedece comandos
5		Orientado	Localiza estímulos dolorosos
4	Espontânea	Conversa confusa	Recua em resposta à dor
3	Ao estímulo verbal	Palavras inadequadas	Flexão em resposta à dor (postura decorticada)
2	Apenas à dor	Fala incompreensível	Extensão em resposta à dor (postura descerebrada)
1	Sem resposta	Sem resposta	Sem resposta

Fonte: Escala de Coma de Glasgow. *Web site* do Centers for Disease Control and Prevention. http://www.cdc.gov/masstrauma/resources/gcs.pdf. Acessado em 22 de setembro de 2016.

Quadro 18.2 Escala de comprometimento da American Spinal Injury Association (ASIA)

Grau	Lesão da medula espinhal	Descrição
A	Completo	Nenhuma função sensitiva ou motora está preservada nos segmentos sacrais S4-S5
B	Sensorial incompleto	A função sensorial, mas não motora, está preservada abaixo do nível neurológico e inclui os segmentos sacrais S4-S5 (toque leve, picada de agulha em S4-S5 ou pressão anal profunda [DAP]) E nenhuma função motora está preservada > 3 níveis abaixo do nível motor em ambos os lados do corpo
C	Motor incompleto	A função motora está preservada abaixo do nível neurológico**, e mais da metade das principais funções musculares abaixo do nível neurológico único de lesão (NLI) tem um grau muscular < 3
D	Motor incompleto	A função motora está preservada abaixo do nível neurológico**, e ao menos metade das principais funções musculares abaixo do nível neurológico único de lesão (NLI) tem um grau muscular ≥ 3
E	Normal	Se a sensação e a função motora testadas são classificadas como normais em todos os segmentos e o paciente teve déficits prévios

Fonte: Standard Neurological Classification of Spinal Cord Injury. American Spinal Injury Association e International Spinal Cord Society (ISCoS) http://asia-spinalinjury.org/wp-content/uploads/2016/02/International_Stds_Diagram_Worksheet.pdf. Arquivado do original em 18 de junho de 2011. Acessado em 22 de setembro de 2016.

** Para receber um grau de C ou D, o paciente deve ter (1) contração voluntária do esfíncter anal ou (2) sensorial sacral escasso com função motora > 3 níveis abaixo do nível motor para esse lado do corpo.

mais frequentemente envolvida em lesões na coluna vertebral e da medula espinhal e é também o segmento mais comumente associado a TBI;[24,25] 2 a 6% dos pacientes admitidos com consciência alterada ou com TBI têm uma lesão associada da coluna cervical,[23-28] daí a ênfase na detecção e tratamento adequado da coluna cervical em todo o trauma. O restante da coluna também é importante, já que quase 20% dos pacientes têm mais de uma lesão na coluna vertebral; assim, a avaliação clínica e a depuração de imagem do restante da coluna também são realizadas. Por conta do potencial de lesão neurológica decorrente de uma lesão que passa despercebida, alguns autores sugerem que a coluna toracolombar seja visualizada em todos os pacientes com MST.[15] A coluna toracolombar é mais frequentemente lesionada em pacientes com trauma contuso e está associada a lesões abdominais ou pélvicas em 7 a 9% dos pacientes.[29] Além disso, aproximadamente 14% dos pacientes com traumatismo torácico têm lesões abdominais ou pélvicas associadas.[5] Lesões viscerais podem mascarar lesões na coluna; quase 20% das fraturas toracolombares são diagnosticadas tardiamente, com um atraso médio no diagnóstico de 48 horas após a apresentação.[30] Esse atraso costuma ocorrer em razão de esforços de ressuscitação ou intervenção cirúrgica aguda para lesões viscerais ou vasculares de maior prioridade, mas, em alguns casos, o atraso no diagnóstico pode ser provocado pela falta de suspeita clínica.[30]

Presume-se que todos os pacientes que sofreram um trauma significativo possuem uma lesão na coluna até que se prove o contrário, e a imobilização espinhal é mantida em um colar cervical rígido e uma prancha rígida. Na chegada ao ED e após um exame primário rápido, o paciente pode ser cuidadosamente rolado e a prancha rígida é removida. Durante essa manobra, as costas do paciente são examinadas em busca de fragmentos de trauma, lacerações cutâneas ou contusões e é palpado em busca de deformidades; um paciente desperto e alerta é questionado sobre a presença de sensibilidade, e os músculos para vertebrais são verificados. O exame neurológico do traumatismo da coluna avalia rapidamente os miótomos-chave nas extremidades superior e inferior, juntamente com um exame sensorial e avaliação da sensibilidade na região perineal e tônus retal. Os principais reflexos são os reflexos bulbocavernoso, cremastérico e anal. O exame retal avalia o tônus retal e a presença de sangue franco ou oculto no trato gastrointestinal inferior. Se houver suspeita de lesão medular (SCI), pode ser aplicada a escala de comprometimento da American Spinal Injury Association (ASIA). Essa escala atribui uma letra (A-E) ao paciente com base na gravidade de sua lesão medular: A sendo uma lesão completa e E representando um exame normal (▶ Quadro 18.2).

Certos achados clínicos em uma vítima de trauma, especialmente uma com um nível de consciência deprimido, levantam suspeita para a presença de lesão medular:[26,31,32] choque hipotensivo em associação à bradicardia; respiração paradoxal; contração pronunciada do diafragma sem movimento proporcional da parede torácica; priapismo ou ereção involuntária; paralisia flácida dos braços e pernas na ausência de administração de agentes paralíticos ou fraqueza assimétrica das pernas e dos braços, ausência de resposta a estímulos dolorosos, ou apenas por caretas faciais; ou a presença da síndrome de Horner. O sinal de Beevor é uma deflexão ascendente do umbigo ao se flexionar o pescoço em pacientes com lesão medular no nível T9 ou abaixo dele, em decorrência de paralisia parcial do músculo reto abdominal.[33]

18.5 Avaliação por Imagem
18.5.1 Estudos Gerais de Imagem

Na nossa instituição, um grande centro de atendimento terciário, os pacientes passam por uma avaliação inicial com radiografias simples do tórax e da pelve. Trauma nas extremidades, se presente, também é avaliado inicialmente por radiografias simples. Isso costuma ser seguido por um "protocolo de trauma" para pacientes com MST, que inclui tomografia computadorizada (CT) de cabeça e coluna cervical sem contraste e tomografia computadorizada com contraste de tórax, abdome e pelve.[34] O objetivo é localizar de forma eficiente condições potencialmente fatais. Em uma radiografia de tórax, o pneumotórax e o hemotórax são facilmente demonstrados. Outras lesões, incluindo ruptura diafragmática, pneumomediastino, pneumopericárdio e hematoma mediastinal, também podem ser detectadas por radiografia simples de tórax, mas a CT pode ser mais precisa. Os filmes pélvicos mostram fraturas do anel pélvico, acetábulo ou fêmures proximais, bem como luxações da cabeça do fêmur. As fraturas pélvicas podem ser uma fonte de hemorragia hemodinamicamente ameaçadora e de lesões na bexiga e na uretra. A pesquisa de *Focused Assessment with Sonography for Trauma* (FAST) permite a detecção de hemopericárdio e hemoperitônio, usando uma série de quatro visualizações padrão do coração, dos quadrantes superiores esquerdo e direito e pelve. É confiável, rápido, indolor e facilmente repetido em intervalos, caso necessário. Entretanto, é menos sensível para lesão de órgão sólido e tal suspeita deve conduzir a uma tomografia computadorizada para definir mais completamente as áreas.[35,36] A CT com contraste intravenoso do tórax, abdome e pelve identifica a maioria das lesões em órgãos sólidos (▶ Fig. 18.5).

A patologia intratorácica é identificada por meio de CT com contraste IV. Isto permite excelente visualização das estruturas do mediastino, particularmente dos grandes vasos, bem como da traqueia e dos pulmões. Também identifica contusões e lacerações pulmonares, pneumotórax ou hemotórax menores ou corpos estranhos e lesões graves, como uma ruptura traumática da aorta (▶ Fig. 18.1). Se houver suspeita de lesão em vasos menores, a angiografia por CT deve ser obtida. A angiografia convencional continua a ser o padrão de referência para lesão vascular e pode fornecer imagens oportunas que são úteis para localizar a fonte de extravasamento. Para lesões abdominais e pélvicas, mais uma vez, a CT é sensível para lesões de órgãos sólidos no fígado, baço e rins. Os scanners multicanais permitem imagens do tórax, abdome e pelve em uma aquisição ininterrupta com um único *bolus* de contraste. Reconstruções também podem ser realizadas para fraturas acetabulares e pélvicas, lesões vasculares complexas ou lesões da coluna toracolombar, permitindo a tomada de decisões adequadas em relação ao tratamento dessas lesões.[37,38] A reconstrução da coluna pode ser realizada um dia ou mais após um CT inicial ser realizada, reduzindo a necessidade de várias sessões de imagem.

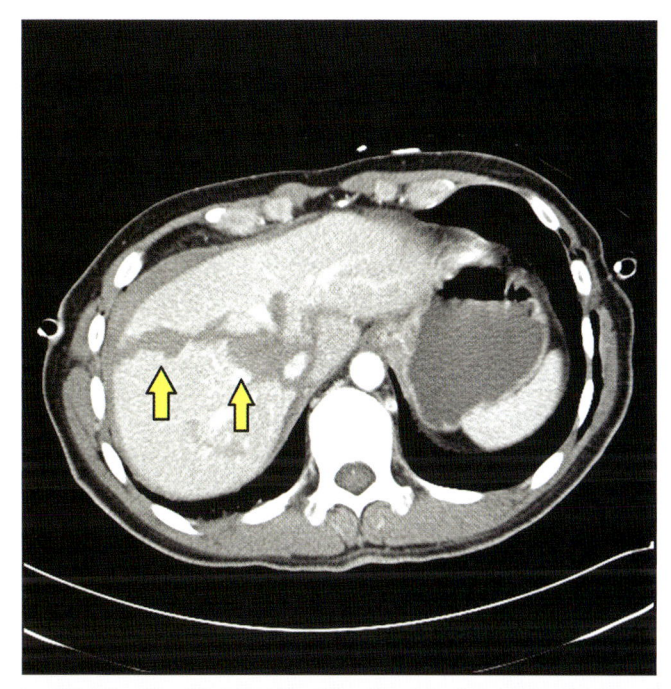

Fig. 18.5 Imagem axial do fígado a partir de tomografia computadorizada com contraste do abdome. Há grande laceração hepática e hemoperitônio ao redor.

Uma falha da CT está na detecção de lesões oculares e diafragmáticas. No caso de trauma, a sensibilidade para lesão esofágica ou intestinal é ainda mais limitada pela incapacidade de usar contraste oral. Sinais de lesão intestinal incluem vazamento de ar ou contraste intraperitoneal, espessamento ou descontinuidade da parede intestinal, fluido livre na ausência de lesão de órgão sólido, espessamento mesentérico e hematoma. Esses sinais são bastante insensíveis e a CT tem até 25% de taxa de falso-negativo na detecção de lesões diafragmáticas. A fluoroscopia pode fornecer maior certeza diagnóstica ao avaliar essas estruturas, particularmente o esôfago.[39,40] Se houver suspeita, laparoscopia, videotoracoscopia e laparotomia são considerações para uma avaliação posterior.[41,42] A CT diagnostica com precisão as contusões e lacerações renais e o CT e pielograma IV simultâneos costumam ser adequados para exame de lesão ureteral. O cistograma por CT também é adequado e pode ser feito juntamente com a CT inicial do abdome e da pelve.[43,44] Se houver dúvidas quanto à integridade uretral, um uretrocistograma retrógrado ao leito pode ser obtido por meio da instilação de contraste no meato uretral, usando um cateter Angiocath ou Foley, e usando radiografia simples anteroposterior (AP) e oblíquos para demonstrar o extravasamento.

A maioria das lesões de ossos longos, mesmo em pacientes obtundidos, é evidente no exame físico inicial. Fraturas mais sutis, no entanto, podem ser difíceis de discernir. Assim, quaisquer áreas com deformidade, dor ao exame ou estigmas de trauma (contusão, abrasão ou inchaço) devem ser visualizadas em pelo menos duas visualizações com radiografia simples. Qualquer lesão conhecida também deve ser incluída na radiografia das articulações e regiões acima e abaixo da fratura. Qualquer fratura ou luxação também deve levar a um exame neurovascular cuidadoso; pulsos diminuídos ou assimétricos devem levar a um novo estudo com o angiograma convencional ou CTA, por sua alta associação à lesão vascular que requer reparação.[45] Lesões de extremidades principais devem ser detectadas inicialmente no exame físico, com raios X simples direcionados para fraturas e consideração de CTA ou angiografia formal para anormalidades vasculares.

CT requer administração de contraste IV; a ocorrência de alergias verdadeiras ao contraste IV é relativamente incomum, mas pré-medicação com esteroides IV (100 mg de metilprednisolona), cloreto de difenidramina IV e um bloqueador IV de histamina 2 (H_2) é tipicamente adequada para prevenir outras reações além da anafilaxia. Um curso mais longo de pré-medicação com múltiplas doses de esteroides, se o tempo permitir, pode ser usado para a profilaxia.[46] A segunda preocupação com o contraste IV é a lesão renal. Isso também parece ser menos frequente do que se acreditava inicialmente, e vários estudos têm apoiado seu uso, mesmo na insuficiência renal. Como na maioria dos casos, a manutenção da perfusão renal com hidratação e fluxo sanguíneo adequados é essencial para prevenir uma lesão.[47,48] Caso necessário, uma alternativa como a ressonância magnética/angiografia por ressonância magnética (MRI/MRA) pode ser considerada.

A gravidez é outra condição que merece consideração especial. Como a mortalidade fetal fica marcadamente aumentada pelo choque materno, a investigação do trauma não deve ser atrasada, e os estudos radiográficos necessários devem ser realizados. No entanto, os riscos de exposição à radiação devem ser sempre ponderados em relação ao potencial benefício para a paciente, particularmente quando vários estudos são contemplados. É discutível se qualquer dose de radiação é segura e vale a pena considerar que a dose de radiação de uma única tomografia computadorizada de corpo inteiro excede em muito o limite anual de dose ocupacional para técnicas, intervencionistas e outros profissionais de radiação grávidas. Como as doses de radiação usadas na CT são altas, o feto deve estar protegido quando a imagem estiver fora da pelve. Observe que isso protegerá apenas parcialmente o feto, já que a maior parte da dose absorvida é indireta (espalhada a partir de órgãos sólidos). A ultrassonografia e a MRI sem contraste não estão associadas a efeitos fetais adversos conhecidos em qualquer estado da gravidez. Ambos devem ser fortemente considerados como uma alternativa à CT, quando possível.[49]

18.5.2 Imagem do Eixo Cranioespinhal

A CT de crânio detecta rapidamente o couro cabeludo, a calota craniana e as lesões intracranianas na maioria dos pacientes (▶ Fig. 18.6). A localização, tamanho e extensão, e o grau de efeito de massa da patologia intracraniana, como hematomas epidurais ou subdurais, ou contusão intracerebral ou hemorragia, são observados. Os principais elementos a serem observados são o grau de deslocamento das estruturas da linha média para o lado oposto ao hematoma e a obliteração das cisternas basais que circundam o tronco encefálico. O excesso de deslocamento das estruturas da linha média causado pelo efeito de massa de uma lesão também pode obliterar os ventrículos lateral e terceiro e ocluir o forame de Monro, causando mais dilatação ventricular. A presença de hérnia uncal, subfalcina ou tonsilar é um achado importante que influencia a rapidez da intervenção cirúrgica. As fraturas da calota craniana podem ser fraturas lineares simples, não deslocadas, que não requerem intervenção cirúrgica ou fraturas cranianas complexas e deprimidas, que podem exigir intervenção cirúrgica. A associação de uma laceração do couro cabeludo à fratura craniana deprimida, pneumocéfalo ou hemorragia intracraniana e violação das paredes do seio frontal são elementos-chave que influenciam a tomada de decisão cirúrgica.

A presença de trauma na coluna pode complicar a intubação e o tratamento cirúrgico de outras lesões sistêmicas associadas. Por isso, estudos de imagem rápidos e apropriados são imperativos

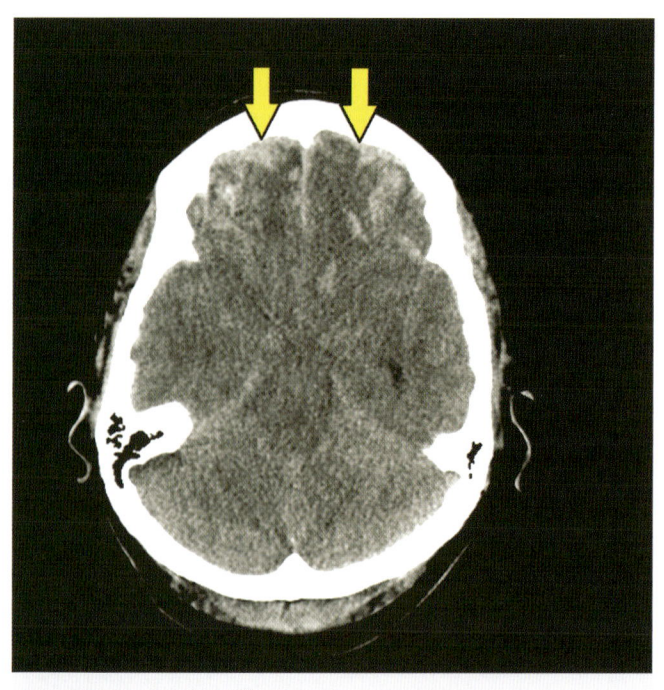

Fig. 18.6 Imagem axial dos lobos frontais inferiores a partir da tomografia computadorizada da cabeça. Há hemorragia intracraniana multicompartimental, com contusões hemorrágicas bifrontais.

para avaliar de maneira abrangente a coluna vertebral. A função da radiografia simples na avaliação da coluna cervical é controversa, mas um consenso em desenvolvimento sugere que a CT sem contraste é uma avaliação inicial de imagem mais apropriada, dada a alta taxa de falsos negativos na radiografia da coluna (▶ Fig. 18.4).[25,50-59] A aplicabilidade da MRI nos casos agudos no ED e na ICU para descartar lesões osteoligamentar na coluna não está bem definida. Quando realizada dentro de 48 horas da lesão e com achados negativos, a MRI é útil, mas muitos achados de tecidos moles observados em imagens ponderadas em T2 podem ser clinicamente insignificantes.[60,61] No estudo de Benzel et al., apenas 1 de 62 pacientes com lesões disco-ligamentares em uma série de 174 pacientes com traumatismo contuso e sem evidência clínica ou radiográfica de ruptura da integridade da coluna vertebral, foi necessária fusão cirúrgica.[60] D'Alise et al. estudaram 121 pacientes de alto risco, intubados, embotados/comatosos, com radiografias não reveladoras da coluna cervical. Esses pesquisadores descobriram 31 pacientes (25,6%) com lesões da coluna cervical, discos, ligamentos ou ossos. Oito destes 31 pacientes necessitaram de intervenção cirúrgica. Noventa dos 121 pacientes foram considerados como não tendo lesões na coluna cervical e foram, portanto, liberados.[61] A MRI não é particularmente útil em fraturas da coluna cervical. Klein et al. estudaram 32 pacientes com 75 fraturas conhecidas. Os níveis de sensibilidade da MRI para detectar fraturas da coluna vertebral posterior e anterior foram de 11,5% e 36,7%, respectivamente. Valores preditivos negativos nesse grupo de pacientes foram de 46 e 64%, respectivamente.[62]

A avaliação radiológica da coluna torácica e lombar deve ser realizada em todos os pacientes com MST com dor localizada ou outra evidência de lesão medular aguda. Radiografias simples têm sido criticadas pela falta de sensibilidade, imprecisões diagnósticas e pelo tempo necessário para uma visualização adequada.

Isso se torna mais difícil no paciente com lesão craniana não cooperativa.[54,58] Com a ampla adoção da reformatação multiplanar após a CT rotineira de tórax, abdome e pelve, a CT está se tornando o principal meio de avaliar a coluna toracolombar (▶ Fig. 18.4). Além da facilidade de aquisição, a CT oferece maior eficácia e precisão diagnóstica em comparação com a radiografia.[12,52-54,57,58] Brown et al. avaliaram 3.537 pacientes com traumatismo contuso que deram entrada no centro de trauma. Nesta população, havia 112 pacientes com fraturas lombares, 66 com fraturas torácicas e 45 com fraturas em vários multiníveis. Os níveis de sensibilidade das radiografias simples na identificação de fraturas torácica e lombar foram de 64 e 69%, respectivamente. A sensibilidade da CT da coluna vertebral foi de 98,5% na coluna torácica e de 100% na coluna lombar. A CT identificou 99,3% de todas as fraturas da coluna. A fratura não detectada foi uma fratura por compressão torácica, vista apenas com radiografias simples de raios X em um paciente que não apresentava lesão neurológica e não necessitava de tratamento. Eles concluíram que a CT e não a radiografia simples de rotina foi o estudo radiográfico de escolha na avaliação de pacientes com trauma contuso.[58]

Em um estudo prospectivo de 222 pacientes de trauma, Hauser et al. compararam a CT de tórax/abdome/pelve (CAP) com radiografias simples na identificação de fraturas toracolombares. Neste estudo, a precisão da CT CAP foi de 99%, em comparação com as radiografias simples, que tiveram uma precisão de 87%. A classificação errada pelas radiografias simples foi de 12,6% em comparação com 1,4% na CT. Nenhuma das modalidades deixou passar uma fratura instável. Wintermark et al. também avaliaram a CT toracolombar como um substituto para radiografias convencionais em 100 pacientes consecutivos com trauma contuso. Vinte e seis pacientes foram identificados com um total de 67 fraturas toracolombares. A sensibilidade e concordância interobservador para fraturas foram de 32,0% e 0,661 para a radiografia convencional e de 78,1% e 0,787 para a CT multidetectores. Nenhum falso positivo ocorreu com raios X ou CT, portanto, a especificidade foi de 100% para ambos. Doze pacientes tiveram fraturas instáveis da coluna. A concordância entre sensibilidade e interobservador para essas fraturas foi de 33,3% e 0,368 com raios X e 97,2% e 0,951 com CT. Oito pacientes pareciam não ter fratura ou nenhuma fratura instável com radiografia, mas foram encontrados com fraturas instáveis na CT. Erros de identificação do nível de fratura foram observados em 13% dos casos com radiografia, nenhum com CT.[63]

Sheridan et al. relataram uma avaliação prospectiva de pacientes com fraturas da coluna torácica e lombar admitidos durante um período de 12 meses. Dezenove pacientes tiveram fraturas da coluna torácica que foram submetidas à avaliação por raios X e CT reformatada. Houve uma fratura (5%), uma fratura de compressão T8, que foi diagnosticada por raios X e passou despercebida na CT, e oito fraturas (42%) diagnosticadas por CT que passaram despercebidas à radiografia. Muitas dessas fraturas despercebidas foram fraturas do processo transverso e espinhoso, mas incluíram duas fraturas do corpo e uma fratura por compressão. A sensibilidade da CT para identificação de fraturas torácicas foi de 97% em comparação com 62% da radiografia. Houve 27 pacientes com fraturas lombares que foram submetidas a exame por raios X e CT abdominal reformatada. Houve uma fratura (processo transverso L5) que passou despercebida em ambos os estudos e que foi identificada apenas em uma CT da coluna lombar. Três pacientes (11%) tiveram fraturas que foram diagnosticadas por CT e não por radiografia (ruptura de L3 e dois pacientes com múltiplas fraturas transversais do processo). Dois pacientes foram diagnosticados com fraturas estáveis em raios X e foram consideradas instáveis na CT. A sensibilidade da radiografia na coluna lombar foi de 86%, enquanto que para a CT foi de 95%.[57]

Além de melhor precisão, a CT fornece uma única modalidade de imagem para examinar lesões cerebrais, viscerais e da coluna, para um uso mais eficiente do tempo de diagnóstico. Para esse fim, Brandt et al. descobriram que, para 50 pacientes submetidos à avaliação radiográfica da coluna toracolombar, as radiografias simples levaram o dobro do tempo para serem realizadas em comparação com a CT de CAP.[52] Wintermark et al. relataram que 9% das radiografias toracolombares precisavam ser refeitas por conta da qualidade ruim. O tempo médio necessário para realizar a radiografia convencional de toda a coluna vertebral em seu estudo foi de 33 minutos, com 70% (23/33 minutos) dedicados ao exame de imagem da coluna toracolombar. O tempo médio para a realização de CT para inclusão da coluna torácica/abdominal/craniana e cervical foi de 40 minutos, incluindo 7 minutos para que os técnicos realizassem a reformatação e reconstrução dos filmes.[63] A incidência de lesões cerebrovasculares contusas detectadas pela CT de alta resolução e CT com angiotomografia (CTA) é de 1 a 3%, mas com alta mortalidade de 10 a 40%.[64,65] Uma alternativa à CTA é a ressonância magnética com angiografia (MRA).[66] Entretanto, é mais demorada e o paciente não fica prontamente acessível; assim, isso não é tão frequentemente empregado em casos agudos.[67]

18.6 Tratamento

Uma proporção significativa de pacientes com MST grave sucumbe aos ferimentos no local do acidente; geralmente, isso ocorre em razão de TBI grave ou lesão na medula espinhal ou lesões sistêmicas graves, como ruptura de vasos cardíacos, aórticos ou outros grandes vasos intratorácicos.[18] A estabilização inicial no local é fundamental, juntamente com o transporte rápido para um hospital especializado em trauma. Quando o paciente chega ao ED, as intervenções imediatas estão sob a alçada do serviço de cirurgia do trauma; o envolvimento precoce de cirurgiões neurológicos e ortopédicos é essencial e a ativação simultânea de códigos de trauma garante a disponibilidade de todos os serviços de consultoria. Este é o segundo período de vulnerabilidade, e a mortalidade nessa fase está associada à hipóxia ou hipotensão por comprometimento das vias aéreas ou pneumotórax hipertensivo, choque hipovolêmico ou tamponamento cardíaco, respectivamente.[18] Este é o segundo período de tempo durante o qual a intervenção rápida salva vidas. Um enfermeiro ou médico de trauma mantém um fluxograma de todos os sinais vitais, avaliações, intervenções e consultas, e a administração de medicamentos é cuidadosamente registrada; a administração do toxoide tetânico também é realizada se o estado for desconhecido.

A avaliação imediata e o estabelecimento da via aérea patente é de suma importância. As precauções da coluna cervical e toracolombar devem ser mantidas durante esse período para todos os pacientes até que a lesão na coluna seja excluída.[68] Na verdade, pacientes com lesões cranianas e na medula espinhal têm alto risco de problemas respiratórios e de vias aéreas; 95% dos pacientes com lesão medular alta requerem intubação nas primeiras 24 horas de internação, e pacientes com lesão medular cervical acima da quinta vértebra cervical apresentam risco particular de insuficiência respiratória.[69] A intubação orotraqueal, com um tubo endotraqueal de tamanho adequado, é, de longe, o método mais comum de obter uma via aérea definitiva nesses pacientes. As vias aéreas cirúrgicas, como a cricotireoidotomia ou a traqueostomia de emergência, podem ser necessárias em pacientes em que a via orotraqueal não está disponível.

Se uma via aérea artificial for necessária, ela é estabelecida enquanto se mantém precauções da coluna cervical; presume-se que todos esses pacientes tenham uma lesão na coluna até que se prove o contrário e a imobilização com um colar cervical e prancha rígida, mantendo a coluna em uma posição neutra, é essencial.

Com as vias aéreas protegidas, ventilação e oxigenação adequadas são a próxima prioridade. É importante identificar lesões torácicas graves com risco de vida, pois os pacientes com lesão de TBI ou da medula espinhal correm um risco particular de desenvolver pneumotórax hipertensivo, hemotórax ou tórax instável. Da mesma forma, uma ruptura diafragmática com ou sem migração de vísceras abdominais para a cavidade torácica pode comprometer a respiração. Após o controle das vias aéreas, deve-se fazer uma busca rápida por essas condições, e elas devem ser prontamente tratadas, caso estejam presentes. As estratégias e os modos de ventilação mecânica variam de acordo com os recursos do profissional, bem como o estado pulmonar do paciente e as lesões concomitantes. Os modos de ventilação com ciclos de volume padrão são comumente usados, mas outros modos podem ser úteis em situações de lesão pulmonar aguda. Em pacientes com traumatismo craniano, deve-se evitar hipercarbia – pressão parcial elevada de dióxido de carbono (pCO_2) maior que 40 mmHg – para ajudar a manter as pressões intracranianas normais e evitar lesões cerebrais secundárias.

Avaliar a adequação da circulação e tratar a hemorragia são as prioridades seguintes. Além da hemorragia externa, existem certas cavidades no corpo para as quais um paciente pode perder quantidades significativas de sangue: abdome, tórax, coxa, pelve e retroperitônio. Uma combinação de exame físico e estudos radiológicos, como uma radiografia de tórax ou uma *Focused Assessment with Sonography in Trauma* (FAST), são adequadas, inicialmente, para detectar um hematoma nessas cavidades corporais. A localização precisa da fonte da hemorragia requer imagens mais detalhadas, como CT ou MRI ou angiografia. O controle da hemorragia e a ressuscitação rápida são essenciais para prevenir choque e acidose; isso é particularmente importante em pacientes com TBI porque a hipotensão piora acentuadamente o prognóstico ao potencializar a lesão cerebral secundária.[21,22] Além disso, pacientes com lesão da medula cervical podem estar hipotensos em decorrência de um choque neurogênico, aumentando os efeitos deletérios das baixas pressões intravasculares sobre a função e recuperação do cérebro. Uma consideração especial deve ser dada a pacientes com TBI grave e pressão intracraniana (ICP) elevada, pois o posicionamento e a administração de fluidos durante cirurgias torácicas, abdominais ou ortopédicas podem levar a elevações indesejadas da ICP.

A colocação de sonda nasogástrica possibilita a descompressão do conteúdo gástrico, mas é contraindicada em pacientes com fratura da placa cribriforme; isso pode ser difícil de determinar em um paciente com MST, mas pneumocéfalo ou sangue intracraniano, especialmente na fossa craniana anterior, ou um vazamento de líquido cefalorraquidiano pelas narinas são indicadores disso. Nestas circunstâncias, um tubo orogástrico é a melhor opção. A sucção orotraqueal vigorosa deve ser evitada nas lesões da medula cervical, pois o tônus vagal aumentado e sem oposição pode resultar em parada cardíaca. Um cateter de Foley transuretral é essencial para o monitoramento do débito urinário, a menos que seja contraindicado por uma lesão uretral, que pode ser observada em pacientes com lesão grave da pelve, do períneo, do pênis ou do escroto; nestas circunstâncias, a consulta urológica, bem como um uretrograma, é necessária antes da canulação.[18]

18.6.1 Tratamento de Lesão Craniana

A avaliação clínica e radiográfica rápida, conforme detalhado anteriormente, fornece um delineamento claro da maioria das lesões cranianas, e existem algoritmos para fornecer diretrizes razoavelmente claras sobre o tratamento desses pacientes. Pacientes com MST correm risco de coagulopatia, e a correção de parâmetros anormais de coagulação é um pré-requisito para qualquer intervenção craniana. A maioria dos pacientes é tratada com agentes de reversão rápida, como plasma fresco congelado e concentrados de fator VII; os efeitos salutares da administração de vitamina K nos parâmetros de coagulação se manifestam após aproximadamente 12 horas e requerem função hepática normal.

Pacientes com um escore de GCS 8 ou menor, hipotensão ou um exame motor anormal exigem a colocação de um monitor de pressão intracraniana. Monitores intraparenquimatosos ou intraventriculares são aceitáveis. Este último tem a vantagem de permitir a drenagem do CSF, conforme necessário, para o tratamento das elevações da pressão intracraniana. No entanto, o monitor intraparenquimatoso é mais fácil de inserir; a colocação de um cateter intraventricular pode ser difícil em pacientes com ventrículos pequenos e um cérebro inchado. As elevações da pressão intracraniana são tratadas com medidas simples, como elevação da cabeça, manutenção da normotermia ou hipotermia leve, euvolemia e uma combinação de analgésicos cuidadosamente titulados, sedativos e agentes paralíticos. A hipertensão intracraniana refratária é tratada com infusão intravenosa de barbitúrico titulada para atingir a supressão de explosão no monitoramento contínuo do eletroencefalograma no leito ou por uma craniectomia descompressiva que abrange as regiões frontal, temporal e parietal da calota craniana, complementada por uma duroplastia ampla. Casos de patologia intracraniana associados ao efeito de massa significativo e concordantes com pressão intracraniana elevada ou déficit neurológico focal, como hematoma peridural ou subdural ou hematoma intraparenquimatoso, são levados à cirurgia para evacuação após a estabilização do estado hemodinâmico do paciente.

Após a estabilização inicial do paciente com MST e avaliação da extensão do TBI, o objetivo principal é prevenir ou amenizar a lesão cerebral secundária. Isso geralmente é devido à hipotensão e hipóxia; portanto, é essencial manter a euvolemia, normotensão e saturação normal de oxigênio. A administração de agentes diuréticos como manitol e solução salina hipertônica para tratar elevações da pressão intracraniana é cuidadosamente ponderada contra o risco de hipotensão e hipovolemia. Da mesma forma, a hiperventilação para induzir a hipocarbia pode ser usada rapidamente para tratar a hipertensão intracraniana, mas corre o risco de agravar a isquemia cerebral no tecido cerebral lesionado.

18.6.2 Avaliação de Lesões da Coluna Cervical em Pacientes com Estado Mental Alterado

A avaliação das lesões da coluna cervical no paciente vítima de trauma que se encontra sonolento continua sendo um desafio. No paciente desperto, assintomático, sem lesões de distração significativas, as lesões da coluna cervical geralmente podem ser descartadas com base no exame clínico. Para pacientes despertos com dor cervical significativa ou pacientes obnubilados, deve ser realizada investigação radiológica.

Em 2013, a *Joint Section on Disorders of the Spine and Peripheral Nerves*, composta por membros da American Association of Neurological Surgeons e pelo Congress of Neurological Surgeons, divulgou diretrizes revisadas para o tratamento de lesões agudas da coluna cervical e da medula espinhal.[70]

Quando a imagem da coluna cervical é necessária, como no caso de um paciente obnubilado vítima de trauma a CT de alta resolução é recomendada como o estudo de imagem de escolha. Radiografias simples de três incidências não são recomendadas se a CT estiver disponível; elas são, contudo, recomendadas se a CT não estiver disponível. Essas recomendações são apoiadas por estudos de pesquisa de alta qualidade.[71] No contexto de uma CT normal em um paciente obnubilado, o melhor curso de ação está menos claro. Orientações neurocirúrgicas oferecem várias opções: continuar com a imobilização cervical até que fique assintomático; descontinuar a imobilização com base em uma MRI normal obtida 48 horas após a lesão (embora as evidências sejam limitadas e conflitantes); ou descontinuar o colar a critério do médico responsável. Nesse cenário, a imagem dinâmica (ou seja, radiografias em flexão-extensão) é de valor limitado e não é recomendada.[71] Claramente, a circunstância exige o julgamento do médico responsável, que deve levar em conta fatores como o mecanismo da lesão (incluindo a transferência de energia), a estabilidade fisiológica do paciente em relação a outras lesões, o risco de complicações da órtese prolongada, como úlceras de decúbito, e o prognóstico geral da recuperação.

18.6.3 Tratamento de Lesões da Coluna Espinhal

Os princípios gerais do tratamento de fratura da coluna são realinhar a coluna vertebral, descomprimir quaisquer elementos neurais comprometidos e estabilizar os segmentos determinados como estando em risco de lesão dentro do alcance do movimento fisiológico normal.[72] Vários sistemas de pontuação foram desenvolvidos para avaliar a gravidade e orientar o tratamento da lesão da coluna cervical subaxial e da lesão da coluna toracolombar. Para ambas as escalas, uma pontuação de gravidade da lesão (ISS) de ≤ 3 pode ser administrado de forma não cirúrgica, e um ISS de ≥ 5 indica a necessidade de intervenção cirúrgica (▶ Quadro 18.3, ▶ Quadro 18.4). Não é mais recomendado o uso de altas doses de esteroides intravenosos para lesão medular. Em geral, portanto, qualquer fratura de coluna que exija estabilização cirúrgica deve ser tratada assim que a condição clínica do paciente permitir. A função neurológica do paciente também tem influência no momento da intervenção cirúrgica. Pacientes com lesão completa da medula espinhal podem ser abordados de forma eletiva com otimização dos parâmetros hemodinâmicos e nutricionais. Por outro lado, pacientes com lesão medular incompleta que pode ser atribuída a uma evidência radiológica de lesão, como facetas deslocadas ou comprometimento significativo do canal, são tratados de maneira mais urgente; descompressão cirúrgica emergente é recomendada para pacientes com déficit neurológico progressivo, ou lesões que provoquem um déficit progressivo.

As fraturas vertebrais ou ortopédicas que são consideradas não emergenciais são abordadas quando o paciente é adequadamente ressuscitado e a estabilidade hemodinâmica pode ser garantida durante todo o procedimento cirúrgico. Outras lesões, como síndrome do desconforto respiratório agudo (ARDS), podem impedir a cirurgia se o paciente não puder ser anestesiado com segurança e posicionado para o procedimento. A intervenção cirúrgica precoce, preferencialmente dentro de 72 horas após a lesão inicial, é cada vez mais recomendada para pacientes com lesões na coluna não emergenciais. A cirurgia tardia, por outro lado, tem sido associada a maior tempo de internação, ruptura da pele, sepse, complicações pulmonares e trombose venosa profunda.[73-76] A mobilização do paciente após a estabilização cirúrgica fornece uma boa defesa contra essas complicações e é um dos principais argumentos a favor da cirurgia antecipada. Outras vantagens incluem controle da dor, melhores resultados neurológicos, proteção contra deformidade progressiva (especialmente cifose) e maior liberdade de posicionamento no leito hospitalar.

Em todos esses casos, o neurocirurgião ou cirurgião ortopédico de coluna deve trabalhar em conjunto com o cirurgião de trauma e o anestesiologista, para reavaliar continuamente o progresso clínico do paciente e a viabilidade da fixação cirúrgica de uma fratura da coluna vertebral. Embora o tratamento inicial do trauma tenha se tornado muito mais padronizado nas últimas décadas, as decisões de tratamento a partir do trauma inicial, incluindo o tratamento de pacientes politraumatizados com lesões concomitantes no cérebro e na coluna, devem necessariamente ser individualizadas para o paciente em particular.

Quadro 18.3 Sistemas de pontuação de lesão da coluna cervical subaxial

Morfologia da lesão	Pontuação
Sem anormalidade	0
Compressão	1
• Ruptura (extensão através da parede posterior, incluindo fratura vertical, fratura "em gota")	+1
Distensão	3
• Facetas luxadas ou facetas alargadas bilaterais (não saltadas)	
• Lesão de hiperextensão (ligamento + disco longitudinal anterior rompido)	
Rotação/translação (superior a 11 graus ou translação de 3,5 mm)	4
• Facetas luxadas, "gota" instável	
• Fratura de pedículo bilateral, massa lateral flutuante	
Complexo discoligamentar	
Intacto	0
Indeterminado	1
• Alargamento interespinhoso ou apenas sinal MR STIR	
Rompido	3
• Espaço dos discos alargados, facetas empoleiradas ou deslocadas	
Estado neurológico	
Intacto	0
• Lesão da raiz	1
• Lesão completa da medula (ASIA A)	2
• Lesão incompleta da medula (ASIA B, C e D)	3
• Compressão contínua da medula com déficit neurológico (modificador)	+1

Abreviações: ASIA, *American Spinal Injury Assossiation*; MR, ressonância magnética; STIR, recuperação da inversão de *Short Tau*.

Fonte: Vaccaro AR. The subaxial cervical spine injury classification system. Spine 2007;32;2365-74.

Quadro 18.4 Classificação e pontuação de gravidade da lesão toracolombar

Morfologia da lesão	Pontuação
Compressão	1
• Compressão ou ruptura axial	
• Compressão por flexão, ruptura por flexão, ruptura com elementos posteriores descartados	
• Compressão lateral, ruptura lateral	
Fraturas rompidas (de qualquer tipo) (modificador)	+1
Translação/rotação	3
• Translação/rotação +/- compressão ou ruptura	
• Deslocamento de faceta uni ou bilateral +/- compressão ou ruptura	
Distração	4
• Flexão-distração +/- compressão ou ruptura	
• Extensão-distração	
Complexo ligamentar posterior	
Intacto	0
• Lesão suspeita ou indeterminada	2
• Lesionado	3
• Estado neurológico	
• Intacto	0
Lesão da raiz nervosa	2
• Lesão completa da medula (ASIA A)	2
• Lesão incompleta da medula (ASIA B, C e D)	3
• Lesão da cauda equina	3

Fonte: Vaccaro AR. A new classification of thoracolumbar injuries. Spine 2005;30;2325–2333.

18.7 Conclusão

Avaliação e tratamento de pacientes com MST é complexa e multidisciplinar. A comunicação entre os serviços de atendimento, a consciência da sobreposição de morbidades ou efeitos das intervenções terapêuticas e um alto índice de suspeição para lesões não detectadas são essenciais. Lesões cranianas e da coluna vertebral, em particular, podem complicar o tratamento de pacientes com MST, e há um risco de deterioração secundária nesses pacientes se forem tratados inadequadamente. O potencial para uma lesão neurológica nova ou agravada por uma fratura não diagnosticada ou piora do edema cerebral decorrente da administração de fluidos imprudentes é um exemplo disso. É fundamental enfatizar a realização de estudos de imagem radiológica rápidos e precisos com interpretação cuidadosa. A transição perfeita do cuidado no local para a avaliação e tratamento hospitalar é o elemento-chave que determina o resultado para muitos pacientes. No fim, isso também serve como excelente paradigma para estreita cooperação entre médicos e serviços de consultoria e a equipe de trauma que é a marca de uma instituição de trauma de alta qualidade.

Referências

[1] World Health Organization. Injuries and Violence: The Facts. http://apps.who.int/iris/bitstream/10665/149798/1/9789241508018_eng.pdf? ua=1&ua=1. Published 2014. Accessed September 22, 2016
[2] Centers for Disease Control and Prevention, National Center for Injury Prevention and Control. Web-based Injury Statistics Query and Reporting System (WISQARS). https://www.cdc.gov/injury/wisqars/. Accessed June 19, 2016
[3] National Trauma Institute. Trauma statistics. http://www.nationaltraumainstitute.org/home/trauma_statistics.html. Published 2014. Accessed September 22, 2016
[4] Faul M, Xu L, Wald MM, Coronado VG. Traumatic Brain Injury in the United States: Emergency Department Visits, Hospitalizations, and Deaths. Atlanta, GA: Centers for Disease Control and Prevention, National Center for Injury Prevention and Control; 2010
[5] Cooper C, Dunham CM, Rodriguez A. Falls and major injuries are risk factors for thoracolumbar fractures: cognitive impairment and multiple injuries impede the detection of back pain and tenderness. J Trauma. 1995; 38(5):692-696
[6] Hanson JA, Blackmore CC, Mann FA, Wilson AJ. Cervical spine injury: a clinical decision rule to identify high-risk patients for helical CT screening. AJR Am J Roentgenol. 2000; 174(3):713-717
[7] Kaups KL, Davis JW. Patients with gunshot wounds to the head do not require cervical spine immobilization and evaluation. J Trauma. 1998; 44(5):865-867
[8] Patton JH, Kralovich KA, Cuschieri J, Gasparri M. Clearing the cervical spine in victims of blunt assault to the head and neck: what is necessary? Am Surg. 2000; 66(4):326-330, discussion 330-331
[9] Holly LT, Kelly DF, Counelis GJ, Blinman T, McArthur DL, Cryer HG. Cervical spine trauma associated with moderate and severe head injury: incidence, risk factors, and injury characteristics. J Neurosurg. 2002; 96(3, Suppl):285-291
[10] Iida H, Tachibana S, Kitahara T, Horiike S, Ohwada T, Fujii K. Association of head trauma with cervical spine injury, spinal cord injury, or both. J Trauma. 1999; 46(3):450-452
[11] Leucht P, Fischer K, Muhr G, Mueller EJ. Epidemiology of traumatic spine fractures. Injury. 2009; 40(2):166-172
[12] Post MJ, Green BA. The use of computed tomography in spinal trauma. Radiol Clin North Am. 1983; 21(2):327-375
[13] el-Khoury GY, Whitten CG. Trauma to the upper thoracic spine: anatomy, biomechanics, and unique imaging features. AJR Am J Roentgenol. 1993; 160(1):95-102
[14] Kaye JJ, Nance EP, Jr. Thoracic and lumbar spine trauma. Radiol Clin North Am. 1990; 28(2):361-377
[15] Brandser EA, el-Khoury GY. Thoracic and lumbar spine trauma. Radiol Clin North Am. 1997; 35(3):533-557
[16] Reid DC, Henderson R, Saboe L, Miller JD. Etiology and clinical course of missed spine fractures. J Trauma. 1987; 27(9):980-986
[17] Buduhan G, McRitchie DI. Missed injuries in patients with multiple trauma. J Trauma. 2000; 49(4):600-605
[18] Ali J. Priorities in multisystem trauma. In: Hall JB, Schmidt GA, Wood LH, eds. Principles of Critical Care. 3rd ed.; 2005:. http://accesssurgery.mhmedical.com/content.aspx?bookid=361&Sectionid=39866466. Published 2005. Accessed September 22, 2016
[19] American College of Surgeons Committee on Trauma. Advanced Trauma Life Support (ATLS) Student Course Manual. 9th ed. Chicago, IL: American College of Surgeons; 2012
[20] Lee WC, Chen CW, Lin YK, et al. Association of head, thoracic and abdominal trauma with delayed diagnosis of co-existing injuries in critical trauma patients. Injury. 2014; 45(9):1429-1434
[21] Chesnut RM. The management of severe traumatic brain injury. Emerg Med Clin North Am. 1997; 15(3):581-604
[22] Chesnut RM, Marshall SB, Piek J, Blunt BA, Klauber MR, Marshall LF. Early and late systemic hypotension as a frequent and fundamental source of cerebral ischemia following severe brain injury in the Traumatic Coma Data Bank. Acta Neurochir Suppl (Wien). 1993; 59:121-125
[23] Hoffman JR, Wolfson AB, Todd K, Mower WR. Selective cervical spine radiography in blunt trauma: methodology of the National Emergency X-Radiography Utilization Study (NEXUS). Ann Emerg Med. 1998; 32(4):461-469
[24] Roth BJ, Martin RR, Foley K, Barcia PJ, Kennedy P. Roentgenographic evaluation of the cervical spine. A selective approach. Arch Surg. 1994; 129(6):643-645
[25] Chiu WC, Haan JM, Cushing BM, Kramer ME, Scalea TM. Ligamentous injuries of the cervical spine in unreliable blunt trauma patients: incidence, evaluation, and outcome. J Trauma. 2001; 50(3):457-463, discussion 464
[26] Hasler RM, Exadaktylos AK, Bouamra O, et al. Epidemiology and predictors of cervical spine injury in adult major trauma patients: a multicenter cohort study. J Trauma Acute Care Surg. 2012; 72(4):975-981
[27] Hoffman JR, Mower WR, Wolfson AB, Todd KH, Zucker MI; National Emergency X-Radiography Utilization Study Group. Validity of a set of clinical criteria to rule out injury to the cervical spine in patients with blunt trauma. N Engl J Med. 2000; 343(2):94-99
[28] Hoffman JR, Schriger DL, Mower W, Luo JS, Zucker M. Low-risk criteria for cervical-spine radiography in blunt trauma: a prospective study. Ann Emerg Med. 1992; 21(12):1454-1460

[29] Katsuura Y, Osborn JM, Cason GW. The epidemiology of thoracolumbar trauma: a meta-analysis. J Orthop. 2016; 13(4):383-388

[30] Dai LY, Yao WF, Cui YM, Zhou Q. Thoracolumbar fractures in patients with multiple injuries: diagnosis and treatment—a review of 147 cases. J Trauma. 2004; 56(2):348-355

[31] Stephan K, Huber S, Häberle S, et al; TraumaRegister DGU. Spinal cord injury— incidence, prognosis, and outcome: an analysis of the TraumaRegister DGU. Spine J. 2015; 15(9):1994-2001

[32] Varma A, Hill EG, Nicholas J, Selassie A. Predictors of early mortality after traumatic spinal cord injury: a population-based study. Spine. 2010; 35(7):778-783

[33] Desai JD. Beevor's sign. Ann Indian Acad Neurol. 2012; 15(2):94-95

[34] Blackwood GA, Blackmore CC, Mann MD, et al. The importance of trauma series radiographs: have we forgotten the ABC's? Presented at the 13th Annual Scientific Meeting of the American Society of Emergency Radiology, March 13-20, 2002, Orlando, Florida

[35] Ballard RB, Rozycki GS, Knudson MM, Pennington SD. The surgeon's use of ultrasound in the acute setting. Surg Clin North Am. 1998; 78(2):337-364

[36] Shackford SR, Rogers FB, Osler TM, Trabulsy ME, Clauss DW, Vane DW. Focused abdominal sonogram for trauma: the learning curve of nonradiologist clinicians in detecting hemoperitoneum. J Trauma. 1999; 46(4):553-562, discussion 562-564

[37] Hoff WS, Holevar M, Nagy KK, et al; Eastern Association for the Surgery of Trauma. Practice management guidelines for the evaluation of blunt abdominal trauma: the East practice management guidelines work group. J Trauma. 2002; 53(3):602-615

[38] Miller LA, Shanmuganathan K. Multidetector CT evaluation of abdominal trauma. Radiol Clin North Am. 2005; 43(6):1079-1095, viii

[39] Fakhry SM, Watts DD, Luchette FA; EAST Multi-Institutional Hollow Viscus Injury Research Group. Current diagnostic approaches lack sensitivity in the diagnosis of perforated blunt small bowel injury: analysis from 275,557 trauma admissions from the EAST multi-institutional HVI trial. J Trauma. 2003; 54(2):295-306

[40] Menegaux F, Trésallet C, Gosgnach M, Nguyen-Thanh Q, Langeron O, Riou B. Diagnosis of bowel and mesenteric injuries in blunt abdominal trauma: a prospective study. Am J Emerg Med. 2006; 24(1):19-24

[41] Friese RS, Coln CE, Gentilello LM. Laparoscopy is sufficient to exclude occult diaphragm injury after penetrating abdominal trauma. J Trauma. 2005; 58(4):789-792

[42] Sliker CW. Imaging of diaphragm injuries. Radiol Clin North Am. 2006; 44(2):199-211, vii

[43] Deck AJ, Shaves S, Talner L, Porter JR. Computerized tomography cystography for the diagnosis of traumatic bladder rupture. J Urol. 2000; 164(1):43-46

[44] Quagliano PV, Delair SM, Malhotra AK. Diagnosis of blunt bladder injury: a prospective comparative study of computed tomography cystography and conventional retrograde cystography. J Trauma. 2006; 61(2):410-421, discussion 421-422

[45] Peng PD, Spain DA, Tataria M, Hellinger JC, Rubin GD, Brundage SI. CT angiography effectively evaluates extremity vascular trauma. Am Surg. 2008; 74(2):103-107

[46] Hagan JB. Anaphylactoid and adverse reactions to radiocontrast agents. Immunol Allergy Clin North Am. 2004; 24(3):507-519, vii-viii

[47] Kandzari DE, Rebeiz AG, Wang A, Sketch MH, Jr. Contrast nephropathy: an evidence-based approach to prevention. Am J Cardiovasc Drugs. 2003; 3(6):395-405

[48] Tremblay LN, Tien H, Hamilton P, et al. Risk and benefit of intravenous contrast in trauma patients with an elevated serum creatinine. J Trauma. 2005; 59(5):1162-1166, discussion 1166-1167

[49] Barraco RD, Chiu WC, Clancy TV, et al. Practice Management Guidelines for the Diagnosis and Management of Injury in the Pregnant Patient. EAST Practice Management Guidelines Work Group; 2005

[50] Berne JD, Velmahos GC, El-Tawil Q, et al. Value of complete cervical helical computed tomographic scanning in identifying cervical spine injury in the unevaluable blunt trauma patient with multiple injuries: a prospective study. J Trauma. 1999; 47(5):896-902, discussion 902-903

[51] Blackmore CC, Ramsey SD, Mann FA, Deyo RA. Cervical spine screening with CT in trauma patients: a cost-effectiveness analysis. Radiology. 1999; 212(1):117-125

[52] Brandt MM, Wahl WL, Yeom K, Kazerooni E, Wang SC. Computed tomographic scanning reduces cost and time of complete spine evaluation. J Trauma. 2004; 56(5):1022-1026, discussion 1026-1028

[53] Gestring ML, Gracias VH, Feliciano MA, et al. Evaluation of the lower spine after blunt trauma using abdominal computed tomographic scanning supplemented with lateral scanograms. J Trauma. 2002; 53(1):9-14

[54] Hauser CJ, Visvikis G, Hinrichs C, et al. Prospective validation of computed tomographic screening of the thoracolumbar spine in trauma. J Trauma. 2003; 55(2):228-234, discussion 234-235

[55] Holmes JF, Akkinepalli R. Computed tomography versus plain radiography to screen for cervical spine injury: a meta-analysis. J Trauma. 2005; 58(5):902-905

[56] Schenarts PJ, Diaz J, Kaiser C, Carrillo Y, Eddy V, Morris JA, Jr. Prospective comparison of admission computed tomographic scan and plain films of the upper cervical spine in trauma patients with altered mental status. J Trauma. 2001; 51(4):663-668, discussion 668-669

[57] Sheridan R, Peralta R, Rhea J, Ptak T, Novelline R. Reformatted visceral protocol helical computed tomographic scanning allows conventional radiographs of the thoracic and lumbar spine to be eliminated in the evaluation of blunt trauma patients. J Trauma. 2003; 55(4):665-669

[58] Brown CV, Antevil JL, Sise MJ, Sack DI. Spiral computed tomography for the diagnosis of cervical, thoracic, and lumbar spine fractures: its time has come. J Trauma. 2005; 58(5):890-895, discussion 895-896

[59] Diaz JJ, Jr, Gillman C, Morris JA, Jr, May AK, Carrillo YM, Guy J. Are fiveview plain films of the cervical spine unreliable? A prospective evaluation in blunt trauma patients with altered mental status. J Trauma. 2003; 55(4):658-663, discussion 663-664

[60] Benzel EC, Hart BL, Ball PA, Baldwin NG, Orrison WW, Espinosa MC. Magnetic resonance imaging for the evaluation of patients with occult cervical spine injury. J Neurosurg. 1996; 85(5):824-829

[61] D'Alise MD, Benzel EC, Hart BL. Magnetic resonance imaging evaluation of the cervical spine in the comatose or obtunded trauma patient. J Neurosurg. 1999; 91(1, Suppl):54-59

[62] Klein GR, Vaccaro AR, Albert TJ, et al. Efficacy of magnetic resonance imaging in the evaluation of posterior cervical spine fractures. Spine. 1999; 24(8):771-774

[63] Wintermark M, Mouhsine E, Theumann N, et al. Thoracolumbar spine fractures in patients who have sustained severe trauma: depiction with multi-detector row CT. Radiology. 2003; 227(3):681-689

[64] Schneidereit NP, Simons R, Nicolaou S, et al. Utility of screening for blunt vascular neck injuries with computed tomographic angiography. J Trauma. 2006; 60(1):209-215, discussion 215-216

[65] Stallmeyer MJ, Morales RE, Flanders AE. Imaging of traumatic neurovascular injury. Radiol Clin North Am. 2006; 44(1):13-39, vii

[66] Bok AP, Peter JC. Carotid and vertebral artery occlusion after blunt cervical injury: the role of MR angiography in early diagnosis. J Trauma. 1996; 40(6):968-972

[67] Bromberg WJ, Collier BC, Diebel LN, et al. Blunt cerebrovascular injury practice management guidelines: the Eastern Association for the Surgery of Trauma. J Trauma. 2010; 68(2):471-477

[68] Stuke LE, Pons PT, Guy JS, Chapleau WP, Butler FK, McSwain NE. Prehospital spine immobilization for penetrating trauma—review and recommendations from the Prehospital Trauma Life Support Executive Committee. J Trauma. 2011; 71(3):763-769, discussion 769-770

[69] Como JJ, Sutton ER, McCunn M, et al. Characterizing the need for mechanical ventilation following cervical spinal cord injury with neurologic deficit. J Trauma. 2005; 59(4):912-916, discussion 916

[70] Walters BC. Methodology of the guidelines for the management of acute cervical spine and spinal cord injuries. Neurosurgery. 2013; 72(Suppl 2):17-21

[71] Ryken TC, Hadley MN, Walters BC, et al. Radiographic assessment. Neurosurgery. 2013; 72(Suppl 2):54-72

[72] Dimar JR, Carreon LY, Riina J, Schwartz DG, Harris MB. Early versus late stabilization of the spine in the polytrauma patient. Spine. 2010; 35(21, Suppl):S187-S192

[73] Cengiz SL, Kalkan E, Bayir A, Ilik K, Basefer A. Timing of thoracolomber spine stabilization in trauma patients; impact on neurological outcome and clinical course. A real prospective (rct) randomized controlled study. Arch Orthop Trauma Surg. 2008; 128(9):959-966

[74] Vallier HA, Moore TA, Como JJ, et al. Complications are reduced with a protocol to standardize timing of fixation based on response to resuscitation. J Orthop Surg. 2015; 10:155

[75] Kerwin AJ, Griffen MM, Tepas JJ, III, Schinco MA, Devin T, Frykberg ER. Best practice determination of timing of spinal fracture fixation as defined by analysis of the National Trauma Data Bank. J Trauma. 2008;65(4):824-830, discussion 830-831

[76] Frangen TM, Ruppert S, Muhr G, Schinkel C. The beneficial effects of early stabilization of thoracic spine fractures depend on trauma severity. J Trauma. 2010; 68(5):1208-1212

19 Resumo e Sinopse das Diretrizes no Traumatismo Craniano da *Brain Trauma Foundation*

Courtney Pendleton ▪ Jack Jallo

Resumo

Lesão cerebral traumática (TBI) permanece uma causa comum de morbidade e mortalidade entre americanos. As diretrizes desenvolvidas pela *Brain Trauma Foundation* e pela *American Association of Neurological Surgeons* para o tratamento de traumatismos cranianos graves oferecem recomendações para o manejo ótimo de pacientes adultos e pediátricos no atendimento pré-hospitalar e no cuidado hospitalar agudo. Diretrizes específicas servem para otimizar as estratégias de manejo para a TBI associada a guerras, mas estas estão além do escopo deste capítulo. Um tópico fundamental nestas diretrizes permanece a recomendação de que pacientes com TBI recebam cuidados otimizados em um centro de traumatismo estabelecido capaz de fornecer tratamento multidisciplinar de lesões traumáticas complexas na população adulta ou pediátrica. As diretrizes de manejo hospitalar são, em grande, parte recomendações de nível II e III, enquanto a única recomendação de nível I seja para evitar o uso profilático de esteroides em pacientes com TBI. No geral, estas recomendações ajudam a codificar o manejo de pacientes com TBI nos Estados Unidos, fornecendo estratégias otimizadas com base em evidências para o tratamento hospitalar.

Palavras-chave: terapia intensiva, medicina com base em evidência, diretrizes, trauma, lesão cerebral traumática.

19.1 Introdução

Dentre 1 milhão de americanos avaliados nas salas de emergência para lesão cerebral traumática (TBI) anualmente, quase um quarto requer tratamento hospitalar. Das 150.000 mortes devido ao traumatismo todos os anos, um terço é secundário a lesões cranianas. Embora difícil de calcular, o custo líquido anual do traumatismo à sociedade é estimado em um pouco menos de $40 bilhões. Para isso, diretrizes foram desenvolvidas para auxiliar na otimização de equipes de saúde multidisciplinares para o tratamento de pacientes com TBI.

As seguintes diretrizes são adaptadas das recomendações desenvolvidas em conjunto pela *Brain Trauma Foundation* (BTF) e a *American Association of Neurological Surgeons* para o manejo de lesão cerebral traumática grave. Esta revisão das diretrizes é dividida em três seções: manejo geral de traumatismo em adultos, manejo cirúrgico de lesões traumáticas e manejo geral de traumatismo na população pediátrica.

A terceira edição das diretrizes da BTF muda o prévio método de classificação de padrões, diretrizes e opções para o novo sistema de recomendações nível I, II e III. O novo sistema de classificação aplica a classificação de evidências do grupo de estudo de acordo com os dados padrões de classe I, II e III. Resumidamente, recomendações de nível I refletem a maior certeza e são pautadas em dados de classe I, enquanto as recomendações de nível III têm a menor certeza e são mais prováveis de serem fundamentadas em dados de classe II e III. Dados de classe I consistem em estudos randomizados prospectivos de boa qualidade. Dados de classe II incluem estudos randomizados de qualidade moderada e análises retrospectivas de boa qualidade, como estudos de coorte e estudos caso-controle. Dados de classe III têm base em análises retrospectivas e randomizadas menos confiáveis, bem como em estudos de casos, banco de dados e registros de pacientes.

Com a limitação na disponibilidade de dados prospectivos, as diretrizes deixam uma liberdade crítica excessiva ao clínico e às circunstâncias individuais do paciente. Este capítulo resume as diretrizes adultas e pediátricas para o manejo de TBI grave e descreve as diretrizes cirúrgicas para o manejo de lesões traumáticas.

19.2 Diretrizes no Atendimento Pré-Hospitalar

19.2.1 Sistemas de Trauma

Múltiplos estudos notaram quedas significativas na mortalidade (50 e 20%, respectivamente) quando sistemas organizados de trauma foram implementados,[1,2] e as diretrizes recomendam que todas as regiões tenham um sistema de atendimento ao trauma organizado. Embora a estrutura do sistema não seja explicitamente definida, várias considerações importantes são discutidas, incluindo o papel do neurocirurgião no desenvolvimento de protocolos de manejo de TBI, a necessidade de disponibilidade 24 horas de equipes de traumatismo e neurocirurgia, e a infraestrutura para fornecer avaliação, monitoramento e tratamento de acordo com as diretrizes. Em particular, recomenda-se que, quando disponível, os pacientes pediátricos sejam levados pelo serviço médico de emergência (EMS) a um centro certificado de trauma pediátrico para tratamento definitivo. Os dados parecem corroborar a conclusão de que pacientes pediátricos com TBI grave são mais prováveis de sobreviver quando tratados em centros de trauma pediátrico, ou centros de trauma adulto com qualificações adicionais em pediatria, em vez de um centro de trauma adulto de nível I ou nível II, e aqueles pacientes pediátricos com TBI grave que necessitem de procedimentos cirúrgicos têm uma baixa probabilidade de sobrevivência em um centro de trauma adulto de nível II, quando comparado a outros centros.[3] Além disso, em áreas metropolitanas, o transporte direto para um centro de trauma pediátrico supostamente aumenta a taxa de sobrevida geral.[4]

19.2.2 Otimização Médica

Sabe-se que a hipoxemia no cenário pré-hospitalar está associada a prognósticos mais desfavoráveis em pacientes com TBI.[5] Além disso, vários estudos sugeriram que a hipóxia durante o tratamento pré-hospitalar de pacientes pediátricos com TBI é comum. Até aproximadamente um terço dos pacientes pediátricos com TBI grave estão hipóxicos na chegada ao pronto-socorro.[6] Portanto, pode ser tentador defender a intubação endotraqueal imediata para todos os pacientes pediátricos com TBI grave e com sinais de hipóxia no campo. No entanto, dois estudos prospectivos randomizados de grande porte, incluindo um utilizando o *National Pediatric Trauma Registry*, não demonstraram uma diferença significativa no prognóstico entre aqueles tratados com intubação endotraqueal e aqueles tratados com máscara de ventilação no campo.[7] Um estudo menor, de 16 pacientes pediátricos intubados no campo, demonstrou quatro óbitos associados a "incidentes maiores das vias aéreas".[8] Embora haja evidência clara de que a hipoxemia resulta em um prognóstico neurológico mais desfavorável tanto em pacientes pediátricos como em adultos com TBI, e que a hipóxia frequentemente ocorre no cenário pré-hospitalar nesta população de pacientes, também há evidência de que a intubação pré-hospitalar bem-sucedida de bebês e crianças requer treinamento especializado, e que as taxas de sucesso em geral são menores do que em adultos.

Múltiplos estudos demonstraram os desfechos negativos associados à hipóxia e hipotensão, tanto na população adulta como na pediátrica com TBI. Um estudo, realizado por Pigula et al., analisou a influência da hipóxia e da hipotensão causada por uma TBI grave sobre a mortalidade.[9] Eles relataram uma incidência de 18% de hipotensão na chegada ao pronto-socorro. Uma taxa de mortalidade de 61% foi associada à hipotensão na admissão hospitalar versus 22% entre pacientes sem hipotensão. Quando a hipotensão estava combinada à hipóxia, a taxa de mortalidade foi de 85%.[9]

A literatura de neurocirurgia em adultos tradicionalmente define hipotensão com uma pressão arterial sistólica inferior a 90 mmHg. Em pacientes pediátricos, hipotensão é definida como inferior ao percentil 5 da pressão arterial sistólica para a idade. Em crianças, entretanto, hipotensão é um sinal tardio de choque. Pacientes pediátricos podem manter suas pressões arteriais apesar de uma hipovolemia significativa e sinais clínicos de choque. Sinais de perfusão reduzida incluem taquicardia, perda dos pulsos centrais, débito urinário reduzido a menos de 1 mL/kg/h e aumento do tempo de preenchimento capilar para mais de 2 segundos. Ressuscitação volêmica é indicada em crianças para sinais clínicos de perfusão reduzida, mesmo quando uma pressão arterial adequada é observada. Restrição de líquidos para evitar edema cerebral ou a piora do edema cerebral é contraindicada no manejo de um paciente pediátrico com TBI e em choque.[10]

19.3 Diretrizes Gerais no Manejo de Trauma em Adultos

O ▶ Quadro 19.1 resume as diretrizes para o manejo hospitalar do adulto com TBI.

19.3.1 Restauração da Pressão Arterial e Oxigenação

Foi documentado que hipoxemia e hipotensão causam desfechos mais desfavoráveis em pacientes com traumatismo craniano.[6,11,12] Estudos revelam que a hipoxemia comumente afeta pacientes com TBI, em até 44% em um estudo,[13] ocorrendo no campo ou durante o transporte.

Há uma recomendação de nível II para monitorar a pressão arterial e evitar hipotensão (pressão arterial sistólica < 90 mmHg). Há uma recomendação de nível III para monitorar a oxigenação e evitar hipóxia (pressão parcial de oxigênio [PaO_2] < 60 mmHg ou saturação de O_2 < 90%).

Recomenda-se que o clínico mantenha uma pressão arterial apropriada, de modo que uma pressão de perfusão cerebral (CPP) adequada, definida como 50 a 70 mmHg, possa ser alcançada. Para pacientes que permanecem hipoxêmicos, particularmente aqueles com uma Escala de Coma de Glasgow (GCS) inferior a 9, a intubação endotraqueal é fortemente recomendada.

O Traumatic Coma Data Bank (TCDB) fornece dados coletados prospectivamente, os quais demonstraram que a presença de hipotensão ou hipoxemia, ou de ambas, estava entre os indicadores mais importantes de um desfecho desfavorável.[5,14] Foi constatado que a hipotensão duplica a mortalidade e aumenta a morbidade, quando comparada a pacientes normotensos.

Embora a American College of Surgeons (ACS) recomenda que cristaloides sejam rapidamente administrados a pacientes com trauma, o Advanced Trauma Life Support (ATLS) adverte que os fluidos podem inadvertidamente exacerbar o edema cerebral e elevar as pressões intracranianas (ICPs). Digno de nota, um estudo mostrou ausência de correlação entre as ICPs e a quantidade de líquido ou sangue administrada.[15] Solução salina hipertônica foi demonstrada como uma opção viável para a ressuscitação volêmica em pacientes com TBI: foi constatado que as ICPs eram reduzidas em pacientes com TBI,[16] e uma metanálise[17] mostrou duplicação da sobrevida naqueles pacientes recebendo solução salina hipertônica.

19.3.2 Terapia Hiperosmolar

Existem recomendações de nível II para o uso de manitol, com doses de 0,25 a 1 g/kg para o tratamento de ICPs elevadas em pacientes com monitores de ICP. Recomendações de nível III são para o uso do manitol em pacientes sem monitoramento da ICP que exibam declínio clínico. Estas recomendações foram desenvolvidas com base em dados previamente utilizados para a segunda edição das diretrizes da BTF; nenhum estudo novo cumpriu os critérios de inclusão durante a revisão da literatura atualizada.

O manitol é comumente usado no tratamento de TBI, com múltiplos estudos documentando sua influência positiva sobre uma variedade de parâmetros, incluindo ICP e CPP. O manitol, provavelmente, age através de um mecanismo imediato e tardio. Em alguns minutos após ser administrado em bolus, o manitol é capaz de reduzir a ICP. Isto ocorre porque o volume intravascular é aumentado, diluindo o hematócrito e, subsequentemente, reduzindo a viscosidade sanguínea. O resultado é um aumento na CPP e no fluxo sanguíneo cerebral (CBF).

O efeito tardio do manitol ocorre após aproximadamente 20 minutos, em que gradientes entre o plasma e as células foram desenvolvidos, e este efeito osmótico pode durar até 6 horas. Seus riscos incluem a precipitação de uma insuficiência renal aguda e um aumento inadvertido na ICP. Os fatores de risco para insuficiência renal incluem uma osmolaridade sérica acima de 320 mOsm e a presença de doença renal.

Embora as diretrizes da BTF descrevam o uso frequente de solução salina hipertônica para o manejo da ICP e para a ressuscitação volêmica na população de neurotrauma, um número insuficiente de estudos de qualidade estava disponível na população adulta para fazer recomendações.

19.3.3 Hipotermia Profilática

Dada a controvérsia em torno desta intervenção, a BTF realizou sua própria metanálise de dados de classe II existentes, a fim de determinar o nível apropriado de recomendação para o uso de hipotermia profilática.[18-22] Os estudos incluídos foram considerados de qualidade suficiente para recomendações de nível III, ou seja, que a hipotermia profilática não reduz claramente a mortalidade, mas a sobrevivência aumenta quando a hipotermia é mantida por mais de 48 horas, e houve uma melhora significativa no desfecho favorável geral (pontuação GCS de 4 ou 5) em pacientes com TBI tratados com hipotermia profilática.

Quadro 19.1 Resumo das diretrizes de manejo de adultos no trauma

Tópico	Diretrizes
Pressão sanguínea e oxigenação	Nível I – Dados insuficientes Nível II – Monitorar pressão arterial, evitar hipotensão (SBP < 90 mmHg) Nível III – Monitorar oxigenação, evitar hipóxia (PaO2 < 60 mmHg ou saturação de O2 < 90%)
Terapia hiperosmolar	Nível I – Dados insuficientes Nível II – Manitol pode, eficazmente, controlar a ICP elevada; dose de 0,25 a 1 g/kg. Evitar SBP < 90 mmHg Nível III – Minimizar o uso de manitol em pacientes sem monitoramento ICP; uso em pacientes não monitorados com sinais clínicos de deterioração neurológica ou herniação
Hipotermia profilática	Nível I – Dados insuficientes Nível II – Dados insuficientes Nível III – Com base na metanálise da BTF. Redução na mortalidade quando a temperatura é mantida por mais de 48 horas. Associado à melhora na GCS
Profilaxia de infecções	Nível I – Dados insuficientes Nível II – Antibióticos durante a intubação reduzem o risco de pneumonia, sem alterar o período de permanência ou a mortalidade. Traqueostomia precoce é recomendada, mas não afeta a mortalidade Nível III – Extubação precoce em pacientes que cumprem os critérios clínicos não afeta o risco de pneumonia. Antibióticos durante a colocação de ventriculostomia não são recomendados
Profilaxia de DVT	Nível I – Dados insuficientes Nível II – Dados insuficientes Nível III – Profilaxia mecânica com meias elásticas de compressão ou dispositivos de compressão pneumática é recomendada até que os pacientes estejam se locomovendo. Profilaxia química é recomendada, mas traz o risco de expandir a hemorragia intracraniana
Indicações para monitoramento da pressão intracraniana	Nível I – Dados insuficientes Nível II – Monitoramento da ICP para pacientes com TBI, pontuação da GCS de 3-8 e presença de contusão intracraniana, hematoma, edema ou apagamento das cisternas basais na CT de crânio Nível III – Monitoramento da ICP para pacientes com TBI e GCS de 3-8 e CT de crânio normal, se dois ou mais destes critérios são atendidos: > 40 anos, postura anormal uni ou bilateral, SBP > 90 mmHg
Tecnologia de monitoramento da pressão intracraniana	O cateter ventricular é considerado ser o modo de melhor relação custo/benefício e o mais preciso para o monitoramento da ICP
Limiar da pressão intracraniana	Nível I – Dados insuficientes Nível II – Iniciar tratamento quando ICP > 20 mmHg Nível III – Manejo das ICPs requer avaliação do exame clínico, mensuração da ICP e achados de imagem
Limiares da perfusão cerebral	Nível I – Dados insuficientes Nível II – Evitar a manutenção agressiva de CPP > 70 mmHg para minimizar o risco de ARDS Nível III – Manter CPP entre 5-70 mmHg
Limiares do monitoramento da oxigenação cerebral	Nível I – Dados insuficientes Nível II – Dados insuficientes Nível III – Tratar para saturação venosa da jugular < 50% ou oxigênio do tecido cerebral < 15 mmHg
Anestésicos, analgésicos, sedativos	Nível I – Dados insuficientes Nível II – Supressão profilática com barbitúricos não é recomendada. Evitar o tratamento de ICPs com altas doses de barbitúricos. Propofol é recomendado para o manejo da ICP, mas altas doses devem ser evitadas
Nutrição	Nível I – Dados insuficientes Nível II – Objetivo de suprimento calórico total no dia 7
Profilaxia anticonvulsivante	Nível I – Dados insuficientes Nível II – Fenitoína e valproato não são recomendados para prevenção de convulsões pós-traumáticas tardias
Hiperventilação	Nível I – Dados insuficientes Nível II – Hiperventilação profilática (PaCO2 < 25 mmHg) não é recomendada Nível III – Hiperventilação pode servir como medida de temporização; não é recomendada nas primeiras 24 horas da lesão. Monitoramento da saturação venosa de oxigênio da jugular ou da tensão de oxigênio no tecido cerebral é recomendado
Esteroides	Nível I – Não recomendado para manejo do prognóstico ou da ICP

Abreviações: BTF, *Brain Trauma Foundation*; CPP, pressão de perfusão cerebral; CT, tomografia computadorizada; DVT, trombose venosa profunda; GCS, Escala de Coma de Glasgow; ICP, pressão intracraniana; PaCO2, pressão parcial arterial de dióxido de carbono; PaO2, pressão parcial de oxigênio no sangue arterial; SBP, pressão arterial sistólica; TBI, lesão cerebral traumática.

19.3.4 Profilaxia de Infecções

As principais fontes de infecção em pacientes com TBI, abordadas pelas diretrizes da BTF, são infecções do cateter ventricular/monitor de ICP e pneumonia associada ao ventilador.

Existem recomendações de nível III para a profilaxia de infecções em pacientes com cateteres ventriculares ou monitores de ICP. Não há evidências para recomendar a profilaxia antibiótica de rotina em pacientes com estes dispositivos, e a troca rotineira de cateteres ventriculares não é recomendada. Embora um único estudo tenha demonstrado redução na infecção e colonização em pacientes com cateteres ventriculares impregnados com antibiótico,[23] os dados não foram convincentes o suficiente para a BTF fazer recomendações formais; no entanto, as diretrizes enfatizam que esta é uma área em que pesquisa clínica adicional seria benéfica.

Existem recomendações de nível II para o fornecimento de um curto ciclo de antibióticos periprocedimento a fim de minimizar o risco de pneumonia, embora isto não reduza o período geral de permanência hospitalar. Além disso, recomendações de nível II são a de realizar a traqueostomia precoce a fim de reduzir os dias de ventilação mecânica, mas isto não afeta a mortalidade ou o risco de pneumonia. Existem recomendações de nível II para realizar a extubação em pacientes que atendem os critérios respiratórios e apresentam um reflexo de tosse/faríngeo intacto.

19.3.5 Profilaxia da Trombose Venosa Profunda

Uma recomendação de nível III é feita para a profilaxia mecânica com meias de compressão graduada ou dispositivos de compressão pneumática intermitente, até que os pacientes estejam se locomovendo. Uma recomendação de nível III é feita para a profilaxia química com heparina de baixo peso molecular ou heparina não fracionada, em conjunto com profilaxia mecânica.

Uma revisão do *National Trauma Databank* demonstrou que os pacientes com TBI correm um maior risco de eventos trombóticos venosos, incluindo trombose venosa profunda (DVT) e embolia pulmonar (PE).[24] O manejo das PEs em pacientes gravemente enfermos pode ser complicado, particularmente na população neurocirúrgica e de neurotrauma, em que o uso de anticoagulação apresenta risco de hemorragia intracraniana.

Foi demonstrado que a profilaxia mecânica reduz o risco de tromboembolismo venoso (VTE) sintomático, bem como de VTE assintomático encontrado nas triagens de rotina (ou seja, ultrassonografias Doppler dos membros inferiores).[25,26] Demonstrou-se também que a profilaxia com heparina de baixo peso molecular ou heparina não fracionada reduz o risco de VTE em pacientes com TBI, mas dois estudos demonstraram risco de 3% de nova hemorragia ou de evolução de hemorragia intracraniana em pacientes com TBI.[27,28]

19.3.6 Indicações para o Monitoramento da Pressão Intracraniana

Uma recomendação de nível II é o monitoramento da ICP para pacientes com um escore GCS de 3 a 8 e com uma tomografia computadorizada (CT) com uma anormalidade intracraniana aguda. Uma recomendação de nível III é o monitoramento da ICP em pacientes com uma CT de crânio normal que tenha qualquer um dos seguintes critérios: idade > 40, pressão arterial sistólica < 90 mmHg, ou postura uni ou bilateral.

ICP normal é considerada ser de 0 a 10 mmHg, com a maioria citando 20 mmHg como o limite superior normal. Hipotensão sistêmica ou hipertensão intracraniana podem ter um efeito deletério em pacientes com TBI por meio da redução da CPP, a qual é definida como a diferença entre a pressão arterial média e a ICP. Monitoramento contínuo permite que o clínico avalie e mantenha adequada perfusão cerebral com o fornecimento de maior controle sobre o manejo da ICP.

Em pacientes com TBI e um escore GCS inferior a 8, houve o desenvolvimento de hipertensão intracraniana em 53 a 63% dos pacientes com uma CT anormal, quando comparado a 13% naqueles com uma CT normal.[29]

O papel mais importante de um monitor de ICP pode ser o de avaliar e guiar a intervenção para o manejo de ICPs elevadas. Indicações para o uso e eficácia das modalidades de tratamento, incluindo hiperventilação, manitol, sedação e paralisia, são geralmente guiadas pelos valores fornecidos pelo monitor de ICP. Além disso, múltiplos estudos comprovaram que os valores da ICP podem determinar o desfecho, com ICPs inferiores geralmente indicando melhores prognósticos.

Uma importante preocupação em pacientes com TBI é a de monitorar para mudanças na ICP durante o período pós-lesão imediato, visto que as lesões dos pacientes podem evoluir, e os pacientes com exames de imagem normais na admissão podem desenvolver radiologicamente e clinicamente achados intracranianos significativos. Em um estudo, 15% dos pacientes com TBI com CT de crânio normal na admissão desenvolveram hemorragia intracraniana.[30]

Múltiplos estudos mostraram uma redução na mortalidade e morbidade quando um monitor de ICP é usado, tanto para monitoramento da ICP quanto para drenagem do líquido cefalorraquidiano (CSF).[31,32]

As diretrizes da BTF ressaltam a dificuldade em criar um conceito ético para um estudo controlado randomizado, com relação ao benefício do monitoramento da ICP em pacientes com TBI, mas as diretrizes sugerem que pesquisa adicional referente a um subgrupo de pacientes com patologia intracraniana em evolução ou nova no período pós-lesional pode auxiliar na seleção de pacientes que mais irão se beneficiar do monitoramento e tratamento da ICP.

O ensaio BEST TRIP realizou um estudo randomizado controlado de dois protocolos investigativos, um utilizando monitores de ICP e outro usando o procedimento padrão atual de observação clínica e CT em múltiplos hospitais na América Latina. Os resultados do estudo não mostraram diferenças significativas na mortalidade ou no prognóstico funcional e longo prazo entre os dois grupos.[33] Embora o estudo tenha permanecido controverso,[34] os autores abordaram as críticas[35] e divulgaram uma análise de consenso enfatizando os objetivos do estudo e defendendo adicionais estudos controlados randomizados (RCT) de monitoramento da ICP, particularmente nos centros de traumatologia da América do Norte/Europa, em que a observação clínica e as imagens seriadas permanecem o procedimento padrão.[36]

19.3.7 Tecnologia de Monitoramento da Pressão Intracraniana

Nenhuma recomendação formal é feita pelas diretrizes da BTF. O cateter ventricular, com sua capacidade de fazer a transdução das ICPs e de drenar CSF, é considerado o modo mais eficaz para o monitoramento da ICP de um paciente. Transdução de ICPs com um monitor parenquimal pode ser tão precisa quando um cateter ventricular, mas é propensa à variação da medição. Além disso, monitores parenquimais não podem ser zerados novamente após a colocação, e se o monitoramento contínuo da ICP for necessário, o monitor deve ser substituído.

Há dados que mostram uma discrepância entre os valores lidos em um monitor subdural ou parenquimal e as pressões ventriculares verdadeiras.[37] Considerando que a maioria dos estudos referentes ao monitoramento da ICP é feita com base nas pressões ventriculares, estes monitores têm o potencial de, acidentalmente, causar erro de manejo da ICP de um paciente.

Complicações relacionadas com os monitores de ICP são incomuns e raramente causam sequelas a longo prazo. A incidência geral de hematomas secundários à colocação do monitor foi de 1,4%,[29,38] com 0,5% necessitando de intervenção cirúrgica.[29] As taxas de mau funcionamento ou obstrução podem variar amplamente de 6,3% para cateteres ventriculares até 40% em alguns estudos para monitores parenquimais.[39,40]

19.3.8 Limiar de Tratamento da Pressão Intracraniana

A recomendação de nível II é de que a intervenção para ICPs elevadas devem iniciar após um limiar de 20 mmHg. O maior estudo, usando dados prospectivos não randomizados, constatou que 20 mmHg era o valor de ICP mais preditivo de prognóstico,[14] embora estudos adicionais mostrem que 20 *versus* 25 mmHg não tem diferença significativa no prognóstico.[41] A recomendação de nível III é de que, visto que pode haver o desenvolvimento de hérnia em pacientes com ICP < 20 mmHg, e outros podem tolerar ICPs > 20 mmHg sem apresentar alterações clínicas, dados no monitoramento de ICP podem ser usados em conjunto com os achados nos exames clínicos e de imagem para determinar o melhor curso de manejo.

19.3.9 Limiares da Perfusão Cerebral

Pressão da perfusão cerebral é a diferença entre a pressão arterial média e a ICP. Depleção intravascular com hipotensão, perda da autorregulação e vasoespasmo pós-traumático, bem como ICP elevada, pode reduzir de modo significativo a CPP e levar a uma isquemia cerebral. A manutenção da CPP em > 60 mmHg pode reduzir de forma significativa a morbidade e mortalidade em pacientes com TBI. Em um estudo anterior, McGraw constatou um aumento de 20% na mortalidade para cada 10 mmHg de redução da CPP; a diferença é brutal, com mortalidade de 35 a 40% para pacientes com uma CPP > 80 mmHg e de 95% quando abaixo de 60 mmHg por mais de um terço da admissão hospitalar.[41] Digno de nota, embora este estudo estabeleça que a manutenção da CPP seja um componente fundamental no manejo da TBI, ele não analisou o manejo da CPP independente do monitoramento da ICP e terapia direcionada. Existem recomendações de nível III para manter a CPP > 50 mmHg em pacientes com TBI.

Igualmente tão prejudicial quanto uma CPP baixa é a manutenção agressiva de uma CPP > 70 mmHg, a qual está associada ao desenvolvimento da síndrome da dificuldade respiratória aguda.[42,43] Existe uma recomendação de nível II para evitar a manutenção agressiva da CPP > 70 mmHg.

19.3.10 Monitoramento da Oxigenação Cerebral e Limiares

Esta é uma nova categoria de recomendações nas diretrizes atualizadas da BTF. Há recomendações de nível III para intervir se a saturação de oxigênio da veia jugular (SJO$_2$) for < 50% ou a tensão de oxigênio no tecido cerebral (PBrO$_2$) for < 15%.

Oxigenação do parênquima cerebral é dependente do fluxo sanguíneo cerebral e oxigenação da hemoglobina no sangue. A importância de evitar hipoxemia é mais detalhadamente abordada nas diretrizes para o manejo pré-hospitalar das vias aéreas. Imediatamente após a TBI, o CBF parece estar significativamente abaixo do normal, predispondo os pacientes à isquemia cerebral. Ao contrário da CPP ou ICP, um consenso acerca de um valor numérico acima do qual o CBF deve ser mantido não foi estabelecido.

SJO$_2$ é usada como um indicador da extração de oxigênio do parênquima cerebral, e uma alta saturação foi correlacionada a um prognóstico desfavorável.[43] De modo contrário, uma SJO$_2$ extremamente baixo também está correlacionada a um prognóstico desfavorável do paciente.[44,45]

Foi demonstrado que uma PBrO$_2$ reduzida se correlaciona diretamente com a mortalidade do paciente, com um estudo mostrando um maior risco de mortalidade proporcional à quantidade de tempo em que a PBrO$_2$ permanece < 15 mmHg.[46] Outro estudo demonstrou um risco de 50% na mortalidade em pacientes com PBrO$_2$ < 15 mmHg por mais de 4 horas.[47]

19.3.11 Anestésicos, Analgésicos, Sedação

É uma recomendação de nível II que barbitúricos sejam utilizados para o controle da ICP refratária a todas as outras intervenções cirúrgicas e médicas disponíveis. Recomenda-se que barbitúricos profiláticos para supressão de surtos seja evitado. Desde 1979, vários estudos documentaram aumentos na sobrevida, pois o coma induzido por barbitúricos foi capaz de reduzir elevações na ICP não tratáveis de outra forma. Em um estudo, 19 de 25 pacientes tratados com barbitúricos tiveram suas ICPs reduzidas, com 50% apresentando uma boa recuperação, enquanto que 83% daqueles que não responderam vieram a óbito.[48] Um estudo randomizado, realizado por Eisenberg *et al.*, constatou que o grupo tratado com barbitúricos apresentou uma probabilidade pelo menos duas vezes maior de redução de suas ICPs. Noventa e dois por cento daqueles que responderam estavam vivos após 1 mês, comparados a 17% daqueles que não responderam. Noventa por cento daqueles cuja ICP não respondeu vieram a óbito ou ficaram vegetativos aos 6 meses, comparado com 36% daqueles que responderam. Um estudo randomizado controlado constatou ausência de diferença no prognóstico entre um grupo tratado profilaticamente e o outro não tratado, e observou que o grupo tratado com barbitúricos apresentou uma probabilidade quase 8 vezes maior de desenvolver hipotensão,[49] corroborando a recomendação de que barbitúricos sejam usados apenas para tratar ICP refratária, e não como profilaxia em pacientes com TBI. A revisão de Cochrane determinou que hipotensão ocorreu em quase 25% dos pacientes tratados com barbitúricos, o que levou a uma redução da CPP que poderia anular qualquer benefício observado na redução da ICP.[50]

Outros sedativos e analgésicos foram estudados para o manejo da ICP. Um estudo comparou o propofol e a morfina como meio de controle da ICP em pacientes com TBI, e não constatou diferença significativa na mortalidade ou no prognóstico, como determinado pelo escore da GCS.[51] Entretanto, o uso prolongado de propofol, particularmente em altas doses, apresenta o risco de síndrome da infusão do propofol. Existe uma recomendação de nível III de que o propofol seja utilizado para o manejo da ICP, com a observação de que o mesmo não está associado à redução na mortalidade e pode acarretar uma morbidade significativa em altas doses.

19.3.12 Nutrição

A recomendação de nível III é de que uma reposição alimentar completa deve ser iniciada no sétimo dia após a lesão. Por meio enteral ou parenteral, 140% das necessidades metabólicas dos pacientes deve ser reposta se eles não estiverem paralisados, e 100% quando paralisados. As necessidades metabólicas aumentam, em média, 60% nos pacientes com traumatismo craniano sem paralisia, e de 20 a 30% naqueles com paralisia, indicando que o tônus muscular aumentado é responsável pelo aumento da necessidade calórica. A necessidade calórica para um homem de 25 anos de idade, com 70 kg, é considerada ser de 1.700 kcal por 24 horas e, após a lesão, essa necessidade seria de aproximadamente 2.400 kcal. Sem alimentação, os pacientes de traumatismo craniano perdem aproximadamente 15% de peso corporal por semana, primariamente na forma de nitrogênio (proteína). A mortalidade aumenta após uma perda de 30% do peso corporal. Recomendações incluem que 15% das calorias repostas sejam de proteína. Um estudo constatou aumento na mortalidade em pacientes em uma situação de subnutrição por 2 semanas após a lesão.[52]

Nutrição enteral é preferível à via parenteral por diversas razões, incluindo uma probabilidade reduzida de hiperglicemia e infecção, e melhor relação custo-benefício. Hiperglicemia está associada à exacerbação de lesão cerebral hipóxico-isquêmica e pode resultar em prognósticos mais desfavoráveis.[53,54] Mais insulina é necessária para manter um nível glicêmico normal com as nutrições parenterais quando comparado à enteral, sendo outro argumento poderoso para o uso precoce de nutrições enterais em pacientes com TBI.[55] Um único estudo pequeno sugeriu que a suplementação com zinco pode melhorar a pontuação motora da GCS nos pacientes com TBI,[56] mas dados adicionais são necessários antes que recomendações referentes à suplementação de micronutrientes específicos sejam feitas.

19.3.13 O Papel da Profilaxia Anticonvulsivante após Traumatismo Craniano

Convulsões pós-traumáticas (PTS) são classificadas como precoces ou tardias, com o ponto divisor sendo inferior ou superior a 7 dias após a lesão, respectivamente. PTS ocorre em até 42% dos pacientes em um período de até 36 meses após o traumatismo craniano. As convulsões podem precipitar elevações na ICP, instabilidade hemodinâmica e reduções na oxigenação cerebral, causando declínio adicional no estado clínico de pacientes com TBI.

Existe uma recomendação de nível II de que antiepiléticos devem ser usados para a profilaxia de convulsões precoces, com a ressalva de que a PTS precoce não está associada a um prognóstico mais desfavorável. Também há uma recomendação de nível II para que a fenitoína e o valproato não sejam utilizados para prevenção de PTS tardia.

Em razão dos efeitos colaterais potenciais, que variam de alterações comportamentais à síndrome de Stevens-Johnson, antiepiléticos devem ser limitados aos pacientes com maior risco de desenvolver PTS. Estudos constataram que determinadas lesões intracranianas, como hematoma intracerebral e extra-axial, as fraturas cranianas com afundamento, e baixos escores de GCS (< 10) predispõem os pacientes ao desenvolvimento de convulsões.[57,58] Estes pacientes, então, são mais prováveis de se beneficiarem com os antiepiléticos profiláticos.

Fenitoína foi um dos primeiros medicamentos a serem constatados como benéficos na redução de desenvolvimento de PTS. No maior ensaio prospectivo randomizado, 404 pacientes foram analisados e a fenitoína reduziu a ocorrência de convulsões precoces, mas não de convulsões tardias.[59] Notavelmente, não foi observada diferença na sobrevida entre os dois grupos de tratamento.

Um estudo prospectivo comparou a eficácia da fenitoína e do valproato na prevenção de convulsões.[60] Os medicamentos foram igualmente eficazes na redução de convulsões precoces, embora o valproato tenha sido associado à maior taxa de mortalidade.

19.3.14 Hiperventilação

Dois achados importantes exprimem a dificuldade em determinar quando a hiperventilação para pacientes com TBI deve ser implementada: pesquisas indicando que 40% dos pacientes com TBI desenvolvem inchaço cerebral e, consequentemente, uma ICP elevada,[61] e estudos mostrando que o CBF é metade do normal um dia após a lesão.[62] Embora capaz de deter os efeitos devastadores da ICP não controlada, por meio da indução da vasoconstrição cerebral, a hiperventilação pode inadvertidamente exacerbar a isquemia cerebral.

Uma recomendação de nível II é a de evitar a hiperventilação profilática ($PaCO_2$ < 25 mmHg). É uma recomendação de nível III que a hiperventilação profilática seja particularmente evitada durante as primeiras 24 horas após a lesão, visto que o CBF geralmente já está comprometido neste período. Uma recomendação adicional de nível III é que a hiperventilação pode ser usada como uma medida de contemporização em casos de crises de ICP refratárias. Se usado, o monitoramento para isquemia cerebral, com o uso de monitoramento do oxigênio no tecido cerebral, por exemplo, deve ser considerado.

O CBF cai subitamente após a lesão, chegando até 20 mL/100 g/min nas horas imediatamente após a lesão. A relação entre o CBF reduzido e a oxigenação cerebral, medida pela SJO_2 ou $PBrO_2$, não é inteiramente clara.[63-65] Um estudo prospectivo randomizado demonstrou que pacientes sendo submetidos à hiperventilação apresentaram prognósticos motores na GCS inferiores em múltiplos pontos de acompanhamento, embora a diferença não tenha sido mantida no acompanhamento a longo prazo.[66]

19.3.15 O Papel dos Esteroides

Existe uma recomendação de nível I para evitar o uso de esteroides no manejo de pacientes com TBI, visto que este medicamento não fornece um benefício claro no controle da ICP e pode aumentar o risco de mortalidade. Embora os esteroides tenham sido utilizados com sucesso para reduzir edema cerebral em pacientes com tumores cerebrais,[67] múltiplos estudos realizados desde a década de 1970 mostraram que os esteroides não proporcionam uma melhora evidente no prognóstico, no manejo da ICP ou na mortalidade.[68,69]

Uma metanálise finalizada em 1997 concluiu que não houve melhora no prognóstico com o uso de esteroides em pacientes com TBI.[70] Além disso, o estudo CRASH, finalizado em 2004, constatou maior mortalidade em pacientes com traumatismo craniano tratados com metilprednisolona, quando comparado ao grupo tratado com placebo.[71]

Quadro 19.2

Lesão cirúrgica	Diretrizes
Hematoma epidural agudo	CT de crânio seriada e exame clínico: • EDH < 30 cm³, espessura do coágulo < 15 mm, desvio da linha média < 5 mm, escore GCS > 8 e sem déficit neurológico focal Evacuação cirúrgica de emergência: • Todos EDH > 30 cm³, escore GCS < 9 e anisocoria
Hematoma subdural agudo	Monitoramento da ICP: • Escore GCS < 9 • Evacuação cirúrgica de emergência: SDH de espessura > 10 mm, ou com MLS > 5 mm • Escore GCS < 9, e um SDH de espessura < 10 mm e MLS < 5 mm, se o escore GCS reduzir em > 2, se ICP > 20 mmHg ou se anisocórico
Lesões parenquimatosas traumáticas	Observação atenta: • Neurologicamente estável sem desvio da linha média, efeito de massa, ICP elevada Intervenção cirúrgica de emergência: • Déficit/declínio neurológico, efeito de massa ou ICP intratável • Escore GCS de 6-8 com IPH frontal ou temporal > 20 cm³, e MLS > 5 mm ou compressão da cisterna na CT de crânio • IPH > 50 cm³
Lesão expansiva da fossa posterior	Observação: • Pacientes em efeito de massa ou déficit neurológico Intervenção cirúrgica de emergência: • Pacientes com efeito de massa ou déficit neurológico
Fraturas deprimidas do crânio	Observação: • Depressão < 1 cm, ausência de laceração dural, hematoma grande, envolvimento do seio frontal, pneumoencéfalo ou infecção/contaminação da ferida Intervenção cirúrgica: • Fraturas abertas, com deslocamento maior do que a espessura do crânio, devem ser submetidas à cirurgia

Abreviações: CT, tomografia computadorizada; GCS, Escala de Coma de Glasgow; ICP, pressão intracraniana; IPH, hemorragia intraparenquimatosa; MLS, desvio da linha média; SDH, hematoma subdural agudo.

19.4 Manejo Cirúrgico de Lesões Traumáticas

O ▶ Quadro 19.2 resume as diretrizes para o manejo cirúrgico de lesões cerebrais traumáticas.

19.4.1 Manejo Cirúrgico de Hematomas Epidurais Agudos

Evacuação cirúrgica de um hematoma epidural (EDH) agudo depende do estado neurológico do paciente e do tamanho do hematoma. As recomendações são de evacuar cirurgicamente todos os EDHs > 30 cm³, independente do estado neurológico. Manejo conservador com CT de crânio seriada e exame clínico pode ser considerado para pacientes que atendem todos os seguintes critérios: EDH < 30 cm³, espessura do coágulo < 15 mm, desvio da linha média < 5 mm, escore GCS > 8, e ausência de déficit neurológico focal. Com relação ao momento da cirurgia, as diretrizes especificamente enfatizam que pacientes com um escore GCS < 9 e anisocoria no exame devem ser submetidos à evacuação cirúrgica urgentemente.

EDHs são encontrados em até 4% dos pacientes com TBI[65,66] e 9% dos pacientes que estão em coma.[72,73] Classicamente, a fonte do sangramento é considerada ser a artéria meníngea média, mas em um recente estudo, esta foi identificada como a fonte em apenas 36% dos adultos e 18% das crianças.[74] Outras fontes incluem os seios venosos e as veias diploicas. O mecanismo de lesão associado aos EDHs predispõe os pacientes a lesões extracranianas e foi observado em diversos estudos. Embora os dados sejam inconsistentes com relação ao seu impacto sobre o prognóstico, fraturas cranianas foram relatadas em até 95% dos pacientes com EDHs.

Pacientes com um EDH pode apresentar um espectro de achados, variando desde a ausência de déficits até o estado de coma. Um pouco menos da metade (47%) apresenta o clássico "intervalo lúcido", enquanto até 27% se apresentam neurologicamente intactos.[75,76]

A mortalidade é de aproximadamente 10% em adultos e 5% na população pediátrica. Múltiplos fatores, incluindo a idade do paciente e o escore GCS, afetam o prognóstico para pacientes com um EDH. Diversos estudos constataram que o escore GCS no início do quadro é o fator mais importante na determinação do prognóstico de um paciente. Gennarelli et al. mostraram que pacientes com EDHs e um escore GCS de 6 a 8 tiveram uma mortalidade de 9%, comparado a 36% quando o escore GCS era de 3 a 5.[77]

Embora o manejo não cirúrgico em pacientes com um escore GCS superior a 12 tenha sido documentado, para aqueles pacientes que necessitam de manjo cirúrgico, a rápida realização da cirurgia é crucial.[78]

Embora estudos tenham mostrado que o intervalo entre o início dos sintomas neurológicos e a evacuação cirúrgica é importante no prognóstico global,[77-79] não há dados suficientes disponíveis sobre a eficácia relativa da evacuação não neurocirúrgica de emergência no hospital primário, comparado à evacuação neurocirúrgica após transferência para um centro mais especializado.

19.4.2 Manejo Cirúrgico de Hematomas Subdurais Agudos

Recomenda-se que todos os pacientes com hematomas subdurais agudos (SDHs) de espessura > 10 mm, ou com desvio da linha média (MLS) > 5 mm na CT do crânio, sejam submetidos à evacuação cirúrgica, independente do escore GCS do paciente. Em pacientes com um escore GCS < 9, recomenda-se monitoramento da ICP. Em pacientes com escore GCS < 9 e um SDH de espessura > 10 mm e MLS < 5 mm, recomenda-se a evacuação cirúrgica nas seguintes circunstâncias: se o escore GCS diminuir em 2 ou mais pontos desde o momento da lesão até a chegada ao hospital, se a ICP for > 20 mmHg, ou se anisocoria ou pupilas fixas estiverem presentes na chegada ao hospital.

Em pacientes com um escore < 9 sendo submetidos à evacuação cirúrgica do SDH, as diretrizes recomendam evacuação com craniotomia e duroplastia; o uso de uma craniotomia é deixado à critério do clínico. Não há recomendações referentes à técnica de remoção do SDH para aqueles pacientes com um escore GCS > 9 necessitando de intervenção cirúrgica.

SDHs agudos correm em até 29% dos pacientes com TBI, com a maioria ocorrendo em homens de 31 a 47 anos de idade. A causa mais provável é de acidente com veículo automotor em pacientes mais jovens e quedas em pacientes com mais de 65 anos. A mortalidade de pacientes com SDH necessitando de cirurgia, independente do escore GCS na apresentação, é entre 40 e 60%.[80,81]

Diversos estudos documentaram um prognóstico mais desfavorável com o aumento da idade, com a maioria dos estudos constatando uma probabilidade crescente de prognóstico desfavorável em pacientes com mais de 65 anos de idade,[82,83] como é de se esperar, idade avançada com escores GCS menores também está correlacionada a piores resultados. Hatashita et al. documentaram uma taxa de mortalidade de 75% em pacientes com mais de 65 anos que apresentaram inicialmente um escore GCS de 4 a 6 e foram submetidos à cirurgia; a taxa foi de 34% em pacientes de 19 a 40 anos de idade.[83]

A maioria dos estudos sustenta um melhor resultado para pacientes que são submetidos a uma evacuação precoce de SDHs agudos. Um estudo grande, realizado por Haselsberger et al., observou mortalidade de 80% em pacientes comatosos que foram submetidos à cirurgia mais de 2 horas depois do início do declínio clínico, comparado com uma taxa de mortalidade de 47% para aqueles operados em até 2 horas.[76] De forma similar, Seelig et al. documentaram mortalidade de 90% para aqueles sendo submetidos à cirurgia mais de 4 horas após uma lesão, comparado a 30% para aqueles operados em até 4 horas.[84]

Poucos estudos avaliaram o impacto de diferentes técnicas cirúrgicas, como a drenagem por trepanação e a craniotomia, sobre o resultado. Para pacientes com escores GCS de 4 a 6, a drenagem por trepanação foi associada à taxa muito maior de mortalidade quando comparada àqueles pacientes sendo submetidos à craniotomia em um estudo realizado por Hatashita et al.[83]

Para aqueles pacientes que necessitam de cirurgia, 60% ou mais têm lesões intracranianas e extracranianas associadas, e estas são mais comumente observadas em pacientes apresentando um escore GCS inferior a 10. Por esta razão, as diretrizes consideram a capacidade de salvar ao criar recomendações, reconhecendo que em alguns pacientes com traumatismo em múltiplos sistemas, a evacuação do SDH pode não afetar a morbidade e a mortalidade relacionada com lesão não neurológica extensa.

19.4.3 Tratamento Cirúrgico das Lesões Parenquimatosas Traumáticas

Recomenda-se que todos os pacientes com déficit/declínio neurológico, efeito de massa na CT de crânio ou ICP não tratável sejam submetidos à intervenção cirúrgica. Tratamento cirúrgico também é recomendado para pacientes um escore GCS de 6 a 8 com hemorragia intraparenquimatosa (IPH) frontal ou temporal > 20 cm^3 e MLS > 5 mm ou compressão da cisterna na TC do crânio, ou em qualquer paciente com uma IPH >50 cm^3. O manejo conservador com imagens seriadas e exames clínicos é recomendado para pacientes sem déficits neurológicos, desvio da linha média ou crises de ICP.

Para pacientes sendo submetidos ao tratamento cirúrgico, a recomendação é craniotomia e evacuação da lesão em massa. Craniectomias descompressivas permanecem opções para pacientes com ICP não tratável e lesão intracraniana difusa. Especificamente, craniectomias bifrontais são oferecidas como uma opção nas primeiras 48 horas após a lesão em pacientes com lesão parenquimatosa difusa.

Lesões parenquimatosas traumáticas, amplamente definidas, ocorrem em um pouco mais de um terço de todos os pacientes com TBI, e representam aproximadamente um quinto dos pacientes com traumático craniano necessitando de intervenção cirúrgica. Achados radiológicos, estado e evolução clínica, e lesões associadas devem ser levados em consideração ao decidir entre tratamento cirúrgico e médico.

Lesões parenquimatosas podem ser focais ou difusas, e incluir hematomas, contusões, e infartos e edema cerebral difuso. Independentemente do tipo, as lesões parenquimatosas podem resultar em efeito de massa, desvio da linha média, ICPs elevadas e hérnia.

Estudos constataram uma correlação negativa entre o manejo não cirúrgico e os múltiplos achados. Estes incluem hipóxia, apagamento das cisternas, presença de hemorragia subaracnóidea (SAH) e hipertensão intracraniana. Bullock et al., em uma tentativa de determinar a necessidade de cirurgia, avaliaram pacientes com monitoramento da ICP.[80,85] Embora incapazes de prever o declínio clínico durante um período de tempo mais longo, o estudo constatou uma correlação positiva entre o pico da ICP e a necessidade de evacuação cirúrgica.

A recomendação para se considerar os achados no exame clínico e da neuroimagem na determinação do papel da cirurgia resulta em parte da natureza estática das modalidades de imagem e na natureza líquida das lesões intraparenquimatosas. Yamaki et al. mostraram que apenas 80% dos sangramentos intraparenquimatosos alcançaram seus volumes máximos em até 12 horas após a lesão inicial.[86] Convencionalmente, o hematoma intracerebral traumático tardio (DTICH) ocorre em porções do cérebro inicialmente normais em pacientes com CTs anormais, e foi correlacionado com um prognóstico desfavorável.[86,87]

19.4.4 Tratamento Cirúrgico de Lesões Expansivas da Fossa Posterior

Embora as lesões traumáticas da fossa posterior (PF) componham um número limitado de todas as lesões cranianas (< 3%), o pequeno volume da PF predispõe o paciente ao rápido desenvolvimento de hidrocefalia, efeito de massa e declínio neurológico.

Quadro 19.3 Resumo das diretrizes gerais do manejo de trauma pediátrico

Tratamento	Diretrizes
Indicações para monitoramento da pressão intracraniana	Nível I, Nível II – Dados insuficientes Nível III – Monitoramento da ICP pode ser considerado em bebês e crianças com TBI
Limiar de tratamento da pressão intracraniana	Nível I, Nível II – Dados insuficientes Nível III – Tratamento pode ser considerado para ICP > 20 mmHg
Limiares da pressão de perfusão cerebral	Nível I, Nível II – Dados insuficientes Nível III – Considerar uma CPP mínima de 40 mmHg, com variação de 40 a 50 mmHg; bebês podem estar no limite inferior, e as crianças mais velhas no limite superior
Neuromonitoramento	Nível I, Nível II – Dados insuficientes Nível III – Se a oxigenação do cérebro é monitorada, PBrO2 > 10 mmHg pode ser considerada
Neuroimagem	Nível I, Nível II – Dados insuficientes Nível III – CT de crânio de rotina < 24 horas após a imagem inicial e de acompanhamento pode não ser necessária na ausência de deterioração clínica ou crise de ICP
Terapia hiperosmolar	Nível I – Dados insuficientes Nível II – Solução salina hipertônica deve ser considerada para ICP elevada; a dose é de 6,5-10 mL/kg Opções – Solução salina hipertônica (3% a 0,1-1 mL/kg/bw/h) pode ser eficaz no controle de ICP elevada, com o uso da dose mínima para ICP < 20 mmHg. Manter a osmolaridade sérica < 360 mOsm/L
Controle da temperatura	Nível I – Dados insuficientes Nível II – Hipotermia moderada (32-33º C) deve ser evitada se o ciclo de tratamento for < 24 horas. Em pacientes em até 8 horas da lesão, hipotermia moderada pode ser considerada por até 48 horas. Evitar o reaquecimento mais rápido do que 0,5º/hora. Nível III – Hipotermia moderada precoce por 48 horas pode ser considerada.
Drenagem do CSF	Nível I, Nível II – Dados insuficientes Nível III – Drenagem do CSF por meio de ventriculostomia pode ser considerada. Um dreno lombar pode ser usado em pacientes com uma ventriculostomia funcional e ICP refratária
Barbitúricos	Nível I, Nível II – Dados insuficientes Nível III – Altas doses de barbitúricos podem ser usadas para ICP refratária. Devem ser acompanhados por monitoramento da pressão arterial e manutenção de uma CPP adequada
Craniectomia descompressiva	Nível I, Nível II – Dados insuficientes Nível III – Craniectomia descompressiva com duroplastia pode ser considerada para hipertensão intracraniana refratária durante o tratamento inicial
Hiperventilação	Nível I, Nível II – Dados insuficientes Nível III – Evitar hiperventilação profilática ($PaCO_2$ < 30 mmHg) nas primeiras 48 horas. Se hiperventilação for utilizada para tratar ICP, considerar o neuromonitoramento
Corticosteroides	Nível I – Dados insuficientes Nível II – Uso de corticosteroides não é recomendado
Analgésicos, sedativos, bloqueio neuromuscular	Nível I, Nível II – Dados insuficientes Nível III – Etomidato pode ser considerado: apresenta o risco de supressão adrenal. Tiopental pode ser considerado
Glicose e nutrição	Nível I – Dados insuficientes Nível II – Não há evidência de dieta imunomoduladora Nível III – Sem dados de prognóstico, a abordagem para o controle glicêmico é deixada a critério do clínico
Profilaxia anticonvulsiva	Nível I, Nível II – Dados insuficientes Nível III – Fenitoína pode ser considerada para a profilaxia de convulsões precoces

Abreviações: bw, peso corporal; CPP, pressão de perfusão cerebral; CSF, líquido cefalorraquidiano; ICP, pressão intracraniana; PaCO2, pressão parcial arterial de dióxido de carbono; PBrO2, tensão de oxigênio no tecido cerebral; TBI, lesão cerebral traumática.

Recomenda-se que os pacientes com efeito de massa (apagamento ou obliteração do quarto ventrículo/cisternas, sinais de hidrocefalia) ou déficit neurológico focal sejam submetidos à intervenção cirúrgica. Em pacientes sem efeito de massa ou déficit neurológico, recomenda-se observação. Dada a predisposição destes pacientes de rápida deterioração, uma cirurgia de urgência ou emergência é recomendada para todos os candidatos cirúrgicos. Craniectomia suboccipital é a técnica cirúrgica recomendada. Embora o manejo conservador seja possível, deve ser usado em uma população cuidadosamente selecionada para evitar declínio clínico e prognóstico global desfavoráveis.[88]

19.4.5 Tratamento Cirúrgico de Fraturas em Afundamento do Crânio

Recomenda-se que os pacientes com fraturas em afundamento complexas do crânio sejam submetidos ao tratamento cirúrgico se a fratura for mais deprimida do que a espessura da calota craniana. Em pacientes tratados cirurgicamente, a rápida intervenção cirúrgica é recomendada para minimizar o risco de infecção.

O manejo conservador é recomendado em pacientes com fraturas em afundamento complexas do crânio inferiores a 1 cm de depressão, sem evidência de laceração dural, hematoma grande, envolvimento do seio frontal, pneumocefalia, infecção da ferida ou contaminação evidente. Recomenda-se que tanto o tratamento cirúrgico como o não cirúrgico inclua antibióticos.

A presença de fraturas em afundamento do crânio, encontradas em aproximadamente 6% dos casos de TBI, expõe o paciente a múltiplas complicações. Fraturas abertas do crânio são responsáveis pela vasta maioria destas (até 90%). O perigo de fraturas abertas do crânio não é apenas de infecção (encontrada em até 10,6% dos pacientes), mas também o desenvolvimento de epilepsia de início tardio (em até 15%) e maior morbidade neurológica (11% dos pacientes) e mortalidade (19%).[89-91]

19.5 Diretrizes Gerais do Manejo de Trauma Pediátrico

As diretrizes no neurotrauma pediátrico são similares àquelas para adultos com TBI, embora os dados disponíveis na população pediátrica sejam frequentemente insuficientes para fornecer recomendações de nível I e II. Portanto, a maioria das diretrizes de manejo da TBI na população pediátrica é recomendações de nível III. As diretrizes estão resumidas no ▶ Quadro 19.3; aqui, discutimos aquelas diretrizes que diferem das equivalentes de adultos descritas previamente em detalhes.

19.5.1 Indicações para o Monitoramento da Pressão Intracraniana

Há uma alta incidência de ICP elevada em pacientes pediátricos com TBI,[92-95] com múltiplos estudos demonstrando uma associação entre a ICP e o prognóstico global.[96] Além disso, a evidência mostra que o manejo da ICP elevada leva a um melhor prognóstico.[97,98]

Embora os escores GCS e o exame neurológico permaneçam os padrões para a avaliação clínica de pacientes com TBI, estes são menos sensíveis em bebês e crianças pequenas. Imagens associadas à hipertensão intracraniana, como apagamento das cisternas na CT, podem ser enganosas em crianças. A avaliação clínica de bebês com TBI pode ser difícil, e uma CT de crânio negativa inicial não exclui a possibilidade de uma ICP aumentada. A presença de fontanelas e suturas abertas em um recém-nascido com uma TBI grave não impede o desenvolvimento de hipertensão intracraniana ou invalida a utilidade do monitoramento da ICP.

19.5.2 Limiares da Pressão de Perfusão Cerebral

Similar às diretrizes de adultos, as diretrizes pediátricas especificam uma variedade de CPP aceitáveis, corroboradas por dados de que valores consistentes inferiores a 40 mmHg estão associados a aumento da mortalidade, independentemente da idade.[99,100] Nenhum estudo demonstra que a manutenção ativa da CPP acima de qualquer limiar alvo na TBI pediátrica seja responsável por uma melhora na taxa de mortalidade ou morbidade.

19.5.3 Neuroimagem

Não existe uma correlação com as diretrizes da TBI em adultos. As recomendações pediátricas são baseadas em um único estudo retrospectivo de 40 crianças,[101] que concluiu que a imagem obtida para avaliar mudanças no exame clínico ou crises de ICP eram mais prováveis de fornecer novas informações que demostrariam necessidade de intervenção (ou seja, tratamento cirúrgico).

19.5.4 Drenagem do Líquido Cefalorraquidiano

As recomendações são baseadas em quatro estudos, dois demonstrando o uso de drenos ventriculares externos em pacientes pediátricos com TBI, e dois descrevendo o uso de drenos lombares para tratar crises contínuas de ICP em pacientes com ventriculostomias funcionais.[98,102,103,106] Em crianças com TBI grave e hipertensão intracraniana, a drenagem de CSF ventricular é uma modalidade terapêutica comumente empregada em conjunto com o monitoramento da ICP. O papel da drenagem de CSF é o de reduzir o volume de líquido intracraniano e, consequentemente, diminuir a ICP. Com o uso de uma ventriculostomia como um meio comum de mensurar a ICP de pacientes com TBI, os potenciais benefícios terapêuticos da drenagem de CSF despertam o interesse. No entanto, a drenagem de CSF não é limitada à via ventricular. Drenagem lombar controlada resultou em melhores resultados na população pediátrica com TBI grave e hipertensão intracraniana.[102,103]

Em resumo, a drenagem de CSF ventricular na TBI pediátrica grave é defendida como uma opção terapêutica no contexto de hipertensão intracraniana refratária, e a adição de drenagem lombar em pacientes mostrando cisternas abertas nos exames de imagem e sem grandes lesões expansivas também é defendida.

19.5.5 Terapia Hiperosmolar

Enquanto as diretrizes de adultos fazem recomendações relacionadas com o uso de manitol, as diretrizes pediátricas têm recomendações apenas para o uso de solução salina hipertônica no manejo da ICP. Embora os autores das diretrizes comentem que o manitol é comumente usado na TBI pediátrica, não existem estudos atendendo os critérios de inclusão para que recomendações tenham embasamento.

Como o manitol, a solução salina hipertônica fornece efeitos gradientes osmolares que reduzem a ICP. Solução salina hipertônica também exibe vários efeitos benéficos teóricos, incluindo restauração do potencial da membrana celular em repouso e do volume celular,[104] estimulação da liberação do peptídeo natriurético atrial,[105] inibição da inflamação e aumento do débito cardíaco. Possíveis efeitos colaterais da solução salina hipertônica incluem um retrocesso na ICP, mielinólise pontina central e SAH. Doses eficazes, em infusão contínua, de solução salina 3% variam entre 0,1 e 1 mL/kg de peso corporal por hora, administradas com uma escala variável. A dose mínima necessária para manter a ICP < 20 mmHg deve ser usada, e a osmolaridade sérica deve ser mantida a < 360 mOsm/L.

19.5.6 Controle da Temperatura

Se hipotermia é utilizada profilaticamente, recomenda-se que seja realizada em até 8 horas da chegada, com a intervenção durando até 48 horas. Hipotermia profilática no período inicial com duração do tratamento inferior a 24 horas deve ser evitada.

19.5.7 Barbitúricos

O uso de barbitúricos para tratar ICP elevada em crianças com traumatismo craniano grave é relatado desde a década de 1970,[48] porém apenas dois estudos em populações pediátricas foram usados para formular as diretrizes. Ambos os estudos estavam correlacionados com estudos em adultos, mostrando que os barbitúricos eram eficazes em reduzir a ICP, e que isto estava associado a melhor prognóstico geral.[107,108]

Estudos pequenos de terapia com altas doses de barbitúricos sugerem que estes são eficazes em reduzir a ICP em casos selecionados de hipertensão intracraniana refratária em crianças com TBI grave. No entanto, o uso de barbitúricos está associado à depressão do miocárdio, risco de hipotensão e necessidade de suporte da pressão arterial com fluidos intravasculares e agentes inotrópicos. Portanto, o uso deve ser limitado aos profissionais de terapia intensiva com o uso de monitoramento sistêmico apropriado para evitar e rapidamente tratar instabilidade hemodinâmica.

19.5.8 Analgésicos, Sedativos e Bloqueio Neuromuscular

Apesar do uso comum de sedativos, analgésicos e agentes de bloqueio neuromuscular em pacientes pediátricos com TBI grave, tanto para intubação de emergência como para controle, incluindo da ICP, poucas investigações clínicas formais foram realizadas abordando estas práticas. Na população pediátrica, foi demonstrado que o etomidato[109] e o tiopental[110] reduzem a ICP. Embora propofol seja recomendado na população adulta, a Food and Drug Administration (FDA) não recomenda infusões de propofol em pacientes pediátricos.

19.5.9 O Papel da Profilaxia Anticonvulsivante após Lesão Cerebral Traumática Grave

O desenvolvimento tardio de PTS foi constatado em 7 a 12% das crianças que sofreram uma TBI, comparado a 9 a 13% dos adultos,[111,112] embora não exista uma correlação entre a idade, como no desenvolvimento precoce de PTS, e o desenvolvimento tardio de convulsões. Na tentativa de estabelecer uma correlação entre a presença de fraturas cranianas e o desenvolvimento de convulsões tardias, um estudo observou uma diferença significativa com base na idade: 12% das crianças com menos de 5 anos, 20% das crianças com 5 a 16 anos, e 9% dos pacientes com mais de 16 anos de idade desenvolveram PTS tardia.[91] Outro estudo observou que 12% dos pacientes com TBI com menos de 3 anos de idade que desenvolveram PTS precoce também desenvolveram PTS tardia.[113] Foi constatada no estudo randomizado de Young *et al.*, embora estatisticamente insignificante, uma taxa ligeiramente maior de desenvolvimento de PTS tardia no grupo de tratamento, quando comparado ao grupo de placebo (12% *versus* 6%)[112] O estudo foi prejudicado pela não adesão ao tratamento.

O estudo de Lewis *et al.,* que revisou o tratamento profilático no desenvolvimento de PTS precoce, constatou que 53% das crianças que não receberam medicamento desenvolveram convulsões, quando comparado com 15% daquelas que foram tratadas.[114]

19.5.10 Tratamento Cirúrgico da Hipertensão Intracraniana Pediátrica

Tal como descrito nas diretrizes do tratamento cirúrgico, a craniectomia descompressiva com duroplastia é uma opção para o tratamento de lesão intracraniana focal ou difusa causando ICP elevada. Polin *et al.* concluíram um estudo caso-controle, em que 35 pacientes com TBI, adultos e pediátricos, foram tratados para hipertensão intracraniana não controlada com craniectomias descompressivas bifrontais.[115] Em uma avaliação de crianças com TBI secundária a abuso, Cho *et al.* constataram que, em pacientes com ICPs superiores a 30 mmHg, houve melhora significativa no prognóstico daqueles que receberam cirurgia e tratamento clínico, quando comparada aos pacientes tratados apenas clinicamente.[116] Na maioria dos casos, a cirurgia foi realizada até 1 dia após a lesão.

Referências

[1] Mullins RJ, Veum-Stone J, Hedges JR, et al. Influence of a statewide trauma system on location of hospitalization and outcome of injured patients. J Trauma. 1996; 40(4):536-545, discussion 545-546

[2] Sampalis JS, Lavoie A, Boukas S, et al. Trauma center designation: initial impact on trauma-related mortality. J Trauma. 1995; 39(2):232-237, discussion 237-239

[3] Potoka DA, Schall LC, Gardner MJ, Stafford PW, Peitzman AB, Ford HR. Impact of pediatric trauma centers on mortality in a statewide system. J Trauma. 2000; 49(2):237-245

[4] Johnson DL, Krishnamurthy S. Send severely head-injured children to a pediatric trauma center. Pediatr Neurosurg. 1996; 25(6):309-314

[5] Chesnut RM, Marshall LF, Klauber MR, et al. The role of secondary brain injury in determining outcome from severe head injury. J Trauma. 1993; 34(2):216-222

[6] Cooke RS, McNicholl BP, Byrnes DP. Early management of severe head injury in Northern Ireland. Injury. 1995; 26(6):395-397

[7] Gausche M, Lewis RJ, Stratton SJ, et al. Effect of out-of-hospital pediatric endotracheal intubation on survival and neurological outcome: a controlled clinical trial. JAMA. 2000; 283(6):783-790

[8] Nakayama DK, Gardner MJ, Rowe MI. Emergency endotracheal intubation in pediatric trauma. Ann Surg. 1990; 211(2):218-223

[9] Pigula FA, Wald SL, Shackford SR, Vane DW. The effect of hypotension and hypoxia on children with severe head injuries. J Pediatr Surg. 1993; 28(3):310-314, discussion 315-316

[10] Armstrong PF. Initial management of the multiply injured child: the ABC's. Instr Course Lect. 1992; 41:347-350

[11] Manley G, Knudson MM, Morabito D, Damron S, Erickson V, Pitts L. Hypotension, hypoxia, and head injury: frequency, duration, and consequences. Arch Surg. 2001; 136(10):1118-1123

[12] Stocchetti N, Furlan A, Volta F. Hypoxemia and arterial hypotension at the accident scene in head injury. J Trauma. 1996; 40(5):764-767

[13] Silverston P. Pulse oximetry at the roadside: a study of pulse oximetry in immediate care. BMJ. 1989; 298(6675):711-713

[14] Marmarou A, Anderson, et al. et al. Impact of ICP instability and hypotension on outcome in patients with severe head trauma. J Neurosurg. 1991; 75(1, Suppl):S59-S66

[15] Scalea TM, Maltz S, Yelon J, Trooskin SZ, Duncan AO, Sclafani SJ. Resuscitation of multiple trauma and head injury: role of crystalloid fluids and inotropes. Crit Care Med. 1994; 22(10):1610-1615

[16] Härtl R, Ghajar J, Hochleuthner H, Mauritz W. Hypertonic/hyperoncotic saline reliably reduces ICP in severely head-injured patients with intracranial hypertension. Acta Neurochir Suppl (Wien). 1997; 70:126-129

[17] Wade CE, Grady JJ, Kramer GC, Younes RN, Gehlsen K, Holcroft JW. Individual patient cohort analysis of the efficacy of hypertonic saline/dextran in patients with traumatic brain injury and hypotension. J Trauma. 1997; 42(5, Suppl):S61-S65

[18] Aibiki M, Maekawa S, Yokono S. Moderate hypothermia improves imbalances of thromboxane A2 and prostaglandin I2 production after traumatic brain injury in humans. Crit Care Med. 2000; 28(12):3902-3906

[19] Clifton GL, Allen S, Barrodale P, et al. A phase II study of moderate hypothermia in severe brain injury. J Neurotrauma. 1993; 10(3):263-271, discussion 273

[20] Jiang J, Yu M, Zhu C. Effect of long-term mild hypothermia therapy in patients with severe traumatic brain injury: 1-year follow-up review of 87 cases. J Neurosurg. 2000; 93(4):546-549

[21] Marion DW, Penrod LE, Kelsey SF, et al. Treatment of traumatic brain injury with moderate hypothermia. N Engl J Med. 1997; 336(8):540-546

[22] Qiu WS, Liu WG, Shen H, et al. Therapeutic effect of mild hypothermia on severe traumatic head injury. Chin J Traumatol. 2005; 8(1):27-32

[23] Zabramski JM, Whiting D, Darouiche RO, et al. Efficacy of antimicrobial- impregnated external ventricular drain catheters: a prospective, randomized, controlled trial. J Neurosurg. 2003; 98(4):725-730

[24] Knudson MM, Ikossi DG, Khaw L, Morabito D, Speetzen LS. Thromboembolism after trauma: an analysis of 1602 episodes from the American College of Surgeons National Trauma Data Bank. Ann Surg. 2004; 240(3):490-496, discussion 496-498

[25] Skillman JJ, Collins RE, Coe NP, et al. Prevention of deep vein thrombosis in neurosurgical patients: a controlled, randomized trial of external pneumatic compression boots. Surgery. 1978; 83(3):354-358

[26] Turpie AG, Hirsh J, Gent M, Julian D, Johnson J. Prevention of deep vein thrombosis in potential neurosurgical patients. A randomized trial comparing graduated compression stockings alone or graduated compression stockings plus intermittent pneumatic compression with control. Arch Intern Med. 1989; 149(3):679-681

[27] Kleindienst A, Harvey HB, Mater E, et al. Early antithrombotic prophylaxis with low molecular weight heparin in neurosurgery. Acta Neurochir (Wien). 2003; 145(12):1085-1090, discussion 1090-1091

[28] Gerlach R, Scheuer T, Beck J, Woszczyk A, Seifert V, Raabe A. Risk of postoperative hemorrhage after intracranial surgery after early nadroparin administration: results of a prospective study. Neurosurgery. 2003; 53(5):1028-1034, discussion 1034-1035

[29] Narayan RK, Kishore PR, Becker DP, et al. Intracranial pressure: to monitor or not to monitor? A review of our experience with severe head injury. J Neurosurg. 1982; 56(5):650-659

[30] Eisenberg HM, Gary HE, Jr, Aldrich EF, et al. Initial CT findings in 753 patients with severe head injury. A report from the NIH Traumatic Coma Data Bank. J Neurosurg. 1990; 73(5):688-698

[31] Cremer OL, van Dijk GW, van Wensen E, et al. Effect of intracranial pressure monitoring and targeted intensive care on functional outcome after severe head injury. Crit Care Med. 2005; 33(10):2207-2213

[32] Lane PL, Skoretz TG, Doig G, Girotti MJ. Intracranial pressure monitoring and outcomes after traumatic brain injury. Can J Surg. 2000; 43(6).442-448

[33] Chesnut RM, Temkin N, Carney N, et al; Global Neurotrauma Research Group. A trial of intracranial-pressure monitoring in traumatic brain injury. N Engl J Med. 2012; 367(26):2471-2481

[34] Sahuquillo J, Biestro A. Is intracranial pressure monitoring still required in the management of severe traumatic brain injury? Ethical and methodological considerations on conducting clinical research in poor and low-income countries. Surg Neurol Int. 2014; 5:86

[35] Chesnut RM, Temkin N, Dikmen S, et al. Ethical and methodological considerations on conducting clinical research in poor and low-income countries: viewpoint of the authors of the BEST TRIP ICP randomized trial in Latin America. Surg Neurol Int. 2015; 6:116

[36] Chesnut RM, Bleck TP, Citerio G, et al. A consensus-based interpretation of the Benchmark Evidence From South American Trials: Treatment of Intracranial Pressure Trial. J Neurotrauma. 2015; 32(22):1722-1724

[37] Chambers IR, Mendelow AD, Sinar EJ, Modha P. A clinical evaluation of the Camino subdural screw and ventricular monitoring kits. Neurosurgery. 1990; 26(3):421-423

[38] Holloway KL, Barnes T, Choi S, et al. Ventriculostomy infections: the effect of monitoring duration and catheter exchange in 584 patients. J Neurosurg. 1996; 85(3):419-424

[39] Gambardella G, Zaccone C, Cardia E, Tomasello F. Intracranial pressure monitoring in children: comparison of external ventricular device with the fiberoptic system. Childs Nerv Syst. 1993; 9(8):470-473

[40] Smith RW, Alksne JF. Infections complicating the use of external ventriculostomy. J Neurosurg. 1976; 44(5):567-570

[41] McGraw CP. A cerebral perfusion pressure greater than 80 mm Hg is more beneficial. In: Hoff JT, Betz AL, eds. Intracranial Pressure VII. Berlin: Springer-Verlag; 1989:839-841

[42] Contant CF, Valadka AB, Gopinath SP, Hannay HJ, Robertson CS. Adult respiratory distress syndrome: a complication of induced hypertension after severe head injury. J Neurosurg. 2001; 95(4):560-568

[43] Cormio M, Valadka AB, Robertson CS. Elevated jugular venous oxygen saturation after severe head injury. J Neurosurg. 1999; 90(1):9-15

[44] Robertson C. Desaturation episodes after severe head injury: influence on outcome. Acta Neurochir Suppl (Wien). 1993; 59:98-101

[45] Robertson CS, Gopinath SP, Goodman JC, Contant CF, Valadka AB, Narayan RK. SjvO2 monitoring in head-injured patients. J Neurotrauma. 1995; 12(5):891-896

[46] Valadka AB, Gopinath SP, Contant CF, Uzura M, Robertson CS. Relationship of brain tissue PO2 to outcome after severe head injury. Crit Care Med. 1998; 26(9):1576-1581

[47] van den Brink WA, van Santbrink H, Steyerberg EW, et al. Brain oxygen tension in severe head injury. Neurosurgery. 2000; 46(4):868-876, discussion 876-878

[48] Marshall LF, Smith RW, Shapiro HM. The outcome with aggressive treatment in severe head injuries. Part I: the significance of intracranial pressure monitoring. J Neurosurg. 1979; 50(1):20-25

[49] Eisenberg HM, Frankowski RF, Contant CF, Marshall LF, Walker MD. Highdose barbiturate control of elevated intracranial pressure in patients with severe head injury. J Neurosurg. 1988; 69(1):15-23

[50] Roberts I, Sydenham E. Barbiturates for acute traumatic brain injury. Cochrane Database Syst Rev. 2012; 12):CD000033

[51] Kelly DF, Goodale DB, Williams J, et al. Propofol in the treatment of moderate and severe head injury: a randomized, prospective double-blinded pilot trial. J Neurosurg. 1999; 90(6):1042-1052

[52] Rapp RP, Young B, Twyman D, et al. The favorable effect of early parenteral feeding on survival in head-injured patients. J Neurosurg. 1983; 58(6):906-912

[53] Lam AM, Winn HR, Cullen BF, Sundling N. Hyperglycemia and neurological outcome in patients with head injury. J Neurosurg. 1991; 75(4):545-551

[54] Young B, Ott L, Dempsey R, Haack D, Tibbs P. Relationship between admission hyperglycemia and neurologic outcome of severely brain-injured patients. Ann Surg. 1989; 210(4):466-472, discussion 472-473

[55] Suchner U, Senftleben U, Eckart T, et al. Enteral versus parenteral nutrition: effects on gastrointestinal function and metabolism. Nutrition. 1996; 12(1):13-22

[56] Young B, Ott L, Kasarskis E, et al. Zinc supplementation is associated with improved neurologic recovery rate and visceral protein levels of patients with severe closed head injury. J Neurotrauma. 1996; 13(1):25-34

[57] Temkin NR, Dikmen SS, Wilensky AJ, Keihm J, Chabal S, Winn HR. A randomized, double-blind study of phenytoin for the prevention of post-traumatic seizures. N Engl J Med. 1990; 323(8):497-502

[58] Wohns RN, Wyler AR. Prophylactic phenytoin in severe head injuries. J Neurosurg. 1979; 51(4):507-509

[59] Young B, Rapp R, Brooks WH, Madauss W, Norton JA. Posttraumatic epilepsy prophylaxis. Epilepsia. 1979; 20(6):671-681

[60] Temkin NR, Dikmen SS, Anderson GD, et al. Valproate therapy for prevention of posttraumatic seizures: a randomized trial. J Neurosurg. 1999; 91(4):593-600

[61] Miller JD, Becker DP, Ward JD, Sullivan HG, Adams WE, Rosner MJ. Significance of intracranial hypertension in severe head injury. J Neurosurg. 1977; 47(4):503-516

[62] Obrist WD, Langfitt TW, Jaggi JL, Cruz J, Gennarelli TA. Cerebral blood flow and metabolism in comatose patients with acute head injury. Relationship to intracranial hypertension. J Neurosurg. 1984; 61(2):241-253

[63] Imberti R, Bellinzona G, Langer M. Cerebral tissue PO2 and SjvO2 changes during moderate hyperventilation in patients with severe traumatic brain injury. J Neurosurg. 2002; 96(1):97-102

[64] Oertel M, Kelly DF, Lee JH, et al. Efficacy of hyperventilation, blood pressure elevation, and metabolic suppression therapy in controlling intracranial pressure after head injury. J Neurosurg. 2002; 97(5):1045-1053

[65] Sheinberg M, Kanter MJ, Robertson CS, Contant CF, Narayan RK, Grossman RG. Continuous monitoring of jugular venous oxygen saturation in head-injured patients. J Neurosurg. 1992; 76(2):212-217

[66] Muizelaar JP, Marmarou A, Ward JD, et al. Adverse effects of prolonged hyperventilation in patients with severe head injury: a randomized clinical trial. J Neurosurg. 1991; 75(5):731-739

[67] French LA, Galicich JH. The use of steroids for control of cerebral edema. Clin Neurosurg. 1964; 10:212-223

[68] Braakman R, Schouten HJ, Blaauw-van Dishoeck M, Minderhoud JM. Megadose steroids in severe head injury. Results of a prospective double- blind clinical trial. J Neurosurg. 1983; 58(3):326-330

[69] Cooper PR, Moody S, Clark WK, et al. Dexamethasone and severe head injury. A prospective double-blind study. J Neurosurg. 1979; 51(3):307-316

[70] Alderson P, Roberts I. Corticosteroids in acute traumatic brain injury: systematic review of randomised controlled trials. BMJ. 1997; 314(7098):1855-1859

[71] Roberts I, Yates D, Sandercock P, et al; CRASH trial collaborators. Effect of intravenous corticosteroids on death within 14 days in 10008 adults with clinically significant head injury (MRC CRASH trial): randomised placebo-controlled trial. Lancet. 2004; 364(9442):1321-1328

[72] Cordobés F, Lobato RD, Rivas JJ, et al. Observations on 82 patients with extradural hematoma. Comparison of results before and after the advent of computerized tomography. J Neurosurg. 1981; 54(2):179-186

[73] Gupta SK, Tandon SC, Mohanty S, Asthana S, Sharma S. Bilateral traumatic extradural haematomas: report of 12 cases with a review of the literature. Clin Neurol Neurosurg. 1992; 94(2):127-131

[74] Schutzman SA, Barnes PD, Mantello M, Scott RM. Epidural hematomas in children. Ann Emerg Med. 1993; 22(3):535-541

[75] Cucciniello B, Martellotta N, Nigro D, Citro E. Conservative management of extradural haematomas. Acta Neurochir (Wien). 1993; 120(1-2):47-52

[76] Haselsberger K, Pucher R, Auer LM. Prognosis after acute subdural or epidural haemorrhage. Acta Neurochir (Wien). 1988; 90(3-4):111-116

[77] Gennarelli TA, Spielman GM, Langfitt TW, et al. Influence of the type of intracranial lesion on outcome from severe head injury. J Neurosurg. 1982; 56(1):26-32

[78] Cohen JE, Montero A, Israel ZH. Prognosis and clinical relevance of anisocoria- craniotomy latency for epidural hematoma in comatose patients. J Trauma. 1996; 41(1):120-122

[79] Lee EJ, Hung YC, Wang LC, Chung KC, Chen HH. Factors influencing the functional outcome of patients with acute epidural hematomas: analysis of 200 patients undergoing surgery. J Trauma. 1998; 45(5):946-952

[80] Bullock R, Smith RM, van Dellen JR. Nonoperative management of extradural hematoma. Neurosurgery. 1985; 16(5):602-606

[81] Mathew P, Oluoch-Olunya DL, Condon BR, Bullock R. Acute subdural haematoma in the conscious patient: outcome with initial non-operative management. Acta Neurochir (Wien). 1993; 121(3-4):100-108

[82] Wilberger JE, Jr, Harris M, Diamond DL. Acute subdural hematoma: morbidity and mortality related to timing of operative intervention. J Trauma. 1990; 30(6):733-736

[83] Hatashita S, Koga N, Hosaka Y, Takagi S. Acute subdural hematoma: severity of injury, surgical intervention, and mortality. Neurol Med Chir (Tokyo). 1993; 33(1):13-18

[84] Seelig JM, Becker DP, Miller JD, Greenberg RP, Ward JD, Choi SC. Traumatic acute subdural hematoma: major mortality reduction in comatose patients treated within four hours. N Engl J Med. 1981; 304(25):1511-1518

[85] Bullock R, Golek J, Blake G. Traumatic intracerebral hematoma— which patients should undergo surgical evacuation? CT scan features and ICP monitoring as a basis for decision making. Surg Neurol. 1989; 32(3):181-187

[86] Yamaki T, Hirakawa K, Ueguchi T, Tenjin H, Kuboyama T, Nakagawa Y. Chronological evaluation of acute traumatic intracerebral haematoma. Acta Neurochir (Wien). 1990; 103(3-4):112-115

[87] Tseng SH. Delayed traumatic intracerebral hemorrhage: a study of prognostic factors. J Formos Med Assoc. 1992; 91(6):585-589

[88] Wong CW. The CT criteria for conservative treatment—but under close clinical observation—of posterior fossa epidural haematomas. Acta Neurochir (Wien). 1994; 126(2-4):124-127

[89] Jennett B, Miller JD. Infection after depressed fracture of skull. Implications for management of nonmissile injuries. J Neurosurg. 1972; 36(3):333-339

[90] Wylen EL, Willis BK, Nanda A. Infection rate with replacement of bone fragment in compound depressed skull fractures. Surg Neurol. 1999; 51(4):452-457

[91] Jennett B. Early traumatic epilepsy. Incidence and significance after nonmissile injuries. Arch Neurol. 1974; 30(5):394-398

[92] Barzilay Z, Augarten A, Sagy M, Shahar E, Yahav Y, Boichis H. Variables affecting outcome from severe brain injury in children. Intensive Care Med. 1988; 14(4):417-421

[93] Cruz J, Nakayama P, Imamura JH, Rosenfeld KG, de Souza HS, Giorgetti GV. Cerebral extraction of oxygen and intracranial hypertension in severe, acute, pediatric brain trauma: preliminary novel management strategies. Neurosurgery. 2002; 50(4):774-779, discussion 779-780

[94] Pfenninger J, Santi A. Severe traumatic brain injury in children—are the results improving? Swiss Med Wkly. 2002; 132(9-10):116-120

[95] White JR, Farukhi Z, Bull C, et al. Predictors of outcome in severely head-injured children. Crit Care Med. 2001; 29(3):534-540

[96] Wahlström MR, Olivecrona M, Koskinen LO, Rydenhag B, Naredi S. Severe traumatic brain injury in pediatric patients: treatment and outcome using an intracranial pressure targeted therapy—the Lund concept. Intensive Care Med. 2005; 31(6):832-839

[97] Bruce DA, Raphaely RC, Goldberg AI, et al. Pathophysiology, treatment and outcome following severe head injury in children. Childs Brain. 1979; 5(3):174-191

[98] Jagannathan J, Okonkwo DO, Yeoh HK, et al. Long-term outcomes and prognostic factors in pediatric patients with severe traumatic brain injury and elevated intracranial pressure. J Neurosurg Pediatr. 2008; 2(4):240-249

[99] Chambers IR, Treadwell L, Mendelow AD. Determination of threshold levels of cerebral perfusion pressure and intracranial pressure in severe head injury by using receiver-operating characteristic curves: an observational study in 291 patients. J Neurosurg. 2001; 94(3):412-416

[100] Downard C, Hulka F, Mullins RJ, et al. Relationship of cerebral perfusion pressure and survival in pediatric brain-injured patients. J Trauma. 2000; 49(4):654-658, discussion 658-659

[101] Figg RE, Stouffer CW, Vander Kolk WE, Connors RH. Clinical efficacy of serial computed tomographic scanning in pediatric severe traumatic brain injury. Pediatr Surg Int. 2006; 22(3):215-218

[102] Baldwin HZ, Rekate HL. Preliminary experience with controlled external lumbar drainage in diffuse pediatric head injury. Pediatr Neurosurg. 1991-1992; 17(3):115-120

[103] Levy DI, Rekate HL, Cherny WB, Manwaring K, Moss SD, Baldwin HZ. Controlled lumbar drainage in pediatric head injury. J Neurosurg. 1995; 83(3):453-460

[104] McManus ML, Soriano SG. Rebound swelling of astroglial cells exposed to hypertonic mannitol. Anesthesiology. 1998; 88(6):1586-1591

[105] Arjamaa O, Karlqvist K, Kanervo A, Vainionpää V, Vuolteenaho O, Leppäluoto J. Plasma ANP during hypertonic NaCl infusion in man. Acta Physiol Scand. 1992; 144(2):113-119

[106] Shapiro K, Marmarou A. Clinical applications of the pressure-volume index in treatment of pediatric head injuries. J Neurosurg. 1982; 56(6):819-825

[107] Pittman T, Bucholz R, Williams D. Efficacy of barbiturates in the treatment of resistant intracranial hypertension in severely head-injured children. Pediatr Neurosci. 1989; 15(1):13-17

[108] Kasoff SS, Lansen TA, Holder D, Filippo JS. Aggressive physiologic monitoring of pediatric head trauma patients with elevated intracranial pressure. Pediatr Neurosci. 1988; 14(5):241-249

[109] Bramwell KJ, Haizlip J, Pribble C, VanDerHeyden TC, Witte M. The effect of etomidate on intracranial pressure and systemic blood pressure in pediatric patients with severe traumatic brain injury. Pediatr Emerg Care. 2006; 22(2):90-93

[110] de Bray JM, Granry JC, Monrigal JP, Leftheriotis G, Saumet JL. Effects of thiopental on middle cerebral artery blood velocities: a transcranial Doppler study in children. Childs Nerv Syst. 1993; 9(4):220-223

[111] Yablon SA. Posttraumatic seizures. Arch Phys Med Rehabil. 1993; 74(9):983-1001

[112] Young B, Rapp RP, Norton JA, Haack D, Walsh JW. Failure of prophylactically administered phenytoin to prevent post-traumatic seizures in children. Childs Brain. 1983; 10(3):185-192

[113] Raimondi AJ, Hirschauer J. Head injury in the infant and toddler. Coma scoring and outcome scale. Childs Brain. 1984; 11(1):12-35

[114] Lewis RJ, Yee L, Inkelis SH, Gilmore D. Clinical predictors of posttraumatic seizures in children with head trauma. Ann Emerg Med. 1993; 22(7):1114-1118

[115] Polin RS, Shaffrey ME, Bogaev CA, et al. Decompressive bifrontal craniectomy in the treatment of severe refractory posttraumatic cerebral edema. Neurosurgery. 1997; 41(1):84-92, discussion 92-94

[116] Cho DY, Wang YC, Chi CS. Decompressive craniotomy for acute shaken/ impact baby syndrome. Pediatr Neurosurg. 1995; 23(4):192-198

20 Considerações Especiais da Terapia Antiplaquetária, Anticoagulação e Necessidade de Reversão em Emergências Neurocirúrgicas

Drew A. Spencer ▪ Paul D. Ackerman ▪ Omer Q. Iqbal ▪ Christopher M. Loftus

Resumo

Emergências neurocirúrgicas são uma variedade de condições patológicas que apresentam risco iminente à vida e capacidade funcional do paciente. Essas situações podem ser exacerbadas quando os pacientes estão sob terapia antiplaquetária e anticoagulante crônica antes de sua apresentação, visto que estas terapias têm o potencial de acentuar uma patologia hemorrágica ou compressiva. Tendo em conta as indicações crescentes para terapia e uma população idosa, houve necessidade de desenvolver novos agentes anticoagulantes que oferecessem terapia mais conveniente tanto aos profissionais da saúde quanto aos pacientes. Estratégias de reversão, entretanto, ficaram aquém deste esforço. Os autores acreditam que os neurocirurgiões devem possuir um conhecimento avançado de agentes antiplaquetários ou anticoagulantes, bem como das medidas disponíveis para reverter a terapia antes de uma intervenção cirúrgica de emergência. No presente capítulo, revisamos os agentes terapêuticos e os agentes de reversão disponíveis, e a atual literatura referente ao manejo quando uma intervenção cirúrgica de emergência é necessária.

Palavras-chave: anticoagulação, antiplaquetária, coagulopatia, craniotomia, emergência, laminectomia, fusão vertebral.

20.1 Introdução

Emergências neurocirúrgicas requerem que os cirurgiões rapidamente resolvam um risco direto ao sistema nervoso central (CNS), ao mesmo tempo em que fatores de confusão que podem fazer da intervenção cirúrgica um insulto aditivo são considerados. Duas populações em particular são mais susceptíveis nestes cenários: pacientes idosos e aqueles sendo tratados com medicamentos antiplaquetários ou anticoagulantes estão em desvantagem única quando confrontados com uma ameaça às suas funções neurológicas. Pacientes idosos apresentam um risco crescente idade-específico para todos os traumas, com lesão cerebral traumática (TBI) sendo a preocupação primária.[1,2] Consequentemente, esta faixa etária responde por um número desproporcional de mortalidades associadas à TBI.[1,3] Pacientes tratados com medicamentos antiplaquetários (AP) e/ou anticoagulantes (AC) também são um grupo de alto risco, com evidência quantificada de uma morbidade e uma mortalidade mais elevada.[1,3-5] Estes dois grupos geralmente se sobrepõem em razão do crescimento da população idosa e sua maior probabilidade de comorbidades impondo terapia. As indicações para AP e AC continuam a expandir e, atualmente, incluem múltiplos sistemas (cerebrovascular, cardiovascular, vascular periférico) e condições patológicas (fibrilação atrial, distúrbios de coagulação).

O grupo de pacientes tratados com antiplaquetários (30%), anticoagulantes (3%) ou ambos os medicamentos, continua a expandir, tornando-se um cenário mais rotineiro encontrado por neurocirurgiões.[6-9] O verdadeiro dilema do manejo é a escassez de um elevado nível de evidência que guie o manejo destes pacientes. Ensaios randomizados controlados provavelmente seriam perigosos e exporiam um subgrupo de pacientes a um risco indevido. Apesar disso, estudos de séries de casos e outros estudos menores forneceram diretrizes gerais que se mostraram seguras e eficazes. Com o uso desses dados, combinado a uma forte compreensão dos agentes terapêuticos e de reversão disponíveis, estes pacientes podem ser tratados com segurança em tempo real.

20.2 Antiplaquetários

Existem vários agentes antiplaquetários. Os alvos desses agentes incluem a ativação e a agregação de plaquetas, que podem ser afetadas isoladamente ou em combinação para maximizar o efeito terapêutico. Há três classes principais de agentes antiplaquetários em uso clínico no momento. A primeira e mais bem estabelecida são os inibidores da ciclo-oxigenase 1 (COX-1). Estes medicamentos, incluindo aspirina e outros, inibem irreversivelmente a COX-1 e previnem a produção do tromboxano pelo ácido aracnoide. Esta é uma etapa inicial na ativação, agregação e degranulação plaquetária, e sua inibição compromete gravemente sua função. Clopidogrel é o medicamento mais conhecido e amplamente usado entre aqueles que inibem os receptores da $P2Y_{12}$ ou da adenosina difosfato (ADP) na superfície das plaquetas. Este receptor, quando ativado, liga-se à fibrina e participa na reticulação de plaquetas para formar um coágulo preliminar logo após o início do sangramento. A classe final inclui medicamentos como o abciximabe, eptifibatide e tirofibana, que inibem o receptor da glicoproteína IIb/IIIa (GPIIb/IIIa). Estes agentes previnem a agregação plaquetária através do bloqueio da interação entre o receptor de superfície e o fator de Willebrand (vWF) e o fibrinogênio.

O elo comum entre todas as classes antiplaquetárias é a influência delas sobre a formação inicial de coágulo que começa imediatamente após uma lesão, visto que as plaquetas são o agente reativo inicial na cascata de coagulação a encontrar a lesão. Isto prolonga o sangramento, não apenas pela ruptura da estrutura para um coágulo, como também pela ruptura da interação plaquetária com fatores como o vWF e o fibrinogênio, que servem como catalisadores para a cascata de coagulação restante. Em alguns pacientes, portanto, a simples reversão da deficiência de plaquetas não é o tratamento adequado, e isto será abordado na última seção sobre estratégias de reversão.

20.3 Anticoagulação

Medicamentos anticoagulantes também são usados cada vez mais frequentemente à medida que a população continua a envelhecer.[6-8] O número de medicamentos disponíveis aumentou dramaticamente nos últimos anos congruente com sua demanda na prática clínica. Existem agentes mais adequados para tratamento agudo e hospitalar ou terapia ambulatorial de longo prazo ou, em alguns casos, ambos. Todos os medicamentos usados são direcionados aos pontos catalisadores fundamentais – como a trombina e o fator X ativado – na cascata da coagulação que possuem um impacto mensurável sobre a capacidade do sangue em coagular.

Heparina não fracionada (UFH) e as heparinas de baixo peso molecular (LMWHs) são medicamentos usados em um contexto de cuidados agudos, e fornecidos por administração subcutânea ou intravenosa. Suas indicações primárias são a prevenção de trombos agudos e a limitação da propagação de coágulos intravasculares recentemente diagnosticados. UFH é mais adequada quando uma terapia intravenosa é necessária. LMWH é eficaz na prevenção e também como um agente suplementar para a terapia ambulatorial, quando indicado. A heparina se liga e catalisa a atividade da antitrombina III, aumentando sua capacidade de inativar a trombina, o fator X e outros em mil vezes. A LMWH é mais especificamente direcionada ao fator X, com menos efeitos sobre a trombina (fator II). A LMWH tem um estado de equilíbrio e um efeito clínico mais previsível, evitando a necessidade da monitorização laboratorial frequente que é necessária com o uso da heparina. Trombocitopenia induzida por heparina (HIT) é um risco com qualquer terapia baseada em heparina, necessitando de monitorização pelo menos intermitente dos níveis plaquetários e dos parâmetros de coagulação. Agentes mais novos foram recentemente introduzidos na classe da LMWH, o mais amplamente utilizado sendo o fondaparinux. Fondaparinux é um pentassacarídeo que atua de forma similar à UHF ativando a antitrombina III, inibindo o fator X ativado e prevenindo o tromboembolismo venoso (VTE).

A varfarina é o medicamento anticoagulante mais antigo e mais amplamente utilizado, introduzido em 1954. A varfarina é um inibidor da carboxilação hepática dos fatores de coagulação II, VII, IX e X. A eficácia da varfarina raramente é questionada, embora nunca tenha sido o medicamento mais fácil de ser utilizado para os pacientes e médicos. A razão normalizada internacional (INR) deve ser monitorada frequentemente, mesmo em pacientes sob terapia crônica com um padrão de dosagem bem estabelecido. Variações dietéticas simples que afetam a ingestão de vitamina K ou a atividade das enzimas hepáticas também podem causar grandes variações na INR. A varfarina tem meia-vida longa que deve ser cuidadosamente considerada nas alterações de dose e quando a terapia dever ser interrompida por qualquer motivo.

As limitações da varfarina motivaram o desenvolvimento de medicamentos mais novos e mais convenientes, uma classe chamada de novos anticoagulantes orais ou anticoagulantes orais alvo-específicos (NOACs, TSOACs). Esta classe inclui agentes com uma ação mais específica do que a da varfarina, diretamente inibindo o fator X ativado (Xa) (rivaroxabana, apixabana e edoxabana) ou a trombina (dabigatrana). Estes agentes oferecem vários benefícios em relação à varfarina, os mais importantes sendo uma meia-vida curta que gera seu rápido início de ação, e um efeito clínico confiável que elimina a necessidade de monitorização laboratorial frequente.[10] A segurança do paciente também é aumentada ao usar NOACs, quando comparado à varfarina. A literatura sugere um menor risco de hemorragia em pacientes tratados com NOACs (comparado com a varfarina), com um risco de 2 a 3% por ano de hemorragia grave e um risco de 0,2% de hemorragia intracraniana.[9,11,12] A meia-vida curta desses medicamentos também é vantajosa no trauma, na cirurgia ou em outras situações necessitando de um rápido retorno dos parâmetros de coagulação basais. O problema, no momento, para os cirurgiões que se deparam com pacientes tratados com NOAC é a inexistência de um antídoto específico. Isto cria um cenário clínico complicado no trauma e outras condições hemorrágicas, embora a experiência até a presente data seja a de fornecer uma estrutura básica para estratégias de reversão inespecíficas e a promessa de agentes de reversão direta (idarucizumabe, o agente que reverte a dabigatrana, foi na verdade aprovado pela *Food and Drug Administration* [FDA] enquanto este livro estava sendo preparado) contra os NOACs.

20.4 Reversão de Medicamentos Antiplaquetários e Anticoagulantes nas Emergências Neurocirúrgicas

A necessidade médica de mensurar o uso de anticoagulantes e antiplaquetários farmacológicos induziu à investigação de sua reversão eficaz quando uma cirurgia de emergência é indicada. Publicações sobre este tópico continuam a aumentar e a fornecer um modelo para o manejo seguro desta difícil classe de pacientes. Aqui revisaremos os agentes e protocolos atualmente aprovados para a reversão eficiente da coagulopatia na intervenção neurocirúrgica emergente.

A reversão do tratamento antiplaquetário é relativamente simples e geralmente muito eficaz.[13] As indicações óbvias para reversão são as de quaisquer hemorragias intracranianas ou vertebrais que atendam aos critérios cirúrgicos. Uma indicação mais ambígua existe na hemorragia sem necessidade de tratamento cirúrgico, com um crescente número de indícios defendendo a reversão na maioria, senão todas, destas situações.[3,14-17] A transfusão de plaquetas é o único método comprovado para correção da disfunção plaquetária quase que exclusivamente irreversível, induzida por agentes antiplaquetários. Esta é uma medida temporária no manejo geral, e os pacientes podem necessitar de transfusão contínua a cada 12 horas durante 48 horas, quando a remodelação fisiológica tenha tido tempo suficiente para repor o pool plaquetário nativo funcional.[15,18] Em casos extremos, o único tratamento adjuvante aprovado é a administração de 1-desamino-8-D-arginina vasopressina (DDAVP). A administração de 3 µg/kg de DDAVP com plaquetas melhora a função plaquetária através de um aumento no vWF e um potencial impacto ativador sobre outros fatores pró-coagulantes.[19,20]

A reversão de agentes anticoagulantes depende não apenas do agente usado, mas também da natureza da emergência e, talvez o mais importante, na condição médica do paciente. Ao escolher o agente correto, é preciso considerar não apenas o mecanismo de ação do medicamento, mas também a capacidade do paciente em tolerar grandes volumes de fluidos (p. ex., insuficiência cardíaca congestiva [CHF]) ou o risco de trombose (valvas mecânicas, doença da artéria carótida). Varfarina ainda é o medicamento anticoagulante mais frequentemente usado e, como tal, possui a maior quantidade de dados na literatura sobre reversão. Reversão da varfarina é tradicionalmente realizada por meio da administração de vitamina K e plasma fresco congelado [FFP], que pode necessitar um tempo significativo e doses repetidas para corrigir a coagulopatia até um limiar seguro para intervenção cirúrgica. O único agente de reversão conhecido para UHF é o sulfato de protamina. Protamina também é eficaz, em menor escala, para a reversão de enoxaparina. O papel do FFP não está claramente estabelecido, mas frequentemente é usado como terapia adjuvante.[18] Estratégias de reversão aguda para NOACs estão mudando rapidamente. Como mencionado, estes agentes clínicos poderosos foram primeiramente liberados sem um antídoto específico. O anticoagulante inibidor direto da trombina (DTI) dabigatrana é agora revertido pelo idarucizumabe. As opções de reversão indireta atualmente disponíveis para os inibidores do fator Xa incluem FFP, fator VII ativado, concentrado de complexo protrombínico e atividade de *bypass* do inibidor do fator VII (FEIBA). Obviamente, também existe um grande interesse nos agentes de reversão direta dos inibidores Xa, e esperamos que estes agentes, descritos noutra seção deste texto, estejam em breve disponíveis comercialmente aos cirurgiões. Ensaios clínicos preliminares do agente andexanet alfa (AndexXa; Portola Pharmaceuticals, South San Francisco, CA) para a reversão dos NOACs Xa (rivaroxabana, apixabana, edoxabana) foram iniciados.[21,22]

Existem estratégias indiretas para a reversão de efeitos anticoagulantes, incluindo aqueles dos NOACs. FFP tem sido usado clinicamente por quase 40 anos e é muito familiar para a maioria dos clínicos. FFP repõe os fatores de coagulação II, V, VII, IX, X e XI. É mais eficaz na reposição destes fatores e superação dos efeitos de inibidores da varfarina e do fator X do que no sangramento causado por deficiências de fatores intrínsecos (fator VIII).[23] Uma complicação rara é que fatores individuais também têm sensibilidades diferentes, ou níveis mínimos presentes para uma coagulação eficaz,[7,18] com excessivos volumes de transfusão sendo necessários para reverter de forma definitiva a coagulopatia. Isto complica o manejo daqueles pacientes com comorbidades cardíacas ou lesão em múltiplos sistemas após trauma, e é claro de pacientes com ICP elevada. FFP continuará a ser útil na reversão de emergência de coagulopatias, tanto quando usado isoladamente como quando usado como terapia complementar de agentes mais novos que foram introduzidos recentemente.

Agentes relativamente novos estão agora disponíveis para a correção quase imediata da coagulopatia via reposição de fatores ativados em pontos cruciais na cascata de coagulação. As vantagens primárias destes agentes são a otimização no tempo para correção e a flexibilidade na formulação de um regime apropriado para pacientes específicos. Os novos agentes oferecem o benefício adicional de um efeito sinérgico com o FFP tradicional, que reabastece os fatores a serem consumidos pela coagulação ativa.[7] O fator VII ativado serve como o catalisador necessário para ativar os fatores V e X, com resultante finalização da cascata de coagulação. O fator VII ativado tem um início de ação rápido e requer a administração concomitante de FFP.[7,18,24] O concentrado de complexo protrombínico (PCC) é um agente de reversão direcionado, composto, principalmente, de concentrado dos fatores II, IX e X, e também do fator VII ativado.[7,18,24] PCC padrão tem variedade de aplicações de urgência e emergência, enquanto derivados com altas concentrações do fator VII ativado (Kcentra; CSL Behring, King of Prussia, PA) são mais úteis em situações em que a intervenção de emergência é indicada.[9,25] Estudos clínicos demonstraram que estes agentes revertem a coagulopatia 4 vezes mais rápido do que o FFP (e com uma carga volêmica muito inferior), embora os intervalos apropriados para monitorização laboratorial e duração de seus efeitos ainda não tenham sido estabelecidos. A FEIBA é o outro agente relativamente novo, e consiste nos fatores II, IX, X (principalmente não ativados) e VIIa (principalmente ativado), além de 1 a 6 unidades de antígeno do fator FVIII de coagulação (FVIIIC:Ag) por mililitro. Estes agentes têm a vantagem de fornecer fatores concentrados, em quantidades suficientes para restabelecer a função normal do fator na cascata de coagulação. Fator VII ativado, Kcentra, PCC, e FEIBA são ferramentas valiosas no manejo de emergências neurocirúrgicas nesta população de pacientes, e sua utilidade apenas aumenta à medida que aprendemos mais sobre suas características clínicas. A administração concomitantes de FFP com estes agentes é cada vez mais recomendada para repor todos os fatores de coagulação, e evitar uma complicação grave ou limitação na reversão.[7] Todos os pacientes passando por reversão da anticoagulação também apresentam um aumento clinicamente significativo no risco de trombose no período pós-operatório.[7] Portanto, o cenário clínico de cada paciente, incluindo seu estado volêmico, deve ser considerado com cuidado para calcular a estratégia ideal de reversão.

20.5 Retomada dos Medicamentos Antiplaquetários e Anticoagulantes após o Tratamento Definitivo

Após o tratamento definitivo da patologia emergente, o maior risco do paciente é a patologia que originalmente exigiu terapia antiplaquetária e anticoagulante. Os neurocirurgiões devem tomar decisões inteligentes ao reiniciar estas terapias, a fim de evitar complicações e retornos evitáveis à sala de cirurgia. Felizmente, esta decisão é atualmente orientada por uma literatura crescente com a experiência de outros cirurgiões. Embora não exista alta evidência, o conjunto total de obras fornece estratégia segura e eficaz. Para agentes antiplaquetários, os dados disponíveis sugerem que o 5º dia após a cirurgia é o mais cedo que estes medicamentos podem ser iniciados.[26] Em pacientes de alto risco, entretanto, outros sugeriram que agentes antiplaquetários podem ser continuados até e durante a cirurgia, com uma baixa taxa de complicações hemorrágicas.[27,28] Em pacientes vítimas de trauma, uma recomendação clara não pode ser feita com base na literatura atual e, na instituição do autor, agentes antiplaquetários são regularmente interrompidos até o acompanhamento ambulatorial.

O restabelecimento da terapia anticoagulante é planejado para pacientes em dois grupos clínicos diferentes: aqueles capazes de tolerar uma folga terapêutica perioperatória e aqueles necessitando de uma ponte. Para pacientes que não necessitam de uma ponte, a terapia é reiniciada a critério do cirurgião responsável. Se a terapia deve ser reiniciada em regime hospitalar, a varfarina pode ser iniciada até 24 horas após a cirurgia, com monitorização hospitalar ou ambulatorial da INR. Em casos menos urgentes, a opção prudente é a de retardar o reinício da terapia até o seguimento cirúrgico ambulatorial, a fim de minimizar o risco de sangramento. Quando um paciente requer tratamento transitório, muitos publicaram suas experiências culminando em resultado seguro e confiável.[29,30] Em pacientes de baixo risco, as atuais recomendações são de reiniciar a varfarina 24 horas após a cirurgia com uma ponte de UFH ou LMWH. A vantagem da LMWH é a opção de uso ambulatorial sem a necessidade de monitorização laboratorial, possibilitando estadas hospitalares mais curtas. Em pacientes considerados de alto risco de hemorragia, o que provavelmente envolve a maioria dos pacientes neurocirúrgicos, a prática atual é de adiar o reinício da varfarina para 48 a 72 horas após a cirurgia, com uma ponte começando o mais rápido possível (~6 horas) após a cirurgia.

Embora o tempo apropriado de terapia ainda esteja aberto à interpretação do profissional de saúde, a experiência clínica é mais robusta com relação a como dosar os anticoagulantes.[29-32] Na maioria dos casos, tanto a dose pré-operatória como uma dose crescente de varfarina é usada até o alcance de uma INR terapêutica. Um estudo recente defende uma dose inicial duas vezes maior do que a dose de manutenção do paciente, constatando que um maior número de pacientes alcançou uma INR terapêutica aos 5 dias do que aqueles recebendo sua dose de manutenção (50% versus 13%).[31] Nenhum aumento nos eventos adversos foi observado em resposta ao rápido aumento na INR. Ao usar os NOACs, evidência recente corrobora o início da dose pré-operatória 24 a 72 horas após a cirurgia.[10] Em casos extremos envolvendo pacientes em situações de ponte e não ponte, a anticoagulação pode ser adiada por 1 a 4 semanas após a cirurgia, desde que o médico e o paciente tenham uma clara compreensão do risco trombótico inerente.

20.6 Conclusão

Pacientes apresentando emergência neurocirúrgica representam uma população vulnerável a ser tratada com julgamento prudente e eficiente. Quando estes pacientes também estão sob terapia anticoagulante e antiplaquetária crônica, a situação pode ser precária. Neurocirurgiões tratando estas condições devem estar cientes do efeito farmacológico dos vários agentes usados para estas finalidades, e também de como revertê-los com segurança e reiniciá-los. Um profundo conhecimento deste equilíbrio dinâmico possibilitará uma tomada de decisão astuta e um foco contínuo sobre o melhor resultado possível para os pacientes.

Referências

[1] Grandhi R, Harrison G, Voronovich Z, et al. Preinjury warfarin, but not antiplatelet medications, increases mortality in elderly traumatic brain injury patients. J Trauma Acute Care Surg. 2015; 78(3):614-621
[2] Peck KA, Calvo RY, Schechter MS, et al. The impact of preinjury anticoagulants and prescription antiplatelet agents on outcomes in older patients with traumatic brain injury. J Trauma Acute Care Surg. 2014; 76(2):431-436
[3] Cull JD, Sakai LM, Sabir I, et al. Outcomes in traumatic brain injury for patients presenting on antiplatelet therapy. Am Surg. 2015; 81(2):128-132
[4] Pakraftar S, Atencio D, English J, et al. Dabigatran etixilate and traumatic brain injury: evolving anticoagulants require evolving care plans. World J Clin Cases. 2014; 2(8):362-366
[5] Moussouttas M. Challenges and controversies in the medical management of primary and antithrombotic-related intracerebral hemorrhage. Ther Adv Neurol Disord. 2012; 5(1):43-56
[6] Goy J, Crowther M. Approaches to diagnosing and managing anticoagulant-related bleeding. Semin Thromb Hemost. 2012; 38(7):702-710
[7] McCoy CC, Lawson JH, Shapiro ML. Management of anticoagulation agents in trauma patients. Clin Lab Med. 2014; 34(3):563-574
[8] Labuz-Roszak B, Pierzchala K, Skrzypek M, et al. Oral anticoagulant and antiplatelet drugs used in prevention of cardiovascular events in elderly people in Poland. BMC Cardiovasc Disord. 2012; 12:98
[9] Suryanarayan D, Schulman S. Potential antidotes for reversal of old and new oral anticoagulants. Thromb Res. 2014; 133(Suppl 2):S158-S166
[10] Mavrakanas TA, Samer C, Fontana P, et al. Direct oral anticoagulants: efficacy and safety in patient subgroups. Swiss Med Wkly. 2015; 145:w14081
[11] Fox BD, Kahn SR, Langleben D, et al. Efficacy and safety of novel oral anticoagulants for treatment of acute venous thromboembolism: direct and adjusted indirect meta-analysis of randomised controlled trials. BMJ. 2012; 345:e7498
[12] Chatterjee S, Sardar P, Biondi-Zoccai G, et al. New oral anticoagulants and the risk of intracranial hemorrhage: traditional and Bayesian meta-analysis and mixed treatment comparison of randomized trials of new oral anticoagulants in atrial fibrillation. JAMA Neurol. 2013; 70(12):1486-1490
[13] Thiele T, Sümnig A, Hron G, et al. Platelet transfusion for reversal of dual antiplatelet therapy in patients requiring urgent surgery: a pilot study. J Thromb Haemost. 2012; 10(5):968-971
[14] Gordon JL, Fabian TC, Lee MD, et al. Anticoagulant and antiplatelet medications encountered in emergency surgery patients: a review of reversal strategies. J Trauma Acute Care Surg. 2013; 75(3):475-486
[15] Campbell PG, Sen A, Yadla S, et al. Emergency reversal of antiplatelet agents in patients presenting with an intracranial hemorrhage: a clinical review. World Neurosurg. 2010; 74(2-3):279-285
[16] Campbell PG, Yadla S, Sen AN, et al. Emergency reversal of clopidogrel in the setting of spontaneous intracerebral hemorrhage. World Neurosurg. 2011; 76(1-2):100-104, discussion 59-60
[17] Washington CW, Schuerer DJ, Grubb RL Jr. Platelet transfusion: an unnecessary risk for mild traumatic brain injury patients on antiplatelet therapy. J Trauma. 2011; 71(2):358-363
[18] Levi M, Eerenberg E, Kamphuisen PW. Bleeding risk and reversal strategies for old and new anticoagulants and antiplatelet agents. J Thromb Haemost. 2011; 9(9):1705-1712
[19] Sarode R. How do I transfuse platelets (PLTs) to reverse anti-PLT drug effect? Transfusion. 2012; 52(4):695-701, quiz 694
[20] Colucci G, Stutz M, Rochat S, et al. The effect of desmopressin on platelet function: a selective enhancement of procoagulant COAT platelets in patients with primary platelet function defects. Blood. 2014; 123(12):1905-1916
[21] Na SY, Mracsko E, van Ryn J, et al. Idarucizumab improves outcome in murine brain hemorrhage related to dabigatran. Ann Neurol. 2015; 78(1):137-141
[22] Glund S, Moschetti V, Norris S, et al. A randomised study in healthy volunteers to investigate the safety, tolerability and pharmacokinetics of idarucizumab, a specific antidote to dabigatran. Thromb Haemost. 2015; 113(5):943-951
[23] Agus N, Yilmaz N, Colak A, et al. Levels of factor VIII and factor IX in fresh-frozen plasma produced from whole blood stored at 4 °C overnight in Turkey. Blood Transfus. 2012; 10(2):191-193
[24] Medow JE, Dierks MR, Williams E, et al. The emergent reversal of coagulopathies encountered in neurosurgery and neurology: a technical note. Clin Med Res. 2015; 13(1):20-31
[25] Majeed A, Meijer K, Larrazabal R, et al. Mortality in vitamin K antagonist-related intracerebral bleeding treated with plasma or 4-factor prothrombin complex concentrate. Thromb Haemost. 2014; 111(2):233-239
[26] Carragee EJ, Golish SR, Scuderi GJ. A case of late epidural hematoma in a patient on clopidogrel therapy postoperatively: when is it safe to resume antiplatelet agents? Spine J. 2011; 11(1):e1-e4
[27] Rahman M, Donnangelo LL, Neal D, et al. Effects of perioperative acetyl salicylic acid on clinical outcomes in patients undergoing craniotomy for brain tumor. World Neurosurg. 2015; 84(1):41-47
[28] Ogawa Y, Tominaga T. Sellar and parasellar tumor removal without discontinuing antithrombotic therapy. J Neurosurg. 2015; 123(3):794-798
[29] Spyropoulos AC. Bridging therapy and oral anticoagulation: current and future prospects. Curr Opin Hematol. 2010; 17(5):444-449
[30] Ortel TL. Perioperative management of patients on chronic antithrombotic therapy. Hematology (Am Soc Hematol Educ Program). 2012; 2012:529-535
[31] Schulman S, Hwang HG, Eikelboom JW, et al. Loading dose vs. maintenance dose of warfarin for reinitiation after invasive procedures: a randomized trial. J Thromb Haemost. 2014; 12(8):1254-1259
[32] Yorkgitis BK, Ruggia-Check C, Dujon JE. Antiplatelet and anticoagulation medications and the surgical patient. Am J Surg. 2014; 207(1):95-101

21 Intervenção Aguda para Doença de Disco Cervical, Torácica e Lombar

Mazda K. Turel ▪ *Vincent C. Traynelis*

Resumo

A história natural da doença de disco intervertebral geralmente é benigna e autolimitante. A maioria dos pacientes é tratada de forma conservadora, e a maioria responde bem apenas ao tratamento clínico. Em contraste, menos de 1% dos pacientes com hérnia de disco apresentam grave déficit ou deterioração neurológica rapidamente progressiva. Embora não exista um consenso sobre o termo "agudo", a maioria dos cirurgiões concorda com um prazo de 2 a 4 semanas de duração dos sintomas. Estes pacientes podem exibir sintomas e sinais que incluem fraqueza radicular acentuada, mielopatia e disfunção intestinal ou vesical. Tratamento inapropriado ou tardio destes indivíduos pode resultar em aumento da morbidade ou em déficit neurológico persistente. Este capítulo revisa a apresentação clinicorradiológica da doença de disco cervical, torácica e lombar. Também discutimos as recomendações feitas sobre o melhor momento para tratamento, bem como o papel da intervenção cirúrgica aguda em pacientes com sintomas neurológicos severos ou progressivos secundários à doença de disco intervertebral. Diversas abordagens abertas, e cirúrgicas minimamente invasivas e endoscópicas disponíveis na era moderna são mencionadas. Desfechos e prognósticos também são descritos, dando ao leitor um paradigma holístico para guiar a prática clínica quando deparados com um cenário similar.

Palavras-chave: agudo, cauda equina, cervical, doença de disco, lombar, torácica.

21.1 Introdução

Hérnia de disco geralmente ocorre em pacientes com alterações degenerativas leves a moderadas. Estes processos degenerativos predispõem o disco intervertebral à formação de fissuras do ânulo fibroso, e aumento na pressão interdiscal pode resultar em herniação do núcleo pulposo por meio destas fissuras.[1] Entendendo o colágeno e o substrato ultraestrutural das alterações degenerativas no disco humano é um passo essencial no planejamento de terapias restauradoras.[2] A pesquisa atual também enfatiza o papel de micro-RNAs, citocinas, enzimas, fatores de crescimento e proteínas pró-apoptóticas na doença de disco sintomática.[3,4] Carga axial extrema com rotação pode produzir hérnias agudas em discos intervertebrais relativamente normais.

21.2 Avaliação Clínica

A avaliação inicial dos pacientes inclui anamnese detalhada, que geralmente ajuda na distinção entre causas vasculares, infecciosas, neoplásicas e traumáticas de deterioração neurológica aguda. Isto fornece uma linha de base funcional para exames subsequentes. A inclusão da escala de Nurick, escala da Japanese Orthopedic Association modificada (mJOA), índice de incapacidade Oswestry (ODI) e índice de incapacidade cervical (NDI) fornece uma avaliação objetiva da gravidade da condição, e é útil na estimativa do desfecho.[5-8]

21.3 Avaliação Radiográfica

Radiografias simples avaliam o alinhamento, estabilidade, anatomia óssea, e doença de disco degenerativa, mas são inadequadas para a detecção de um prolapso de disco agudo, e foram relatadas como "normal" em 20 a 50% das hérnias agudas. Aproximadamente um terço dos pacientes com hérnias de disco terão uma redução dos espaços intervertebrais evidente nas radiografias simples; no entanto, este é um achado radiográfico comum, especialmente em indivíduos com mais de 50 anos de idade.[9]

A tomografia computadorizada (CT) proporciona uma visualização ideal dos detalhes ósseos e tem uma alta sensibilidade na detecção de fraturas, que podem estar associadas à hérnia de disco em pacientes com um histórico de trauma.[10] A CT também pode ajudar a distinguir a compressão neural causado pela anatomia de tecidos moles *versus* anatomia óssea. A adição de mielografia à CT fornece um excelente exame adjuvante para delinear a anatomia específica, como o recesso lateral, ou para comparar com uma imagem por ressonância magnética (MRI) em que a etiologia dos sintomas clínicos não é demonstrada. É conveniente referir que a mielografia geralmente não é diagnóstica em casos de hérnia de disco extremo-lateral, em que a compressão da raiz nervosa é distal à bainha dural, embora a CT pós-mielografia possa ser bastante útil nesta situação em particular.

MRI é a modalidade imagiológica mais amplamente usada para a detecção de hérnia de disco aguda. A MRI possibilita a visualização direta das estruturas neurais e fornece o maior detalhamento de tecidos moles. Embora imagens multiplanares ponderadas em T1 e T2 sem contraste sejam suficientes para diagnosticar hérnia de disco, contusões, siringe, infarto, hematoma e doenças desmielinizantes da medula espinhal, a adição de sequências realçadas pelo gadolínio ajuda na diferenciação entre deterioração neurológica por infecção ou tumor. O uso de imagem por tensores de difusão e de tractografia está começando a ser considerado relevante na avaliação de hérnia de disco, mas a pesquisa clínica ainda está em seu início.[11] Visto que hérnias de disco podem ser encontradas em aproximadamente 20% de indivíduos assintomáticos entre 20 e 40 anos de idade, os achados da MRI devem ser estritamente correlacionados com a apresentação clínica. Exame neurológico permanece a base para a tomada de decisão, apesar da disponibilidade de exames imagiológicos avançados, que é inestimável na confirmação do diagnóstico e identificação do tratamento com a maior probabilidade de sucesso clínico.

21.4 Indicações para a Intervenção Cirúrgica Aguda

O momento da intervenção cirúrgica para doença de disco sintomática é bastante controverso. Intervenção cirúrgica de emergência deve ser reservada para aqueles pacientes com radiculopatia motora grave ou rapidamente progressiva, mielopatia, ou disfunção intestinal ou vesical. Em contraste, pacientes sem evidência de instabilidade espinhal que apresentem dor, distúrbios sensoriais e déficits motores leves ou fixos, ou aqueles exibindo melhora neurológica, não devem ser considerados para descompressão

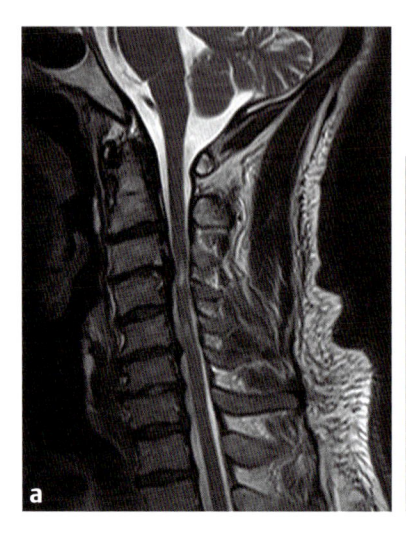

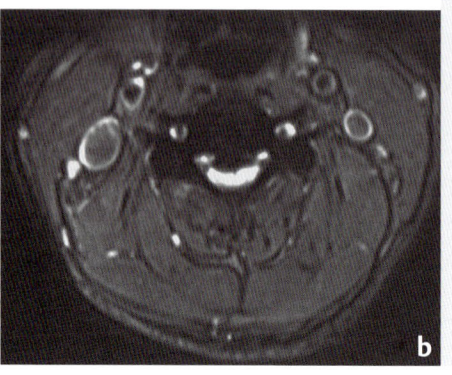

Fig. 21.1 Imagens sagital (**a**) e axial (**b**) ponderadas em T2 de um homem de 54 anos de idade que apresentava quadriparesia aguda por 2 semanas, exibindo grande prolapso de disco central em C3-C4 com alterações de sinal na medula. Realizamos discectomia cervical anterior com fusão em C3-C4, após a qual teve notável recuperação.

cirúrgica de emergência. Em vez disso, estes pacientes devem ser tratados com terapia clínica conservadora e de suporte. Caso estas modalidades de tratamento fracassem, então a intervenção cirúrgica eletiva deve ser considerada.

21.5 Coluna Cervical

Radiculopatia cervical aguda geralmente é causada por hérnias de disco laterais ou posterolaterais. Alterações degenerativas precoces podem produzir leve estreitamento do forame secundário à formação de osteófitos ou hipertrofia da faceta. Estas alterações podem reter ou alongar a raiz nervosa, de modo que até mesmo hérnias de disco relativamente pequenas podem resultar em déficits neurológicos profundos. A fisiopatologia exata da radiculopatia permanece incerta; no entanto, parece que compressão, isquemia da raiz nervosa e mediadores inflamatórios fazem parte do processo. Os níveis mais comumente afetados em ordem decrescente de frequência são C5-C6, C6-C7 e C4-C5.[12]

Mielopatia secundária à hérnia de disco aguda é, provavelmente, o resultado de compressão da medula espinhal e comprometimento vascular, embora a extrusão súbita do disco intervertebral possa produzir deterioração neurológica secundária à pressão direta da medula espinhal ou contusão, ou ambas. Na ausência de trauma, o início agudo do déficit neurológico é geralmente devido ao comprometimento vascular. Artérias perfurantes transversais longas, originadas da artéria espinhal anterior, abastecem a substância cinzenta ventral, bem como os funículos laterais da medula espinhal. Compressão da medula em uma direção ventrodorsal compromete estas artérias transversais, resultando em isquemia da substância cinzenta anterior e tratos da substância branca lateral. Esta isquemia produz sinais de neurônio motor inferior no nível da compressão em decorrência do envolvimento das células do corno anterior, e achados no neurônio motor superior caudal à hérnia de disco secundários à disfunção do trato corticospinal lateral.

21.5.1 Apresentação Clínica

Existe uma leve predominância masculina, atingindo o pico máximo na quarta e quinta década de vida. O risco de desenvolver doença de disco cervical sintomática aumenta com o estreitamento congênito ou degenerativo do canal espinhal. Embora dor e anormalidades sensoriais sejam as queixas mais comuns das hérnias de disco cervicais, cerca de 60% dos pacientes exibem fraqueza e hiporreflexia na avaliação.[12] Um histórico de esforço físico ou trauma precede o início dos sintomas em apenas 15% dos casos.[13] Pacientes com espondilose cervical sintomática podem apresentar radiculopatia, mielopatia ou ambas. Compressão da coluna cervical por hérnias de disco centrais e centrolaterais pode resultar em quadriparesia, distúrbios sensoriais indolores e hiper-reflexia (▶ Fig. 21.1). Mielopatia atraumática aguda rapidamente progressiva, no contexto de hérnia de disco cervical (com ou sem ossificação comórbida do ligamento longitudinal posterior), raramente é clinicamente encontrada.[14] A população de pacientes com hérnia de disco cervical e mielopatia rapidamente progressiva é heterogênea no que diz respeito à idade, sexo, início relativamente agudo, rapidez do início da quadriparesia, e nível vertebral da hérnia de disco. Tanto o início quanto a resolução da disfunção neurológica são variáveis.[15-22]

21.5.2 Trauma Cervical

Pacientes com evidência de trauma cervical merecem uma consideração especial, especialmente aqueles com luxações bilaterais das facetas articulares. Luxações das facetas com uma hérnia de disco traumática concomitante pode produzir compressão da coluna cervical no nível da luxação da faceta;[23] no entanto, a determinação da significância da hérnia de disco permanece mais difícil. Embora lesões neurológicas sejam comumente observadas em pacientes com luxações bilaterais das facetas articulares, pacientes com uma luxação unilateral das facetas podem demonstrar evidência de uma lesão isolada da raiz nervosa. Alguns autores recomendam o rápido alinhamento da coluna através de tração fechada, seguida por estabilização cirúrgica, visto que esta fornece uma rápida descompressão da coluna e uma melhor chance de recuperação neurológica em pacientes despertos, cujos exames seriados são possíveis.[24] Uma abordagem alternativa foi defendida por Eismont et al.,[25] que recomendaram a realização de uma MRI anterior à redução antes de tentar qualquer redução significativa por tração, a fim de descartar a presença de hérnia de disco traumática. Isto é para evitar a rara deterioração neurológica que ocorre após redução fechada, particularmente em pacientes anestesiados. O tratamento de facetas bilaterais travadas na presença de uma hérnia de disco anterior traumática grande justifica a realização de uma descompressão ventral, seguida por uma tentativa de reduzir a luxação com ou sem redução aberta posterior. A segurança e a eficácia de cada abordagem para luxação traumática das facetas continuam a gerar debate.[26] De acordo com as diretrizes baseadas em evidências, diversas séries clínicas de grande porte falharam em estabelecer uma relação entre a presença de uma hérnia de disco pré-redução e o desenvolvimento de deterioração neurológica com tentativa de redução fechada por tração em pacientes despertos.[27] Diretrizes atuais continuam a recomendar a redução fechada precoce.[28] A MRI, entretanto, tem um papel comprovado em dois subgrupos específicos de pacientes: pacientes com fratura/luxações da coluna cervical que não podem ser examinado durante a tentativa de redução fechada, e aqueles que requerem uma redução aberta.

21.5.3 Abordagens Cirúrgicas

Múltiplas abordagens cirúrgicas no canal vertebral cervical ou nos forames neurais são possíveis para a remoção de uma hérnia de disco aguda. Cada abordagem tem suas indicações, vantagens e desvantagens.

Posterior

A abordagem dorsal realiza uma incisão na linha média e dissecção subperiosteal. Com esta abordagem, uma hemilaminectomia e uma facetectomia medial são necessárias para obter exposição adequada do espaço intervertebral lateral e do recesso lateral do canal vertebral. Menor esforço cirúrgico é necessário para expor múltiplos níveis, e fusão é raramente necessária. O risco de instabilidade pós-operatória é mínimo quando menos de um terço da faceta articular é ressecada. A abordagem posterior ajusta-se bem à atual tendência para abordagens mais minimamente invasivas, com o procedimento sendo realizado através de um tubo ou uma porta de acesso.[29] Hérnias de disco centrais, todavia, devem ser abordadas ventralmente. Hérnias de disco centrais abordadas posteriormente requerem extensa remoção óssea e da faceta articular para uma exposição ventral adequada, o que aumenta o risco de instabilidade pós-operatória. Este fator, combinado com a possível necessidade de manipulação da medula espinhal, torna esta uma opção desfavorável, particularmente com a facilidade das abordagens ventrais.

Lateral

Embora raramente utilizadas atualmente, as abordagens laterais devem ser incluídas para uma perspectiva histórica, e a abordagem lateral anterior pode ser uma alternativa à facetectomia posterior ou discectomia anterior em pacientes altamente selecionados.[30] A incisão cutânea segue a borda anterior do esternocleidomastóideo, e a dissecação dos tecidos moles é continuada até que os processos transversos sejam identificados. Esta abordagem requer a esqueletonização da artéria vertebral e sua retração lateralmente para ganhar acesso ao forame neural. As vantagens incluem a visualização direta da raiz nervosa à medida que esta abandona o forame e a preservação das articulações apofisárias posteriores, bem como os ligamentos de suporte. As desvantagens incluem o risco de lesão da artéria vertebral e cadeia simpática, e o acesso limitado ao forame neural contralateral.

Anterior

Discectomia cervical anterior com fusão (ACDF) foi descrita por Cloward Robinson e Smith há 50 anos.[31,32] Este possibilita o acesso ao canal vertebral anterior inteiro, e a ambos os forames neurais em cada nível vertebral. A fusão é realizada na maioria dos pacientes após uma descompressão anterior e, nos Estados Unidos, a maioria dos pacientes foram fixados com placa. Artroplastia de disco cervical parece ser uma alternativa sem fusão promissora, especialmente em casos de hérnia de disco mole, as quais são geralmente agudas.[33]

21.5.4 Prognóstico

O prognóstico neurológico pós-operatório está relacionado com o tipo, duração, agudeza e gravidade do déficit pré-operatório. Dados de estudos observacionais prospectivos indicam que, na radiculopatia cervical causada por hérnia de disco cervical mole (sem mielopatia), 2 anos após a cirurgia 75% dos pacientes têm alívio substancial da dor causada por sintomas radiculares.[34] Sintomas radiculares são mais prováveis de melhorar com descompressão cirúrgica, quando comparado à mielopatia; entretanto, diversos artigos pequenos observam uma melhora significativa em pacientes mielopáticos quando a cirurgia é realizada precocemente.[14] A qualidade de vida geral, avaliada pelo questionário SF-36 e pelo ODI, também exibe uma melhora significativa.[35] Pacientes com déficits causados por hérnias de disco agudas têm um prognóstico cirúrgico mais favorável, comparado àqueles com déficits causados por espondilite. Pacientes que apresentam sinais e sintomas graves ou de longa duração têm um prognóstico funcional mais desfavorável do que aqueles com apenas um breve histórico clínico e déficits neurológicos menores.

21.6 Coluna Torácica

Hérnias de disco agudas na coluna torácica são muito raras, comparadas àquelas na região cervical ou lombar. Compressão da medula espinhal torácica e/ou raízes nervosas, resultando em mielopatia ou radiculopatia, é rara, ocorrendo em 1 em 1 milhão de pessoas.[36] Os procedimentos de discectomia torácica constituem entre 0,15 e 4% de todas as cirurgias de disco.[37,38] Há uma ligeira predominância masculina, e a maioria dos pacientes é afetada na quarta a sexta décadas de vida.[36-38] Hérnias de disco foram relatadas em todos os níveis na coluna torácica; entretanto, 70 a 80% ocorrem abaixo de T8.[38] T11-T12 é o nível mais comum, e esta frequência aumentada é supostamente secundária à maior mobilidade nesses níveis inferiores.[39] Múltiplas hérnias de disco torácicas são incomuns. Hérnias ocorrem geralmente na linha média (> 70%), seguidas por prolapsos centrolaterais e laterais (▶ Fig. 21.2). Fatores de risco associados para hérnias de disco agudas incluem levantar ou se curvar, trauma e doença de Scheuermann.

21.6.1 Apresentação Clínica

Os sinais e sintomas de uma hérnia de disco torácica aguda podem ser divididos em uma apresentação radicular ou mielopática. Uma hérnia de disco deslocada lateralmente costuma produzir sintomas radiculares. Dor em faixa e anormalidades sensoriais envolvendo o tórax e o abdome são as apresentações mais comuns. Estes sintomas frequentemente são erroneamente diagnosticados

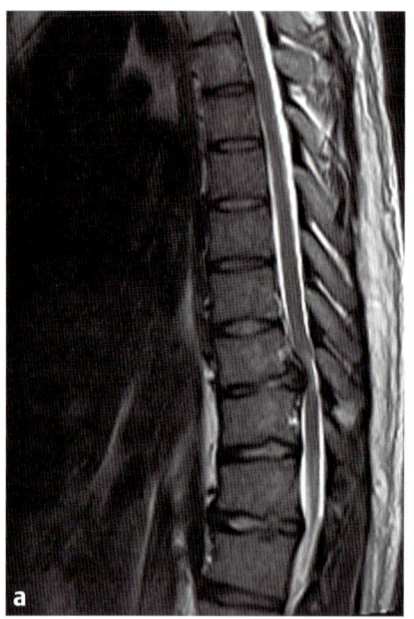

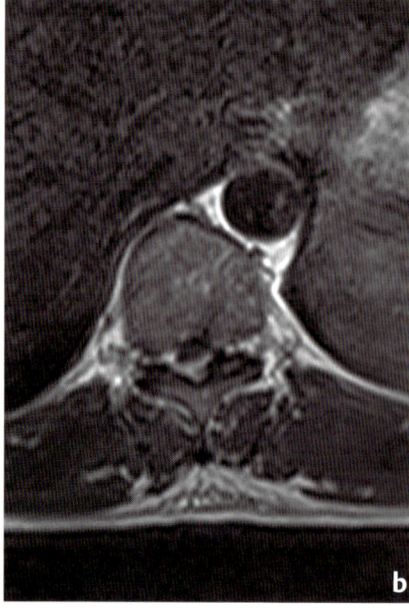

Fig. 21.2 Imagens sagital (**a**) e axial (**b**) ponderadas em T2 de homem de 24 anos de idade com paraparesia espástica progressiva aguda e imagem por ressonância magnética exibindo um prolapso de disco central em T9-T10. Realizamos discectomia em T9-T10 por meio da abordagem transpedicular. No pós-operatório, sua espasticidade em ambos os membros inferiores melhora de forma significativa.

como pleurite, angina ou colecistite. Déficits motores radiculares envolvendo a raiz nervosa de T1 pode resultar em perda interóssea e fraqueza da mão. Hérnias de disco centrais ou centrolaterais podem produzir mielopatia secundária à compressão da medula espinhal e isquemia.[40] A área transversal da coluna torácica ocupa uma porção relativamente maior do canal espinhal, comparado à região cervical; consequentemente, uma hérnia de disco pequena pode produzir um comprometimento do canal significativamente desproporcional, com uma mielopatia resultante. Parte da fisiopatologia da disfunção aguda da coluna torácica está relacionada com o comprometimento vascular causado por isquemia no território da artéria vertebral anterior.[41]

Hérnias de disco centrais se apresentam com fraqueza das pernas como o sintoma inicial em 20 a 30% dos pacientes, e mais de 50% dos pacientes apresentarão mielopatia completa no momento da avaliação clínica. Disfunção vesical e intestinal ocorre em 30 a 70% dos pacientes.[36-39] A história natural das hérnias de disco torácicas sintomáticas geralmente é de deterioração neurológica progressiva, normalmente ao longo de vários anos. Apresentações agudas são muito raras.

Compressão do cone medular, secundária a hérnias de disco em T11-T12 ou T12-L1, apresenta-se primariamente com déficits sensoriais que são geralmente em uma distribuição em forma de sela, e déficits motores que são mais simétricos do que os déficits produzidos pela compressão da cauda equina. Preservação sacral da dor e temperatura está inconsistentemente presente, e disfunção do esfíncter vesical e intestinal ocorre precocemente na compressão do cone medular, quando comparado às hérnias de disco envolvendo a coluna torácica superior ou a cauda equina.

21.6.2 Abordagens Cirúrgicas

A história natural da doença de disco torácica sintomática com mielopatia é de deterioração progressiva; portanto, intervenção cirúrgica deve ser realizada rapidamente. Intervenção cirúrgica de emergência deve ser realizada em pacientes com rápida progressão ou um início agudo súbito de déficits neurológicos graves. Hérnias de disco torácicas podem ser descomprimidas por meio de abordagens posterolaterais ou anteriores.[42] O processo de tomada de decisão cirúrgica envolve a avaliação de fatores anatômicos, incluindo a anatomia óssea, a localização da caixa torácica, localização escapular e conteúdos mediastinais, incluindo o pulmão e o diafragma. A extensão da calcificação e a lateralidade da hérnia de disco são importantes para guiar a abordagem cirúrgica. O objetivo mais importante ao escolher uma abordagem cirúrgica é o de minimizar a manipulação de uma medula espinhal torácica já comprometida.

Determinação do Nível Correto

Discectomia no nível errado não é um problema infrequente na coluna torácica.[39] A contagem vertebral é frequentemente dificultada pelas diferenças na anatomia regional individual, quantidade de gordura subcutânea, obliquidade do processo espinhoso e baixa visibilidade, especialmente nos níveis torácicos superiores. Diversas estratégias de marcação pré-operatória são usadas, mas erros ainda ocorrem, embora em pequenos números. Marcadores cutâneos radiográficos, injeção percutânea de azul de metileno, inserção de marcadores radiopacos nos tecidos moles guiada por CT, e inserção percutânea guiada por imagem de um fio de Kirschner em um "ponto fixo", como o pedículo de interesse, foram todos descritos para minimizar esses erros.[43-45] Com o uso disseminado de navegação, estas técnicas, algumas das quais são invasivas, podem não ser necessárias.

Posterior

Historicamente, discectomias torácicas eram realizadas através de uma abordagem posterior mediana em conjunto com laminectomias ou laminotomias extensas para descomprimir a medula espinhal. Retração da medula espinhal geralmente é necessária para exposição ventral adequada. Tal retração é responsável por um aumento de até 50% na incidência de déficits neurológicos no pós-operatório, e é diretamente atribuível ao declínio na popularidade desta abordagem.[46]

Diversas modificações da abordagem posterior foram desenvolvidas para melhorar a exposição ventral, incluindo a facetectomia medial, a secção dos ligamentos denticulados e a rizotomia de nervos espinhais; entretanto, tais manobras não alteraram a inaceitável alta incidência de déficits pós-operatórios.[47] Na atual era, abordagens abertas diretas na linha média não têm um papel no tratamento de hérnias de disco torácicas. Todavia, com o advento da endoscopia na cirurgia vertebral, esta abordagem está sendo revista.[48,49]

Transpedicular

Descompressão posterolateral por meio da abordagem transpedicular, originalmente descrita por Patterson e Arbit em 1978, fornece melhor exposição ventral das hérnias de disco centrolaterais e laterais.[50] Discectomias transpediculares são realizadas através de uma incisão mediana; no entanto, a dissecção subperiosteal é continuada lateralmente até que toda a faceta seja exposta. Ressecção óssea é mantida em um mínimo, com apenas uma única faceta articular e a superfície superior do pedículo inferior sendo removida para ganhar acesso ao espaço intervertebral. A abordagem transpedicular é menos invasiva e diminui de forma significativa a quantidade de manipulação da medula espinhal necessária para acessar o espaço intervertebral. A cirurgia evita problemas associados à toracotomia, ressecção costal e dissecção muscular extensa. O tempo de cirurgia e a perda sanguínea também parecem ser menores do que com outras cirurgias. Laminectomias bilaterais e fusão dorsal também podem ser realizadas após a descompressão ventral através da mesma incisão cutânea, sem reposicionar o paciente. Embora a abordagem transpedicular aumente o risco de instabilidade, isto raramente ocorre em razão dos efeitos estabilizadores do tórax ósseo. Esta abordagem é suficiente para uma hérnia de disco lateral mole; todavia, uma hérnia de disco central grande geralmente requer uma descompressão ventral extensa. Acesso limitado na linha média, ventral à medula espinhal, torna a abordagem transpedicular unilateral menos eficaz do que as exposições anteriores para estas lesões ventrais grandes. Uma exposição transpedicular bilateral pode fornecer acesso na linha média, mas requer um procedimento vertebral reconstrutivo.

Costotransversectomia

Hulme modificou a abordagem de costotransversectomia, a qual havia previamente sido utilizada para espondilite tuberculosa na doença de Pott da coluna, e a aplicou nas hérnias de disco torácicas.[51] Aproximadamente 6 cm da costela adjacente é seccionada para ganhar acesso à superfície lateral do corpo vertebral e forame neural. A costotransversectomia fornece uma maior exposição do canal vertebral ventral com mínima ressecção da faceta articular, comparada à abordagem transpedicular.[52] De modo similar, a fusão dorsal pode ser conquistada após a descompressão ventral, se necessário, sem o reposicionamento do paciente.[53] As desvantagens deste procedimento incluem a extensa dissecção de tecidos moles e o risco de pneumotórax.

Extracavitária Lateral

Larson et al. introduziram a abordagem extracavitária lateral como uma técnica derivada da costotransversectomia.[54] Visto que esta é uma abordagem completamente extrapleural, a mesma evita as complicações associadas à abordagem transtorácica, e a colocação de um dreno torácico fornece uma exposição paraespinhal anterior significativa. A abordagem implica na ressecção de 6 a 8 cm da costela dorsal. Após a realização das pediculectomias parciais para alargar o forame intervertebral, um canal no corpo vertebral posterior é criado para que aquele disco e os osteófitos sejam afastados da dura, descomprimindo, assim, o saco tecal.[55] Uma grande vantagem deste procedimento é a maior segurança durante a remoção do disco em decorrência da visualização direta da dura-máter antes e durante a descompressão, a qual é facilitada pela remoção do pedículo, bem como pela capacidade de realizar fusão intersomática anterior e fusão vertebral posterior através de uma única incisão. É uma cirurgia formidável, com um potencial de dor pós-operatória precoce significativo, um potencial de tempo cirúrgico prolongado e perda sanguínea considerável.

Anterolateral

A abordagem transtorácica, descrita pela primeira vez em 1958 por Crafoord et al., fornece a maior exposição à coluna torácica anterior para descompressão ventral, quando comparada a qualquer outro procedimento.[56] Uma toracotomia lateral e dissecção transpleural e extrapleural fornecem acesso à superfície anterolateral dos corpos vertebrais. Exposição adicional, se necessária, é obtida com uma ressecção costal de um ou dois níveis. Descompressão ventral pode ser realizada através da linha média do corpo vertebral, com visualização direta do saco tecal anterior. O risco de instabilidade após a realização de discectomia com esta técnica é menor do que com as abordagens posterolaterais. As desvantagens incluem maior risco de complicações pulmonares, fístula pleural subaracnóidea e lesões dos grandes vasos, coração, fígado ou diafragma. Doença pulmonar é uma contraindicação relativa a esta abordagem.

Discectomia Retro/Transpleural Transtorácica Lateral Minimamente Invasiva

Recentemente, a abordagem anterolateral miniaberta, com o uso de afastador tubular, foi introduzida para representar uma alternativa intermediária entre os procedimentos endoscópicos e os procedimentos abertos para o tratamento de discos torácicos. Neste procedimento, a penetração na cavidade torácica ocorre no espaço entre as costelas, com o uso de visualização direta, gerando um campo de trabalho adequado para o espaço intervertebral.[57] Se o procedimento é realizado com o uso de uma abordagem retropleural, o mesmo não requer intubação pulmonar unilateral ou um dreno pleural.

Toracoscopia

Abordagens anteriores à coluna torácica também se beneficiaram do advento de tecnólogas minimamente invasivas. Discectomia toracoscópica fornece resultados cirúrgicos aceitáveis e tem várias vantagens distintas, incluindo redução da dor pós-operatória, morbidade, permanência hospitalar e do tempo de recuperação, além de melhores resultados estéticos. A principal desvantagem é uma curva de aprendizagem acentuada. Complicações incluíram laceração dural, atelectasia transitória, efusões pleurais e um hemotórax.[58] A viabilidade técnica da toracoscopia foi suficientemente estabelecida e é ideal para a hérnia de disco torácica ventral.

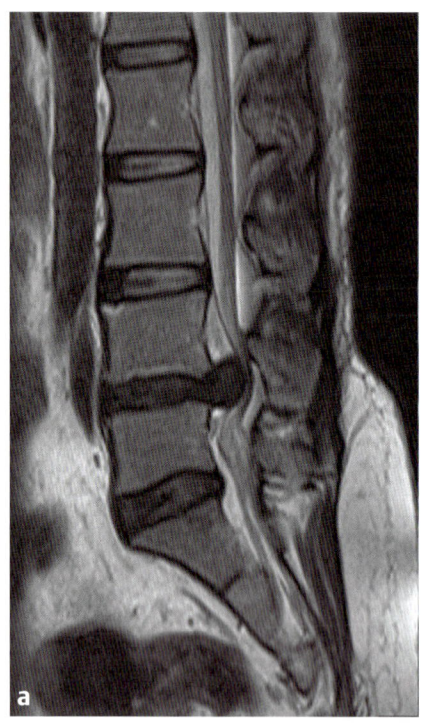

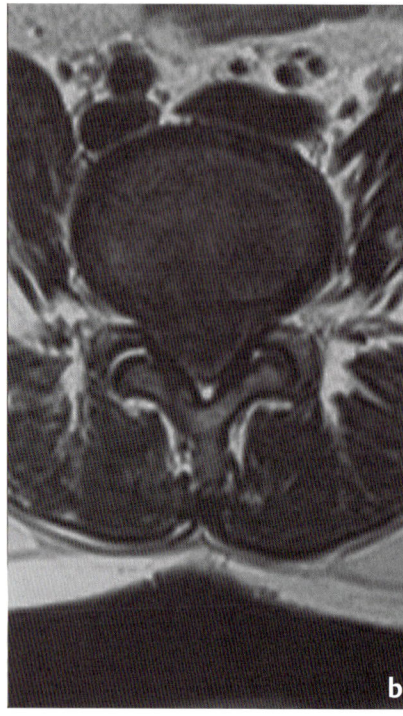

Fig. 21.3 Imagens sagital (**a**) e axial (**b**) ponderadas em T2 de mulher de 34 anos de idade que apresentava síndrome aguda da cauda equina e imagem por ressonância magnética exibindo um grande prolapso discal em L4-L5 com compressão bilateral da raiz nervosa em L5. Após discectomia em L4-L5, ela se recuperou completamente.

21.6.3 Prognóstico

O prognóstico funcional a longo prazo após descompressão parece estar relacionado com a natureza, taxa de progressão, gravidade e duração dos sintomas. Também parece haver uma correlação entre o prognóstico neurológico e o momento da cirurgia e abordagem cirúrgica selecionada. O prognóstico neurológico é variável em pacientes apresentando apenas queixas radiculares. Isto é especialmente verdade para a descompressão de hérnias de disco torácicas agudas manifestadas com dor. Na série de oito pacientes com uma mielopatia aguda secundária a uma hérnia de disco torácica, Cornips et al.[59] mostraram que uma recuperação notável é possível não apenas na mielopatia, como também a recuperação esfincteriana mesmo com um déficit neurológico profundo e um atraso de vários dias, desde que a medula espinhal seja adequadamente descomprimida. A maior recuperação neurológica comumente ocorre em 6 semanas, mas alguns pacientes podem continuar a melhorar por até 2 anos. Foi relatado que a excisão cirúrgica das hérnias de disco torácicas através de abordagens posterolaterais e anteriores melhoram a função neurológica em 75 a 100% dos casos na era moderna.[39,48,55-59] Deste modo, independente da gravidade da apresentação, deve-se recomendar tratamento cirúrgico para todos os pacientes com mielopatia aguda causada por hérnia de disco torácica.

21.7 Coluna Lombar

Discectomias lombares representam aproximadamente dois terços de todas as cirurgias de disco. Hérnias de disco agudas ocorrem mais frequentemente na quarta e quinta década de vida, o que é significativamente mais cedo do que a idade pico da doença vertebral degenerativa sintomática.

Homens representam 60% das hérnias de disco lombares agudas e são afetados em uma idade mais jovem do que as mulheres.[60] Oitenta por cento da doença de disco aguda ocorre nos espaços intervertebrais L4-L5 e L5-S1. Isto provavelmente está relacionado com a curva lordótica, flexibilidade da coluna lombar e orientação da faceta. Exames clínicos, radiográficos e biomecânicos mostraram maior frequência de doença do disco intervertebral com facetas orientadas obliquamente.[61] Hérnias de disco ocorrem mais comumente na superfície posterolateral do ânulo fibroso, onde o ânulo é relativamente fino. Além disso, o ligamento longitudinal posterior é menos aderente e fornece menor suporte ao ânulo, comparado ao ligamento longitudinal anterior (▶ Fig. 21.3).

21.7.1 Apresentação Clínica

Hérnias de disco medianas ou paramedianas grandes produzem uma síndrome da cauda equina, a qual é responsável por 2 a 4% das hérnias de disco lombares cirúrgicas.[62,63] Os sintomas e sinais da compressão da cauda equina incluem distúrbios sensoriais assimétricos, dor e fraqueza dos membros inferiores. Os sintomas podem ocorrer subitamente; no entanto, a maioria dos pacientes tem um prévio histórico de dorsalgia ou radiculopatia. Dorsalgia e dor perianal geralmente predominam, e sintomas radiculares podem ser mínimos. Início súbito da síndrome da cauda equina está associado a distúrbios esfincterianos em mais de 50% dos casos.[63] Retenção urinária é provável de ser indolor e secundária à desaferentação da bexiga urinária. Também existe uma forte associação entre ruptura de disco intradural e a síndrome da cauda equina.[64]

21.7.2 Abordagens Cirúrgicas

Várias medidas não operatórias, como injeções epidurais e nas facetas, manipulação vertebral, tração, ozônio e outras farmacoterapias, foram tentadas com graus variados de sucesso para radiculopatia aguda causada por uma hérnia de disco lombar.[65,66] Em uma metanálise de ensaios controlados randomizados, um curto ciclo de esteroides orais, comparado ao placebo, resultou em uma melhora modesta da função e ausência de melhora na dor.[67] Indicações quase universalmente aceitas para a cirurgia precoce incluem déficit motor significativo, dor refratária intratável persistindo por mais de 6 a 12 semanas, e, é claro, síndrome da cauda equina.[68] Embora ainda exista controvérsia com relação ao momento da cirurgia para a síndrome da cauda equina, a maioria dos cirurgiões recomenda a realização de uma descompressão cirúrgica em 24 horas.[69]

Posterior/Mediana

Hérnias de disco medianas grandes podem necessitar de exposição bilateral para descomprimir a cauda equina. Hemilaminectomias ou laminectomias bilaterais generosas podem ser necessárias para alcançar adequada exposição sem retração excessiva das raízes nervosas ou saco tecal. Hérnias posterolaterais também são tratadas por procedimentos posteriores medianos; entretanto, uma facetectomia medial parcial é geralmente necessária. Hérnias de disco extremolaterais podem ser acessadas por facetectomia extensa ou completa, mas esta abordagem está associada a aumento relativo no risco de instabilidade pós-operatória. Facetectomia total unilateral está associada à instabilidade progressiva em aproximadamente 5% dos casos.[70]

Paramediana

Abordagens paramedianas são usadas, primariamente, para procedimentos minimamente invasivos e para descompressão de hérnias de disco extremo-laterais, as quais representam menos de 10% de todas as hérnias de disco lombares.[71] Incisões paramedianas com seccionamento dos músculos, ou incisões na linha média com dissecção lateral, são usadas para abordar a superfície lateral da faceta. As vantagens destes procedimentos incluem melhor exposição das hérnias de disco laterais, preservação da cápsula e faceta articular, potencial redução da dor e do desconforto, e mobilização pós-operatória precoce.

Anterior/Anterolateral

Abordagens transabdominais ou retroperitoneais à coluna anterior são raramente indicadas nas intervenções cirúrgicas de emergência para doença de disco lombar aguda. Estas abordagens são mais comumente usadas para neoplasias ou quando uma fusão intersomática anterior é necessária. Abordagens anterior e anterolateral fornecem exposição adequada à superfície ventral do canal vertebral, e descompressão pode ser realizada com visualização direta do saco tecal anterior. Estas abordagens requerem o reposicionamento do paciente e uma incisão cutânea separada, caso uma estabilização posterior seja necessária.

Discectomia Lombar Minimamente Invasiva

A era moderna começou com uma combinação da remoção de disco tradicionalmente microcirúrgica e visualização endoscópica, para o qual o termo *discectomia microendoscópica* (MED) foi criado.[72] A técnica é essencialmente a mesma que a cirurgia aberta, mas é realizada com um endoscópico cirúrgico ou, de forma mais comum atualmente, um microscópio cirúrgico. Nós preferimos o microscópio com sua visão estereoscópica em vez das imagens bidimensionais do endoscópio. O objetivo fundamental é reduzir a extensão e o tamanho da incisão e da ruptura tecidual resultante, reduzindo, assim, a permanência hospitalar e a recuperação pós-operatória. Em média, a permanência hospitalar média é de 9,5 horas, tornando a alta no mesmo dia uma realidade. Conceitualmente, o acesso cirúrgico é alcançado através de uma abordagem paramediana de seccionamento muscular e, então, dilatação através de uma série de tubos progressivamente maiores que eventualmente cria uma porta de trabalho de aproximadamente 22 a 26 mm de largura, a partir da qual o procedimento cirúrgico é realizado. Este conceito de porta de trabalho mudou substancialmente a cirurgia, e dissecção muscular subperiosteal foi substituída por uma abordagem eficiente de seccionamento dos músculos. Uma vez que as referências superficiais são ajustadas com a imagem fluoroscópica, a cirurgia procede de forma tradicional: laminotomia, facetectomia medial, foraminotomia, remoção do ligamento amarelo, retração da raiz nervosa/saco tecal, e incisão e remoção do disco. O fechamento envolve a reaproximação da fáscia e fechamento da pequena incisão cutânea. Na experiência do autor, esta abordagem é mais fácil em pacientes muito obesos, pois a dilatação com seccionamento dos músculos é tecnicamente mais fácil do que uma dissecção subperiosteal profunda e a retração de uma massa muscular substancial. Embora discectomias minimamente invasivas estejam crescendo em popularidade e tenham altas taxas de sucesso relatadas, é importante reconhecer que uma metanálise de ensaios prospectivos randomizados não demonstrou que esta abordagem é superior à discectomia microcirúrgica aberta tradicional.[73]

21.7.3 Prognóstico

Parâmetros prognósticos do desfecho funcional após a intervenção cirúrgica incluem status neurológico pré-operatório, agudeza e duração dos sintomas, e disfunção vesical. Em geral, pacientes com o início rápido de sintomas e sinais são menos prováveis de recuperarem completamente a função no pós-operatório, comparado àqueles com deterioração lentamente progressiva;[68,70,73] entretanto, o desfecho funcional também é reduzido em pacientes com duração prolongada dos sintomas e atraso cirúrgico. Fraqueza motora é mais provável de melhorar após a intervenção cirúrgica, quando comparado aos distúrbios vesicais, intestinais ou sensoriais.[69] A resolução de déficits sensoriais é menos provável. Pacientes com fraqueza mais extensa ou envolvimento esfincteriano têm recuperação funcional relativamente pior.

21.8 Conclusão

Hérnias de disco agudas resultando em déficits neurológicos graves ou progressivos, que necessitem de descompressão de emergência, ocorrem raramente. Hérnias agudas tendem a produzir uma disfunção neurológica mais grave do que a doença espondilótica da coluna. Hérnias de disco agudas secundárias ao trauma, inclinação ou levantamento de peso são raramente relatadas na maioria dos estudos. Avaliação inicial deve incluir um exame neurológico detalhado e uma MRI de alta resolução. Indicações para intervenção cirúrgica de emergência incluem deterioração neurológica aguda grave ou rapidamente progressiva, mielopatia, e disfunção intestinal ou vesical.

As abordagens cirúrgicas são pautadas na apresentação clínica, nível e localização da hérnia de disco, e na necessidade de estabilização pós-descompressão. Indicadores prognósticos da recuperação neurológica funcional incluem tipo, gravidade e duração dos sintomas. Não existe um consenso acerca do momento ideal de descompressão; entretanto, parece que a intervenção cirúrgica precoce está associada a melhor prognóstico, quando comparada ao tratamento cirúrgico tardio.

Referências

[1] Harris RI, Macnab I. Structural changes in the lumbar intervertebral discs; their relationship to low back pain and sciatica. J Bone Joint Surg Br. 1954; 36-B(2):304-322

[2] Fontes RB de V, Baptista JS, Rabbani SR, et al. Structural and ultrastructural analysis of the cervical discs of young and elderly humans. PLoS ONE. 2015; 10(10):e0139283

[3] Dagistan Y, Cukur S, Dagistan E, Gezici AR. Importance of IL-6, MMP-1, IGF-1, and BAX levels in lumbar herniated disks and posterior longitudinal ligament in patients with sciatic pain. World Neurosurg. 2015; 84(6):1739-1746

[4] Wang C, Wang W-J, Yan Y-G, et al. MicroRNAs: new players in intervertebral disc degeneration. Clin Chim Acta. 2015; 450(X):333-341

[5] Nurick S. The pathogenesis of the spinal cord disorder associated with cervical spondylosis. Brain. 1972; 95(1):87-100

[6] Revanappa KK, Rajshekhar V. Comparison of Nurick grading system and modified Japanese Orthopaedic Association scoring system in evaluation of patients with cervical spondylotic myelopathy. Eur Spine J. 2011; 20(9):1545-1551

[7] Fairbank JCT. Why are there different versions of the Oswestry Disability Index? J Neurosurg Spine. 2014; 20(1):83-86

[8] Vernon H. The Neck Disability Index: state-of-the-art, 1991-2008. J Manipulative Physiol Ther. 2008; 31(7):491-502

[9] Frymoyer J (ed). The adult spine: Principles and practice (2nd edition). Lippincott-Raven; 1997.

[10] Nuñez DB, Jr, Zuluaga A, Fuentes-Bernardo DA, et al. Cervical spine trauma: how much more do we learn by routinely using helical CT? Radiographics. 1996; 16(6):1307-1318, discussion 1318-1321

[11] Oikawa Y, Eguchi Y, Inoue G, et al. Diffusion tensor imaging of lumbar spinal nerve in subjects with degenerative lumbar disorders. Magn Reson Imaging. 2015; 33(8):956-961

[12] Lunsford LD, Bissonette DJ, Jannetta PJ, et al. Anterior surgery for cervical disc disease. Part 1: treatment of lateral cervical disc herniation in 253 cases. J Neurosurg. 1980; 53(1):1-11

[13] Radhakrishnan K, Litchy WJ, O'Fallon WM, et al. Epidemiology of cervical radiculopathy. A population-based study from Rochester, Minnesota, 1976 through 1990. Brain. 1994; 117(Pt 2):325-335

[14] Westwick HJ, Goldstein CL, Shamji MF. Acute spontaneous cervical disc herniation causing rapidly progressive myelopathy in a patient with comorbid ossified posterior longitudinal ligament: case report and literature review. Surg Neurol Int. 2014; 5(Suppl 7):S368-S372

[15] Goh HK, Li YH. Non-traumatic acute paraplegia caused by cervical disc herniation in a patient with sleep apnoea. Singapore Med J. 2004; 45(5):235-238

[16] Liu C, Huang Y, Cai H-X, et al. Nontraumatic acute paraplegia associated with cervical disk herniation. J Spinal Cord Med. 2010; 33(4):420-424

[17] Suzuki T, Abe E, Murai H, et al. Nontraumatic acute complete paraplegia resulting from cervical disc herniation: a case report. Spine. 2003; 28(6):E125-E128

[18] Ueyama T, Tamaki N, Kondoh T, et al. Non-traumatic acute paraplegia associated with cervical disc herniation: a case report. Surg Neurol. 1999; 52(2):204-206, discussion 206-207

[19] Cheong HS, Hong BY, Ko Y-A, et al. Spinal cord injury incurred by neck massage. Ann Rehabil Med. 2012; 36(5):708-712

[20] Eisenberg RA, Bremer AM, Northup HM. Intradural herniated cervical disk: a case report and review of the literature. AJNR Am J Neuroradiol. 1986; 7(3):492-494

[21] Hsieh J-H, Wu C-T, Lee S-T. Cervical intradural disc herniation after spinal manipulation therapy in a patient with ossification of posterior longitudinal ligament: a case report and review of the literature. Spine. 2010; 35(5):E149-E151

[22] Lourie H, Shende MC, Stewart DH Jr. The syndrome of central cervical soft disk herniation. JAMA. 1973; 226(3):302-305

[23] Doran SE, Papadopoulos SM, Ducker TB, et al. Magnetic resonance imaging documentation of coexistent traumatic locked facets of the cervical spine and disc herniation. J Neurosurg. 1993; 79(3):341-345

[24] Cotler JM, Herbison GJ, Nasuti JF, et al. Closed reduction of traumatic cervical spine dislocation using traction weights up to 140 pounds. Spine. 1993; 18(3):386-390

[25] Eismont FJ, Arena MJ, Green BA. Extrusion of an intervertebral disc associated with traumatic subluxation or dislocation of cervical facets. Case report. J Bone Joint Surg Am. 1991; 73(10):1555-1560

[26] Lee JY, Nassr A, Eck JC, et al. Controversies in the treatment of cervical spine dislocations. Spine J. 2009; 9(5):418-423

[27] Hadley MN, Walters BC, Grabb PA, et al. Guidelines for the management of acute cervical spine and spinal cord injuries. Clin Neurosurg. 2002; 49:407-498

[28] Walters BC, Hadley MN, Hurlbert RJ, et al; American Association of Neurological Surgeons. Congress of Neurological Surgeons. Guidelines for the management of acute cervical spine and spinal cord injuries: 2013 update. Neurosurgery. 2013; 60(Suppl 1):82-91

[29] Branch BC, Hilton DL Jr, Watts C. Minimally invasive tubular access for posterior cervical foraminotomy. Surg Neurol Int. 2015; 6:81

[30] Verbiest H. The lateral approach to the cervical spine. Clin Neurosurg. 1973; 20:295-305

[31] Cloward RB. The anterior approach for removal of ruptured cervical disks. J Neurosurg. 1958; 15(6):602-617

[32] Robinson RA, Smith GW. Anterolateral cervical disc removal and interbody fusion for cervical disc syndrome. Bull Johns Hopkins Hosp. 1955; 96:223-224

[33] Burkus JK, Traynelis VC, Haid RW Jr, et al. Clinical and radiographic analysis of an artificial cervical disc: 7-year follow-up from the Prestige prospective randomized controlled clinical trial. J Neurosurg Spine. 2014; 21(4):516-528

[34] Hacker RJ, Cauthen JC, Gilbert TJ, et al. A prospective randomized multicenter clinical evaluation of an anterior cervical fusion cage. Spine. 2000; 25(20):2646-2654, discussion 2655

[35] Röllinghoff M, Zarghooni K, Hackenberg L, et al. Quality of life and radiological outcome after cervical cage fusion and cervical disc arthroplasty. Acta Orthop Belg. 2012; 78(3):369-375

[36] Carson J, Gumpert J, Jefferson A. Diagnosis and treatment of thoracic intervertebral disc protrusions. J Neurol Neurosurg Psychiatry. 1971; 34(1):68-77

[37] Stillerman CB, Chen TC, Couldwell WT, et al. Experience in the surgical management of 82 symptomatic herniated thoracic discs and review of the literature. J Neurosurg. 1998; 88(4):623-633

[38] Arce CA, Dohrmann GJ. Herniated thoracic disks. Neurol Clin. 1985; 3(2):383-392

[39] Vanichkachorn JS, Vaccaro AR. Thoracic disk disease: diagnosis and treatment. J Am Acad Orthop Surg. 2000; 8(3):159-169

[40] Yano S, Hida K, Seki T, et al. [A case of thoracic disc herniation with sudden onset paraplegia on toilet straining: case report] No Shinkei Geka. 2003; 31(12):1297-1301

[41] Reynolds JM, Belvadi YS, Kane AG, et al. Thoracic disc herniation leads to anterior spinal artery syndrome demonstrated by diffusion- weighted magnetic resonance imaging (DWI): a case report and literature review. Spine J. 2014; 14(6):e17-e22

[42] Yoshihara H. Surgical treatment for thoracic disc herniation: an update. Spine. 2014; 39(6):E406-E412

[43] Paolini S, Ciappetta P, Missori P, et al. Spinous process marking: a reliable method for preoperative surface localization of intradural lesions of the high thoracic spine. Br J Neurosurg. 2005; 19(1):74-76

[44] Binning MJ, Schmidt MH. Percutaneous placement of radiopaque markers at the pedicle of interest for preoperative localization of thoracic spine level. Spine. 2010; 35(19):1821-1825

[45] Hsu W, Sciubba DM, Sasson AD, et al. Intraoperative localization of thoracic spine level with preoperative percutaneous placement of intravertebral polymethylmethacrylate. J Spinal Disord Tech. 2008; 21(1):72-75

[46] Logue V. Thoracic intervertebral disc prolapse with spinal cord compression. J Neurol Neurosurg Psychiatry. 1952; 15(4):227-241

[47] Ravichandran G, Frankel HL. Paraplegia due to intervertebral disc lesions: a review of 57 operated cases. Paraplegia. 1981; 19(3):133-139

[48] Choi KY, Eun SS, Lee SH, et al. Percutaneous endoscopic thoracic discectomy; transforaminal approach. Minim Invasive Neurosurg. 2010; 53(1):25-28

[49] Smith JS, Eichholz KM, Shafizadeh S, et al. Minimally invasive thoracic microendoscopic diskectomy: surgical technique and case series. World Neurosurg. 2013; 80(3-4):421-427

[50] Patterson RH Jr, Arbit E. A surgical approach through the pedicle to protruded thoracic discs. J Neurosurg. 1978; 48(5):768-772

[51] Hulme A. The surgical approach to thoracic intervertebral disc protrusions. J Neurol Neurosurg Psychiatry. 1960; 23:133-137

[52] Kshettry VR, Healy AT, Jones NG, et al. A quantitative analysis of posterolateral approaches to the ventral thoracic spinal canal. Spine J. 2015; 15(10):2228-2238

[53] Sagan LM, Madany L, Lickendorf M. [Costotransversectomy and interbody fusion for treatment of thoracic dyscopathy] Ann Acad Med Stetin. 2007; 53(1):23-26

[54] Larson SJ, Holst RA, Hemmy DC, et al. Lateral extracavitary approach to traumatic lesions of the thoracic and lumbar spine. J Neurosurg. 1976; 45(6):628-637

[55] Maiman DJ, Larson SJ, Luck E, et al. Lateral extracavitary approach to the spine for thoracic disc herniation: report of 23 cases. Neurosurgery. 1984; 14(2):178-182

[56] Crafoord C, Hiertonn T, Lindblom K, et al. Spinal cord compression caused by a protruded thoracic disc; report of a case treated with antero- lateral fenestration of the disc. Acta Orthop Scand. 1958; 28(2):103-107

[57] Kasliwal MK, Deutsch H. Minimally invasive retropleural approach for central thoracic disc herniation. Minim Invasive Neurosurg. 2011; 54(4):167-171

[58] Han PP, Kenny K, Dickman CA. Thoracoscopic approaches to the thoracic spine: experience with 241 surgical procedures. Neurosurgery. 2002; 51(5, Suppl):S88-S95

[59] Cornips EMJ, Janssen MLF, Beuls EAM. Thoracic disc herniation and acute myelopathy: clinical presentation, neuroimaging findings, surgical considerations, and outcome. J Neurosurg Spine. 2011; 14(4):520-528

[60] Friberg S, Hirsch C. Anatomical and clinical studies on lumbar disc degeneration. Acta Orthop Scand. 1949; 19(2):222-242, illust

[61] Farfan HF, Sullivan JD. The relation of facet orientation to intervertebral disc failure. Can J Surg. 1967; 10(2):179-185

[62] Raaf J. Removal of protruded lumbar intervertebral discs. J Neurosurg. 1970; 32(5):604-611

[63] Gleave JR, MacFarlane R. Prognosis for recovery of bladder function following lumbar central disc prolapse. Br J Neurosurg. 1990; 4(3):205-209

[64] Dinning TA, Schaeffer HR. Discogenic compression of the cauda equina: a surgical emergency. Aust N Z J Surg. 1993; 63(12):927-934

[65] Spijker-Huiges A, Vermeulen K, Winters JC, et al. Costs and cost-effectiveness of epidural steroids for acute lumbosacral radicular syndrome in general practice: an economic evaluation alongside a pragmatic randomized control trial. Spine. 2014; 39(24):2007-2012

[66] Melchionda D, Milillo P, Manente G, et al. Treatment of radiculopathies: a study of efficacy and tollerability of paravertebral oxygen-ozone injections compared with pharmacological anti-inflammatory treatment. J Biol Regul Homeost Agents. 2012; 26(3):467-474

[67] Goldberg H, Firtch W, Tyburski M, et al. Oral steroids for acute radiculopathy due to a herniated lumbar disk: a randomized clinical trial. JAMA. 2015; 313(19):1915-1923

[68] Baldwin NG. Lumbar disc disease: the natural history. Neurosurg Focus. 2002; 13(2):E2

[69] Srikandarajah N, Boissaud-Cooke MA, Clark S, et al Does early surgical decompression in cauda equina syndrome improve bladder outcome? Spine. 2015; 40(8):580-583

[70] Garrido E, Connaughton PN. Unilateral facetectomy approach for lateral lumbar disc herniation. J Neurosurg. 1991; 74(5):754-756

[71] Pirris SM, Dhall S, Mummaneni PV, et al. Minimally invasive approach to extraforaminal disc herniations at the lumbosacral junction using an operating microscope: case series and review of the literature. Neurosurg Focus. 2008; 25(2):E10

[72] Maroon JC. Current concepts in minimally invasive discectomy. Neurosurgery. 2002; 51(5, Suppl):S137-S145

[73] Rasouli MR, Rahimi-Movaghar V, Shokraneh F, et al. Minimally invasive discectomy versus microdiscectomy/open discectomy for symptomatic lumbar disc herniation. Cochrane Database Syst Rev. 2014(9):CD010328

22 Estenose Cervical É uma Emergência?

Daipayan Guha ▪ Allan R. Martin ▪ Michael G. Fehlings

Resumo

Estenose do canal vertebral cervical pode resultar em mielopatia progressiva crônica causada por compressão medular estática e/ou dinâmica. No entanto, em alguns pacientes, a estenose cervical pode resultar em rápida deterioração ou pode predispor indivíduos saudáveis a uma lesão da medula espinhal aguda após traumatismo relativamente leve. A avaliação de pacientes com suspeita de estenose cervical inclui a determinação radiográfica da invasão do canal ósseo ou de tecidos moles, com múltiplos sistemas de classificação com baixo valor preditivo para a probabilidade de futura deterioração neurológica. Embora a probabilidade geral de lesão catastrófica em pacientes com estenose cervical preexistente seja aparentemente mínima, neste capítulo três cenários clínicos em que a intervenção cirúrgica aguda deve ser considerada mais a fundo são revisadas. Em pacientes com mielopatia cervical degenerativa rapidamente progressiva, embora o momento exato de descompressão cirúrgica não tenha sido explicitamente estudado, os prognósticos funcionais pós-operatórios são altamente dependentes do estado na linha de base; portanto, descompressão cirúrgica dentro de alguns dias da apresentação clínica pode ser apropriada. Em casos de síndrome medular central traumática aguda, os pacientes devem ser monitorados de perto e uma descompressão cirúrgica precoce considerada dentro de um prazo de 1 a 3 dias para pacientes com déficits persistentes e compressão radiográfica persistente. Em pacientes com neuropraxia medular cervical, uma condição mais comumente vista em atletas, o estado neurológico deve ser cuidadosamente monitorado para melhora durante os primeiros 1 a 3 dias depois da lesão, a fim de diferenciar este diagnóstico de outras lesões que requerem intervenção cirúrgica de emergência.

Palavras-chave: síndrome medular central, neuropraxia cervical, estenose cervical, mielopatia, descompressão cirúrgica, momento cirúrgico.

22.1 Introdução

Estenose do canal vertebral cervical pode causar mielopatia progressiva em decorrência de compressão medular estática e/ou dinâmica, que é mais comumente observada como um processo crônico ocorrendo ao longo de meses a anos.[1] No entanto, em um subgrupo de pacientes, a estenose cervical pode causar deterioração rapidamente progressiva.[2] Além disso, estenose do canal cervical pode predispor os indivíduos à lesão da medula espinhal (SCI) após um insulto traumático, que pode ocorrer com um mecanismo relativamente inócuo.[3]

Em estudos realizados em cadáveres, a incidência de estenose cervical óssea foi estimada em 4,9% da população americana adulta, subindo para 6,8% naqueles com mais de 50 e 9% naqueles com mais de 70 anos de idade.[4] A verdadeira prevalência de estenose cervical provavelmente é mais alta quando a invasão do canal de tecidos moles é contabilizada, particularmente nas populações asiáticas suscetíveis. Em uma coorte baseada na população japonesa de 977 sujeitos, 24,4% mostrou compressão da medula cervical na imagem por ressonância magnética (MRI), a grande maioria sendo clinicamente assintomática.[5] Distúrbios degenerativos são, claramente, a etiologia mais comum da estenose cervical, incluindo invasão de tecidos moles por discos se projetando ou herniando, abaulamento, hipertrofia e/ou ossificação dos ligamentos intervertebrais, remodelação óssea (espondilose) e formação de osteófitos, e hipermobilidade e listese articular.[1]

Embora alguns tenham defendido a descompressão cirúrgica profilática para prevenir tetraparesia aguda ou progressiva,[6] a probabilidade de lesão catastrófica em pacientes com estenose cervical pré-existente parece ser mínima.[7,8] Este capítulo tem como objetivo revisar o manejo das síndromes clínicas em pacientes com estenose cervical congênita ou degenerativa preexistente, nos quais a intervenção cirúrgica aguda pode ser necessária.

22.2 Avaliação Inicial

Uma anamnese completa e uma avaliação neurológica minuciosa devem ser realizadas em todos os pacientes apresentando sintomas clínicos de disfunção da coluna cervical ou da raiz nervosa, podendo ajudar na diferenciação entre etiologias vasculares, neoplásicas, infecciosas, inflamatórias ou traumáticas de deterioração aguda. O exame clínico também pode orientar na escolha dos exames radiológicos subsequentes. Mielopatia cervical degenerativa (DCM) geralmente se apresenta com um ou mais dos seguintes sintomas, os quais constituem a escala da *Japanese Orthopedic Association* modificada (mJOA): descoordenação das mãos, disfunção da marcha, dormência e parestesia das mãos, e disfunção intestinal/vesical. Os pacientes também podem exibir dor cervical axial, fenômeno de Lhermitte, hiper-reflexia dos membros superiores e inferiores, fraqueza e atrofia muscular, fasciculações e dor neuropática. Entretanto, a apresentação clínica da DCM é altamente variável, e não existe um único sintoma ou sinal que está seguramente presente.[1,5]

22.3 Avaliação Radiológica

Na era atual, pacientes com quaisquer sintomas ou sinais compatíveis com mielopatia cervical devem ser examinados com MRI, salvo qualquer contraindicação, para avaliar a presença de compressão da medula espinhal cervical. Exames radiológicos também podem incluir radiografias anteroposteriores (AP) e laterais da coluna cervical, com pacientes selecionados se beneficiando de incidências laterais em flexão/extensão para avaliar a instabilidade óssea. Tomografia computadorizada (CT) também pode ser benéfica para visualizar a anatomia óssea e identificar ossificação de estruturas ligamentares. Em pacientes que não podem ser submetidos à MRI, a mielografia por CT é uma alternativa aceitável para identificação e visualização de compressão da medula espinhal.

Historicamente, a estenose cervical tem sido definida nas radiografias simples pelo diâmetro do canal sagital segmentar, medido do corpo vertebral médio-posterior até o ponto mais anterior na linha espinolaminar correspondente (▶ Fig. 22.1).[9] Diâmetros sagitais inferiores a 14 mm são considerados estenóticos. Para minimizar a variabilidade entre avaliadores e para contabilizar as diferenças na magnificação radiológica, Torg e Pavlov *et al.* subsequentemente definiram uma proporção epônima entre o diâmetro do canal sagital e o diâmetro do canal vertebral (▶ Fig. 22.1).[10] Vários pontos de corte para as proporções Torg-Pavlov foram descritas, com uma proporção < 0,8 prenunciando um maior risco de neuropraxia da medula cervical (CCN) no estudo original[10] e < 0,7 estando associado a maior risco de lesão da medula

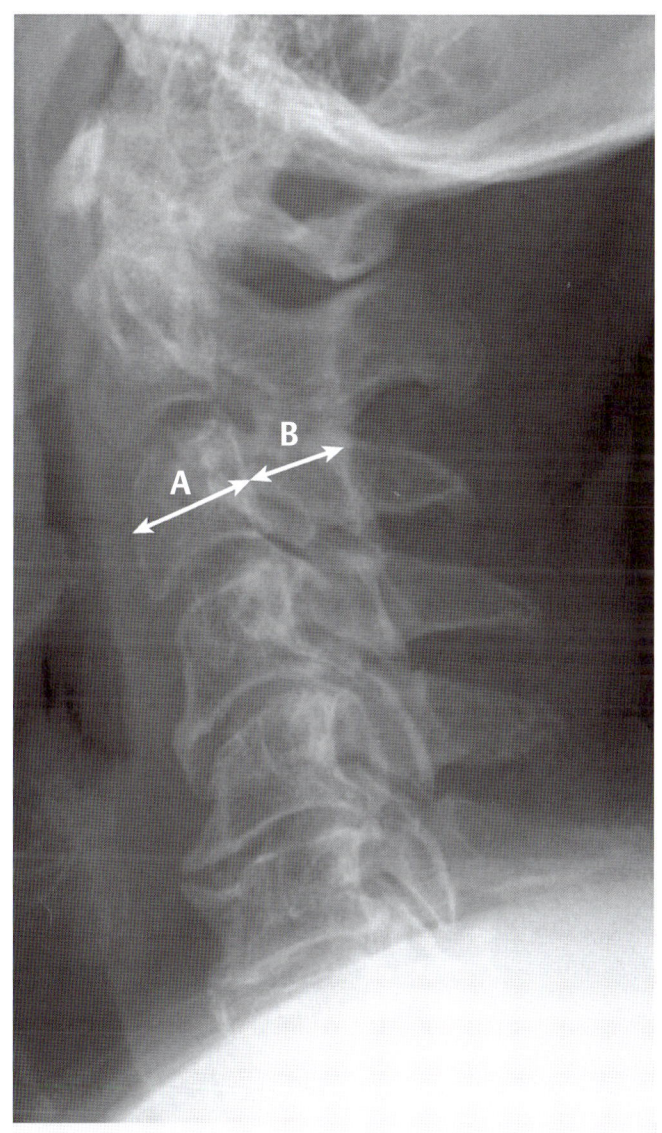

Fig. 22.1 Radiografia lateral da coluna vertebral. A largura do corpo vertebral é mostrada pela seta A. O diâmetro do canal sagital segmentar é mostrado pela seta B. A proporção de Torg-Pavlov é definida como B/A.

tivo, de modo que o grau 0 indica normal; grau 1 indica obliteração superior a 50% do espaço liquórico anterior ou posterior; grau 2 indica compressão ou luxação da medula; e grau 3 indica compressão ou luxação da medula com hiperintensidade intramedular em imagens ponderadas em T2.[18] Torg et al. também definiram uma "reserva funcional" da coluna cervical na MRI, a relação entre o diâmetro da medula na imagem sagital AP e o diâmetro do canal vertebral no nível discal adjacente (▶ Fig. 22.2).[19]

22.4 Indicações para Intervenção Cirúrgica Aguda

O momento da intervenção cirúrgica para pacientes com estenose cervical é controverso. Pacientes com mielopatia rapidamente progressiva ou déficits neurológicos persistentes após um incidente traumático agudo, com evidência radiológica de compressão contínua da medula, devem ser considerados para descompressão cirúrgica de emergência. Em contraste, pacientes neurologicamente intactos ou aqueles com melhora dos déficits e sem uma instabilidade vertebral completa, mesmo na presença de compressão da medula na radiografia, não são necessariamente indicados para cirurgia de emergência. Revisamos aqui três síndromes clínicas no contexto de estenose cervical existente, em que a descompressão de emergência deve ser considerada: DCM rapidamente progressiva, lesão da medula espinhal (SCI) cervical aguda com tetraparesia, um subgrupo que inclui a síndrome medular central traumática (tCCS) e neuropraxia da coluna cervical (CCN).

22.4.1 Mielopatia Cervical Degenerativa

Etiologias degenerativas não traumáticas de mielopatia cervical constituem a causa mais comum de comprometimento da medula espinhal em idosos.[20] DCM abrange as patologias de doença degenerativa do disco (DDD), mielopatia espondilótica cervical (CSM), ossificação do ligamento longitudinal posterior (OPLI) e ossificação do ligamento amarelo (OLF).

A prevalência de DCM foi estimada em até 605 por um milhão na América da Norte, aumentando com a idade e mais comum em homens.[21] A estimativa da população sofrendo de OPLL isoladamente é entre 1,5 e 4,3%, dependendo da população estudada.[22] Em estudos transversais, a OLF foi constatada em 3,8% das populações asiáticas, predominantemente na coluna torácica inferior.[23] OLF como única lesão responsável pela mielopatia cervical foi descrita raramente em relatos de casos.[24]

Fisiopatologia

Comprometimento neurológico na DCM pode resultar de uma compressão de medula estática, tensão de medula alterada secundária a um mau alinhamento cervical global, e lesão dinâmica repetida em razão de hipermobilidade segmentar. Compressão da medula espinhal pode ser causada por uma protrusão do ânulo fibroso ou por um núcleo pulposo herniado na DDD, com espondilose mais severa resultando em osteofitose posterior, bem como dobras e frouxidão dos ligamentos do canal associados à CSM. Estreitamento ósseo anterior ou posterior à medula é observado na OPLL e na OLF, respectivamente (▶ Fig. 22.3). Múltiplas vias isquêmicas, inflamatórias e imunes foram implicadas nas respostas subsequentes à compressão crônica da medula.[21]

espinhal (SCI) aguda após trauma menor.[11] Radiografias simples continuam imperfeitas, todavia, com as proporções Torg-Pavlov não correspondendo com o diâmetro verdadeiro do canal medido na CT[12] e variando significativamente com a idade, gênero e etnicidade.[13] Como já esperado, o valor preditivo da proporção Torg-Pavlov para deterioração neurológica em pacientes com estenose preexistente é questionável.[14-16]

Embora a imagem por CT forneça medidas precisas do diâmetro do canal ósseo, a resolução da MRI na avaliação da invasão do canal de tecidos moles, bem como do espaço verdadeiro disponível para a medula, é incomparável. Múltiplos sistemas de classificação para a avalição de estenose cervical na MRI foram propostos. Muhle et al. desenvolveram uma escala de 4 pontos, com o grau 0 sendo definido como normal, grau 1 como obliteração parcial do espaço liquórico anterior ou posterior; grau 2 como obliteração completa do espaço liquórico; e grau 3 como compressão ou luxação da medula.[17] Isto foi subsequentemente modificado por Kang et al. para melhorar o desempenho predi-

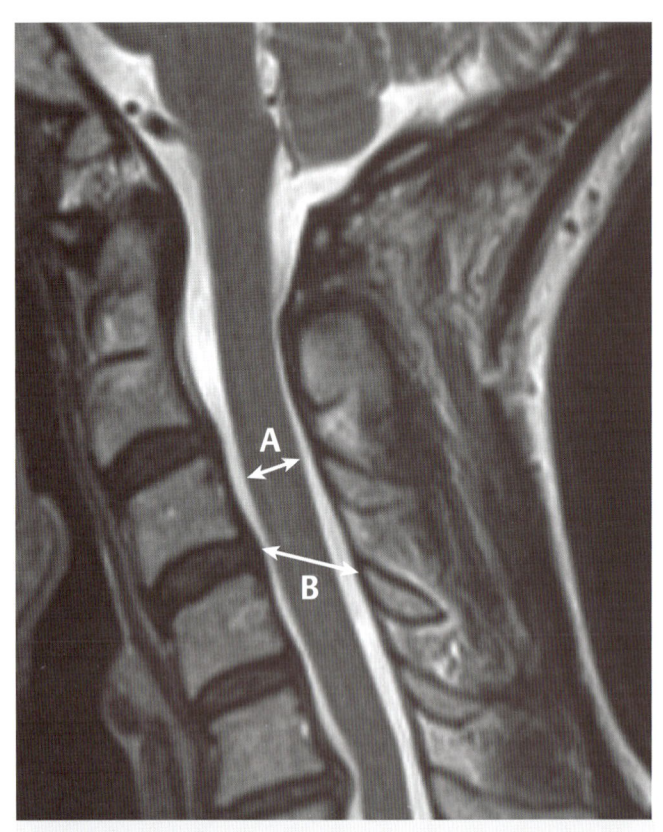

Fig. 22.2 MRI ponderada em T2 da coluna cervical, no plano sagital médio. O diâmetro da medula espinal é demonstrado pela seta A. O diâmetro do canal adjacente na região do disco é demonstrado pela seta B. "Espaço disponível para a medula" (SAC) é definido como (B–A). "Reserva funcional" é definida como A/B.

História Natural

A grande maioria dos pacientes com estenose cervical não desenvolve mielopatia clínica. Em um dos maiores estudos realizados até hoje, com uma população predominantemente idosa, 24% exibiram compressão radiográfica da medula cervical, sem associação entre a compressão da medula e o desenvolvimento de sinais mielopáticos.[5] Dentre os pacientes com compressão da medula cervical assintomática de qualquer etiologia identificada na MRI, uma revisão sistemática identificou o risco de desenvolvimento de mielopatia clínica em 8% em 1 ano, e em 23% em uma média de 44 meses.[25] Idade, gênero, proporções Torg-Pavlov e o mecanismo de compressão da medula cervical não estão associados ao desenvolvimento de mielopatia clínica em pacientes assintomáticos.[25,26] Dos pacientes que desenvolvem mielopatia clínica, estima-se que 20 a 60% irão deteriorar neurologicamente ao longo de 2 anos sem intervenção cirúrgica.[1,26]

Classicamente, o tempo de evolução da deterioração neurológica em pacientes com mielopatia clínica foi descrito como gradual em 75%, e lentamente progressiva durante anos em 20%.[27] Para estes pacientes, descompressão cirúrgica, quando indicada, é realizada de forma eletiva. Muito menos comum, constituindo os 5% restantes, estão os cenários envolvendo o desenvolvimento agudo da mielopatia ou mielopatia rapidamente progressiva, que deve ser considerada para cirurgia de emergência em um prazo de dias da apresentação. Estes pacientes podem ser classificados em três grupos:

1. Grupo I: mielopatia rapidamente progressiva, sem trauma antecedente.
2. Grupo II: nova mielopatia após trauma menor em um paciente com estenose preexistente.
3. Grupo III: rápida exacerbação de mielopatia existente, após trauma menor em um paciente com estenose preexistente.

Dentre os pacientes com mielopatia sintomática, 5 a 18% podem ser classificados como grupo I.[2,27] Em uma revisão re-

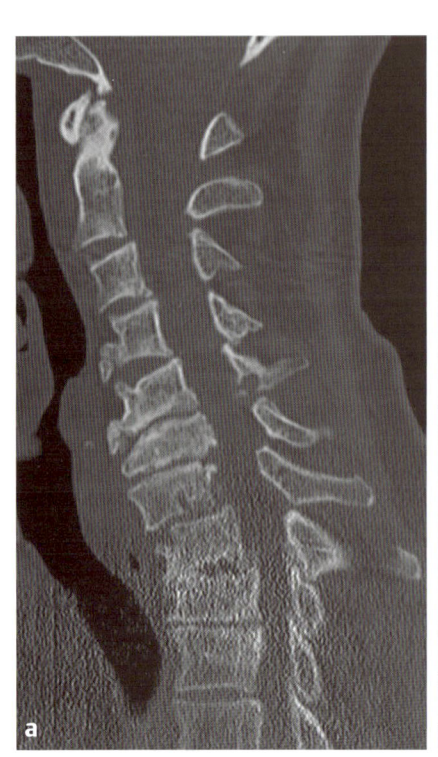

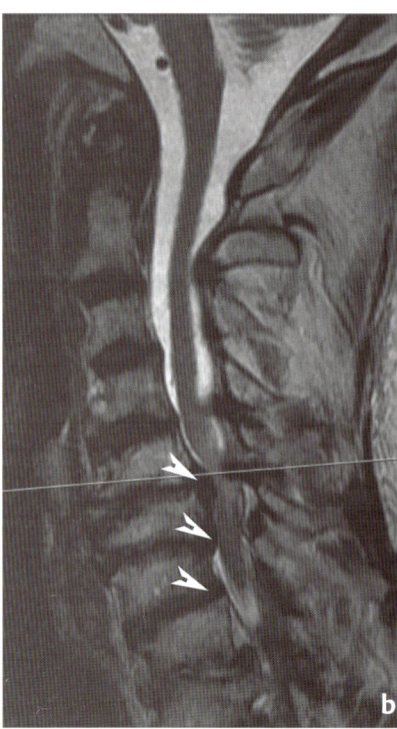

Fig. 22.3 Tomografia computadorizada da coluna cervical, no plano sagital médio (**a**), e (**b**) imagem por ressonância magnética ponderada em T2, demonstrando mielopatia espondilótica cervical e evidência de doença de disco degenerativa, mais significativamente em C5-C6, C6-C7 e C7-T1 (pontas de seta). Compressão da medula com alteração do sinal intramedular em T2 também é demonstrada.

trospectiva de uma população asiática, 28% dos pacientes com mielopatia cervical foram classificados no grupo II e 20% no grupo III.[28] Embora o momento exato de descompressão cirúrgica em pacientes com mielopatia rapidamente progressiva não tenha sido explicitamente estudado, sabe-se que o estado neurológico e funcional basal pressagia o prognóstico funcional pós-operatório.[29] Descompressão cirúrgica precoce, dentro de dias da apresentação clínica é, portanto, aceitável para candidatos cirúrgicos apropriados. Marcadores que preveem a sintomatologia rapidamente progressiva ainda não foram identificados; entretanto, alguns estudos relataram associações entre uma membrana epidural fibroadiposa vascular no segmento mais focal da compressão, observada no intraoperatório, e o desenvolvimento de mielopatia rapidamente progressiva.[2,30]

22.4.2 Síndrome Medular Central Traumática Aguda

A síndrome medular central traumática (tCCS) aguda foi descrita pela primeira vez por Schneider em 1954, como uma SCI incompleta, caracterizada por fraqueza predominantemente nos membros superiores, disfunção vesical tipicamente com retenção urinária, e vários padrões de déficit sensorial abaixo do nível da lesão.[31] A tCCS é o tipo mais comum de SCI incompleta, representando aproximadamente 16 a 25% de todas as SCI, com aumento crescente desse número à medida que a população envelhece.[32]

A tCCS é mais comumente vista após acidente com veículo automotor, quedas e acidentes de mergulho, resultando em lesões de hiperextensão ou, menos frequentemente, de hiperflexão. Três grupos distintos de pacientes foram descritos: pacientes mais jovens (< 50 anos de idade) com luxação/fratura traumática grave e compressão da medula espinhal, pacientes mais velhos (> 50 anos de idade) com lesão de hiperextensão sem fratura no contexto de uma espinha cervical estenótica, e pacientes mais jovens com uma lesão de baixa velocidade resultando em hérnia de disco central aguda sem lesão óssea.[33-36] Dentre os pacientes com tCCS, estenose cervical de várias etiologias é observada em 50 a 65% dos pacientes (▶ Fig. 22.4).[36,37] Um grau maior de estenose pode estar correlacionado com baixa recuperação neurológica, independentemente da intervenção cirúrgica.[38]

Fisiopatologia

Após uma lesão de hiperextensão nos canais espondilóticos, introflexão do ligamento flavo supostamente comprime a medula espinhal contra complexos disco-osteofitários, anteriormente. Isquemia microvascular resulta em dano seletivo aos tratos mais mediais da substância branca, localizados no interior dos funículos laterais, compatível com a localização anatômica dos tratos rubrospinal e corticospinal lateral. Foi demonstrado que estes tratos são progressivamente importantes para a função dos membros superiores e mãos, corroborando com os achados clínicos de fraqueza predominantemente dos membros superiores.[34]

História Natural

Com um tratamento conservados, algum grau de recuperação neurológica é obtido em mais de 75% dos pacientes com tCCS. A idade parece ser o indicador mais forte do prognóstico; pacientes com menos de 50 anos de idade recuperam a deambulação independente em quase todos os casos, caindo para 40% daqueles com mais de 70 anos de idade.[39] A função neurológica tende a retornar primeiro nos membros inferiores, seguido pela bexiga urinária e membros superiores. Recuperação da função das mãos geralmente é limitada, sendo a causa primária de comprometimento funcional prolongado em pacientes com tCCS.[40]

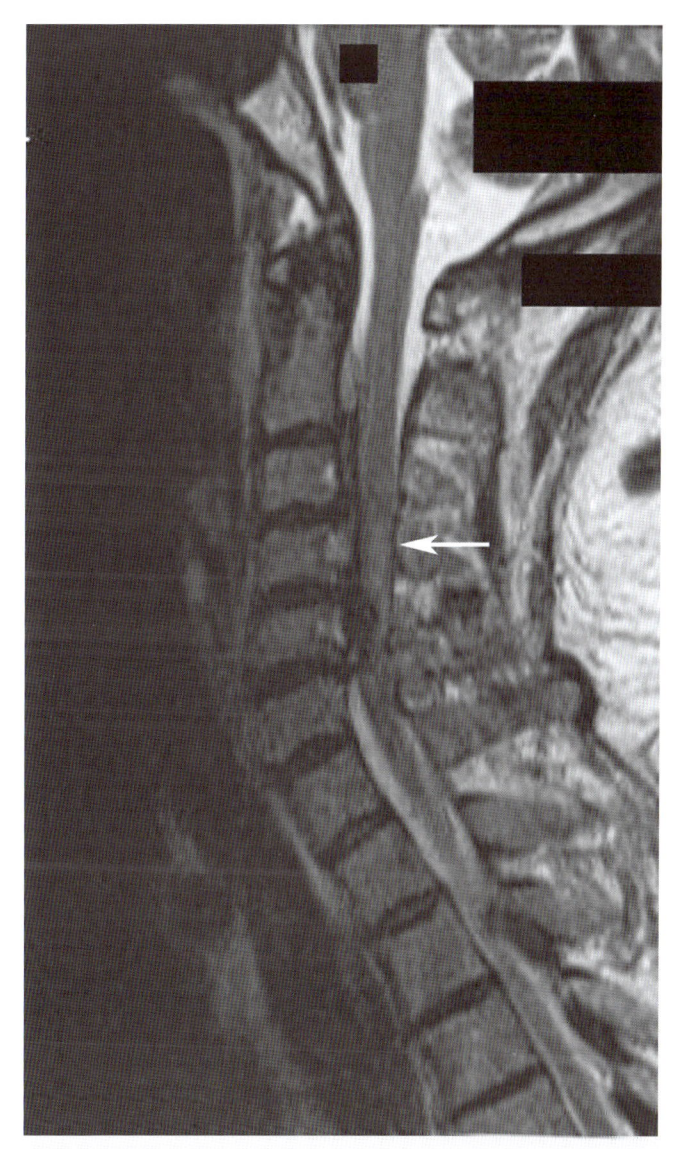

Fig. 22.4 Imagem por ressonância magnética ponderada em T2 da espinha cervical, no plano sagital médio, em um paciente com síndrome medular central traumática aguda. Estenose cervical com alteração do sinal intramedular nas imagens em T2 (seta) é demonstrada, secundária à ossificação do ligamento longitudinal posterior e leve espondilose cervical.

Opções de Tratamento

Após as observações iniciais de Schneider de recuperação neurológica espontânea em seis pacientes com tCCS, múltiplas séries com acompanhamento a curto prazo reproduziram o potencial de recuperação sem intervenção cirúrgica.[39-41] No entanto, nas séries com acompanhamento dos pacientes por vários anos após a lesão, 25% deles, eventualmente, alcançaram um platô com subsequente declínio na função neurológica por conta da compressão persistente da medula espinhal.[42] Descompressão cirúrgica para pacientes com déficits sem melhora e evidência radiológica de compressão da medula foi, portanto, revista, e demonstrada em múltiplos estudos que possibilitava uma recuperação neurológica mais rápida e mais completa, ao mesmo tempo em que minimizava as complicações relacionadas com a imobilidade e tempo de internação hospitalar (LOS).[43-45]

O momento ideal de descompressão cirúrgica na tCCS permanece incerto. Embora a série cirúrgica inicial para tCCS tenha demonstrado uma maior recuperação neurológica mesmo quando adiada por vários meses, após falha da terapia conservadora, houve um número crescente de evidência à favor da cirurgia no período subagudo após a lesão.[43,44] Em uma revisão retrospectiva de 114 pacientes, Chen *et al.* demonstrou maior recuperação motora e sensorial com a descompressão cirúrgica, particularmente em pacientes mais jovens, com uma melhora motora mais rápida em pacientes operados 1 a 2 semanas após a lesão.[46] Em 23 pacientes cirúrgicos, Yamazaki *et al.* demonstraram maior recuperação motora e escores JOA pós-operatórios aos 44 meses de seguimento de pacientes operados em até 2 semanas da lesão *versus* pacientes operados após 2 semanas da lesão.[38] Outros estudos demonstraram melhores prognósticos motores com a cirurgia realizada em até 24 horas, especificamente em pacientes com luxações/fraturas agudas ou hérnias de disco,[47] ou naqueles com déficits neurológicos iniciais profundos (grau C ou pior na American Spinal Injury Association [ASIA]) e compressão persistente da medula espinhal.[32] Em um estudo de coorte prospectivo de SCI cervical, foi demonstrado que a descompressão cirúrgica em até 24 horas aumenta de modo significativo a probabilidade de uma melhora de 2 graus na Escala de Deficiência da ASIA (AIS) nos 6 meses de seguimento; no entanto, este estudo não foi limitado à tCCS, e aproximadamente um terço dos pacientes tinha SCI completa.[48] Em contraste, um estudo retrospectivo de 49 pacientes cirúrgicos, com quase 5 anos de acompanhamento, constatou uma ausência de diferença na escala AIS entre pacientes sendo submetidos à descompressão antes ou após 4 dias.[49] De modo similar, Kepler *et al.* constataram ausência de efeito da intervenção cirúrgica realizada em até 24 horas sobre a recuperação motora e a unidade de tratamento intensivo (ICU) ou no LOS geral, em pacientes com lesão óssea ou com hiperextensão no contexto de um canal espondilótico.[50]

A evidência atual para o momento de realização da cirurgia para tCCS é mais bem resumida em uma revisão sistemática realizada por Anderson *et al.*[51] Descompressão cirúrgica precoce, em até 2 semanas após a lesão, provavelmente é benéfica para prognósticos neurológicos e funcionais a longo prazo, particularmente em pacientes com compressão radiológica contínua da medula espinhal, e déficits motores persistentes ou que não apresentam melhora após alguns dias. Todavia, em pacientes com fratura-luxação ou instabilidade clinicamente evidente, a cirurgia em até 72 horas, em vez de 2 semanas, pode ser considerada para promover a mobilidade precoce e minimizar as complicações associadas ao confinamento. Pacientes submetidos à descompressão cirúrgica em um tempo tardio, após 2 semanas, mantêm o potencial de melhora neurológica de longo prazo; entretanto, isto pode ocorrer mais lentamente e incompletamente do que quando a cirurgia é realizada precocemente.[52]

22.4.3 Neuropraxia da Medula Cervical

CCN é definida como um déficit neurológico cervical transitório após um insulto traumático.[10] Foi mais bem descrita em atletas, particularmente jogadores profissionais de futebol e futebol americano, com uma incidência de 1,3 a 6 em cada 10.000.[53] Relatos de CCN não associada ao esporte também foi descrita.[54]

Até 86% dos casos estão associados à estenose cervical com base em uma proporção Torg-Pavlov inferior a 0,8.[19] No entanto, múltiplos estudos subsequentes demonstraram que a proporção Torg-Pavlov tem alta sensibilidade, porém baixo valor preditivo positivo para o futuro desenvolvimento de CCN em atletas assintomáticos.[15] Medidas realizadas com a MRI da "reserva funcional" e do similar "espaço disponível para a medula" (SAC), ou seja, o diâmetro sagital da medula subtraído do diâmetro do canal vertebral no nível discal, demonstraram um melhor valor preditivo: um SAC inferior a 5 mm tem uma sensibilidade de 80% e um valor preditivo de 0,23 para o futuro risco de desenvolver CCN.[55]

Fisiopatologia

A CCN é tipicamente causada por uma lesão de hiperextensão aguda no contexto de um canal cervical estenótico, resultando em uma disfunção temporária da permeabilidade axonal.[56] Rápido estiramento axonal resulta em correntes iônicas alteradas e despolarização prolongada, bem como constrição microvascular e vasospasmo.

História Natural

Por definição, o comprometimento neurológico na CCN é transitório, com eventual resolução completa de todos os déficits motores e sensoriais. Os pacientes podem ser classificados de acordo com a duração de seus sintomas neurológicos: grau I, menos de 15 minutos; grau II, de 15 minutos a 24 horas; grau III, mais de 24 horas.[19] Os pacientes também podem ser classificados com base no padrão anatômico de déficits: afetando as quatro extremidades, apenas as extremidades superiores, apenas as extremidades inferiores ou uma distribuição hemicorpo.[19]

Recidiva da CCN é observada em até 56% dos pacientes e pode ser o fim da carreira para alguns atletas.[19] Proporções Torg-Pavlov e diâmetros do canal vertebral no nível discal mais baixos parecem predispor os indivíduos a maior risco de recidiva; entretanto, não parece haver um risco significativamente maior de SCI catastrófica permanente se o espaço liquórico ao redor da medula estiver preservado.[7]

Opções Terapêuticas

Descompressão cirúrgica para CCN é reservada para pacientes com patologia compressiva focal em curso no nível neurologicamente lesionado.[19,57] Quando indicado, a cirurgia é tipicamente realizada de forma eletiva, antes do retorno às atividades de contato para atletas. A história clínica e o exame físico, portanto, são fundamentais na diferenciação entre pacientes com tCCS e pacientes com CCN de grau III. Particularmente em pacientes mais jovens com estenose cervical e déficits neurológicos após lesão de hiperextensão traumática, sem lesão óssea ou ligamentar, pode ser recomendado adiar o tratamento cirúrgico até pelo menos 24 horas, a fim de dar tempo para a resolução espontânea dos sintomas, exceto em casos em que a lesão neurológica é grave ou quando as imagens revelam um grau dramático de compressão da medula espinhal.

22.5 Conclusão

Estenose cervical espondilótica é comumente observada na população idosa, mas raramente se torna sintomática. Descompressão cirúrgica profilática em pacientes assintomáticos com estenose do canal não é recomendada. A maioria das apresentações sintomáticas ocorre com um início insidioso, tipicamente com mielopatia ou radiculopatia, e cirurgia eletiva é uma opção terapêutica apropriada. No entanto, deterioração neurológica aguda pode ocorrer no cenário de estenose do canal com ou sem um traumatismo antecedente. Pacientes com mielopatia rapidamente progressiva devem ser considerados para descompressão cirúrgica de emergência em um prazo de dias após a apresentação. Síndrome medular central traumática aguda deve ser monitorada de perto, e descompressão cirúrgica precoce deve ser considerada em um prazo de 1 a 3 dias para pacientes com déficits neurológicos persistentes sem melhora e compressão radiológica permanente. Casos de suspeita de neuropraxia da coluna cervical, mais comumente vista em atletas com lesões decorrentes de carga axial ou hiperextensão, devem ser cuidadosamente avaliados durante os primeiros 1 a 3 dias após a lesão, a fim de diferenciar este diagnóstico de outras lesões que poderiam necessitar de intervenção cirúrgica.

Referências

[1] Karadimas SK, Erwin WM, Ely CG, et al. Pathophysiology and natural history of cervical spondylotic myelopathy. Spine. 2013; 38(22, Suppl 1):S21-S36

[2] Morishita Y, Matsushita A, Maeda T, et al. Rapid progressive clinical deterioration of cervical spondylotic myelopathy. Spinal . 2015; 53(5):408-412

[3] Kang JD, Figgie MP, Bohlman HH. Sagittal measurements of the cervical spine in subaxial fractures and dislocations. An analysis of two hundred and eighty-eight patients with and without neurological deficits. J Bone Joint Surg Am. 1994; 76(11):1617-1628

[4] Lee MJ, Cassinelli EH, Riew KD. Prevalence of cervical spine stenosis. Anatomic study in cadavers. J Bone Joint Surg Am. 2007; 89(2):376-380

[5] Nagata K, Yoshimura N, Muraki S, et al. Prevalence of cervical cord compression and its association with physical performance in a population- based cohort in Japan: the Wakayama Spine Study. Spine. 2012; 37(22):1892-1898

[6] Boden SD, Dodge LD, Bohlman HH, et al. Rheumatoid arthritis of the cervical spine. A long-term analysis with predictors of paralysis and recovery. J Bone Joint Surg Am. 1993; 75(9):1282-1297

[7] Bailes JE. Experience with cervical stenosis and temporary paralysis in athletes. J Neurosurg Spine. 2005; 2(1):11-16

[8] Bednarik J, Kadanka Z, Dusek L, et al. Presymptomatic spondylotic cervical cord compression. Spine. 2004; 29(20):2260-2269

[9] Edwards WC, LaRocca H. The developmental segmental sagittal diameter of the cervical spinal canal in patients with cervical spondylosis. Spine. 1983; 8(1):20-27

[10] Torg JS, Pavlov H, Genuario SE, et al. Neurapraxia of the cervical spinal cord with transient quadriplegia. J Bone Joint Surg Am. 1986; 68(9):1354-1370

[11] Aebli N, Wicki AG, Rüegg TB, et al. The Torg-Pavlov ratio for the prediction of acute spinal cord injury after a minor trauma to the cervical spine. Spine J. 2013; 13(6):605-612

[12] Blackley HR, Plank LD, Robertson PA. Determining the sagittal dimensions of the canal of the cervical spine. The reliability of ratios of anatomical measurements. J Bone Joint Surg Br. 1999; 81(1):110-112

[13] Lim J-K, Wong H-K. Variation of the cervical spinal Torg ratio with gender and ethnicity. Spine J. 2004; 4(4):396-401

[14] Chen IH, Liao KK, Shen WY. Measurement of cervical canal sagittal diameter in Chinese males with cervical spondylotic myelopathy. Zhonghua Yi Xue Za Zhi (Taipei). 1994; 54(2):105-110

[15] Herzog RJ, Wiens JJ, Dillingham MF, et al. Normal cervical spine morphometry and cervical spinal stenosis in asymptomatic professional football players. Plain film radiography, multiplanar computed tomography, and magnetic resonance imaging. Spine. 1991; 16(6, Suppl):S178-S186

[16] Yue WM, Tan SB, Tan MH, et al. The Torg–Pavlov ratio in cervical spondylotic myelopathy: a comparative study between patients with cervical spondylotic myelopathy and a nonspondylotic, nonmyelopathic population. Spine. 2001; 26(16):1760-1764

[17] Muhle C, Metzner J, Weinert D, et al. Classification system based on kinematic MR imaging in cervical spondylitic myelopathy. AJNR Am J Neuroradiol. 1998; 19(9):1763-1771

[18] Kang Y, Lee JW, Koh YH, et al. New MRI grading system for the cervical canal stenosis. AJR Am J Roentgenol. 2011; 197(1):W134-40

[19] Torg JS, Corcoran TA, Thibault LE, et al. Cervical cord neurapraxia: classification, pathomechanics, morbidity, and management guidelines. J Neurosurg. 1997; 87(6):843-850

[20] Kalsi-Ryan S, Karadimas SK, Fehlings MG. Cervical spondylotic myelopathy: the clinical phenomenon and the current pathobiology of an increasingly prevalent and devastating disorder. Neuroscientist. 2013; 19(4):409-421

[21] Nouri A, Tetreault L, Singh A, et al. Degenerative cervical myelopathy: epidemiology, genetics, and pathogenesis. Spine. 2015; 40(12):E675-E693

[22] Matsunaga S, Sakou T. OPLL: ossification of the posterior longitudinal ligament. In: Yonenobu K, Nakamura K, Toyama Y, eds. Tokyo: Springer Japan; 2006:11-17

[23] Guo JJ, Luk KDK, Karppinen J, et al. Prevalence, distribution, and morphology of ossification of the ligamentum flavum: a population study of one thousand seven hundred thirty-six magnetic resonance imaging scans. Spine. 2010; 35(1):51-56

[24] Kotani Y, Takahata M, Abumi K, et al. Cervical myelopathy resulting from combined ossification of the ligamentum flavum and posterior longitudinal ligament: report of two cases and literature review. Spine J. 2013; 13(1):e1-e6

[25] Wilson JR, Barry S, Fischer DJ, et al. Frequency, timing, and predictors of neurological dysfunction in the nonmyelopathic patient with cervical spinal cord compression, canal stenosis, and/or ossification of the posterior longitudinal ligament. Spine. 2013; 38(22, Suppl 1):S37-S54

[26] Oshima Y, Seichi A, Takeshita K, et al. Natural course and prognostic factors in patients with mild cervical spondylotic myelopathy with increased signal intensity on T2-weighted magnetic resonance imaging. Spine. 2012; 37(22):1909-1913

[27] Lees F, Turner JW. Natural history and prognosis of cervical spondylosis. BMJ. 1963; 2(5373):1607-1610

[28] Yoo D S, Lee S B, Huh P-W, et al. Spinal cord injury in cervical spinal stenosis by minor trauma. World Neurosurg. 2010; 73(1):50-52, discussion e4

[29] Tetreault L, Kopjar B, Côté P, et al. A clinical prediction rule for functional outcomes in patients undergoing surgery for degenerative cervical myelopathy: analysis of an international prospective multicenter data set of 757 subjects. J Bone Joint Surg Am. 2015; 97(24):2038-2046

[30] Miyauchi A, Sumida T, Manabe H, et al. Morphological features and clinical significance of epidural membrane in the cervical spine. Spine. 2012; 37(19):E1182-E1188

[31] Schneider RC, Cherry G, Pantek H. The syndrome of acute central cervical spinal cord injury; with special reference to the mechanisms involved in hyperextension injuries of cervical spine. J Neurosurg. 1954; 11(6):546-577

[32] Lenehan B, Fisher CG, Vaccaro A, et al. The urgency of surgical decompression in acute central cord injuries with spondylosis and without instability. Spine. 2010; 35(21, Suppl):S180-S186

[33] Dai L, Jia L. Central cord injury complicating acute cervical disc herniation in trauma. Spine. 2000; 25(3):331–335, discussion 336

[34] Harrop JS, Sharan A, Ratliff J. Central cord injury: pathophysiology, management, and outcomes. Spine J. 2006; 6(6, Suppl):198S-206S

[35] Hayes KC, Askes HK, Kakulas BA. Retropulsion of intervertebral discs associated with traumatic hyperextension of the cervical spine and absence of vertebral fracture: an uncommon mechanism of spinal cord injury. Spinal Cord. 2002; 40(10):544-547

[36] Ishida Y, Tominaga T. Predictors of neurologic recovery in acute central cervical cord injury with only upper extremity impairment. Spine. 2002; 27(15):1652–1658, discussion 1658

[37] Song J, Mizuno J, Nakagawa H, et al. Surgery for acute subaxial traumatic central cord syndrome without fracture or dislocation. J Clin Neurosci. 2005; 12(4):438-443

[38] Yamazaki T, Yanaka K, Fujita K, et al. Traumatic central cord syndrome: analysis of factors affecting the outcome. Surg Neurol. 2005; 63(2):95-99, discussion 99-100

[39] Newey ML, Sen PK, Fraser RD. The long-term outcome after central cord syndrome: a study of the natural history. J Bone Joint Surg Br. 2000; 82(6):851-855

[40] Roth EJ, Lawler MH, Yarkony GM. Traumatic central cord syndrome: clinical features and functional outcomes. Arch Phys Med Rehabil. 1990; 71(1):18-23

[41] Penrod LE, Hegde SK, Ditunno JF Jr. Age effect on prognosis for functional recovery in acute, traumatic central cord syndrome. Arch Phys Med Rehabil. 1990; 71(12):963-968

[42] Bosch A, Stauffer ES, Nickel VL. Incomplete traumatic quadriplegia. A ten-year review. JAMA. 1971; 216(3):473-478

[43] Bose B, Northrup BE, Osterholm JL, et al. Reanalysis of central cervical cord injury management. Neurosurgery. 1984; 15(3):367-372

[44] Brodkey JS, Miller CF, Jr, Harmody RM. The syndrome of acute central cervical spinal cord injury revisited. Surg Neurol. 1980; 14(4):251-257

[45] Chen TY, Dickman CA, Eleraky M, et al. The role of decompression for acute incomplete cervical spinal cord injury in cervical spondylosis. Spine. 1998; 23(22):2398-2403

[46] Chen TY, Lee ST, Lui TN, et al. Efficacy of surgical treatment in traumatic central cord syndrome. Surg Neurol. 1997; 48(5):435-440, discussion 441

[47] Guest J, Eleraky MA, Apostolides PJ, et al. Traumatic central cord syndrome: results of surgical management. J Neurosurg. 2002; 97(1, Suppl):25-32

[48] Fehlings MG, Vaccaro A, Wilson JR, et al. Early versus delayed decompression for traumatic cervical spinal cord injury: results of the Surgical Timing in Acute Spinal Cord Injury Study (STASCIS). PLoS ONE. 2012; 7(2):e32037

[49] Chen L, Yang H, Yang T, et al. Effectiveness of surgical treatment for traumatic central cord syndrome. J Neurosurg Spine. 2009; 10(1):3-8

[50] Kepler CK, Kong C, Schroeder GD, et al. Early outcome and predictors of early outcome in patients treated surgically for central cord syndrome. J Neurosurg Spine. 2015; 23(4):490-494

[51] Anderson KK, Tetreault L, Shamji MF, et al. Optimal timing of surgical decompression for acute traumatic central cord syndrome: a systematic review of the literature. Neurosurgery. 2015; 77(Suppl 4):S15-S32

[52] Park MS, Moon S-H, Lee H-M, et al. Delayed surgical intervention in central cord syndrome with cervical stenosis. Global Spine J. 2015; 5(1):69-72

[53] Clark AJ, Auguste KI, Sun PP. Cervical spinal stenosis and sports-related cervical cord neurapraxia. Neurosurg Focus. 2011; 31(5):E7

[54] Andrews FJ. Transient cervical neurapraxia associated with cervical spine stenosis. Emerg Med J. 2002; 19(2):172-173

[55] Presciutti SM, DeLuca P, Marchetto P, et al. Mean subaxial space available for the cord index as a novel method of measuring cervical spine geometry to predict the chronic stinger syndrome in American football players. J Neurosurg Spine. 2009; 11(3):264-271

[56] Torg JS, Thibault L, Sennett B, et al. The Nicolas Andry Award. The pathomechanics and pathophysiology of cervical spinal cord injury. Clin Orthop Relat Res. 1995(321):259-269

[57] Maroon JC, El-Kadi H, Abla AA, et al. Cervical neurapraxia in elite athletes: evaluation and surgical treatment. Report of five cases. J Neurosurg Spine. 2007; 6(4):356-363

23 Manejo do Tratamento Intensivo de Pacientes com Lesão na Coluna e Medula Espinhal

Christopher D. Baggott ▪ *Joshua E. Medow* ▪ *Daniel K. Resnick*

Resumo

Na América do Norte, a lesão aguda da medula espinhal afeta entre 12.000 e 14.000 pessoas por ano, e 200.000 pessoas já sofreram uma lesão de medula espinhal significativa. A idade média da lesão é 34 anos, e homens são 4 vezes mais frequentemente afetados do que mulheres. Muitos destes pacientes possuem outras lesões potencialmente fatais nos membros, abdome, tórax e cabeça, e nas estruturas vasculares contidas nestes locais. O manejo de pacientes com traumatismo medular requer pessoal de resgate treinado, uma triagem e protocolos de ressuscitação bem estabelecidos, e profissionais de reabilitação apropriados. A finalidade deste capítulo é a de revisar o tratamento médico destes pacientes desde o resgate até a transição para os serviços de reabilitação. O manejo das necessidades pulmonares, hemodinâmicas, tromboembólicas e nutricionais únicas desta população de pacientes é descrito.

Palavras-chave: terapia intensiva, hipertensão induzida, lesão da medula espinhal, tromboembolismo.

23.1 Introdução

Na América do Norte, lesão aguda da medula espinhal afeta entre 12.000 e 14.000 pessoas por ano,[1] e 200.000 pessoas já sofreram uma lesão de medula espinhal significativa.[1,2] A idade média de lesão é 34 anos, e homens são 4 vezes mais frequentemente afetados do que as mulheres. Aproximadamente 3 a 25% das lesões de medula espinhal ocorrem após um insulto traumático inicial.[3-8] Muitos destes pacientes possuem outras lesões potencialmente fatais nos membros, abdome, tórax e cabeça, e nas estruturas vasculares contidas nestes locais. O manejo de pacientes com traumatismo medular requer pessoal de resgate treinado, uma triagem e protocolos de ressuscitação bem estabelecidos, e profissionais de reabilitação apropriados.

23.2 Manejo Pré-Hospitalar

O manejo inicial de lesões medulares começa com a imobilização no campo. Embora não exista um protocolo de triagem pré-hospitalar válido, confiável e sensível pelo qual os pacientes requerem imobilização, os pacientes com lesões cranianas/cervicais ou mecanismos de lesão com o potencial de causar lesão na coluna cervical devem ser imobilizados. Pacientes que estejam neurologicamente intactos, despertos, alertas e não intoxicados, e que não tenham dor/sensibilidade cervical, não possuem anormalidade neurológica e não tenham lesões que desviem a atenção, não necessitam de imobilização.[9] Além disso, a aplicação de imobilização vertebral tem morbidade relatada. A imobilização pode atrasar a ressuscitação, que demonstrou causar um aumento na morbidade e mortalidade em pacientes com traumas penetrantes.[10] Declínio neurológico associado à imobilização na espondilite anquilosante também foi relatado.[11] O desenvolvimento de critérios de inclusão/exclusão apropriados para imobilização medular completa é necessário para limitar lesão neurológica secundária e morbidade associada à imobilização. Descontinuação da imobilização medular deve ser feita imediatamente logo que a possibilidade de uma potencial lesão da medula é eliminada.

23.3 Exclusão de Lesão da Medula Espinhal

A exclusão de uma lesão medular significativa é importante para a descontinuação de imobilização desnecessária, bem como para facilitar a ressuscitação, os cuidados de enfermagem e a mobilidade do paciente.

Em pacientes assintomáticos e alertas sem uma lesão que desvie a atenção, que não tenham recebido analgésicos/sedativos, e que não apresentem dor ou sensibilidade na coluna, um exame funcional de amplitude de movimento é apropriado. Se a amplitude de movimento não é limitada, e não há dor, a imobilização cervical pode ser descontinuada sem a obtenção de imagens da coluna. Em pacientes despertos com dor ou sensibilidade cervical, uma tomografia computadorizada (CT) é recomendada como exame de imagem inicial.[12,13] Radiografias anteroposteriores (AP), laterais e odontoides podem ser usadas quando a CT não estiver disponível, porém áreas suspeitas ou não visíveis requerem CT suplementar. Uma imagem clara da junção craniocervical, bem como da junção cervicotorácica, deve ser obtida, a fim de excluir, radiologicamente, uma possível lesão da coluna cervical. No contexto de uma imagem normal, o paciente desperto com dor/sensibilidade cervical pode ser mantido em imobilização cervical até que assintomático; alternativamente, a imobilização cervical pode ser descontinuada após uma imagem por ressonância magnética (MRI) normal 48 horas após a lesão ou radiografias dinâmicas em flexão/extensão normais.[13]

A grande maioria dos pacientes que se apresenta na unidade de tratamento intensivo (ICU) tem múltiplas lesões e pode ter um nível de consciência alterado. Em pacientes prostrados ou pacientes com um exame incerto, a CT da coluna cervical é a modalidade de imagem inicial de escolha.[13] Se uma CT de alta qualidade da coluna cervical é negativa para lesão, uma MRI após 48 horas da lesão é provavelmente adequada para avaliar a presença de lesão neurológica ou ligamentar cervical. Imobilização cervical rígida deve ser mantida até que uma lesão da coluna cervical seja excluída.[13,14]

Radiografias anteroposteriores e laterais são necessárias para a exclusão de lesão da coluna torácica e lombar.[13] Estes exames devem mostrar incidências de todas as vértebras, de modo que deformidade, mau alinhamento ou fratura possam ser excluídas. Na coluna torácica e lombar, radiografias completamente normais excluem a necessidade de exames adicionais. Os pacientes devem ser removidos da imobilização em prancha rígida o mais rápido possível para evitar rupturas de pele.

Se houver qualquer dúvida com relação à presença ou ausência de uma fratura, a CT pode ser usada como uma forma definitiva de excluir lesão óssea. Fraturas dos processos espinhosos e transversos são geralmente sem consequências, e normalmente não requerem exames adicionais, exceto quando o paciente é sintomático. Lesão ligamentar isolada, sem lesão óssea ou mau alinhamento da coluna, é rara, mas pode ocorrer. Na presença de dor persistente, ou se houver qualquer déficit neurológico relevante, a MRI deve ser empregada para excluir uma lesão ligamentar ou um hematoma epidural.

Diferente das lesões de coluna torácica e lombar, a lesão ligamentar não é rara na coluna cervical. Em pacientes alertas e orientados, e que não tenham recebido analgésicos, a liberação clínica pode ser obtida solicitando que o paciente movimente o pescoço em todos os planos ortogonais. Na presença de dor, então este método de liberação da coluna cervical será inadequado. Em 48 horas da lesão, uma MRI da coluna cervical pode ser realizada para avaliar a presença de edema de tecidos moles, o qual é um indicador de lesão ligamentar.[14] Uma MRI negativa indica ausência de lesão, dada a sensibilidade da MRI. Um achado positivo não é necessariamente indicativo de lesão, contudo, pois a MRI não é particularmente específica. Radiografias dinâmicas em flexão/extensão podem ser úteis para decidir se a imobilização cervical deve ser descontinuada na presença de uma MRI positiva.

23.4 Imobilização e Redução

Pacientes com evidência de uma fratura-luxação da coluna devem permanecer em um dispositivo de imobilização até que a redução e estabilização possam ser realizadas com segurança. Dependendo do nível e tipo de lesão, algumas órteses externas podem ser indicadas, enquanto que outras lesões podem necessitar de intervenção cirúrgica.

23.4.1 Escolha do Dispositivo de Imobilização

Um colar cervical rígido fornece alguma estabilidade para muitas fraturas ou lesões ligamentares pequenas do occipital à T1, mas geralmente tem seu maior efeito do occipital à C3.[15] Uma órtese cervicotorácica (CTO) fornece estabilidade adicional do occipital até aproximadamente a T3.[15] Um colar cervical apropriadamente colocado fornecerá maior estabilidade do que uma CTO nos mesmos níveis (occipital à T3).[15] A órtese Lerman Minerva (Tru-life, Inc. Poulsbo, WA) fornece estabilidade na junção cervicotorácica de C2 a T3, mas suporte acima de C2 é significantemente menor.[16] A órtese toracolombossacra (TLSO) fornece suporte de T9 a S1, mas apresenta baixo controle sobre os níveis lombares mais inferiores e a junção lombossacra.[16] Estabilidade adicional de T2 a T8 pode ser obtida se um extensor de queixo é adicionado ao TLSO. Um colete de Jewett (Florida Brace Corporation, Winter Park, FL) pode ser empregado para lesões localizadas na junção toracolombar de T8 a L2, e geralmente é ineficaz para lesões de duas ou três colunas.[16] Sendo assim, existem várias opções de órteses disponíveis para pacientes com lesão aos componentes estruturais da coluna. A órtese correta é determinada pelo nível e características biomecânicas da lesão.

23.4.2 Complicações dos Dispositivos de Imobilização

Órteses não são completamente benignas e seu uso foi associado a uma variedade de complicações. Algumas complicações são mais comuns em pacientes com lesões da medula espinhal e em pacientes que necessitam usar uma órtese por um período de tempo relativamente longo.

Úlceras por Pressão

Úlceras de decúbito são encontradas abaixo dos colares cervicais em 44% dos pacientes em até 6 dias após a colocação da órtese.[17] As consequências destas úlceras podem ser significativas e podem envolver osteomielite, tecido cicatricial significativo, compressão e disfunção de nervos, infecção local e sepse. Senso assim, é extremamente importante o uso de uma órtese devidamente instalada, especialmente se o paciente necessita usar o dispositivo por um prazo prolongado. É fundamental verificar regularmente pela presença de úlceras de decúbito e de tratá-las precocemente. Também é importante remover a órtese o mais rápido possível para ajudar a prevenir a ocorrência de úlceras de decúbito sem sacrificar a segurança da imobilização necessária.

Imobilização da coluna também aumenta o risco de úlceras por pressão em outras partes do corpo quando o paciente não é virado em uma frequência suficiente, podendo ocorrer em apenas 2 horas.[18] A duração de tempo em uma prancha rígida também foi associada ao desenvolvimento de escaras de pressão. As melhores formas de prevenir o desenvolvimento de úlceras de decúbito incluem virar o paciente frequentemente, aplicar uma órtese de forma adequada, e manter a pele limpa e seca.[19,20]

Hipertensão Intracraniana e Colares Cervicais

Colares cervicais rígidos podem resultar em uma elevação acentuada da pressão intracraniana, com um aumento médio de 4,5 mmHg estando associado à aplicação de colar cervical.[21] Isto provavelmente ocorre em decorrência da congestão venosa causada pela compressão das veias jugulares.

Problemas Pulmonares

Órteses aplicadas adequadamente podem influenciar de forma significativa os parâmetros respiratórios em pacientes normais, e também podem aumentar o risco de aspiração.[22] Os efeitos são compatíveis com a doença pulmonar restritiva nos testes de função pulmonar. A implicação é que as órteses podem complicar a função respiratória potencialmente comprometida em pacientes com lesão aguda da medula espinhal.

23.4.3 Redução Fechada das Luxações Cervicais

Redução fechada das luxações facetárias da coluna cervical é segura em um paciente desperto sem lesão da coluna cervical superior.[23] Redução fechada precoce é aconselhável quando possível para a rápida descompressão da medula espinhal quando existe uma deformidade causando compressão neurológica contínua. Visto que pinças frequentemente são usadas na redução, é necessário cautela para garantir que não ocorra fratura do crânio que pudesse resultar em um prognóstico adverso secundário à colocação de pino. Uma MRI não é necessária para descartar uma hérnia de disco aguda antes da redução fechada do paciente desperto, mas frequentemente é obtida em pacientes que não estejam completamente acordados, pacientes em que uma tentativa de redução fechada fracasse, ou pacientes que sejam tratados com redução aberta enquanto anestesiados. Trinta a 50% dos pacientes com uma fratura-subluxação apresentará uma hérnia de disco traumática. A importância deste achado é incerta.[23] Durante a redução fechada, relaxantes musculares podem ser usados para prevenir a paralisação dos músculos cervicais, e leve sedação frequentemente é indicada para alívio da ansiedade. Pinças são colocadas imediatamente acima do pavilhão auricular com o uso de anestésico local. Ligeira variação na colocação das pinças pode ser usada para promover algum grau de flexão ou extensão cervical superior. Como regra prática, peso é adicionado em incrementos de 2 a 4,5 kg até aproximadamente 4,5 kg por nível.[24] Desse modo, se a C6 está subluxada sobre C7, então 27 kg de tração podem ser aplicados com segurança. Alguns autores defendem o uso de mais peso, todavia, e existe variação na técnica entre os diferentes centros. Radiografia ou fluoroscopia é obtida após cada mudança no peso. Uma vez reduzida a deformidade, o peso deve ser reduzido para evitar hiperdistração; entretanto, o paciente deve ser mantido em tração ou em uma órtese até que uma estabilização definitiva possa ser alcançada. O início de sintomas neurológicos, a incapacidade de o paciente tolerar o procedimento, e a presença de hiperdistração nas imagens são indicações de que a tentativa de redução fracassou. Nestes casos, o peso deve ser removido, a coluna imobilizada e exames adicionais realizados para determinar a razão do fracasso. MRI quase sempre é indicada em pacientes com redução fechada fracassada, pois eles geralmente necessitarão de redução aberta.

23.5 Manejo Clínico Agudo

Tal como com qualquer paciente de traumatismo, a avaliação deve começar com as vias aéreas, respiração e estado cardiovascular, e deve incluir estabilização alinhada de toda a coluna até que esta possa ser clinicamente e/ou radiograficamente liberada. A avaliação deve continuar com uma pontuação em escala da função que reflete o nível da lesão. As Diretrizes para o Manejo de Lesões Agudas da Coluna Cervical e Lesões da Medula Espinhal recomendam ferramentas de avaliação clínica validadas a fim de facilitar a comunicação, o prognóstico e a pesquisa.[12] A classificação da *American Spinal Injury Association* (ASIA) é a ferramenta recomendada para avaliar a função motora e sensorial.[12] A *Spinal Cord Independence Measure* (SCIM III) é recomendada pelas diretrizes como a ferramenta de escolha de avaliação do prognóstico funcional.[12] A avaliação da gravidade da dor, usando o *International Spinal Cord Injury Basic Pain Data Set* (ISCIB-PDS) é recomendada.[12]

Recomenda-se que as lesões agudas da medula espinhal sejam tratadas na ICU, especialmente as lesões cervicais superiores.[25] O monitoramento deve incluir a pressão arterial e o pulso, estado respiratório e a função neurológica. Manejo adicional de pacientes com lesões agudas da medula espinhal é geralmente difícil e não necessariamente corroborados por evidências claras referentes ao método e à duração do tratamento. Consequentemente, geralmente é difícil para os profissionais tratarem os múltiplos aspectos clínicos que se apresentam nesta população de pacientes.

23.5.1 Esteroides

Nas Diretrizes para o Manejo de Lesões Agudas da Coluna Cervical e Lesões da Medula Espinhal atualizadas, a metilprednisolona não é especificamente recomendada no tratamento de lesão aguda da medula espinhal.[26]

O *National Acute Spinal Cord Injury Study* (NASCIS I) relatou ausência de alteração significativa na função motora ou sensorial no tratamento com esteroides.[27] No entanto, estudos com animais sugeriram que as doses de metilprednisolona usadas no NASCIS I foram muito baixas para demonstrar uma melhora significativa no prognóstico.[28-32] Isto levou à realização do NASCIS II.[29] Neste estudo, metilprednisolona foi administrada em doses mais altas. Melhora no prognóstico neurológico foi relatada com este protocolo quando o tratamento foi iniciado em até 8 horas após a lesão. Entretanto, esta conclusão foi elaborada após metade dos pacientes randomizados serem excluídos na análise *post-hoc* por terem sido tratados fora de uma janela terapêutica arbitrariamente definida de 8 horas após a lesão.[33] Embora a prática clínica tenha sido amplamente influenciada pelos resultados do NASCIS II, a conclusão de benefício clínico derivada da análise *post-hoc* de um conjunto de dados randomizados, controlados e duplo-cegos é metodologicamente falha. Análise de todos os conjuntos de dados do NASCIS II é uma evidência clínica de classe I que demonstra uma tendência para complicações mais graves, enquanto que o benefício relatado amplamente divulgado é, no mínimo, uma evidência clínica de classe III.[26] NASCIS III, que comparou vários protocolos de dosagem de esteroides sem controle de placebo, demonstrou um maior risco de complicações com maiores doses de esteroides.[26]

Embora um grande investimento tenha sido feito na avaliação de esteroides no tratamento de lesão aguda da medula espinhal por conta dos relatos esparsos de pequenas melhorias na função motora e sensorial no exame clínico detalhado, nunca foi demonstrada uma melhora funcional ou comportamental significativa como resultado da administração de esteroides. Isto, em combinação com o claro efeito nocivo da administração de esteroides, resultou na recomendação de que a administração de esteroides após uma lesão aguda da medula espinhal não deveria ser considerada. As Diretrizes para o Manejo de Lesões Agudas da Coluna Cervical e Lesões da Medula Espinhal afirmaram parecer que esteroides não são recomendados declarando o seguinte: "Clínicos considerando terapia com MP [metilprednisolona] devem ter em mente que o fármaco não é aprovado pelo FDA para esta aplicação... Existem evidências de classe I, II e III de que altas doses de esteroides estão associadas a efeitos colaterais nocivos, incluindo morte."[26]

23.5.2 Manejo da Pressão Arterial

Manutenção da pressão arterial média (MAP) de 85 a 90 mmHg é aconselhável por 5 dias após uma lesão de medula espinhal. O fluxo sanguíneo da medula espinhal pode ser comprometido pela lesão em decorrência de múltiplos fatores. Geralmente, há uma combinação de hipotensão sistêmica e alterações vasculares locais que incluem lesão direta e vasoespasmo focal.[28,34-40] A lesão da medula espinhal por si só pode causar redução da pressão arterial por conta de choque neurogênico secundário à perda do tônus simpático normal. Os achados típicos de choque neurogênico incluem bradicardia e arritmias cardíacas, resistência vascular sistêmica (SVR) reduzida, o que resulta em diminuição da MAP e, consequentemente, redução do débito cardíaco.[7,28,34,38-43] É a falta de inervação sinoatrial e vasomotora que resulta em redução do débito cardíaco. Quando a capacidade de manter a perfusão é comprometida em razão de uma incapacidade de autorregular o fluxo sanguíneo, ocorre o desenvolvimento de isquemia da medula espinhal.[28,40,42] A primeira semana após a cirurgia é quando a maioria dos pacientes apresenta instabilidade cardiovascular.[41] Prognósticos clínicos podem ser melhorados mantendo a pressão arterial sistólica superior a 90 mmHg e a MAP superior a 85 mmHg com o uso de uma combinação de vasopressores e ressuscitação volêmica.[24,42,44-48] Tipicamente, são empregados vasopressores como a dopamina que possuem propriedades agonistas α e β. Outros agentes que independentemente causam respostas inotrópicas/cronotrópicas separadamente da vasoconstrição podem ser usados para enfatizar uma resposta em vez da outra. Por exemplo, se o pulso estiver muito rápido, um vasoconstritor mais potente pode ser usado. Norepinefrina (Levophed; Sanofi-Aventis, Bridgewater, NJ) tem funções primariamente de agonista α, mas também possui alguma atividade β. A norepinefrina causa vasoconstrição profunda. Fenilefrina tem propriedades vasoconstritoras puras, mas não é tão potente quanto a norepinefrina. Dependendo das circunstâncias, estes diferentes medicamentos podem ser usados para manter a MAP. No entanto, é importante manter um volume intravascular apropriado para perfundir os leitos vasculares renais e esplênicos, pois a vasoconstrição ocorre primeiramente nesses locais e nos membros. Se o volume vascular é baixo e a SVR é muito alta, órgãos-alvo podem se tornar isquêmicos.[49]

23.5.3 Disreflexia Autônomica

Disreflexia anatômica ocorre em 85% dos pacientes com lesões agudas da medula espinhal acima de T6.[50-52] Os sintomas incluem elevações substanciais na pressão sanguínea, taquicardia ou bradicardia, dores de cabeça, rubor, sudorese excessiva acima do nível da lesão e alterações pupilares.[50-52] É mais comum no período inicial após da lesão de medula espinhal e é a consequência de uma descarga simpática reflexa significativa acionada por um estímulo nociceptivo (p. ex., distensão vesical). O tratamento pode envolver bloqueio α e β e, talvez, outros medicamentos neuromoduladores como a gabapentina.

23.5.4 Tratamento Pulmonar

Vários problemas devem ser considerados no manejo respiratório de pacientes com lesões agudas da medula espinhal. Muitos destes pertencem à lesão direta aos pulmões sofridas durante o trauma, aspiração, pneumonias, edema pulmonar (geralmente neurogênico), e síndrome da dificuldade respiratória do adulto (ARDS). Reatividade anormal das vias aéreas foi relatada também em pacientes com lesão da medula espinhal.[53] Broncospasmo que se desenvolve como consequência da lesão tipicamente responde aos broncodilatadores. Muitos pacientes com lesão da medula espinhal também têm hipersecreção de muco brônquico. Pacientes com lesões de medula espinhal também correm um maior risco de apneia obstrutiva do sono ou apneia mista do sono.[54,55] Uma preocupação significativa em pacientes com lesões de medula espinhal é a desnervação dos músculos da respiração, pois a disfunção pulmonar representa a maior causa de morbidade em pacientes com medula espinhal lesionada.[56] Em um estudo, apenas 25% dos pacientes que necessitavam ventilação por pressão positiva crônica sobreviveram por 1 ano e apenas 60% deles estavam vivos aos 14 anos.[57]

A localização anatômica da lesão influencia na fisiologia da respiração. Durante a inspiração, a caixa torácica se expande como resultado da contração dos músculos intercostais externos e do diafragma. Quando os músculos intercostais externos são paralisados, as costelas movem-se para o interior durante a respiração em vez de para o exterior. Este movimento paradoxo diminui o desenvolvimento de pressão inspiratória negativa e compromete a ventilação.[58,59] O tônus dos músculos abdominais também é importante para fornecer a quantidade apropriada de pressão intra-abdominal. A pressão intra-abdominal fornece aposição e tensão no diafragma, permitindo que ele se contraia de forma eficaz. Após uma lesão da medula espinhal, o tônus muscular abdominal presente em indivíduos normais é geralmente perdido.[60-63] Consequentemente, inspiração é geralmente mais difícil e menos eficiente. Uma mudança da posição sentada para a posição supina geralmente resulta em uma diminuição de 500 mL na capacidade residual funcional (FRC), enquanto a capacidade vital (VC) aumenta. Ao longo do tempo, os estímulos neurais ao diafragma podem aumentar. Isto é conhecido como compensação do comprimento operacional (OLC).[64,65] Quando sujeitos normais estão na posição ortostática, a pressão abdominal diminui e isto pode ser exagerado em pacientes com lesões da medula espinhal. Nesta situação, a OLC pode ser inadequada, resultando na incapacidade do paciente de ventilar adequadamente quando de pé.[66] Em pacientes com paralisia do músculo abdominal, o uso de uma faixa abdominal pode aumentar a ventilação, enquanto que uma cama de balanço pode ajudar os pacientes com fraqueza acentuada do diafragma.[62,67-69]

Pacientes com lesões cervicais altas têm a maior incidência de complicações respiratórias, incluindo pneumonias recorrentes, atelectasia e insuficiência respiratória. Eles também se recuperam mais lentamente e têm a maior taxa de mortalidade, comparado aos pacientes com outras lesões de medula espinhal.[56,70,71] Pacientes tetraplégicos têm respostas fracas à hipercapnia e pequenos aumentos no drive respiratório.[72] Pacientes com lesões acima de C3 requerem estimulação respiratória.[72] Pacientes com lesões acima de C3 requerem estimulação diafragmática ou suporte ventilatório crônico.

Pacientes com lesões entre C3 e C5 têm comprometimento variável da força diafragmática. Dependência crônica de ventilador é mais comum entre pacientes com mais de 50 anos com doença pulmonar subjacente. Para muitos pacientes, entretanto, ventilação mecânica geralmente é necessária apenas na fase aguda e nem sempre é necessária a longo prazo.[73-75] Melhoras tendem a ocorrer à medida que o edema da medula espinhal se resolve, os músculos ventilatórios acessórios são recrutados, os músculos descondicionados ganham força e a flacidez cede à espasticidade.[73-77] Estes pacientes podem utilizar respiração glossofaríngea intermitente (a qual é uma combinação de movimentos dos músculos orais, faríngeos e laríngeos para projetar um *bolus* de ar até depois da glote), a fim de ajudar com a tosse, aumento da VC para respiração mais profunda e elevar o volume vocal.[78-80] Pacientes com marca-passos diafragmáticos também podem demonstrar melhoras na fluidez da fala.

Pacientes com lesões entre C5 e C8 apresentam uma inervação diafragmática intacta e podem usar os músculos acessórios no pescoço e a porção clavicular dos músculos peitorais maiores para inspirar adequadamente. Expiração é por retração passiva.[81,82] Sendo assim, pacientes com lesão da medula espinhal podem ter volumes residuais (RVs) aumentados em decorrência da incapacidade de exalar e podem parecer ter defeitos ventilatórios restritivos durante o teste de função pulmonar.[74,77,82-85] Pacientes com lesões da medula espinhal torácica apresentam complicações ventilatórias, mas não necessariamente como uma consequência de comprometimento neurológico. Muitos destes pacientes têm outros traumas torácicos diretos, incluindo contusões pulmonares, hemotórax/pneumotórax, e assim por diante.[55,56] Além disso, estes pacientes podem desenvolver ARDS secundário à lesão direta, pneumonite química por aspiração e pneumonia aspirativa.

Todos os pacientes com lesões do sistema nervoso central correm algum risco de desenvolver edema pulmonar neurogênico; entretanto, isto raramente ocorre em lesões completas da medula espinhal acima de C7.[86-89] Edema pulmonar neurogênico está supostamente relacionado com a secreção de fluido rico em proteínas na presença de instabilidade vasogênica provocada por uma descarga simpática aberrante. O manejo primário é com terapia de suporte até a resolução do problema. Edema pulmonar cardiogênico também pode ocorrer como consequência de bradicardia induzida pela medula espinhal.

Fisioterapia torácica parece reduzir o risco de retenção de muco, atelectasia e pneumonia em pacientes com lesões da medula espinhal.[71,89] Esta estratégia inclui espirometria de incentivo, frequentes alterações de posição/posturais na drenagem de secreções, aspiração nasotraqueal e, em pacientes com uma tosse fraca, foi demonstrado que a tosse manualmente assistida com o uso de compressões abdominais fortes com um carregador elétrico é tão eficaz quanto a assistência abdominal da tosse.[90] Não há dados que corroborem com o uso profilático de broncodilatadores ou com a ventilação com pressão positiva intermitente.[91,92]

Pacientes com lesões graves da coluna cervical alta, ou aqueles com lesões cranianas ou pulmonares concomitantes, podem necessitar de ventilação mecânica prolongada. Nestes pacientes, a traqueostomia deve ser considerada precocemente pelo risco de dano laríngeo em razão da intubação endotraqueal crônica.

23.5.5 Trombose Venosa Profunda e Tromboembolismo Venoso

Em pacientes com lesão crônica da medula espinhal, a incidência de trombose venosa profunda (DVT) em 1 ano foi relatada em 2,1%, e 0,5 a 1% por ano depois disso.[93] O receio da DVT é a perda progressiva de circulação no membro, com dor e isquemia concomitante, inchaço crônico do membro e tromboembolismo venoso (VTE). A incidência de eventos tromboembólicos em pacientes com lesões da medula espinhal varia de 7 a 100%,[94-105] e a morbidade e mortalidade são bastante altas no contexto de lesão aguda.[106,107] A maioria das embolias pulmonares (PE) ocorre nos primeiros 2 a 3 meses após a lesão.[101,108-110] E pacientes com lesões agudas da medula espinhal têm um aumento de 500 vezes na mortalidade secundária a uma PE, comparado com pacientes sem lesão da mesma idade e sexo.[107] O risco diminui para uma taxa de mortalidade de 20 vezes entre pacientes com lesão da medula espinhal que estão 6 meses curados de suas lesões e seus correspondentes não lesionados.[107] O diagnóstico de DVT pode ser estabelecido com uma variedade de testes. Após cuidadosa consideração destas diferentes modalidades, o *Consortium of Spinal Cord Medicine* recomendou o uso de ultrassonografia Doppler para diagnosticar DVT.[106] Modalidades incluindo ultrassonografia Doppler, pletismografia de impedância, venografia, e níveis de fibrinogênio e D-dímero foram usadas para detectar DVT.[94-99,101-103,108-110] O padrão ouro é venografia, mas por causa de seu custo e natureza invasiva, frequentemente é inviável para uso.[60] A venografia também carrega um risco de 10% de flebite e reação alérgica ao meio de contraste.[93] Embolia pulmonar é conhecida por ocorrer em pacientes com venografias negativas.[96,108] Ultrassonografia Doppler e pletismografia de impedância apresentam uma precisão de 80 a 100% para o diagnóstico de DVT, comparado à venografia.[111] Ultrassonografia Doppler é menos sensível para DVTs abaixo do joelho do que acima, em razão do menor tamanho das veias distais. Testes para a determinação dos níveis de fibrinogênio e D-dímero são muito sensíveis, mas frequentemente inespecíficos, o que significa que eles não deixarão de detectar uma DVT, mas, quando positivo, a chance de uma DVT estar presente pode não ser muito alta.[112,113] Vigilância de rotina para DVT não é necessária, mas um alto índice de suspeita em pacientes com lesão da medula espinhal é apropriado.

Tromboembolismo venoso pode ser um evento adverso devastador após a lesão de medula espinhal. Sinais e sintomas de embolia pulmonar incluem taquicardia, hipotensão/choque, infarto do miocárdio, taquipneia/dispneia, agitação, sudorese excessiva, febre, dor torácica, cianose, tosse/hemoptise e colapso cardiovascular completo com morte súbita.[114,115] Achados diagnósticos podem incluir atelectasia segmentar na radiografia torácica, desvio do eixo ventricular direito na eletrocardiografia (ECG) e taquicardia supraventricular.[116] Com embolia pulmonar grave, alterações do segmento ST e inversão da onda T também podem estar presentes.[116] Embora hipóxia e gradiente A-a grande na gasometria arterial seja classicamente relatada como PE, os valores da pressão arterial parcial de oxigênio no sangue arterial (PaO_2) e da saturação de O_2 são muito inconsistentes e não devem ser usados para descartar a presença de PE.[117-120]

Morte em decorrência de PE é improvável em pacientes sem evidência de choque.[116] Estes pacientes devem receber uma dose única de anticoagulação com heparina, se possível, e um teste diagnóstico confirmatório deve ser obtido.[116] Nesta população de pacientes, cintilografia de perfusão e ventilação (V/Q), MRI, angiografia por CT helicoidal e o padrão ouro angiografia venosa percutânea são todas opções viáveis.[121-123]

Pacientes com choque secundário à PE apresentam uma probabilidade muito maior de morrer na primeira hora, tornando o diagnóstico rápido extremamente importante.[116] CT e cintilografia V/Q podem não ser plausíveis pelo tempo de demora incorrido na obtenção de um exame confirmatório. Angiografia percutânea pode ser aceitável se a intenção for a de tratar a PE com cateter de embolectomia, ruptura mecânica do coágulo ou injeção de ativador seletivo tecidual do plasminogênio (tPa).[116] Geralmente, é benéfico obter um ecocardiograma à beira do leito, pois esta pode ser levada ao paciente na ICU, em vez de deslocar um paciente instável para um departamento de imaginologia onde a equipe, equipamento e terapias médicas da ICU sejam escassos.

Ecocardiograma (transtorácica ou transesofágica) é útil no reconhecimento e diferenciação da PE e da resposta do paciente à terapia.[124,125] Ecocardiograma pode detectar êmbolos em trânsito e podem fornecer diagnósticos alternativos para a causa de choque, incluindo dissecção da aorta, hipovolemia e insuficiência valvular.[126,127] Achados ecocardiográficos da PE incluem sobrecarga pressórica do ventrículo direito, maior relação entre o ventrículo direito e esquerdo, movimento paradoxal do septo, dilatação da artéria pulmonar e regurgitação tricúspide.[124,125,127,128] Parece que uma embolia que causa uma oclusão igual ou superior a 30% da artéria pulmonar (PA) é necessária para produzir dilatação do ventrículo direito e instabilidade hemodinâmica.[129-131] Êmbolos menores, hemodinamicamente insignificantes (aqueles que causam oclusão < 20% da PA) podem não ser detectados com ecocardiograma.[132,133] Ecocardiograma também não é capaz de estabelecer a gravidade de um evento sobreposto em pacientes com disfunção do ventrículo esquerdo preexistente.[133]

Cintilografias V/Q são usadas para o diagnóstico de PE. A maioria dos pacientes com PE angiograficamente documentada (59%) não apresentam uma alta probabilidade na cintilografia V/Q.[134] Interpretações da cintilografia que sejam conclusivamente normais ou lidas como alta probabilidade são raras, apenas 15% e 13%, respectivamente.[134] O restante das cintilografias é interpretado como probabilidade intermediária (38%) ou baixa (34%).[8] Em pacientes com doença pulmonar obstrutiva crônica (COPD), as cintilografias V/Q são ainda menos diagnósticas.[135] Parte disso pode ser causado pela dificuldade em realizar cintilografias de ventilação em pacientes criticamente enfermos.[136] Consequentemente, a cintilografia V/Q irá, geralmente, necessitar de exame angiográfico para confirmar definitivamente o diagnóstico de PE.[137]

Angiografia é reconhecida como o padrão ouro para confirmação de PE, porém é invasiva, cara e requer pessoal qualificado para realizá-la.[110] Não está uniformemente disponível e está associada a múltiplas complicações,[137-139] particularmente em pacientes criticamente enfermos[135] e em pacientes com hipertensão pulmonar.[140] Embora o fornecimento seletivo de tPa com um cateter seja uma modalidade terapêutica aceitável, foi demonstrado que o tPa por via intravenosa (IV) não seletiva com angiografia tem uma maior taxa de complicação hemorrágica.[141]

Angiografia por CT helicoidal é atraente como uma ferramenta diagnóstica, pois está prontamente disponível, é não invasiva e pode definir diagnósticos alternativos,[142,143] bem como detectar dilatação ventricular direita de forma similar à ecocardiografia.[144] Quando os achados de uma CT helicoidal são comparados com aqueles de uma angiografia percutânea para PE nas artérias centrais, a CT helicoidal teve uma sensibilidade de 94%, especificidade de 94% e um valor preditivo positivo de 93%.[145-150] Especificidades próximas de 100% foram relatadas em casos de PE que eram clinicamente importantes com sobrecarga de pressão ventricular.[148,150,151] Uma varredura ideal envolve uma pausa respiratória,[152] mas a tecnologia recente possibilita uma aquisição de cortes mais rápida, tornando o movimento menos problemático. MRI também foi empregada para o diagnóstico de PE. A MRI visualiza com precisão os vasos centrais, pode ser usada para interpretar a função cardíaca, e pode fornecer diagnósticos alternativos com sensibilidade e especificidade comparáveis à angiografia por CT helicoidal.[153-155] A MRI não requer contraste de iodo, o qual pode ser nefrotóxico e, ao contrário da CT, pode possibilitar a realização de venografia por MR na mesma sessão.[153,156] No entanto, o tempo de preparação, a duração da varredura, o isolamento do paciente no túnel do magneto longe de profissionais da área da saúde, e dispositivos implantáveis que podem não ser compatíveis com a MRI, geralmente impedem o uso de MRI em pacientes com PE hemodinamicamente instáveis.

23.5.6 Profilaxia e Tratamento do Tromboembolismo Venoso

Profilaxia de VTE deve ser administrada em até 72 horas após a lesão, a fim de reduzir o risco de DVT/VTE. Foi demonstrado que a administração subcutânea (SQ) de heparina não fracionada, 5.000 unidades três vezes por dia, reduz substancialmente a formação de DVT.[95,99,102,103,123,157-162] No entanto, em pacientes com lesão aguda da medula espinhal, baixa dose de heparina não fracionada foi considerada inadequada por alguns autores.[97,163] A obtenção de um tempo de tromboplastina parcial ativado (aPTT) 15 vezes maior que o normal foi sugerida, mas resulta em uma maior taxa de complicação hemorrágica quando comparado à dose fixa de heparina SQ. Quando comparada com a anticoagulação oral, foi demonstrado que a heparina de baixa dose tem uma melhor eficácia na prevenção de DVT.[160] O uso de heparina de baixo peso molecular (LMWH), também conhecida como heparina fracionada, também foi estudado e teve resultados favoráveis quando comparado ao uso de heparina não fracionada na prevenção de DVT e redução de complicações hemorrágicas.[98] Outros artigos demonstraram uma eficácia significativa da LMWH contra DVT e PE em pacientes com lesões da medula espinhal.[112,164] Pelo fato de que a maioria dos êmbolos pulmonares ocorrerem dentro de 2 a 3 meses, a profilaxia com anticoagulação geralmente é realizada durante um período de 8 a 12 semanas. Pacientes com outros fatores de risco, como obesidade, prévia DVT ou PE, e malignidade, podem permanecer sob terapia anticoagulante profilática por um maior tempo.[108] Pacientes com função motora adequada nas extremidades inferiores podem ser tratados com períodos mais curtos de anticoagulação, pois eles apresentam um menor risco de desenvolver uma DVT.[100,106]

Filtros de veia cava inferior (IVC) têm sido usados para pacientes que não toleram anticoagulação, bem como para prevenção de PE maciça. O filtro pode prevenir a ocorrência de grandes eventos tromboembólicos, mas não necessariamente previne trombos menores de causar PE. Eles não previnem embolia pulmonar de origem nos membros superiores. Filtros de IVC também podem contribuir com a formação ou aumento de DVTs, pois causam resistência ao fluxo. Complicações secundárias à colocação do filtro incluem migração distal, erosão intraperitoneal e oclusão sintomática da IVC.[165-167] Em um ensaio randomizado que avaliou a colocação de rotina de filtros de veia cava como um adjuvante à terapia anticoagulante em pacientes com DVT proximal, foi demonstrado que os filtros reduzem a frequência de PE durante os primeiros 12 dias, mas que quase duplicam o risco de longo prazo de DVT recorrente.[168] Desse modo, a remoção dos filtros de IVC pode ser apropriada nos pacientes em que o risco de PE é alto, mas a anticoagulação não pode ser usada. Filtros de IVC não devem ser utilizados como uma medida profilática de rotina.

Outras medidas preventivas incluem meias elásticas de compressão e dispositivos de compressão sequencial, que demonstraram diminuir o risco de PE.[169] Também foi demonstrado que o uso de camas giratórias por 10 dias em pacientes com lesões agudas da medula espinhal diminui em 80% a incidência de DVT.[170] Nós geralmente aplicamos dispositivos de compressão pneumática imediatamente e iniciamos terapia com LMWH em 24 a 72 horas, dependendo da presença de outras lesões e de contraindicações à anticoagulação. O tratamento de uma DVT conhecida inclui anticoagulação plena com heparina não fracionada ou fracionada, seguida por terapia com varfarina, geralmente por mais de 3 meses e com meta de índice de normatização internacional (INR) de 2,5.[171] Em pacientes que não podem receber anticoagulação, um filtro de IVC deve ser considerado.[171]

Pacientes com PE podem manter a estabilidade hemodinâmica com um pico de catecolaminas intenso.[116] Isto é necessário para manter a pressão sanguínea para o coração e sistema nervoso central. Ventilação mecânica durante uma PE hemodinamicamente instáveis pode ser necessária na ocorrência de hipóxia e choque. No entanto, o início da ventilação mecânica pode geralmente enfraquecer o pico de catecolaminas e precipitar um colapso cardiovascular.[116] Isto pode ser em parte devido aos medicamentos sedativos/hipnóticos que diminuem a consciência e a liberação de catecolaminas, e também pode ser causado por vasodilatação direta.[116] Além disso, a ventilação com pressão positiva pode causar uma redução no retorno venoso para o ventrículo direito, e também pode aumentar a resistência vascular pulmonar, resultando em um adicional comprometimento da função ventricular direita, com uma redução concomitante no débito cardíaco e uma queda na pressão arterial sistólica.[116] Como consequência, a intubação deve ser prudentemente realizada, ponderando seus riscos e benefícios.[116] Uma intubação por meio de fibra óptica com paciente acordado não acarreta perda da consciência e permite a visualização direta das cordas vocais, geralmente com menor estimulação do que com a laringoscopia direta. Etomidato deve ser usado se a sedação for necessária, pois não causa hipotensão.[116]

Expansão de volume com 1 a 2 L de solução cristaloide é o tratamento tradicional para hipotensão no choque não diferenciado, e é frequentemente útil para impulsionar o débito cardíaco em pacientes com PE maciça, exceto quando a insuficiência ventricular direita for grave.[116] Vasopressores, como norepinefrina, são essenciais para aumentar a pressão arterial sistêmica e o fluxo sanguíneo ao coração, resultando em menos isquemia cardíaca.[172] Além disso, a norepinefrina possui efeitos β_1, resultando em aumento da contratilidade cardíaca e, desse modo, da função ventricular direita,[173,174] e esse é o motivo pelo qual a norepinefrina é indicada em pacientes sofrendo de choque severo.[175,176] Dobutamina e outros vasopressores com forte atividade β podem causar hipotensão secundária à vasodilatação, e seu uso deve ser limitado na PE.[116] Foi relatado que a inalação de prostaciclina e óxido nítrico aumenta o débito cardíaco, diminuem as pressões pulmonares e aumentam a troca gasosa nos casos de PE severa.[177,178] Posicionar o pulmão com embolia na posição dependente também pode aumentar a oxigenação.[179]

Heparina deve ser iniciada em doses terapêuticas plenas até que a PE seja descartada, desde que não exista contraindicações à terapia com heparina.[180] A eficácia da heparina é atribuída ao comprometimento da propagação do coágulo e à prevenção de PE recorrente.[181] Terapia com heparina deve ser agressivamente realizada em pacientes com suspeita de PE, pois a PE recorrente é relatada ser a causa mais comum de morte em pacientes hemodinamicamente estáveis.[182,183] *Bolus* de heparina podem estar associados à hipotensão como uma consequência da liberação de histamina, e podem ser tratados com bloqueadores do receptor de heparina 1 e 2 para ajudar a prevenir/tratar a hipotensão.[184,185] Tratamento a longo prazo geralmente requer terapia com varfarina por mais de 3 meses, e com uma meta de INR de 2,5.

Parada cardíaca ocorrerá em 1 a 2 horas após o início da apresentação clínica em dois terços dos casos fatais de PE,[182,186] e é quase uniformemente provocado pela atividade elétrica sem pulso (PEA).[116] A taxa de sobrevida para pacientes que apresentam parada cardíaca é relatada em 35%.[187] Aqueles pacientes que sofrem parada cardíaca intermitente têm uma menor taxa de mortalidade do que aqueles que necessitam de ressuscitação contínua.[188,189]

Ressuscitação cardiopulmonar (CPR) não apenas promove a circulação pelo bombeamento do coração, como também rompe mecanicamente o êmbolo, permitindo um maior fluxo através da artéria pulmonar.[116] Trombólise é uniformemente aceita como o tratamento de escolha na PE hemodinamicamente instável,[190-192] mas esta não está livre de complicações hemorrágicas. Contraindicações relativas e absolutas podem prevenir o uso deste medicamento. O fornecimento seletivo de tPA durante a angiografia pode ajudar a reduzir a dose necessária para eficácia e, consequentemente, pode diminuir os riscos de hemorragia.

Cateter de embolectomia ou fragmentação é uma opção para pacientes com parada cardíaca[193] em que o tPA é contraindicado. Embolectomia aberta é outra possibilidade terapêutica, mas requer circulação extracorpórea e anticoagulação plena com heparina. Parada cardíaca não inviabiliza a embolectomia aberta; no entanto, requer anestesia geral, a qual pode diminuir o débito cardíaco e precipitar uma parada cardíaca, complicando ainda mais o quadro de pacientes com uma PE hemodinamicamente instáveis.[194]

23.5.7 Lesão da Artéria Vertebral

Lesões da artéria vertebral ocorrem em até 11% das lesões de medula espinhal não penetrantes.[6] São geralmente secundárias a fraturas do forame transverso, fratura-luxação das facetas ou subluxação vertebral,[195-202] todos dos quais são facilmente observados na CT da coluna cervical.

Após um trauma cervical fechado, os pacientes particularmente em alto risco de lesão cerebrovascular são aqueles com lesão completa da medula espinhal, fraturas do forame transverso, fratura-luxação de facetas ou subluxação vertebral.[195,197,201] Muitos centros utilizavam os Critérios de Triagem de Denver Modificados para identificar pacientes que deveriam ser submetidos a imagens cerebrovasculares; a sensibilidade, especificidade, valor preditivo positivo e valor preditivo negativo destes critérios permanecem desconhecidos. Na prática, a imagem vascular de eleição é a angiografia por CT. Embora a angiografia diagnóstica por cateterismo ainda possa exercer um papel na confirmação ou refutação de achados na CTA, a precisão diagnóstica de uma CTA de alta qualidade para lesão vascular cervical foi relatada em 99,3% em pacientes com trauma cervical fechado que satisfaziam os Critérios de Triagem de Denver Modificados.[203] A incidência de lesão vascular identificada pela CTA em pacientes com trauma fechado satisfazendo os Critérios de Triagem de Denver Modificados foi relatada em 5,5%.[204]

Embora exista um risco de lesão da artéria vertebral após um trauma cervical fechado, não há um tratamento estabelecido ou baseado em evidências. Agentes antiplaquetários, anticoagulação, tratamento endovascular e observação foram todos propostos. A maioria dos pacientes permanece assintomática após lesão da artéria vertebral, independente do paradigma terapêutico, pondo em dúvida a importância de realizar a triagem dos pacientes para lesão vascular.[195]

Aspirina é geralmente o tratamento mais apropriado após considerar a circunstância específica: a presença de AVC, a natureza da lesão vascular e o risco de complicações hemorrágicas. Parece não haver diferença no prognóstico entre o tratamento antiplaquetário e o tratamento anticoagulante; entretanto, é relatado na literatura que a anticoagulação com heparina IV está associada à maior taxa de complicações (31%), incluindo complicações hemorrágicas (14%).[195] O papel da reconstrução com prótese vascular é incerto. Atenção especial a todas as lesões sofridas em um trauma, e monitoramento do estado neurológico em pacientes com lesões da artéria vertebral, podem resultar em prognósticos favoráveis.

23.5.8 Nutrição

Pacientes com lesões da medula espinhal requerem suporte nutricional. Nutrição enteral (EF) deve ser iniciada o mais rápido possível, e recomenda-se que a nutrição enteral seja administrada em até 72 horas. Nutrição parenteral total (TPN), se necessário, geralmente não é iniciada antes do 5° dia em razão dos maiores receios de morbidade associada a alterações eletrolíticas e deslocamentos de fluidos.

Pacientes capazes de receber nutrição oral de forma segura, devem recebê-la. Se os pacientes não podem tolerar a ingestão oral, uma sonda nasogástrica (NG) ou orogástrica (OG) deve ser colocada para iniciar a EF precocemente. Sonda NG e OG fornecem a capacidade de evacuar o estômago, a fim de ajudar a reduzir distensão entérica e são úteis para medir secreções e alimentos residuais. Logo que o trato gastrointestinal (GI) esteja funcionando satisfatoriamente, um tudo de Dobhoff supostamente induz um menor edema nasofaríngeo e pode, talvez, reduzir a incidência de sinusite, quando comparado a sondas NG maiores.

O consumo calórico deve ser de 140% do gasto de energia basal (BEE) previsto, e de 100% do BEE em indivíduos paralisados em decorrência das necessidades energéticas elevadas nas primeiras 2 semanas após a lesão. O BEE pode ser calculado com o uso da equação de Harris-Benedict. Calorimetria indireta é provavelmente a melhor forma de avaliar as necessidades nutricionais.[205] Quinze por cento das calorias totais devem provir de proteínas.

Superalimentação pode resultar em colestase e testes da função hepática (LFTs) significativamente elevados. Pacientes recebendo suporte nutricional irão geralmente demonstrar leves elevações nos LFTs. Isto não deve induzir a suspensão da suplementação nutricional, mas deve ser monitorada de perto.

23.6 Conclusão

Pacientes com lesões agudas da medula espinhal se deparam com obstáculos consideráveis durante a recuperação. O reconhecimento das limitações das terapias atuais e dos riscos envolvidos com o seu uso é de primordial importância. Atenção aos detalhes durante as fases iniciais do tratamento pode resultar em menores taxas de morbidade e mortalidade. Alguns dos problemas a longo prazo podem potencialmente ser evitados com um cuidado adequado da pele e da ferida, uso apropriado de órteses e anticoagulação cuidadosa. Uma abordagem multidisciplinar, que trate o paciente como um todo, é necessária para melhorar a qualidade de vida e para facilitar a recuperação funcional nesta população de pacientes.

Referências

[1] National Spinal Cord Injury Statistical Center (NSCISC). Spinal Cord Injury: Facts and Figures at a Glance. Birmingham, AL: University of Alabama Press; 1996
[2] Lasfargues JE, Custis D, Morrone F, et al. A model for estimating spinal cord injury prevalence in the United States. Paraplegia. 1995; 33(2):62-68
[3] Bohlman HH. Acute fractures and dislocations of the cervical spine. An analysis of three hundred hospitalized patients and review of the literature. J Bone Joint Surg Am. 1979; 61(8):1119-1142
[4] Burney RE, Waggoner R, Maynard FM. Stabilization of spinal injury for early transfer. J Trauma. 1989; 29(11):1497-1499
[5] Geisler WO, Wynne-Jones M, Jousse AT. Early management of the patient with trauma to the spinal cord. Med Serv J Can. 1966; 22(7):512-523
[6] Hachen HJ. Emergency transportation in the event of acute spinal cord lesion. Paraplegia. 1974; 12(1):33-37
[7] Prasad VS, Schwartz A, Bhutani R, et al. Characteristics of injuries to the cervical spine and spinal cord in polytrauma patient population: experience from a regional trauma unit. Spinal Cord. 1999; 37(8):560-568
[8] Totten VY, Sugarman DB. Respiratory effects of spinal immobilization. Prehosp Emerg Care. 1999; 3(4):347-352
[9] Theodore N, Hadley MN, Aarabi B, et al. Prehospital cervical spinal immobilization after trauma. Neurosurgery. 2013; 72(Suppl 2):22-34
[10] Haut ER, Kalish BT, Efron DT, et al. Spine immobilization in penetrating trauma: more harm than good? J Trauma. 2010; 68(1):115-120, discussion 120-121
[11] Thumbikat P, Hariharan RP, Ravichandran G, et al. Spinal cord injury in patients with ankylosing spondylitis: a 10-year review. Spine. 2007; 32(26):2989-2995
[12] Hadley MN, Walters BC, Aarabi B, et al. Clinical assessment following acute cervical spinal cord injury. Neurosurgery. 2013; 72(Suppl 2):40-53
[13] Ryken TC, Hadley MN, Walters BC, et al. Radiographic assessment. Neurosurgery. 2013; 72(Suppl 2):54-72
[14] Benzel EC, Hart BL, Ball PA, et al. Magnetic resonance imaging for the evaluation of patients with occult cervical spine injury. J Neurosurg. 1996; 85(5):824-829
[15] Johnson RM, Hart DL, Simmons EF, et al. Cervical orthoses. A study comparing their effectiveness in restricting cervical motion in normal subjects. J Bone Joint Surg Am. 1977; 59(3):332-339
[16] Woodard EJ, Kowalski RJ, Benzel EC. Orthoses: complication prevention and management. In: Benzel EC, ed. Spine Surgery Techniques, Complication Avoidance, and Management. Vol. 2. Philadelphia, PA: Elsevier Churchill Livingstone; 2005:1915-1934
[17] Davis JW, Phreaner DL, Hoyt DB, et al. The etiology of missed cervical spine injuries. J Trauma. 1993; 34(3):342-346
[18] Linares HA, Mawson AR, Suarez E, et al. Association between pressure sores and immobilization in the immediate post-injury period. Orthopedics. 1987; 10(4):571-573
[19] Black CA, Buderer NM, Blaylock B, et al. Comparative study of risk factors for skin breakdown with cervical orthotic devices: Philadelphia and Aspen. J Trauma Nurs. 1998; 5(3):62-66
[20] Blaylock B. Solving the problem of pressure ulcers resulting from cervical collars. Ostomy Wound Manage. 1996; 42(4):26-28, 30, 32-33
[21] Davies G, Deakin C, Wilson A. The effect of a rigid collar on intracranial pressure. Injury. 1996; 27(9):647-649
[22] Bauer D, Kowalski R. Effect of spinal immobilization devices on pulmonary function in the healthy, nonsmoking man. Ann Emerg Med. 1988; 17(9):915-918
[23] Gelb DE, Hadley MN, Aarabi B, et al. Initial closed reduction of cervical spinal fracture-dislocation injuries. Neurosurgery. 2013; 72(Suppl 2):73-83
[24] Greenberg MS. Spine injuries: cranial-cervical traction. In: Greenberg MS, ed. Handbook of Neurosurgery. Vol. 2. Lakeland, FL: Greenberg Graphics; 1997:778
[25] Ryken TC, Hurlbert RJ, Hadley MN, et al. The acute cardiopulmonary management of patients with cervical spinal cord injuries. Neurosurgery. 2013; 72(Suppl 2):84-92
[26] Hurlbert RJ, Hadley MN, Walters BC, et al. Pharmacological therapy for acute spinal cord injury. Neurosurgery. 2013; 72(Suppl 2):93-105
[27] Bracken MB, Collins WF, Freeman DF, et al. Efficacy of methylprednisolone in acute spinal cord injury. JAMA. 1984; 251(1):45-52
[28] Amar AP, Levy ML. Pathogenesis and pharmacological strategies for mitigating secondary damage in acute spinal cord injury. Neurosurgery. 1999; 44(5):1027-1039, discussion 1039-1040
[29] Bracken MB, Shepard MJ, Collins WF, et al. A randomized, controlled trial of methylprednisolone or naloxone in the treatment of acute spinal-cord injury. Results of the Second National Acute Spinal Cord Injury Study. N Engl J Med. 1990; 322(20):1405-1411
[30] Ducker TB, Zeidman SM. Spinal cord injury. Role of steroid therapy. Spine. 1994; 19(20):2281-2287
[31] Young W, Bracken MB. The Second National Acute Spinal Cord Injury Study. J Neurotrauma. 1992; 9(Suppl 1):S397-S405
[32] Zeidman SM, Ling GS, Ducker TB, et al. Clinical applications of pharmacologic therapies for spinal cord injury. J Spinal Disord. 1996; 9(5):367-380
[33] Bracken MB, Shepard MJ, Collins WF Jr, et al. Methylprednisolone or naloxone treatment after acute spinal cord injury: 1-year follow-up data. Results of the second National Acute Spinal Cord Injury Study. J Neurosurg. 1992; 76(1):23-31
[34] Dolan EJ, Tator CH. The effect of blood transfusion, dopamine, and gamma hydroxybutyrate on posttraumatic ischemia of the spinal cord. J Neurosurg. 1982; 56(3):350-358
[35] Hall ED, Wolf DL. A pharmacological analysis of the pathophysiological mechanisms of posttraumatic spinal cord ischemia. J Neurosurg. 1986; 64(6):951-961
[36] Lehmann KG, Lane JG, Piepmeier JM, et al. Cardiovascular abnormalities accompanying acute spinal cord injury in humans: incidence, time course and severity. J Am Coll Cardiol. 1987; 10(1):46-52
[37] Sandler AN, Tator CH. Effect of acute spinal cord compression injury on regional spinal cord blood flow in primates. J Neurosurg. 1976; 45(6):660-676
[38] Sandler AN, Tator CH. Review of the effect of spinal cord trama on the vessels and blood flow in the spinal cord. J Neurosurg. 1976; 45(6):638-646
[39] Tator CH. Experimental and clinical studies of the pathophysiology and management of acute spinal cord injury. J Spinal Cord Med. 1996; 19(4):206-214
[40] Tator CH, Fehlings MG. Review of the secondary injury theory of acute spinal cord trauma with emphasis on vascular mechanisms. J Neurosurg. 1991; 75(1):15-26
[41] Piepmeier JM, Lehmann KB, Lane JG. Cardiovascular instability following acute cervical spinal cord trauma. Cent Nerv Syst Trauma. 1985; 2(3):153-160
[42] Levi L, Wolf A, Rigamonti D, et al. Anterior decompression in cervical spine trauma: does the timing of surgery affect the outcome? Neurosurgery. 1991; 29(2):216-222
[43] Lu K, Lee TC, Liang CL, et al. Delayed apnea in patients with mid- to lower cervical spinal cord injury. Spine. 2000; 25(11):1332-1338
[44] Levi L, Wolf A, Belzberg H. Hemodynamic parameters in patients with acute cervical cord trauma: description, intervention, and prediction of outcome. Neurosurgery. 1993; 33(6):1007-1016, discussion 1016-1017
[45] Tator CH, Rowed DW, Schwartz ML, et al. Management of acute spinal cord injuries. Can J Surg. 1984; 27(3):289-293, 296
[46] Vale FL, Burns J, Jackson AB, et al. Combined medical and surgical treatment after acute spinal cord injury: results of a prospective pilot study to assess the merits of aggressive medical

resuscitation and blood pressure management. J Neurosurg. 1997; 87(2):239-246

[47] King BS, Gupta R, Narayan RK. The early assessment and intensive care unit management of patients with severe traumatic brain and spinal cord injuries. Surg Clin North Am. 2000; 80(3):855-870, viii-ix

[48] Wolf A, Levi L, Mirvis S, et al. Operative management of bilateral facet dislocation. J Neurosurg. 1991; 75(6):883-890

[49] Kumar A, Parrillo JE. Shock: classification, pathophysiology, and approach to management. In: Parrillo J, Dellinger R, eds. Critical Care Medicine Principles of Diagnosis and Management in the Adult. St. Louis, MO: Mosby; 2002:371-420

[50] Colachis SC III. Autonomic hyperreflexia with spinal cord injury. J Am Paraplegia Soc. 1992; 15(3):171-186

[51] Lee BY, Karmakar MG, Herz BL, et al. Autonomic dysreflexia revisited. J Spinal Cord Med. 1995; 18(2):75-87

[52] Mathias CJ, Frankel HL. Cardiovascular control in spinal man. Annu Rev Physiol. 1988; 50:577-592

[53] Dicpinigaitis PV, Spungen AM, Bauman WA, et al. Bronchial hyperresponsiveness after cervical spinal cord injury. Chest. 1994; 105(4):1073-1076

[54] McEvoy RD, Mykytyn I, Sajkov D, et al. Sleep apnoea in patients with quadriplegia. Thorax. 1995; 50(6):613-619

[55] Short DJ, Stradling JR, Williams SJ. Prevalence of sleep apnoea in patients over 40 years of age with spinal cord lesions. J Neurol Neurosurg Psychiatry. 1992; 55(11):1032-1036

[56] Fishburn MJ, Marino RJ, Ditunno JF Jr. Atelectasis and pneumonia in acute spinal cord injury. Arch Phys Med Rehabil. 1990; 71(3):197-200

[57] DeVivo MJ, Ivie CS III. Life expectancy of ventilator-dependent persons with spinal cord injuries. Chest. 1995; 108(1):226-232

[58] Ayas NT, Garshick E, Lieberman SL, et al. Breathlessness in spinal cord injury depends on injury level. J Spinal Cord Med. 1999; 22(2):97-101

[59] Whiteneck GG, Charlifue SW, Frankel HL, et al. Mortality, morbidity, and psychosocial outcomes of persons spinal cord injured more than 20 years ago. Paraplegia. 1992; 30(9):617-630

[60] Estenne M, De Troyer A. The effects of tetraplegia on chest wall statics. Am Rev Respir Dis. 1986; 134(1):121-124

[61] Goldman JM, Rose LS, Morgan MD, et al. Measurement of abdominal wall compliance in normal subjects and tetraplegic patients. Thorax. 1986; 41(7):513-518

[62] McCool FD, Pichurko BM, Slutsky AS, et al. Changes in lung volume and rib cage configuration with abdominal binding in quadriplegia. J Appl Physiol (1985). 1986; 60(4):1198-1202

[63] Urmey W, Loring S, Mead J, et al. Upper and lower rib cage deformation during breathing in quadriplegics. J Appl Physiol (1985). 1986; 60(2):618-622

[64] Banzett RB, Inbar GF, Brown R, et al. Diaphragm electrical activity during negative lower torso pressure in quadriplegic men. J Appl Physiol. 1981; 51(3):654-659

[65] McCool FD, Brown R, Mayewski RJ, et al. Effects of posture on stimulated ventilation in quadriplegia. Am Rev Respir Dis. 1988; 138(1):101-105

[66] Danon J, Druz WS, Goldberg NB, et al. Function of the isolated paced diaphragm and the cervical accessory muscles in C1 quadriplegics. Am Rev Respir Dis. 1979; 119(6):909-919

[67] Maloney FP. Pulmonary function in quadriplegia: effects of a corset. Arch Phys Med Rehabil. 1979; 60(6):261-265

[68] Miller HJ, Thomas E, Wilmot CB. Pneumobelt use among high quadriplegic population. Arch Phys Med Rehabil. 1988; 69(5):369-372

[69] Weingarden SI, Belen JG. Alternative approach to the respiratory management of the high cervical spinal cord injury patient. Int Disabil Stud. 1987; 9(3):132-133

[70] DeVivo MJ, Stover SL, Black KJ. Prognostic factors for 12-year survival after spinal cord injury. Arch Phys Med Rehabil. 1992; 73(2):156-162

[71] Jackson AB, Groomes TE. Incidence of respiratory complications following spinal cord injury. Arch Phys Med Rehabil. 1994; 75(3):270-275

[72] Manning HL, Brown R, Scharf SM, et al. Ventilatory and P0.1 response to hypercapnia in quadriplegia. Respir Physiol. 1992; 89(1):97-112

[73] Ledsome JR, Sharp JM. Pulmonary function in acute cervical cord injury. Am Rev Respir Dis. 1981; 124(1):41-44

[74] McMichan JC, Michel L, Westbrook PR. Pulmonary dysfunction following traumatic quadriplegia. Recognition, prevention, and treatment. JAMA. 1980; 243(6):528-531

[75] Wicks AB, Menter RR. Long-term outlook in quadriplegic patients with initial ventilator dependency. Chest. 1986; 90(3):406-410

[76] Axen K, Pineda H, Shunfenthal I, et al. Diaphragmatic function following cervical cord injury: neurally mediated improvement. Arch Phys Med Rehabil. 1985; 66(4):219-222

[77] Haas F, Axen K, Pineda H, et al. Temporal pulmonary function changes in cervical cord injury. Arch Phys Med Rehabil. 1985; 66(3):139-144

[78] Bach JR, Alba AS. Noninvasive options for ventilatory support of the traumatic high level quadriplegic patient. Chest. 1990; 98(3):613-619

[79] Bach JR, Alba AS, Bodofsky E, et al. Glossopharyngeal breathing and noninvasive aids in the management of post-polio respiratory insufficiency. Birth Defects Orig Artic Ser. 1987; 23(4):99-113

[80] Montero JC, Feldman DJ, Montero D. Effects of glossopharyngeal breathing on respiratory function after cervical cord transection. Arch Phys Med Rehabil. 1967; 48(12):650-653

[81] De Troyer A, Estenne M, Heilporn A. Mechanism of active expiration in tetraplegic subjects. N Engl J Med. 1986; 314(12):740-744

[82] Estenne M, Knoop C, Vanvaerenbergh J, et al. The effect of pectoralis muscle training in tetraplegic subjects. Am Rev Respir Dis. 1989; 139(5):1218-1222

[83] Almenoff PL, Spungen AM, Lesser M, et al. Pulmonary function survey in spinal cord injury: influences of smoking and level and completeness of injury. Lung. 1995; 173(5):297-306

[84] Hemingway A, Bors E, Hobby RP. An investigation of the pulmonary function of paraplegics. J Clin Invest. 1958; 37(5):773-782

[85] McKinley AC, Auchincloss JH Jr, Gilbert R, et al. Pulmonary function, ventilatory control, and respiratory complications in quadriplegic subjects. Am Rev Respir Dis. 1969; 100(4):526-532

[86] Brown BT, Carrion HM, Politano VA. Guanethidine sulfate in the prevention of autonomic hyperreflexia. J Urol. 1979; 122(1):55-57

[87] Kiker JD, Woodside JR, Jelinek GE. Neurogenic pulmonary edema associated with autonomic dysreflexia. J Urol. 1982; 128(5):1038-1039

[88] Poe RH, Reisman JL, Rodenhouse TG. Pulmonary edema in cervical spinal cord injury. J Trauma. 1978; 18(1):71-73

[89] Kirby NA, Barnerias MJ, Siebens AA. An evaluation of assisted cough in quadriparetic patients. Arch Phys Med Rehabil. 1966; 47(11):705-710

[90] Jaeger RJ, Turba RM, Yarkony GM, et al. Cough in spinal cord injured patients: comparison of three methods to produce cough. Arch Phys Med Rehabil. 1993; 74(12):1358-1361

[91] McCool FD, Mayewski RF, Shayne DS, et al. Intermittent positive pressure breathing in patients with respiratory muscle weakness. Alterations in total respiratory system compliance. Chest. 1986; 90(4):546-552

[92] Stiller K, Simonato R, Rice K, et al. The effect of intermittent positive pressure breathing on lung volumes in acute quadriparesis. Paraplegia. 1992; 30(2):121-126

[93] McKinley WO, Jackson AB, Cardenas DD, et al. Long-term medical complications after traumatic spinal cord injury: a regional model systems analysis. Arch Phys Med Rehabil. 1999; 80(11):1402-1410

[94] Burns GA, Cohn SM, Frumento RJ, et al. Prospective ultrasound evaluation of venous thrombosis in high-risk trauma patients. J Trauma. 1993; 35(3):405-408

[95] Frisbie JH, Sasahara AA. Low dose heparin prophylaxis for deep venous thrombosis in acute spinal cord injury patients: a controlled study. Paraplegia. 1981; 19(6):343-346

[96] Geerts WH, Code KI, Jay RM, et al. A prospective study of venous thromboembolism after major trauma. N Engl J Med. 1994; 331(24):1601-1606

[97] Green D, Lee MY, Ito VY, et al. Fixed- vs adjusted-dose heparin in the prophylaxis of thromboembolism in spinal cord injury. JAMA. 1988; 260(9):1255-1258

[98] Green D, Lee MY, Lim AC, et al. Prevention of thromboembolism after spinal cord injury using low-molecular-weight heparin. Ann Intern Med. 1990; 113(8):571-574

[99] Kulkarni JR, Burt AA, Tromans AT, et al. Prophylactic low dose heparin anticoagulant therapy in patients with spinal cord injuries: a retrospective study. Paraplegia. 1992; 30(3):169-172

[100] Myllynen P, Kammonen M, Rokkanen P, et al. Deep venous thrombosis and pulmonary embolism in patients with acute spinal cord injury: a comparison with nonparalyzed patients immobilized due to spinal fractures. J Trauma. 1985; 25(6):541-543

[101] Perkash A, Prakash V, Perkash I. Experience with the management of thromboembolism in patients with spinal cord injury: part I. Incidence, diagnosis and role of some risk factors. Paraplegia. 1978; 16(3):322-331

[102] Powell M, Kirshblum S, O'Connor KC. Duplex ultrasound screening for deep vein thrombosis in spinal cord injured patients at rehabilitation admission. Arch Phys Med Rehabil. 1999; 80(9):1044-1046
[103] Watson N. Anti-coagulant therapy in the prevention of venous thrombosis and pulmonary embolism in the spinal cord injury. Paraplegia. 1978; 16(3):265-269
[104] Lamb GC, Tomski MA, Kaufman J, et al. Is chronic spinal cord injury associated with increased risk of venous thromboembolism? J Am Paraplegia Soc. 1993; 16(3):153-156
[105] Tator CH, Duncan EG, Edmonds VE, et al. Comparison of surgical and conservative management in 208 patients with acute spinal cord injury. Can J Neurol Sci. 1987; 14(1):60-69
[106] Consortium for Spinal Cord Medicine. Prevention of thromboembolism in spinal cord injury. J Spinal Cord Med. 1997; 20(3):259-283
[107] DeVivo MJ, Kartus PL, Stover SL, et al. Cause of death for patients with spinal cord injuries. Arch Intern Med. 1989; 149(8):1761-1766
[108] El Masri WS, Silver JR. Prophylactic anticoagulant therapy in patients with spinal cord injury. Paraplegia. 1981; 19(6):334-342
[109] Naso F. Pulmonary embolism in acute spinal cord injury. Arch Phys Med Rehabil. 1974; 55(6):275-278
[110] Perkash A. Experience with the management of deep vein thrombosis in patients with spinal cord injury. Part II: a critical evaluation of the anticoagulant therapy. Paraplegia. 1980; 18(1):2-14
[111] Chu DA, Ahn JH, Ragnarsson KT, et al. Deep venous thrombosis: diagnosis in spinal cord injured patients. Arch Phys Med Rehabil. 1985; 66(6):365-368
[112] Roussi J, Bentolila S, Boudaoud L, et al. Contribution of D-dimer determination in the exclusion of deep venous thrombosis in spinal cord injury patients. Spinal Cord. 1999; 37(8):548-552
[113] Todd JW, Frisbie JH, Rossier AB, et al. Deep venous thrombosis in acute spinal cord injury: a comparison of 125I fibrinogen leg scanning, impedance plethysmography and venography. Paraplegia. 1976; 14(1):50-57
[114] Bell WR, Simon TL, DeMets DL. The clinical features of submassive and massive pulmonary emboli. Am J Med. 1977; 62(3):355-360
[115] Stein PD, Willis PW III, DeMets DL. History and physical examination in acute pulmonary embolism in patients without preexisting cardiac or pulmonary disease. Am J Cardiol. 1981; 47(2):218-223
[116] Wood KE. Major pulmonary embolism: review of a pathophysiologic approach to the golden hour of hemodynamically significant pulmonary embolism. Chest. 2002; 121(3):877-905
[117] Overton DT, Bocka JJ. The alveolar-arterial oxygen gradient in patients with documented pulmonary embolism. Arch Intern Med. 1988; 148(7):1617-1619
[118] Stein PD, Goldhaber SZ, Henry JW. Alveolar-arterial oxygen gradient in the assessment of acute pulmonary embolism. Chest. 1995; 107(1):139-143
[119] Stein PD, Goldhaber SZ, Henry JW, et al. Arterial blood gas analysis in the assessment of suspected acute pulmonary embolism. Chest. 1996; 109(1):78-81
[120] Stein PD, Terrin ML, Hales CA, et al. Clinical, laboratory, roentgenographic, and electrocardiographic findings in patients with acute pulmonary embolism and no pre-existing cardiac or pulmonary disease. Chest. 1991; 100(3):598-603
[121] Lorut C, Ghossains M, Horellou MH, et al. A noninvasive diagnostic strategy including spiral computed tomography in patients with suspected pulmonary embolism. Am J Respir Crit Care Med. 2000; 162(4 Pt 1):1413-1418
[122] Stein PD, Hull RD, Saltzman HA, et al. Strategy for diagnosis of patients with suspected acute pulmonary embolism. Chest. 1993; 103(5):1553-1559
[123] Wells PS, Ginsberg JS, Anderson DR, et al. Use of a clinical model for safe management of patients with suspected pulmonary embolism. Ann Intern Med. 1998; 129(12):997-1005
[124] Come PC. Echocardiographic evaluation of pulmonary embolism and its response to therapeutic interventions. Chest. 1992; 101(4, Suppl):151S-162S
[125] Torbicki A, Tramarin R, Morpurgo M. Role of echo/Doppler in the diagnosis of pulmonary embolism. Clin Cardiol. 1992; 15(11):805-810
[126] Cheriex EC, Sreeram N, Eussen YF, et al. Cross sectional Doppler echocardiography as the initial technique for the diagnosis of acute pulmonary embolism. Br Heart J. 1994; 72(1):52-57
[127] Kasper W, Meinertz T, Henkel B, et al. Echocardiographic findings in patients with proved pulmonary embolism. Am Heart J. 1986; 112(6):1284-1290
[128] Jardin F, Dubourg O, Bourdarias JP. Echocardiographic pattern of acute cor pulmonale. Chest. 1997; 111(1):209-217
[129] Kasper W, Geibel A, Tiede N, et al. [Echocardiography in the diagnosis of lung embolism] [in German]. Herz. 1989; 14(2):82-101
[130] Ribeiro A, Juhlin-Dannfelt A, Brodin LA, et al. Pulmonary embolism: relation between the degree of right ventricle overload and the extent of perfusion defects. Am Heart J. 1998; 135(5 Pt 1):868-874
[131] Wolfe MW, Lee RT, Feldstein ML, et al. Prognostic significance of right ventricular hypokinesis and perfusion lung scan defects in pulmonary embolism. Am Heart J. 1994; 127(5):1371-1375
[132] Kasper W, Geibel A, Tiede N, et al. Distinguishing between acute and subacute massive pulmonary embolism by conventional and Doppler echocardiography. Br Heart J. 1993; 70(4):352-356
[133] Vardan S, Mookherjee S, Smulyan HS, et al. Echocardiography in pulmonary embolism. Jpn Heart J. 1983; 24(1):67-78
[134] PIOPED Investigators. Value of the ventilation/perfusion scan in acute pulmonary embolism. Results of the prospective investigation of pulmonary embolism diagnosis (PIOPED). JAMA. 1990; 263(20):2753-2759
[135] Lesser BA, Leeper KV, Jr, Stein PD, et al. The diagnosis of acute pulmonary embolism in patients with chronic obstructive pulmonary disease. Chest. 1992; 102(1):17-22
[136] Davis LP, Fink-Bennett D. Nuclear medicine in the acutely ill patient—I. Crit Care Clin. 1994; 10(2):365-381
[137] Stein PD, Athanasoulis C, Alavi A, et al. Complications and validity of pulmonary angiography in acute pulmonary embolism. Circulation. 1992; 85(2):462-468
[138] Cooper TJ, Hayward MW, Hartog M. Survey on the use of pulmonary scintigraphy and angiography for suspected pulmonary thromboembolism in the UK. Clin Radiol. 1991; 43(4):243-245
[139] Mills SR, Jackson DC, Older RA, et al. The incidence, etiologies, and avoidance of complications of pulmonary angiography in a large series. Radiology. 1980; 136(2):295-299
[140] Zuckerman DA, Sterling KM, Oser RF. Safety of pulmonary angiography in the 1990s. J Vasc Interv Radiol. 1996; 7(2):199-205
[141] Stein PD, Hull RD, Raskob G. Risks for major bleeding from thrombolytic therapy in patients with acute pulmonary embolism. Consideration of noninvasive management. Ann Intern Med. 1994; 121(5):313-317
[142] Coche EE, Müller NL, Kim KI, et al. Acute pulmonary embolism: ancillary findings at spiral CT. Radiology. 1998; 207(3):753-758
[143] Cross JJ, Kemp PM, Walsh CG, et al. A randomized trial of spiral CT and ventilation perfusion scintigraphy for the diagnosis of pulmonary embolism. Clin Radiol. 1998; 53(3):177-182
[144] Reid JH, Murchison JT. Acute right ventricular dilatation: a new helical CT sign of massive pulmonary embolism. Clin Radiol. 1998; 53(9):694-698
[145] Blum AG, Delfau F, Grignon B, et al. Spiral-computed tomography versus pulmonary angiography in the diagnosis of acute massive pulmonary embolism. Am J Cardiol. 1994; 74(1):96-98
[146] Goodman LR, Curtin JJ, Mewissen MW, et al. Detection of pulmonary embolism in patients with unresolved clinical and scintigraphic diagnosis: helical CT versus angiography. AJR Am J Roentgenol. 1995; 164(6):1369-1374
[147] Remy-Jardin M, Remy J, Deschildre F, et al. Diagnosis of pulmonary embolism with spiral CT: comparison with pulmonary angiography and scintigraphy. Radiology. 1996; 200(3):699-706
[148] Remy-Jardin M, Remy J, Wattinne L, et al. Central pulmonary thromboembolism: diagnosis with spiral volumetric CT with the single- breath-hold technique—comparison with pulmonary angiography. Radiology. 1992; 185(2):381-387
[149] Stein PD, Hull RD, Pineo GF. The role of newer diagnostic techniques in the diagnosis of pulmonary embolism. Curr Opin Pulm Med. 1999; 5(4):212-215
[150] Teigen CL, Maus TP, Sheedy PF II, et al. Pulmonary embolism: diagnosis with contrast-enhanced electron-beam CT and comparison with pulmonary angiography. Radiology. 1995; 194(2):313-319
[151] Pruszczyk P, Torbicki A, Pacho R, et al. Noninvasive diagnosis of suspected severe pulmonary embolism: transesophageal echocardiography vs spiral CT. Chest. 1997; 112(3):722-728
[152] Kuzo RS, Goodman LR. CT evaluation of pulmonary embolism: technique and interpretation. AJR Am J Roentgenol. 1997; 169(4):959-965
[153] Erdman WA, Peshock RM, Redman HC, et al. Pulmonary embolism: comparison of MR images with radionuclide and angiographic studies. Radiology. 1994; 190(2):499-508
[154] Loubeyre P, Revel D, Douek P, et al. Dynamic contrast-enhanced MR angiography of pulmonary embolism: comparison

with pulmonary angiography. AJR Am J Roentgenol. 1994; 162(5):1035-1039
[155] Meaney JF, Weg JG, Chenevert TL, et al. Diagnosis of pulmonary embolism with magnetic resonance angiography. N Engl J Med. 1997; 336(20):1422-1427
[156] Gefter WB, Hatabu H, Holland GA, et al. Pulmonary thromboembolism: recent developments in diagnosis with CT and MR imaging. Radiology. 1995; 197(3):561-574
[157] Casas ER, Sánchez MP, Arias CR, et al. Prophylaxis of venous thrombosis and pulmonary embolism in patients with acute traumatic spinal cord lesions. Paraplegia. 1977; 15(3):209-214
[158] Frisbie JH, Sharma GV. Pulmonary embolism manifesting as acute disturbances of behavior in patients with spinal cord injury. Paraplegia. 1994; 32(8):570-572
[159] Gündüz S, Oğur E, Möhür H, et al. Deep vein thrombosis in spinal cord injured patients. Paraplegia. 1993; 31(9):606-610
[160] Hachen HJ. Anticoagulant therapy in patients with spinal cord injury. Paraplegia. 1974; 12(3):176-187
[161] Weingarden SI, Weingarden DS, Belen J. Fever and thromboembolic disease in acute spinal cord injury. Paraplegia. 1988; 26(1):35-42
[162] Chen D, Apple DF Jr, Hudson LM, Bode R. Medical complications during acute rehabilitation following spinal cord injury—current experience of the Model Systems. Arch Phys Med Rehabil. 1999; 80(11):1397-1401
[163] Merli GJ, Herbison GJ, Ditunno JF, et al. Deep vein thrombosis: prophylaxis in acute spinal cord injured patients. Arch Phys Med Rehabil. 1988; 69(9):661-664
[164] Harris S, Chen D, Green D. Enoxaparin for thromboembolism prophylaxis in spinal injury: preliminary report on experience with 105 patients. Am J Phys Med Rehabil. 1996; 75(5):326-327
[165] Balshi JD, Cantelmo NL, Menzoian JO. Complications of caval interruption by Greenfield filter in quadriplegics. J Vasc Surg. 1989; 9(4):558-562
[166] Greenfield LJ. Does cervical spinal cord injury induce a higher incidence of complications after prophylactic Greenfield filter usage? J Vasc Interv Radiol. 1997; 8(4):719-720
[167] Kinney TB, Rose SC, Valji K, et al. Does cervical spinal cord injury induce a higher incidence of complications after prophylactic Greenfield inferior vena cava filter usage? J Vasc Interv Radiol. 1996; 7(6):907-915
[168] Decousus H, Leizorovicz A, Parent F, et al. A clinical trial of vena caval filters in the prevention of pulmonary embolism in patients with proximal deep-vein thrombosis. Prévention du Risque d'Embolie Pulmonaire par Interruption Cave Study Group. N Engl J Med. 1998; 338(7):409-415
[169] Winemiller MH, Stolp-Smith KA, Silverstein MD, et al. Prevention of venous thromboembolism in patients with spinal cord injury: effects of sequential pneumatic compression and heparin. J Spinal Cord Med. 1999; 22(3):182-191
[170] Becker DM, Gonzalez M, Gentili A, et al. Prevention of deep venous thrombosis in patients with acute spinal cord injuries: use of rotating treatment tables. Neurosurgery. 1987; 20(5):675-677
[171] López JA, Kearon C, Lee AY. Deep venous thrombosis. Hematology (Am Soc Hematol Educ Program). 2004:439-456
[172] Vlahakes GJ, Turley K, Hoffman JI. The pathophysiology of failure in acute right ventricular hypertension: hemodynamic and biochemical correlations. Circulation. 1981; 63(1):87-95
[173] Angle MR, Molloy DW, Penner B, et al. The cardiopulmonary and renal hemodynamic effects of norepinephrine in canine pulmonary embolism. Chest. 1989; 95(6):1333-1337
[174] Hirsch LJ, Rooney MW, Wat SS, et al. Norepinephrine and phenylephrine effects on right ventricular function in experimental canine pulmonary embolism. Chest. 1991; 100(3):796-801
[175] Layish DT, Tapson VF. Pharmacologic hemodynamic support in massive pulmonary embolism. Chest. 1997; 111(1):218-224
[176] Prewitt RM. Hemodynamic management in pulmonary embolism and acute hypoxemic respiratory failure. Crit Care Med. 1990; 18(1 Pt 2):S61-S69
[177] Capellier G, Jacques T, Balvay P, et al. Inhaled nitric oxide in patients with pulmonary embolism. Intensive Care Med. 1997; 23(10):1089-1092
[178] Webb SA, Stott S, van Heerden PV. The use of inhaled aerosolized prostacyclin (IAP) in the treatment of pulmonary hypertension secondary to pulmonary embolism. Intensive Care Med. 1996; 22(4):353-355
[179] Badr MS, Grossman JE. Positional changes in gas exchange after unilateral pulmonary embolism. Chest. 1990; 98(6):1514-1516
[180] Goldhaber SZ. Pulmonary embolism. N Engl J Med. 1998; 339(2):93-104
[181] Kearon C. Initial treatment of venous thromboembolism. Thromb Haemost. 1999; 82(2):887-891
[182] Dalen JE, Alpert JS. Natural history of pulmonary embolism. Prog Cardiovasc Dis. 1975; 17(4):259-270
[183] Goldhaber SZ, Haire WD, Feldstein ML, et al. Alteplase versus heparin in acute pulmonary embolism: randomised trial assessing right-ventricular function and pulmonary perfusion. Lancet. 1993; 341(8844):507-511
[184] Casthely PA, Yoganathan D, Karyanis B, et al. Histamine blockade and cardiovascular changes following heparin administration during cardiac surgery. J Cardiothorac Anesth. 1990; 4(6):711-714
[185] Kanbak M, Kahraman S, Celebioglu B, et al. Prophylactic administration of histamine 1 and/or histamine 2 receptor blockers in the prevention of heparin- and protamine-related haemodynamic effects. Anaesth Intensive Care. 1996; 24(5):559-563
[186] Soloff LA, Rodman T. Acute pulmonary embolism. II. Clinical. Am Heart J. 1967; 74(6):829-847
[187] Kasper W, Konstantinides S, Geibel A, et al. Management strategies and determinants of outcome in acute major pulmonary embolism: results of a multicenter registry. J Am Coll Cardiol. 1997; 30(5):1165-1171
[188] Schmid C, Zietlow S, Wagner TO, et al. Fulminant pulmonary embolism: symptoms, diagnostics, operative technique, and results. Ann Thorac Surg. 1991; 52(5):1102-1105, discussion 1105-1107
[189] Stulz P, Schläpfer R, Feer R, et al. Decision making in the surgical treatment of massive pulmonary embolism. Eur J Cardiothorac Surg. 1994; 8(4):188-193
[190] Anderson DR, Levine MN. Thrombolytic therapy for the treatment of acute pulmonary embolism. CMAJ. 1992; 146(8):1317-1324
[191] Arcasoy SM, Kreit JW. Thrombolytic therapy of pulmonary embolism: a comprehensive review of current evidence. Chest. 1999; 115(6):1695-1707
[192] Dalen JE, Alpert JS, Hirsh J. Thrombolytic therapy for pulmonary embolism: is it effective? Is it safe? When is it indicated? Arch Intern Med. 1997; 157(22):2550-2556
[193] Elliott CG. Embolectomy, catheter extraction, or disruption of pulmonary emboli: editorial review. Curr Opin Pulm Med. 1995; 1(4):298-302
[194] Satter P. Pulmonary embolectomy with the aid of extracorporeal circulation. Thorac Cardiovasc Surg. 1982; 30(1):31-35
[195] Harrigan MR, Hadley MN, Dhall SS, et al. Management of vertebral artery injuries following non-penetrating cervical trauma. Neurosurgery. 2013; 72(Suppl 2):234-243
[196] Biffl WL, Moore EE, Elliott JP, et al. The devastating potential of blunt vertebral arterial injuries. Ann Surg. 2000; 231(5):672-681
[197] Friedman D, Flanders A, Thomas C, et al. Vertebral artery injury after acute cervical spine trauma: rate of occurrence as detected by MR angiography and assessment of clinical consequences. AJR Am J Roentgenol. 1995; 164(2):443-447, discussion 448-449
[198] Giacobetti FB, Vaccaro AR, Bos-Giacobetti MA, et al. Vertebral artery occlusion associated with cervical spine trauma. A prospective analysis. Spine. 1997; 22(2):188-192
[199] Louw JA, Mafoyane NA, Small B, et al. Occlusion of the vertebral artery in cervical spine dislocations. J Bone Joint Surg Br. 1990; 72(4):679-681
[200] Weller SJ, Rossitch E Jr, Malek AM. Detection of vertebral artery injury after cervical spine trauma using magnetic resonance angiography. J Trauma. 1999; 46(4):660-666
[201] Willis BK, Greiner F, Orrison WW, et al. The incidence of vertebral artery injury after midcervical spine fracture or subluxation. Neurosurgery. 1994; 34(3):435-441, discussion 441-442
[202] Woodring JH, Lee C, Duncan V. Transverse process fractures of the cervical vertebrae: are they insignificant? J Trauma. 1993; 34(6):797-802
[203] Eastman AL, Chason DP, Perez CL, et al. Computed tomographic angiography for the diagnosis of blunt cervical vascular injury: is it ready for primetime? J Trauma. 2006; 60(5):925-929, discussion 929
[204] Berne JD, Reuland KS, Villarreal DH, et al. Sixteen-slice multi-detector computed tomographic angiography improves the accuracy of screening for blunt cerebrovascular injury. J Trauma. 2006; 60(6):1204-1209, discussion 1209-1210
[205] Young B, Ott L, Rapp R, et al. The patient with critical neurological disease. Crit Care Clin. 1987; 3(1):217-233

24 Considerações Biomecânicas para Intervenções Cirúrgicas em Fraturas e Luxações da Coluna Vertebral

Christopher E. Wolfla

Resumo

Fraturas e luxações da coluna vertebral são comumente observadas na prática neurocirúrgica, e são a fonte de uma grande taxa de morbidade em um prazo curto e intermediário, bem como de incapacidade a longo prazo. Diagnóstico rápido e tratamento eficaz são essenciais e auxiliados pelo conhecimento da biomecânica da coluna. Neste capítulo, os leitores são introduzidos aos princípios básicos referentes ao diagnóstico e tratamento de lesões cervicais, torácicas e lombares. Independentemente da região vertebral, os objetivos do tratamento são o de prevenir lesão neurológica, reduzir deformidade e estabilizar a coluna.

Palavras-chave: biomecânica, diagnóstico, fratura, coluna, tratamento.

24.1 Epidemiologia

Embora a incidência precisa de fratura de coluna vertebral não seja conhecida, a National Inpatient Sample mostra que em 2013 estas fraturas estavam presentes em 277.335 altas hospitalares e que foram o principal diagnóstico em 110.730 altas, com um custo hospitalar médio superior a $70.000 por paciente.[1] Lesões da medula espinhal (SCIs) ocorrem em aproximadamente 12.500 pacientes por ano, e cerca de 240.000 a 337.000 indivíduos atualmente vivem com SCI. A categoria neurológica mais comum é tetraplegia incompleta (45%), seguida por paraplegia incompleta (21%), paraplegia completa (20%) e tetraplegia completa (14%).[2]

Acidentes com veículo automotor (MVCs), particularmente na ausência de contenção dos ocupantes, representam a maioria dos traumas de coluna e da medula espinhal. Causas menos comuns incluem quedas, atos de violência (mais comumente ferimentos por arma de fogo) e atividades esportivas recreativas, como mergulho e esportes de contato. A idade média na lesão aumentou consistentemente ao longo do tempo e é atualmente de 42 anos, provavelmente refletindo o aumento na idade média da população geral dos Estados Unidos desde a década de 1970.[2] Entre os adultos, fraturas-luxações e fraturas da coluna vertebral são os tipos de lesões mais comuns. Frequentemente, o grau de lesão neurológica associada está correlacionado com a extensão da fratura da coluna vertebral, e com a luxação ou subluxação associada.[3,4] Tanto em adultos como em crianças, a coluna cervical é a região da coluna vertebral lesionada com maior frequência após um trauma em alta velocidade ou trauma fechado, e estima-se ser de 2 a 4% de todos os pacientes de trauma.[3,5] Como consequência, estas lesões podem estar associadas a um comprometimento neurológico. Embora lesões cervicais baixas sejam comuns na população adulta e pediátrica, a luxação atlanto-occipital (AOD) é mais prevalente na faixa etária pediátrica.[3]

Para todas as lesões de coluna vertebral, o manejo inicial é focado no suporte básico de vida e manejo do trauma.[4,6,7] Avaliação clínica aguda e manejo dos pacientes com lesão da medula espinhal requer um exame neurológico habilidoso, bem como conhecimento de problemas no manejo multissistêmico (cardíaco, hemodinâmico, pulmonar, urogenital) específico a esta população de pacientes, com o objetivo preeminente de estabilização clínica e neurológica, e prevenção de lesão secundária.

Este capítulo tem como foco primário a revisão das fraturas ou fraturas-luxações típicas que ocorrem em um determinado nível da coluna vertebral, e identificar as opções terapêuticas cirúrgicas e não cirúrgicas ideais.

24.2 Consideração Geral Referente ao Momento do Tratamento Cirúrgico

Normalmente, a decisão para intervenção cirúrgica na lesão de coluna vertebral é baseada em diversos fatores, incluindo, mas certamente não limitados ao grau de deformidade espinhal, a estabilidade biomecânica e o estado neurológico. Independentemente do nível, os objetivos principais do manejo são a preservação da função neurológica, prevenção de lesão secundária e provimento de um ambiente ideal para recuperação neurológica.[8,9] Frequentemente, o paciente lesionado necessitará de redução da deformidade, descompressão de elementos neurais e estabilização para alcançar estes objetivos. Na fase precoce, e geralmente urgente, o tratamento cirúrgico é preferível se a estabilidade biomecânica da coluna estiver gravemente comprometida ou se o déficit neurológico for iminente ou progressivo. Contudo, mesmo as definições de precoce e tardio permanecem controversas, e os prognósticos neurológicos são equivalentes, independentemente do momento da intervenção cirúrgica.[8-11] Insuficiência pulmonar e pneumonia são as principais causas de morte em pacientes com trauma da coluna e SCI.[2,12] Estudos recentes, contudo, enfatizam os benefícios não neurológicos proporcionados pela intervenção cirúrgica precoce, quando apropriado. Estabilização cirúrgica precoce possibilita uma mobilidade e reabilitação mais rápidas, e foi demonstrada diminuir complicações como pneumonia, formação de úlcera de decúbito, trombose venosa profunda e infecções do trato urinário.[9,12]

24.3 Lesões da Junção Cérvico-Occipital

Estabilidade da junção atlanto-occipital se baseia primariamente na integridade das estruturas ligamentares:[1] membranas atlanto-occipitais anterior e posterior,[2] membrana tectorial,[3] ligamento cruzado,[4] ligamento apical do odontoide[5] e ligamentos alares. A membrana tectorial e os ligamentos alares são as principais estruturas na manutenção da estabilidade atlanto-occipital, e ruptura destas estruturas resulta em uma lesão instável.

AODs traumáticas (▶ Fig. 24.1) são lesões incomuns causadas por hiperflexão e forças distrativas durante um trauma fechado de alta energia.[4,5,13] Embora geralmente fatal, melhoras no manejo emergencial de pacientes, transporte e reconhecimento precoce resultaram em mais sobreviventes de AOD. Quase 20% dos sobreviventes podem não exibir déficit neurológico focal inicial, levando a uma baixa suspeita para o diagnóstico de AOD.[13,14] Consequentemente, 36% dos pacientes com AOD não diagnosticada sofrem deterioração neurológica em decorrência de uma imobilização cervical inadequada.[13,14] Em outros casos nos quais a AOD é suspeita, os pacientes geralmente têm déficits neurológicos significativos que incluem neuropatias dos nervos cranianos

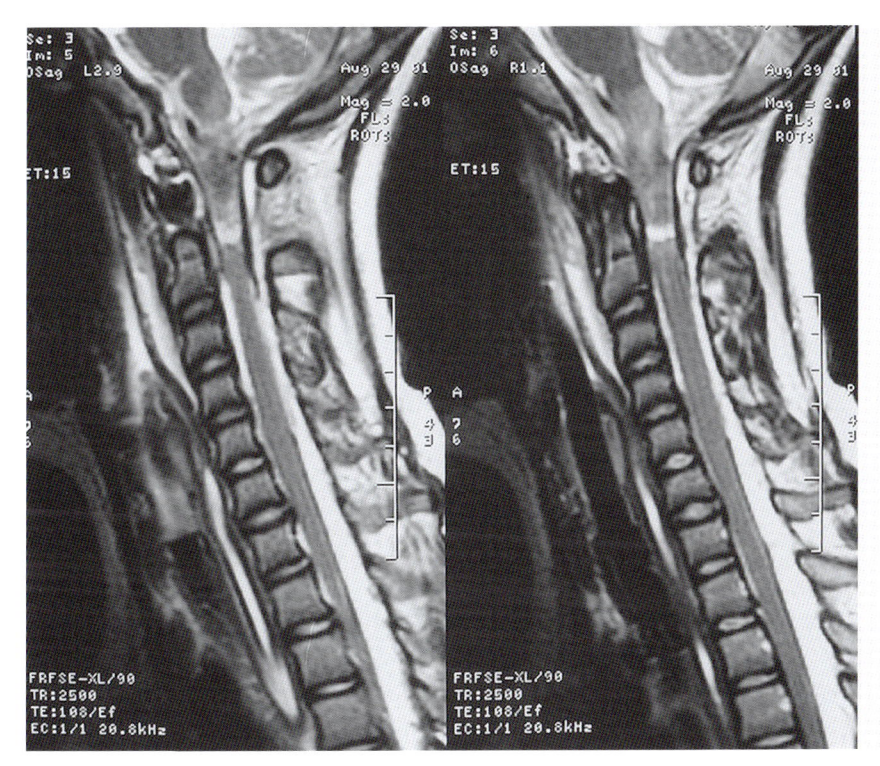

Fig. 24.1 Imagens por ressonância magnética ponderada em T2, no plano sagital médio, mostram luxação atlanto-occipital. Hipersinal presente no complexo ligamentar e medula espinal reflete lesão grave nestas estruturas.

inferiores, fraqueza unilateral ou bilateral, e quadriplegia secundária à compressão ou distorção dos nervos cranianos inferiores, tronco cerebral ou medula espinhal.[4,13] Portanto, a identificação e tratamento precoce destas lesões podem limitar a progressão de adicional comprometimento neurológico.[4,13-15]

Embora diversos métodos radiológicos baseados na relação entre a base craniana e a coluna cervical tenham sido descritos para diagnosticar a AOD nas radiografias laterais de coluna cervical (▶ Quadro 24.1), a distância básio axial/distância básio-odontoide é preferível.[13] Todavia, o diagnóstico com a radiografia simples geralmente não é detectado.[13] Por isso, imagens adicionais da junção cérvico-occipital com tomografia computadorizada (CT) reconstrutiva ou imagem por ressonância magnética (MRI) devem ser consideradas. Isto é particularmente o caso em pacientes pediátricos, em que a medida do intervalo côndilo-C1 na CT é o método recomendado.[13] Além disso, a presença de edema de partes mole pré-vertebral ou um aumento na distância básio-odontoide na radiografia lateral de coluna cervical, ou hemorragia subaracnóidea na junção craniovertebral na CT, pode fornecer dicas diagnósticas.[4,13,14]

Lesões da AOD foram classificadas em quatro tipos, baseado no padrão de lesão ligamentar, todas das quais são instáveis (▶ Quadro 24.2).[4,13] O tratamento inicial é imobilização da coluna cervical, preferencialmente com um halo. Tração não é recomendada e apresenta um risco de 10% de lesão neurológica.[13] Tratamento não cirúrgico, realizado isoladamente, é inadequado e foi constatado resultar em instabilidade persistente e piora da função neurológica.[4,15,16] Desse modo, o tratamento definitivo para estabilização de lesões AOD é a artrodese cérvico-occipital e fixação interna rígida, geralmente acompanhada por descompressão e redução para maximizar a recuperação neurológica.[4,13,15]

Quadro 24.1 Critérios radiológicos da luxação atlanto-occipital

Método	Relação anatômica
Linha de Wackenheim	Linha tangencial posterior ao longo do clivo até o ápice do odontoide sem deslocamento posterior ou anterior
Razão da potência (BC:AO)	Razão da distância entre o básio e o arco posterior de C1 (BC) e o opístio e o arco anterior de C1 ≤ 1
Técnica básio-odontoide de Wholey	Distância do básio até o odontoide ≤ 10 mm
Método de Dublin	Distância da mandíbula posterior até o atlas anterior ≤ 13 mm; ou distância da mandíbula posterior até o odontoide ≤ 20 mm
Método BAI-BDI de Harris[a]	Básio até a linha C2 posterior (distância básio-axial, BAI) com a linha cortical caudal do áxis ≤ 12 mm ventralmente, ou ≤ 4 mm dorsalmente; e distância básio-odontoide (BDI) ≤ 12 mm

[a]Forma mais confiável de diagnosticar luxação atlanto-occipital.

Quadro 24.2 Classificação das fraturas da coluna cervical superior

Tipo	Descrição do rompimento
Luxações atlanto-occipitais	
▪ I	Luxação do ligamento anterior
▪ II	Luxação do ligamento longitudinal
▪ III	Luxação do ligamento posterior
▪ Outras	Luxação complexa
Lesões ligamentares atlanto-axiais	
▪ IA	Porção média do ligamento transverso
▪ IB	Inserção periosteal sem fratura óssea
▪ IIA	Desconexão com a massa lateral de C1 com fratura cominutiva
▪ IIB	Desconexão com a massa lateral de C1 com fratura por avulsão
Fraturas Isoladas de C1	
▪ I	Somente arco posterior, geralmente bilateral
▪ II	Fratura unilateral com envolvimento da massa lateral
▪ III	Fratura do tipo explosão, envolve três ou mais fraturas do arco anterior e posterior de C1; fratura de Jefferson
Fraturas do odontoide	
▪ I	Ponta superior do odontoide
▪ II	Base do odontoide na junção entre o odontoide e o corpo vertebral de C2
▪ IIA	Tipo II com fratura óssea cominutiva na base do odontoide com fragmentos ósseos livres
▪ III	Extensão da fratura para o corpo vertebral
Fraturas do enforcado	
▪ I	Fratura do arco neural posterior ao corpo vertebral; subluxação < 3 mm de C2 sobre C3
▪ II	Rompimento do ligamento longitudinal posterior e comprometimento do espaço discal abaixo de C2; subluxação > 4 mm de C2 sobre C3 ou > 11 graus de angulação
▪ IIA	Tipo II com menor luxação, porém, maior angulação
▪ III	Fratura da *pars articularis* com luxação bilateral da faceta em C2-C3
Fraturas do corpo de C2	
▪ I	Vertical, orientação coronal
▪ II	Vertical, orientação sagital
▪ III	Transverso, orientação axial
Subluxação rotatória C1-C2	
▪ I	Rompimento rotatório sem desvio anterior
▪ II	Rompimento rotatório com desvio anterior de 3-5 mm
▪ III	Rompimento rotatório com desvio anterior > 5 mm
▪ IV	Rompimento rotatório com translação posterior
Fraturas C1-C2 combinadas	
▪ C1-odontoide tipo II	
▪ C1-variada do áxis	
▪ C1-odontoide tipo III	
▪ C1-fratura do enforcado	

24.4 Lesões Ligamentares Atlantoaxiais

Embora não sejam fraturas verdadeiras, lesões isoladas do ligamento transverso do atlas são instáveis, resultam de forças de flexão de alta energia à coluna cervical, e geralmente estão associadas a uma SCI cervical superior significativa.[17] O diagnóstico pode ser estabelecido com radiografias cervicais em flexão lateral demonstrando um intervalo atlantodental ampliado, com CT mostrando uma fratura por avulsão na massa lateral de C1, ou com visualização direta com MRI. Duas categorias de lesão incluem rompimento do ligamento isolado (tipo I) e com avulsão do tubérculo conectando o ligamento à massa lateral de C1 (tipo II) (▶ Quadro 24.2). Embora as lesões do tipo II possam, ocasionalmente, ser tratadas clinicamente com sucesso com a imobilização cervical rígida, os resultados são geralmente insatisfatórios e a fusão de C1-C2 é o tratamento de escolha. Lesões ligamentares do tipo I não se resolvem com imobilização externa e requerem estabilização cirúrgica. As opções cirúrgicas incluem artrodese de C1-C2, suplementada por fixação posterior, parafusos transarticulares e/ou fixação com parafuso segmentado.[4,18]

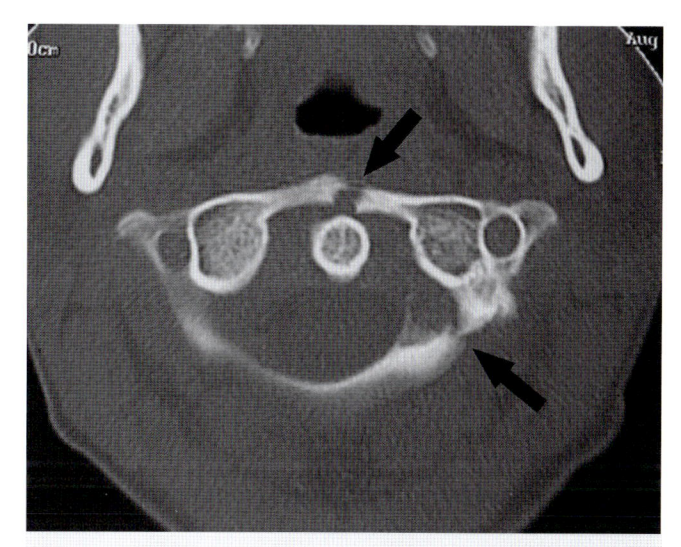

Fig. 24.2 A imagem por tomografia computadorizada axial mostra fratura em dois pontos nos elementos anelares anterior e posterior de C1 (setas pretas).

24.5 Fraturas de C1 Isoladas

Fraturas do atlas (▶ Fig. 24.2) são responsáveis por aproximadamente 2 a 13% das fraturas agudas de coluna cervical, e ocorrem tipicamente com trauma decorrente de cargas axiais, com ou sem flexão lateral.[4,17,19] Qualquer parte da massa lateral ou do anel de C1 pode estar envolvida, e as fraturas tipicamente ocorrem em múltiplos sítios (▶ Quadro 24.2). Uma fratura de Jefferson é classicamente chamada de fratura em quatro pontos (arco posterior e anterior bilateralmente), porém mais recentemente incluiu as fraturas mais comuns em dois ou três pontos.[19] Déficit neurológico é raro e, provavelmente, causado por um canal espinhal mais amplo neste nível e uma tendência dos fragmentos ósseos em se romper para fora.[4] A avaliação das fraturas de C1 para estabilidade depende da integridade do ligamento transverso, o qual pode ser avaliado por radiografias simples do odontoide ou por visualização direta com MRI de alta resolução. Normalmente, o ligamento transverso é considerado rompido se a soma da luxação das massas laterais de C1 sobre C2 for superior a 6,9 mm (regra de Spence), ou quando o intervalo atlantodental, visualizado na radiografia em incidência odontoide, for superior a 3 mm.[20]

O tratamento é baseado no tipo de fratura e integridade do ligamento transverso. Porém, se o ligamento transverso estiver intacto, o tratamento com órtese externa é recomendado. Na presença de rompimento do ligamento transverso, o tratamento pode ser realizado com órtese externa ou cirurgia, embora a última seja geralmente preferível.[19] O tratamento cirúrgico pode ser considerado para fraturas de explosão com lesão do ligamento transverso do atlas. Estabilização pode ser alcançada por artrodese, suplementada por parafusos transarticulares C1-C2 posteriores (ou anteriores), parafusos no pedículo/massa lateral-C2 ou, mais comumente, construções occipital-C1-C2. Técnicas de fixação com fio geralmente são ineficazes, pois frequentemente fracassam em fixar as massas laterais que suportam cargas. O tipo de fixação interna realizada pode influenciar na necessidade de imobilização pós-operatória.[19,20]

24.6 Fraturas em C2

Fraturas axiais representam quase 20% das fraturas cervicais.[5,21] Fraturas classificáveis incluem fraturas odontoides, fraturas do enforcado e fraturas do corpo de C2.[4,22,23] Existem subtipos para cada classificação de fratura com base nas características anatômicas e significância funcional da lesão (▶ Quadro 24.2). A anatomia e biomecânica única do complexo C1-C2 fornece sustentação de peso e rotação axial da cabeça sobre a coluna vertebral.[17] Embora a luxação atlantoaxial seja um dos sítios mais comuns de lesões fatais da coluna cervical, a maioria com fraturas de C2 isoladas tem SCI mínima ou ausente.[21] Imagens reconstruídas de CT fornecem uma excelente avaliação radiográfica da lesão óssea. A MRI fornece informações importantes com relação às estruturas de tecido mole, particularmente as estruturas ligamentares, e é, ocasionalmente, útil para julgar a cronicidade das fraturas de C2.

24.7 Fraturas do Odontoide

Fraturas do odontoide geralmente resultam de uma combinação de compressão e laceração anterior ou anterolateral. Em pacientes mais jovens, estas fraturas geralmente são provocadas por trauma de alta energia, como os MVCs, e lesões de menor energia, como quedas de alturas baixas no idoso.[21,24] O ligamento transverso do atlas limita o movimento translacional de C1 sobre C2 e fixa o processo odontoide ao arco anterior de C1. Consequentemente, fraturas do processo odontoide resultam em perda potencial da restrição do movimento translacional.[17] Fraturas do odontoide são classificadas como fraturas do ápice do odontoide acima do ligamento transverso (tipo I), de sua base (tipo II), cominutiva da base (tipo IIA) ou da base do odontoide que se estendem para o corpo de C2 (tipo III) (▶ Quadro 24.2).[19,21,24] Todas as fraturas do odontoide podem ser inicialmente tratadas com imobilização externa. Fraturas do tipo I isoladas ou fraturas do tipo III bem

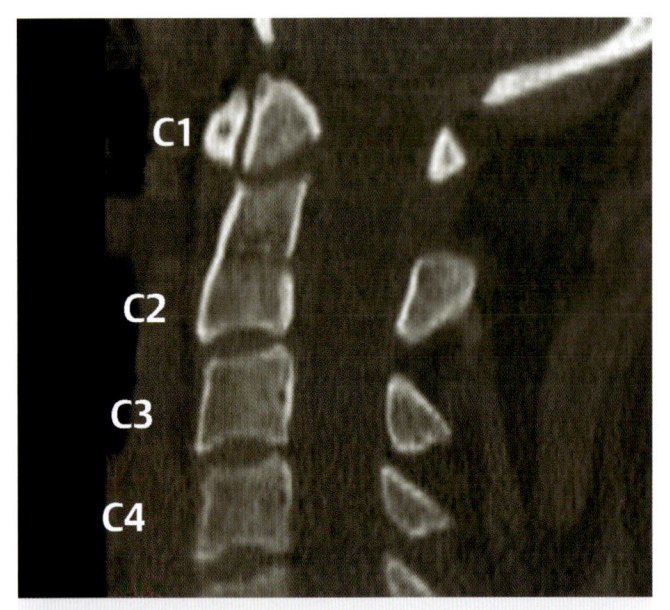

Fig. 24.3 Fratura de C2 através do odontoide (tipo II) é demonstrada nesta tomografia computadorizada reformatada no plano sagital médio. Note o mínimo deslocamento do odontoide e ausência de fragmentos ósseos cominutivos no sítio da fratura.

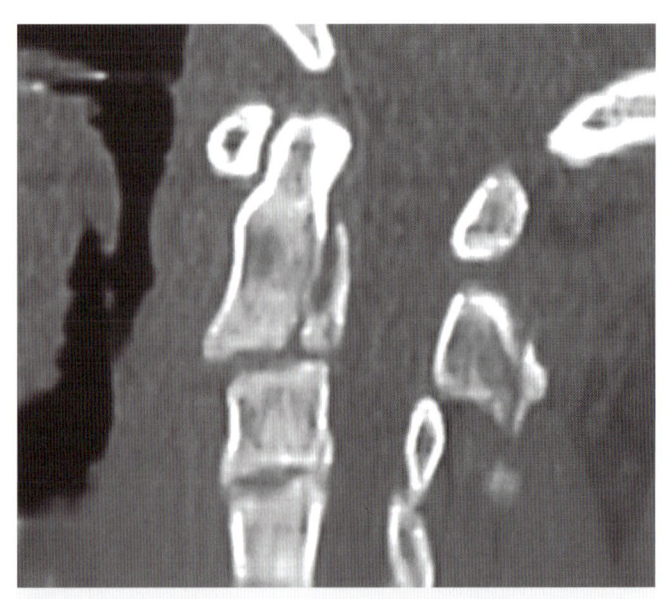

Fig. 24.4 Tomografia computadorizada reformatada no plano sagital médio de uma fratura do corpo vertebral de C2 coronalmente orientada (tipo I).

alinhadas são consideradas estáveis e tratadas com imobilização externa não cirúrgica, embora a presença de uma fratura do tipo I esteja associada a uma AOD.[20,21] Fraturas do tipo III pouco alinhadas (luxação ≥ 5 mm) devem ser fortemente consideradas para tratamento cirúrgico.[22]

Fraturas do tipo II são as fraturas do odontoide mais comuns (▶ Fig. 24.3), são consideradas instáveis e seu tratamento é controverso.[21,22,24] Imobilização e redução não cirúrgica podem ser empregadas; no entanto, este tratamento está associado a altas taxas de não consolidação. Subsequentemente, as fraturas do odontoide do tipo II ou IIA devem ser consideradas para fixação cirúrgica se qualquer um dos seguintes fatores estiverem presentes:[1] luxação do odontoide ≥ 5 mm[2], perda da redução da fratura com imobilização externa,[3] fratura cominutiva[4] e idade do paciente ≥ 50 anos.[22] Ruptura do ligamento transverso do atlas, idade do paciente e comorbidades médicas também devem ser consideradas ao decidir sobre um tratamento externo *versus* cirúrgico. Se o ligamento externo estiver rompido (10% das fraturas do odontoide), estabilização cirúrgica precoce para evitar instabilidade tardia e não consolidação é recomendada. As opções de manejo cirúrgico são variadas e incluem fixação com fio de C1-C2 e enxertia óssea com instrumentação posterior das massas laterais de C1 e C2 e, se o ligamento transverso estiver intacto, fixação com parafuso do odontoide.[21,24]

24.8 Fraturas do Enforcado

Espondilolistese traumática do áxis (fratura do enforcado) é caracterizada por fraturas bilaterais na *pars interarticularis* de C2. Em vez do mecanismo de distração e hiperextensão associado ao enforcamento judicial, o mecanismo mais comum desta lesão é a hiperextensão, a carga axial e, possivelmente, a flexão rebote, ou uma combinação destas forças associada a MVCs.[4,17,22,25] Déficit neurológico é incomum ou mínimo e frequentemente se resolve.[23,25] Os três principais tipos são aqueles com < 3 mm de subluxação de C2 sobre C3 (tipo I); ruptura do disco C2-C3 e do ligamento longitudinal posterior, com resultante subluxação ≥ 4 mm de C2 sobre C3 ou angulação > 11 graus (tipo II); similar ao tipo II, porém com menor luxação e maior angulação (tipo IIA); e ruptura facetária bilateral de C2-C3 com fratura bipediculada de C2 (tipo III) (▶ Quadro 24.2).[4,22] Fraturas do tipo I são consideradas fraturas biomecanicamente estáveis e podem ser tratadas com imobilização cervical rígida por 12 semanas.[23,25] Fraturas tipo II, IIA e III são consideradas biomecanicamente instáveis e tratamento cirúrgico é recomendado, particularmente naquelas que são ineficientemente imobilizadas por um halo.[4,22,25] As opções cirúrgicas dependem da anatomia da fratura, mas podem incluir instrumentação e fusão intersomática anterior de C2-C3, bem como instrumentação e fusão posterior de C1-C3.

24.9 Fraturas do Corpo de C2

Fraturas do corpo de C2 podem ser definidas como fraturas anteriores à *pars articularis* e inferiores à base do odontoide, e são classificadas com base na orientação de suas linhas de fratura como coronal, sagital ou transversa (▶ Fig. 24.4).[23,26] A última é considerada idêntica a uma fratura odontoide tipo III e deve ser tratada de acordo. Avaliação com CT ou angiografia por MR do forame transverso pode ser considerada para avaliar possível lesão à artéria vertebral. Estabilidade dessas fraturas depende do alinhamento, grau de luxação e localização da fratura. Não obstante, a maioria das fraturas são tratadas com sucesso com imobilização cervical externa, com a intervenção cirúrgica sendo reservada para fraturas difíceis de reduzir, altamente instáveis ou para pacientes propensos à não consolidação.[4,22,23,25]

24.10 Fraturas Atlantoaxiais Combinadas

Fraturas atlantoaxiais combinadas são raras, possivelmente em decorrência de magnitude da força supostamente associada a essas fraturas e à maior taxa de mortalidade resultante.[5,14] Essas fraturas geralmente são instáveis e classificadas em quatro subtipos (▶

Quadro 24.2). As opções terapêuticas são baseadas, primariamente, em características específicas da fratura axial. Tal como com as fraturas isoladas de C1 ou C2, imobilização externa é recomendada para a maioria das fraturas combinadas, exceto para fraturas C1-odontoide tipo II com um intervalo atlanto-odontoide ≥ 5 mm ou fraturas C1-enforcado com angulação C2-C3 ≥ 11 graus, paras as quais a estabilização e fusão cirúrgica são recomendadas.[3,4,27]

24.11 Subluxação Rotatória de C1-C2

Subluxação rotatória aguda de C1-C2 é mais comum na população pediátrica, e quatro subtipos foram identificados (▶ Quadro 24.2).[3,4,5,28] O tipo I é o mais comum; entretanto, os tipos II e III estão associados à ruptura do ligamento transverso do atlas.[3,4,29] Radiografias com incidência do odontoide podem mostrar assimetria das massas laterais de C1 e C2; no entanto, as imagens de CT são melhores para demonstrar subluxação rotatória, e a MRI possibilita uma avaliação ideal da integridade do ligamento. O tratamento é, primariamente, não cirúrgico, com redução externa por tração craniocervical seguida por imobilização.[29] Subluxações irredutíveis ou recorrentes, lesões do ligamento transverso ou instabilidade tardia devem ser tratadas cirurgicamente com um procedimento de estabilização posterior.[28,29]

24.12 Lesões Subaxiais (C3-C7) da Coluna Cervical

Lesões subaxiais da coluna cervical são comuns. Geralmente, resultam de uma lesão traumática fechada na coluna cervical e estão frequentemente associadas a sequelas neurológicas devastadoras secundárias à lesão associada da medula cervical.[5] Os exames para estas lesões geralmente incluem uma CT para definir a extensão óssea da lesão e uma MRI para avaliar os discos, ligamentos e estruturas neurológicas.

Embora muitos sistemas de classificação tenham sido desenvolvidos para estas lesões, o uso da Classificação de Lesão Subaxial (SLIC) ou Escore da Gravidade da Lesão da Coluna Cervical (CSISS) é atualmente recomendado. Ambos têm a vantagem de possuir uma confiabilidade excelente e uma correlação intraclasse. A SLIC, todavia, inclui informação morfológica, ligamentar e neurológica e, portanto, pode ser mais útil na situação clínica.

A SLIC divide as lesões subaxiais em quatro categorias morfológicas: normal, compressão/explosão, distração e translação/rotação. Lesões de translação/rotação incluem luxações facetárias unilaterais e bilaterais. As categorias ligamentares incluem normal e indeterminada com apenas alteração do sinal de MRI e ruptura. Finalmente, as categorias neurológicas incluem lesões de medula espinhal completas/incompletas, lesões da raiz, e compressão contínua da medula espinhal. Um valor é atribuído a cada um destes achados e a soma determina o "limiar para intervenção cirúrgica" (▶ Quadro 24.3). Lesões com uma pontuação de 1 a 3 geralmente são tratadas clinicamente, enquanto que lesões com uma pontuação igual ou superior a 5 são geralmente tratadas cirurgicamente. Há, atualmente, equilíbrio com relação ao tratamento de lesões com uma pontuação de 4.[30-32]

O tratamento inicial das lesões subaxiais da coluna cervical é a imobilização com um colar cervical rígido e blocos de apoio. Sacos de areia e fita adesiva são inadequados.[33] Os objetivos terapêuticos subsequentes incluem a descompressão da medula espinhal e das raízes nervosas, bem como a restauração da estabilidade vertebral. Quando o tratamento cirúrgico é indicado, o mesmo deve ser adaptado para o padrão de lesão do paciente, a fim de alcançar estes objetivos. No momento, não existe provas convincentes

Quadro 24.3 Classificação e escala da gravidade das lesões subaxiais[30-32]

Classificação da lesão subaxial	Pontos
Morfologia	
▪ Ausência de anormalidade	0
▪ Compressão	1
▪ Explosão	+1 = 2
▪ Distração (faceta elevada, hiperextensão)	3
▪ Rotação/translação (luxação facetária, fratura em lágrima instável, ou lesão por flexão-compressão avançada)	4
Complexo discoligamentar (DLC)	
▪ Intacto	0
▪ Indeterminado (alargamento intramedular isolado, apenas alteração de sinal na MRI)	1
▪ Rompido (ampliação do espaço discal, elevação ou luxação facetária)	2
Estado neurológico	
▪ Intacto	0
▪ Lesão da raiz	1
▪ Lesão medular completa	2
▪ Lesão medular incompleta	3
▪ Compressão medular contínua no contexto de déficit neurológico (NeuroModificador)	+1 = 1

Abreviação: MRI, imagem por ressonância magnética.

de que uma abordagem anterior, posterior ou combinada seja superior em pacientes que não precisem de uma abordagem específica para descompressão.[34] Há um crescente número de indícios de que a descompressão antes de 24 horas após a lesão da medula espinhal resulta em prognósticos mais favoráveis.[35] Pacientes com espondilite anquilosante, todavia, representam uma exceção. Pacientes com esta condição devem ser submetidos a uma investigação diagnóstica agressiva para lesões menores. Se uma fratura cirúrgica é encontrada, estabilização posterior segmentar longa é recomendada, visto que a estabilização anterior está associada a uma taxa inaceitavelmente alta de falha.[34]

24.13 Lesões da Coluna Torácica e Toracolombar

A biomecânica da coluna torácica é única, causada por sua postura cifótica relativamente rígida e articulação com a caixa torácica, o que fornece estabilidade e resistência às forças de compressão, flexão e rotação axial.[4,11,17,36] Distal à caixa torácica, a região toracolombar é mais vulnerável e mais comumente lesionada.[4,17] Além disso, a estabilidade é mantida pelo ligamento longitudinal anterior, ânulo fibroso e ligamento longitudinal posterior, em vez das cápsulas facetárias como na coluna cervical e lombar.[36] Lesão na coluna torácica pode estar associada a graus variados de paraplegia, pois o canal vertebral é estreito e ocupado em grande parte pela medula espinhal.

Quadro 24.4 Classificação das fraturas da coluna torácica, toracolombar e lombar

Tipo	Descrição do distúrbio
Compressão	Falha da coluna anterior com graus variados de perda da altura
Explosão	Falha das colunas anterior e média secundária à carga axial pura sobre o corpo vertebral
Cinto de segurança	Falha das colunas posterior e média secundária às forças de flexão
Fraturas-luxações	Falha das colunas anterior, média e posterior secundária à combinação de forças de compressão, rotação, tensão ou de cisalhamento, resultando em graus variados de subluxação ou distração

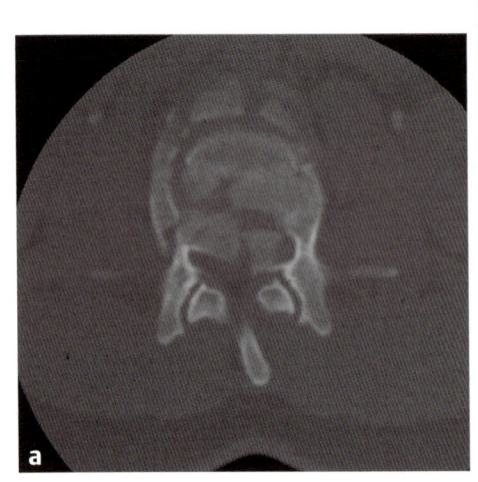

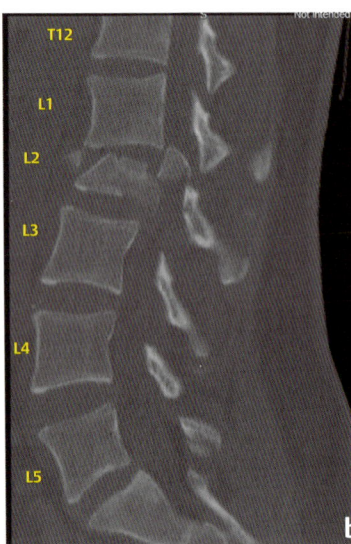

Fig. 24.5 (**a**) Tomografia computadorizada (CT) axial de uma fratura por explosão de L2 revela rompimento das colunas anterior e média, com deslocamento do osso para o canal vertebral à esquerda. (**b**) CT sagital média da mesma fratura por explosão de L2 mostra perda da altura do corpo vertebral e estreitamento do canal com distorção do saco tecal causada por fragmento ósseo retropulsionado.

Existem diversos sistemas de classificação das lesões, baseados no mecanismo de lesão, padrões radiológicos do rompimento e estado neurológico, e estes sistemas continuam a evoluir.[36,37] O sistema de classificação mais comum é baseado em um modelo de três colunas, com a coluna anterior definida como a porção do ALL até os dois terços anteriores do corpo vertebral; a coluna média como o terço posterior do corpo vertebral, incluindo o ânulo fibroso e o PLL; e a coluna posterior abrangendo todas as estruturas posteriores ao PLL.[4,11] Com este sistema, as lesões da coluna torácica podem ser divididas em quatro categorias:[1] fraturas por compressão,[2] fraturas do tipo explosão,[3] fraturas por cinto de segurança e[4] fraturas-luxações. De acordo com este modelo, uma instabilidade aguda ocorre com o rompimento das colunas média e posterior (▶ Quadro 24.4).[4,36]

Fraturas por compressão são definidas como falha da coluna anterior com uma coluna posterior intacta, sendo tipicamente, mas não exclusivamente, consideradas estáveis, e sem a presença de déficit neurológico associado.[36] Estas fraturas ocorrem em decorrência das forças de carga axial ao corpo vertebral, e resultam em acunhamento do corpo vertebral anterior, causando graus variados de cifose.[17] Fraturas por compressão da coluna torácica superior (T2-T10) merecem especial consideração. Visto que a caixa torácica fornece maior resistência às forças lesionais, forças de energia muito mais elevada são necessárias para causar fraturas por compressão nesta região. Consequentemente, estas fraturas podem ter maior número de casos de angulação progressiva, e de instabilidade e déficit neurológico associado.[4,36]

Fraturas do tipo explosão (▶ Fig. 24.5a, b) são causadas por forças de carga compressiva axial às colunas anterior e média, causando lesão em ambas.[17] Estas fraturas têm vários subtipos, ocorrem, principalmente, na junção toracolombar e são frequentemente caracterizadas por um comprometimento significativo do canal em razão da retropulsão de fragmentos ósseos no interior do canal.[37] A presença ou ausência de lesão do elemento posterior ajuda a prever a estabilidade destas lesões. Fraturas do tipo explosão agudas e instáveis são caracterizadas por rompimento da coluna posterior, a qual é uma função da sobrecarga da faceta articular.[17]

Fraturas por cinto de segurança, ou lesões tipo distração-flexão, resultam em falha das colunas média e posterior, normalmente não estão associadas a um déficit neurológico, mas são consideradas instáveis.[4,38] Fraturas-luxações (▶ Fig. 24.6 e ▶ Fig. 24.7a, b) são lesões de translação/rotação de alta energia que rompem as três colunas e são consideradas muito instáveis.[11,17,36,37]

Um sistema de classificação mais recente, a TLICS (*Thoracolumbar Injury Classification and Severity Escore*), também foi desenvolvido e está começando a ser mais amplamente usado. Similar à SLIC, este sistema também leva em consideração a morfologia da lesão, a integridade do ligamento posterior e o estado neurológico. Também como a SLIC, cada achado recebe um valor em pontos, e a soma orienta a decisão para tratamento cirúrgico. Lesões com uma pontuação de 1 a 3 em geral são tratadas clinicamente, enquanto lesões com uma pontuação igual ou superior a 5 geralmente são tratadas por cirurgia. O tratamento de lesões com uma pontuação de 4 fica a critério da equipe médica.[37]

Avaliação radiológica inicial consiste de radiografias anteroposteriores (AP) e laterais, em que o ângulo de Cobb é uma medida útil da deformidade. A coluna torácica superior pode ser inadequadamente visualizada nas radiografias laterais simples; desse modo, a imagem por CT é mais sensível para a

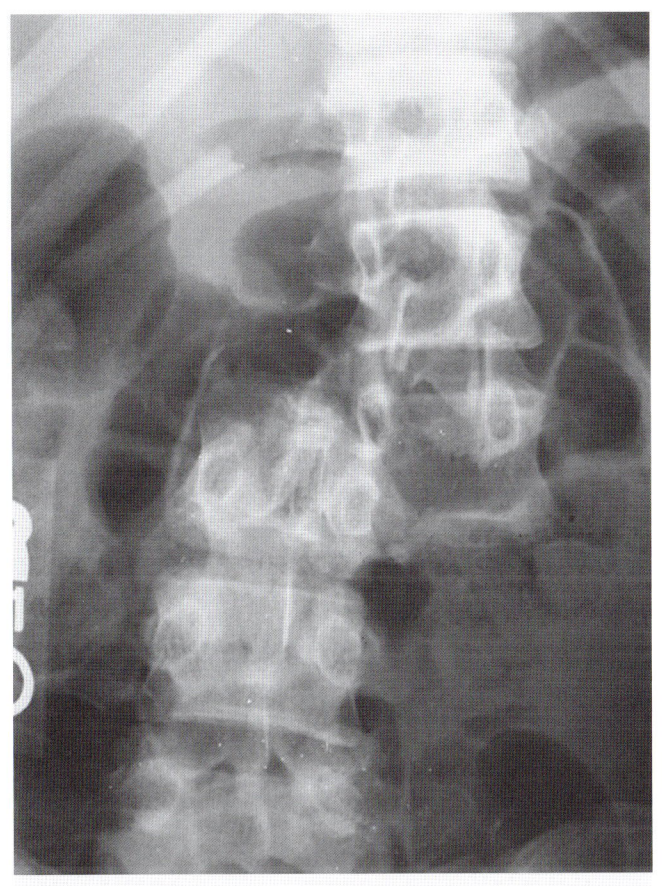

Fig. 24.6 Radiografia anteroposterior da coluna lombar exibe fratura-luxação de L2-L3.

tipo explosão e fraturas isoladas da coluna posterior em geral são consideradas estáveis e podem ser tratadas clinicamente, com imobilização externa, repouso em cama e narcóticos. Acompanhamento apropriado com radiografias com carga, e monitoramento por exame neurológico para cifose tardia, instabilidade ou deterioração neurológica, é fundamental e pode revelar indivíduos em necessidade de estabilização cirúrgica.[39]

Indicações para estabilização cirúrgica incluem déficit neurológico progressivo, rompimento do complexo ligamentar posterior, luxação, falha em manter a redução, deformidade inaceitável e falha do tratamento conservador.[4,36] Redução e fixação/fusão cirúrgica é recomendada em casos de três ou mais fraturas sucessivas por compressão, perda de > 50% da altura de uma única fratura por compressão com angulação, angulação cifótica > 40 graus ou 25%, ou cifose progressiva.[4,11,36] O manejo cirúrgico para fraturas toracolombares ou torácicas instáveis visa à descompressão adequada do canal vertebral, otimização da recuperação neurológica e fornecimento de estabilidade vertebral. Múltiplas abordagens, usadas isoladamente ou em combinação, estão disponíveis e incluem técnicas de descompressão anterior, lateral e posterior, redução, fusão e instrumentação.[11,36,38]

24.14 Lesões da Coluna Lombar

Fraturas da coluna lombar e sacral são menos comuns do que lesões da coluna cervical e torácica.[2,4] A coluna lombar superior, L1-L2, é considerada parte do complexo toracolombar e é abordada de acordo com o descrito anteriormente no capítulo. Biomecanicamente, a coluna lombar possui uma flexão e extensão significativamente maior quando comparada à coluna torácica; no entanto, a rotação é limitada pela orientação vertical das facetas e porção anterior do ânulo, comparada à coluna torácica.[11,17] O esquema de classificação de três colunas e categorias das fraturas descritas em detalhes anteriormente também são úteis para identificar, descrever e tratar fraturas da coluna lombar.[36,37] Espondilolistese lombossacra, caracterizada por anterolistese de L5 sobre S1,[40] é uma lesão rara que supostamente é causada por hiperflexão severa com forças rotacionais de alta energia (▶ Fig. 24.8 e ▶ Fig. 24.9). Comprometimento neurológico é frequente, e redução cirúrgica e artrodese com instrumentação são recomendadas.[40]

detecção de fraturas e possibilita uma análise mais detalhada da lesão óssea. A MRI continua adequada para avaliação de tecidos moles, ligamentos, disco intervertebral e elementos neurais.[11,36]

O manejo de fraturas torácicas e toracolombares é geralmente controverso; e, embora algoritmos de tratamento tenham sido propostos, a escolha de um manejo cirúrgico *versus* clínico permanece baseada na maximização da estabilidade biomecânica e neurológica.[4,37] Fraturas por compressão, fraturas estáveis do

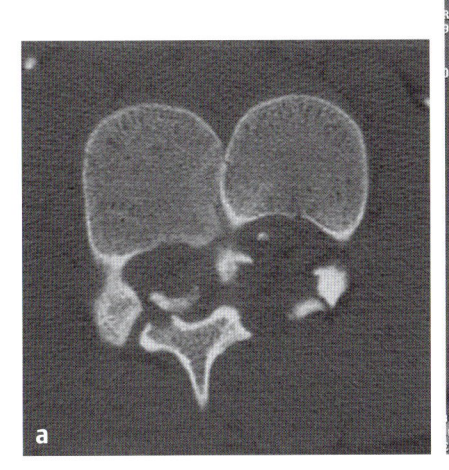

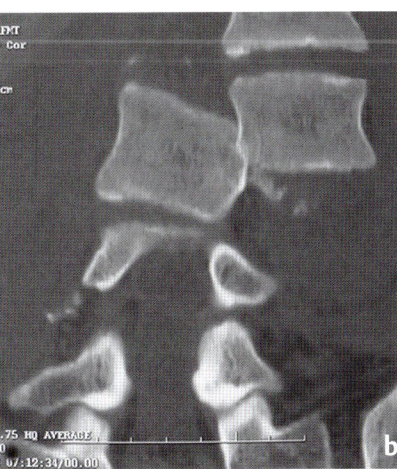

Fig. 24.7 (a) Tomografia computadorizada (CT) coronal revela deslocamento anterior e para a esquerda de L2 a partir de L3 na fratura-luxação de L2-L3 exibida na radiografia prévia (▶ Fig. 24.6). (b) CT axial mostra os corpos vertebrais de L2 e L3 no mesmo plano, demonstrando o mau alinhamento severo da coluna vertebral no sítio da lesão.

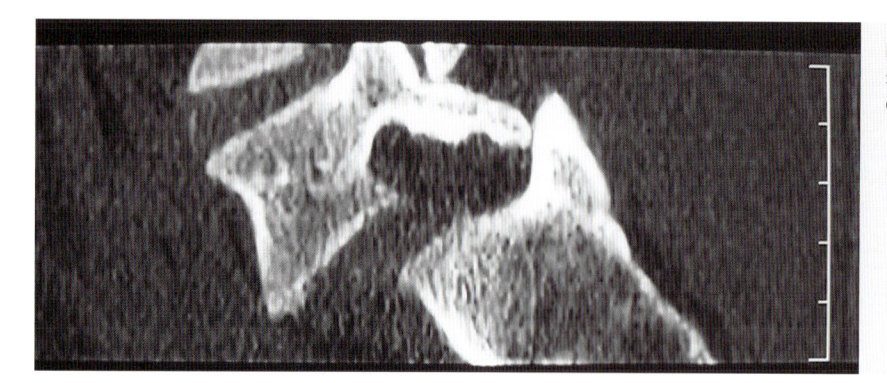

Fig. 24.8 Tomografia computadorizada no plano sagital médio mostra anterolistese de L5 sobre S1 em espondilolistese lombossacra.

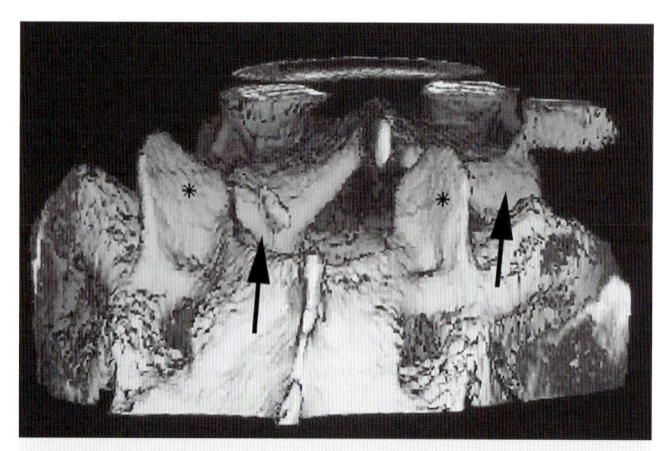

Fig. 24.9 Tomografia computadorizada tridimensional reformatada da espondilolistese lombossacra demonstra separação bilateral completa das facetas inferiores de L5 (setas pretas) a partir dos processos facetários superiores de S1 (asteriscos).

24.15 Conclusão

Em todas as lesões de coluna vertebral, a identificação da instabilidade e déficit neurológico progressivo geralmente é crucial na determinação do momento e do tipo de intervenção. Embora a definição de manejo cirúrgico precoce e tardio seja inconsistente, os principais objetivos permanecem claros: prevenir lesão neurológica secundária por meio da descompressão do tecido neural comprometido, reduzindo a deformidade, e estabilizando a coluna vertebral com o objetivo de otimizar os resultados neurológicos e médicos.

Referências

[1] Nationwide Inpatient Sample (NIS). Healthcare Cost and Utilization Project (HCUP). 2013. Agency for Healthcare Research and Quality Web site. www.hcup-us.ahrq.gov/HCUPnet.jsp. Accessed March 31, 2016
[2] The National SCI Statistical Center. Spinal Cord Injury: Facts and Figures at a Glance. Birmingham, AL: University of Alabama at Birmingham National Spinal Cord Injury Center; 2015
[3] Carreon LY, Glassman SD, Campbell MJ. Pediatric spine fractures: a review of 137 hospital admissions. J Spinal Disord Tech. 2004; 17(6):477-482
[4] Benzel EC. Spine Surgery. 2nd ed. Philadelphia, PA: Elsevier Churchill Livingstone; 2005:512-571
[5] Goldberg W, Mueller C, Panacek E, et al; NEXUS Group. Distribution and patterns of blunt traumatic cervical spine injury. Ann Emerg Med. 2001; 38(1):17-1
[6] Theodore N, Aarabi B, Dhall SS, et al. Transportation of patients with acute traumatic cervical spine injuries. Neurosurgery. 2013; 72(Suppl 2):35-39
[7] Hadley MN, Walters BC, Aarabi B, et al. Clinical assessment following acute cervical spinal cord injury. Neurosurgery. 2013; 72(Suppl 2):40-53
[8] Kerwin AJ, Frykberg ER, Schinco MA, et al. The effect of early spine fixation on non-neurologic outcome. J Trauma. 2005; 58(1):15-21
[9] Fehlings MG, Tator CH. An evidence-based review of decompressive surgery in acute spinal cord injury: rationale, indications, and timing based on experimental and clinical studies. J Neurosurg. 1999; 91(1, Suppl):1-11
[10] Gaebler C, Maier R, Kutscha-Lissberg F, et al. Results of spinal cord decompression and thoracolumbar pedicle stabilisation in relation to the time of operation. Spinal Cord. 1999; 37(1):33-39
[11] Licina P, Nowitzke AM. Approach and considerations regarding the patient with spinal injury. Injury. 2005; 36(Suppl 2):B2-B12
[12] Albert TJ, Kim DH. Timing of surgical stabilization after cervical and thoracic trauma. Invited submission from the Joint Section Meeting on Disorders of the Spine and Peripheral Nerves, March 2004. J Neurosurg Spine. 2005; 3(3):182-190
[13] Theodore N, Aarabi B, Dhall SS, et al. The diagnosis and management of traumatic atlanto-occipital dislocation injuries. Neurosurgery. 2013; 72(Suppl 2):114-126
[14] Przybylski GJ, Clyde BL, Fitz CR. Craniocervical junction subarachnoid hemorrhage associated with atlanto-occipital dislocation. Spine. 1996; 21(15):1761-1768
[15] Chirossel JP, Passagia JG, Gay E, et al. Management of craniocervical junction dislocation. Childs Nerv Syst. 2000; 16(10-11):697-701
[16] Hadley MN, Walters BC, Grabb PA, et al. Management of acute central cervical spinal cord injuries. Neurosurgery. 2002; 50(3, Suppl):S166-S172
[17] White AA, Panjabi MM. Clinical Biomechanics of the Spine. 2nd ed. Philadelphia, PA: JB Lippincott; 1990
[18] Dickman CA, Greene KA, Sonntag VKH. Injuries involving the transverse atlantal ligament: classification and treatment guidelines based upon experience with 39 injuries. Neurosurgery. 1996; 38(1):44-50
[19] Ryken TC, Aarabi B, Dhall SS, et al. Management of isolated fractures of the atlas in adults. Neurosurgery. 2013; 72(Suppl 2):127-131
[20] Hadley MN, Dickman CA, Browner CM, et al. Acute traumatic atlas fractures: management and long term outcome. Neurosurgery. 1988; 23(1):31-35
[21] Ochoa G. Surgical management of odontoid fractures. Injury. 2005; 36(Suppl 2):B54-B64
[22] Ryken TC, Hadley MN, Aarabi B, et al. Management of isolated fractures of the axis in adults. Neurosurgery. 2013; 72(Suppl 2):132-150
[23] German JW, Hart BL, Benzel EC. Nonoperative management of vertical C2 body fractures. Neurosurgery. 2005; 56(3):516-521, discussion 516-521

[24] Sasso RC. C2 dens fractures: treatment options. J Spinal Disord. 2001; 14(5):455-463
[25] Korres DS, Papagelopoulos PJ, Mavrogenis AF, et al. Chance-type fractures of the axis. Spine. 2005; 30(17):E517-E520
[26] Benzel EC, Hart BL, Ball PA, et al. Fractures of the C-2 vertebral body. J Neurosurg. 1994; 81(2):206-212
[27] Ryken TC, Hadley MN, Aarabi B, et al. Management of acute combination fractures of the atlas and axis in adults. Neurosurgery. 2013; 72(Suppl 2):151-158
[28] Rozzelle CJ, Aarabi B, Dhall SS, et al. Management of pediatric cervical spine and spinal cord injuries. Neurosurgery. 2013; 72(Suppl 2):205-226
[29] Martinez-Lage JF, Martinez Perez M, Fernandez Cornejo V, et al. Atlanto- axial rotatory subluxation in children: early management. Acta Neurochir (Wien). 2001; 143(12):1223-1228
[30] Aarabi B, Walters BC, Dhall SS, et al. Subaxial cervical spine injury classification systems. Neurosurgery. 2013; 72(Suppl 2):170-186
[31] Patel AA, Hurlbert RJ, Bono CM, et al. Classification and surgical decision making in acute subaxial cervical spine trauma. Spine. 2010; 35(21, Suppl):S228-S234
[32] Vaccaro AR, Hulbert RJ, Patel AA, et al; Spine Trauma Study Group. The subaxial cervical spine injury classification system: a novel approach to recognize the importance of morphology, neurology, and integrity of the disco-ligamentous complex. Spine. 2007; 32(21):2365-2374
[33] Theodore N, Hadley MN, Aarabi B, et al. Prehospital cervical spinal immobilization after trauma. Neurosurgery. 2013; 72(Suppl 2):22-34
[34] Gelb DE, Aarabi B, Dhall SS, et al. Treatment of subaxial cervical spinal injuries. Neurosurgery. 2013; 72(Suppl 2):187-194
[35] Fehlings MG, Vaccaro A, Wilson JR, et al. Early versus delayed decompression for traumatic cervical spinal cord injury: results of the Surgical Timing in Acute Spinal Cord Injury Study (STASCIS). PLoS ONE. 2012; 7(2):e32037
[36] Vialle LR, Vialle E. Thoracic spine fractures. Injury. 2005; 36(Suppl 2):B65-B72
[37] Lee JY, Vaccaro AR, Lim MR, et al. Thoracolumbar injury classification and severity score: a new paradigm for the treatment of thoracolumbar spine trauma. J Orthop Sci. 2005; 10(6):671-675
[38] Stambough JL. Posterior instrumentation for thoracolumbar trauma. Clin Orthop Relat Res. 1997(335):73-88
[39] Mehta JS, Reed MR, McVie JL, et al. Weight-bearing radiographs in thoracolumbar fractures: do they influence management? Spine. 2004; 29(5):564-567
[40] Vialle R, Wolff S, Pauthier F, et al. Traumatic lumbosacral dislocation: four cases and review of literature. Clin Orthop Relat Res. 2004(419):91-97

25 Lesões Atléticas e Seus Diagnósticos Diferenciais

Julian E. Bailes ▪ Vincent J. Miele

Resumo

A participação em atividades esportivas promove a boa saúde, mas também acarreta risco inerente de lesão ao atleta. Essa população apresenta um conjunto único e complexo de problemas relacionados com o manejo no local, diagnóstico e tratamento. No espectro das lesões associadas ao esporte, aquelas associadas ao sistema nervoso têm alto potencial de morbidade e mortalidade significativas e têm sido descritas em praticamente todos os esportes do boxe ao golfe. Essa associação, geralmente, requer o envolvimento da comunidade neurocirúrgica na área de medicina esportiva. A diferenciação entre lesões menores e sérias é a base do tratamento do atleta. Um golpe aparentemente menor na cabeça pode resultar no lento desenvolvimento de hematoma subdural (SDH), enquanto, paradoxalmente, um impacto mais grave pode causar perda de consciência, mas somente uma concussão. Este capítulo serve de guia nesta diferenciação e resume as estratégias de tratamento de lesões neurológicas no atleta.

Palavras-chave: lesões atléticas, concussão, traumatismo craniencefálico, tratamento no campo, lesões espinhais.

25.1 Lesões Cefálicas

Uma das maiores ameaças ao atleta são os encontros, em alta velocidade, com outros objetos produzindo energia cinética suficiente para resultar em traumatismo craniencefálico importante. A possibilidade de lesão importante ou morte, apesar de sua relativa raridade, continua a ser uma constante em quase todos os esportes. Durante o século passado, nosso nível de compreensão dos tipos de agressões cerebrais, suas causas e seu tratamento avançaram significativamente. A pesquisa definiu melhor os problemas epidemiológicos associados às lesões esportivas envolvendo o sistema nervoso central e também levou à classificação e paradigmas de tratamento que ajudam a guiar as decisões sobre os atletas voltarem a jogar. Lesões cefálicas graves relacionadas com o esporte incluem os hematomas epidurais (EDHs), hematomas subdurais (SDHs), contusões cerebrais/hemorragias parenquimatosas, lesão axonal difusa (DAI), hemorragia subaracnóidea (SAH) traumática e edema cerebral. Os efeitos a curto e longo prazo do traumatismo craniencefálico (mTBI) leve ou da concussão estão sendo mais bem conhecidos. Essa lesão comum, que no passado se acreditava ser razoavelmente benigna, pode resultar em persistentes dificuldades cognitivas, comportamentais e psiquiátricas.[1] Isto representa uma dificuldade no tratamento do paciente, particularmente quando é necessária ponderação para o retorno à competição.

25.1.1 Incidência da Lesão Cefálica no Esporte

Mais de 170 milhões de adultos e 38 milhões de crianças participam de esporte organizado anualmente nos Estados Unidos.[2] Estima-se que 3,8 milhões de TBIs relacionados com o esporte ocorram anualmente, incluindo os casos que não procuram cuidados médicos.[3] Isto incluiria um espectro de lesões desde concussão até o traumatismo craniencefálico mais sério. Mais de 18.000 lesões cerebrais em adultos e 11.000 pediátricas associadas ao esporte são tratadas em centros de trauma de nível I ou II anualmente. Destas lesões, 14% em adultos e 13% das pediátricas foram definidas como de natureza moderada ou grave, com uma taxa de mortalidade de 3,1% em adultos e 0,8% em crianças.[4,5] Uma revisão de dados do United States National Registry of Sudden Morte in Young Atletas (Arquivo Nacional de Morte Súbita em Jovens Atletas nos Estados Unidos) de 1980 ao 2009 constatou 261 mortes em atletas com 21 anos ou mais jovens em decorrência de trauma, com mais frequência na cabeça e pescoço.[6] Cento e trinta e três jogadores não profissionais de futebol americano morreram ou não tiveram recuperação neurológica completa após lesão catastrófica na cabeça e pescoço desde 1982. Mais de 90% dessas lesões ocorreram em atletas do nível secundário de ensino escolar, 8% ocorreram em participantes universitários e 1% envolvia jogadores de várzea.[7]

Lesões que não constituem um risco imediato são bem mais comuns. Os *Centers for Disease Control and Prevention* estimam a ocorrência de 1,6 a 3,8 milhões de concussões em atividades esportivas e recreacionais anualmente nos Estados Unidos.[2]

A incidência e gravidade da lesão cefálica varia muito de acordo com as características do esporte envolvido. É benéfico considerar que o empenho atlético em uma categoria permite que a natureza do jogo e dos participantes seja definida em termos de tipos de eventos esportivos e motivações dos jogadores envolvidos. A classificação mais útil é a de esporte recreacional e não organizado *versus* esportes organizados autorizados. O primeiro possui estrutura pouco formal, menos regras, sem árbitros oficiais, usa menos equipamento de proteção e conta com a participação de uma ampla variedade de pessoas em uma série variável de condições. Em contraste, os eventos esportivos organizados têm uma estrutura em relação a treinamento, regras e seu equipamento especializado de reforço assim como médicos e treinadores atléticos dedicados aos cuidados daqueles que são lesionados.

O futebol americano, hóquei no gelo e o boxe geralmente são referidos quando se discute lesão cefálica relacionada com o esporte por causa do contato violento frequente e óbvio. No entanto, as lesões cefálicas são comumente observadas em atividades esportivas consideradas menos violentas, como o basquete, futebol e lacrosse.[8-10] O ciclismo e as atividades em parques de recreação são exemplos de esportes não organizados com taxas mais altas de lesões cefálicas sérias do que muitos esportes organizados.

O esporte equestre é responsável por aproximadamente 46.000 visitas ao pronto-socorro anualmente, envolvendo em 20% dos casos a cabeça ou o pescoço e por 70% das mortes associadas às lesões cefálicas.[11,12] Aproximadamente sete óbitos ocorrem anualmente relacionadas ao *skate*, e em 90% dos casos a lesão grave envolve à cabeça.[13] Ciclistas com menos de 20 anos, que utilizam a bicicleta de maneira recreacional ou como meio de transporte ao trabalho, sofrem em média 247 TBIs, que evoluem para óbito, e 140.000 lesões cefálicas anualmente nos Estados Unidos.[14] Embora esportes como ginástica e líderes de torcida de equipes tradicionalmente sejam responsáveis pelo maior número das lesões cefálicas em atleta feminino,[15] as mulheres estão agora cruzando os limites dos esportes anteriormente dominados pelo sexo masculino, como boxe, e números crescentes de lesões cefálicas sérias estão ocorrendo em esporte de contato/colisão.[16]

Lesões cefálicas ocorrem em uma das mais altas taxas no esqui alpino e geralmente ocorrem como resultado de colisões com árvores e pedras e também com outros esquiadores.[17] Outros esportes recreacionais considerados de alto risco para lesão cefálica são surfe na neve, voo em asa delta, paraquedismo, montanhismo e automobilismo.[18]

25.1.2 Hematoma Epidural

Os hematomas epidurais são um TBI infrequente, mas emergente, na população atlética, especialmente em esporte em que os jogadores não usam capacetes. Classicamente estão associados a fraturas cranianas temporais, que podem lacerar a artéria ou veia meníngea média. Embora seja mais comum serem identificadas em esporte de contato e colisão, também têm sido diagnosticados em jogadores de beisebol e golfe que são atingidos na cabeça por bola de alta velocidade.[19,20] Essa lesão geralmente está associada à breve perda de consciência (LOC) seguida de um intervalo de lucidez e então de rápida deterioração. Um exemplo típico disto seria o saltador de salto em altura com vara cuja cabeça bate no chão fora do colchão de aterrissagem. Depois de um breve período de atordoamento, o atleta pode sair do campo completamente alerta. Dentro de 15 a 30 minutos, uma cefaleia súbita excruciante é acompanhada de progressiva deterioração neurológica. Embora esta apresentação clássica de "intervalo lúcido" ocorra em apenas um terço dos atletas com essa condição, o conhecimento desse quadro clínico é crucial para todos os prestadores de cuidados, especialmente instrutores certificados de atletas, treinadores e equipe médica. É necessário planejar um período de observação adequado para aqueles atletas que mostram potencial para formação tardia de hematoma e deterioração neurológica. A identificação precoce e o tratamento são essenciais, e se tratado precocemente pode-se esperar a recuperação neurológica completa porque não é comum a associação de EDHs com outras lesões cerebrais.

25.1.3 Hematoma Subdural

Os hematomas subdurais são a forma mais comum de sangramento intracraniano relacionado com o esporte e respondem pela maior parte das lesões cerebrais letais vistas tanto nas atividades atléticas organizadas como nas recreacionais.[18,21] É importante compreender que os SDHs em atletas não são os mesmos vistos geralmente em idosos. O atleta geralmente não dispõe do grande espaço subdural potencial que o paciente idoso possui, então o efeito de massa e os aumentos da pressão intracraniana ocorrem de forma mais rápida. Além da lesão decorrente do efeito de massa sob a dura, em geral há um dano significativo associado ao cérebro subjacente (contusão ou edema). Portanto, mesmo como tratamento imediato, o prognóstico é menos favorável do que no caso de EDH, com taxas de mortalidade que atingem os 60%. Os SDHs podem ocorrer em qualquer local do cérebro, e a apresentação geralmente se dá dentro de 72 horas da lesão. Os atletas que sofrem um SDH podem ficar imediatamente inconscientes e/ou ter déficits neurológicos focais ou desenvolver sintomatologia insidiosa durante dias ou até semanas.

25.1.4 Contusões Cerebrais/Hemorragia Parenquimatosa

As contusões cerebrais e as hemorragias parenquimatosas representam regiões de lesão neuronal e vascular primária. Elas contêm hemorragias edematosas parenquimatosas, pontilhadas que podem se estender para dentro da substância branca e espaços subdural e subaracnóideo e, com mais frequência, são a consequência de um trauma direto ou aceleração/desaceleração. Esta última faz com que o cérebro atinja o crânio, o que geralmente resulta em dano aos lobos frontal e temporal inferiores. As áreas cerebrais adjacentes ao assoalho da fossa craniana anterior ou posterior, a asa do esfenoide, o osso petroso, a convexidade do crânio e a foice ou tentório também são vulneráveis. As contusões também são observadas no mesencéfalo lateral, cerebelo inferior e tonsila adjacente e o córtex cerebral superior na linha média.

Fundamentalmente, esses tipos de lesões geralmente mostram progressão com o decorrer do tempo em relação a tamanho e número de contusões e quantidade de hemorragia dentro das contusões. Essa progressão ocorre com mais frequência nas primeiras 24 a 48 horas, e um quarto dos casos demonstra hemorragia tardia em áreas que anteriormente estavam livres de sangue. Além disso, os achados iniciais da tomografia computadorizada (CT) podem ser normais ou minimamente anormais porque os volumes parciais entre as micro-hemorragias densas e as hipodensas associadas a edema podem representar contusões iso atenuadas relativas ao cérebro circundante.

25.1.5 Lesão Axonal Difusa

A lesão axonal difusa tem um papel significativo na lesão cefálica relacionada com o esporte. Ocorre em quase metade dos atletas que sofreram grave lesão cefálica e é parcialmente responsável por um terço de toda as fatalidades associadas à lesão cefálica.[22] Radiologicamente, a DAI tipicamente consiste em várias lesões focais à substância branca em uma distribuição característica.

A fisiopatologia da DAI foi descrita pela primeira vez em 1943. É o resultado do cisalhamento de múltiplos axônios secundário a forças rotacionais no cérebro, comumente em decorrência de rotação lateral da cabeça. Essas forças exercem mais efeito em áreas do cérebro onde a densidade tecidual é maior, como na junção entre substâncias cinzenta e branca. Acreditava-se classicamente que a DAI representasse uma lesão primária (que ocorre no instante do trauma). Porém, é aparente que a alteração da membrana axoplasmática, o comprometimento do transporte e a formação da *retraction ball* (retração em bola) podem representar componentes secundários (ou tardios) do processo patológico. Embora o trauma inicial possa não romper completamente o axônio, ele ainda pode produzir alteração focal da membrana axoplasmática, resultando em subsequente comprometimento do transporte axoplasmático. Isto resulta em edema axoplasmático e ruptura. Forma-se a "retração em bola", que consiste em uma marca patológica de lesão por cisalhamento, seguida de degeneração walleriana.

Embora áreas do cérebro com diferentes densidades teciduais tenham predileção por DAI, a exata localização depende do plano de rotação e é independente da distância do centro de rotação. A magnitude da lesão depende da distância do centro de rotação, arco de rotação e da duração e intensidade da força.

25.1.6 Hemorragia Subaracnóidea Traumática

O traumatismo craniencefálico relacionado com o esporte pode resultar em SAH. Algum grau de SAH, em geral, está presente em quaisquer lesões cefálicas graves. Embora geralmente isto resulte em irritação meníngea causada pelo sangue entre a pia e a aracnoide, a condição normalmente não acarreta risco de vida, e o tratamento imediato não é necessário para se obter um bom resultado. Em grandes quantidades, o sangue subaracnóideo pode levar ao vaso espasmo. A SAH também pode resultar no desenvolvimento de uma hidrocefalia comunicante, que pode se apresentar clinicamente com recuperação mais lenta do que o esperado ou apresentar deterioração clínica tardia.

25.1.7 Síndrome do Segundo Impacto

Em 1984, relatou-se a morte de um jogador de futebol universitário que parecia ter sido decorrente de um segundo golpe aparentemente menor, na cabeça. Na época, formulou-se a hipótese de que essa fatalidade era o resultado de "um golpe repetido em um cérebro com a complacência comprometida o que precipitou um aumento catastrófico da pressão intracraniana, talvez por meio da perda de tônus vasomotor".[23] O termo síndrome da congestão vascular foi criado em 1991 após a morte de um jogador de futebol de nível secundário de 17 anos em decorrência do aumento incontrolável da pressão intracraniana.[24] Acredita-se que essas duas mortes tenham sido o resultado do que agora é conhecido como a síndrome do segundo impacto (SIS). A SIS é definida como o aumento incontrolável fatal da pressão intracraniana secundária a edema cerebral difuso, que ocorre após um golpe na cabeça que é sofrido antes da recuperação de um golpe anterior na cabeça. Existe alguma controvérsia sobre a validade dessa condição por causa de problemas com a informações do evento inicial, sintomas persistentes e gravidade do segundo impacto.[25]

Acredita-se que a fisiopatologia da SIS envolva a perda súbita pós-traumática da autorregulação do suprimento sanguíneo do cérebro, assim como de liberação de catecolamina. Isto leva ao ingurgitamento vascular dentro do crânio, o que por sua vez aumenta acentuadamente a pressão intracraniana e a síndrome da herniação uncal, herniação cerebelar, ou ambas. A pesquisa em animais mostrou que o ingurgitamento vascular no cérebro após uma lesão cefálica leve pode ser difícil, se não impossível, de controlar nesse quadro de "duplo impacto". De um segundo impacto ao edema incontrolável é rápido, geralmente levando de 2 de 5 minutos.[18] Há mais de 20 casos relatados dessa condição, todos envolvendo jovens atletas de10 a 24 anos de idade. Embora a maioria dos atletas afetados fossem jogadores de futebol americano, 14% ocorreram durante competição de boxe e tendo sido relatados casos isolados em associação ao caratê, esqui e hóquei no gelo.[1]

Tipicamente, o atleta experimenta algum grau de sintomas pós-concussão após a primeira lesão cefálica. Isto pode incluir alterações visuais, motoras ou sensitivas e dificuldade nos processamentos cognitivo e de memória. Antes da resolução dos sintomas, o que pode levar dias ou semanas, o atleta volta à competição e recebe um segundo golpe na cabeça. O segundo golpe pode ser menor, talvez envolvendo apenas um golpe no peito sacudindo a cabeça do atleta e indiretamente transmitindo forças aceleradoras ao cérebro. Os atletas afetados podem ser vistos atordoados, mas geralmente não perdem a consciência e muitas vezes completam o jogo. Normalmente permanecem em pé de 15 segundos a um minuto ou mais, mas parecem atordoados, de modo similar a uma concussão de grau I sem LOC. Geralmente, os atletas afetados permanecem no campo de jogo ou saem dele por si mesmos. O que acontece nos momentos subsequentes até vários minutos diferencia essa síndrome da concussão ou SDH. Normalmente, dentro de segundos a minutos do segundo impacto, o atleta, que está consciente e ainda atordoado, entra em colapso e cai subitamente no chão, tornando-se comatoso, com rápida dilatação das pupilas, perda do movimento ocular e evidência de insuficiência respiratória.

A condição está associada à taxa de 50% de mortalidade e a quase 100% de morbidade.[18] É importante compreender essa condição ao tomar decisões para o retorno ao jogo após uma lesão cefálica de um atleta. Qualquer atleta ainda sintomático de uma lesão cefálica anterior não deve ter permissão para retornar à prática plena ou de participação em um esporte de contato ou colisão.

25.1.8 Síndrome do Traumatismo Craniencefálico Juvenil

A síndrome do traumatismo craniencefálico juvenil tem sido relatada primariamente em crianças e pode envolver a mesma fisiopatologia da SIS. É definida como, edema cerebral grave e coma após um traumatismo craniencefálico menor.[1] O atleta pode experimentar deterioração neurológica imediata ou tardia. Embora a etiologia da condição seja desconhecida, a súbita vaso dilatação e redistribuição de sangue dentro do parênquima do cérebro pode envolver uma canalopatia funcional ou um distúrbio das subunidades do canal de íons. É ligada a uma mutação no gene da subunidade do canal de cálcio (CACNA1A) associada à enxaqueca hemiplégica familiar.[26] Em alguns casos de síndrome do traumatismo craniencefálico juvenil, ocorre rapidamente o desenvolvimento de edema cerebral em um jovem atleta que sofre duas lesões cefálicas, no qual a segunda lesão ocorre antes da completa recuperação do primeiro impacto, como se observa na SIS.[27]

25.1.9 Traumatismo Craniencefálico Leve/ Concussão

A concussão é definida como um distúrbio transitório da função cerebral induzido por trauma, resultante de um processo fisiopatológico complexo que ainda não é completamente compreendido. Consiste em um subgrupo de mTBIs, na extremidade do espectro de lesão cerebral menos grave e geralmente tem duração e resolução autolimitadas.[28] As concussões são, de longe, o tipo mais comum de lesão cefálica relacionada com o esporte, com estimativa de 1,6 a 3,8 milhões de episódios por ano nos Estados Unidos. Isto é responsável por 5 a 9% de todas as lesões relacionadas com o esporte e três quartos de todas as lesões cefálicas nessa população.[29]

O reconhecimento, no início dos anos 1980, de que o mTBI existe como importante entidade clínica começou a preparar o caminho para maior apreciação da concussão no esporte. Nos anos 1990, houve maior foco na definição e categorização do atleta com mTBI, à medida que mais evidências sugeriam que a concussão pode ser mais comum e séria do que se acreditava anteriormente. A ligação da concussão com sequelas a longo prazo como encefalopatia traumática crônica (CTE) trouxe ambas as condições à vanguarda da pesquisa de diagnóstico e tratamento. O conceito de mTBI ou concussão evoluiu, auxiliado em grande parte pela aplicação de estudos neuropsicológicos formais e cognitivos.

A concussão resulta da rápida aceleração, desaceleração e rotação do cérebro. Isso resulta na deformação/dano a componentes individuais como neurônios, células gliais e vasos sanguíneos e alterações da permeabilidade da membrana. Após o dano inicial, ocorre o estado hipermetabólico pós-concussivo assim como um período de diminuição do fluxo sanguíneo cerebral. Isto causa uma ampla disparidade entre o suprimento e a demanda de glicose produzindo uma crise de energia celular.[30]

Há muitas características e nuances da população de mTBI associado ao esporte, o que dificulta o diagnóstico e o tratamento. Uma dessas dificuldades é que os atletas são o único grupo de pacientes que, rotineiramente e muitas vezes, pedem para voltar a jogar, e desse modo sujeitam-se invariavelmente a múltiplos casos futuros de impacto na cabeça. Muitos desses impactos resultarão pelo menos em lesão cefálica subclínica (subconcussiva). Embora um único episódio de mTBI pareça ser bem tolerado em geral pela maioria dos atletas, pode ocorrer morbidade do estado mental a longo prazo com múltiplas agressões. Avanços nas áreas de neurorradiologia, neurobiologia, neuropsicologia e neuropatologia diagnósticas fornecem agora ao clínico métodos mais acurados e objetivos de analisar essa população de pacientes.

Historicamente, não existe uma concordância universal sobre a definição e graduação da concussão, e as tentativas de classificação tendem a focar na presença ou ausência de um período de LOC e amnésia. A cefaleia é o sintoma relatado com mais frequência e a tontura é o segundo mais comum. Curiosamente, LOC ocorre em apenas cerca de 10% das concussões. A declaração de consenso mais recente sobre a condição conclui que se deve suspeitar de concussão quando o indivíduo tem pelo menos um dos seguintes sinais e sintomas:[31]

- Sinais: sinais físicos (p. ex., cefaleia), sinais cognitivos (p. ex., sensação de confusão), sinais emocionais (p. ex., inquietação).
- Sintomas físicos (p. ex., LOC, amnésia).
- Alterações comportamentais (p. ex., irritabilidade).
- Comprometimento cognitivo (p. ex., tempo de reação lento).
- Transtorno do sono (p. ex., insônia).

25.1.10 Tratamento no Local

Geralmente, é fácil identificar os atletas que sofrem lesões catastróficas na cabeça ou medula espinhal, uma vez que são estes que desenvolvem imediato déficit neurológico. Mais desafiador é o diagnóstico de uma lesão com mínima sintomatologia inicial. Existem cinco categorias de um tratamento a campo: (1) preparação para qualquer lesão neurológica, (2) suspeita e identificação, (3) estabilização e segurança, (4) tratamento imediato e possível tratamento secundário, e (5) avaliação para voltar a jogar.[32] É obrigatório que haja uma prancha de imobilização espinhal, colar cervical e equipamento de reanimação cardiopulmonar no local e facilmente acessíveis durante uma competição. Equipamento específico para remoção dos dispositivos de proteção (p. ex., máscara facial de futebol americano) também deve estar prontamente disponível. Se houver suspeita de uma lesão cefálica ou cervical, o atleta deve ser avaliado imediatamente quanto ao nível de consciência enquanto ainda estiver em campo. Após a avaliação inicial, como em qualquer paciente com traumatismo craniencefálico, deve-se supor que o atleta com uma lesão cefálica tenha uma lesão cervical associada, e a estabilização espinhal é essencial para limitar qualquer outra lesão. Se o atleta estiver usando um dispositivo de proteção com uma máscara facial, esta deverá ser removida. Embora ainda não haja aceitação universal, a remoção de todo o equipamento de proteção ainda em campo está se tornando mais comum e é realizada com base na situação. Várias situações foram identificadas como sendo necessário a remoção do capacete e alça do queixo. Isto inclui um capacete com encaixe frouxo que não manteria a cabeça em segurança de tal forma que se o capacete fosse imobilizado a cabeça ainda estivesse móvel, se não for possível controlar a via aérea ou prover ventilação mesmo após remoção da máscara facial, se não for possível remover a máscara facial após um razoável período de tempo, e se o capacete impedir a imobilização para o transporte em uma posição adequada. A remoção do capacete deve ser realizada com suporte occipital concomitante ou remoção simultânea das ombreiras. Se ficarem posicionadas após a remoção do capacete, as ombreiras podem causar hiperextensão cervical. Obviamente, se o capacete for removido, a imobilização cervical deve ser mantida durante o procedimento.

Em um atleta neurologicamente intacto, com estado mental normal, depois de excluído o envolvimento da coluna cervical, o atleta pode ser auxiliado para ficar em posição sentada e, se estiver estável nessa posição, até ficar na posição em pé. Se estiver apto a ficar em pé, o atleta pode então sair do campo para avaliação adicional. Atletas inconscientes precisam ser estabilizados antes de qualquer avaliação neurológica. A avaliação inicial deve começar com a avaliação de via aérea, respiração e circulação através do suporte básico de vida. Se todo o equipamento de proteção do atleta não foi removido, muitas vezes pode-se realizar o suporte cardiopulmonar com a remoção da máscara facial para ter acesso à via aérea e a parte frontal das ombreiras pode ser aberta para permitir a compressão ou a desfibrilação. Quando ocorrer súbita inconsciências sem ocorrência de trauma craniespinhal precedente, deve-se considerar uma etiologia cardíaca. A imediata transferência para uma instituição com capacidade neurocirúrgica deve ser realizada para o atleta com prolongada alteração da consciência, agravamento de sintoma, ou déficit neurológico focal. O transporte deve ser realizado sob a suposição de uma lesão concomitante à medula espinhal (SCI), sendo obrigatória a estabilização espinhal.

Qualquer atleta sob suspeita de ter uma concussão deve ser imediatamente removido do jogo e avaliado. Isto inclui um exame físico focalizado para descartar lesão cerebral mais séria seguido de histórico, testes cognitivos e de equilíbrio. Várias ferramentas para avaliação de concussão padronizadas na linha lateral do campo estão disponíveis e são úteis para reduzir a subjetividade do exame. As medidas mais comuns adotadas na linha lateral do campo incluem o uso de escores de sintomas, o *Maddocks Questions*, o *Standardized Assessment of Concussion* (SAC) e o *Balance Error Scoring System* (BESS) ou BESS modificado. O *Sport Concussion Assessment Tool* 2 (SCAT2) e o *National Futebol League* (NFL) *Sideline Concussion Assessment Tool* combinam várias medidas de avaliação para fornecer um escore.[28]

25.1.11 Imagens

Não existem diretrizes específicas sobre quando realizar imagens cerebrais de um atleta lesionado na cabeça. Por essa razão, o médico precisa individualizar a realização de imagens à base de paciente a paciente. Indivíduos que exibem déficits neurológicos focais, alterações persistentes do estado mental, escore de 13 ou menos na Escala de Coma de Glasgow, e a preocupação com fratura de crânio são exemplos comuns da necessidade de se obter pelo menos uma imagem de CT do atleta. Nos casos menos nítidos, a duração e gravidade dos sintomas são usadas para auxiliar nessa decisão. A CT expõe o cérebro à radiação e deve ser usada criteriosamente. Porém, se houver qualquer questão referente a uma lesão potencialmente fatal, a obtenção de imagem de CT é uma modalidade diagnóstica rápida e eficaz.

Embora a CT e imagem por ressonância magnética (MRI) padrão não detectem concussões, técnicas de imagem mais recentes como a MRI funcional (fMRI), imagem com tensor de difusão (DTI) e espectroscopia por MR (MRS) estão sob investigação.[28] A MRI funcional pode ser usada para identificar alterações nos padrões do fluxo sanguíneo regional. A DTI mede o movimento da água dentro do cérebro e, com isto, pode fornecer imagens estruturais dos tratos de fibras da substância branca que podem ser danificados em uma concussão. A MRS mede as alterações na proporção dos neurometabólitos em diferentes áreas do cérebro.

25.1.12 Lesão Cerebral Não Traumática Associada ao Esporte

As lesões cerebrais aos atletas podem ocorrer por meio de outros mecanismos além do trauma. As duas principais causas de lesão cerebral não traumática relacionadas com o esporte são a embolia aérea cerebral e edema cerebral das grandes altitudes (HACE). Essas condições resultam da participação em mergulho subaquático e montanhismo. Por causa do número crescente de pessoas que participam dessas atividades assim como do maior acesso, é imperativo que os sinais e sintomas dessas condições e as estratégias de tratamento sejam conhecidos.

O mergulho recreacional em escuna se tornou um esporte popular nos Estados Unidos, com quase 9 milhões de mergulhadores certificados.[33] Uma das lesões mais graves de risco para os participantes é o desenvolvimento de embolias aéreas cerebrais. As embolias aéreas cerebrais são as lesões mais sérias e rapidamente fatais de todos os mergulhos e são secundárias apenas ao afogamento como causa principal de morte associada ao esporte.[34] Aproximadamente 60% dos mergulhadores com doença da descompressão apresentarão sintomas e sinais de envolvimento do sistema nervoso central. A condição com mais frequência é o resultado de uma rápida subida de profundidades superiores a 10 m quando os espaços corporais cheios de ar falham em equalizar sua pressão à mudança das pressões ambientais. Isto resulta em liberação de ar de um alvéolo superpressurizado, entrando nos capilares pulmonares e se deslocando através da circulação arterial, causando a oclusão do fluxo sanguíneo cerebral. Em mais de 80% dos pacientes, os sintomas se desenvolvem 5 minutos após a chegada à superfície, mas também podem ocorrer durante a subida ou após um intervalo mais longo na superfície. O atleta pode se queixar de diplopia, visão em túnel ou vertigem, ou exibir atividade convulsiva, perda de memória e alterações no afeto, hemiplegia ou disartria. Curiosamente, esse diagnóstico deve estar no topo do diagnóstico diferencial caso o mergulhador chegue à superfície com alteração do estado mental – quase dois terços dos pacientes têm alterações da consciência (isto é, coma ou obnubilação).[35] O tratamento consiste em suporte de vida cardíaco básico ou avançado, oxigênio a 100%, reidratação e transporte para uma instituição que realize recompressão. O oxigênio reduz a isquemia nos tecidos afetados e acelera a dissolução dos êmbolos aéreos. Cuidados de suporte para convulsões, choque, hiperglicemia e disfunção pulmonar devem ser previstos. A terapia de recompressão deve ser iniciada imediatamente com o uso do algoritmo da Marinha dos Estados Unidos.[36] A terapia de recompressão reduz o tamanho dos êmbolos aéreos por meio do aumento da pressão ambiental. Isto acelera a passagem dos êmbolos através da vasculatura e restabelece o fluxo sanguíneo para os tecidos isquêmicos.

HACE pode resultar em aumentos significativos da pressão intracraniana e é responsável por até 5% das mortes em alpinistas acima de 4.000 m. Originalmente, acreditava-se que fossem distúrbios distintos, mas HACE agora é principalmente considerado o estágio final do mal agudo das montanhas (AMS) grave. AMS e HACE provavelmente estão em continuidade com base no processo fisiopatológico subjacente comum no indivíduo não aclimatado a grandes altitudes. Os atletas afetados desenvolvem sintomatologia geralmente dentro de 72 horas, incluindo ataxia, vertigem, confusão e alucinações. O principal contribuinte para a doença da altitude é a hipóxia com resultante edema cerebral. O tratamento consiste no imediato retorno a um plano de elevação mais baixo, como objetivo de alcançar a menor altitude possível,[37] oxigenação e cuidados de suporte. Os agentes farmacológicos como acetazolamida e dexametasona também são usados para tratar essa condição, com variável sucesso. Acetazolamida, um inibidor da anidrase carbônica sulfonamida, aumenta a excreção renal de bicarbonato, produzindo uma leve acidose. A ventilação aumenta em resposta a essa acidose, que se acredita mimetizar o processo de aclimatação. A acetazolamida também diminui o volume e a pressão do líquido cerebroespinhal pela redução da produção, aumentando a saturação de oxigênio na ventilação-minuto, e diminuindo a respiração periódica à noite. A dexametasona, um glicocorticoide sintético, é tradicionalmente usada no tratamento da doença da altitude. Acredita-se que seja valiosa no tratamento de HACE por causa de sua capacidade de estabilizar a integridade vascular cerebral, reduzindo assim o edema vasogênico e diminuindo a pressão intracraniana.[38]

25.2 Lesão Espinhal

A cada ano, ocorrem mais de 10.000 casos de SCI nos Estados Unidos. Eventos esportivos são a quarta causa mais comum dessas lesões (atrás dos acidentes automobilísticos, violência e quedas) e respondem por aproximadamente 7,5% das lesões totais desde 1990.[39,40] As SCIs associadas ao esporte também ocorrem em média etária mais jovem de 24 anos e são a segunda causa mais comum de SCI nas três primeiras décadas de vida.[41] Um espectro de lesões a tecidos moles, ósseos e sistema nervoso pode ocorrer à espinha dos atletas, resultando, geralmente, em significativa incapacidade e longo tempo para voltar à competição, e pode se tornar uma origem de dor crônica com limitação funcional. A lesão na medula espinhal, porém, talvez seja a consequência mais temida das atividades atléticas, e nenhuma outra lesão esportiva é potencialmente mais catastrófica.

A distorção estrutural da coluna espinhal cervical, associada a dano real ou potencial à medula espinhal, é classificada como lesão catastrófica à coluna cervical. Felizmente, por ser esta uma condição rara, poucos médicos têm extensa experiência em cuidados de emergência nessas lesões. O manejo inadequado do paciente no campo ou durante o transporte pode agravar ou precipitar a disfunção da medula espinhal. A falha em tratar adequadamente uma lesão cervical catastrófica pode resultar em comprometimento do estado cardíaco, respiratório e neurológico do atleta. A melhor compreensão dessas lesões pode facilitar um diagnóstico precoce e um tratamento eficaz no campo.

25.2.1 Incidência

Lesões espinhais são mais comuns no esporte não organizados, como o mergulho e o surfe.[42] O desafio nessa população, que responde pela maior parte das lesões espinhais relacionadas com o esporte, é que as regras, supervisão e treinamento são limitados. Isto dificulta a melhora dos padrões de lesão por meio de diretrizes de segurança obrigatórias e padrões do fabricante.

Embora menos frequente, a lesão espinhal no esporte organizado tem um perfil muito mais público. Em vários esportes organizados identificou-se que estes esportes põem o participante em risco de SCI. Esses esportes incluem o futebol, hóquei no gelo, rúgbi, esqui, surfe na neve e esporte equestre.[43-46] Embora o futebol americano apresente uma taxa mais baixa por participante de lesões catastróficas à coluna cervical do que o hóquei no gelo ou ginástica, o número mais alto de participantes se traduz em maior número geral de lesões catastróficas à coluna cervical.[47]

Um aumento significativo de trauma cervical catastrófico coincidiu com o desenvolvimento do moderno capacete de futebol americano. Mudanças na regra, em 1976, proibindo técnicas de jogo que usassem o topo do capacete com ponto inicial de contato para bloqueio e combate (técnica *spearing*), reduziram significativamente essa tendência. De 1976 a 1987, a taxa de lesões cervicais diminuiu 70%, de 7,72 por 100.000 para 2,31 por 100.000 no ensino médio.[48] A tetraplegia traumática diminuiu aproximadamente 82% durante o mesmo período de tempo. O hóquei no gelo experimentou um acentuado aumento de ocorrências de lesões à coluna cervical de sua história.[49] Lesões importantes à coluna vertebral ocorreram em uma taxa aumentada entre 1982 e 1993, com uma média de 16,8 fraturas/deslocamentos ao ano durante esse período de tempo. A colisão repentina de um oponente por trás, que tipicamente produz uma forte colisão de cabeça do jogador contra as proteções laterais da quadra, foi identificada como importante fator causador de trauma à coluna cervical no hóquei. Mudanças de regras que proíbem atingir um jogador por trás e atingir um oponente que não está mais controlando o disco de hóquei reduziram a incidência dessas lesões, e os dados sugerem que menos casos de tetraplegia completa têm sido causados por essas técnicas de jogo desde a instituição das mudanças das regras.

25.2.2 Etiologia

A lesão coluna cervical pode ser dividida em várias categorias: fraturas instáveis e deslocamentos, tetraplegia transitória e herniação aguda de disco central. Estes produzem sintomas e sinais neurológicos que envolvem as extremidades em distribuição bilateral. As lesões à coluna cervical associadas ao esporte eram, anteriormente, divididas em três grupos, que fornecem informações úteis ao tomar decisões para voltar a jogar.

Lesões tipo I são aquelas em que o atleta mantém SCI permanente. Isto inclui tanto a paralisia imediata completa como as síndromes de SCI incompletas. As lesões incompletas são basicamente de quatro tipos: síndrome de Brown-Séquard, síndrome espinhal anterior, síndrome da medula central e tipos mistos. Os tipos mistos incluem o achado de déficits motores e sensitivos cruzados com envolvimento mais proeminente das extremidades superiores, que é considerado uma variante da medula central/Brown-Séquard. Além disso, há alguns indivíduos nos quais a lesão neurológica pode ser relativamente menor, mas está associada à patologia demonstrável da medula espinhal em estudos por imagem. Por exemplo, uma lesão de alta intensidade dentro da medula espinhal vista em MRI documenta uma contusão de medula espinhal. As lesões tipo II ocorrem em indivíduos com estudos radiográficos normais. Esses déficits se resolvem completamente dentro de minutos a horas, e eventualmente o atleta apresenta um exame neurológico normal. Um exemplo da lesão tipo II é a "síndrome de queimação nas mãos" (*burnin ghands*), uma variante da síndrome da medula central caracterizada por disestesias de queimação nas mãos e fraqueza associada nas mãos e braços.[50] A maioria desses pacientes tem estudos radiológicos normais, e seus sintomas se resolvem completamente em aproximadamente 24 horas. As lesões tipo III compreendem os jogadores com anormalidade radiológica sem déficit neurológico. Essa categoria inclui fraturas, fraturas-deslocamentos, lesões ligamentares e de tecido mole e discos intervertebrais herniados.

A SCI também pode ser dividida em coluna cervical superior (occipício, atlas e áxis) e inferior (C3-T1). O conhecimento completo da anatomia normal e movimento singular da coluna em vários segmentos é mandatório para se tratar essas lesões.

A fratura instável e/ou deslocamento são as causas mais comuns de trauma catastrófico à coluna cervical. O vetor mais comum da lesão primária é a carga axial com flexão no futebol e no hóquei. Oitenta por cento das lesões à coluna cervical resultam de aceleração da cabeça e golpe corporal em um objeto parado ou em outro jogador.

A coluna cervical é comprimida entre a cabeça que é instantaneamente desacelerada e a massa de corpo que se mantém em movimento quando uma força axial é aplicada ao vértice do capacete. Em alinhamento neutro, a coluna espinhal cervical é ligeiramente estendida em consequência de sua postura lordótica normal, e acredita-se que as forças compressivas possam ser efetivamente dissipadas pela musculatura paravertebral e ligamentos vertebrais. Esse efeito de proteção (*buffering*) da lordose cervical é eliminado quando a coluna espinhal cervical é retificada e grandes quantidades de energia são transferidas diretamente ao longo do eixo longitudinal da coluna. Sob cargas bastante altas, a coluna cervical pode responder a essa força compressiva por meio de deformação em arco (*buckling*).

Dois principais padrões de lesão na coluna espinhal resultam do vetor de lesão por compressão. A lesão compressão-flexão é a variante mais comum que resulta da combinação de carga axial e flexão. Resulta em encurtamento da coluna anterior por causa de falha compressiva do corpo vertebral e extensão da coluna posterior por causa da falha tênsil dos ligamentos espinhais. Se a vértebra cervical estiver sujeita a uma força de compressão relativamente pura, as colunas anterior e posterior se encurtam, resultando em fratura por compressão vertical (*explosão*). O corpo vertebral essencialmente explode, sendo possível que neste momento ocorra extrusão do material discal através da placa terminal fraturada e a retropulsão do material ósseo dentro do canal espinhal resulta em dano à medula. Alternativamente, pode ocorrer significativa SCI sem ruptura importante da integridade da coluna espinhal. Esse tipo de lesão é o resultado de uma deformação transitória da coluna espinhal com transferência de energia para a medula espinhal.

O trauma cervical catastrófico causado por flexão do vetor disruptivo primário geralmente resulta de um golpe direto em uma região occipital ou da rápida desaceleração do tronco. A lesão de flexão-distração que mais provavelmente resulta em disfunção da medula espinhal é um deslocamento da faceta bilateral. Pode ocorrer deslocamento da faceta unilateral associado à lesão medular em até 25% dos casos com a adição de rotação axial à força de distração.[51] Deve-se reconhecer que os deslocamentos/fraturas cervicais instáveis nem sempre resultam em disfunção de neurônio motor superior. O deslocamento da faceta unilateral pode causar monorradiculopatia provocada por compressão foraminal de uma raiz nervosa no lado do processo articular deslocado. Em outros casos, dano ósseo ou ligamentar importante produz comprometimento não neurológico. A SCI nesses cenários é potencial e não real baseada na quantidade de integridade estrutural da coluna vertebral.[52]

25.2.3 Lesão na Coluna Cervical Superior

Para fins de lesões relacionadas com o esporte, a coluna cervical superior é considerada como o occipício, atlas (C1) e áxis (C2). A principal função da articulação atlanto-occipital é o movimento no plano sagital, que responde por 40% da flexão e extensão normais da coluna e de 5 a 10 graus de curvatura lateral. A articulação atlantodental da linha média é estabilizada pelo ligamento atlantotransverso, que impede a translação para a frente do atlas. Essa anatomia osseoligamentar especializada permite a rotação do atlas de maneira bastante irrestrita. O complexo atlantoaxial é responsável por 40 a 60% de toda a rotação cervical.[53] Essa rotação é limitada pelos ligamentos alares que se estendem do processo odontoide até as bordas internas dos côndilos occipitais. Os ligamentos apicais inserem-se no odontoide centralmente até o forame magno anterior. A força da articulação atlantoaxial é fornecida pelo ligamento transverso e as cápsulas articulares laterais.

O dano à medula espinhal causado por fraturas ou deslocamentos envolvendo a coluna cervical superior é raro porque há um espaço proporcionalmente maior disponível dentro do canal espinhal comparado com os segmentos cervicais inferiores. É mais provável que as lesões que desestabilizam o complexo atlantoaxial (fratura do odontoide ou ruptura do ligamento atlantotransverso) resultem em disfunção da medula espinhal. A flexão é a causa mais comum de lesão na articulação atlantoaxial. As fraturas odontoides também podem resultar de lesões de extensão. Os deslocamentos unilaterais rotatórios geralmente são o resultado de forças rotacionais. É rara a compressão medular com a fratura por explosão do atlas ou espondilolistese traumática do áxis porque essas lesões ósseas expandem as dimensões do canal espinhal. Se forem realizadas radiografias anteroposteriores e houver distanciamento das massas laterais maiores que 7 mm, o ligamento transverso provavelmente está roto. Fraturas do pedículo bilateral do áxis podem ocorrer em razão da extensão do occipício na coluna cervical. Curiosamente, embora essas lesões possam resultar em instabilidade, geralmente não causam déficits neurológicos secundários a um canal espinhal anatomicamente largo, que também está presente nesse nível. Se ocorrer uma lesão na medula cervical superior, pode ocorrer paralisia diafragmática com insuficiência respiratória aguda junto com tetraplegia porque o nervo frênico surge das três raízes nervosas cervicais (C3-C5).

25.2.4 Lesão na Coluna Cervical Inferior

A coluna cervical inferior é composta pelas vértebras C3 a C7. Esta área é responsável pelos arcos remanescentes de flexão, extensão, inclinação lateral e rotação do pescoço, e apresenta várias diferenças anatômicas importantes no que se refere à coluna cervical superior. O canal espinhal não é tão largo nesse nível, e as articulações da faceta estão orientadas em um ângulo de 45 graus. Por causa dessa angulação, a rotação axial é um tanto limitada. As articulações da faceta também restringem a translação vertebral para a frente.

Cada segmento de movimento pode ser separado em coluna anterior e posterior. A estabilidade de um segmento cervical é derivada principalmente dos elementos espinhais anteriores. A compressão da coluna espinhal é primariamente resistida pelos corpos vertebrais e disco intervertebral, enquanto as forças de cisalhamento são contra opostas primariamente pela musculatura para espinhal e suporte ligamentar. A instabilidade da coluna cervical inferior é definida radiologicamente como deslocamento causado pela translação de duas vértebras adjacentes superior a 3,5 mm ou angulação maior que 11 graus entre vértebras adjacentes.[54]

A maioria das fraturas e deslocamentos ocorre na região cervical inferior. As lesões à coluna cervical inferior são definidas pelas forças atuantes na área (isto é, flexão, extensão, rotação lateral, carga axial). Articulações deslocadas geralmente são a consequência de um mecanismo de flexão com distração ou rotação. As estruturas ligamentares são as contenções primárias à distração da coluna. A compressão das estruturas posteriores e o dano às estruturas anteriores geralmente resultam da extensão ou lesões em chicotada. Este mecanismo de lesão comumente resulta em ruptura do ligamento longitudinal anterior e fraturas dos elementos posteriores. As forças compressivas geralmente resultam em fraturas do corpo vertebral. Estas fraturas são vistas, geralmente, na coluna de jogadores de futebol americano que sofreram traumas, nas violentas técnicas de bloqueio, a qual possui quatro características: reversão da lordose cervical, evidência radiológica de fraturas anteriores menores de corpo vertebral curadas, estenose do canal, e o uso habitual de técnicas de bloqueio. É comum nessa população a postura flexionada da cabeça e a perda da lordose cervical protetora. Grandes cargas axiais podem resultar em protrusão do material discal ou fratura do osso dentro do canal espinhal. Este é o mecanismo mais comum da tetraplegia relacionadas com o esporte. O nível C3-C4 é o envolvido com mais frequência nos casos de tetraplegia secundária a deslocamentos cervicais.

25.2.5 Síndrome da Medula Central/ Síndrome da Sensação de Queimação nas Mãos

A lesão na medula cervical inferior pode resultar em um espectro de disfunções neurológicas. Pode ocorrer SCI incompleta com preservação parcial da função sensitiva ou motora. A síndrome da medula central é a manifestação mais comum disto, seguida em frequência pela síndrome da medula anterior.

A síndrome da sensação de queimação nas mãos é considerada uma variante da síndrome da medula central. Caracteriza-se por disestesia em queimação nas extremidades superior e provavelmente resulta de insuficiência vascular que afeta a porção medial dos tratos espinotalâmicos arranjados de maneira somatotópica.[55] As extremidades inferiores podem, algumas vezes, ser envolvidas, e ocasionalmente a fraqueza é evidente. A fratura da coluna cervical ou lesão ao tecido mole é vista em radiografias em 50% dos pacientes com essa síndrome. Qualquer atleta que apresente essa condição deve ser inicialmente tratado para SCI.

25.2.6 Neuropraxia da Medula Cervical/ Tetraplegia Transitória

Estima-se que a neuropraxia da medula espinhal cervical que resulta em tetraplegia transitória ocorra em sete por 10.000 jogadores de futebol.[56] Essa lesão alarmante é caracterizada pela perda temporária da função motora ou sensitiva e acredita-se que seja o resultado de um bloqueio da condução fisiológica sem ruptura anatômica real do tecido neuronal. O atleta afetado pode se queixar de dor, formigamento ou perda de sensação bilateralmente nas extremidades superiores e/ou inferiores. Um espectro de fraqueza muscular é possível, que vai da tetraparesia leve à tetraplegia completa. O atleta apresenta uma amplitude de movimentos cervicais total, sem dor, e não se queixa de dor no pescoço. A hemiparesia ou a perda hemissensitiva também é possível.

Acredita-se que essa condição resulte de um mecanismo tipo pinça de compressão da medula entre a porção posteroinferior de um corpo vertebral e a lâmina da vértebra abaixo. A condição também pode ocorrer durante hiperflexão, mas em geral com movimentos de extensão com dobradura interna do ligamento amarelo, que pode resultar em redução de 30% ou mais do diâmetro anteroposterior do canal espinhal. Os axônios da medula espinhal se tornam irresponsivos à estimulação por um período de tempo variável, essencialmente criando um efeito "pós-concussivo".[57]

Essa condição é descrita por meio de déficit neurológico, duração de sintomas e distribuição anatômica. Pode ocorrer um continuum de déficits neurológicos que vão de sensitivos somente, distúrbio sensitivo com fraqueza motora e até episódios de paralisia completa. Isto pode ser descrito como parestesia, paresia e plegia. Uma lesão é definida como de grau I se os sintomas de neuropraxia da medula cervical (CCN) não persistirem por mais de 15 minutos. As lesões de grau II são definidas como tendo uma duração de 15 minutos a 24 horas. As lesões de grau IIII persistem por 24 a 48 horas. As quatro extremidades podem estar envolvidas; isto é considerado um padrão "tetra". Podem também ser observados padrões de extremidade superior e inferior.[58]

Por definição, essa condição é transitória, e a resolução completa geralmente ocorre em 15 minutos, mas pode levar até 48 horas. A administração de esteroides de acordo com o protocolo de Bracken nessa população é controversa. Foram realizados estudos controlados relatando que a administração de esteroides alterou a história natural de atletas que sofreram CCN.[59]

Em jogadores que voltam ao futebol, a taxa de recorrência chega a ser tão alta quanto 56%.[58] Existe um volume considerável de controvérsia referente à presença de estenose cervical tornar um atleta mais propenso a sofrer uma lesão neurológica permanente ou uma tetraparesia transitória. O diâmetro anteroposterior do canal espinhal (mensurado desde o aspecto posterior do corpo vertebral até o ponto mais anterior da linha laminar espinhal) determinado por radiografias da coluna cervical lateral é considerado normal, se houver mais de 15 mm entre C3 e C7. Considera-se que há estenose cervical se o diâmetro do canal for inferior a 13 mm. No entanto, essa mensuração apresenta uma significativa variabilidade secundária a variações nos pontos de referência usados para medição, nas alterações das distâncias-alvo para obter radiografias, no posicionamento do paciente, diferenças no formato triangular transversal do canal e a magnificação do canal por causa de uma compleição corporal grande do paciente. Na tentativa de eliminar essa variabilidade, Torg e Pavlov designaram um método de proporção para determinar a presença de estenose cervical, comparando o diâmetro sagital do canal espinhal com o diâmetro sagital da porção média do corpo vertebral no mesmo nível.[60] Uma relação de 1:1 foi considerada normal enquanto a inferior a 0,8 foi indicativa de significativa estenose cervical. Verificou-se que essa relação rotula atletas com tamanhos adequados de canais, mas grandes corpos vertebrais como estenóticos. Essa observação, assim como a capacidade sem precedentes de obter a imagem de coluna vertebral, discos intervertebrais, canal espinhal, líquido cefalorraquidiano (CSF) e medula espinhal diretamente, tornou a MRI, e não os pontos de referência óssea, atualmente, o método preferido de escolha para avaliar a "estenose espinhal funcional". A avaliação por MRI de sinal de CSF ao redor da medula espinhal, denominada reserva funcional, pode ser determinada bem como a visualização do sinal de CSF, sua atenuação em áreas de estenose e alterações em estudos de flexão-extensão por meio de MRI sagital dinâmica são de grande importância no diagnóstico dessa condição. Nos casos que envolvem um padrão ausente de CSF em imagens de MR axiais e, particularmente, sagitais, a estenose funcional é diagnosticada.

A estenose cervical do desenvolvimento ou adquirida parece predispor o atleta à CCN. É bem aceito que um paciente jovem que apresentou um episódio de CCN não era predisposto a uma lesão neurológica permanente. Esta suposição é posta em questão agora que o jogador sofreu uma CCN e subsequentemente sustentou uma lesão tetraplégica.[61]

25.2.7 Herniação de Disco Intervertebral Traumática

A herniação aguda de um disco intervertebral pode ocorrer durante a participação em esporte e na população atlética. A extrusão do material discal para o interior do canal espinhal central pode resultar em compressão medular aguda e uma lesão medular transitória ou permanente. Clinicamente, o atleta pode apresentar paralisia aguda das quatro extremidades e perda da sensação de dor e temperatura. A herniação traumática de disco central também é acompanhada tipicamente de súbito início de dor na parte posterior do pescoço/espasmo muscular paraespinhal, assim como dor radicular real no braço ou dor referida para a área periescapular.

25.2.8 Dor Neuropática/Plexopatia Braquial Transitória/Neuropraxia de Raiz Nervosa

Essa condição é uma das ocorrências mais comuns em esporte de colisão e não resulta de SCI. Foi descrita pela primeira vez em 1965.[62] Por se acreditar que o mecanismo fosse uma força direta aplicada ao ombro, flexionando lateralmente o pescoço contralateral ao ponto de contato, a condição também é referida como síndrome do pinçamento cervical. Este é um evento neurológico transitório caracterizado por dor e parestesia em uma única extremidade superior após um golpe na cabeça ou ombro. Os sintomas envolvem, com mais frequência, as raízes espinhais C5 e C6. O atleta afetado pode experimentar queimação, formigamento ou dormência em distribuição circunferencial ou em dermátomos. Os sintomas podem se irradiar para a mão ou permanecer localizados no pescoço. Esses atletas em geral mantêm uma postura de coluna cervical ligeiramente flexionada e para reduzir a pressão sobre a raiz nervosa afetada no forame neural, ou segurar/elevar o membro afetado na tentativa de diminuir a tensão sobre as raízes nervosas cervicais superiores.

A fraqueza na abdução do ombro, rotação externa e flexão do braço é um indicador confiável de lesão. Se a fraqueza for um componente, geralmente ela envolverá o neurótomo C5-C6. A dor que se irradia para o braço tende a se resolver primeiro (em minutos), seguida do retorno da função motora (em 24 a 48 horas). Embora a condição em geral seja auto limitante e os déficits sensorimotores permanentes sejam raros, um grau variável de fraqueza muscular pode durar até 6 semanas em uma pequena porcentagem de casos.

Essa lesão geralmente é a consequência de deslocamento inferior do ombro com concomitante flexão lateral do pescoço na direção do ombro contralateral. Acreditava-se que isto resultasse em lesão por tração ao plexo braquial. A condição também pode resultar da rotação ipsolateral da cabeça com a carga axial, resultando em estreitamento do forame neural e compressão/impacto da raiz nervosa de saída dentro do forame.[63] O trauma fechado direto no ponto de Erb, localizado superficialmente na região supraclavicular, também é relatado como uma etiologia de dores neuropáticas (lesão ao plexo braquial). Isto pode ocorrer quando o ombro ou o capacete de um oponente é impulsionado para dentro da ombreira do atleta afetado e diretamente para dentro dessa área.

Essa lesão é graduada utilizando-se critérios de Seddon. Uma lesão de grau I é essencialmente uma neuropraxia definida como um déficit motor ou sensitivo transitório sem ruptura axonal estrutural. Esse tipo de lesão em geral se resolve completamente e pode-se esperar a total recuperação em 2 semanas. Lesões de grau II são equivalentes à axonotmese. Esta envolve a ruptura axonal comum epineuro externo de suporte intacto. Isto resulta em um déficit neurológico por pelo menos 2 semanas, e uma lesão axonal pode ser demonstrada em estudos eletromiográficos em 2 a 3 semanas após a lesão. Lesões de grau III são consideradas neurotmese ou destruição total do axônio e de todo o tecido de suporte. Essas lesões persistem por no mínimo 1 ano com pouca melhora clínica.

A estenose do canal cervical tem sido implicada como um fator de risco para dores neuropáticas.[64] As dimensões da medula espinhal permanecem relativamente constantes na coluna cervical sub axial, com um diâmetro médio da medula mesossagital na faixa de 8 a 9 mm.[65] Em contraste, o tamanho do canal vertebral na região cervical inferior mostra significativa variação individual. A determinação da "reserva funcional" (quantidade de CSF em torno da medula espinhal) pode ser realizada, usando-se a MRI e atualmente é o método preferido para avaliar "estenose espinhal funcional".

Dores neuropáticas com sintomas neurológicos prolongados são uma das razões mais comuns para avaliação da coluna cervical de atletas do ensino médio e universitário em prontos-socorros. Geralmente, o atleta demonstra um arco completo sem dor ao movimento do pescoço, sem sensibilidade aumentada à palpação na linha média, ao exame. Se houver sensibilidade aumentada ou persistirem os sintomas neurológicos unilaterais, deve-se considerar a herniação de disco para central com compressão de raiz nervosa associada. Isto geralmente é acompanhado por início súbito de dor e espasmo na região posterior do pescoço. A monorradiculopatia, caracterizada por dor irradiante, parestesias, ou fraqueza na extremidade superior, também ocorre secundária à compressão e inflamação da raiz cervical.

25.2.9 Tratamento no Local

O tratamento imediato do jogador que sofreu uma SCI deve seguir os protocolos padrão para trauma, abordando via aérea, respiração e circulação. O objetivo inicial dessa pesquisa primária é avaliar o atleta para condições potencialmente fatais imediatas e prevenir outras lesões. Durante essa pesquisa primária, são instituídos procedimentos adequados de reanimação e o sistema médico de emergência é acionado imediatamente ao se identificar um problema com risco de vida ou uma lesão espinhal séria.

Após a pesquisa primária, um dos três cenários clínicos se tornam aparentes: colapso cardiopulmonar real ou iminente, estado mental alterado, mas sem comprometimento do sistema cardiovascular ou respiratório, ou nível normal de consciência e função cardiopulmonar normal.

Se o atleta estiver experimentando um colapso cardiopulmonar, o uso de princípios de suporte de vida cardíaco avançado é essencial. Um atleta deitado em pronação deve ser rolado cuidadosamente por manobra de rolagem *log-rolling* para a posição supina em uma prancha espinhal rígida, se disponível. Qualquer máscara facial deve ser rapidamente removida para providenciar acesso adequado à via aérea. Como já mencionado neste capítulo, a remoção inicial do capacete e ombreira está se tornando uma prática mais rotineira. Se ainda estiver posicionado, o protetor bucal deve ser retirado enquanto é mantida a estabilização manual do pescoço em posição neutra. A avaliação da via aérea deve ser realizada como conhecimento de que a obstrução pode ser secundária a um corpo estranho, fraturas faciais, ou lesão direta à traqueia ou laringe. Um nível de consciência diminuído também pode contribuir para a incapacidade de manter a via aérea.

Se a respiração tiver amplitude ou frequência insuficiente, é necessária ventilação assistida. No campo, isto geralmente é realizado com o uso de um dispositivo de ventilação bolsa-válvula e máscara facial. A hipóxia deve ser corrigida rapidamente para prover uma ventilação adequada sempre com proteção da coluna vertebral. Em uma via aérea patente, o colapso respiratório pode ser resultante de SCI cervical superior em razão de paralisia do diafragma e dos músculos respiratórios acessórios. As indicações para o controle definitivo da via aérea por meio de intubação endotraqueal incluem apneia, incapacidade de manter a oxigenação com suplementação de máscara facial, e proteção contra aspiração. A circulação também deve ser abordada durante a pesquisa primária. O choque neurogênico secundário a SCI pode resultar em diminuição da amplitude dos pulsos periféricos em combinação com bradicardia. Se os pulsos femorais ou carotídeos não forem palpáveis, é necessária reanimação cardiopulmonar. Se for este o caso, a parte frontal das ombreiras pode ser aberta para permitir as compressões torácicas e a desfibrilação, caso não tenham sido removidas.

Se for constatado um estado mental alterado no atleta sem comprometimento cardiopulmonar, pode-se realizar um breve exame neurológico. A prevenção de outra lesão na medula é de importância primária, e após a realização da reanimação e avaliação iniciais, o foco deve se voltar para a imobilização. O alinhamento axial neutro e o suporte occipital devem ser mantidos. Um jogador inconsciente deve ser rolado por manobra de *log-rolling* para a posição supina e o protetor bucal removido.

Se, após completar a pesquisa primária, verificar-se que o atleta apresenta um estado mental normal sem comprometimento cardiopulmonar, uma avaliação neurológica deve ser realizada. Se o atleta exibir sintomas ou sinais atribuíveis a dano medular, deve-se supor que há trauma catastrófico à medula cervical. Se a avaliação neurológica estiver normal, mas o atleta mostrar dor cervicotorácica, sensibilidade espinhal focal, ou restrição do movimento do pescoço, assume-se que há uma lesão instável à coluna espinhal com potencial comprometimento medular.

Deve-se proceder à sua remoção do campo, com estrita atenção à imobilização da coluna. Deve-se usar uma prancha espinhal rígida com colar cervical ou almofadas nos lados da cabeça. É importante lembrar que o capacete do atleta pode causar flexão cervical não intencional em uma prancha espinhal rígida. Após a chegada do atleta ao hospital, se ainda estiverem posicionados, o capacete e as ombreiras devem ser removidos antes do exame radiológico.

Os atletas que apresentem queimação devem ser imediatamente removidos da competição até que os sintomas tenham se resolvido completamente. O tratamento do participante que sofre essa lesão geralmente é dependente da presença de sintomas residuais. Em geral é considerada uma lesão benigna isolada. A avaliação no campo deve incluir palpação da coluna cervical para determinar quaisquer pontos de sensibilidade ou deformação. A avaliação da sensação e força muscular deve ser realizada, usando o membro não afetado como um ponto de referência, se necessário. Fraqueza nos músculos inervados pelo tronco superior do plexo braquial geralmente é observada. Entre esses músculos estão o deltoide (C5), bíceps (C56), supra espinhal (C56) e infraespinhal (C56). O ombro do membro afetado também deve ser avaliado, com particular atenção à clavícula, articulação acromioclavicular e regiões supraclavicular e glenoumeral. A percussão do ponto de Erb pode ser realizada na tentativa de desencadear sintomas irradiantes. Obviamente, o atleta deve ser avaliado para outras lesões sérias como fraturas e deslocamentos da coluna cervical. Raramente são encontrados padrões de lesão no tronco braquial inferior envolvendo as raízes nervosas C7 ou C8. Também não é comum a observação de déficits sensitivos persistentes envolvendo as extremidades inferiores ou superiores. Essa condição é sempre unilateral e não há relatos de que envolva as extremidades inferiores. Se houver déficits bilaterais na extremidade superior, a SCI pode estar no topo do diagnóstico diferencial. A rigidez localizada ou a sensibilidade aumentada no pescoço com apreensão na direção do movimento cervical ativo, deve alertar o examinador para uma lesão potencialmente séria e o subsequente início de precauções espinhais totais, incluindo a imobilização da coluna em prancha e o transporte para aquisição de imagens avançadas.

Se não houver queixas de dor no pescoço, diminuição da amplitude de movimento, ou sintomas residuais, em geral o jogador pode voltar à competição. Se os sintomas não se resolverem ou houver dor persistente, recomenda-se a imediata aquisição de imagens do plexo braquial por MRI. Se os sintomas persistirem por mais de 2 semanas, pode-se realizar eletromiografia para estabelecer a distribuição e grau da lesão. Fraqueza muscular residual, anomalias cervicais e estudos eletromiográficos anormal são os critérios exclusão para o atleta voltar a jogar.

Por definição formigamentos e queimações são fenômenos transitórios. Geralmente não requerem tratamento formal. O atleta deve ser acompanhado cuidadosamente com repetição dos exames neurológicos porque, embora a condição normalmente se resolva em minutos, pode-se desenvolver fraqueza motora em horas a dias após a lesão. Formigamentos repetidos podem resultar em fraqueza muscular prolongada com parestesias persistentes. Outras opções para que os participantes diminuam o risco de futuras ocorrências consistem em mudar sua posição no campo ou modificar sua técnica de jogo.

25.3 Conclusão

Os benefícios à saúde da participação em atividades esportivas são inegáveis. Infelizmente, também existe o risco inerente de lesão. Melhorias na segurança do equipamento e mudanças de regras levaram a uma queda substancial no número de lesões neurológicas catastróficas sofridas durante uma competição atlética. Quando essas lesões ocorrem, devem ser tratadas imediatamente e de maneira correta para otimizar o resultado. Lesões menos dramáticas, como formigamentos e concussões, também requerem significativa atenção e tratamento para prevenir sequelas permanentes a longo prazo. A expectativa é a de que este capítulo sirva de guia para o rápido diagnóstico e tratamento das emergências neurológicas nessa população.

Referências

[1] McKee AC, Daneshvar DH, Alvarez VE, et al. The neuropathology of sport. Acta Neuropathol. 2014; 127(1):29-51
[2] Daneshvar DH, Nowinski CJ, McKee AC, et al. The epidemiology of sport-related concussion. Clin Sports Med. 2011; 30(1):1-17, vii
[3] Langlois JA, Rutland-Brown W, Wald MM. The epidemiology and impact of traumatic brain injury: a brief overview. J Head Trauma Rehabil. 2006; 21(5):375-378
[4] Yue JK, Winkler EA, Burke JF, et al. Pediatric sports-related traumatic brain injury in United States trauma centers. Neurosurg Focus. 2016; 40(4):E3
[5] Winkler EA, Yue JK, Burke JF, et al. Adult sports-related traumatic brain injury in United States trauma centers. Neurosurg Focus. 2016; 40(4):E4
[6] Thomas M, Haas TS, Doerer JJ, et al. Epidemiology of sudden death in young, competitive athletes due to blunt trauma. Pediatrics. 2011; 128(1):e1-e8
[7] Mueller F, Cantu R. Catastrophic Football Injuries Annual Report. Chapel Hill, NC: National Center for Catastrophic Injury Research; 2009
[8] Buzas D, Jacobson NA, Morawa LG. Concussions from 9 youth organized sports: results from NEISS hospitals over an 11-year time frame, 2002- 2012. Orthop J Sports Med. 2014; 2(4):2325967114528460
[9] Lincoln AE, Caswell SV, Almquist JL, et al. Trends in concussion incidence in high school sports: a prospective 11- year study. Am J Sports Med. 2011; 39(5):958-963
[10] Centers for Disease Control and Prevention (CDC). Nonfatal traumatic brain injuries from sports and recreation activities—United States, 2001-2005. MMWR Morb Mortal Wkly Rep. 2007; 56(29):733-737
[11] Barone GW, Rodgers BM. Pediatric equestrian injuries: a 14-year review. J Trauma. 1989; 29(2):245-247
[12] Ingemarson H, Grevsten S, Thorén L. Lethal horse-riding injuries. J Trauma. 1989; 29(1):25-30
[13] Retsky J, Jaffe D, Christoffel K. Skateboarding injuries in children. A second wave. Am J Dis Child. 1991; 145(2):188-192
[14] Sosin DM, Sacks JJ, Webb KW. Pediatric head injuries and deaths from bicycling in the United States. Pediatrics. 1996; 98(5):868-870
[15] Miele VJ, Bailes JE. Neurological injuries in miscellaneous sports. In: Bailes JE, Day A, eds. Neurological Sports Medicine. Vol. 1. Lebanon, NH: American Association of Neurological Surgeons; 2000:181-250
[16] Miele VJ, Carson L, Carr A, et al. Acute on chronic subdural hematoma in a female boxer: a case report. Med Sci Sports Exerc. 2004; 36(11):1852-1855
[17] Levy AS, Hawkes AP, Hemminger LM, et al. An analysis of head injuries among skiers and snowboarders. J Trauma. 2002; 53(4):695-704
[18] Bailes JE, Cantu RC. Head injury in athletes. Neurosurgery. 2001; 48(1):26-45, discussion 45-46
[19] Pennycook AG, Morrison WG, Ritchie DA. Accidental golf club injuries. Postgrad Med J. 1991; 67(793):982-983
[20] Pasternack JS, Veenema KR, Callahan CM. Baseball injuries: a Little League survey. Pediatrics. 1996; 98(3 Pt 1):445-448
[21] Cantu RC, Mueller FO. Brain injury-related fatalities in American football, 1945-1999. Neurosurgery. 2003; 52(4):846-852, discussion 852-853
[22] Ghiselli G, Schaadt G, McAllister DR. On-the-field evaluation of an athlete with a head or neck injury. Clin Sports Med. 2003; 22(3):445-465
[23] Saunders RL, Harbaugh RE. The second impact in catastrophic contact- sports head trauma. JAMA. 1984; 252(4):538-539
[24] Kelly JP, Nichols JS, Filley CM, et al. Concussion in sports. Guidelines for the prevention of catastrophic outcome. JAMA. 1991; 266(20):2867-2869
[25] McCrory P. Does second impact syndrome exist? Clin J Sport Med. 2001; 11(3):144-149
[26] Kors EE, Terwindt GM, Vermeulen FL, et al. Delayed cerebral edema and fatal coma after minor head trauma: role of the CACNA1A calcium channel subunit gene and relationship with familial hemiplegic migraine. Ann Neurol. 2001; 49(6):753-760
[27] McQuillen JB, McQuillen EN, Morrow P. Trauma, sport, and malignant cerebral edema. Am J Forensic Med Pathol. 1988; 9(1):12-15
[28] Harmon KG, Drezner J, Gammons M, et al; American Medical Society for Sports Medicine. American Medical Society for Sports Medicine position statement: concussion in sport. Clin J Sport Med. 2013; 23(1):1-18
[29] Jordan BD. The clinical spectrum of sport-related traumatic brain injury. Nat Rev Neurol. 2013; 9(4):222-230
[30] Giza CC, Hovda DA. The new neurometabolic cascade of concussion. Neurosurgery. 2014; 75(Suppl 4):S24-S33

[31] McCrory P, Meeuwisse W, Aubry M, et al. Consensus statement on concussion in sport—the 4th International Conference on Concussion in Sport held in Zurich, November 2012. Phys Ther Sport. 2013; 14(2):e1-e13

[32] Kleiner DM; Inter-Association Task Force for Appropriate Care of the Spine-Injured Athlete. Prehospital care of the spine-injured athlete: monograph summary. Clin J Sport Med. 2003; 13(1):59-61

[33] Dean GdL, Uguccioni D, Denoble P, et al. Underwater and Hyperbaric Medicine, abstracts from the literature. Undersea Hyperb Med. 2000; 27:51

[34] Dick AP, Massey EW. Neurologic presentation of decompression sickness and air embolism in sport divers. Neurology. 1985; 35(5):667-671

[35] Greer HD, Massey EW. Neurologic injury from undersea diving. Neurol Clin. 1992; 10(4):1031-1045

[36] United States Navy. Recompression treatments when chamber available. Revision 1 c, rev. 15th ed. 0994-LP-001-9110. In: U.S. Navy Diving Manual. Vol. 1 (Air Diving). Washington, DC: Naval Sea Systems Command Publication; 1993

[37] Clarke C. High altitude cerebral oedema. Int J Sports Med. 1988; 9(2):170-174

[38] Meurer LN, Slawson JG. Which pharmacologic therapies are effective in preventing acute mountain sickness? J Fam Pract. 2000; 49(11):981

[39] Bailes JE, Hadley MN, Quigley MR, et al. Management of athletic injuries of the cervical spine and spinal cord. Neurosurgery. 1991; 29(4):491-497

[40] National Spinal Cord Injury Statistical Center. Spinal Cord Information Network: Facts and Figures at a Glance. Birmingham, AL: University of Alabama at Birmingham; 2003

[41] DeVivo MJ. Causes and costs of spinal cord injury in the United States. Spinal Cord. 1997; 35(12):809-813

[42] Maroon JC, Bailes JE. Athletes with cervical spine injury. Spine. 1996; 21(19):2294-2299

[43] Levy AS, Smith RH. Neurologic injuries in skiers and snowboarders. Semin Neurol. 2000; 20(2):233-245

[44] Quarrie KL, Cantu RC, Chalmers DJ. Rugby union injuries to the cervical spine and spinal cord. Sports Med. 2002; 32(10):633-653

[45] Schmitt H, Gerner HJ. Paralysis from sport and diving accidents. Clin J Sport Med. 2001; 11(1):17-22

[46] Tator CH, Carson JD, Cushman R. Hockey injuries of the spine in Canada, 1966-1996. CMAJ. 2000; 162(6):787-788

[47] Cantu RC, Mueller FO. Catastrophic spine injuries in American football, 1977-2001. Neurosurgery. 2003; 53(2):358-362, discussion 362-363

[48] Torg JS, Truex R Jr, Quedenfeld TC, et al. The National Football Head and Neck Injury Registry. Report and conclusions 1978. JAMA. 1979; 241(14):1477-1479

[49] Tator CH, Provvidenza CF, Lapczak L, et al. Spinal injuries in Canadian ice hockey: documentation of injuries sustained from 1943-1999. Can J Neurol Sci. 2004; 31(4):460-466

[50] Maroon JC, Abla AA, Wilberger JI, et al. Central cord syndrome. Clin Neurosurg. 1991; 37:612-621

[51] Coelho DG, Brasil AV, Ferreira NP. Risk factors of neurological lesions in low cervical spine fractures and dislocations. Arq Neuropsiquiatr. 2000; 58(4):1030-1034

[52] Banerjee R, Palumbo MA, Fadale PD. Catastrophic cervical spine injuries in the collision sport athlete, part 2: principles of emergency care. Am J Sports Med. 2004; 32(7):1760-1764

[53] Ghanayem A, Zdeblich T, Dvorak J. Functional anatomy of joints, ligaments, and discs. In: Cervical Spine Research Society, ed. The Cervical Spine. Philadelphia, PA: Lippincott-Raven; 1998:45-52

[54] White AA III, Johnson RM, Panjabi MM, et al. Biomechanical analysis of clinical stability in the cervical spine. Clin Orthop Relat Res. 1975(109):85-96

[55] Wilberger JE, Abla A, Maroon JC. Burning hands syndrome revisited. Neurosurgery. 1986; 19(6):1038-1040

[56] Torg JS, Guille JT, Jaffe S. Injuries to the cervical spine in American football players. J Bone Joint Surg Am. 2002; 84-A(1):112-122

[57] Zwimpfer TJ, Bernstein M. Spinal cord concussion. J Neurosurg. 1990; 72(6):894-900

[58] Torg JS, Corcoran TA, Thibault LE, et al. Cervical cord neurapraxia: classification, pathomechanics, morbidity, and management guidelines. J Neurosurg. 1997; 87(6):843-850

[59] Castro FP Jr. Stingers, cervical cord neurapraxia, and stenosis. Clin Sports Med. 2003; 22(3):483-492

[60] Torg JS. Cervical spinal stenosis with cord neurapraxia and transient quadriplegia. Sports Med. 1995; 20(6):429-434

[61] Cantu RC. Cervical spine injuries in the athlete. Semin Neurol. 2000; 20(2):173-178

[62] Chrisman OD, Snook GA, Stanitis JM, et al. Lateral-flexion neck injuries in athletic competition. JAMA. 1965; 192:613-615

[63] Weinberg J, Rokito S, Silber JS. Etiology, treatment, and prevention of athletic "stingers". Clin Sports Med. 2003; 22(3):493-500, viii

[64] Kelly JD IV, Aliquo D, Sitler MR, et al. Association of burners with cervical canal and foraminal stenosis. Am J Sports Med. 2000; 28(2):214-217

[65] Okada Y, Ikata T, Katoh S, et al. Morphologic analysis of the cervical spinal cord, dural tube, and spinal canal by magnetic resonance imaging in normal adults and patients with cervical spondylotic myelopathy. Spine. 1994; 19(20):2331-2335

26 Trauma Espinhal Penetrante

Michael D. Martin ▪ *Christopher E. Wolfla*

Resumo

O trauma espinhal penetrante ocorre, geralmente, em consequência de situações violentas, seja uma agressão ou algum tipo de acidente. O tratamento dessas lesões, às vezes complexas, deve levar em conta as repercussões aos elementos neurológicos da espinha, a anatomia óssea com suas preocupações biomecânicas e as lesões em geral ao corpo do paciente que, com tanta frequência, acompanham esse tipo de trauma. Este capítulo discute a epidemiologia, a adequada avaliação e o tratamento das lesões penetrantes que resultam em trauma espinhal.

Palavras-chave: ferimento por projétil de arma de fogo, trauma penetrante, instabilidade espinhal.

26.1 Introdução

O trauma espinhal penetrante engloba a lesão causada por armas de fogo, militares e civis, assim como corpos estranhos, incluindo facas e uma série de outros implementos. Em essência é, sobretudo, um problema social, e talvez seja resumido melhor em uma citação do Lancet, por volta de 1962: "Em um instante – e muitas vezes por um motivo insignificante – um homem sob outros aspectos saudável é incapacitado, de forma permanente ou por muitos meses".[1] Os relatos variam amplamente no que se refere ao tratamento adequado dessas lesões, mas certos princípios orientadores podem ser extraídos dos dados disponíveis. Este capítulo destila o que se conhece sobre essas lesões, assim como apresenta uma abordagem lógica ao tratamento do trauma espinhal penetrante. Finalmente, será discutido o resultado dessas lesões geralmente devastadoras no que se refere à recuperação neurológica.

26.2 Epidemiologia

A incidência da lesão na medula espinhal nas lesões cervicais penetrantes está entre 3,7 e 15%.[2,3] A média etária das vítimas de ferimentos por projétil de arma de fogo do tipo civil, em uma série, foi de aproximadamente 32 anos, sendo 89% das vítimas do sexo masculino.[4] Não surpreende que a mesma série de 92 pacientes revelasse que a região torácica era lesionada com mais frequência (59%), seguida pela coluna (espinha) cervical (31%) e, finalmente, pela coluna lombar (10%). Setenta e cinco por cento destes apresentavam lesões completas, enquanto 25% tinham lesões incompletas. Em relação a ferimentos por projéteis de armas de fogo militares, uma grande revisão das lesões da Segunda Guerra Mundial revelou que a maior parte dos ferimentos estavam localizados próximos à linha média e na junção cervicotorácica.[5] A literatura do conflito do Vietnam citava a coluna torácica como o localização mais comum.[6] A lesão espinal causada por ferimentos penetrantes também ocorreu mais frequentemente em homens (84% comparados a 16% em mulheres em um grande estudo).[7] Uma série muito interessante da África do Sul relatou que essa lesão era causada mais comumente por facas (84,2%), embora um número surpreendente de implementos possa estar envolvido.[7] Os déficits motores completos nos ferimentos penetrantes variam de 20 a 43%.[7,8]

26.3 Avaliação e Imagens Iniciais

Em todos os tipos de lesão espinhal penetrante, a história inicial e o exame físico são importantes para orientar tanto a necessidade de outras investigações como o tipo adequado de tratamento. Deve-se obter a história para delinear melhor o provável mecanismo pelo qual a medula espinhal foi lesionada. Isto não poderia ser mais evidente do que na diferença entre o ferimento por arma de fogo civil *versus* militar. Os padrões de ferimentos diferem entre esses dois tipos de armas por causa da balística.[9,10] Quando um projétil passa através de um tecido, uma onda de pressão sônica o procede sem causar lesão em si e por si mesmo.[10] Como se poderia esperar, os projéteis se tornam lentos rapidamente ao entrar no tecido, e esta rápida desaceleração cria uma cavidade temporária no tecido. Esse processo geralmente é referido como cavitação.[10] A quantidade de cavitação está relacionada com a velocidade do projétil envolvido, quadruplicando-se sua capacidade de ferir à medida que se duplica a sua velocidade.[9] O exame físico é importante em todos os pacientes, e a documentação dos níveis motores e sensitivos é importante em qualquer lesão na medula espinhal. Por convenção, as lesões na medula espinhal são identificadas pelo menor nível de função motora antigravidade. A avaliação das feridas de entrada e saída pode ser útil na determinação da trajetória, o que tem se mostrado um importante fator na gravidade da lesão sofrida.[11] Uma diferença estatisticamente significativa foi encontrada no grau de lesão na medula espinhal sofrida por indivíduos nos quais um projétil atravessou o canal espinhal e naqueles nos quais isto não ocorreu (88% de lesões completas quando o projétil atravessa o canal, 78% de lesões incompletas quando não o atravessou).[11]

Com mais frequência, os ferimentos causados por faca (63,8%) envolvem a coluna torácica, seguida pela coluna cervical (29,6%) e finalmente pela região lombar (6,7%). A lesão medular completa também ocorreu em uma porcentagem maior de pacientes com ferimento penetrante na coluna torácica (24%) do que na coluna cervical (15,8%) ou lombar (10%).[7] Nesse tipo de trauma penetrante não causado por projétil, os elementos ósseos da espinha parecem desviar as lesões para ambos os lados da linha média, diminuindo a chance de lesão medular[1,12] completa (▶ Fig. 26.1). O implemento usado pode lesionar diretamente a medula espinhal, podendo lesionar o suprimento arterial ou a drenagem venosa, ou causar um tipo de contragolpe de contusão medular.[17] Isto pode levar a padrões de lesão que não seguem o padrão clássico de Brown-Sequard, mesmo quando uma faca causa a hemissecção anatômica da medula.[7] Há relatos de fraturas laminares quando o instrumento usado tinha tamanho e massa suficientes.[1]

A aquisição inicial de imagens deve incluir radiografia de toda a espinha, tomografia computadorizada (CT) e imagem por ressonância magnética (MRI), quando disponíveis e clinicamente viáveis.[13,14] Alguns sugeriram ser desnecessário usar imobilização da coluna cervical em pacientes totalmente conscientes com trauma penetrante isolado,[15-17] embora seja preciso lembrar que podem ocorrer fraturas da coluna cervical em ferimentos por projétil de arma de fogo em 14,6 a 43,0% dos pacientes.[18] A instabilidade cervical é uma sequela possível, embora rara, do trauma cervical penetrante.[19] Embora a MRI seja uma importante ferramenta na lesão na medula espinhal, sua qualidade pode ser diminuída por artefato ferro magnético proveniente de resíduo de corpo estranho.[12] A MRI não é recomendada no caso de um

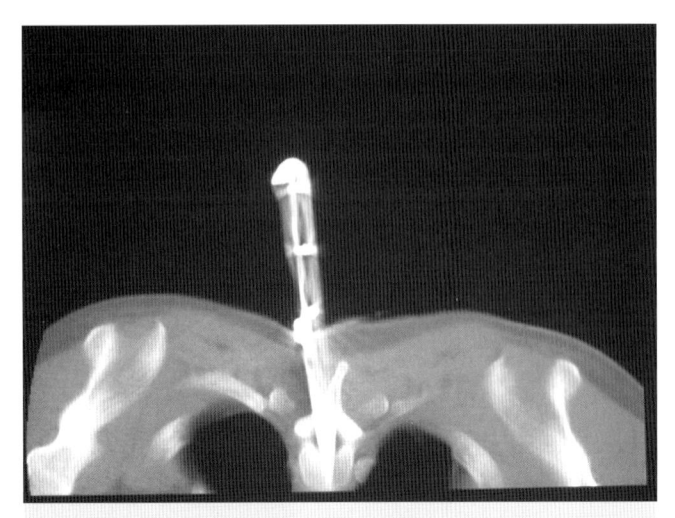

Fig. 26.1 Tomografia computadorizada axial mostrando uma faca no canal espinhal. Ela foi um tanto desviada da linha média pelo processo espinhoso ósseo.

corpo estranho metálico retido conhecido. O trauma penetrante pode causar déficit neurológico em decorrência de hematoma epidural ou subdural, herniação de disco, corpos estranhos dentro do canal espinhal, ou elementos ósseos deslocados da coluna vertebral.[14] As contusões medulares podem aparecer como áreas de alta intensidade de sinal em imagens de MR ponderadas em T2 e ponderadas em densidade de prótons e, enquanto as imagens ponderadas em T2 provavelmente são a melhor sequência para avaliar o edema da medula.[14] A hemorragia aguda ou sub aguda pode ser representada por um foco de baixa intensidade de sinal em imagens ponderadas em T2 e ponderadas em densidade de prótons, ou área de alta intensidade sinal em sequências ponderadas em T1, ponderadas em T2 e ponderadas em densidade de prótons.[14] As extensões intramedulares de uma faca são demonstradas melhor como lesões de alta intensidade de sinal em imagens ponderadas em T2 e ponderadas em densidade de prótons[14] (▶ Fig. 26.2). Hematomas subdurais geralmente mostram superfície côncava voltada para a medula e uma superfície convexa na direção do corpo vertebral adjacente, enquanto os hematomas epidurais geralmente são biconvexos (como nos hematomas epidurais intracranianos.[14]

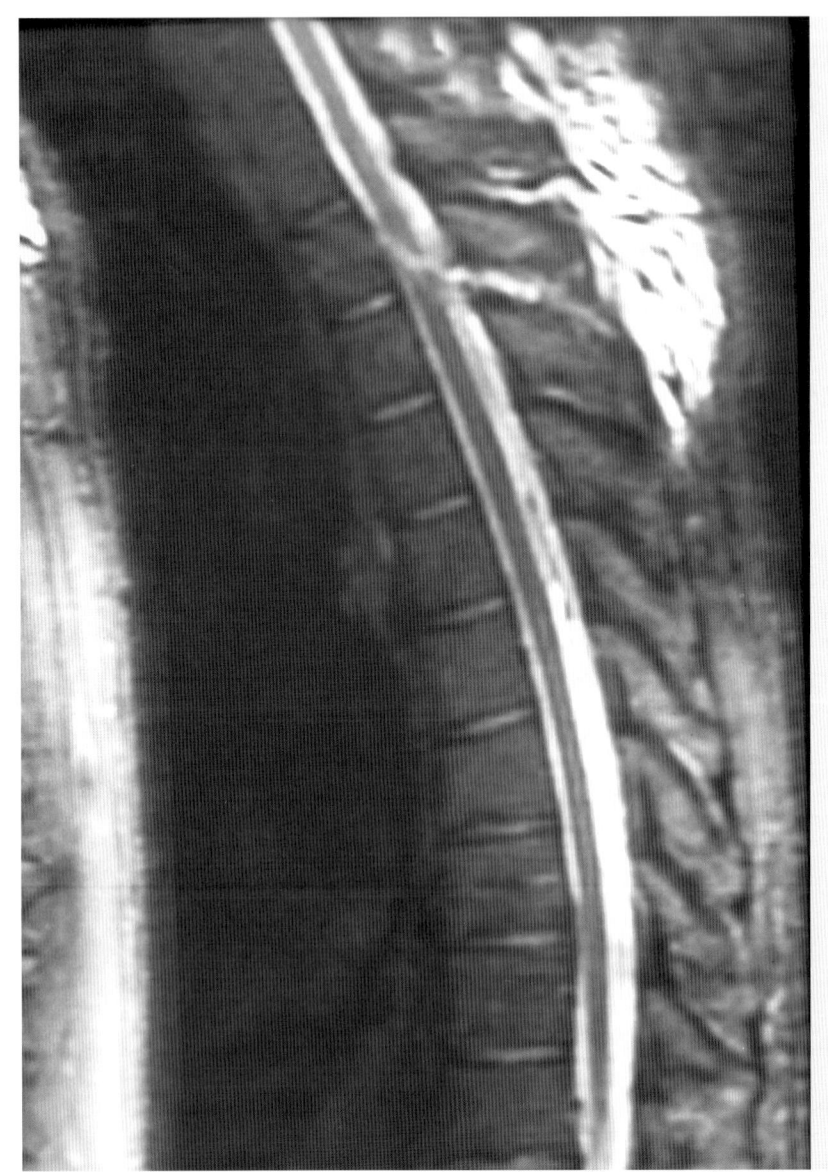

Fig. 26.2 Imagem por ressonância magnética ponderada em T2 da espinha após lesão causada por faca. A trajetória da faca está hiperintensificada nessa sequência.

A revisão da literatura encontra uma incidência de lesão à artéria vertebral no trauma cervical penetrante é de 1 a 8%.[2,20-22] Na maioria dos casos, exame físico e CT dos elementos ósseos da coluna cervical fornecem uma avaliação confiável da agressão vascular no pescoço e devem ser usados para guiar a decisão de se adquirir outras imagens vasculares[23-26] (▶ Fig. 26.3). A lesão pode incluir oclusão, fístula arteriovenosa, ruptura da íntima e pseudoaneurisma.[27,28] Até 20% dos pacientes podem não ter quaisquer sinais,[22] e a lesão à artéria vertebral na ausência de fratura da coluna cervical é rara. A angiografia tem sido a ferramenta padrão de avaliação em caso de suspeita de lesão à artéria vertebral, embora as modernas imagens não invasivas provavelmente ocasionem benefício similar.[29,30]

A angiorressonância magnética (MRA) e a angiotomografia computadorizada (CTA) trazem a promessa de um diagnóstico não invasivo na avaliação de trauma à artéria vertebral.[31,32] A CT e a CTA são úteis para detectar outros sinais indiretos de lesão vascular, incluindo projétil de arma de fogo e fragmentos ósseos com menos de 5 mm em um vaso importante, lesão com trajetória através de um vaso e hematoma ao redor de um vaso.[31] Os sinais diretos de lesão vascular visível na CTA incluem alterações no calibre do vaso, irregularidades na parede do vaso, extravasamento de contraste e falta de contraste.[31] A MRA tem especificidade relatada de 98 a 100%, mas sensibilidade de 20 a 60% (dependendo da sequência usada) na detecção de lesão à artéria vertebral.[31] A MRA tem menor resolução que a arteriografia e, até o momento, não é recomendada preferencialmente à arteriografia para diagnosticar lesão na artéria vertebral.[33]

A fístula arteriovenosa vertebral (AVF) é uma complicação rara do trauma penetrante espinhal ou cervical e pode se desenvolver algum tempo depois da lesão inicial.[34] O sintoma mais comum é o zumbido, presente em 39% dos pacientes em um estudo.[35] Outros sintomas incluem cefaleia, vertigem, diplopia, neuralgia cervical e massa cervical.[34,35] Aproximadamente 41% dos pacientes não têm sintomas neurológicos e apresentam apenas um ruído cervical. A insuficiência cardíaca é uma possível sequela de uma AVF, incluindo aquelas sequelas que surgem da artéria vertebral.[35,36] Outra apresentação rara é a compressão da medula cervical ou raiz nervosa de veias drenantes que surgem da AVF.[35,37]

Nota-se cefaleia como sequela de ferimentos por projétil de arma de fogo na espinha.[38] Um sintoma raro, mas interessante, de início tardio, é a intoxicação por chumbo decorrente de fragmentos retidos de projétil de arma de fogo no espaço discal, que deve se resolver com a remoção dos fragmentos.[39] Outros relataram osteomielite ou sepse após ferimentos por projétil de arma de fogo na espinha, o qual atravessou o trato gastrointestinal, porém um estudo maior sugere que esta é uma entidade rara.[40-43]

26.4 Tratamento

O tratamento das vítimas de trauma espinhal penetrante é dependente do mecanismo da lesão e do curso inicial pós-lesão do paciente. A metilprednisolona aumenta as complicações e não melhora os resultados em pacientes que são vítimas de trauma espinhal penetrante.[44,45] Algumas séries têm recomendado um tratamento cirúrgico agressivo de todas as vítimas de ferimentos por projétil de arma de fogo,[46] e um estudo de maior porte demonstrou melhora após a remoção do projétil somente em lesões na vértebra T12 ou abaixo.[42] Outras séries demonstraram, porém, que operar todas as vítimas de ferimentos por projéteis de arma de fogo de civis não traz melhora significativa em relação ao tratamento conservador e pode aumentar o risco de infecção, extravasamento de líquido cefalorraquidiano, pseudomeningocele e instabilidade espinhal.[4,45,47-49]

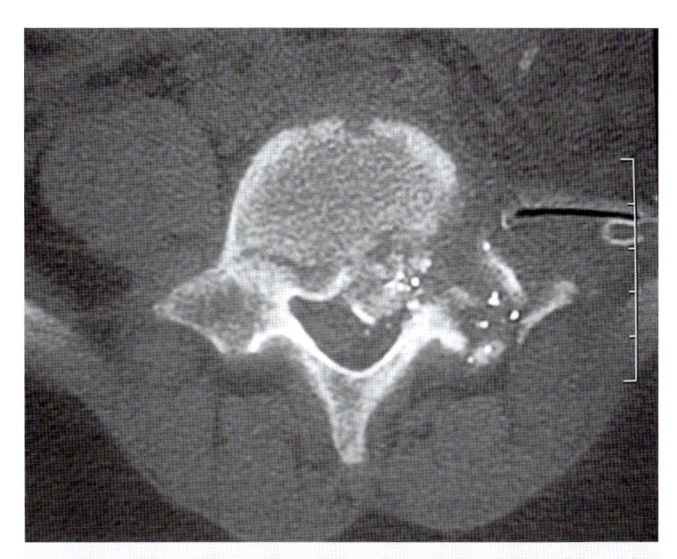

Fig. 26.3 Tomografia computadorizada axial após ferimento por projétil de arma de fogo na espinha mostrando ruptura de elementos ósseos.

As indicações para intervenção cirúrgica no caso de ferimentos na espinha por projétil de arma de fogo de civis incluem portanto um déficit neurológico progressivo e persistente extravasamento de líquido cefalorraquidiano, embora a maioria dos autores perceba que estas são entidades raras.[4,45,48,50] Embora tecnicamente difícil, a cirurgia pode ser benéfica no caso de lesão incompleta com evidência de compressão neural contínua (▶ Fig. 26.4), instabilidade, ou declínio ao exame neurológico.[45,51,52] Uma série de menor porte de pacientes com lesões incompletas da cauda equina mostrou pior resultado com a cirurgia (melhora de 47%) comparada ao tratamento conservador (melhora de 71%).[53] Vítimas de lesões na medula espinhal por projétil de arma de fogo não mostraram uma melhora significativa após laminectomia[54] e apresentaram aumento da mortalidade em comparação com outras vítimas de projétil de arma de fogo.[55]

A experiência na literatura militar tem sido bem diferente. Embora alguns estudos tenham encontrado resultados similares aos dados dos civis,[56,57] muitos autores defendem uma abordagem agressiva ao tratamento de trauma espinhal penetrante proveniente de armas militares (i. e., de alta velocidade).[58-62] A laminectomia, a remoção de corpo estranho o reparo dural, se possível, em todos os pacientes com déficit neurológico e sem evidência irrefutável de transecção anatômica completa demonstraram, na literatura militar, que proporcionam alguma medida de recuperação em 47,6 a 52,4% dos pacientes.[58,60,61] A trajetória de um lado a outro de um projétil de arma de fogo demonstrou ser mais instável geralmente requerendo estabilização do paciente.[63] Não surpreende, porém, que vítimas de trauma espinhal penetrante em situação de combate não tenham um curso tão bom quanto os indivíduos que sofreram um trauma espinhal não penetrante.[64]

Os ferimentos penetrantes infligidos por facas ou outros corpos estranhos são tratados melhor com a mesma abordagem geral dos ferimentos por projétil de arma de fogo. As indicações para cirurgia no caso de trauma penetrante não decorrente de um projétil de arma de fogo incluem material retido de corpo estranho, extravasamento persistente de líquido cefalorraquidiano e desenvolvimento de sepse de um trato sinusal ou abscesso epidural.[1,7] Em uma série de grande porte, o extravasamento de fluido espinhal foi encontrado em apenas 4% dos casos, e quase sempre se resolveu espontaneamente. O desenvolvimento de sepse não

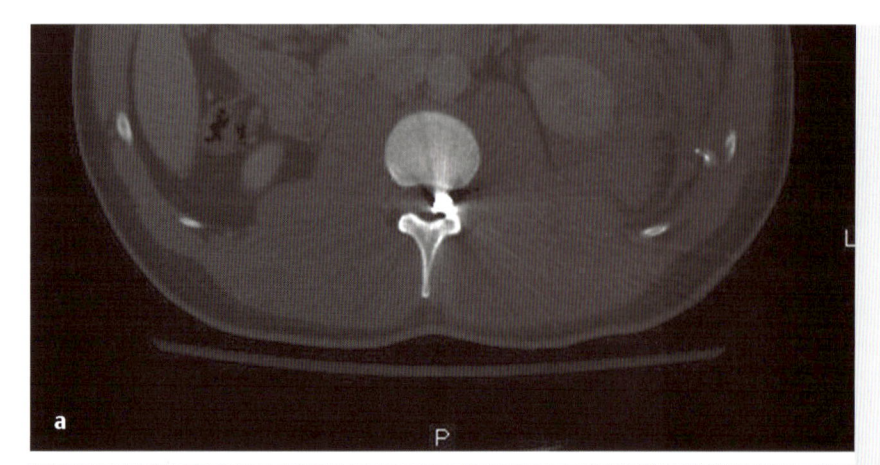

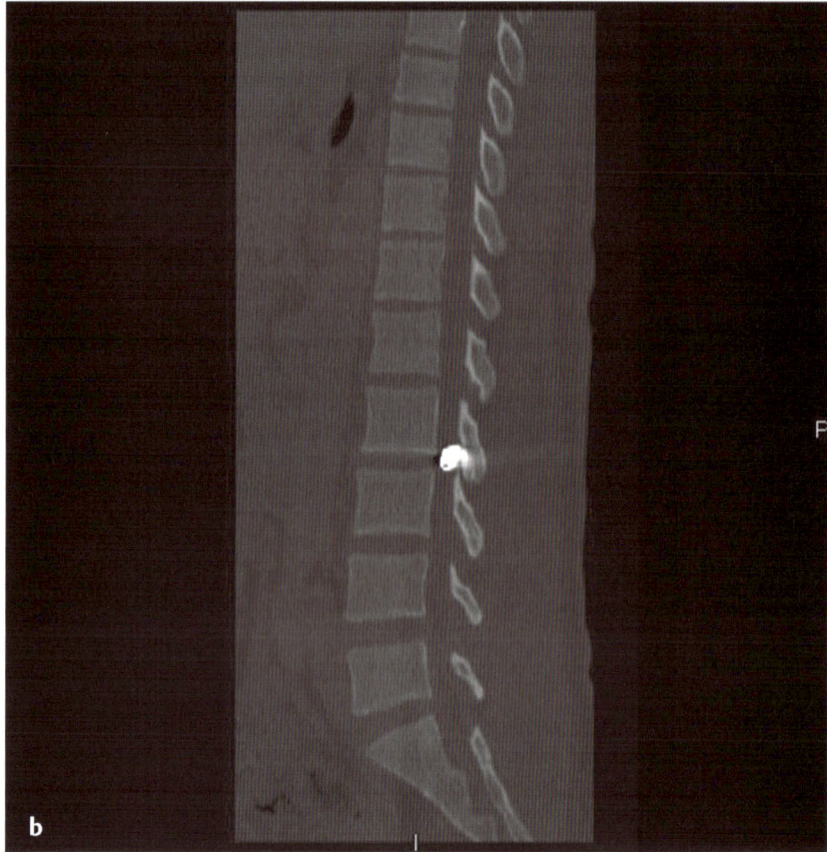

Fig. 26.4 (**a**) Tomografia computadorizada axial e (**b**) sagital mostrando fragmento de projétil de arma de fogo retido no canal espinhal. Este foi removido por causa da dor radicular persistente no lado esquerdo.

ocorreu.[7] Outros autores defendem a exploração de rotina de todos os traumas penetrantes não provocados por projétil de arma de fogo, embora proveniente de uma pequena série de pacientes.[65]

A reconstrução cirúrgica aberta da artéria vertebral tem sido defendida e descrita por alguns autores,[66] com mortalidade de 4,7 a 22%.[67,68] O desenvolvimento de técnicas endovasculares eficazes, contudo, levou ao seu uso para o tratamento da maioria das lesões à artéria vertebral, incluindo AVF, dissecção e pseudoaneurisma.[36,69-73] A intervenção de emergência é indicada algumas vezes por causa de sangramento ativo ou instabilidade hemodinâmica.[71] Deve-se dar atenção à permeabilidade da artéria vertebral contralateral assim como à localização de quaisquer artérias nutrícias de AVFs[74], porque uma artéria patente no lado oposto é um bom indicador da segurança da ligação da artéria vertebral lesionada.[75] Pseudoaneurismas devem ser tratados com colocação de espiral, colocação de espiral assistida por *stent* ou por cirurgia aberta.[27,73]

26.5 Resultados Neurológicos

Um grande estudo comparando o tratamento cirúrgico *versus* conservador de pacientes com trauma penetrante não encontrou diferenças entre os dois grupos em termos de resultado neurológico.[49] Os pacientes com lesões completas provocadas por ferimentos por projétil de arma de fogo mostraram leve melhora em 13 a 15% e agravamento de seu déficit em 3 a 6%. As lesões incompletas melhoraram em 40 a 58% dos pacientes e pioraram em 18 a 20% dos casos. Resultados similares foram vistos em ferimentos por faca. A morbidade geral decorrente de lesões espinhais penetrantes na literatura militar diminuiu desde o início do século 20 e foi relatada como sendo de 2,3% em documentos da era do Vietnam.[52] Um grande conjunto de dados provenientes do conflito com a Coreia (em que quase todos os pacientes eram operados) dividiu os dados de resultados por nível de lesão.[60] Todos os indivíduos com lesões incompletas da coluna cervical tiveram alguma recuperação após laminectomia (28,6% de recuperação completa, 71,4% de recuperação parcial). Trinta e cinco por cento dos pacientes com lesões cervicais completas não mostraram melhora, 60% tiveram recuperação parcial e 5% apresentaram recuperação completa. As lesões incompletas na região torácica foram similares, com 20% alcançando recuperação total e 80% recuperação parcial, porém os pacientes com lesões completas na região torácica recuperaram a função em apenas 9% dos casos (90% de recuperação parcial, 10% de recuperação total). As lesões parciais à coluna lombar resultaram em completa recuperação somente em 14,2% dos casos, enquanto as lesões completas nessa região mostraram alguma recuperação em 18,8% dos pacientes. Uma revisão de 450 casos de ferimentos penetrantes na espinha demonstrou que a recuperação foi boa (significando capacidade deambulatória com mínimo apoio) em 65,6% dos pacientes.[7] A grande maioria dos pacientes (95,6%) nessa série não recebeu tratamento cirúrgico. Os autores continuaram a afirmar que 17,1% de seus pacientes tiveram "razoável" recuperação (andando com moderada assistência) e 17,3% não apresentaram recuperação funcional.

26.6 Conclusão

O trauma espinhal penetrante pode causar lesão devastadora a indivíduos saudáveis sob outros aspectos e geralmente jovens. Os neurocirurgiões devem usar a história clínica, quando disponível, assim como um exame físico detalhado e a aquisição de imagens adequadas para guiar o tratamento e avaliar a possibilidade de outras lesões como a deformação vascular. Embora a intervenção possa ajudar pacientes que sofrem ferimentos por armas de alta velocidade ou que resultam em instabilidade espinhal ou agressão vascular, a maioria dos pacientes vistos em centros urbanos de trauma não necessitarão de intervenção cirúrgica. Talvez os avanços na reabilitação e pesquisa da medula espinhal acrescentem algo ao limitado armamentário de que dispõem os neurocirurgiões, atualmente, para tratar essas lesões devastadoras.

Referências

[1] Lipschitz R, Block J. Stab wounds of the spinal cord. Lancet. 1962; 2(7248):169–172
[2] Flax RL, Fletcher HS, Joseph WL. Management of penetrating injuries of the neck. Am Surg. 1973; 39(3):148–150
[3] Almskog BA, Angerås U, Hall-Angerås M, Malmgren S. Penetrating wounds of the neck. Experience from a Swedish hospital. Acta Chir Scand. 1985; 151(5):419–423
[4] Kupcha PC, An HS, Cotler JM. Gunshot wounds to the cervical spine. Spine. 1990; 15(10):1058–1063
[5] Klemperer WW. Spinal cord injuries in World War II. I. Examination and operative technic in 201 patients. U S Armed Forces Med J. 1959;10(5):532–552
[6] Jacobson SA, Bors E. Spinal cord injury in Vietnamese combat. Paraplegia. 1970; 7(4):263–281
[7] Peacock WJ, Shrosbree RD, Key AG. A review of 450 stabwounds of the spinal cord. S Afr Med J. 1977; 51(26):961–964
[8] McCaughey EJ, Purcell M, Barnett SC, Allan DB. Spinal Cord Injury caused by stab wounds: incidence, natural history and relevance for future research. J Neurotrauma. 2016; 33(15):1416–1421
[9] Ordog GJ, Wasserberger J, Balasubramanium S. Wound ballistics: theory and practice. Ann Emerg Med. 1984; 13(12):1113–1122
[10] Hollerman JJ, Fackler ML, Coldwell DM, Ben-Menachem Y. Gunshot wounds: 1. Bullets, ballistics, and mechanisms of injury. AJR Am J Roentgenol. 1990; 155(4):685–690
[11] Waters RL, Sie I, Adkins RH, Yakura JS. Injury pattern effect on motor recovery after traumatic spinal cord injury. Arch Phys Med Rehabil. 1995; 76(5):440–443
[12] Takhtani D, Melhem ER. MR imaging in cervical spine trauma. Clin Sports Med. 2002; 21(1):49–75, vi
[13] Splavski B, Sarić G, Vranković D, Glavina K, Mursić B, Blagus G. Computed tomography of the spine as an important diagnostic tool in the management of war missile spinal trauma. Arch Orthop Trauma Surg. 1998; 117(6–7):360–363
[14] Moyed S, Shanmuganathan K, Mirvis SE, Bethel A, Rothman M. MR imaging of penetrating spinal trauma. AJR Am J Roentgenol. 1999; 173(5):1387–1391
[15] Connell RA, Graham CA, Munro PT. Is spinal immobilisation necessary for all patients sustaining isolated penetrating trauma? Injury. 2003; 34(12):912–914
[16] Eftekhary N, Nwosu K, McCoy E, Fukunaga D, Rolfe K. Overutilization of bracing in the management of penetrating spinal cord injury from gunshot wounds. J Neurosurg Spine. 2016; 25(1):110–113
[17] Vanderlan WB, Tew BE, Seguin CY, et al. Neurologic sequelae of penetrating cervical trauma. Spine. 2009; 34(24):2646–2653
[18] Arishita GI, Vayer JS, Bellamy RF. Cervical spine immobilization of penetrating neck wounds in a hostile environment. J Trauma. 1989; 29(3):332–337
[19] Apfelbaum JD, Cantrill SV, Waldman N. Unstable cervical spine without spinal cord injury in penetrating neck trauma. Am J Emerg Med. 2000; 18(1):55–57
[20] Carducci B, Lowe RA, Dalsey W. Penetrating neck trauma: consensus and controversies. Ann Emerg Med. 1986; 15(2):208–215
[21] Demetriades D, Charalambides D, Lakhoo M. Physical examination and selective conservative management in patients with penetrating injuries of the neck. Br J Surg. 1993; 80(12):1534–1536
[22] Roberts LH, Demetriades D. Vertebral artery injuries. Surg Clin North Am. 2001; 81(6):1345–1356, xiii
[23] Menawat SS, Dennis JW, Laneve LM, Frykberg ER. Are arteriograms necessary in penetrating zone II neck injuries? J Vasc Surg. 1992; 16(3):397–400, discussion 400–401
[24] Klyachkin ML, Rohmiller M, Charash WE, Sloan DA, Kearney PA. Penetrating injuries of the neck: selective management evolving. Am Surg. 1997; 63(2):189–194
[25] Sekharan J, Dennis JW, Veldenz HC, Miranda F, Frykberg FR. Continued experience with physical examination alone for evaluation and management of penetrating zone 2 neck injuries: results of 145 cases. J Vasc Surg. 2000; 32(3):483–489
[26] Azuaje RE, Jacobson LE, Glover J, et al. Reliability of physical examination as a predictor of vascular injury after penetrating neck trauma. Am Surg. 2003; 69(9):804–807
[27] Larsen DW. Traumatic vascular injuries and their management. Neuroimaging Clin N Am. 2002; 12(2):249–269
[28] Mwipatayi BP, Jeffery P, Beningfield SJ, Motale P, Tunnicliffe J, Navsaria PH. Management of extra-cranial vertebral artery injuries. Eur J Vasc Endovasc Surg. 2004; 27(2):157–162
[29] Roon AJ, Christensen N. Evaluation and treatment of penetrating cervical injuries. J Trauma. 1979; 19(6):391–397
[30] Diaz-Daza O, Arraiza FJ, Barkley JM, Whigham CJ. Endovascular therapy of traumatic vascular lesions of the head and neck. Cardiovasc Intervent Radiol. 2003; 26(3):213–221
[31] LeBlang SD, Nunez DB, Jr. Noninvasive imaging of cervical vascular injuries. AJR Am J Roentgenol. 2000; 174(5):1269–1278
[32] Hollingworth W, Nathens AB, Kanne JP, et al. The diagnostic accuracy of computed tomography angiography for traumatic or atherosclerotic lesions of the carotid and vertebral arteries: a systematic review. Eur J Radiol. 2003; 48(1):88–102
[33] Mascalchi M, Bianchi MC, Mangiafico S, et al. MRI and MR angiography of vertebral artery dissection. Neuroradiology. 1997; 39(5):329–340
[34] Ammirati M, Mirzai S, Samii M. Vertebral arteriovenous fistulae. Report of two cases and review of the literature. Acta Neurochir (Wien). 1989; 99(3–4):122–126

[35] Vinchon M, Laurian C, George B, et al. Vertebral arteriovenous fistulas: a study of 49 cases and review of the literature. Cardiovasc Surg. 1994; 2(3):359–369
[36] Davis JM, Zimmerman RA. Injury of the carotid and vertebral arteries. Neuroradiology. 1983; 25(2):55–69
[37] Ross DA, Olsen WL, Halbach V, Rosegay H, Pitts LH. Cervical root compression by a traumatic pseudoaneurysm of the vertebral artery: case report. Neurosurgery. 1988; 22(2):414–417
[38] Spierings EL, Foo DK, Young RR. Headaches in patients with traumatic lesions of the cervical spinal cord. Headache. 1992; 32(1):45–49
[39] Scuderi GJ, Vaccaro AR, Fitzhenry LN, Greenberg S, Eismont F. Long-term clinical manifestations of retained bullet fragments within the intervertebral disk space. J Spinal Disord Tech. 2004; 17(2):108–111
[40] Craig JB. Cervical spine osteomyelitis with delayed onset tetraparesis after penetrating wounds of the neck. A report of 2 cases. S Afr Med J. 1986; 69(3):197–199
[41] Miller BR, Schiller WR. Pyogenic vertebral osteomyelitis after transcolonic gunshot wound. Mil Med. 1989; 154(2):64–66
[42] Waters RL, Adkins RH. The effects of removal of bullet fragments retained in the spinal canal. A collaborative study by the National Spinal Cord Injury Model Systems. Spine. 1991; 16(8):934–939
[43] Velmahos GC, Degiannis E, Hart K, Souter I, Saadia R. Changing profiles in spinal cord injuries and risk factors influencing recovery after penetrating injuries. J Trauma. 1995; 38(3):334–337
[44] Levy ML, Gans W, Wijesinghe HS, SooHoo WE, Adkins RH, Stillerman CB. Use of methylprednisolone as an adjunct in the management of patients with penetrating spinal cord injury: outcome analysis. Neurosurgery. 1996; 39(6):1141–1148, discussion 1148–1149
[45] Heary RF, Vaccaro AR, Mesa JJ, Balderston RA. Thoracolumbar infections in penetrating injuries to the spine. Orthop Clin North Am. 1996; 27(1):69–81
[46] Turgut M, Ozcan OE, Güçay O, Sağlam S. Civilian penetrating spinal firearm injuries of the spine. Results of surgical treatment with special attention to factors determining prognosis. Arch Orthop Trauma Surg. 1994; 113(5):290–293
[47] Yashon D, Jane JA, White RJ. Prognosis and management of spinal cord and cauda equina bullet injuries in sixty-five civilians. J Neurosurg. 1970; 32(2):163–170
[48] Heiden JS, Weiss MH, Rosenberg AW, Kurze T, Apuzzo ML. Penetrating gunshot wounds of the cervical spine in civilians. Review of 38 cases. J Neurosurg. 1975; 42(5):575–579
[49] Simpson RK, Jr, Venger BH, Narayan RK. Treatment of acute penetrating injuries of the spine: a retrospective analysis. J Trauma. 1989; 29(1):42–46
[50] Comarr AE, Kaufman AA. A survey of the neurological results of 858 spinal cord injuries; a comparison of patients treated with and without laminectomy. J Neurosurg. 1956; 13(1):95–106
[51] Beaty N, Slavin J, Diaz C, Zeleznick K, Ibrahimi D, Sansur CA. Cervical spine injury from gunshot wounds. J Neurosurg Spine. 2014; 21(3):442–449
[52] Klimo P, Jr, Ragel BT, Rosner M, Gluf W, McCafferty R. Can surgery improve neurological function in penetrating spinal injury? A review of the military and civilian literature and treatment recommendations for military neurosurgeons. Neurosurg Focus. 2010; 28(5):E4
[53] Robertson DP, Simpson RK. Penetrating injuries restricted to the cauda equina: a retrospective review. Neurosurgery. 1992; 31(2):265–269, discussion 269–270
[54] Simpson RK, Jr, Venger BH, Fischer DK, Narayan RK, Mattox KL. Shotgun injuries of the spine: neurosurgical management of five cases. Br J Neurosurg. 1988; 2(3):321–326
[55] Sherman RT, Parrish RA. Management of shotgun injuries: a review of 152 cases. J Trauma. 1963; 3:76–86
[56] Jacobs GB, Berg RA. The treatment of acute spinal cord injuries in a war zone. J Neurosurg. 1971; 34(2 Pt 1):164–167
[57] Hammoud MA, Haddad FS, Moufarrij NA. Spinal cord missile injuries during the Lebanese civil war. Surg Neurol. 1995; 43(5):432–437, discussion 437–442
[58] Pool JL. Gunshot wounds of the spine; observations from an evacuation hospital. Surg Gynecol Obstet. 1945; 81:617–622
[59] Haynes WG. Acute war wounds of the spinal cord. Am J Surg. 1946; 72:424–433
[60] Wannamaker GT. Spinal cord injuries; a review of the early treatment in 300 consecutive cases during the Korean Conflict. J Neurosurg. 1954; 11(6):517–524
[61] Splavski B, Vranković D, Sarić G, Blagus G, Mursić B, Rukovanjski M. Early management of war missile spine and spinal cord injuries: experience with 21 cases. Injury. 1996; 27(10):699–702
[62] Louwes TM, Ward WH, Lee KH, Freedman BA. Combat-related intradural gunshot wound to the thoracic spine: significant improvement and neurologic recovery following bullet removal. Asian Spine J. 2015; 9(1):127–132
[63] Duz B, Cansever T, Secer HI, Kahraman S, Daneyemez MK, Gonul E. Evaluation of spinal missile injuries with respect to bullet trajectory, surgical indications and timing of surgical intervention: a new guideline. Spine. 2008; 33(20):E746–E753
[64] Blair JA, Possley DR, Petfield JL, Schoenfeld AJ, Lehman RA, Hsu JR; Skeletal Trauma Research Consortium (STReC). Military penetrating spine injuries compared with blunt. Spine J. 2012; 12(9):762–768
[65] Thakur RC, Khosla VK, Kak VK. Non-missile penetrating injuries of the spine. Acta Neurochir (Wien). 1991; 113(3–4):144–148
[66] Robbs JV, Human RR, Rajaruthnam P, Duncan H, Vawda I, Baker LW. Neurological deficit and injuries involving the neck arteries. Br J Surg. 1983; 70(4):220–222
[67] Demetriades D, Stewart M. Penetrating injuries of the neck. Ann R Coll Surg Engl. 1985; 67(2):71–74
[68] Reid JD, Weigelt JA. Forty-three cases of vertebral artery trauma. J Trauma. 1988; 28(7):1007–1012
[69] Richardson A, Soo M, Fletcher JP. Percutaneous transluminal embolization of vertebral artery injury. Aust N Z J Surg. 1984; 54(4):361–363
[70] Ben-Menachem Y, Fields WS, Cadavid G, Gomez LS, Anderson EC, Fisher RG. Vertebral artery trauma: transcatheter embolization. AJNR Am J Neuroradiol. 1987; 8(3):501–507
[71] Demetriades D, Theodorou D, Asensio J, et al. Management options in vertebral artery injuries. Br J Surg. 1996; 83(1):83–86
[72] Hung CL, Wu YJ, Lin CS, Hou CJ. Sequential endovascular coil embolization for a traumatic cervical vertebral AV fistula. Catheter Cardiovasc Interv. 2003; 60(2):267–269
[73] Greer LT, Kuehn RB, Gillespie DL, et al. Contemporary management of combat-related vertebral artery injuries. J Trauma Acute Care Surg. 2013; 74(3):818–824
[74] Albuquerque FC, Javedan SP, McDougall CG. Endovascular management of penetrating vertebral artery injuries. J Trauma. 2002; 53(3):574–580
[75] Jeffery P, Immelman E, Beningfield S. A review of the management of vertebral artery injury. Eur J Vasc Endovasc Surg. 1995; 10(4):391–393

27 Compressão da Medula Espinhal Secundária à Metástase de Doença Neoplásica: Fraturas Epidural e Patológica

James A. Smith ▪ Roy A. Patchell ▪ Phillip A. Tibbs

Resumo

A compressão da medula espinhal causada por doença metastática frequentemente se apresenta como uma emergência clínica com comprometimento neurológico. Historicamente, antes da aquisição de imagens radiológicas acuradas e dos avanços da técnica neurocirúrgica, a radioterapia e os corticosteroides eram o tratamento principal para pacientes com metástases espinhais e compressão medular. Agora, estudos recentes mostram que a cirurgia radical acrescida de radioterapia conformacional é a modalidade superior e o tratamento primário de escolha. Com o desenvolvimento da radiocirurgia estereotáxica, o controle de tumor local também pode ser alcançado pela liberação da radiação em alta dose usando orientação por imagem em pacientes selecionados. O aparecimento de déficits neurológicos requer o tratamento de emergência para melhor chance na preservação e recuperação da função neurológica. Em razão dos avanços na técnica, os neurocirurgiões serão consultados com frequência e mais precocemente no tratamento de pacientes com compressão da medula espinhal decorrente de doença metastática, e eles devem ter conhecimentos sobre técnicas descompressivas e de reconstrução cirúrgica bem como do papel da radiocirurgia estereotáxica nesses pacientes.

Palavras-chave: cervical, espinha, corticosteroides, laminectômica descompressão, exame motor de Benny-Brown, compressão da medula espinhal epidural metastática (MESCC), fratura patológica, radioterapia, radiocirurgia estereotáxica, coluna vertebral torácica.

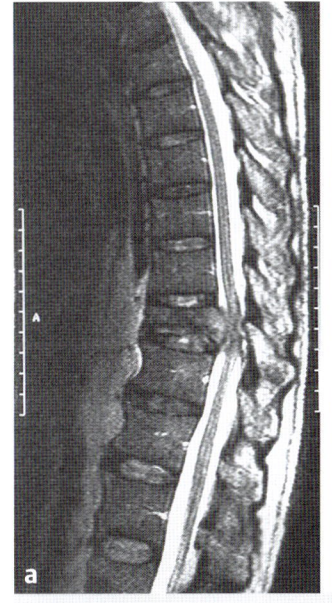

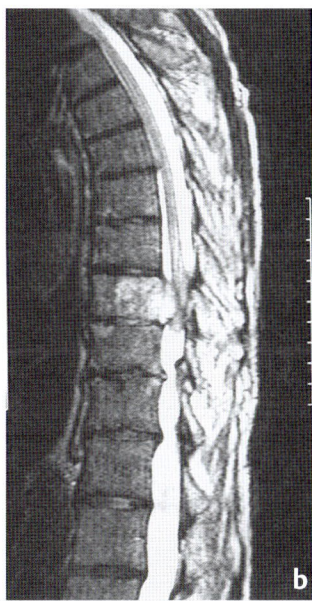

Fig. 27.1 (a) Metástase vertebral na porção torácica média com fratura patológica do osso comprimindo a medula espinal.
(b) Metástase vertebral torácica superior com colapso do corpo vertebral e grande massa tumoral epidural anterior à medula.

27.1 Introdução

A compressão da medula espinhal frequentemente se apresenta como uma emergência médica com perda rapidamente progressiva do controle neurológico das extremidades, bexiga e intestino (▶ Fig. 27.1a, b).[1] O paciente pode ou não ter um diagnóstico conhecido do câncer. Em muitos casos, o início de paraparesia ou quadriparesia causada por compressão medular pode ser a primeira evidência de malignidade oculta.[2] A dor é um prenúncio universal da compressão medular e, com muita frequência, os pacientes são tratados com doses crescentes de analgésicos narcóticos para a dor de origem desconhecida até que o tumor em expansão traga consequências neurológicas devastadoras. Há relatos de que em pacientes com câncer e início agudo de dor nas costas, as taxas de metástase espinhal podem exceder 25%.[3,4]

Por muitos anos, radioterapia e corticosteroides foram os cuidados-padrão para pacientes com metástases espinhais e compressão medular.[5] Foi a era que precedeu as imagens radiológicas acuradas da espinha e antes dos avanços na técnica neurocirúrgica permitindo a descompressão direta e a reconstrução dos segmentos vertebrais afetados e antes do advento da radiocirurgia estereotáxica. Estudos recentes, incluindo uma extensa metanálise da literatura e o primeiro estudo randomizado prospectivo relatado de cirurgia radical acrescida de radioterapia conformacional de feixe externo versus radioterapia conformacional de feixe externo somente, demonstraram de maneira convincente que a terapia cirúrgica é a modalidade superior e o tratamento primário de escolha em pacientes selecionados com compressões da medula espinhal epidural metastática (MESCCs).[3,6,7] Com o desenvolvimento de radiocirurgia estereotáxica, e seus comprovados resultados superiores no controle do tumor local *versus* radioterapia conformacional de feixe externo, agora é possível liberar radiação em alta dose usando orientação por imagem para descomprimir com segurança a medula espinhal em pacientes selecionados.[3,8] Os neurocirurgiões, portanto, serão consultados com mais frequência e precocemente no curso do tratamento desses pacientes e devem ser preparados para aconselhar referente à operabilidade e seleção de caso, assim como terem conhecimentos das técnicas descompressivas e reconstrução cirúrgica e do papel da radiação estereotáxica nesse grupo de pacientes. O aparecimento agudo do déficit neurológico requer o tratamento imediato caso se queira obter um resultado clínico ideal, com preservação e recuperação da função neurológica.[1]

27.2 Epidemiologia

A MESCC é uma frequente complicação do câncer, que ocorre em 5 a 14% dos pacientes com câncer e causam mais de 20.000 casos de compressão medular ao ano nos Estados Unidos.[5] Quando o câncer se espalha, a espinha é o alvo mais comum, e até 40% dos pacientes com câncer desenvolvem essa complicação de malignidade sistêmica, causando dor debilitante mesmo na ausência de paralisia.[9] À medida que a expectativa de vida aumenta em razão das melhoras nos cuidados do câncer, é provável que um número crescente de pacientes sobreviva por tempo suficiente para desenvolver MESCC.

A coluna vertebral óssea é afetada em 85% dos casos, locais paravertebrais em 10 a 15%, e há raros casos de metástase isolada epidural ou intramedular.[10] A ▶ Fig. 27.2 representa as localizações mais comuns das metástases espinhais. Aproximadamente 75% das metástases espinhais ocorrem na coluna vertebral torácica, 20% na coluna vertebral lombar, e 10% na coluna cervical.[11] Em 20 a 40% dos pacientes com metástases espinhais, podem ser encontrados múltiplos locais não contíguos de envolvimento.[10]

Os cânceres de mama, pulmão e próstata são responsáveis por cerca da metade das metástases espinhais.[5] Os restantes 50% incluem (em ordem decrescente de frequência) carcinoma de células renais, malignidade gastrointestinal (GI), câncer de tireoide, linfoma e mieloma múltiplo. Alguns tipos de tumor primário apresentam incidência muito alta e metástase espinhal no curso da doença, incluindo câncer de próstata em 90%, câncer de mama em 75%, melanoma em 55% e câncer de pulmão em 45%.[12]

27.3 Evolução do Padrão de Cuidados para Compressão da Medula Espinhal Epidural Metastática

Nos anos 1990, um extenso corpo de literatura médica apoia a noção de que a combinação de radioterapia e corticosteroides (RT+S) é o tratamento inicial de escolha para MESCC.[13,14] Numerosos artigos não demonstraram qualquer benefício da cirurgia para descompressão medular sobre a radioterapia de feixe externo e administração de esteroides.[11,14,15] Nessa literatura, a "cirurgia" essencialmente é equivalente à laminectomia. A laminectomia não permite o acesso direto e a descompressão na maioria dos casos de MESCC em que o depósito metastático é anterior à medula. A laminectomia não apenas não produz uma adequada exposição para permitir a reconstrução da vértebra danificada, como também pode desestabilizar a espinha, ressecando somente a coluna intacta em termos de estabilidade.[11,14,16]

Esse tratamento padrão de RT+CS mantém somente cerca de 50% dos pacientes deambulantes e alguns pacientes não deambulatórios já readquiriram a independência funcional.[11,14] Esses relatos eram de análises retrospectivas de uma era em que a qualidade das imagens radiológicas era limitada e a cirurgia consistia principalmente em laminectomia descompressiva. Muitas vezes, a extensão da doença sistêmica e o envolvimento espinhal eram pouco compreendidos, pouca atenção era dada à biomecânica da estabilidade espinhal, e a revolução da instrumentação para reconstrução espinhal era incipiente.

Por causa dessa literatura desencorajadora, há uma natural relutância a se considerar a cirurgia como uma opção. Os neurocirurgiões eram consultados com mais frequência quando o déficit neurológico progredia apesar da radioterapia, quando se desenvolvia recorrência tardia em uma região espinhal que havia recebido radiação em dosagem máxima anteriormente, ou quando a destruição do corpo vertebral progredia até o ponto da fratura patológica com óbvia instabilidade. Nesse quadro clínico, em que a cirurgia é relegada ao papel de salvamento nos casos em estágio avançado, alta morbidade e resultados precários são esperados. Um campo cirúrgico altamente irradiado em um paciente sob alta dose esteroides é a receita para as complicações cirúrgicas, incluindo infecção da ferida, deiscência da ferida, falha da estabilização instrumentada e não fusão.

Iniciando nos anos 1980, com melhora do estadiamento do câncer e imagens espinhais por tomografia computadorizada

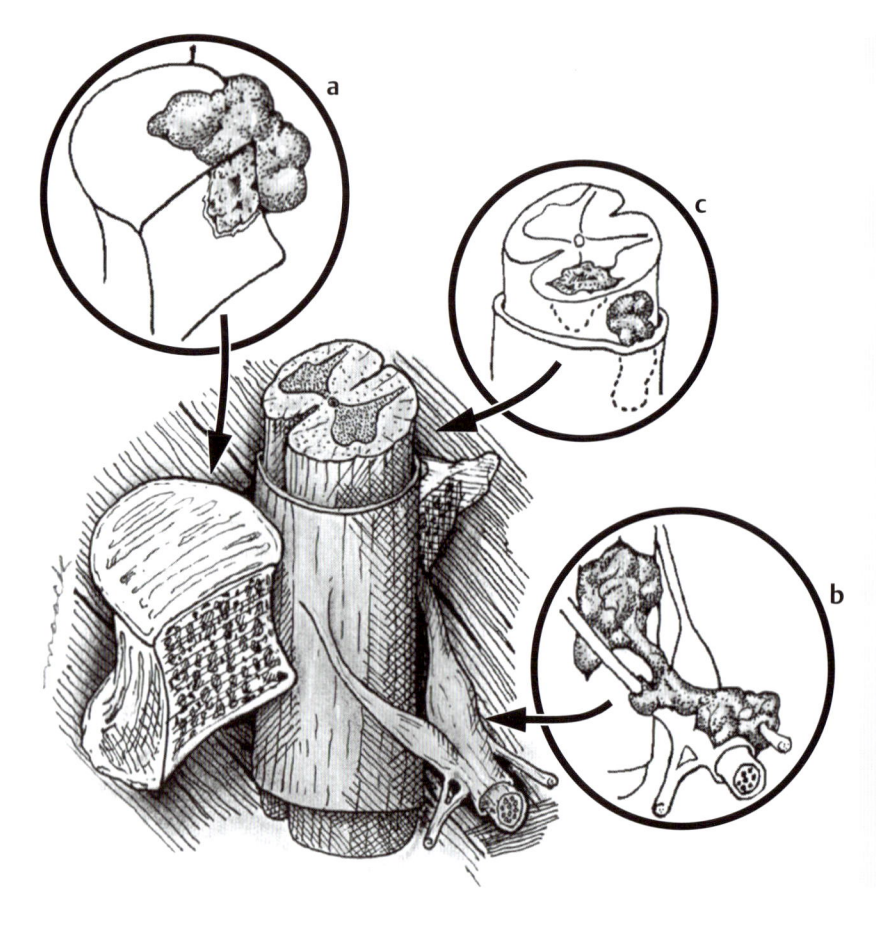

Fig. 27.2 (**a**) Localizações de metástases na espinha. A maior parte dos êmbolos tumorais é semeada na coluna vertebral ao redor da medula espinal, com a metade posterior do corpo vertebral sendo o foco inicial mais comum. (**b**) O tumor também pode se originar em localização paravertebral e fazer o trajeto ao longo dos nervos espinhais para entrar na coluna vertebral via forames neurais. Ambos os mecanismos podem levar à compressão espinhal da medula epidural. (**c**) Depósitos metastáticos epidurais intramedulares, subdurais/leptomeníngeos e isolados raramente são encontrados. (Reproduzida com permissão de Klimo P Jr, Schmidt MH. Surgical management of spinal metastases. Oncologist 2004;9:188-196.)

(CT) e finalmente imagem por ressonância magnética (MRI), a possibilidade de ataque direto ao tumor metastático foi explorada por vários cirurgiões.[17,18] O fato de que na maioria dos casos de MESCC, o epicentro do tumor é anterior à medula espinhal tornou-se necessário o desenvolvimento de equipes cirúrgicas que incluem um cirurgião torácico ou geral para proporcionar acesso anterior e um neurocirurgião para realizar descompressão e estabilização. Sistemas complexos de instrumentação que inicialmente eram concebidos para tratar escoliose, fratura vertebral e condições espinhais degenerativas foram adaptados e melhorados para permitir a redução de fratura patológica relacionada com o câncer e correção da instabilidade espinhal (▶ Fig. 27.3a, b).[19,20]

Iniciando nos anos 1990, ocorreu o desenvolvimento de novas tecnologias, incluindo a capacidade de liberar radiação direcionada a uma área específica no corpo, definida pelo médico, com base em estudos por imagem.[3] Com o avanço nesse campo, o ataque direto a um único ou a múltiplos tumores metastáticos espinhais agora não apenas pode ser realizado com a cirurgia tradicional, mas também com a radiocirurgia estereotáxica. Isto foi ainda estudado por vários cirurgiões e oncologistas radiológicos e com o progresso na aquisição de imagens espinhais (CT e MRI) e os avanços na liberação de radiação focal em alta dose guiada por imagem, a radiocirurgia estereotáxica tem potencial para alterar a maneira de tratar a metástase espinhal e a compressão da medula espinhal.[8]

A alteração dos cuidados padrão para esse complexo problema clínico requer mais do que relatos empíricos ou retrospectivos. Oncologistas, radioterapeutas, pacientes e os próprios cirurgiões precisavam de dados objetivos para direcionar adequadamente a terapia para a cirurgia, RT+CS, e/ou radiocirurgia estereotáxica com base em rigorosa análise da literatura e estudos que utilizaram sólida metodologia.

Klimo *et al.* publicaram metanálise detalhada de 1.542 pacientes submetidos à radiação ou cirurgia mais radiação para MESCC.[6] Os pacientes tratados com cirurgia mais RT+CS alcançaram uma taxa de 85% de deambulação (recuperação da paraparesia ou preservação da deambulação) *versus* 64% para os pacientes que receberam somente a radioterapia convencional com feixe externo. Citando o trabalho de Patchell *et al.* como o primeiro estudo clínico randomizado a apresentar esse tema, concluíram que a opção de cirurgia deve ser considerada como a modalidade primária em pacientes com MESCC com o uso de radiação convencional no pós-operatório como terapia adjuvante.[5] Ao proporcionar um fracionamento bem menor, menos efeitos colaterais e chances potencialmente maiores de controle da doença assim como menos dano à própria medula espinhal, a radioterapia estereotáxica também pode produzir resultados superiores aos da RT convencional + CS isoladamente. Em 2014, uma revisão sistemática da literatura de McCaighy *et al.*, não identificou estudos clínicos randomizados ou metanálises; portanto, até que esse estudo seja realizado, a radiocirurgia estereotáxica geralmente será reservada aos pacientes inoperáveis ou para aqueles que não são considerados bons candidatos à radiação convencional.[21]

Os autores completaram um estudo randomizado, prospectivo, multi-institucional, patrocinado pelo *National Institutes of Health* (NIH) sobre a ressecção cirúrgica descompressiva direta das metástases epidural seguida de radioterapia *versus* radioterapia somente.[5] Seu estudo demonstra que a combinação de cirurgia mais radiação é superior à radiação somente para preservar intacta a função neurológica, recuperando a capacidade de deambulação perdida, além da preservação das funções vesical e intestinal, manter a qualidade de vida e melhorar o controle da dor.[7] Além disso, pacientes inicialmente randomizados para radioterapia cujo tratamento falhou e passaram para a cirurgia apresentaram piores resultados e mais complicações do que os pacientes submetidos à cirurgia como terapia primária; porém, seus resultados ainda foram superiores aos da radioterapia somente. Isto ressalta que a cirurgia deve ser o primeiro tratamento em pacientes apropriados e não usada como um procedimento de salvamento.

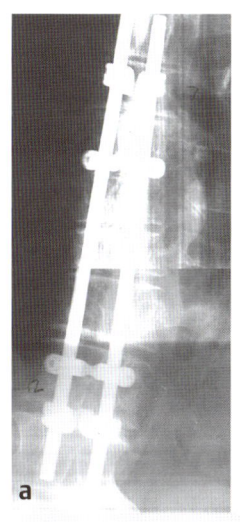

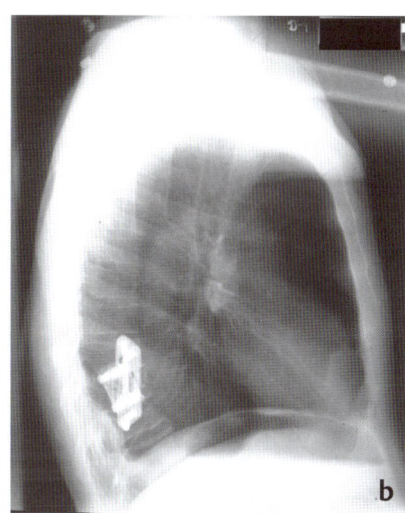

Fig. 27.3 (**a**) Metástase epidural na porção torácica média localizada na lâmina, pedículo e medula dorsal após laminectomia descompressiva, estabilização por meio de reconstrução com haste de compressão para reconstituir a banda de tensão dorsal. (**b**) A corpectomia torácica para metástase reconstruída com *cage* de titânio e placa e parafuso de fixação transvertebral.

27.4 Avaliação Clínica

A avaliação clínica abrangente inclui o registro de uma história completa e acurada, o conhecimento dos fatores de risco específicos para cada paciente individualmente, um exame neurológico e musculoesquelético e a revisão das imagens radiológicas definitivas. O exame neurológico deve incluir um exame motor segmentar das extremidades usando o sistema de Denny-Brown, avaliação dos reflexos tendíneos procurando por hiper-reflexia ou reflexos patológicos que indiquem envolvimento do neurônio motor superior, e cuidadoso exame sensitivo para definir um discreto nível sensitivo. A avaliação das funções vesical e intestinal pode ser realizada por meio de história e exame retal.

A avaliação radiológica inclui MRI espinhal total com contraste para determinar se mais de uma área de envolvimento vertebral pode ser responsável pelo déficit neurológico.[22] Igualmente, as imagens do encéfalo geralmente são convenientes porque um estudo negativo é tranquilizador, ao passo que um estudo positivo para metástase para o encéfalo não apenas pode explicar alguns déficits neurológicos do paciente, mas também impactar sobre a decisão de operar, tendo em vista que a lesão intracraniana limita a expectativa de vida. Radiografias anteroposterior (AP) e lateral da espinha revelam deformidade espinhal provocada por fratura patológica e CT de alta resolução da espinha com reconstrução sagital geralmente revela detalhes de destruição óssea sobrepujando a MRI e auxiliando na decisão de estabilizar cirurgicamente um segmento vertebral gravemente enfraquecido.

27.5 Seleção de Paciente para Cirurgia

Embora haja crescentes evidências de que técnicas cirúrgicas avançadas disponíveis hoje são superiores a RT+CS em muitos casos, nem todos os pacientes com MESCC são candidatos à cirurgia. É da responsabilidade do neurocirurgião consultado fazer uma recomendação para a cirurgia baseado em sólidos critérios clínicos derivados da literatura atual e experiência cirúrgica.

Fatores-chave para determinar se um indivíduo será potencialmente beneficiado com a cirurgia incluem o seguinte:

- Operabilidade – É a lesão metastática acessível dentro de um grau razoável de segurança?[20,23] Isto depende não apenas do local da lesão, mas da disponibilidade de um cirurgião torácico ou geral para o acesso e da experiência do neurocirurgião. Em alguns pacientes, uma abordagem anterior, ainda que tecnicamente ideal para se obter uma descompressão ideal e estabilização, pode ser impossível por causa da grave doença pulmonar ou outros fatores, e uma alternativa como uma abordagem dorsolateral pode ser necessária.[24] Em pacientes para os quais a cirurgia não é uma opção secundária a comorbidades médicas ou áreas cirurgicamente inacessíveis, a radioterapia estereotáxica pode ser uma opção.
- Radiossensibilidade da lesão – Em geral, diagnóstica de maneira ideal os tecidos sensíveis à radioterapia que não precisam de cirurgia. A exceção a essa regra é quando a doença metastática progrediu para fratura patológica ou essa fratura parece iminente quando a doença envolve duas ou três das colunas estruturais da vértebra.[23] Em alguns casos em que o diagnóstico tecidual é desconhecido em um paciente que apresenta MESCC e déficit neurológico aparentes, realizamos biópsia guiada por agulha da lesão espinhal ou biópsia com aspiração por agulha fina de uma massa de fácil acesso (p. ex., lesões na mama ou massa no pulmão) para guiar o processo de tomada de decisão. Tumores radiorresistentes, como o carcinoma de células renais, sarcoma, câncer de cólon primário e certos carcinomas de pulmão mais provavelmente são candidatos ao tratamento cirúrgico quando modalidades alternativas têm pouco a oferecer.[25]
- Expectativa de vida – Em geral, não consideramos ou encorajamos a cirurgia quando a expectativa de vida é prevista pelo oncologista assistente como inferior a 3 meses. Nesses casos, a radioterapia estereotáxica pode ser uma opção para proporcionar um alívio paliativo mais seguro da dor e dos sintomas em pacientes selecionados.
- Duração do déficit neurológico – Em pacientes que apresentam déficit medular total e completo por 24 horas ou mais o benefício da cirurgia é promissor.

27.6 Cuidados Pré-Operatórios

Ao se confirmar o diagnóstico de compressão da medula espinhal causada por tumor metastático, administra-se ao paciente uma dose de ataque de dexametasona seguida de um regime de manutenção. No estudo de Gerszten e Welch, uma dose de 100 mg de dexametasona foi administrada inicialmente seguida de 24 mg a cada 6 horas.[7] Essas doses grandes foram selecionadas porque parecem ser as doses mais altas conhecidas a mostrar um benefício terapêutico. Para pacientes diabéticos e pacientes com história de sensibilidade a esteroides ou efeitos adversos decorrentes de esteroides em alta dose devem ser administradas dosagens mais baixas.

A profilaxia apropriada com antibióticos é essencial. Em geral, a administração intravenosa de uma cefalosporina cobre *Staphylococcus* e a maioria dos outros organismos que complicam os casos cirúrgicos limpos.[26] Se o paciente em questão estiver com sepse ou infecção conhecida do trato urinário ou infecção de outro órgão, a cobertura deve ser estendida para cobrir qualquer organismo bacteriano identificado, particularmente se sistemas de instrumentação forem implantados.

O exame laboratorial pré-operatório deve incluir estudos de coagulação e hemograma completo. Pacientes com malignidade sistêmica geralmente estão anêmicos e devem receber transfusão até apresentar hematócrito maior que 30, antes de iniciar um procedimento neurocirúrgico importante, bem como tipo e compatibilidade do sangue devem estar imediatamente disponíveis porque alguns tumores metastáticos, como o carcinoma de células renais e melanoma, são evidentemente vasculares. Igualmente, pacientes com câncer, especialmente os pacientes com malignidade linforreticular, podem necessitar transfusões plaquetárias ou a administração plasma fresco congelado antes de proceder-se à cirurgia em segurança.

27.7 Tratamento Cirúrgico

Se a cirurgia for a terapia apropriada para um paciente com MESCC, o tempo é essencial. A função neurológica pode-se deteriorar rapidamente pela expansão progressiva do tumor subitamente ou por colapso patológico da vértebra ou comprometimento vascular da medula (▶ Fig. 27.4). Além disso, se a paresia progredir para plegia e o déficit total persistir por mais de 24 horas, o prognóstico é precário para recuperação neurológica mesmo com excelente intervenção cirúrgica. Está claro, portanto, que a intervenção deve ser antecipada e tratada como uma emergência.[13] A decisão sobre o momento oportuno é ajustada pelo fato de que as preparações pré-operatórias devem ser completadas. A equipe do cirurgião de acesso e neurocirurgião deve ser montada, devendo estar disponíveis a necessária equipe de sala cirúrgica e sistemas instrumentação para iniciar o caso.

Os objetivos da terapia cirúrgica para MESCC são a descompressão circunferencial da medula espinhal por meio de ataque direto à lesão com adição de reconstrução definitiva e estabilização da espinha (▶ Fig. 27.5a, b). Esses objetivos podem não ser atingíveis em uma única cirurgia. Procedimentos em estágios ou as abordagens combinadas anterior e posterior podem ser necessários.[2] A técnica cirúrgica específica escolhida é dependente de dois fatores críticos:

1. Localização da lesão.
2. Avaliação da estabilidade biomecânica.

No estudo dos autores, 60% das lesões metastáticas foram localizadas anteriores à medula espinhal, 20% eram laterais e 20% eram posteriores.[5] Os autores recomendam uma abordagem direta ao tumor (▶ Fig. 27.6). As lesões metastáticas que se encontram inteiramente dentro do corpo vertebral com extensão para o interior do espaço epidural anterior com ou sem fratura patológica são tratados de maneira ideal por meio de uma abordagem transtorácica anterolateral ou retroperitoneal (▶ Fig. 27.2). A decisão de utilizar essas abordagens deve levar em consideração a presença de doença mediastinal, pulmonar ou retroperitoneal e a capacidade do paciente de tolerar pneumotórax, íleo etc.[2,23] Dito isto, os autores tiveram uma mortalidade operatória em 30 dias em 32 pacientes submetidos a abordagens anteriores (6%) inferior a de 28 pacientes submetidos à radioterapia para doença anterior (14%).[7] Esses pacientes também não apresentaram uma hospitalização maior do que os pacientes tratados com RT+CS. Embora os pacientes submetidos a abordagens transtorácica e retroperitoneal necessitassem mais medicação narcótica para dor no período pós-operatório imediato, a longo prazo eles necessitaram consideravelmente menos opioides em razão de melhor controle do tumor e estabilidade espinal.

A cirurgia de T2 a T6 conhecida como "terra de ninguém" apresenta um desafio cirúrgico particular para lesões metastáticas anteriores. Em casos raros, os cirurgiões cardiotorácicos realizaram esternotomia para obter um acesso muito satisfatório. Nos casos em que o câncer é lateralizado, em sua maior parte, uma ressecção muito satisfatória pode ser alcançada por uma abordagem dorsolateral que pode ou não necessitar de ressecção da costela.[24]

Na coluna vertebral cervical, os resultados da corpectomia cervical e reconstrução para tratamento da compressão medular cervical decorrente de MESCC são particularmente gratificantes.[27] A abordagem é muito familiar à maioria dos neurocirurgiões e é muito bem tolerada pelos pacientes. A ressecção tumoral agressiva e a reconstrução nessa região espinhal podem produzir excelentes resultados a longo prazo (▶ Fig. 27.7). Deve-se ressaltar, porém, que a malignidade se estende para dentro do pedículo e faceta articular, uma descompressão posterior e estabilização suplementares podem ser necessárias com o uso de instrumentação para massa lateral.[2]

A laminectomia, embora inadequada como uma abordagem universal à doença metastática da espinha, permanece uma opção bem tolerada quando o volume tumoral deriva da lâmina ou faceta, onde o tumor ocupa o espaço epidural dorsal ou dorsolateral, e nos casos em que o desvio da medula de um lado a outro por uma massa lateralmente posicionada permite um acesso plano à face lateral do corpo vertebral (▶ Fig. 27.8).[15]

Em todos os casos, o neurocirurgião deve fazer uma avaliação sobre ser suficiente a descompressão somente para lidar com as circunstâncias individuais do paciente ou se a descompressão deve ser suplementada com aparelhos para substituir um corpo vertebral ressecado ou aumentar a capacidade de carga através de sistemas de haste e parafuso anterior ou posteriormente.[10,28] Pacientes selecionados com MESCC podem ser tratados com técnicas menos invasivas como vertebroplastia, cirurgia minimamente invasiva e radiocirurgia estereotáxica focal.[8,29,30] As três últimas abordagens são uma direção incentivadora e em rápida expansão que, esperançosamente, possibilitará os benefícios de métodos menos invasivos de tratamento a serem oferecidos a um grupo maior de pacientes e de reduzir a morbidade cirúrgica.

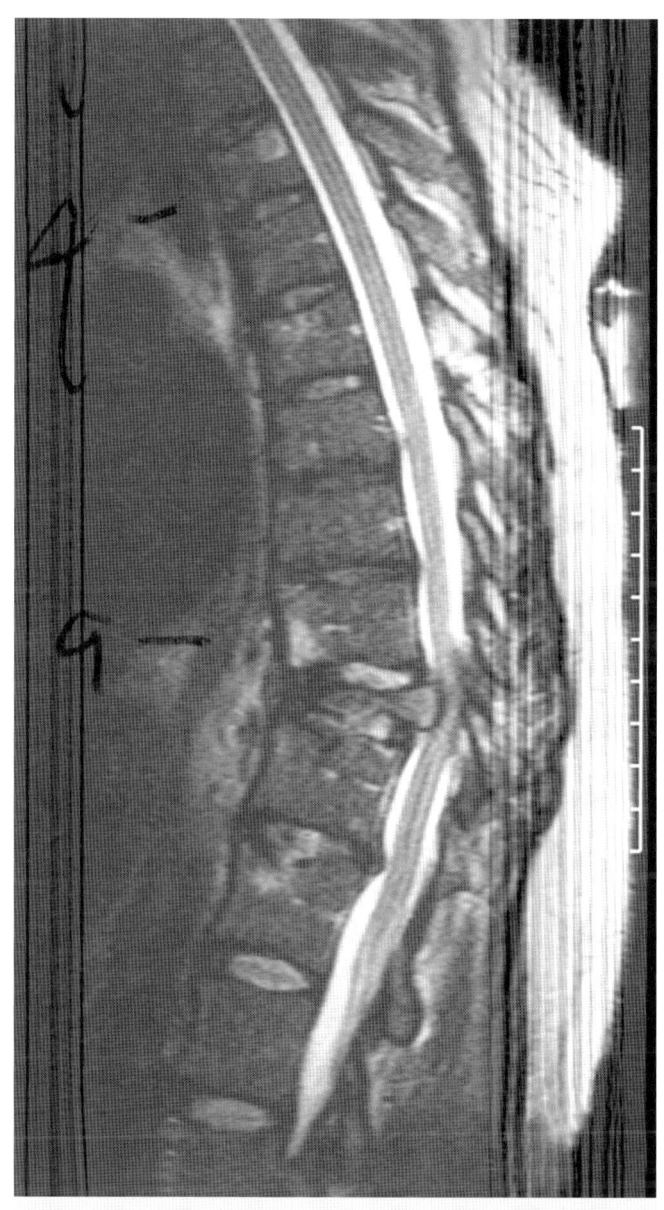

Fig. 27.4 Metástase vertebral torácica com fratura patológica, compressão medular anterior e angulação cifótica.

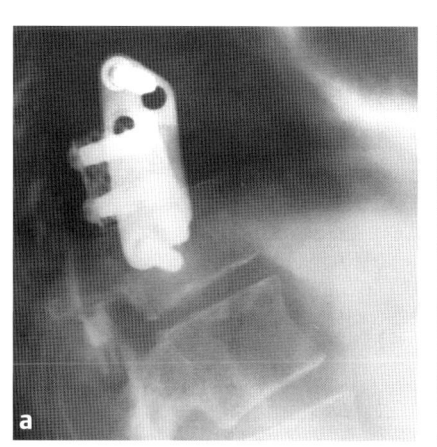

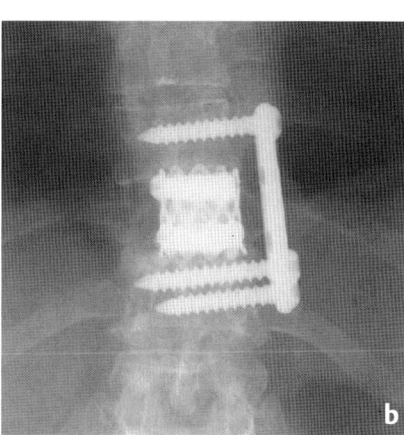

Fig. 27.5 (a) Vista lateral de metástase torácica reconstruída por abordagem anterolateral com corpectomia e inserção de *cage* de titânio com sistema de placa e parafuso. (b) Vista anteroposterior.

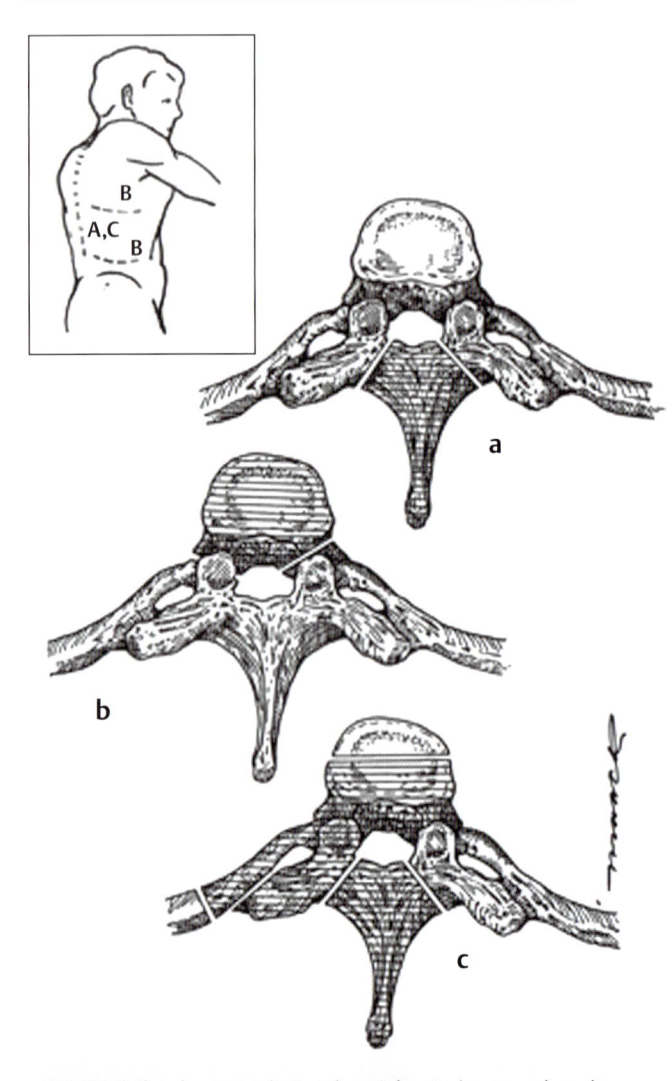

Fig. 27.6 Abordagens cirúrgicas à espinha. As áreas sombreadas indicam o osso removido em cada uma dessas abordagens.
(**a**) Laminectomia. O processo espinhoso e a lâmina adjacente são removidos até a junção dos pedículos. Este foi o procedimento cirúrgico padrão por muitos anos, independentemente de onde o tumor estava realmente localizado dentro da vértebra. Pode, ainda, ser usado para doença isolada nos elementos posteriores.
(**b**) Transtorácica ou retroperitoneal. Essas abordagens anteriores fornecem acesso direto ao corpo vertebral nas regiões torácica (transtorácica) e toracolombar/lombar (retroperitoneal).
(**c**) Posterolateral. Para pacientes que não podem tolerar uma abordagem anterior ou têm significativa extensão posterior de sua doença, uma abordagem posterolateral fornece excelente acesso tanto aos elementos anteriores quanto posteriores.
Quadro. Incisões cutâneas para cada uma das abordagens. A laminectomia e as abordagens posterolaterais podem ser realizadas por uma incisão na linha média. As abordagens transtorácica (linha B superior) e retroperitoneal (linha B inferior) requerem incisões nos flancos. (Reproduzida com permissão de Klimo P Jr, Schmidt MH. S of spinal metastasis. Oncologist 2004;9:188-196.)

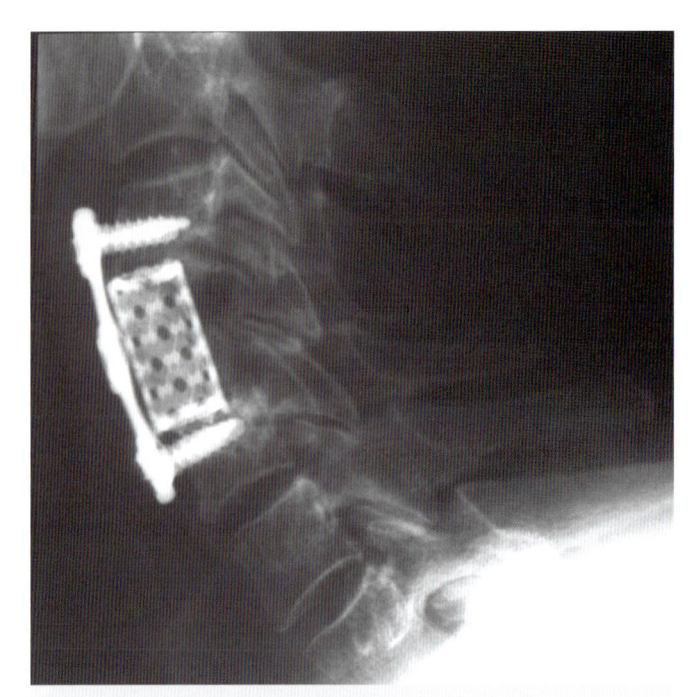

Fig. 27.7 Carcinoma de células renais metastático para o corpo vertebral C4 com compressão medular e fratura patológica tratada com corpectomia completa, inserção de *cage* de titânio entre os corpos vertebrais e placas de C3 a C5.

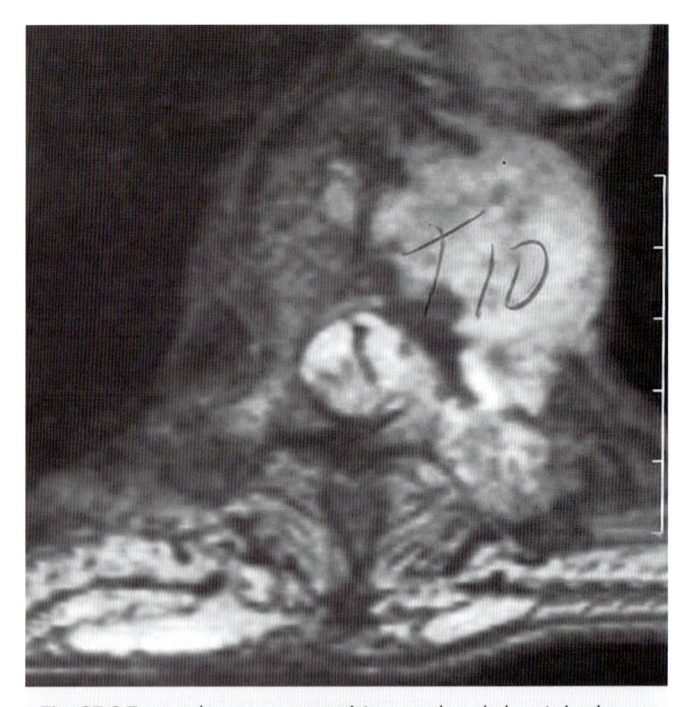

Fig. 27.8 Tumor de mama metastático envolvendo hemivértebra esquerda e desviando a medula da esquerda para a direita. Uma abordagem dorsolateral é possível através do leito tumoral.

27.8 Complicações da Cirurgia

A lista de complicações potenciais de neurocirurgia espinhal importantes em pacientes com câncer pode ser muito intimidadora, especialmente quando se consideram os procedimentos transtorácicos e retroperitoneal de grande porte.[28] O grau superior de preservação e recuperação da função neurológica, contudo, atenua esses riscos.[20] Na série do autor de 101 pacientes com MESCC, a mortalidade em 30 dias nos pacientes de cirurgia foi de 6%, e para os pacientes de RT+CS, a mortalidade em 30 dias foi de 14%.[5]

Uma das complicações pós-operatórias mais comuns é a infecção da ferida. Os fatores contribuintes incluem necessidade de esteroides em alta dose e cirurgia complexa e demorada. Desnutrição, obesidade e incontinência são os riscos adicionais.[26,29] Recomendamos a cobertura com antibióticos, como é observado em Cuidados Pré-Operatórios. Também se constatou que o desmame da dosagem de dexametasona pode ser mais rápido em pacientes cirúrgicos por terem apresentado uma boa descompressão medular.[7] Em pacientes com longas incisões torácicas posteriores superiores, descobriu-se que a aplicação de fortes suturas de retenção através de grandes botões em vários níveis ao longo da incisão reduziu a incidência de deiscência da ferida. Esse artifício, aprendido de colegas de cirurgia abdominal, é bom ser lembrado porque nos pacientes com extremidades superiores normais, mas com paraparesia torácica superior, podem colocar uma tremenda tensão no fechamento de suas feridas quando tentam se transferir de um lugar para o outro por si mesmos.

Gokaslan et al. demonstraram que a vertebrectomia transtorácica e a reconstrução podem ser realizadas com uma taxa aceitável de morbidade e mortalidade.[20] Eles descreveram uma variedade de complicações, incluindo atelectasia, infecção da ferida e embolia pulmonar em 21 de 72 pacientes, com uma taxa de 3% de mortalidade em 30 dias. Esse excelente resultado ressalta a importância de um cirurgião experiente nesses casos de reconstrução importante.

A falha de material de artrodese com perda de estabilidade ocorre em um pequeno número de casos e é tratada melhor com reoperação para reinserir a instrumentação junto com a consideração de estabilização suplementar, geralmente por abordagem posterior.

27.9 Papel da Radioterapia Estereotáxica

Como a radioterapia estereotáxica é relativamente nova, há desde alguns algoritmos de tratamento até nenhum publicado que considere a radioterapia estereotáxica espinhal. Ryu et al. sugeriram que o objetivo da radioterapia estereotáxica da espinha é a preservação e melhora do estado neurológico, muito diferente daquilo que se pratica hoje.[31] Tem-se sugerido que a radiocirurgia é comparável à cirurgia em resultados neurológicos em pacientes neurologicamente intactos, deambulatórios, ou com déficit menor.[8] A segurança da radioterapia estereotáxica espinhal também foi estabelecida como é demonstrado em uma revisão de uma série de casos realizada por Hall et al.[32] Um pool de quase 1.400 pacientes demonstrou taxa de controle de tumor local de 90%, redução da dor de 79% e incidência de mielopatia inferior a 0,5%.[3] A radiocirurgia estereotáxica espinhal é uma modalidade segura e efetiva que deve ser considerada ao se decidir as opções de tratamento para pacientes com metástase epidural espinhal. O cirurgião deve deixar claro ao paciente e radioterapeuta que a deterioração neurológica rapidamente progressiva, apesar da radioterapia direcionada, é uma indicação para a descompressão cirúrgica de salvamento de emergência ou estabilização. Outras revisões e estudos randomizados são úteis para mudar a prática clínica; porém, os resultados desses dois estudos mostram um futuro promissor para a modificação da prática clínica para o tratamento de metástase espinhal e compressão medular.

27.10 Conclusão

Os avanços na aquisição de imagens espinhal e nas técnicas cirúrgicas progrediram até o ponto de descompressão cirúrgica da medula espinhal e estabilização da coluna vertebral constituírem o tratamento de escolha para pacientes com MESCC, com lesões operáveis, cujas condições gerais toleram cirurgia de grande porte, e cuja expectativa de vida é de pelo menos 3 meses. Um neurocirurgião deverá ser consultado para determinar se a lesão do paciente é tratável e adequada para cirurgia. Quando a fratura patológica com instabilidade é a principal causa de compressão medular, radioterapia tradicional ou radioterapia estereotáxica não é suficiente para conseguir a restauração da instabilidade mecânica. Se a radiocirurgia estereotáxica for escolhida, o cuidadoso monitoramento da condição neurológica do paciente é mandatório, com um plano de reserva para intervir cirurgicamente se ocorrer deterioração. Se a cirurgia for indicada, o paciente deve passar por cuidadosa preparação pré-operatória, e a conclusão da cirurgia deve ser acelerada. Nesta classe de pacientes, a cirurgia deve ser a terapia primária, seguida de radioterapia adjuvante (convencional ou estereotática). A cirurgia é menos eficaz como tratamento de resgate após falha da radioterapia. A abordagem direta ao tumor com o objetivo de descompressão medular circunferencial e estabilização da coluna vertebral é recomendável. O resultado do paciente será melhor com um plano de tratamento coordenado pelo oncologista e neurocirurgião do paciente. A otimização da função neurológica é um objetivo crítico dos cuidados modernos do câncer em pacientes com MESCC.

Referências

[1] Klimo P, Jr, Schmidt MH. Surgical management of spinal metastases. Oncologist. 2004; 9(2):188-196

[2] Sundaresan N, Steinberger AA, Moore F, et al. Indications and results of combined anterior-posterior approaches for spine tumor surgery. J Neurosurg. 1996; 85(3):438-446

[3] Byrne TN. Spinal cord compression from epidural metastases. N Engl J Med. 1992; 327(9):614-619

[4] Klimo P Jr, Thompson CJ, Kestle JRW, et al. A meta-analysis of surgery versus conventional radiotherapy for the treatment of metastatic spinal epidural disease. Neuro-oncol. 2005; 7(1):64-76

[5] Patchell RA, Tibbs PA, Regine WF, et al. Direct decompressive surgical resection in the treatment of spinal cord compression caused by metastatic cancer: a randomised trial. Lancet. 2005; 366(9486):643-648

[6] Böhm P, Huber J. The surgical treatment of bony metastases of the spine and limbs. J Bone Joint Surg Br. 2002; 84(4):521-529

[7] Gerszten PC, Welch WC. Current surgical management of metastatic spinal disease. Oncology (Williston Park). 2000; 14(7):1013-1024, discussion 1024, 1029-1030

[8] Gilbert RW, Kim JH, Posner JB. Epidural spinal cord compression from metastatic tumor: diagnosis and treatment. Ann Neurol. 1978; 3(1):40-51

[9] Wong DA, Fornasier VL, MacNab I. Spinal metastases: the obvious, the occult, and the impostors. Spine. 1990; 15(1):1-4

[10] Loblaw DA, Laperriere NJ. Emergency treatment of malignant extradural spinal cord compression: an evidence-based guideline. J Clin Oncol. 1998; 16(4):1613-1624

[11] Black P. Spinal metastasis: current status and recommended guidelines for management. Neurosurgery. 1979; 5(6):726-746

[12] Greenberg HS, Kim JH, Posner JB. Epidural spinal cord compression from metastatic tumor: results with a new treatment protocol. Ann Neurol. 1980; 8(4):361-366

[13] Young RF, Post EM, King GA. Treatment of spinal epidural metastases. Randomized prospective comparison of laminectomy and radiotherapy. J Neurosurg. 1980; 53(6):741-748

[14] Siegal T, Siegal T, Robin G, et al. Anterior decompression of the spine for metastatic epidural cord compression: a promising avenue of therapy? Ann Neurol. 1982; 11(1):28-34

[15] Harrington KD. Anterior cord decompression and spinal stabilization for patients with metastatic lesions of the spine. J Neurosurg. 1984; 61(1):107-117
[16] Cybulski GR. Methods of surgical stabilization for metastatic disease of the spine. Neurosurgery. 1989; 25(2):240-252
[17] Gokaslan ZL, York JE, Walsh GL, et al. Transthoracic vertebrectomy for metastatic spinal tumors. J Neurosurg. 1998; 89(4):599-609
[18] Ghogawala Z, Mansfield FL, Borges LF. Spinal radiation before surgical decompression adversely affects outcomes of surgery for symptomatic metastatic spinal cord compression. Spine. 2001; 26(7):818-824
[19] Cook AM, Lau TN, Tomlinson MJ, et al. Magnetic resonance imaging of the whole spine in suspected malignant spinal cord compression: impact on management. Clin Oncol (R Coll Radiol). 1998; 10(1):39-43
[20] Cooper PR, Errico TJ, Martin R, et al. A systematic approach to spinal reconstruction after anterior decompression for neoplastic disease of the thoracic and lumbar spine. Neurosurgery. 1993; 32(1):1-8
[21] McCaighy S. What type of patients with lesions of the pancreas and spine are suitable candidates for treatment with the CyberKnife robotic radiosurgical system? J Radiotherapy Pract. 2014; 13:106-114
[22] Boriani S, Biagini R, De Iure F, et al. En bloc resections of bone tumors of the thoracolumbar spine. A preliminary report on 29 patients. Spine. 1996; 21(16):1927-1931
[23] McPhee IB, Williams RP, Swanson CE. Factors influencing wound healing after surgery for metastatic disease of the spine. Spine. 1998; 23(6):726-732, discussion 732-733
[24] Adams M, Sonntag VKN. Surgical treatment of metastatic cervical spine disease. Contemp Neurosurg. 2001; 23(5):1-5
[25] Fourney DR, Abi-Said D, Lang FF, et al. Use of pedicle screw fixation in the management of malignant spinal disease: experience in 100 consecutive procedures. J Neurosurg. 2001; 94(1, Suppl):25-37
[26] Fourney DR, Schomer DF, Nader R, et al. Percutaneous vertebroplasty and kyphoplasty for painful vertebral body fractures in cancer patients. J Neurosurg. 2003; 98(1, Suppl):21-30
[27] McLain RF. Spinal cord decompression: an endoscopically assisted approach for metastatic tumors. Spinal Cord. 2001; 39(9):482-487
[28] Wise JJ, Fischgrund JS, Herkowitz HN, et al. Complication, survival rates, and risk factors of surgery for metastatic disease of the spine. Spine. 1999; 24(18):1943-1951
[29] Olsen MA, Mayfield J, Lauryssen C, et al. Risk factors for surgical site infection in spinal surgery. J Neurosurg. 2003; 98(2, Suppl):149-155
[30] McLain RF. Spinal cord decompression: an endoscopically assisted approach for metastatic tumors. Spinal Cord. 2001; 39(9):482-487
[31] Ryu S, Yoon H, Stessin A, et al. Contemporary treatment with radiosurgery for spine metastasis and spinal cord compression in 2015. Radiat Oncol J. 2015; 33(1):1-11
[32] Hall WA, Stapleford LJ, Hadjipanayis CG, et al. Stereotactic body radiosurgery for spinal metastatic Disease: An evidence-based review. Int J Surg Oncol. 2011; 2011:979214

28 Hemorragia Intraespinhal

Kenneth A. Follett ▪ Linden E. Fornoff

Resumo

A compressão aguda da medula espinhal e da cauda equina, causada por hemorragia intraespinhal, pode ser uma emergência neurocirúrgica e levar a déficits neurológicos profundos, mesmo sendo identificada e tratada prontamente. As etiologias hemorrágicas são numerosas e incluem trauma, iatrogenia, origens secundárias como tumor subjacente, patologia vascular e anticoagulação, assim como causas idiopáticas. As hemorragias espinhais podem ter localizações epidural, subdural, subaracnóidea e/ou intramedular. Essa entidade atinge todas as idades e é imperativo considerá-la no diagnóstico diferencial para sintomas de dor aguda e/ou déficit neurológico para que seja descartada de maneira adequada. A imediata intervenção cirúrgica é indicada em muitos ou na maioria dos casos de hemorragia intraespinhal sintomática.

Palavras-chave: anticoagulação, laminectomia descompressiva, déficit neurológico, hemorragia epidural espinhal, hemorragia intramedular espinhal, hemorragia subaracnóidea espinhal, hemorragia subdural espinhal.

28.1 Etiologia

As hemorragias intraespinhais têm inúmeras causas diferentes. Até 43% são idiopáticas com causas identificáveis desconhecidas.[1] As causas secundárias de hemorragia intraespinhal incluem trauma, coagulopatias, anomalias vasculares, tumor e iatrogenia.

28.1.1 Patogênese do Hematoma Epidural Espinhal Idiopático

O hematoma epidural espinhal idiopático (SEH) tem sido estudado e revisado extensamente na literatura.[1] A opinião atual é de que a hemorragia se origina do plexo epidural venoso sem válvula com base na propensão do SEH de se formar no canal espinhal posterior como um acúmulo hemorrágico segmentado. Esse plexo permite a transmissão de ondas de pressão que são geradas na circulação sistêmica (p. ex., manobra de Valsalva), levando à ruptura do plexo e subsequente formação SEH.[1,2] Existem vários relatos de casos clínicos descrevendo SEH pós-tosse e também o SEH após prender a respiração por tempo prolongado durante pesca submarina com arpão.[3,4]

28.1.2 Patogênese do Hematoma Subdural Espinhal Idiopático e Subaracnóideo

Postula-se que o hematoma subdural espinhal (SSH) de origem idiopática surja secundariamente à hemorragia de veias radiculomedulares sem válvula que atravessam os espaços subaracnóideo e subdural.[1,5] A ruptura secundária a aumento súbito da pressão venosa resulta em hemorragia subaracnóidea que disseca o espaço subdural para formar um SSH com/sem hemorragia subaracnóidea espinhal.[5,6]

28.1.3 Causas Secundárias da Hemorragia Intraespinhal

As hemorragias secundárias com mais frequência estão relacionadas com o uso de medicações anticoagulação, incluindo os trombolíticos.[7-10] Até 30% das hemorragias intraespinhais são atribuídas à administração de anticoagulante.[1] Os processos patológicos, como hemofilia, discrasias sanguíneas e vasculites, incluindo o lúpus eritematoso sistêmico (SLE), também podem causar coagulopatia e podem estar associados à hemorragia intraespinhal.[1,11]

Trauma importante à coluna vertebral é uma causa incomum de formação de hematoma que, por si só, é sintomático.[1,12] A hemorragia intraespinhal associada a trauma pode ser apenas um dos componentes das lesões de um paciente, e não ser o responsável pelos déficits neurológicos, devendo ser avaliada no contexto de outras lesões. Quando presentes, os hematomas traumáticos são tipicamente epidurais e podem ocorrer na ausência de outras anormalidades estruturais.[13] Kreppel et al. descobriram que a hemorragia associada a trauma respondia por apenas 1 a 1,7% da hemorragia intraespinhal.[1] Um trauma menor, como massagem vigorosa e manobra de Valsalva prolongada, também foi implicado na formação de SEH.[3,14] Além disso, há numerosos relatos de casos clínicos descrevendo um trauma menor com apresentação subaguda dos sintomas neurológicos progressivos atribuídos à hemorragia dentro do ligamento amarelo.[15]

Malformações vasculares, sendo as mais comuns os hemangiomas, compreendem 9,1% das hemorragias intraespinhais.[1] Outras malformações vasculares associadas à hemorragia intraespinhal incluem angiomas cavernosos,[16] fístulas arteriovenosas (AV), aneurismas verdadeiros[17] e pseudoaneurismas.[18]

Gravidez, parto, distúrbios reumatológicos (espondilite anquilosante, artrite reumatoide, neurossarcoidose, lúpus eritematoso sistêmico),[1,10,20] vasculite da medula espinhal,[11] uso de estimulante ilícito,[21] exercício[22] e coarctação da aorta[23] foram todos descritos em associação à hemorragia intraespinhal. É digno de nota que Groen e Hoogland descobriram que a hipertensão arterial não é uma causa de hemorragia intraespinhal, mas simplesmente coincidente.[24] O sangramento também pode ocorrer em decorrência de tumores intraespinhais, incluindo ependimoma, tumor da bainha nervosa, meningioma, tumor metastático, astrocitoma, hemangioblastoma e sarcoma.[1] Vários relatos de casos clínicos identificaram cistos sinoviais em facetas justapostas como fontes de hemorragia intraespinhal.[25] Anormalidades do corpo vertebral, como a doença de Paget, também podem levar à formação de SEH.[1]

As causas iatrogênicas incluem cirurgia espinhal[26] (com uma incidência relatada de SEH clinicamente relevante pós-cirurgia espinhal de até 1%),[27] *shunt* ventriculoperitoneal,[28] anestesia neuraxial,[1] radioterapia neuraxial[29] e punção lombar (LP).[1] O risco de hemorragia intraespinhal clinicamente significativa após LP é maior se a punção for traumática, se a anticoagulação for iniciada mais cedo do que 1 hora pós-LP, ou se o paciente estiver sob terapia antiplaquetária.[30]

As coagulopatias induzidas por medicação são uma área de crescente preocupação uma vez que anticoagulantes irreversíveis/parcialmente reversíveis passaram a ter um maior uso clínico. Isto inclui inibidores do fator Xa direto que estão sendo usados para substituir os antagonistas da vitamina K e heparina.[8,10] O amplo uso de clopidogrel para problemas neurológicos e cardíacos também foi implicado na hemorragia intraespinhal.[7,9] Em relação à profilaxia farmacológica para trombose venosa profunda (DVT) pós-cirurgia espinhal, iniciar essa medicação em 24 a 36 horas de pós-operatório não aumenta o risco de SEH.[31]

28.2 Apresentação

Os hematomas intraespinhais ocorrem em indivíduos de qualquer idade, desde a vida intrauterina[32] até a velhice.[1] Aparentemente, há dois picos de frequência por idade: dos 15 aos 20 anos e dos 45 aos 75 anos.[1] O sangramento com mais frequência é epidural (75% das hemorragias intraespinhais) e tipicamente se localiza na porção dorsal ou dorsolateral do canal.[1] Em geral, os homens são afetados mais comumente por hemorragia intraespinhal (2:1); contudo, a distribuição homem:mulher é equivalente em relação à hemorragia subdural espinhal. A hemorragia subaracnóidea espinhal[1] representa 15,7% dos casos, com hemorragia subdural espinhal enquanto a hemorragia intramedular representa 4,1% e 0,82%, respectivamente.[1] É mais provável que crianças tenham hemorragia intraespinhal na região cervicotorácica *versus* adultos (idades de 45-75), nos quais as hemorragias tendem a ocorrer com mais frequência nas regiões torácica inferior e lombar.[1]

A dor geralmente é o primeiro sintoma de hemorragia intraespinhal, seguida por sinais e sintomas de compressão do elemento neural.[1] Os pacientes podem apresentar sintomas de dor subaguda ou crônica, ou até com um curso de remissão/recidiva.[1] Sinais de disfunção neurológica geralmente evoluem em algumas horas, mas a progressão pode ser muito rápida. Os déficits tipicamente incluem perda sensitiva com paraparesia ou paraplegia, retenção urinária, síndrome da cauda equina e priapismo.[1] Os pacientes podem apresentar-se com síndrome de Brown-Sequard[1] da medula central,[33] ou da medula anterior.[34] É digno de nota que existam relatos de pacientes sobre hemorragia intraespinhal que se apresenta como síndrome coronariana aguda.[35]

28.3 Avaliação

O diagnóstico diferencial inclui uma variedade de causas de disfunção aguda da medula espinhal, incluindo herniação de disco, fratura espinhal (patológica ou traumática), infecção (p. ex., abscesso epidural), mielite transversa, infarto, tumor, trauma e aneurisma aórtico abdominal dissecante. A história e o exame físico proporcionam um fundamento para estabelecer um diagnóstico, mas a avaliação radiológica é necessária para o diagnóstico definitivo.

A imagem por ressonância magnética (MRI) com imagens ponderadas em suscetibilidade é a modalidade secundária preferida em razão de sua não invasividade e capacidade de delinear os conteúdos da medula espinhal e coluna vertebral, assim como pela capacidade de determinar a idade da hemorragia.[1,36] A aparência dos hematomas na MRI varia com a idade destes. Em imagens ponderadas em T1 e T2, respectivamente, o sangue é iso/hipointenso e hiperintenso em casos hiperagudos; iso/hipointenso e hipointenso em casos agudos; hiperintenso e inicialmente hipointenso em casos subagudos; hiperintenso e hiperintenso em fase tardia subaguda (▶ Fig. 28.1, ▶ Fig. 28.2); e iso/hipointenso e hipointenso em casos crônicos.[37] Os SSHs são côncavos em relação à medula, enquanto os SEHs são convexos em relação à medula em imagens sagitais (▶ Fig. 28.3, ▶ Fig. 28.4).[38] O gadolínio pode ajudar na identificação das lesões estruturais, como tumores, infecções, ou malformações vasculares de fluxo lento. O saco dural pode aumentar por causa da hiperemia nos estágios subagudos após uma hemorragia, proporcionando melhor demarcação entre o saco tecal e o hematoma.[39] É digno de nota que ao se visualizar as imagens axiais ponderadas em T2 na coluna lombar, o sinal da estrela da Mercedes Benz pode ser evidente. Este sinal está associado à hemorragia intradural em oposição à hemorragia extradural. O sinal da estrela da Mercedes Benz é secundário aos produtos sanguíneos anteriores e posteriores às raízes nervosas, fazendo-os agregar-se em direção à linha média.[40]

Mielografia era o procedimento de escolha antes do advento da MRI. Ela ainda continua a ser relevante, especialmente em conjunto com a tomografia computadorizada (CT) pós-mielograma. Esta é utilizada primariamente em pacientes para os quais não é seguro realizar a MRI (p. ex., com aparelhos médicos implantados não compatíveis com a MRI ou metal). A mielografia é contraindicada em pacientes com coagulopatia, porém, requer um retardo na avaliação enquanto são verificados e possivelmente corrigidos os parâmetros de coagulação. A LP para mielografia pode ser "seca" ou tecnicamente difícil na presença de coágulo.[41]

A CT é não invasiva e pode ser usada em pacientes com coagulopatia e naqueles com contraindicações para MRI. Pode ser especialmente útil nos casos que envolvem a patologia do osso da coluna vertebral provocada por sua sensibilidade na detecção de anormalidades ósseas (p. ex., fraturas e alterações osteolíticas ou blásticas). Porém, sua sensibilidade em demonstrar o hematoma é limitada. O sangue aparece hiperdenso em casos agudos, enquanto as hemorragias subaguda e crônica aparecem isodensas (▶ Fig. 28.5) A sensibilidade e especificidade da CT melhoram com contraste intratecal (▶ Fig. 28.6); como mencionado anteriormente, a LP é contraindicada em pacientes com coagulopatia.

A angiografia não é realizada de rotina em situação pré-operatória, a não ser que a MRI ou outra informação diagnóstica sugere a presença de uma malformação vascular.[26] No quadro agudo, pode não ser prático fazer uma pausa para obter um angiograma espinhal. Se os estudos iniciais (p. ex., MRI), história ou exame físico sugerirem uma anormalidade vascular como causa de hemorragia, então a angiografia é apropriada. Em alguns casos, a cirurgia descompressiva de emergência é necessária e o angiograma deve ser adiado até o paciente se encontrar estabilizado.[1]

Os parâmetros de coagulação (p. ex., o tempo de protrombina com relação internacional normalizada [INR], tempo de tromboplastina parcial, contagem de plaquetas) devem ser obtidos em cada paciente para determinar a presença de uma coagulopatia. Estudos especializados podem ser necessários para identificar a deficiência do fator de coagulação, e deve-se notar se o paciente estava tomando aspirina, clopidogrel, medicação anti-inflamatória não esteroide ou outros agentes que interferem na função plaquetária. Novos anticoagulantes podem não alterar os estudos de coagulação; portanto, deve-se ter o cuidado de obter uma história completa de medicações. O hemograma completo (CBC), a velocidade de hemossedimentação e a proteína C reativa podem indicar causas infecciosas ou inflamatórias subjacentes à hemorragia.

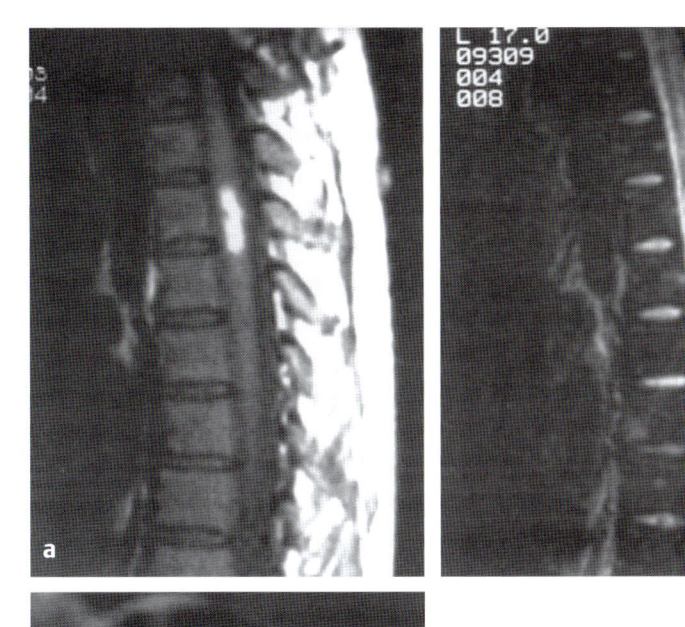

Fig. 28.1 Imagens por ressonância magnética (a) sagital ponderada em T1, (b) sagital ponderada em T2, e (c) axial ponderada em T1 demonstrando hematoma intramedular hiperintenso subagudo.

28.4 Tratamento

A imediata evacuação do hematoma para descompressão a medula espinhal e/ou cauda equina é o tratamento padrão para os pacientes que apresentam déficit neurológico agudo, especialmente naqueles com deterioração progressiva. As coagulopatias devem ser corrigidas com plasma fresco congelado, vitamina K, sulfato de protamina, ácido aminocaproico, plaquetas ou infusão de fator. O complexo de protrombina concentrado é usado comumente para auxiliar na reversão total/parcial dos anticoagulantes no quadro agudo em que é indicada a intervenção neurocirúrgica de emergência. As complicações protrombóticas são baixas e justificam o uso nesse quadro.[8] Estudos de coagulação devem ser obtidos regularmente durante os períodos operatório e pós-operatório por causa das meias-vidas curtas de alguns dos agentes usados para correção da coagulopatia. Geralmente não é necessário manter níveis 100% normais do fator ausente em pacientes com deficiências de fator. A reposição de fator deve ser continuada por vários dias no pós-operatório para prevenir ressangramento.

O procedimento operatório tipicamente envolve laminectomia para descompressão e exploração porque os hematomas geralmente se localizam posteriormente/posterolateralmente e são acessados com facilidade via laminectomia.[1,42,43] Se o coágulo for aderido, deve-se tomar o cuidado de não limitar a exposição de modo que a evacuação fique incompleta ou a patologia de base seja omitida ou tratada inadequadamente. Em casos de hemorragia ventral (extra ou intradural), é possível remover o hematoma com irrigação cuidadosa por cateter de pequeno diâmetro (p. ex., 8 French) e sucção. A hemorragia subaracnóidea na cauda equina pode requerer microdissecção cuidadosa para mobilizar o coágulo aderido às raízes nervosas.[1] As hemorragias intramedulares devem ser removidas por mielotomia, tipicamente sobrejacente ao hematoma, caso ele se situe muito próximo à superfície medular, ou via mielotomia na linha média.[1] Deve-se ter o cuidado de remover o máximo possível do coágulo sempre preservando a segurança do paciente. O cirurgião deve estar preparado para lidar com anormalidades estruturais subjacentes, como tumor ou malformação vascular que podem não ter sido aparentes em estudos pré-operatórios.

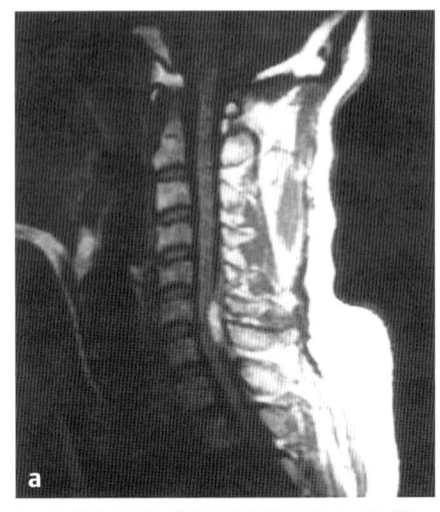

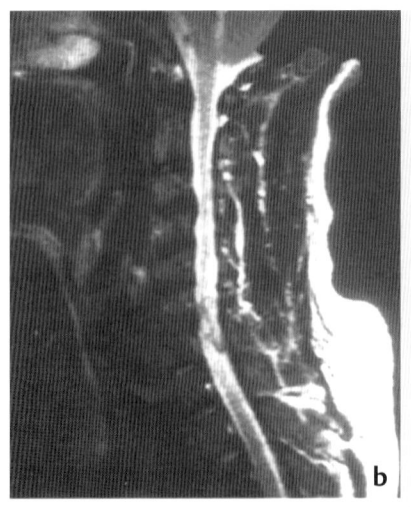

Fig. 28.2 Imagens por ressonância magnética (**a**) sagital ponderada em T1, (**b**) sagital ponderada em T2, e (**c**) axial ponderada em T1 demonstrando hematoma epidural posterolateral hiperintenso subagudo com moderado sinal de falta de homogeneidade.

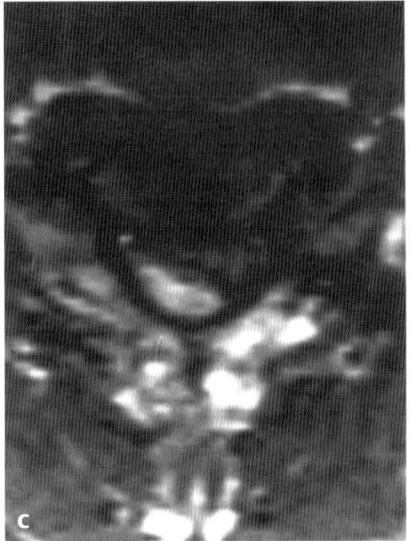

Ultrassonografia intraoperatória permite a visualização de coágulo(s) dentro da medula espinhal e pode ser usada para guiar a posição de mielotomia para remoção de hemorragias intramedulares. Ele também ajuda na avaliação e confirmação da extensão da evacuação do hematoma e adequação da descompressão da hemorragia intraespinhal. A cuidadosa exploração no momento da cirurgia é essencial, para se determinar a presença de anormalidades estruturais (p. ex., tumor ou malformação vascular). Pequenas malformações vasculares podem ser omitidas porque os vasos podem ser extraídos com o coágulo ou durante a sucção. Para auxiliar na identificação da etiologia da hemorragia, todo hematoma deve ser submetido a exame patológico.[12] Biópsias parenquimais circundando os hematomas intramedulares podem ajudar a determinar se a hemorragia surgiu de um tumor, caso exista tal suspeita, mas deve-se tomar cuidado para minimizar ou evitar a lesão espinhal adicional.

A intervenção cirúrgica produz a rápida descompressão e ajuda a estabelecer um diagnóstico patológico. Em alguns casos (p. ex., tumor), o diagnóstico propriamente dito pode ter um impacto substancial sobre os cuidados ao paciente a longo prazo. Igualmente importante, o tratamento cirúrgico pode permitir o tratamento definitivo de uma malformação vascular, prevenindo nova hemorragia que pode ter consequências devastadoras.[16] Os exames histológicos de algumas lesões vasculares espinhais removidas durante a evacuação do coágulo mostram evidência de hemorragia anterior.[44]

Os pacientes clinicamente muito instáveis para tolerar intervenção operatória podem ser tratados com técnicas menos invasivas. Ocasionalmente, um hematoma pode ser aspirado com sucesso com agulha de Tuohy ou outro cateter colocado percutaneamente dentro do coágulo, permitindo a irrigação através do cateter.[45] Essas abordagens mais provavelmente são eficazes em casos de formação de hematoma crônico, quando o coágulo é liquefeito. Existem relatos de caso que descrevem o tratamento eficaz da hemorragia intraespinhal com LP.[46]

O tratamento conservador é defendido para os pacientes que mostram melhora precoce da dor e do déficit neurológico, e para os pacientes que apresentam dor na ausência de déficit neurológico.[47] Os cuidados conservadores são mais adequados para os pacientes que estão melhorando e sofreram uma segunda hemorragia que não é considerada cirurgicamente tratável (p. ex., hemorragia secundária à excessiva anticoagulação).[1] A intervenção cirúrgica deve ser realizada em qualquer paciente tratado de maneira conservadora que sofra deterioração neurológica e como meio de diagnosticar e tratar definitivamente uma anormalidade estrutural subjacente considerada responsável pela hemorragia.[1]

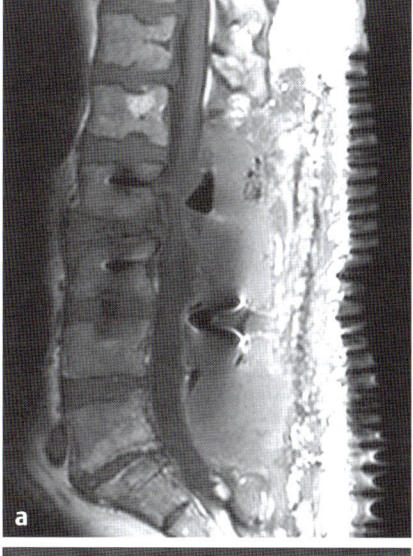

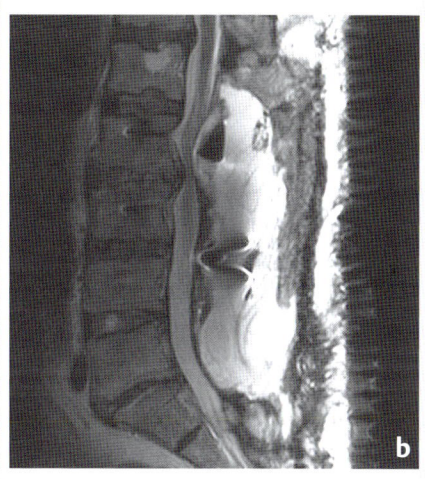

Fig. 28.3 Imagens por ressonância magnética (**a**) sagital ponderada em T1, (**b**) sagital ponderada em T2, e (**c**) axial pós-contraste ponderada em T1 demonstrando grande hematoma epidural lombar posterior que se desenvolveu 10 dias após um procedimento de fusão. Note o mínimo contraste do hematoma.

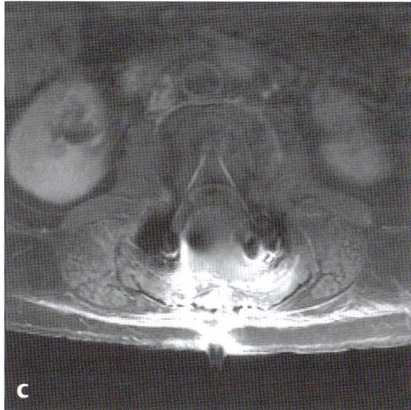

28.5 Prognóstico

A recuperação da função é relacionada, geralmente, com a gravidade do déficit pré-operatório e do tempo até a cirurgia.[1,26,49] Em geral, se os pacientes com lesões incompletas forem submetidos à descompressão no momento oportuno, há grande probabilidade de uma significativa recuperação.[1] O déficit completo não impede a recuperação funcional;[26,32] portanto, os pacientes devem ser submetidos à descompressão cirúrgica prontamente.[1,32] Em sua metanálise, Kreppel et al. descobriram que os estudos em que os pacientes eram tratados dentro de 12 horas do início do sintoma tiveram melhor taxa de recuperação.[1] É improvável, porém, que aqueles pacientes com hematoma subaracnóideo[49] ou hematomielia traumática[50] se recuperem de déficits graves.

A mortalidade varia de 3 a 24% em uma série operatória.[19,26] A mortalidade é mais alta em pacientes com déficits completos (23%), comparados aos pacientes com déficits incompletos (mortalidade 7%).[51] A morte, mais provavelmente, ocorre em pacientes tratados de maneira conservadora, que, geralmente, têm outros distúrbios clínicos sérios que os tornam maus candidatos cirúrgicos,[41] e em pacientes com hemorragias cervicais.[43]

28.6 Conclusão

A hemorragia intraespinhal pode ser uma emergência neurocirúrgica e deve ser suspeitada em qualquer paciente com sintomas e sinais de disfunção da medula espinhal, especialmente se associada ao início agudo de dor e/ou presença de coagulopatias. A MRI é o método de avaliação preferido. A descompressão cirúrgica pode ser realizada prontamente e está associada à boa recuperação da função em muitos pacientes, incluindo aqueles com disfunção sensoriomotora completa. Etiologias identificáveis para hemorragia intraespinhal devem ser meticulosamente descartadas antes de designar a hemorragia como idiopática.

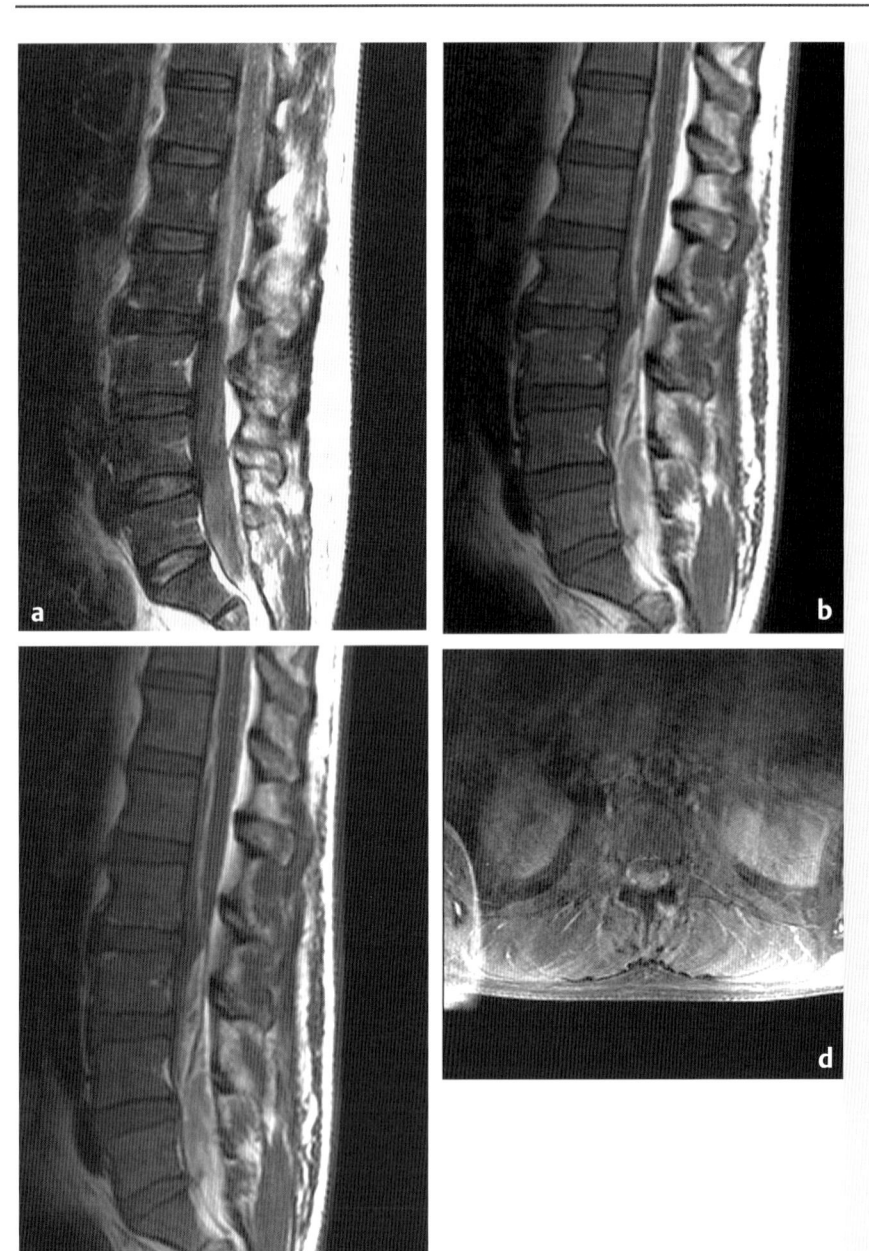

Fig. 28.4 Imagens por ressonância magnética (**a**) sagital ponderada em T2, (**b**) sagital ponderada em T1, (**c**) sagital pós-contraste ponderada em T1, e (**d**) axial ponderada em T1 demonstrando grande hematoma subdural lombar induzido durante punção lombar.

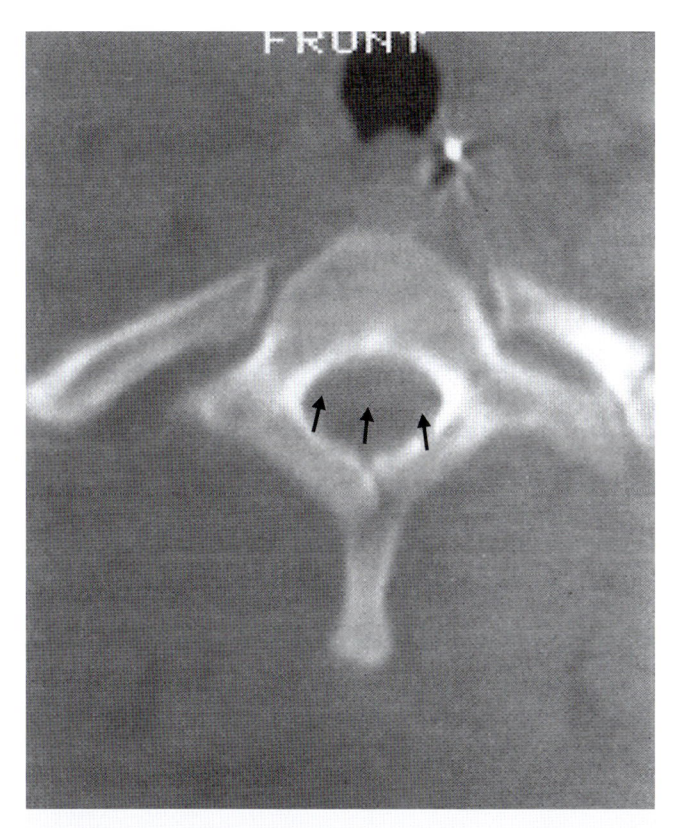

Fig. 28.5 Tomografia computadorizada axial sem contraste (CT) através da coluna torácica superior revela massa ligeiramente hiperdensa que ocupa a metade ventral do canal (face posterior delineada por setas), compatível com hematoma epidural agudo. Mesmo quando hiperdensos, pode ser difícil de distinguir os hematomas das estruturas circundantes em imagens de CT.

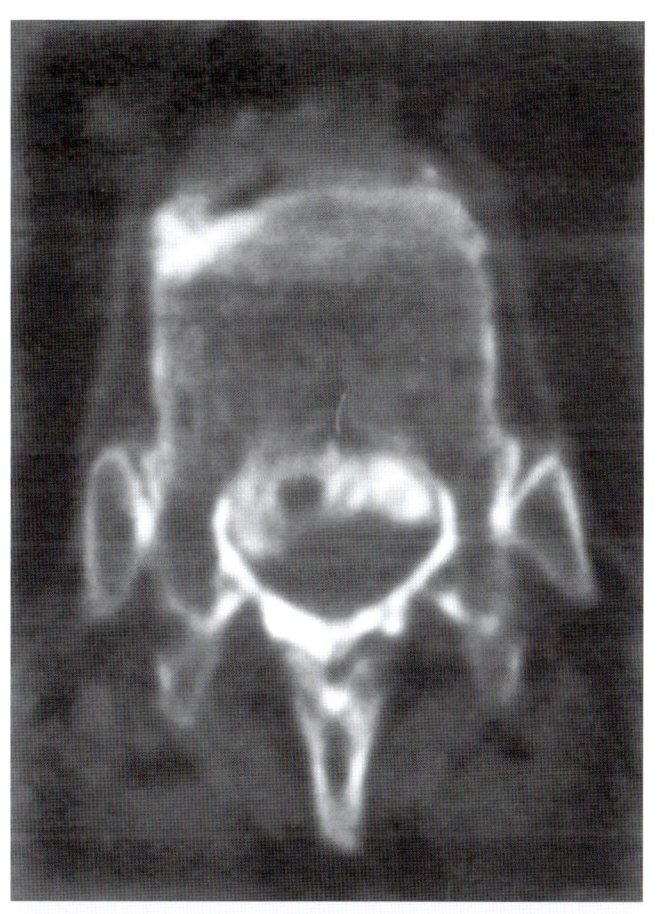

Fig. 28.6 Imagens de tomografia computadorizada axial após a administração intratecal de metrizamida demonstra, claramente, grande falha de preenchimento extradural dorsal na junção toracolombar, compatível com hematoma epidural.

Referências

[1] Kreppel D, Antoniadis G, Seeling W. Spinal hematoma: a literature survey with meta-analysis of 613 patients. Neurosurg Rev. 2003; 26(1):1-49
[2] Groen RJ, Ponssen H. The spontaneous spinal epidural hematoma. A study of the etiology. J Neurol Sci. 1990; 98(2-3):121-138
[3] Oji Y, Noda K, Tokugawa J, et al. Spontaneous spinal subarachnoid hemorrhage after severe coughing: a case report. J Med Case Reports. 2013; 7:274
[4] Tremolizzo L, Patassini M, Malpieri M, et al. A case of spinal epidural haematoma during breath-hold diving. Diving Hyperb Med. 2012; 42(2):98-100
[5] Haines DE, Harkey HL, al-Mefty O. The "subdural" space: a new look at an outdated concept. Neurosurgery. 1993; 32(1):111-120
[6] Morandi X, Riffaud L, Chabert E, et al. Acute nontraumatic spinal subdural hematomas in three patients. Spine. 2001; 26(23):E547-E551
[7] Bhat KJ, Kapoor S, Watali YZ, et al. Spontaneous epidural hematoma of spine associated with clopidogrel: a case study and review of the literature. Asian J Neurosurg. 2015; 10(1):54
[8] El Ahmadieh TY, Aoun SG, Daou MR, et al. New-generation oral anticoagulants for the prevention of stroke: implications for neurosurgery. J Clin Neurosci. 2013; 20(10):1350-1356
[9] Moon HJ, Kim JH, Kim JH, et al. Spontaneous spinal epidural hematoma: an urgent complication of adding clopidogrel to aspirin therapy. J Neurol Sci. 2009; 285(1-2):254-256
[10] Zaarour M, Hassan S, Thumallapally N, et al. Rivaroxaban-induced nontraumatic spinal subdural hematoma: an uncommon yet life-threatening complication. Case Rep Hematol. 2015; 2015:275380
[11] Fu M, Omay SB, Morgan J, et al. Primary central nervous system vasculitis presenting as spinal subdural hematoma. World Neurosurg. 2012; 78(1-2):E5-E8
[12] Wittebol MC, van Veelen CW. Spontaneous spinal epidural haematoma. Etiological considerations. Clin Neurol Neurosurg. 1984; 86(4):265-270
[13] Cuenca PJ, Tulley EB, Devita D, et al. Delayed traumatic spinal epidural hematoma with spontaneous resolution of symptoms. J Emerg Med. 2004; 27(1):37-41
[14] Maste P, Paik SH, Oh JK, et al. Acute spinal subdural hematoma after vigorous back massage: a case report and review of literature. Spine. 2014; 39(25):E1545-E1548
[15] Wild F, Tuettenberg J, Grau A, et al. Ligamentum flavum hematomas of the cervical and thoracic spine. Clin Neurol Neurosurg. 2014; 116:24-27
[16] Badhiwala JH, Farrokhyar F, Alhazzani W, et al. Surgical outcomes and natural history of intramedullary spinal cord cavernous malformations: a single-center series and meta-analysis of individual patient data. J Neurosurg Spine. 2014; 21(4):662-676
[17] Nakagawa I, Park HS, Hironaka Y, et al. Cervical spinal epidural arteriovenous fistula with coexisting spinal anterior spinal artery aneurysm presenting as subarachnoid hemorrhage—case report. J Stroke Cerebrovasc Dis. 2014; 23(10):e461-e465
[18] Tanweer O, Woldenberg R, Zwany S, Setton A. Endovascular obliteration of a ruptured posterior spinal artery pseudoaneurysm. J Neurosurg Spine. 2012; 17(4):334-336
[19] Penar PL, Fischer DK, Goodrich I, et al. Spontaneous spinal epidural hematoma. Int Surg. 1987; 72(4):218-221

[20] Pegat B, Drapier S, Morandi X, et al. Spinal cord hemorrhage in a patient with neurosarcoidosis on long-term corticosteroid therapy: case report. BMC Neurol. 2015; 15(1):123

[21] Ray WZ, Krisht KM, Schabel A, et al. Subarachnoid hemorrhage from a thoracic radicular artery pseudoaneurysm after methamphetamine and synthetic cannabinoid abuse: case report. Global Spine J. 2013; 3(2):119-124

[22] Yang JC, Chang KC. Exercise-induced acute spinal subdural hematoma: a case report. Kaohsiung J Med Sci. 2003; 19(12):624-627

[23] Devara KV, Joseph S, Uppu SC. Spontaneous subarachnoid haemorrhage due to coarctation of aorta and intraspinal collaterals: a rare presentation. Images Paediatr Cardiol. 2012; 14(4):1-3

[24] Groen RJ, Hoogland PV. High blood pressure and the spontaneous spinal epidural hematoma: the misconception about their correlation. Eur J Emerg Med. 2008; 15(2):119-120

[25] Machino M, Yukawa Y, Ito K, et al. Spontaneous hemorrhage in an upper lumbar synovial cyst causing subacute cauda equina syndrome. Orthopedics. 2012; 35(9):e1457-e1460

[26] Lawton MT, Porter RW, Heiserman JE, et al. Surgical management of spinal epidural hematoma: relationship between surgical timing and neurological outcome. J Neurosurg. 1995; 83(1):1-7

[27] Glotzbecker MP, Bono CM, Wood KB, et al. Postoperative spinal epidural hematoma: a systematic review. Spine. 2010; 35(10):E413-E420

[28] Wurm G, Pogady P, Lungenschmid K, et al. Subdural hemorrhage of the cauda equina. A rare complication of cerebrospinal fluid shunt. Case report. Neurosurg Rev. 1996; 19(2):113-117

[29] Agarwal A, Kanekar S, Thamburaj K, et al. Radiation-induced spinal cord hemorrhage (hematomyelia). Neurol Int. 2014; 6(4):5553

[30] Ruff RL, Dougherty JH Jr. Complications of lumbar puncture followed by anticoagulation. Stroke. 1981; 12(6):879-881

[31] Strom RG, Frempong-Boadu AK. Low-molecular-weight heparin prophylaxis 24 to 36 hours after degenerative spine surgery: risk of hemorrhage and venous thromboembolism. Spine. 2013; 38(23):E1498-E1502

[32] Babayev R, Ekşi MŞ. Spontaneous thoracic epidural hematoma: a case report and literature review. Childs Nerv Syst. 2016; 32(1):181-787

[33] Mavroudakis N, Levivier M, Rodesch G. Central cord syndrome due to a spontaneously regressive spinal subdural hematoma. Neurology. 1990; 40(8):1306-1308

[34] Foo D, Chang YC, Rossier AB. Spontaneous cervical epidural hemorrhage, anterior cord syndrome, and familial vascular malformation: case report. Neurology. 1980; 30(3):308-311

[35] Estaitieh N, Alam S, Sawaya R. Atypical presentations of spontaneous spinal epidural hematomas. Clin Neurol Neurosurg. 2014; 122:135-136

[36] Wang M, Dai Y, Han Y, et al. Susceptibility weighted imaging in detecting hemorrhage in acute cervical spinal cord injury. Magn Reson Imaging. 2011; 29(3):365-373

[37] Liebeskind D. Intracranial hemorrhage. EMedicine [serial online]. June 29, 2004. Updated May 2015, accessed December 20, 2015.

[38] Domenicucci M, Ramieri A, Ciappetta P, et al. Nontraumatic acute spinal subdural hematoma: report of five cases and review of the literature. J Neurosurg. 1999; 91(1, Suppl):65-73

[39] Crisi G, Sorgato P, Colombo A, et al. Gadolinium- DTPA-enhanced MR imaging in the diagnosis of spinal epidural haematoma. Report of a case. Neuroradiology. 1990; 32(1):64-66

[40] Krishnan P, Banerjee TK. Classical imaging findings in spinal subdural hematoma—"Mercedes-Benz" and "Cap" signs. Br J Neurosurg. 2016; ; 30(1):99-100

[41] Russell NA, Benoit BG. Spinal subdural hematoma. A review. Surg Neurol. 1983; 20(2):133-137

[42] Pereira BJA, de Almeida AN, Muio VM, et al. Predictors of outcome in non-traumatic spontaneous acute spinal subdural hematoma: case report and literature review. World Neurosurg. 2016; 89:574-577

[43] Groen RJ, van Alphen HA. Operative treatment of spontaneous spinal epidural hematomas: a study of the factors determining postoperative outcome. Neurosurgery. 1996; 39(3):494–508, discussion 508-509

[44] Müller H, Schramm J, Roggendorf W, et al. Vascular malformations as a cause of spontaneous spinal epidural haematoma. Acta Neurochir (Wien). 1982; 62(3-4):297-305

[45] Schwerdtfeger K, Caspar W, Alloussi S, et al. Acute spinal intradural extramedullary hematoma: a nonsurgical approach for spinal cord decompression. Neurosurgery. 1990; 27(2):312-314

[46] Lee JI, Hong SC, Shin HJ, et al. Traumatic spinal subdural hematoma: rapid resolution after repeated lumbar spinal puncture and drainage. J Trauma. 1996; 40(4):654-655

[47] Groen RJ. Non-operative treatment of spontaneous spinal epidural hematomas: a review of the literature and a comparison with operative cases. Acta Neurochir (Wien). 2004; 146(2):103-110

[48] Dziedzic T, Kunert P, Krych P, et al. Management and neurological outcome of spontaneous spinal epidural hematoma. J Clin Neurosci. 2015; 22(4):726-729

[49] Scott EW, Cazenave CR, Virapongse C. Spinal subarachnoid hematoma complicating lumbar puncture: diagnosis and management. Neurosurgery. 1989; 25(2):287-292, discussion 292-293

[50] Bondurant FJ, Cotler HB, Kulkarni MV, et al. Acute spinal cord injury. A study using physical examination and magnetic resonance imaging. Spine. 1990; 15(3):161-168

[51] Foo D, Rossier AB. Preoperative neurological status in predicting surgical outcome of spinal epidural hematomas. Surg Neurol. 1981; 15(5):389-401

29 Apresentação de Emergência e Tratamento de Fístulas Arteriovenosas Durais Espinhais e Lesões Vasculares

Michael P. Wemhoff ▪ Asterios Tsimpas ▪ William W. Ashley Jr.

Resumo

Malformações vasculares espinhais são lesões complexas que podem não ser identificadas de imediato por sua apresentação clínica. Embora os sintomas geralmente sejam insidiosos no início, eles podem se apresentar de forma aguda, com súbita mielopatia, dor ou déficit neurológico causado por roubo vascular ou vários tipos de hemorragia. A realização precoce de exame radiográfico completo pode acelerar o diagnóstico e preparar o caminho para a caracterização angiográfica e subsequente tratamento dessas lesões. Tanto o tratamento endovascular como o cirúrgico são utilizados para tratar essas lesões, com resultados dependentes das características individuais, e, portanto, da classificação das lesões. A identificação e o tratamento imediatos podem melhorar os resultados neurológicos.

Palavras-chave: fístulas arteriovenosas durais, lesão na medula espinhal, hemorragia espinhal, malformações vasculares.

29.1 Introdução

Malformações vasculares espinhais são lesões raras, mas acarretam um risco potencial de consequências neurológicas devastadoras, tanto a perda insidiosa como a perda aguda da função neurológica podem ser irreversíveis. Por causa da base anatômica complexa e variada para malformações vasculares espinhais, um esquema de classificação evoluiu à medida que eram reunidos mais dados radiográficos e angiográficos. Originalmente tratadas apenas com cirurgia, seu tratamento endovascular também evoluiu com resultados cada vez mais duráveis.

29.2 Anatomia e Fisiopatologia

A artéria radiculomedular supre o vaso nutridor da fístula arteriovenosa dural (dAVF), geralmente dentro da manga dural da raiz nervosa.[1] A dAVF é drenada pela veia medular via fluxo retrógrado. Essa veia se anastomosa com o plexo venoso, onde o fluxo lento causa congestão venosa. Essa congestão leva à hipertensão venosa e a manifestação de sintomas do efeito de massa do sistema venoso dilatado na medula espinhal. A hipertensão venosa também pode resultar em hemorragia de uma veia ou plexo venoso, que pode produzir hematoma epidural, hematoma subdural, hemorragia subaracnóidea, ou hemorragia intramedular dependendo do tipo e localização da lesão envolvida. Em razão da natureza de fluxo lento dessas lesões, a hemorragia não ocorre frequentemente, mas há relatos de que lesões cervicais apresentam hemorragia mais frequentemente do que nas lesões toracolombares. Quando o alto fluxo na forma de um *shunt* direciona o sangue arterial direto para a fase venosa, pode ocorrer um fenômeno de roubo, levando a sintomas de isquemia da medula espinhal e mielomalacia que podem se manifestar, clinicamente, como mielopatia.

29.3 Esquemas de Classificação

Malformações vasculares espinhais são frequentemente classificadas com base em sua anatomia em um esquema desenvolvido por Di Chiro.[2] Malformação arteriovenosa (AVM) espinhal tipo I refere-se a uma dAVF espinhal que tem conexão direta entre a artéria nutridora radicular e a veia dural da manga radicular. AVMs espinhais tipo II são AVMs lesões intramedulares, também conhecidas como AVMs glômicas. As lesões tipo III são juvenis e mostram extensão intra ou extradural, algumas vezes em mais de um nível espinhal. As AVMs tipo IV são lesões extramedulares intradurais que são alimentadas pela artéria espinhal anterior (ou, raramente, da artéria espinhal posterior).

Uma classificação anatômica de três pontos para dAVFs espinhais foi proposta por Borden *et al.*[3] As dAVFs tipo I drenam no plexo epidural de Batson. As lesões tipo II drenam nos plexos venosos epidural e perimedular. As lesões tipo III recebem suprimento sanguíneo via ramos da artéria radicular e drenam no plexo venoso coronal.

Na tentativa de serem mais abrangentes, Spetzler *et al.*[4] propuseram, subsequentemente, um esquema alternativo de classificação com base na anatomia e fisiopatologia dos diferentes tipos de lesão (▶ Quadro 29.1).

AVFs extradurais são lesões incomuns que contêm uma anastomose direta entre a artéria radicular e o plexo venoso epidural. Essas lesões são de alto fluxo com ingurgitamento que pode causar efeito de massa nas raízes nervosas, medula espinhal, ou em ambas, levando a sintomas correspondentes à(s) estrutura(s) comprimidas.

As AVFs dorsais intradurais constituem a classe mais comum de AVFs espinhais. Similar às AVMs espinhais tipo I de Di Chiro, as AVFs dorsais intradurais resultam de uma conexão direta entre a artéria radicular e a veia dural. Elas estão tipicamente localizadas na medula espinhal torácica.

As AVFs ventrais intradurais envolvem uma conexão direta entre a artéria espinhal anterior (ASA) e o plexo venoso coronal. Essas lesões de linha média existem dentro do espaço subaracnóideo ventral. O tamanho dessas lesões determina seu tipo: o tipo A são pequenos *shunts* com fluxo sanguíneo lento com uma moderada quantidade de hipertensão venosa; os tipos B e C são maiores, geralmente resultando em um plexo venoso coronal significativamente dilatado. Grandes *shunts* produzem mais fluxo através da fístula, aumentando assim o fenômeno do roubo vascular, que clinicamente resulta em progressiva mielopatia.

As AVMs extradurais-intradurais são análogas às AVMs juvenis tipo III de Di Chiro e são bastante raras. Como seu nome sugere, elas são tipicamente encontradas em crianças, embora também sejam relatados casos em pacientes adultos.

As AVMs intramedulares estão localizadas dentro do parênquima da medula espinhal e recebem entrada arterial proveniente da ASA e da artéria espinhal posterior (PSA), e esse sangue pode ser suprido via múltiplos ramos. Essas lesões podem ser referidas como compactas ou difusas dependendo da morfologia do ninho. Pela presença de múltiplos vasos nutrícios, essas lesões têm alta pressão e alto fluxo, tornando mais comum sua associação à formação de aneurisma.

Quadro 29.1 Classificação das malformações vasculares espinhais com base no esquema desenvolvido por Spetzler et al.[4]

Classificação	Descrição
AVFs extradurais	Incomum, anastomose direta, entre artéria radicular e plexo venoso epidural; lesões de alto fluxo que podem causar sintomas em razão de efeito de massa decorrente de ingurgitamento
AVFs intradurais dorsais	Mais comuns, similares a AVM espinhal tipo I de Di Chiro, anastomose direta entre a artéria radicular e a veia dural; geralmente na medula espinal torácica
AVFs intradurais ventrais	Lesões de linha média com anastomose direta entre ASA e plexo venoso coronal; as lesões tipo A são pequenas e de fluxo lento; as lesões de tipos B e C são maiores e de fluxo mais alto
AVMs extradural-intradural	Lesões raras, análogas às AVMs juvenis tipo III de Di Chiro
AVMs intramedulares	Assentadas no parênquima da medula espinal; recebem entrada arterial proveniente da ASA e PSA; lesões de alta pressão e alto fluxo associadas à formação de aneurisma; análogo às lesões tipo II de Di Chiro
AVMs do cone medular	O *nidus* complexo com múltiplos *shunts* de ASA, PSA e artérias radiculares

Abreviações: ASA, artéria espinal anterior; AVF, fístula arteriovenosa; AVM, malformação arteriovenosa; PSA, artéria espinal posterior.

Finalmente, AVMs do cone medular são consideradas em sua própria categoria porque elas exibem "angioarquitetura nidal complexa" resultante de múltiplos *shunts* provenientes de ASA, PSA e artérias radiculares, e elas podem drenar nos plexos venosos anterior e posterior. Tipicamente, essas lesões conterão um ninho do tipo glomo extramedular baseado na pia-máter. Em outros casos, o ninho é intramedular.[5]

29.4 Demografia

A maioria dos pacientes com dAVFs tipo I de Di Chiro apresenta-se entre a quinta e a oitava década de vida.[6] Poucos pacientes apresentam-se antes da quarta década de vida, e acredita-se que isto apoie a sugestão de que essas lesões podem ser adquiridas em vez de serem congênitas. Há predisposição sexual dessas lesões de tal forma que 80% dos pacientes com dAVFs tipo I de Di Chiro são do sexo masculino. Não foi encontrada correlação com história familiar para o seu desenvolvimento. AVMs tipos II e III de Di Chiro, por outro lado, muitas vezes aparecem em pacientes adultos antes da quinta década de vida e não compartilha uma predominância masculina.

29.5 Apresentação Clínica

Os sintomas e a apresentação clínica variam dependendo do tipo e localização da lesão envolvida. Classicamente, o sintoma clínico notado primeiro é a dor de localização variável – geralmente local ou radicular. Subsequentemente, os pacientes podem notar fraqueza na perna que leva à paraparesia espástica junto com perda da sensação de dor e temperatura. Um nível sensitivo pode corresponder ao ninho da lesão. Esses sintomas tendem a ter um início insidioso e a ser lentamente progressivo, e a maioria dos pacientes irá se apresentar com deterioração neurológica gradual. Apenas 10 a 15% dos pacientes têm início agudo dos sintomas com lesões tipo I de Di Chiro; porém, mais de 50% dos pacientes com AVMs tipo II ou III de Di Chiro experimentam início agudo dos sintomas.[7] Por causa da natureza de baixo fluxo dessas lesões, a hemorragia é considerada improvável, embora a exata incidência é desconhecida.[8] Os relatos de casos clínicos descrevem taxas de hemorragia que variam de 30 a 68%, embora ocorra sobretudo intracranialmente ou na região cervical. A taxa relatada de hemorragia das dAVFs toracolombares é descrita como de apenas 0,89%, acentuadamente mais baixa do que em outras regiões da medula espinhal.[9] Às vezes essas lesões vasculares podem se apresentar com hemorragia subdural ou subaracnóidea.[10] Lesões localizadas na coluna cervical podem se apresentar com hemorragia subaracnóidea intracraniana ou por extensão do sangue subaracnóideo do nível espinal para o intracraniano ou pela transmissão rostral da hipertensão venosa de um plexo coronal sem válvula para uma veia perimesencefálica ingurgitada, estirada, que se rompe durante esforço físico ou manobra de Valsalva.[11-14] A hemorragia intramedular das dAVFs é notavelmente rara, e apenas dois casos foram relatados até o momento.[15,16] Embora o fluxo dinâmico dessas lesões ainda precise ser totalmente caracterizado, este pode ser um fator contribuinte para a probabilidade de hemorragia. Kinouchi *et al.*[17] constataram que 77,8% dos pacientes com hemorragia de dAVFs cervicais aumentaram o fluxo venoso dentro da lesão e 55,6% tiveram variz venosa. No mesmo estudo, nenhum paciente que se apresentou sem hemorragia demonstrou a presença de variz venosa.

Um estudo recente descobriu que 75% dos pacientes com malformações vasculares espinhais apresentaram-se com início insidioso dos sintomas; 26,4% tinham evidência de hemorragia, e notou-se que isto é mais comum em AVMs do que em AVFs. As taxas mais altas de ruptura forma encontradas nas AVMs intramedulares e extradurais.

No caso de ruptura de AVM espinhal, o paciente pode se apresentar com choque neurogênico que é caracterizado por hipotensão aguda e bradicardia em razão da perda de tônus simpático e reflexos do músculo esquelético sem oposição do tônus vagal.[18,19] Lesões acima do nível de T1 têm a capacidade de romper os tratos da medula espinhal que dirigem todo o sistema simpático. Lesões que ocorrem a partir do nível de T1 a T3 podem interromper o fluxo de saída simpático apenas parcialmente. Com mais lesões rostrais, é mais provável que os pacientes apresentem sintomas graves. A apropriada reanimação com *bolus* de fluido intravenoso e aumento da pressão sanguínea com drogas vasoativas geralmente são necessários durante a fase aguda. As orientações atuais sobre o sistema nervoso central (CNS) para lesão aguda da medula espinhal cervical recomendam a reanimação baseada nos seguintes parâmetros: correção da hipotensão na lesão medula espinhal (definida como pressão sanguínea sistólica inferior a 90 mmHg), quando possível e o mais cedo possível; e manutenção da pressão arterial média entre 85 e 90 mmHg nos primeiros 7 dias após lesão aguda à medula espinhal.[20]

O edema pulmonar neurogênico (NPE) é uma síndrome clínica caracterizada por edema pulmonar agudo que ocorre logo após uma lesão neurológica central.[21] Há especulações sobre múltiplas etiologias para a síndrome, incluindo neurocardíaca, neuro-hemodinâmica, "teoria da explosão" (que afirma que o edema é o resultado de uma influência de alta pressão hidrostática e lesão endotelial pulmonar) e hipersensibilidade adrenérgica da vênula pulmonar. O denominador comum em todos os casos de NPE provavelmente é uma crise de catecolaminas séricas endógenas, que podem levar a alterações na hemodinâmica cardiopulmonar. Apesar dessa característica em comum, a apresentação clínica pode diferir, com alguns pacientes apresentando-se, predominantemente, com disfunção cardíaca, e outros podendo ter extravasamento capilar como principal sinal. O tratamento, portanto, é individualizado, sugerindo-se avaliação cardíaca, fluidoterapia e escolha de substâncias inotrópicas ou vasoativas para bloqueio α-adrenérgico. Há relato de um caso clínico em que um paciente com AVM espinhal cervical rota que se apresentou com acometimento do miocárdio junto com NPE e choque neurogênico.[22]

O início súbito dos sintomas também pode decorrer de mielite necrosante aguda referida como síndrome de Foix-Alajouanine, que se acreditava historicamente que fosse um resultado de trombose nas veias medulares drenantes.[23] A trombose venosa espinhal, entretanto, é bastante rara e não faz parte de quaisquer síndromes vasculares espinhais comuns. A revisão e tradução do estudo original sugerem que a inclusão da trombose no quadro clínico dessa síndrome é incorreta, e os pacientes incluídos no estudo original podem ter, de fato, mielopatia progressiva causada por dAVFs tipo I de Di Chiro.[24]

A história natural das malformações vasculares espinhais foi descrita anteriormente por Aminoff et al.,[1] que notaram que 6 meses após o início dos sintomas somente 56% dos pacientes tinham atividades irrestritas e 19% estavam gravemente incapacitados. Trinta e seis meses após o início dos sintomas somente 9% não tinham restrição da atividade e 50% estavam gravemente incapacitados.

29.6 Estudos por Imagem

As modalidades de imagens para visualizar malformações vasculares espinhais evoluíram nas últimas décadas para incluir técnicas não invasivas. Embora a angiografia digital de subtração continue a ser o padrão ouro, essas novas modalidades constituem um adjuvante seguro dentro do algoritmo diagnóstico.[25] A angiotomografia computadorizada (CTA) tem a vantagem de ser não invasiva e é relativamente mais rápida na aquisição de imagens do que a angiorressonância magnética (MRA), embora também tenha capacidade de maior resolução da vasculatura envolvida. As imagens por ressonância magnética (MRI) e MRA continuam a ser as modalidades preferidas para a avaliação não invasiva das malformações vasculares espinhais no momento. Essa modalidade pode demonstrar edema da medula espinhal e evacuações de fluxo provocadas por anatomia arterial ou venosa aberrante como um plexo venoso coronal aumentado, plexo venoso arterializado e padrão em serpentina das evacuações de fluxo em T2. A MRI também tem a vantagem adicional de ser capaz de avaliar a medula espinhal para sinais de comprometimento neurológico secundário à lesão. Foram desenvolvidos protocolos de MRA que permitem um campo maior de visão e melhor tempo de aquisição para aumentar a capacidade de diagnosticar essas lesões.[26]

A modalidade padrão-ouro de estudo radiográfico dessas lesões é a angiografia espinhal seletiva.[25] Isto é realizado via injeção de contraste nos vasos radiculomedulares bilaterais com angiografia biplanar. Essa técnica permite que sejam determinadas a precisa localização, extensão, qualidades hemodinâmicas e drenagem venosa. A grande maioria das dAVFs localiza-se na porção torácica média até os segmentos toracolombares da medula espinhal, tipicamente ao longo da face dorsal da medula. Essa localização é exclusiva das dAVFs da medula espinhal em comparação com as AVMs, que podem ser encontradas em qualquer lugar na medula espinhal, com igual distribuição. Dependendo da suspeita clínica de lesões adicionais, segmentos adicionais devem ser avaliados para assegurar que toda a lesão seja visualizada, assim como quaisquer lesões acompanhantes. Além disso, todos os possíveis vasos nutridores devem ser injetados (e isto é dependente do segmento medular envolvido).

Nas dAVFs espinhais, a angiografia espinhal seletiva tipicamente revelará o vaso nutrício radiculomedular que se transforma em um grupo de vasos patológicos menores na bainha dural dentro, ou próximo ao neuroforame. Dentro desse agregado de vasos encontra-se a própria AVF. Após atravessar esse grupo de vasos contendo a anastomose normal, a entrada de contraste então é vista em um plexo venoso dorsal dilatado, que geralmente se estende através de múltiplos segmentos espinhais.[27]

29.7 Tratamento

O objetivo do tratamento da dAVF é obter a oclusão ou obliteração da veia drenante arterializada em sua conexão fistulosa – ou seja, o vaso nutridor e a veia arterializada intradural eferente proximal.[28] A decisão de utilizar tratamento cirúrgico ou endovascular das dAVFs espinhais deve considerar a anatomia angiográfica e a viabilidade da embolização. Particularmente nas situações em que a artéria segmentar que supre a dAVF também supre a artéria espinhal anterior ou posterior não serão acessíveis ao tratamento endovascular por causa do alto risco de isquemia da medula espinhal pós-embolização. O tratamento das lesões tipo I de Di Chiro tem sido discutido com mais frequência na literatura, e esse tratamento é discutido adiante. O tratamento de outros tipos de dAVF depende de princípios similares, mas essa conduta é mais complexa; esses princípios requerem tratamento altamente individualizado, podendo este tratamento ser paliativo em vez de curativo.

29.7.1 Tratamento Endovascular

Tecnicamente, o tratamento endovascular e dAVFs espinhais envolve a inserção de um microcateter na artéria radiculomeníngea distal, próximo à fístula entre a artéria e a veia drenante, com posterior introdução do agente embólico de escolha.[28] Os principais obstáculos a serem superados com o tratamento endovascular incluem anatomia vascular desfavoráveis e recanalização vascular. Nos casos em que há uma origem comum da artéria radiculomedular de Adamkiewicz e o vaso nutrício arterial radiculomedular da dAVF espinhal, há um risco de embolização da ASA com possível oclusão, levando ao acidente vascular cerebral. O tratamento cirúrgico é favorecido nesses pacientes. Outras limitações da anatomia vascular que podem inibir o tratamento endovascular incluem a tortuosidade ou estenose dos vasos, que podem impedir a liberação apropriada do material embólico da lesão. Deve-se identificar as AVFs intradurais compostas por artérias piais-medulares comunicantes diretamente com veias piais, uma vez que o tratamento endovascular pode apresentar potencial para complicações tromboembólicas desastrosas e requer um algoritmo distinto de tratamento.

Com o advento do uso de materiais líquidos de embolização, como N-butil-cianoacrilato (NBCA) e Onyx, relatou-se uma taxa de sucesso entre 70 e 89% do tratamento endovascular dessas lesões.[29] Técnicas avançadas, como embolização transarterial assistida por balão de uma dAVF tipo de Di Chiro I, também têm sido usadas e oferecem ferramentas adicionais para o tratamento dessas lesões complexas.

Mesmo com os avanços e o tratamento inicial bem-sucedido alcançados com o uso de abordagens endovasculares, a resiliência desses tratamentos tem sido variável. As estratégias de tratamento endovascular usando álcool polivinílico demonstraram taxas mais altas de recanalização do vaso comparada com o tratamento cirúrgico, mas atualmente esta técnica raramente é usada. Além disso, há relatos de que as taxas de recorrência do tratamento endovascular foram mais altas do que nos pacientes tratados com cirurgia, apesar dos avanços do tratamento com a embolização Onyx. O objetivo do tratamento endovascular de dAVF espinhal é o fechamento completo do *shunt* arteriovenoso por obliteração da fístula e os primeiros 1 a 2 cm da veia drenante evitando, ao mesmo tempo, qualquer comprometimento da drenagem venosa espinhal.[28] De fato, a certeza de haver uma adequada penetração venosa tem sido ligada a uma obliteração durável da fístula, enquanto as lesões que recebem apenas o tratamento dos pedículos arteriais tendem à recidiva. O pré-requisito de identificação da artéria de Adamkiewicz e do suprimento arterial da medula espinhal deve ser obtido antes da embolização.

Mesmo quando se toma a decisão de procurar o tratamento cirúrgico aberto, a embolização pré-operatória tem se tornado cada vez mais favorecida tanto para dAVFs como para AVMs. Rangel-Castilla *et al.*[30] relatam uma série de 110 pacientes tratados com abordagem multidisciplinar; eles encontraram obliteração angiográfica completa em 83,6% das lesões tratadas (95,5% para dAVFs e 75,7% para AVMs).

29.7.2 Tratamento Cirúrgico

Historicamente, as dAVFs são tratadas por cirurgia com altas taxas de cura. O tratamento cirúrgico inicialmente utilizado tinha por foco a ressecção das veias perimedulares posteriores por causa de uma errônea compreensão da fisiopatologia dessas lesões. As atuais abordagens microcirúrgicas requerem a ruptura da veia arterializada dentro da manga radicular dural.[31] A veia drenante deve ser exposta a partir de sua conexão com a fístula, ser coagulada e então cortada. A interrupção do fluxo nessa localização é crucial para um tratamento eficaz e durável. Técnicas cirúrgicas prévias envolvendo a retirada das estruturas venosas dilatadas da superfície dorsal da medula espinhal são, de fato, contraindicadas, uma vez que isto pode resultar em déficits neurológicos pós-operatórios. Antes dessa abordagem, a angiografia pré-operatória deve ser correlacionada com os achados intraoperatórios direcionados à identificação do nível correto de penetração dural da fístula. Uma meta-análise do tratamento cirúrgico das dAVFs relatou uma taxa de sucesso de 98% na obliteração dessas lesões, e estudos subsequentes confirmaram esse resultado.

Para o tratamento cirúrgico das AVMs,[30] a anatomia vascular pode ser mais difícil de determinar do que no caso de dAVFs, e uma inspeção completa da medula espinhal é necessária. Isto pode ser auxiliado no intraoperatório com o uso de angiografia com indocianina verde (ICG). O uso de ICG pode ajudar a identificar vasos nutridores do pedículo arterial e veias de drenagem, e seu uso subsequente nos momentos finais do procedimento podem ajudar a identificar quaisquer vasos residuais. Se for usada embolização pré-operatória, o material proveniente desse procedimento também pode ser localizado intraoperatoriamente para identificar os vasos nutrícios. Embora a mielotomia fosse anteriormente realizada por convenção, atualmente sua recomendação é limitada a lesões intramedulares ou à evacuação de um hematoma intraparenquimatoso ou siringes. Na técnica de ressecção pial desenvolvida por Spetzler,[32] a dissecção subpial é minimizada pela identificação de artérias nutrícias e veias drenantes, coagulando-as e dividindo-as ao longo da superfície da medula espinhal. Ainda que permaneçam na superfície pial, a ruptura desses vasos desvasculariza a lesão o suficiente para aliviar a hipertensão venosa.

29.8 Conclusão

Malformações vasculares espinhais podem não estar nos diagnósticos diferenciais iniciais do clínico em razão de sua raridade e apresentação de sintomas que podem ser confundidos com mielopatia ou radiculopatia decorrente de espondilose. Subsequentemente, os pacientes podem ser submetidos erroneamente a procedimentos descompressivos espinhais sem melhora. Assim, os clínicos devem manter um alto nível de suspeição para malformações vasculares espinhais em pacientes com sinais e sintomas clínicos apropriados. A aquisição de imagens adequadas com cuidadosa atenção a quaisquer anormalidades observadas na medula espinhal ou ao seu redor é fundamental para o correto diagnóstico dessas lesões. A investigação adicional com angiografia não invasiva pode ser obtida com segurança e rapidez. Invariavelmente, será necessário obter angiografia por cateter dos pacientes para elucidar a anatomia da lesão, e isto guiará outros tratamentos, seja endovascular, cirúrgico ou ambos. Uma abordagem multidisciplinar abrangente é essencial para assegurar ótimos resultados para os pacientes com essas lesões complexas. A pesquisa atual tem seu foco principal na melhora dos resultados endovasculares e sua durabilidade, e novos agentes embólicos e técnicas se mostraram promissores no tratamento bem-sucedido dessas lesões complexas.

Referências

[1] Aminoff MJ, Barnard RO, Logue V. The pathophysiology of spinal vascular malformations. J Neurol Sci. 1974; 23(2):255–263

[2] Di Chiro G, Doppman J, Ommaya AK. Selective arteriography of arteriovenous aneurysms of spinal cord. Radiology. 1967; 88(6):1065–1077

[3] Borden JA, Wu JK, Shucart WA. A proposed classification for spinal and cranial dural arteriovenous fistulous malformations and implications for treatment. J Neurosurg. 1995; 82(2):166–179

[4] Spetzler RF, Detwiler PW, Riina HA, Porter RW. Modified classification of spinal cord vascular lesions. J Neurosurg. 2002; 96(2, Suppl):145–156

[5] Wilson DA, Abla AA, Uschold TD, McDougall CG, Albuquerque FC, Spetzler RF. Multimodality treatment of conus medullaris arteriovenous malformations: 2 decades of experience with combined endovascular and microsurgical treatments. Neurosurgery. 2012; 71(1):100–108

[6] Koch C. Spinal dural arteriovenous fistula. Curr Opin Neurol. 2006;19(1):69–75

[7] Cho WS, Kim KJ, Kwon OK, et al. Clinical features and treatment outcomes of the spinal arteriovenous fistulas and malformation. J Neurosurg Spine. 2013; 19(2):207–216

[8] Rosenblum B, Oldfield EHE, Doppman JLJ, Di Chiro G. Spinal arteriovenous malformations: a comparison of dural arteriovenous fistulas and intradural AVM's in 81 patients. J Neurosurg. 1987; 67(6):795–802

[9] Hamdan A, Padmanabhan R. Intramedullary hemorrhage from a thoracolumbar dural arteriovenous fistula. Spine J. 2015; 15(2):e9–e16

[10] Kitazono M, Yamane K, Toyota A, Okita S, Kumano K, Hashimoto N. [A case of dural arteriovenous fistula associated with subcortical and subdural hemorrhage] No Shinkei Geka. 2010; 38(8):757–762

[11] Aviv RI, Shad A, Tomlinson G, et al. Cervical dural arteriovenous fistulae manifesting as subarachnoid hemorrhage: report of

two cases and literature review. AJNR Am J Neuroradiol. 2004; 25(5):854–858

[12] Do HM, Jensen ME, Cloft HJ, Kallmes DF, Dion JE. Dural arteriovenous fistula of the cervical spine presenting with subarachnoid hemorrhage. AJNR Am J Neuroradiol. 1999; 20(2):348–350

[13] Fassett DR, Rammos SK, Patel P, Parikh H, Couldwell WT. Intracranial subarachnoid hemorrhage resulting from cervical spine dural arteriovenous fistulas: literature review and case presentation. Neurosurg Focus. 2009; 26(1):E4

[14] Morimoto T, Yoshida S, Basugi N. Dural arteriovenous alformation in the cervical spine presenting with subarachnoid hemorrhage: case report. Neurosurgery. 1992; 31(1):118–120, discussion 121

[15] Mascalchi M, Mangiafico S, Marin E. [Hematomyelia complicating a spinal dural arteriovenous fistula. Report of a case] [in French]. J Neuroradiol. 1998; 25(2):140–143

[16] Minami M, Hanakita J, Takahashi T, et al. Spinal dural arteriovenous fistula with hematomyelia caused by intraparenchymal varix of draining vein. Spine J. 2009; 9(4):e15–e19

[17] Kinouchi H, Mizoi K, Takahashi A, Nagamine Y, Koshu K, Yoshimoto T. Dural arteriovenous shunts at the craniocervical junction. J Neurosurg. 1998; 89(5):755–761

[18] Guly HR, Bouamra O, Lecky FE; Trauma Audit and Research Network. The incidence of neurogenic shock in patients with isolated spinal cord injury in the emergency department. Resuscitation. 2008; 76(1):57–62

[19] Shaikh N, Raza A, Rahman A, Sabana A, Malmstrom F, Al Sulaiti G. Prolonged bradycardia, asystole and outcome of high spinal cord injury patients. Panam J Trauma Crit Care Emerg Surg. 2014; 3(3):87–92

[20] Ryken TC, Hurlbert RJ, Hadley MN, et al. The acute cardiopulmonary management of patients with cervical spinal cord injuries. Neurosurgery. 2013; 72(Suppl 2):84–92

[21] Davison DL, Terek M, Chawla LS. Neurogenic pulmonary edema. Crit Care. 2012; 16(2):212

[22] Mehesry TH, Shaikh N, Malmstrom MF, Marcus MA, Khan A. Ruptured spinal arteriovenous malformation: presenting as stunned myocardium and neurogenic shock. Surg Neurol Int. 2015; 6(Suppl 16):S424–S427

[23] Criscuolo GR, Oldfield EH, Doppman JL. Reversible acute and subacute myelopathy in patients with dural arteriovenous fistulas. Foix-Alajouanine syndrome reconsidered. J Neurosurg. 1989; 70(3):354–359

[24] Ferrell AS, Tubbs RS, Acakpo-Satchivi L, Deveikis JP, Harrigan MR. Legacy and current understanding of the often-misunderstood Foix-Alajouanine syndrome. Historical vignette. J Neurosurg. 2009; 111(5):902–906

[25] Donghai W, Ning Y, Peng Z, et al. The diagnosis of spinal dural arteriovenous fistulas. Spine. 2013; 38(9):E546–E553

[26] Amarouche M, Hart JL, Siddiqui A, Hampton T, Walsh DC. Time-resolved contrast-enhanced MR angiography of spinal vascular malformations. AJNR Am J Neuroradiol. 2015; 36(2):417–422

[27] Takai K, Komori T, Taniguchi M. Microvascular anatomy of spinal dural arteriovenous fistulas: arteriovenous connections and their relationships with the dura mater. J Neurosurg Spine. 2015; 23(4):526–533

[28] Su IC, terBrugge KG, Willinsky RA, Krings T. Factors determining the success of endovascular treatments among patients with spinal dural arteriovenous fistulas. Neuroradiology. 2013; 55(11):1389–1395

[29] Agarwal V, Zomorodi A, Jabbour P, et al. Endovascular treatment of a spinal dural arteriovenous malformation (DAVF). Neurosurg Focus. 2014;37(1, Suppl):1

[30] Rangel-Castilla L, Russin JJ, Zaidi HA, et al. Contemporary management of spinal AVFs and AVMs: lessons learned from 110 cases. Neurosurg Focus. 2014; 37(3):E14

[31] Ropper AE, Gross BA, Du R. Surgical treatment of Type I spinal dural arteriovenous fistulas. Neurosurg Focus. 2012; 32(5):E3

[32] Velat GJ, Chang SW, Abla AA, Albuquerque FC, McDougall CG, Spetzler RF. Microsurgical management of glomus spinal arteriovenous malformations: pial resection technique. J Neurosurg Spine. 2012; 16(6):523–531

30 Infecções Espinhais

Edward K. Nomoto ▪ Eli M. Baron ▪ Joshua E. Heller ▪ Alexander R. Vaccaro

Resumo

As infecções espinhais representam considerável fonte de morbidade e mortalidade mesmo na era da moderna de neuroimagem, antibióticos e estratégias de tratamento cirúrgico. Suas etiologias infecciosas são tradicionalmente divididas em organismos piogênicos e não piogênicos. A classificação, apresentação clínica, diagnóstico e tratamento das infecções espinhais serão revistos. O tratamento médico *versus* tratamento cirúrgico é considerado. O tratamento das infecções de feridas cirúrgicas da espinha também é revisado.

Palavras-chave: discite, abscesso epidural, osteomielite, doença de Pott, infecção de ferida espinhal.

30.1 Introdução

As infecções espinhais representam uma séria fonte de morbidade e mortalidade para os pacientes. As sequelas incluem dor, déficit neurológico e instabilidade espinhal. Mesmo com as modernas modalidades atuais de tratamento, incluindo desbridamento cirúrgico, reconstrução espinhal e antibioticoterapia, a taxa de mortalidade de 20% foi referida em algumas variantes de infecção espinhal.[1] Revisamos as infecções piogênicas e não piogênicas da espinha. Também revisamos as infecções de ferida pós-operatórias, uma vez que estas podem constituir a infecção espinhal mais comum a necessitar de cirurgia. Estão excluídas dessa discussão as entidades infecciosas que podem envolver a medula espinhal ou seus revestimentos que geralmente são tratados clinicamente, como a mielopatia relacionada com o vírus da imunodeficiência humana (HIV) e meningite.

30.2 Classificação

As infecções espinhais podem ser classificadas como piogênicas *versus* não piogênicas.[2] Infecções espinhais piogênicas referem-se às infecções da espinha que resultam em purulência e predominantemente em uma resposta neutrofílica.[3] Estas são tipicamente causadas por bactérias, mas também podem ocorrer como resultado de organismos parasitários ou fúngicos. Infecções não piogênicas resultam em uma resposta granulomatosa e geralmente são causadas por micobactérias, parasitas ou fungos.[4]

As infecções espinhais também podem ser categorizadas por sua localização anatômica em relação à coluna vertebral, dura-máter e medula espinhal. Osteomielite vertebral refere-se à infecção da vértebra ou osso da espinha.[5] Alternativamente, isto é referido como espondilite infecciosa. Discite refere-se à infecção do espaço discal. A infecção combinada de disco e osso adjacente é referida como espondilodiscite. A artrite séptica da faceta articular pode ser vista isoladamente ou em combinação com osteomielite adjacente ou abscesso epidural.[6-11]

O abscesso epidural pode ser visto sozinho, mas geralmente é observado em combinação com discite ou espondilodiscite discal. A infecção subdural é muito mais rara, mas tem sido relatada.[12,13] O abscesso intramedular da medula espinhal também pode ser visto.[14-19]

30.3 Organismos

Observa-se que o organismo mais comum a causar infecções piogênicas é *Staphylococcus aureus* (cerca de 60% das infecções), seguido pela enterobactéria (30%). Com menos frequência, *Salmonella*, *Klebsiella*, *Pseudomonas* e *Serratia* estão envolvidas.[4] O abscesso epidural é causado com mais frequência por *Staphylococcus aureus* (63% dos casos). As espécies geralmente são sensíveis à meticilina (MSSA). Porém, casos de organismos resistentes à meticilina (MRSA) podem também ocorrer. Outras bactérias causadoras menos comuns são as espécies de *Streptococcus*, *Pseudomonas*, *Escherichia coli* e *Lactobacillus*. Também ocorre uma flora mista com combinações dos organismos mencionados anteriormente, assim como infecções por flora oral como *Prevotella oris* e *Peptostreptococcus micros*.[20-24]

Infecções não piogênicas da espinha são causadas com mais frequência por *Mycobacterium tuberculae*, seguido por espécies de *Brucella*. Patógenos fúngicos são vistos em hospedeiros normais e em hospedeiros imunocomprometidos. Os patógenos vistos em hospedeiros normais incluem *Blastomyces dermatitis, Coccidioides immitis* e *Histoplasma capsulatum*, enquanto os fungos oportunistas, incluindo *Aspergillus, Candida, Cryptococcus* e *Mucor*, são vistos em hospedeiros imunocomprometidos.[4,25] Também existem relatos de outros organismos fúngicos incomuns, como espécies de Scedosporium (*Pseudallescheria*), que causam osteomielite vertebral.[26,27] Equinococose, oncocercíases, toxoplasmose e toxocaríase podem todas causar espondilodiscite discal não supurativa.[4] *Taenia solium*, o agente causador de cisticercose, pode causar infecções espinhais epidural, subaracnóidea ou intramedular.[28-34] Também foram relatadas espécies de *Nocardia* causadoras de espondilodiscite discal não piogênica e abscesso epidural.[35-38]

30.4 Fatores de Risco, Epidemiologia e Fisiopatologia

As infecções espinhais são causadas por inoculação direta, disseminação por contiguidade, ou disseminação hematogênica. Existem múltiplas teorias para a disseminação pelos sistemas venoso e arterial, conforme descrito por Batson. O plexo de Batson é um sistema retrógrado sem válvula que permite o fluxo retrógrado e estase.[5] Isto está implicado na disseminação da infecção para o corpo vertebral e na semeadura de locais distantes, como é visto na endocardite bacteriana. Existem múltiplos fatores de risco que predispõem os pacientes ao desenvolvimento de infecções espinhais, incluindo idade avançada, desnutrição, imunocomprometimento, vírus da imunodeficiência humana/síndrome da imunodeficiência adquirida (HIV/AIDS), esteroides crônicos, insuficiência renal, câncer, septicemia, história de cirurgia espinhal e presença de corpos estranhos.[39] Endocardite pode ser encontrada em quase 30% das infecções espinhais hematogênicas e deve ser descartada como fonte quando se encontra infecção espinhal.

O abscesso epidural espinhal piogênico é uma condição relativamente rara. A incidência dessa infecção potencialmente devastadora parece ter aumentado nos últimos anos. As melhores estimativas atuais de incidência nos Estados Unidos são duas hospitalizações por 10.000,[20] maiores do que as estimativas originais de 2 a 25 pacientes por 100.000.[22,40]

Quadro 30.1 Condições predisponentes ao abscesso espinal epidural

Condição sistêmica	Fonte potencial de infecção	Fator predisponente vertebral local
Alcoolismo	Osteomielite/discite vertebral	Espondilólise
Cirrose hepática	Infecções pulmonares/mediastinais	Operações espinhais anteriores
Insuficiência renal crônica	Sepse	Trauma espinhal prévio
Doença de Crohn	Infecção do trato urinário	Anestesia epidural
SLE	Abscesso paraespinhal	Injeções paravertebrais
Neoplasia	Faringite	Punção lombar
Síndrome da imunodeficiência	Infecção de ferida	
Idade avançada	Endocardite	
	Infecção do trato respiratório superior	
	Sinusite	
	Infecção por HIV	
	Infecção de tecido mole	
	Abuso de droga intravenosa	
	Cateter vascular	

Abreviações: HIV, vírus da imunodeficiência da humana; SLE, lúpus eritematoso sistêmico.
Adaptada com permissão de Bremer e Darouiche.[42]

O abscesso epidural espinhal ocorre com mais frequência em homens acima de 30 anos, e a maioria dos pacientes está na faixa dos 60 anos. A proporção homem-mulher do abscesso epidural é de 2,5 a 1.[24] A infecção epidural na população pediátrica é bastante rara, embora existam relatos de casos raros.[41] Provavelmente, o fator de risco mais frequente para abscesso espinhal epidural é o uso de fármacos intravenosos (27% dos casos).[20] Os fatores de risco adicionais estão listados no ▶ Quadro 30.1.[42]

Infecções não espinhais podem levar ao abscesso epidural via disseminação hematogênica (45%) ou por extensão direta (55%).[43] Celulite pode levar à semeadura hematogênica do espaço epidural, enquanto o abscesso retrofaríngeo, geralmente após cirurgia (21% dos casos), pode se estender diretamente em direção posterior, levando à osteomielite e abscesso epidural. O diabetes melito é um fator de risco bem conhecido para o desenvolvimento de infecção, e é identificado em aproximadamente 20% dos casos. Estados patológicos e terapias que levam a um estado imunocomprometido, como HIV, malignidade e uso crônico de esteroides, também predispõem os pacientes ao desenvolvimento de abscesso epidural.[20] A hemodiálise e cateteres de longa permanência (que geralmente se tornam infectados) podem predispor os pacientes com doença renal em estágio terminal à formação de abscessos epidurais, geralmente por *S. aureus* resistente à meticilina.[44-46] Outros fatores de risco importantes incluem infecções não espinhais preexistentes ou síncronas e trauma espinhal.[20,24]

O abscesso espinhal epidural após injeção epidural de esteroide tem sido descrito, mas sua incidência é muito baixa, sendo estimada em 1 caso por 70 a 400.000. Com mais frequência, o abscesso epidural desenvolve-se após infecção por cateteres de demora, como os usados na anestesia epidural.[47] Trauma espinhal recente também foi identificado com um fator de risco para o desenvolvimento de infecção epidural. Teoriza-se que o trauma fechado leve a uma área focal de menor resistência imunológica, facilitando o implante de infecção por via hematogênica.[24]

Os abscessos espinhais epidurais ocorrem com mais frequência na coluna lombar, seguidos pelos da coluna torácica onde eles geralmente são confinados a um ou dois níveis.[24] Em geral, eles estão associados à osteomielite vertebral e/ou discite.[3] O organismo mais comum visto em uma série foi *S. aureus*, seguido por *Mycobacterium tuberculose*, *E. coli* e *Staphylococcus epidermidis*.[24]

A osteomielite vertebral representa aproximadamente 2 a 7% casos de osteomielite e nos países desenvolvidos ocupa o terceiro lugar em frequência, abaixo apenas de osteomielites femoral e tibial.[48] Em razão de sua relativa raridade, e, geralmente, a uma apresentação inespecífica, o diagnóstico quase sempre é retardado. Além disso, pelas apresentações comuns de dor no pescoço ou nas costas, e ocorrência quase universal desses sintomas na população geral, o diagnóstico usualmente é retardado em semanas a meses.[49-51] A osteomielite vertebral piogênica parece estar em elevação. Isto se deve provavelmente a um aumento da população idosa e da população imunocomprometida, incluindo o vírus da imunodeficiência humana (HIV) e abuso de drogas intravenosas. Além disso, o diagnóstico mais invasivo e procedimentos médicos terapêuticos podem estar associados a infecções piogênicas, especialmente procedimentos urológicos. As infecções concomitantes da pele, trato respiratório ou trato genitourinário normalmente são vistas como fontes de infecção espinhal. Estas podem estar presentes em cerca de 40% dos pacientes com osteomielite vertebral.[52] Outros fatores de risco comuns incluem o abuso de drogas intravenosas, que ocorre em cerca de 40% dos casos, diabetes melito em 10 a 30% dos casos, e doença clínica concomitante em 20 a 23% dos casos.[52-54]

A fisiopatologia da osteomielite e discite piogênicas permanece incerta. Existe controvérsia quanto à via precisa de disseminação da infecção. Embora geralmente a discite local ocorra em crianças e adultos jovens, o envolvimento primário das vértebras é significativamente mais comum na idade adulta.[49] Por sua natureza altamente vascular dos discos intervertebrais em crianças, em que há profusão direta do núcleo pulposo, o suprimento sanguíneo pode ser uma fonte para a semeadura hematogênica do disco. Em uma espinha madura, porém, a vasculatura é limitada ao ânulo fibroso. Assim, no adulto, a infecção inicial pode se dar na metáfise do corpo vertebral, com subsequente disseminação para o espaço discal.[55] A infecção também pode se disseminar diretamente para dentro do canal espinal e formar um abscesso epidural. A infecção prolongada pode resultar em fratura causando instabilidade.

Staphylococcus aureus é o organismo mais comum visto na osteomielite vertebral, responsável por 50 a 65% dos casos. Além disso, *S. aureus* foi o responsável por quase todos os casos de osteomielite na era pré-antibióticos.[39,48,56] Com menos frequência, outros organismos são vistos, incluindo *E. coli* e outras bactérias entéricas.

O abscesso intramedular de medula espinhal é significativamente mais raro do que as entidades anteriormente mencionadas. Desde 1950, foi relatado em média um caso por ano na literatura. O abscesso intramedular parece ocorrer com preponderância no sexo masculino, com uma média etária de 28,9 anos e com mais frequência envolvendo a medula torácica.[57] Geralmente os abscessos ocorrem secundários a um foco primário de infecção. Os focos mais comuns de infecção associada ao abscesso intramedular incluem pneumonite, infecção do trato geniturinário, infecções da pele, endocardite e meningite. O estado imunocomprometido também é um fator de risco.[58,59] Existe, também, uma associação a dermoides, epidermoides, tratos do seio dérmico infectados e disrafismo.[57,60-62]

Tipicamente, os abscessos intramedulares iniciam na substância cinzenta e se estendem para dentro da substância branca. Em seguida, a infecção pode se estender rostrocaudalmente separando os tratos de fibras.[57] Os microrganismos podem entrar na medula espinhal por uma variedade de vias, incluindo por disseminação hematogênica, embolia séptica e disseminação por contiguidade de uma infecção adjacente ou por continuidade com um trato do seio dérmico infectado.

A incidência da tuberculose da espinha, também conhecida como doença de Pott, diminuiu acentuadamente nos países desenvolvidos com o advento de melhores tratamentos. Desde os anos 1980, porém, parece ter havido um aumento na incidência principalmente em razão de sua associação ao HIV. A maioria dos casos de doença de Pott provavelmente é de origem hematogênica, com um foco pulmonar original.[63] A tuberculose espinhal representa 1% de todas as infecções por *M. tuberculosis* e de 25 a 60% de todas as osteomielites e infecções articulares causadas por *M. tuberculae*.[4,64] As vértebras torácicas inferiores e lombares são afetadas com mais frequência, enquanto o sacro e a região cervical são envolvidos com menos frequência.[65]

Tem-se observado que a tuberculose se dissemina em três padrões principais: peridiscal, central e anterior. A forma mais comum de disseminação é a do tipo peridiscal, que começa na placa terminal única e se espalha perifericamente ao redor do disco. A disseminação por contiguidade é rastreada profundamente ao ligamento longitudinal anterior, poupando o disco. No tipo central, um abscesso se forma no meio do corpo vertebral, o qual pode levar ao colapso e eventual deformidade espinhal. O tipo anterior começa com a semeadura das vértebras anteriores e se dissemina ao longo do ligamento longitudinal anterior, levando ao clássico achado de remodelação do corpo ou corpos vertebrais se a disseminação for através de múltiplos níveis.[66]

A brucelose da espinha ocorre em 2 a 30% de todos os casos de brucelose com envolvimento ósseo.[65] Brucelose, é uma infecção zoonótica, ocorrendo com mais frequência em fazendeiros, veterinários, trabalhadores de laticínios e outras pessoas que trabalham com mamíferos domésticos pastejadores.[4] Os principais métodos de transmissão ocorrem por ingestão de produtos lácteos não pasteurizados. Porém, a transmissão aerógena também pode ocorrer pela inalação de partículas aerossolizadas.[67] O envolvimento espinhal se dá com mais frequência em pacientes idosos, pacientes com retardo no diagnóstico e naqueles com brucelose espinhal que apresentam elevada velocidade de hemossedimentação (ESR), comparados aos pacientes com brucelose sem espondilite.[68] A apresentação mais comum é a doença lombar isolada em um único nível, embora ela possa ser difusa.[68] O envolvimento cervical ou torácico geralmente está associado a mais déficits neurológicos.[69]

As infecções espinhais fúngicas também tendem a ser mais comuns em hospedeiros imunocomprometidos e geralmente resultam de semeadura hematogênica.[50,70,71] Todavia, como mencionado anteriormente, certos fungos endêmicos regionais podem afetar hospedeiros imunocompetentes e, raramente, resultam em infecção espinhal. Infecções por *Coccidioides immitis* são endêmicas do solo seco do sudoeste americano e Américas Central e do Sul, e sua prevalência da doença é crescente. Cem mil novas infecções são diagnosticadas anualmente, das quais 34% são sintomáticas. Entre os indivíduos sintomáticos, de 5 a 10% desenvolverão uma infecção pulmonar grave, e dentre os que têm uma infecção grave, menos de 1% desenvolverá doença pulmonar crônica e/ou disseminação extrapulmonar incluindo envolvimento espinhal.[72] *Histoplasma capsulatum* é endêmico no Missouri e vales dos rios Ohio e Mississipi e geralmente causa uma doença benigna e autolimitada. Os mecanismos normais de defesa do hospedeiro tendem a limitar ou prevenir a disseminação de seu foco pulmonar inicial. Quando ocorre histoplasmose disseminada, apenas muito raramente ela causa um abscesso intramedular.[73] Há relatos de que outras espécies de *Histoplasma* raramente causam espondilodiscite discal.[74-76] *Blastomyces dermatitidis* é um fungo dimórfico endêmico do solo das bacias dos rios Mississipi e Ohio e também dos estados do Centro-Oeste na fronteira com os Grandes Lagos. A infecção também é relatada nas Américas Central e do Sul, África e no Centro Oeste americano. A infecção ocorre provavelmente por inalação de conídios. Pode ocorrer disseminação extrapulmonar, sendo a pele o local mais comum de envolvimento.[25] O envolvimento ósseo pode ocorrer em até 10 a 60% dos pacientes com doença disseminada.[77] Quando ocorre na espinha, é mais provável que cause uma espondilodiscite discal na coluna torácica inferior ou lombar, onde o corpo vertebral anterior é afetado inicialmente.[25]

Os fungos patogênicos que tipicamente invadem hospedeiros imunocomprometidos incluem espécies de *Cryptococcus*, *Candida*, *Aspergillus* e *Mucor*. Estes fungos existem em todo o mundo. *Cryptococcus* é encontrado no solo com fezes de pombos e nas próprias fezes de pombos e é comum em pacientes com HIV e em receptores de transplante de órgão. A infecção é geralmente adquirida por inalação. A disseminação geralmente é hematogênica.[25] Cerca de 5 a 10% dos pacientes com infecção criptocócica terão envolvimento espinhal vertebral, em que a coluna lombar é afetada com mais frequência, seguida pela coluna cervical.[78,79] Os esporos de *Aspergillus* tipicamente são encontrados na água, solo, matéria vegetal em decomposição e em grãos. Como no caso dos outros fungos, a infecção ocorre com mais frequência por disseminação hematogênica, em geral dos pulmões. A osteomielite vertebral por *Aspergillus* é similar à osteomielite vertebral piogênica, visto que há preponderância masculina, geralmente a coluna lombar espinha é envolvida, e o sintoma o mais comum é a dor nas costas. Espécies de *Candida* estão entre a flora normal do trato gastrintestinal e pele, assim como no trato genital feminino.[25] As colunas torácica inferior ou lombar são envolvidas com mais frequência.[80]

A infecção parasitária também ocorre na espinha. Espécies de *Echinococcus* são encontradas no mundo todo entre mamíferos carnívoros e vivem em seus intestinos, e seus ovos são eliminados com as fezes. Subsequentemente, hospedeiros intermediários como animais de criação em fazendas os quais ingerem os ovos que chocam no duodeno e esses embriões se reproduzem assexuadamente, formando cistos multiloculados. A infecção humana ocorre quando se dá o contato com os ovos através de alimento contaminado ou diretamente com as fezes. O envolvimento ósseo com doença do cisto hidático é incomum, mas quando ocorre, acomete a espinha em 44% das vezes.[81] A infecção espinhal mais provavelmente se dá por anastomose venosa vertebral-portal.[82] A infecção espinhal por *Echinococcus* pode ocorrer como cisto intramedular primário, cisto extramedular intradural, cisto hidático intraespinal extradural, doença hidática das vértebras e envolvimento paravertebral.[83]

Neurocisticercose é a infecção parasitária mais comum em todo o mundo acometendo o sistema nervoso central. A neurocisticercose espinhal é rara mesmo nas regiões endêmicas. A infecção ocorre como resultado da ingestão dos ovos da solitária de suínos, *Taenia soleum*. As larvas são liberadas dos ovos no estômago após a ingestão. As larvas então penetram na mucosa intestinal e ganham acesso à circulação sanguínea, e o envolvimento do sistema nervoso central pode então ocorrer. A neurocisticercose espinhal pode ocorrer no espaço subaracnóideo ou no parênquima da medula.[84] Os envolvimentos extradural e ósseo também podem ocorrer, mas são extremamente raros.[33,85]

30.5 Diagnóstico

O sintoma mais comum de apresentação do abscesso espinhal epidural é a dor nas costas, que quase sempre ocorre, seguida de febres, que estão presentes em cerca de dois terços das vezes. O abscesso epidural cervical pode apresentar-se com dor no pescoço, febre e algum grau de disfunção neurológica. Radiculopatia também pode ser observada. Febre, definida como temperatura acima de 38° C (101° F), é um sinal de apresentação em aproximadamente 50% das vezes e claramente não é exigido para o diagnóstico. Disfunção neurológica, incluindo fraqueza, perda sensitiva e disfunção intestinal ou da bexiga também podem ser observados.[86]

O diagnóstico de espondilodiscite piogênica geralmente é retardado pela apresentação do paciente com sinais e sintomas inespecíficos. Além disso, em razão da relativa raridade dessas condições, é comum o retardo de semanas a meses no diagnóstico.[55] Com mais frequência, os pacientes apresentam-se com dor nas costas, que se manifesta em 60 a 95% dos pacientes.[87] Outros sintomas incluem fraqueza muscular (33-68% dos pacientes), dificuldades para deambulação (55%), distúrbio sensitivo (49%), febres (43%) e distúrbio esfincteriano (25%).[51,87,88] Ao exame, os pacientes podem ter limitada amplitude de movimento, grave espasmo muscular paraespinhal e sensibilidade sobre o nível infectado.[40] A osteomielite vertebral piogênica também deve ser fortemente considerada em quaisquer pacientes com derrame pleural de causa indeterminada, especialmente na presença de dor nas costas.[89]

Os pacientes com abscesso intramedular da medula espinhal com mais frequência se apresentam com déficits neurológicos, seguidos de dor e febre. Os pacientes com abscesso agudo intramedular podem apresentar um quadro clínico similar ao da mielite transversa, enquanto aqueles com um abscesso mais subagudo podem apresentar déficits similares ao dos tumores expansivos intramedulares da medula espinhal.[57]

As hemoculturas são positivas em metade a dois terços dos casos de abscesso epidural. A hemocultura e a cultura do abscesso são quase 100% concordantes, quando ambas são positivas e, portanto, são muito úteis para direcionar a antibioticoterapia.[20] Estudos laboratoriais úteis para o diagnóstico incluem hemograma completo com diferencial, ESR e proteína C reativa (CRP). Leucocitose com moderada elevação no leucograma (WBC) superior a 15.000/mm³ geralmente acompanha o abscesso espinal epidural, mas um WBC normal não é raro. O ESR está consistentemente elevado (95%) na presença de abscesso epidural.[90] Elevação superior a 30 mm/h é comum mesmo sem febre ou leucocitose.[91] Elevações superiores a 100 mm/h em um paciente com dor no pescoço são altamente sugestivas de infecção epidural.[92] Geralmente, a CRP também está elevada. A ESR e a CRP também podem ser usadas para acompanhar a resposta ao tratamento.

Estudos laboratoriais também são úteis no diagnóstico e tratamento de osteomielite vertebral piogênica. O WBC elevado é visto em apenas aproximadamente 55% dos pacientes. Há relatos de que a elevação dos marcadores inflamatórios CRP e ESR tem sensibilidades de 98 e 100%, respectivamente.[93] Tanto um ESR elevado (> 20 mm por hora encontrada em > 95% dos casos) como uma CRP elevada podem ser encontradas em quase todos os casos.[51,87,88] Todavia, esses marcadores normalmente podem se elevar após um procedimento invasivo quando não há infecção. Com mais frequência, um pico de ESR entre o quarto e o sexto dia de pós-operatório tipicamente estará normalizado em 14 dias. O nível de CRP tipicamente se normaliza no sexto dia de pós-operatório.[48]

Hemoculturas também são úteis para os exames laboratoriais de osteomielite. Elas podem ser positivas em 50 a 75% dos casos.[51,94] Estas devem ser feitas na tentativa de isolar o organismo infectado. Pode ser difícil fazer a cultura de alguns organismos e um diagnóstico mais rápido pode ser obtido por técnicas como reação em cadeia da polimerase (PCR). Embora o diagnóstico de osteomielite vertebral possa ser suspeitado com base em exame e imagem, o diagnóstico real deve ser feito com o uso de estudos teciduais definitivos, como hemocultura, PCR, ou biópsia de corpo vertebral.[55] A biópsia, seja aberta ou guiada por tomografia computadorizada (CT), pode identificar um organismo em aproximadamente 80% dos casos em que o paciente ainda não começou a tomar antibióticos. O rendimento diminui para 48%, porém, se os antibióticos forem iniciados antes da biópsia.[94] Embora a urinálise possa ser útil na sugestão da origem da infecção, certamente outras fontes devem ser procuradas subsequentemente, visto que a biópsia pode de fato identificar a infecção relacionada com um organismo diferente.[49,56]

Para infecções espinhais, imagens por ressonância magnética (MRI) com contraste são a modalidade de imagens diagnósticas de escolha.[95] As características na MRI do abscesso espinhal epidural são o acúmulo epidural que se intensifica heterogeneamente por contraste, que é isointenso/hipointenso em imagens ponderadas em T1 e hiperintenso em imagens ponderadas em T2[20] (▶ Fig. 30.1). O pus líquido em um abscesso espinhal epidural tipicamente apresenta baixa intensidade de sinal em imagens ponderadas em T1, enquanto o tecido de granulação geralmente apresenta uma margem intensificada após injeção de gadolínio.[96] Em casos de um abscesso bacteriano não tuberculoso, em geral há espondilodiscite discal associada quando são vistas alterações hipointensas de sinal no disco e corpos vertebrais adjacentes em imagens ponderadas em T1 e um alto sinal é visto em imagens ponderadas em T2. Geralmente há acentuada intensificação do corpo vertebral afetado. Em casos atribuíveis à tuberculose, tanto o envolvimento epidural como a espondilodiscite discal foram descritos com uma aparência isso ou hipointensa em imagens de MRI ponderadas em T1 e hiperintensa em imagens ponderadas em T2. Além disso, grandes massas paraespinhais são vistas, geralmente, com características similares na MRI.[97] Em pacientes nos quais não é possível se obter MRI, um mielograma por CT pode demonstrar bem a lesão, mas acarreta os riscos adicionais da mielografia, incluindo o risco de semeadura da infecção no espaço subaracnóideo se existir abscesso epidural lombar concomitante. A MRI com contraste e o mielograma por CT demonstraram que têm sensibilidades equivalentes (91-92%) na detecção do abscesso epidural.[20]

Para a osteomielite vertebral, as radiografias simples podem mostrar alterações no corpo vertebral ou disco na quarta semana

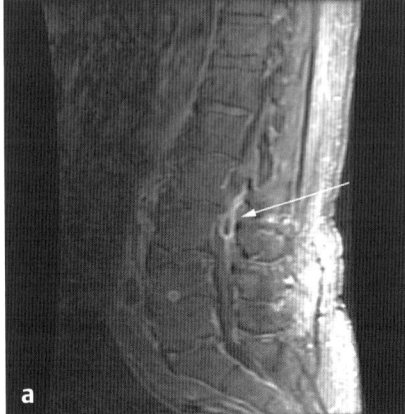

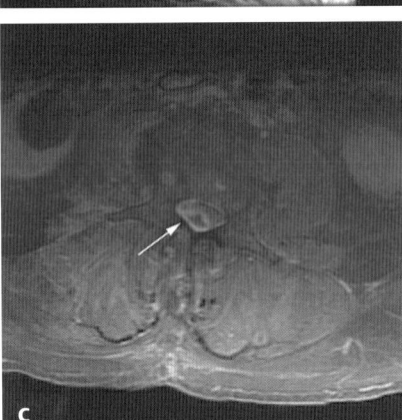

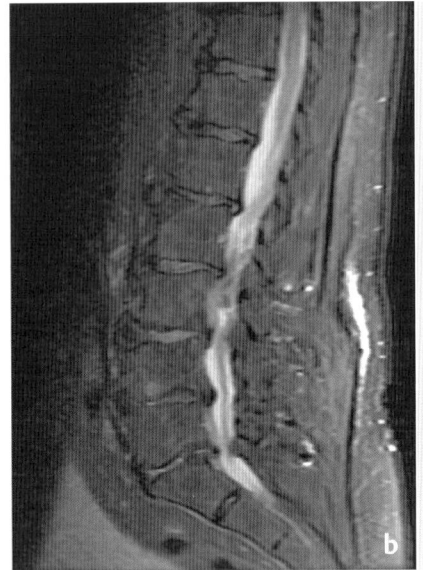

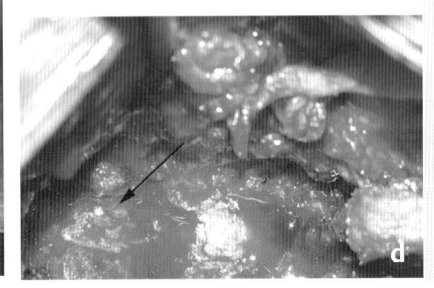

Fig. 30.1 Abscesso espinhal epidural. (**a**) Imagem sagital em T1 pós-administração de contraste demonstrando abscesso epidural dorsal lombar em L2-L3 (seta). Note a intensificação da margem com área central hipointensa, sugestiva de tecido de granulação. (**b**) Em imagens ponderadas em T2, a lesão é hiperintensa para os elementos neurais, porém, menos intensa do que o CSF. (**c**) Imagem axial em T1 pós-administração de contraste demonstrando significativa compressão do saco tecal secundária à massa situada posteriormente (seta). O paciente que se apresentou com dor nas costas, febre, fraqueza na extremidade inferior e disfunção da bexiga foi tratado com laminectomia de L2-L3 e evacuação do abscesso. (**d**) À cirurgia, notou-se que o paciente tinha mínima quantidade de pus, porém, havia tecido de granulação comprimindo a dura (seta).

da infecção; estas alterações muitas vezes não são vistas antes de 8 semanas de infecção.[98,99] Os achados radiográficos na osteomielite incluem estreitamento do espaço discal, divisão das placas terminais e evidência de edema de tecido mole. Da oitava à décima segunda semana, a osteosclerose pode ser vista (▶ Fig. 30.2).[99] Mais sensíveis são as cintilografias ósseas com radionuclídeos com tecnécio metileno difosfonato. Estas, porém, podem ser positivas no processo de formação do osso e não são específicas para distúrbios inflamatórios.[98,99] Mais específicas para os processos inflamatórios são as cintilografias ósseas com gálio 67 ou índio 3. A combinação de gálio e tecnécio pode aumentar a sensibilidade e especificidade do que cada um isoladamente.[98] Entretanto, pela falta de sensibilidade e especificidade gerais das radiografias simples, outras modalidades incluindo CT e MRI são usadas como base para o diagnóstico radiológico.[54,98,99] A MRI é considerada o método de imagem de escolha, por ter uma sensibilidade acima de 80% e especificidade entre 53 e 94%.[54,98] A MRI é particularmente útil, por demonstrar lesões suspeitas como diminuição de sinal em imagens ponderadas em T1 e hiperintensidade em imagens ponderadas em T2.[98] A administração de gadolínio pode resultar em intensificação da infecção em imagens ponderadas em T1.[54,98,100] Como é discutido adiante, pode ser difícil de avaliar as alterações na MRI, especialmente no quadro de suspeita de osteomielite vertebral. As alterações na MRI podem ser normais ou indicativas de infecção, especialmente se houver evidência de alterações envolvendo tanto o núcleo pulposo como a medula vertebral adjacente, ou mudanças na consistência do espaço discal quando o disco não foi removido cirurgicamente.[55] (d) Reconstrução de CT sagital demonstrando claramente a retropulsão da doença do osso para dentro do canal espinhal. Alterações osteoscleróticas e doença da placa terminal de T12 inferior também são vistas. (e) Imagens sagitais em T1 pós-infusão de contraste demonstrando intensificação do corpo vertebral L1 infectado que sofreu retropulsão. Também se nota a intensificação do corpo vertebral T12 e o envolvimento dos espaços discais. (f) MRI sagital ponderada em T2 demonstra aumento de sinal no osso/disco envolvido. (g) Imagens axiais ponderadas em T2 através das facetas articulares de T12/L1 mostram artrite séptica (seta) da articulação direita. Isto é visto como aumento da intensidade de sinal na articulação afetada. O paciente submeteu-se à vertebrectomia de L1, colocação de um enxerto autógeno tricortical de osso da crista ilíaca e colocação de grampos/hastes em T12-L2. Descobriu-se à cirurgia que o corpo da T12 era duro sem qualquer evidência de erosão ou doença significativa. Imagens pós-operatórias são mostradas em (h, i e j). Seguiu-se a isto a fusão espinhal posterior com parafusos, hastes e aloenxerto/autoenxerto, que se estende de T10 a L4 (l m).

A CT pode ser usada para avaliar a quantidade de destruição óssea e alterações ósseas. As alterações na CT aparecem antes do que em radiografias simples. A visualização de tecido mole é precária em comparação com a MRI. Os abscessos paraespinhais, porém, podem ser bem visualizados, e a CT pode ser usada para avaliar o envolvimento ósseo para o planejamento cirúrgico.

Para o abscesso intramedular da medula espinhal, radiografias simples podem revelar osteomielite vertebral associada. Embora o mielograma possa demonstrar um bloqueio ou uma medula espinhal alargada, a MRI se tornou a modalidade de imagens de escolha para os abscessos intramedulares. A MRI mostra tipicamente uma lesão de baixa intensidade em imagens ponderadas em T1 e alto sinal em imagens ponderadas em T2. As imagens em T1 com contraste revelam uma área mal definida de intensificação marginal, enquanto as imagens de acompanhamento podem

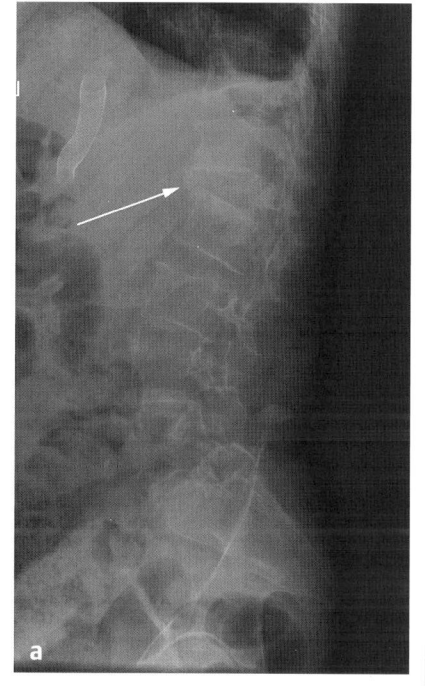

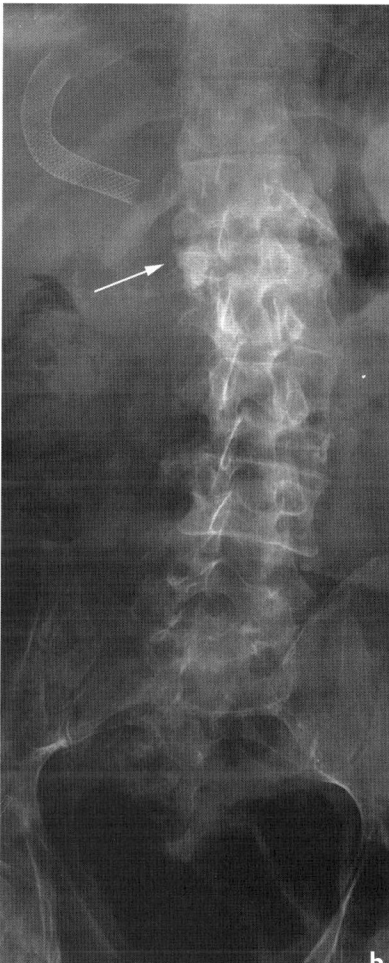

Fig. 30.2 Osteomielite vertebral piogênica. (**a**, **b**) Radiografias lombares lateral e anteroposterior demonstrando colapso da vértebra L1 (seta). Note a osteosclerose adjacente ao nível do colapso, mas também no corpo vertebral L1 remanescente. Note, também, a osteopenia grave vista nesse homem de 56 anos com cirrose. (**c**) Tomografia computadorizada (CT) axial através de doença do corpo vertebral L1. Note as erosões através da placa terminal envolvida.

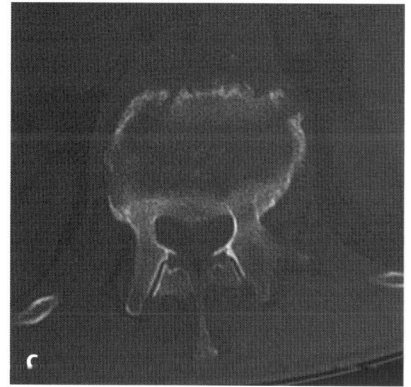

mostrar intensificação bem definida de uma lesão na medula espinhal com hipointensidade central.[57,101]

Infecções espinhais relacionadas com a tuberculose tendem a ser mais indolentes e de início mais gradual do que a osteomielite piogênica. A apresentação mais comum é a dor nas costas, que geralmente é na região torácica. Outros sintomas associados incluem febre, mal-estar, sudorese noturna e perda de peso. Com o envolvimento cervical, podem ocorrer disfagia, rouquidão ou linfadenopatia cervical.[4] Em razão de sua progressão lenta e insidiosa, associada à apresentação inespecífica e discreta da dor nas costas, pode ocorrer um considerável retardo no diagnóstico. As infecções crônicas não tratadas podem se apresentar com deformidade cifótica, seios cutâneos e déficits neurológicos (10–61%).[102,103] Pode ocorrer déficit neurológico por compressão direta decorrente de material infeccioso ou de progressiva deformidade cifótica. Ao exame, os pacientes com tuberculose espinhal podem ter sensibilidade espinhal com espasmo na região da dor. Os testes de amplitude de movimento podem desencadear intensa dor. Com a doença avançada, o paciente pode ter cifose de Pott na coluna torácica ou lombar, com colapso do corpo vertebral acometido resultando em nítida angulação e subsequente proeminência do processo espinhoso nesse nível. Alguns pacientes podem demonstrar um sinal no psoas ao exame por causa de um abscesso anterior rastreado no músculo psoas. Pacientes com um sinal de psoas sentam-se em plano horizontal com os quadris flexionados; quando seus quadris são estendidos, eles experimentam intensa dor.[104]

Os achados radiológicos geralmente apoiam o diagnóstico antes dos exames laboratoriais. Radiografias simples podem revelar colapso do corpo vertebral. Ocasionalmente, uma lesão lítica pode ser vista dentro de um corpo vertebral envolvido ou dentro dos elementos posteriores.[63] Radiografias simples também podem revelar osteoporose, uma deformidade em giba e escoliose.[4] Mais frequentemente, porém, as radiografias simples estão dentro dos limites normais.[63] O exame de CT frequentemente mostra destruição no nível das placas terminais vertebrais, abscessos paravertebrais que podem ter calcificações e acúmulos epidurais. A definição cortical do corpo vertebral afetado geralmente se perde; isto serve para distinguir de osteomielite vertebral piogênica na qual suas margens corticais tendem a ser preservadas. A intensificação da margem de uma massa paraespinhal com calcificações em seu interior é altamente sugestiva de tuberculose espinhal.[4] A MRI é considerada a modalidade de imagens de escolha para tuberculose espinhal (▶ Fig. 30.3). Imagens ponderadas em T1 podem mostrar baixo sinal homogêneo no corpo com disseminação subligamentar por contiguidade. As imagens ponderadas em

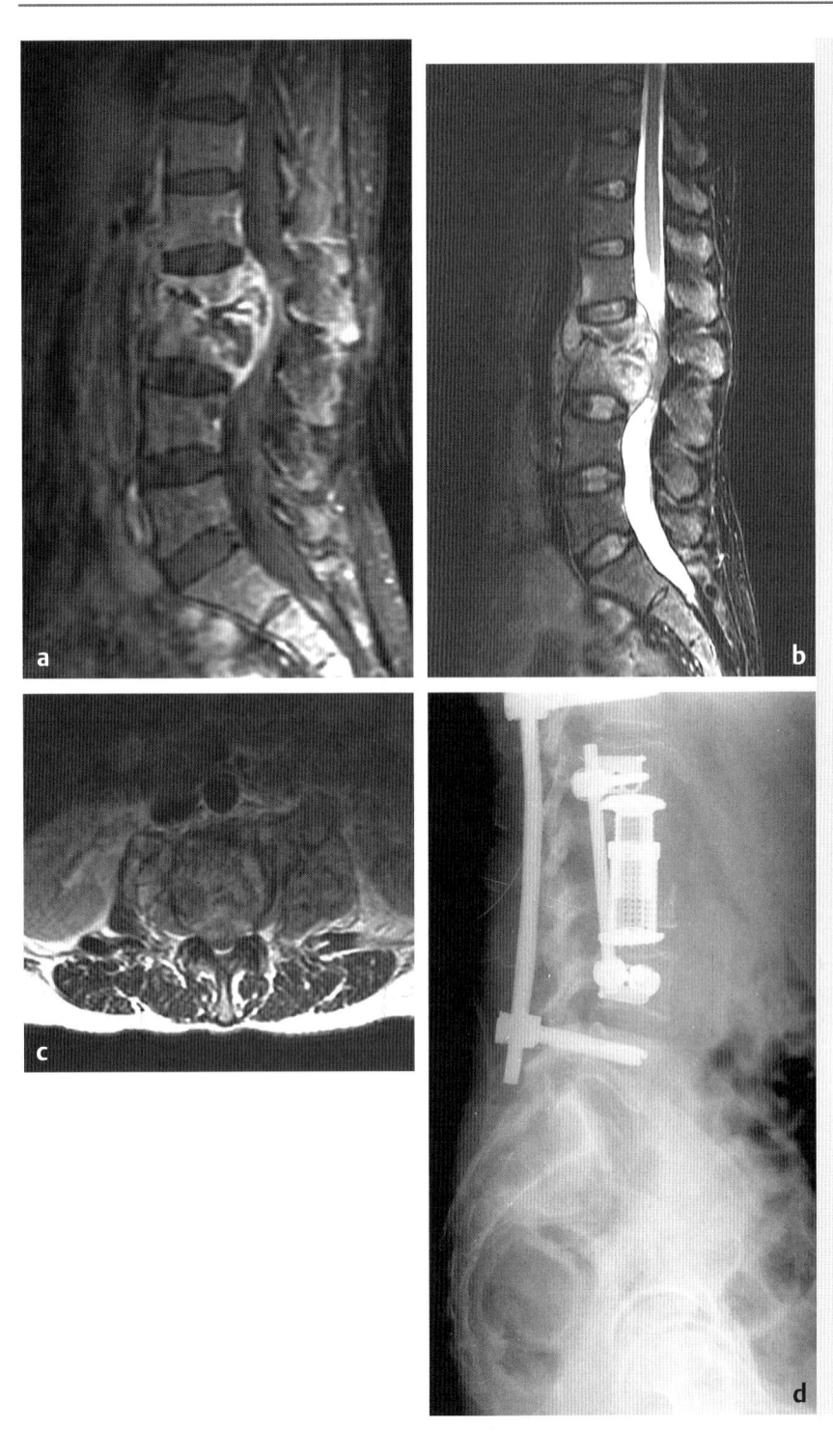

Fig. 30.3 Doença de Pott. (**a**) Imagens sagitais de ressonância magnética ponderadas em T1 pós-administração de contraste demonstrando acentuada rima de captação de contraste na tuberculose espinhal. Nota-se doença dos corpos vertebrais L2-L3 aonde o espaço discal de L2-L3 é relativamente poupado. (**b**) Imagens sagitais ponderadas em T2 demonstram extensão do abscesso da tuberculose anterior e superiormente ao longo do ligamento longitudinal anterior. (**c**) Imagem axial em T2 demonstrando envolvimento bilateral do abscesso na musculatura paraespinhal. (**d**) Radiografia lateral pós-operatória, pós-vertebrectomia de L2-L3 e colocação de uma gaiola (*cage*) expansível/aloenxerto de osso/grampos/hastes seguida de fusão espinhal posterior/aloenxerto/autoenxerto. Note a restauração da lordose lombar.

T2 podem exibir um aumento de sinal em padrão similar. A MRI pode revelar que o espaço discal foi poupado, com envolvimento do corpo vertebral em ambos os lados do disco, um achado incomum caso se considere uma malignidade.[104] Além disso, pode ser visualizada uma massa epidural com uma configuração bilobar. A MRI também é muito útil para demonstrar o envolvimento ósseo pela infecção, massas paraespinhal/massas e formação de fístula.[4] A MRI também pode demonstrar tuberculomas intradurais e/ou intramedulares intensificados.[63] O contraste intravenoso com gadolínio geralmente é adicionado para auxiliar no diagnóstico de um processo infeccioso por mostrar uma intensificação periférica.

O diagnóstico de tuberculose espinhal deve ser confirmado por biópsia, uma vez que o regime de tratamento varia drasticamente de outros processos com apresentação similar, como envolvimentos piogênicos ou neoplásicos. Bacilos ácido-resistentes podem ou não ser vistos na coloração podendo levar de 6 a 8 semanas para os microrganismos crescerem no meio tradicional de Lowenstein-Jensen. Porém, isto melhorou com o meio de Middlebrook, que pode diminuir o tempo do diagnóstico para dentro de 2 semanas. A PCR pode ser usada para o diagnóstico e realizada dentro de 6 horas, com uma sensibilidade de 75% e especificidade superior a 99%.[105,106] Entretanto, é aprovada somente para tuberculose pulmonar. A evidência adicional de apoio pode vir de radiografias torácicas, derivado proteico purificado e cultura de catarro/urina.[104] Esses testes apoiam o diagnóstico, mas não são definitivos quando comparados com biópsia e cultura do envolvimento espinal. Embora o ESR possa estar elevado e ser útil para acompanhar o tratamento, geralmente está dentro dos limites normais.[4,63]

A brucelose espinal com frequência apresenta-se com sintomas inespecíficos e é um desafio em termos diagnósticos, geralmente associados a retardo no diagnóstico. A dor nas costas, febre e mal-estar, em pacientes expostos a animais de criação e outros animais em regiões onde a doença é endêmica, deve levantar a suspeita de brucelose espinal. Radiologicamente, os primeiros sinais da doença incluem osteoporose das vértebras afetadas seguidas de erosão da face anterior da placa terminal superior. A doença pode ser caracterizada como *focal* ou *difusa*, sendo a doença focal limitada ao corpo vertebral anterior e placa terminal superior, enquanto a forma difusa pode envolver todo o segmento espinal, estendendo-se para dentro dos elementos posteriores e espaços paravertebral e epidural adjacentes. Geralmente não há necrose ou caseação central. Como a cicatrização do osso começa logo após sua destruição, pode se formar um osteófito anterior, conhecido como bico de papagaio. Na CT, pode-se visualizar o ar capturado entre o disco e a placa terminal superior. Massas musculares paraespinhais ocorrem em cerca de 12% das vezes, ao contrário da tuberculose em que isto se dá em 50% das vezes. O envolvimento epidural é comum. A MRI pode demonstrar leve intensificação do espaço discal afetado em imagens em T1 pós-contraste. Nos estágios avançados da doença, pode ocorrer ancilose completa da vértebra afetada, em que as vértebras afetadas podem ser confundidas com uma anomalia congênita de segmentação. Corpos vertebrais colapsados, deformidade em giba e escoliose são muito raras e sugerem tuberculose espinal; geralmente a vértebra infectada na brucelose espinal mantém sua morfologia.[4] O diagnóstico de brucelose espinal pode ser confirmado por estudos sorológicos. Esses incluem um anticorpo para *Brucella* de 1:160 (sensibilidade entre 68 e 91%) e teste com rosa de bengala (sensibilidade de 92,9%).[68,107] A neurobrucelose é confirmada por sorologia do fluido cerebrospinhal (CSF).[69] O ESR e o CRP podem estar ligeiramente elevadas. Em decorrência da especificidade dos exames laboratoriais, raramente a biópsia é necessária (5% dos pacientes).[108] O diagnóstico definitivo pode ser feito por biópsia.[65]

Os sintomas de doença fúngica espinal também são inespecíficos, sendo as queixas comuns de apresentação a dor nas costas, febre, mal-estar e sudorese noturna. Alguns pacientes também se apresentam com déficits neurológicos. Ao exame, pode estar presente sensibilidade local. Os achados radiológicos podem ser similares aos da tuberculose em que o espaço discal é relativamente poupado, sendo vistos envolvimento anterior do corpo vertebral e grandes abscessos paraespinhais. Alguns padrões são observados com frequência em infecções fúngicas específicas. Infecções de coccidioidomicose podem causar edema paravertebral, com envolvimento dos elementos espinhais posteriores. Deformidade em giba/colapso do corpo vertebral são comuns com *Blastomyces*. Lesões líticas podem ser vistas nas infecções criptocócicas espinhais no interior dos corpos vertebrais.[25] A criptococose espinal pode se manifestar como uma massa granulomatosa intraespinhal (lesão extradural infiltrativa, granuloma extramedular intradural), resultando em compressão da medula espinhal. A infecção por *Candida* pode envolver o corpo vertebral ou regiões paravertebrais. Pode-se visualizar um macroabscesso ou massa que mimetiza um granuloma sem envolvimento do espaço discal.[4] Estes podem se assemelhar aos ocorridos na coccidioidomicose ou na forma cística da tuberculose, com margens discretas e formação de abscesso circundante. Tanto a CT como a MRI podem ser úteis no diagnóstico. A CT pode mostrar erosão nos ossos, com pequenas ilhas de osso preservadas. Esta pode ser uma característica útil para ajudar a diferenciar essas lesões da doença neoplásica. O diagnóstico de envolvimento fúngico espinal é feito com biópsia e avaliação histopatológica. Além disso, existem numerosos *kits* comercialmente disponíveis que usam imunoensaio e tecnologias de PCR para identificar fungos específicos. Embora os marcadores inflamatórios e o leucograma possam estar elevados, estes são úteis para acompanhar a infecção e são inespecíficos para fins diagnósticos.[25]

A doença do cisto hidático espinal com mais frequência se apresenta em adultos como uma paraparesia progressiva de início lento. Outros sintomas comuns incluem dor nas costas, radiculopatia, perda sensitiva, distúrbios esfincterianos e até paraplegia. A MRI é tipicamente bastante sugestiva de envolvimento espinal hidático. Imagens ponderadas em T1 mostram estruturas císticas, quase sempre multiloculadas adjacentes ou envolvendo o canal espinhal. A CT pode mostrar sutis alterações osteolíticas, mas não mostra as relações dos cistos com a dura como ocorre na MRI. O diagnóstico é confirmado com amostra cirúrgica.[81]

A neurocisticercose espinal com mais frequência apresenta-se como paraparesia progressiva ou fraqueza secundária à compressão de medula ou cauda equina. A neurocisticercose deve ser considerada no diagnóstico diferencial para qualquer indivíduo que se apresenta com esses sintomas e que viva ou viaje para áreas onde a cisticercose é endêmica. Enquanto a lesão extramedular pode se desenvolver e se tornar muito grande e os pacientes exibirem sintomas muito tardiamente, as lesões intramedulares muitas vezes são precocemente sintomáticas quando de tamanho pequeno. A MRI é a modalidade neurorradiológica de escolha para estudar essas lesões. Imagens ponderadas em T1 são úteis para demonstrar a parede do cisto, enquanto as imagens ponderadas em T2 mostram os conteúdos do próprio cisto e possivelmente o edema pericístico. Ocasionalmente, um nódulo mural pode ser visto na MRI. Embora a CT possa demonstrar calcificações em casos de organismos degenerados, o seu papel é inferior ao da MRI no diagnóstico de neurocisticercose espinal. A mielografia pode ser útil na detecção de pequenas lesões no espaço subaracnóideo; entretanto, seu papel se tornou limitado com o advento da MRI e a possibilidade de formação cicatricial aracnoide associada a cisticercos, limitando o fluxo do corante. Ensaios imunoenzimáticos do CSF e sérico são altamente sensíveis e específicos para confirmar o diagnóstico.[84]

30.6 Tratamento

30.6.1 Abscesso Epidural Piogênico

Os objetivos de terapia para o abscesso espinal epidural incluem preservação da função neurológica normal, assim como melhorar ou estabilizar déficits neurológicos existentes ou progressivos.[20,109] As opções de tratamento geralmente consistem na descompressão e evacuação do abscesso com ou sem reconstrução espinal seguida de um curso de antibióticos *versus* antibióticos somente. Além disso, na presença de destruição óssea ou instabilidade, um procedimento concomitante ou retardado de estabilização pode ser considerado. A cirurgia continua a ser o tratamento de escolha; porém, alguns tiveram sucesso com a terapia conservadora,[12,21,110,111] assim como em procedimentos percutâneos.[112,113]

Para infecção em que o abscesso é predominantemente dorsal ao saco tecal ou medula espinhal, a cirurgia geralmente envolve laminectomia e evacuação do abscesso. Se a infecção for aguda (< 12–16 dias), pus evidente muitas vezes é encontrado. Em geral, a consistência de coleções crônicas é semelhante ao do tecido de granulação, que pode estar firmemente aderido à dura. Deve-se ter cautela ao tentar remover o tecido de granulação; a ruptura da dura em face de uma infecção epidural pode apresentar alta taxa de meningite associada. Nos casos em que a lesão envolve múltiplos níveis espinhais, alguns defendem o uso de dispositivos de irrigação passados sublaminarmente para evitar uma excessiva ruptura óssea. De maneira similar, se a lesão for aguda, i. e., tiver pus, e envolver múltiplos níveis, o uso criterioso de laminotomias e cateteres para evacuação do acúmulo e irrigação tiveram algum sucesso.[112] Essas técnicas devem ser tentadas somente em casos em que há espaço suficiente entre a dura e a lâmina para a introdução segura do cateter. Para muitos casos, a laminectomia tradicional pode ser tecnicamente mais fácil e possivelmente mais segura. Independentemente da técnica, quantidades abundantes de irrigação devem ser utilizadas e drenos deixados em posição no pós-operatório. Infecções que resultam em massas predominantemente anteriores à medula ou ao saco tecal geralmente são tratadas via abordagem anterior. O uso de enxerto de osso e instrumentação nesse quadro é discutido adiante.

Com as melhoras na obtenção de imagens neurorradiológicas e maior acesso aos cuidados de saúde, o diagnóstico do abscesso pode ocorrer mais cedo no processo da doença. Nesses casos, há quem defenda a terapia conservadora em pacientes, para os quais foi identificado um microrganismo causador, que se apresentam sem quaisquer déficits neurológicos.[110,114] É preciso reconhecer que esse plano de tratamento geralmente falha. Aproximadamente metade dos pacientes inicialmente tratados de maneira não operatória com antibióticos somente eventualmente experimentam declínio neurológico que requer descompressão cirúrgica. Embora os antibióticos seguidos de cirurgia postergada, caso falhe o tratamento conservador, sejam uma opção, o resultado geralmente não é tão bom como o da cirurgia precoce.[20] Harrington et al. revisaram de maneira eloquente tanto o tratamento cirúrgico como o tratamento clínico do abscesso espinhal epidural.[115] Eles concluíram que a cirurgia era indicada e o tratamento médico inadequado para as seguintes indicações: pirexia persistente ou marcadores inflamatórios elevados, falha em identificar organismos causadores, dor intensa persistente, presença de deformidade ou instabilidade espinhal associada, exame neurológico com deterioração relacionada com o abscesso, presença de compressão superior a 50% do saco tecal à MRI, incapacidade de acompanhar o paciente por imagens seriais de MRI, indisponibilidade de instituições para cirurgia espinhal de emergência se necessário, falha na resolução de um abscesso, apesar do tratamento com antibióticos intravenosos por mais de 6 semanas, e um hospedeiro imunocomprometido.

30.6.2 Osteomielite Vertebral Piogênica

Geralmente, o tratamento da osteomielite vertebral envolve o tratamento clínico com imobilização espinhal, deambulação precoce e antibióticos intravenosos. Mais de 75% dos pacientes irão experimentar alívio e muitas vezes a fusão espontânea. Pacientes com menos de 60 anos que são imunologicamente normais, com ESR diminuído, acompanhados por avaliação em série, geralmente respondem bem à terapia cirúrgica.[48,87,116] Caso o tratamento clínico falhe para um paciente, pode ser necessária a intervenção cirúrgica. O tratamento cirúrgico inclui a evacuação do abscesso e possível reconstrução espinal.

Com a antibioticoterapia, os resultados da osteomielite vertebral melhoraram drasticamente. Em pacientes clinicamente estáveis, um regime de 4 a 6 semanas de antibióticos parenterais em alta dose seguido de tratamento com antibiótico oral pode ser suficiente. O tratamento com antibióticos pode ser abreviado se o ESR declinar até a metade de um valor pré-tratamento.[55] Porém, os pacientes com abscesso podem necessitar de um curso mais longo de tratamento.

Para infecção estafilocócica, geralmente se recomenda penicilina em alta dose. Isto, é claro, exclui S. aureus resistente à meticilina, que é tratado com vancomicina. Os pacientes alérgicos à penicilina podem ser tratados com cefalosporinas de primeira ou segunda geração. Para infecções por Pseudomonas, geralmente dois fármacos são recomendados. Estes incluem cefalosporinas de Terceira geração e possivelmente um aminoglicosídeo.[117,118] Em uma série de 111 pacientes tratados, dos quais 72 foram tratados inicialmente com antibióticos somente, em um terço dos pacientes o tratamento conservador falhou, com resultados finais mais relacionados com o estado imunológico do paciente e a suas idades.[87] As indicações para a terapia operatória incluem comprometimento neurológico estático ou progressivo, presença de um abscesso falha em se resolver com a terapia clínica, sepse proveniente do local de infecção, dor persistente apesar da imobilização externa, deformidade espinhal progressiva, instabilidade severa, falha em identificar um organismo e falha do tratamento não operatório.[48] Três princípios cirúrgicos são procurados: desbridamento de todos os tecidos necróticos e infectados, a provisão de um suprimento adequado sanguíneo para a área de infecção e a criação de estabilidade espinhal imediata.[55]

Uma abordagem anterior é usada com mais frequência para infecções envolvendo o corpo e/ou disco vertebral. Desbridamento e descompressão podem ser realizados anteriormente. É provável que ocorra instabilidade após desbridamento; portanto, será necessário alcançar estabilidade por reconstrução anterior através de gaiola (cage) com ou sem uma placa.[119] Gaiolas verticais com malha de titânio mostraram que alcançam bons resultados sem maior risco de infecção crônica.[120,121] A instrumentação posterior também pode ser realizada para aumentar a estabilidade.[122] Raramente a descompressão posterior isolada é indicada na presença de osteomielite vertebral. Somente em um quadro incomum de abscesso epidural isolado com mínimo envolvimento do corpo vertebral a laminectomia é indicada (▶ Fig. 30.1). Por outro lado, a laminectomia somente pode resultar em mau resultado clínico, incluindo deformidade progressiva, dor crescente, piora da instabilidade e possível agravamento da agressão neurológica. Eismont et al. revisaram 61 pacientes com osteomielite vertebral dos quais 7 pacientes foram tratados por laminectomia somente: 3 pioraram e 4 permaneceram inalterados neurologicamente.[123] Geralmente a coluna vertebral anterior é envolvida, enquanto a coluna posterior tipicamente não é afetada; assim a ressecção do elemento posterior com uma descompressão posterior muitas vezes falha em abordar a patologia primária e resulta em ruptura das estruturas estabilizadoras posteriores.[48,123]

Como resultado das considerações anteriores, o desbridamento posterior de qualquer abscesso seguido da colocação tardia de instrumentação posterior e enxerto ósseo tem sido defendido por alguns.[124] Isto pode ser feito por uma abordagem estrita posterior ou ser usada uma abordagem extracavitária/costotransversectomia. Uma abordagem extracavitária ou costotransversectomia, porém, pode ser tecnicamente desafiadora, pois pode ser difícil colocar um enxerto estrutural anterior adequado. Outros cirurgiões defendem a colocação primária da instrumentação posterior durante o tempo do procedimento índice de desbridamento, desde que o espaço epidural do tecido mole posterior ou os elementos ósseos não estejam envolvidos. Rath et al. revisaram 43 pacientes com osteomielite vertebral tratados com cirurgia, incluindo 18 pacientes submetidos a desbridamento posterior inicial com enxerto ósseo autólogo concomitante e colocação de instrumentação, em que 94% obtiveram uma fusão bem-sucedida.[88] Alternativamente, a descompressão anterior com ou sem enxerto ósseo autólogo pode ser realizada. Em geral, a descompressão anterior sem enxerto de osso raramente é indicada em razão dos benefícios de se colocar um enxerto nesses pacientes.[125] Cahill et al.[126] revisaram 10 pacientes que se submeteram ao desbridamento anterior e fusão sem instrumentação com subsequente colete gessado ou aparelho ortopédico. Embora seus pacientes tenham se dado bem, os autores sugeriram que a instrumentação pode ter reduzido a necessidade de mobilização externa prolongada. Similarmente, Lifeso[127] relatou bons resultados em 11 pacientes submetidos a desbridamento anterior e fusão para osteomielite.

Os benefícios do enxerto ósseo autólogo incluem minimização do risco de rejeição e consolidação melhor e mais rápida, quando comparado à fonte de um aloenxerto. A adição de instrumentação posterior a um campo posterior não contaminado pode ainda otimizar o tratamento pela redução da incidência de deslocamento e colapso do enxerto ao mesmo tempo que confere um suporte suficiente para permitir a mobilização precoce e talvez melhorar o resultado funcional.[48,124,126,128] A estabilização posterior após o desbridamento anterior e a colocação de um enxerto de osso, portanto, reduz a morbidade associada ao repouso prolongado no leito. Isto pode realmente resultar em maior satisfação do paciente e melhor resultado funcional.[48,129,130] Krodel et al.[131] relataram excelentes resultados com 41 pacientes tratados dessa maneira.

No que se refere ao uso de instrumentação anterior no mesmo campo cirúrgico, como na osteomielite vertebral piogênica ativa, isto é mais controverso. Alguns defendem que isto seja evitado para reduzir o risco de contaminação do equipamento e subsequente reinfecção clínica.[132] Outros, porém, argumentam que na coluna cervical a colocação de placa cervical anterior imediatamente após o desbridamento e colocação de enxerto confere imediata estabilização, impede o desalojamento do enxerto e potencialmente evita outro procedimento cirúrgico.[3,133] Lee et al. relataram bons resultados para um grupo heterogêneo de 29 pacientes que tinham osteomielite na coluna cervical, torácica ou lombar em que muitos pacientes tinham gaiolas de titânio ou aloenxerto e placas colocadas durante seu procedimento índice.[2] Similarmente, Ogden e Kaiser concluíram em sua série de 16 pacientes e em uma revisão da literatura que o desbridamento primário e a colocação da instrumentação é segura sem um risco significativo de reinfecção.[134] Alguns casos de osteomielite podem-se beneficiar com o uso adjuvante de um tecido vascular durante o desbridamento e a reconstrução.[135] Isto provê o imediato suprimento sanguíneo contínuo para o enxerto do doador pode proteger contra a falha da substância do enxerto, e tem potencial para aumentar a taxa de incorporação bem-sucedida do enxerto.[136,137] Esta provisão pode consistir na forma de trazer o omento para o enxerto ou, em casos selecionados, para o campo de uma gaiola durante o enxerto de osso. Além disso, o músculo oblíquo externo pode fornecer uma vigorosa fonte de suprimento sanguíneo para um enxerto de crista ilíaca usado da vértebra T8 até o sacro. Uma fonte menos vigorosa é o músculo oblíquo interno suprido pela artéria circunflexa ilíaca profunda. A costela e a fíbula proporcionam opções alternativas de enxerto vascularizado. Enxertos vascularizados, porém, não estão isentos de complicações, e estas incluem paralisia do nervo femoral, hematoma no sítio doador e formação de hérnia.[48]

Alguns defendem o uso de microesferas de antibióticos como um método de liberação local de antibióticos para os tecidos moles circundantes e o osso. Infelizmente, a contaminação persistente das microesferas, infecção persistente e possível comprometimento da função leucocitária têm sido associados ao uso de metilmetacrilato dessa maneira.[133,138]

Outros defendem técnicas percutâneas para o tratamento de osteomielite vertebral. Jeanneret e Magerl[129] fizeram relatos sobre 23 pacientes com osteomielite tratados com estabilização percutânea somente ou em conjunto com um desbridamento secundário anterior. Todos os pacientes receberam estabilização espinhal posterior externa. Doze de 15 pacientes foram tratados com sucesso com essa estratégia.

Em suma, a osteomielite vertebral pode ser tratada com sucesso na maioria dos casos com antibióticos, imobilização e inicialmente apenas repouso no leito. Todavia, há pacientes que certamente irão necessitar de outra intervenção cirúrgica. O desbridamento anterior e a colocação de enxerto de osso junto com a estabilização posterior parecem ser o método de escolha para a maioria dos casos que necessitam de cirurgia (▶ Fig. 30.2). Alguns casos podem se beneficiar com a instrumentação anterior no quadro das infecções primárias. Permanece controverso se um procedimento em dois estágios é necessário como a colocação de instrumentação posterior e realização de descompressão posterior/desbridamento. Todavia, se os elementos posteriores não estiverem macroscopicamente infectados, muitos defendem a colocação da instrumentação durante o procedimento índice.

30.6.3 Discite

Similar à osteomielite vertebral, a antibioticoterapia é a base do tratamento. Antibióticos de amplo espectro são administrados se não for possível identificar um microrganismo. Descobriu-se que a extensão da antibioticoterapia é essencial para prevenir recorrência. O tratamento inferior a 8 semanas mostrou taxas de recorrência superiores a 10%, enquanto o tratamento por mais de 12 semanas apresentou uma taxa inferior a 5%.[122,139] A cirurgia para discite sem abscesso epidural raramente é indicada. As indicações incluem falha no tratamento clínico com progressão da infecção e desenvolvimento de osteomielite.

30.6.4 Abscesso Intramedular

Um abscesso intramedular da medula espinhal é uma emergência cirúrgica. Depois de identificado, deve-se seguir uma laminectomia descompressiva e subsequente mielotomia e drenagem de abscesso. Os antibióticos devem ser específicos para os organismos que cresceram em cultura intraoperatória.[57] Bartels et al. relataram uma taxa de mortalidade de 13,6% em indivíduos submetidos à cirurgia para abscesso espinhal intramedular.[140] Os esteroides provavelmente não são benéficos no período pós-operatório. Com a identificação e cirurgia precoces seguidas por antibioticoterapia, a maioria dos pacientes tem bom prognóstico, mesmo quando estão presentes déficits neurológicos.

30.6.5 Tuberculose Espinhal

A terapia com múltiplos fármacos continua a ser o tratamento primário para a maioria dos casos de tuberculose espinhal. A doença susceptível ao tratamento clínico inclui somente os pacientes com doença inicial e aqueles sem deformidade ou déficit neurológico. Os fármacos de primeira linha incluem isoniazida, rifampina, etambutol e pirazinamida. Além disso, piridoxina é administrada concomitantemente com isoniazida para reduzir o risco de neuropatia periférica. Agentes de segunda linha incluem cicloserina, quinolonas e amicacina.[104] Porém, a resistência a antibiótico é um problema de emergência, em que até 25% dos pacientes apresentam tuberculose resistente a múltiplos fármacos (MDR).[127,141] Isto é atribuído à duração insuficiente do regime de antibióticos ou um regime inadequado ao início do tratamento. Foram propostos princípios do tratamento da tuberculose MDR, que incluem obtenção de cultura e antibiograma, nunca adicionando um único fármaco a um regime falho, os regimes devem consistir em quatro fármacos não utilizados anteriormente, e um aminoglicosídeo injetável deve ser usado por pelo menos 2 meses. A duração recomendada da farmacoterapia é de no mínimo 24 meses.[142]

Embora o tratamento clínico continue a ser a terapia de primeira linha para tuberculose espinhal, a cirurgia pode ser necessária para os pacientes com déficit neurológico, para aqueles em que o tratamento clínico falhou e para os pacientes com instabilidade ou deformidade. Pacientes com significativo déficit neurológico apresentaram melhores resultados com a cirurgia.[127,143,144]

O objetivo da intervenção cirúrgica para o déficit neurológico envolve a descompressão da espinha por remoção de material purulento e fragmento sequestrado que comprimia estruturas neurais. Os fragmentos de osso que não são compressivos não precisam ser removidos porque eles irão se reconstituir após o tratamento com medicações. Quando instabilidade ou deformidade estão presentes, o objetivo da cirurgia é não apenas erradicar a infecção mas também corrigir ou prevenir a deformidade.[144,145] Se a espinha estiver em risco de deformidade, então a intervenção cirúrgica precoce pode ser indicada.[146] Em geral, na maioria dos casos de doença de Pott tratada por cirurgia, inicialmente ela deve ser tratada em direção anterior com desbridamento/vertebrectomia e colocação de um enxerto estrutural, incluindo autoenxerto, aloenxerto ou gaiolas.[143,145,146] A instrumentação anterior com haste/gaiola tem sido usada em numerosas ocasiões com sucesso, mas seu uso permanece controverso. Alternativamente, alguns defendem o uso de gaiolas de titânio[147] (▶ Fig. 30.3). A cirurgia para tuberculose pode ser mais fácil e alcançar melhores resultados se for realizada precocemente no processo de doença antes do desenvolvimento de formação cicatricial e fibrose, possivelmente resultando em aderências aos grandes vasos e outros órgãos, tornando a cirurgia mais perigosa e difícil. Os pacientes também parecem responder melhor e mais completamente quando submetidos à cirurgia na fase aguda do que quando apresentam doença crônica e deformidade.[104] Após descompressão anterior e fusão, muitos defendem o adiamento da instrumentação posterior suplementar. Isto pode facilitar a mobilização mais precoce do paciente. A espera de 1 a 2 semanas pode permitir um intervalo no curso dos antibióticos e otimização dos parâmetros médico e nutricional.[147]

A descompressão espinhal posterior é indicada apenas quando há uma massa epidural isolada comprimindo o saco tecal. A laminectomia isoladamente em geral é contraindicada, pois pode levar a progressiva deformidade e declínio neurológico. Mais recentemente, abordagens posteriores somente foram realizadas, incluindo ressecção da coluna vertebral com colocação de gaiola e estabilização posterior.[146,148] Não se notou nenhuma diferença entre as abordagens anterior posterior e posterior somente ao examinar um novo déficit neurológico ou recuperação neurológica. Porém, houve melhora da cifose com abordagens combinadas em oposição à abordagem posterior apenas. O grupo de pacientes de abordagem posterior somente apresentou significativa diminuição do tempo cirúrgico, de perda sanguínea estimada e tempo de hospitalização. Ambas as abordagens parecem ser aceitáveis desde que sejam alcançados os objetivos cirúrgicos de descompressão, remoção de material infectado e reconstrução espinhal e estabilização.[148]

Abordagens minimamente invasivas também são defendidas para os pacientes incapazes de tolerar uma toracotomia, quando indicada. O tratamento toracoscópico da tuberculose foi realizado recentemente.[149,150] Alternativamente, uma abordagem transpedicular seguida de colocação de aparelho ortopédico pode ser realizada.[151]

30.6.6 Brucelose Espinal

Existem numerosos relatos de tratamento bem-sucedido da brucelose espinal com antibióticos somente.[69,152] Estes incluem combinações de doxiciclina e rifampina ou doxiciclina e estreptomicina. Fluoroquinolonas também podem ser eficazes.[69] A intervenção cirúrgica, que vai desde a drenagem do abscesso até a reconstrução espinhal, é necessária em aproximadamente 10,7% dos casos.[153] Nos casos de deformidade, compressão medular ou progressão da doença, a cirurgia pode ser indicada com uma abordagem similar à da tuberculose. O abscesso intramedular causado por espécies de *Brucella* deve ser tratado com laminectomia, mielotomia, drenagem e antibióticos.[154]

30.6.7 Tratamento de Infecção Fúngica Espinhal

O tratamento de infecções fúngicas espinhais envolve a terapia com agentes antifúngicos adequados e possivelmente intervenção cirúrgica. O tratamento não operatório também consiste em aparelho ortopédico, deambulação precoce e correção dos fatores que levam à infecção fúngica, isto é, suporte nutricional e abordagem de qualquer estado imunocomprometido subjacente. A anfotericina B geralmente é usada como um agente de escolha para tratar as infecções fúngicas espinhais. Embora sua formulação lipossomal tenha menor toxicidade, ela é notória por sua nefrotoxicidade. Os azóis, incluindo itraconazol, fluconazol e cetoconazol, são alternativas que se pode considerar como fármacos de primeira linha para alguns fungos, incluindo *Coccidioides*, *Blastomycoces* e espécies de *Candida*. Agentes recentes, incluindo equinocandina e caspofungina, também podem ter um papel no tratamento da doença fúngica espinhal.[25]

As indicações para cirurgia são similares às de outras infecções espinhais não piogênicas. Estas incluem alívio da compressão neural, instabilidade/deformidade, falta de diagnóstico e infecção progressiva apesar do adequado tratamento clínico.[25] Como em outras causas de osteomielite, geralmente a descompressão anterior propicia uma descompressão mais completa (uma vez que a patologia geralmente se localiza no corpo vertebral) e permite a restauração da altura através de colocação de enxerto como um calço. Além disso, instrumentação espinhal posterior geralmente é necessária. Embora um único procedimento realizado posteriormente possa ser considerado (via abordagem transpedicular ou via abordagem transpedicular/extracavitária lateral), o desbridamento geralmente não é tão completo e caso seja encontrado um aneurisma micótico, pode ser muito difícil ou impossível controlar o sangramento. As vantagens de uma descompressão circunferencial posterior é que a cavidade torácica não é adentrada e uma única incisão é necessária.[25] Porém, em razão da taxa maior de recorrência[26,155] das infecções fúngicas espinhais que requerem desbridamentos seriais, uma abordagem anterior a infecções anteriores pode ser mais apropriada.

O abscesso fúngico intramedular é uma emergência neurocirúrgica que geralmente requer laminectomia, mielotomia e drenagem.[156] Todavia, casos selecionados foram tratados de maneira conservadora,[157] e os pacientes devem ser avaliados caso a caso.

30.6.8 Tratamento das Infecções Parasitárias Espinhais

Cirurgia geralmente é a modalidade de escolha para o tratamento da doença do cisto hidático. Laminectomia é realizada com remoção do cisto, seguida de fármacos anti-helmínticos como albendazol ou mebendazol. Pode ocorrer ruptura intraoperatória com derramamento dos conteúdos císticos e resultar na recorrência de múltiplos cistos e/ou reação anafilática. Embora o microscópio operatório possa auxiliar, não se conhece nenhuma técnica específica que evite completamente esse problema.[81] Alguns defendem a irrigação intraoperatória com solução salina hipertônica ou soluções de iodopovidona na esperança de que os parasitas sejam destruídos por rupturas osmóticas; todavia, essa estratégia permanece não comprovada.[81,158,159]

A neurocisticercose espinhal foi tratada tanto clínica quanto cirurgicamente. O tratamento clínico consiste em anti-helmínticos, como albendazol ou praziquantel. A terapia com esteroides também pode ser administrada para reduzir a reação inflamatória vista com a morte dos cistos. Entretanto, se forem vistos quaisquer déficits neurológicos, a cirurgia geralmente é recomendada. Isto pode requerer dissecção intradural microscópica intraoperatória e ultrassonografia intraoperatória. A meticulosa dissecção aguda, com irrigação delicada e manobras de Valsalva, pode auxiliar na remoção do cisto. A formação cicatricial subaracnóidea pode requerer duroplastia para restabelecer o fluxo de CSF se houver obstrução. A cisticercose sistêmica pode requerer tratamento concomitante.[84]

30.6.9 Infecções de Ferida Pós-operatória

As infecções de ferida pós-operatórias podem ocorrer na frequência de 0,7 a 16% dos pacientes submetidos à cirurgia espinhal. Elas continuam a ser uma fonte de morbidade e comprometimento dos resultados com tempo maior de hospitalização, aumento da mortalidade e altas taxas de reoperação. Tudo isto contribui para um alto custo, que foi estimado em US$ 200,000 por paciente. Os fatores de risco para infecções pós-operatórias podem ser divididos em fatores imutáveis, que são relacionados com o paciente, e fatores mutáveis, que são relacionados com o procedimento. Os fatores de risco associados ao paciente incluem idade (mais de 70 anos), escore de 2 da *American Society of Anesthesiologists* (ASA) e comorbidades médicas como diabetes melito e obesidade, desnutrição, uso prolongado de esteroide, tabagismo, cirurgia anterior e competência imunológica.[160-162] É preciso ressaltar que a desnutrição pode ser um fator de risco muito importante para a infecção espinhal pós-operatória. A desnutrição proteica e a desnutrição calórica estão ambas associadas a dificuldades com cicatrização de ferida e maior incidência de infecção de ferida e imunossupressão.[163] Pacientes desnutridos são 15 vezes mais propensos a adquirir uma infecção após procedimentos espinhal.

Os fatores de risco relacionados com o procedimento incluem a duração da cirurgia, perda sanguínea estimada, transfusão sanguínea, uso de instrumentação, número de níveis, intervenções em múltiplos estágios e tempo de hospitalização.[161] Outra variável muito significativa que afeta a taxa de infecção é o tipo de operação.[164] Embora os fatores de risco não possam ser completamente eliminados, fatores de risco modificáveis devem ser considerados para minimizar o risco geral.

As infecções de ferida geralmente são diagnosticadas quando um paciente se apresenta com dor peri-incisional de início recente após experimentar alívio de sua dor cirúrgica inicial. Isto ocorre tipicamente em aproximadamente 15 dias do procedimento índice. Além disso, a drenagem da ferida está presente na maioria dos casos.[165] Com mais frequência, a febre não está presente. A ferida geralmente tem aparência avermelhada. Além disso, o ESR pode estar elevado.[165] Todavia, infecções de ferida de baixa virulência podem se apresentar anos após o procedimento índice com o súbito início de dor local e edema sem febre após o paciente estar livre de dor durante anos.[166] Nesses casos, os pacientes podem ter ESR e CRP normais.[166]

Imagens radiográficas muitas vezes têm valor limitado. Pode haver confusão na CT e MRI em termos de um acúmulo de fluido pós-operatório ser um seroma estéril *versus* um acúmulo infectado. Além disso, o artefato médico relacionado com a instrumentação pode tornar a questão ainda mais confusa.[164]

Staphylococcus aureus é o organismo mais comum implicado, seguido de *S. epidermidis*. Embora esses organismos geralmente sejam responsáveis pela infecção da ferida pós-operatória, organismos Gram-positivos e Gram-negativos mistos podem estar envolvidos.[164] Recentemente, *Propionibacterium acnes* e outros organismos de crescimento lento foram implicados nas infecções espinhais crônicas indolentes da cirurgia.[166,167]

Feridas infectadas devem ser consideradas um problema cirúrgico. A terapia clínica apenas raramente é indicada para infecções pós-operatórias de ferida espinhal. Quando um paciente se apresenta com sinais e sintomas iniciais de uma infecção de ferida, com muita frequência o clínico pode tentar o tratamento com antibióticos orais na esperança de erradicar uma infecção em potencial. Raramente essa estratégia é útil. Terapias menos agressivas podem ser indicadas para pacientes imunocomprometidos ou muito debilitados de tolerar um procedimento extenso. Ainda assim, esses pacientes, ao menos irão necessitar da abertura, ao lado do leito, de suas feridas, irrigação e desbridamento. Irrigação e desbridamento são a base do tratamento e devem ser considerados na maioria dos pacientes. O desbridamento consiste na remoção agressiva de tecido necrótico e materiais estranhos, incluindo suturas. Quase sempre, a fáscia deve ser aberta. Em termos de instrumentação espinhal e enxerto de osso, estes podem ser deixados em posição. Apenas nas situações em que a infecção não é eliminada após múltiplos desbridamentos é que se deve considerar a remoção da instrumentação e ser realizado o enxerto de osso.[164]

Desbridamentos seriais muitas vezes são necessários. Além disso, a drenagem com grandes quantidades de antibióticos contendo solução salina pode ser útil.[165] Outros defendem sistemas de drenagem do tipo fluxo de entrada-fluxo de saída. Massie *et al.*[168] relataram cicatrização de ferida pós-operatórias infectadas com esses sistemas. Além disso, Levi *et al.*[169] relataram o uso de tais sistemas para eliminar infecções em pacientes após a colocação de instrumentação espinhal. Outros relataram sucesso no fechamento de ferida com o auxílio de vácuo após infecção da mesma.[170] Estes podem ser especialmente úteis após desbridamentos seriais da ferida.[171] Podem ser necessários consulta de cirurgia plástica e fechamento, especialmente nos procedimentos por causa de deformidade pós-infecção. O fechamento de feridas toracolombares e osteomielite vertebral após cirurgia de escoliose geralmente é difícil por causa da tensão tecidual e ausência de tecido útil. Retalhos miocutâneos do músculo latíssimo do dorso podem ser úteis no fechamento e provisão de suprimento sanguíneo para abrir incisões nas áreas torácica e toracolombar, enquanto as incisões envolvendo a área lombossacral podem ser cobertas melhor com um retalho do latíssimo do dorso com um retalho adicional transposto de músculo glúteo máximo para obter cobertura sobre a extensão caudal da ferida. Isto pode permitir a cura de feridas que se infectaram e permitir a preservação da instrumentação espinhal inicialmente colocada e do enxerto de osso.[172]

A abordagem pré-operatória aos fatores de risco antes da cirurgia pode prevenir infecções da ferida. Os pacientes podem ter seu estado nutricional otimizado após uma infecção de ferida. Além disso, uma única dose de antibióticos antes de ser feita a incisão da pele pode ser benéfica para reduzir infecções.[173] Doses adicionais de antibióticos podem ser administradas no intraoperatório se o procedimento durar mais de 4 horas. Doses pós-operatórias e doses para "cobrir" drenos/cateteres etc. podem aumentar o risco de infecções secundárias.[174] Salas cirúrgicas com ar Ultraclean (sistema de fluxo de ar filtrado exponencial vertical) também podem ter seu papel.[175] Além disso, a frequente irrigação intraoperatória, com uma solução contendo iodo diluído (20–50 ppm), pode trazer benefício na redução da infecção.[174] Recentemente, vancomicina intraferida tem sido usada para profilaxia e parece apresentar menor incidência de infecções cirúrgicas da espinha de 4,1 a 1,3% em estudos retrospectivos.[176,177] Eventos adversos, embora raros (0,3%), têm sido relatados com o seu uso, incluindo efeitos adversos clássicos como ototoxicidade e disfunção renal. Complicações relacionadas com a cirurgia espinhal foram notadas com aumento das taxas de cultura negativa de seroma.[178] Também se notou que a vancomicina tem impacto negativo sobre a função osteoblástica de modo dose-dependente, com potencial para levar à pseudoartrose.[179]

30.7 Conclusão

Infecções espinhais são emergências neurocirúrgicas potencialmente fatais. Um alto índice de suspeita é necessário para o seu diagnóstico. Embora muitas infecções sejam tratadas clinicamente, deve haver um baixo limiar para intervenção cirúrgica, especialmente em casos de compressão neural sintomática, instabilidade e deformidade. A familiaridade com raras causas de infecção espinhal, como fungos e parasitas, pode ajudar o clínico a fazer uma adequada seleção do tratamento. As infecções da ferida devem ser tratadas por cirurgia com desbridamento, irrigação e terapia antimicrobiana adequada.

Referências

[1] Quiñones-Hinojosa A, Jun P, Jacobs R, et al. General principles in the medical and surgical management of spinal infections: a multidisciplinary approach. Neurosurg Focus. 2004; 17(6):E1
[2] Lee MC, Wang MY, Fessler RG, et al. Instrumentation in patients with spinal infection. Neurosurg Focus. 2004; 17(6):E7
[3] Acosta FL Jr, Chin CT, Quiñones-Hinojosa A, et al. Diagnosis and management of adult pyogenic osteomyelitis of the cervical spine. Neurosurg Focus. 2004; 17(6):E2
[4] Tali ET. Spinal infections. Eur J Radiol. 2004; 50(2):120-133
[5] Batson OV. The vertebral system of veins as a means for cancer dissemination. Prog Clin Cancer. 1967; 3:1-18
[6] Alcock E, Regaard A, Browne J. Facet joint injection: a rare form cause of epidural abscess formation. Pain. 2003; 103(1-2):209-210
[7] Baltz MS, Tate DE, Glaser JA. Lumbar facet joint infection associated with epidural and paraspinal abscess. Clin Orthop Relat Res. 1997(339):109-112
[8] Halpin DS, Gibson RD. Septic arthritis of a lumbar facet joint. J Bone Joint Surg Br. 1987; 69(3):457-459
[9] Heenan SD, Britton J. Septic arthritis in a lumbar facet joint: a rare cause of an epidural abscess. Neuroradiology. 1995; 37(6):462-464
[10] Ogura T, Mikami Y, Hase H, et al. Septic arthritis of a lumbar facet joint associated with epidural and paraspinal abscess. Orthopedics. 2005; 28(2):173-175
[11] Okazaki K, Sasaki K, Matsuda S, et al. Pyogenic arthritis of a lumbar facet joint. Am J Orthop. 2000; 29(3):222-224
[12] Nussbaum ES, Rigamonti D, Standiford H, et al. Spinal epidural abscess: a report of 40 cases and review. Surg Neurol. 1992; 38(3):225-231
[13] Butler EG, Dohrmann PJ, Stark RJ. Spinal subdural abscess. Clin Exp Neurol. 1988; 25:67-70
[14] Vora YA, Raad II, McCutcheon IE. Intramedullary abscess from group F Streptococcus. Surg Infect (Larchmt). 2004; 5(2):200-204
[15] Elmac I, Kurtkaya O, Peker S, et al. Cervical spinal cord intramedullary abscess. Case report. J Neurosurg Sci. 2001; 45(4):213-215, discussion 215
[16] Kumar R. Spinal tuberculosis: with reference to the children of northern India. Childs Nerv Syst. 2005; 21(1):19-26
[17] Erşahin Y. Intramedullary abscess of the spinal cord. Childs Nerv Syst. 2003; 19(10–11):777
[18] Sverzut JM, Laval C, Smadja P, et al. Spinal cord abscess in a heroin addict: case report. Neuroradiology. 1998; 40(7):455-458
[19] Tacconi L, Arulampalam T, Johnston FG, et al. Intramedullary spinal cord abscess: case report. Neurosurgery. 1995; 37(4):817-819
[20] Curry WT Jr, Hoh BL, Amin-Hanjani S, et al. Spinal epidural abscess: clinical presentation, management, and outcome. Surg Neurol. 2005; 63(4):364-371, discussion 371
[21] Siddiq F, Chowfin A, Tight R, et al. Medical vs surgical management of spinal epidural abscess. Arch Intern Med. 2004; 164(22):2409-2412
[22] Hadjipavlou AG, Mader JT, Necessary JT, et al. Hematogenous pyogenic spinal infections and their surgical management. Spine. 2000; 25(13):1668-1679
[23] Frat JP, Godet C, Grollier G, et al. Cervical spinal epidural abscess and meningitis due to Prevotella oris and Peptostreptococcus micros after retropharyngeal surgery. Intensive Care Med. 2004; 30(8):1695
[24] Pereira CE, Lynch JC. Spinal epidural abscess: an analysis of 24 cases. Surg Neurol. 2005; 63(Suppl 1):S26-S29
[25] Kim CW, Perry A, Currier B, et al. Fungal infections of the spine. Clin Orthop Relat Res. 2006; 444(444):92-99
[26] German JW, Kellie SM, Pai MP, et al. Treatment of a chronic Scedosporium apiospermum vertebral osteomyelitis. Case report. Neurosurg Focus. 2004; 17(6):E9
[27] Lonser RR, Brodke DS, Dailey AT. Vertebral osteomyelitis secondary to Pseudallescheria boydii. J Spinal Disord. 2001; 14(4):361-364
[28] Sheehan JP, Sheehan J, Lopes MB, et al. Intramedullary spinal cysticercosis. Case report and review of the literature. Neurosurg Focus. 2002; 12(6):e10
[29] Delobel P, Signate A, El Guedj M, et al. Unusual form of neurocysticercosis associated with HIV infection. Eur J Neurol. 2004; 11(1):55-58
[30] Sheehan JP, Sheehan JM, Lopes MB, et al. Intramedullary cervical spine cysticercosis. Acta Neurochir (Wien). 2002; 144(10):1061-1063
[31] Parmar H, Shah J, Patwardhan V, et al. MR imaging in intramedullary cysticercosis. Neuroradiology. 2001; 43(11):961-967
[32] Lau KY, Roebuck DJ, Mok V, et al. MRI demonstration of subarachnoid neurocysticercosis simulating metastatic disease. Neuroradiology. 1998; 40(11):724-726
[33] Mohanty A, Das S, Kolluri VR, et al. Spinal extradural cysticercosis: a case report. Spinal Cord. 1998; 36(4):285-287
[34] Garza-Mercado R. Intramedullary cysticercosis. Surg Neurol. 1976; 5(6):331-332
[35] Atalay B, Azap O, Cekinmez M, et al. Nocardial epidural abscess of the thoracic spinal cord and review of the literature. J Infect Chemother. 2005; 11(3):169-171
[36] Graat HC, Van Ooij A, Day GA, et al. Nocardia farcinica spinal osteomyelitis. Spine. 2002; 27(10):E253-E257
[37] Lakshmi V, Sundaram C, Meena AK, et al. Primary cutaneous nocardiosis with epidural abscess caused by Nocardia brasiliensis: a case report. Neurol India. 2002; 50(1):90-92
[38] Siao P, McCabe P, Yagnik P. Nocardial spinal epidural abscess. Neurology. 1989; 39(7):996

[39] Sampath P, Rigamonti D. Spinal epidural abscess: a review of epidemiology, diagnosis, and treatment. J Spinal Disord. 1999; 12(2):89-93

[40] Durack DT, Scheld WM, Whitley RJ. Infections of the Central Nervous System. 2nd ed. Philadelphia, PA: Lippincott-Raven; 1997

[41] Marks WA, Bodensteiner JB. Anterior cervical epidural abscess with pneumococcus in an infant. J Child Neurol. 1988; 3(1):25-29

[42] Bremer AA, Darouiche RO. Spinal epidural abscess presenting as intra- abdominal pathology: a case report and literature review. J Emerg Med. 2004; 26(1):51-56

[43] Zimmerer SM, Conen A, Müller AA, et al. Spinal epidural abscess: aetiology, predisponent factors and clinical outcomes in a 4-year prospective study. Eur Spine J. 2011; 20(12):2228-2234

[44] Kovalik EC, Raymond JR, Albers FJ, et al. A clustering of epidural abscesses in chronic hemodialysis patients: risks of salvaging access catheters in cases of infection. J Am Soc Nephrol. 1996; 7(10):2264-2267

[45] Obrador GT, Levenson DJ. Spinal epidural abscess in hemodialysis patients: report of three cases and review of the literature. Am J Kidney Dis. 1996; 27(1):75-83

[46] Philipneri M, Al-Aly Z, Amin K, et al. Routine replacement of tunneled, cuffed, hemodialysis catheters eliminates paraspinal/vertebral infections in patients with catheter-associated bacteremia. Am J Nephrol. 2003; 23(4):202-207

[47] Huang RC, Shapiro GS, Lim M, et al. Cervical epidural abscess after epidural steroid injection. Spine. 2004; 29(1):E7-E9

[48] Khan IA, Vaccaro AR, Zlotolow DA. Management of vertebral diskitis and osteomyelitis. Orthopedics. 1999; 22(8):758-765

[49] Blumberg KD, Silveri CP, Balderston RA. Presentation and treatment of pyogenic vertebral osteomyelitis. Semin Spine Surg. 1996; 8(2):115-125

[50] Broner FA, Garland DE, Zigler JE. Spinal infections in the immunocompromised host. Orthop Clin North Am. 1996; 27(1):37-46

[51] Rezai AR, Woo HH, Errico TJ, et al. Contemporary management of spinal osteomyelitis. Neurosurgery. 1999; 44(5):1018-1025, discussion 1025-1026

[52] Lestini WF, Bell GR. Spinal infection: patient evaluation. Semin Spine Surg. 1996; 8(2):81-94

[53] Calderone RR, Larsen JM. Overview and classification of spinal infections. Orthop Clin North Am. 1996; 27(1):1-8

[54] Maiuri F, Iaconetta G, Gallicchio B, et al. Spondylodiscitis. Clinical and magnetic resonance diagnosis. Spine. 1997; 22(15):1741-1746

[55] Vaccaro AR, Harris BM. Presentation and treatment of pyogenic vertebral osteomyelitis. Semin Spine Surg. 2000; 12:183-191

[56] Currier BL. Spinal infections. In: An HS, ed. Principles and Techniques of Spine Surgery. Baltimore, MD: Lippincott Williams & Wilkins; 1996:567-603

[57] Desai KI, Muzumdar DP, Goel A. Holocord intramedullary abscess: an unusual case with review of literature. Spinal Cord. 1999; 37(12):866-870

[58] Byrne RW, von Roenn KA, Whisler WW. Intramedullary abscess: a report of two cases and a review of the literature. Neurosurgery. 1994; 35(2):321-326, discussion 326

[59] Koppel BS, Daras M, Duffy KR. Intramedullary spinal cord abscess. Neurosurgery. 1990; 26(1):145-146

[60] Benzil DL, Epstein MH, Knuckey NW. Intramedullary epidermoid associated with an intramedullary spinal abscess secondary to a dermal sinus. Neurosurgery. 1992; 30(1):118-121

[61] Cokça F, Meço O, Arasil E, et al. An intramedullary dermoid cyst abscess due to Brucella abortus biotype 3 at T11–L2 spinal levels. Infection. 1994; 22(5):359-360

[62] Hardwidge C, Palsingh J, Williams B. Pyomyelia: an intramedullary spinal abscess complicating lumbar lipoma with spina bifida. Br J Neurosurg. 1993; 7(4):419-422

[63] Almeida A. Tuberculosis of the spine and spinal cord. Eur J Radiol. 2005; 55(2):193-201

[64] Sharif HS, Morgan JL, al Shahed MS, et al. Role of CT and MR imaging in the management of tuberculous spondylitis. Radiol Clin North Am. 1995; 33(4):787-804

[65] Tekkök IH, Berker M, Ozcan OE, et al. Brucellosis of the spine. Neurosurgery. 1993; 33(5):838-844

[66] Tay BK, Deckey J, Hu SS. Spinal infections. J Am Acad Orthop Surg. 2002; 10(3):188-197

[67] Pappas G, Akritidis N, Bosilkovski M, et al. Brucellosis. N Engl J Med. 2005; 352(22):2325-2336

[68] Solera J, Lozano E, Martínez-Alfaro E, et al. Brucellar spondylitis: review of 35 cases and literature survey. Clin Infect Dis. 1999; 29(6):1440-1449

[69] Tur BS, Suldur N, Ataman S, et al. Brucellar spondylitis: a rare cause of spinal cord compression. Spinal Cord. 2004; 42(5):321-324

[70] Chia SL, Tan BH, Tan CT, et al. Candida spondylodiscitis and epidural abscess: management with shorter courses of anti-fungal therapy in combination with surgical debridement. J Infect. 2005; 51(1):17-23

[71] Abu Jawdeh L, Haidar R, Bitar F, et al. Aspergillus vertebral osteomyelitis in a child with a primary monocyte killing defect: response to GM-CSF therapy. J Infect. 2000; 41(1):97-100

[72] Lewicky YM, Roberto RF, Curtin SL. The unique complications of coccidioidomycosis of the spine: a detailed time line of disease progression and suppression. Spine. 2004; 29(19):E435-E441

[73] Hott JS, Horn E, Sonntag VK, et al. Intramedullary histoplasmosis spinal cord abscess in a nonendemic region: case report and review of the literature. J Spinal Disord Tech. 2003; 16(2):212-215

[74] Musoke F. Spinal African histoplasmosis simulating tuberculous spondylitis. Afr Health Sci. 2001; 1(1):28-29

[75] N'dri Oka D, Varlet G, Kakou M, et al. [Spondylodiscitis due to Histoplasma duboisii. Report of two cases and review of the literature] Neurochirurgie. 2001; 47(4):431-434

[76] Lecamus JL, Ribault L, Floch JJ. [A new case of African histoplasmosis with multiple localizations in the bones] Med Trop (Mars). 1986; 46(3):307-309

[77] Goldman AB, Freiberger RH. Localized infectious and neuropathic diseases. Semin Roentgenol. 1979; 14(1):19-32

[78] Jain M, Sharma S, Jain TS. Cryptococcosis of thoracic vertebra simulating tuberculosis: diagnosis by fine needle aspiration biopsy cytology—a case report. Diagn Cytopathol. 1999; 20(6):385-386

[79] Liu PY. Cryptococcal osteomyelitis: case report and review. Diagn Microbiol Infect Dis. 1998; 30(1):33-35

[80] Miller DJ, Mejicano GC. Vertebral osteomyelitis due to Candida species: case report and literature review. Clin Infect Dis. 2001; 33(4):523-530

[81] Schnepper GD, Johnson WD. Recurrent spinal hydatidosis in North America. Case report and review of the literature. Neurosurg Focus. 2004; 17(6):E8

[82] Iplikçioğlu AC, Kökeş F, Bayar A, et al. Spinal invasion of pulmonary hydatidosis: computed tomographic demonstration. Neurosurgery. 1991; 29(3):467-468

[83] Braithwaite PA, Lees RF. Vertebral hydatid disease: radiological assessment. Radiology. 1981; 140(3):763-766

[84] Alsina GA, Johnson JP, McBride DQ, et al. Spinal neurocysticercosis. Neurosurg Focus. 2002; 12(6):e8

[85] Kurrein F, Vickers AA. Cysticercosis of the spine. Ann Trop Med Parasitol. 1977; 71(2):213-217

[86] Heller JE, Baron EM, Weaver MW. Cervical epidural abscess. In: Lee JY, Lim MR, Albert TA, eds. Challenges in Cervical Spine Surgery. New York, NY: Thieme; 2007

[87] Carragee EJ. Pyogenic vertebral osteomyelitis. J Bone Joint Surg Am. 1997; 79(6):874-880

[88] Rath SA, Neff U, Schneider O, et al. Neurosurgical management of thoracic and lumbar vertebral osteomyelitis and discitis in adults: a review of 43 consecutive surgically treated patients. Neurosurgery. 1996; 38(5):926-933

[89] Bass SN, Ailani RK, Shekar R, et al. Pyogenic vertebral osteomyelitis presenting as exudative pleural effusion: a series of five cases. Chest. 1998; 114(2):642-647
[90] Rigamonti D, Liem L, Wolf AL, et al. Epidural abscess in the cervical spine. Mt Sinai J Med. 1994; 61(4):357-362
[91] Wong D, Raymond NJ. Spinal epidural abscess. N Z Med J. 1998; 111(1073):345-347
[92] Mehta SH, Shih R. Cervical epidural abscess associated with massively elevated erythrocyte sedimentation rate. J Emerg Med. 2004; 26(1):107-109
[93] Khan MH, Smith PN, Rao N, et al. Serum C-reactive protein levels correlate with clinical response in patients treated with antibiotics for wound infections after spinal surgery. Spine J. 2006; 6(3):311-315
[94] Rothman SL. The diagnosis of infections of the spine by modern imaging techniques. Orthop Clin North Am. 1996; 27(1):15-31
[95] Cornett CA, Vincent SA, Crow J, et al. Bacterial spine infections in adults: evaluation and management. J Am Acad Orthop Surg. 2016; 24(1):11-18
[96] Klekamp J, Samii M. Extradural infections of the spine. Spinal Cord. 1999; 37(2):103-109
[97] Parkinson JF, Sekhon LH. Spinal epidural abscess: appearance on magnetic resonance imaging as a guide to surgical management. Report of five cases. Neurosurg Focus. 2004; 17(6):E12
[98] Thurnher MM, Post MJ, Jinkins JR. MRI of infections and neoplasms of the spine and spinal cord in 55 patients with AIDS. Neuroradiology. 2000; 42(8):551-563
[99] Boutin RD, Brossmann J, Sartoris DJ, et al. Update on imaging of orthopedic infections. Orthop Clin North Am. 1998; 29(1):41-66
[100] Küker W, Mull M, Mayfrank L, et al. Epidural spinal infection. Variability of clinical and magnetic resonance imaging findings. Spine. 1997; 22(5):544-550, discussion 551
[101] Murphy KJ, Brunberg JA, Quint DJ, et al. Spinal cord infection: myelitis and abscess formation. AJNR Am J Neuroradiol. 1998; 19(2):341-348
[102] Kim CJ, Song KH, Jeon JH, et al. A comparative study of pyogenic and tuberculous spondylodiscitis. Spine. 2010; 35(21):E1096-E1100
[103] Boachie-Adjei O, Squillante RG. Tuberculosis of the spine. Orthop Clin North Am. 1996; 27(1):95-103
[104] McLain RF, Isada C. Spinal tuberculosis deserves a place on the radar screen. Cleve Clin J Med. 2004; 71(7):537-539, 543-549
[105] Colmenero JD, Ruiz-Mesa JD, Sanjuan-Jimenez R, et al. Establishing the diagnosis of tuberculous vertebral osteomyelitis. Eur Spine J. 2013; 22(Suppl 4):579-586
[106] Cheng VC, Yam WC, Hung IF, et al. Clinical evaluation of the polymerase chain reaction for the rapid diagnosis of tuberculosis. J Clin Pathol. 2004; 57(3):281-285
[107] Ruiz-Mesa JD, Sánchez-Gonzalez J, Reguera JM, et al. Rose Bengal test: diagnostic yield and use for the rapid diagnosis of human brucellosis in emergency departments in endemic areas. Clin Microbiol Infect. 2005; 11(3):221-225
[108] Colmenero JD, Jiménez-Mejías ME, Sánchez-Lora FJ, et al. Pyogenic, tuberculous, and brucellar vertebral osteomyelitis: a descriptive and comparative study of 219 cases. Ann Rheum Dis. 1997; 56(12):709-715
[109] Krauss WE, McCormick PC. Infections of the dural spaces. Neurosurg Clin N Am. 1992; 3(2):421-433
[110] Wheeler D, Keiser P, Rigamonti D, et al. Medical management of spinal epidural abscesses: case report and review. Clin Infect Dis. 1992; 15(1):22-27
[111] Godeau B, Brun-Buisson C, Brugières P, et al. Complete resolution of spinal epidural abscess with short medical treatment alone. Eur J Med. 1993; 2(8):510-511
[112] Panagiotopoulos V, Konstantinou D, Solomou E, et al. Extended cervicolumbar spinal epidural abscess associated with paraparesis successfully decompressed using a minimally invasive technique. Spine. 2004; 29(14):E300-E303
[113] Lyu RK, Chen CJ, Tang LM, et al. Spinal epidural abscess successfully treated with percutaneous, computed tomography-guided, needle aspiration and parenteral antibiotic therapy: case report and review of the literature. Neurosurgery. 2002; 51(2):509-512, discussion 512
[114] Moriya M, Kimura T, Yamamoto Y, et al. Successful treatment of cervical spinal epidural abscess without surgery. Intern Med. 2005; 44(10):1110
[115] Harrington P, Millner PA, Veale D. Inappropriate medical management of spinal epidural abscess. Ann Rheum Dis. 2001; 60(3):218-222
[116] Carragee EJ. The clinical use of magnetic resonance imaging in pyogenic vertebral osteomyelitis. Spine. 1997; 22(7):780-785
[117] Sapico FL. Microbiology and antimicrobial therapy of spinal infections. Orthop Clin North Am. 1996; 27(1):9-13
[118] Savoia M. An overview of antibiotics in the treatment of bacterial, mycobacterial, and fungal osteomyelitis. Semin Spine Surg. 1996; 8(2):105-114
[119] Singh K, DeWald CJ, Hammerberg KW, et al. Long structural allografts in the treatment of anterior spinal column defects. Clin Orthop Relat Res. 2002(394):121-129
[120] Kuklo TR, Potter BK, Bell RS, et al. Single-stage treatment of pyogenic spinal infection with titanium mesh cages. J Spinal Disord Tech. 2006; 19(5):376-382
[121] Robinson Y, Tschoeke SK, Kayser R, et al. Reconstruction of large defects in vertebral osteomyelitis with expandable titanium cages. Int Orthop. 2009; 33(3):745-749
[122] Friedman JA, Maher CO, Quast LM, et al. Spontaneous disc space infections in adults. Surg Neurol. 2002; 57(2):81-86
[123] Eismont FJ, Bohlman HH, Soni PL, et al. Pyogenic and fungal vertebral osteomyelitis with paralysis. J Bone Joint Surg Am. 1983; 65(1):19-29
[124] McGuire RA, Eismont FJ. The fate of autogenous bone graft in surgically treated pyogenic vertebral osteomyelitis. J Spinal Disord. 1994; 7(3):206-215
[125] A 15-year assessment of controlled trials of the management of tuberculosis of the spine in Korea and Hong Kong. Thirteenth Report of the Medical Research Council Working Party on Tuberculosis of the Spine. J Bone Joint Surg Br. 1998; 80(3):456-462
[126] Cahill DW, Love LC, Rechtine GR. Pyogenic osteomyelitis of the spine in the elderly. J Neurosurg. 1991; 74(6):878-886
[127] Lifeso RM. Pyogenic spinal sepsis in adults. Spine. 1990; 15(12):1265-1271
[128] Fang D, Cheung KM, Dos Remedios ID, et al. Pyogenic vertebral osteomyelitis: treatment by anterior spinal debridement and fusion. J Spinal Disord. 1994; 7(2):173-180
[129] Jeanneret B, Magerl F. Treatment of osteomyelitis of the spine using percutaneous suction/irrigation and percutaneous external spinal fixation. J Spinal Disord. 1994; 7(3):185-205
[130] Redfern RM, Miles J, Banks AJ, et al. Stabilisation of the infected spine. J Neurol Neurosurg Psychiatry. 1988; 51(6):803-807
[131] Krödel A, Krüger A, Lohscheidt K, et al. Anterior debridement, fusion, and extrafocal stabilization in the treatment of osteomyelitis of the spine. J Spinal Disord. 1999; 12(1):17-26
[132] Liebergall M, Chaimsky G, Lowe J, et al. Pyogenic vertebral osteomyelitis with paralysis. Prognosis and treatment. Clin Orthop Relat Res. 1991(269):142-150
[133] Heary RF, Hunt CD, Wolansky LJ. Rapid bony destruction with pyogenic vertebral osteomyelitis. Surg Neurol. 1994; 41(1):34-39
[134] Ogden AT, Kaiser MG. Single-stage debridement and instrumentation for pyogenic spinal infections. Neurosurg Focus. 2004; 17(6):E5
[135] Hsieh PC, Wienecke RJ, O'Shaughnessy BA, et al. Surgical strategies for vertebral osteomyelitis and epidural abscess. Neurosurg Focus. 2004; 17(6):E4
[136] Hayashi A, Maruyama Y, Okajima Y, et al. Vascularized iliac bone graft based on a pedicle of upper lumbar vessels for anterior fusion of the thoraco-lumbar spine. Br J Plast Surg. 1994; 47(6):425-430
[137] Yelizarov VG, Minachenko VK, Gerasimov OR, et al. Vascularized bone flaps for thoracolumbar spinal fusion. Ann Plast Surg. 1993; 31(6):532-538

[138] Heggeness MH, Esses SI, Errico T, et al. Late infection of spinal instrumentation by hematogenous seeding. Spine. 1993; 18(4):492-496
[139] Grados F, Lescure FX, Senneville E, et al. Suggestions for managing pyogenic (non-tuberculous) discitis in adults. Joint Bone Spine. 2007; 74(2):133-139
[140] Bartels RH, Gonera EG, van der Spek JA, et al. Intramedullary spinal cord abscess. A case report. Spine. 1995; 20(10):1199-1204
[141] Pawar UM, Kundnani V, Agashe V, et al. Multidrug-resistant tuberculosis of the spine—is it the beginning of the end? A study of twenty-five culture proven multidrug-resistant tuberculosis spine patients. Spine. 2009; 34(22):E806-E810
[142] Rajasekaran S, Khandelwal G. Drug therapy in spinal tuberculosis. Eur Spine J. 2013; 22(Suppl 4):587-593
[143] Zhang X, Ji J, Liu B. Management of spinal tuberculosis: a systematic review and meta-analysis. J Int Med Res. 2013; 41(5):1395-1407
[144] Jain AK, Dhammi IK. Tuberculosis of the spine: a review. Clin Orthop Relat Res. 2007; 460(460):39-49
[145] Rajasekaran S. Kyphotic deformity in spinal tuberculosis and its management. Int Orthop. 2012; 36(2):359–365
[146] Sun L, Song Y, Liu L, et al. One-stage posterior surgical treatment for lumbosacral tuberculosis with major vertebral body loss and kyphosis. Orthopedics. 2013; 36(8):e1082-e1090
[147] Swanson AN, Pappou IP, Cammisa FP, et al. Chronic infections of the spine: surgical indications and treatments. Clin Orthop Relat Res. 2006; 444(444):100-106
[148] Wang X, Pang X, Wu P, et al. One-stage anterior debridement, bone grafting and posterior instrumentation vs. single posterior debridement, bone grafting, and instrumentation for the treatment of thoracic and lumbar spinal tuberculosis. Eur Spine J. 2014; 23(4):830-837
[149] Kapoor SK, Agarwal PN, Jain BK Jr, et al. Video-assisted thoracoscopic decompression of tubercular spondylitis: clinical evaluation. Spine. 2005; 30(20):E605-E610
[150] Huang TJ, Hsu RW, Chen SH, et al. Video-assisted thoracoscopic surgery in managing tuberculous spondylitis. Clin Orthop Relat Res. 2000(379):143-153
[151] Chacko AG, Moorthy RK, Chandy MJ. The transpedicular approach in the management of thoracic spine tuberculosis: a short term follow up study. Spine. 2004; 29(17):E363-E367
[152] Bodur H, Erbay A, Colpan A, et al. Brucellar spondylitis. Rheumatol Int. 2004; 24(4):221-226
[153] Erdem H, Elaldi N, Batirel A, et al. Comparison of brucellar and tuberculous spondylodiscitis patients: results of the multicenter "Backbone-1 Study". Spine J. 2015; 15(12):2509-2517
[154] Vajramani GV, Nagmoti MB, Patil CS. Neurobrucellosis presenting as an intra-medullary spinal cord abscess. Ann Clin Microbiol Antimicrob. 2005; 4:14
[155] Gupta PK, Mahapatra AK, Gaind R, et al. Aspergillus spinal epidural abscess. Pediatr Neurosurg. 2001; 35(1):18-23
[156] Parr AM, Fewer D. Intramedullary blastomycosis in a child: case report. Can J Neurol Sci. 2004; 31(2):282-285
[157] Lindner A, Becker G, Warmuth-Metz M, Schalke BC, Bogdahn U, Toyka KV. Magnetic resonance image findings of spinal intramedullary abscess caused by Candida albicans: case report. Neurosurgery. 1995; 36(2):411-412
[158] Bavbek M, Inci S, Tahta K, et al. Primary multiple spinal extradural hydatid cysts. Case report and review of the literature [corrected]. Paraplegia. 1992; 30(7):517-519
[159] Erşahin Y, Mutluer S, Güzelbağ E. Intracranial hydatid cysts in children. Neurosurgery. 1993; 33(2):219-224, discussion 224-225
[160] Pull ter Gunne AF, Cohen DB. Incidence, prevalence, and analysis of risk factors for surgical site infection following adult spinal surgery. Spine. 2009; 34(13):1422-1428
[161] Koutsoumbelis S, Hughes AP, Girardi FP, et al. Risk factors for postoperative infection following posterior lumbar instrumented arthrodesis. J Bone Joint Surg Am. 2011; 93(17):1627-1633
[162] Olsen MA, Lefta M, Dietz JR, et al. Risk factors for surgical site infection after major breast operation. J Am Coll Surg. 2008; 207(3):326-335
[163] Klein JD, Garfin SR. Nutritional status in the patient with spinal infection. Orthop Clin North Am. 1996; 27(1):33-36
[164] Beiner JM, Grauer J, Kwon BK, et al. Postoperative wound infections of the spine. Neurosurg Focus. 2003; 15(3):E14
[165] Weinstein MA, McCabe JP, Cammisa FP Jr. Postoperative spinal wound infection: a review of 2,391 consecutive index procedures. J Spinal Disord. 2000; 13(5):422-426
[166] Muschik M, Lück W, Schlenzka D. Implant removal for late-developing infection after instrumented posterior spinal fusion for scoliosis: reinstrumentation reduces loss of correction. A retrospective analysis of 45 cases. Eur Spine J. 2004; 13(7):645-651
[167] Hahn F, Zbinden R, Min K. Late implant infections caused by Propionibacterium acnes in scoliosis surgery. Eur Spine J. 2005; 14(8):783-788
[168] Massie JB, Heller JG, Abitbol JJ, et al. Postoperative posterior spinal wound infections. Clin Orthop Relat Res. 1992(284):99-108
[169] Levi AD, Dickman CA, Sonntag VK. Management of postoperative infections after spinal instrumentation. J Neurosurg. 1997; 86(6):975-980
[170] Yuan-Innes MJ, Temple CL, Lacey MS. Vacuum-assisted wound closure: a new approach to spinal wounds with exposed hardware. Spine. 2001; 26(3):E30-E33
[171] Mehbod AA, Ogilvie JW, Pinto MR, et al. Postoperative deep wound infections in adults after spinal fusion: management with vacuum-assisted wound closure. J Spinal Disord Tech. 2005; 18(1):14-17
[172] Mitra A, Mitra A, Harlin S. Treatment of massive thoracolumbar wounds and vertebral osteomyelitis following scoliosis surgery. Plast Reconstr Surg. 2004; 113(1):206-213
[173] Savitz MH, Katz SS. Rationale for prophylactic antibiotics and neurosurgery. Neurosurgery. 1981; 9(2):142-144
[174] Brown EM, Pople IK, de Louvois J, et al; British Society for Antimicrobial Chemotherapy Working Party on Neurosurgical Infections. Spine update: prevention of postoperative infection in patients undergoing spinal surgery. Spine. 2004; 29(8):938-945
[175] Gruenberg MF, Campaner GL, Sola CA, et al. Ultraclean air for prevention of postoperative infection after posterior spinal fusion with instrumentation: a comparison between surgeries performed with and without a vertical exponential filtered air-flow system. Spine. 2004; 29(20):2330-2334
[176] Kang DG, Holekamp TF, Wagner SC, et al. Intrasite vancomycin powder for the prevention of surgical site infection in spine surgery: a systematic literature review. Spine J. 2015; 15(4):762-770
[177] Chiang HY, Herwaldt LA, Blevins AE, et al. Effectiveness of local vancomycin powder to decrease surgical site infections: a meta-analysis. Spine J. 2014; 14(3):397-407
[178] Ghobrial GM, Cadotte DW, Williams K Jr, et al. Complications from the use of intrawound vancomycin in lumbar spinal surgery: a systematic review. Neurosurg Focus. 2015; 39(4):E11
[179] Eder C, Schenk S, Trifinopoulos J, et al. Does intrawound application of vancomycin influence bone healing in spinal surgery? Eur Spine J. 2016; 25(4):1021-1028

31 Resumo das Diretrizes do Tratamento de Lesão na Coluna Espinhal

Kevin N. Swong ▪ Russell P. Nockels ▪ G. Alexander Jones

Resumo

O *Joint Section on Dirsorders of the Spine and Peripheral Nerves* revisa, periodicamente, a literatura e as recomendações das editoras referentes ao diagnóstico e tratamento de lesões agudas na coluna espinhal cervical e na medula espinhal. A seguir é apresentado um resumo das recomendações mais recentes.

Palavras-chave: síndrome medular central, SCIWORA, lesão medular espinhal, fratura espinhal, traumatismo espinhal, dissecação vertebral.

31.1 Visão Geral

Em 2013, o *Joint Section on Dirsorders of the Spine and Peripheral Nerves*, constituído por membros da *Association of Neurological Surgeons* e do *Congress of Neurological Surgeons*, lançou as diretrizes revisadas para o tratamento de lesões agudas da coluna espinhal cervical e da medula espinhal. Os autores fizeram uma triagem sistemática da literatura médica em inglês em busca de artigos relevantes, para então revisá-los e classificá-los com base na força da evidência apresentada. Feito isso, elaboraram as recomendações para diagnóstico e tratamento. Estas recomendações, do mesmo modo, foram estratificadas com base nas evidências de suporte.

Na interação prévia,[1] estas recomendações foram denominadas "Padrões, Diretrizes e Opções", em ordem decrescente de evidência comprovada. Na versão atual,[2] os autores usaram um sistema semelhante, ainda que distinto, com as recomendações rotuladas em Nível I (para padrão), Nível II (para diretriz) e Nível III (para opção). O primeiro artigo desta série traz uma excelente visão geral da metodologia empregada no desenvolvimento destas diretrizes. Assim como no momento da redação deste texto, as diretrizes estão disponíveis para *download* na íntegra, gratuitamente, no *website* do *Congress of Neurological Surgeons* (www.cns.org).

Durante o desenvolvimento destas diretrizes, o grupo de trabalho do Joint Section destilou uma quantidade substancial de informação contida em alguns artigos concisos. Neste capítulo, reduzimos ainda mais esta informação as suas partes componentes, a saber: as recomendações apresentadas nas diretrizes do Joint Section. É preciso salientar que o presente capítulo não se destina, de modo algum, a substituir a informação apresentada nos artigos originais das diretrizes. Em vez disso, esperamos que sirva de estrutura básica para compreender o escopo e o conteúdo das diretrizes, bem como para estimular o interesse dos leitores por uma leitura mais detalhada acerca destes tópicos importantes nas diretrizes, e pela literatura-fonte.

31.2 Imobilização Pré-Hospitalar da Coluna Espinhal Cervical Após Traumatismo

Para a avaliação pré-hospitalar e manejo de uma possível lesão na coluna espinhal cervical, foram abordados três tópicos: imobilização, transporte e avaliação neurológica. Não há recomendações de Nível I. Com base em evidências de classes II e III, várias recomendações de Nível II são ofertadas, incluindo a triagem e avaliação de pacientes com traumatismo no cenário de campo por profissionais experientes e treinados, e a imobilização de pacientes com mecanismo de lesão suficiente para acarretar lesão de coluna espinhal cervical. A imobilização de pacientes que atendem a certos critérios clínicos e, portanto, que apresentam risco baixíssimo de lesão na coluna espinhal cervical não é recomendada. Como uma recomendação de Nível III, o uso de um colar rígido e movimentação em bloco é recomendado, porém o uso de sacos de areia é desaconselhado, pois estes não parecem diminuir a movimentação indesejada da coluna espinhal cervical. Nas lesões penetrantes no pescoço, os colares rígidos não devem ser usados, porque diminuem os esforços de ressuscitação.[3]

31.3 Transporte de Pacientes com Lesões Espinhais Cervicais Traumáticas Agudas

Não há evidência de classe I para recomendar o transporte terrestre ou aéreo como método ideal de transporte. O melhor método de transporte depende da distância a ser transposta, localização e disponibilidade destes métodos, além de considerar as outras lesões já adquiridas. Com base em vários estudos de classe III, são oferecidas duas recomendações de Nível III: indivíduos que sofreram lesão aguda na coluna espinhal devem ser transportados da maneira mais rápida possível para um estabelecimento capaz de prestar cuidados definitivos; e a transferência para um centro especializado no tratamento de lesões de medula espinhal comprovadamente melhora o prognóstico e é recomendado sempre que possível.[4]

31.4 Avaliação Clínica Subsequente à Lesão Aguda da Coluna Medular Espinhal Cervical

A avaliação clínica de pacientes com lesão medular espinhal se baseia em medidas padronizadas para avaliação de determinados parâmetros. De modo ideal, um instrumento deste tipo deve ser clinicamente validado e ter excelente confiabilidade intra e interobservador. Existem numerosas escalas para avaliar a lesão medular espinhal: algumas avaliam a capacidade neurológica, outras avaliam a capacidade funcional e outras, a dor e o grau de incapacitação. A habilidade de avaliar cada uma destas dimensões é essencial, uma vez que a efetividade do tratamento pode ser melhor determinada quando medida por meios reproduzíveis válidos.

Com base em evidências de Nível II, o escore da *American Spinal Injury Association* (ASIA) novamente alcançou a maior confiabilidade intra e interobservador, e sua utilização traz uma recomendação de Nível II. Para medir o prognóstico funcional, evidências de classe I sustentam o uso da *Spinal Cord Independence Measure III* (SCIM III). Por fim, para determinar o tipo e a quantidade de dor associada à lesão de coluna espinhal cervical, evidências de classe I sustentam o *Internation Spinal Cord Injury Basic Pain Data Set*.[5] O uso destes dois últimos é ofertado como recomendações de Nível I.

31.4.1 Avaliação Radiográfica

Desde que as diretrizes originais foram publicadas em 2002, as técnicas de imagem para pacientes com traumatismo agudo evoluíram substancialmente. A varredura de tomografia computadorizada (CT) de alta qualidade se tornou amplamente disponibilizada e comprovadamente segura, eficiente e precisa. A literatura publicada no ínterim, bem como as últimas diretrizes, agora refletem o valor desta tecnologia.

Evidências de classe I robustas sustentam que a avaliação radiográfica não é indicada para pacientes com traumatismo que estejam despertos, alertas, sem lesões causadoras de confusão, sem intoxicação, sem dor cervical e apresentando resultados normais de exame neurológico.[4] O tratamento destes pacientes está associado a recomendações de Nível I, em que a obtenção de imagens não é recomendada e a descontinuação da imobilização ou do uso de colar é recomendada sem obtenção de imagem.

Para os pacientes acordados, porém sintomáticos, e para aqueles obnubilados ou não passíveis de avaliação, a recomendação de Nível I é obter uma varredura de CT, em vez de radiografias de rotina (vistas anteroposterior [AP], lateral e odontoide), quando possível. Para pacientes acordados com dor cervical, porém resultados normais de exame neurológico, várias recomendações de tratamento são oferecidas no Nível III: (1) uso continuado de um colar cervical rígido até o paciente se tornar assintomático; (2) descontinuação do uso do colar, tendo como base radiografias, mostrando flexão-extensão adequadas e normais; (3) se um exame de imagem de ressonância magnética (MRI; com imagens de STIR [do inglês, *short-tau inversion recovery*] obtidas dentro de 48 horas da lesão) não demonstrar nenhuma lesão ligamentar, então o colar pode ser removido mesmo que a dor cervical persista; ou (4) remoção do colar conforme a decisão do médico responsável pelo tratamento.

Para pacientes obnubilados com varredura de CT normal, mas com alto índice de suspeita de lesão, a recomendação de Nível II é o manejo adicional com envolvimento de médicos treinados no diagnóstico e tratamento de lesões medulares espinhais. Como recomendações de Nível III, existem várias opções para uso continuado de órtese por pacientes obnubilados com CT normal: (1) continuidade da órtese até o paciente se tornar assintomático; (2) descontinuação da órtese com base em uma varredura normal de MRI (com imagens de STIR obtidas dentro de 48 horas após a lesão); ou (3) descontinuação da órtese conforme a decisão do médico responsável pelo tratamento. Os casos de pacientes obnubilados não mostram evidência clara que sustente o uso de técnicas de imagem dinâmica sob fluoroscopia ao vivo, e esta prática não é recomendada.[6]

31.5 Redução Fechada Inicial de Fratura da Coluna Espinhal Cervical – Lesões por Deslocamento

A evidência disponível sobre este tópico inclui alguns estudos de Classe III e, sendo assim, as recomendações são todas de Nível III.

Em pacientes acordados, a redução fechada antecipada com tração craniocervical é recomendada para restaurar o alinhamento anatômico. A redução fechada em paciente com lesão na face adicional não é recomendada. A MRI é recomendada para pacientes que não podem ser examinados, ou antes de uma redução aberta anterior ou posterior em pacientes cuja fratura-deslocamento não possa ser reduzido antes da cirurgia. Embora as imagens de MRI pré-redução mostrem herniação ou ruptura discal em 1/3-1/2 dos pacientes com lesões de subluxação de faceta, estes achados não parecem influenciar no prognóstico clínico de pacientes despertos submetidos à redução fechada. Portanto, o valor da MRI neste contexto é indeterminado.[7]

31.6 Manejo Cardiopulmonar Intensivo de Pacientes com Lesões Medulares Espinhais Cervicais

Neste tópico, os dados de classe III servem de base para várias recomendações de Nível III. Estas incluem a transferência de pacientes para uma unidade de terapia intensiva ou outro contexto com monitorização similar. É recomendado o uso de monitoração para avaliar a disfunção cardiopulmonar. A hipotensão (pressão arterial sistólica < 90 mmHg) deve ser corrigida assim que possível, tendo como meta uma pressão arterial média de 85-90 mmHg durante 7 dias, para maximizar a perfusão medular espinhal.[8]

31.7 Terapia Farmacológica para Lesão Medular Espinhal Aguda

Ao longo da última geração, pouco tópicos foram mais controversos do que a administração de doses altas de corticosteroides no contexto de lesão medular espinhal aguda. A lógica para o uso de esteroides está em conferir proteção contra a lesão secundária. O *National Acute Spinal Cord Injury Study* (NASCIS I) original demonstrou que o uso de doses maiores de esteroides não traz benefícios, em comparação ao observado com doses menores.[9]

Como recomendação de Nível I, a administração de metilprednisolona (MP) não é recomendada para o tratamento da lesão medular espinhal aguda. Evidências de classe III inconsistentes sustentam o uso de MP, todavia há evidências de classes I, II e III demonstrando que a administração de doses altas de esteroides está associada a complicações secundárias e morte. Como recomendação de Nível I adicional, a administração de gangliosídeo GM-1 (Sygen) não é recomendada.

Prospectivamente, o NASCIS II demonstrou ausência de benefício com a administração de MP.[10] Por outro lado, houve algum benefício em termos de prognóstico motor a curto e longo prazos quando uma análise *post hoc* aplicou um valor de corte de tratamento de 8 horas à administração de MP. Os autores das diretrizes rebaixam os resultados positivos deste estudo para classe III, com base nesta e em outras falhas metodológicas.[11] Aspectos similarmente preocupantes atormentaram o NASCIS III.

Diversos outros estudos de classe I foram publicados, demonstrando ausência de benefício com a administração de MP, além de evidências de forças variáveis mostrando taxas aumentadas de complicação no grupo MP.[12,13] Alguns estudos de classes II e III mostram uma tendência à incidência aumentada de complicações também no grupo MP. Estas incluem complicações respiratórias, sangramento gastrintestinal, infecção, morte, hiperglicemia, duração maior da internação da unidade de terapia intensiva (ICU) e embolia pulmonar.

31.8 Fraturas do Côndilo Occipital

As recomendações para obtenção de imagem incluem o uso rotineiro de CT, quando disponível, para diagnosticar e classificar as fraturas do côndilo occipital (Nível II), e MRI para avaliar a integridade dos ligamentos craniocervicais (Nível III). Em termos de tratamento, as evidências sustentam o uso (Nível III) de um colar cervical rígido para a maioria das lesões, considerando um halo para lesões bilaterais. A imobilização em halo ou a fusão instrumentada é recomendada para aqueles com evidências de lesão ou instabilidade ligamentar.[14]

31.9 Diagnóstico e Tratamento de Lesões Traumáticas com Deslocamento Atlanto-Occipital

Para casos com suspeita de deslocamento atlanto-occipital (AOD), o uso do intervalo côndilo-C1 para diagnosticar o AOD na população pediátrica é ofertado como recomendação de Nível I. Isto ainda não foi estudado em adultos. Existem algumas recomendações de Nível III disponíveis. Para adultos, é recomendado o uso de radiografias; se uma medida radiográfica for usada para avaliar AOD, o intervalo básio-axial/intervalo básio-dental (BAI/BDI) é recomendado para diagnóstico. A presença de edema de tecido mole cervical superior levaria a uma varredura emergencial de CT para avaliação de AOD. A tração não é recomendada e está associada a um risco de 10% de deterioração neurológica. A fixação interna é a modalidade de tratamento preferida.[15]

31.10 Tratamento de Fraturas Isoladas do Atlas em Adultos

Paras estas fraturas, evidências sustentam várias recomendações de Nível III. As decisões referentes ao tratamento devem ser baseadas no tipo de fratura específico e na integridade do ligamento atlanto-transverso, em particular. Fraturas com ligamento atlantotransverso intacto devem ser tratadas com imobilização, enquanto aquelas com ruptura do ligamento podem ser tratadas apenas com imobilização ou com fixação e fusão.[16]

Estas fraturas são consideradas nos três agrupamentos principais, com base no mecanismo e na morfologia da fratura: fraturas do odontoide, espondilolistese traumática de C2-C3 (isto é, fratura do enforcado) e fraturas do corpo de C2.

Para pacientes com mais de 50 anos de idade apresentando fratura de odontoide tipo II, é recomendado considerar a fixação interna (Nível II). Como recomendação de Nível III, o tratamento inicial de fraturas de odontoide de tipos I, II ou III com imobilização externa é indicado, sabendo-se que a taxa de não uniões é maior com as fraturas de tipo II do que nos outros tipos de fratura. Se a estabilização cirúrgica for escolhida, recomenda-se uma abordagem anterior ou posterior. Nas fraturas de tipos II e III, a estabilização cirúrgica e a fusão são recomendadas para os pacientes com deslocamentos do dente do áxis > 5 mm, pacientes com fratura cominutiva, ou para aqueles em que não seja possível manter o alinhamento com órtese externa.

Para as fraturas do enforcado, o manejo inicial com imobilização externa é recomendado, exceto em casos de angulação grave em C2-C3, ruptura traumática do espaço discal de C2-C3, ou incapacidade de manter o alinhamento com imobilização, para os quais é recomendada (Nível III) a estabilização e fusão cirúrgica.

Similarmente, para fraturas de corpo vertebral de C2, o tratamento com imobilização externa é recomendado, exceto em casos de grave ruptura ligamentar ou diante da incapacidade de manter o alinhamento com órtese. Nestes casos é preciso considerar a estabilização cirúrgica. No caso de uma fratura de corpo vertebral de C2 cominutiva, as artérias vertebrais devem ser avaliadas quanto à lesão. Todas estas recomendações são de Nível III.[17]

31.11 Tratamento de Fraturas Combinadas Agudas do Atlas e do Áxis em Adultos

Existem várias recomendações de Nível III. O tratamento de fraturas de C1-C2 combinadas deve ser baseado primariamente nas características da fratura de C2. O tratamento da maioria destas fraturas com órtese externa é recomendado. A estabilização cirúrgica deve ser considerada para fraturas de enforcado de C1 com angulação de C2 em C3 > 11 graus, e para fraturas de odontoide de tipo II em C1 com razão atlantodental > 5 mm.[18]

31.12 "Os Odontoideum"

Para diagnosticar os odontoideum, devem ser obtidas radiografias, incluindo vistas com a boca aberta e em flexão-extensão, com ou sem CT ou MRI. Esta é uma recomendação de Nível III, assim como todas as outras relacionadas com esta entidade patológica.

Quando a condição é assintomática, é possível tratá-la com fixação e fusão operatória ou acompanhamento conservador. Quando o tratamento não for cirúrgico, é necessário realizar o seguimento regular com imagens. Havendo evidência de instabilidade aumentada ou declínio neurológico progressivo, então a fixação cirúrgica deve ser buscada. Se houver compressão cervicomedular ventral ou dorsal, esta deve ser abordada com descompressão apropriada no momento da operação.[19]

31.13 Sistemas de Classificação de Lesão Espinhal Cervical Subaxial

A classificação das lesões espinhais cervicais é importante para guiar o tratamento e transmitir informação sobre a natureza da lesão. O sistema de classificação ideal seria clinicamente validado, lógico e simples o suficiente para ser usado na prática clínica, explicar a instabilidade estrutural e neurológica, e orientar as decisões de tratamento cirúrgico, além de apresentar alta confiabilidade interobservador. Como as recomendações de Nível I, os autores endossam o uso do sistema *Subaxial Injury Classification* (SLIC), e do *Cervical Spine Injury Severity Escore* (CSISS), com a ressalva de que este último é "um pouco complicado" e pode ser inadequado para a prática diária.

Como recomendação de Nível III, os autores contraindicam o uso do sistema de classificação de Harris para descrever as características ósseas e do tecido mole em exames de imagem. Também contraindicam o uso da classificação de Allen para descrever achados mecânicos e de lesão. Estas duas recomendações contrárias são causadas pela baixa confiabilidade destes sistemas de classificação.[20] Entretanto, vale a pena salientar que nenhum sistema era validado quando inicialmente publicado, e que estas observações foram publicadas como parte da validação do sistema SLIC.[21]

31.14 Tratamento de Lesões Espinhais Cervicais Subaxiais

Dados revisados sustentam algumas recomendações de Nível III. A redução aberta ou fechada de fraturas ou deslocamentos é recomendada, com a meta de descomprimir a medula. A imobilização estável (interna ou externa) permite a reabilitação precoce; a abordagem anterior ou posterior é recomendada, se nenhuma for especificamente requerida para a descompressão da medula espinal. Em caso de indisponibilidade de medidas mais contemporâneas (isto é, intervenção cirúrgica), recomenda-se tração e repouso no leito. Para pacientes com espondilite anquilosante, uma varredura de CT ou MRI deve ser obtida mesmo após traumatismos mínimos, em razão da alta probabilidade de lesão. Estes pacientes geralmente requerem fixação e fusão de segmento longo posterior, ou uma fusão anterior com suplementação posterior, dada a elevada taxa de falha associada à estabilização anterior isolada.[22]

31.15 Tratamento da Síndrome Medular Central Traumática Aguda

Alguns estudos de Classe III sobre este assunto foram publicados. Continua havendo significativa discussão na literatura quanto ao tratamento de algumas subpopulações de pacientes com síndrome medular central traumática aguda (ATCCS), incluindo aqueles com compressão medular de segmento longo e aqueles com estenose sem lesão óssea. Um total de quatro recomendações, todas de Nível III, são propostas.

Estas incluem o tratamento em unidade de terapia intensiva de pacientes com ATCCS, em particular daqueles com déficits neurológicos graves; tratamento médicos, incluindo manutenção da pressão arterial média (MAP) em 85-90 mmHg; redução antecipada das lesões de fratura-deslocamento; e descompressão cirúrgica da medula espinhal comprimida, em especial se a compressão for focal e anterior.[23]

31.16 Tratamento de Lesões na Coluna Espinhal Cervical e na Medula Espinhal Pediátrica

Na lesão espinhal pediátrica, as evidências sustentam uma recomendação de Nível I para medir o intervalo C1-condilar com o intuito de diagnosticar AOD. Em paralelo com as recomendações para adultos com risco muito alto de lesão espinhal, há uma recomendação de Nível II para evitar a obtenção de imagens em crianças com idade > 3 anos, acordadas, sem dor, neurologicamente intactas e sem evidência de intoxicação, lesões distrativas ou hipotensão inexplicável. Similarmente, para crianças com menos de 3 anos de idade e Escala de Coma de Glasgow (GCS) > 13, sem dor nem déficit neurológico, a obtenção de imagem é desnecessária. No entanto, se a criança tiver se envolvido em um acidente com colisão de veículos motores, caiu de uma altura > 3 m ou apresentou hipotensão inexplicável, ou ainda apresenta suspeita de traumatismo não acidental (NAT), será necessário obter imagens com radiografias ou varredura de CT.

Recomenda-se realizar CT em três posições com análise de movimento C1-C2, para confirmar e classificar a fixação rotacional atlantoaxial (AARF).

As recomendações de Nível III para obtenção de imagens incluem radiografias AP e laterais ou CT para crianças com idade < 9 anos. Para crianças com mais de 9 anos, podem ser adicionadas vistas com a boca aberta. As radiografias em flexão-extensão devem ser consideradas para avaliar a instabilidade dinâmica, e a MRI pode ser realizada para avaliar os tecidos moles.

Com relação ao tratamento, apenas recomendações de Nível III são sustentadas pela evidência. Em razão do tamanho relativamente grande da cabeça, a protuberância occipital ou a elevação torácica devem ser usados para crianças com < 8 anos. Se houver lesão à sincondrose de C2, esta deverá ser tratada com redução fechada e colete com halo em crianças com menos de 7 anos de idade. A redução fechada é recomendada para AARF com < 4 semanas que não apresente redução espontânea. Para AARF com > 4 semanas, a redução é feita com colete com alças/halo e a possibilidade de cirurgia é considerada sem a AARF for irredutível ou recorrente. Havendo evidência de instabilidade ligamentar ou fraturas irredutíveis, ou para os casos de falha do tratamento conservativo, a intervenção cirúrgica deve ser considerada. O traumatismo medular espinhal no momento do nascimento não é abordado na literatura. A condição pode ser diagnosticada pela manifestação de sintomas de choque espinhal: flacidez, hipotensão e ausência de reflexos tendíneos profundos. Não é possível fazer nenhuma recomendação relacionada com o tratamento, por conta da falta de dados.[24]

31.17 Lesão Medular Espinhal sem Anormalidade Radiográfica

Para os casos com evidência de mielopatia por traumatismo sem sinais objetivos de fratura nem de lesão ligamentar, a lesão medular espinhal sem anormalidade radiográfica (SCIWORA) várias recomendações de Nível III são sustentadas pela literatura.

A MRI da área com suspeita de lesão é recomendada, assim como a obtenção de imagens radiográficas de toda a coluna espinhal. Radiografias em flexão-extensão podem ser úteis para determinar se há instabilidade dinâmica. Estas imagens devem ser obtidas no contexto agudo e de forma tardia, mesmo que uma MRI não mostre evidência de lesão discoligamentar. Nem a angiografia espinhal nem o mielograma são úteis para estabelecer o diagnóstico, portanto, estes procedimentos não são recomendados.

O segmento lesado deve ser mantido em imobilização externa por até 12 semanas. O uso de órtese pode ser descontinuado mais cedo, à critério do médico responsável pelo tratamento, se o paciente tiver se tornado assintomático e houver confirmação de estabilidade dinâmica em radiografias em flexão-extensão repetidas. As atividades de "alto risco" devem ser evitadas por até 6 meses.[25]

31.18 Tratamento de Lesões na Artéria Vertebral Subsequentes ao Traumatismo Cervical sem Perfuração

Nas lesões fechadas na coluna espinhal cervical, a incidência de lesões envolvendo a artéria vertebral pode chegar a 11%. Os dados sustentam uma recomendação de Nível I para obtenção de angiograma por CT, caso a triagem Denver seja positiva (infarto à CT craniana, hematoma cervical não expansivo, epistaxe maciça, anisocoria ou síndrome de Hornerr, escore GCS < 8 sem correlação com imagem à CT craniana, fratura espinhal cervical, fratura basilar craniana, fratura Le Forte II ou III, sinal do cinto de segurança acima da clavícula, ou vibração ou ruído cervical). Como uma recomendação de Nível III, uma angiografia formal deve ser obtida em caso de indisponibilidade do angiograma por CT, ou se houver forte suspeita de que haverá necessidade de uma intervenção endovascular. A MRI é recomendada no contexto de lesão medular espinhal total ou subluxação de corpo vertebral. O tratamento da lesão arterial vertebral, incluindo o uso de medicações antiplaquetárias ou anticoagulantes, deve ser ajustado à natureza da lesão, bem como quaisquer lesões associadas, e ao risco de hemorragia (Nível III). O papel da terapia endovascular ainda não está estabelecido, portanto, não há justificativa para qualquer tipo de recomendação.[26]

31.19 Trombose Venosa Profunda e Tromboembolia em Pacientes com Lesões Medulares Espinhais Cervicais

Para fins de profilaxia, várias recomendações de Nível I são sustentadas pelas evidências disponíveis, incluindo o uso geral de tratamento profilático para tromboembolia venosa (VTE) em pacientes com déficits motores graves por lesão medular espinhal. Heparina de baixo peso molecular (LMWH), camas rotatórias ou a terapia combinada são recomendadas. Uma dose baixa de heparina aliada ao uso de botas com dispositivo de compressão sequencial (SCD, do inglês: *sequential compression device*) ou estimulação elétrica também é recomendada.

Como recomendações de Nível II, nem a dose baixa de heparina nem a anticoagulação oral isoladamente é suficiente para a prevenção da tromboembolia venosa profunda (DVT). A profilaxia para DVT deve ser iniciada dentro de 72 horas. Um tratamento profilático de 3 meses é recomendado. No Nível III, não devem ser colocados filtros na veia cava inferior (IVC) como procedimento de rotina, mas seu uso deve ser reservado para pacientes que não podem ou que se submeteram a uma anticoagulação que falhou. Exame físico, ultrassom com Doppler e outros exames, incluindo a pletismografia, são recomendados para avaliação da DVP.[27]

31.20 Suporte Nutricional Após Lesão Medular Espinhal

Como recomendação de Nível II, a calorimetria indireta é recomendada como melhor forma de estabelecer as necessidades calóricas de um paciente com lesão medular espinhal. No Nível III, o suporte nutricional deve ser iniciado assim que possível, de preferência em 72 horas. Entretanto, não foi demonstrado que a introdução do suporte enteral afeta o prognóstico neurológico, a duração da internação ou a taxa de complicação em pacientes com lesão medular espinhal.[28]

31.21 Conclusão

O tratamento de lesões espinhais, como em outras condições neurocirúrgicas, é baseado no conhecimento da anatomia e da fisiopatologia subjacentes, é guiado pela literatura científica disponível. As diretrizes do Joint Section são um resumo particularmente robusto e útil da literatura, graças à metodologia rigorosa, uniforme e transparente empregada na triagem e avaliação dos estudos publicados, acompanhada de uma declaração clara e lógica das recomendações para o tratamento com base nesta revisão.

Referências

[1] Hadley MN, Walters BC, Grabb PA, et al. Guidelines for the management of acute cervical spine and spinal cord injuries. Clin Neurosurg. 2002; 49:407-498
[2] Walters BC. Methodology of the guidelines for the management of acute cervical spine and spinal cord injuries. Neurosurgery. 2013; 72(Suppl 2):17-21
[3] Theodore N, Hadley MN, Aarabi B, et al. Prehospital cervical spinal immobilization after trauma. Neurosurgery. 2013; 72(Suppl 2):22-34
[4] Theodore N, Aarabi B, Dhall SS, et al. Transportation of patients with acute traumatic cervical spine injuries. Neurosurgery. 2013; 72(Suppl 2):35-39
[5] Hadley MN, Walters BC, Aarabi B, et al. Clinical assessment following acute cervical spinal cord injury. Neurosurgery. 2013; 72(Suppl 2):40-53
[6] Ryken TC, Hadley MN, Walters BC, et al. Radiographic assessment. Neurosurgery. 2013; 72(Suppl 2):54-72
[7] Gelb DE, Hadley MN, Aarabi B, et al. Initial closed reduction of cervical spinal fracture-dislocation injuries. Neurosurgery. 2013; 72(Suppl 2):73-83
[8] Ryken TC, Hurlbert RJ, Hadley MN, et al. The acute cardiopulmonary management of patients with cervical spinal cord injuries. Neurosurgery. 2013; 72(Suppl 2):84-92
[9] Bracken MB, Collins WF, Freeman DF, et al. Efficacy of methylprednisolone in acute spinal cord injury. JAMA. 1984; 251(1):45-52
[10] Bracken MB, Shepard MJ, Collins WF, et al. A randomized, controlled trial of methylprednisolone or naloxone in the treatment of acute spinal-cord injury. Results of the Second National Acute Spinal Cord Injury Study. N Engl J Med. 1990; 322(20):1405-1411
[11] Hurlbert RJ, Hadley MN, Walters BC, et al. Pharmacological therapy for acute spinal cord injury. Neurosurgery. 2013; 72(Suppl 2):93-105
[12] Pointillart V, Petitjean ME, Wiart L, et al. Pharmacological therapy of spinal cord injury during the acute phase. Spinal Cord. 2000; 38(2):71-76
[13] Matsumoto T, Tamaki T, Kawakami M, et al. Early complications of high-dose methylprednisolone sodium succinate treatment in the follow-up of acute cervical spinal cord injury. Spine. 2001; 26(4):426-430
[14] Theodore N, Aarabi B, Dhall SS, et al. Occipital condyle fractures. Neurosurgery. 2013; 72(Suppl 2):106-113
[15] Theodore N, Aarabi B, Dhall SS, et al. The diagnosis and management of traumatic atlanto-occipital dislocation injuries. Neurosurgery. 2013; 72(Suppl 2):114-126
[16] Ryken TC, Aarabi B, Dhall SS, et al. Management of isolated fractures of the atlas in adults. Neurosurgery. 2013; 72(Suppl 2):127-131
[17] Ryken TC, Hadley MN, Aarabi B, et al. Management of isolated fractures of the axis in adults. Neurosurgery. 2013; 72(Suppl 2):132-150
[18] Ryken TC, Hadley MN, Aarabi B, et al. Management of acute combination fractures of the atlas and axis in adults. Neurosurgery. 2013; 72(Suppl 2):151-158
[19] Rozzelle CJ, Aarabi B, Dhall SS, et al. Os odontoideum. Neurosurgery. 2013; 72(Suppl 2):159-169
[20] Aarabi B, Walters BC, Dhall SS, et al. Subaxial cervical spine injury classification systems. Neurosurgery. 2013; 72(Suppl 2):170-186
[21] Vaccaro AR, Hulbert RJ, Patel AA, et al; Spine Trauma Study Group. The subaxial cervical spine injury classification system: a novel approach to recognize the importance of morphology, neurology, and integrity of the disco-ligamentous complex. Spine. 2007; 32(21):2365-2374
[22] Gelb DE, Aarabi B, Dhall SS, et al. Treatment of subaxial cervical spinal injuries. Neurosurgery. 2013; 72(Suppl 2):187-194
[23] Aarabi B, Hadley MN, Dhall SS, et al. Management of acute traumatic central cord syndrome (ATCCS). Neurosurgery. 2013; 72(Suppl 2):195-204
[24] Rozzelle CJ, Aarabi B, Dhall SS, et al. Management of pediatric cervical spine and spinal cord injuries. Neurosurgery. 2013; 72(Suppl 2):205-226
[25] Rozzelle CJ, Aarabi B, Dhall SS, et al. Spinal cord injury without radiographic abnormality (SCIWORA). Neurosurgery. 2013; 72(Suppl 2):227-233
[26] Harrigan MR, Hadley MN, Dhall SS, et al. Management of vertebral artery injuries following non-penetrating cervical trauma. Neurosurgery. 2013; 72(Suppl 2):234-243
[27] Dhall SS, Hadley MN, Aarabi B, et al. Deep venous thrombosis and thromboembolism in patients with cervical spinal cord injuries. Neurosurgery. 2013; 72(Suppl 2):244-254
[28] Dhall SS, Hadley MN, Aarabi B, et al. Nutritional support after spinal cord injury. Neurosurgery. 2013; 72(Suppl 2):255-259

32 Lesões Penetrantes de Nervos Periféricos

James Tait Goodrich

Resumo

A lesão de nervo periférico e seu reparo cirúrgico podem ser uma tarefa assustadora para o neurocirurgião. Com os avanços nas técnicas microcirúrgicas, instrumentação melhorada e diagnóstico radiológico aprimorado, os neurocirurgiões, atualmente, estão mais bem capacitados para avaliar lesões em nervos periféricos. Hoje somos capazes de discutir melhor o momento para realizar um reparo, em termos de reparo agudo *versus* reparo tardio. Neste capítulo discutimos as técnicas disponíveis para reparar uma lesão de nervo penetrante aguda. Imagens cirúrgicas e gráficos são fornecidos para auxiliar o neurocirurgião com as diversas técnicas de reparo.

Palavras-chave: reparo epineural, reparo de nervo, traumatismo de nervo, reparo perineural, lesão de nervo periférico, traumatismo de nervo periférico.

32.1 Introdução

Diante do crescente interesse da parte de cirurgiões plásticos e ortopedistas da área da cirurgia de nervo periférico, um número menor de neurocirurgiões está se envolvendo no tratamento de tais problemas, ainda que, historicamente, o tratamento de nervos agudamente lesionados tenha sido, primariamente, o campo de ação do neurocirurgião. Os princípios básicos de microcirurgia subjacentes ao tratamento das lesões de nervo periférico são ensinados a todos os neurocirurgiões. O presente capítulo revisará esses princípios e resumirá os conceitos relevantes para o manejo do nervo periférico agudamente lesado. A ênfase primária é dada ao tratamento de uma lesão penetrante de nervo em um contexto agudo. Por uma questão de compreensão, os princípios de tratamento da lesão penetrante para a qual a cirurgia tardia é indicada também são revistos.

É de interesse histórico o fato de o conceito daquilo que um "nervo" é, e aquilo que sua função fisiológica representa, ser um avanço muito recente que data da primeira metade do século XIX. Nervos e tendões frequentemente eram confundidos quanto à anatomia e também em suas funções. Uma das primeiras ilustrações dos nervos periféricos surgiu em uma monografia de autoria de Ernest Burdach (1801-1970),[1-3] (▶ Fig. 32.1) no século XIX.

32.2 Considerações Anatômicas e Suas Implicações Clínicas

É imperativo que o cirurgião que pretende operar um nervo periférico tenha um conhecimento abrangente acerca da anatomia do nervo e suas estruturas vasculares e musculares circundantes. O objetivo de todo reparo de nervo periférico é a coaptação de elementos neurais da forma mais anatomicamente precisa possível, e isso pressupõe uma compreensão detalhada das estruturas anatômicas que estão sendo abordadas (▶ Fig. 32.2). Os princípios operatórios neurocirúrgicos da técnica meticulosa, manipulação cuidadosa de tecidos e hemostasia se aplicam com o mesmo rigor tanto ao reparo de uma lesão de nervo periférico como a qualquer outro procedimento neurocirúrgico.

A ▶ Fig. 32.2 mostra uma interpretação ilustrada de um nervo periférico "típico". O axônio do nervo está encerrado junto a uma bainha de perineuro e, por sua vez, múltiplos axônios formam um fascículo. Um nervo periférico humano adulto típico pode conter até 10 mil axônios. Ao contrário do que muitos podem acreditar, os axônios não seguem um curso direto linear, mas costumam atravessar e anastomosar em pontos distintos ao longo de vários cursos do nervo. Outro conceito importante e muitas vezes negligenciado pelo cirurgião diz respeito à segregação anatômica dos componentes motor e sensorial junto a um nervo principal. Na porção proximal do nervo, as unidades motora e sensorial estão difusamente espalhadas e apenas distalmente se segregam nos componentes motor e sensorial distintos.

A cirurgia deve ter em mente esses conceitos, que justificam o princípio segundo o qual a correspondência exata de duas extremidades cortadas de um nervo é teoricamente impossível.[4,5] Esse aspecto deve ser esclarecido em uma discussão pré-operatória com o paciente e seus familiares, a fim de que tanto suas expectativas quanto as possibilidades de recuperação sejam apropriadas. O cirurgião não deve se negar a lidar com outras dimensões da recuperação de uma lesão. Embora pacientes e familiares comumente não saibam quanto tempo demora para um nervo recuperar a função, tendem a ser exageradamente otimistas com relação ao grau de função que um nervo reparado eventualmente apresentará. Explicações atentas e detalhadas sobre a natureza do reparo do nervo e a duração esperada do período de recuperação podem contribuir bastante para minimizar a depressão e a ansiedade pós-operatórias frequentemente manifestadas pelos pacientes.

32.3 Considerações Básicas Sobre o Reparo de Nervo Periférico

Ao lidar com uma lesão de nervo periférico, é preciso ter em mente várias considerações básicas. Em 1978, *Sir* Sidney Sunderland (1910-1993), um dos pioneiros mais importantes na cirurgia de nervo periférico,[6,7] definiu aquilo que ele considerava os principais determinantes do prognóstico do reparo do nervo periférico e que continuam sendo relevantes até hoje:

1. lesão de nervo específica;
2. nível da lesão;
3. gravidade e a extensão da lesão;
4. gravidade da lesão para os tecidos circundantes;
5. resposta celular do nervo à lesão; e
6. momento e a técnica do reparo.

A lista de Sunderland indica claramente a extensão relativamente pequena com que o cirurgião pode influenciar o prognóstico – ou seja, somente o momento e a técnica de reparo: a recuperação depende majoritariamente da resposta natural à lesão do nervo.

Nos centros urbanos, uma causa comum de lesão de nervo periférico são os projéteis (p. ex., balas, estilhaços etc.). Nesse tipo de lesão, os detalhes de balística precisam ser investigados e a trajetória anatômica da lesão deve ser determinada. Um nervo cortado de forma precisa e aguda apresenta uma lesão diferente daquela causada por um dano explosivo (isto é, disparo de uma arma). Em uma lesão causada por uma bala ou um projétil de alto impacto, o efeito explosivo inicial frequentemente levará à total paralisia do nervo. Esse tipo de lesão resulta nas sequelas de lesão de neuropraxia e axonotmese (veja adiante). Na minha experiência, pacientes que sofrem lesões como essa se recuperam por conta própria e a intervenção aguda nem sempre é indicada. Uma exceção a esse princípio ocorre quando um vaso próximo

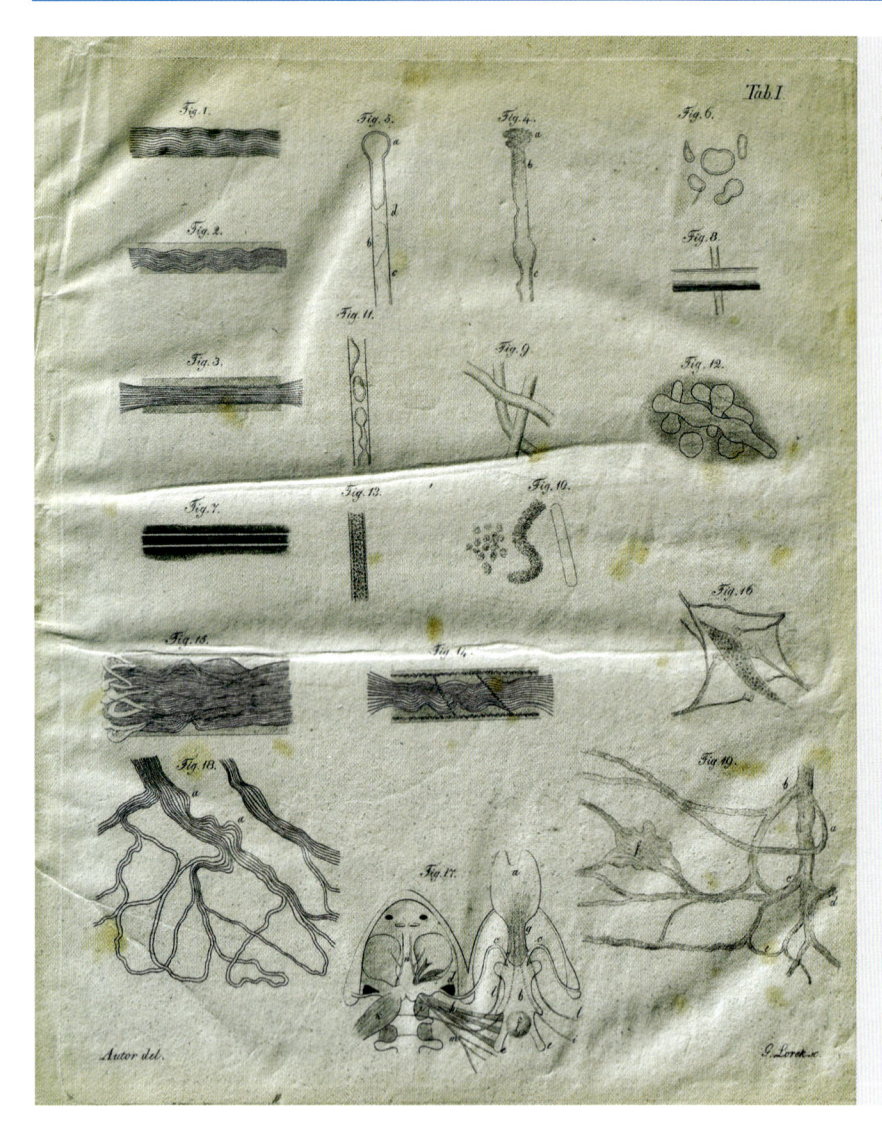

Fig. 32.1 Esta ilustração foi extraída de uma das primeiras monografias sobre como lidar com a detalhada anatômica do nervo periférico, cuja autoria é de Ernest Burdach, um anatomista alemão. A ilustração foi extraída de seu trabalho e os detalhes da anatomia do nervo, incluindo os fascículos, são aqui ilustrados pela primeira vez.

ao nervo danificado é lesionado e isso acarreta um hematoma compressivo. Essa situação costuma requerer tratamento urgente. Se o trajeto do projétil for suficientemente disruptivo, poderá haver desenvolvimento de fibrose intraneural, acarretando um déficit de condução neural. Nesse grupo, uma intervenção tardia frequentemente se faz necessária. Na minha própria experiência, as lesões causadas por projéteis tendem a causar menos lesão permanente de nervo, do que as lesões produzidas por faca ou vidro.

Ao conduzir um reparo de nervo periférico, o cirurgião e a equipe da sala cirúrgica devem ter em mente que os únicos elementos passíveis de controle são o alinhamento dos nervos danificados, incluindo os fascículos; a tensão na linha de sutura (que deve ser mínima); e o risco de infecção. Todos os outros elementos dependem das forças da natureza.[8-10] O cirurgião somente pode lidar com os detalhes técnicos. O envolvimento da equipe na resposta biológica à lesão do nervo e com os procedimentos reparadores se restringe a conhecer e aplicar os princípios que intensificam da recuperação. Alguns estudos em curso abordam a meta de melhorar o meio ambiental de um nervo em regeneração, porém tais princípios fogem ao foco deste capítulo. A imunossupressão, os fatores de crescimento, a estimulação de campo elétrico e outros foram experimentados, porém, o êxito relatado dessas intervenções tem sido, na melhor das hipóteses, irrelevante. Na reconstrução anatômica de um nervo lesionado, também tem sido usada a cola de fibrina, diversos materiais de sutura, e esteroides, todavia alcançando êxito apenas limitado, o ambiente ideal para um nervo em regeneração ainda precisa ser determinado. Um conceito muitas vezes negligenciado no tratamento de uma lesão de nervo periférico, essencial a qualquer reconstrução, é o de que um nervo lesionado não deve ser considerado um elemento em degeneração e sim um elemento em contínua regeneração. Para propiciar a um nervo em regeneração as melhores opções para recuperação, compete a nós continuar pesquisando meios de aprimorar o meio ambiental. No que se segue, a principal ênfase será dada aos parâmetros importantes da técnica cirúrgica e do planejamento do tratamento, os quais, conforme já notado, são os únicos sob controle do cirurgião.

32.3.1 Classificação de Lesões de Nervo Traumáticas

Algumas classificações foram introduzidas para descrever os diferentes tipos de lesões de nervo. É importante estar familiarizado com essas classificações, as que têm sido usadas de maneira consistente na literatura sobre nervos periféricos. Embora há quem acredite que os sistemas de classificação têm sido demasiadamen-

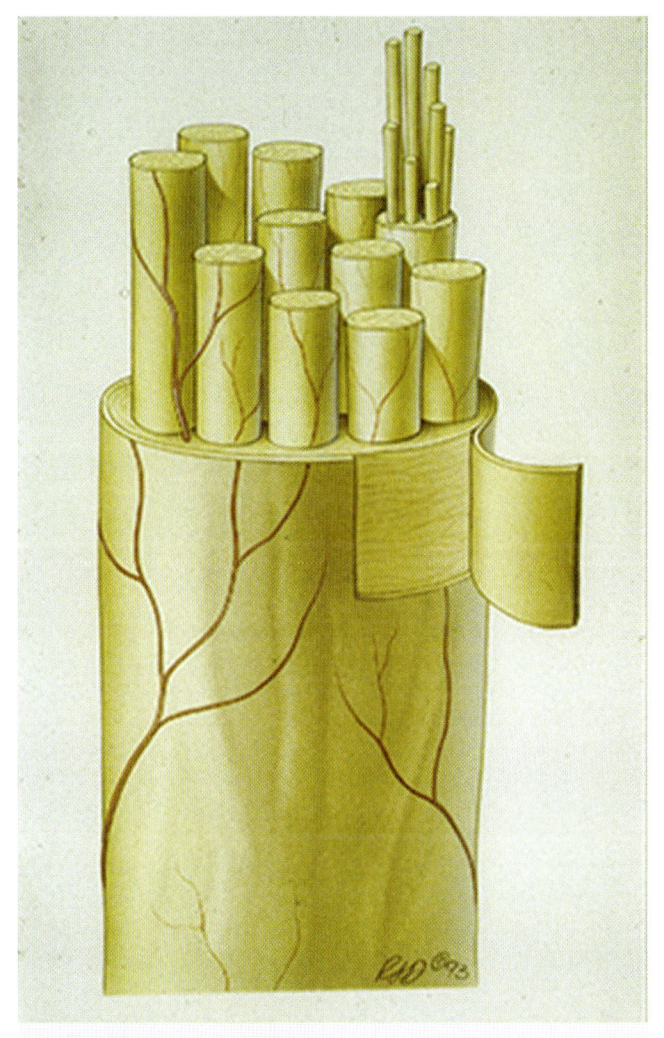

Fig. 32.2 Reconstrução esquemática de um nervo periférico mostrando os detalhes anatômicos pertinentes.

- *Axonotmese:* lesão moderada caracterizada pela interrupção de axônios e de suas bainhas de mielina. Os tubos endoneurais permanecem intactos, permitindo que os axônios em regeneração recuperem suas conexões periféricas.
- *Neurotmese:* lesão grave, em que um nervo é totalmente rompido ou é danificado de uma forma tão séria que impossibilita a regeneração espontânea. Como resultado da degeneração walleriana e da formação de neuroma, a regeneração dos axônios distalmente se torna impossível.

Sunderland, em 1951, expandiu a classificação de Seddon (▶ Quadro 32.1), levando mais em consideração os achados cirúrgicos intraoperatórios na lesão de nervo periférico.[6,7]

Ao longo dos anos, outras classificações foram propostas, contudo seus detalhes fogem demasiadamente do objetivo deste capítulo. Recomendamos ao leitor um excelente artigo, de Gentili e Hudson,[12] que apresenta alguns sistemas de classificação e seus correlatos eletrofisiológicos. Mackinnon e Dellon também revisaram as diversas classificações e seus correlatos anatômicos, empregando um formato de apresentação diagramático.[13]

32.3.2 Momento do Reparo do Nervo

A questão sobre quando realizar o reparo de um nervo continua gerando controvérsias, conforme atesta a literatura sobre nervos periféricos. Uma significativa discordância com relação ao momento adequado (isto é, agudo *versus* tardio) tem prevalecido desde a I Guerra Mundial. Para o propósito deste capítulo, o reparo é classificado como agudo (em 24-48 horas), tardio (3-6 semanas) e tardio prolongado (mais de 4-6 meses).

Quando o paciente é visto pela primeira vez, é importante determinar o mecanismo da lesão. Essa avaliação determinará o tipo de reparo apropriado e o momento propício para sua execução. Um nervo agudamente cortado com vidro ou faca frequentemente é mais fácil de reparar pelo modo agudo do que um nervo lesado por um projétil (bala, estilhaço e similares).

Reparo Agudo

Quando o mecanismo de lesão é uma laceração precisa e limpa — como nas lesões causadas por violência doméstica ou acidentes de veículos motores — o desempenho do reparo do nervo dentro das primeiras 24-48 horas (isto é, agudamente) deve ser sempre considerado. A ausência de tecido cicatricial e planos anatômicos relativamente normais (isto é, em decorrência do dano no tecido mole ser leve) em geral torna o reparo direto. O reparo antecipado também permite a anastomose dos tubos endoneurais de mesmo calibre, a qual é mais apropriada do que a união de tubos de calibres distintos, com frequência o único recurso disponível em reparos tardios. O reparo agudo do plexo braquial precisamente lacerado e do nervo ciático proximal também deve ser conside-

te enfatizados, esses sistemas continuam sendo extremamente úteis. Duas classificações são aqui apresentadas.

Em 1946, Seddon introduziu uma classificação que continua sendo confiável e útil até hoje.[11] De fato, a terminologia de Seddon se tornou uma parte fundamental da literatura sobre reparo de nervos periféricos:

- *Neuropraxia:* interrupção temporária da condução nervosa associada a uma lesão mínima, marcada por uma desmielinização isquêmica que geralmente se estende localmente.

Quadro 32.1 Classificação de Sunderland da lesão de nervo

Classificação	Descrição
Grau 1	Perda da condução axonal
Grau 2	Perda da continuidade dos axônios com endoneuro intacto
Grau 3	Transecção de fibra nervosa (axônio e bainha) com perineuro intacto
Grau 4	Perda do perineuro e da continuidade fascicular
Grau 5	Perda de continuidade de todo o tronco nervoso

rado, uma vez que nessa situação a habilidade de mobilizar o nervo é apenas marginal. Para evitar a retração natural de nervo cortado, as lesões desse tipo precisam ser cuidadas o mais cedo possível. Na minha rotina, essas lesões tipicamente são tratadas dentro das primeiras 24-48 horas.

Outro fator que deve ser lembrado é a extensão do nervo que precisa ser regenerada. No caso de uma lesão no plexo braquial ou no nervo ciático, quanto mais cedo for feito o reparo, mais rapidamente o nervo poderá começar a regenerar. Esses nervos têm que percorrer longas vias de regeneração, de modo que atrasos desnecessários somente podem levar a mais atrofia dos músculos distais.

Reparo Tardio

Em feridas abertas contaminadas ou em múltiplas feridas contundidas, por outro lado, o reparo deve ser sempre considerado. Havendo extensivo dano e contaminação tecidual local, como nas lesões elétricas ou explosivas, o retardo também é recomendado (as feridas contaminadas são adicionalmente discutidas na seção sobre ferimentos à bala). O raciocínio relevante é direto: nervos reparados cicatrizam muito melhor quando seu ambiente não é desorganizado por material estranho, tecido contundido e material potencialmente infectado. Outra vantagem do retardo do reparo de um nervo com múltiplas contusões é a tendência à demarcação das partes lesionadas, com o passar do tempo, possibilitando implantação mais efetiva de enxertos de fascículos por interposição.

Por outro lado, também há desvantagens associadas ao reparo tardio. Trabalhar em uma ferida fibrótica cicatrizada, em que as demarcações anatômicas tenham sido perdidas, certamente é mais difícil do que trabalhar em um tecido recém-lesado. Além disso, a resposta anatômica natural de um nervo lesado é a retração. Quando isso ocorre em uma cicatriz fibrótica, pode ser tediosamente difícil localizar, mobilizar e reparar as terminações nervosas. Se houver alguma dúvida quanto à extensão ou à natureza da lesão, jamais é não razoável conduzir uma exploração preliminar para auxiliar o planejamento do tratamento. Se a ferida estiver contaminada ou se houver um vaso lesado, esses problemas imediatamente urgentes podem ser controlados e o reparo do nervo pode ser adiado. As terminações nervosas danificadas também podem ser identificadas e rebaixadas para prevenir a retração, facilitando a posterior identificação.

Tardio Prolongado

Os reparos tardios prolongados têm sido mais comumente defendidos na medicina militar. Foram criados para tratar as lesões típicas das zonas de guerra. Um possível argumento seria que, com a recente introdução das armas de alta potência em áreas urbanas, estas também poderiam ser classificadas como zonas de guerra. As lesões de guerra (e urbanas) tipicamente envolvem ferimentos causados por projéteis de alta energia que muitas vezes sofrem múltiplas contaminações por poeira, roupas e os debris da superfície.[14]

32.4 Técnicas de Reparo

32.4.1 Princípios Gerais

Ao lidar com o reparo de um ou mais nervos lesados, alguns princípios e técnicas precisam ser lembrados. Um antigo provérbio em cirurgia é "a exposição é a chave". Esse provérbio se verifica

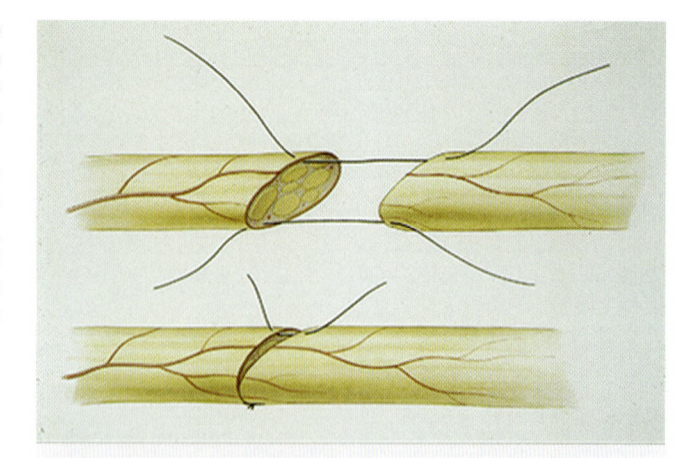

Fig. 32.3 Reparo epineural. Note como o realinhamento cirúrgico tenta restaurar o padrão da vasculatura da superfície do nervo.

no reparo de um nervo periférico. Em qualquer exploração de nervo, a anatomia da lesão precisa ser trabalhada primeiro. Uma regra que é sempre eficiente consiste em iniciar a partir de sítios anatômicos não perturbados e seguir trabalhando rumo à lesão. Do mesmo modo, a dissecação do sítio de lesão deve ser adiada até o nervo ter sido exposto a partir de cima e abaixo da lesão. A dissecação cega para exposição é contraindicada, por sempre sujeitar o nervo lesado a forças de torção inaceitáveis. Na minha experiência, lâminas de bisturi nº 15 ou 11 e até tesouras de íris oftalmológicas são as mais úteis para realizar dissecações precisas. Como o nervo é um elemento "elétrico", o monitoramento eletrofisiológico é essencial ao longo de toda a exposição e no reparo. O nervo precisa ser totalmente dissecado de ambos os lados da lesão, por isso os eletrodos de estimulação e registro podem ser colocados facilmente para fins de monitoramento. Qualquer nervo é inteiramente dependente de seu suprimento vascular para receber nutrientes. O cirurgião, portanto, deve identificar e tentar preservar todos os vasos de alimentação. Os fatores referentes ao *design* e aos equipamentos da sala cirúrgica tornarão a cirurgia ideal (▶ Boxe 32.1).

Boxe 32.1 Requerimentos e instrumentação da sala cirúrgica

Lupas de aumento para a dissecação anatômica inicial do nervo
Aumento cirúrgico com iluminação para reparos de fascículo
Poltrona confortável com descanso para os braços
Monitoramento eletrofisiológico para estimulação e registro
Suportes de agulha com mola
Lâminas de diamante ou safira (lâminas oftálmicas para catarata também são úteis)
Náilon 8-0 com agulha de 75 mm para reparo epineural
Náilon 10-0 com agulha de 50 mm para reparo fascicular

32.4.2 Reparo Epineural

Entre as formas mais comuns de lidar com uma lesão de nervo penetrante aguda é o reparo epineural. Trata-se de uma técnica útil para reparar um nervo agudamente lacerado em um contexto agudo. Os aspectos anatômicos desse reparo são diretos e estão diagramados na ▶ Fig. 32.3. Uma vez conseguida uma exposi-

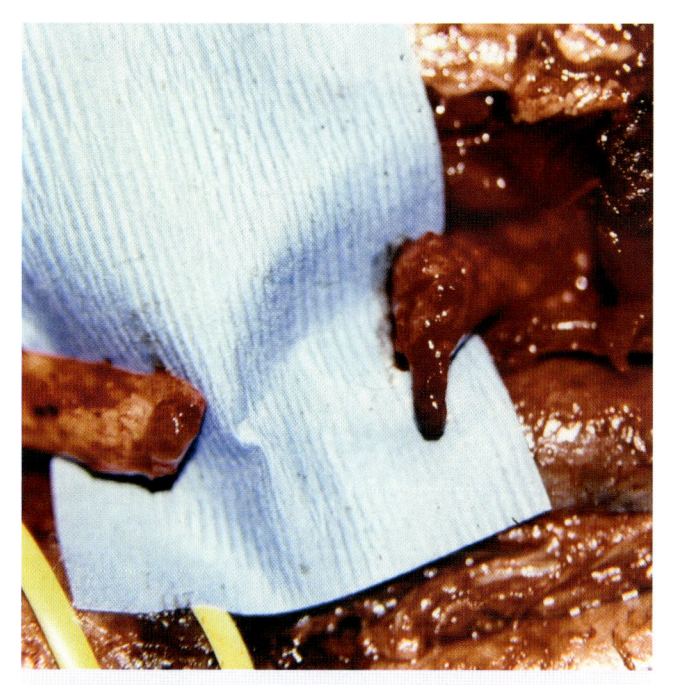

Fig. 32.4 Nervo agudamente lacerado mostrando o típico formato de cogumelo que ocorre em cada extremidade.

ção adequada, como discutido antes, as terminações nervosas traumatizadas têm que ser preparadas. A laceração geralmente faz as terminações nervosas "proliferarem" no ponto de divisão (▶ Fig. 32.4). É preciso remover a "proliferação" antes do reparo, aparando-a de volta até o epineuro. Isso é feito prontamente assentando cada terminação dissecada sobre um abaixador de língua estéril e excisando a porção "proliferante" com auxílio de uma lâmina de bisturi nova e ainda não usada.

O realinhamento apropriado das terminações nervosas é essencial. O padrão de vascularidade da superfície do nervo fornece um guia visual para a realização do alinhamento anatômico, caso o tecido não tenha sido gravemente rompido. Uma vez determinado o alinhamento, duas suturas de nylon 8-0 são colocadas no epineuro, separadas uma da outra em 180 graus. As duas terminações nervosas são justapostas, tomando cuidado para que a tensão seja mínima. Às vezes, uma dissecação proximal e distal extra é requerida para o relaxamento adicional do nervo. Depois que as terminações tiverem sido aproximadas e a tensão sobre o nervo for checada, várias suturas de nylon 9-0 ou 10-0 são colocadas no plano epineural, tomando cuidado para fazê-las passar ao longo de toda a espessura do epineuro sem lesar os fascículos subjacentes. Uma vez fechado o ferimento, o membro é imobilizado por 3-4 semanas, para prevenir tensões indevidas sobre a anastomose do nervo. Esse é o tempo necessário para que um nervo em cicatrização alcance uma força tênsil adequada para sustentar o movimento sem que ocorra ruptura. Decorridas as 3-4 semanas, a tala é retirada e o regime de reabilitação é iniciado.

Um cuidado pós-operatório excelente é decisivamente importante. A fisioterapia e a reabilitação são requeridas após qualquer reparo de nervo periférico. Além de 1-2 sessões diárias de exercício tipicamente conduzidas pela equipe de reabilitação, recomendo ao paciente para continuar os exercícios de amplitude de movimento (ROM) e fortalecimento muscular ao longo do dia. O paciente deve ser incentivado a participar ativamente de sua própria recuperação. Nada irá inibir um bom reparo mais rápido do que uma articulação congelada ou um músculo atrofiado – ambos devem ser evitados.

Complicações do Reparo Epineural

Embora o reparo epineural seja uma técnica excelente, é preciso ter seus resultados anatômicos em mente. Este conceito foi discutido por Edshage em um artigo que abordava as complicações da cicatrização.[15] Muitas vezes, o cirurgião será capaz de moldar uma anastomose cuja aparência externa seja satisfatória. Esta aparência externa, no entanto, pode ser enganosa. Uma possibilidade é que, se um corte através de um nervo reparado pela técnica epineural for observado ao microscópio, sejam vistos fascículos rompidos, curvados e desalinhados. Os hiatos que deixamos para trás costumam ficar cheios de tecido conectivo e bloqueiam a regeneração neural. Apesar dessas dificuldades, o reparo epineural ainda é útil. Por outro lado, é importante ter em mente os achados revisados por Edshage: os pesquisadores enfatizam a importância dos princípios de ampliação, iluminação e atenção para com o alinhamento fascicular. Esses constituem os únicos aspectos da técnica que estão sob o controle do cirurgião em um reparo agudo.

32.4.3 Reparo de Fascículo

Tanto no reparo agudo como no reparo tardio, uma técnica que tem sido usada com frequência cada vez maior é o reparo de fascículo (▶ Fig. 32.5a, b). Introduzido em 1953 por Sunderland,[6,16] tornou-se tecnicamente viável apenas com a introdução do microscópio cirúrgico por Smith,[17] ocorrida na metade da década de 1960. O requerimento de um cuidado meticuloso para com os detalhes microanatômicos do reparo do fascículo exige paciência da parte do cirurgião, alto grau de ampliação e microinstrumentação adequada. Trata-se da melhor forma de reparo nos casos em que somente alguns fascículos amplos são identificáveis. A técnica também é particularmente útil para reparar a porção distal de um nervo, nos casos em que os componentes danificados tipicamente podem ser mobilizados e justapostos com mínima tensão. No ambiente urbano, onde muitas vezes há envolvimento de faca ou vidro na lesão de um nervo, uma situação não rara é aquela em que o nervo é apenas parcialmente danificado e alguns fascículos permanecem intactos. Em certos casos – em particular naqueles em que o reparo tardio é elegido – existe um nervo com extremidades fibróticas rompidas necessitando de ressecção que, por sua vez, acarreta o encurtamento dos fascículos. Em situações como essa, a colocação de um enxerto interfascicular (discutida adiante), em vez da reparação do fascículo, é mais apropriada.

Método

O nervo lesado fica exposto até ambas as extremidades serem identificadas. A dissecação anatômica é conduzida de modo a garantir que ambas as extremidades sejam suficientemente móveis para serem aproximadas sem que haja tensionamento. O epineuro, então, é excisado 3-4 mm em cada extremidade, com o intuito de expor os fascículos. Os fascículos a serem anastomosados são então identificados sob microscopia, a partir do tecido conectivo interfascicular circundante. Usando uma

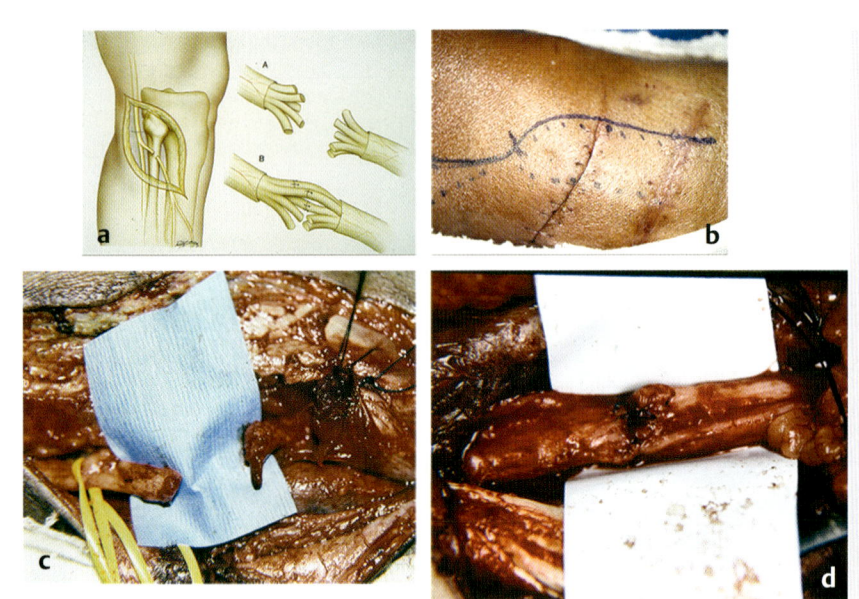

Fig. 32.5 (**a**) Reparo de nervo fascicular no nervo peroneal. A e B, detalhes esquemáticos de um reparo de fascículo. (**b**) Aqui, a lesão foi devida a ataques autoinfligidos com faca. (**c**) Laceração aguda de um nervo peroneal; as extremidades cortadas e já apresentando retração (em lesão ocorrida há 24 horas) são vistas logo abaixo do grampo de borracha retangular. (**d**) Nervo suturado e reparado.

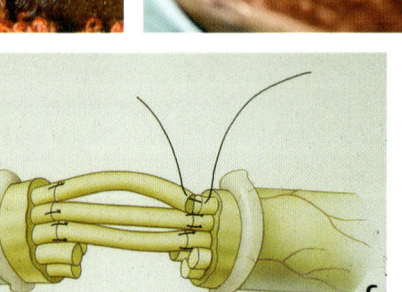

Fig. 32.6 Reparo com enxerto de nervo interfascicular. (**a**) Neuroma traumático em continuidade. A eletromiografia obtida após a lesão mostrou ausência de retomada da função ou da condução axonal. (**b**) O neuroma foi resseccionado e foram colocados enxertos interfasciculares usando o nervo sural como sítio doador. (**c**) Esquema da técnica de enxerto de nervo interfascicular. O manguito epineural é rolado de volta, para expor os fascículos. É estabelecida a correspondência dos enxertos com o tamanho e, em seguida, a sutura dos enxertos no local.

sutura de nylon 10-0 com uma agulha pequena (geralmente, 50 mm), um pedaço inteiro de perineuro é tomado, sempre com cuidado para não lesar os fascículos subjacentes. Uma regra eficiente mostra que, em caso de ruptura das suturas, a tensão se torna forte demais. Há ocasiões em que os fascículos irão se "multiplicar" e terão que ser aparados até o perineuro, antes de proceder ao fechamento. Há casos em que é impossível identificar os fascículos e, então, um reparo epineural é mais facilmente realizado.

32.4.4 Reparos de Fascículos em Grupo

No manejo de nervos mais seriamente danificados a partir dos quais os fascículos individuais não podem ser identificados, uma técnica útil é o reparo de fascículos em grupo (▶ Fig. 32.6). Essa técnica é similar àquela descrita para o reparo de fascículos, exceto pelo fato de grupos de fascículos serem selecionados para o reparo. Nesses casos, o epineuro fascicular interposto quase sempre está presente, e a dissecação é conduzida em seu plano. A mesma técnica descrita para o reparo de fascículo é, então, realizada empregando qualquer epineuro que possa ser localizado.

32.4.5 Enxerto de Nervo Interfascicular – Enxertos de Nervo

Ao longo dos anos, alguns pesquisadores demonstraram que um dos maiores impedimentos à boa recuperação é o excesso de tensão sobre um nervo reparado. Para superar esse problema, foi introduzido o uso de enxertos de nervo obtidos a partir de outras regiões. Da perspectiva histórica, a popularidade dos enxertos de nervo ora aumenta, ora diminui, contudo, é atualmente considerada essencial em certos reparos, em particular naqueles envolvendo hiatos significativos entre as extremidades dos nervos. Sem dúvida, com as melhores técnicas e tendo uma noção clara do momento certo para usá-las, os enxertos são comprovadamente efetivos na intensificação da recuperação de nervos lesados selecionados de maneira adequada. Os excelentes casos clínicos de Millesi e Samii[5,18-21] reintroduziram o uso dos enxertos de nervo. Está além do objetivo deste capítulo revisar os estudos de fisiologia de enxertos e recomendamos aos leitores interessados a leitura do trabalho de Millesi, Samii e outros.[13,19-21]

32.4.6 Sítios Doadores Úteis

Alguns critérios se aplicam à seleção de um sítio doador de enxerto de nervo. Os nervos identificados como potenciais sítios doadores e as indicações para seu uso são:

- Nervo sural. O nervo doador usado com mais frequência para reparo é o nervo sural. Fácil de localizar, fornece um enxerto longo (tipicamente, 20-30 cm) e sua remoção causa morbidade mínima. Em geral, pode ser localizado logo atrás e abaixo do maléolo lateral e, então, seguido até a panturrilha. Puxando "cuidadosamente" o nervo durante a dissecação, é possível vê-lo em destaque e acompanhá-lo na perna. Sua remoção pode causar alguma perda sensorial na base do pé, porém, a maioria dos pacientes não tem problemas com isso. Certamente, esse risco deve ser descrito para o paciente antes da cirurgia.
- Nervo radial superficial. Este nervo costumava ser usado com frequência, porém o risco de perda sensorial parcial na mão tornou seu uso aceitável apenas como último recurso. Seu comprimento reduzido pode restringir a quantidade de nervo disponível para reparo.
- Nervo cutâneo medial ou lateral do antebraço.
- Nervo cutâneo lateral do fêmur.
- Nervo cutâneo medial do braço. Cada um dos últimos três nervos pode ser particularmente útil para uma lesão nas proximidades. Suas desvantagens incluem o calibre diminuído e o comprimento reduzido do enxerto. Em qualquer procedimento que requeira um enxerto de comprimento significativo ou múltiplos enxertos, o nervo sural continua sendo a melhor fonte.

32.4.7 Técnicas

Existem alguns pontos técnicos que é preciso ter em mente.

- O tamanho do corte transversal de um enxerto interfascicular deve ser do mesmo tamanho ou maior (para permitir que seja "fisgado" pelas extremidades) do que os elementos do nervo no sítio hospedeiro.

- Como parte do reparo, as extremidades fibróticas do nervo são removidas e a dissecação é trazida de volta ao nervo normal. Cerca de 1 cm do epineuro é removido para propiciar uma exposição adequada da anatomia interna.
- Os fascículos são dissecados, conforme previamente descrito.
- É estabelecida a correspondência com os fascículos oriundos do enxerto, de acordo com o tamanho dos fascículos do sítio hospedeiro.
- De forma típica, o enxerto "encolhe" e isso somente é possível aparando seu comprimento a uma extensão que seja 10-15% maior que a distância entre os segmentos do nervo hospedeiro. Esse procedimento deve ser feito da maneira correta, caso contrário pode surgir uma tensão indevida no sítio do reparo.
- Outro ponto-chave consiste em fazer vários reparos de fascículo em diferentes locais, de modo que as linhas de sutura não fiquem localizadas todas no mesmo plano. Para obter uma aproximação, em geral são necessárias duas suturas de nylon 10-0 (às vezes, uma sutura é suficiente). Como já mencionado, é preciso ter cuidado especial para não traumatizar o nervo durante a colocação da sutura.
- Uma "cola" de fibrina natural é produzida pelas extremidades do nervo exposto. Não raro, usamos esta cola para ajudar a conseguir aproximação.

Dependendo do tamanho do enxerto coletado, fascículos muito grandes podem requerer colocação de dois enxertos (▶ Fig. 32.7). Em nossa experiência, é típico serem necessários 4-6 enxertos para reparar um nervo de tamanho médio, como o nervo medial ou o nervo ulnar. Há casos em que, após a dissecação do nervo lesado, o cirurgião encontrará uma demarcação precária dos agrupamentos fasciculares. Nesses casos, comumente é mais fácil fazer uma divisão arbitrária dos agrupamentos, colocando os enxertos aproximadamente do mesmo modo. Uma vez colocados os enxertos, a extremidade é engessada ou imobilizada por 3-4 semanas, para permitir a cura sem nenhuma tensão indevida. Como mencionado (Seção 32.4.1), decorrido esse período de cicatrização, é extremamente importante imobilizar o membro e instituir um regime de exercícios, sobretudo nos casos com envolvimento articular.

Relembrando um ponto essencialmente importante e a razão definitiva para realizar um enxerto de nervo: ao mesmo tempo em que o procedimento fornece um trajeto anatômico, garante que a tensão ao longo da linha de sutura não seja excessiva.

Está bem estabelecido que um axônio em regeneração não atravessará uma linha de tensão. Além disso, a tensão intensifica a proliferação do tecido conectivo que, então, se torna uma barreira para o nervo em regeneração. O uso de um enxerto de nervo propiciará um comprimento extra, irá prevenir a tensão e, com a devida atenção ao reparo anatômico, servirá como excelente meio para reparo e crescimento.

32.4.8 Lidando com Hiatos de Nervo

Já foi discutido que a aplicação de tensão a um nervo em cicatrização somente causará mais fibrose e retardará a cicatrização. Os nervos são inerentemente elásticos e, quando cortados, retraem-se imediatamente em até 1 a 2 cm. Durante o período agudo, essa retração é prontamente superada com mais dissecação anatômica e relaxamento do nervo. À medida que aumenta o intervalo de tempo desde a lesão, a resposta do nervo passa a ser a formação de fibrose intraneural, encurtando de modo permanente as extremidades do nervo. O enxerto de nervo como meio de superar

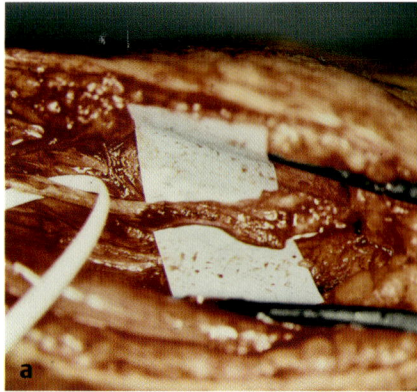

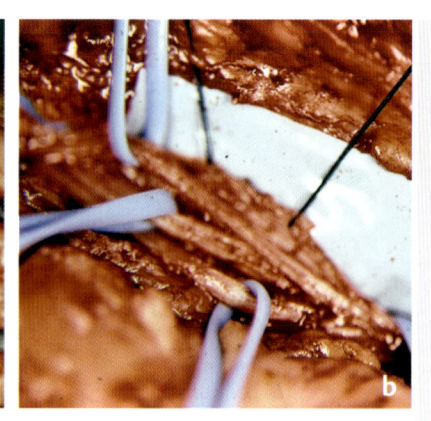

Fig. 32.7 (**a**) Caso de um paciente com lesão traumática no nervo mediano. Os registros intraoperatórios mostraram uma lesão parcial com alguns fascículos intactos e outros rompidos. (**b**) Típica dissecação intrafascicular e, então, o monitoramento elétrico foi feito para isolar os fascículos que não estavam conduzindo. Esse conceito é mostrado esquematicamente em (**c**).

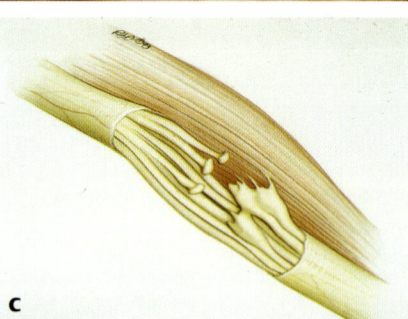

esse problema já foi discutido. Várias outras técnicas podem ser úteis para lidar com esse problema.[22]

Técnicas Úteis para Superar Hiatos

- *Transposição.* O princípio que fundamenta a transposição de um nervo é direto. Ao refazer a trajetória do nervo (isto é, ao transpô-lo), o curso anatômico se torna mais direto, aumentando o comprimento efetivo do nervo. Existem limitações naturais a essa técnica, uma vez que é possível aplicá-la somente em alguns locais anatômicos. O nervo ulnar pode ser transposto no cotovelo, sobre o epicôndilo, fornecendo 3 a 5 cm adicionais de comprimento. O nervo mediano pode ser transposto anterior ao músculo pronador redondo, proporcionando até 2 cm de comprimento extra. Quando o nervo radial é transeccionado em uma lesão umeral, é possível fazer a sua transposição anteriormente e colocá-lo entre o bíceps e o braquial. Em circunstâncias apropriadas, a transposição pode evitar a necessidade de colocar um enxerto.
- *Mobilização.* A mobilização é útil no caso de nervos que não têm múltiplos ramos motores proximais, os quais prendem o nervo. Na mobilização de um nervo, é preciso ter cuidado para não desvascularizá-lo. Um nervo tipicamente é suprido ao longo de sua extensão por uma paliçada de vasos que chegam, facilmente identificáveis. Quando possível, os vasos em paliçada devem ser mobilizados com o nervo. Uma dissecação generosa comumente permite a mobilização de mais 2 a 4 cm de nervo. A principal desvantagem dessa técnica é a necessidade de que o nervo consiga sobreviver com base em seu suprimento vascular interno, enquanto seu suprimento externo muitas vezes é rompido pela mobilização. Ainda, como resultado da dissecação anatômica, o leito cirúrgico se torna cicatrizado, por vezes obstruindo um nervo em regeneração. Mesmo assim, é uma técnica útil quando apenas pequenos hiatos precisam ser superados e por evitar o uso de enxertos.
- *Estiramento do nervo.* Essa técnica tem utilidade apenas histórica e deve ser evitada a todo custo, exceto nos reparos agudos, em que somente a retração natural do nervo lesado precisa ser superada.
- *Flexão articular.* A técnica de flexionar a articular mais próxima da lesão nervosa é usada com frequência para encurtar o curso a ser atravessado pelo nervo reparado. Uma vez que o sítio de reparo tenha cicatrizado, a articulação é lentamente reestendida. Embora essa técnica a princípio possa ser confiável, estudos forneceram evidências perturbadoras de que não importa o quão devagar a articulação é estendida, a tensão subsequentemente é aplicada ao nervo, causando fibrose intraneural e eventual rompimento do reparo. Conforme já apontado, uma articulação congelada ou imóvel não tem utilidade para um nervo em cicatrização e somente retardará a regeneração. Entretanto, nos casos em que é usada apenas uma leve flexão (10 a 15 graus), a técnica pode se mostrar útil. Havendo necessidade de uma flexão maior ou se uma imobilização prolongada estiver prevista, então a melhor alternativa é usar enxertos de nervo de interposição.[23]
- *Encurtamento esquelético.* A técnica de encurtamento esquelético foi introduzida durante a Grande Guerra e se tornou ainda mais popular durante a II Guerra Mundial e na guerra do Vietnã, como uma forma de lidar com nervos encurtados. Em razão da morbidade associada a essa técnica, o interesse pelo seu uso é primariamente histórico. O risco de lesão ao tecido mole circundante mais do que compensa os benefícios propiciados pelo

ganho no comprimento do nervo. Como resultado, a técnica foi grandemente abandonada.

32.5 Tratamento Cirúrgico de Lesões Problemáticas

32.5.1 Lesão de Nervo à Bala

O tratamento das lesões de nervo causadas por ferimentos à bala é discutido como uma categoria à parte, em reconhecimento aos problemas distintivos a elas associados. De uso restrito aos campos de batalha no passado, os revólveres atualmente são uma causa comum de lesão na comunidade urbana. Nos Estados Unidos, as estatísticas nacionais indicam que 2.500,000 armas novas são adquiridas legalmente a cada ano. Os hospitais americanos admitem, em média, 2 a 3 pacientes com lesões causadas por disparo de arma de fogo a cada semana. Como os adolescentes e traficantes de drogas se tornaram mais sofisticados no uso de armas de fogo (p. ex., armas de repetição calibre 9 mm e similares), a demografia do departamento de emergências mudou. No Bronx, a maioria das vítimas desse tipo de arma estão mortas quando chegam ao hospital. É preciso ter em mente que a lesão causada por disparo de arma difere da laceração limpa produzida por faca ou vidro. Um projétil (bala) à alta velocidade carrega massa e energia. À medida que a bala segue pelo tecido mole, tipicamente exerce um efeito esmagador sobre qualquer nervo exposto a sua ação; o impacto direto é incomum. Na maioria dos casos, a bala atravessa o tecido mole, enquanto a energia é distribuída, o tecido é distorcido e o nervo estirado secundariamente a um efeito de cavitação. A extensão da ruptura do tecido e do nervo depende da massa do projétil e da velocidade de impacto. Ferimentos causados por disparo de arma de fogo a uma distância de 76 cm do corpo apresentam características exclusivas adicionais a serem consideradas, a saber a introdução na ferida de gases expelidos formados pela combustão da pólvora, bem como debris de roupas cobrindo o ponto de entrada da bala (▶ Fig. 32.8a, b).[24]

Princípios do Cuidado Inicial de Ferimentos à Bala

No tratamento de ferimentos à bala, é sempre necessário ter em mente certas considerações que refletem a natureza deste tipo de lesão. O desbridamento e a remoção do tecido necrótico são essenciais, aliados à incisão de quaisquer bainhas fasciais circundantes que, de outro modo, possam inibir a circulação em consequência de inchaço e edema. Pelas forças intensas aplicadas aos tecidos e à propagação de energia resultante, as estruturas neurovasculares próximas devem ser diretamente visualizadas, assim como devem ser reparados quaisquer vasos danificados com potencial de fornecer suprimento sanguíneo. A perfusão é decisiva para minimizar a isquemia e fornecer nutrientes para o nervo e o tecido adjacente. Restaurando a circulação ao máximo possível, a equipe cirúrgica irá melhorar o meio ambiente de um nervo em regeneração. Durante a exploração inicial, caso seja notado que o nervo foi transeccionado e o reparo seja adiado, então as extremidades do nervo devem ser identificadas e alinhavadas ao tecido adjacente. Fazer isso diminui a extensão da retração e facilita a identificação da extremidade posteriormente.

Obter uma ferida limpa e desbridada apresentando circulação adequada e fechamento da apropriado da pele é uma prioridade maior do que o reparo, como procedimento agudo. A

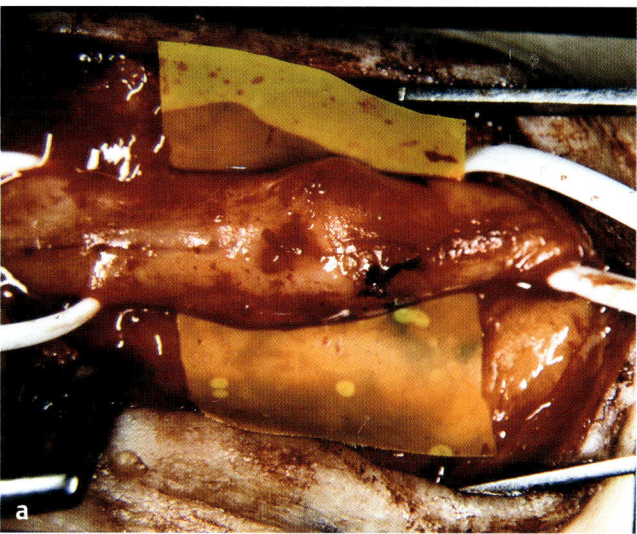

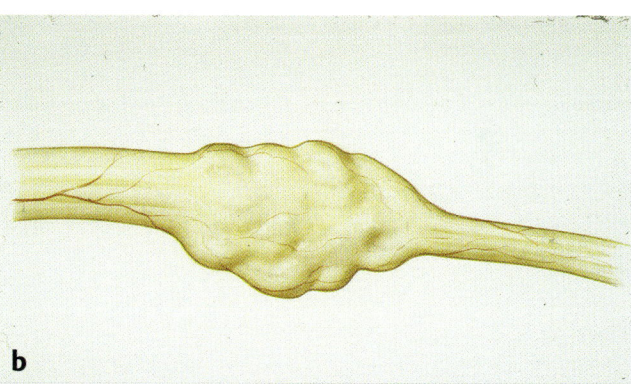

Fig. 32.8 Este paciente apresentava lesão por ferimento à bala com lesão por golpe parcial no nervo medial; (**a**) amplo neuroma formado no sítio da lesão, que pode ser visto entre as duas alças vasculares. (**b**) Esquema mostrando neuroma em continuidade a partir de uma lesão cega ou com cavitação.

neurorrafia deve ser conduzida apenas quando a situação clínica e o meio ambiente do nervo forem o mais próximo possível do ideal. Nervos jamais cicatrizam e muito menos regeneram em um ferimento sujo, contaminado e precariamente vascularizado. Esperar uma semana ou mais para obter um ambiente ideal para a cicatrização não é incomum em casos de ferimentos à bala (▶ Fig. 32.9a, b).

32.5.2 Lesão por Injeção

De modo não raro e muitas vezes negligenciado, a lesão de nervo periférico secundário à injeção de medicação ocorre em ambiente hospitalar. Essas lesões vão desde o traumatismo cego até a perfuração completa e direta do nervo. Dependendo da extensão da lesão e da quantidade de cicatriz formada, o nervo pode sofrer uma significativa perda funcional. Outros fatores importantes que determinam o grau de lesão são o nível anatômico da injeção no nervo e a neurotoxicidade do fármaco. Exemplificando, as injeções intrafasciculares de diazepam, toxoide tetânico ou succinato sódico de hidrocortisona são substancialmente mais destrutivas para o meio interno do nervo, do que o cloreto de potássio, bupivacaína ou dexametasona. Alguns estudos clínicos

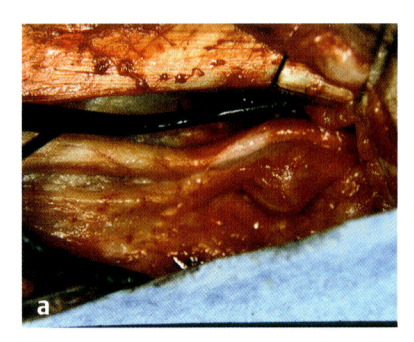

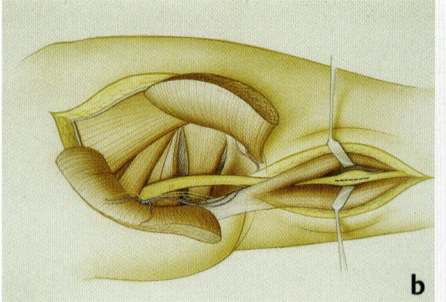

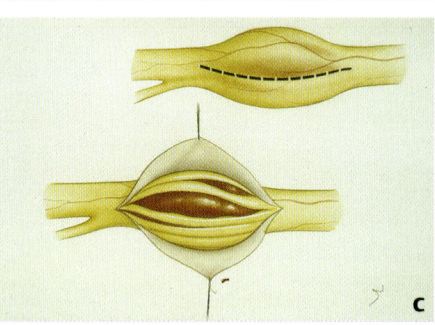

Fig. 32.9 (a) Este é o caso de um motorista de táxi que levou um tiro na coxa e sofreu perda parcial imediata da função do nervo ciático. À exploração aguda, a exposição do nervo ciático mostrou que o nervo apresentava inchaço e descoloração agudos, diretamente na trajetória percorrida pela bala. **(b)** Foi conduzida uma neurólise e um hematoma foi encontrado junto ao nervo – ilustrado em diagrama em **(b)** e **(c)**. Os fascículos foram divididos ao longo de seus eixos longitudinais e o hematoma foi removido. O paciente apresentou excelente recuperação funcional.

investigaram a toxicidade de fármacos injetáveis. Informações mais detalhadas estão disponíveis ao leitor interessado no relato de Gentili e Hudson.[12]

Apesar da localização aparentemente benigna, até mesmo a injeção extrafascicular de um medicamento pode causar um grau significativo de dano aos axônios. O principal fator determinante da quantidade de lesão é, mais uma vez, o tipo de medicação injetada. Portanto, ao avaliar um paciente apresentando uma lesão por injeção, o nervo envolvido e o potencial grau de toxicidade devem ser considerados ao prever a potencial gravidade da lesão. Na maioria dos casos de injeção de fármaco, a recuperação da lesão e a regeneração do nervo por fim ocorrem. Quanto mais rápida for a regeneração, melhor será o prognóstico. Este é um dos poucos tipos de lesão de nervo periférico em que a intervenção cirúrgica precoce raramente (ou nunca) é indicada. Caso não sejam detectados sinais significativos de recuperação em 6 meses, uma exploração intraoperatória é indicada. O monitoramento elétrico intraoperatório é essencial para mapear a extensão da lesão. Nas lesões por injeção, não é incomum constatar que o nervo exibe aparência externa normal ou, talvez, está circundado por fibrose e cicatrização. Em alguns casos, o único achado é a aparência um pouco enrugada do nervo na região de seu calibre externo. Nesses casos, uma neurólise interna é indicada, uma vez que somente abrindo o nervo e explorando a região intrafascicular é possível avaliar a extensão e o grau de dano. Em certos casos, a liberação da escara e o desempenho da neurólise intensificarão o potencial de regeneração e possibilitarão certo grau de retomada da função.

32.5.3 Lesões Penetrantes do Plexo Braquial

Em neurocirurgia, poucas áreas são tão desafiadoras quanto o plexo braquial. Por essa razão, muitos neurocirurgiões não tentaram ou abandonaram a cirurgia do plexo braquial (▶ Fig. 32.10). Embora o tratamento da laceração de um único nervo junto ao plexo braquial comumente não seja um desafio assustador para o neurocirurgião, poucos se entusiasmam para lidar com isso, em razão da potencial complexidade da reconstrução anatômica. Embora, a cirurgia nessa região ainda permanece bastante simples. A anatomia do plexo braquial foi bem trabalhada e, não raro, as variantes anatômicas há muito foram reconhecidas. Prognósticos bem-sucedidos dependem dos mesmos fatores que governam a maior parte da neurocirurgia: um conhecimento abrangente de anatomia, a compreensão da causa da lesão e dos potenciais efeitos, e, finalmente, a técnica – a reaproximação cuidadosa e delicada dos nervos lesados, seja por reaproximação primária ou por enxerto.

A lesão permanente do plexo braquial, em particular uma lesão penetrante, felizmente continua sendo incomum. No ambiente urbano, a lesão mais comum no plexo braquial é causada pelo estiramento. Esses tipos são mais frequentemente resultantes de lesões ocorridas ao nascimento (p. ex., paralisia de Erb) ou acidentes com veículos motores, em particular aqueles envolvendo motos. O paciente propenso a deslocamentos da articulação do ombro não raro desenvolve uma paralisia por estiramento do plexo (na maioria dos casos, transiente). Como a lesão por estiramento na maioria das vezes melhora sem intervenção cirúrgica, o paciente é encaminhado para sessões de reabilitação agressiva e fisioterapia. A intervenção cirúrgica é reservada para o paciente que não apresenta melhora dentro de 4 a 6 meses, ou que sofreu uma lesão penetrante aguda que mereça um alto índice de suspeita de laceração do nervo (▶ Fig. 32.11).

Na lesão penetrante aguda do plexo braquial, às vezes pode ser difícil determinar a localização e a natureza da lesão. Entretanto, a obtenção de uma história abrangente muitas vezes revela a origem da lesão. No caso de uma lesão penetrante por algum instrumento afiado resultando em perda neural, a realização de um exame físico minucioso costuma detectar a parte do plexo que foi lesada. Quando a história é clara e a anatomia é bem trabalhada, indica-se uma intervenção cirúrgica antecipada para a lesão decorrente de perfuração aguda. É útil basear o planejamento cirúrgico em uma avaliação eletrofisiológica com imagem de ressonância magnética (MRI). A avaliação deve ser obtida durante as primeiras 24 a 48 horas, para determinar o nível e a extensão da lesão. Os achados do exame físico, bem como da avaliação eletrofisiológica e radiográfica em geral tornam direta a localização do nível da lesão.[25] Uma vez trabalhado o nível da lesão, o cirurgião está em posição de aconselhar o paciente conforme a necessidade de cirurgia e o prognóstico.

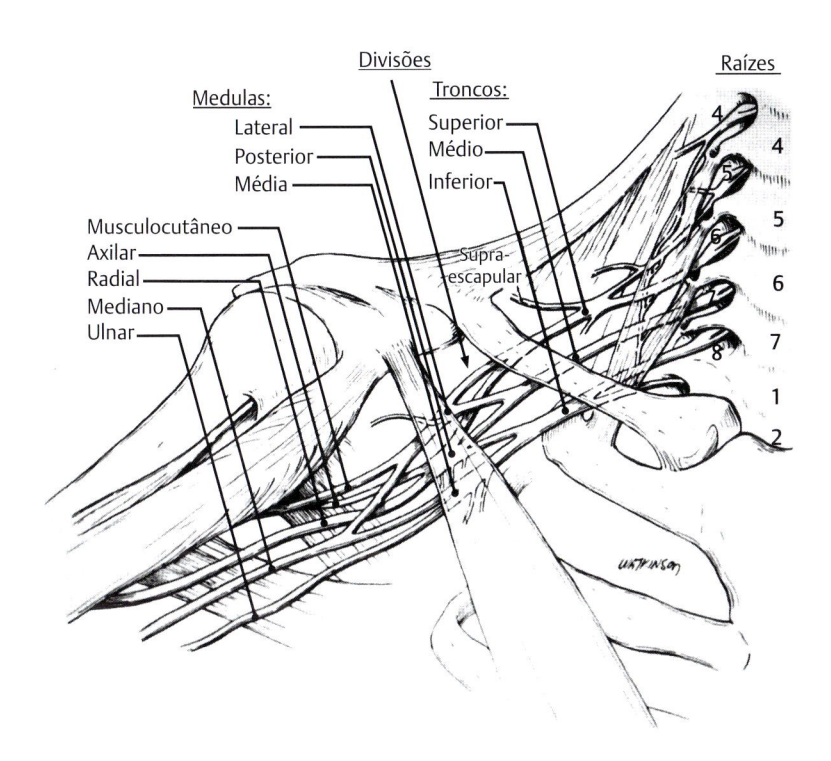

Fig. 32.10 Anatomia cirúrgica do plexo braquial detalhando a relação das raízes, troncos, divisões e medulas com o músculo escaleno e a clavícula. (Reproduzida com permissão de Mackinnon SE, Dellon AL. Classification of Nerve Injuries as the Basis for Treatment Surgery of the Peripheral Nerve. New York, NY: Thieme Medical Publishers, 1988: Figura 16.1.[32])

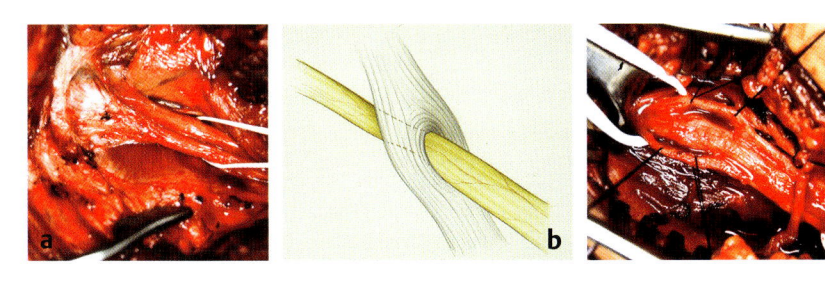

Fig. 32.11 (**a**) Caso de homem que levou um tiro ao longo da região cervical inferior, com a bala resvalando o tronco superior do plexo braquial. Na cirurgia realizada após 3 meses, uma cicatriz tensa de uma escara foi encontrada encapsulando o tronco superior. Este foi aberto e removido com o paciente apresentando 40% de retomada da função após 6 meses de fisioterapia. (**b**) Esquema mostrando a cicatriz ao redor do tronco superior atuando como um "anel de guardanapo" em torno do complexo do nervo. (**c**) Após neurólise interna do tronco.

As indicações para intervenção inicial na lesão por penetração de plexo do tipo causado por projétil não são questão de consenso geral. Entre as poucas indicações com as quais a maioria dos autores concorda, estão as lesões resultantes de anomalia vascular, como um pseudoaneurisma, com consequente compressão do plexo. Existe ainda o raro paciente ocasional apresentando um problema de dor aguda intensa, o qual pode precisar de neurólise urgente. Para um paciente com síndrome de dor aguda, a cirurgia pode ser indicada para remoção de um fragmento estranho incrustado no plexo. Uma revisão da literatura sobre guerra fornece indicações conflitantes de quando explorar uma lesão causada por projétil com perfuração do plexo. Alguns desses estudos em questão foram concluídos antes do advento do microscópio. Desde então, houve muitas mudanças tecnológicas e, hoje, os reparos primários mais precisos do plexo não somente são viáveis como também incentivados.

As lesões de nível alto no plexo, aquelas próximas à área de saída radicular, são as que têm pior prognóstico e continuam sendo as mais difíceis de reparar. Os exames de RM não incomumente revelam pseudomeningoceles no sítio de ruptura radicular. A anatomia dessa região é tal que há pouca folga para os nervos, e os reparos primários, portanto, são difíceis. A colocação de um enxerto pode ser desafiadora, e qualquer fascículo de nervos funcionais podem ser rompidos pelo reparo. Estes fatores levam, todos, para um prognóstico precário. A exploração cirúrgica das lesões altas raramente é indicada. Quando há indicação para reparo, este consiste em um nervo precisamente transeccionado apresentando a melhor chance de êxito no reparo e na recuperação parcial da função. Lesões envolvendo o plexo inferior têm o pior prognóstico a longo prazo, por conta da extensão do nervo que necessita de regeneração. As lesões mais distais podem alcançar resultados parcialmente gratificantes, desde que tratadas prontamente, antes de o nervo ter tempo de se retrair. Os melhores prognósticos são vistos nas lesões com ruptura apenas parcial dos fascículos. Nessas lesões, o corpo principal do nervo permanece intacto, resultando em pouca retração. Os fascículos lesados podem ser reparados com enxertos de interposição. Dada a exposição em nível mais alto, essas lesões são mais comuns na parte superior de troncos e raízes.

As lesões de plexo causadas por projéteis de alta velocidade podem romper significativamente os tecidos adjacentes. Por exemplo, se a lesão do plexo for causada pela onda de choque com cavitação gerada pelo projétil, a ruptura ocorre principalmente nos tecidos circundantes. Apenas em casos raros, o plexo é danificado diretamente pelo impacto.[24,26,27]

Em uma série de lesões do plexo braquial por disparo de arma de fogo, foi demonstrado que o melhor prognóstico foi conseguido em pacientes que sofreram lesões na parte superior do tronco, e nas regiões medulares lateral e posterior.[28] Quando a lesão ocorria na parte inferior do tronco e nas lesões medulares mais mediais, os resultados eram desfavoráveis, a menos que o paciente exibisse regeneração precoce com potenciais de ação no nervo no momento da operação. A lesão direta ao plexo tipicamente resulta em prognóstico precário. Compressão vascular, corpos estranhos e estenoses externas terminaram nos melhores prognósticos quando tratadas agressivamente. Outros autores demonstraram resultados similares em lesões à bala ou lesões causadas por projéteis.[26-31]

Técnica

As apertadas constrições anatômicas do plexo braquial deixam pouco (ou nenhum) espaço para mobilização. Desse modo, o cirurgião deve estar sempre preparado para coletar enxertos de nervo que serão interpostos onde surgirem hiatos. Como já notado, qualquer tentativa de puxar as duas extremidades de um nervo dividido para uni-las e colocá-las sob tensão levará, com toda certeza, a um prognóstico sombrio. Por outro lado, naqueles casos raros em que o cirurgião descobre a compressão do plexo por um hematoma ou corpo estranho, sua remoção muitas vezes será acompanhada da retomada da função.

Com o passar dos anos, foram desenvolvidas algumas abordagens do plexo braquial. A mais comumente usada, em razão da facilidade e da extensão da exposição, parece ser aquela desenvolvida por MacCarty e seu grupo, na clínica Mayo.[30] A abordagem subescapular posterior raramente (se não jamais) necessária em casos de lesão penetrante, com a possível exceção dos ferimentos à bala envolvendo raízes e troncos inferiores. O plexo braquial pode ser totalmente exposto por meio de uma incisão em forma de "S" (é útil incorporar a cicatriz da lesão) que comece verticalmente no pescoço e seja conduzida para baixo e, então, em paralelo à clavícula, sobre a crista axilar. A extensão da incisão é modificada para incluir a área do plexo que o cirurgião deseja visualizar. O monitoramento eletrofisiológico sempre é empregado na exploração do plexo; portanto, o plexo normal deve ser visualizado para possibilitar o monitoramento. Para ver a porção média do plexo, a clavícula muitas vezes pode ser liberada do tecido circundante por dissecação, e então mobilizada o suficiente para não ter que ser cortada. Quando o cirurgião está trabalhando nas adjacências da clavícula, é preciso ter cuidado para não danificar o feixe vascular subjacente, o qual deve ser sempre solto por dissecação. Os músculos peitorais maior e menor são dissecados em suas origens e refletidos para baixo, na direção do tórax. Para exposição da medula e das ramificações terminais, a dissecação é conduzida mais para cima da axila. A veia cefálica, que delineia os músculos deltoide e peitoral, permite a fácil identificação de um plano em que esses músculos podem ser partidos para obter maior exposição. O coracobraquial é refletido e solto, e movido rostralmente para cima. Para lesões em níveis superiores no plexo, isto é, aquelas mais próximas às raízes e troncos, pode ser necessário dividir os músculos esternoclidomastóideo e omo-hióideo. Para visualizar os elementos médio e inferior do plexo, o músculo escaleno anterior tem que ser divido. É preciso ter cuidado para preservar o nervo frênico, que segue ao longo do músculo escaleno. Esse nervo deve ser primeiro identificado e, então, cuidadosamente retraído com o músculo escaleno, sem jamais ser dividido, uma vez que a morbidade de um diafragma paralisado raramente é aceitável (▶ Fig. 32.11).

Depois de o plexo ser exposto, o sítio, o nível e a extensão da lesão são determinados. Para tanto, é necessário recorrer a um eletrofisiologista. Um nervo completamente transeccionado é reconstruído com enxertos interfasciculares, ou um reparo epineural é realizado se for possível mobilizar suficientemente o nervo lesado. No caso de um nervo parcialmente lesado, é realizada uma análise eletrofisiológica dos potenciais de ação, para determinar a extensão da condução. Os fascículos que apresentarem funcionamento normal são dissecados e identificados, e os fascículos danificados restantes são reparados com enxertos interfasciculares. Quando uma exposição for adiada, como no ferimento à bala, os nervos lesados são localizados. Se o nervo permanecer em continuidade, mas não mostrar nenhum potencial de ação, uma neurólise interna é realizada. De modo característico, o nervo interno é muito fibrótico e frequentemente difícil de dissecar. Caso o nervo esteja totalmente inviável, tanto anatômica como eletricamente, é feita a sua ressecção seguida da colocação de um enxerto. À análise eletrofisiológica, se for comprovada a ocorrência de condução em porções do nervo, então este é parcialmente dividido, o tecido inviável é removido e enxertos são colocados. O princípio-chave de um reparo de plexo é preservar ao máximo possível o funcionamento do tecido nervoso e usar enxertos somente para repor tecido que não apresente nenhum potencial de recuperação. A realização de um monitoramento eletrofisiológico eficiente é essencial, dada a inexistência de outros métodos disponíveis para identificar os elementos viáveis do nervo.

Com a conclusão dos reparos, as camadas são fechadas em ordem reversa com a refixação dos músculos divididos. A clavícula, quando dividida, pode ser unida com fios metálicos ou placas. Na minha experiência, tenho visto que a fixação rígida da clavícula proporcionada pela colocação de placas parece ser mais confortável para os pacientes. Uma meticulosa hemostasia é decisiva no fechamento. O braço e o ombro são então engessados por 3 a 4 semanas, para permitir que os reparos do nervo consigam uma boa força tênsil. Conforme enfatizado antes, a fisioterapia e a reabilitação pós-operatórias continuam sendo essenciais para a adequada recuperação da função. O leitor interessado poderá encontrar mais detalhes sobre anatômica cirúrgica e exposição do plexo braquial no artigo original de Craig e MacCarty;[30] e nos artigos de Kline e Judice;[32] Mackinnon e Dellon;[13] Davis, Onofrio e MacCarty;[33] e Stevens, Davis e MacCarty.[34]

Para minimizar a frustração e a depressão pós-operatória que ocorrem com frequência nas lesões de plexo, é fundamental que o paciente, seus familiares e o cirurgião tenham, todos, o mesmo conhecimento acerca das metas a longo prazo, bem como das expectativas reais no evento da recuperação. Sempre ocorre que as expectativas do paciente sejam demasiadamente otimistas e muitas vezes exageradas. Os pacientes esperarão conseguir a retomada imediata da função perdida no momento em que despertarem da cirurgia. A necessidade de um aconselhamento abrangente e da educação do paciente e seus familiares durante o período pré-operatório é evidente. Aconselhamento e educação devem ser continuados no decorrer de todo o período de recuperação pós-operatório. A compreensão daquilo em que consistem as expectativas realistas será uma longa jornada rumo à minimização da depressão e da ansiedade. Assim sendo, o aconselhamento e a educação são uma parte do cuidado dispensado ao paciente tanto quanto a própria cirurgia em si.

32.6 Comentário Final

Um engano comum entre os cirurgiões diz respeito ao tempo que um nervo lesado demora para se recuperar. Cirurgiões estabelecidos e equipes internas afirmam que a duração do período "normal" de recuperação é 1 a 2 anos. Estudos realizados com pacientes portadores de lesões incorridas durante a guerra do Vietnam e relatos da extensiva experiência de alguns cirurgiões especialistas em nervos periféricos demonstraram que tal estimativa é curta demais. Em um segmento a longo prazo conduzido por Eversmann *et al.*, houve 14 indicações de que apenas 40 a 45% dos casos apresentaram recuperação funcional progressiva nos primeiros 2 anos. Um acompanhamento mais prolongado revelou um percentual de recuperação ainda maior; em um caso, o tempo decorrido foi de 8 anos. Como resultado desses achados, os pacientes devem ser incentivados a continuar a fisioterapia e a reabilitação pelo máximo de tempo possível. É falsa a ideia de que são necessários apenas 1 a 2 anos e, se encorajada, pode levar a prognósticos desnecessariamente insatisfatórios. Os cirurgiões devem considerar com cautela a duração apropriada do acompanhamento nas lesões de nervo, e não devem excluir a possibilidade de uma potencial recuperação em menos de 5 anos.

A equipe cirúrgica costuma ignorar o período de cuidados pós-operatórios para o paciente com lesão em nervo periférico. O cuidado do paciente não termina com a cirurgia nem quando o paciente recebe alta do hospital. As lesões de nervo periférico frequentemente geram muita dor, com causalgia não incomum. Por essa razão, todos os meus pacientes passam ao menos por uma triagem inicial junto ao atendimento para dor. A base dessa política é importante: um paciente com lesão em nervo periférico apresentando dor mínima participará ativamente na fisioterapia, o que é essencial para a prevenção de contraturas, diminuição da atrofia e prevenção de rigidez. Por isso, esse paciente terá uma chance bem maior de recuperação. Como um nervo demora consideravelmente para regenerar, é importante manter as estruturas distais no melhor formato possível, para que os axônios em brotamento restabeleçam a conexão com os nervos distais – estruturas prontas para serem inervadas aguardando por eles.

Enfim, deve ser notado que o paciente com lesão de nervo periférico costuma ter anestesia associada. A importância de educar o paciente para os perigos de tal anestesia não pode ser sobrevalorizada. Queimaduras, úlceras de decúbito ou lesões abrasivas podem ser debilitantes, mas é possível evitá-las com uma educação apropriada.

Referências

[1] Brooks DM. Open wounds of the brachial plexus. J Bone Joint Surg Br. 1949; 31B(1):17-33
[2] Burdach E. Beitrag zur mikroskopischen Anatomie der Nerven. Könisberg: Gebrüder Borntrager; 1837
[3] Goodrich JT, Kliot M. History of peripheral and cranial nerves. In: Tubbs RS, Rizk E, Shoja MM, Loukas M, Barbaro N, Spinner RJ, eds. Nerve and Nerve Injuries. Amsterdam, the Netherlands: Elsevier; 2015:3-22
[4] McGillicuddy JE. Techniques of nerve repair. In: Wilkins RH, Rengachary SS, eds. Neurosurgery. New York, NY: McGraw-Hill; 1985:1871-1881
[5] Millesi H. Reappraisal of nerve repair. Surg Clin North Am. 1981; 61(2):321-340
[6] Sunderland S. Nerves and Nerve Injuries. 2nd ed. Edinburgh, UK: Churchill Livingston; 1978
[7] Sunderland S. A classification of peripheral nerve injuries producing loss of function. Brain. 1951; 74(4):491-516
[8] Kline DG. Management of the neuroma in continuity. In: Wilkins RH, Rengachary SS, eds. Neurosurgery. New York, NY: McGraw-Hill; 1985:1864-1871
[9] Kline DG, Hudson AR. Nerve Injuries. Operative results for major nerve injuries, entrapments, and tumors. Philadelphia, PA: W.B. Saunders; 1995
[10] Sedden H. Common causes of nerve injury: open wounds, traction, skeletal. In: Seddon H, ed. Surgical Disorders of the Peripheral Nerves. Baltimore, MD: Williams and Wilkins; 1972:68-88
[11] Seddon HJ. Three types of nerve injury. Brain. 1946; 66:237-288
[12] Gentili F, Hudson AR. Peripheral nerve injuries: types, causes, grading. In: Wilkins RH, Rengachary SS, eds. Neurosurgery. New York, NY: Mc- Graw-Hill; 1985:1802-1812
[13] Mackinnon SE, Dellon AL. Classification of nerve injuries as the basis for treatment. In: Surgery of the Peripheral Nerve. New York, NY: Thieme Medical Publishers; 1988:35-63
[14] Eversmann WW Jr. Long-term follow up of combat-incurred nerve injuries. In: Burkhalter WE, ed. Orthopedic Surgery in Vietnam. Washington, DC: Government Printing Office; 1992: 114-135
[15] Edshage S. Peripheral nerve suture: a technique for improved intraneural topography. Evaluation of some suture materials. Acta Chir Scand Suppl. 1964; 15:331:, 1 [Suppl]
[16] Sunderland S. Funicular suture and funicular exclusion in the repair of severed nerves. Br J Surg. 1953; 40(164):580-587
[17] Smith JW. Microsurgery of peripheral nerves. Plast Reconstr Surg. 1964; 33:317-329
[18] Millesi H, Meissl G, Berger A. The interfascicular nerve-grafting of the median and ulnar nerves. J Bone Joint Surg Am. 1972; 54(4):727-750
[19] Millesi H, Meissl G, Berger A. Further experience with interfascicular grafting of the median, ulnar, and radial nerves. J Bone Joint Surg Am. 1976; 58(2):209-218
[20] Samii M. Modern aspects of peripheral and cranial nerve surgery. Adv Tech Stand Neurosurg. 1975; 2:33-85
[21] Terzis J, Faibisoff B, Williams B. The nerve gap: suture under tension vs. graft. Plast Reconstr Surg. 1975; 56(2):166-170
[22] Sunderland S. The pros and cons of funicular nerve repair. J Hand Surg Br. 1979; 4(3):201–211
[23] Highet WB, Sanders FK. The effects of stretching nerves after suture. Br J Surg. 1943; 30(120):355-369
[24] Omer GE Jr. Nerve injuries associated with gunshot wounds of the extremities. In: Gelberman RH, ed. Operative Nerve Repair and Reconstruction. Philadelphia, PA: J.B. Lippincott; 1991:655-670
[25] Mackinnon SE, Dellon AL. Brachial plexus injuries. In: Surgery of the Peripheral Nerve. New York, NY: Thieme Medical Publishers; 1988:423-454
[26] Brunelli G, Monini L, Brunelli F. Problems in nerve lesions surgery. Microsurgery. 1985; 6(4):187-198
[27] Nelson KG, Jolly PC, Thomas PA. Brachial plexus injuries associated with missile wounds of the chest. A report of 9 cases from Viet Nam. J Trauma. 1968; 8(2):268-275
[28] Kline DG. Civilian gunshot wounds to the brachial plexus. J Neurosurg. 1989; 70(2):166-174
[29] Campbell JB, Lusskin R. Upper extremity paralysis consequent to brachial plexus injury. Partial alleviation through neurolysis or autograft reconstruction. Surg Clin North Am. 1972; 52(5):1235-1245
[30] Craig WM, MacCarty CS. Injuries to the brachial plexus. In: Walters W, ed. Lewis' Practice of Surgery. Vol. 3. Hagerstown, MD: WF Prior Company; 1948:1-15
[31] Nulson FE, Slade HW. Recovery following injury to the brachial plexus. In: Woodhall B, Beebe GW, eds. Peripheral Nerve Regeneration: A Follow- up Study of 3,656 World War II Injuries. Washington, DC: Government Printing Office; 1957:389-408
[32] Kline DG, Judice DJ. Operative management of selected brachial plexus lesions. J Neurosurg. 1983; 58(5):631-649
[33] Davis DH, Onofrio BM, MacCarty CS. Brachial plexus injuries. Mayo Clin Proc. 1978; 53(12):799-807
[34] Stevens JC, Davis DH, MacCarty CS. A 32-year experience with the surgical treatment of selected brachial plexus lesions with emphasis on its reconstruction. Surg Neurol. 1983; 19(4):334-345

33 Tratamento Intensivo de Neuropatias Periféricas Compressivas

Kashif A. Shaikh ▪ Nicholas M. Barbara ▪ Richard B. Rodgers

Resumo

O traumatismo de nervo periférico não é uma emergência neurocirúrgica incomum. Estas lesões frequentemente afetam indivíduos jovens, em idade produtiva, e podem ser altamente incapacitantes. O prognóstico a longo prazo é muito variável. Uma avaliação inicial e o tratamento adequados requerem conhecimento profundo sobre anatomia de nervos periféricos, bem como sólida compreensão acerca da fisiopatologia da lesão de nervo aguda. Neste capítulo revisamos os aspectos fisiopatológicos da lesão aguda de nervo periférico, destacamos os achados essenciais do exame físico inicial e discutimos o papel dos testes auxiliares, incluindo a eletromiografia/velocidade de condução nervosa e diversas modalidades de neuroimagem. As indicações e o momento ideal da intervenção neurocirúrgica são revisados ao longo de vários contextos clínicos.

Palavras-chave: neuropatia compressiva aguda, lesão de nervo, lesão de nervo periférico, traumatismo de nervo periférico, neuropatia traumática.

33.1 Introdução

Com uma incidência anual próxima de 50 em cada 100.000 casos, o traumatismo de nervo periférico não é incomum como consulta neurocirúrgica de emergência.[1] Uma avaliação inicial apropriada e o tratamento adequado são fundamentais, uma vez que estas lesões frequentemente afetam indivíduos jovens, em idade produtiva, e prognóstico pode variar bastante, indo desde a recuperação total até o desenvolvimento de limitações significativas e incapacitação. O tratamento intensivo das lesões traumáticas de nervo periférico requer o conhecimento da anatomia e fisiologia dos nervos periféricos normais, bem como uma compreensão aprofundada acerca da fisiopatologia da lesão de nervo aguda.

33.2 Anatomia e Fisiologia

Embora uma discussão detalhada sobre a anatomia macroscópica do sistema nervoso periférico e suas variantes normais fuja da esfera deste capítulo, é essencial conhecer a microanatomia dos nervos periféricos para melhor avaliar e tratar estas lesões[2] (▶ Fig. 33.1).

A subunidade básica de um dado nervo periférico é o axônio individual. Cada axônio é circundado por uma substância de fundo que consiste em uma malha de colágeno denominada endoneuro. Os axônios são unidos em feixes formando fascículos que, por sua vez, são circundados por uma substância de fundo denominada perineuro. O perineuro é constituído por um amplo número de fibras colágenas organizadas e contribui para a força tênsil do nervo. Por último, todo o nervo periférico é envolto em uma camada de tecido conectivo circundante denominada epineuro. O epineuro contém o suprimento sanguíneo para o nervo (▶ Fig. 33.2). O número de fascículos em um dado nervo periférico pode variar de um (monofascicular) a muitos (polifascicular), com base no nervo individual e sua função (▶ Fig. 33.3).

A fisiologia básica da condução nervosa periférica está associada à criação e manutenção de um gradiente eletroquímico. A permeabilidade seletiva dos canais iônicos na membrana celular permite a formação de uma diferença de potencial eletroquímico entre os espaços intra e extracelular. Esta diferença de potencial é responsável pela iniciação e transmissão de potenciais de ação em resposta a um dado estímulo.[3,4]

A velocidade de condução se baseia nas propriedades intrínsecas do nervo considerado, especificamente o diâmetro de secção transversal e o grau de mielinização. As fibras de grande calibre (maior diâmetro) apresentam menos resistência e, portanto, conduzem mais rápido. A mielina diminui a capacitância e aumenta a resistência ao longo da membrana celular, servindo para aumentar a velocidade de condução e minimizando a atenuação de sinal, permitindo assim uma condução veloz de um nodo a outro (condução saltatória). Desta forma, os axônios mielinizados com diâmetro grande apresentam a velocidade de condição mais rápida.[3,5]

33.3 Fisiopatologia da Lesão de Nervo

Existem dois componentes a serem considerados ao avaliar uma lesão de nervo compressiva aguda: o traumatismo estrutural direto na forma de estiramento e/ou compressão; e a interrupção do suprimento vascular. A resposta de um dado nervo periférico a uma agressão compressiva aguda se baseia em fatores intrínsecos e extrínsecos. Os fatores extrínsecos que afetam a extensão da lesão do nervo incluem o mecanismo de lesão, a intensidade da força aplicada, a duração da força aplicada e a extensão do nervo envolvido. As propriedades intrínsecas de um dado nervo que afetam a gravidade da lesão clínica incluem o tipo e o diâmetro da fibra, a elasticidade e a tolerância ao estiramento, o grau de mielinização, e a extensão do suprimento vascular.[6,7]

A lesão estrutural direta pode-se limitar à microestrutura do nervo, afetando-o ao nível do axônio ou fascículo, ou em casos graves de dano à macroestrutura, incluindo ruptura do epineuro e descontinuação.

As lesões de nervo também podem resultar de comprometimento vascular. Até um estiramento leve pode comprometer a drenagem venosa levando à hipóxia e ao edema localizados, com consequente elevação da pressão intrafascicular. A pressão aumentada, por sua vez, limita o fluxo arterial e agrava ainda mais a hipóxia. Também pode haver ruptura direta do suprimento vascular extrínseco no contexto de lesões de membro, como o esmagamento de um membro e/ou a síndrome do compartimento.

De modo geral, os axônios de grande calibre intensamente mielinizados são mais suscetíveis à lesão do que os axônios de menor diâmetro e mais pobres em mielina. Isto se deve parcialmente à alta sensibilidade das células de Schwann à isquemia. As fibras nervosas contendo mais fascículos são menos suscetíveis às forças compressivas em razão da habilidade de redistribuir tais forças ao longo do epineuro.

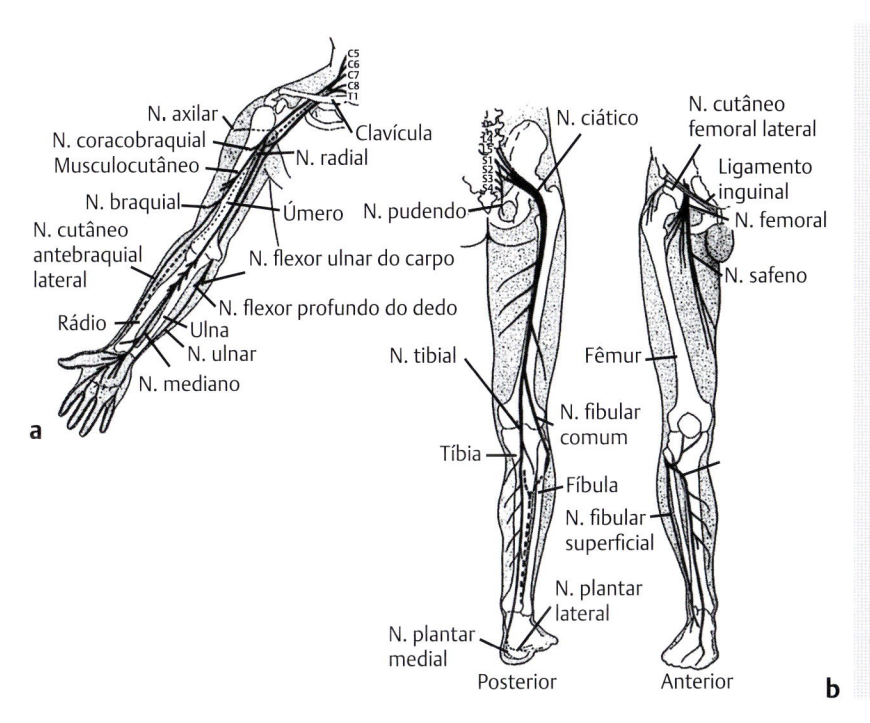

Fig. 33.1 Curso dos principais nervos periféricos em relação a estruturas esqueléticas dos membros (**a**) superior e (**b**) inferior. Os sítios comuns de lesão no membro superior incluem a região clavicular, o médio úmero, o epicôndilo medial e o punho. Os sítios comuns de lesão no membro inferior são o nó ciático, o ligamento inguinal, a cabeça femoral, a fossa poplítea, a cabeça fibular e a tíbia anterior.

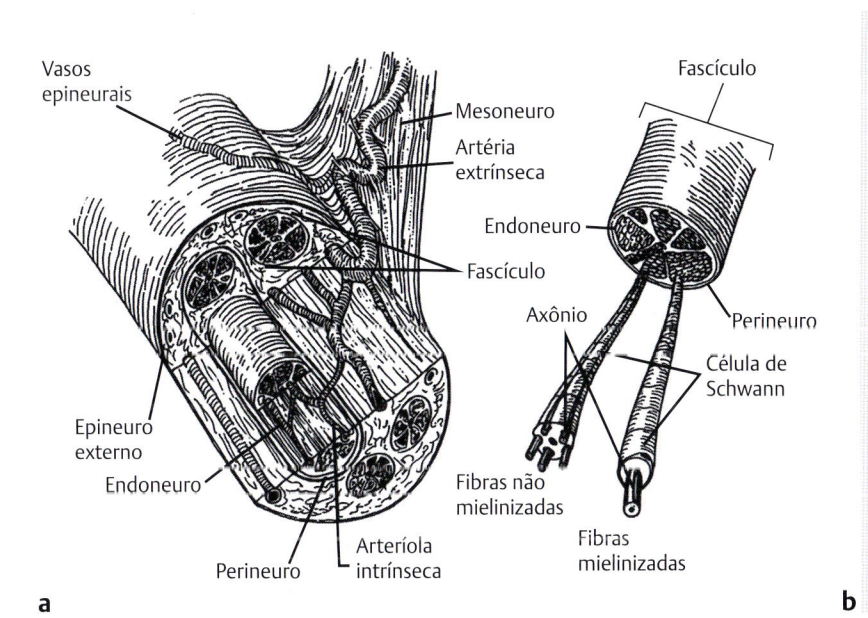

Fig. 33.2 (**a**) Corte transversal de um nervo periférico com relações mostradas de epi-, peri- e endoneuro. Também são mostrados os suprimentos vasculares extrínseco e intrínseco. (**b**) Corte transversal de um fascículo isolado mostrando feixes de axônios mielinizados muito finos e axônios intensamente mielinizados.

33.4 Classificação das Lesões de Nervo Periférico

Inicialmente, Seddon classificou a lesão de nervo periférico com base no dano estrutural/funcional causado ao nervo.[8-10] As lesões de classe I, denominadas neuropraxia, envolvem uma interrupção temporária da condução na ausência de ruptura axonal anatômica. As lesões de classe II, denominadas axonotmese, envolvem a perda da continuidade axonal e da condução, com manutenção dos tecidos conectivos de suporte circundantes. As lesões de classe III, denominadas neurotmese, envolvem a ruptura total do nervo inteiro. Posteriormente, Sunderland expandiu esta classificação para cinco graus de lesão de nervo periférico.[8,9] As lesões de grau I representam lesões neuropráxicas similares as da classificação de Seddon. As lesões de grau II envolvem o dano ao axônio com o endoneuro permanecendo intacto. As lesões de grau III envolvem dano ao axônio e ao endoneuro. As lesões de grau IV envolvem dano a todas as estruturas internas do nervo, em que apenas o epineuro permanece intacto. As lesões de grau V representam a transecção total. Existe uma significativa sobreposição entre os dois sistemas e é importante conhecer ambos os esquemas, uma vez que a extensão da lesão ao nervo tem implicações para o tratamento e o prognóstico[8-10] (▶ Quadro 33.1).

A recuperação das lesões puramente neuropráxicas se dá em uma escala de dias a semanas, conforme a bainha de mielina danificada é restaurada.[11,12] As lesões neuropráxicas muito leves chegam a ser resolvidas em poucos minutos ou em algumas horas. As lesões axonais, por outro lado, demoram mais para se

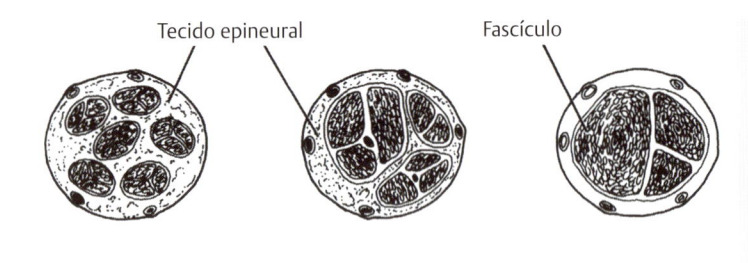

Fig. 33.3 Exemplos de três tipos diferentes de fibras no estado neutro (topo) e sob a ação de forças compressivas, conforme indicado pelas setas (embaixo). A fibra polifascicular consegue distribuir a compressão ao longo do tecido conectivo epineural e, portanto, pode tolerar forças maiores. A fibra monofascicular é afetada mais seriamente pela compressão, em razão de sua relativa falta de tecido conectivo. O aspecto menos evidente na figura é o fato de os fascículos mais perifericamente localizados serem mais suscetíveis à compressão do que aqueles mais centralmente posicionados.

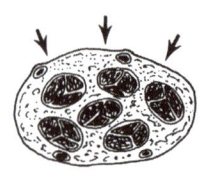

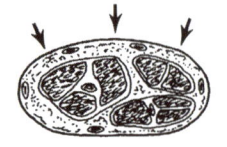

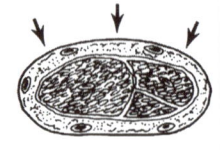

Quadro 33.1 Sistemas de classificação de lesões de nervo

Seddon	Sunderland
Neurapraxia: lesão leve com perda funcional reversível; pode ser completa ou incompleta	Primeiro grau: perda da condução axonal; completamente reversível
Axonotmese: interrupção completa do axônio com preservação da membrana basal, do endo-, peri- e epineuro; lesão completa com degeneração valeriana distal; bom potencial de recuperação	Segundo grau: perda da continuidade axonal com preservação do endoneuro; boa recuperação
Neurotmese: separação anatômica total ou manutenção do epineuro com ruptura interna incompatível com recuperação; lesão total; quase sempre requer reparo cirúrgico para propiciar alguma chance de recuperação	Terceiro grau: perda do axônio e do endoneuro, com preservação do perineuro; recuperação tardia incompleta
	Quarto grau: perda do perineuro
	Quinto grau: perda do epineuro (isto é, nervo transeccionado)

recuperar, com a extensão e a duração da recuperação baseadas na gravidade da lesão e na distância entre o sítio de lesão nervosa e o músculo inervado, e com a regeneração ocorrendo a cerca de 1 mm por dia a partir do coto axonal.[11]

33.5 Avaliação de Lesões Compressivas de Nervos Periféricos

A avaliação de suspeitas de lesão de nervo periférico começa com a determinação da história e do mecanismo de lesão, que podem fornecer indícios da natureza e da extensão da lesão. A avaliação inicial se baseia em três componentes: o exame físico, os exames de imagem, e os testes eletrofisiológicos.[11,12]

33.5.1 Exame Físico

O exame físico é o aspecto mais importante da avaliação inicial. Muitas vezes, os achados de imagem podem ser difíceis de interpretar e inespecíficos no contexto agudo. Os testes eletrofisiológicos realizados pouco após a lesão costumam ter resultados normais.

Um conhecimento abrangente sobre a inervação motora básica e as distribuições sensoriais de um determinado nervo periférico, bem como de suas relações com estruturas anatômicas adjacentes, é necessário para estabelecer um exame inicial e, potencialmente, localizar o sítio de lesão. É fundamental documentar o exame inicial. Mesmo em um paciente que não colabora ou em estado comatoso, é importante estabelecer um exame inicial que permita a realização de exames seriados comparativos significativos.

O membro ou a região testada deve ser cuidadosamente exposta e, de modo ideal, é necessário fazer comparações com o lado não afetado. A apalpação ao longo do trajeto conhecido de um nervo pode ajudar a revelar o sítio de lesão. Um sinal de Tinel – presença de sintomas neurológicos facilmente deflagráveis à percussão leve do nervo – em um potencial sítio de compressão pode ser sugestiva, mas nem sempre está presente.[13] Também vale a pena notar que uma dor em repouso pode irradiar e, assim, levar à sua falsa localização.

A descrição detalhada da inervação muscular de cada nervo periférico foge do objetivo deste capítulo. É importante isolar o músculo e o nervo testados, a fim de realizar um exame preciso, uma vez que os pacientes naturalmente encontram mecanismos compensatórios para executar os movimentos necessários.[12]

O exame sensorial deve incluir testes de toque leve, dor e sensação vibratória. O examinador deve estar ciente da existência de uma significativa sobreposição nas distribuições sensoriais dos nervos periféricos, sabendo que esta sobreposição varia de acordo com a modalidade. Exemplificando, a área da percepção do toque leve de um nervo é maior do que a área da sensação de estímulos dolorosos. É preciso estar atento para o fato de que as diferentes modalidades sensoriais apresentam sensibilidade variada à lesão compressiva.[12] As perturbações na sensação vibratória ocorrem mais precocemente e com compressões menos intensas, enquanto a discriminação entre dois pontos costuma ser a última modalidade afetada antes do bloqueio sensorial total. Cada nervo periférico com função sensorial tem uma "zona autóloga" relativamente constante em que a sensibilidade permanecerá comprometida mesmo que outros nervos sensoriais supram a função na região cutânea envolvida.

33.5.2 Testes Eletrofisiológicos

Os testes eletrofisiológicos podem ser muito úteis para avaliar e acompanhar uma lesão de nervo periférico. Estes testes podem ajudar a estabelecer a localização e a gravidade da lesão, bem como a monitorar a melhora subclínica, quando conduzidos de modo seriado ao longo do tempo. Quando realizados imediatamente à aquisição da lesão, podem mostrar resultado normal.[14] De modo geral, considera-se melhor esperar pelo menos 2-4 semanas após a lesão, para assim obter resultados mais significativos. No entanto, estudos recentes buscaram checar mais de perto os achados sutis bem iniciais (obtidos antes do desenvolvimento de fibrilações), com o objetivo de ajudar a orientar o aconselhamento do paciente e as decisões referentes ao tratamento.[11]

A eletromiografia (EMG) é um estudo da atividade elétrica conduzido em um músculo em resposta à estimulação de um nervo. Esse exame apresenta maior rendimento quando realizado após a ocorrência de certo grau de degeneração walleriana que, então, permitirá a observação dos sinais de denervação. As fibrilações e ondas positivas precisas são indicadoras de denervação aguda. Como os potenciais e latências motoras diferem quanto à gravidade e ao tempo decorrido desde a lesão, a EMG pode ser usada para avaliar tanto o grau como a relativa cronicidade da lesão.[14] Como mencionado, esse exame também pode ser muito útil no acompanhamento da recuperação, uma vez que os exames seriados podem revelar potenciais nascentes indicativos de regeneração axonal.[11,14]

As velocidades de condução nervosa (NCVs) testam a velocidade de condução elétrica em um nervo periférico.[14] Este teste é realizado com eletrodos de superfície para estimular e registrar a velocidade e a amplitude da condução ao longo de uma região específica do nervo, comparativamente aos valores normais padronizados. É mais conveniente localizar especificamente a área ou até múltiplas áreas de compressão. O estudo revelará a desaceleração focal ou o bloqueio de condução ao longo da área da lesão, com diminuição na amplitude do potencial de ação nervoso sensorial (SNAP). Os SNAP são o indicador mais sensível de compressão de nervo. A presença de um SNAP normal em um nervo que perdeu totalmente a função motora indica que a lesão é bastante proximal, como nas raízes espinhais, por exemplo. Isto ocorre porque os corpos celulares das fibras nervosas sensoriais estão no gânglio da raiz dorsal, enquanto os corpos celulares dos axônios motores estão no corno ventral da medula espinhal.

Os potenciais somatossensoriais evocados (SSEPs) registram os impulsos decorrentes da estimulação sensorial do sistema nervoso central. Embora sejam projetados para avaliar as lesões das vias sensoriais cerebrais e medulares espinhais, às vezes podem ser úteis no diagnóstico de uma lesão de nervo periférico proximal (p. ex., lesão radicular).[14,15]

Além do diagnóstico e acompanhamento da recuperação, também é possível usar os testes eletrofisiológicos na sala cirúrgica, durante a exploração da lesão do nervo periférico, para auxiliar a localização e também na avaliação intraoperatória da função do nervo, com o objetivo de guiar a tomada de decisões no decorrer da operação.[14]

33.5.3 Imagens

As imagens iniciais obtidas no contexto de suspeita de lesão de nervo periférico frequentemente já foram obtidas como parte de uma avaliação de outras lesões concomitantes, como Raios X simples no contexto de traumatismo de membro evidente.

Em termos de exames de imagem dedicados, a imagem de ressonância magnética (MRI) suplantou em grande parte a tomografia computadorizada (CT) como exame de imagem de escolha para suspeita de lesões de nervo e tecido mole.[16] Graças ao avanço tecnológico, já é possível identificar os nervos periféricos e acompanhar seus cursos por MRI de alta resolução e neurografia de MR.[11,16-18] Às vezes, é possível observar a alteração de sinal junto ao nervo para identificar e localizar o sítio de lesão.[11,16,17] Também é possível identificar os fatores extrínsecos que contribuem para a lesão, como um hematoma compartimental amplo. Adicionalmente, a avaliação por MR da coluna espinhal pode revelar uma pseudomeningocele indicativa de avulsão de raiz nervosa. Estudos avaliaram o papel da imagem tensora por difusão (DTI) e da tractografia tensora por difusão (DTT) na avaliação e seguimento da regeneração do nervo.[11,19-21] Espera-se que isto finalmente sirva como um método útil para detectar as primeiras fases da lesão e da regeneração axonal, muito antes do aparecimento das alterações de EMG.[11,19-21]

A ultrassonografia é um complemento de imagem potencialmente útil e tem a vantagem de poder ser obtida com facilidade. Um benefício adicional é a qualidade dinâmica do ultrassom, que permite avaliar o nervo no contexto de suas relações anatômicas com o movimento.[22-26] Atualmente, esforços estão sendo empreendidos para medir os potenciais usos adicionais da ultrassonografia de nervo, incluindo a aplicação intraoperatória.[27] A qualidade das imagens obtidas e a interpretação das imagens, todavia, podem ser desafiadoras e são altamente dependentes do examinador.

33.6 Tratamento Intensivo

Em geral, o tratamento intensivo (agudo) de neuropatias compressivas suspeitas é conservador. A intervenção cirúrgica de urgência ou de emergência não costuma ser realizada. Entretanto, existem algumas situações clínicas que merecem exploração inicial e serão aqui revisadas.

33.6.1 Fraturas/Deslocamentos

A lesão ortopédica de membro é uma causa comum de lesão traumática aguda de nervo periférico. Nestes contextos, o tratamento intensivo geralmente é determinado pelo plano ortopédico para a lesão primária. Um deslocamento ou fratura fechada com suspeita de lesão de nervo concomitante deve ser reduzido o quanto antes. Como essa redução muitas vezes é realizada de modo fechado, uma decisão relacionada com a exploração dedicada do nervo pode ser baseada em exames físicos seriados subsequentes à redução. No caso de uma fratura aberta ou de um procedimento ortopédico aberto planejado, o nervo envolvido pode ser explorado naquele momento, caso seja percebido que é possível acessá-lo com facilidade. Em geral, as tentativas de dissecação agressiva para encontrar o nervo rendem mais prejuízo do que benefícios, quando não são facilmente acessíveis pela exposição planejada. Em termos de prognóstico, a recuperação do nervo é melhor em pacientes com lesões fechadas do que naqueles com lesões abertas. Essa probabilidade é provocada por diversos motivos, entre os quais as lesões vasculares concomitantes, traumatismos mais significativos e risco de infecção aumentado associado às fraturas ortopédicas abertas.

33.6.2 Síndrome de Compartimento

Uma síndrome de compartimento é definida pela pressão aumentada junto a um espaço definido do corpo. Pode ocorrer em qualquer compartimento, incluindo o abdome e o retroperitônio, mas o termo é usado classicamente para descrever a pressão elevada junto a um compartimento fascial em um membro. Isto pode ocorrer em seguida a qualquer traumatismo em um membro, incluindo lesões por esmagamento, eventos isquêmicos, ferimentos à bala e queimaduras.[28]

Os sintomas da síndrome de compartimento tipicamente surgem de forma tardia, muitas vezes horas após a lesão inicial, à medida que o evento agudo induz um edema tecidual gradualmente progressivo. A suspeita clínica surge diante de um membro apresentado qualquer um dos chamados "cinco Ps": *pain* (dor), *paresthesias* (parestesias), *paralysis* (paralisia), *pallor* (palidez), *pulselessness* (ausência de pulsação). É necessário haver um alto nível de suspeita clínica, porque um membro apresentando todos os cinco "Ps" provavelmente terá sofrido dano irreversível. O diagnóstico pode ser confirmado medindo as pressões compartimentais. As parestesias tendem a ocorrer quando as pressões compartimentais atingem 30 mmHg, com formação de um edema significativo junto ao nervo diante de pressões entre 30 e 50 mmHg. Pressões de compartimento maiores que 50 mmHg resultam em bloqueio total da condução.[28]

O tratamento é voltado ao alívio emergencial da pressão, que geralmente requer fasciotomias, ou várias incisões longitudinais na cobertura fascial do compartimento. A cirurgia geralmente é realizada diante de pressões acima de 30 mmHg. O diagnóstico antecipado é essencial, uma vez que o alívio da pressão dentro de 8 horas após o aparecimento dos sintomas resulta na recuperação da função neurológica em quase 80% dos pacientes.

33.6.3 Hematomas Compressivos

Os hematomas podem ocorrer por conta de uma variedade de causas traumáticas vasculares, inclusive causas iatrogênicas. A compressão de nervo pode ser secundária a um hematoma em expansão ou pode ser resultado da formação de uma pseudoaneurisma em seguida à lesão vascular.[29,30] Com o aumento da prevalência da anticoagulação, surgiram numerosos relatos de neuropatias compressivas associadas à formação espontânea de hematomas.[31] A lesão de nervo pode resultar tanto da compressão direta de um hematoma como de uma síndrome de compartimento secundária a um hematoma.

A cirurgia de urgência, no contexto de suspeita de hematoma compressivo, deve ser realizada num contexto de disfunção clínica grave de nervo ou de clara piora funcional, uma vez que as neuropatias leves a moderadas frequentemente melhoram com um simples tratamento conservador.

33.6.4 Compressão Extrínseca Direta

A compressão extrínseca direta continua sendo a causa mais comum de paralisia de nervo periférico (▶ Fig. 33.4). Existem inumeráveis potenciais mecanismos de compressão, incluindo posicionamento operatório iatrogênico, traumatismo direto ao longo de uma área particularmente vulnerável do curso do nervo, manutenção prolongada ou repetitiva da pressão de certas posições, ou até de vestimentas apertadas.[32]

A lesão compressiva de nervo periférico mais classicamente descrita é a "paralisia da noite de sábado" ou "paralisia da lua de mel", em que a pressão prolongada sobre o braço resulta em paralisia do nervo radial.[33] Nestes casos, o paciente geralmente relata despertar com o punho recém e, muitas vezes, totalmente caído.[33]

Outra forma de neuropatia compressiva é denominada "paralisia da muleta", resultando da compressão axilar repetitiva e prolongada com o uso de muletas. Esta condição pode resultar em neuropatia compressiva da medula posterior do plexo braquial.[34]

As neuropatias relacionadas com o posicionamento na sala cirúrgica não são raras. Os nervos ulnar e fibular são particularmente vulneráveis à compressão prolongada. Há relatos de lesões associadas ao uso de torniquetes e até de manguitos de aferição da pressão arterial.[32]

As neuropatias compressivas extrínsecas geralmente são melhor diagnosticadas por meio de uma história detalhada e do exame médico. O tratamento inicial, nestes casos, é conservador. A recuperação deve ser acompanhada com EMG e exames seriados no decorrer de algumas semanas.[11,23] A vasta maioria desses casos alcança a recuperação completa em 8 semanas.[11,12]

33.7 Cirurgia

À parte das indicações supracitadas para a exploração intensiva, a cirurgia nas neuropatias compressivas de nervo periférico é tipicamente reservada para os casos que falham em apresentar a melhora esperada ou que apresentam piora clínica do déficit neurológico. O momento ideal da intervenção cirúrgica é indeterminado, visto que muitas destas lesões melhoram com tratamento conservador. Ao mesmo tempo, porém, o prognóstico das lesões que não melhoram com tratamento conservador e, por fim, são submetidas à exploração cirúrgica são mais satisfatórios quanto mais cedo a cirurgia for realizada. Portanto, é importante tentar e identificar as lesões cirúrgicas antecipadamente, no curso da recuperação. O EMG seriado tradicionalmente é usado para acompanhar a recuperação, mas é limitado no sentido de que alterações significativas junto ao nervo devem ocorrer antes da observação dos achados de EMG.[11] Como discutido anteriormente, espera-se que as modalidades de imagem mais modernas, como DTI/DTT, permitam que a informação prognóstica seja obtida mais cedo no curso da lesão.[11,19-21]

A exploração operatória da lesão de nervo periférico deve envolver uma ampla exposição próxima e distal do segmento envolvido, além de incluir os testes eletrofisiológicos complementares para possibilitar a avaliação intraoperatória da função

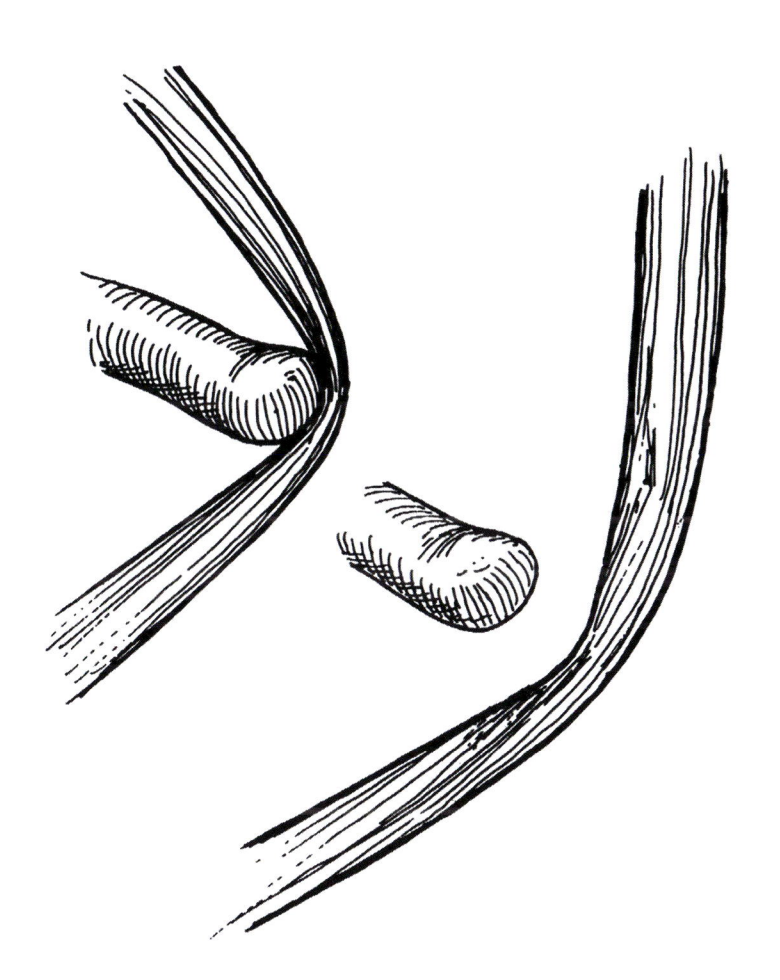

Fig. 33.4 Demonstração de que forças compressivas e de estiramento em um nervo periférico (contra estruturas esqueléticas, tecidos moles ou outras massas) podem causar alterações permanentes no nervo, mesmo após a causa da lesão ser eliminada.

ao longo do nervo, bem como a detecção de neuromas contínuos. Os torniquetes devem ser evitados, uma vez que a relativa isquemia pode agravar a lesão no nervo já vulnerável. Por uma razão similar, a manipulação ou mobilização excessiva do nervo geralmente é evitada durante a neurólise (▶ Fig. 33.5). Embora esteja além do intuito deste capítulo, algumas lesões traumáticas de nervo periférico podem não ser passíveis de reparo direto ou à neurólise isolada e, nestas situações, os procedimentos de transferência de nervo podem ser considerados.[35]

33.8 Conclusão

As lesões compressivas de nervo periférico são muito comuns. A avaliação requer conhecimento de anatomia, conhecimento sobre o mecanismo da lesão e exame físico focado. Os exames de imagem podem ser úteis como auxiliares em certos tipos de lesão. Os testes eletrofisiológicos não são tão úteis no contexto agudo, mas fornecem informação valiosa quando realizados de modo seriado no decorrer da recuperação esperada. Os avanços nos exames de imagem continuam e é possível que, um dia, permitam determinar com antecedência as informações diagnósticas e prognósticas fundamentais.

Apesar do grau e da duração da recuperação possam ser sugeridos pela gravidade da lesão inicial e estarem inversamente relacionados com a idade do paciente, a maioria das lesões requer um período de observação de algumas semanas, para que seja possível estimar um prognóstico preciso.

A exploração cirúrgica aguda, no contexto intensivo, limita-se a apenas alguns tipos de lesão. Tipicamente, a exploração cirúrgica é reservada para a ausência da esperada melhora clínica ou eletrofisiológica, ou para os casos de piora dos déficits neurológicos. Partes deste capítulo, incluindo as figuras, são adaptadas com permissão de Robertson SC, Traynelis VC. Acute management of compressive peripheral nerve injuries. In: Loftus CM, ed. Neurosurgical Emergencies. Vol. 2. Rolling Meadows, IL: American Association of Neurological Surgeons; 1994:313-326.

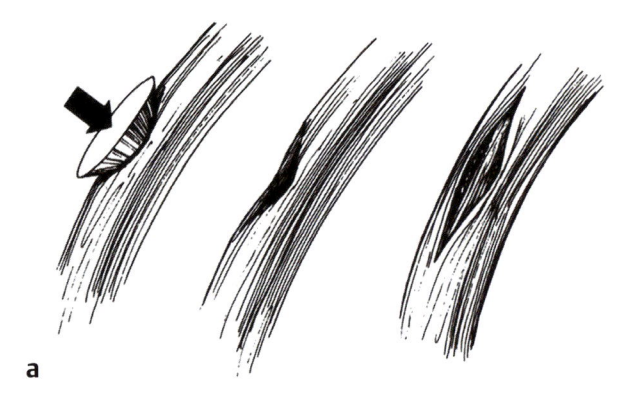

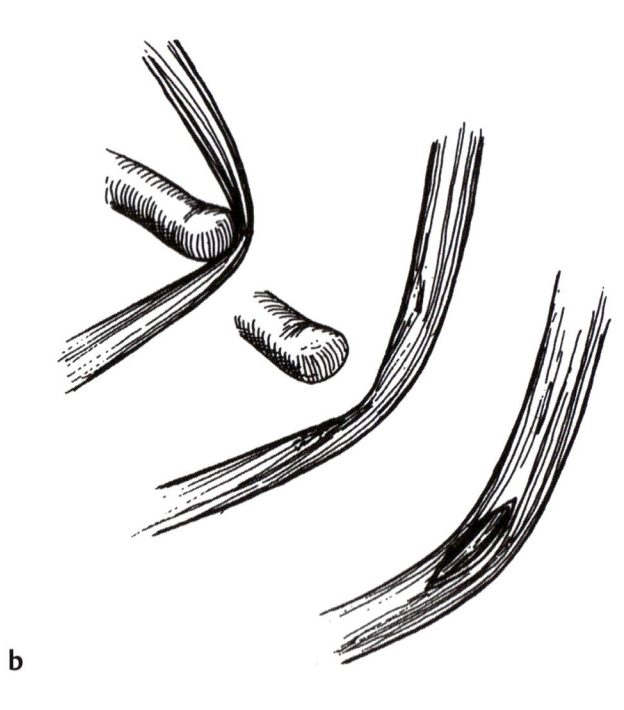

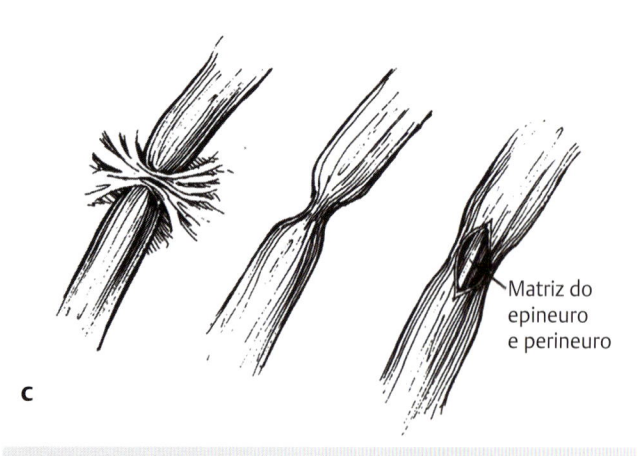

Fig. 33.5 Neurólise de nervos periféricos com áreas constritivas secundárias à compressão. Três tipos de lesão compressiva são mostrados: (**a**) compressão pura; (**b**) compressão com estiramento; e (**c**) compressão circunferencial. A neurólise envolve descompressão cirúrgica do epineuro envolvido, com mínima manipulação do perineuro ou de fascículos individuais, para restaurar a função local.

Referências

[1] Kurtzke JF. The current neurologic burden of illness and injury in the United States. Neurology. 1982; 32(11):1207-1214
[2] Omer GE Jr. Physical diagnosis of peripheral nerve injuries. Orthop Clin North Am. 1981; 12(2):207-228
[3] Kinney. Physiology of the peripheral nerve. In: Youman's Neurological Surgery. Philadelphia, PA: W.B. Saunders; 2003:3809-3818
[4] Menorca RM, Fussell TS, Elfar JC. Nerve physiology: mechanisms of injury and recovery. Hand Clin. 2013; 29(3):317-330
[5] Guyten. Membrane potentials and action potentials. Philadelphia, PA: W.B. Saunders; 1991
[6] Ogata K, Naito M. Blood flow of peripheral nerve effects of dissection, stretching and compression. J Hand Surg [Br]. 1986; 11(1):10-14
[7] Powell HC, Myers RR. Pathology of experimental nerve compression. Lab Invest. 1986; 55(1):91-100
[8] Sunderland S. The anatomy and physiology of nerve injury. Muscle Nerve. 1990; 13(9):771-784
[9] Sunderland S. A classification of peripheral nerve injuries producing loss of function. Brain. 1951; 74(4):491-516
[10] Seddon HJ. A classification of nerve injuries. BMJ. 1942; 2(4260):237-239
[11] Simon NG, Spinner RJ, Kline DG, et al. Advances in the neurological and neurosurgical management of peripheral nerve trauma. J Neurol Neurosurg Psychiatry. 2016; 87(2):198-208
[12] Midha. Peripheral nerve: approach to the patient. In: Youman's Neurological Surgery. Philadelphia, PA: W.B. Saunders; 2003:3819-3830
[13] Tinel J. "Tingling" signs with peripheral nerve injuries. 1915. J Hand Surg [Br]. 2005; 30(1):87-89
[14] Yuen ERL, Slimp J. Electrodiagnostic evaluation of peripheral nerves. In: Youman's Neurological Surgery. Philadelphia, PA: W.B. Saunders; 2003:3851-3872
[15] Kline DG, Hackett ER, May PR. Evaluation of nerve injuries by evoked potentials and electromyography. J Neurosurg. 1969; 31(2):128-136
[16] Spratt JD, Stanley AJ, Grainger AJ, et al. The role of diagnostic radiology in compressive and entrapment neuropathies. Eur Radiol. 2002; 12(9):2352-2364
[17] West GA, Haynor DR, Goodkin R, et al. Magnetic resonance imaging signal changes in denervated muscles after peripheral nerve injury. Neurosurgery. 1994; 35(6):1077-1085, discussion 1085-1086
[18] Du R, Auguste KI, Chin CT, et al. Magnetic resonance neurography for the evaluation of peripheral nerve, brachial plexus, and nerve root disorders. J Neurosurg. 2010; 112(2):362-371
[19] Simon NG, Kliot M. Diffusion weighted MRI and tractography for evaluating peripheral nerve degeneration and regeneration. Neural Regen Res. 2014; 9(24):2122-2124
[20] Simon NG, Narvid J, Cage T, et al. Visualizing axon regeneration after peripheral nerve injury with magnetic resonance tractography. Neurology. 2014; 83(15):1382-1384
[21] Simon NG, Cage T, Narvid J, et al. High-resolution ultrasonography and diffusion tensor tractography map normal nerve fascicles in relation to schwannoma tissue prior to resection. J Neurosurg. 2014; 120(5):1113-1117
[22] Erra C, Granata G, Liotta G, et al. Ultrasound diagnosis of bony nerve entrapment: case series and literature review. Muscle Nerve. 2013; 48(3):445-450
[23] Padua L, Di Pasquale A, Liotta G, et al. Ultrasound as a useful tool in the diagnosis and management of traumatic nerve lesions. Clin Neurophysiol. 2013; 124(6):1237-1243
[24] Padua L, Hobson-Webb LD. Ultrasound as the first choice for peripheral nerve imaging? Neurology. 2013; 80(18):1626-1627
[25] Tagliafico A, Perez MM, Padua L, et al. Increased reflectivity and loss in bulk of the pronator quadratus muscle does not always indicate anterior interosseous neuropathy on ultrasound. Eur J Radiol. 2013; 82(3):526-529

[26] Zhu J, Padua L, Hobson-Webb LD. Ultrasound as the first choice for peripheral nerve imaging? Neurology. 2013; 81(18):1644

[27] Koenig RW, Schmidt TE, Heinen CP, et al. Intraoperative high-resolution ultrasound: a new technique in the management of peripheral nerve disorders. J Neurosurg. 2011; 114(2):514-521

[28] Gelberman RH, Szabo RM, Williamson RV, et al. Tissue pressure threshold for peripheral nerve viability. Clin Orthop Relat Res. 1983(178):285-291

[29] Stevens KJ, Banuls M. Sciatic nerve palsy caused by haematoma from iliac bone graft donor site. Eur Spine J. 1994; 3(5):291-293

[30] Pai VS. Traumatic aneurysm of the inferior lateral geniculate artery after total knee replacement. J Arthroplasty. 1999; 14(5):633-634

[31] Hoyt TE, Tiwari R, Kusske JA. Compressive neuropathy as a complication of anticoagulant therapy. Neurosurgery. 1983; 12(3):268-271

[32] Winfree CJ, Kline DG. Intraoperative positioning nerve injuries. Surg Neurol. 2005; 63(1):5-18, -discussion 18

[33] Han BR, Cho YJ, Yang JS, et al. Clinical features of wrist drop caused by compressive radial neuropathy and its anatomical considerations. J Korean Neurosurg Soc. 2014; 55(3):148-151

[34] Raikin S, Froimson MI. Bilateral brachial plexus compressive neuropathy (crutch palsy). J Orthop Trauma. 1997; 11(2):136-138

[35] Midha R. Emerging techniques for nerve repair: nerve transfers and nerve guidance tubes. Clin Neurosurg. 2006; 53:185-190

34 Lesão Medular Espinhal e Lesão Medular Espinhal sem Anormalidade Radiográfica em Crianças

Jamal McClendon Jr. ▪ P. David Adelson

Resumo

Apesar de incomum em crianças, particularmente em comparação com a lesão cerebral traumática, a lesão medular espinhal (SCI) em crianças impõe desafios exclusivos em termos de apresentação, diagnóstico clínico e radiológico, tratamento e, por fim, reabilitação de lesões mais graves. É necessário destacar que, apesar da incidência relativa elevada, a SCI pode apresentar significativa morbidade e contribuir para a mortalidade, sobretudo quando não identificada, em razão dos aspectos exclusivos do traumatismo pediátrico e da apresentação radiológica. Como o envolvimento ósseo no traumatismo espinhal é menos comum em crianças do que em adultos, isto muitas vezes pode levar a uma SCI não identificada que potencialmente pode piorar de maneira acidental. Isto salienta a necessidade de realizar um exame clínico meticuloso e de exames de imagem adequados, idealmente a obtenção de imagens de ressonância magnética (MRI) para avaliar a lesão ao tecido mole, em particular em crianças não verbais em decorrência da idade e da extensão e gravidade de outras lesões. Crianças com SCI devem ser tratadas de maneira agressiva, a fim de prevenir ou limitar a deterioração a partir de lesões secundárias. Como em todo traumatismo, é importante manter rígida imobilização, alinhamento espinhal e também a estabilidade, bem como suporte cardiopulmonar e estabilização metabólica, até que uma avaliação adequada seja realizada, a fim de garantir a identificação de quaisquer outras lesões subjacentes. Isto é importante no decorrer de toda assistência intensiva, para otimizar os resultados, ainda que demasiadamente limitado em termos gerais, pela atual falta de outros métodos eficazes disponíveis. Na literatura sobre SCI, há controvérsias quanto ao manejo ideal, tanto para adultos como para crianças, em especial devido à não inclusão de crianças em estudos clínicos de larga escala. Como a SCI em crianças ainda é incomum, tem sido difícil desenvolver estudos clínicos pediátrico-específicos para tratamento.

Palavras-chave: imagem, tratamento, mecanismo, neurorradiologia, pediátrico, SCIWORA, lesão medular espinhal, traumatismo.

34.1 Introdução

A lesão traumática é um dos principais fatores contribuidores para as despesas de saúde pública nos Estados Unidos, e continua sendo a principal causa de morte e incapacitação de crianças.[1] Os desfechos melhoraram significativamente com o desenvolvimento de protocolos e centros de cuidados terciários de traumatismo, os quais proporcionam tratamento agressivo e dirigido pata o envolvimento multissistêmico subsequente a uma lesão traumática. Embora o traumatismo craniano direto seja mais prevalente na população pediátrica, a SCI continua sendo um profundo desafio em crianças, em razão da disfunção neurológica e também da necessidade de tratamento crônico. A lesão na medula pode ocorrer em qualquer parte ao longo de seu eixo e pode acarretar condições neurológicas permanentes, complicações envolvendo múltiplos sistemas orgânicos, além de tratamento de restauração e reabilitação vitalício.

A SCI ocorre com uma incidência anual mundial de 15-40 casos por milhão de pessoas.[2,3] Nos Estados Unidos, a SCI aguda afeta 12.000 pessoas a cada ano, com uma taxa de mortalidade aproximada de 4.000 mortes antes da chegada ao hospital e mais 1.000 mortes no hospital.[3] Um estudo conduzido em 2004 refletiu que as despesas geradas pela SCI junto ao sistema de saúde nos Estados Unidos chegam a 40,5 milhões de dólares por ano.[4]

A lesão fechada envolvendo a coluna espinal cervical é rara na população pediátrica, representando cerca de 1-2% de todas as internações por traumatismo pediátrico.[5-13] As características relatadas da lesão na coluna espinal cervical em crianças estão fortemente relacionadas com a idade e variam de modo significativo entre bebês, crianças pequenas e adolescentes.[5] Do mesmo modo, a lesão na coluna espinal cervical pediátrica é mais comum do que a lesão na coluna espinal torácica.

A SCI sem anormalidade radiográfica (SCIWORA) é descrita como SCI sem fratura evidente nem alinhamento anômalo observáveis em radiografias simples ou em tomografia computadorizada (CT). Apesar de mais comum em crianças do que em adultos, o mecanismo de lesão pode ser caracterizado por traumatismo mínimo. Seu diagnóstico é menos comum por conta do aprimoramento das técnicas de obtenção de imagem, particularmente na atual era da MR avançada. O grande número de sequências atualmente disponíveis permite identificar lesões sutis no tecido mole, bem como perturbações metabólicas. Esta forma de SCI requer principalmente tratamento de suporte, em vez de terapia permanente. O diagnóstico se baseia nos sintomas clínicos, sinais neurológicos, em um exame completo e nas imagens radiográficas. Neste capítulo, exploraremos o campo da SCI pediátrica e discutiremos a SCIWORA. Também será discutida a etiologia, a fisiopatologia, o mecanismo de lesão, os achados radiográficos e o tratamento da SCI. Adicionalmente, exploraremos as potenciais áreas de tratamento e potenciais intervenções futuras para SCI.

34.2 Lesão Medular Espinhal

A SCI pode resultar em um grave déficit neurológico, em deterioração da qualidade de vida e em ônus funcional para a sociedade. A SCI pode ocorrer em qualquer região, embora os pacientes possam ter lesões unicamente medulares sem envolvimento da coluna vertebral, ou lesões na coluna vertebral e na medula. Também se acredita que as lesões na coluna espinhal que ocorrem ao nascimento contribuem para uma proporção significativa das SCIs em crianças.[14-16] As lesões na medula espinhal devem ser diferenciadas das lesões no plexo ou das patologias de nervo periférico. Com o traumatismo ao nascimento grave, as crianças podem sofrer lesões em múltiplas regiões da medula e pode haver envolvimento do sistema nervoso periférico.[17-23] As lesões que ocorrem ao nascimento representam 4-16% das SCIs.[14,15] Há quem atribua a lesão cervical superior ou a lesão na junção cervicotorácica que resulta em SCI à mortalidade perinatal.

34.3 Incidência e Prevalência

Com base em registros feitos em 2009, envolvendo o *Kid's Inpatient Database* (KID) e o *National Trauma Data Bank* (NTDB), a incidência estimada de internações hospitalares por lesão na coluna espinhal nos Estados Unidos era de 170 em 1 milhão na população de indivíduos com menos de 21 anos de idade.[24] Além disso, a incidência de SCI era de 24 em 1 milhão. Para o KID analisado no período de

2000 a 2012, a prevalência da lesão traumática na coluna espinal cervical posterior foi 2,07% e a taxa de mortalidade foi 4,87%.[25] Para crianças com menos de 3 anos de idade, a prevalência da SCI era 0,38% e aquelas com SCIWORA representavam 0,19%.[5] A estatística da prevalência se baseia solidamente em amplos bancos de dados multi-institucionais, como o National Pediatric Trauma Registry, o NTDB e o KID. Estes conjuntos de dados forneceram informações importantes, contudo são limitados por tendenciosidades de seleção e pela conveniência da amostragem, além de não serem totalmente inclusivos de diversas populações/sistemas de saúde.[25] A lesão na coluna espinal cervical em crianças se tornou mais frequente com o avanço da idade, com cerca de 80% do total de casos ocorrendo em adolescentes e adultos jovens.[25] A prevalência da SCIWORA diminui com o avanço da idade, observando-se aproximadamente 17% em bebês e 5,04% em adultos jovens.[25]

A SCI exibe predominância masculina. Dentre aqueles com traumatismo multissistêmico e uma SCI, há maior morbidade e mortalidade com graus variáveis de déficits neurológicos. A mortalidade é mais frequente em pacientes com lesão total.[14,26,27] A mortalidade subsequente à SCI costuma ser secundária à lesão craniana fechada concomitante ou ao traumatismo multissistêmico e à lesão cerebral. Embora a SCI frequentemente seja considerada uma doença de adultos jovens, cuja média da idade no momento da lesão é 28,7 anos,[28] à medida que a população dos EUA envelhece, nota-se um aumento nessa média da idade para 38 anos no momento da lesão.[28]

34.4 Mecanismo da Lesão

O NTDB relatou que, para pacientes com menos de 3 anos de idade, as colisões de veículos motorizados foram o mecanismo de lesão mais comum, seguidas das quedas para lesão da coluna espinal cervical.[5] Entretanto, as lesões de coluna espinal cervical somente são observadas em 3,2% de todas as colisões de veículos motorizados.[5] Os acidentes foram a causa mais comum de lesão na coluna espinal cervical, mais prevalente no grupo de adultos jovens.[25] Uma metanálise que avaliou SCIWORA em 433 pacientes pediátricos com idade abaixo de 18 anos relatou como mecanismo de lesão de SCI mais prevalente as lesões esportivas (39,8%), quedas (24,2%) e colisões de veículos motorizados (23,2%).[29]

A SCI pode ocorrer em várias modalidades de parto, durante o período perinatal. Tipicamente, uma lesão mecânica ou uma lesão focal isquêmica constitui a maioria dos casos. A forte tração do tronco durante a remoção forçada no parto pélvico ou um parto com fórceps difícil podem, ambos, causar SCI cervical e/ou do plexo braquial.[30-32] Do mesmo modo, foi relatado que 20-25% das crianças nascidas com SCI passaram por um parto sem complicações.[18] A hiperextensão persistente intra útero foi descrita como uma potencial etiologia da SCI, levando alguns a acreditar que o parto prematuro por cesariana dessas crianças reduziria a prevalência no período perinatal.[33]

A SCI pediátrica causada por colisão de veículos motores com envolvimento de uma criança, seja como passageiro, pedestre ou ciclista, representa 25-66% dos relatos de SCI. As quedas também são uma causa comum de SCI, respondendo por 10-40% dos casos.[14,15,26,27,34-36] As atividades esportivas e recreativas são responsáveis por 4-20% dos casos de SCI.[26] O período de pico da ocorrência de SCI entre crianças é durante os meses de verão, sendo ainda observado outro pico mais ou menos na época das férias de inverno.[27]

34.5 Extensão da Lesão

Hadley et al. descreveram quatro padrões radiográficos para a SCI em crianças: (1) fratura envolvendo o corpo vertebral ou apenas os elementos posteriores (~40%); (2) fratura com subluxação (33%); (3) subluxação sem fratura (10%); e (4) SCIWORA (10%).[34] Crianças menores frequentemente desenvolviam subluxações na ausência de fratura ou SCIWORA, enquanto crianças maiores tendiam mais a ter fratura ou fratura acompanhada de subluxação.[34] A localização da lesão de SCI varia, dependendo da idade no momento da lesão. Na faixa etária que vai do nascimento até 8 anos de idade, a coluna espinal cervical é o sítio mais frequente da lesão, com a lesão na região cervical superior sendo afetada com mais frequência em bebês e crianças em fase de engatinhar, enquanto a região espinal cervical inferior é o local mais comumente afetado em pré-adolescentes e adolescentes. Além disso, vários estudos sugeriram que crianças muito pequenas sofrem lesão craniocervical com maior frequência, enquanto a prevalência das lesões medulares cervico-torácicas e distais aumenta entre as crianças no meio da infância e entre aquelas na fase mais tardia da infância.[15,34,37]

A proporção de lesões completas *versus* incompletas frequentemente depende do nível de lesão. Entretanto, a gravidade da lesão varia na literatura, assim como a região espinal mais prevalente a ser lesada.[14,26,38-43] Em adição, mais de um nível pode ser lesado em até 16% dos casos.[34] Infelizmente, a lesão total é mais comum em crianças menores.[17,36] Isso pode ser um reflexo da idade no momento da lesão e da proteção aumentada com a maturidade esquelética e o desenvolvimento musculoesquelético. A pseudossubluxação de até 4 mm pode ser vista em níveis altos da coluna espinal cervical e constitui uma variante normal em algumas crianças.[44] A relativa imaturidade das articulações uncovertebrais cervicais superiores as torna suscetíveis a potenciais cisalhamentos/deslizamentos.[36] Esses fatores, individualmente e combinados, tornam as crianças mais propensas a desenvolverem tipos translacionais de lesões na coluna espinhal cervical e medula espinhal, na ausência de fratura.

A mortalidade associada às lesões fechadas espinhais cervicais é alta 10,83 a 27%.[5-7,25] A taxa de mortalidade tendia a ser maior entre os pacientes mais jovens, especialmente os bebês em fase de engatinhar.[25] Essas lesões frequentemente estão associadas a outros sistemas orgânicos, de maneira específica à lesão cerebral traumática (22,1%). Intuitivamente, pacientes com lesão de grau A na classificação da *American Spinal Injury Association* (ASIA) tenderam mais a um desfecho pior do que aqueles com ASIA D na apresentação inicial.[29]

34.6 Patobiologia

A patobiologia da SCI aguda envolve uma lesão mecânica primária no dano tecidual inicial durante o período agudo, seguida da lesão secundária que resulta em dano adicional no decorrer dos primeiros dias ou semanas. A lesão primária envolve um conjunto de forças biomecânicas complexas que causam danos teciduais diretos à medula espinhal, como uma contusão ou laceração e/ou estresse de cisalhamento sobre os axônios ou vasos sanguíneos, rompendo a conectividade normal e a arquitetura da medula espinhal.[45] A agressão primária inicia uma cascata de sinalização pós-lesional de mecanismos secundários posteriores que contribuem para a lesão secundária.[45] Por exemplo, hemorragia petequial na substância cinza, edema na substância branca e trombose na microvasculatura a partir de uma lesão primária levam ao vasoespasmo e, então, à isquemia dos tecidos neuronais.[46] Essa isquemia leva à disfunção adicional da membrana neuronal, ativação contínua anormal dos canais de sódio voltagem-dependentes (aumentando o sódio intracelular) e, por fim, à morte celular.[46] Isto resulta na patogênese e consequente dano tecidual, como parte da lesão secundária.

A resposta à lesão medular também pode ter um componente imune significativo.[47,48] A ruptura da barreira hematoespinhal propicia uma oportunidade para as células imunes (isto é, linfócitos e macrófagos) e para a micróglia a atravessarem. Esse efeito pode refletir um processo de lesão secundária por apoptose e necrose.[47,48] Como resultado, com frequência há cavitação da medula espinhal na área da lesão.

Hemorragia e inflamação, marcadas pela infiltração de leucócitos polimorfonucleares (PMNs), podem ser observadas durante o período agudo, horas após a lesão. A infiltração inicial de PMNs é seguida pelo acúmulo de uma população de macrófagos persistente na região da lesão em até 2 meses após o traumatismo. Em estudos realizados com animais, a desmielinização das fibras axonais pode ser inicialmente localizada e, então, se tornar generalizada, sendo que a integridade destes axônios desmielinizados é preservada nos casos de lesão crônica.[49] A lesão medular traumática mais grave pode levar à ruptura total da substância cinza central, em conjunto com uma reação inflamatória que ocorre de maneira difusa nos tratos de substância branca, resultando em necrose central e cavitação cística da medula central.[50] Dependendo da localização da lesão, os pacientes podem manifestar alterações na função sensorial e/ou motora e, possivelmente, uma disfunção autonômica que surge a partir da ruptura dos tratos de fibras.[51]

Estudos *post-mortem* realizados em crianças que sofreram traumatismo espinhal significativo demonstraram hematomas espinhais, epidurais e subdurais com lesões cranianas associadas em 22% dos casos, o que pode ter contribuído para a mortalidade.[14] Outras lesões vistas no post-mortem incluem contusões medulares, infarto medular, laceração, transecção, ruptura dural e lesão na artéria vertebral.[21] A transecção medular espinhal ou a descontinuidade anatômica entre os segmentos proximal e distal da medula espinhal frequentemente está associada à mortalidade.[52]

Os eventos celulares e moleculares que ocorrem em resposta à SCI foram estudados em vários modelos de experimentação animal. Modelos de traumatismo por lesão fechada em animais produzem um cenário histológico semelhante à patologia típica da SCI em humanos. A lesão na medula causa ruptura da membrana e lesão vascular, levando à hemorragia. Os neurônios espinhais tipicamente estão sujeitos à necrose ou ao dano excitotóxico, mas também à apoptose dentro de 24 horas após a SCI.[4] Os oligodentrócitos sofrem apoptose em duas fases distintas: uma fase aguda inicial com duração de 24 a 48 horas após a lesão, e uma fase subaguda mais tardia que pode durar várias semanas.[4,53,54]

Os modelos animais demonstraram que, no traumatismo medular fechado, o dano se limita a várias porções da área de substância cinza central, com preservação dos tratos de substância branca circundantes. Uma orla preservada de axônios tipicamente permanece na periferia da lesão. Esta força concussiva ou compressiva aplicada à medula espinhal acarreta a morte celular imediata de uma ampla porção dos corpos neuronais residentes na substância cinza central. Os axônios sobreviventes que atravessam a substância branca circundante correm risco de lesão secundária.[55] A cascata de lesão secundária influencia o desfecho funcional. Essa cascata de eventos inclui uma resposta inflamatória via cascata de ácido araquidônico, a liberação de aminoácidos excitatórios (glutamato e aspartato) e a peroxidação lipídica de membranas celulares pela ação de diversas espécies de radicais livres de oxigênio.[26,56-58] As alterações no fluxo sanguíneo local resultantes de edema tecidual e de vários mediadores inflamatórios vasoativos podem levar à lesão isquêmica adicional da medula.[46] A início da apoptose nos neurônios e na glia é vista em dias a semanas após a aquisição da SCI.[59] O conhecimento abrangente desta fisiopatologia é preditivo das futuras terapias destinadas a contrapor ou eliminar a cascata de lesão secundária.

A formação de uma cicatriz glial pode impedir a regeneração axonal.[4] Os astrócitos respondem com hipertrofia após a lesão e com produção aumentada de filamentos intermediários, como a proteína acídica fibrilar glial (GFAP).[60] Entretanto, os astrócitos reativos atuam limitando a infiltração de células inflamatórias através da barreira hematoencefálica, bem como facilitando o reparo.[4,61-64] A migração de mais mediadores forma uma cicatriz glial, prevenindo a regeneração do axônio via bloqueio físico da regeneração e acúmulo de moléculas inibidoras do crescimento axonal.[65,66]

34.7 Localização da Lesão

Como observado antes, enquanto a lesão na coluna espinhal cervical superior (C1-C4) se torna menos prevalente com o avanço da idade, a lesão na coluna espinhal cervical inferior (C5-C7) se torna mais frequente.[25]

34.8 Biomecânica da Prevalência Regional

Diversos mecanismos foram propostos para a SCI em regiões específicas, em idades particulares, na lesão. Esses diferentes mecanismos refletem as diferenças intrínsecas no tecido conectivo, desenvolvimento muscular e maturidade esquelética, dependendo da idade do indivíduo. Em várias faixas etárias, os indivíduos podem desenvolver uma entidade patológica singular, ainda que com o mesmo mecanismo de lesão. No bebê, a cabeça é grande em relação ao pescoço, e a sustentação do crânio demora vários meses até o desenvolvimento dos músculos e tecido mole. Forças de aceleração e desaceleração, em particular em um contexto restritivo, podem criar um impulso significativo no fulcro de um pescoço fraco, colocando a coluna espinhal cervical em risco de lesão.[27,67-69] Adicionalmente, a musculatura cervical e paraespinhal subdesenvolvida, a coluna vertebral ainda incompletamente ossificada, a frouxidão ligamentar e as cabeças desproporcionalmente grandes podem ter papel na SCI e na SCIWORA em crianças pequenas.[25] A frouxidão ligamentar é um fator importante no perfil da coluna espinhal pediátrica e pode contribuir para aumentada suscetibilidade ao cisalhamento horizontal a partir da elasticidade.[70,71]

Em crianças maiores, a hiperflexão, rotação, tração, hiperextensão, carga vertical, rotação em flexão e cisalhamento são, todos, meios mecânicos que resultam em SCI. A força e o vetor aplicados à cabeça e ao pescoço podem resultar nas diversas condições patológicas observadas. Exemplificando, o traumatismo/acidente de mergulho causam SCI por hiperflexão e compressão por carga axial; o traumatismo em chicotada e não acidental resultam de uma combinação de hiperflexão e hiperextensão.[36,72]

As alterações histopatológicas observadas após a SCI em seres humanos parecem ser similares àquelas descritas em modelos de experimentação animal, com exceção das lesões na coluna espinhal e os padrões de lesão do tipo "lesão medular sólida".[49,50,55,73] Em um exame post-mortem de 12 crianças com SCI, a histopatologia demonstrou uma divisão na placa terminal cartilaginosa dos corpos vertebrais, na ausência de fratura.[70] A divisão da placa terminal cartilaginosa frequentemente estava junto à zona de crescimento de um corpo vertebral da criança.[43] A lesão ligamentar é observada mais comumente do que uma herniação discal traumática ou múltiplas fraturas. Como a coluna espinhal imatura ossifica progressivamente no decorrer da infância, as crianças pequenas podem ser mais suscetíveis a avulsões e separações epifisárias do que a fraturas.[70]

O exame histológico para lesões do tipo contusão revela uma extensiva desmielinização com relativa preservação das fibras axonais, em especial das fibras pequenas nas colunas dorsais.[52] Entretanto, pode haver desenvolvimento de cavitação hematomielínica, com desorganização da substância cinza e relativa preservação dos tratos de substância branca. A necrose medular espinhal, secundária à hiperextensão, e a transecção medular ocorrem com mais frequência nos níveis médio a baixo da medula cervical ou na região torácica superior, em seguida ao nascimento. Também podem haver lesões vasculares (ou seja, dissecção) associadas à lesão. A ruptura da medula pode ocorrer em seguida ao traumatismo ao nascimento, por meio da aplicação de tração longitudinal.[36,52] Quando há ruptura dos tratos de substância branca localizados na porção central das colunas laterais com preservação da substância cinza local, isso pode se manifestar como uma síndrome medular central.[20]

34.9 Achados de Imagem

A maioria dos pacientes com SCI apresentará algum nível de anormalidade radiográfica. Por definição, pacientes com SCIWORA terão déficit neurológico sem patologia nos exames de imagem; entretanto, a maioria dos pacientes apresentará algum achado. As radiografias simples da região de interesse são extremamente importantes, sendo que uma quantidade significativa de informação pode ser obtida a partir delas. A extensão de muitas dessas lesões pode ser adicionalmente elucidada com imagens multiplanares (i. e., CT, mielografia por CT e/ou imagem de MR). A CT ajuda a identificar a patologia óssea e o alinhamento. A mielografia por CT e as imagens de MR auxiliam na visualização da patologia medular compressiva, no alinhamento e na triagem do nível da lesão. As imagens de MR são o método primário de escolha para visualização de lesão no tecido mole ou de lesão não óssea, contudo é razoavelmente padronizado obter diversas modalidades de imagens, para definir a extensão e a gravidade da lesão.

Betz et al. mostraram que a MR foi mais sensível na detecção de lesões subaguda e crônica na medula espinhal, em comparação à CT[74]. A MR é útil na fase aguda e na fase subaguda inicial, para identificar lesão ligamentar, particularmente diante das anormalidades de sinal de alta intensidade observadas em imagens T2 e nas imagens de recuperação por inversão de tau curto (STIR). O sinal T2 junto à medula espinhal pode representar um edema medular após a lesão. As MR ajudam no diagnóstico de siringe pós-traumática, hemorragia medular espinhal ou alteração de sinal junto à medula. As tecnologias modernas, entre as quais a perfusão por MR, a MR difusão-ponderada, espectroscopia por MR e tractografia por MR, podem proporcionar conhecimento adicional acerca da constituição estrutural da medula espinhal não lesada e lesada.

As radiografias simples continuam sendo essenciais para o promover avaliação inicial feito em seguida ao traumatismo da criança, além de direcionar os exames diagnósticos adicionais ou a iniciação do tratamento. Uma bateria completa de radiografias simples da coluna espinhal cervical inclui vistas anteroposterior (AP), lateral e do odontoide com a boca aberta. As imagens são consideradas adequadas quando possibilitam a visualização do corpo vertebral de T1. Nos casos em que T1 não for bem visualizada pelo formato corporal, uma vista de "nadador" pode ser adicionada. As chapas AP e lateral da coluna espinhal torácica e da coluna espinhal lombar são obtidas com o intuito de avaliar lesões no restante da coluna espinhal. Muitas instituições dispensam radiografias simples e obtêm CT ignorando a radiação aumentada.

As radiografias simples em flexão-extensão da coluna espinhal auxiliam na determinação da estabilidade de uma região, enquanto as chapas oblíquas são úteis para identificar listese ou estenose foraminal. Raios X em flexão-extensão são contraindicados para pacientes com dor cervical e em presença de instabilidade observada na vista AP ou na vista lateral. Pacientes com déficits neurológicos, fraturas vistas em radiografias simples ou lesão em tecido mole não devem ser submetidos à obtenção de radiografias simples em flexão-extensão iniciais. Um paciente cooperante que não tenha nenhuma lesão com desvio pode ser submetido à obtenção de radiografias em flexão-extensão enquanto puder relatar dor, parestesias ou alterações na função neurológica com toda a amplitude de movimento. Quando raios X de qualidade ruim são obtidas em consequência de uma amplitude de movimento limitada secundária a espasmos ou alteração neurológica durante o exercício, a imobilização rígida por várias semanas seguida de exames repetidos pode facilitar a determinação da estabilidade. A realização de exames de imagem avançados na região de interesse, no contexto de um déficit neurológico, pode auxiliar na identificação de lesões adicionais não detectadas nas radiografias simples.[75]

A CT da coluna espinhal pode fornecer detalhes adicionais não observados em radiografias simples ou em caso de impossibilidade de visualizar T1 na vista lateral ou na vista de nadador. Um corte de 1 mm de espessura e reconstruções tridimensionais podem definir em maior extensão a patologia óssea. As vistas reformatadas nos planos coronal e sagital fornecem vistas adicionais para observação da região de interesse. Uma limitação está na incapacidade da CT de identificar anormalidades paralelas ao plano da imagem axial.

A mielografia por CT via administração de material radiopaco intratecal propicia a avaliação da integridade do saco tecal e seu conteúdo. Existe um risco de piora neurológica quando há estenose grave proximal à administração do contraste. Com essa morbidade mensurável, esta técnica não é a modalidade de imagem de primeira linha para acompanhamento da SCI. A mielografia por CT deve ser considerada como modalidade avaliativa nos casos em que a MRI for contraindicada.

A MRI se tornou a modalidade de imagem avançada de escolha para acompanhamento de SCI, incluindo a avaliação inicial de pacientes lesados, por identificar alterações patológicas e fisiológicas na medula e nos tecidos moles. As herniações discais traumáticas, hemorragia medular, lesão de medula, hematomas epidurais e subdurais, e lesão ligamentar podem ser identificadas por MRI. Pacientes com SCI são submetidos ao exame de MRI para avaliação. Esta informação fornece detalhes sobre a extensão da lesão sem a natureza invasiva da mielografia. A injeção intravenosa de contraste para MRI é usada no contexto crônico, para identificar sangue ou tecido cicatricial. Embora a CT seja uma modalidade de imagem mais apropriada para o osso, a MRI pode proporcionar um conhecimento significativo acerca da relação entre as vértebras e a coluna espinal com potencial patologia medular. A MRI tem-se mostrado útil para seguir alterações longitudinais na patologia medular espinhal, incluindo contusões, siringo-hidromielia e alteração de sinal.

A angiografia diagnóstica ou as imagens vasculares não invasivas representam as modalidades de segunda linha para os casos de suspeita de lesão da artéria vertebral. Foram relatados casos de mortalidade decorrente de lesão na artéria vertebral resultando em quadriplegia, mimetizando lesão medular.[35,43]

Mais frequentemente, a liberação da coluna espinhal cervical requer uma radiografia negativa para lesões e um exame clínico sem sinais de lesão na coluna ou na medula espinhal. Em pacientes adultos que não apresentam sensibilidade ao longo do aspecto da linha média posterior da coluna espinhal, na ausência de déficit neurológico, um nível normal de consciência sem evidência de embriaguez, ausência de dor cervical, amplitude de movimento completa e ausência de lesões por distração podem ser apurados sem a realização de exames radiográficos.[76] Similarmente, esses critérios também foram aplicados à apuração de lesões de coluna espinhal cervical pediátricas.

34.10 SCIWORA

Descrita pela primeira vez por Pang e Wilberger, a SCIWORA inicialmente foi definida como uma síndrome de mielopatia traumática na ausência de ruptura da coluna vertebral, visualizada em radiografias simples, CT com ou sem mielografia, ou radiografias simples em flexão-extensão.[36] Com isso, as hipóteses de traumatismo perfurante e choque elétrico são excluídas. A frequência de seu diagnóstico depende do reconhecimento clínica e da extensão da investigação radiográfica. Mais uma vez, a prevalência de SCIWORA em crianças chega a 20% dos casos de SCI. À medida que as capacidades de imagem aprimoradas e o uso aumentado da MR continuarem avançando, é provável que haja uma menor prevalência desta condição.[39,77] A maioria (2/3) dessas lesões ocorre em crianças pequenas, com 8 a 10 anos de idade, menos comumente em adolescentes e em raras ocasiões em adultos.[34,35,36,39,78]

SCIWORA pode ser uma patologia de diagnóstico difícil, em razão da falta de anormalidades radiográficas. O exame físico e os achados clínicos levam ao diagnóstico sem achados patológicos nas imagens. A prevalência de SCIWORA em crianças, em comparação aos adultos, provavelmente está relacionada com a fisiologia da coluna espinhal pediátrica. Do ponto de vista biomecânico, é mais flexível e, assim, permite uma maior movimentação na ausência de patologia. A inerente elasticidade e a hipermotilidade da coluna espinhal pediátrica podem permitir uma subluxação transiente no momento da lesão, com o encolhimento elástico trazendo a coluna espinhal de volta a um alinhamento relativamente normal no momento da apresentação.[36,79,80] Também foi sugerido que a hiperextensão em crianças pequenas pode acarretar abaulamento em um disco cervical, causando compressão da medula espinhal ventral. Após os 8 anos de idade, muitas características anatômicas pediátricas terão amadurecido seguindo uma orientação adulta, o que está correlacionado com a reduzida prevalência de SCIWORA em crianças maiores.

Os achados neurológicos imediatamente subsequentes ao SCIWORA podem ser variáveis, e os sinais podem se manifestar tardiamente.[36] Há relatos que vão de uma rápida deterioração tardia até a completa disfunção neurológica que pode ser irreversível. Podem haver alterações bastante sutis vistas em T2 e em sequências STIR em pacientes com SCIWORA.

34.11 Reanimação Inicial após a SCI

Uma vez que a SCI primária tenha ocorrido, as metas do tratamento durante o período agudo são prevenir agressões adicionais que possam agravar o mecanismo secundário e, por fim, a lesão secundária. A prevenção de hipoxemia e de hipotensão é essencial para o prognóstico a longo prazo, embora ocorram com frequência sobretudo em casos de traumatismo multissistêmico. Alguns pacientes, dependendo da localização da lesão, podem necessitar de intubação e ventilação mecânica para suporte ante um estado de insuficiência respiratória. Uma vez estabilizada e quando o suporte ventilatório for autossuficiente, a criança pode ser extubada. No entanto, há ocasiões em que será preciso fazer traqueostomia para o desmame do ventilador mecânico ou para assistência ventilatória a longo prazo na SCI cervical superior ou em casos de lesão agravada por comprometimento respiratório. Embora as complicações neurológicas decorrentes da intubação sejam raras, e sendo a tração manual alinhada ideal para a imobilização cervical, a intubação com fibra óptica é preferida para manter o alinhamento da coluna espinhal cervical.[81,82] Para pacientes que requeiram uma via aérea emergencial para fornecimento de oxigenação e ventilação, pode ser necessário realizar uma cricotireoidotomia de emergência para garantir de uma via aérea pérvea.

Hipotensão e hipovolemia são dois problemas pós-traumatismo encontrados com frequência associados à SCI. A lesão envolvendo a medula cervical e a junção cervicotorácica pode resultar em simpatectomia funcional com perda do tônus motor e vasomotor simpático. Muitas vezes sob a denominação "choque espinhal", pode haver perda do suporte cardiovascular, vasodilatação sistêmica e aumento da capacidade venosa. Além disso, a perda do tônus simpático pode resultar em bradiarritmia.

Para condições de choque pós-traumático ou hipovolêmico, o tratamento inicial começa com a administração intravenosa, periférica, via veia calibrosa, de um volume de fluido de reanimação. Os cateteres venosos centrais fornecem medidas da pressão venosa central para demonstração do estado volumétrico. Em adição, esses cateteres podem ser usados na flutuação de cateteres de artéria pulmonar, para obtenção da pressão de encunhamento arterial pulmonar, débito cardíaco e resistência vascular, embora tais métodos atualmente sejam usados com menos frequência para reanimação de pacientes com traumatismo. Ainda, a informação obtida pode guiar o uso de medicações vasoativas, quando o choque persiste apesar da reanimação com fluidos.

Em crianças, que na maioria das vezes apresentam funcionamento normal dos sistemas cardiovascular e renal, o estado hídrico também pode ser estimado com base no débito urinário. A SCI podem conduzir à patologia geniturinária (isto é, retenção ou incontinência). Os cateteres urinários ou cateterismo intermitente permitem avaliar o débito urinário e prevenir a distensão da bexiga. Embora os tubos nasogástricos sejam contraindicados para pacientes com lesões craniofaciais ou na base do crânio, pelo risco potencial de lesão direta, seu uso pode ser considerado para o fornecimento de alimentação ou esvaziamento de conteúdos gástricos.[83] Pacientes com ulceração gastrintestinal ou sob tratamento com doses altas de esteroide devem ser tratados profilaticamente com bloqueadores H_2 intravenosos ou inibidores de bomba de prótons para diminuir a secreção gástrica. A prevalência de tromboembolia venosa em crianças é baixa. Entretanto, a literatura referente a essa população é escassa. As meias e dispositivos de compressão pneumática são usados para minimizar a prevalência de tromboembolia venosa nos casos de contraindicação à heparina. O tratamento com quimioprofilaxia é recomendado, porém, o momento para inicia-lo fica a cargo do médico responsável pelo tratamento.

34.12 Avaliação Neurológica

Uma avaliação neurológica detalhada e completa continua sendo a base para o delineamento do nível de lesão, definição da síndrome medular espinhal e obtenção de uma avaliação basal para todos os pacientes com suspeita de SCI. A avaliação contínua é usada para acompanhar o exame clínico ao longo do tempo. Uma avaliação formal deve incluir a função motora de cada um dos principais grupos musculares, bem como a avaliação da função retal, incluindo a constrição do tônus do esfíncter e o reflexo bulbocavernoso. O funcionamento diafragmático pode ser avaliado em radiografias simples do tórax ou por avaliação pulmonar do volume corrente ou da capacidade vital. A função sensorial é testada em todas as modalidades, incluindo temperatura, propriocepção e teste com alfinetes. Os reflexos também são um componente importante dessa avaliação.

A ASIA desenvolveu um esquema de classificação para avaliar a função motora e sensorial em todos os níveis espinhais, desde C1 até a porção mais inferior da medula sacral (S4-S5). O esquema de classificação ASIA para SCI foi expandido com base na escala de Frankel original, e emprega as letras A a E, em que A define lesão total e E denota a preservação das funções motora e sensorial. A classificação da SCI proporcionou maior clareza e uniformidade na descrição dos padrões de lesão.[84] O painel de especialistas classificou a SCI incompleta em cinco tipos: uma síndrome medular central é associada à maior perda de função do membro superior, em comparação aos membros inferiores; a síndrome de Brown-Séquard resulta de uma hemitransecção da medula espinhal; a síndrome medular anterior ocorre quando a lesão afeta os tratos espinhais anteriores, incluindo o trato vestibuloespinhal; e ocorrem as síndrome do cone medular e da cauda equina com dano ao cone ou às raízes espinais da medula.[84] Uma lesão "completa" foi definida como ausência de função motora ou sensorial, bem como ausência de sensibilidade anal ou perineal ou de representação motora junto à região medular sacral mais inferior (S4-S5).

34.13 Lesão Craniana Associada

Para todos os pacientes que sofreram traumatismo craniano fechado simultâneo ou lesão cerebral traumática devem ser adotadas precauções espinhais até terem sido clinicamente e/ou radiograficamente "apurados".[38] A avaliação da coluna espinhal cervical com os seis critérios foi descrita anteriormente. Para pacientes estáveis, radiografias simples incluindo exames dinâmicos podem ser necessários para fins de apuração, presumindo-se que sejam obtidas radiografias adequadas e que o paciente não apresente dor cervical nem lesão neurológica.

34.14 Tratamento Inicial da Lesão Medular Espinhal Pediátrica

O tratamento da SCI em uma criança não difere significativamente do tratamento dessa lesão em um adulto. A meta do tratamento é minimizar a lesão secundária e otimizar o meio para recuperação, numa tentativa de prevenir a perda adicional de função neurológica. Para tanto, é assegurada uma oxigenação e perfusão sanguínea adequadas para prevenção de hipotensão e hipoxemia, bem como dos efeitos secundários sobre a medula espinhal. Existem diretrizes clínicas para realizar a descompressão de uma medula espinhal comprimida, para a manutenção da estabilidade fisiológica, e para o suporte cardiopulmonar e metabólico.

O tratamento inicial consiste em imobilização rígida, monitoramento cardiopulmonar e avaliação contínua do neuroeixo. As tentativas de reanimação são realizadas de maneira simultânea, incluindo a manutenção de oxigenação e ventilação adequadas, bem como de suporte circulatório. Uma avaliação secundária deve ser realizada após a avaliação primária, a fim de garantir que não haja outras lesões concomitantes adicionais. Agressões secundárias a partir de lesões sistêmicas podem afetar a viabilidade da medula espinhal lesada, tais como hipoperfusão, hipoxemia ou hipotermia. Estes parâmetros podem acarretar déficit neurológico e devem ser considerados em qualquer protocolo de tratamento.

34.15 Tratamento de Lesão Medular Espinhal Aguda

Vários estudos clínicos envolvendo metilprednisolona e gangliosídeo GM-1 foram realizados para avaliar terapias farmacológicas destinadas ao tratamento da SCI em adultos. Por outro lado, há informação limitada referente à efetividade nessa população, e ainda menos na população infantil. Tais estudos incluem aqueles sobre o uso de metilprednisolona conduzidos por Bracken *et al.*, inclusos no *National Acute Spinal Cord Injury Study* (NASCIS) I (doses baixas e altas de metilpredinisolona),[85] II (bolo de 30 mg/kg seguido de 5,4 mg/kg/h por 23 horas de metilpredinisolona, dentro de 12 horas da aquisição da lesão),[86,87] e III (infusão de 24 horas *versus* infusão de 48 horas de manutenção da prednisolona a 5,4 mg/kg/h)[88], além do estudo sobre gangliosídeo GM-1.[89,90] Esses estudos foram limitados e variáveis no que se refere a terem ou não promovido verdadeiramente a melhora no prognóstico funcional na SCI. O mecanismo de ação da metilpredinosolona no contexto de SCI ainda é obscuro. As teorias incluem estabilização da membrana celular, manutenção da barreira hematoencefálica com potencial redução do edema vasogênico, intensificação do fluxo sanguíneo medular espinhal, inibição de radicais livres, e limitação da resposta inflamatória após a lesão.[91-99] O gangliosídeo GM-1 é um sal de presente nas membranas celulares, especialmente abundante no sistema nervoso central. Seu(s) mecanismo(s) de ação proposto(s) no tratamento da SCI aguda incluem efeitos antiexcitotoxidade, prevenção da apoptose, potencialização do brotamento neurítico e efeitos sobre fatores de crescimento de nervo.

Um estudo prospectivo multicêntrico demonstrou que a descompressão antecipada realizada durante as primeiras 24 horas está associada a prognósticos neurológicos melhores do que aqueles conseguidos com a cirurgia tardia para tratamento da patologia compressiva.[100] Foram realizadas tentativas de tratamento *off-label* da SCI aguda, incluindo colocação de dreno lombar para diminuição da pressão intradural e otimização do fluxo sanguíneo para a medula espinhal, dose alta de dexametasona e resfriamento solar ártico.

A pressão arterial média ideal para a perfusão medular espinhal após o traumatismo permanece indeterminada.[101] As diretrizes do 2013 *American Association of Neurological Surgeons* e *Congress of Neurological Surgeons* (AANS/CNS) para o tratamento da SCI cervical recomendam que a pressão arterial média de pacientes com SCI aguda esteja entre 85 e 90 mmHg.[101-103] O conhecimento futuro de protocolos de tratamento vasopressor para pacientes com SCI será importante não só por otimizar a perfusão medular espinhal e os prognóstico do paciente como também para minimizar potenciais complicações relacionadas com a medicação vasoativa.[101]

Werndle *et al.* realizaram um estudo prospectivo examinando a pressão intraespinal e a pressão de perfusão medular espinhal por meio de monitoramento.[104] A onda da pressão intraespinal foi semelhante à respectiva onda da pressão intracraniana. A morfologia da onda do pulso de pressão intraespinal refletiu o formato da onda da pressão intracraniana e era constituída por três picos (ondas de percussão, corrente e dicrótica), sendo que o comportamento de P2 mudou com o aumento da pressão intraespinhal.[105] Isso tem o potencial de ser usado para o monitoramento da pressão após a SCI.

A SCI resulta no acúmulo deletério de sódio intracelular via canais de sódio controlados por portão junto aos axônios, bem como em disfunção da bomba ATPase de Na$^+$/K$^+$ ligada à membrana, com diminuição do efluxo de sódio.[45,106,107] Isso direciona o influxo de cálcio intracelular, levando enfim à lesão estrutural e funcional.[45,108] Os fármacos inibidores destes mecanismos podem propiciar melhores prognósticos.

Além de serem áreas de pesquisa promissoras, as modalidades de tratamento alternativas despontam para auxiliar na recuperação da função. As neuropróteses representam inovações de engenharia e biomedicina que podem aumentar a independência funcional de pacientes com SCI crônica. Essa nova fronteira continuará assumindo uma importância cada vez maior, à medida que for se desenvolvendo.

34.16 Tratamento da SCIWORA

A intervenção cirúrgica que exige procedimento de estabilização somente é realizada quando há patologia estrutural ou instabilidade comprovada. O tratamento dessa forma de SCI enfoca a prevenção secundária. O médico pode fazer muito pouco para melhorar a lesão primária e se concentra na recuperação e na prevenção da lesão secundária com reanimação e manutenção de parâmetros sistêmicos. É incomum diagnosticar SCIWORA com instabilidade; facetas ampliadas ou listese podem ser observadas em radiografias simples ou por CT. A SCIWORA é tratada com imobilização rígida e otimização do ambiente local. A imobilização rígida por até 3 meses seguida de avaliação da instabilidade tardia é recomendada para limitar o movimento e a lesão secundária.[36]

A prevenção da lesão primária é a melhor forma de prevenir uma SCI. Entretanto, a preservação da função e do tecido neurológico viável a partir da agressão secundária possivelmente irá melhorar o prognóstico.

34.17 Complicações

Muitas vezes, os pacientes com SCI necessitam de recursos substanciais, dependendo da magnitude da lesão. Durante o período agudo, a criança é suscetível não só às complicações pós-traumáticas como também aos problemas a longo prazo que exigem contínua reabilitação e cuidados de suporte. Complicações pulmonares (isto é, pneumonia), complicações gastrintestinais (isto é, úlceras), complicações musculoesqueléticas (úlceras de pressão), complicações vasculares periféricas (tromboembolia venosa) e complicações geniturinárias (infecção do trato urinário) causam uma significativa morbidade a essa população. Os pacientes podem precisar de cuidados por 24 horas e requerer serviços intensivos de fisioterapia e reabilitação para manter a função.

As complicações crônicas subsequentes à SCI incluem uma disfunção pulmonar crônica que pode persistir por anos após a aquisição da lesão. Pacientes com lesões na região cervical superior podem requerer dependência permanente do ventilador. As complicações tardias ou crônicas comuns do trato gastrintestinal incluem ulceração (mais frequentemente de origem neurogênica) e constipação. Pacientes com SCI costumam ser colocados em dieta intestinal para fins de prevenção e, dependendo do nível da lesão, podem requerer estimulação retal. Além disso, a patologia geniturinária varia da disfunção sexual à retenção urinária com necessidade de cateterismo para prevenção de infecção, incontinência/retenção ou insuficiência.[42]

Pacientes com SCI são suscetíveis à deterioração neurológica tardia. Na fase aguda, a deterioração frequentemente resulta do fluxo sanguíneo medular espinhal comprometido.[36] Na fase crônica, pode haver siringe pós-traumática.[34] A dor musculoesquelética e a espasticidade também constituem problemas importantes que interferem nas atividades do dia a dia, podendo contribuir para a significativa morbidade. A espasticidade medicamente intratável (ou seja, falha do baclofeno oral) pode requerer administração de baclofeno por via intratecal e/ou administração de toxina botulínica por via intramuscular.

A dor neuropática crônica é uma potencial complicação patológica após a SCI. As estimativas da dor pós-SCI (de qualquer tipo) variam de 13 a 94%.[109-111] Em um estudo, constatou-se que 1/3 dos pacientes desenvolverão dor neuropática no nível da lesão e 1/3 desenvolverão dor neuropática em nível inferior decorridos 12 meses da aquisição da lesão.[112] A dor no nível da lesão foi mais prevalente durante os primeiros meses subsequentes à SCI, e tendeu mais a se resolver com o passar do tempo, em comparação à dor em nível inferior.[112] A dor neuropática crônica deve ser diferenciada da dor musculoesquelética que ocorrem em 50 a 70% daqueles que relatam dor crônica, ainda que não seja tão intensa nem funcionalmente limitante.[109,113]

A dor é classificada em terceiro lugar entre as complicações mais difíceis da SCI, atrás apenas da diminuição da ambulação/mobilidade e da diminuição da função sexual.[28,109] O tratamento da dor neuropática pode ser feito com agentes farmacológicos ou estratégias potencialmente neuromoduladoras.

34.18 Prognóstico

Em crianças, o prognóstico a longo prazo é determinado pela gravidade da lesão inicial.[14] Acompanhamento fisioterápico e reabilitação devem ser iniciados antecipadamente, para auxiliar o paciente a se tornar independente e funcional na realização de suas atividades diárias e, por fim, na sociedade. A mobilização precoce é fundamental. A maioria dos pacientes com SCI total não apresentará melhora. Espera-se que com o desenvolvimento contínuo de brotamentos neuronais, a regeneração axonal e a remielinização, sejam alcançados resultados clínicos melhores *in vivo*. As crianças que se mostram neurologicamente intactas e sem sequelas neurológicas agudas ocasionalmente sofrem alguma deterioração tardia.

34.19 Novas Terapias para a Lesão Medular Espinhal Aguda

Recentemente, algumas terapias investigadas em estudos clínicos trouxeram esperança aos pacientes com SCI.[45,114] O riluzol é um agente bloqueador de canal de sódio usado no tratamento da esclerose lateral amiotrófica e que foi estudado como tratamento para SCI aguda.[115] Seu uso foi aprovado pela *U.S. Food and Drug Administration* para tratamento da esclerose lateral amiotrófica (ALS), com o intuito de melhorar a sobrevida por meio da modulação da neurotransmissão excitatória e do fornecimento de mecanismos neuroprotetores.[115] Estudos pré-clínicos com SCI demonstraram a recuperação funcional por meio da prevenção da liberação aberrante de sódio e do desequilíbrio de glutamato.[116,117] O mecanismo de influxo de íons sódio como causa de lesão secundária é a justificativa para o uso do agente bloqueador de canal de sódio para minimizar a lesão.[45]

O *Riluzole in Acute Spinal Cord Injury Study* (RISCIS) é um estudo multicêntrico conduzido em paralelo, controlado com placebo, duplo-cego e randomizado, que foi iniciado após a obtenção de resultados satisfatórios de fase I.[45,118] O tratamento com célula-tronco é uma opção em potencial para a SCI, e diversos tipos de células-tronco foram avaliadas em modelos experimentais humanos e animais. É provável que nenhuma terapia isolada solucione os desafios enfrentados na SCI. A meta do uso de células-tronco é prevenir a apoptose ou repor células lesadas, particularmente os oligodendrócitos, que poderia facilitar a remielinização de axônios preservados e a inibição de uma cicatriz glial. Além disso, estratégias que diminuem a extensão da cicatriz glial ou minimizam seus efeitos inibitórios poderiam ser usadas para sustentar a regeneração axonal. Do mesmo modo, estratégias que modulam a resposta imune e bloqueiam o efeito de moléculas inibitórias foram investigadas.

Estratégias terapêuticas envolvendo transplante de células-tronco após a SCI enfocam a reposição de neurônios e oligodendrócitos lesados (facilitam a mielinização), dão suporte à sobrevivência celular no sítio da lesão, e otimizam o meio junto à medula lesada, para assim favorecer a regeneração axonal.[4] Evidências limitadas foram obtidas dos benefícios clinicamente significativos das terapias com célula-tronco, embora nenhuma destas tenha sido aprovada para a SCI. Os dados atualmente disponíveis sugerem que o transplante de células-tronco é seguro, mas tem eficácia terapêutica limitada ou nula.[4]

A meta das terapias futuras na SCI aguda envolve o desenvolvimento de novos compostos que inibem a lesão secundária. Durante o período agudo, há um breve intervalo de tempo em que a imediata administração de substância(s) terapêutica(s) pode promover algum efeito positivo sobre o prognóstico. Diminuir a inflamação aguda e otimizar o meio local em favor do brotamento axonal e da resposta a fatores tróficos são alvos importantes. Para a SCI crônica, o foco das estratégias terapêuticas depende da promoção de conexões neurais.

34.20 Conclusão

A SCI continua exercendo impacto significativo sobre o sistema de saúde. Da morbidade e mortalidade do paciente à prestação de cuidados e à necessidade de suporte financeiro permanente, continuam existindo importantes implicações para os pacientes, seus familiares e a sociedade. A necessidade duradoura de tratamento é um aspecto fundamental. A SCI resulta em uma variedade de alterações que afetam diversos tipos celulares, levando a um complexo quadro patológico. Provavelmente, nenhuma modalidade de tratamento isolada alcançará a regeneração da medula lesada.

Pacientes com SCI devem ser tratados de maneira agressiva, a fim de prevenir ou limitar a deterioração decorrente de lesão secundária. A imobilização rígida, o suporte cardiopulmonar e a estabilização metabólica são fundamentais nesse processo, para otimizar o prognóstico, ainda que bastante limitadas em termos de escopo, pela atual falta de outros métodos eficazes. Radiografias e exames de imagem avançados auxiliam no diagnóstico. A metilpredinisolona deixou de ser o tratamento-padrão, contudo existem alguns tratamentos novos que podem exercer impacto funcional. A cada ano que vai, alcança-se um conhecimento mais rico sobre a fisiopatologia da SCI que propicia oportunidades de intervenções terapêuticas. A pesquisa é essencial para o nosso conhecimento sobre a doença, e os estudos clínicos fornecem a base para o tratamento e para um melhor prognóstico funcional do paciente.

Referências

[1] McCarthy A, Curtis K, Holland AJ. Paediatric trauma systems and their impact on the health outcomes of severely injured children: an integrative review. Injury. 2016; 47(3):574-585
[2] Tator CH. Update on the pathophysiology and pathology of acute spinal cord injury. Brain Pathol. 1995; 5(4):407-413
[3] Ackery A, Tator C, Krassioukov A. A global perspective on spinal cord injury epidemiology. J Neurotrauma. 2004; 21(10):1355-1370
[4] Sahni V, Kessler JA. Stem cell therapies for spinal cord injury. Nat Rev Neurol. 2010; 6(7):363-372
[5] Polk-Williams A, Carr BG, Blinman TA, et al. Cervical spine injury in young children: a National Trauma Data Bank review. J Pediatr Surg. 2008; 43(9):1718-1721
[6] Platzer P, Jaindl M, Thalhammer G, et al. Cervical spine injuries in pediatric patients. J Trauma. 2007; 62(2):389–396, discussion 394-396
[7] Brown RL, Brunn MA, Garcia VF. Cervical spine injuries in children: a review of 103 patients treated consecutively at a level 1 pediatric trauma center. J Pediatr Surg. 2001; 36(8):1107-1114
[8] Carreon LY, Glassman SD, Campbell MJ. Pediatric spine fractures: a review of 137 hospital admissions. J Spinal Disord Tech. 2004; 17(6):477-482
[9] Cirak B, Ziegfeld S, Knight VM, et al. Spinal injuries in children. J Pediatr Surg. 2004; 39(4):607-612
[10] Givens TG, Polley KA, Smith GF, et al. Pediatric cervical spine injury: a three-year experience. J Trauma. 1996; 41(2):310-314
[11] Kokoska ER, Keller MS, Rallo MC, et al. Characteristics of pediatric cervical spine injuries. J Pediatr Surg. 2001; 36(1):100-105
[12] Mohseni S, Talving P, Branco BC, et al. Effect of age on cervical spine injury in pediatric population: a National Trauma Data Bank review. J Pediatr Surg. 2011; 46(9):1771-1776
[13] Vitale MG, Goss JM, Matsumoto H, et al. Epidemiology of pediatric spinal cord injury in the United States: years 1997 and 2000. J Pediatr Orthop. 2006; 26(6):745-749
[14] Osenbach RK, Menezes AH. Pediatric spinal cord and vertebral column injury. Neurosurgery. 1992; 30(3):385-390
[15] Ruge JR, Sinson GP, McLone DG, et al. Pediatric spinal injury: the very young. J Neurosurg. 1988; 68(1):25-30
[16] Gordon N, Marsden B. Spinal cord injury at birth. Neuropadiatrie. 1970; 2(1):112-118
[17] Burke DC. Traumatic spinal paralysis in children. Paraplegia. 1974; 11(4):268-276
[18] Shulman ST, Madden JD, Esterly JR, et al. Transection of spinal cord. A rare obstetrical complication of cephalic delivery. Arch Dis Child. 1971; 46(247):291-294
[19] Towbin A. Spinal injury related to the syndrome of sudden death ("cribdeath") in infants. Am J Clin Pathol. 1968; 49(4):562-567
[20] Sladky JT, Rorke LB. Perinatal hypoxic/ischemic spinal cord injury. Pediatr Pathol. 1986; 6(1):87-101
[21] Towbin A. Spinal cord and brain stem injury at birth. Arch Pathol. 1964; 77:620-632
[22] Allen JP. Birth injury to the spinal cord. Northwest Med. 1970; 69(5):323-326
[23] LeBlanc HJ, Nadell J. Spinal cord injuries in children. Surg Neurol. 1974; 2(6):411-414
[24] Piatt JH, Jr. Pediatric spinal injury in the US: epidemiology and disparities. J Neurosurg Pediatr. 2015; 16(4):463-471
[25] Shin JI, Lee NJ, Cho SK. Pediatric cervical spine and spinal cord injury: a national database study. Spine. 2016; 41(4):283-292
[26] Anderson JM, Schutt AH. Spinal injury in children: a review of 156 cases seen from 1950 through 1978. Mayo Clin Proc. 1980; 55(8):499-504
[27] Hill SA, Miller CA, Kosnik EJ, et al. Pediatric neck injuries. A clinical study. J Neurosurg. 1984; 60(4):700-706
[28] Watson JC, Sandroni P. Central neuropathic pain syndromes. Mayo Clin Proc. 2016; 91(3):372-385
[29] Carroll T, Smith CD, Liu X, et al. Spinal cord injuries without radiologic abnormality in children: a systematic review. Spinal Cord. 2015; 53(12):842-848
[30] Byers RK. Spinal-cord injuries during birth. Dev Med Child Neurol. 1975; 17(1):103-110
[31] Stern WE, Rand RW. Birth injuries to the spinal cord: a report of 2 cases and review of the literature. Am J Obstet Gynecol. 1959; 78:498-512
[32] Norman MC, Wedderburn LC. Fetal spinal cord injury with cephalic delivery. Obstet Gynecol. 1973; 42(3):355-358
[33] Abroms IF, Bresnan MJ, Zuckerman JE, et al. Cervical cord injuries secondary to hyperextension of the head in breech presentations. Obstet Gynecol. 1973; 41(3):369-378
[34] Hadley MN, Zabramski JM, Browner CM, et al. Pediatric spinal trauma. Review of 122 cases of spinal cord and vertebral column injuries. J Neurosurg. 1988; 68(1):18-24
[35] McPhee IB. Spinal fractures and dislocations in children and adolescents. Spine. 1981; 6(6):533-537
[36] Pang D, Wilberger JE Jr. Spinal cord injury without radiographic abnormalities in children. J Neurosurg. 1982; 57(1):114-129
[37] Osenbach RK, Menezes AH. Spinal cord injury without radiographic abnormality in children. Pediatr Neurosci. 1989; 15(4):168-174, discussion 175
[38] Kewalramani LS, Tori JA. Spinal cord trauma in children. Neurologic patterns, radiologic features, and pathomechanics of injury. Spine. 1980; 5(1):11-18
[39] Kewalramani LS, Kraus JF, Sterling HM. Acute spinal-cord lesions in a pediatric population: epidemiological and clinical features. Paraplegia. 1980; 18(3):206-219
[40] Hubbard DD. Injuries of the spine in children and adolescents. Clin Orthop Relat Res. 1974(100):56-65

[41] Stauffer ES, Mazur JM. Cervical spine injuries in children. Pediatr Ann. 1982; 11(6):502-508, 510–511

[42] Melzak J. Paraplegia among children. Lancet. 1969; 2(7610):45-48

[43] Hachen HJ. Spinal cord injury in children and adolescents: diagnostic pitfalls and therapeutic considerations in the acute stage [proceedings]. Paraplegia. 1977; 15(1):55-64

[44] Gaufin LM, Goodman SJ. Cervical spine injuries in infants. Problems in management. J Neurosurg. 1975; 42(2):179-184

[45] Fehlings MG, Nakashima H, Nagoshi N, et al. Rationale, design and critical end points for the Riluzole in Acute Spinal Cord Injury Study (RISCIS): a randomized, double-blinded, placebo-controlled parallel multi-center trial. Spinal Cord. 2016; 54(1):8-15

[46] Tator CH, Fehlings MG. Review of the secondary injury theory of acute spinal cord trauma with emphasis on vascular mechanisms. J Neurosurg. 1991; 75(1):15-26

[47] Blight AR. Macrophages and inflammatory damage in spinal cord injury. J Neurotrauma. 1992; 9(Suppl 1):S83-S91

[48] Popovich PG, Wei P, Stokes BT. Cellular inflammatory response after spinal cord injury in Sprague-Dawley and Lewis rats. J Comp Neurol. 1997; 377(3):443-464

[49] Wakefield CL, Eidelberg E. Electron microscopic observations of the delayed effects of spinal cord compression. Exp Neurol. 1975; 48(3 Pt 1):637-646

[50] Janssen L, Hansebout RR. Pathogenesis of spinal cord injury and newer treatments. A review. Spine. 1989; 14(1):23-32

[51] Schwab ME. Repairing the injured spinal cord. Science. 2002; 295(5557):1029-1031

[52] Bunge RP, Puckett WR, Becerra JL, et al. Observations on the pathology of human spinal cord injury. A review and classification of 22 new cases with details from a case of chronic cord compression with extensive focal demyelination. Adv Neurol. 1993; 59:75-89

[53] Liu XZ, Xu XM, Hu R, et al. Neuronal and glial apoptosis after traumatic spinal cord injury. J Neurosci. 1997; 17(14):5395-5406

[54] Emery E, Aldana P, Bunge MB, et al. Apoptosis after traumatic human spinal cord injury. J Neurosurg. 1998; 89(6):911-920

[55] Ducker TB, Lucas JT, Wallace CA. Recovery from spinal cord injury. Clin Neurosurg. 1983; 30:495-513

[56] Schwab ME, Bartholdi D. Degeneration and regeneration of axons in the lesioned spinal cord. Physiol Rev. 1996; 76(2):319-370

[57] Hall ED, Yonkers PA, Andrus PK, et al. Biochemistry and pharmacology of lipid antioxidants in acute brain and spinal cord injury. J Neurotrauma. 1992; 9(Suppl 2):S425-S442

[58] Wrathall JR, Teng YD, Choiniere D. Amelioration of functional deficits from spinal cord trauma with systemically administered NBQX, an antagonist of non-N-methyl-D-aspartate receptors. Exp Neurol. 1996; 137(1):119-126

[59] Choi JU, Hoffman HJ, Hendrick EB, et al. Traumatic infarction of the spinal cord in children. J Neurosurg. 1986; 65(5):608-610

[60] Fawcett JW, Asher RA. The glial scar and central nervous system repair. Brain Res Bull. 1999; 49(6):377-391

[61] Faulkner JR, Herrmann JE, Woo MJ, et al. Reactive astrocytes protect tissue and preserve function after spinal cord injury. J Neurosci. 2004; 24(9):2143-2155

[62] Herrmann JE, Imura T, Song B, et al. STAT3 is a critical regulator of astrogliosis and scar formation after spinal cord injury. J Neurosci. 2008; 28(28):7231-7243

[63] Okada S, Nakamura M, Katoh H, et al. Conditional ablation of Stat3 or Socs3 discloses a dual role for reactive astrocytes after spinal cord injury. Nat Med. 2006; 12(7):829-834

[64] Sahni V, Mukhopadhyay A, Tysseling V, et al. BMPR1a and BMPR1b signaling exert opposing effects on gliosis after spinal cord injury. J Neurosci. 2010; 30(5):1839-1855

[65] Busch SA, Silver J. The role of extracellular matrix in CNS regeneration. Curr Opin Neurobiol. 2007; 17(1):120-127

[66] Zuo J, Neubauer D, Dyess K, et al. Degradation of chondroitin sulfate proteoglycan enhances the neurite-promoting potential of spinal cord tissue. Exp Neurol. 1998; 154(2):654-662

[67] Cattell HS, Filtzer DL. Pseudosubluxation and other normal variations in the cervical spine in children. A study of one hundred and sixty children. J Bone Joint Surg Am. 1965; 47(7):1295-1309

[68] Pennecot GF, Gouraud D, Hardy JR, et al. Roentgenographical study of the stability of the cervical spine in children. J Pediatr Orthop. 1984; 4(3):346-352

[69] Bailey DK. The normal cervical spine in infants and children. Radiology. 1952; 59(5):712-719

[70] Aufdermaur M. Spinal injuries in juveniles. Necropsy findings in twelve cases. J Bone Joint Surg Br. 1974; 56B(3):513-519

[71] Baker DH, Berdon WE. Special trauma problems in children. Radiol Clin North Am. 1966; 4(2):289-305

[72] Caffey J. The whiplash shaken infant syndrome: manual shaking by the extremities with whiplash-induced intracranial and intraocular bleedings, linked with residual permanent brain damage and mental retardation. Pediatrics. 1974; 54(4):396-403

[73] Behrmann DL, Bresnahan JC, Beattie MS, et al. Spinal cord injury produced by consistent mechanical displacement of the cord in rats: behavioral and histologic analysis. J Neurotrauma. 1992; 9(3):197-217

[74] Betz RR, Gelman AJ, DeFilipp GJ, et al. Magnetic resonance imaging (MRI) in the evaluation of spinal cord injured children and adolescents. Paraplegia. 1987; 25(2):92-99

[75] Bates D, Ruggieri P. Imaging modalities for evaluation of the spine. Radiol Clin North Am. 1991; 29(4):675-690

[76] Hoffman JR, Mower WR, Wolfson AB, et al; National Emergency X-Radiography Utilization Study Group. Validity of a set of clinical criteria to rule out injury to the cervical spine in patients with blunt trauma. N Engl J Med. 2000; 343(2):94-99

[77] Dickman CA, Rekate HL, Sonntag VK, et al. Pediatric spinal trauma: vertebral column and spinal cord injuries in children. Pediatr Neurosci. 1989; 15(5):237-255, discussion 56

[78] Walsh JW, Stevens DB, Young AB. Traumatic paraplegia in children without contiguous spinal fracture or dislocation. Neurosurgery. 1983; 12(4):439-445

[79] Glasauer FE, Cares HL. Biomechanical features of traumatic paraplegia in infancy. J Trauma. 1973; 13(2):166-170

[80] Papavasiliou V. Traumatic subluxation of the cervical spine during childhood. Orthop Clin North Am. 1978; 9(4):945-954

[81] Meschino A, Devitt JH, Koch JP, et al. The safety of awake tracheal intubation in cervical spine injury. Can J Anaesth. 1992; 39(2):114-117

[82] Mulder DS, Wallace DH, Woolhouse FM. The use of the fiberoptic bronchoscope to facilitate endotracheal intubation following head and neck trauma. J Trauma. 1975; 15(8):638-640

[83] Chiles BW III, Cooper PR. Acute spinal injury. N Engl J Med. 1996; 334(8):514-520

[84] Hadley MN, Walters BC, Grabb PA, et al. Guidelines for the management of acute cervical spine and spinal cord injuries. Clin Neurosurg. 2002; 49:407-498

[85] Bracken MB, Shepard MJ, Collins WF, et al. A randomized, controlled trial of methylprednisolone or naloxone in the treatment of acute spinal-cord injury. Results of the Second National Acute Spinal Cord Injury Study. N Engl J Med. 1990; 322(20):1405-1411

[86] Bracken MB, Shepard MJ, Collins WF Jr, et al. Methylprednisolone or naloxone treatment after acute spinal cord injury: 1-year follow-up data. Results of the second National Acute Spinal Cord Injury Study. J Neurosurg. 1992; 76(1):23-31

[87] Bracken MB, Holford TR. Effects of timing of methylprednisolone or naloxone administration on recovery of segmental and long-tract neurological function in NASCIS 2. J Neurosurg. 1993; 79(4):500-507

[88] Bracken MB, Shepard MJ, Holford TR, et al. Administration of methylprednisolone for 24 or 48 hours or tirilazad mesylate for 48 hours in the treatment of acute spinal cord injury. Results of the Third National Acute Spinal Cord Injury Randomized Controlled Trial. National Acute Spinal Cord Injury Study. JAMA. 1997; 277(20):1597-1604

[89] Bracken MB. Steroids for acute spinal cord injury. Cochrane Database Syst Rev. 2012; 1):CD001046
[90] Geisler FH, Coleman WP, Grieco G, et al; Sygen Study Group. The Sygen multicenter acute spinal cord injury study. Spine. 2001; 26(24, Suppl):S87-S98
[91] Means ED, Anderson DK, Waters TR, et al. Effect of methylprednisolone in compression trauma to the feline spinal cord. J Neurosurg. 1981; 55(2):200-208
[92] Hall ED. The neuroprotective pharmacology of methylprednisolone. J Neurosurg. 1992; 76(1):13-22
[93] Hall ED, Wolf DL, Braughler JM. Effects of a single large dose of methylprednisolone sodium succinate on experimental posttraumatic spinal cord ischemia. Dose-response and time-action analysis. J Neurosurg. 1984; 61(1):124-130
[94] Young W, Flamm ES. Effect of high-dose corticosteroid therapy on blood flow, evoked potentials, and extracellular calcium in experimental spinal injury. J Neurosurg. 1982; 57(5):667-673
[95] Faden AI, Jacobs TP, Holaday JW. Opiate antagonist improves neurologic recovery after spinal injury. Science. 1981; 211(4481):493-494
[96] Tempel GE, Martin HF III. The beneficial effects of a thromboxane receptor antagonist on spinal cord perfusion following experimental cord injury. J Neurol Sci. 1992; 109(2):162-167
[97] Sharma HS, Olsson Y, Cervós-Navarro J. Early perifocal cell changes and edema in traumatic injury of the spinal cord are reduced by indomethacin, an inhibitor of prostaglandin synthesis. Experimental study in the rat. Acta Neuropathol. 1993; 85(2):145-153
[98] Winkler T, Sharma HS, Stålberg E, et al. Indomethacin, an inhibitor of prostaglandin synthesis attenuates alteration in spinal cord evoked potentials and edema formation after trauma to the spinal cord: an experimental study in the rat. Neuroscience. 1993; 52(4):1057-1067
[99] Guth L, Zhang Z, Roberts E. Key role for pregnenolone in combination therapy that promotes recovery after spinal cord injury. Proc Natl Acad Sci U S A. 1994; 91(25):12308-12312
[100] Fehlings MG, Vaccaro A, Wilson JR, et al. Early versus delayed decompression for traumatic cervical spinal cord injury: results of the Surgical Timing in Acute Spinal Cord Injury Study (STASCIS). PLoS One. 2012; 7(2):e32037
[101] Readdy WJ, Whetstone WD, Ferguson AR, et al. Complications and outcomes of vasopressor usage in acute traumatic central cord syndrome. J Neurosurg Spine. 2015;1-7
[102] Aarabi B, Hadley MN, Dhall SS, et al. Management of acute traumatic central cord syndrome (ATCCS). Neurosurgery. 2013; 72(Suppl 2):195-204
[103] Ryken TC, Hurlbert RJ, Hadley MN, et al. The acute cardiopulmonary management of patients with cervical spinal cord injuries. Neurosurgery. 2013; 72(Suppl 2):84-92
[104] Werndle MC, Saadoun S, Phang I, et al. Monitoring of spinal cord perfusion pressure in acute spinal cord injury: initial findings of the injured spinal cord pressure evaluation study*. Crit Care Med. 2014; 42(3):646-655
[105] Varsos GV, Werndle MC, Czosnyka ZH, et al. Intraspinal pressure and spinal cord perfusion pressure after spinal cord injury: an observational study. J Neurosurg Spine. 2015; 23(6):763-771
[106] Agrawal SK, Fehlings MG. Mechanisms of secondary injury to spinal cord axons in vitro: role of Na+, Na(+)-K(+)-ATPase, the Na(+)-H+ exchanger, and the Na(+)-Ca2+ exchanger. J Neurosci. 1996; 16(2):545-552
[107] Tietze KJ, Putcha L. Factors affecting drug bioavailability in space. J Clin Pharmacol. 1994; 34(6):671-676
[108] Stys PK. General mechanisms of axonal damage and its prevention. J Neurol Sci. 2005; 233(1–2):3-13
[109] Siddall PJ, McClelland JM, Rutkowski SB, et al. A longitudinal study of the prevalence and characteristics of pain in the first 5 years following spinal cord injury. Pain. 2003; 103(3):249-257
[110] Berić A, Dimitrijević MR, Lindblom U. Central dysesthesia syndrome in spinal cord injury patients. Pain. 1988; 34(2):109-116
[111] Davis L, Martin J. Studies upon spinal cord injuries; the nature and treatment of pain. J Neurosurg. 1947; 4(6):483-491
[112] Finnerup NB, Norrbrink C, Trok K, et al. Phenotypes and predictors of pain following traumatic spinal cord injury: a prospective study. J Pain. 2014; 15(1):40-48
[113] Rintala DH, Loubser PG, Castro J, et al. Chronic pain in a community-based sample of men with spinal cord injury: prevalence, severity, and relationship with impairment, disability, handicap, and subjective well-being. Arch Phys Med Rehabil. 1998; 79(6):604-614
[114] Baptiste DC, Fehlings MG. Pharmacological approaches to repair the injured spinal cord. J Neurotrauma. 2006; 23(3-4):318-334
[115] Miller RG, Mitchell JD, Moore DH. Riluzole for amyotrophic lateral sclerosis (ALS)/motor neuron disease (MND). Cochrane Database Syst Rev. 2012(3):CD001447
[116] Schwartz G, Fehlings MG. Evaluation of the neuroprotective effects of sodium channel blockers after spinal cord injury: improved behavioral and neuroanatomical recovery with riluzole. J Neurosurg. 2001; 94(2, Suppl):245-256
[117] Wu Y, Satkunendrarajah K, Teng Y, et al. Delayed post-injury administration of riluzole is neuroprotective in a preclinical rodent model of cervical spinal cord injury. J Neurotrauma. 2013; 30(6):441-452
[118] Grossman RG, Fehlings MG, Frankowski RF, et al. A prospective, multicenter, phase I matched-comparison group trial of safety, pharmacokinetics, and preliminary efficacy of riluzole in patients with traumatic spinal cord injury. J Neurotrauma. 2014; 31(3):239-255

35 Mau Funcionamento Agudo de *Shunt*

Ahmed J. Awad ▪ Rajiv R. Iyer ▪ George I. Jallo

Resumo

O risco de infecções de *shunt* diminuiu graças à introdução de dispositivos menores e também aos avanços alcançados com as técnicas estéreis durante a realização de cirurgias de *shunt*. Entretanto, ter um corpo estranho implantado dentro do corpo humano ainda implica em risco potencial de infecção. Qualquer paciente que tenha um *shunt* e seja atendido no departamento de emergência ou no consultório apresentando novos sintomas neurológicos deve ser avaliado quanto à possibilidade de mau funcionamento do *shunt*. No contexto agudo, quando um paciente portador de *shunt* apresenta potencial queixa neurológica, deve ser estabelecido o diagnóstico de mau funcionamento de *shunt* até que se prove outra condição. Os exames de imagem frequentemente são essenciais ao diagnóstico de mau funcionamento de *shunt* e a condição aguda apresenta três causas principais: obstrução de cateter proximal/ventricular; obstrução distal ao cateter proximal; e desconexão, quebra ou migração de qualquer componente do sistema de *shunt*. Cada uma dessas etiologias requer um algoritmo de tratamento exclusivo.

Palavras-chave: CSF, drenagem, obstrução, conjunto de *shunt*, revisão de *shunt*, punção, ventrículo, ventriculostomia.

35.1 Introdução

Nas últimas décadas, o risco de infecção de *shunt* diminuiu por conta da introdução de dispositivos menores e graças aos avanços envolvendo as técnicas estéreis durante a realização das cirurgias de *shunt*. Entretanto, ter um corpo estranho implantado no corpo humano ainda implica em risco potencial de infecção. O mau funcionamento do *shunt* é muito comum na prática da neurocirurgia pediátrica, uma vez que os sinais e sintomas de mau funcionamento de *shunt* são a apresentação mais comum da infecção de *shunt*. Ensaios clínicos demonstraram que a taxa de falhas de *shunt*s implantados pode chegar a 40% no primeiro ano, com os casos de mau funcionamento mecânico representando mais da metade de todas as ocorrências de falha.[1-4] Apesar da frequência dos casos de mau funcionamento de *shunt*, os erros diagnósticos ou erros de tratamento de mau funcionamento agudo de *shunt* continuam ocorrendo e podem resultar em dano neurológico irreparável ou até na morte do paciente. Assim, conhecer a apresentação do mau funcionamento agudo de *shunt* e as opções terapêuticas disponíveis ainda é essencialmente importante para o neurocirurgião. O presente capítulo aborda a apresentação, diagnóstico e tratamento do mau funcionamento agudo de *shunt*, excluindo as causas infecciosas e falhas decorrentes de drenagem excessiva, as quais são abordadas em outros capítulos. Discutiremos, especificamente, os protocolos de tratamento para maus funcionamentos agudos de *shunt* adotados em nossa instituição.

35.2 Apresentação Clínica e Diagnóstico

As possíveis apresentações clínicas de mau funcionamento agudo de *shunt* são inumeráveis. Qualquer paciente portador de *shunt* que chegue ao departamento de emergência ou no consultório manifestando sintomas neurológicos deve ser avaliado quanto à possibilidade de mau funcionamento de *shunt*. No contexto agudo, quando um paciente com *shunt* apresenta uma potencial queixa neurológica, deve ser estabelecido o diagnóstico de mau funcionamento de *shunt* até que seja comprovada outra condição.

Na emergência, todo paciente com suspeita de mau funcionamento de *shunt* deve passar por uma anamnese completa e por uma bateria de exames neurológicos, agendando-se imediatamente uma varredura de tomografia computadorizada (CT) da cabeça sem contraste com dose reduzida de radiação ou um exame de imagem de ressonância magnética (MRI) rápida/limitada (uma série de radiografias que seguem o trajeto do *shunt* desde a cabeça até sua localização distal). Uma consulta neurocirúrgica costuma ser obtida quando um paciente pediátrico é submetido a esses exames. São aspectos importantes a serem extraídos na história a causa da implantação do *shunt*, a data da primeira colocação do dispositivo, o número de revisões e os motivos de cada revisão, a data da última revisão e os sinais ou sintomas apresentados naquele momento, o tipo de *shunt* e o contexto, bem como a ocorrência ou não de alterações recentes etc.

Entre as queixas comuns relacionadas com mau funcionamento de *shunt*, estão a náusea, vômito, convulsões, alterações visuais, mal-estar e alteração do nível de consciência, as quais dependem de fatores como a idade do paciente, gravidade do mau funcionamento do *shunt*, e etiologia de hidrocefalia. Os familiares são particularmente sensíveis aos sintomas de mau funcionamento de *shunt*. Declarações como: "É isso que acontece quando o *shunt* dele(a) apresenta mau funcionamento" ou "a mesma coisa aconteceu antes da última revisão do *shunt* dele(a)" costumam ser altamente prognósticas.

O exame físico inclui a verificação dos sinais vitais, que podem demonstrar bradicardia ou anormalidades na pressão arterial e na frequência respiratória em casos graves. Outros aspectos do exame físico incluem a apalpação do *shunt* ao longo de todo o seu trajeto. O acúmulo de líquido ao redor da válvula ou do sítio de inserção ventricular frequentemente anunciam uma obstrução de *shunt*, como ocorre na ascite abdominal. Ocasionalmente, também é possível apalpar desconexões ao exame físico. As fontanelas, quando presentes, podem ser apalpadas para estimar a pressão intracraniana (ICP).

Durante o exame neurológico, pode ser feita uma tentativa de exame fundoscópico para avaliar um possível papiledema. O exame de nervo craniano às vezes permite detectar anormalidades como a paresia do nervo abducente ou a paralisia do olhar fixo para cima que acompanha a hidrocefalia e a ICP aumentada. Outros sinais neurológicos, como a ataxia, também podem ser indicadores de mau funcionamento de *shunt*.

Embora alguns neurocirurgiões pediátricos não acreditem que o bombeamento de *shunt* seja útil na avaliação da função do *shunt*,[5] acreditamos que bombear o *shunt* em certos casos permite obter uma indicação de mau funcionamento do *shunt*, particularmente quando o profissional conhece bem o paciente. Entretanto, defendemos a realização do bombeamento de *shunt* somente depois que um exame de imagem tiver demonstrado a presença de hidrocefalia e o volume de líquido cerebrospinal (CSF) circundando o cateter proximal, uma vez que o potencial de obstrução de um *shunt* funcional com o bombeamento do *shunt* é teoricamente maior em um paciente cujos ventrículos sejam muito pequenos ou no qual haja um cateter ventricular mal posicionado. Além disso, os resultados obtidos a partir do bombeamento do *shunt* nunca devem ser usados para excluir definitivamente um possível mau funcionamento de *shunt*.

35.3 Exames Radiográficos

Os exames de imagem muitas vezes são essenciais para diagnosticar o mau funcionamento de *shunt*. Como já mencionado, a maioria dos pacientes que chega ao departamento de emergência

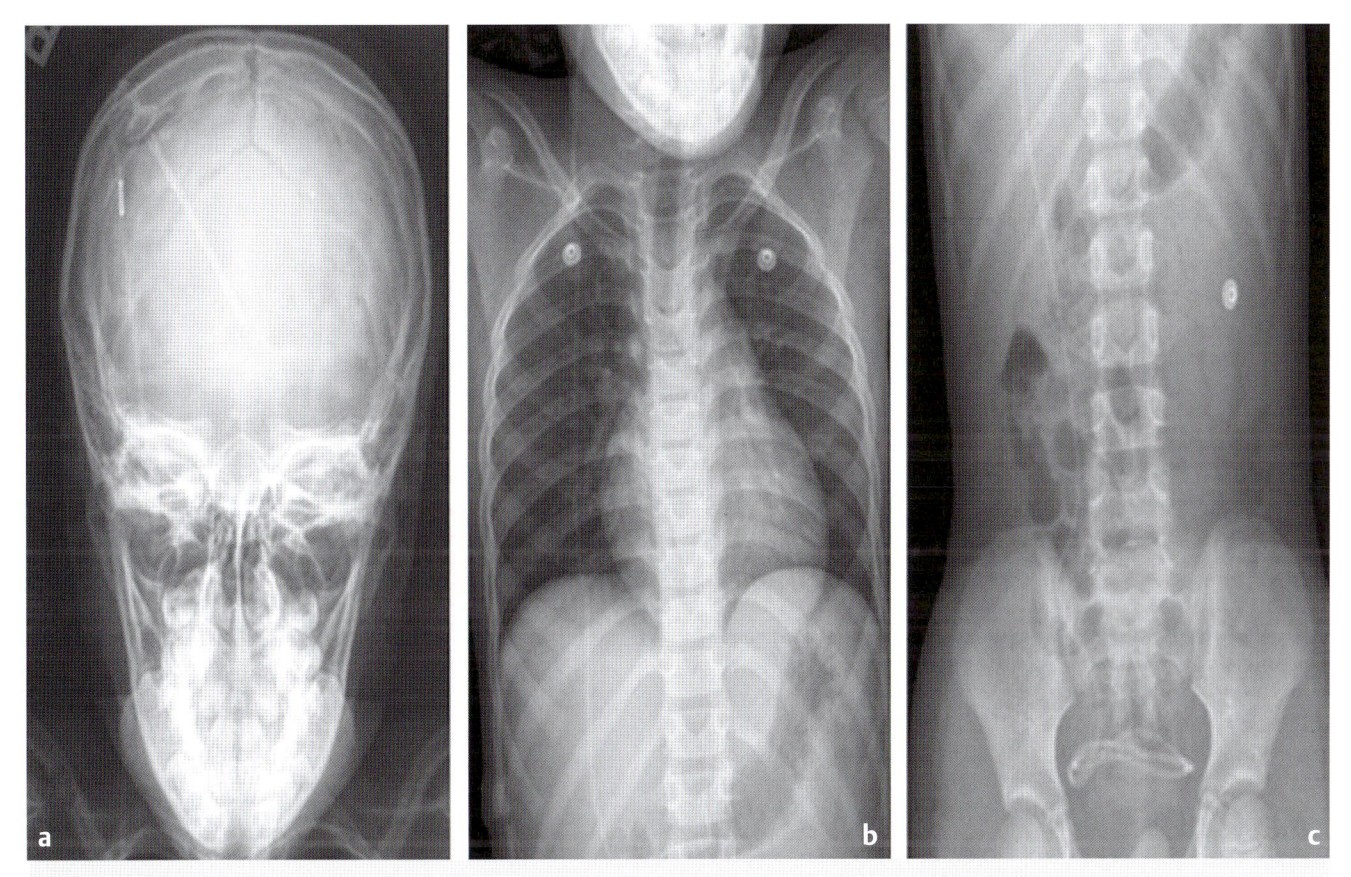

Fig. 35.1 (a-c) Exemplo de imagens seriadas de *shunt*. Múltiplas radiografias simples (imagens seriadas de *shunt*) demonstrando o trajeto contínuo de um tubo de *shunt* ventriculoperitoneal desde a cabeça até o abdome.

é submetida a uma bateria de exames de raios X do *shunt* e um exame de imagem (CT ou MRI) intracraniana.

As radiografias simples podem ser obtidas de forma fácil e eficiente. Uma bateria de radiografias simples do *shunt* permite determinar o tipo de sistema de *shunt* implantado, inclusive a válvula, o conjunto valvular e a localização geral dos cateteres (▶ Fig. 35.1). Uma bateria de *shunt* também pode mostrar desconexões, quebras ou torções no sistema de *shunt*. A comparação com radiografias previamente obtidas também pode ter importância decisiva (p. ex., um cateter peritoneal helicoidal poderia servir de etiologia do mau funcionamento de *shunt*).

A maioria dos pacientes com suspeita de mau funcionamento de *shunt* também passará por um exame de MRI rápida ou CT craniana, para determinar o formato e o tamanho do sistema ventricular. Na maioria dos casos, até mesmo naqueles de franca ventriculomegalia, as imagens cerebrais devem ser comparadas com varreduras prévias, tendo-se o conhecimento da história clínica em cada momento em que as imagens anteriores foram obtidas. Antes do advento da informação radiográfica eletronicamente armazenada, pedíamos a todos os familiares para manter cópias de exames de CT craniana e de outros exames de imagem e levá-las consigo em todas as visitas ao departamento de emergência ou à clínica. A comparação com exames anteriores auxilia na interpretação das imagens atuais obtidas no contexto de suspeita de mau funcionamento do *shunt*. Um aumento no calibre do sistema ventricular detectado a partir de um exame basal realizado quando o paciente estava assintomático, somado a uma suspeita clínica de mau funcionamento do *shunt*, justifica a exploração na maioria dos casos.

Achados adicionais de imagem que podem requerer atenção incluem sinais de drenagem excessiva, como higromas subdurais ou ventrículos em fenda, bem como um cateter proximal mal posicionado. Ocasionalmente, o *shunt* apresenta mau funcionamento apesar de os ventrículos serem pequenos. Em alguns pacientes, a complacência ventricular é suficientemente baixa para que haja uma ICP elevada e obstrução do *shunt* na ausência de ventriculomegalia ou de alterações no tamanho ventricular.

Estudos com radionuclídeo podem ser realizados para identificar a presença de obstrução de *shunt*, contudo raramente são indicados no contexto agudo. Em certos casos, quando há suspeita de mau funcionamento distal, a ultrassonografia ou a CT abdominal pode demonstrar a existência pseudocisto abdominal, ascite, perfuração visceral ou mau posicionamento de cateter distal. O ultrassom pode ser usado em bebês com fontanela ainda patente, e também para determinar a presença de acúmulos abdominais, como pseudocistos.

35.4 Punção de *Shunt*

Um procedimento de punção de *shunt* pode ser realizado rapidamente, na cabeceira, com complicações mínimas.[6] As punções de *shunt* podem ser diagnósticas e terapêuticas. Para a maioria das punções de *shunt*, usamos uma agulha borboleta de calibre 23 ou 25 presa a um tubo medindo 25 cm de comprimento. A área sobre o reservatório do *shunt* é preparada com Betadina (Purdue Pharma, L.P., Stamford, CT) ou outra solução antisséptica similar, e o bulbo do *shunt* é introduzido em ângulo agudo e sob condições estéreis. Uma vez posicionada a agulha, o tubo é estendido para cima, de modo a funcionar como um manômetro que permita estimar a ICP com base no fluxo de CSF para dentro do tubo. Se o CSF transbordar na extremidade distal do tubo, então a ICP é estimada como sendo maior que 25 cmH$_2$O, sugerindo que está elevada. A extremidade do tubo borboleta pode então ser posicionada abaixo do nível da válvula do *shunt*, para avaliar o fluxo proximal. Sood *et al.* demonstraram que avaliar o "intervalo de gotejamento" usando este método é bastante efetivo para diagnosticar o mau funcionamento de *shunt* proximal.[7]

Se não houver retorno imediato de líquido, então uma seringa de 3 mL pode ser conectada ao tubo para tentar aspirar CSF da valva usando a seringa menor. A incapacidade de aspirar CSF costumar ser um sinal de mau funcionamento proximal. O mau funcionamento distal às vezes pode ser diagnosticado obstruindo-se manualmente a entrada da válvula e deixando a coluna de líquido no tubo fluir distalmente. Um fluxo distal lento ou nulo pode ser indicador de mau funcionamento distal. O CSF obtido por punção do *shunt* é sempre enviado ao laboratório para contagem celular, coloração Gram, cultura, glicose e proteína.

35.5 Causas de Mau Funcionamento Agudo

Existem três causas principais de mau funcionamento agudo: (1) obstrução de cateter proximal/ventricular; (2) obstrução distal ao cateter proximal, incluindo a válvula e o cateter distal; e (3) desconexão, quebra ou migração de qualquer componente do sistema de *shunt*. Cada uma destas etiologias requer um algoritmo de tratamento exclusivo.

35.5.1 Obstrução Proximal

A obstrução do cateter proximal é a causa mais comum de mau funcionamento agudo de *shunt*. Debris oriundos dos ventrículos ou do plexo coroide frequentemente obstruem a perfuração do cateter proximal, resultando na obstrução da drenagem de CSF. A obstrução proximal às vezes pode ser diagnosticada unicamente pelo exame clínico, quando um acúmulo de líquido é apalpado sobre o orifício de trepanação craniano. Mais comumente, porém, o diagnóstico requer análise de exames de imagem (▶ Fig. 35.2) e dos resultados de uma punção do *shunt*. Ocasionalmente, o diagnóstico somente é estabelecido após uma investigação intraoperatória do sistema de *shunt*.

O tratamento do mau funcionamento agudo do *shunt* decorrente de obstrução de cateter proximal consiste na substituição do cateter ventricular em sala cirúrgica. O procedimento é agendado como emergência de nível 1, portanto, é necessário conduzir rapidamente o paciente até a sala cirúrgica. Ambos os sítios, proximal e distal, são preparados e a incisão craniana é aberta. A válvula é desconectada do cateter ventricular e a obstrução proximal é confirmada pela ausência de fluxo de CSF a partir do cateter ventricular. Este, então, é cuidadosamente removido e substituído.

A remoção do cateter proximal pode ser difícil em casos de mau funcionamento tardio do *shunt* decorrente da presença de aderências e gliose ao redor do cateter. Uma tração suave combinada à cauterização do tecido cicatricial superficial com frequência é suficiente para soltar o cateter. Em alguns casos, uma sonda pode ser colocada no cateter proximal e um pequeno cautério monopolar intermitente é aplicado para soltar o cateter.

A canulação do ventrículo também pode se mostrar difícil, em alguns casos. Para a maioria dos casos de obstrução de *shunt* proximal, em que o cateter está devidamente posicionado, preferimos a "passagem suave" de um novo cateter pelo mesmo trajeto do *shunt* original. Enquanto um assistente remove o cateter proximal, o cirurgião implanta um cateter novo, com a sonda puxada alguns centímetros para trás, através do orifício no córtex e até a profundidade apropriada ou até o CSF emanar do novo cateter.

Nos casos em que se busca posicionar um novo cateter proximal, o orifício de trepanação original deve ser ampliado e o tecido cicatricial superficial deve ser removido antes da colocação do novo cateter ventricular. Adicionalmente, o trajeto do cateter proximal existente pode ser usado como guia para o novo trajeto. Após a confirmação do fluxo de CSF a partir do novo cateter proximal e antes da refixação do cateter proximal à válvula, a patência da válvula e cateter distal devem ser avaliados usando uma agulha cega e o manômetro enchido com salina.

No pós-operatório, os pacientes permanecem sob observação durante a noite e comumente são liberados para ir para casa no dia seguinte. As imagens pós-operatórias podem ser obtidas para confirmar a colocação do cateter ventricular e a resolução da ventriculomegalia. Na maioria dos casos, porém, a resolução dos sinais e sintomas clínicos é um indicador confiável da reconstituição da função do *shunt*.

35.5.2 Obstrução Distal

Pode haver obstrução distal ao nível da válvula do *shunt* ou no cateter distal. Debris podem entupir a válvula e causar seu mau funcionamento. De modo similar, o cateter distal pode ser obstruído por debris, conteúdos da cavidade abdominal ou, no caso dos cateteres atriais, até mesmo um coágulo de sangue.

Menos comumente, a dobra do cateter distal no ponto de sua conexão com a válvula ou no sítio de entrada no abdome ou tórax pode causar obstrução distal e mau funcionamento do *shunt*. Essas dobras geralmente são identificáveis em uma bateria de imagens do *shunt*. Em certos casos, a CT abdominal é usada para confirmar o mau funcionamento distal decorrente de absorção precária de CSF ou do mau posicionamento do cateter.

A obstrução distal é diagnosticada com mais frequência pela demonstração de um calibre ventricular aumentado em um exame de imagem, e pela presença de um fluxo próxima de CSF satisfatório com uma punção do *shunt*. Como o CSF pode ser avaliado prontamente e de forma relativamente simples com uma punção do *shunt*, o manejo dos pacientes com obstrução distal pode ser feito com menos urgência do que no caso dos pacientes com obstrução de *shunt* proximal. Em seguida a uma punção de *shunt* volumosa para normalização da ICP, os pacientes podem ser monitorados de perto enquanto os exames são realizados e são feitas as preparações para a intervenção cirúrgica definitiva.

A substituição do cateter distal ou da válvula na sala cirúrgica é o tratamento para a obstrução de *shunt* distal. Em alguns casos, em razão dos múltiplos procedimentos abdominais prévios resultando em cicatrização ou absorção precária de CSF, torna-se necessário planejar ainda no pré-operatório a inserção do cateter distal em um local alternativo. Nos casos em que numerosas revisões prévias foram realizadas, costumamos pedir aos nossos colegas da cirurgia geral ou da cirurgia torácica para nos auxiliar na implantação do cateter distal em um sítio alternativo, como a veia jugular interna, veia subclávia ou no espaço pleural.

Antes do fechamento, o cateter proximal deve ser sempre investigado, dada a possibilidade de haver uma obstrução proximal parcial concomitante com uma obstrução distal. Em revisões sem complicação, os pacientes são monitorados por 24 horas e, então, recebem alta para irem para casa. As imagens pós-operatórias são recomendáveis, mas não um requisito.

35.5.3 Desconexão, Fratura e Migração

A desconexão, fratura e migração de cateteres de *shunt* proximal ou distal às vezes podem ser detectadas ao exame físico, mas são

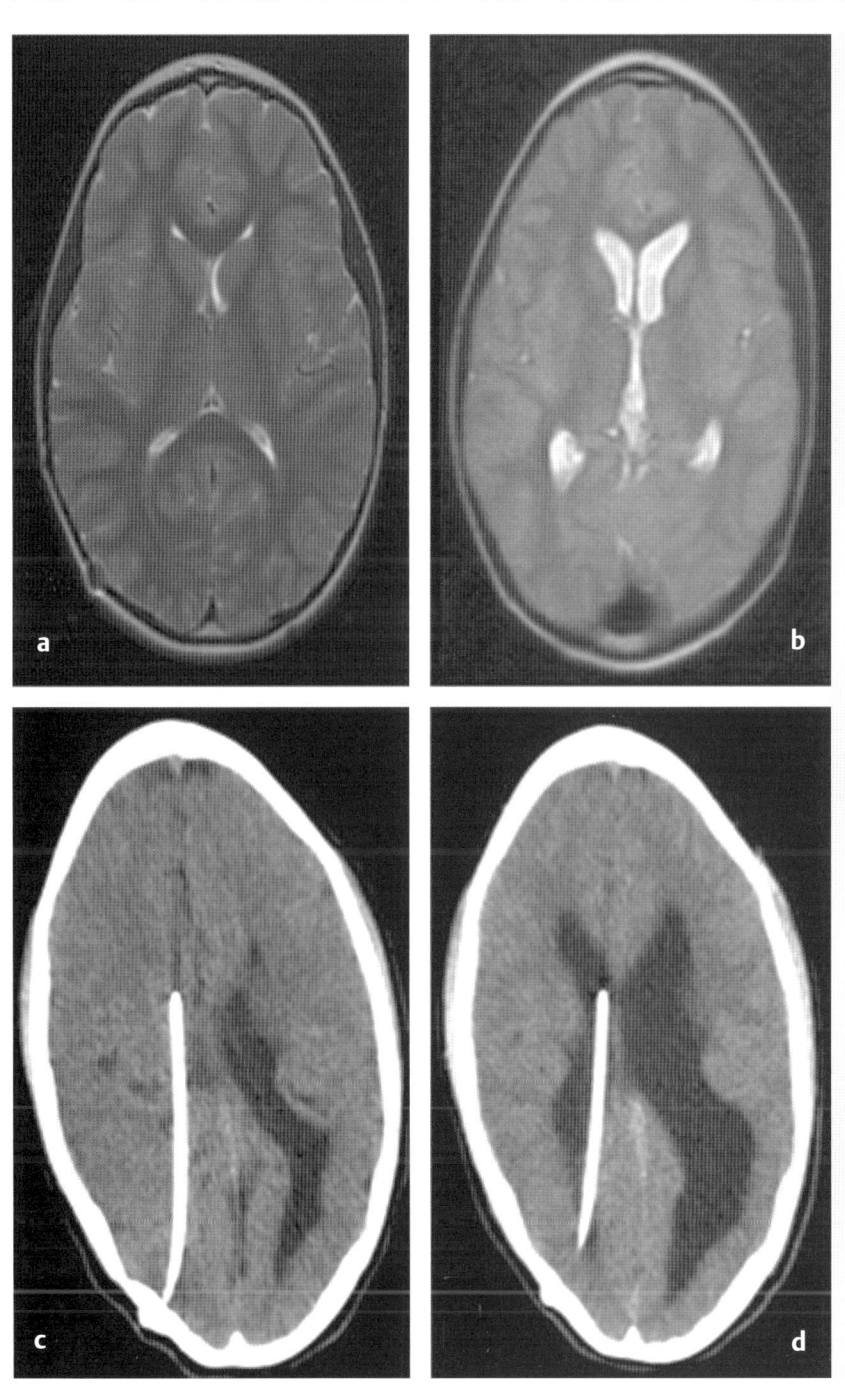

Fig. 35.2 (a e b) Ventriculomegalia associada a mau funcionamento de *shunt*. Imagens de ressonância magnética T2 aplicadas mostrando o calibre ventricular basal (**a**) e o calibre ventricular durante o mau funcionamento do *shunt* (**b**), auxiliando no diagnóstico de mau funcionamento do *shunt* (**c, d**). Imagens de tomografia computadorizada (CT) demonstrando o calibre ventricular basal (**c**) e o calibre ventricular durante o mau funcionamento do *shunt* (**d**), auxiliando no diagnóstico de mau funcionamento de *shunt*.

mais comumente diagnosticadas com uma cuidadosa inspeção de radiografias simples (▶ Fig. 35.3). As desconexões podem ocorrer na conexão cateter-próxima/válvula ou na conexão cateter distal/válvula. Tais eventos podem resultar de conexões precariamente montadas entre a válvula e os cateteres, ou podem ocorrer à medida que uma criança cresce, em decorrência da tensão excessiva sobre um dos componentes do sistema de *shunt*. O reparo intraoperatório das desconexões deve abordar especificamente esses dois aspectos.

A fratura do cateter do *shunt* ou da válvula pode resultar agudamente de traumatismo local ou, de forma mais frequente, como uma complicação tardia de estresse biomecânico repetido aliado à calcificação e ao envelhecimento de componentes do *shunt*. As fraturas muitas vezes ocorrem em sítios onde o *shunt* está em contato estreito com superfícies ósseas como a clavícula ou a caixa torácica. O tratamento de um cateter de *shunt* ou válvula fraturada consiste na remoção e substituição das peças fraturadas.

Pode ocorrer migração tanto do cateter proximal como do cateter distal. A migração do cateter proximal costuma resultar em obstrução do *shunt* pela oclusão das portas de entrada com tecido cerebral. As migrações distais são mais comuns e foram descritas em diversas localizações, particularmente com *shunt*s ventriculoperitoneais.[8-13] O tratamento da migração de cateter requer substituição e, se possível, recuperação do fragmento que migrou.

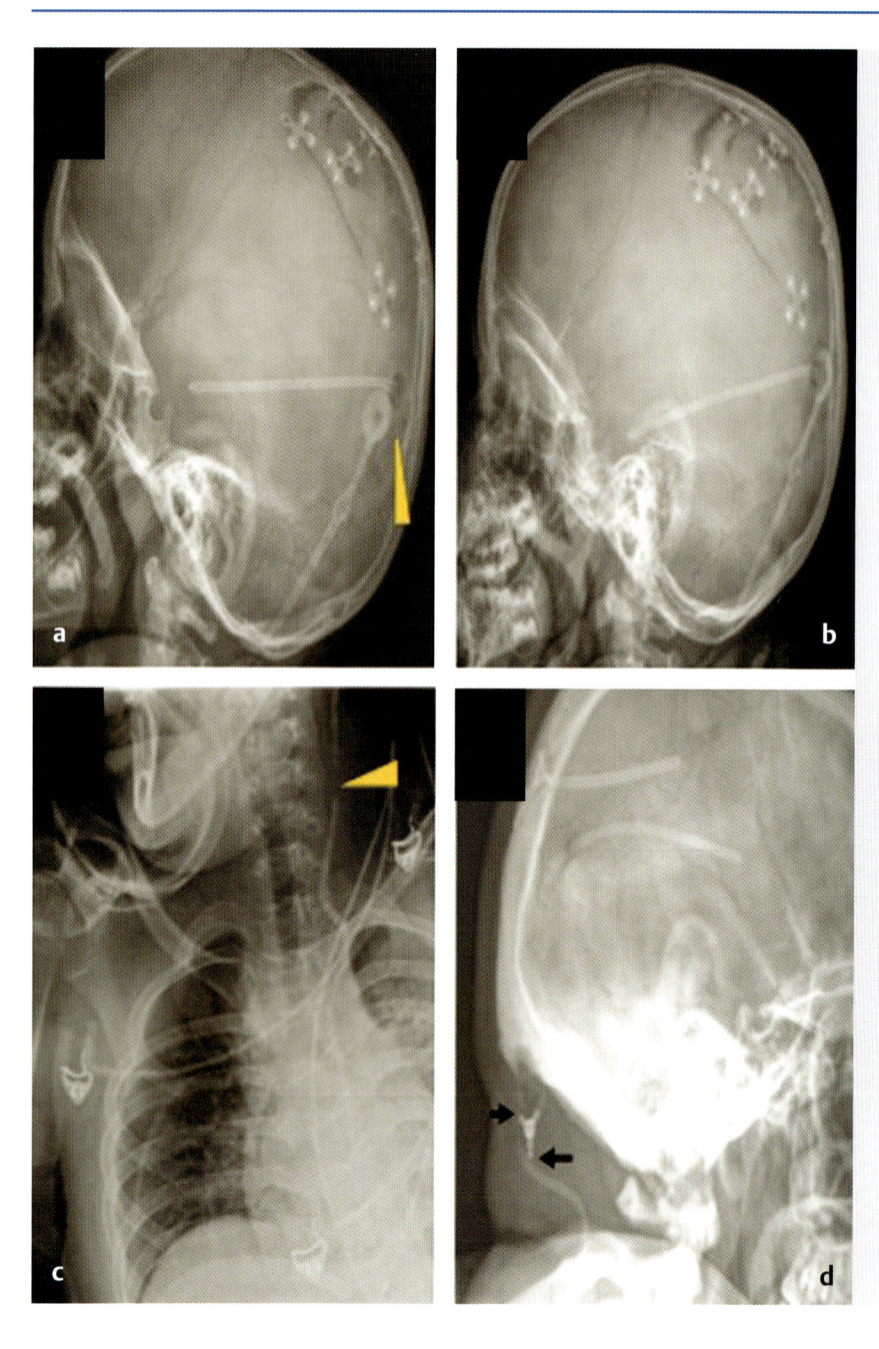

Fig. 35.3 (**a** e **b**) Desconexão e dobra de *shunt*. Radiografias simples do crânio demonstrando a desconexão do cateter proximal do reservatório do *shunt* (ponta de seta) (**a**) e sua reconexão subsequente à revisão cirúrgica (**b**).
(**c**) Radiografia simples do tórax demonstrando uma fratura em *shunt* ventriculoperitoneal (ponta de seta) ao longo do trajeto pelo pescoço.
(**d**) Radiografia lateral do crânio mostrando múltiplos sítios de desconexão do *shunt* (setas) em um ponto de conexão Y em um paciente com múltiplos cateteres ventriculares.

35.6 Tratamento do Paciente Instável

Não é incomum encontrar pacientes com mau funcionamento agudo de *shunt* em sofrimento agudo e apresentando instabilidade de sinal vital ou herniação manifesta. Tais situações exigem ação imediata, muitas vezes antes que seja possível realizar qualquer exame de imagem. Os protocolos-padrão para manejo de vias aéreas, respiração e circulação (ABC, do inglês *airway* [via aérea], *breathing* [respiração], *circulation* [circulação]) devem ser realizados, enquanto uma ação urgente é tomada para abordar o manejo da ICP via remoção de CSF.

Uma punção de *shunt* emergencial deve ser realizada quando for constatado que o *shunt* não bombeia adequadamente. Se for possível retirar CSF a partir do reservatório, então um volume suficiente de CSF deverá ser lentamente removido até as ICPs serem normalizadas e os sinais vitais serem estabilizados. Diante da impossibilidade de remover CSF e se a situação do paciente for péssima, uma agulha espinal de pequeno calibre pode ser cuidadosamente inserida, por via percutânea, através do orifício de trepanação do *shunt* e junto ou ao longo do cateter proximal do *shunt*, diretamente para dentro do ventrículo. De novo, o CSF deve ser lentamente removido até as ICPs e os sinais vitais normalizarem.

O CSF também pode ser avaliado instalando um cateter intraventricular na cabeceira, empregando técnicas padronizadas. Em bebês, alternativamente, pode ser realizada uma punção emergencial na fontanela. Esse procedimento, contudo, raramente é necessário em um paciente com suturas patentes, em decorrência da aumentada complacência do crânio.

Em seguida à estabilização, o paciente deve ter um horário imediatamente agendado na sala cirúrgica, para ser submetido a uma cirurgia de revisão de *shunt*. Se o paciente for suficientemente estabilizado com medidas apropriadas, pode-se optar por prosseguir com a realização de exames de imagem antes do procedimento, para identificar o sítio de mau funcionamento.

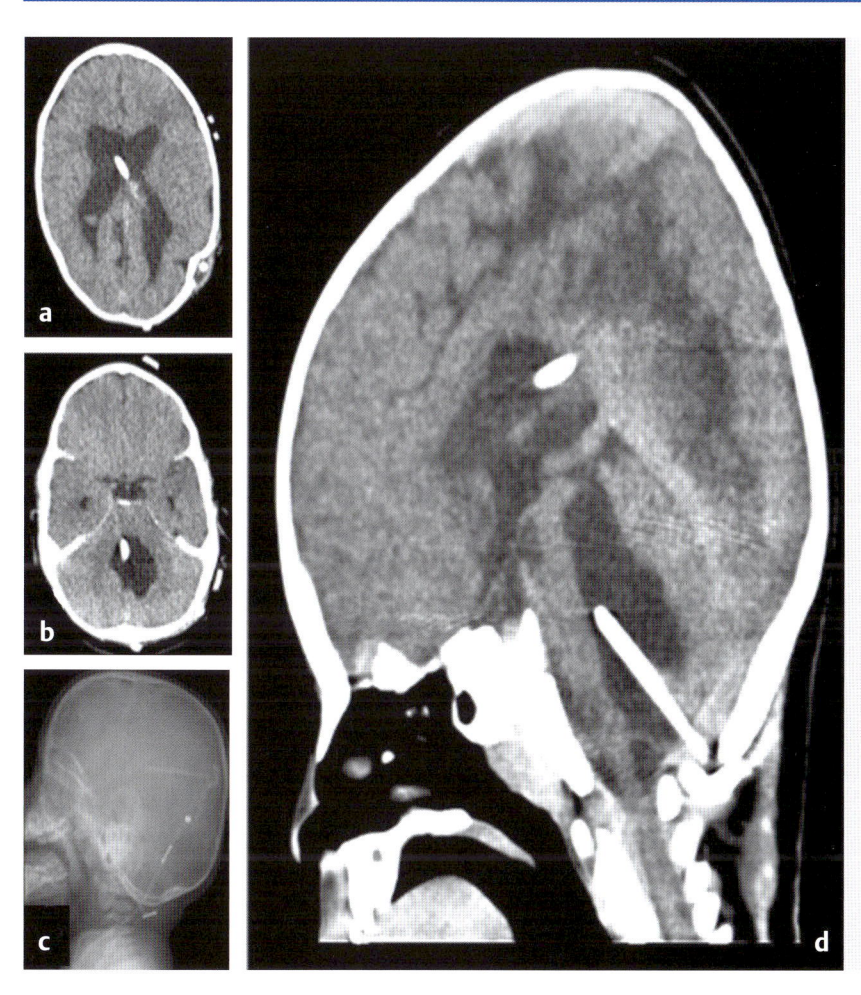

Fig. 35.4 (a-c) Hidrocefalia complexa. Imagem de tomografia computadorizada (CT) axial sem contraste (**a**, **b**) e radiografia lateral do crânio (**c**) demonstrando os cateteres lateral e quarto ventricular seguindo, independentemente, como dois sistemas de *shunt*. (**d**) Imagem de CT sagital da cabeça mostrando os múltiplos cateteres proximais necessários para tratar um paciente com hidrocefalia complexa.

35.7 Situações Especiais

35.7.1 Drenagem Ventricular Externa

Em alguns casos, em que o monitoramento contínuo da ICP se faz necessário, o sistema de *shunt* pode ser removido e substituído por um cateter intraventricular ou por um sistema de *shunt* externalizado. Isto comumente é feito para sistemas de *shunt* infectados exigindo remoção, mas raramente é necessário nos casos de mau funcionamento mecânico. Entretanto, em casos complexos de mau funcionamento de *shunt*, às vezes é recomendável proceder à drenagem ventricular externa e ao monitoramento contínuo da ICP, antes de decidir realizar uma revisão de *shunt* definitiva.

35.7.2 Terceiro-Ventriculostomia Endoscópica

A terceiro-ventriculostomia endoscópica (ETV) pode ser realizada nos casos com história de hidrocefalia obstrutiva, particularmente causada por estenose aquedutal, e múltiplos maus funcionamentos de *shunt* com revisões. A ETV frequentemente pode ser combinada à remoção de todo o sistema de *shunt*, com ou sem colocação de um cateter intraventricular externalizado para monitoramento da ICP no pós-operatório. Estudos recentes demonstraram elevadas taxas de sucesso da ETV em pacientes que apresentavam falha de *shunt* decorrente de hidrocefalia obstrutiva. Vários estudos demonstraram taxas de sucesso similares em pacientes submetidos à ETV primária e à ETV como tratamento para falha de *shunt*.[14-16] A ETV foi particularmente eficaz (64-80%) para pacientes que apresentavam *shunt* infectado.[14-16] O uso de ETV em um contexto emergencial, porém, somente deve ser adotado em centros com experiência significativa na execução dessa técnica.

35.7.3 Sistemas de *Shunt* Múltiplos

A presença de sistemas de *shunt* múltiplos para hidrocefalia compartimentalizada aumenta a complexidade do tratamento do mau funcionamento agudo de *shunt* (▶ Fig. 35.4). Cenários envolvendo investigação de sistemas de *shunt* múltiplos, sejam independentes com conexão em T, requerem atenção especial quanto à assimetria ventricular nos exames de imagem, podendo às vezes requerer punções de *shunt* para cada sistema. A substituição ou revisão de mais de um sistema pode ser necessária e requer atenção especial quanto ao posicionamento na sala cirúrgica, para que seja realizada a substituição de múltiplas partes do *shunt* em um único contexto.

35.7.4 Síndrome do Ventrículo em Fenda

Pacientes com *síndrome do ventrículo em fenda* apresentam sintomas de ICP elevada com ventrículos pequenos ou "em fenda" em exames de imagem (▶ Fig. 35.5). A etiologia exata da síndrome do ventrículo em fenda é discutível e pode estar associada à obstrução do cateter proximal decorrente de colapso ventricular circundante, ou obstrução de *shunt* com ICP aumentada em um contexto de sistema ventricular não complacente. Nestes últimos casos, podem ocorrer elevações significativas na ICP sem alteração

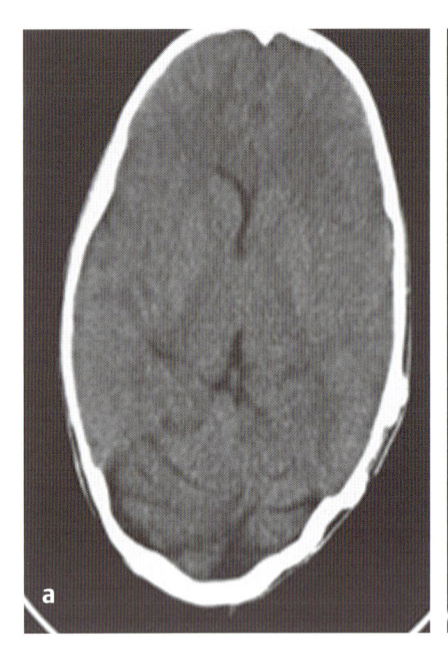

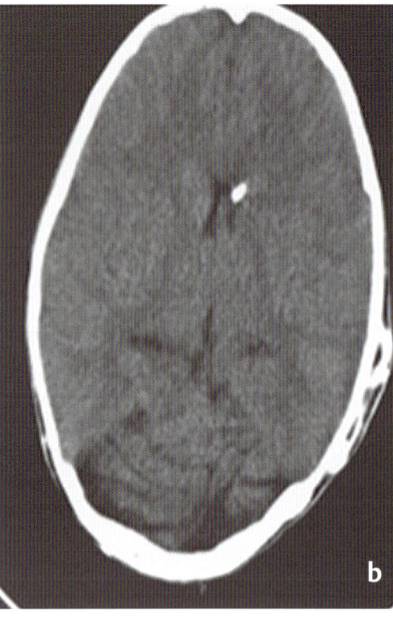

Fig. 35.5 (**a**, **b**) Síndrome do ventrículo em fenda. Imagens de tomografia computadorizada axial da cabeça, sem contraste, mostrando ventrículos em fenda em um paciente com hidrocefalia com *shunt* apresentando sintomas de mau funcionamento de *shunt*.

substancial no tamanho ventricular. O diagnóstico de mau funcionamento de *shunt* em presença de ventrículos em fenda pode ser desafiador quando as técnicas-padrão são usadas, como a punção de *shunt*, por causa da dificuldade para interpretar os resultados e, frequentemente, à necessidade de exploração intraoperatória do sistema de *shunt* para fins de confirmação.

Diversas opções de tratamento foram propostas para a síndrome do ventrículo em fenda, incluindo descompressão subtemporal, *shunting* lomboperitoneal, e até a remoção do *shunt*. Por outro lado, estudos clínicos recentes demonstraram altas taxas de sucesso na síndrome do ventrículo em fenda com o uso de válvulas programáveis. Kamiryo *et al.* foram os primeiros a relatar o uso bem-sucedido de um sistema de válvulas programáveis para normalização da ICP em um paciente com a síndrome.[17] Subsequentemente, Kamikawa *et al.* mostraram elevadas taxas de sucesso em 20 pacientes com história de múltiplas revisões de *shunt*, incluindo dois casos em que o sistema de *shunt* foi totalmente eliminado.[18]

Referências

[1] Hanlo PW, Cinalli G, Vandertop WP, et al. Treatment of hydrocephalus determined by the European Orbis Sigma Valve II survey: a multicenter prospective 5-year shunt survival study in children and adults in whom a flow-regulating shunt was used. J Neurosurg. 2003; 99(1):52-57

[2] Kestle J, Drake J, Milner R, et al. Long-term follow-up data from the Shunt Design Trial. Pediatr Neurosurg. 2000; 33(5):230-236

[3] Kestle JR, Walker ML; Strata Investigators. A multicenter prospective cohort study of the Strata valve for the management of hydrocephalus in pediatric patients. J Neurosurg. 2005; 102(2, Suppl):141-145

[4] Pollack IF, Albright AL, Adelson PD; Hakim-Medos Investigator Group. A randomized, controlled study of a programmable shunt valve versus a conventional valve for patients with hydrocephalus. Neurosurgery. 1999; 45(6):1399-1408, discussion 1408-1411

[5] Piatt JH Jr. Physical examination of patients with cerebrospinal fluid shunts: is there useful information in pumping the shunt? Pediatrics. 1992; 89(3):470-473

[6] McComb JG. Acute shunt malfunction. Neurosurg Emerg. 1994; 2:327-334

[7] Sood S, Kim S, Ham SD, et al. Useful components of the shunt tap test for evaluation of shunt malfunction. Childs Nerv Syst. 1993; 9(3):157-161, discussion 162

[8] Adeolu AA, Komolafe EO, Abiodun AA, et al. Symptomatic pleural effusion without intrathoracic migration of ventriculoperitoneal shunt catheter. Childs Nerv Syst. 2006; 22(2):186-188

[9] Akcora B, Serarslan Y, Sangun O. Bowel perforation and transanal protrusion of a ventriculoperitoneal shunt catheter. Pediatr Neurosurg. 2006; 42(2):129-131

[10] Kim MS, Oh CW, Hur JW, et al. Migration of the distal catheter of a ventriculoperitoneal shunt into the heart: case report. Surg Neurol. 2005; 63(2):185-187

[11] Park CK, Wang KC, Seo JK, et al. Transoral protrusion of a peritoneal catheter: a case report and literature review. Childs Nerv Syst. 2000; 16(3):184-189

[12] Taub E, Lavyne MH. Thoracic complications of ventriculoperitoneal shunts: case report and review of the literature. Neurosurgery. 1994; 34(1):181-183, discussion 183-184

[13] Yuksel KZ, Senoglu M, Yuksel M, et al. Hydrocele of the canal of Nuck as a result of a rare ventriculoperitoneal shunt complication. Pediatr Neurosurg. 2006; 42(3):193-196

[14] O'Brien DF, Javadpour M, Collins DR, et al. Endoscopic third ventriculostomy: an outcome analysis of primary cases and procedures performed after ventriculoperitoneal shunt malfunction. J Neurosurg. 2005; 103(5, Suppl):393-400

[15] Bilginer B, Oguz KK, Akalan N. Endoscopic third ventriculostomy for malfunction in previously shunted infants. Childs Nerv Syst. 2009; 25(6):683-688

[16] Marton E, Feletti A, Basaldella L, et al. Endoscopic third ventriculostomy in previously shunted children: a retrospective study. Childs Nerv Syst. 2010; 26(7):937-943

[17] Kamiryo T, Fujii Y, Kusaka M, et al. Intracranial pressure monitoring using a programmable pressure valve and a telemetric intracranial pressure sensor in a case of slit ventricle syndrome after multiple shunt revisions. Childs Nerv Syst. 1991; 7(4):233-234

[18] Kamikawa S, Kuwamura K, Fujita A, et al. [The management of slit-like ventricle with the Medos programmable Hakim valve and the ventriculofiberscope] [in Japanese]. No Shinkei Geka. 1998; 26(4):349-356

36 Manejo Perinatal de Criança Nascida com Mielomeningocele

Kimberly A. Foster ▪ *Frederick A. Boop*

Resumo

A mielomeningocele (MMC) é a mais grave dentre as malformações congênitas do sistema nervoso central (CNS) compatíveis com a vida. Nenhum estudo definitivo demonstrou que o reparo cirúrgico emergencial da MMC melhora o prognóstico. Por outro lado, evidências sustentam a adoção de medidas emergenciais para otimizar a condição do paciente no momento do reparo, com o reparo cirúrgico sendo feito em caráter urgente. Isso inclui cobrir o defeito com curativo estéril, iniciar um curso de antibióticos intravenosos de amplo espectro, e transportar rapidamente o paciente a um estabelecimento especializado em pacientes neurocirúrgicos pediátricos. A avaliação pré-operatória com ultrassom da cabeça, coluna espinhal, rins e, quando indicado, do coração alertará o cirurgião para anormalidades associadas que possam requerer atenção extra. Muitas crianças com MMC requerem tratamento de hidrocefalia, mais comumente com *shunting* ventriculoperitoneal. Outras condições, como a medula presa, as sequelas associadas à malformação de Chiari, e as anormalidades urológicas e ortopédicas, podem requerer tratamento por toda a vida de um paciente com MMC.

Palavras-chave: malformação de Chiari, cirurgia fetal, hidrocefalia, mielomeningocele, defeito de tubo neural, espinha bífida, medula presa, *shunt* ventriculoperitoneal.

36.1 Introdução

A mielomeningocele (MMC) representa a mais séria dentre todas as malformações congênitas do CNS compatíveis com a vida. Embora exista um consenso entre a maioria dos neurocirurgiões de que a melhor classificação para a correção cirúrgica de um MMC drenante seja a de "urgência" e não a de "emergência", a infecção do CNS continua sendo uma das principais causas de morbidade e mortalidade durante o período perinatal entre bebês nascidos com defeitos de tubo neural (NTDs). Portanto, é adequado que o tratamento da criança nascida com um NTD seja incluído em um livro-texto sobre emergências neurocirúrgicas. O atraso na instituição do tratamento pode levar à infecção do CNS;[1] evidências sugerem que bebês que sobrevivem à meningite, à ventriculite e a uma possível sepse podem desenvolver disfunção cognitiva e do desenvolvimento a longo prazo.[2] As medidas adotadas imediatamente em seguida ao parto pode levar à redução efetiva do risco de infecção e complicação perinatal. Além disso, evidências sugerem que o diagnóstico pré-natal, o manejo intrauterino e o modo de parto podem ter impacto sobre o prognóstico a longo prazo da criança com MMC.

Os NTDs são as anormalidades congênitas do CNS mais comuns, e a MMC é o NTD mais comum. Nos Estados Unidos, a incidência de MMC está entre 0,3 e 1,4 em cada 1.000 bebês nascidos vivos, tendo permanecido relativamente estável desde a introdução da suplementação de ácido fólico.[3] A incidência varia dependendo da raça e da demografia, sendo que a condição ocorre com mais frequência em caucasianos do que em afro-americanos. As taxas gerais caíram graças ao aprimoramento nutricional, ao enriquecimento obrigatório com folato, e interrupção eletiva. O risco de recidiva é de 1-2% para casais que já tenham um filho afetado,[4] e uma mulher com MMC tem um risco de 3% de ter um filho também com MMC.[5]

A MMC, assim como outros NTDs abertos, é causada principalmente por uma falha na neurulação primária. Até o momento, a causa da MMC permanece desconhecida e a condição pode ser o resultado final de múltiplos eventos embrionários aberrantes.[4,6,7] Estudos epidemiológicos e laboratoriais citaram várias causas de MMC e, embora essa condição seja mais frequentemente uma malformação isolada, suas causas são multifatoriais. A transmissão genética pode ser autossômica dominante, autossômica recessiva ou recessiva ligada ao X, porém, com baixa concordância entre gêmeos monozigóticos – a MMC é mais provavelmente poligênica.[8]

Embora muitas vias celulares e eventos embrionários tenham sido implicados, o folato (vitamina B_6) parece ser decisivo para a patogênese da MMC. Estudos duplos-cegos, randomizados e não randomizados, demonstraram uma diminuição de 70% nas taxas de recorrência para mães com filhos portadores de espinha bífida tratadas com suplemento de folato, em comparação com o observado entre mães semelhantes que receberam apenas placebo.[9] Estudos subsequentes demonstraram uma redução de 60% na incidência de bebês disráficos nascidos do primeiro parto de mães que receberam suplementos similares.[10] O United States Public Health Service recomenda que todas as mulheres em idade fértil capazes de engravidar tomem 0,4 a 1 mg de ácido fólico por dia.[9] Considerando que, nos Estados Unidos, muitas gestações não são planejadas, é somente por meio da suplementação dietética que uma redução na incidência de MMC através desse mecanismo poderia ser conseguida. Os teratógenos, como certos anticonvulsivantes (ácido valproico), foram associados à incidência aumentada de MMC, possivelmente via seu efeito sobre o metabolismo do folato.[11] O tratamento da MMC tem sido alvo de discussão. Alguns neurocirurgiões tentaram procurar elementos junto ao próprio distúrbio que pudessem influenciar o prognóstico, como uma forma de determinar quais crianças deveriam ser tratadas de maneira agressiva e quais deveriam ser deixadas morrer.[12,13] Dentre esses estudos, o mais notável foi o de Lorber, publicado em 1971.[14] Nesse estudo, Lorber classificou os pacientes em dois grupos usando a presença de paralisia em ou acima de L2, hidrocefalia acentuada, cifose e outras anormalidades congênitas ou lesões de nascimento como critérios para o tratamento não cirúrgico. Seus resultados demonstraram que houve a morte de metade daqueles que atendiam aos critérios adversos. Um quociente de inteligência (QI) normal foi constatado em 40% dos casos. Dentre aqueles que não atendiam a nenhum critério adverso, observou-se que ¼ morreu, metade apresentou sequelas graves e 14% tinham deficiência mental. Lorber supôs que o tratamento deveria ser ofertado apenas aos pacientes que pudessem "almejar viver sem deficiências graves". O Groningen Protocol, desenvolvido na Holanda, em 2004, para a administração de eutanásia ativa a bebês com o intuito de selecionar aqueles considerados portadores de "prognóstico irremediável", incluía crianças com hidrocefalia e MMC.[15] McLone demonstrou que os antigos critérios de seleção eram incapazes de prever quais pacientes viriam a ter prognósticos favoráveis e, portanto, não deveriam ser adotados.[16] Em seu estudo, incluindo 89 crianças sob tratamento agressivo, incluindo o reparo da MMC dentro das primeiras 24 horas de vida, a mortalidade cirúrgica era de 2% e a mortalidade geral em um período mínimo de 3,5 anos de acompanhamento era de 14%. Nessa população, 80% requereram *shunting*, 73% tinha QI normal ou acima do normal, 54% eram capazes de ambular, e 87% apresentavam continência urinária. Além disso, os pais de crianças com MMC raramente se arrependiam da decisão de tratar os filhos com MMC. Na América do Norte, a maioria dos bebês com MMC passou a ser tratada a partir de 2017. Este capítulo traz diretrizes específicas para o tratamento perinatal destas crianças, com base em nosso nível atual de conhecimento.

36.2 Diagnóstico Pré-Natal

A utilização mais ampla da ultrassonografia pré-natal e a triagem de gestações de alto risco resultaram no diagnóstico mais precoce do disrafismo espinhal.[17] A análise de α-fetoproteína (AFP) sérica materna, realizada em 16 a 18 semanas de gestação com sensibilidade de 75% para detecção de NTDs abertos, frequentemente é o primeiro passo no diagnóstico.[18] A ultrassonografia pré-natal apresenta uma sensibilidade de quase 100%, com visualização do placoide e de anormalidades ósseas ou sinais cranianos indiretos associados à MMC.[18] A amniocentese para AFP amniótica, acetilcolinesterase e análise cromossômica também são altamente sensíveis.[19] Após o diagnóstico, as decisões relacionadas com o manejo futuro da gravidez devem envolver consulta e discussão com pediatras, neurocirurgiões e geneticistas. As opções incluem avaliação cirúrgica fetal, intervenção antecipada no pós-natal, ausência de intervenção e término da gestação, conforme discutido adiante.

A hidrocefalia progressiva é incomum em fetos e aparentemente é mais frequente quanto mais alto for o nível espinhal do defeito. Entretanto, havendo uma ventriculomegalia crescente, a intervenção inicial pode assumir a forma de parto cesariana do bebê prematuro, tão logo seus pulmões alcancem a maturidade. Caso haja sofrimento fetal antes do amadurecimento pulmonar, o parto cesariana ainda pode ser justificado após a devida consideração dos complexos aspectos éticos. A questão outrora ativamente discutida sobre o desvio intra útero de líquido cerebrospinal (CSF) via *shunt* ventriculoamniótico não demonstrou benefícios e, portanto, foi abandonada.[20]

Para as crianças que chegam ao termo da gestação, ainda não foi definido o melhor modo de parto. Em um estudo não randomizado, foi demonstrado que o modo de parto não afeta o prognóstico intelectual nesses bebês.[21] Isso foi confirmado por outro estudo prospectivo não randomizado conduzido por Luthy *et al*., que também demonstrou que crianças com NTD expostas às forças do trabalho de parto mostraram uma predisposição 2,2 vezes maior ao desenvolvimento de paralisia grave, do que aquelas que nasceram por cesariana, antes do início do trabalho de parto.[22] Isso sugere que o estresse decorrente do trabalho de parto e do parto em si pode ser prejudicial aos elementos neurais espinhais expostos, além de ser a justificativa por trás da recomendação do parto por cesariana eletivo para mães de bebês nos quais a lesão seja reconhecida antes do nascimento. Não foram conduzidos estudos para investigar a possível relação entre o modo de parto e as infecções perinatais do CNS em crianças com MMC nascidas de mães infectadas por estreptococos do grupo B. No entanto, uma relação é plausível e possivelmente exista, levando a crer adicionalmente no parto por cesariana eletivo para crianças com MMC. Por outro lado, também foram realizados múltiplos estudos não randomizados que demonstraram a inexistência de qualquer benefício nítido associado ao parto por cesariana,[23-27] exceto em casos de posição sentada (pélvica) ou de hidrocefalia grave. Mesmo assim, o modo de parto ideal para a mãe e o paciente continua indeterminado, devendo ser considerado caso a caso.

36.3 Diagnóstico e Avaliação Pós-Natal

Quando o diagnóstico de MMC não é estabelecido no período pré-natal, geralmente se torna evidente durante a inspeção do recém-nascido. Três perguntas importantes, então, precisam ser respondidas. A primeira é se o espaço ocupado pelo líquido se comunica com o ambiente. Embora a experiência do autor mostre que a maioria dessas lesões apresenta vazamento de CSF, às vezes pode ser difícil estabelecer isso ao exame inicial. A inspeção minuciosa da criança enquanto ela chora ou ao comprimir suavemente a fontanela anterior pode revelar o vazamento de CSF a partir da lesão. A apalpação da lesão em si ou uma sondagem com instrumento não tem utilidade nem é recomendada. Uma gaze estéril mantida sobre a lesão durante o período restante de exame pode se tornar umedecida com soro ou CSF, mas o ensopamento franco estabelece o diagnóstico de lesão "aberta". As lesões fechadas podem ser eletivamente tratáveis, uma vez que o risco de meningite e/ou ventriculite associada ao vazamento de CSF é inexistente.

A segunda pergunta é: qual é o estado neurológico da criança? É essencial obter essa informação, bem como saber onde a criança nasceu, se a MMC foi ou não descoberta intra útero. Determinar o nível exato de disfunção sensorimotora pode ser difícil, contudo o prognóstico para a função sensoriomotora em geral se baseia no nível anatômico, com exceção da MMC cervicotorácica. A estimulação, seja por som ou pelo toque, pode deflagrar movimentos reflexos que transmitem aos pais uma falsa sensação de otimismo. De fato, a simples observação costuma ser a melhor forma de estimar o nível funcional da criança. As deformidades ortopédicas, que resultam das ações não contrapostas de certos grupos musculares, podem ser valiosas para fins de localização. Lesões acima de T12 levarão à flacidez do quadril, das pernas e dos pés. Lesões abaixo de L1-L2 levarão à deformidade de flexão fixa do quadril em decorrência da falta de contraposição do iliopsoas pela musculatura glútea. Lesões abaixo de L3-L4 resultarão em joelho recurvado, enquanto as lesões abaixo de L4-L5 podem causar graus de pé torto congênito ou pés cavos. Presume-se que todos os pacientes com disrafismo espinhal tenham algum grau de disfunção neurogênica da bexiga. Na presença de uma bexiga dissinérgica, a prática de tentar eliminar urina por compressão suprapubiana (manobra de Credé) pode acarretar refluxo ureteral e, por isso, deve ser desestimulada.[28]

A terceira pergunta objetiva descobrir se a criança tem anomalias congênitas associadas, anomalias neurológicas ou de outro tipo. Um total de 10% das crianças com espinha bífida apresentam anormalidade cromossômica, enquanto 15% abrigará outras anomalias localizadas fora do sistema nervoso.[22,29] Um exame detalhado dos sistemas cardiovascular, gastrintestinal, pulmonar e geniturinário é obrigatório, para que então seja possível considerar uma intervenção cirúrgica. Junto ao próprio sistema nervoso, haverá hidrocefalia em mais de 80% das crianças com MMC,[30,31] e será necessária a implantação de *shunt* em 70 a 90% dos casos,[30,32] embora essa necessidade de *shunt* em algumas crianças recentemente tenha sido discutida. Uma anormalidade de Chiari II no rombencéfalo ocorre em 90% das crianças, porém, raramente necessitando de intervenção cirúrgica. As anormalidades em sequência da medula espinhal, como diastematomielia, siringomielia, tumores dermoides, lipomas ou cistos aracnoides espinhais, não são incomuns.

Quando a cabeça está aumentada, as veias do couro cabeludo estão dilatadas e a fontanela está cheia, o diagnóstico de hidrocefalia é facilmente estabelecido. Entretanto, a hidrocefalia pode ocorrer na ausência de sinais clínicos, somente sendo reconhecida pela presença de ampliação ventricular no ultrassom transfontanela. Em alguns casos, a condição pode se desenvolver vários dias após o fechamento da MMC, por isso continua sendo importante acompanhar atentamente a criança, realizando avaliações de rotina com ultrassom a intervalos curtos, para avaliar a hidrocefalia. Similarmente, as manifestações clínicas da malformação de Chiari II do rombencéfalo pode ser sutil e permanecer não evidente durante meses a anos após o nascimento. Pode ser difícil discernir se estridor, má alimentação, paralisias de nervo craniano inferior ou falas apneicas são causadas por compressão direta do tronco encefálico (pelas tonsilas cerebelares) ou são secundárias à malformação intrínseca da medula. É absolutamente essencial primeiro excluir a hipótese de hidrocefalia não identificada ou de mau funcionamento de *shunt*, quando as crianças manifestam sintomas do tipo Chiari II, dado que uma pressão a partir de cima pode ser a causa. Ainda se discute quais sintomas responderão à cirurgia suboccipital descompressiva. De modo geral, a disfunção do tronco encefálico é um sinal prognóstico ruim e dos 15 a 30% das crianças que morrem nos primeiros 5 anos de vida, a maioria morrerá em consequência de complicações da malformação do rombencéfalo.[32-34]

36.4 Neuroimagem

Como modalidade de imagem favorecida para a obtenção de imagens fetais, por sua sensibilidade na detecção de interfaces tecido-água e pela baixa exposição do feto à radiação, a ultrassonografia fetal é uma excelente ferramenta para a detecção antecipada de TNDs.[20] Os sinais de MMC observados ao ultrassom propiciam um exame mais detalhado do feto. Marcadores bioquímicos, estudos cromossômicos fetais e MR são, todos, ferramentas apropriadas para uso no diagnóstico pré-natal da MMC e podem ser úteis no diagnóstico de outras anormalidades do desenvolvimento.

Ao considerar as investigações pré-cirúrgicas do recém-nascido portador de TND aberta, é preciso ter em mente os princípios de mínima manipulação e conforto do paciente. Exames trabalhosos, demorados, onerosos e invasivos são desnecessários no manejo imediato do bebê com TND aberta. Entretanto, uma radiografia plana de tórax-abdome-pelve é simples de obter, sendo frequentemente usada para verificar a implantação de um cateter em uma artéria ou na veia umbilical, além de poder incorporar a coluna espinhal ao nível da lesão, para demonstrar a presença e a gravidade de uma deformidade espinhal associada. Exames de ultrassom relevantes são realizados antes do fechamento; um ultrassom transfontanela constitui um excelente exame basal dos ventrículos e pode fornecer informação referente a malformações da fossa posterior. Um ultrassom da coluna espinhal desses neonatos pode demonstrar a presença de siringomielia, diastematomielia ou de um tumor dermoide, podendo determinar com precisão o nível do cone medular (▶ Fig. 36.1).[35,36] Em um ultrassom de vias urinárias, é possível ver os rins e a bexiga, de modo que são revelados o número e a posição dos rins e a existência de anormalidades urológicas concomitantes, incluindo hidronefrose e/ou bexiga hiperestendida. Estudos sobre fluxo com Doppler transcraniano junto aos principais ramos do círculo de Willis também podem refletir uma perfusão cerebral anômala em face de uma progressiva hidrocefalia, uma vez que a causa da resistência ao fluxo sanguíneo nestes vasos aumenta diante de uma crescente pressão intracraniana.[37] É possível realizar um exame de MR de todo o neuroeixo, porém a criança não necessita disso no pré-operatório, uma vez que o exame raramente (ou nunca) altera o manejo imediato.

36.5 Aconselhamento e Momento da Cirurgia

O neurocirurgião é integrante de uma equipe de aconselhamento pré-natal. O neurocirurgião oferece uma relação íntima com a condição, incluindo um detalhado conhecimento sobre a anomalia estrutural, experiência com relação a outras condições, e informação sobre questões associadas à qualidade de vida a longo prazo e ao tratamento dos pacientes nas várias fases de suas vidas. Outros integrantes da equipe devem ser um geneticista, um neonatologista ou pediatra, e um obstetra. Uma equipe composta por esses membros será capaz de fornecer informação detalhada e de maneira imparcial aos familiares do paciente, referentes à natureza da condição, ao manejo obstétrico, aos cuidados pós-natais e às questões relacionadas com a qualidade de vida, além de poderem abordar os aspectos preocupantes associadas ao término eletivo da gestação. Estima-se que até 50% das gestações afetadas pelos NTDs e quase ¼ daquelas afetadas pela espinha bífida sejam terminadas eletivamente.[38,39]

É importante destacar para todos os cuidadores que o ônus do tratamento começa com o fechamento da MMC, e que o tratamento é um compromisso vitalício. O tratamento demanda recursos financeiros substanciais e tempo tanto da família como do sistema de saúde. Na verdade, as estimativas de custos ultrapassam 340 mil dólares por tempo de vida por paciente, além de uma despesa anual de quase 500 milhões de dólares ao sistema de saúde.[9] Estas crianças requerem suporte multidisciplinar vitalício, às vezes em um ambiente institucionalizado. O tempo gasto com a família nessas fases iniciais pode cultivar a compreensão e a aceitação desta condição crônica. Isso, por sua vez, criará menos tensão sobre a família, melhor aceitação da criança, menos crianças institucionalizadas e, por fim, uma carga menor ao sistema de saúde. Foi demonstrado que a satisfação parental e a probabilidade de os pais assumirem a responsabilidade pela criança estão diretamente relacionadas com a qualidade da informação fornecida inicialmente e ao seu grau de envolvimento no processo de tomada de decisão.[40] Um levantamento conduzido por McLone revelou que os pais somente passam a compreender totalmente a natureza da aflição de seus filhos após se passarem 6 meses do nascimento da criança.[16] Neste sentido, os pais, enfim, se apoiam nos conselhos recebidos dos médicos.

O prognóstico de crianças com espinha bífida varia drasticamente com o nível da lesão e com a existência de anomalias associadas, no entanto é possível apresentar diversas estatísticas gerais aos pais. Os dados atuais sugerem que mais de 90% dos recém-nascidos com MMC sobrevivem além da infância,[41] e que são raras as mortes ocorridas durante a infância em decorrência de malformação de Chiari ou por falha do *shunt*. A mortalidade geral a longo prazo está entre 30 e 60%.[32,33] Três em cada quatro terão o QI normal,[32,42] sendo que 60% das crianças com QI normal apresentam alguma incapacitação de aprendizado.[43] Mais de 80% dos adultos são independentes na execução de atividades do dia a dia (ADLs) e, embora 1/3 frequentem as universidades, apenas 1/3 destes serão empregados recebendo pagamento.[44] Embora a deambulação esteja correlacionada com o nível sensóriomotor, quase 90% das crianças (dado um elevado percentual de lesão em nível lombossacral inferior) são deambuladores.[45] Por volta da adolescência, metade das crianças com MMC dependerá de cadeira de rodas. Felizmente, quase 90% alcançará continência urinária social com o uso de fármacos e cateterismos intermitentes (CIC).[32,46,47] Metade de todos os pacientes apresentam continência intestinal total e a maioria exerce o controle na maior parte do tempo.[32] A sensibilidade genital é relatada por mais de 2/3 dos homens.

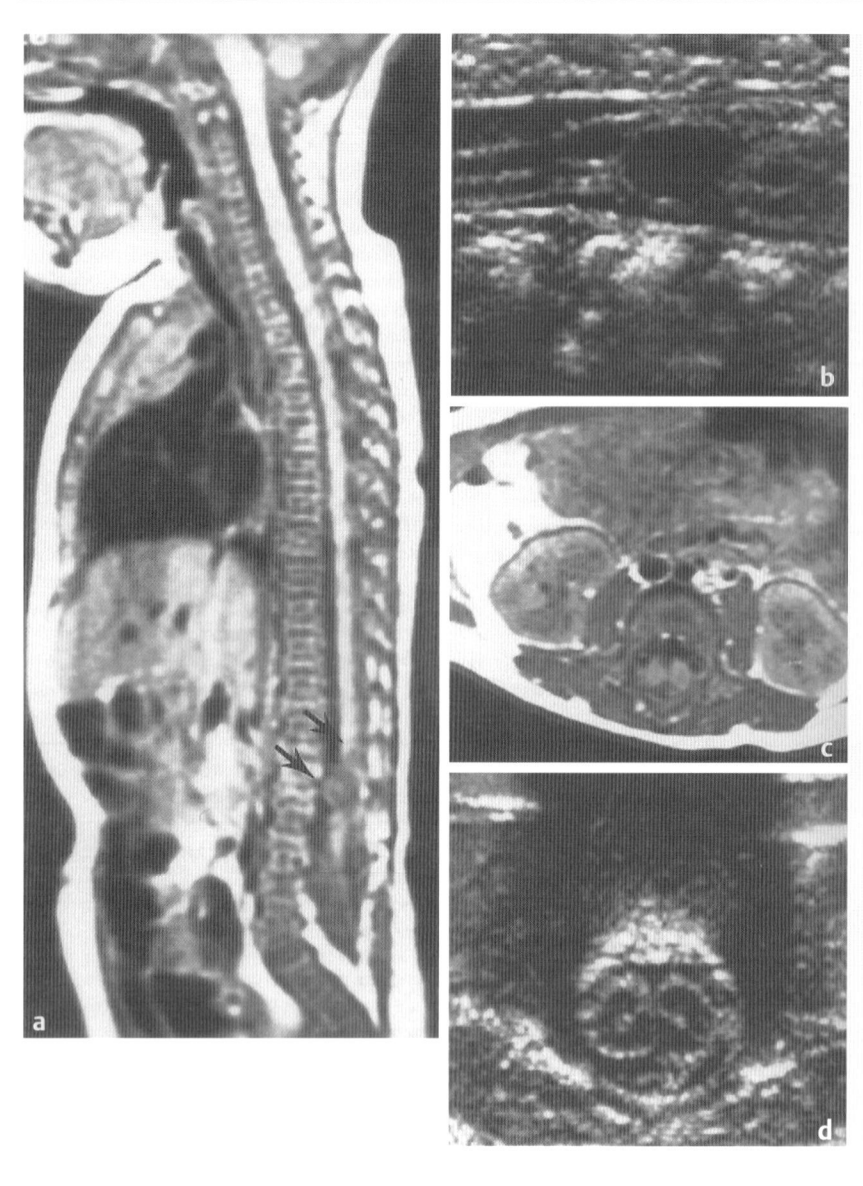

Fig. 36.1 (a) Imagem por ressonância magnética (MRI) sagital ponderada em T1 de um neonato mostrando medula espinhal presa com lesões intramedulares císticas da medula espinhal distal. (b) Ultrassonografia da coluna espinhal lombar no mesmo bebê confirmando a presença de medula espinhal presa e demonstrando as anormalidades císticas junto ao cone medular. (c) MR axial ponderada em T1 da coluna espinhal em outro bebê mostrando uma diastematomielia. (d) Ultrassonografia axial da coluna espinhal ao longo da mesma região confirmando a presença de diastematomielia.

As taxas de *shunting* ventricular são discutíveis e variáveis, com numerosos relatos argumentando que 80 a 90% dos casos requerem *shunt*, enquanto outros estudos demonstram 60 a 70%. Essa taxa pode ser diferente e, na verdade, mais baixa dependendo da localização geográfica da criança.[48] Recentemente, alguns neurocirurgiões tentaram realizar uma terceiro-ventriculostomia endoscópica (ETV) para hidrocefalia associada à MMC, embora os resultados ainda sejam prematuros e exista certo grau de ventriculomegalia permissiva em algumas instituições. Os resultados obtidos a longo prazo são importantes para compreender o papel da ETV neste processo patológico.[49,50] Mesmo assim, em crianças com *shunt*, as taxas de falha do *shunt* chegam até 40, 60 e 85% em 1, 5 e 10 anos após o *shunting*, respectivamente.[51] As taxas de infecção do *shunt* são variáveis, particularmente conforme a localização geográfica da criança.[52-54]

Algumas crianças podem necessitar de múltiplas cirurgias ao longo dos primeiros 10 anos de vida, para tratar inúmeras complicações ortopédicas, neurocirúrgicas ou urológicas. Até 30% das crianças requerem cirurgia para medula presa, notada pela progressão dos sintomas (embora seja possível obter uma MRI, crianças com MMC quase sempre aparecerão "presas" nas imagens) e, talvez, até 5% desenvolvam siringomielia.[51] Os médicos devem salientar para os cuidadores que, embora a cirurgia na coluna espinhal e no cérebro não restaure a função, pode prevenir a deterioração adicional. Para tanto, a apresentação antecipada da abordagem adotada pela equipe é útil e tranquiliza os pais ao assegura-lhes que seus filhos poderão ter uma vida produtiva e recompensadora. As clínicas multidisciplinares para pacientes com espinha bífida, que prestam serviços de neurocirurgia, ortopedia, medicina física[1] e reabilitação, urologia e assistência social, atualmente são a base de muitas instituições.

Durante o período pós-natal imediato, o médico raramente pode se deparar com uma situação em que os cuidadores optam por suspender o tratamento e isso o coloca diante de um dilema médico, ético, moral e legal. Algumas séries documentaram que todas as crianças não tratadas morrem dentro de 12 meses.[55] Por outro lado, evidências obtidas em países em desenvolvimento mostram que a realidade não é essa e, embora a taxa seja desconhecida, os autores testemunharam casos de crianças que sobreviveram à cicatrização sobre a MMC e chegaram vivas na adolescência e na fase adulta. Além disso, os bebês não morrem imediatamente e aqueles que irão morrer poderão ter progressão lenta e demorada para a morte, que

---

[1]N do T: Também fisioterapia.

é penosa tanto para o paciente como para os cuidadores e membros da equipe médica. Reconhecendo que suspender o tratamento é um dilema difícil, a American Academy of Pediatrics sugeriu que a decisão de suspender ou retirar o tratamento que sustenta a vida do paciente somente deve ser tomada após uma revisão diligente do caso por parte de consultores com conhecimentos médicos, legais, éticos e sociais.[56]

Considerando as questões complexas mencionadas, talvez cause surpresa o fato de o tratamento cirúrgico do paciente com MMC ter permanecido em grande parte inalterado desde a ampla disseminação da prática de fechamento de MMC, na metade dos anos 1970. Desde aquela época, pesquisadores e médicos aprenderam muito mais sobre a doença e as sequelas que a acompanham em pacientes com espinha bífida. Exemplificando, a exposição intra útero do tecido neural ao líquido amniótico talvez possa danificar o tecido e alterar seu desenvolvimento.[57,58] Por meio da minimização da exposição da medula espinhal ao ambiente uterino, é possível aliviar um pouco da morbidade associada à doença.

Em 1997, foram realizados os primeiros reparos intrauterinos de MMC (IUMRs) abertos no Vanderbilt University Medical Center and Children's Hospital of Philadelphia, e o reparo intrauterino tem sido realizado em algumas instituições há mais de 15 anos.[59-61] Subsequentemente, foi concluído um estudo multicêntrico randomizado e controlado, conhecido como Management of Myelomeningocele Study (MOMS).[62] Os resultados desse estudo demonstraram uma diminuição na taxa de malformações de Chiari, diminuição da necessidade de *shunting* ventricular para hidrocefalia e diminuição da incidência de lesão secundária na região medular espinhal inferior (dano no próprio placoide em si). A utilidade da cirurgia intrauterina é limitada por numerosos fatores, incluindo o custo elevado, o risco para a mãe e para o feto, o potencial de complicações em gestações futuras, e a necessidade de identificação precoce da MMC. O *American College of Obstetricians and Gynecologists* recomenda que a cirurgia fetal seja oferecida e conduzida somente em centros altamente especializados, com equipes multidisciplinares especializadas que incluam obstetras, anestesistas, neurocirurgiões e uma unidade de terapia intensiva especializada.[63]

Embora os resultados do IUMR pareçam ser promissores em pacientes selecionados, atualmente, o tratamento-padrão para crianças com NTD aberto inclui o parto por cesariana seguido do fechamento do defeito em algum momento após o parto. Embora o momento exato para o fechamento cirúrgico seja algo controverso, tornou-se claro que o tratamento cirúrgico da criança com NTD aberto deve ser considerado urgente e não emergencial.[16,55,64] O tratamento-padrão atual consiste na realização de cirurgia dentro de 72 horas após o nascimento, sem risco de complicação.[65] Uma comparação retrospectiva do QI em relação à história de ventriculite sugere que as infecções do CNS podem ser a principal causa de retardo mental em crianças com MMC. Entretanto, é possível otimizar as condições de modo a minimizar o risco de infecção do CNS.[66,67] O tempo também permite que os cuidadores recebam aconselhamento apropriado e se envolvam no processo de tomada de decisão.

De modo significativo, a decisão acerca do momento certo da cirurgia exige considerar a situação. Exemplificando, uma criança com lesão baixa, sem hidrocefalia nem anormalidades associadas, e cujos cuidadores estejam bem informados, cujo parto tenha sido feito em uma instituição de referência terciária dotada de instalações neurocirúrgicas no local, deve ser submetida à cirurgia assim que possível (frequentemente, no dia seguinte). Ao contrário, uma criança com lesão em nível superior, hidrocefalia associada, anomalias cardiovasculares, cuidadores mal informados, nascida de uma mãe adolescente solteira que ainda está se recuperando de um parto cesariana em um hospital de periferia pode ser beneficiada por breve adiamento da cirurgia, para que as questões médicas e sociais sejam resolvidas.[68]

36.6 Tratamento Imediato

Em seguida ao nascimento e estabilização do neonato portador de NTD aberto, a criança deve ser posicionada em pronação, dentro da incubadora, com a cabeceira ao nível do leito. O posicionamento da criança sobre ou com pressão direta sobre a MMC deve ser evitado. O defeito espinhal fechado, por outro lado, não precisa ser tratado com cuidados especiais, a menos que os tecidos de revestimento estejam finos e friáveis. Nesse caso, o defeito deve ser coberto com curativo estéril para prevenir lesão acidental e como forma de lembrete do reparo para a equipe de enfermagem e os cuidadores.

No caso de uma MMC drenante, o defeito deve ser coberto com gaze embebida em solução salina estéril. Se o defeito for amplo, o bebê pode perder quantidades significativas de calor e líquido corporal, mesmo na incubadora infantil. Isso pode ser remediado cobrindo o defeito e a região inferior do dorso com um plástico. Para uma MMC drenante, foi demonstrado que o uso precoce de antibióticos intravenosos de amplo espectro diminui significativamente a probabilidade de uma ventriculite perinatal, principal fator contribuidor para a mortalidade perinatal entre estes bebês. Caso ocorra, a ventriculite provavelmente é causada por *Escherichia coli*, estreptococos do grupo B ou espécies de *Staphylococcus*.[67] Os antibióticos escolhidos devem ter boa penetração no CSF e cobertura para esses microrganismos, com base nos padrões de resistência vigentes no hospital. Não há estudos demonstrando alguma vantagem significativa do uso de um antibiótico em relação a outro. Em nossa instituição, a decisão fica a cargo dos neonatologistas, que levam muitos fatores em consideração.

Se a criança estiver em um hospital comunitário, os passos supramencionados devem ser seguidos e a criança deve ser transportada para a instituição especializada em tratamento de pacientes neurocirúrgicos pediátricos mais próxima. Antes da cirurgia, o bebê deve passar por um exame físico completo realizado por um neonatologista e pelo neurocirurgião, observando-se atentamente as anormalidades congênitas associadas (p. ex., defeitos renais ou cardíacos).

Historicamente, a presença de urina era um critério pré-operatório obrigatório para verificar se o bebê tinha rins funcionais, ainda que isso não seja um critério absoluto na era moderna. Atualmente, o protocolo pré-operatório dos autores para espinha bífida inclui um ultrassom transfontanela, coluna espinhal, rins e bexiga. Caso seja identificada a presença de cianose ou sopro cardíaco, um ecocardiograma é incluído. A presença de uma lesão espinhal secundária ou de um processo intracraniano significativo evidenciada na triagem por ultrassom pode determinar uma definição anatômica adicional por tomografia computadorizada (CT) ou MRI. Um hemograma completo pré-operatório deve ser avaliado antes da cirurgia, tanto para verificar se o hematócrito é suficiente como para observar a contagem de leucócitos (WBC). Em neonatos, um WBC baixo pode ser precursor de sepse iminente, assim como a hipotermia, e pode ajustar o momento da cirurgia ou a decisão de implantar um *shunt* ventricular concomitantemente ao reparo da MMC.

36.7 Técnica Cirúrgica

Em seguida à administração de anestesia geral por via endotraqueal, o bebê é colocado na mesa cirúrgica em posição pronada, com apoios sob o tórax e as espinhas ilíacas. Como observado antes, os antibióticos intravenosos com ampla cobertura do CNS

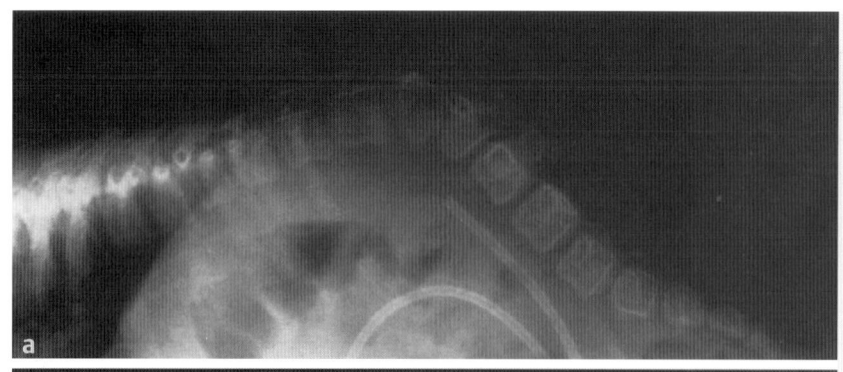

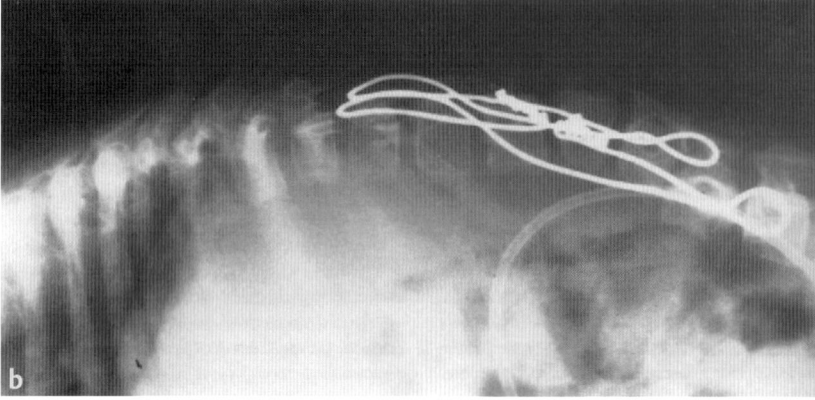

Fig. 36.2 (a) Radiografia toracolombar lateral demonstra cifose congênita em uma criança nascida com espinha bífida. **(b)** A cifose é corrigida fazendo incisão ao longo dos espaços discais e ligamento longitudinal anterior, deixando o ligamento longitudinal posterior intacto. Em seguida à redução da deformidade, os fios metálicos colocados lateralmente ao redor dos pedículos servem para manter a redução. A perda de sangue, nesse caso, foi inferior a 50 mL. As placas terminais vertebrais permanecem intactas, permitindo o crescimento espinhal normal.

devem ser iniciados e mantidos para fins de realização da cirurgia. Se um *shunt* for implantado ao mesmo tempo, uma posição em decúbito lateral modificada permitirá o acesso à cavidade peritoneal e à MMC, isoladamente,[69] embora alguns cirurgiões possam preferir reposicionar completamente e recobrir a criança para fins de colocação do *shunt* após o reparo da MMC. Caso a criança apresente contraturas de quadril fixas, os apoios devem ser dispostos de modo a sustentar as articulações contraídas. Se houver uma ventriculomegalia associada, a mesa deve ser mantida discretamente em posição de Trendelenburg ao longo do procedimento, a fim de evitar a drenagem excessiva de CSF. Um dispositivo aquecedor deve ser colocado sobre o leito, por baixo do bebê, para auxiliar na manutenção da temperatura corporal no decorrer do caso. Líquidos intravenosos e de irrigação devem ser eutérmicos. Na preparação da pele do paciente, deve-se evitar esfregar o placoide neural, bem como o uso de agentes esclerosantes (p. ex., álcool ou sabões contendo álcool) na preparação. A irrigação suave usando uma solução de iodo (solução de Betadina; Purdue Pharma L.P., Stamford, CT) ou uma solução antibiótica com bacitracina será suficiente. O planejamento deve ser amplo quando houver necessidade de retalhos rotatórios ou incisões de relaxamento. Mantendo meticulosamente a hemostasia, raramente será necessário realizar transfusões na criança para esta cirurgia. Para acessar uma descrição detalhada do procedimento cirúrgico, recomendamos ao leitor o esplêndido artigo de McLone.[70]

Depois que o placoide neural tiver sido dissecado e liberado dos tecidos adjacentes, deve ser cuidadosamente inspecionado quanto à existência de anormalidades. Qualquer filamento terminal espessado que seja detectado deve ser cortado. Chadduck e Reding relataram um dermoide congênito junto ao filamento terminal associado à MMC, reconhecido no momento em que este seria seccionado.[71] Em seguida, recomenda-se que as bordas piais do placoide neural sejam reconstituídas em um formato de "salsicha" ou "taco". Isto não irá restaurar a função neural, mas simplificará o reparo de uma medula espinhal presa em uma fase mais tardia da vida, caso o paciente se torne sintomático em decorrência de um futuro reaprisionamento.

O manguito dural é desenvolvido e fechado, e devem ser feitas tentativas de aproximar também uma camada fascial de fechamento sobre o tubo neural. O enxerto ou substituto dural raramente é necessário e não parece diminuir a incidência de aprisionamento subsequente. Pode aumentar o vazamento de CSF ou as taxas de infecção; os autores não recomendam o uso de enxerto. Se as facetas estiverem amplamente alargadas e proeminentes, poderá ser necessário corta-las ou fratura-las para alcançar esta camada de fechamento sem comprometer o fechamento cutâneo. Até 10% dos bebês apresentarão uma significativa deformidade cifótica na coluna espinhal, ao nível da MMC, agravando o fechamento cutâneo. Técnicas de vertebrectomia e cifectomia foram descritas para auxiliar o fechamento.[72,73] Essas técnicas quase sempre estão associadas a uma significativa perda de sangue e à necessidade de transfusões. Uma técnica preferida pelos autores, realizada em parceria com um colega ortopedista pediátrico especialista em coluna espinhal (R. E. McCarthy, comunicação pessoal), envolve a liberação dos músculos paraespinhais de sua posição anômala lateral às vértebras, para expor a espinha anterior. As incisões são então criadas ao longo dos espaços discais e ligamento longitudinal anterior (ALL) nos níveis envolvidos, deixando o ligamento longitudinal posterior intacto. Essa dissecação é conduzida ao longo de um plano relativamente avascular e é vantajosa por deixar as placas terminais intactas, possibilitando o crescimento normal dos segmentos vertebrais. Uma vez feita a incisão nos discos e no ALL, a cifose pode ser manualmente reduzida. Uma faixa de tensão posterior então é criada para manter a redução através da colocação de suturas pesadas ou fios metálicos ao redor dos pedículos acima e abaixo da cifose (▶ Fig. 36.2). Os músculos paraespinhais são então fechados sobre o defeito, dorsalmente, permitindo que o músculo funcione como extensores da coluna espinhal, conforme o pretendido, e não como flexores.

No fechamento cutâneo, a maioria dos defeitos pode ser fechada, primariamente, se houver pele disponível e os tecidos subcutâneos forem escavados a uma distância suficiente, lateralmente (▶ Fig. 36.3). Muitas vezes, será necessário cortar a pele redundante, e o fechamento poderá ser feito na vertical, na horizontal ou em forma de Z-plastia.[74] Em casos raros, é necessário criar retalhos rotatórios ou incisões de relaxamento. Também em raras ocasiões, um defeito particularmente desafiador pode ser encontrado e a assistência de um cirurgião plástico então é justificada. Em nossa instituição, o neurocirurgião toma a decisão de consultar a cirurgia plástica baseando-se na avaliação pré-operatória do defeito.

Antigamente, a prática-padrão consistia em retardar o *shunting* dos ventrículos laterais (um procedimento que a grande maioria destes bebês necessitará) por vários dias, até ser estabelecido que a criança não havia desenvolvido ventriculite. Em crianças com hidrocefalia evidente ao nascimento ou pouco após o nascimento, essa prática de retardar a válvula pode requerer punções ventriculares diárias e comprometer o fechamento da ferida lombar a partir da pressão exercida pelo CSF a montante. Este retardo no *shunting* também demanda que o paciente e seus cuidadores resistam a uma segunda intubação e anestesia durante o período perinatal. Vários estudos demonstraram a inexistência de diferenças significativas na taxa de infecção do *shunt* em bebês submetidos ao *shunting* no momento do reparo da MMC em comparação àqueles submetidos ao procedimento retardado.[69,75-77] Um procedimento de desvio do CSF realizado no momento do reparo tem a vantagem de diminuir o risco de hidrocefalia durante o desenvolvimento cerebral, bem como de diminuir o potencial de vazamento de CSF, formação de fístula ou infecção. Portanto, é recomendado que o *shunting* ventricular seja realizado no mesmo contexto operatório, a menos que haja duvida quanto à necessidade de *shunting*. Crianças com uma circunferência de cabeça pequena ou normal no momento do nascimento e com ventrículos pequenos ao exame de ultrassom devem permanecer sob observação quanto ao desenvolvimento de hidrocefalia. Do mesmo modo, evidências de infecção devem adiar o fechamento até que seja possível administrar antibióticos intravenosos por 48 a 72 horas, e também deve ser adiada a colocação de quaisquer implantes para o tratamento de hidrocefalia, com comprovação de meningite/ventriculite resolvida antes de proceder ao *shunting* permanente. O uso de drenagem ventricular externa – para diminuir o risco de infecção, drenagem após o fechamento e/ou como ponte para o *shunting* – tem sido conseguido com resultados mistos.[78,79]

Apesar do fechamento antecipado, até 18% dos pacientes desenvolvem complicações na ferida, incluindo deiscência, formação de pseudomeningocele, vazamento de CSF e infecção. Essas complicações exercem efeitos negativos sobre o desfecho e prolongam significativamente o tempo de internação hospitalar desses pacientes.[80] Foram feitas tentativas de determinar os fatores que podem diminuir o número de complicações da ferida. No entanto, a maioria dos estudos enfocou as variações da técnica cirúrgica no fechamento.[81] Miller *et al.* demonstraram que o fechamento da MMC concomitantemente à colocação de um *shunt* ventriculoperitoneal diminuiu de modo significativo as complicações da ferida e o vazamento de líquido espinhal.[82] Especificamente, esses pesquisadores observaram que 17% dos pacientes que receberam um *shunt* de modo retardado apresentavam drenagem de CSF no sítio do fechamento da MMC, enquanto nenhum dos pacientes submetidos simultaneamente ao fechamento e ao *shunting* desenvolveu esse problema. Adicionalmente, não houve aumento significativo nas complicações relacionadas com o *shunt* entre pacientes submetidos ao *shunting* e fechamento simultâneos ou

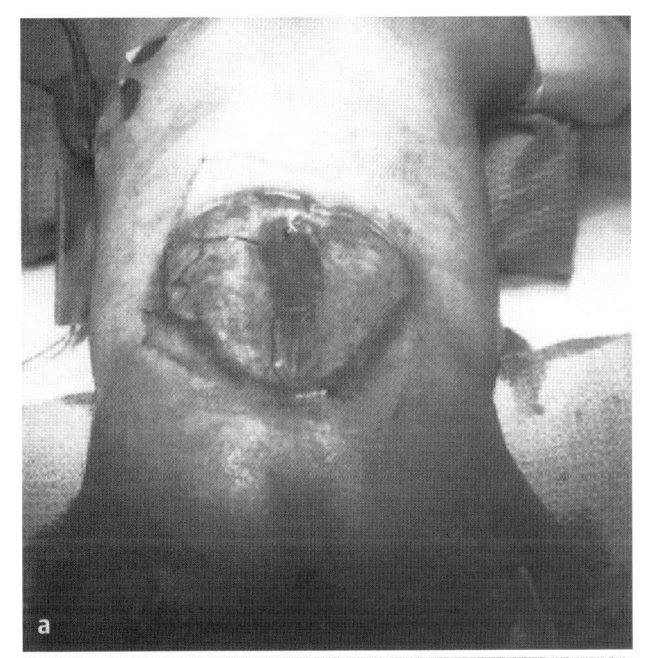

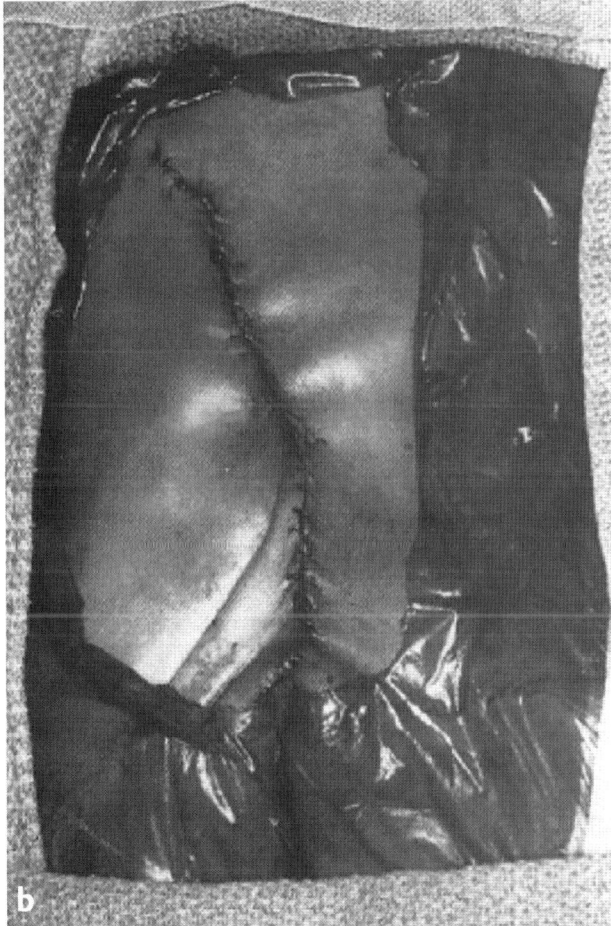

Fig. 36.3 (a) Recém-nascido com ampla mielomeningocele torácica é posicionado na mesa cirúrgica, sobre os apoios, com a cabeça discretamente na posição de Trendelenburg. (b) O mesmo bebê com fechamento primário da pele em seguida ao reparo do defeito. Note que por meio da escavação da pele dos tecidos subcutâneos, bem lateralmente, essa lesão não requer retalhos rotatórios nem incisões de relaxamento.

sequenciais, uma vez que as taxas de complicação de *shunt* totais (p. ex., mau funcionamento do *shunt* e infecção do CSF) foram de 24 e 29%, respectivamente. Uma ressalva foi o percentual maior de pacientes com mau funcionamento de *shunt* no grupo simultâneo (19%), em comparação ao grupo sequencial (8%), ainda que essa diferença não tenha sido estatisticamente significativa.

Estas recomendações são para crianças que recebem tratamento em instituição similar a dos autores – um amplo centro terciário em um país desenvolvido. Crianças tratadas em centros com poucos recursos ou países menos desenvolvidos certamente apresentam considerações exclusivas, além disso é necessário levar seriamente em conta o contexto médico, social e cultural a que estão expostos o médico, o cuidador e o paciente. Exemplificando, Albright e Okechi publicaram uma série envolvendo mais de 30 crianças quenianas portadoras de MMC lombossacral com função motora pré- e pós-operatória comprovada, em que foi constatado que a cordectomia distal (na qual o placoide é truncado e não incluído no reparo) pode servir para diminuir a taxa de aprisionamento futuro sem sujeitar as crianças a uma perda significativa na função motora.[83] Um considerável contraste, o uso do monitoramento neurofisiológico intraoperatório é defendido em muitos centros nos Estados Unidos, para preservação de toda e cada possível fibra nervosa.[84] Isto talvez não seja praticável em todos os contextos, e a técnica pela qual a MMC é reparada continua em evolução, dependendo do contexto em que o tratamento neurocirúrgico é fornecido.

36.8 Cuidados Pós-Operatórios

No pós-operatório, estas crianças são observadas de um dia para o outro, na unidade de terapia intensiva neonatal (NICU). Durante o período pós-operatório, são vistas por neonatologistas, urologistas, ortopedistas, pelo pessoal da reabilitação, por assistentes sociais e por outros membros da equipe multidisciplinar para espinha bífida. Se houver um grupo de apoio local para espinha bífida, pode ser útil apresentar os pais aos representantes desse grupo.

O bebê recebe os cuidados em posição pronada, a fim de evitar a necrose por compressão da pele tênue que recobre a coluna espinhal. Caso ocorra necrose nas bordas da ferida, o desbridamento não é recomendado e sim a cobertura do local com um curativo seco. Com o tempo, as bordas da ferida serão reepitelizadas e a escara irá cair. Se a ferida apresentar vazamentos de CSF, a colocação de um *shunt* deve ser considerada imediatamente. Se a ferida drenar na presença de um *shunt* preexistente, é provável que o *shunt* apresente mau funcionamento e necessite de revisão.

Se o bebê tiver dificuldade com a distensão da bexiga, deve ser instituído um esquema de cateterismo intermitente limpo (CIC) vesical. Esse procedimento pode ser facilmente ensinado para a maioria dos pais, antes da alta hospitalar. A família do paciente também deve receber instruções sobre os cuidados da bexiga neurogênica e da pele. Por fim, todos os esforços possíveis devem ser empreendidos no sentido de devolver o bebê à mãe o mais rápido possível. Esses bebês geralmente são separados de suas mães no momento do nascimento, e muitas vezes demoram vários dias para que ambos voltem a ficar juntos. A prática de alojamento conjunto, disponível em muitas NICUs, deve ser incentivada.

36.9 Conclusão

Ao longo das últimas décadas, a incidência de MMC vem declinando nos países desenvolvidos. Isto, sem dúvida, se deve em grande parte à crescente suplementação de folato, mas também está relacionada, até certo ponto, com os aprimoramentos no acesso aos cuidados de pré-natal, educação de pais e médicos, avanços tecnológicos como a disponibilização do ultrassom pré-natal e das medidas de AFP sérica materna e à prevalência do término eletivo da gestação.

Não há estudos definitivos mostrando que o reparo cirúrgico *emergencial* da MMC melhora o desfecho. Entretanto, evidências sugerem que são indicadas medidas *emergenciais* para otimizar a condição do paciente no momento do reparo, com o reparo cirúrgico sendo feito em caráter *urgente*. Isto inclui cobrir o defeito com um curativo estéril, iniciar um curso intravenoso de antibióticos de amplo espectro, e transportar rapidamente o paciente a um estabelecimento com experiência em prestação de cuidados a pacientes neurocirúrgicos pediátricos. A avaliação pré-operatória de ultrassom transfontanela, coluna espinhal, rins e (quando indicado) coração alertará o cirurgião para anormalidades associadas que possam requerer atenção adicional. Estudos indicam que não há "critérios de seleção" satisfatórios nos quais seja possível fundamentar uma decisão de não tratar essas crianças. Atualmente, os centros neurocirúrgicos pediátricos tratam agressivamente quase todas as crianças nascidas com MMC. Apenas os casos raros de crianças com sequelas graves de doença envolvendo múltiplos órgãos, aliadas a fortes desejos de uma família bem informada, devem levar à consideração do não tratamento. Em tais casos, o neurocirurgião deve se aproveitar da vantagem dos serviços legais, sociais e éticos disponíveis.

Embora a abordagem geral para o reparo cirúrgico tenha permanecido amplamente inalterada, os avanços no tratamento da hidrocefalia e as técnicas de reparo intrauterino continuam modificando a face dos cuidados dispensados à criança com MMC. Sem dúvida, estudos oriundos de países desenvolvidos e em desenvolvimento, considerando muitas facetas da fisiopatologia e do manejo da MMC, moldarão os cuidados e a abordagem futura de crianças com espinha bífida.

Referências

[1] Rodrigues AB, Krebs VL, Matushita H, et al. Short-term prognostic factors in myelomeningocele patients. Childs Nerv Syst. 2016; 32(4):675-680
[2] Pinto FC, Matushita H, Furlan AL, et al. Surgical treatment of myelomeningocele carried out at 'time zero' immediately after birth. Pediatr Neurosurg. 2009; 45(2):114-118
[3] Boulet SL, Yang Q, Mai C, et al; National Birth Defects Prevention Network. Trends in the postfortification prevalence of spina bifida and anencephaly in the United States. Birth Defects Res A Clin Mol Teratol. 2008; 82(7):527-532
[4] Campbell LR, Dayton DH, Sohal GS. Neural tube defects: a review of human and animal studies on the etiology of neural tube defects. Teratology. 1986; 34(2):171-187
[5] Shurtleff DB, Lemire RJ. Epidemiology, etiologic factors, and prenatal diagnosis of open spinal dysraphism. Neurosurg Clin N Am. 1995; 6(2):183-193
[6] Copp AJ, Brook FA, Estibeiro JP, et al. The embryonic development of mammalian neural tube defects. Prog Neurobiol. 1990; 35(5):363-403
[7] Dias MS, Walker ML. The embryogenesis of complex dysraphic malformations: a disorder of gastrulation? Pediatr Neurosurg. 1992; 18(5-6):229-253
[8] Myrianthopoulos NC, Melnick M. Studies in neural tube defects. I. Epidemiologic and etiologic aspects. Am J Med Genet. 1987; 26(4):783-796
[9] Control USDoHaHSCfD. Recommendations for the use of folic acid to reduce the number of cases of spina bifida and other neural tube defects. MMWR Recomm Rep. 1992; 41(RR-14):1-7

[10] Werler MM, Shapiro S, Mitchell AA. Periconceptional folic acid exposure and risk of occurrent neural tube defects. JAMA. 1993; 269(10):1257-1261

[11] Steegers-Theunissen RP. Folate metabolism and neural tube defects: a review. Eur J Obstet Gynecol Reprod Biol. 1995; 61(1):39-48

[12] Foltz EL, Kronmal R, Shurtleff DB. Chapter 10. To treat or not to treat: a neurosurgeon's perspective of myelomeningocele. Clin Neurosurg. 1973; 20:147-163

[13] Freeman JM. Chapter 9. To treat or not to treat: ethical dilemmas of the infant with a myelomeningocele. Clin Neurosurg. 1973; 20:134-146

[14] Lorber J. Results of treatment of myelomeningocele. An analysis of 524 unselected cases, with special reference to possible selection for treatment. Dev Med Child Neurol. 1971; 13(3):279-303

[15] Eduard Verhagen AA. Neonatal euthanasia: lessons from the Groningen Protocol. Semin Fetal Neonatal Med. 2014; 19(5):296-299

[16] McLone DG. Treatment of myelomeningocele: arguments against selection. Clin Neurosurg. 1986; 33:359-370

[17] Hogge WA, Dungan JS, Brooks MP, et al. Diagnosis and management of prenatally detected myelomeningocele: a preliminary report. Am J Obstet Gynecol. 1990; 163(3):1061-1064, discussion 1064-1065

[18] Cuckle HS. Screening for neural tube defects. Ciba Found Symp. 1994; 181:253-266, discussion 266-269

[19] Wilson RD. Prenatal evaluation for fetal surgery. Curr Opin Obstet Gynecol. 2002; 14(2):187-193

[20] Hansen AR, Madsen JR. Antenatal neurosurgical counseling: approach to the unborn patient. Pediatr Clin North Am. 2004; 51(2):491-05

[21] Bensen JT, Dillard RG, Burton BK. Open spina bifida: does cesarean section delivery improve prognosis? Obstet Gynecol. 1988; 71(4):532-534

[22] Luthy DA, Wardinsky T, Shurtleff DB, et al. Cesarean section before the onset of labor and subsequent motor function in infants with meningomyelocele diagnosed antenatally. N Engl J Med. 1991; 324(10):662-666

[23] Cochrane D, Aronyk K, Sawatzky B, et al. The effects of labor and delivery on spinal cord function and ambulation in patients with meningomyelocele. Childs Nerv Syst. 1991; 7(6):312-315

[24] Cuppen I, Eggink AJ, Lotgering FK, et al. Influence of birth mode on early neurological outcome in infants with myelomeningocele. Eur J Obstet Gynecol Reprod Biol. 2011; 156(1):18-22

[25] Hadi HA, Loy RA, Long EM Jr, et al. Outcome of fetal meningomyelocele after vaginal delivery. J Reprod Med. 1987; 32(8):597-600

[26] Lewis D, Tolosa JE, Kaufmann M, et al. Elective cesarean delivery and long-term motor function or ambulation status in infants with meningomyelocele. Obstet Gynecol. 2004; 103(3):469-473

[27] Merrill DC, Goodwin P, Burson JM, et al. The optimal route of delivery for fetal meningomyelocele. Am J Obstet Gynecol. 1998; 179(1):235-240

[28] Bauer SB, Colodny AH, Retik AB. The management of vesicoureteral reflux in children with myelodysplasia. J Urol. 1982; 128(1):102-105

[29] Nyberg DA, Mack LA, Hirsch J, et al. Fetal hydrocephalus: sonographic detection and clinical significance of associated anomalies. Radiology. 1987; 163(1):187-191

[30] Rintoul NE, Sutton LN, Hubbard AM, et al. A new look at myelomeningoceles: functional level, vertebral level, shunting, and the implications for fetal intervention. Pediatrics. 2002; 109(3):409-413

[31] Swank M, Dias L. Myelomeningocele: a review of the orthopaedic aspects of 206 patients treated from birth with no selection criteria. Dev Med Child Neurol. 1992; 34(12):1047-1052

[32] Bowman RM, McLone DG, Grant JA, et al. Spina bifida outcome: a 25-year prospective. Pediatr Neurosurg. 2001; 34(3):114-120

[33] Oakeshott P, Hunt GM, Poulton A, et al. Expectation of life and unexpected death in open spina bifida: a 40-year complete, non-selective, longitudinal cohort study. Dev Med Child Neurol. 2010; 52(8):749-753

[34] Steinbok P, Irvine B, Cochrane DD, et al. Long-term outcome and complications of children born with meningomyelocele. Childs Nerv Syst. 1992; 8(2):92-96

[35] Glasier CM, Chadduck WM, Burrows PE. Diagnosis of diastematomyelia with high-resolution spinal ultrasound. Childs Nerv Syst. 1986; 2(5):255-257

[36] Glasier CM, Chadduck WM, Leithiser RE Jr, et al. Screening spinal ultrasound in newborns with neural tube defects. J Ultrasound Med. 1990; 9(6):339-343

[37] Chadduck WM, Seibert JJ, Adametz J, et al. Cranial Doppler ultrasonography correlates with criteria for ventriculoperitoneal shunting. Surg Neurol. 1989; 31(2):122-128

[38] Forrester MB, Merz RD. Prenatal diagnosis and elective termination of neural tube defects in Hawaii, 1986-1997. Fetal Diagn Ther. 2000; 15(3):146-151

[39] Roberts HE, Moore CA, Cragan JD, et al. Impact of prenatal diagnosis on the birth prevalence of neural tube defects, Atlanta, 1990-1991. Pediatrics. 1995; 96(5 Pt 1):880-883

[40] Charney EB. Parental attitudes toward management of newborns with myelomeningocele. Dev Med Child Neurol. 1990; 32(1):14-19

[41] McLone DG. Continuing concepts in the management of spina bifida. Pediatr Neurosurg. 1992; 18(5-6):254-256

[42] Oakeshott P, Hunt GM. Long-term outcome in open spina bifida. Br J Gen Pract. 2003; 53(493):632-636

[43] Fletcher JM, Francis DJ, Thompson NM, et al. Verbal and nonverbal skill discrepancies in hydrocephalic children. J Clin Exp Neuropsychol. 1992; 14(4):593-609

[44] McLone D, Naidich TP. Myelomeningocele: outcome and late complications. In: McLaurin, Schut I, Venes JL, Epstein F, eds. Pediatric Neurosurgery. Vol. 68. Philadelphia, PA: W.B. Saunders; 1989:80-82

[45] Findley TW, Agre JC, Habeck RV, et al. Ambulation in the adolescent with myelomeningocele. I: early childhood predictors. Arch Phys Med Rehabil. 1987; 68(8):518-522

[46] Samuelsson L, Skoog M. Ambulation in patients with myelomeningocele: a multivariate statistical analysis. J Pediatr Orthop. 1988; 8(5):569-575

[47] Spindel MR, Bauer SB, Dyro FM, et al. The changing neurourologic lesion in myelodysplasia. JAMA. 1987; 258(12):1630-1633

[48] Kumar R, Singh SN. Spinal dysraphism: trends in northern India. Pediatr Neurosurg. 2003; 38(3):133-145

[49] Perez da Rosa S, Millward CP, Chiappa V, et al. Endoscopic third ventriculostomy in children with myelomeningocele: a case series. Pediatr Neurosurg. 2015; 50(3):113-118

[50] Stone SS, Warf BC. Combined endoscopic third ventriculostomy and choroid plexus cauterization as primary treatment for infant hydrocephalus: a prospective North American series. J Neurosurg Pediatr. 2014; 14(5):439-446

[51] Dias MS, McLone DG Myelomeningocele. In: Albright AL, Pollack IF, Adelson PD, eds. Principles and Practice of Pediatric Neurosurgery. New York, NY: Thieme; 2014: 338-366

[52] Gamache FW Jr. Treatment of hydrocephalus in patients with meningomyelocele or encephalocele: a recent series. Childs Nerv Syst. 1995; 11(8):487-488

[53] Ochieng' N, Okechi H, Ferson S, et al. Bacteria causing ventriculoperitoneal shunt infections in a Kenyan population. J Neurosurg Pediatr. 2015; 15(2):150-155

[54] Tuli S, Drake J, Lamberti-Pasculli M. Long-term outcome of hydrocephalus management in myelomeningoceles. Childs Nerv Syst. 2003; 19(5-6):286-291

[55] Sutton LN, Charney EB, Bruce DA, et al. Myelomeningocele – the question of selection. Clin Neurosurg. 1986; 33:371-381

[56] Noetzel MJ. Myelomeningocele: current concepts of management. Clin Perinatol. 1989; 16(2):311-329

[57] Drewek MJ, Bruner JP, Whetsell WO, et al. Quantitative analysis of the toxicity of human amniotic fluid to cultured rat spinal cord. Pediatr Neurosurg. 1997; 27(4):190-193

[58] Heffez DS, Aryanpur J, Hutchins GM, et al. The paralysis associated with myelomeningocele: clinical and experimental data implicating a preventable spinal cord injury. Neurosurgery. 1990; 26(6):987-992

[59] Adzick NS, Sutton LN, Crombleholme TM, et al. Successful fetal surgery for spina bifida. Lancet. 1998; 352(9141):1675-1676

[60] Tulipan N. Intrauterine myelomeningocele repair. Clin Perinatol. 2003; 30(3):521-530

[61] Walsh DS, Adzick NS, Sutton LN, et al. The rationale for in utero repair of myelomeningocele. Fetal Diagn Ther. 2001; 16(5):312-322

[62] Adzick NS, Thom EA, Spong CY, et al; MOMS Investigators. A randomized trial of prenatal versus postnatal repair of myelomeningocele. N Engl J Med. 2011; 364(11):993-1004

[63] American College of Obstetricians and Gynecologists. ACOG Committee opinion no. 550: maternal-fetal surgery for myelomeningocele. Obstet Gynecol. 2013; 121(1):218-219

[64] John W, Sharrard W, Zachary RB, et al. A controlled trial of immediate and delayed closure of spina bifida cystica. Arch Dis Child. 1963; 38(197):18-22

[65] Charney EB, Weller SC, Sutton LN, et al. Management of the newborn with myelomeningocele: time for a decision-making process. Pediatrics. 1985; 75(1):58-64

[66] Brau RH, Rodríguez R, Ramírez MV, et al. Experience in the management of myelomeningocele in Puerto Rico. J Neurosurg. 1990; 72(5):726-731

[67] Charney EB, Melchionni JB, Antonucci DL. Ventriculitis in newborns with myelomeningocele. Am J Dis Child. 1991; 145(3):287-290

[68] Okorie NM, MacKinnon AE, Lonton AP, et al. Late back closure in myelomeningoceles—better results for the more severely affected? Z Kinderchir. 1987; 42(Suppl 1):41-42

[69] Chadduck WM, Reding DL. Experience with simultaneous ventriculo-peritoneal shunt placement and myelomeningocele repair. J Pediatr Surg. 1988; 23(10):913-916

[70] McLone D. Repair of the myelomeningocele. In: Rengachery SS, WIlkins RH, eds. Neurosurgical Operative Atlas. Vol. 3. Philadelphia, PA: Williams and Wilkins; 1993:41-48

[71] Chadduck WM, Roloson GJ. Dermoid in the filum terminale of a newborn with myelomeningocele. Pediatr Neurosurg. 1993; 19(2):81-83

[72] Hwang SW, Thomas JG, Blumberg TJ, et al. Kyphectomy in patients with myelomeningocele treated with pedicle screw-only constructs: case reports and review. J Neurosurg Pediatr. 2011; 8(1):63-70

[73] Samagh SP, Cheng I, Elzik M, et al. Kyphectomy in the treatment of patients with myelomeningocele. Spine J. 2011; 11(3):e5-e11

[74] Cruz NI, Ariyan S, Duncan CC, et al. Repair of lumbosacral myelomeningoceles with double Z-rhomboid flaps. Technical note. J Neurosurg. 1983; 59(4):714-717

[75] Bell WO, Arbit E, Fraser RA. One-stage meningomyelocele closure and ventriculoperitoneal shunt placement. Surg Neurol. 1987; 27(3):233-236

[76] Epstein NE, Rosenthal AD, Zito J, et al. Shunt placement and myelomeningocele repair: simultaneous vs sequential shunting. Review of 12 cases. Childs Nerv Syst. 1985; 1(3):145-147

[77] Hubballah MY, Hoffman HJ. Early repair of myelomeningocele and simultaneous insertion of ventriculoperitoneal shunt: technique and results. Neurosurgery. 1987; 20(1):21-23

[78] Demir N, Peker E, Gülşen İ, et al. Factors affecting infection development after meningomyelocele repair in newborns and the efficacy of antibiotic prophylaxis. Childs Nerv Syst. 2015; 31(8):1355-1359

[79] Talamonti G, D'Aliberti G, Collice M. Myelomeningocele: long-term neurosurgical treatment and follow-up in 202 patients. J Neurosurg. 2007; 107(5, Suppl):368-386

[80] Kshettry VR. Letter to the editor: validity of the results of a perioperative protocol to reduce shunt infections. Acta Neurochir (Wien). 2014; 156(4):789

[81] Emsen IM. Closure of large myelomeningocele defects using the O-S flap technique. J Craniofac Surg. 2015; 26(7):2167-2170

[82] Miller PD, Pollack IF, Pang D, et al. Comparison of simultaneous versus delayed ventriculoperitoneal shunt insertion in children undergoing myelomeningocele repair. J Child Neurol. 1996; 11(5):370-372

[83] Albright AL, Okechi H. Distal cordectomies as treatment for lumbosacral myelomeningoceles. J Neurosurg Pediatr. 2014; 13(2):192-195

[84] Jackson EM, Schwartz DM, Sestokas AK, et al. Intraoperative neurophysiological monitoring in patients undergoing tethered cord surgery after fetal myelomeningocele repair. J Neurosurg Pediatr. 2014; 13(4):355-361

37 Reconhecimento e Tratamento de Síndromes de Abstinência de Baclofeno e Narcóticos Intratecais

Douglas E. Anderson ▪ Drew A. Spencer

Resumo

Os neurocirurgiões comumente são chamados para avaliar e tratar a espasticidade e a dor crônica causadas por amplo espectro de patologias frequentemente encontradas. Os sistemas de distribuição de narcótico e baclofeno intratecais implantáveis podem melhorar significativamente os sintomas e o estado funcional em pacientes cuidadosamente selecionados apresentando dor ou espasticidade. A colocação de bomba e cateter, bem como o manejo subsequente requerem uma equipe multidisciplinar experiente. As síndromes de abstinência de medicação associadas a complicações e à falha do sistema são raras e geralmente podem ser prevenidas, mas podem ameaçar à vida caso venham a ocorrer. Neste capítulo, revisamos brevemente a neurofarmacologia básica do baclofeno e da morfina administrados por via intratecal, as etiologias comuns associadas à falha de distribuição e da bomba intratecal, e o imediato reconhecimento e tratamento destas síndromes.

Palavras-chave: baclofeno, dor crônica, bomba intratecal, morfina, espasticidade, abstinência.

37.1 Introdução

Espasticidade e dor crônica são condições familiares para o neurocirurgião, uma vez que surgem a partir de diversas condições encontradas com frequência, incluindo lesão medula espinhal, esclerose múltipla, paralisia cerebral, doença espinal degenerativa e numerosas outras. O advento das bombas implantáveis para administração intratecal (IT) de baclofeno e de medicações narcóticas é, comprovadamente, um acréscimo terapêutico importante para os pacientes que sofrem destas condições. No mercado, existem três fármacos aprovados pela *Federal Drug Administration* (FDA) para uso na terapia IT da dor e da espasticidade: baclofeno, morfina e ziconotida. A ziconotida, um medicamento não narcótico aprovado para IT no tratamento da dor crônica, apesar de associado a potenciais efeitos colaterais, não tem associação a síndromes de abstinência.

Pacientes que sofrem de condições com espasticidade intratável, mesmo com doses máximas de baclofeno oral, comumente experimentam melhora acentuada no estado funcional e espasticidade clinicamente graduada seja após um bolo ou após a dosagem contínua.[1,2] Pacientes com bomba de narcótico IT implantada apresentam melhora consistente no controle da dor crônica nociceptiva, neuropática ou mista, em comparação àqueles tratados sob outros regimes.[3,4] Ainda, a seleção do paciente é decisiva e complexa. Pacientes com dor crônica não relacionada com o câncer que estejam sendo considerados para colocação de bomba IT devem ser submetidos à avaliação para comorbidades psiquiátricas, como depressão, ansiedade, dependência química, ideação suicida ou transtorno de personalidade. Foi demonstrado que estes pacientes apresentam uma resposta bem menos robusta à terapia IT.[5] Equipes multidisciplinares experientes e vigilantes devem tratar pacientes portadores de bombas IT, dada a possibilidade de complicações raras que podem precipitar síndromes agudas de abstinência de medicação.

O reconhecimento e tratamento antecipados das síndromes de abstinência é imperativo.

O sistema de bomba IT mais amplamente utilizado é o da bomba Medtronic Synchro Med II. A bomba em si contém um reservatório de fármaco, bateria, aparato da bomba e componentes programáveis capazes de coordenar a dosagem. Um cateter de pequeno calibre se conecta à bomba, é passado por via subcutânea e ancorado em um ponto de inserção do ligamento interespinhoso ou fascial, para então entrar no espaço IT lombar terminando nos níveis torácicos inferiores ou lombares superiores. Os novos modelos de bomba são compatíveis com imagem de ressonância magnética (MRI), de modo a possibilitar a coleta de imagens de MR, quando clinicamente indicado.[6-8] Os dados de programação são armazenados de forma permanente na memória interna da bomba, permitindo que clínicos treinados obtenham informação sobre o estado da bomba, ou alterem a taxa de tempo de distribuição de fármaco, conforme a indicação clínica. As bombas, eventualmente, requerem substituição ao final da vida útil da bateria, mas a tecnologia moderna, incluindo a tecnologia das baterias recarregáveis, estende este intervalo a um tempo médio de cerca de 7 anos.

37.2 Farmacologia e Indicações

37.2.1 Farmacologia do Baclofeno

O baclofeno é um agente antiespasmódico causador de depressão do sistema nervoso central (CNS) e relaxamento da musculatura esquelética via ativação do receptor de ácido γ-aminobutírico tipo B ($GABA_B$) em sítios medulares espinais. Considera-se que o agonismo do receptor $GABA_B$ bloqueia a liberação de neurotransmissores excitatórios na sinapse, promovendo assim a inibição direta da contração muscular e a iniciação de espasticidade. Um bolo IT de baclofeno produz um efeito antiespasmódico mensurável em 30-60 minutos, com um pico do efeito espasmolítico visto em cerca de 4 horas após a dosagem. O efeito do fármaco pode durar 4-8 horas, dependendo dos sintomas do paciente, da dose e da velocidade de administração do fármaco. Em geral, uma dose de teste é 25-50 µg. Após o início da infusão IT contínua, a ação antiespasmódica é vista em 6-8 horas. A eficácia máxima é observada em 24-48 horas. A meia-vida do baclofeno IT é 2-5 horas.[9] Dada a ocorrência de tolerância em cerca de 22% dos pacientes, há necessidade de ajustar a dose durante os primeiros 18 meses de terapia.[10] A maioria dos pacientes alcança uma dose basal efetiva, sendo raros os casos que requerem descanso de fármaco ou outras estratégias auxiliares.[11,12]

37.7.2 Farmacologia da Morfina

A morfina é um opiáceo natural que atua primariamente no receptor de opiáceo mu (µ), localizado ao longo do sistema nervoso periférico e do CNS, inclusive nos axônios aferentes terminais localizados na substância gelatinosa da medula espinhal. A morfina se liga aos receptores nos neurônios aferentes primários (pré-sinápticos) e células junto ao corno dorsal da medula espinhal (pós-sináptico), para inibir a liberação de neurotransmissores como a substância P

Fig. 37.1 Possíveis etiologias de falha da bomba.

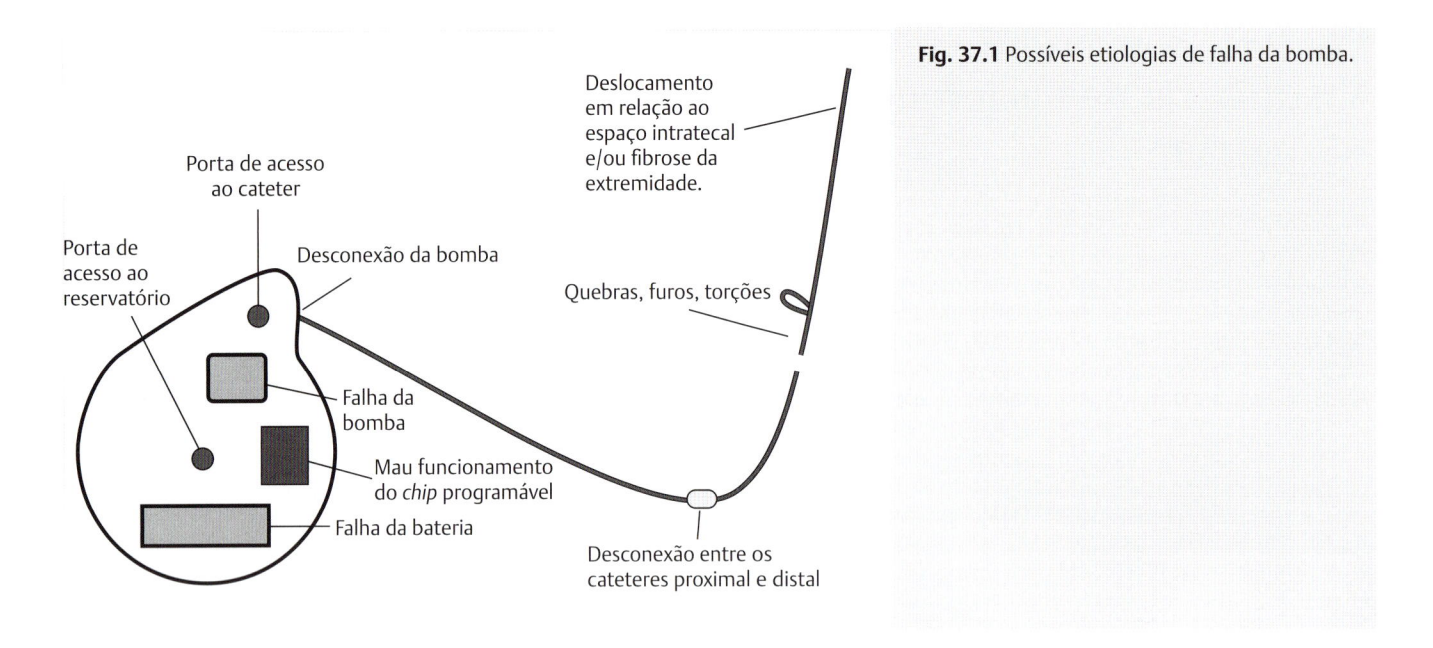

e o peptídeo relacionado com o gene da calcitonina, e finalmente hiperpolariza os neurônios pós-sinápticos. A ativação de receptores de opiáceos μ resulta em analgesia e sedação, com alta incidência de tolerância e dependência. A tolerância é comprovadamente um obstáculo à terapia efetiva em todas as medicações opioides ou opiáceas, levando à necessidade de titulações de dose frequentes ou ciclos de medicações. A meia-vida da morfina IT é relativamente curta (1,5 horas).[13]

37.2.3 Indicações para Bombas Intratecais

As bombas implantáveis são indicadas para pacientes com espasticidade ou dor intratável que apresentam resposta positiva à medicação oral, mas requerem doses maiores, têm efeitos colaterais intoleráveis causados por medicações orais, ou alívio inadequado da dor. A administração IT contínua de medicações analgésicas inicialmente era usada em casos de malignidade em estágio terminal, mas hoje é uma opção para pacientes com dor crônica de múltiplas etiologias. A administração IT propicia potenciais benefícios, incluindo a diminuição da dose de medicação, menos efeitos colaterais sistêmicos, e administração estável contínua, além de evitar as armadilhas da terapia oral em pacientes cuidadosamente selecionados.[5] Todavia, os potenciais efeitos colaterais dos opiáceos IT são substanciais e incluem sedação, sudorese, esvaziamento gástrico retardado, retenção urinária, prurido, náusea e vômito, e depressão respiratória. A possibilidade de depressão respiratória limitou o uso da morfina IT. Em face das longas expectativas de vida de pacientes com dor de origem não maligna, a frequência destes efeitos colaterais e a ocorrência de tolerância fizeram os clínicos reconsiderarem atentamente esta opção terapêutica nesta população de pacientes.

37.3 Complicações que Levam à Abstinência de Baclofeno e de Morfina

A distribuição IT de fármaco usando uma bomba implantável e cateter IT está associada a uma variedade de complicações que podem causar abstinência farmacológica aguda, e síndromes clínicas graves com risco à vida (▶ Fig. 37.1).

37.3.1 Complicações Relacionadas com o Cateter

As complicações relacionadas com o cateter ainda são a causa mecânica mais frequente de falha da bomba de baclofeno e de morfina com potencial de levar à abstinência.[14] Estas complicações ocorrem a taxas variadas, tipicamente em 20 e 25%, mas há relatos de sua ocorrência em até 75% dos pacientes.[14-17] Os cateteres são suscetíveis de torção, ruptura ou cisalhamento, desconexão da bomba, e retração para fora do espaço IT, apesar do uso padronizado de uma âncora de tecido mole.[18] As radiografias laterais e anteroposteriores (AP) planas podem revelar a causa de algumas falhas relacionadas com o cateter. No entanto, às vezes é necessário realizar avaliações usando fluoroscopia ou tomografia computadorizada (CT) com contraste para identificar a fonte do problema.

37.3.2 Complicações Infecciosas

A infecção geralmente é a segunda complicação mais relatada e constitui um risco para todos os componentes implantados, sendo que as infecções tanto da bomba como do cateter afetam adversamente as bombas IT. Isto ocorre em um pequeno percentual dos casos, contudo alguns artigos documentam uma incidência de infecção perioperatória de aproximadamente 10%.[19,20] A maioria das infecções são localizadas, com um pequeno risco de meningite. Entretanto, havendo suspeita, deve ser feita a imediata administração-padrão de antibiótico por via intravenosa, acompanhada de coleta de líquido cerebrospinal (CSF) para cultura e testes de sensibilidade.[3] Em casos raros, os pacientes podem apresentar sepse fulminante.[21] A infecção, quase invariavelmente, requer remoção da bomba e posterior reimplantação após a completa resolução da infecção. Como a infecção está associada à retirada da bomba, é essencial começar a reposição do fármaco para prevenir a abstinência.

37.3.3 Outras Complicações

Os erros na programação da bomba são uma causa rara, contudo potencialmente devastadora, de abstinência ou toxicidade. Raramente, o uso frequente da MRI pode afetar também o funcionamento da bomba, interferindo nos componentes de programação/memória, e isto pode ter efeitos mais à frente, em outro *hardware* interno.[6] A fadiga ou falha da bateria tipicamente é reconhecida pelos sinais de alerta do sistema da bomba, sendo um fenômeno previsível quase sempre tratado de forma eletiva. O motor interno que distribui medicação é uma fonte relatada de falha, cujos padrões variam da falha completa e imediata à recorrência de sintoma intermitente.[21] Em pacientes que recebem tratamento radiativo (28-36 Gy), os componentes de programação da bomba podem ser danificados ou a bateria pode ser depletada.[22] Outros constataram que doses de até 45 Gy são seguras para pacientes com bombas IT, todavia continua sendo recomendado que as bombas seja atentamente monitoradas durante e após o tratamento.[6] A quebra ou corrosão da capa e/ou dos componentes da bomba é extremamente rara, uma vez que os materiais usados são escolhidos especificamente por suas propriedades inertes quando da implantação, mas sua ocorrência está descrita na literatura.[14,21,23]

37.4 Reconhecimento e Tratamento de Síndromes de Abstinência Clínica

37.4.1 Baclofeno

Os efeitos colaterais associados à terapia com baclofeno IT incluem tontura, sonolência, confusão, enfraquecimento muscular e ataxia. Os protocolos de tratamento para superdosagem incluem medidas de suporte de vida padrão, uso de parassimpatomiméticos, inibidor reversível de colinesterase, fisostigmina (2 mg) por via intravenosa, e drenagem de CSF via dreno lombar.[24]

Os sintomas de abstinência aguda incluem aumento repentino na espasticidade, prurido, febre levando à hipertermia, ou convulsões epiléticas. A abstinência raramente constitui ameaça à vida. Doses altas de benzodiazepínicos podem ser usadas para melhorar a abstinência, enquanto se busca o diagnóstico de falha do sistema da bomba IT. Alguns relatam que o baclofeno oral pode não ser adequado ou não tolerado na abstinência aguda, de modo que a administração de baclofeno via punção lombar é então indicada. Cenários clínicos fulminantes com febre alta, estado mental alterado e rigidez suficientemente profunda para causar rabdomiólise são raros, mas também foram relatados.[14,17] De forma clara, no caso das síndromes que ameaçam a vida, são seguidos os conceitos padrão de manutenção das vias aéreas, ventilação e suporte circulatório. Um grupo descreveu parada cardíaca após a abstinência grave em um paciente que felizmente se recuperou após um período prolongado de internação.[25] O tratamento definitivo da abstinência decorrente de complicações da bomba consiste na restauração de um sistema de distribuição IT funcional. Para determinar o sítio de falha de distribuição de um fármaco IT, é possível seguir uma lista de checagem sistemática:[26]

1. Avaliar a bomba e checar a programação e o estado de preenchimento da bomba com o sistema de telemetria, para excluir erros de programação e/ou esvaziar o reservatório da bomba.
2. Realizar exames de raios X com incidências AP e lateral, buscando desconexões, torções e deslocamentos do cateter.
3. Se os exames de raios X não forem diagnósticos, é possível checar a função do rotor da bomba usando fluoroscopia em tempo real após a programação de uma rotação de rotor de bomba a 90 graus e observação visual radiográfica.
4. Se a bomba estiver funcional, é possível tentar aspirar 2-3 mL de CSF (necessário para remover o baclofeno do cateter e diante da possibilidade de superdosagem de baclofeno durante testes subsequentes) pela abertura lateral. Se o desfecho for bem-sucedido, é possível programar um *bolus* IT de baclofeno pelo sistema bomba-cateter, como triagem terapêutica.
5. A fluoroscopia com injeção de 3 mL de contraste iodado via porta acessória é indicada para analisar a continuidade, conectividade e posição IT do cateter (novamente, é necessário aspirar 2-3 mL de CSF para evitar o *bolus* IT de baclofeno). A desconexão do cateter da bomba, vazamentos ou perfurações, bem como a migração ou deslocamento da extremidade do cateter pode ser visualizado após a injeção do contraste. As imagens de CT intensificadas com contraste de todo o sistema da bomba com o cateter podem revelar diversas anormalidades potenciais com maior precisão do que as radiografias planas ou o fluoroscópio.

Com a resolução ou substituição dos componentes com mau funcionamento do sistema IT, quase todos os pacientes podem retornar ao estado prévio de controle de sintoma e de nível de medicação para estado estável.[21]

37.4.2 Morfina

Os efeitos colaterais da terapia de morfina incluem retenção urinária, constipação, prurido, depressão respiratória, náusea, hipotensão, vômito e libido diminuída. O tratamento da superdosagem de morfina IT inclui medidas de suporte básico de vida, infusão intravenosa contínua de naloxona, drenagem de CSF por cateter lombar, e controle da hipertensão e do estado epilético.[27]

Os sinais de abstinência incluem dor intensa, agitação, sofrimento gastrintestinal, hipertermia, palpitações e, em alguns casos, edema pulmonar.[5,9,11] Os opiáceos podem ser administrados por via parenteral, com rápida reversão do processo de abstinência. O desmame gradual da morfina IT requer 3-6 semanas de titulação gradativa.

37.5 Conclusão

A terapia farmacológica IT para tratamento da espasticidade e da dor crônica é uma intervenção terapêutica útil com potencial de melhorar significativamente a qualidade de vida para populações de pacientes complexos. Conduzidos por uma equipe multidisciplinar experiente, pacientes devidamente selecionados conseguem ver uma drástica melhora em seu estado funcional. Pacientes com bombas IT implantadas frequentemente relatam melhora dos sintomas e dos desfechos, em comparação com aqueles tratados com terapia oral prolongada, além de experimentarem relativamente poucas complicações sérias.[3-11] O manejo desta população de pacientes requer um conhecimento íntimo do sistema da bomba e da técnica de colocação, além da cuidadosa coordenação dos cuidados de acompanhamento e manutenção da bomba, e de rápido diagnóstico e tratamento diante do aparecimento de síndromes de abstinência farmacológica ou outras complicações.

Referências

[1] McCormick ZL, Chu SK, Binler D, et al. Intrathecal versus oral baclofen: a matched cohort study of spasticity, pain, sleep, fatigue, and quality of life. PM R. 2016; 8(6):553-562
[2] Morota N, Ihara S, Ogiwara H. Neurosurgical management of childhood spasticity: functional posterior rhizotomy and

intrathecal baclofen infusion therapy. Neurol Med Chir (Tokyo). 2015; 55(8):624-639

[3] Brogan SE, Winter NB. Patient-controlled intrathecal analgesia for the management of breakthrough cancer pain: a retrospective review and commentary. Pain Med. 2011; 12(12):1758-1768

[4] Smith TJ, Coyne PJ. Implantable drug delivery systems (IDDS) after failure of comprehensive medical management (CMM) can palliate symptoms in the most refractory cancer pain patients. J Palliat Med. 2005; 8(4):736-742

[5] Czernicki M, Sinovich G, Mihaylov I, et al. Intrathecal drug delivery for chronic pain management-scope, limitations and future. J Clin Monit Comput. 2015; 29(2):241-249

[6] Kosturakis A, Gebhardt R. SynchroMed II intrathecal pump memory errors due to repeated magnetic resonance imaging. Pain Physician. 2012; 15(6):475-477

[7] De Andres J, Villanueva V, Palmisani S, et al. The safety of magnetic resonance imaging in patients with programmable implanted intrathecal drug delivery systems: a 3-year prospective study. Anesth Analg. 2011; 112(5):1124-1129

[8] Diehn FE, Wood CP, Watson RE Jr, et al. Clinical safety of magnetic resonance imaging in patients with implanted SynchroMed EL infusion pumps. Neuroradiology. 2011; 53(2):117-122

[9] Gracies JM, Nance P, Elovic E, et al. Traditional pharmacological treatments for spasticity. Part II: general and regional treatments. Muscle Nerve Suppl. 1997; 6:S92-S120

[10] Brown J, Klapow J, Doleys D, et al. Disease-specific and generic health outcomes: a model for the evaluation of long-term intrathecal opioid therapy in noncancer low back pain patients. Clin J Pain. 1999; 15(2):122-131

[11] Ver Donck A, Vranken JH, Puylaert M, et al. Intrathecal drug administration in chronic pain syndromes. Pain Pract. 2014; 14(5):461-476

[12] Kroin JS, Bianchi GD, Penn RD. Intrathecal baclofen down-regulates GABAB receptors in the rat substantia gelatinosa. J Neurosurg. 1993; 79(4):544-549

[13] Sjöström S, Tamsen A, Persson MP, et al. Pharmacokinetics of intrathecal morphine and meperidine in humans. Anesthesiology. 1987; 67(6):889-895

[14] Stetkarova I, Brabec K, Vasko P, et al. Intrathecal baclofen in spinal spasticity: frequency and severity of withdrawal syndrome. Pain Physician. 2015; 18(4):E633-E641

[15] Borrini L, Bensmail D, Thiebaut JB, et al. Occurrence of adverse events in long-term intrathecal baclofen infusion: a 1-year follow-up study of 158 adults. Arch Phys Med Rehabil. 2014; 95(6):1032-1038

[16] Follett KA, Burchiel K, Deer T, et al. Prevention of intrathecal drug delivery catheter-related complications. Neuromodulation. 2003; 6(1):32-41

[17] Watve SV, Sivan M, Raza WA, et al. Management of acute overdose or withdrawal state in intrathecal baclofen therapy. Spinal Cord. 2012; 50(2):107-111

[18] Awaad Y, Rizk T, Siddiqui I, et al. Complications of intrathecal baclofen pump: prevention and cure. ISRN Neurol. 2012; 2012:575168

[19] Michael FM, Mohapatra AN, Venkitasamy L, et al. Contusive spinal cord injury up regulates mu-opioid receptor (mor) gene expression in the brain and down regulates its expression in the spinal cord: possible implications in spinal cord injury research. Neurol Res. 2015; 37(9):788-796

[20] Malheiro L, Gomes A, Barbosa P, et al. Infectious complications of intrathecal drug administration systems for spasticity and chronic pain: 145 patients from a tertiary care center. Neuromodulation. 2015; 18(5):421-427

[21] Riordan J, Murphy P. Intrathecal pump: an abrupt intermittent pump failure. neuromodulation. 2015; 18(5):433-435

[22] Wu H, Wang D. Radiation-induced alarm and failure of an implanted programmable intrathecal pump. Clin J Pain. 2007; 23(9):826-828

[23] Medtronic. Targeted Drug Delivery Systems. http://professional.medtronic.com/ppr/intrathecal-drug-delivery-systems/index.htm# tabs-3. Published 2014. Accessed January 20, 2016

[24] Müller-Schwefe G, Penn RD. Physostigmine in the treatment of intrathecal baclofen overdose. Report of three cases. J Neurosurg. 1989; 71(2):273-275

[25] Cardoso AL, Quintaneiro C, Seabra H, et al. Cardiac arrest due to baclofen withdrawal syndrome. BMJ Case Rep. 2014; 2014

[26] Dahlgren R, Francel P. Recognition and management of intrathecal baclofen withdrawal syndrome. In: Loftus CM, ed. Neurosurgical Emergencies. 2nd ed. New York, NY: Thieme; 2007:358-362

[27] Sauter K, Kaufman HH, Bloomfield SM, et al. Treatment of high-dose intrathecal morphine overdose. Case report. J Neurosurg. 1994; 81(1):143-146

Índice Remissivo

Entradas acompanhadas por um *f*, *b* ou *q* em itálico indicam figuras, box e quadros, respectivamente.

A

AANS (American Association of Neurological Surgeons), 18, 49
AARF (Fixação Rotacional Atlantoaxial), 297
Abcesso(s)
 cerebral, 17, 55, 140
  em PBI, 55
  uso de esteroides no, 17
 epidural, 285
  piogênico, 285
   tratamento, 285
 espinhal, 279*q*, 282*f*
  epidural, 279*q*, 282*f*
   condições predisponentes ao, 279*q*
 extra-axial, 138
 intramedular, 287
  tratamento, 287
ABCs (Vias Aéreas Respiratórias/Airway, Respiração/Breathing e Circulação/Circulation)
 nas síndromes, 49
  de herniação cerebral, 49
Abordagem
 da descompressão óssea, 153
 do nervo facial, 158
  cirúrgica, 158
   da fossa craniana média, 159
   translabiríntica, 160, 161*f*
   transmastoide, 159, 160*f*
 do nervo óptico, 153
  escolha da, 153
  lateral, 156
  transetmoidal, 154, 155*f*
  transfrontal, 153
Abscesso
 cerebral, 140
 epidural, 139*f*
  frontal, 139*f*
 extra-axial, 138
Abuso
 infantil, 60, 68
  hematomas epidurais e, 68
   considerações especiais, 68
AC (Anticoagulante), 199
 nas emergências neurocirúrgicas, 200
  retomada de, 201
  reversão de, 200
ACA (Artéria Cerebral Anterior), 47, 110, 119
ACLS (Suporte Avançado de Vida Cardiovascular), 176
ACOM (Artéria Comunicante Anterior)
 aneurisma da, 97*f*
  ruptura do, 97*f*
   hemorragia intraventricular severa por, 97*f*
ACS (American College of Surgeons), 177, 187
ACTH (Hormônio Adrenocorticotrófico), 15

AES (American Epilepsy Society), 164
 diretrizes da, 170
  para tratamento de CSE, 170
   fase de estabilização, 170
   opinião dos autores, 170
   terapia, 170
  tratamento proposto pela, 171*f*
   para SE, 171*f*
   algoritmo de, 171*f*
Afilamento
 das paredes laterais, 83*f*
 do seio esfenoidal, 83*f*
Agente(s)
 paralíticos, 12
  e hipertensão intracraniana, 12
AHA (American Heart Association), 115
AHA/ASA (American Heart Association/American Stroke Association)
 diretrizes 2015 da, 79
  tratamento cirúrgico da ICH, 79
   recomendações, 79
Algoritmo
 de manejo, 5*f*
  de pacientes comatosos, 5*f*
ALS (Esclerose Lateral Amiotrófica), 326
AMS (Mal Agudo das Montanhas), 244
Analgésico(s)
 no adulto com TBI, 190
 no trauma pediátrico, 196
Anestesia
 epidural, 128
  e CVT, 128
Anestésico(s)
 no adulto com TBI, 190
Aneurisma(s), 74
 da ACOM, 97*f*
  ruptura do, 97*f*
 da MCA, 74*f*, 75*f*, 92*f*
  ruptura do, 74*f*, 75*f*
 gigante, 93*f*
  parcialmente trombosado, 93*f*
 na região do topo da basilar, 92*f*
 sacular, 93*f*
  de topo da carótida, 93*f*
 tratamento de, 103
  endovascular, 103
ANF (Fator Natriurético Atrial), 98
Anticonvulsivante
 profilaxia, 191
  após TBI pediátrico, 191
  no adulto com TBI, 191
AOD (Deslocamento Atlanto-Occipital)
 lesões traumáticas com, 296
  diagnóstico de, 296
  tratamento de, 296
AP (Antiplaquetário), 199
 nas emergências neurocirúrgicas, 200
  retomada de, 201
  reversão de, 200

Ápice
 da órbita, 152*f*
  fratura do, 152*f*
Apoplexia
 hipofisária, 81-86
  apresentação, 82
  campo cirúrgico, 84
   preparação do, 84
  conduta pós-operatória, 85
  diagnóstico, 82
  diferencial, 82
  etiologia, 81
  indicações, 84
  pré-procedimento, 84
   imagem, 84
   medicações, 84
  procedimento cirúrgico, 85
  tratamento, 83
ARDS (Síndrome do Desconforto Respiratório Agudo), 183, 222
Arma de Fogo
 ferimento por, 57*f*
  no crânio, 57*f*
Artéria(s)
 basilar, 93*f*, 100*f*
  dilatação aneurismática da, 92*f*
  vasospasmo da, 100*f*
   grave, 100*f*
 intracraniana, 99*f*
  insonação da, 99*f*
 vertebral, 225, 297
  lesão da, 225, 297
   subseqüentes ao traumatismo cervical, 297
   sem perfuração, 297
ASA (Artéria Espinhal Anterior), 273
aSDH (Hematoma Subdural Agudo), 60
 diagnóstico, 63
  achados radiográficos, 64
  manifestações clínicas, 63
 epidemiologia, 63
 estreito, 65*f*
 grande, 64*f*
 manejo cirúrgico de, 193
 parietoccipital, 64*f*
 patogênese, 63
 resultados, 66
 tratamento, 65
  não cirúrgico, 65
  operatório, 65
ASIA (American Spinal Injury Association), 221
 escala de comprometimento da, 178*q*
ASPECTS (Alberta Stroke Program Early CT), 110
ATCCS (Síndrome Medular Central Traumática Aguda)
 tratamento da, 297

Atendimento
    pré-hospitalar, 186
        diretrizes para TBI, 186
            otimização médica, 186
            sistemas de trauma, 186
Atlas
    fraturas em adultos do, 96
        e do áxis, 296
            combinadas, 296
            isoladas, 296
            tratamento, 296
ATLS (Suporte Avançado à Vida
    no Trauma), 54, 177, 187
ATP (Adenosina Trifosfato), 15
Autorregulação
    cerebral, 24, 28
        avaliação da, 28
        fisiologia da, 24
Avaliação
    de traumatismo, 174-184
        clínica, 176
        epidemiologia, 174
        espinhal, 174-184
        mecanismo da lesão, 174
        por imagem, 179
        e tratamento, 174-184
        no estado mental alterado, 182
AVdO$_2$ (Conteúdo de Saturação de Oxigênio
    na Veia Jugular), 16
AVDO$_2$ (Diferença de Conteúdo de Oxigênio
    Arteriovenoso), 49
AVF (Fístula Arteriovenosa Vertebral), 253, 273
AVM (Malformação Arteriovenosa), 72, 73f,
    102, 273
    embolização, 74
    excisão cirúrgica, 73
    ICH derivada de, 73f
    radiocirurgia focada, 74
Áxis
    fraturas do atlas e, 296
        combinadas agudas, 296
            tratamento, 296

B

BA (Artéria Basilar), 43
Baclofeno
    farmacologia do, 347
    síndromes de abstinência de, 347-349
        complicações que levam a, 348
            infecciosas, 348
            outras, 349
            relacionadas com cateter, 348
        reconhecimento, 319, 347-349
            farmacologia, 347
            indicações, 347
            tratamento, 347-349
Barbitúrico(s)
    no manejo, 16
        da hipertensão intracraniana, 16
        no trauma pediátrico, 196
BBB (Barreira Hematoencefálica), 135
Biomecânica
    da herniação, 44f
        transtentorial, 44
Bloqueio
    neuromuscular, 196
        no trauma pediátrico, 196

BLS (Suporte Básico de Vida), 176
BNP (Peptídeo Natriurético Cerebral), 98
BP (Pressão Arterial), 6q, 115
Brucelose
    espinal, 288
        tratamento, 288
BTF (Brain Trauma Foundation), 18, 49
    diretrizes no TBI da, 186-196
        resumo e sinopse das, 186-196
            manejo cirúrgico, 192
            no atendimento pré-hospitalar, 186
            nos adultos, 187
            pediátrico, 195

C

C1-C2
    subluxação de, 235
        rotatória, 235
C2
    corpo de, 234
        fraturas do, 234
C3-C7
    lesões subaxiais, 235
Cabeça
    posição da, 12
        e hipertensão intracraniana, 12
Canal
    espinhal, 252f, 254f
        faca no, 252f
        fragmento retido no, 254f
            de projétil de arma de fogo, 254f
Carcinoma
    de células renais, 262f
        metastático, 262f
CAS (Stent da Artéria Carótida), 115
Cateter
    de ventriculostomia, 95f
        no corno frontal direito, 95f
Cavernoma
    frontal, 76f
        hemorragia intralesional em, 76f
CBC (Hematimetria Completa), 135
CBF (Fluxo Sanguíneo Cerebral), 10, 11f,
    24, 187
    no MMM cerebral, 29
        invasivo, 29
CBV (Volume Sanguíneo Cerebral), 14
CCN (Neuropraxia da Medula Cervical), 212
    fisiopatologia, 216
    história natural, 216
    opções terapêuticas, 216
CEA (Abscesso Epidural Craniano), 138
CEA (Endarterectomia Carotídea), 115
cEEG (Eletroencefalografia em Modo
    Contínuo), 30
    monitoramento, 164
Cerebelo
    hematomas do, 78
    tentório do, 42
Cérebro
    foice do, 42
    O2 tecidual no, 29
        no MMM cerebral, 29
        invasivo, 29
CHI (Lesão Craniana Fechada), 54
Cifose
    congênita, 342f

CMRO$_2$ (Taxa Metabólica Cerebral de
    Oxigênio), 17
CMV (Citomegalovírus), 138
CNS (Sistema Nervoso Central), 135
CO$_2$ (Dióxido de Carbono), 16
Coagulação
    otimização da, 148
Coagulopatia
    na SAH, 94
Colar(es)
    cervicais, 220
        hipertensão intracraniana e, 220
Colo
    do fêmur, 175f
        fratura do, 175f
            cominutiva, 175f
Coluna
    cervical, 182, 183q, 232q
        avaliação de, 182
            no estado mental alterado, 182
        doença de disco na, 203-209
            abordagens cirúrgicas, 205
            apresentação clínica, 204
            prognóstico, 205
            trauma cervical, 204
        subaxial, 183q
            sistemas de pontuação de, 183q
        superior, 232q
            classificação das fraturas da, 232q
    espinhal cervical, 294
        imobilização pré-hospitalar da, 294
            após traumatismo, 294
        lesões traumáticas agudas, 294
            transporte de pacientes com, 294
        medular, 294
            avaliação clínica subsequente à lesão
                aguda da, 294
    lombar, 176f, 237
        distração acentuada da, 176f
        doença de disco na, 203-209
            abordagens cirúrgicas, 208
            apresentação clínica, 208
            prognóstico, 209
        lesões da, 237
    torácica, 203-209
        doença de disco na, 203-209
            abordagens cirúrgicas, 206
            apresentação clínica, 205
            prognóstico, 208
    vertebral, 230-238
        fraturas da, 230-238
            intervenções cirúrgicas em, 230-238
                considerações
                    biomecânicas para, 230-238
        luxações da, 230-238
            intervenções cirúrgicas em, 230-238
                considerações
                    biomecânicas para, 230-238
COM (Mielinólise Pontina Central), 15
Coma
    aspectos clínicos do, 6q
        por overdose, 6q
    fisiopatologia do, 1
    pacientes comatosos, 2
        achados sugestivos em, 7q
        avaliação clínica de, 2
        manejo de, 4, 5
            específico, 5
            inicial, 4

por causas, 6, 7
  desconhecidas, 7
  toximetabólicas, 6
 por lesões estruturais, 5
  com déficits neurológicos, 5
   simétricos, 5
Complacência
 intracraniana, 43f
Compressão
 da medula espinal, 257-263
  secundária à metástase, 257-263
   de doença neoplásica, 257-263
    fraturas, 257-263
Concussão
 no esporte, 242
Côndilo
 occipital, 295
  fraturas do, 295
Consciência
 avaliação da perda aguda de, 1-7
  fisiopatologia do coma, 1
  paciente comatoso, 2
   achados sugestivos em, 7q
   avaliação clínica de, 2
   manejo de, 4, 5
    específico, 5
    inicial, 4
 perda de, 45
  e herniação transtentorial, 45
Contusão(ões)
 cerebrais, 241
 no esporte, 241
Convulsão(ões)
 e tumores cerebrais, 145
  tratamento, 148
 na SAH, 94
Corpo
 de C2, 234
  fraturas do, 234
COSS (Carotid Occlusion Surgery Study), 116
Costotransversectomia, 207
CPP (Pressão de Perfusão Cerebral), 10, 13, 24, 55, 97, 187
 ideal, 29f
  identificação da, 29f
 limiares da, 195
  no trauma pediátrico, 195
 no MMM cerebral, 31
  invasivo, 31
Craniectomia
 descompressiva, 18, 57, 130f
  bilateral, 130f
  na hipertensão intracraniana, 18
  no trauma cerebral, 57
   penetrante, 57
Crânio
 afundamento do, 194
  fraturas em, 194
   tratamento cirúrgico de, 194
 ferimento no, 57f
  por arma de fogo, 57f
Craniotomia
 descompressiva, 66f
  líquido extra-axial após, 66f
CREST (Carotid Revascularization Endarterectomy versus Stenting), 116
CRP (Proteína C Reativa), 135

CSD (Despolatização de Propagação Cortical), 30
cSDH (Hematoma Subdural Crônico), 60
 diagnóstico, 67
  manifestações clínicas, 67
  resultados radiográficos, 67
 epidemiologia, 67
 grande, 67f
 patogênese, 67
 resultados, 68
 tratamento, 67
  não cirúrgico, 68
  operatório, 67
CSE (Estado de Mal Epilético Convulsivo), 164
 tratamento de, 170
  diretrizes da AES para, 170
CSF (Líquido Cefalorraquidiano), 9, 10q, 42, 66, 82, 128, 135, 144
 drenagem do, 18, 195
  na hipertensão intracraniana, 18
  no trauma pediátrico, 195
 vazamento de, 177
CSISS (Escore da Gravidade da Lesão da Coluna Cervical), 235, 296
CSM (Mielopatia Espondilótica Cervical), 213, 214f
CTE (Encefalopatia Traumática Crônica), 242
CTO (Órtese Cervicotorácica), 220
Curva(s)
 autorregulatórias, 11f
  cerebrais, 11f
   CBF, 11f
 volumétricas, 11f
  de ICP, 11f
CVA (Acidente Vascular Cerebral), 14
 isquêmico agudo, 107q, 115-121
  avaliação emergencial, 107q
  intervenções cirúrgicas para, 115-121
   procedimentos, 115, 117
    de revascularização, 115
    de salvamento para edema cerebral, 117
   tratamento geral, 115
   tratamento inicial, 107q
CVM (Malformação Cavernosa), 72, 74
CVP (Pressão Venosa Central), 14
CVT (Trombose Venosa Cerebral), 124-131
 cirurgia descompressiva para, 127q
 com lesões medulares, 298
  espinhais cervicais, 298
 e o neurocirurgião, 124
 fator de risco para, 128
  doenças neurocirúrgicas como, 128
   neoplasias, 128
   outras condições neurológicas, 128
   traumatismo craniano, 128
  procedimentos neurocirúrgicos, 128
   anestesia epidural, 128
   LP, 128
   nas veias durais, 129
   neurocirurgia, 129
   no seio dural, 129
 imitando condição neurocirúrgica, 125
  hemorragia intracraniana, 126
  infarto venoso, 125
  SAH, 127

tratamentos neurocirúrgicos, 129
  derivações, 129
  evacuação do hematoma, 130
  hemicraniectomia descompressiva, 130

D

DAI (Lesão Axonal Difusa), 240, 241
dAVF (Fístula Arteriovenosa Dural)
 espinhal, 273-276
  apresentação de emergência, 273-276
   anatomia, 273
   apresentação clínica, 274
   demografia, 274
   esquemas de classificação, 273
   estudos por imagem, 275
   fisiopatologia, 273
   tratamento de, 273-276
    cirúrgico, 276
    endovascular, 275
DCM (Mielopatia Cervical Degenerativa), 212
 fisiopatologia, 213
 história natural, 214
DDD (Doença Degenerativa do Disco), 213, 214f
DECIMAL (DEcompressive Craniectomy In MALignant middle cerebral artery infarcts), 119
Derivação(ões)
 na CVT, 129
Derrame Isquêmico
 agudo, 105, 106-113
  trombectomia mecânica para, 106-113
   avaliação, 106
   tratamento, 106
  trombólise química para, 106-113
   avaliação, 106
   tratamento, 106
Desbridamento
 no trauma cerebral, 56
  penetrante, 56
   cirúrgico, 56
   simples, 56
Descompressão Óssea
 aguda, 151-161
  dos nervos, 151-161
   facial, 151-161
   óptico, 151-161
Desconexão
 de shunt, 332, 334f
  múltiplos sítios de, 334f
DESTINY (DEcompressive Surgery for the Treatment of malignant INfarct of the middle cerebral arterY), 119
DI (Diabetes Insípido), 98
Dilatação
 aneurismática, 92f, 93f
  da artéria basilar, 93f
  da MCA, 92f
Diretriz(es)
 da AES, 170
  para tratamento de CSE, 170
   fase de estabilização, 170
   opinião dos autores, 170
   terapia, 170
 da AHA/ASA 2015, 79
  tratamento cirúrgico da ICH, 79
   recomendações, 79

da BTF no TBI, 186-196
  resumo e sinopse das, 186-196
    manejo cirúrgico, 192
    no atendimento pré-hospitalar, 186
    nos adultos, 187
    pediátrico, 195
  do tratamento de lesão, 294-298
    na coluna espinhal, 294-298
      ATCCS, 297
      avaliação clínica, 294
      cervicais subaxiais, 297
      com AOD, 296
      com CVT, 298
      com VTE, 298
      diagnóstico, 296
      fraturas, 295
        combinadas do atlas e do áxis, 296
        do côndilo occipital, 295
        isoladas do atlas, 296
      imobilização pré-hospitalar, 294
      manejo cardiopulmonar, 295
      na artéria vertebral, 297
      os odontoideum, 296
      pediátrica, 297
      redução fechada inicial, 295
      sem anormalidade radiográfica, 297
      sistema de classificação, 296
      suporte nutricional após, 298
      terapia farmacológica, 295
      transporte de pacientes, 294
      visão geral, 294
  gerais no manejo de trauma nos adultos, 187
    analgésicos, 190
    anestésicos, 190
    hiperventilação, 191
    hipotermia profilática, 187
    limiar, 190
      da perfusão cerebral, 190
      de tratamento da ICP, 190
    monitoramento, 189, 190
      da ICP, 189
      da oxigenação cerebral, 190
    nutrição, 191
    oxigenação, 187
    papel dos esteroides, 191
    profilaxia, 189, 191
      anticonvulsivante, 191
      da DVT, 189
      de infecções, 189
    restauração da pressão arterial, 187
    resumo das, 188q
    sedação, 190
    terapia hiperosmolar, 187
Discectomia
  minimamente invasiva, 207, 209
    lombar, 209
    retro/transpleural, 207
      transtorácica lateral, 207
Discite
  tratamento, 287
Disco
  intervertebral, 247
    herniação de, 247
      traumática, 247
Dispositivo(s)
  de monitoramento, 10q, 27, 28f
    de ICP, 10q, 27, 28f
      seleção do tipo de, 10q

Disreflexia
  anatômica, 222
Dissecção
  aórtica, 185f
    traumática, 175f
Distração
  acentuada, 176f
    da coluna lombar, 176f
Distúrbio(s)
  da homeostase do sódio, 98
  na SAH, 98
Dobra
  de *shunt*, 334f
Doença de Disco
  intervenção aguda para, 203-209
    avaliação, 203
      clínica, 203
      radiográfica, 203
    cervical, 203-209
      abordagens cirúrgicas, 205
      apresentação clínica, 204
      prognóstico, 205
      trauma, 204
    cirúrgica, 203
      indicações, 203
    lombar, 203-209
      abordagens cirúrgicas, 208
      apresentação clínica, 208
      prognóstico, 209
    torácica, 203-209
      abordagens cirúrgicas, 206
      apresentação clínica, 205
      prognóstico, 208
Doença
  de Pott, 284f
  metastática, 146f
    intracraniana, 146f
      difusa, 146f
  neoplásica, 257-263
    metástase de, 257-263
      compressão da medula espinhal
        secundária à, 257-263
      fraturas, 257-263
Dor
  na SAH, 94
  neuropática, 247
Drenagem
  do CSF, 18, 195
    na hipertensão intracraniana, 18
    no trauma pediátrico, 195
  lombar, 39
    na hidrocefalia, 39
      aguda, 39
  ventricular, 335
    externa, 335
Droga(s)
  ilícitas, 6q
    coma por overdose de, 6q
    aspectos clínicos do, 6q
DTICH (Hematoma Intracerebral Traumático
  Tardio), 193
Dura-Máter
  seio reto da, 125f
DVTs (Tromboses Venosas Profundas), 58
  na lesão, 223
    na coluna, 223
    na medula espinhal, 223
  no adulto com TBI, 189
    profilaxia de, 189

E

EBIC (European Brain Injury Consortium), 18
ECASS III (European Cooperative Acute Stroke
  Study III), 107
ECoG (Eletrocorticografia)
  no MMM cerebral, 30
    invasivo, 30
ECST (European Carotid Surgery), 116
ED (Pronto-Socorro), 174
Edema
  associado a tumor cerebral, 145
    tratamento, 148
  cerebral, 117
    após CVA, 117
      procedimentos
        de salvamento para, 117
  subgaleal, 139f
  vasogênico, 147f
EDH (Hematoma Epidural), 19q, 240
  agudo, 60, 192
    manejo cirúrgico de, 192
  no esporte, 241
EEG (Eletroencefalografia)
  intracortical, 30
    no MMM cerebral, 30
      invasivo, 30
  intracraniana, 24
Eixo
  cranioespinhal, 180
    imagem do, 180
EKG (Eletrocardiograma), 6q
Emergência(s) Neurocirúrgica(s)
  considerações especiais em, 199-202
    da anticoagulação, 199-202
      retomada de AC, 201
      reversão de AC, 200
    da terapia antiplaquetária, 199-202
      retomada de AP, 201
      reversão de AP, 200
    de necessidade de reversão, 199-202
EMG (Eletromiografia), 157
Empiema
  subdural, 139f
EMS (Emergency Management
  of Stroke), 109
Encefalite, 137
Endoscopia
  transorbital, 156f
    para descompressão, 156f
      do nervo óptico, 156f
Enforcado
  fraturas do, 234
ENoG (Eletroneurografia), 157
Enxerto
  de nervo, 305
    interfascicular, 305
Epilepsia
  na SAH, 101
Escala
  da WFNS, 90q
    para SAH, 90q
  de Hunt e Hess, 90q
Espinha
  bífida, 342f
Espondilolistese
  lombossacra, 238f

Esporte
  lesão no, 240
    cefálicas, 240
      concussão, 242
      contusões cerebrais, 241
      DAI, 241
      EDH, 241
      hemorragia parenquimatosa, 241
      imagens, 243
      incidência da, 240
      SAH traumática, 241
      SDH, 241
      síndrome do TCE juvenil, 242
      SIS, 242
      TCE leve, 242
      tratamento no local, 243
    espinhal, 244
      dor neuropática, 247
      etiologia, 245
      herniação traumática, 247
        de disco intervertebral, 247
      incidência, 244
      na coluna cervical, 246
        inferior, 246
        superior, 246
      neuropraxia, 246
        da medula cervical, 246
        de raiz nervosa, 247
      plexopatia braquial transitória, 247
      síndrome, 246
        da medula central, 246
        da sensação de queimação nas mãos, 246
      tetraplegia transitória, 246
      tratamento no local, 248
Estabilização
  na SAH, 94
    após estabilização inicial, 96
      distúrbios da homeostase do sódio, 98
      epilepsia, 101
      hidrocefalia, 97
      hipertensão intracraniana, 97
      ressangramento, 96
      vasospasmo cerebral, 98
    clínica inicial, 94
      coagulopatia, 94
      complicações agudas, 94, 95
        cardíacas, 95
        neurológicas, 94
        pulmonares, 96
      condições clínicas preexistentes, 96
      dor, 94
      pressão sanguínea, 94
      transferência, 94
        para centro de alto volume, 94
      vias aéreas, 94
Estenose Cervical
  é emergência, 212-217
    avaliação, 212
      inicial, 212
      radiológica, 212
    intervenção cirúrgica, 213
      indicações para, 213
Esteroide(s)
  no manejo, 17
    da hipertensão intracraniana, 17
    das lesões, 221
      na coluna, 221
      na medula espinhal, 221
    papel dos, 191
      no adulto com TBI, 191
    uso de, 17
      no abscesso cerebral, 17
ETV (Terceiro-ventriculostomia Endoscópica), 335
  na hidrocefalia, 39
    aguda, 39
Evacuação
  do hematoma, 130, 149
    na CVT, 130
    tumor cerebral e, 149
EVDs (Drenos Ventriculares Externos), 27, 136, 149
Exame
  neurológico, 48
    efeitos no, 48
      da hipotensão, 48
      da hipóxia, 48
      outros fatores, 48
Expansão
  do seio esfenoidal, 83f
    por lesão expansiva, 83f
    de tecido mole, 83f

F
FAST (Focused Assessment with Sonography for Trauma), 179, 182
Fêmur
  colo do, 175f
    fratura do, 175f
      cominutiva, 175f
Ferida
  pós-operatória, 289
    infecção de, 289
      tratamento, 289
Ferimento
  por arma de fogo, 57f
    no crânio, 57f
  por projétil de arma de fogo, 253f
    na espinha, 253f
FIM (Medida de Independência Funcional), 102
Fisher
  sistema de, 90q
    de classificação da gravidade, 90q
    da SAH, 90q
Fissura
  orbital, 152f
    superior, 152f
Fístula(s)
  durais, 75
Foice
  do cérebro, 42
Forame
  óptico, 152f
    fratura do, 152f
Fossa Craniana
  média, 159
    abordagem da, 159
      para descompressão, 159f
Fratura(s)
  atlantoaxiais, 234
    combinadas, 234
  cominutiva, 175f
    do colo do fêmur, 175f
  da coluna, 230-238, 295
    classificação das, 236q
      lombar, 236q
      torácica, 236q
      toracolombar, 236q
    espinal cervical, 295
      redução fechada inicial de, 295
    vertebral, 230-238
      intervenções cirúrgicas em, 230-238
        considerações biomecânicas para, 230-238
  de C1, 233
    isoladas, 233
      nos elementos anelares, 233f
  de Chance, 176f
    aguda na L1, 176f
  do ápice da órbita, 152f
  do atlas, 296
    e do áxis, 296
      combinadas agudas, 296
    isoladas, 296
      em adultos, 296
  do côndilo occipital, 295
  do enforcado, 234
  do forame óptico, 152f
  do odontoide, 233
  do osso temporal, 156
    patologias das, 156
  em C2, 233, 234f
    do corpo de, 234
  em shunt, 332, 334f
    ventriculoperitoneal, 334f
  epidural, 257-263
  faciais, 175f
    agudas, 175f
      do palato duro, 175f
      Le Fort III, 175f
      mandibular, 175f
  patológica, 257-263
  por explosão, 236f
    de L2, 236f
  tratamento cirúrgico de, 194
    em afundamento do crânio, 194
Fratura-Luxação
  de L2-L3, 237f
Função
  pupilar, 45
    e herniação transtentorial, 45

G
Galeno
  veias de, 125f
GCS (Escala de Coma de Glasgow), 19q, 24, 48, 60, 131, 174, 177, 178q, 187
GI (Gastrintestinal), 6q
Gioblastoma, 76f
GSPN (Nervo Petroso Superficial Maior), 159
GU (Geniturinário), 6q

H
H_2 (Histamina), 58
HACE (Edema Cerebral das Grandes Altitudes), 244
HADS (Escala Hospitalar de Ansiedade e Depressão), 131
HAMLET (Hemicraniectomy after Middle cerebral artery infarction with Life-threatening Edema), 119

HeADDFIRST (Hemicraniectomy and Durotomy on Deterioration from Infarction Related Swelling), 120
Hematoma(s)
  aneurismático, 74f
    associado à SAH, 74f
  do cerebelo, 78
  espontâneo, 78f
    do hemisfério cerebelar, 78f
  evacuação do, 149
  extra-axiais, 60-69
    aSDH, 63
    considerações especiais, 68
      abuso infantil, 68
      PF, 68
    cSDH, 67
    epidural, 60, 69f
      diagnóstico, 61
        achados radiográficos, 61
        manifestações clínicas, 61
      epidemiologia, 60
      hemisférico, 62f
      occipital, 69f
      patogênese, 60
      resultados, 63
      temporal, 61f, 62f
      tratamento, 62
        cirúrgico, 62
        não cirúrgico, 63
    hidroma subdural, 66
    sSDH, 67
Hemicraniectomia
  descompressiva, 130
    na CVT, 130
  para infartos malignos, 118
    da MCA, 118
Hemiparesia
  e herniação transtentorial, 46
Hemorragia, 130f
  associada a tumor cerebral, 144
  cerebral, 1f
    extensa, 1f
  epidural, 268f, 269f, 271f
    agudo, 271f
    lombar posterior, 269f
    posterolateral, 268f
      hiperintenso subagudo, 268f
  imagens de, 127q
    características de, 127q
  intracraniana, 126, 180f
    CVT e, 126
    multicompartimental, 180f
  intraespinhal, 265-271
    apresentação, 266
    avaliação, 266
    etiologia, 265
      causas secundárias da, 265
        patogênese, 265
          do SEH, 265
          do SSH, 265
    prognóstico, 269
    tratamento, 267
  intralesional, 76f
    em cavernoma frontal, 76f
  intramedular, 267f
    hiperintenso subagudo, 267f

intraventricular severa, 97f
  da ruptura do aneurisma, 97f
    da artéria comunicante anterior, 97f
parenquimatosa, 241
  no esporte, 241
subdural, 270f
  lombar, 270f
Herniação
  cerebelotonsilar, 46
    sinais clínicos de, 47
  cerebral, 42-52
    como complicação, 47
      da LP, 47
    efeitos no exame neurológico, 48
      da hipotensão, 48
      da hipóxia, 48
      outros fatores, 48
    outros tipos de, 46
    síndromes de, 42-52
      manejo das, 42-52
        ABCs, 49
        HTS, 50
        infusão intravenosa de manitol, 50
        ressuscitação inicial, 49
        subsequente, 51
      prognóstico nas, 51
      reconhecimento das, 42-52
        anatomia relevante, 42
  subfalcina., 47, 48f
    grave, 48f
  transtentorial, 44f
    ascendente, 46
    biomecânica da, 44
    grave, 44f, 45
    patologia da, 44
    sinais clínicos de, 45
      função pupilar, 45
      hemiparesia, 46
      perda de consciência, 45
  traumática, 247
    de disco intervertebral, 247
HHV (Herpes Vírus Humano), 138
Hidrocefalia
  aguda, 35-40
    cisto coloide em 36f
      do terceiro ventrículo, 36f
    manejo da, 35-40
      causas, 35
      tratamento, 36
        drenagem lombar, 39
        ETV, 39
        punção lombar, 39
        ventriculostomia, 36
    por SAH, 36f
  complexa, 335f
  e tumores cerebrais, 145, 149
    tratamento, 149
  obstrutiva, 78f, 146f
    iminente, 146f
  SAH e, 95, 97
    grave, 95f
Higroma
  subdural, 60, 66
    diagnóstico, 66
      achados radiográficos, 67
      manifestações clínicas, 66
    epidemiologia, 66
    patogênese, 66

tratamento, 67
Hipertensão Intracraniana
  e colares cervicais, 220
  manejo da, 9-20
    barbitúricos, 16
    esteoides, 17
    hiperventilação, 16
    hipotermia, 17
    ondas patológicas, 10
      de Lundberg, 10
    terapia osmótica, 12
      manitol, 14
      solutos hipertônicos, 14
  tratamento da, 12, 18, 96f
    cirúrgico, 18
      craniectomia descompressiva, 18
      drenagem do CSF, 18
      indicações de cirurgia, 19q
      ressecção da fonte do efeito
        de massa, 18
    clínico, 12
      agentes paralíticos, 12
      posição da cabeça, 12
      sedativos, 12
    emergencial, 96f
  SAH e, 95, 97
Hiperventilação
  no adulto com TBI, 191
  no manejo, 16
    da hipertensão intracraniana, 16
Hipotensão
  efeitos da, 48
    no exame neurológico, 48
  sistêmica, 48
    parada cardíaca e, 48
Hipotermia
  no manejo, 17
    da hipertensão intracraniana, 17
  profilática, 187
    no adulto com TBI, 187
Hipóxia
  efeitos da, 48
    no exame neurológico, 48
  sistêmica, 49
HIV (Vírus da Imunodeficiência Humana), 278
HTS (Solução Salina Hipertônica), 14
  na herniação cerebral, 50
Hunt e Hess
  escala de, 90f

I

IA (Intra-arterial)
  trombectomia mecânica, 108
  tromboembolectomia, 106
  trombólise, 106, 108
    química, 108
IAC (Canal Auditivo Interno), 156
ICAs (Artérias Carótidas Internas), 81, 115
  distal, 110
ICH (Hemorragia Intracerebral), 90, 106, 124
  espontânea, 72-79
    aneurismas, 74
    AVMs, 73
    classificação da, 72
    CVM, 74
    diretrizes, 79
      da AHA/ASA 2015, 79

fistulas durais, 75
frontal, 73f
hematomas do cerebelo, 78
lesão, 77
  não icto-hemorrágica, 77
tratamento cirúrgico da, 79
  recomendações, 79
tumores cerebrais, 75
paciente comatoso com, 90f
  e SAH maciça, 90f
perimesencefálica, 93f
ICP (Pressão Intracraniana), 24, 42, 144, 187
contínua, 12f
  registro da, 12f
curva volumétrica de, 11f
elevações na, 25, 27f
  expressivas, 27f
  patológicas, 25
elevada, 13f
  algoritmo para, 13f
    monitoramento da, 9-20, 57, 195
    contraindicações, 10
    indicações, 9
    monitores, 10
      seleção de, 10
      tipos de, 10
  no trauma cerebral, 57, 195
    pediátrico, 195
    penetrante, 57
  tipos de dispositivos de, 10q
    seleção de, 10q
no adultos com TBI, 189, 190
  monitoramento da, 189
    indicações, 189
    tecnologia de, 189
    tratamento da, 190
    limiar de, 190
no MMM cerebral, 31
  invasivo, 31
    conceitos fisiológicos, 26
    dispositivos de, 27, 28f
    e prognóstico, 27
    pressão derivada da, 28
      índice de reatividade da, 28
onda de, 11f
pediátrica, 196
  tratamento cirúrgico da, 196
ICU (Unidade de Terapia Intensiva), 57, 165
ILAE (International League Against Epilepsy), 164
Imobilização
dispositivos de, 220
  complicações dos, 220
    hipertensão intracraniana, 220
    problemas pulmonares, 220
    úlceras por pressão, 220
  escolha do, 220
na lesão, 220
  na coluna, 220
  na medula espinhal, 220
pré-hospitalar, 294
  da coluna espinhal cervical, 294
    após traumatismo, 294
IMS III (Interventional Management of Stroke III), 109
Incisura
tentorial, 42

Infarto(s)
agudo, 118f
  do território da PICA, 118f
cerebelares, 117
  cirurgia para, 117
da MCA, 6f, 118
  com MLS, 6f
malignos, 118
  hemicraniectomia para, 118
venoso, 126f, 127q, 130f
  hemorrágico, 126f
    temporal-parietal, 126f
  imagens de, 127q
    características de, 127q
Infecção(ões)
espinhais, 278-290
  classificação, 278
  diagnóstico, 281
  epidemiologia, 278
  fatores de risco, 278
  fisiopatologia, 278
  organismos, 278
  tratamento, 285
    abscesso, 285, 287
      epidural piogênico, 285
      intramedular, 287
    brucelose espinal, 288
    discite, 287
    ferida pós-operatória, 289
    infecção fúngicas, 288
    osteomielite vertebral piogênica, 286
    parasitárias, 289
    tuberculose espinhal, 287
no adulto com TBI, 189
  profilaxia de, 189
Infusão
intravenosa de manitol, 50
  nas síndromes, 50
  de herniação cerebral, 50
INR (Razão Normalizada Internacional), 10
Insonação
da artéria intracraniana, 99f
Intervenção(ões) Cirurgica(s)
considerações biomecânicas para, 230-238
  em fraturas da coluna vertebral, 230-238
    classificação das, 232q
    consideração geral, 230
    epidemiologia, 230
  em luxações da coluna vertebral, 230-238
IPH (Hemorragia Intraparenquimatosa), 193
ISCIB-PDS (International Spinal Cord Injury Basic Pain Data Set), 221
ISCVT (Estudo Internacional sobre Veia Cerebral e Trombose do Seio Dural), 129
Isquemia
associada a tumor cerebral, 145
ISS (Pontuação de Gravidade da Lesão), 183
IV tPA (Ativador de Plasminogênio Tecidual Intravenoso), 115
IV TPA (Trombólise Intravenosa com Alteplase)
critérios para administração de, 108q
  de exclusão, 108q
  de inclusão, 108q
tratamento, 106

J
Junção
cérvico-occipital, 230
  lesões da, 230

L
L2-L3
fratura-luxação de, 237f
Laceração
hepática, 179
Laminectomia, 262f
Le Fort
fratura, 175f
tipo III, 175f
Lesão(ões)
atléticas, 240-249
  diagnósticos diferenciais, 240-249
    cefálicas, 240
    espinhal, 244
  cefálicas, 240
    concussão, 242
    contusões cerebrais, 241
    DAI, 241
    EDH, 241
    hemorragia parenquimatosa, 241
    imagens, 243
    no esporte, 240
      incidência, 240
    SAH traumática, 241
    SDH, 241
    síndrome do TCE juvenil, 242
    SIS, 242
    TCE leve, 242
    tratamento no local, 243
cerebral, 126f, 244
  não traumática, 244
    associada ao esporte, 244
  parenquimatosa, 126f
da artéria vertebral, 225
da junção, 230
  cérvico-occipital, 230
de C3-C7, 235
de nervo, 307
  à bala, 307
  por injeção, 307
espinhal, 244, 296, 297
  cervical subaxial, 296, 297
    sistema de classificação de, 296
    tratamento de, 297
  dor neuropática, 247
  etiologia, 245
  herniação traumática, 247
    de disco intervertebral, 247
  incidência, 244
  na coluna cervical, 246
    inferior, 246
    superior, 246
  neuropraxia, 246
    da medula cervical, 246
    de raiz nervosa, 247
  plexopatia braquial, 247
  transitória, 247
  síndrome, 246
    da medula central, 246
    da sensação de queimação nas mãos, 246
  tetraplegia transitória, 246
  tratamento no local, 248

estruturais, 5
　coma por, 5
　　com déficits neurológicos simétricos, 5
expansiva, 83f
　de tecido mole, 83f
　　expansão do seio esfenoidal por, 83f
ligamentares, 233
　atlantoaxiais, 233
mecanismo da, 174
　craniana, 174
　espinhal, 174
medular, 295, 298
　espinhais cervicais, 295, 298
　　DVT com, 298
　　manejo cardiopulmonar intensivo, 295
　　VTE com, 298
　suspeita de, ver SCI
na coluna, 219-226, 235, 237, 246, 294-298
　cervical, 246
　　inferior, 246
　　superior, 246
　espinal, 294-298
　　diretrizes do tratamento de, 294-298
　lombar, 237
　paciente com, 219-226
　　manejo do tratamento intensivo de, 219-226
　　　imobilização, 220
　　　manejo clínico, 221
　　　pré-hospitalar, 219
　　　redução, 220
　torácica, 235
　toracolombar, 235
na medula espinal, 219-226
　paciente com, 219-226
　　manejo do tratamento intensivo de, 219-226
　　　exclusão de lesão, 219
　　　imobilização, 220
　　　manejo clínico, 221
　　　pré-hospitalar, 219
　　　redução, 220
na PF, 60, 193
　expansivas, 193
　　tratamento cirúrgico das, 193
　não icto-hemorrágica, 77
　　craniotomia, 77
　　　momento cirúrgico, 777
　　hematoma, 77
　　　evacuação do, 77
　　cirurgia, 77
　　　estereotáxica, 77
　　　endoscópica, 77
　neuronal, 168
　　e morte, 168
　　SE e, 168
　parenquimatosas, 193
　　traumáticas, 193
　　　tratamento cirúrgico das, 193
　penetrantes, 299-311
　　de nervos periféricos, 299-311
　　　classificação de, 300
　　　　de Sunderland, 301q
　　　considerações anatômicas, 299
　　　e implicações clínicas, 299

　　　considerações básicas sobre o reparo, 299
　　　momento do reparo, 301
　　　técnicas de reparo, 302
　　　tratamento cirúrgico, 307
　　　　de lesões problemáticas, 307
　　　do plexo braquial, 308
　　　técnica de reparo, 310
　por deslocamento, 295
　　da coluna espinhal cervical, 295
　　　redução fechada inicial de, 295
　subaxiais, 235
　　classificação das, 235q
　　da coluna cervical, 235
　　escala da gravidade das, 235q
　talâmica, 125f
　　bilateral, 125f
　　heterogênea, 125f
　toracolombar, 184q
　　gravidade da, 184q
　　　classificação de, 184q
　　　pontuação de, 184q
　traumática, 151, 156, 192q, 296
　　com AOD, 296
　　　diagnóstico de, 296
　　　tratamento de, 296
　　do nervo óptico, 151, 156
　　　avaliação, 152
　　　　de neuroimagem, 152
　　　fisiopatologia, 151
　　　visão geral, 156
　　　tratamento, 153
　　　fraturas do osso temporal, 156
　　　anatomia, 156
　　　avaliação, 157
　　　　radiológica, 157
　　　fisiopatologia, 157
　　　patologia, 156
　　　tratamento, 158
　manejo cirúrgico de, 192q
vasculares, 101, 273-276
　apresentação de emergência, 273-276
　　anatomia, 273
　　apresentação clínica, 274
　　demografia, 274
　　esquemas de classificação, 273
　　estudos por imagem, 275
　　fisiopatologia, 273
　subjacentes à SAH, 101
　　tratamento definitivo de, 101
　　　cirúrgico, 102
　　　complicações da terapia, 102
　　　endovascular, 101
　tratamento de, 273-276
　　cirúrgico, 276
　　endovascular, 275
Limiar(es)
　da CPP, 195
　　no trauma pediátrico, 195
　da oxigenação cerebral, 190
　da perfusão cerebral, 190
　de tratamento, 190
　da ICP, 190
Líquido
　extra-axial, 66f
　　pós-craniotomia, 66f
　　descompressiva, 66f

Lobo
　temporal, 44f
　　e mesencéfalo adjacente, 44f
LOC (Breve Perda de Consciência), 241
LP (Punção Lombar), 42
　complicação da, 47
　　herniação cerebral como, 47
　CVT e, 128
　na hidrocefalia, 39
　　aguda, 39
LT (Ringer com Lactato), 15
Lundberg
　ondas de, 10
Luxação(ões)
　atlanto-occipital, 230, 231f
　　critérios radiológicos da, 231q
　cervicais, 220
　　redução fechada das, 220
　da coluna vertebral, 230-238
　　intervenções cirúrgicas em, 230-238
　　　considerações biomecânicas para, 230-238
LVO (Oclusão Aguda de Vasos Grandes), 106

M

Macroadenoma
　hipofisário, 83f
　　hemorrágico, 83f
Malformação(ões)
　vasculares, 274q
　　espinhais, 274q
　　　classificação das, 174q
Manejo
　cardiopulmonar intensivo, 295
　　nas lesões medulares, 295
　　　espinhais cervicais, 295
　cirúrgico, 192, 193
　da hipertensão intracraniana, 9-20
　　barbitúricos, 16
　　esteroides, 17
　　hiperventilação, 16
　　hipotermia, 17
　　ondas patológicas, 10
　　　de Lundberg, 10
　　terapia osmótica, 12
　　　manitol, 14
　　　solutos hipertônicos, 14
　das síndromes, 42-52
　　de herniação cerebral, 42-52
　　　ABCs, 49
　　　HTS, 50
　　　infusão intravenosa de manitol, 50
　　　ressuscitação inicial, 49
　　　subsequente, 51
　perinatal, 337-344
　　de criança nascida com MMC, 337-344
　　　aconselhamento, 339
　　　avaliação pós-natal, 338
　　　cuidados pós-operatórios, 344
　　　diagnóstico, 338
　　　　pós-natal, 338
　　　　pré-natal, 338
　　　momento da cirurgia, 339
　　　neuroimagem, 339
　　　técnica cirúrgica, 341
　　　tratamento imediato, 341

Índice Remissivo

tratamento da, 12, 18
　cirurgico, 18
　　craniectomia descompressiva, 18
　　drenagem do CSF, 18
　　indicações de cirurgia, 19q
　　ressecção da fonte do efeito de massa, 18
　clínico, 12
　　agentes paralíticos, 12
　　posição da cabeça, 12
　　sedativos, 12
Manitol
　infusão intravenosa de, 50
　　nas síndromes, 50
　　　de herniação cerebral, 50
　no manejo, 14
　　da hipertensão intracraniana, 14
MAP (Pressão Arterial Média), 10, 24, 97, 221
Massa
　selar, 83f
　　com extensão suprasselar, 83
MCA (Artéria Cerebral Média), 17, 115
　aneurisma da, 74f, 75f, 92f
　　ruptura do, 74f, 75f
　densa, 106f
　dilatação da, 92f
　　aneurismática, 92f
　infarto da, 6f, 118
　　com desvio da linha média, 6f
　　maligno, 118
　　　hemicraniectomia para, 118
　vasospasmo da, 100f
　　grave, 100f
MCV (Vacinas Conjugadas Meningocócicas), 136
MED (Discectomia Microendoscópica), 209
Medicamento(s)
　overdose de, 6q
　　coma por, 6q
　　aspectos clínicos do, 6q
Medula Espinhal
　lesões na, 219-226, 297
　　paciente com, 219-226
　　　manejo do tratamento
　　　　intensivo de, 219 226
　　　　exclusão de lesão, 219
　　　　imobilização, 220
　　　　manejo clínico, 221
　　　　pré-hospitalar, 219
　　　　redução, 220
　　pediátrica, 297
　　　tratamento de, 297
Meningite, 135
MERCI (Mechanical Embolus Removal in Cerebral Ischemia), 109
　Retriever, 109f
MESCC (Compressão da Medula Espinhal Epidural Metastática)
　avaliação clínica, 259
　complicações da cirurgia, 262
　cuidados para, 258, 260
　　evolução do padrão de, 258
　　pré-operatórios, 260
　epidemiologia, 257
　radioterapia estereotáxica, 263
　　papel da, 263

seleção de paciente, 260
　para cirurgia, 260
　tratamento cirúrgico, 260
Mesencéfalo
　adjacente, 44f
　　ao lobo temporal, 44f
Metástase
　epidural, 259f
　na espinha, 258f
　　localizações de, 258f
　vertebral, 257f, 261f
　　torácica, 257f, 261f
　　　com angulação cifótica, 261f
　　　com compressão medular, 261f
　　　com fratura patológica, 261f
　　　reconstruída, 261f
　　　superior, 257f
MI (Infarto do Miocárdio), 116
Microdiálise
　analitos de, 32
　no MMM cerebral, 31
　　invasivo, 31
　　equipamento, 31
　sonda de, 31f
Migração
　de shunt, 332
mJOA (Escala da Japanese Orthopedic Association modificada), 203, 212
MLS (Desvio da Linha Média), 19q
　infarto com, 6f
　　da MCA, 6f
MMC (Mielomeningocele)
　criança nascida com, 337-344
　　manejo perinatal de, 337-344
　　　aconselhamento, 339
　　　avaliação pós-natal, 338
　　　cuidados pós-operatórios, 344
　　　diagnóstico, 338
　　　　pós-natal, 338
　　　　pré-natal, 338
　　　momento da cirurgia, 339
　　　neuroimagem, 339
　　　técnica cirúrgica, 341
　　　tratamento imediato, 341
　torácica, 343f
MMM (Monitoramento Multimodal)
　cerebral, 24-33
　　invasivo, 24-33
　　　autorregulação cerebral, 24
　　　ICP, 24
　　　　elevações patológicas na, 25
　　　técnicas de, 25-32
　do cérebro, 25q
　componentes do, 25q
MMSE (Miniexame do Estado Mental), 131
Monitor(es)
　de ICP, 10
　　seleção de, 10
　　tipos de, 10
Monitoramento
　da ICP, 9-20, 189, 195
　　contraindicações, 10
　　da oxigenação cerebral, 190
　　　e limires, 190
　　indicações, 9
　　monitores, 10
　　　seleção de, 10
　　　tipos de, 10

no adulto com TBI, 189
　tecnologia de, 189
no trauma pediátrico, 195
　indicações, 195
　tipos de dispositivos de, 10q
　　seleção de, 10q
onda de, 11f
Morfina
　abstinência de, 348, 349
　　complicações que levam à, 348
　　　infecciosas, 348
　　　relacionadas com cateter, 348
　　síndromes de, 349
　　reconhecimento de, 319
　　tratamento de, 349
　farmacologia da, 347
MRSA (Organismos Resistentes à Meticilina), 278
MSSA (Espécies Geralmente Sensíveis à Meticilina), 278
MST (Trauma Multissistêmico), 174
Músculo
　reto, 152f
　lateral, 152f
　　fratura da parede orbital e, 152f
MVAs (Acidentes Automobilísticos), 60, 174
MVCs (Acidentes com Veículo Automotor), 230

N

Narcótico(s)
　intratecais, 347-349
　　síndromes de abstinência de, 347-349
　　indicações para bombas IT, 348
NASCET (North American Symptomatic Carotid Endarterectomy), 116
NASCIS (National Acute Spinal Cord Injury Study), 221, 295
NAT (Traumatismo Não Acidental), 297
Navegação
　sem fiduciais, 86f
NCSE (Estado de Mal Epiléptico Não Convulsivo), 30, 164
　possíveis representações do, 167q
NCSz (Crises Epilépticas Não Convulsivas), 30, 164
NDI (Índice de Incapacidade Cervical), 203
Neoplasia(s)
　CVT e, 128
Nervo(s)
　cranianos, 81, 82, 151
　　abducente, 81, 82
　　II, 151
　　III, 81, 82
　　IV, 81
　　oculomotor, 81, 82
　　trigêmeo, 82
　　troclear, 81
　　V, 81, 82
　　VI, 81, 82
　　VII, 151
　facial, 151-161
　　anatomia do, 156
　　descompressão óssea aguda, 151-161
　　　lesão traumática, 156
　óptico, 151-161
　　descompressão óssea aguda, 151-161
　　　indicações, 153
　　　lesão traumática, 151

periféricos, 299-311
　anatomia, 300f
　lesões penetrantes de, 299-311
　　classificação de, 300
　　　de Sunderland, 301q
　　considerações anatômicas, 299
　　　e implicações clínicas, 299
　　considerações básicas
　　　sobre o reparo, 299
　　momento do reparo, 301
　　técnicas de reparo, 302
　　tratamento cirúrgico, 307
　　　de lesões problemáticas, 307
NET (Teste de Excitabilidade do Nervo), 157
Neuroimagem
　no trauma pediátrico, 195
Neurólise
　de nervos periféricos, 318f
Neuroma
　traumático, 304f
　　em continuidade, 304f
Neuropatia(s)
　periféricas compressivas, 312-318
　　tratamento intensivo de, 312-318
　　　anatomia, 312
　　　avaliação de lesões, 314
　　　cirurgia, 316
　　　classificação das lesões, 312, 314q
　　　compressão extrínseca direta, 316
　　　deslocamentos, 315
　　　fisiologia, 312
　　　fisiopatologia da lesão de nervo, 312
　　　fraturas, 315
　　　hematomas compressivos, 316
　　　síndrome de compartimento, 316
Neuropraxia
　da medula cervical, 246
　de raiz nervosa, 247
NIH (National Institutes of Health), 259
NINDS (Instituto Nacional de Distúrbios
　Neurológicos e Derrame), 106, 115
NO (Óxido Nítrico), 16
NOAC (Agentes Anticoagulantes Orais de
　Nova Geração), 147
NTI (National Trauma Institute), 174
Nutrição
　na lesão, 225
　　na coluna, 225
　　na medula espinhal, 225
　no adulto com TBI, 191

O

O_2 (Oxigênio)
　tecidual, 29
　　no cérebro, 29
　　no MMM cerebral invasivo, 29
Oclusão(ões)
　sequenciais, 110
　　no derrame isquêmico, 110
　　　agudo, 110
ODI (Índice de Incapacidade Oswestry), 203
Odontoide
　fraturas do, 233
OLF (Ossificação do Ligamento Amarelo), 213
Onda(s)
　de ICP, 11f
　de Lundberg, 10

OPLI (Ossificação do Ligamento Longitudinal
　Posterior), 213
Órbita
　ápice da, 152f
　　fratura do, 152f
Os Odontoideum, 296
Osso
　temporal, 156, 158f
　　fraturas do, 156, 158f
　　patologias das, 156
Osteomielite
　vertebral, 283f, 286
　　piogênica, 283f, 286
　　tratamento, 286
Overdose
　coma por, 6q
　　aspectos clínicos do, 6q
Oxigenação
　cerebral, 190
　　monitoramento da, 190
　　　em adulto com TBI, 190
　restauração da, 187
　　no trauma, 187
　　nos adultos, 187

P

Paciente(s)
　comatosos, 1f, 2, 90f
　　achados sugestivos em, 7q
　　avaliação clínica de, 2
　　com SAH maciça, 90f
　　　e ICH, 90f
　　lesões talâmicas bilaterais em, 1f
　　　com romboencefalite, 1f
　　　　pelo vírus do Nilo Ocidental, 1f
　　imunossuprimido, 1f
　　manejo de, 4, 5
　　　algoritmo de, 5f
　　　específico, 5
　　　incial, 4
　manejo do tratamento
　　intensivo de, 219-226
　　　com lesão na coluna, 219-226
　　　　imobilização, 220
　　　　manejo clínico, 221
　　　　pré-hospitalar, 219
　　　　redução, 220
　　　com lesão na medula espinhal, 219-226
　　　　exclusão de lesão, 219
　　　　imobilização, 220
　　　　manejo clínico, 221
　　　　pré-hospitalar, 219
　　　　redução, 220
$PaCO_2$ (Pressão Parcial de Dióxido de
　Carbono no Sangue Arterial), 16, 49
Palato
　duro, 175f
　　fratura do, 175f
PAM (Meningoencefalite Amebiana
　Primária), 138
Parada
　cardíaca, 48
　　hipotensão sistêmica e, 48
Parede
　orbital, 152f
　　fraturas da, 152f

Patologia
　da herniação, 44f
　　transtentorial, 44
PBI (Lesão Cerebral Penetrante)
　abscesso cerebral em, 55
　patologia da, 54
$PBrO_2$ (Tensão de Oxigênio no Tecido
　Cerebral), 190
$PbtO_2$ (Pressão Parcial de Oxigênio no
　Parênquima Cerebral), 24, 29
PCAs (Artérias Cerebrais Posteriores), 43, 119
pCO_2 (Pressão Parcial de Dióxido de
　Carbono), 25
PCR (Reação em Cadeia da Polimerase), 138
PCV (Vacinas Conjugadas Pneumocócicas), 136
PE (Embolia Pulmonar), 189
Perda
　de consciência, 45
　　e herniação transtentorial, 45
Perfusão
　cerebral, 190
　　limiar da, 190
　　　no adulto com TBI, 190
PF (Fossa Posterior)
　hematomas epidurais e, 68
　　considerações especiais, 68
　lesões na, 60, 193
　　expansivas, 193
　　　tratamento cirúrgico de, 193
PICA (Artéria Cerebelar Inferior Posterior)
　território da, 118f
　　infarto agudo do, 118f
Plexo
　braquial, 308
　　anatomia cirúrgica do, 309f
　　lesões penetrantes do, 308
　　tecnica de reparo, 310
Plexopatia
　braquial, 247
　transitória, 247
Pott
　doença de, 284f
Pressão
　arterial, 187, 221
　　manejo da, 221
　　　nas lesões, 221
　　　　na coluna, 221
　　　　na medula espinhal, 221
　　restauração da, 187
　　　no trauma, 187
　sanguínea, 94
　　estabilização da, 94
　　　na SAH, 94
PROACT II (Prolise em Tromboembolismo
　Cerebral Agudo II), 108
Problema(s)
　pulmonares, 220
　　dispositivo de imobilização e, 220
Processo(s) Infeccioso(s)
　cerebrais, 135-141
　　abscesso, 138, 140
　　　cerebral, 140
　　　extra-axial, 138
　　encefalite, 137
　　meningite, 135
Profilaxia
　após TBI grave, 196
　　pediátrica, 196

Índice Remissivo

no adulto com TBI, 189, 191
   anticonvulsivante, 191
   da DVT, 189
   de infecções, 189
Projétil
  de arma de fogo, 253f, 254f
   fragmento retido de, 254f
    no canal espinhal, 254f
   ferimento por, 253f
    na espinha, 253f
PRx (Índice de Reatividade da Pressão), 24
PT (Tempo de Protrombina), 10
PTS (Convulsões Pós-Traumáticas), 191
PTT (Tempo de Tromboplastina Parcial), 10
PVS (Estado Vegetativo Persistente), 2

Q

qEEG (Eletroencefalografia Quantitativa)
  no MMM cerebral, 30
   invasivo, 30

R

Radioterapia
  estereotáxica, 263
   papel da, 263
    na MESCC, 263
RAPD (Defeito Pupilar Aferente Relativo), 152
RAS (Sistema de Ativação Reticular), 43
RCTs (Ensaios Controlados Randomizados)
  e SE, 168
   estudos em pacientes, 168
    adultos, 168
    pediátricos, 168
    testes em andamento, 170
Reconhecimento
  das síndromes, 42-52
   de herniação cerebral, 42-52
    anatomia relevante, 42
Redução
  fechada, 220, 295
   das luxações cervicais, 220
   inicial, 295
    de fratura da coluna espinhal
     cervical, 295
    de lesões por deslocamento, 295
  na lesão, 220
  na medula espinhal, 220
Reflexo(s)
  oculares, 3f
Reparo
  com enxerto, 304f
   de nervo interfascicular, 304f
   de nervo fascicular, 304f
    no nervo peroneal, 304f
  de nervos periféricos, 299
   considerações básicas sobre o, 299
    momento do, 301
     agudo, 301
     tardio, 302
      prolongado, 302
    técnicas de, 302
     de fascículo, 303, 304
      em grupo, 304
     enxertos de nervo, 305
     epineural, 302
     lidando com hiatos de nervo, 305
     princípios gerais, 302
     sítios doadores úteis, 305

Ressangramento
  na SAH, 96
Ressuscitação
  inicial, 49, 55
   nas síndromes, 49
    de herniação cerebral, 49
   no trauma cerebral, 55
    penetrante, 55
Revascularização
  procedimentos de, 115
   no CVA isquêmico, 115
    agudo, 115
RISCIS (Riluzole in Acute Spinal Cord Injury Study), 326
Ruptura
  do aneurisma, 74f
   da MCA, 74f

S

SAC (Espaço Disponível para a Medula), 214f
SAH (Hemorragia Subaracnóidea), 9, 25, 193, 240
  aguda, 89-103
   manejo de, 89-103
  apresentação clínica, 89
  classificação da, 90
   sistema de Fisher, 91q
  CVT e, 127
  diagnóstico, 90
  difusa, 95f
   e ventriculomegalia, 95f
   e hidrocefalia grave, 95f
  escala para, 90q
   da WFNS, 90q
  etiologia da, 91
   estabelecendo a, 91
  hematoma associado à, 74f
   aneurismático, 74f
  hidrocefalia por, 36f
   aguda, 36f
  instruções futuras, 103
   tratamento, 103
    do vasospasmo, 103
    endovascular de aneurismas, 103
  maciça, 90f
   e ICH, 90f
  policisternal, 91f
  tratamento, 94
   após estabilização inicial, 96
    distúrbios da homeostase do sódio, 98
    epilepsia, 101
    hidrocefalia, 97
    hipertensão intracraniana, 97
    ressangramento, 96
    vasospasmo cerebral, 98
   de lesões vasculares subjacentes à, 101
    cirúrgico, 102
    complicações da terapia, 102
    endovascular, 101
   estabilização clínica inicial, 94
    coagulopatia, 94
    complicações agudas, 94, 95
     cardíacas, 95
     neurológicas, 94
     pulmonares, 96
    condições clínicas preexistentes, 96
    dor, 94
    pressão sanguínea, 94

    transferência, 94
     para centro de alto volume, 94
    vias aéreas, 94
  traumática, 241
   no esporte, 241
SARA (Sistema Reticular Ativador Ascendente), 1
SBP (Pressão Arterial Sistólica), 48, 148
SCI (Lesão da Medula Espinal), 178, 212
SCIM III (Spinal Cord Independence Measure), 221
SCIWORA (Lesão Medular Espinhal sem Anormalidade Radiográfica), 297
  aguda, 295
   terapia farmacológica para, 295
  em crianças, 320-327
   achados de imagem, 323
   avaliação neurológica, 324
   biomecânica, 322
    da prevalência regional, 322
   complicações, 326
   extensão da, 321
   incidência, 320
   lesão craniana associada, 325
   localização da, 322
   mecanismo da, 321
   novas terapias para, 326
   patobiologia, 321
   prevalência, 320
   prognóstico, 326
   reanimação inicial após, 324
   tratamento, 325
    inicial, 325
SDE (Empiema Subdural), 138
SDH (Hematoma Subdural), 19q, 240
  CVT e, 128
  no esporte, 241
SE (Estado de Mal Epilético), 164-171
  características clínicas, 167
  classificação, 164, 165q, 166q
   etiologia, 165q
   semiologia, 165q
  complicações do, 169q
   sistêmicas, 169q
  definição, 164
  diagnóstico, 167
  epidemiologia, 165
  etiologia, 165, 166q
  prognóstico, 165
  resultado, 165
  tratamento, 168
   algoritmo da AES de, 171f
   diretrizes de, 170
    da AES, 170
     opinião dos autores, 170
   princípio geral, 168
   RCTs, 168
    estudos em pacientes, 168
     adultos, 168
     pediátricos, 168
    testes em andamento, 170
  urgência em tratar, 167
   alterações de níveis, 167
    celular, 167
    molecular, 167
   complicações clínicas, 168
    lesão neuronal, 168
     e morte, 168

modulação neuropeptídica, 167
  autossustentável, 167
  farmacorresistência, 167
Sedação
  no adulto com TBI, 190
Sedativo(s)
  e hipertensão intracraniana, 12
  no trauma pediátrico, 196
SEH (Hematoma Epidural Espinhal)
  idiopático, 265
    patogênese do, 265
Seio
  esfenoidal, 83*f*
    expansão do, 83*f*
      por lesão de tecido mole, 83*f*
    paredes laterais do, 83*f*
      afilamento das, 83*f*
  reto, 125*f*
    da dura-máter, 125*f*
  transverso, 126*f*
    esquerdo, 126*f*
      trombo hiperintenso no, 126*f*
Shunt
  imagens seriadas de, 331*f*
  mau funcionamento agudo de, 330-336
    apresentação clínica, 330
    causas de, 332
      desconexão, 332
      fratura, 332
      obstrução, 332
        distal, 332
        proximal, 332
      migração, 332
    diagnóstico, 330
    exames radiográficos, 330
    punção de, 331
    situações especiais, 335
      drenagem ventricular externa, 335
      ETV, 335
      síndrome do ventrículo em fenda, 335, 336*f*
      sistema de *shunt* múltiplos, 335
    tratamento, 334
      do paciente instável, 334
    ventriculomegalia associada a, 333*f*
SIADH (Síndrome da Secreção Inadequada de Hormônio Antidiurético), 58, 98
Sinal(is) Vital(is)
  estabilização dos, 148
  e tumores cerebrais, 148
Síndrome(s)
  aguda, 208*f*
    da cauda equina, 208*f*
  como complicação, 47
    da LP, 47
  da medula central, 246
  da sensação, 246
    de queimação nas mãos, 246
  da vigília não responsiva, 2
  de abstinência, 347-349
    de baclofeno, 347-349
      reconhecimento, 347-349
      tratamento, 347-349
    de narcóticos intratecais, 347-349
      reconhecimento, 347-349
      tratamento, 347-349
  de herniação cerebral, 42-52
    manejo das, 42-52
      ABCs, 49

HTS, 50
infusão intravenosa de manitol, 50
ressuscitação inicial, 49
subsequente, 51
prognóstico nas, 51
reconhecimento das, 42-52
do TCE juvenil, 242
do ventrículo em fenda, 335, 336*f*
efeitos no exame neurológico, 48
  da hipotensão, 48
  da hipóxia, 48
  outros fatores, 48
outros tipos de, 46
SIS (Síndrome do Segundo Impacto), 242
Sistema
  de *shunt* múltiplos, 335
SJO$_2$ (Saturação de Oxigênio na Veia Jugular), 16, 190
SLIC (Classificação de Lesão Subaxial), 235, 296
Sódio
  homeostase do, 98
    distúrbios da, 98
    na SAH, 98
Soluto(s)
  hipertônicos, 14
    no manejo, 14
      da hipertensão intracraniana, 14
Sonda
  colocação de, 32
    no MMM cerebral, 32
    invasivo, 32
sSDH (Hematoma Subdural Subagudo), 60
  diagnóstico, 67
    manifestações clínicas, 67
    resultados radiográficos, 67
  epidemiologia, 67
  patogênese, 67
  resultados, 68
  tratamento, 67
    não cirúrgico, 68
    operatório, 67
SSEPs (Potenciais Somatossensoriais Induzidos), 14
SSH (Hematoma Subdural Espinhal)
  patogênese do, 265
    idiopático, 265
    subaracnóideo, 265
STICH (Surgical Trial in Intracerebral Hemorrhage), 72
Subluxação
  rotatória, 235
  de C1-C2, 235
Suporte
  nutricional, 298
    após lesão medular, 298
    espinhal, 298

T

TBI (Lesão Cerebral Traumática), 9, 24
  avaliação de, 174-184
    clínica, 176
    epidemiologia, 174
    mecanismo da lesão, 174
    por imagem, 179
  CVT e, 128
  diretrizes da BTF no, 186-196
    resumo e sinopse das, 186-196

manejo cirúrgico, 192
  no atendimento pré-hospitalar, 186
  nos adultos, 187
  pediátrico, 195
mecanismo de, 54
tratamento de, 174-184
  no estado mental alterado, 182
TCA (Antidepressivo Tricíclico), 6*q*
tCCS (Síndrome da Medula Central Traumática), 213
  aguda, 215
    fisiopatologia, 215
    história natural, 215
    opções de tratamento, 215
TCDB (Traumatic Coma Data Bank), 187
TCE (Traumatismo Cranioencefálico), 9, 60
  juvenil, 242
    síndrome do, 242
      no esporte, 242
    leve, 242
      no esporte, 242
TDF (Fluxometria por Difusão térmica), 29
Temperatura
  cerebral, 31
    no MMM cerebral, 31
      invasivo, 31
  controle da, 195
    no trauma pediátrico, 195
Tentório
  do cerebelo, 42
Terapia
  farmacológica, 295
    para lesão medular espinhal, 295
      aguda, 295
  hiperosmolar, 187, 195
    no adulto com TBI, 187
    no trauma pediátrico, 195
  osmótica, 12
    e hipertensão intracraniana, 12
Tetraplegia
  transitória, 246
TICAs (Aneurismas Intracranianos Traumáticos), 56
TIMI 3 (Trombólise no Infarto do Miocárdio grau 3), 109
TLSO (Órtese Toracolombossacra), 220
Toracoscopia, 207
Tratamento de Emergência
  para tumores cerebrais, 144-149
    avaliação do paciente, 146
      apresentação, 146
      exames laboratoriais, 147
      imagem, 147
      intervenção, 147
      tratamento, 148, 149
        cirúrgico, 149
        médico, 148
    fisiopatologia, 144
      convulsões, 145
      edema associado ao, 145
      hemorragia associada ao, 144
      hidrocefalia, 145
      isquemia associada ao, 145
      localização do, 146
Trauma Cerebral
  em adultos, 187
    diretrizes gerais no manejo de, 187
      analgésicos, 190

anestésicos, 190
hiperventilação, 191
hipotermia profilática, 187
limiar, 190
    da perfusão cerebral, 190
    de tratamento da ICP, 190
monitoramento, 189, 190
    da ICP, 189
    da oxigenação cerebral, 190
nutrição, 191
oxigenação, 187
papel dos esteroides, 191
profilaxia, 189, 191
    anticonvulsivante, 191
    da DVT, 189
    de infecções, 189
restauração da pressão arterial, 187
resumo das, 188q
sedação, 190
terapia hiperosmolar, 187
pediátrico, 194q, 195
  manejo de, 194q, 195
    diretrizes gerais do, 194q, 195
penetrante, 54-58
  complicações, 57
  fatores prognósticos, 55b
    desfavoráveis, 55b
  imaginologia, 56
  indicações de cirurgia, 56b
    relativas, 56b
  lesão, 54
    fisiologia da, 55
    mecanismo de, 54
    patologia da, 54
  manejo cirúrgico, 56
    caso ilustrativo, 57
    craniectomia descompressiva, 57
    desbridamento, 56
      cirúrgico, 56
      simples, 56
    monitoramento da ICP, 57
  manejo inicial, 55
  ressuscitação, 55
  terapia adjuvante, 57
  traumatismo cerebral, 55
  visão geral de manejo do, 55
Trauma Espinhal
  penetrante, 251-255
    avaliação, 251
    epidemiologia, 251
    imagens iniciais, 251
    resultados neurológicos, 254
    tratamento, 253
Traumatismo
  cerebral, 55
    penetrante, 55
      visão geral de manejo do, 55
  cervical, 297
    sem perfuração, 297
      lesões na artéria vertebral subseqüente ao, 297
  craniano, ver TBI
  espinhal, 174-184
    avaliação de, 174-184
      clínica, 176
      epidemiologia, 174

      mecanismo da lesão, 174
      por imagem, 179
    tratamento de, 174-184
      no estado mental alterado, 182
  imobilização pré-hospitalar após, 294
    da coluna espinhal, 294
    cervical, 294
  multissitêmico combinado, 174-184
    avaliação de, 174-184
      clínica, 176
      epidemiologia, 174
      mecanismo da lesão, 174
      por imagem, 179
    tratamento de, 174-184
      no estado mental alterado, 182
Trigêmeo
  divisão do, 81, 82
  oftálmica, 81
Trombectomia
  mecânica, 106-113
    para derrame isquêmico agudo, 106-113
    avaliação, 106
    tratamento, 106
Trombo
  hiperintenso, 126f
    no seio transverso, 126f
    esquerdo, 126f
Trombólise
  química, 106-113
    para derrame isquêmico agudo, 106-113
    avaliação, 106
    tratamento, 106
Trombose
  do seio venoso, 130f
    e lesões parenquimatosas, 130f
      bilaterais, 130f
  venosa, 125f, 126f
    com envolvimento do sistema profundo, 125f
    cortical, 126f
Tuberculose
  espinhal, 287
    tratamento, 287
Tumor
  de mama, 262f
    metastático, 262f
      desviando a medula, 262f
      envolvendo hemivértebra, 262f
Tumor(es) Cerebral(is), 75
  tratamento de emergência para, 144-149
    avaliação do paciente, 146
      apresentação, 146
      exames laboratoriais, 147
      imagem, 147
      intervenção, 147
      tratamento, 148, 149
        cirúrgico, 149
        médico, 148
    fisiopatologia, 144
      convulsões, 145
      edema associado ao, 145
      hemorragia associada ao, 144
      hidrocefalia, 145
      isquemia associada ao, 145
    localização do, 146

U
Úlcera(s)
  por pressão, 220
    dispositivo de imobilização e, 220

V
Vasospasmo
  cerebral, 98
    na SAH, 98
      monitoramento de, 98
      profilaxia de, 99
  grave, 100f
    da artéria basilar, 100f
    da MCA, 100f
  tratamento de, 99, 101f, 103
    sintomático, 99, 101
      algoritmo para, 101f
      clínico, 99
      endovascular, 101
VDRL (Pesquisa de Doença Venérea no CSF), 137
Veia(s)
  cerebral, 125f
    interna, 125f
  de Galeno, 125f
Ventrículo
  em fenda, 335, 336f
    síndrome do, 335, 336f
Ventriculomegalia
  associada a mau funcionamento, 333f
    de shunt, 333f
  SAH difusa e, 95f
Ventriculostomia
  cateter de, 95f
    no corno frontal direito, 95f
  na hidrocefalia, 36
    aguda, 36
VHIS (Vietnam Head Injury Study), 55
VHS (Velocidade de Hemossedimentação), 135
VHS (Vírus Herpes simplex), 137
Via(s) Aérea(s)
  estabilização das, 94
    na SAH, 94
Vírus
  do Nilo Ocidental, 1f
    romboencefalite pelo, 1f
      pacientes comatosos com, 1f
        lesões talâmicas bilaterais em, 1f
VTE (Tromboembolismo Venoso), 189
  com lesões medulares, 298
    espinhais cervicais, 298
  na lesão, 223
    na coluna, 223
    na medula espinhal, 223
  profilaxia do, 224
  tratamento do, 224
VVZ (Vírus Varicela-Zóster), 138
vWF (Fator de Willebrand), 199

W
WFNS (Federação Mundial de Cirurgiões Neurológicos)
  escala da, 90f
    para SAH, 90q